ウィルト 発生生物学

FRED H. WILT・SARAH C. HAKE 著

赤坂甲治・大隅典子・八杉貞雄 監訳

東京化学同人

Principles of
DEVELOPMENTAL BIOLOGY

Fred H. Wilt
University of California, Berkeley

Sarah C. Hake
University of California, Berkeley

Copyright © 2004 by W.W. Norton & Company, Inc. All rights reserved. Japanese translation rights arranged with W. W. Norton & Company, Inc. through Japan UNI Agency, Inc., Tokyo.

私たちの配偶者であるDianeとDon，双方の家族，
および恩師Ian Sussexと故James Ebertに捧げる．

序　言

　発生生物学の分野では驚異的な発見が花開きつつある．新しい教科書の著者にとってそれは喜ぶべきことであると同時に挑戦すべきことでもある．この豊富な材料のなかから選択することは心の浮き立つようなことであるが，しかし分野の広大さは，どの材料を取入れ，どこに特別な強調点をおくかという困難な選択を迫られるということでもある．この序言では，本書『発生生物学』を書くに当たって私たちが行った選択について説明しておきたい．

　本書を書く動機は，私たちが教師として，発生生物学の入門を講義するのに，あまりに長く難しい講義で学生を困惑させることなしに，基本的なことがらを提示する必要を感じたことによる．私たちの目標は1学期間に教えることができ，読者が発生生物学の専門家になることを仮定しない教科書を書くことであった．発生生物学を学ぶ学生のバックグラウンドは多様なので，私たちが考えた唯一の前提条件は，分子生物学や細胞生物学を含む大学教養部レベルの入門生物学を学んでいることであった．

　そのゴールに到達することは至難のことであった．対象となることがらは広大で複雑であり，この分野の知識は異常な速さで増加しつつある．それゆえ，いくつかのモデルとして選択した植物と動物の記載的な発生学を含む基礎的原理を強調し，またいくつかの歴史的な意味合いも強調した．選んだ例はそれほど多くはない．除外した多くの優れた実験や発生システムを思って心が痛むのであるが，それは完全に網羅的な記述より入門的なことを表そうとしたことの代価である．しかし私たちは，多くの学生は少数の適切な例を完全に学ぶと，それによって基本を本当にマスターできることを経験している．

　本書をほどよい短さに収め，複雑な用語と例示を単純化するために，ショウジョウバエ，カエル，ニワトリ，マウスの胚や，トウモロコシとシロイヌナズナの発生から大部分の例を引いて，それらに焦点を合わせることにした．線虫，ウニ，ホヤ，ゼブラフィッシュなどの重要な発生システムは，適当と思われるところで短く導入した．このことは本書の扱う範囲を制限することになった．重要な実験はここにあげた以外の生物を用いて行われたからである．一方，教師としての経験では，広範囲にわたる比較発生学的アプローチは学生に多くの事実を教えることはできるが，しかし学生の理解の程度は必ずしも高くはない．

　私たちは，まず最初に動物と植物の発生の事実を記載することに重きを置き，その後の章でそのような発生のメカニズムについての解析を強調するという順序をとることにした．第I部では発生生物学の中心となる問題，すなわち二つの遺伝的に同一の情報をもつ細胞がどのようにして機能的に異なるようになるのかという問題についての短い導入を行った．それに続いて，動物の配偶子形成と受精の記述がある．第II部ではショウジョウバエ，両生類，羊膜類の初期発生を解説した．私たちの教育経験では，一つの生物の発生を順を追って記述し，その後で二つの生物を対比させる適切なコメントをつけながら第二の生物の発生について述べると，発生段階ごとに比較するよりは，初歩の学生にはよりよく理解される．第III部では，脊椎動物の器官形成に関してより詳細な検討をした．このトピックは以前には入門発生学の基礎であり，今でも重要な課題である．第II部と同様にここでも記載が重視されるが，第II部と第III部ではなにが発生を進める

かに関する解析についての解説も導入される．そのさいに，特にリガンドと受容体の相互作用による細胞間シグナル伝達のメカニズムを強調した．第IV部では植物の分裂組織と胚の両者における発生を記述した．これは，細胞学と分子生物学の研究によって植物と動物の発生の類似性と差異を明瞭に示している領域である．それゆえに植物の発生も入門コースにも含めることが今や適切であると判断した．第V部はこれ以後の章に必要な細胞生物学を示している．第VI部では分化とパターン形成の分子的基礎を解析することで，形態形成をより深く探求する．ここで取上げるのは，転写と転写後のできごとの調節に関する分子的基礎の議論であり，特に細胞内シグナル伝達が強調される．本書の最終章は胚発生と進化の関係に関する短い記述である．これは発生生物学では古典的な領域であるが，現在その装いを新たにしつつある．

全体を通じて，重要で複雑なトピックスは何回も取上げられている．たとえば原腸形成は3, 4, 5章で記述した．しかし原腸形成の細胞学的，分子生物学的詳細は，学生がその背景について十分な理解を得た後の13章と16章になって初めて取上げる．同様に，脊椎動物の肢の発生については7章で簡単にふれ，肢発生における上皮−間充織相互作用の重要性は13章で示した．さらに，肢発生は16章と17章でも再考した．それは，この時点で学生が肢形成の複雑な分子的基礎を理解できるからである．同じ主題に関するいくつかの考え方を，異なる意味合いと異なる複雑さで取上げた．焦点を変えながら同じトピックを何回も考えることはかなりの教育的効果がある．繰返しによって学生は，最初は発生の解剖学について学び，その後発生の根底にある細胞間相互作用や遺伝子発現の変化について学ぶことができる．

発生生物学の教科書はふつう，初歩的な細胞学と分子生物学を扱う入門章をもっている．私たちはその代わりに，背景となる知識や実験技術の大切な部分を扱っているトピックを必要とする箇所に分散することにした．たとえば1章には核酸のハイブリダイゼーションとクローニングについての囲み記事（ボックス）がある．ほとんどの章にはボックスの形で種々の特別な情報が含まれている．それらは前述のような技術を強調していることもあれば，ゼブラフィッシュやホヤのような異なる発生システムを強調することもあり，さらに性決定，ゲノミクス，幹細胞などの特別に関心をひくトピックスを強調することもある．課程の最初に入門的で背景となる情報を示そうと考える指導者には，本書の中ごろにある二つの章を出発点として考えることができよう．12章は細胞行動と細胞外基質分子についての入門である．14章は細胞内におけるシグナル伝達の分子生物学についての考察である．（これらの章は，すぐ後に続く13章と15〜17章の内容を理解するのに必須の総合的情報を含んでいるので，ここにおくことにした．）各章末の問題はどれも単純に正しいあるいは誤った解答をもたないものであるが，これらは内容に関して学生が考えることを推し進めることを目的としている．章末の参考文献はいくつかの重要な古典的書物や膨大な文献への入門的な文献を含んでいる．

学生たちが有用であると考えると思われる多くのウエブサイトのいくつかをあげておこう．

　　　発生生物学のウエブリンクと学習ツール：www.ucalgary.ca/~browder/
　　　両生類，ウニ，ゼブラフィッシュ初期発生の優れた教育サイト：
　　　　　　worms.zoology.wisc.edu/embryology_main.html
　　　脊椎動物胚の解剖：anatomy.med.answ.edu.au/cbl/embryo/
　　　ショウジョウバエの発生（図のデータベース）：pbio07.uni-muenster.de/

線虫 *C. elegans* の発生：www.wormbase.org/

根の発生：www.bio.uu.nl/~mcbroots/

他にも多くの有用なサイトがあり，新しいサイトも出現している．キーワードについての情報はGoogleやYahooのようなサーチエンジンを用いるのがよい．

多くの方に感謝したい．原稿のいろいろな箇所を見て下さった方々に御礼を申し上げる．事実の間違いや見解はもちろん著者の責任である．見て下さった方々は，匿名の方のほかに，Steve Benson, Graeme Berlyn, David Epel, John Gerhart, Paul Lasko, Judy Lengyel, Mike Levine, Randy Moon, Lisa Nagy, Steve Oppenheimer, Rodolfo Rivas, Chris Rose, Mark Servetnick, Ian Sussex, Vic Vacquierである．

私たちは私たちの先生と同僚，とりわけ故James Ebert, John Gerhart, Don Kaplan, Ray Keller, 故Dan Mazia, Ian Sussex に多くを負うていることを感謝したい．情報を与えてくれ，また鼓舞してくれた何世代もの学生諸君に感謝している．また，私たちを支えてくれた多くの同僚，友人，そして家族に感謝する．とりわけ Jim Fristrom, Rob Grainger, Pat Hamilton, Kristen Shepard, Diane Wiltである．Connie Balek と Precision Graphics 社の彼女の同僚たちは私たちを助けてくれた．Susan Middletonはすばらしい編集者であり，彼女から多くのことを学んだ．W.W. Norton社のチームに多くのことを負うている．特にKate Barry, John Byram, Sarah Chamberlin, Tom Gagliano, Chris Granville, Jack Repcheck, Chris Swart, Joe Wisnovskyである．

読者からのコメントや感想をお待ちしています．誤りや偏った記述の指摘，ご意見など，なんでもdevbio@wwnorton.com までお寄せ下さい．

カリフォルニア州バークレーにて　　　　　　　　　　　　　　　　　　　　FRED WILT
2003年3月　　　　　　　　　　　　　　　　　　　　　　　　　　　　　　SARAH HAKE

日本語版に寄せて

　日本の学生が本書『Principles of Developmental Biology』の日本語版を手にすることは，大変喜ばしいことである．本書の執筆にあたり目標としていたのは，非常に活発なこの分野の基礎を，現代的な手法で真正面から捉えて解説することであった．そのためには，伝統的な発生学と，細胞生物学や分子生物学によってもたらされたダイナミックな新しい知見を融合させることが必要である．本書では多様で豊富な動植物の発生様式について紹介しているが，個々の詳細な事例を単に羅列するのではなく，普遍的な法則に力点を置いて解説するように努めた．そのため，ごく簡単にふれただけの分野も多くあり，周知の事例についても省略した場合がある．しかし，教師としての長年の経験から，基本法則と厳選された発生の事例に焦点を絞り込むことが，発生生物学の美しさと複雑さを解説するために一番よい方法であるとの結論に達している．日本の学生諸君にとって，本書が発生生物学の世界への魅力的な入口となるよう祈っている．

　発生生物学の実験研究分野には，日米間に長い歴史と深い交流があることも，私たちが日本語版の出版をうれしく思うもう一つの理由である．両国の研究者一人ひとりが相互に築いた大切な交流の歴史がある．日米の発生生物学者の間のすべての共同研究や親交について述べるならば，非常に長くなるであろう．それは，明治維新までさかのぼることになる．著者の一人である Fred Wilt は，今は亡き二人の偉大な生物学者，日本の団勝磨氏と米国の Daniel Mazia 氏の共同研究が特に重要であったと認識している．彼らの業績は，本書の概念に大きなインパクトを与え，彼らの偉業は今日に至るまで，さまざまな影響力を持ち続けている．

　最後に，この日本語版を出版できるようお取り計らいいただいた東京化学同人と W.W. Norton 社に感謝の意を表したい．本書の翻訳には多くの方々が携わっており，多大なるご尽力をいただいた．赤坂甲治教授，大隅典子教授，八杉貞雄教授の監訳のもと，この大きなプロジェクトが成し遂げられた．監訳者の皆様，翻訳者の皆様に深く感謝する．

カリフォルニア州バークレーにて
2005 年 12 月

SARAH HAKE
FRED WILT

監訳者まえがき

　本書は Fred H. Wilt, Sarah C. Hake 著『Principles of Developmental Biology』(2004) の全訳である．翻訳は3名の監訳者が中心となり，6名の発生生物学者の協力を得て行われた．最終的には監訳者が責任を負っている．また，原著の誤りと思われるところは適宜訂正し，また新しい知見などについても訳注を加えて，できるだけアップデートすることを心がけた．さらに，いくつかの点については訳者から原著者に問い合わせをしたところもあり，そのつど原著者からはていねいな回答をいただいた．また，原著者から「日本語版に寄せて」をお送りいただけたことは，監訳者として大変にありがたく思っている．

　原著者Wilt教授はウニの実験発生学と発生生化学，また脊椎動物の初期発生研究の分野で世界をリードする発生生物学者であり，監訳者の赤坂を始め，多くの日本人研究者をその研究室に迎え入れたことで，わが国とも関係が深い．本書翻訳もWilt教授と赤坂の連絡に端を発した．またHake教授は植物生理学，発生生物学の専門家であり，特に植物初期発生における遺伝子発現制御の研究が有名である．

　発生生物学は現在，多くの基礎的および応用的分野とも接点をもつ学際的領域として，きわめて急速に発展しつつある．再生医療などの研究にも発生生物学の基礎的知識は不可欠である．それに伴って多くの英語の教科書が上梓され，そのいくつかはわが国でも翻訳，出版されている．それぞれが著者の個性と考え方を反映していることはいうまでもない．それでは本書の特徴はどのようなところにあるだろうか．本書は，著者も述べているように，3部からなっている（目次の部とは対応しない）．まず発生生物学の基礎的知識として，かなりのページを費やして動植物の発生様式が説明される．ここでは生殖細胞（配偶子）形成から器官形成までが取上げられる．いうまでもなく生物の発生はきわめて多様性に富み，それについては古くからの膨大な知見が集積していて，それらを網羅的に理解（暗記）することは現在では不可能である．本書ではオーソドックスな方法として，動物群ごとに主要な発生段階を記述し，しかも後章につながるいくつかの問題点や興味深い点を予め提示している．

　その後植物の発生に関する3章を挟んで，本書の第2部として，形態形成や細胞運動にかかわる細胞外基質や細胞間相互作用が解説される．細胞間および組織間相互作用の本質の理解なしには形態形成や器官形成を理解することはできない．多細胞生物の発生におけるこの分野の進展はめざましく，またこの分野の発展によって，原腸形成などの古くから知られている複雑な現象も新しい光を投げかけられている．最後に著者は，遺伝子やゲノムに関する知識に基づいて発生現象を理解しようとする．生物の発生も最終的にはゲノム中の遺伝子発現の制御としてとらえられるべきであることはいうまでもない．発生過程を遺伝子発現のカスケード，あるいは遺伝子プログラムとして考えることによって，発生の多くの問題はもつれた糸をほどくように理解されるし，これも古くからのテーマである発生と進化の関係も新しい見地から見直されつつある．

　本書は大学で初めて発生生物学を学ぶ学生諸君にとっても，それほど抵抗なく読むことができるであろう．またすでに基礎的な発生生物学の知識をもっていて，さらに深く学びたい学生諸君にとっては，多くの考えるべき材料が提供され，また章末の問題や参考文献が大いに役に立つで

あろう．このように本書は大学学部の教科書として最適のものであると思う．さらに訳者としては，本書が発生生物学の専門家にも，専門外の領域の最先端の知識を整理し，新しい研究の方向を探ることの助けにもなることを確信している．なお本書は，おそらくわが国の発生生物学の教科書としては初めてフルカラーのものであり，従来理解を困難にしていた胚葉や組織の区分などがきわめてわかりやすくなった．

翻訳に当たって，訳語の選定と遺伝子等の読み方の問題は訳者が最も苦労した点である．遺伝子やタンパク質の表記と読み方はどの発生生物学の教科書でもなかなか統一できない課題であるし，研究者がふつうに用いている用語も書物の文章のなかでは違和感を感じさせることもある．また，研究対象の生物（動物と植物，昆虫と脊椎動物など）によって，あるいは研究分野によって遺伝子などの表記が異なることもあり，できるだけそれを尊重した．全体として統一的に，かつ読みやすく訳出するように心がけたつもりであるが，依然として完全とは言い難い．読者のご指摘をいただければ幸いである．なお，遺伝子等の原つづりにルビをふったのは新しい試みであると自負している．

本書の訳出に当たって，多くの方に助けていただいた．各章を担当した訳者の名前はこの後に明記した．場合によってはそれぞれの訳者が若い方に翻訳をお願いしたこともある．それらの方々にこの場を借りて御礼申し上げる．また，東京化学同人編集部の橋本純子さんには，いつものことであるが，ていねいな編集作業をしていただき，深く感謝する次第である．上に述べた訳出の工夫のいくつかは橋本さんの発案でもある．

2005年12月　　　　　　　　　　　　　　　　　　　　　　　　　　　　　　監 訳 者 一 同

監 訳 者

赤 坂 甲 治　東京大学大学院理学系研究科 教授, 理学博士
大 隅 典 子　東北大学大学院医学系研究科 教授, 歯学博士
八 杉 貞 雄　京都産業大学総合生命科学部 教授,
　　　　　　首都大学東京(東京都立大学)名誉教授, 理学博士

翻 訳 者

赤 坂 甲 治　東京大学大学院理学系研究科 教授, 理学博士 ［1章］
大 隅 典 子　東北大学大学院医学系研究科 教授, 歯学博士 ［6〜8章］
木 下 　 勉　立教大学理学部 教授, 理学博士 ［4章］
澤 　 進 一 郎　熊本大学大学院自然科学研究科 教授, 理学博士 ［9〜11章］
真 壁 和 裕　徳島大学大学院ソシオ・アーツ・アンド・サイエンス研究部 教授,
　　　　　　　　　　　　　　　　　　　　　　　　　理学博士 ［14章］
村 上 柳 太 郎　山口大学大学院医学系研究科 教授, 理学博士 ［3, 15章］
八 杉 貞 雄　京都産業大学総合生命科学部 教授,
　　　　　　首都大学東京(東京都立大学)名誉教授, 理学博士 ［12, 13, 17章］
弥 益 　 恭　埼玉大学大学院理工学研究科 教授, 理学博士 ［5, 16章］
吉 田 　 学　東京大学大学院理学系研究科 准教授, 理学博士 ［2章］

　　　　　　　　　　　　　　　　　(50音順, ［ ］内は翻訳担当章)

目　　次

第 I 部　発生の開始

1. 発生の概説 ……………………………………………………………………… 3

発生学の基本的問題 ………………………… 4
不等価な細胞分裂は発生の中心的命題である ………… 4
細胞系譜と細胞を取巻く環境が
　　　　　　　細胞運命に影響を与える ……… 5
胚のすべての細胞が遺伝学的に同じである
　　　　　　　　　　という仮定は正しい ……… 6
器官の再生には
　　　　細胞の再分化がかかわることが多い ……… 9
組織が異なってもDNAの塩基配列は変わらない ……… 9

発生生物学の探求 ………………………… 12
この教科書は3部で構成されている ………………… 12
発生学は繰返しながら学ぶ学問である ……………… 13

ボックス　1・1　細胞のコミュニケーション ………… 6
ボックス　1・2　組換えDNA技術（クローニング）…… 10
ボックス　1・3　核酸プローブ ……………………… 14

2. 配偶子形成・受精・細胞系譜の追跡 ………………………………………… 17

卵　形　成 ……………………………… 17
雌性配偶子は卵巣でつくられる ……………………… 17
卵形成の特徴は大規模な成長である ………………… 18
卵形成は減数分裂を伴う ……………………………… 18
卵は高度に組織化されている ………………………… 20

精　子　形　成 ………………………… 21
雄性配偶子は精巣で形成される ……………………… 21
精子形成で流線形の細胞が生じる …………………… 22

受　　精 ………………………………… 22
受精は二つの異なる重要な結果をもたらす ………… 22
雌雄両配偶子は受精で活性化する …………………… 23

卵の活性化には表層がかかわる ……………………… 25
卵細胞膜タンパク質の機能変化が
　　　　　　　　　　卵を活性化する ………… 25
カルシウムイオン放出は卵活性化に必須である …… 26
受精は貯蔵mRNAタンパク質合成を活性化する …… 28
複数の機構で多精受精を防ぐ ………………………… 29

細胞系譜の追跡 ………………………… 29
細胞系譜の追跡は
　　　　発生を理解するために不可欠である ……… 29
卵割は急速な細胞分裂を行う期間である …………… 31

ボックス　2・1　Gタンパク質のシグナル伝達経路 …… 27

第 II 部　動物の初期発生

3. ショウジョウバエの卵形成と初期発生 ……… 37

胚発生 ……… 37
卵形成は胚発生の前奏曲である ……… 37
受精と核分裂によって胚発生が始まる ……… 39
細胞性胞胚は組織化されている ……… 40
原腸形成は表面にある細胞集団の内部への移動である ……… 44
胚は分節化する ……… 45

胚のパターン形成 ……… 47
卵内に局在する決定因子が細胞運命を定める ……… 47
ショウジョウバエ母性効果突然変異はモルフォゲンが原因である ……… 48
前部で働くモルフォゲンはBicoidである ……… 49
後部パターンはNanosの濃度によって決まる ……… 50
卵末端部のモルフォゲンはTorsoである ……… 51
背腹方向を組織化するモルフォゲンはDorsalである ……… 52
濾胞細胞のパターン形成によって卵母細胞がパターン化される ……… 52

ボックス 3・1　発生遺伝学 ……… 41
ボックス 3・2　胚葉 ……… 46

4. 両生類の発生 ……… 55

配偶子形成 ……… 56
卵原細胞の成熟が積み重ねられて卵が形成される ……… 56
リボソームRNA遺伝子は一過的に増幅される ……… 57
第一減数分裂はプロゲステロンの制御下で完了する ……… 59
カエルの精子形成では4個の精細胞がつくられる ……… 60

受精と初期発生 ……… 60
卵の左右相称性は受精がもたらす ……… 60
表層回転と植物極の微小管平行配向 ……… 61
卵割期には細胞がさかんにつくられる ……… 62
中期胞胚変移期に大規模な変化が起こる ……… 64
胞胚後期には領域特性が明確になる ……… 64

胞胚の植物半球の細胞が動物半球の細胞を誘導して中胚葉を形成させる ……… 65

原腸形成，胚葉，そして器官形成 ……… 66
原腸形成は大規模な細胞集団の移動を伴う ……… 66
ボトル細胞が陥入して巻込みを先導する ……… 66
原腸形成により3胚葉が形成される ……… 68
背側中胚葉が背側外胚葉を誘導して神経管を形成させる ……… 68
中胚葉と内胚葉は多くの器官をつくる ……… 71
これらのすべてが本当に必要なのか ……… 71

ボックス 4・1　リボソームの形成と構造 ……… 58
ボックス 4・2　細胞生物学で用いられる胚 ……… 60

5. 羊膜類の発生 ……… 74

鳥類における卵形成と初期発生 ……… 74
鳥類の配偶子形成は雌輸卵管の特殊化がかかわる ……… 74
産卵直後のニワトリ卵には見えない体軸がある ……… 76
明域は2層構造をなす ……… 77
胚盤葉下層は胚盤葉上層の構造に影響を与えるか ……… 77

鳥類における原腸形成 ……… 78
羊膜類ではすべての胚葉が胚盤葉上層に由来する ……… 78
原条の前端は特殊化している ……… 79

ヘンゼン結節は体軸を組織化し，中枢神経系を誘導する ……… 80
原腸形成の結果として脊椎動物体軸の原型が形成される ……… 81
鳥類胚の胚体外膜は4種類の胚性嚢状構造から構成される ……… 82

哺乳類の初期発生 ……… 83
哺乳類での卵形成，受精，卵割には輸卵管の特殊化がかかわる ……… 83

卵割の結果生じる胚盤胞は子宮の内膜に着床する……84
シグナル伝達経路はドミナントネガティブを
　　　　　　　　　利用すると解明できる……86
内部細胞塊の形成は哺乳類胚に特有の戦略である……87
奇妙な形態を示すマウス胚……87
胚盤葉上層が胚葉を生み出す……87

哺乳類の適応……89
原腸形成の終了時点では哺乳類胚の形態は鳥類胚と
　　　類似しているが，胚体外膜には違いがみられる……89

栄養芽層は胎盤形成に関与する……89

マウス胚の操作……90
異形質マウスを用いた初期胚の
　　　　　　　　　　細胞動力学の研究……90
胞胚腔に注入された細胞も
　　キメラを形成することが可能であり，
　　　これがトランスジェニックマウス作製の
　　　　　　　　　　　　基礎となる……91

第Ⅲ部　脊椎動物の器官形成

6. 脊椎動物における外胚葉派生物の発生……97

神経板……97
外胚葉は神経系と皮膚の発生の源である……97
神経板は外胚葉の誘導により生じる……98
初期神経板の組織化……100
成長因子Sonic Hedgehogの局所拡散による
　　　神経板および神経管の背腹パターン形成……101

神経冠……103
神経冠は多能性と遊走性をもつ細胞の集団である……103
神経冠細胞の分化は大部分位置によって
　　　　　　　　　　　　決定される……105

神経系成長の制御……106
神経管中の細胞増殖は厳密に調節される……106
ニューロン集団の大きさは
　　　　　　末梢標的の大きさに左右される……107
中枢神経系の細胞数はおそらく
　　　アポトーシスの阻害により制御されている……107

ニューロンは神経成長因子によって
　　　　　　　　　　　　影響を受ける……108

中枢神経系の領域分化……109
神経系は分節的に組織化される……109
眼は間脳から発生する……111
眼杯はレンズを誘導するのか……113
眼形成にはエグゼクティブ遺伝子が必要である……113
外胚葉性プラコードは脳の発生に貢献する……114
脳胞は領域分化をとげる……115

外　皮……117
表皮構造は外胚葉から発生する……117

ボックス 6・1　神経系の細胞……104
ボックス 6・2　幹細胞……110
ボックス 6・3　ハエとカエルにおける眼の形成……116

7. 脊椎動物における中胚葉と内胚葉派生物の発生……120

背側中胚葉……120
中胚葉は原腸形成の間に運命決定がなされる……120
運命決定は実験によって規定される……120
背側中胚葉は脊索と体節を形成する……124
体節は前方から順次生じる……124
体節は多能性である……125
体節中の細胞間相互作用……126
横紋筋はシンシチウムとして分化する……127

硬節は後に骨となる軸性軟骨を形成する……129
体節の真皮節の部分は真皮を形成する……131

側板中胚葉……132
腎臓と生殖腺は体節の側方に位置する
　　　　　　　　　　中胚葉から派生する……132
生殖腺は腎節と関連して形成される……134
側板中胚葉は多分化能をもつ……134

血管系の発生 ……………………………… 137
造血（血球形成）は段階的に生じる ……………… 137
赤血球形成の主要部位は発生過程で変化する……… 137
心臓は前方内臓板中胚葉で形成される …………… 139
血管と心臓の解剖学的配置は
　　　　広範囲のリモデリングによって生じる……… 139

肢 の 発 生 ………………………………… 141
肢は胴部の体壁板中胚葉から発生する ………… 141
肢の筋肉は筋節を起原とする ………………… 142
肢の伸長と組織化は組織間相互作用から生じる … 142

内胚葉性器官 ……………………………… 143
内胚葉は原腸形成前と原腸形成間に
　　　　　　　徐々に決定される……… 143

内胚葉は消化器系および
　　　　それと関連する器官を派生する……… 143
咽頭部分は多くの重要な器官を形成する ………… 144
肺は腸の予定食道領域から派生する ……………… 145
肝臓と膵臓は胃と十二指腸の内胚葉から
　　　　　　　　　形成される……… 145
消化管の内胚葉の上皮は分化する ………………… 146

後の章へのイントロダクション……………………… 146
器官形成に関するこの概略は
　　　　発生機構を議論するための基盤となる……… 146

ボックス 7・1　遺伝子発現の検出………………… 122
ボックス 7・2　ホヤの発生 ……………………… 130
ボックス 7・3　性の決定…………………………… 136

8. 変　　態 ………………………………………………………………………………… 149

昆虫の変態 ………………………………… 149
脱皮は昆虫の成長において
　　　　　　　必要不可欠な要素である……… 149
神経分泌物の回路により
　　　　　　　昆虫の脱皮は促進される……… 151
昆虫の脱皮はエクジソンの産生によって
　　　　　　　ひき起こされる……… 152
昆虫の成体組織は成虫原基から発生する ………… 153
エクジソンは直接的に
　　　　転写に影響して作用する ………… 154
昆虫の変態の調節には
　　　　多くの因子の相互作用が必要である……… 155

両生類の変態 ……………………………… 155
多くの両生類の生活環には変態が含まれる ……… 155
カエルの変態は甲状腺ホルモンによりなされる…… 156
プロラクチンは甲状腺ホルモンの
　　　　　　　一部の作用を中和する……… 157
甲状腺ホルモンの作用は組織特異的である ……… 158
両生類変態のタイミングは
　　　　部分的にホルモンの量により制御される…… 159
ホルモン受容体も変態を制御する ………………… 159

他の動物群の変態 ………………………… 160
幼生発生は広範に存在する ……………………… 160

第 IV 部　植 物 の 発 生

9. 植物の分裂組織 ……………………………………………………………………… 165

茎頂分裂組織 ……………………………… 166
特徴的な構造をもつ分裂組織…………………… 166
分裂組織が器官の配置（葉序）を決定する ……… 167
葉の形成には細胞伸長が重要である ……………… 171
頂芽優性は腋生分裂組織の発生に
　　　　　　　影響を与える……… 172
分裂組織は向背軸を確立する…………………… 172

根端分裂組織 ……………………………… 175
根端分裂組織は放射パターンを形成する ………… 176
側根分裂組織は分化した細胞から形成される……… 177

ボックス 9・1　シロイヌナズナ………………… 170
ボックス 9・2　トウモロコシの
　　　　　　　進化に関与する遺伝子……… 173

10. 植物の生殖 … 179

花芽分裂組織と花序分裂組織 … 179
日長により制御される花成 … 180
花芽分裂組織から形成される花器官 … 181
ウォールに形成される花器官 … 183

世代交代：植物における一倍体–二倍体生活環 … 186
配偶体世代の簡略化がみられる顕花植物 … 186
種子形成における重複受精 … 186

胚形成 … 189
ある植物種の初期の胚形成は，高度に調節された細胞分裂により制御されている … 190
植物の胚形成に性は必要ない … 190
茎頂分裂組織は胚で形成される … 191

ボックス 10・1　植物への遺伝子導入 … 182

11. 植物における細胞の分化とシグナル伝達 … 195

細胞の分化 … 195
根毛，トライコーム，および気孔は表皮細胞から分化する … 195
細胞分裂を伴わない管状要素分化 … 198

植物の細胞間シグナル伝達 … 200
細胞壁を介した植物細胞間シグナル伝達 … 200
植物細胞は受容体型キナーゼを通じてシグナル伝達する … 202

植物発生におけるホルモンの制御機構 … 205
植物ホルモンであるオーキシンは極性輸送する … 206

植物ホルモンであるサイトカイニンは細胞分裂を誘導する … 206
植物ホルモンであるジベレリンは植物の成長に影響を与える … 209
植物ホルモンであるアブシジン酸は種子の休眠において主要な役割を果たす … 209
ブラシノステロイドは植物で見つかった動物ホルモンと類似したものである … 210
エチレンは果実の成熟に関与する気体状ホルモンである … 210

植物の光応答 … 211

第 V 部　形態形成

12. 細胞の結合，環境，および行動 … 217

間充織と細胞外基質 … 217
間充織細胞は複雑な細胞外基質中に存在する … 217
コラーゲンは細胞外基質の主要タンパク質である … 218
ラミニンは基底膜にみられる … 219
フィブロネクチンは細胞外基質では一般的な分子である … 220
プロテオグリカンは基質に存在する特殊なタンパク質と多糖類の集合体である … 220
植物の細胞壁はセルロースとアミロペクチンの集合体である … 221
特別な膜内在性タンパク質は基質分子と細胞内タンパク質の両者に結合する … 222

上皮細胞と結合装置 … 224
上皮細胞は特異的な装置によって結合されている … 224
間充織と上皮の両方において受容体分子も膜内在性タンパク質として存在する … 225
Gタンパク質結合型受容体は発生に重要である … 226
受容体，リガンド，細胞内シグナル伝達系は発生の調節に重要である … 226

細胞接着 … 227
細胞と細胞，細胞と基質の接着は形態形成で重要である … 227

何種類もの特異的細胞接着分子が存在する............227
細胞接着分子の機能は
　　　　細胞の働きと関連して解析される....229

形態形成作戦............231
形態形成には8種類の基本的運動がある............231
細胞運動性と突出する活性は
　　　　　　基質への接着を含んでいる....231

細胞の形の変化は形態の決定に重要である............231
細胞増殖の速度は組織の形に影響する............233
細胞分裂面は形態形成に影響する............234
細胞接着は形態形成に重要である............234
形態形成における原因と結果............235
細胞機能の阻害剤を用いた実験は
　　　　　　有用であるが解釈はむずかしい....235

13. 組織間相互作用と形態形成............238

運動行動の変化............238
始原生殖細胞の到達には
　　　　受容体型チロシンキナーゼが関与する....238
神経冠細胞の移動はいくつかの因子によって
　　　　　　　　制御されている....239
神経冠細胞の移動はエフリンに感受性である............240
成長円錐の活動が神経突起の伸長をもたらす............241
細胞間，あるいは
　　　細胞と基質の相互作用が
　　　神経突起の伸長方向を決めるのに役立つ............242
ネトリンは化学誘引物質として作用する............243
セマフォリンは化学反発物質の
　　　　　　大きなファミリーである....244
網膜と視蓋の接続の一部はエフリンによる............245

上皮-間充織相互作用............247
肢の成長は組織間の相互作用を必要とする............247

肺と唾液腺における分枝形態形成は
　　　　組織間相互作用を必要とする....248
腎臓の形態形成は組織間相互作用の
　　　　　複雑な回路を必要とする....249

原腸形成再考............251
ウニの原腸形成は
　　　多くの細胞行動の変化を含んでいる....251
アフリカツメガエルの原腸形成も
　　　　複数の要素からなるプロセスである....254
収束伸長が巻込み運動を進める............256
フィブロネクチンは
　　　巻込み運動をしている細胞の移動を助ける....256
ショウジョウバエのいくつかの突然変異体では
　　　　　　原腸形成が阻害される....258

ボックス 13・1　ウニの発生............252

第VI部　遺伝子の発現調節

14. 発生における遺伝子の発現調節............263

転写調節............264
クロマチンは転写の場である............264
DNAのメチル化がクロマチンを不活性に保つ............265
メチル化によるゲノムインプリンティング............265
RNAポリメラーゼ機能における
　　　　　　　基本転写因子の役割............266
活性化因子と抑制因子が転写開始を調節する............267
マイクロプロセッサーのように働く
　　　　ウニ胚 endo16 遺伝子転写調節配列....269
複雑な遠位調節エレメントによる
　　　　βグロビン遺伝子ファミリーの転写調節....270

翻訳調節............272
翻訳以前に転写後調節が必要である............272
発生過程における mRNA の多様な翻訳調節機構............273
卵形成過程で蓄えられた mRNA の翻訳調節............273
mRNA のマスクとポリ(A)付加............274
細胞内の特定の部位に局在する mRNA............274
Nanos mRNA は局在化 mRNA の一例である............274

翻訳後調節............276
発生制御に重要なタンパク質修飾............276
Hedgehog リガンドは翻訳後修飾を受ける............276

エステル化によるHedgehogの拡散制限················277
脊椎動物の発生に重要なSonic Hedgehogの拡散······277
ツメガエル初期発生における
　　　　局在リガンドVg1のプロセシングと活性化····278
タンパク質の巨大複合体形成による
　　　　　　　　　　　　　　遺伝子発現調節·······278
骨格筋分化にみるタンパク質間相互作用の重要性····279
分子と細胞の代謝回転による
　　　　　　　　遺伝子発現の転写後調節····280

ボックス 14・1　転写調節の解析に用いられる
　　　　　　　　　　　　　　レポーター遺伝子····266
ボックス 14・2　ゲノミクスとマイクロアレイ·······272

15. 発生における調節ネットワークI：ショウジョウバエとその他の無脊椎動物············283

不等価な細胞の形成················283
発生制御のネットワークは複雑である ················283
酵母の非対称分裂から得られる手がかり ·············284
線虫初期胚の非対称分裂は
　　　　　　　　　　　細胞間シグナル伝達による····285
神経芽細胞と感覚器官前駆細胞は
　　　　　　細胞骨格を手がかりに非対称分裂する····287
抑制性の細胞間シグナルは
　　　　　　　　　発生の一般的メカニズムである····288
非対称性を生むしくみは複雑だが
　　　　　　　　　　　　広く利用されている····289

ショウジョウバエの体節形成················290
モルフォゲンがひき起こす選択的遺伝子発現·········290
ギャップ遺伝子が七つのストライプ状の
　　　　　　　　　　　　　　　領域を確立する····292
ギャップ遺伝子によって活性化される
　　ペアルール遺伝子が7本のストライプをつくる····294
ペアルール遺伝子の調節領域は複雑である ············295
eve遺伝子は活性化と抑制の両方の制御を受ける····296
セグメントポラリティー遺伝子が
　　　　　　　7本のストライプをさらに分割する····297
セグメントポラリティー遺伝子発現領域が
　　　　継続的な擬体節の区切りの目印となる····300
自身がかかわる細胞間シグナル伝達で
　　　　　　　engrailedの発現が持続される····300

ホメオティック遺伝子と擬体節のアイデンティティー·····301
バイソラックス複合体が
　　　　胸部と腹部体節のアイデンティティーを
　　　　　　　　　　　　　　　　決定する····301
アンテナペディア複合体は
　　　　　　前方の体節のアイデンティティーを
　　　　　　　　　　　　　　　　制御する····303
他のホメオティック遺伝子が
　　　　頭部と後部の構造を決定する····303
ホメオティック遺伝子は
　　　　　　どのように機能するのか········304

翅のパターン形成················306
翅の発生は細胞間相互作用によって制御される·······306
前後方向（A/P）のパターン形成は
　　　　　細胞間シグナル伝達に依存する····306
翅の背腹（D/V）区画のパターン形成も
　　　　細胞間相互作用によって制御される····307
胚はどのように場所に応じた
　　　　器官形成パターンをつくるのか····310

ボックス 15・1　ショウジョウバエ
　　　　　　　体軸極性の確立の要約····291
ボックス 15・2　遺伝子間相互作用を調べる方法····298

16. 発生における調節ネットワークII：脊椎動物················313

シグナル伝達と発生················314
カエルはハエではない ·····························314
シグナル伝達分子や
　　　転写因子ドメインの多くは
　　　　　事実上すべての動物でみられる·······316

ニューコープセンターについての再検討·············317
ニューコープセンターは
　　　　　"背側構造誘導センター"である····317
siamois遺伝子はニューコープセンター活性を示す
　　　　　　　　　信頼すべき指標である···318

転写因子遺伝子 *VegT* も胚葉の分化にかかわる……319

シュペーマンオーガナイザーの再検討……320
シュペーマンオーガナイザーは
　　ニューコープセンターの作用の結果として生じる 320
シュペーマンオーガナイザーの遺伝子発現は
　　　　特徴的であり，多数のリガンドを分泌する…320
シュペーマンオーガナイザーは
　　　　　　　神経誘導センターである…321
シュペーマンオーガナイザーは神経系の前後軸に
　　　　　沿ったパターン形成をもたらす…321
シュペーマンオーガナイザーは
　　　　　　中胚葉の背側化も行う…323
腹側化因子と背側化因子の拮抗作用が
　　　　中胚葉のパターン形成をもたらす…325

モルフォゲン……326
モルフォゲンは位置情報にかかわっている……326
BMP とアクチビンはモルフォゲンである……327
左右軸に沿った胚体のパターン形成にも
　　　　シグナル伝達経路がかかわる…329

羊膜類の HOX 遺伝子……330
羊膜類の胚は似ているが
　　　　異なる調節ネットワークを用いる…330
ホメオティック遺伝子はショウジョウバエと
　　　　同様に脊椎動物にも存在する…331
HOX 遺伝子はセレクター遺伝子として働く……332

肢の発生におけるシグナル……333
肢の発生では HOX 遺伝子とシグナル伝達経路が
　　　　重要な役割を果たす…333
肢芽の位置決定はおそらく複数の因子により
　　　　制御されている…334
背腹に沿った構築は
　　D/V 区画の境界を介して行われる…334
前後軸に沿ったパターン形成は
　　Sonic Hedgehog により制御される…335
P/D パターン形成には
　　　外胚葉と中胚葉が必要である…337
HOX 遺伝子が肢の分化を制御する……337

ボックス 16・1　ゼブラフィッシュ……314

17. 発生と進化……341

発生と進化……341
発生の原則は存在するのだろうか……341
発生の研究と進化の研究の間には
　　　密接な関係が存在する…341
発生と進化の間の関連性は
　　分子生物学と遺伝学によって支持されてきた…342

遺伝子およびネットワークの保存……342
発生において重要な遺伝子の多くは
　　　　保存されている……342
有用なモチーフは保存されている……343
シグナル伝達経路全体は保存されている……344
HOM/HOX 複合体は部分的に保存された
　　　　セレクター遺伝子の例である…346
Ubx 遺伝子はチョウの翅形成の調節を助ける……346
脊椎動物は HOX 遺伝子の発現を変化させてきた……348
ヘビの肢の有無は
　　HOX 遺伝子の発現に関係している…349

門特異的な段階……350
門特異的な段階は多くの動物門で
　　　原腸形成後に存在する…350

脊索動物門における門特異的な段階は
　　　　咽頭胚である……350
咽頭胚期までの発生は全く異なる経路を通る……351
咽頭胚期の後の発生は幅広い多様性を生む……352

シグナル伝達経路の多様化……352
脊椎動物の肢は門特異的段階後の
　　　多様性の例である……352
シグナル伝達経路は
　　さまざまな動物群において
　　　　新しい役割を選ぶかもしれない…354
シグナル伝達経路自体も変化しうる……355

幼生と進化……355
多くの動物は幼生から間接的に発生する……355
ウニ類の HOX 遺伝子は
　　取っておかれる細胞で発現している…357
おそらく，直接発生と間接発生との関連は
　　　さほど複雑ではない…357
相対的な発生過程のタイミングの変化は，
　　　生物間の劇的な差異を生み出す
　　　　　可能性がある…358

新　奇　性 ……………………………358
ボディプランの根本的な変化のいくつかは
　　　　それほど複雑ではないかもしれない……358
調節機構の保存性はときにはみせかけだけである……359

神経冠は脊椎動物における発明である ………………359
発生戦略は生物の新奇性を生み出す ………………360

ボックス 17・1　HOX クラスター ……………347

章末問題の解答 ………………………………………………………………………………363
掲 載 図 出 典 ……………………………………………………………………………………369
欧 文 索 引 ………………………………………………………………………………………371
和 文 索 引 ………………………………………………………………………………………379

Principles of Developmental BIOLOGY

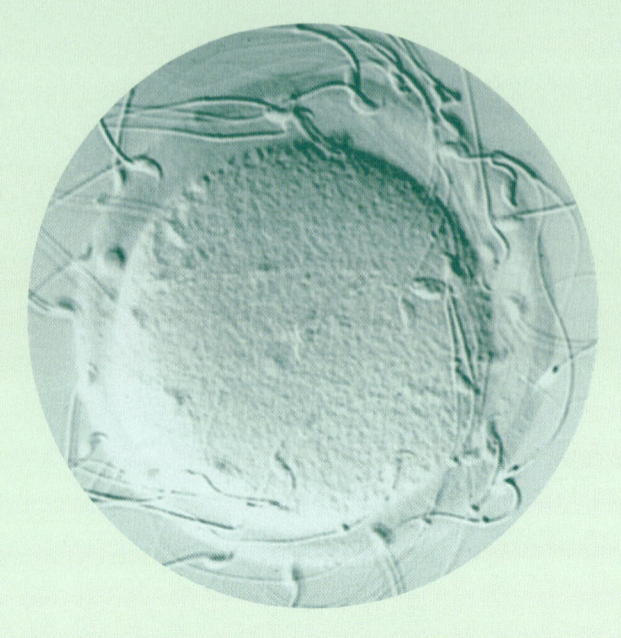

第Ⅰ部

発生の開始

発生の概説

> **本章のポイント**
> 1. 細胞分裂により異なる細胞ができる．
> 2. 核移植実験はどの細胞も同じ機能のゲノムをもつことを証明している．
> 3. 細胞は再生過程で再分化できる．
> 4. 分化したどの細胞も同じ遺伝子をもつ．
> 5. 発生生物学を学ぶためには，組換えDNA，核酸プローブ，細胞シグナル伝達の知識が必要である．

　本書では，多細胞動植物の発生の原理と機構について解説する．生物が発生し成体にまで成熟していくさまは，常に好奇心をかきたて，畏敬の念をいだかせてきた．おそらくこれこそが，誰もが自分自身に強い興味をもつゆえんであろう．どのようにしてわれわれはここまで来たのだろうか．どのような道筋を辿ってわれわれがつくられてきたのだろうか．畏敬の念を抱く対象は人間に限ったことではない．イモムシがチョウに変身したり，苗木が花咲く植物になったりするような，誰もが日々経験することも，われわれに発生や新しい生命の誕生が詩的で驚きにみちた生命活動の中心的イベントであることを気づかせてくれる．

　時には発生がうまくいかず異常になることもある．若い麦の穂にしおれた種子がついたり，奇形の蹄をもつ子馬や，重篤な異常をもつ子供が生まれることがある．異常な発生を理解するには，正常な発生に関する知識が不可欠である．したがって，発生生物学は，保健衛生や医学分野の教育の一端を担う必修科目となっている．多くの生物学者も，動植物に大きな多様性をもたらした機構に深い関心を抱いている．

　胚の発生過程の記述そのものも魅力的ではあるが，19世紀の終わりごろになると，記述だけでは不十分であることを生物学者は認識し始めていた．生物科学が成熟するにつれて，発生過程で何が起こるのかを問うためには，どのようなプロセスでそれが起こるのかを問うことが必要であることが明らかになっていった．その機構とは何か．その探求がわれわれを，さらにおもしろく重要な生物科学の諸問題に目覚めさせていくのである．

　本書では，二つの段階で発生学を学ぶ．最初は，いくつかの種を例に，発生様式の段階を，一つひとつ順を追ってみていくことにする．次に，胚の発生過程を学びながら覚えた用語や基礎知識をもとに，より深く掘り進み，この発生現象をなしとげるための機構を学んでいこう．どのようにして，細胞は互いに違う性質をもつようになるのだろうか．どうして，ある遺伝子はある細胞で発現して，他の細胞では発現しないのか．一群の細胞が胚の中で適切な位置を占め，その結果成体の生命活動に必要な臓器がそれぞれ正しく配置されるのは，どのようなしくみなのだろうか．これらの疑問は，これから取上げるたくさんの問題の，ほんの数例にすぎない．

発生学の基本的問題

不等価な細胞分裂は発生の中心的命題である

発生生物学とは逆説に焦点を当てた学問分野である．卵という1個の細胞が発生する間に，多数の異なる種類の細胞からなる生命体をつくり上げる．そのしくみはどのようになっているのだろうか．細胞はみな同じ遺伝子をもっているはずなのに，どのようにして100種類にも及ぶ細胞ができるのだろうか．分化した細胞はでたらめに配置されているわけではなく，器官（臓器）の中に収められていて，その器官も植物でも動物でも，成体の適切な位置に配置されている．図1・1は，一つの細胞に由来する分化細胞の驚くべき多様性の例を示したものである．

多様な細胞をつくることができるのは，発生の過程で，一つの細胞が二つの**子孫細胞**（progeny）をつくりだすことができ，実際そうしているからである．見かけ上は，二つの細胞が同じであっても，すでに互いに違っていて，別べつの発生経路を辿ることになる．別の言い方をするならば，細胞の分裂により，二つの異なる（**不等価な**；nonequivalent）子孫細胞をつくりだすことができるということである．図1・2では，この抽象的に聞こえる問題について，三つの例を示そう．最も単純な真核生物の出芽酵母 *Saccharomyces cerevisiae* には二つの異なる**接合型**（mating type）があり，交配は，異なる接合型間でのみ可能である．酵母細胞は一つの接合型から別の接合型に変わることができる．しかし，図1・2(a)に示すように，この能力は酵母の細胞が娘細胞をつくりだすときにだけ現れる．酵母の遺伝学の用語を使うならば，**母細胞**（mother cell）のみが**接合型転換**（mating-type conversion）をし，**娘細胞**（daughter cell）はしないということになる．細胞分裂によって形成されるこの二つの細胞は同じではない．娘細胞は，細胞分裂によってつくられ同じ遺伝子をもつが，母細胞が分裂によって得た能力を欠いている．しかし，その娘細胞も母細胞になることができる．母細胞になれば，接合型を変える能力をもつようになる．分裂の結果生じる母細胞は，同じ遺伝子をもちながら異なる能力をもつ．

図1・2(b)には，有名な発生学者 Hans Spemann が1900年代初期のドイツ フライブルグで行った実験を示す．Spemannは，近くのシュヴァルツヴァルト（黒い森）で採集したイモリの卵を使った．彼は，第一卵割期に卵割面に沿って卵を髪の毛で縛ることにより二つの細胞を分離した．分離されたおのおのの細胞からは，小さいながらも完全なオタマジャクシが生じた．しかし，ある場合は，図1・2(b)に示すように，片方の細胞からはオタマジャクシが生じたが，もう片方は不完全な胚へと発生し，おもに消化管からなる組織の塊になった．最初の場合は，第一卵割の卵割面で，卵は同等な二つの細胞に分かれた．その結果，それぞれの細胞は完全な胚を形成する能力をもつことになった．別の場合は，二つの細胞は同等ではなく，片方の細胞のみが完全な胚を形成する能力をもっていた．後者の細胞分裂は不等価といえる．

もう一つの興味深い例は，マウスの発生である．マウスは哺乳類であり，初期発生の様式はヒトの初期発生とよく似ている．胚発生のごく初期の8細胞期では，各細胞は丸く，隣の細胞とはゆるく接しており，球状に集まっている．次に，8個の細胞が互いに緊密に接するようになり，その次の段階では，すべての細胞が球状の胚の外輪と平行に分裂する．その結果，8個の娘細胞は胚の表面に並び，他の8個の娘細胞はその内側に配置されることになる（図1・2c）．動物の初期胚では，これらの細胞を**割球**（blastomere）とよぶ．割球を取出して標識し，移植することにより，その割球がどの組織になるのか調べることができる．8細胞期では，すべての割球は胎盤にも胚組織にもなることができるが，8個の外側細

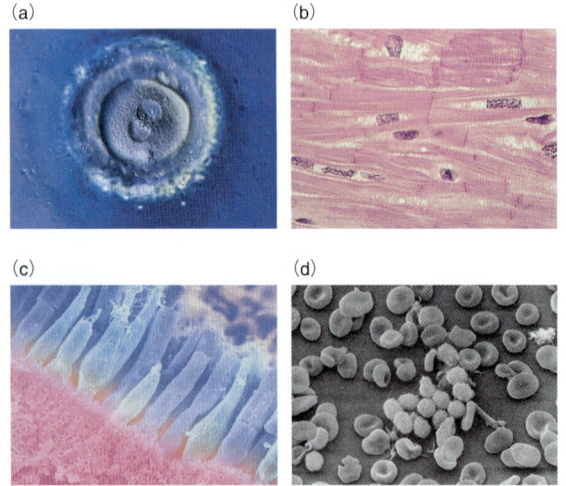

図1・1 多くの異なる種類の細胞が一つの卵から形成される． (a) ヒトの受精卵の位相差顕微鏡写真．直径約100 μm. 約400個の典型的な二倍体細胞（2組の染色体をもつ細胞）をつくりだすのに十分な体積をもっている．胎児の他の細胞は増殖によって形成される．それらは，卵とは全く異なっており，細胞どうしも異なっている．(b) ヒトの心筋組織．固定した後，切片にして，染色している．(c) 網膜の桿体細胞と錐体細胞の走査型電子顕微鏡写真．(d) 赤血球細胞の走査型電子顕微鏡写真．

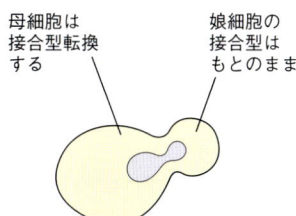
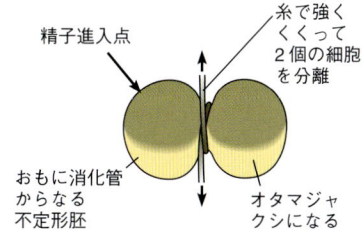
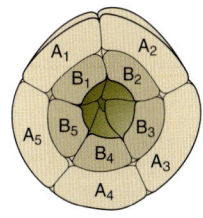

図 1・2 不等価細胞分裂の三つの例. (a) 酵母 *Saccharomyces cerevisiae* の出芽細胞. 母細胞のみが接合型を変えることができる. (b) 2 細胞期のイモリ胚. 第一卵割の結果生じた二つの細胞を分離するのに, 赤ん坊の細い髪の毛を用いている. ふつう, 分裂面は精子の進入点を通るが, ここで示しているように, 精子の進入点は二つの割球のうち, 片方にだけ存在することもある. 精子が進入した点の反対側の細胞は発生能力が非常に高く, 完全な胚をつくることができる. 一方, 精子が進入した側の細胞は主として消化管組織からなる化け物になる. (両生類の初期胚の細胞の発生能力については 4 章で詳しく述べる.) (c) 16 細胞期のマウス胚. 外側細胞と内側細胞を描いてある. 簡略化のため 16 細胞のうち 10 細胞だけ示している. 残りの 3 組の細胞はこの図とは異なる面に存在する. 内側細胞と外側細胞の祖先 (8 細胞期の細胞) は胚も胎盤も形成することができるのに, 16 細胞期の外側細胞からは胎盤組織しかできない.

胞と 8 個の内側細胞をつくり出す第四分裂期を過ぎてしまうと, 内側の細胞は胚組織を形成することができるが, 外側の細胞は胎盤にしかならない. 第四分裂期に, 割球の発生能力に何らかの違いが生じている. したがって, この分裂は不等価である.

どのようにして不等価な細胞がつくり出されるかについては多くの知見がある. 初期胚の細胞内に, ある物質が局在していると, 分裂面の左右で細胞質が非対称に分布することになる. 一つの娘細胞は, ある物質を全部か, もう一つの娘細胞より多く受取ることがある. 不等価を生み出す別の要因として, 環境が均一でない場合の分裂があげられる. そのような場合, 生じる子孫細胞の環境はそれぞれ異なることになる. 隣接する細胞や, 環境に存在する物質, 光の強さなどの物理的要因, 水素イオン濃度なども不等価の要因となりうる.

細胞系譜と細胞を取巻く環境が細胞運命に影響を与える

同じ問題は, 細胞の**系譜** (lineage) と**位置** (position) の観点から論じることもできる. これらの用語は, 不等価細胞分裂を調節する機構を表している. 一つの細胞 (群) の発生は, それが何に由来するかによって左右される. すなわち, 細胞の親やそのまた親は誰かということである. 子孫細胞に不均一に分配される物質が大きな意味をもっており, その不均一性をもたらす一連の**系譜**を知ることが非常に重要である. 一方, 動物の発生に比べて植物の発生では, 系譜はそれほど重要でない場合が多い.

もう一つの問題, **位置**では環境が重要な意味をもつ. 植物と動物のどちらの発生においても, 細胞の立場からみると, どの細胞が周囲にいるか, 何がまわりを取囲んでいるかが非常に重要である場合が多い.

最近の 10 年間で, 植物も動物も含めて, きわめて多様な生物が同じ機構や非常に似た分子を用いて発生していることが明らかになってきた. このことについては, 本書の全体を通じて取上げることになる. ここでは, **リガンド** (ligand) と**受容体** (receptor) を介したシグナル伝達機構や, 転写調節機構で中心的な役割を果たす因子について簡単にふれるだけにする. 細胞におけるシグナル伝達や転写の基本については, 読者の多くは知っていることと思う. これらのトピックスについては後で何回も詳しく述べるが, いかにして細胞が互いにコミュニケーションをとるかは大変重要な問題なので, 少しわき道にそれるがここで述べておく (ボックス 1・1 細胞のコミュニケーション).

筆者らが示唆してきたように, もし, 本当に胚発生の機構に類似性があるとするならば, 次のような疑問が湧いてくる. "広範囲にみられる発生の原理は普遍的なのだろうか." 最近の研究は, この疑問について肯定的な答を出している. 本書では, それらの原理を明らかにし強調していこう.

しかし, 原理も機構も全く明らかになっていないところにたどり着く可能性もある. そこは, 現在そして未来にわたって研究の対象となるところである. たとえば, 発生過程で働く種々の生化学的経路や機構が, 一つの "プログラム" として, どのようにして統合されている

ボックス 1・1　細胞のコミュニケーション

　時には，一つの重要なアイデアや，個人や小さなグループのパイオニア的発見によってわれわれの科学的理解が大きく進歩することがある．近年の生物学におけるWatsonとCrickのDNA構造の解明はそのよい例である．しかし，ふつうは大勢の研究者が膨大な数の実験を行い，"小さな発見"が少しずつ積み重ねられて，時間をかけて大きな進歩が達成されるものである．時には，何かが発見されたとしても，その重要性が理解されないこともあり，後になって過去の発見が重要であったことが初めて明らかになることもある．その例として，比較的最近の細胞のコミュニケーションに関する概念の革命的変革がある．脊椎動物では，いくつかのホルモンが血流に乗って器官から器官にシグナルを伝達することが古くから知られていた．しかし，たくさんの新しい**シグナル伝達分子**（signaling molecule）が発見され始めるのは1960年代に入ってからである．今では，数百の，おそらく数千に達するシグナル伝達分子が報告されている．初期に発見されたホルモンのように，新しく発見されたシグナル伝達分子は化学的に多様であるが，多くはペプチドかタンパク質である．時を同じくして，古くから知られていたホルモンやシグナル伝達分子の特異的**受容体分子**（receptor molecule）も発見された．現在では，細胞から放出されるシグナルに対するさまざまな受容体が報告されている．表(e)では，一般的なシグナルとその受容体の例を示している．

　図の(a)に示すように，コミュニケーションは一連のそれぞれ独立した段階からなる．すなわち，1) 情報を発する細胞によるシグナル分子の合成と放出，2) 情報を受取る細胞の受容体へのシグナル分子の結合，3) 受容体の修飾，4) それに伴うシグナル伝達の中継，または**二次メッセンジャー**（second messenger，二次伝達物質）の活性化，5) その結果ひき起こされる受容細胞の応答である．たとえば，細胞がシグナルを受取ると細胞骨格が変化し，その運動性が変わることがある．また，二次メッセンジャーが核に入り，遺伝子の**転写**（transcription）に影響を与えることもある．このような細胞応答をひき起こすすべての過程を**シグナル伝達**（signal transduction）という．

　(b)ではシグナル伝達分子の輸送システムを描いている．この分泌性のシグナルのことを，受容体に結合する性質があるので**リガンド**とよぶ．リガンドによっては血流に乗るものもある（内分泌；endocrine）．また，分泌されたところにとどまり，近くの細胞に影響を与えるものもあり（パラクリン；paracrine），分泌した細胞に戻って作用するものもある（オートクリン；autocrine）．リガンドによっては近くにある細胞外物質に結合して拡散しないことがある．その場合は，リガンドを遊離させる何らかの機構が必要となる．シグナルを発する細胞の細胞膜につながったままのリガンドもある．この場合は，シグナルを発する細胞のリガンドと，それを受取る細胞の受容体が結合できるほど細胞が近接しているときだけシグナルを伝達することができる．

　(c)では，受容細胞の細胞膜の脂質二重層に存在する受容体を示している．細胞質可溶性画分に存在する受容体もある．そのリガンドの例として脂溶性のステロイドやレチノイドがある．これらのリガンドは細胞質可溶性画分に容易に拡散することができる．

　リガンドと受容体の相互作用が起こると，受容体に何らかの変化が生じる．リガンドにはさまざまなクラスがあり，それに対する受容体も大きなファミリーを形成している．また，受容体の修飾のしくみもさまざまである．受容体分子の一般的な修飾として，C末端領域のリン酸化（または脱リン酸化）がある．C末端領域は細胞膜の細胞質側にある〔図の(d)参照〕．受容体の修飾が，次に，受容細胞内のカスケードの変化をひき起こす．最初のシグナルは受容細胞の中で化学的変化に変換され，それが細胞の行動や，特異的な遺伝子の転写の変化をもたらす．

　リガンドと受容体を介した細胞シグナル伝達が，成体だけでなく胚でも起こっていることが明らかになったことは，近年の生命科学における偉大な進歩の一つといえるだろう．同じ分子が胚でも，成体でも用いられている例が多数ある．リガンドと受容体の相互作用は，胚の発生のしくみの最も重要な部分を占めている．

のかはむずかしい問題である．"全体"というものはどのように調節され組立てられているのだろうか．一つのことが必然的に次をひき起こし，また次をひき起こすということが連続しているのだろうか．

胚のすべての細胞が遺伝学的に同じであるという仮定は正しい

　一つの細胞が分裂して生じるすべての細胞の遺伝子は同一であると最初から仮定してきた．すなわち，胚の細

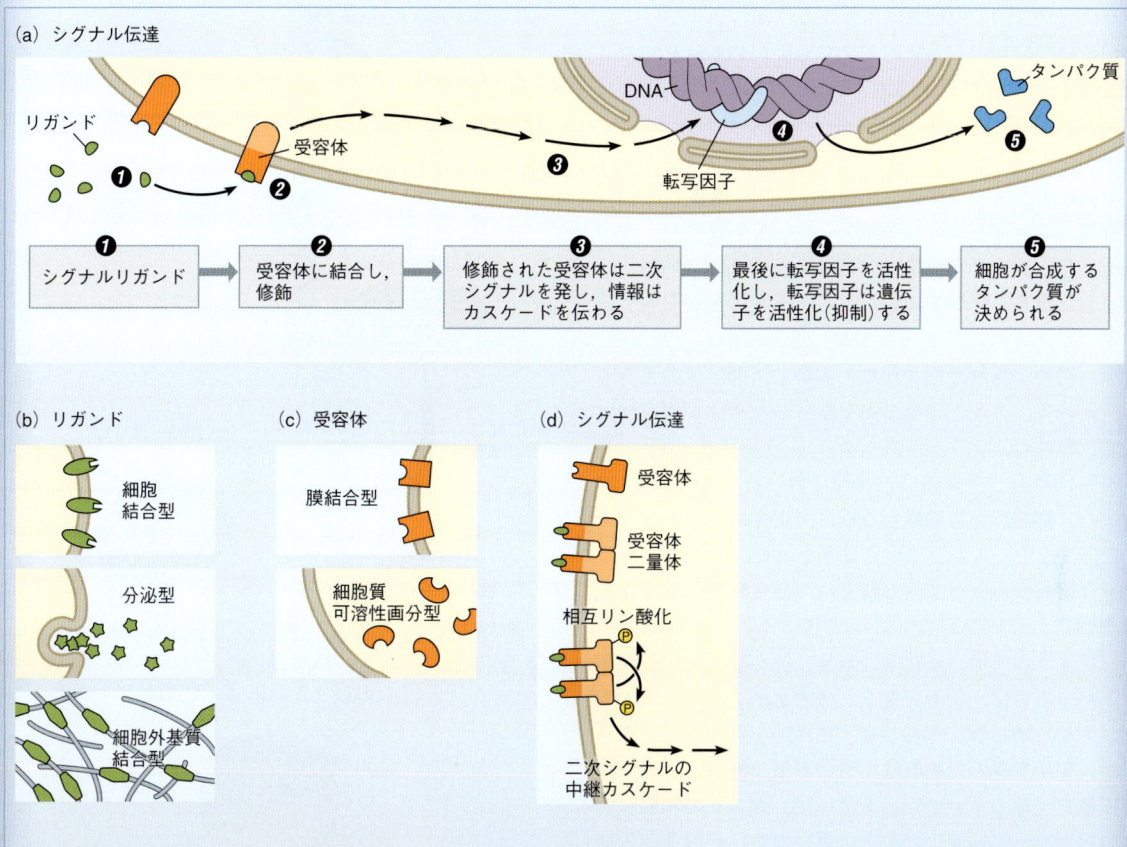

細胞のコミュニケーション．（a）細胞間シグナル伝達の各段階．（b）シグナル伝達分子をリガンドとよぶ．シグナルを発する細胞につなぎとめられているリガンドや，放出されるリガンド，細胞外基質に結合するリガンドがある．（c）リガンドが結合する受容体には，受容細胞の膜に結合しているものと細胞質可溶性画分に存在するものがある．（d）受容体がリガンドによって活性化されると，シグナルは受容体の二量体化やリン酸化という形に変換される．（e）リガンドと受容体の例．

胞核にあるすべての遺伝子は核分裂によって生じ，核分裂は，二つの子孫細胞にゲノム（genome）を等しく分配することを保証しているのである．細胞質に局在する物質に違いがあるか，あるいは生じた子孫細胞の環境に違いがある可能性はあるかもしれない．現代生物学のゆるぎない定説では，核分裂によって生み出されるそれぞれの細胞は，同じ（起原が同じ）染色体をもち，それぞれの染色体は同じ遺伝子と遺伝子調節領域をもつとされて

いる．しかし，この定説は本当だろうか．

　この疑問に対する実験的アプローチがRobert BriggsとTom Kingによって開発され，実験は1940年代後半から1950年代の米国フィラデルフィアで行われた．その後，英国オックスフォードのJohn Gurdonとその同僚によって実験技術がさらに改良された．彼らは**二倍体**（diploid）の細胞（染色体を2組もつ細胞）から核を取出し，この核を，核を除去した（**除核**；enucleated）卵に移植した．移植した核からすべての核が生じ，正常に胚が発生するか調べた．これは不可能な実験に思えるかもしれない．実際，初めは無理と思われた．しかし，両生類の大きな卵を用いて，さまざまな工夫を凝らした実験が何百回となく行われた．

　最初に遭遇した問題は，移植に用いる核の"年齢"であった．初期胚から単離した核は，正常に発生させる十分な能力をもっていることが証明された．しかし，発生が進んだ胚からとってきた核では，発生時間に伴って成功率が低くなった．さらに，成体のカエルの組織からとってきた核では，成功率は非常に低くなった．成功率が下がったのは，発生が進むと核の遺伝子に何らかの変化が生じるからか，それとも，技術的な問題なのであろうか．発生が進んだ細胞は小さいので，操作によって核が損傷を受けやすいのか．あるいは，カエルの初期胚の細胞周期（cell cycle）は非常に速いので，その速い周期にのる能力が低くなるからだろうか．ついにGurdonらは，南アフリカ産のアフリカツメガエル*Xenopus laevis*を用いて，成体組織に由来する核でも正常なオタマジャクシをつくる能力があることを証明することに成功した．図1・3に彼らが用いた実験方法の概略を示す．

　したがって，この問題は解決されているといえる．成体の特殊化した組織の細胞核は，胚のすべての組織の細胞核をつくりだす能力があるということである．移植された核から生じた胚は，正常なオタマジャクシになり，組織もすべて整っていることはわかった．しかし，理由はわからないが，変態して成体になるのはまれである．いずれにしても，この実験により，遺伝子の欠失や変異が原因で細胞が不等価になるのではないということが明白になった．

　核移植（nuclear transplantation）は昆虫や哺乳類など他の多くの種でも行われている．最近のめざましい例として，ヒツジの乳腺から取出した組織培養細胞の核移植がある．そのうちの数例は発生し，かの有名な子ヒツジ"ドリー"が生まれた．これには，もともと両生類で開発された技術が応用されている．これはすばらしいことではあるが，成功例はきわめて低く，多額の費用がかか

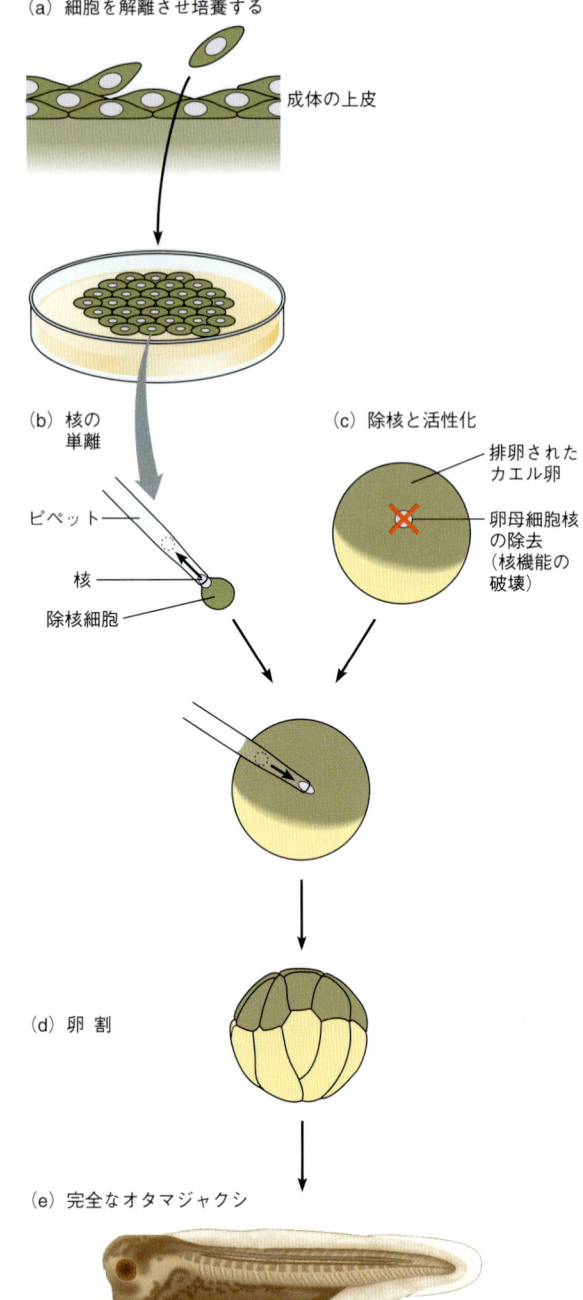

図1・3　両生類における核移植． Gurdonとその同僚によって，カエルの成体組織（皮膚）から取出した核を活性化した卵へ移植する実験が行われた．(a) 成体の皮膚を切り出し，組織培養する．(b) 組織培養細胞を細いピペットで吸い上げると細胞膜が壊れ，核を取出すことができる．(c) 排卵されたカエル卵を物理的操作で活性化し，卵の核は紫外線照射によりその機能を失わせる（除核）．その後，活性化した除核卵に培養細胞の核を移植する．核を移植された卵は卵割(d)を経て，完全に正常なオタマジャクシになる(e)．

ることを強調しておきたい.

器官の再生には細胞の再分化がかかわることが多い

遺伝子の変化が発生過程における細胞分化の一般的な説明とはなりえないことを証明している例がもう一つある. さまざまな動物は, 怪我や実験などで失われた器官あるいはその一部を再生する能力をもっている. 成体のイモリの眼のレンズを（白内障の手術のように）除去すると, 瞳孔のすぐ背側の色素をもつ虹彩組織が色素顆粒を失い細胞増殖する. 次に, レンズ組織として機能するように分化し, 失われたレンズと置き換わる. 色素をもつ虹彩組織で, 色素細胞が高度に分化したレンズ細胞に変化したことになる. 図1・4は, もう一つの有名な再生の例を示している. サンショウウオの肢を前腕部分で切断すると, 切断された肢は新しい完全な肢と指を再生する. これまで, 肢組織のどこかに未分化な細胞が蓄えられていて, その細胞から新しい肢ができると考えられてきた. この考えを完全に排除することはできないが, 少なくとも新しい肢組織の一部は, 脱分化した肢の真皮（表皮を裏打ちする結合組織）の細胞や筋細胞から生じ, それらがさまざまな組織に**再分化**することを示す多くの証拠が積み重ねられてきている.

植物では, 新しい組織の再生は, もちろんあたりまえのことである. たとえば若い枝の先を取除くと, 新しい枝が形成される場合がある. ここでも, 新しい枝や, 葉や花のような頂生器官が, 分化した細胞から生じるのか, あるいは蓄えられている何らかの未分化前駆細胞から生じるのかという疑問が湧いてくる. この疑問に対する答は, 1950年代に行われた米国コーネル大学のFrederick Stewardの実験によって明確に示された. 彼は, ニンジンの維管束（師部）から分化した細胞を一つ取出し, それを組織培地で慎重に培養した. そして, ついに, この1個の二倍体細胞に由来する細胞群から, 完全なニンジンの植物体をつくりあげたのである. 図1・5では, この実験過程の概略を示している.

組織が異なってもDNAの塩基配列は変わらない

分子生物学の技術は遺伝子の不変性を確かめる強力な手段である. さまざまなタンパク質をコードするDNA配列をクローン化（cloning）するのは, 今や日常的なことである. クローン化されたこれらの配列は, DNA試料中のある特定の遺伝子を検出するプローブとして用いられる. ボックス1・2と1・3では, 遺伝子またはmRNAをクローン化する手順, そしてクローン化されたこれらの断片をプローブとして用いる方法について概説している. たとえば, カエル成体のβグロビン（ヘモグロビンのβ鎖）を単離し, クローン化してプローブを作製したとしよう. そして, カエルのさまざまな発生段階の胚, またはカエルの成体のさまざまな組織からDNAを調製しよう. クローン化されたプローブを用いれば, それらのDNA試料のすべてにβグロビンDNAが存在し, その量は赤血球細胞と同じであることを示すことができる. したがって, ヘモグロビンが赤芽球で合成され脳細胞では合成されないのは, ヘモグロビン遺伝子が片方にあり, もう片方にはないというのが理由ではないということ, そして, すべての細胞はヘモグロビン遺伝子をもっているが, この二つの細胞の違いは, 遺伝子の発現調節が異なることがその原因であると断言できる. この結論は現代の発生生物学の偉大な業績の一つであり, 重要な根本原理の一つとなっている. 要するに, さまざまな細胞のゲノム情報には違いがなく, 発生過程で細胞間に生じる違いは, その不変的なゲノムの発現が違うことが原因であるということができる.

さまざまな細胞をつくりだす発生経路のことを, しばしば**分化**（differentiation）の経路とよぶ. 動物の成体の

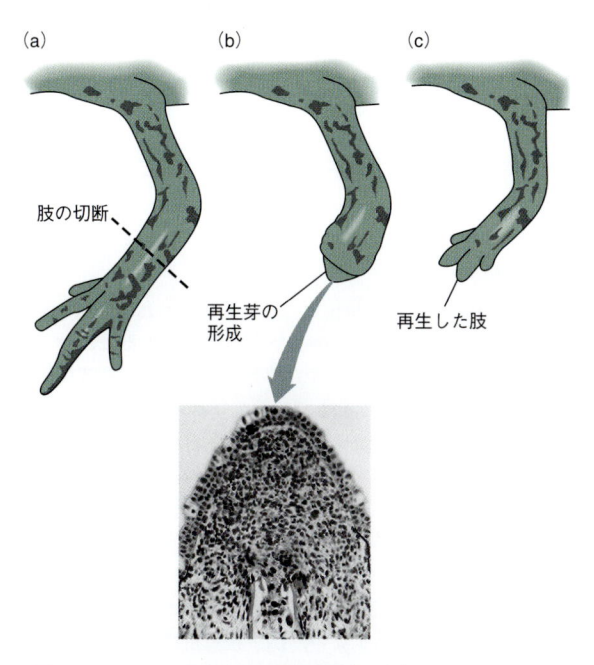

図 1・4 サンショウウオの肢の再生. (a) サンショウウオの前肢がひじの所で切断されると, (b) 傷口が閉じ, 傷口を覆う上皮の下に細胞が集まり, 塊（再生芽）をつくる. (c) 細胞が分裂し, 移動した後, 細胞が再分化して失われた肢のすべての要素（筋肉, 骨, 神経, 血管など）が適切な位置関係に配置される.

ボックス 1・2　組換え DNA 技術（クローニング）

　組換え DNA 技術〔**DNA クローニング**（DNA cloning）ともよばれる〕は，単純で強力な研究手法である．科学者はこの技術によって，どのような配列であっても大量の長いDNA を合成することができるようになった．これは，化学の実験室ではできなかった一種の工学であり，細菌の繁殖力を利用している．この科学技術は，多岐にわたって応用されているが，ここで関係があるのは，ライブラリーの構築と，プローブの作製，発現クローニングの三つである．これらの技術により，ほんの数年前まで不可能だったことが可能になった．

　組換え DNA 技術には，**ベクター**（vector）と挿入断片（insert）の二つの要素が必要である．ベクターは宿主細胞がそれ自身で複製できる遺伝子を宿主細胞に導入するためのDNA である．ベクターは，多くの細菌が自身の遺伝情報 DNA とは別にもつ天然の DNA 断片に由来する．この特別な DNA は，**バクテリオファージ**（bacteriophage）とよばれる細菌に感染するウイルスか，**プラスミド**（plasmid）とよばれるある種の遺伝要素である．プラスミドは数個の遺伝子しかもたないが，プラスミドDNA を複製するために宿主細菌の DNA 複製に必要な配列をもっている．プラスミドは細菌の性接合に影響を与える遺伝子をもつこともある．多くのプラスミドは，ある特定の抗生物質に対する耐性を宿主細菌にもたらすタンパク質をコードする遺伝子をもっている．たとえば，アンピシリン耐性遺伝子を有するプラスミドをもつ細菌はアンピシリン存在下でも増殖し続けることができる．一方，このプラスミドをもたない同種の細菌は，同じ条件の下では増殖することはできない．図ではベクターとしてプラスミドを例にとって示している．このベクターは挿入断片をもっている．

　第二の要素（挿入断片）は二本鎖 DNA 断片であり，由来がどのようなものであれベクターに挿入することができる．化学的に合成した DNA でもよいし，ある生物から取出した天然の DNA を，ヌクレアーゼで切断して適当な長さにした断片でもよい．また，ある組織から取出したメッセンジャーRNA をコピーした DNA でもよい．この最後の方法では，RNA 分子のコピーをつくるのに**逆転写酵素**（reverse transcriptase）を利用し，一本鎖**相補的 DNA**（complementary DNA：**cDNA**）を合成する．（逆転写酵素は RNA を鋳型として cDNA を合成する酵素である．）次に，適当な **DNA ポリメラーゼ**（DNA polymerase）を用いて，最初に合成された鎖に相補する第二の DNA 鎖を合成する．この第二の鎖は水素結合によって最初の鎖と結合している．

　いったん，挿入断片がつくられてしまえば，ベクターに挿入することができる．この挿入は正確でなければならない．**制限酵素**〔restriction enzyme，**制限エンドヌクレアーゼ**（restriction endonuclease）ともいう〕の発見により，この操作がきわめて簡単に行えるようになった．これらの酵素は，さまざまな微生物から発見されたものであり，高い特異性で二本鎖 DNA を切断する．ふつう，標的となる配列は 6 塩基（制限酵素によっては塩基数が少ない場合も多い場合もある）であり，塩基配列は相補する鎖の配列順と逆（回文）になっている．図では，制限酵素 *Eco*RI の認識配列 GAATTC を示している．

　ベクター（この場合はプラスミド）DNA が制限酵素の認識配列を一つもつ場合は，その配列が組換えに使える．制限酵素の多くは二本鎖を非対称に切断し，突出部分〔しばしば**付着末端**（cohesive end）とよばれる〕が生じる．二つの付着末端の塩基配列は完全に相補的である．それは，切断される前の二重らせんでは塩基対を形成していたからである．プラスミドは細菌の染色体のようにふつうは環状であるが，プラスミドの 1 箇所だけを認識する制限酵素を用いてプラスミドを切断すると直鎖化し，鎖の両端に付着末端をもつことになる．制限酵素が認識する配列は特異的であるので，突出部の配列はわかっていることになる．

　図では，*Eco*RI で切断された 4362 塩基対のベクタープラスミド pBR322 を用いて，この操作がどのように行われるか示している．挿入しようとする断片の末端が，プラスミドベクターの末端と相補的であれば，ベクターと挿入断片を混ぜると，挿入断片の付着末端とベクターの付着末端とが張りつく可能性はかなり高い．**DNA リガーゼ**（DNA ligase）がこのように平行に並んで塩基対を形成している断片を連結する．

　図に示すように，直鎖化したプラスミドと *Eco*RI 末端をもつ挿入断片を混合し，DNA リガーゼ処理すると，挿入断片どうしが連結したものや，プラスミドがそのまま閉じたもの以外に，挿入断片をもつ組換えプラスミドができる．次に，DNA リガーゼ処理したこの混合溶液を，大腸菌の形質転換に用いる．この操作の過程で，プラスミドをもたない宿主大腸菌が注意深く制御された条件下で外来DNA にさらされることになる．いくつかの大腸菌に取込まれた外来DNA は，大腸菌の増殖に伴って複製される．

　形質転換の効率はきわめて低く，ほんのわずかの大腸菌しか外来DNA を取込まない．抗生物質耐性マーカー遺伝子を用いるのは，プラスミドが挿入断片をもつもたないにかかわらず，プラスミドを取込んだ大腸菌だけが抗生物質存在下で増殖できるようにするためである．挿入断片を組込んだベクターをもつ大腸菌を識別するためには，いくつもの大腸菌のコロニーからプラスミド DNA を抽出して，

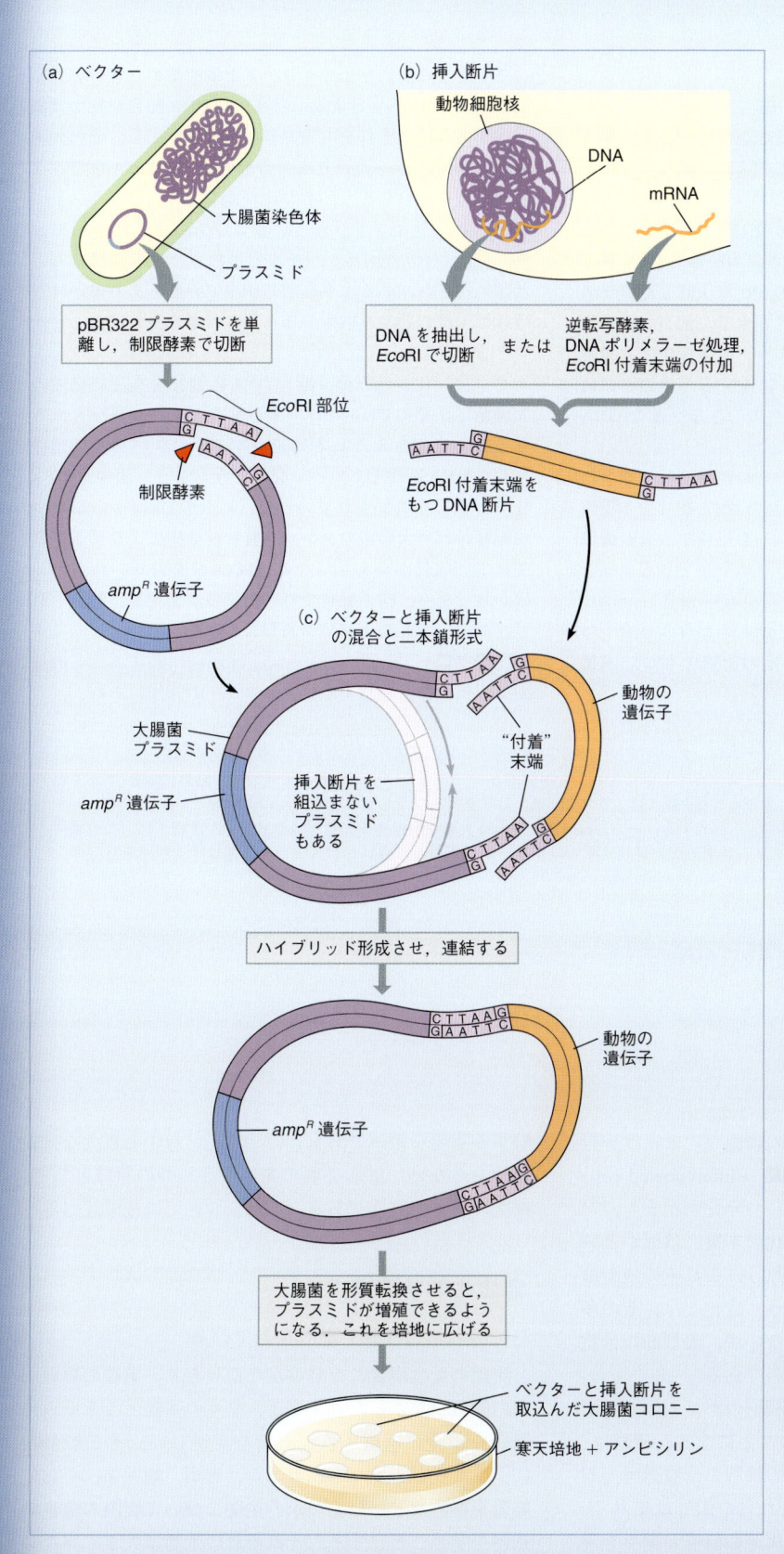

(a) ベクター
大腸菌染色体
プラスミド

(b) 挿入断片
動物細胞核
DNA
mRNA

pBR322 プラスミドを単離し, 制限酵素で切断

DNA を抽出し, EcoRI で切断

または

逆転写酵素, DNA ポリメラーゼ処理, EcoRI 付着末端の付加

EcoRI 部位
制限酵素
amp^R 遺伝子

EcoRI 付着末端をもつ DNA 断片

(c) ベクターと挿入断片の混合と二本鎖形式

大腸菌プラスミド
amp^R 遺伝子
挿入断片を組込まないプラスミドもある

動物の遺伝子
"付着"末端

ハイブリッド形成させ, 連結する

動物の遺伝子
amp^R 遺伝子

大腸菌を形質転換させると, プラスミドが増殖できるようになる. これを培地に広げる

ベクターと挿入断片を取込んだ大腸菌コロニー
寒天培地 + アンピシリン

DNA クローニング. DNA のクローニングにはいくつもの段階がある. 例としてプラスミド pBR322 を示す. このプラスミドは抗生物質アンピシリン耐性遺伝子 amp^R をもっている. (a) ベクターの調製: プラスミドを制限酵素 EcoRI で切断する. 図では EcoRI の認識配列を示している. (b) 挿入断片の調製: この場合は挿入断片は核の DNA であり, EcoRI で切断されている. 6塩基認識配列は, 確率的に約4000塩基対ごとに現れることになる. それぞれの DNA 断片の両端には制限酵素の切断配列が存在する. mRNA も酵素によって二本鎖 DNA にして挿入断片にすることができる. (c) 挿入断片のベクターへの組込み. ベクターと挿入断片を混合することによりハイブリッド(組換え)DNA 分子をつくることができる. これを用いて大腸菌を形質転換する. 挿入断片を組込まないで環状になるベクターもある. この挿入断片がないプラスミドも大腸菌に抗生物質耐性を与えるが, ベクターとしての役割は果たしていない.

挿入断片の有無を調べる必要がある*.

どのようにして，挿入断片に*Eco*RI付着末端をもたせることができるのだろうか．それは簡単なことである．挿入断片が天然に存在するDNAならば，同じ酵素，すなわち*Eco*RIで分解すればよい．すなわち，すべてのDNA断片はベクターにはめ込むことができる付着末端をもつことになる．たとえば，キイロショウジョウバエの胚からDNAを抽出し，DNAを*Eco*RIで切断して，*Eco*RIで切断したプラスミドと連結させ，大腸菌を形質転換させて，適当な抗生物質存在下で大腸菌を培養するとしよう．培養液中で大腸菌を増殖させると，密度は約10^9/mLに達する．その中には*Eco*RIで切断されたショウジョウバエのさまざまなDNAが存在することになる．

このように混在している大腸菌の一つが増殖してできたコロニーは，ショウジョウバエ由来のDNA断片を1種類だけもっていることになる．コロニーを形成する大腸菌はそれぞれクローンである．多数のコロニーができるような条件で大腸菌を培養した場合，いくつもの独立したコロニーが培地の表面に形成される．それらのコロニーの一つにはキイロショウジョウバエの特定の配列をもつ二本鎖DNAが入っていることになる．

さまざまな配列をもつクローンを多数集めたものをライブラリー（library）とよぶ．特異的なDNA配列を見つける手段があれば，それをもつコロニーを選び出し，その大腸菌を培養すれば，混ざりもののない目的のDNAを得ることができる．もちろん，それは可能であり，ボックス1・3で述べる．ライブラリーというよび方はよく的を射ており，分断されたDNAが，まるで本のカバーの間にきちんと詰め込まれているような感じが出ている．ある本がほしければ，本の題名を検索すると望みの本を見つけることができる．

クローン化された挿入断片DNAの情報をもとに宿主の大腸菌に，そのDNAにコードされたタンパク質を合成させることもできる．ヒト成長ホルモンタンパク質の情報をもつDNA断片をクローン化したとしよう．組換えDNA分子が正しく構築されていれば，ヒトのDNAからmRNAが転写され，大腸菌のタンパク質合成機構により翻訳されてヒトの成長ホルモンになる．DNAがクローン化されるばかりでなく，宿主細胞で外来遺伝子が発現し，翻訳されて，コードされたタンパク質が合成されるので，この技術を**発現クローニング**（expression cloning）とよぶ．この技術は現代の多くのバイオテクノロジーの背後にある．

---

* 訳注：挿入断片を*lacZ*遺伝子（β-ガラクトシダーゼをコードする遺伝子）の中に組込むことにより，挿入断片が組込まれたプラスミドをもつ大腸菌をコロニーの色で区別することができる．大腸菌はβ-ガラクトシダーゼ欠損株を用いる．培地にはβ-ガラクトシダーゼによる分解で青い色素に変わるX-galを添加しておく．単なるベクタープラスミドを取込んだ大腸菌は，β-ガラクトシダーゼを発現しているので青いコロニーを形成する．一方，*lacZ*遺伝子に挿入断片が組込まれると*lacZ*遺伝子が破壊され，このプラスミドを取込んだ大腸菌はβ-ガラクトシダーゼを発現せず，コロニーが白くなる．白いコロニーの大腸菌は挿入断片をもっていることになる．

特殊な機能を有する特徴的な形態の細胞（たとえば神経細胞や筋細胞）のことを，**分化細胞**（differentiated cell）とよぶ．発生学の文献を読むと，いつ分化が始まり，いつ分化が終わるか，そしてその分化の本質とは何かという議論にしばしば遭遇することと思う．これらの議論はほとんど意味がないといえるだろう．分化とは，その多くは顕微鏡下では見ることができないが，典型的な分化細胞を生み出す（一連の）過程なのである．

ゲノムは不変であり，すべての細胞のゲノムは同じであるという概念に反する例もみることになる．それは，ある動物の卵形成過程や，免疫系の細胞の形成過程でみられる．それにもかかわらず，これらの例外はまれで，特別なことであり，遺伝子発現の調節の研究が発生を理解する重要な領域であるという考えに対する重大な挑戦とはならない．学ぶ必要のあるもう一つの領域として，細胞の行動の調節がある．これについては後で述べる．

発生生物学の探求

この教科書は3部で構成されている

実際の発生現象になじみがなかったり，実験の専門用語の知識がなかったりすると，発生の基礎となる原理や概念を十分に理解することはむずかしい．そこで最初に，ショウジョウバエ，カエル，鳥類，哺乳類，そして維管束植物など，いくつかの生物について実際の発生の基礎を学ぶことにする．それぞれの生物は大きく異なっ

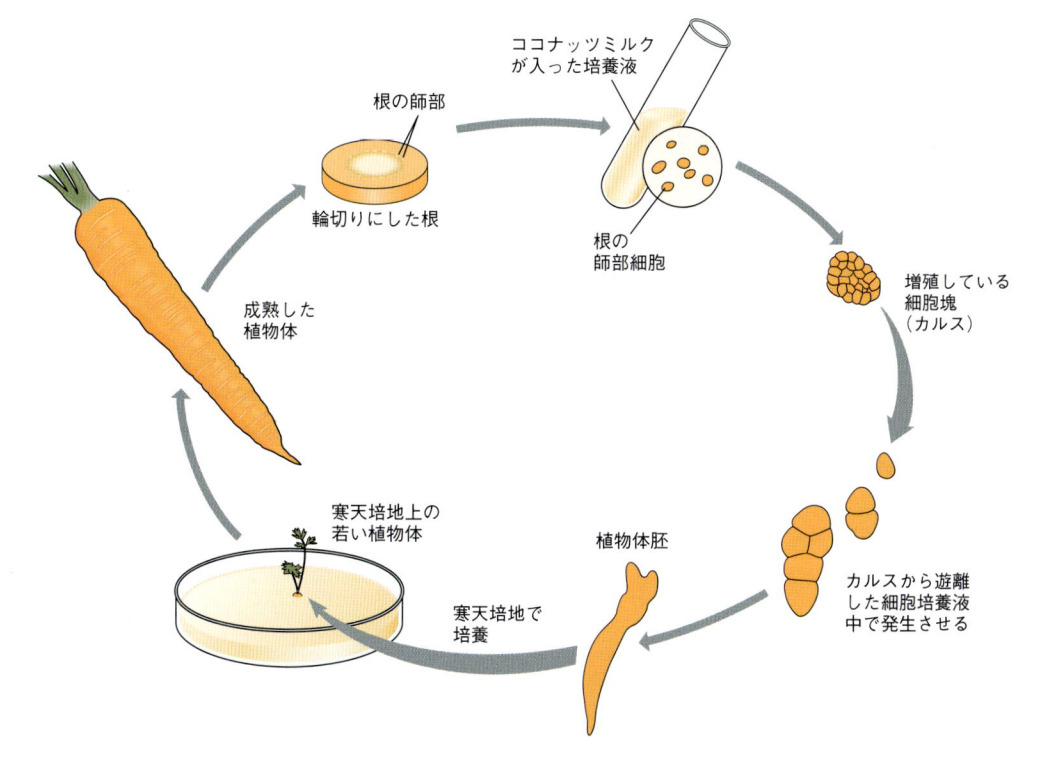

図 1・5　分化した植物体組織からのニンジンの形成． 1個の分化した師管（樹液を通す管組織）細胞から完全なクローンニンジンをつくりだす手順を図で示している．ニンジンを輪切りにして師管の小片を切り出す．ココナッツミルクを含む培養液で師管の小片を培養すると，培養液の中で成長したカルスから細胞が遊離してくる．それらの細胞は増殖して植物体様の構造をつくる．この"植物体胚"を固形培地に移すと完全なニンジンになる．各模式図のスケールは一定ではないことに注意．

ており，発生様式は非常に異なるようにみえる．この大きな相違があるからこそ，研究者は多様な発生機構を見つけることができたのである．

しかし，重要なことは，普遍とまではいかないかもしれないが，きわめて広範で重要な原理が存在することである．たとえば，受精をきっかけとして速い周期の細胞分裂が始まり，発生の初期段階では胚の体積をほとんど増やすことはないということは，これらすべての生物にあてはまる事実である．この時期の早い細胞分裂を**卵割**（cleavage）とよぶ．多くの動物胚では，卵割によってさまざまな細胞がつくられる．生じた細胞を**割球**（blastomere）といい，割球が，液体でみたされた腔所を取囲むように配置された胚を**胞胚**（blastula）という．動物胚では，その後，**原腸形成**（gastrulation，原腸陥入）とよばれる細胞や組織が大規模に移動する時期を迎え，さまざまな器官の分化（**器官形成**；organogenesis）が始まる．

植物の発生で用いられる用語はずいぶん違う．細胞の活発な運動は，動物の形をつくるのに不可欠であるが，これからみるように植物では細胞の運動はほとんどない．植物の最終的な形は，細胞の数や形が変化することによりつくられる．

実際の発生を学んだ後，生物の形をつくり上げる**形態形成**（morphogenesis）の機構を集中的に学ぶことにする．最後に，本章の初めでふれた遺伝子の発現調節機構に焦点を当てる．あるタンパク質はある特定の細胞に存在し，別のタンパク質は別の細胞にあるのはどうしてなのだろうか．

発生学は繰返しながら学ぶ学問である

形態形成を遺伝子の発現と分離して扱うのは，おもに教育の手段であり，ある意味では不自然なことである．形態形成に遺伝子の発現が重要であることは明白であり，その逆も成り立つ．実際，発生を学ぶ際に，学生にも教師にとっても教育上の面倒な問題があることは事実である．発生学は複雑である．あまりにも多くのことがかかわっているので，根本原理に取組むには現代生物学

ボックス 1・3　核酸プローブ

クローン化されたDNAの重要な用途は，プローブ (probe) の構築である．プローブとは独特の実験室用語であり，"標的"に結合した場合に見つけやすいように何らかの目印がつけられた特定の配列をもった核酸にほかならない．目印は ^{32}P や ^{3}H のような放射性物質か，核酸のピリミジンやプリン塩基に結合させた有機物であり，その有機物を化学的，または免疫化学的に検出することができる．標的は細胞から抽出された，あるいは細胞の中にあるDNAかRNAである．

核酸が特定の遺伝子やmRNAの検出に用いるプローブとなることができるのは，遺伝物質であるDNAが二本鎖構造をもつからである．各鎖は平行している反対鎖とG-CおよびA-T特異的な塩基対によって結合している．mRNAは2本の相補する鎖の片方からのみ転写される．mRNAと同じ配列をもつDNA鎖を**センス鎖**（sense strand）とよぶ．**アンチセンス鎖**（antisense strand）はセンス鎖と相補する鎖であり，mRNAの鋳型となる．センス鎖は鋳型とはならないが，複製の過程でDNA情報を子孫細胞に伝える際に重要な働きをしている．

熱（熱エネルギーにより水素結合が切られる）などでDNAの二本鎖が解離している状態を，DNAが変性しているという．温度が下がり，ある条件になるとセンス鎖と，それに相補するアンチセンス鎖がぶつかり合い，結合して二本鎖DNA分子となる．変性させたDNAに，高濃度の一本鎖DNAまたはRNAを加えたとしよう．変性したDNA分子に相補するプローブの一本鎖DNAかRNAが存在し，条件が整っていれば，プローブ分子はDNA-DNA，RNA-DNAにかかわらず二本鎖構造をとることになる．相補する配列がRNAどうしであれば，RNA-RNAハイブリッドが形成される．水に溶けている核酸であれば，プローブと標的は溶液の中で二本鎖を形成する．また，組織標本でも，細胞を固定する過程で核酸がひどい損傷を受けていなけれ

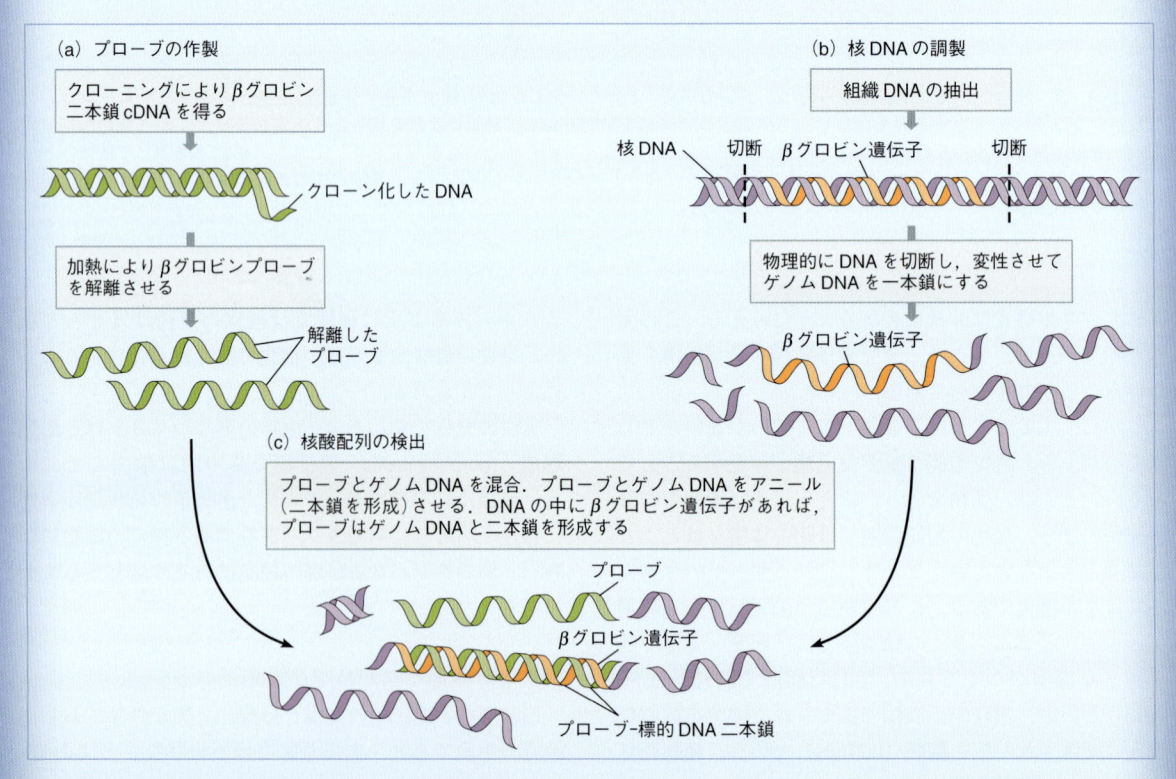

遺伝子とmRNAの検出のためのプローブ． DNA（遺伝子）またはRNA（mRNA）など，特定の塩基配列を検出するための手順．(a) クローニングによって特異的DNAプローブを調製する．ここでは，ヘモグロビンのβ鎖を検出するプローブを例にあげる．このプローブはグロビンmRNAから合成したcDNAである．(b) 放射性同位体 ^{32}P で二本鎖DNAプローブを標識し，変性させて二本鎖を分離する．(c) さまざまな組織から核のDNAを抽出し，短い断片にして変性させる．プローブとゲノムDNAを混合し，二本鎖DNAが再構成される条件で保温する．プローブは，βグロビン遺伝子のコード領域に相当するセンスまたはアンチセンス配列をもつゲノムDNAとのみハイブリッド形成することができる．

ば，二本鎖の形成が起こる（図参照）．

したがって，センス鎖，アンチセンス鎖に限らず，特定の遺伝子やmRNAの一部の配列をもつ一本鎖DNAまたはRNAに標識することができれば，ハイブリッド形成させることにより，標的の配列が存在するかどうか調べることができる．実際，特定の遺伝子がDNA抽出液の中に存在することや，組織から抽出したRNAの中に特定の遺伝子のmRNAが存在するかを知ることができる．固定した細胞を用いて，特定の遺伝子やmRNAが存在したり発現したりしているか視覚的に知ることもできる．

をよく知る必要がある．われわれは今や，細胞と発生の分子機構に関する情報の洪水の只中にいる．毎週のように，発生過程で働くさまざまな遺伝子やタンパク質に関する論文が公表されている．たとえ専門家であっても，細胞や分子生物学の最近の進歩に追いつくのがむずかしい状況にまでなっている．しかし，"十分な知識"が得られるのを待っていては，いつまでたっても前に進むことはできない．思い切って，飛び込むことが必要である．

今後，同じ対象を異なる見地から見る場合が多々あることと思う．また，必要とあれば，あまりなじみがないかもしれないが，細胞生物学や分子生物学からの必須のことがらについてふれることもある．発生は繰返す．受精卵から子が生じ，子は成長して性的に成熟した成体になる．成体の体の中には配偶子（卵と精子）がつくられ，受精により再び次のサイクルが始まるのである．用語や実験手法の知識を積み上げながら，形態形成や遺伝子発現調節について，何回も学ぶことになる．本書では，われわれが実際に知っている基礎知識と，動植物の発生を理解するためにさらに必要な知識をできるだけ区別していこうと思う．

本章のまとめ

1. 少数の例外を除いて，生物体を構成するすべての細胞がもつ情報は等しい．細胞に多様性をもたらすものは，それぞれの細胞で発現する情報である．すなわち，遺伝子発現の調節が異なるということである．
2. 発生過程では，娘細胞どうしの性質が等しくならない細胞分裂がある．たとえ核の遺伝情報は等しくとも，その娘細胞は等価ではない．それぞれ異なる遺伝子を発現し，異なる行動をすることがある．
3. 不等価細胞は次のいずれかが原因で生じる．1）細胞分裂によって娘細胞に分配される細胞質の内容が異なる．2）それぞれの娘細胞が占める環境が異なる．
4. すべての細胞は，特異的なリガンド分子と，受容細胞がもつ特異的受容体との相互作用によって情報交換を行っている．

問　題

1. John Gurdonとその同僚たちがカエルの成体組織の核を，除核した両生類の未受精卵に移植した実験に関する問題である．彼らは，胞胚期よりも先に発生が進む胚の割合は，移植核がもともとあった成体細胞の影響を受けていることを見いだした．たとえば，皮膚の細胞から単離した核からは，ほとんど正常な胚は得られなかったが，皮膚の細胞を培養皿の中で組織培養し，増殖させた後に卵に移植したところ，もっと高い確率で胚が発生した．どうしてこのようになったか考えてみよう．
2. 特定のDNA配列を検出するためのプローブは，センス鎖またはアンチセンス鎖のどちらからつくられたRNAまたはDNAでもかまわない．ところが，特定のmRNAを検出するために用いられるプローブは，RNAでもDNAでもかまわないが，アンチセンス鎖の配列でなければならない．なぜそうなのか，説明せよ．
3. 器官あるいは器官の一部の再生過程における細胞の性質について多くの対立意見があった．未分化状態にある"予備"（本来の分化経路からそれほど離れていない）細胞が，新しい組織のもとになるのであり，分化した細胞は別のタイプの細胞になることは決してないという議論が多くなされてきた．サンショウウオの肢の再生を例に，この仮説を検証する実験または手法を考えよ．

参考文献

Alberts, B., Bray, D., Johnson, A., Lewis, J., Raff, M., Roberts, K., and Walter, P. 1998. *Essential Cell Biology*. Garland Publishing, New York.
現代細胞生物学の優れた入門書．10章ではクローン化技術，15章ではリガンドと受容体を介した細胞間コミュニケーションについて述べている．

Briggs, R., and King, T., 1952. Transplantation of living nuclei from blastula cells into enucleated frogs' eggs. *Proc. Natl. Acad. Sci. USA* 38: 455-463.
核移植の最初の論文であり，実験方法の詳細と実験に対する評価が書かれている．

Diberadino, M. A. 1987. Genomic potential of differentiated cells analyzed by nuclear transplantation. *Am. Zool.* 27: 623-644.
分化細胞からの核移植に関する詳細な専門的総説．

Gurdon, J., Laskey, R. A., and Reeves, O. R. 1975. The developmental capacity of nuclei transplanted from keratinized cells of adult frogs. *J. Embryol. Exp. Morphol.* 34: 93-112.
成体の細胞からの核移植に関する古典的論文．

Steward, F. C., Mapes, M. O. Kent, A. E., and Hosten, R. D. 1964. Growth and development of cultured plant cells. *Science* 143: 20-27.
分化した植物培養細胞からの完全な植物体の形成に関する総説．

Wilmut, I., Schnieke, A. E., McWhir, J. K., Kind. A. J., and Campbell, K. H. S. 1997. Viable offspring from fetal and adult mammalian cells. *Nature* 385: 810-813.
クローンヒツジドリーの記録．

2

配偶子形成・受精・細胞系譜の追跡

本章のポイント
1. 卵は卵巣でつくられ，胚形成に必須である．
2. 卵形成過程は減数分裂と卵の著しい成長を必要とする．
3. 精子形成は精巣で起こり，やはり減数分裂を伴う．
4. 受精すると卵の細胞内 Ca^{2+} 濃度が一過的に上昇し，発生が誘起される．
5. 一つの精子核だけを卵核と融合させる複数の機構がある．
6. 個々の細胞を"タグ"で標識するのは発生学者が発生を解析するのに有用である．
7. 受精は一連の速い細胞分裂を誘起する．

　発生は胚形成のはるか前から始まる．まず初めに**配偶子形成**（gametogenesis）があり，両親の体内で**雌性配偶子**（female gamete）と**雄性配偶子**（male gamete），すなわち卵と精子がつくられる．次に**受精**（fertilization）があり，両配偶子は互いに相互作用しながら一つに合体し，胚発生を開始する．本来なら個々の動物種の実例について述べるべきであるが，配偶子形成や受精の多くの様式はきわめて広くいきわたっているので，最初はこれらのことを一般的に扱うほうがより単純でしかも経済的だろう．その後で，ショウジョウバエ，カエル，鳥類，哺乳類について考えるにつれて，これらの動物の一つか二つの事例について述べることにする．

　まず，配偶子形成から話を始めるのが適当だろう．なぜならば，配偶子という細胞の形成過程が，これから繰返し出てくるほとんどすべての発生の問題と関係するからである．配偶子形成は細胞の形態変化という秩序正しいプログラムと，特定の遺伝子セットの活性化や抑制からなっている．また，発生の変化をもたらす機構を解明するために，より深く発生現象を解析しようとすると，多くの解答は卵の構造そのものの中に封入されていることを理解することだろう．

　すべての動植物には生殖のための特別の器官があり，そこで配偶子がつくられる．動物ではこの特別な器官を**生殖腺**（gonad）とよび，雌の生殖腺を**卵巣**（ovary），雄の生殖腺を**精巣**（testis）とよぶ．

卵 形 成

雌性配偶子は卵巣でつくられる

　生物ごとに卵巣の形態は異なり多様である．しかし，図2・1で示すように，基本的な構造は共通して重要である．動物では，**減数分裂**（meiosis）して卵を形成する特別な細胞群があり，これを**始原生殖細胞**（primordial germ cell: PGC）とよぶ．始原生殖細胞は胚の時期に形成され，雌性生殖腺に移動し（7章参照），生殖腺に入ると**卵原細胞**（oogonium, pl. oogonia）とよばれるようになる．卵原細胞の数は限られており，成体では細胞分裂しない．蓄えられている卵原細胞の数は少なく，ヒトでは，新生児の卵巣に数千個しか存在しない．卵原細胞は順番に成長し，1カ月に1回1個の割合で卵になる．それとは

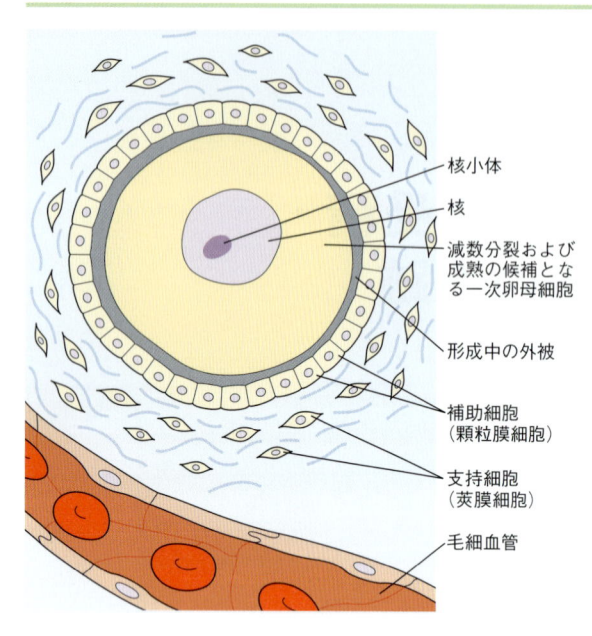

図 2・1　卵巣．一般的な脊椎動物の卵巣の構造．卵母細胞と補助細胞，まわりを取囲む膜，および支持細胞との関係を示す．

（殻など）の形成，成熟した卵の卵巣からの放出などにかかわっている．

卵母細胞が蓄積する物質の多くが，体内の他の器官で合成されることも少なくない．これらの物質は循環系によって生殖腺に輸送され，卵母細胞に入る．ある動物種では，血流から卵母細胞への分子の選択的取込みに，補助細胞と支持細胞がかかわる．また，成長過程にある卵自体にも，分子の取込みと貯蔵の機構がある．4章で，この分子輸送の例として，脊椎動物の肝臓における卵黄タンパク質の合成について述べる．

卵形成の特徴は大規模な成長である

卵形成の特徴は，驚くべき成長である．ほとんどの動物種の胚は，食物を摂取できるようになるまでは成長しない．すなわち，乾燥重量の増加がない．成長は発生に先立って卵形成の間に起こる．**卵形成**（oogenesis）とは，発生に必要なすべての材料を整然と蓄積することであり，生物界の生合成反応のなかで最も顕著な事例である．この代表的な例として，鳥の卵がある．鳥の卵黄はすべて肝臓で合成され，莫大な量の卵黄は，胚の成長のための"燃料"（エネルギー）と"コンクリートとレンガ"（素材）として用いられる．ほとんどすべての動物の卵は鳥と同様の卵黄の蓄えを採用している．キイロショウジョウバエ *Drosophila melanogaster* の卵はニワトリと比較して小さいものの，卵が発生して約20,000個の細胞からなる小さい幼虫をつくるのに十分な卵黄を貯蔵している．

卵形成は減数分裂を伴う

卵形成のもう一つの特徴は，減数分裂である．細胞が体細胞分裂するか減数分裂するかの選択機構についての実験的研究は，最近始まったばかりである．この決定が重要であることはまちがいない．卵原細胞が減数分裂して生じる4個の娘細胞のうち，1個だけが実際の卵となる．細胞分裂の分裂面が非対称であるため，他の三つの細胞はほとんど細胞質をもたないことになる．

図2・2に卵形成の概要を示す．卵形成過程に入ると卵原細胞（またはその子孫細胞）は例外的な成長を開始する．細胞自体の最大限高められた生合成能力と，卵母細胞が卵黄や他の材料を母体の循環系から取込むことにより成長するのである．DNA複製もこの間に起こる．**一次卵母細胞**（primary oocyte，成長期の卵母細胞の名称）が，長期にわたる第一減数分裂前期に入るころには，き

対照的に，カエルの雌の卵原細胞は細胞分裂することができ，分裂により卵原細胞を補充している．たとえばカエルの雌は年1回の繁殖期に数千個の卵を産むが，細胞分裂して卵原細胞の数を保つことで，翌年のシーズンでもまた同じ数の卵を生むことができる．

本書では，高度に分化した細胞をつくることが可能で，なおかつ細胞分裂によって数を維持することができる細胞群についてふれる機会が多くある．この細胞群を**幹細胞**（stem cell）とよぶ．カエルの卵原細胞は紛れもなく幹細胞集団である．しかし，ヒトの場合は，卵原細胞は有限の細胞貯蔵所であり，そこから細胞が取り分けられて卵になる．したがって，ヒトの卵原細胞は幹細胞ではない*．

卵原細胞を常に密接に取囲む補助細胞の層がある．この周囲を囲む細胞層は動物種によってさまざまな名称があるが，いずれも，卵原細胞が卵に分化するのに重要な働きをしていることが知られている．第一減数分裂前期に入った卵原細胞を**卵母細胞**（oocyte）とよぶ．（後で述べるように卵母細胞には一次卵母細胞と二次卵母細胞という区別がある．）しばしば形成過程の卵と補助細胞は，**支持細胞**（supporting cell）とよばれる別の細胞に囲まれている．支持細胞はホルモンの合成，卵を包む層

＊　訳注: 最近哺乳類の卵原細胞も幹細胞である可能性を示唆する論文が報告されている．

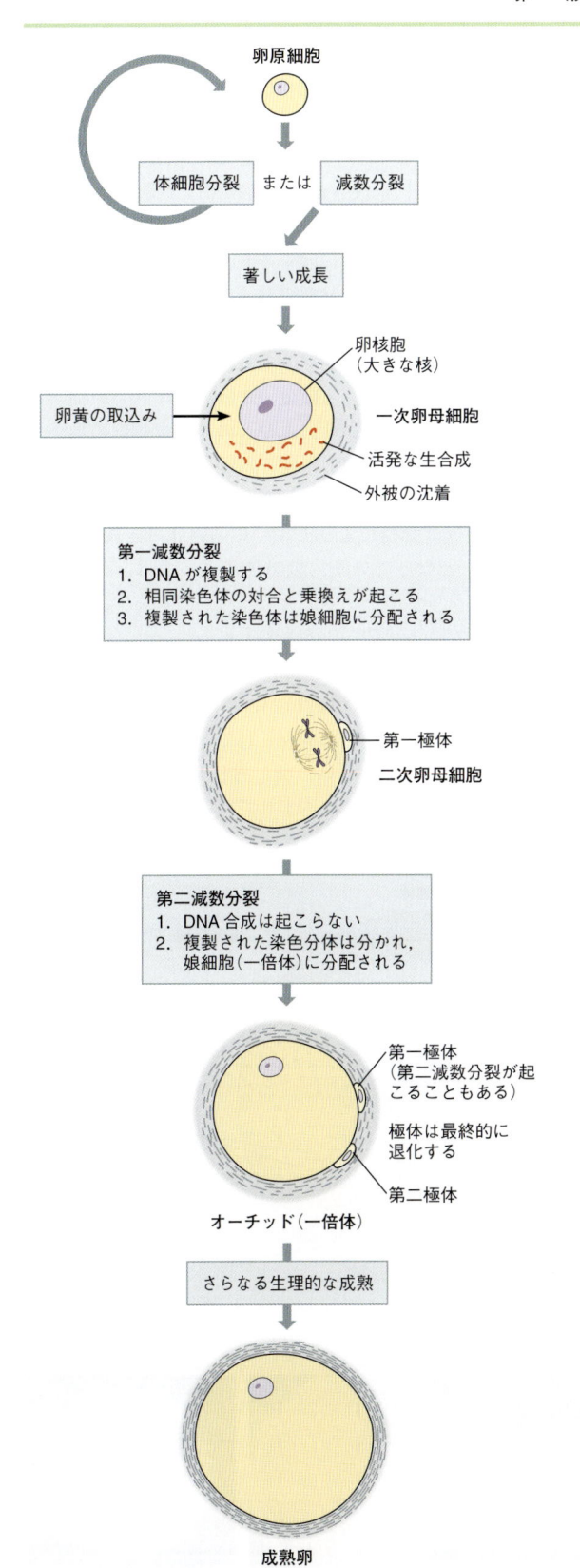

わめて大型化し，非常に大きい核をもつ．この核はしばしば**卵核胞**（germinal vesicle）とよばれる．

　第一減数分裂（first meiotic division, meiosis I）の基本的な特徴を思い出してみよう．前期に複製された相同染色体は緊密に結合して四つの染色分体の束（四分染色体）を形成する．対をなす染色分体は交差して二本鎖DNAを組換えることが可能であり，実際にそうしている．四分染色体が見えるのは，前期後半（合糸期，複糸期と太糸期）だけである．つづく中期では，四分染色体は二つの中心体の極からほぼ等距離の細胞質に配置される．後期になると相同染色体が分離し，娘細胞は1対の相同染色体のうちの片方を受取る．（対合，乗換え，相同染色体の娘細胞への分配の過程については，生物学の入門書を参照）

　第一減数分裂では，中心体のある場所は，巨大な一次卵母細胞の"中央"ではなく，卵の周辺部である．したがって，**細胞質分裂**（cytokinesis，母細胞の細胞質がくびり切られ，二つの娘細胞を生じる現象）すると，二つの娘細胞の大きさが非常に異なることになる．実際，大部分の細胞質（蓄えられた物質のほとんどである95％以上）が**二次卵母細胞**（secondary oocyte）に入る（図2・2参照）．非常に小さいもう一つの細胞は，**極体**（polar body）となる．極体が第二減数分裂して，二つの非常に小さい娘細胞を生じることもある．いずれにしても，第一極体とその子孫はすぐに退化し，その後の発生で役割を果たすことはない．

　第一減数分裂の前の一次卵母細胞の成長期が非常に長い場合がある．たとえば，アフリカツメガエルの一次卵母細胞の成長が完了するには約4カ月かかり，ヒトでは数週間かかる．ある動物では，一次卵母細胞が成長を完了すると，発生上の仮死状態ともいえるほど非常に長くその状態にとどまり，減数分裂期に入らない．何らかのシグナル受取ると，それがきっかけとなって，はじめて次の段階に進むことができる．シグナルは，環境からの情報がひき起こすホルモン濃度上昇の場合が多い．

　生物によっては，一次卵母細胞が成熟した配偶子のように振舞うことがある．一次卵母細胞は受精することが

図 2・2　卵形成過程の減数分裂．卵原細胞が減数分裂し，受精可能な卵になるまでの過程を示す．多くの動物種では減数分裂の完了前に受精が起こる．一次卵母細胞は成長して巨大になり，減数分裂によって一つの卵原細胞から一つだけ卵が形成される．

可能で，精子により活性化される．この場合，一次卵母細胞は第一減数分裂を完了して極体を生じ，つづいてすぐに**第二減数分裂**（second meiotic division, meiosis II）を完了し，卵（**オーチッド**；ootidともいう）ともう一つの極体を生じる．減数分裂における2回の分裂から生じる卵の核を雌性**前核**（pronucleus）といい，雌性前核はおのおのの相同染色体の片方だけをもつ**一倍体**（haploid）である．精核が卵の細胞質の中にある間に減数分裂が完了する．減数分裂は急速に進行し，次に，一倍体の雄性前核と雌性前核が融合し，**二倍体**（diploid，核当たり2セットの染色体をもつ状態）になる．

　ある動物では，大きな一次卵母細胞が第一減数分裂を終えると，長い第二減数分裂中期に入る．どこで減数分裂を停止するかは動物種によって異なるが，卵母細胞は第一減数分裂の中期または第二減数分裂の中期に長くとどまる．停止していた減数分裂は，ホルモンや受精の刺激により再開され完了する．

　減数分裂期にはDNAは複製されないことを思い出されたい．第一減数分裂で生じる二次卵母細胞は二倍体セットのおのおのの染色体構成をもち，この染色体構成はそれぞれがその染色体を表す完全な二本鎖DNAである染色分体からなる．第二減数分裂は，染色分体の単なる機械的な分配である．動原体が倍化，分離することで染色分体が分離したものを，単に染色体とよぶ．第二減数分裂の完了に伴い，それらは二つの娘細胞に分配される．再び，きわめて非対称な細胞質分裂が起こり，それで生じた卵細胞（オーチッド）がほとんどすべての細胞質を引継ぎ，周辺部に形成された第二極体はすぐに退化する．

　動物では，受精は減数分裂の進行が停止している一次または二次卵母細胞期に起こるが，どちらで起こるかは種による．受精は減数分裂の完了を促進させるシグナルとなるのである．ウニなど，動物によっては，受精前に卵巣の中で減数分裂を完了するものもある．

　卵形成によって生じる卵は，本当にめずらしい細胞である．それは巨大であり，ふつうの二倍体細胞の数千から数万倍の大きさがある．すぐに開始される発生プログラムに必要な材料の大きな貯蔵庫でもある．卵の膜と代謝のしくみは受精によってすぐに活性化できるように，"待機中"となっている．動物種によっては，代謝が長期間にわたって休止状態であるにもかかわらず，いつでも活性化できる状態にいるものもある．

卵は高度に組織化されている

　卵はきわめて有機的に構成されていることの重要性は強調しすぎることはない．卵に蓄積されている物質は，リン脂質の膜に単に詰め込まれているわけではない．さ

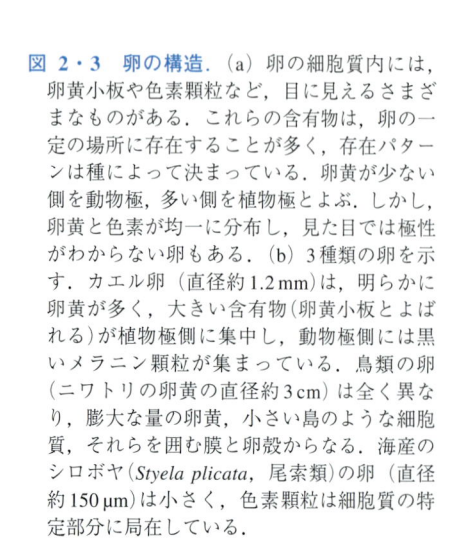

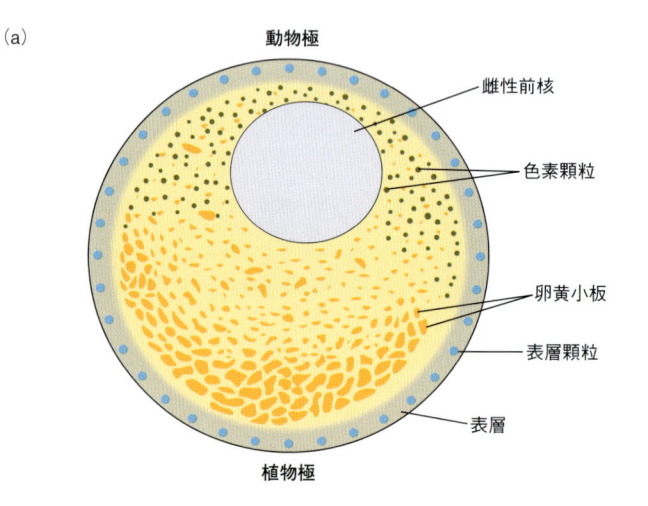

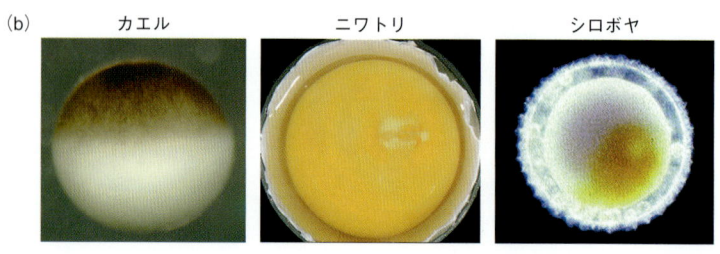

図2・3　**卵の構造**．(a) 卵の細胞質内には，卵黄小板や色素顆粒など，目に見えるさまざまなものがある．これらの含有物は，卵の一定の場所に存在することが多く，存在パターンは種によって決まっている．卵黄が少ない側を動物極，多い側を植物極とよぶ．しかし，卵黄と色素が均一に分布し，見た目では極性がわからない卵もある．(b) 3種類の卵を示す．カエル卵（直径約1.2mm）は，明らかに卵黄が多く，大きい含有物（卵黄小板とよばれる）が植物極側に集中し，動物極側には黒いメラニン顆粒が集まっている．鳥類の卵（ニワトリの卵黄の直径約3cm）は全く異なり，膨大な量の卵黄，小さい島のような細胞質，それらを囲む膜と卵殻からなる．海産のシロボヤ（*Styela plicata*，尾索類）の卵（直径約150μm）は小さく，色素顆粒は細胞質の特定部分に局在している．

まざまな動物種の卵を観察すると，卵の構造は組織化されていることがわかる．図2・3に，卵の写真と卵の構造の一般例を示す．卵黄は**卵黄小板**（yolk platelet）とよばれる細胞小器官として構築され，しばしば卵内に不均一に分布する．多くの場合，卵黄の多い側を**植物極側**（vegetal side）とよび，卵黄の少ない半球を**動物極側**（animal side）とよぶ．卵にはさまざまな色の色素顆粒もあり，程度の差はあるが局在していることがある．また，卵核は卵の周辺部に位置することが多い．卵の表面近くには多くの場合，特殊な大量の小胞があり，それは**表層顆粒**（cortical granule）とよばれる．卵の表層の細胞質は内部の細胞質とは異なり，細胞骨格などの特徴的な超微細構造（電子顕微鏡によってのみ見える構造）がある．この細胞表面近くの構造を**表層**（cortex，皮質ともいう）とよぶ．

　学ぶにつれて，卵内の構成がいかに重要であるか理解することと思う．卵には内容が異なる細胞質領域が存在し，細胞分裂では，この領域はほとんど混合されない．したがって，受精後の卵割によってできる子孫細胞は，互いに異なる細胞質をもつことになる．

精 子 形 成

雄性配偶子は精巣で形成される

　雄にも同様に始原生殖細胞があり，胚で形成され，移動して雄性生殖腺（精巣）に入る．その子孫細胞を**精原細胞**（spermatogonium, *pl.* spermatogonia）とよぶ．これらの精原細胞もまた補助細胞と密接にかかわっている．哺乳類ではこの補助細胞を**セルトリ細胞**（Sertoli cell）とよぶ．生殖細胞と補助細胞は，**精細管**（seminiferous tubule）とよばれる結合組織の管の内側に沿って並ぶ．精細管と精細管の間の支持細胞を含む結合組織には毛細血管が形成される．哺乳類では，この結合組織の細胞（**ライディッヒ細胞**；Leydig cell）がテストステロンの分泌を担っている．精細管の一端は閉じており，もう一端は他の細管と結びつき，共通の管を形成する．この共通の管は脊椎動物では小輸精管と輸精管からなり，前立腺などが分泌する精液の形成を促す物質を受取る働きがある．また，管は外生殖器（交尾器官）の中に続いており，精子と精液を受精のために送り出す導管の役割もある．

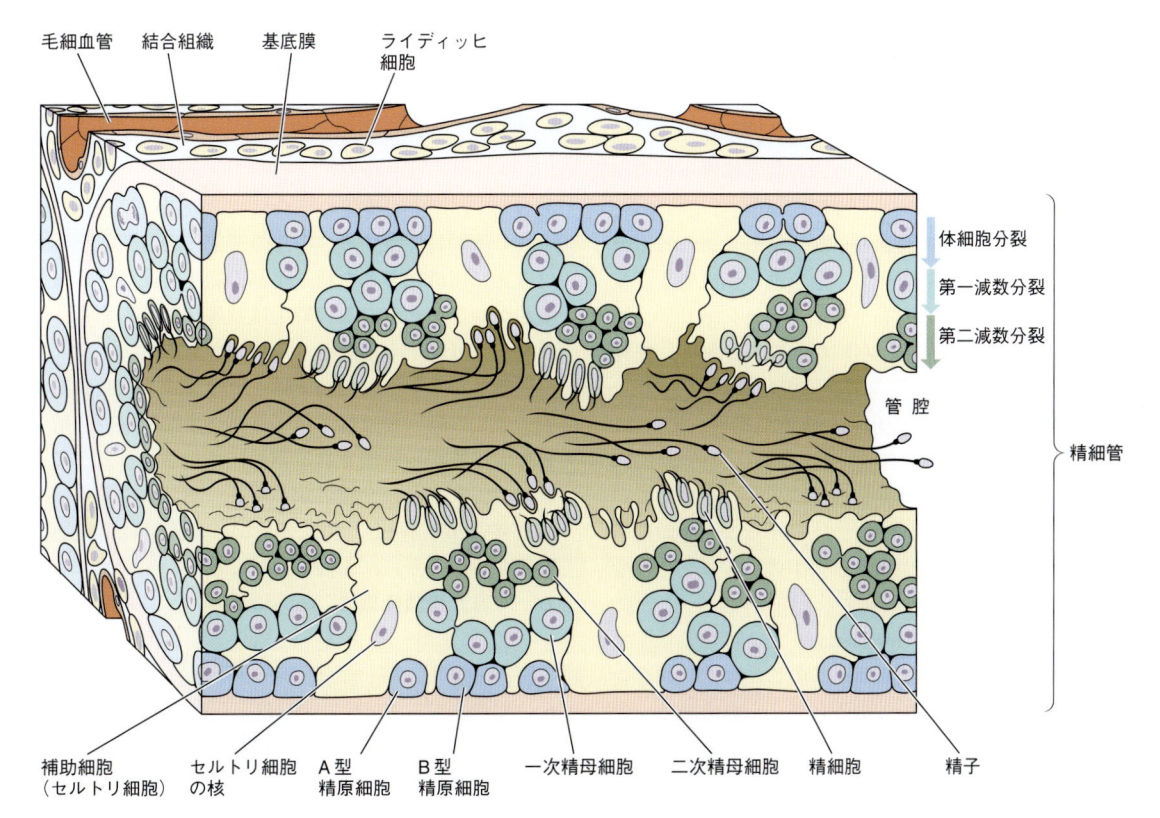

図 2・4　脊椎動物の精細管の構造．精細管の縦断面．精原細胞は精細管の辺縁に沿って並んでおり，精原細胞が減数分裂しながら中央の管腔に移動する過程で精子が形成される．細管内に精子形成を支援するセルトリ細胞があることに注目．各精細管の間にある組織に，血管，結合組織，テストステロン分泌細胞（ライディッヒ細胞）が存在する．

精子形成で流線形の細胞が生じる

精子形成(spermatogenesis)も，減数分裂が中心的な現象となるが，卵形成とは大きく異なる．発生の材料を蓄えるのではなく，細胞の中身の大部分を廃棄し，成熟した精子には，精原細胞の細胞質はほとんど残らない．精子は，卵に一倍体の核を供給するよう非常に特殊化されている．精原細胞は精細管の管壁付近にあり，連続的に細胞分裂する（図2・4）．哺乳類では，精原細胞はセルトリ細胞に密着している．精原細胞は精細管の管壁近くにとどまり，このうちの一部の細胞が減数分裂する．したがって，精原細胞はまぎれもなく幹細胞集団といえる．減数分裂する精原細胞（**一次精母細胞**；primary spermatocyte）は，いくぶん成長してDNAを複製し，精細管壁からわずかに内側に入りこむ．次に，第一減数分裂により大きさの等しい2個の**二次精母細胞**（secondary spermatocyte）が生じ，さらに第二減数分裂により4個の**精細胞**（spermatid）を生じる．四つの細胞はすべて細い細胞質連絡橋でつながれたままであり，セルトリ細胞と密接に結合している．

一倍体となったこれらの小さな精細胞は，さらに劇的な再編成を受け，**精子**（spermatozoon, *pl.* spermatozoa, 通称sperm）となる．これを**精子完成**（精子変態，spermiogenesis）といい，精細管の中央近くで起こる．生じた精子は，精細管の管腔（内側の空間）に遊離する．この精子完成の過程で，ほとんどの細胞質と細胞小器官が捨てられる．捨てられるのは，大部分の細胞骨格のほか，ゴルジ体や小胞体などの膜状の小胞構造も含まれる．核は小さく密になり，クロマチンの染色性と構成要素が変わる．また，精子に残る中心小体とミトコンドリア，微小管は再編成される．ゴルジ体は消失する前に，**先体**（acrosome）とよばれる小胞の形成にかかわる．

図2・5では精原細胞と分化した精子を比較している．精原細胞が典型的な"教科書"タイプの細胞である一方，成熟した精子は小さく，細胞質のほぼすべてを捨てている．典型的な精子は頭部，中片，尾部からなる．頭部にはコンパクトになった核がある．核小体はもはや見えない．大部分の動物種では，クロマチンのヒストンの一部，または全部がプロタミン（protamine）とよばれる塩基性タンパク質と置き換わっている．このことはクロマチンの高密度な凝縮を容易にしていると考えられている．頭部の先端にあるのは先体である．無脊椎動物の精子では，先体のすぐ後に未重合のアクチンがある．中片にはミトコンドリアがあり，ミトコンドリアは融合して，1個または数個の非常に大きなミトコンドリアになるか，無数の小さいミトコンドリアとして存在する．精細胞に

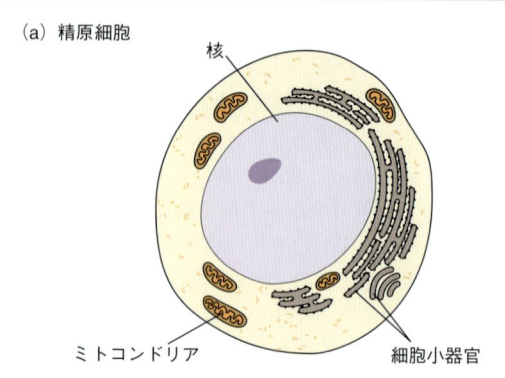

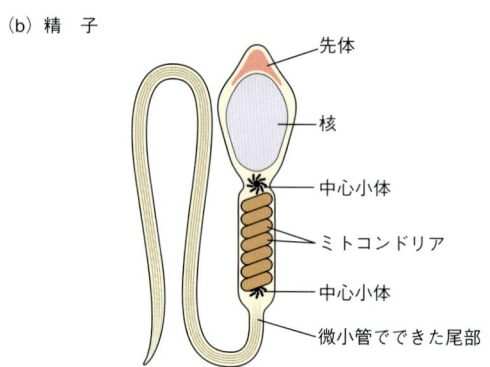

図 2・5 精原細胞と精子の比較．(a) 精原細胞は通常の細胞小器官をもつ典型的な細胞である．(b) その減数分裂の結果生じる精子は，非常に小さく細胞質がほとんどない．

あった2個の中心小体の一つは核の後端に，もう一つは中片の基部に位置する．中片の基部にある中心小体からは非常に組織化された精子尾部の微小管配列，すなわち鞭毛が伸びてくる．この鞭毛は特殊化されており，波状運動により精子を前進させる働きがある．

精細管から取出した精子は，そのままでは受精能がない．多くの動物種では，精子は雄性または雌性生殖管の他の分泌腺から放出される物質にさらされることによりはじめて成熟し，受精可能となる．哺乳類の精子は，**精巣上体**（epididymis，精巣の表面にある管状構造物）で成熟する．さらに，雌性生殖管で精子が生理的に成熟する．これを**受精能獲得**（capacitation）とよぶ．

受 精

受精は二つの異なる重要な結果をもたらす

受精では精子と卵が融合し，一つの**接合子**（zygote）を形成する．この融合の結果，染色体構成は二倍体となる．これは有性生殖の必須条件であり，それぞれの親の遺伝子が子孫に与えられることになる．両親の一倍体の核が

融合して二倍体の核を形成することを**配偶子合体**（syngamy）とよぶ．一倍体の接合子が生じることもあるが，そのような状態は健全でなく，通常の場合，発生は停止する．発生が停止する原因の一つは，二つの対立遺伝子セットのうち，片方しかないことがあげられる．本来なら，優性遺伝子で補われる劣性の異常な形質が現れる可能性がある．

受精のもう一つの重要な役割は，卵の活性化である．受精前には卵は細胞分裂できない状態にいる．すなわち，減数分裂を完了することも，核分裂を再開することもできないのである．卵と精子の相互作用により，卵は静止状態から解放され，すぐに細胞分裂を始める．一部の動物種では，人工的に卵を活性化することができる．この場合は**単為生殖**（parthenogenesis）となり，精子前核をもたない卵になる．単為生殖が自然に起こることがある．単為生殖でも生きていられるのは，通常の第一細胞分裂の前に，染色体が倍加した後，細胞質分裂せず，ホモの二倍体となるからである．たとえば，きわめてまれだが七面鳥では時どき単為生殖が起こる．また，ミツバチでは精子の関与なしに卵が活性化し，一倍体の生殖不能の雄バチが生じる．しかし，自然のなかでは単為生殖はほとんど起こらない．卵の活性化機構を研究する生理学者にとっては，単為生殖は有用な実験手法の一つである．

卵の活性化について述べる前に，精子と卵の相互作用が起こるのは，卵が第二減数分裂中期か第一減数分裂期の，いずれも減数分裂が停止した状態にいる時であることを強調しておきたい．卵の活性化がきっかけとなって減数分裂が完了して一倍体の雌性前核を生じ，それが運ばれてきた雄性前核と融合する．その後に初めてDNA複製と細胞分裂が開始される．

雌雄両配偶子は受精で活性化する

精子と卵の相互作用は，卵だけでなく精子も活性化する．雄性生殖管から精子が放出されると，通常は精子が活性化される．すなわち，精子の中片にあるミトコンドリアの呼吸とATP合成が活性化される．このATPのエネルギーで鞭毛がS字状の運動をし，精子を受精する場所まで進ませるのである．さらに，近くの卵から放出された物質が，精子の代謝と運動を促進することもある．種によっては，卵から放出された物質が精子の運動の方向を定め，精子を卵の近くへ誘引する（**化学誘引**；chemoattraction）．

さらにほとんどの海産無脊椎動物では，受精反応に伴い，精子の構造が大きく変わる．精子の前端部で先体が細胞膜と融合し，この新しくできた膜が反転し，**先体糸**（acrosomal filament）とよばれる細長いフィラメント状の構造になる（図2・6）．先体糸を見るためには電子顕微鏡の解像度が必要であり，1950年代になってから米国ウッズホール臨海実験所のArthur ColwinとLaura Colwin，日本で活躍したJean Dan（団ジーン）が初めて観察に成功した．無脊椎動物の精子の先体糸は，微小繊維（重合アクチンの長い繊維）をもつ．未重合のアクチンが先体顆粒のすぐ後ろに蓄えられており，精子が活性化されると重合して微小繊維を形成する．先体は哺乳類の精子にもあるが，アクチンを含んでいない．その代わりに，精子が**透明帯**（zona pellucida，卵の外層）と接触して活性化されると，先体胞が精子表面の膜と融合し，さまざまな酵素を放出して先体膜を卵の細胞膜と融合させる．

精子の代謝の活性化と構造の再構築には，Ca^{2+}を必要とすることが知られていて，カルシウムが欠如した液の中では起こらない．また多くの場合，卵から放出される巨大分子が，精子活性化にかかわることが知られている．哺乳類の体内受精の場合は，精子活性化分子は雌性生殖管の上皮内膜から分泌される．最も研究が進んでいるウニでは，卵を包むゼリー層の硫酸化多糖体（フコースの重合体）が徐々に可溶化し，これが精子活性化の基本的な因子を提供する．

ウニ精子の先体糸の表面には，特別なタンパク質のバインディン（bindin）があり，卵の精子受容体タンパク質に特異的に結合する．他のすべての動物種でも，精子表面タンパク質と卵細胞膜の受容体間の特異的結合があると考えられている．（精子と卵の結合は，急速に進歩

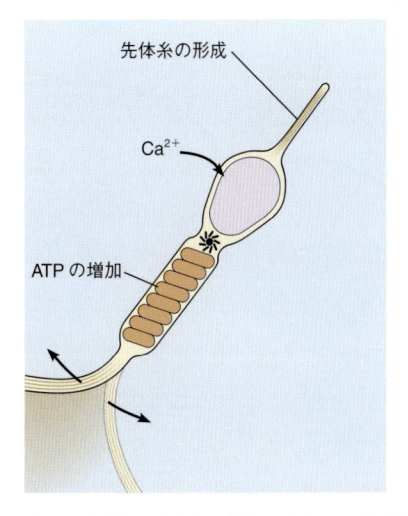

図2・6 精子活性化．先体糸が外転した精子の頭部を示す．中片のミトコンドリアによるATPの生成と尾部の鞭毛運動に注目．

している研究分野であり，特に哺乳類が注目されている．それは，家畜やわれわれ自身の繁殖力を制御したいという強い願望があるためである．哺乳類の発生について述べる5章でこの問題を再び取上げる．)

精子–卵相互作用の種特異性はかなり厳密である．非常に近縁な種間でさえも雑種を形成することはまれであり，通常，異種の精子は卵を活性化することができない．(雑種ができたとしても，子は不稔のことが多い．) ウニ

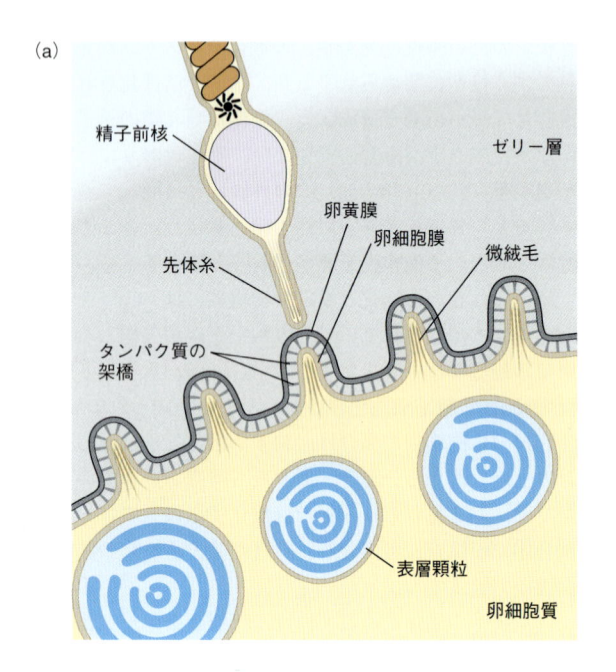

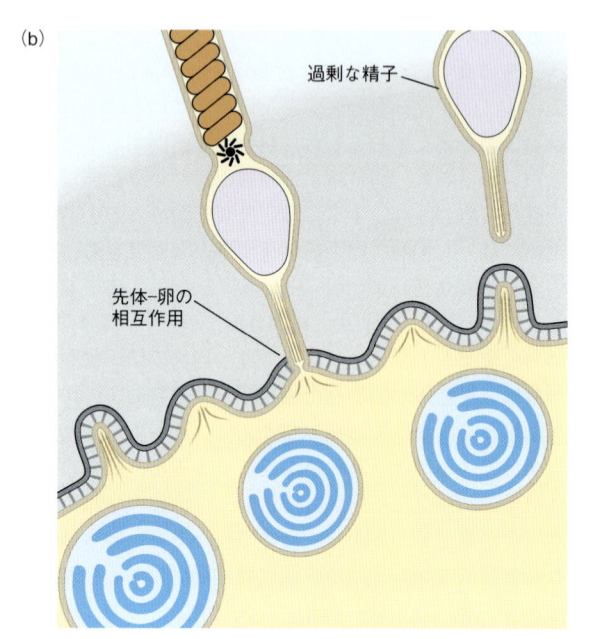

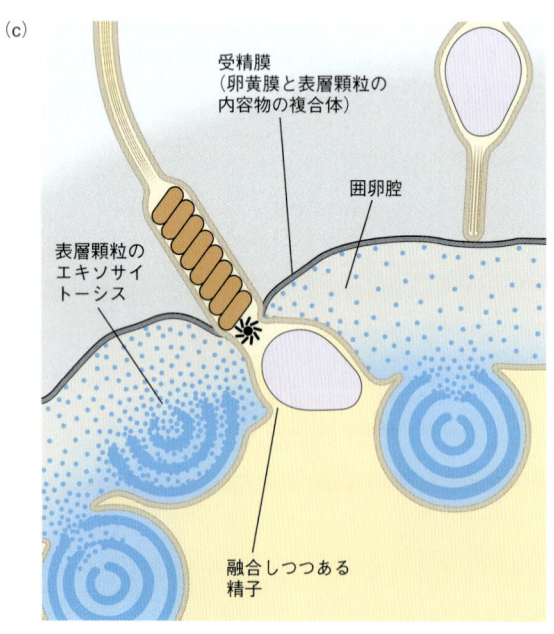

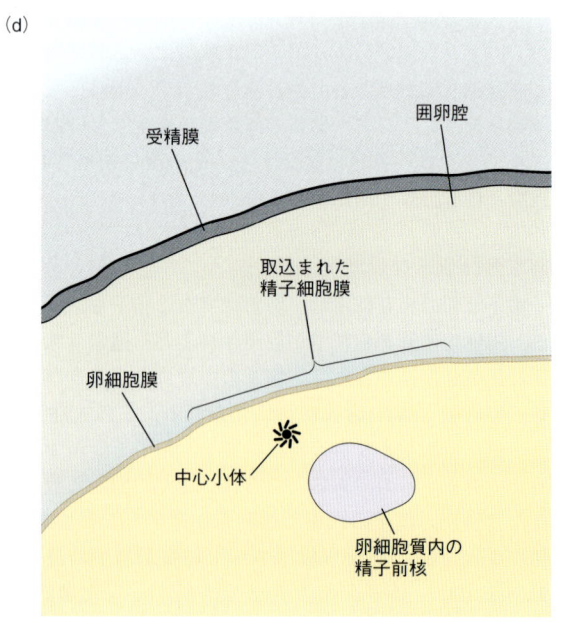

図 2・7 受精の表層反応． ウニの研究に基づく，精子と卵の経時的相互作用．(a) 精子が活性化され，先体が卵表面に接近する．(b) 先体と卵細胞膜が接触し，リガンドと受容体が相互作用する．卵皮質の構造が変化し始めている．(c) 精子頭部が卵細胞膜と融合し，精子前核が卵内に入っている．表層顆粒はエキソサイトーシスし，囲卵腔に内容物を放出している．受精膜は，表層顆粒の内容物と卵黄膜から形成される．(d) 精核は卵細胞質に入り，受精膜が上昇している．

の場合，ある種の精子のバインディンは別種の卵の受容体に結合できないこと，それゆえ，バインディン-受容体の相互作用が棘皮動物の生殖隔離の中心を担っていることがわかる．バインディンは棘皮動物でしか発見されていないが，動物界全体を通じて，特異的タンパク質間相互作用が働いて，生殖隔離を確実にしているものと思われる（今のところ確かには知られていないが）．

卵の活性化には表層がかかわる

精子の先体と卵の受容体の相互作用が，劇的で複雑な連続反応をひき起こす．卵では無数の複雑な変化が起こるが，それを解析する実験を行う上で生じる問題がある．それは，おもな現象と二次的な現象を区別するのが困難なことである．受精反応の終盤で，DNA合成と細胞分裂が開始される．配偶子の相互作用が，どのようにこの結果をもたらすのだろうか．

最初に形態の変化を学ぼう（図2・7）．情報の多くは，この種の研究の主要な材料であるウニ卵から得られたものである．他の動物種の卵の反応を研究することもできるが，その概要はよく似ている．先体系と卵の受容体が相互作用すると，卵の表層は大規模に再編成される．表層顆粒は**エキソサイトーシス**（exocytosis，開口分泌）し，**卵黄膜**（vitelline envelope）と卵の細胞膜の間隙に内容物を放出する．この空間に放出される巨大分子が浸透圧を上げ，卵黄膜を押し上げ卵表面から離れさせる．表層顆粒から放出される物質は卵黄膜と卵表面との間の空間（囲卵腔；perivitelline space）に広がり，巨大分子の一部は卵黄膜と結合し，卵黄膜の一部になる．卵黄膜と表層顆粒成分のいくつかからなる厚く丈夫な膜のことを，**受精外被**（fertilization envelope）または**受精膜**（fertilization membrane）とよぶ．受精膜は他の精子の先体糸が卵表面に接触するのを妨げ，**多精受精**（polyspermy，複数の精子が卵と融合すること）を防ぐしっかりした障壁をつくる．一方，精子頭部は受精膜の内側に取込まれ，精子頭部の膜は卵細胞膜と融合する．その結果，精子と卵由来の二つの（前）核をもつ細胞になる．精子の細胞膜は卵の細胞膜に取込まれる．

ウニでは，減数分裂は受精前に完了するが，他のほとんどすべての種では受精の後も減数分裂が継続する．いずれの場合も，一倍体の卵前核と精子前核は，微小管の働きにより細胞質の中で互いに近づく．ほとんどの場合，精子の中心小体は卵に取込まれる．二つの前核の核膜が融合し二倍体となり，DNA合成，すなわち第一分裂の**S期**（S period）へと続いていく．

これらの活性化は急速に起こる．受精膜の形成を指標にウニの表層反応をみると，精子と卵を混合してから20～30秒で開始することがわかる．受精膜は，精子が卵表面上に接触した点から上がり始め，それが波のように広がって，30秒以内に完了する．前核の融合とDNA合成は30分までに起こる．

受精反応は他の種でも非常に迅速に進む．哺乳類の卵はさまざまな成分からなる多数の層に囲まれており，精子の卵への結合，卵黄膜通過，活性化は海産無脊椎動物よりも複雑である．この内容については5章でより詳細に述べる．

卵細胞膜タンパク質の機能変化が卵を活性化する

卵のこの劇的な変化の分子機構はどのようになっているのだろうか．ある意味ではわれわれは多くのことを知っている．卵細胞表面のタンパク質間相互作用が二次メッセンジャー経路を活性化し，卵の代謝と構造の劇的な変化をひき起こし，細胞分裂を再開させる．しかし，多くの過程はまだほとんど解明されていない．特に，ごく初期に膜で起こることが，どのようにして後の重要な変化をひき起こすのかは未だに謎である．

配偶子の融合の後，最初に起こる変化の一つは，卵細胞膜のイオンチャネルの活性化と，その結果生じる膜電位の変化である．微小電極をウニ卵に挿入して膜電位を測定すると，約 $-70\,\mathrm{mV}$（細胞内の電位は負）であることがわかる．受精で卵と精子の膜融合が起こると，数秒以内に Na^+（Ca^{2+}も）が卵内に流入し，膜電位は約 $+20\,\mathrm{mV}$ まで変化する．膜電位は数分間で徐々に負の値に戻る（図2・8）．別の動物では，イオン透過性の変化は細かい点では異なるが，膜電位の非常に急速な変化は共通

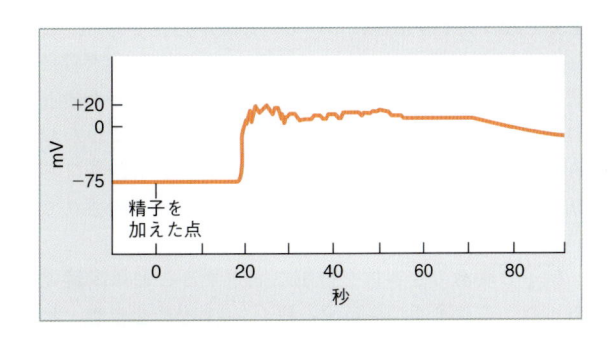

図 2・8　膜電位変化による卵の活性化．記録用の微小電極をウニ卵に挿入し，受精の前後で膜電位を測定した．この例では，精子が加えられてから，約17秒後に初めて精子が卵と接触している．この電位変化は，一過性に開口したイオンチャネルを介して，Na^+（および Ca^{2+}）が流入したことによる．

している．この膜電位の変化が多精受精を防ぐのに重要であることを次で述べる．

カルシウムイオン放出は卵活性化に必須である

卵の受精反応の中心は卵細胞質の小胞に閉じ込められている Ca^{2+} の一過的放出である．Ca^{2+} は，放出されると，またすぐに閉じ込められる．したがって，Ca^{2+} 放出は細胞表面を波のように伝わる．これもウニ卵で発見された現象ではあるが，動物種全般に共通する受精反応である．この初期の Ca^{2+} 放出は卵の活性化に必須である．キレート剤または Ca^{2+} の放出を妨げる薬剤を卵に注射して実験的に細胞内 Ca^{2+} がない状態にすると，受精反応が妨げられる．逆に，人工的に貯蔵場所から Ca^{2+} を細胞内に放出させるだけで，受精反応を開始させることができる．実際，卵をカルシウムイオノホア（calcium ionophore）とよばれる物質で処理すると受精反応が起こる．カルシウムイオノホアとはリン脂質膜を通して Ca^{2+} を運ぶことができる脂溶性の有機化合物のことである．Ca^{2+} を含まない海水の中でも，カルシウムイオノホア処理により受精反応をひき起こすことができる（図2・9）．

では，Ca^{2+} を一過的に放出するしくみは何だろうか．ヒトデを用いた研究では，卵表面の受容体と精子表面タンパク質の相互作用が，Gタンパク質（G protein）を介した二次メッセンジャー経路を活性化するという証拠が得られている．このことから次の仮説が考えられている．すなわち，精子と卵の相互作用が，Gタンパク質を介してイノシトールリン酸の生産を促進し，Ca^{2+} を放出させ，この一過性の Ca^{2+} 放出が，次の伝達物質として働き，多くの物質代謝に影響を与えるという考えである．この仮説が広く適用されるかどうかについては議論の余地がある．この仮説を評価するためには，Gタンパク質を介したシグナル伝達についての知識が必要である．これについてはボックス2・1で概説する．Gタンパク質に結合したホスホリパーゼCの特異的阻害剤を用いた最近の研究では，ホスホリパーゼCは Ca^{2+} の放出にかかわるが，膜電位の変化には関係しないことが示されており，シグナル伝達経路は多岐にわたることが示唆されている．

精子の刺激の受容体を詳細に同定することは困難であった．これまで，卵表面の精子"受容体"を単離・解析する試みが多くされてきた．細胞間シグナル伝達機構の知見をもとに考えると，そのような受容体が存在する可能性は十分にある．しかし研究の蓄積が多いウニ卵でも，そのような受容体の存在は明確になっていない．さらに，"受容体"が実際に卵の応答を開始させる鍵である

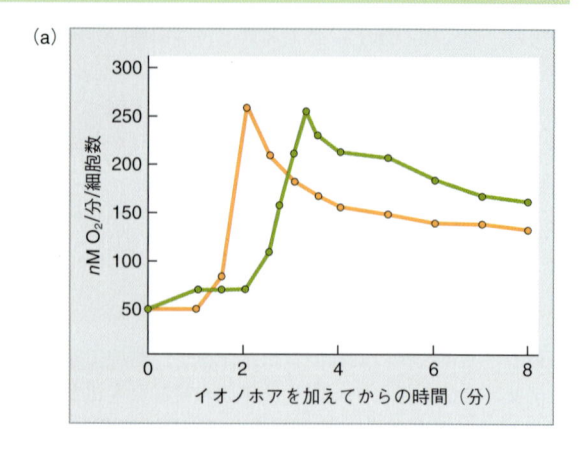

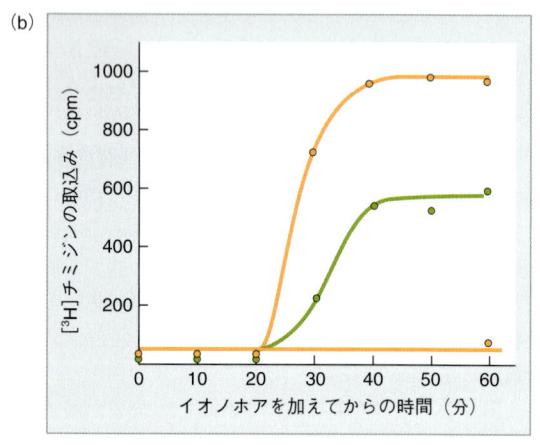

図2・9 卵活性化を起こすカルシウムイオノホアと受精の比較． ウニ卵をカルシウムイオノホアA23187で処理すると，精子がなくても受精反応が起こり（緑），その反応の速さと強さは精子による受精（赤）とほとんど同じである．受精膜も受精と同じように上がる．(a) A23187処理により，呼吸が急速に増加する．これも受精時におけるウニ卵の特徴的な反応である．(b) もっと重要なこととして，雌性前核のDNA合成もイオノホア処理により活性化される．この卵は単為生殖で活性化されているため，受精卵の半分のDNA量しかない．したがって，人工的に活性化した卵のDNA合成速度は受精卵の半分だけである．

ことを示す必要もある．

精子が特定のタンパク質を卵細胞質に運ぶという別の考え方もあり，証拠もいくつか得られている．そのタンパク質は先体に存在し，卵を活性化するシグナル伝達の役割があるというものである．最近，米国スタンフォード大学ホプキンス臨海実験所のDavid Epelらは，ウニ精

ボックス 2・1　Gタンパク質のシグナル伝達経路

　1章で述べたように，細胞がどのように環境から信号（シグナル）を受け，その情報を処理して応答するかという研究は，現代細胞生物学の重要な領域である．すべてのシグナル伝達分子（リガンド）は，シグナルを受取る細胞の受容体タンパク質と相互作用する．この相互作用は，応答細胞で二次メッセンジャーカスケードを開始するタンパク質を活性化する．**Gタンパク質**（G protein）とよばれる1組の膜タンパク質には，細胞の二次メッセンジャー経路をつなぐ重要な役割がある．

　Gタンパク質はGTP（グアノシン三リン酸）と結合し，GTPはGDP（グアノシン二リン酸）に変わる．GDPは再びリン酸化されてGTPとなり，この反応が繰返される．Gタンパク質はα, β, γの三つのサブユニットからなる三量体タンパク質である．三量体Gタンパク質が活性化状態にあるとき，$\beta\gamma$二量体はαサブユニットから解離しており，このとき，αサブユニットにはGTP分子が結合している．GTPが加水分解されてGDPになると，$\alpha\beta\gamma$三量体が再び形成され不活性型になる．

　活性型Gタンパク質はシグナル伝達経路の他の構成要素，すなわち，隣接する膜結合型タンパク質を活性化する．その一つに，主要な二次メッセンジャーであるcAMP（環状アデノシン一リン酸）の合成酵素を活性化する経路がある．また，図で示しているように，膜リン脂質からイノシトールとよばれるリン酸化六炭糖を特異的に切り出す加水分解酵素を活性化する経路もある．活性型Gタンパク質がホスホリパーゼCを活性化し，イノシトールリン酸を含む膜脂質（ホスファチジルイノシトール）を加水分解し，膜からリン酸化糖（イノシトール三リン酸）が放出されるのである．脂質膜にはジアシルグリセロールが残ることになる．リン酸化イノシトールはホスファターゼによる連続的脱リン酸化サイクルを通り，イノシトールとなる．生じたイノシトールは酵素反応によってジアシルグリセロールと結合し，もとのリン脂質となる．図で示すように，このシグナル伝達経路は膜リン脂質成分の加水分解と再合成サイクルを活性化している．

　加水分解の最初の産物であるイノシトール三リン酸とジアシルグリセロールは強力な二次メッセンジャーである．イノシトール三リン酸は膜小胞のCa^{2+}貯蔵所からCa^{2+}を放出させる．Ca^{2+}は，プロテインキナーゼなど，さまざまな酵素に大きな影響を与え，細胞の代謝に顕著な影響を及ぼす．同様に，ジアシルグリセロールはプロテインキナーゼC（PKC）とよばれる膜結合型プロテインキナーゼを活性化する．PKCもさまざまなタンパク質をリン酸化し，代謝と遺伝子の転写に影響を及ぼすカスケードが開始される．

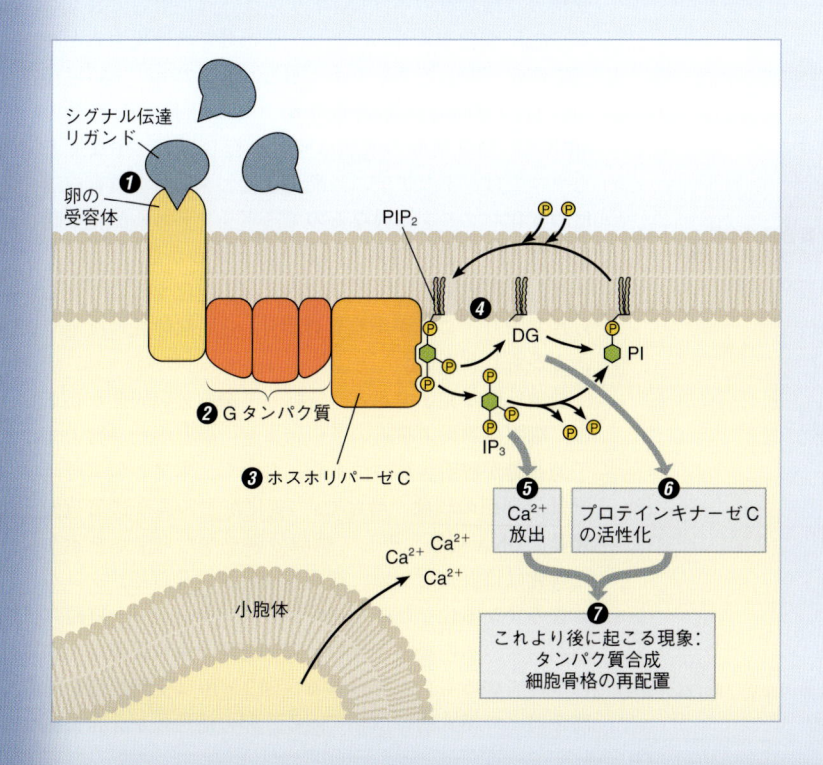

リン脂質加水分解を介するGタンパク質シグナル伝達． Gタンパク質を介したシグナル伝達系のおもな段階を示す．活性型Gタンパク質はホスホリパーゼCを活性化し，膜結合型のホスファチジルイノシトール二リン酸（PIP_2）が加水分解され，イノシトール三リン酸（IP_3）とジアシルグリセロール（DG）が生じる．次に，IP_3は細胞内のCA^{2+}を放出させ，ジアシルグリセロールはプロテインキナーゼCを活性化する．

子には一酸化窒素(NO)シンターゼがあり，シンターゼは先体反応後に活性化されることを明らかにした．受精後数秒以内に卵のNO量が顕著に増加し，NO量の増加は細胞内遊離Ca^{2+}の増加に先行する．未受精卵に微量のNO供与体を注入すると受精反応が起こる．彼らは，精子によりもち込まれる酵素が卵内でNOを合成すること，そして，このNO合成こそが不明であった精子–卵相互作用と細胞内Ca^{2+}の上昇を結びつける要素であると推測している．卵表面の膜上で起こる現象とCa^{2+}変化の波を結びつける正確な筋道はわかっていないが，NOの役割が明らかになったことにより，筋道の輪郭が描けるようになった．同様に，図2・10で示すような，卵の活性化後に連続する多くのことが，Ca^{2+}波によってひき起こされる機構も不明である．たとえば多くの種では，受精後1〜2分内に起こる初期反応の後に，卵からのH^+の放出があり，卵細胞内のpHが0.5も上昇する場合がある．このプロトンポンプの活性化機構もわかっていない．

受精は貯蔵mRNAタンパク質合成を活性化する

すべてではないにしても多くの卵では，受精初期反応の直後にタンパク質合成が著しく増加する．ウニ卵では，このタンパク質合成の増加は受精後5〜7分で始まる．これまでの研究の多くは，H^+放出による卵のpH上昇がタンパク質合成速度を増加させていることを示している．未受精卵ではタンパク質に翻訳されない多くのmRNAが，受精後にリボソームと結合し，翻訳を開始するという直接的な証拠もある．翻訳可能なmRNAが増えることにより，タンパク質合成速度を増加させているのである．しかし，pHの上昇によるタンパク質合成の増加機構や，一過的なCa^{2+}変化によってmRNAが翻訳装置に接近・結合する機構については依然として不明である．

ほとんどの動物種では，未受精卵に多くのmRNAが蓄えられている．これについては，卵形成を学んだ後では驚くことはないであろう．このmRNAには，受精後まで翻訳されないものも多くある．さらに，真核生物のmRNAの特徴であるポリ(A)尾部は，未受精卵では短く，受精後に細胞質のポリ(A)ポリメラーゼが働いて長くなる．Ca^{2+}変化がポリ(A)ポリメラーゼを活性化するか調べてみるとおもしろいかもしれない．このポリ(A)尾部の伸長の意味は何であろうか．この伸長と受精後のmRNAの翻訳速度の増加は同時に起こるが，少なくともウニでは，ポリアデニル酸化速度とタンパク質合成速度の変化パターンは異なるので，ポリアデニル酸化と翻訳増加とは単純な関係ではないことがわかる．しかし，ポリ(A)尾部は翻訳されるmRNAを安定化することが知られており，これが細胞質のポリ(A)尾部伸長の役割であるかもしれない．

受精反応が完了すると，一転して細胞分裂周期が始まる．細胞生物学の最近の進歩により，細胞周期制御の分子的基礎が解明されつつある．しかし，本書の執筆時点では，初期の現象，特にCa^{2+}変化がどのように前核の運動，DNA複製，そして細胞分裂をもたらすかを示した研究はほとんどない．初期の反応がおそらく，タンパク質のリン酸化などの一連の二次メッセンジャー経路に向かわせ，その経路が受精と細胞周期を回す装置とを結びつけているものと思われる．図2・10は受精反応を時間を追って模式的に示している．卵の活性化が非常に複

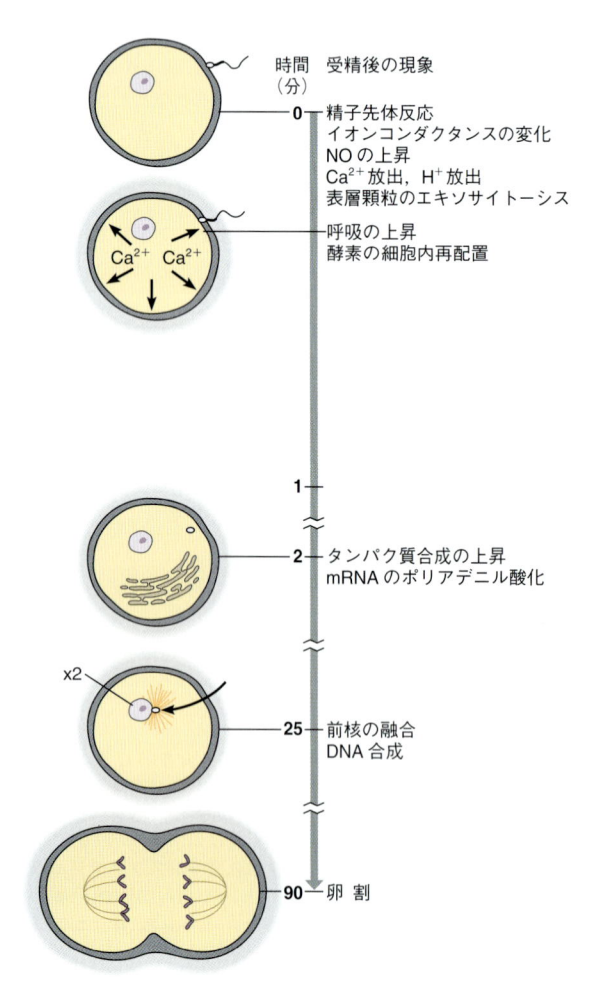

図2・10 ウニの受精反応の時系列．時間の単位が上から下にいくにつれて違っていることに注意．

時間(分) | 受精後の現象
0 — 精子先体反応／イオンコンダクタンスの変化／NOの上昇／Ca^{2+}放出，H^+放出／表層顆粒のエキソサイトーシス
— 呼吸の上昇／酵素の細胞内再配置
1 —
2 — タンパク質合成の上昇／mRNAのポリアデニル酸化
25 — 前核の融合／DNA合成
90 — 卵割

雑であることは明らかである．多くの重要な現象が発見され，研究されてきている．現在は，それらがどのように関連するか，そして一つのことが次のことをどのようにひき起こすのかが解明されようとしている．

複数の機構で多精受精を防ぐ

一つの精子前核だけが卵前核と結びつくことが重要である．さもないと，核の多倍数体化が起こるだけでなく，余分な精子が余分な中心体をもたらす．その結果，多極の核分裂となり，子孫細胞では染色体が不等分配され，細胞質分裂のパターンが異常になる．多精受精（図2・11）は災難ともいえる．まれではあるが，多数の精子が卵に入ることがある．その場合は，精子前核は一つを残してすべて縮退する．ふつう，卵に入ることが許されているのは一つの精子前核だけである．

この多精拒否には三つの主要な機構がある（そのうちの二つについてはすでに述べた）．第一は，配偶子融合後の最初の数秒に起こる非常に急速な卵の膜電位の変化である．これにより，余分な精子が卵と融合するのを防いでいる（図2・11）．第二は，表層顆粒放出に伴うプロテアーゼの囲卵腔への放出である．このプロテアーゼは卵表面の精子受容体を分解する．第三は受精膜である．種によっては，受精膜が形成され，これは精子の物理的障壁となる．これらの機構は，多少異なることがあっても，動物界のすべてにあり，多精受精を防ぐ1組の安全装置の働きをしている．

細胞系譜の追跡

細胞系譜の追跡は発生を理解するために不可欠である

受精は細胞分裂につながり，巨大な卵は急速に多数の小さな細胞に切り分けられ，それが初期胚の組織を構成することになる．初期発生に規則性があるのだろうか．卵の細胞質の同じ部分は，細胞化されたのちに，成体の同じ構造を形成する細胞になるのだろうか．誰が何をするのだろうか．どのようにして細胞群は最終的な位置にたどり着くのだろうか．この疑問に対する実験を行う場合，地図が必要不可欠であることは明白である．ほとんどの動物種では，発生はかなり規則的であり，卵の同じ部分からは同じ構造が生じる．いくつかの動物胚は完全に型にはまっており，正確に同じ体積をもつ卵より，全く同数の細胞を生じる．

卵または初期胚期のある領域が，どの器官や組織になるかを示す地図を**予定運命地図**（fate map）とよぶ．当初は，生きた胚が卵割するのを単に観察し，いくつかの動物種の胚にみられる細胞質中の色素顆粒が何になるかをみて地図を描いた．また，発生学者はごく初期から生体染色色素（無害な色素）を用い，細胞を染色してその運命を追跡してきた．

究極の細胞追跡は，1個の細胞を標識し，その細胞の子孫を調べることである．この手法は，比較的規則的な細胞分裂の分裂パターンと子孫細胞をもつ胚に有用であり，この方法から**細胞系譜図**（lineage diagram）をつくることができる．この種の地図は空間情報を与えるだけでなく，いかなる時期の，いかなる細胞でもその細胞分裂の系譜を正確に追跡することを可能にしている．すべて

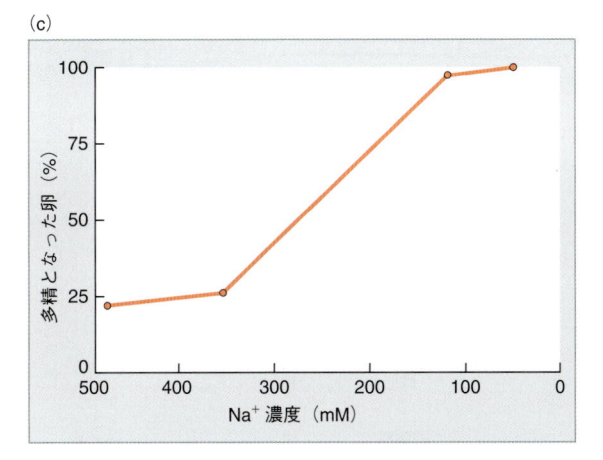

図2・11　**電気的多精拒否**．膜電位の上昇（図2・8で示す）が妨げられると，卵は余分な精子の進入を防ぐことができない．この実験においては，海水のNa$^+$含有量を減らすことにより膜電位の上昇を抑制している（人工海水の浸透圧を維持するため，Na$^+$をコリンで置換している）．電位変化が小さくなるにつれて，多精受精の程度が増加する．(a) 対照実験．正常海水中で受精した卵は，正常に分裂する．(b) 低Na$^+$（120 mM）海水中で受精した卵は多精になる．(c) Na$^+$の減少に伴い，膜電位が低下し，多精受精の割合が増加する．

(a) 蛍光色素で単一細胞を標識する　　(b) 注入した胚　　(c) 切片での蛍光の様子

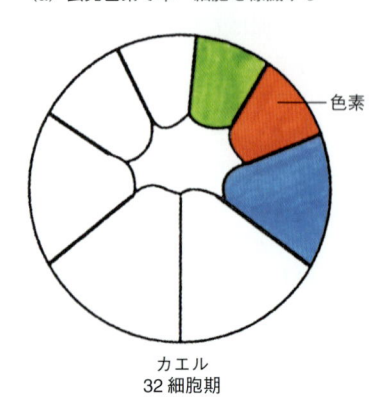

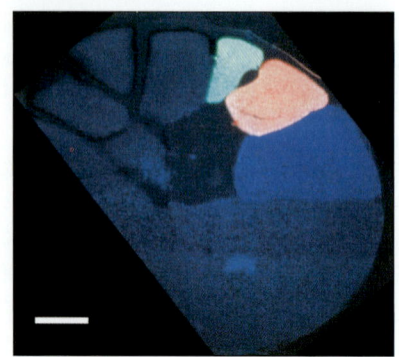

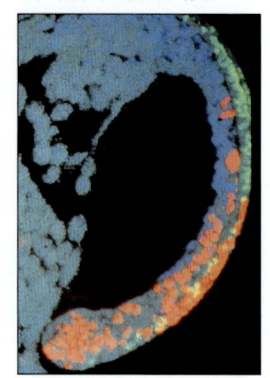

カエル 32細胞期

ステージ12（原腸胚）

図 2・12　細胞系譜の追跡．(a) アフリカツメガエル32細胞期胚の縦断面図．三つの割球に異なる蛍光色素を注入したことを示している．(b) 注入直後に胚を固定し切片にしたもの．割球は組織学的な処理操作のためにいくらかゆがんでいるが，色素を注入した割球は，注入したとおりに標識されている．(c) 原腸胚後期（ステージ12）の縦断面．標識された割球の青，赤，緑の色素が子孫細胞で見える．したがって，発生運命がはっきりとわかる．黄またはオレンジなど他の色の領域は，異なる色素で標識された細胞が混在していることを意味している．32細胞期胚に比べ原腸胚では細胞が小さいことに注目．アフリカツメガエルの胚発生の詳細については4章で述べる．

表 2・1　胚を標識するための薬品（方法）

色　素	例
脂溶性の膜を染める色素	diI
不活性の蛍光色素	ローダミン-デキストラン
無毒の酵素	西洋ワサビペルオキシダーゼ
生体色素	ナイル青
核の形態	ウズラとニワトリのキメラ
放射性同位体	[^{3}H]チミジンで標識したDNA

の胚についてこのような詳細な情報が得られるわけではないが，それが得られればきわめて貴重である．図2・12は，両生類の卵の予定運命地図がどのようにして得られたのかを示している．特定の**割球**（blastomere）を色素で標識し，胚を発生させた後，どの組織が標識細胞に由来するかをみるのである．現在では，初期の発生学者は用いることができなかった新しい強力な細胞の標識方法が多くある．そのいくつかを表2・1に示す．さまざまな動物種で，胚のどの細胞がどの組織になるかについて非常に正確な情報が得られており，中枢神経系のように広範囲にわたって移動する細胞など，複雑な器官系の発生を追跡することさえできるようになっている．

細胞系譜追跡が強力な実験解析系のツールとして用いられた有名な例として線虫*Caenorhabditis elegans*の発生

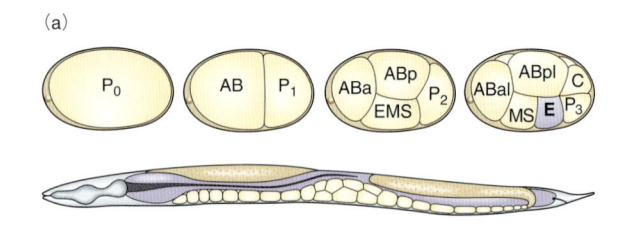

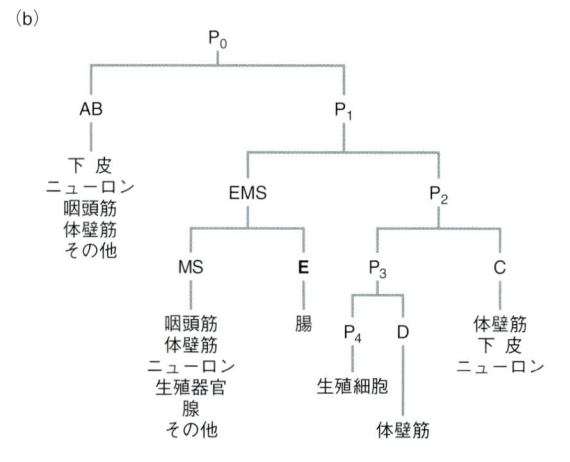

図 2・13　線虫 *C. elegans*（線形動物）の初期発生と細胞系譜．(a) 上：最初の4回の卵割の割球の名称と分裂のパターン．下：成虫の組織形態．(b) 分裂パターンを詳細に解析して描いた細胞系譜図．この後の分裂についても細胞系譜が決められており，どの割球がどの組織になるのか正確にわかっている．

表 2・2　卵の中での卵黄の分布と量

量	分布	動物	卵割様式
等黄卵(少量)	全体	多くの無脊椎動物，哺乳類	多様だが全割である．放射割，らせん割，左右対称割
中黄卵(量中程度)	一方によっている	両生類	放射割
端黄卵多量	非常に密度が高く，細胞質が片方によっている	鳥類，爬虫類，魚類	部分割(盤割)
心黄卵(多量)	中心に卵黄がある	昆虫	部分割(表割)

出典：Scott F. Gilbert. 2000. *Developmental biology*. Sinauer Associates, Sunderland, Mass. fig. 8.5 (p. 227) より改変．

がある．この土壌にすむ線形動物の胚は，完全に型にはまった細胞分裂をして558個の細胞をつくり，4回の脱皮の後に959個の体細胞と多数の生殖細胞からなる成体になる．すべての個体はこの細胞数をもち，すべての細胞は同じようにつくられる．この生物の予定運命地図と細胞系譜は完全に解明されている．図2・13は，初期の細胞分裂と一部の細胞系譜を示している．このような情報があれば，外科的に特定の細胞を除去したり，レーザーでその細胞を殺したり，また，特定の細胞を分離し，それらによって何が起こるかを調べることができる．たとえば，E細胞（図2・13aの紫色の細胞）を8細胞期で殺したと仮定しよう．この細胞は腸になることがわかっているので，腸がなくなると予測することができる．それは，まさにかつて研究者が発見したのと同じ結果である．E細胞を単離し，培養すると，分化して腸の特徴の一部が表れる．しかし，E細胞を4細胞期の初期に単離した場合は腸にならない．ところが，P_2細胞と接しているようにするとE細胞は腸に分化する．この実験は，E細胞は腸を生じるということだけでなく，EMS母細胞から分化能力のあるE細胞を生じるにはP_2細胞が必要であることを示唆している．予定運命地図と細胞系譜は，道路地図と同じではない．細胞どうしの相互作用を解明する実験方法を工夫するときや，実験結果を解釈するときにも役に立つのである．

卵割は急速な細胞分裂を行う期間である

以下のいくつかの章で，胚発生の異なる例をみることになる．それらはおのおの異なる特徴もあるが，多くの共通点がある．受精反応は急速な細胞分裂につながり，ほとんどの種では，胚の体積は発生初期には増加しない．受精卵は文字どおり小さな細胞に割り切られるので，これを**卵割**（cleavage）という．卵割期では，急速にDNAが複製され染色体が構築されるとともに，細胞表面積の増加に伴い細胞膜が大幅に広がる．細胞質分裂のパターンは，卵内部に大量に蓄えられた卵黄の影響を大きく受ける．卵黄は細胞質分裂を妨げるので，卵割の進行に影響を及ぼす．鳥類や爬虫類など，非常に卵黄の多い卵では，細胞質は卵の小部分しか占めず，細胞質分裂はこの島のような細胞質だけで進行し，卵黄の部分は全く切断されない．これは，**部分割**（meroblastic cleavage）とよばれている（meroは部分の意）．従来から動物の卵は，卵黄の蓄積量，蓄積部位，細胞質分裂による細胞への分配の有無など，卵黄の存在様式によって分類されてきた（表2・2）．さらに卵割の細胞分裂のパターンは，分裂装置の中心体の極が配置される場所で決まる．中心体の位置は細胞の超微細構造によって制御されていることはわかっているが，その機構は解明されていない．明らかなのは，受精反応が複雑な発生プログラムの扉を開く鍵だということである．

本章のまとめ

1. 配偶子は幹細胞から生じる．幹細胞とは，それ自身を複製するとともに，分化の経路に入る子孫細胞をつくることができる一群の特殊化した細胞のことである．
2. 卵母細胞の形成に生物は莫大な労力を費やす．その結果，初期発生に必要な材料が卵母細胞に蓄えられる．
3. 減数分裂によって半分になった染色体数が受精で元に戻り，卵が活性化される．この卵の活性化は，二次メッセンジャー（Ca^{2+}）を遊離させ，劇的な代謝変化をもたらす．その結果，配偶子は細胞周期を再開し，卵割を開始する．

問 題

1. ある生物の卵が研究室にあり，卵が減数分裂のどの時期にあるか評価する必要があるとしよう．手元には同じ種の精子がある．卵は不透明なので，卵の内側を見ることができない．この状況で卵の減数分裂の時期を判定する方法を考えよ．

2. ある動物種の卵は，受精しなくても長期間生き続けることができる．たとえば，非常に乾燥した気候の地域で，降雨後の水があるときだけ受精・発生することができるとしよう．このような種の卵が長期間生き続けるための適応機構について考察せよ．

3. 多くの動物種では受精後に，卵の皮質の物理的性質が変わり，針で押されても形が変化しないほど堅くなる．細胞質の超微細構造と組織についての知識をもとに，皮質の変化の分子機構を考えよ．

4. 卵が入っている溶液に細胞膜を透過する塩基の薄い液を加えると，卵の細胞内 pH を変えることができる．アンモニアはそのような塩基の一つである．アンモニアを用いて，pH が受精卵における mRNA のポリアデニル酸化の調節にかかわることを評価する実験を考えよ．

参考文献

Colwin, A. L., and Colwin, L. H. 1963. Role of the gamete membranes in fertilization in *Saccoglossus kowalevskii* I. The acrosome reaction and its changes in early stages of fertilization. *J. Cell Biol.* 119: 477–500.
先体反応を記述している初期の研究報告．

Epel, D. 1997. Activation of sperm and egg during fertilization. In *Handbook of Physiology*, sect. 14: Cell physiology, ed. J. F. Hoffman and J. J. K. Jamieson, pp. 859–884. Oxford University Press, New York.
卵受精において起こる諸現象の順序についての重要な総説．

Glabe, C. G., and Vacquier, V. D. 1978. Egg surface glycoprotein receptor for sea urchin sperm bindin. *Proc. Natl. Acad. Sci. USA* 75: 881–885.
精子が卵と結合する際にみられる相互作用の記述．

Humphreys, T. 1971. Measurements of mRNA entering polysomes upon fertilization in sea urchins. *Dev. Biol.* 26: 201–208.
受精の後にひき続いて起こる，保存された mRNA の動員機構についてのエレガントな実験的解析．

Jaffe, L. A., and Gould, M. 1985. Polyspermy preventing mechanisms. *Biol. Fert.* 3: 223–250.
この分野の第一人者である筆者による，多精受精を妨ぐさまざまなしくみについての総説．

Kuo, R. C., Baxter, G. T., Thompson, S. H., Stricker, S. A., Patton, C., Bonaventura, J., and Epel, D. 2000. NO is necessary and sufficient for egg activation at fertilization. *Nature* 406: 633–636.
精子によって卵に NO シンターゼが供給されることの重要性に関する鋭い論文．

Metz, C., and Palumbi, S. 1996. Positive selection and sequence rearrangements generate extensive polymorphisms in the gamete recognition protein, bindin. *Mol. Biol. Evol.* 13: 397–406.
種特異的な受精にバインディンがどのようにかかわっているかについての研究．

Shen, S. S., and Steinhardt, R. A. 1978. Direct measurement of intracellular pH during metabolic depression of the sea urchin egg. *Nature* 272: 253–254.
受精後の pH の変化について記述しているもう一つの古典．

Snell, W. J., and White, J. M. 1996. The molecules of mammalian fertilization. *Cell* 85: 629–637.
哺乳類において精子と卵の相互作用に関与している分子についての優れた最近の総説．

Steinhardt, R. A., and Epel, D. 1974. Activation of sea urchin eggs by a calcium ionophore. *Proc. Natl. Acad. Sci. USA* 71: 1915–1919.
（受精後の）卵の反応において Ca^{2+} 動員が重要であることを示した，重要なマイルストーンとなる画期的な論文．

Sulston, J. E., Schierenberg, E., White. J., and Thomson, N. 1983. The embryonic cell lineage of the nematode *Caenorhabditis elegans. Dev. Biol.* 100: 64–119.
線虫の細胞系譜を完成させた研究報告．

Vacquier, V. D. 1998. The evolution of gamete recognition proteins. *Science* 281: 1995–1998.
受精を媒介している細胞表面タンパク質の総説．

Vacquier, V. D., Swanson, W. J., and Hellberg, M. E. 1995. What we have learned about sea urchin bindin. *Dev. Growth Differ.* 37: 1–10.
バインディンの発見および重要性についての一般的で広範囲にわたる総説．

Whitaker, M. 1993. Lighting the fuse at fertilization. *Development* 117: 1–12.
受精における Ca^{2+} 波の探究．

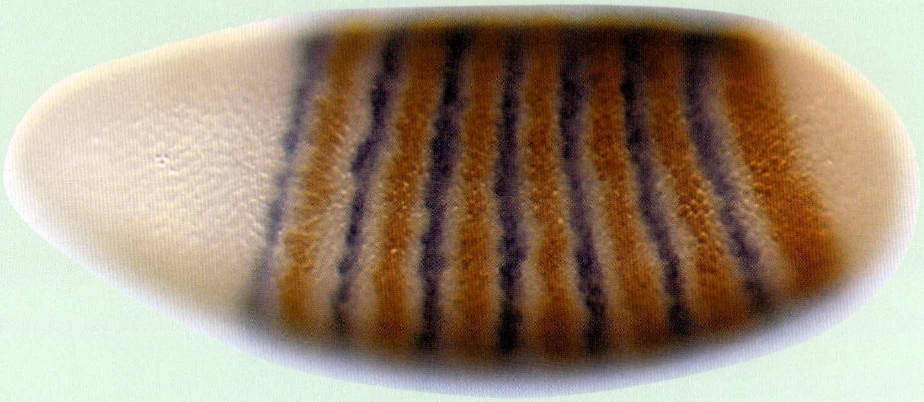

第 II 部

動物の初期発生

3 ショウジョウバエの卵形成と初期発生

> **本章のポイント**
> 1. ショウジョウバエは，複雑な遺伝子操作が可能な，発生研究の重要モデル生物である．
> 2. 卵の成長は哺育細胞からの細胞質流入による．
> 3. 卵割期には細胞質分裂を伴わない核分裂が繰返され，シンシチウム（多核細胞）が生じる．
> 4. 多核性胞胚はやがて細胞化し，原腸形成により3胚葉（外胚葉，中胚葉，内胚葉）を生じる．
> 5. 哺育細胞に由来するいくつかの因子が卵内で局在化し，それによって前後軸が形成される．
> 6. 沪胞細胞が分子シグナルを発し，これが卵を囲む膜に局在することにより卵の背腹軸が形成される．

　この20年間，キイロショウジョウバエ *Drosophila melanogaster* は発生分野で集中的に研究されてきた．1970年代後半に，Eric Wieschaus と Christiane Nüsslein-Volhard によって着手された先駆的研究は発生学に革命をもたらし，彼らは1995年にノーベル賞を受賞している．小さなショウジョウバエは決して単純ではなく，注目に値しないほどわれわれ脊椎動物からかけ離れてもいないのである．ハエとヒトの祖先は6億年以上も前から互いに異なる生物だったが，分子や細胞のレベルでみれば，この異質な両者の発生のしくみが多くの点で似通っていることがわかる．

　ショウジョウバエを材料とする研究が多くの成果をあげ続けている理由の一つは，そもそも動物遺伝学がショウジョウバエに始まったことによる．知識の蓄えが他の多細胞動物に比べて多いのである．発生のさまざまな基本的プロセスを妨げる突然変異をつくり，それを同定し，研究するためのエレガントな手法の数々が，遺伝学者によって考案されてきた（ボックス3・1参照）．古典的遺伝学の手法と最新の細胞生物学や分子生物学，それに発生生物学が結びつき，発生に関する知見が怒涛のごとく生み出され，今や普遍的原理の輪郭をも垣間見ることが可能になっている．

胚発生

卵形成は胚発生の前奏曲である

　動物を発生させる一般的な"レシピ"は1章で説明した．それは，卵をつくり，多数の二倍体細胞に分割し，細胞をグループごとに移動させ，3層からなる胚にして，さまざまな組織や器官の原基ごとに特定の遺伝子の発現をひき起こすというものである．ショウジョウバエの卵形成は約8日間を要する．胚発生，幼虫発生，蛹化は，

合わせて約13日間かかる.

卵母細胞の材料は**母性因子**(maternal component)とよばれ,その由来はさまざまである.卵母細胞自体も何種類かのmRNAとタンパク質を合成するが,mRNA,タンパク質,リボソーム,それに細胞小器官の大部分は隣接する**哺育細胞**(nurse cell)によってつくられる.哺育細胞と卵母細胞は体細胞性の1層の細胞で覆われており,これは**濾胞細胞**(follicle cell)とよばれる.**体細胞**(somatic cell)とは,始原生殖細胞とその子孫細胞以外の体を構成するすべての細胞をさす.濾胞細胞は,**卵殻**(chorion)とよばれる卵母細胞を包む丈夫な膜をつくる.卵黄の主成分はリン酸化リポタンパク質の**ビテロゲニン**(vitellogenin)であり,脊椎動物の肝臓と似た機能をもつ**脂肪体**(fat body)で合成される.これら諸々の生合成活動は,神経系に付随する分泌細胞が合成するホルモンによって調節されている.このように卵母細胞は,雌の体内の多くの器官系が働いて形成されるのである.

図3・1は,ショウジョウバエの体内における1対の卵巣と輸卵管の位置を示している.それぞれの卵巣は**卵巣小管**(ovariole)とよばれる長い管の集合であり,卵形成はこの中で起こる.卵母細胞は,卵巣小管の遠位(輸卵管の反対側)にあるほど発生段階が若い.卵母細胞は遠位端で生じ,卵母細胞に付随する哺育細胞とそれらを包む濾胞細胞とともに卵巣小管を8日間かけて下方へ移動し,その間に成長,成熟する(図3・2).このタイミングは,当然ながら温度に依存する.最初の2日間に,卵母細胞の幹細胞である**卵原細胞**(oogonium, *pl.* oogonia)が4回の特別な細胞分裂を行う.図3・3に示すように,この細胞分裂で生じる子孫細胞は細胞質連絡橋によって互いにつながっている.この橋は特別な構造をしており,**リングキャナル**(ring canal,環状管ともいう)とよばれる.16個の子孫細胞の2個だけが4本のリングキャナルとつながっており,他の細胞は1〜3本である.この4本のリングキャナルをもつ2個の細胞の一方が減数分裂を始め,卵母細胞となり,残りの15個との連絡を保つ.これらの15個の細胞は哺育細胞となり,細胞質分裂をせずに染色体の複製を繰返して多糸化し(256×二倍体),巨大になる.15個の哺育細胞は,すべてリングキャナルで卵母細胞とつながっている(図3・4).哺育細胞はmRNA,タンパク質,細胞小器官を卵母細胞に送り込む.その後,血リンパ中を循環しているビテロゲニンが卵母細胞に取込まれる.卵母細胞の体積のほぼ半分は卵黄が占める.卵形成の最終日になると,卵母細胞と濾胞細胞の両者がつくる卵黄膜によって卵母細胞が覆われる.さらに濾胞細胞が卵母細胞を覆う細胞外物質を合成し沈着させ,卵母細胞を取巻く殻をつくる.この殻を,卵殻とよぶ(図3・5).

卵母細胞は非対称である.卵母細胞の末端から出る体細胞性の2本の突起(卵殻突起)は呼吸器官であり,これが将来の胚の背側と前端の目印となる.将来の腹側は,より丸みを帯びた外観を示す.卵黄がおもに卵中心部にあるのに対し,細胞質は細胞膜に接する表層部に局在する.後で示すように,卵の形態上の目印となるこれらの構造は,複雑な分子機構によって形成される.以上を要約すると,卵形成とは,減数分裂とそれに伴う遺伝子の組換え,外部(哺育細胞,脂肪体,濾胞細胞を含む)

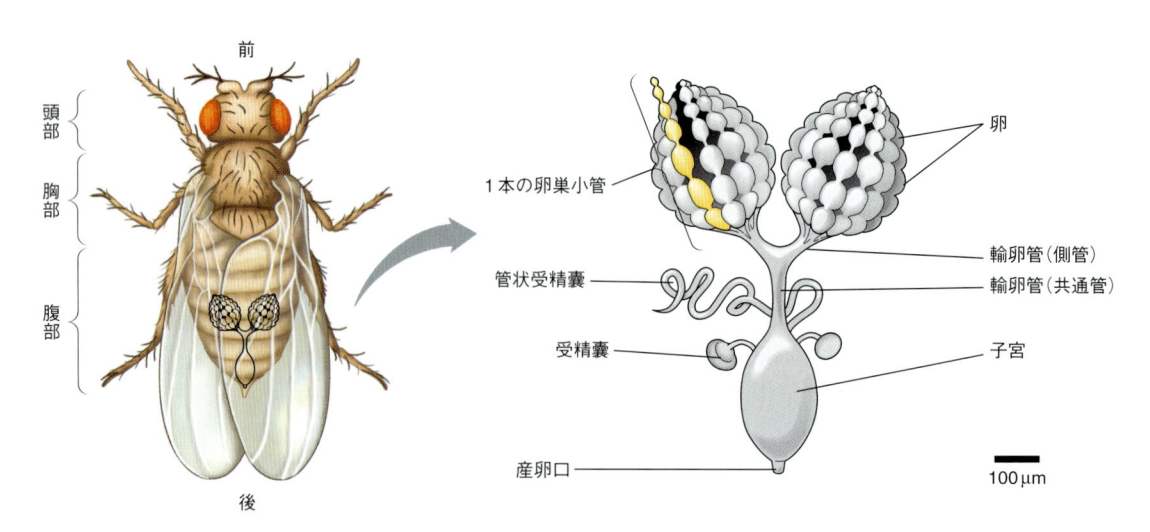

図 3・1　ショウジョウバエ雌の生殖系.腹部にある生殖系の位置を背側から示す.右の拡大図は,卵巣と輸卵系,それに精子が貯蔵される管状受精嚢や受精嚢などの付属器官の基本的構成.

胚　発　生　　39

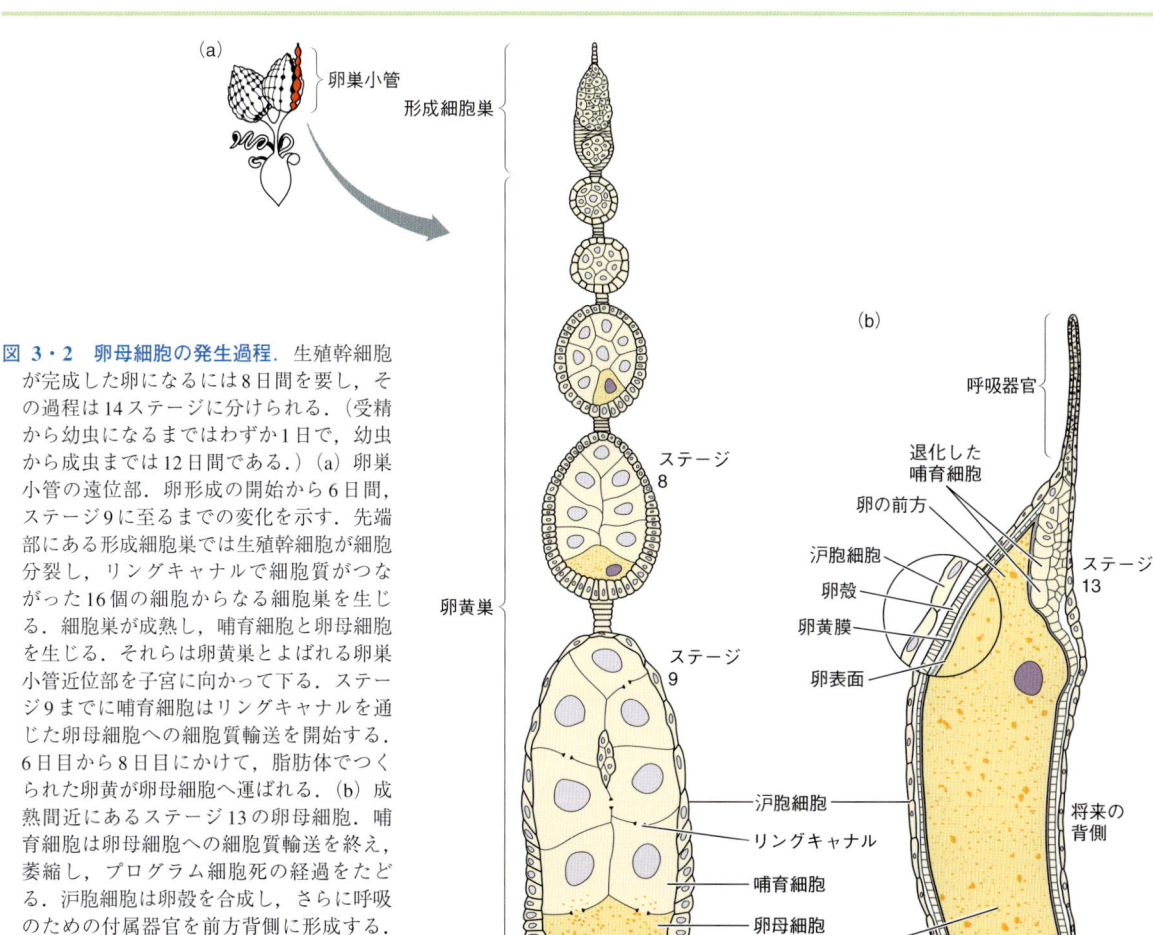

図 3・2　卵母細胞の発生過程． 生殖幹細胞が完成した卵になるには 8 日間を要し，その過程は 14 ステージに分けられる．（受精から幼虫になるまではわずか 1 日で，幼虫から成虫までは 12 日間である．）(a) 卵巣小管の遠位部．卵形成の開始から 6 日間，ステージ 9 に至るまでの変化を示す．先端部にある形成細胞巣では生殖幹細胞が細胞分裂し，リングキャナルで細胞質がつながった 16 個の細胞からなる細胞巣を生じる．細胞巣が成熟し，哺育細胞と卵母細胞を生じる．それらは卵黄巣とよばれる卵巣小管近位部を子宮に向かって下る．ステージ 9 までに哺育細胞はリングキャナルを通じた卵母細胞への細胞質輸送を開始する．6 日目から 8 日目にかけて，脂肪体でつくられた卵黄が卵母細胞へ運ばれる．(b) 成熟間近にあるステージ 13 の卵母細胞．哺育細胞は卵母細胞への細胞質輸送を終え，萎縮し，プログラム細胞死の経過をたどる．沪胞細胞は卵殻を合成し，さらに呼吸のための付属器官を前方背側に形成する．卵母細胞は，卵母細胞と卵殻の間に卵黄膜をつくる．卵細胞後極の目印となる極顆粒が識別される．卵長は約 400 μm，幅は約 150 μm．

からの材料調達，そして，備蓄材料を卵のしかるべき位置に配備するための期間であるといえる．

受精と核分裂によって胚発生が始まる

受精は，雌の生殖器官に蓄えられた精子が，卵門 (micropyle) とよばれる卵殻開口部から進入することによって起こる．卵は活性化されて減数分裂を完了し，雌雄の前核が融合し，一連の核分裂が非常に速く進行する．はじめの 8 回の核分裂は約 9 分ごとに起こる．図 3・6 と表 3・1 に発生初期に起こることを示す．発生初期の接合体は**シンシチウム** (syncytium, 多核細胞ともいう) である．細胞質分裂せずに核が倍化し，細胞膜は形成されない．7 回目から 10 回目の核分裂にかけて，大部分の核が表層の細胞質層に移動し，非常に低いレベルの転写が開始される．この段階の胚は**多核性胞胚** (syncytial blastoderm，多核性胚盤葉ともいう) とよばれる．9 回目と 10 回目の核分裂の間に，後端部にある複数の核が細胞膜で包まれ，**極細胞** (pole cell) になる．極細胞は胚発生過程で最初に形成される細胞である．極細胞は特徴的な顆粒をもっており，やがて胚の始原生殖細胞を形成する（図 3・7）．

その後，核分裂の速度はやや低下する．核の表層への移動は続き，14 回目の核分裂周期の初期には胚の表層全体で細胞膜が形成される．その結果，約 6000 個の細胞が形成され，細胞はひとつながりの層となって，胚の表面全体を覆い，中心部の卵黄を取囲む形になる．核は卵細胞表面から陥入した細胞膜によって包まれることになり，細胞膜陥入の先端部では細胞膜が新たにつくられて

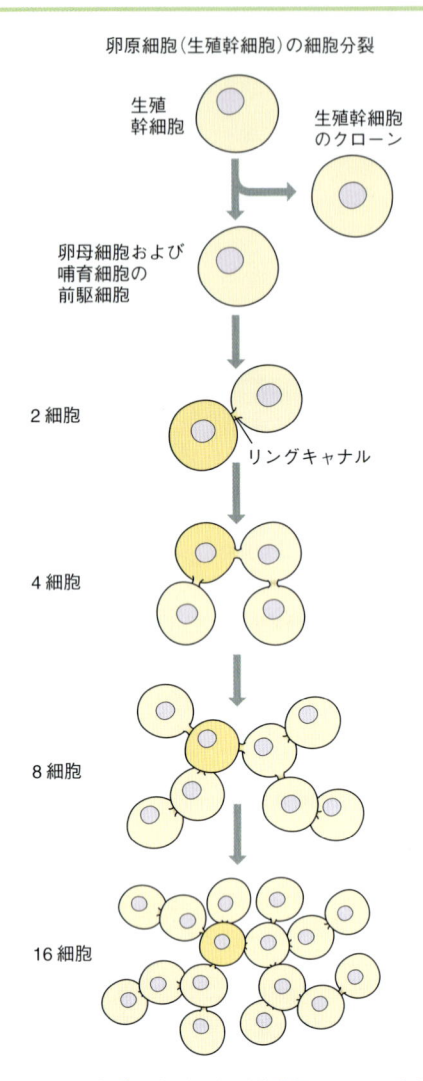

図 3・3 ショウジョウバエ卵形成過程における哺育細胞，卵母細胞，リングキャナルの形成．1〜2日目に，生殖幹細胞である卵原細胞から16細胞で構成される細胞巣が生じる．その様子を模式的に表している．哺育細胞と卵母細胞は同じ生殖前駆細胞から派生しており，いずれも体細胞ではないことに注意．

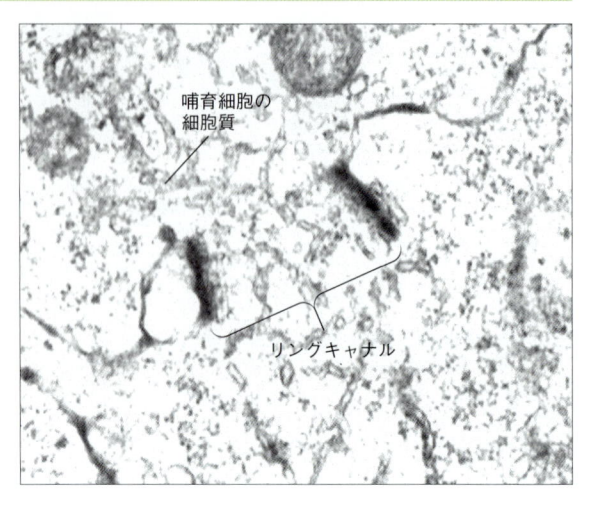

図 3・4 リングキャナル．哺育細胞どうしや哺育細胞と卵母細胞をつないでいるリングキャナルの構造を示す電子顕微鏡写真．

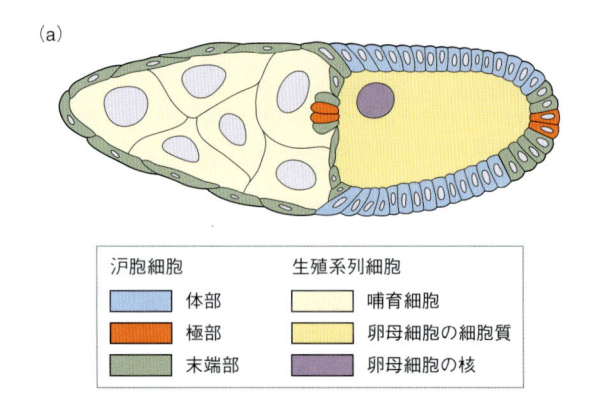

図 3・5 卵黄の蓄積が始まったステージ10Aのショウジョウバエ卵室．(a) 沪胞細胞は体部沪胞細胞(青)，末端部沪胞細胞(緑)，極部沪胞細胞(赤)の3種類の細胞型に分けられる．卵母細胞の核は紫で示している．(b) GurkenのmRNAが卵母細胞の前方背側の隅に局在することを示す写真．(Gurkenは沪胞細胞の背腹による違いを生むために必要なシグナル伝達分子．本章後半で説明する．）GurkenmRNAに結合する標識プローブを用いて胚全体を in situ ハイブリダイゼーションしたもの．抗体によって標識が検出されている．抗体にはアルカリホスファターゼが結合しており，写真で見られる発色は局所的なホスファターゼ反応によるものである．

いる（図3・8）．受精後約4時間で**細胞性胞胚**（cellular blastoderm，細胞性胚盤葉ともいう）になる．

細胞性胞胚は組織化されている

核分裂期から細胞化が完了するまでの時期には，胚の各領域間のコミュニケーションが細胞膜によって妨げられない．シグナルは核の間を自由に通り抜けることができるし，中心の卵黄域と辺縁部の間にも隔壁はない．さ

胚　発　生　　41

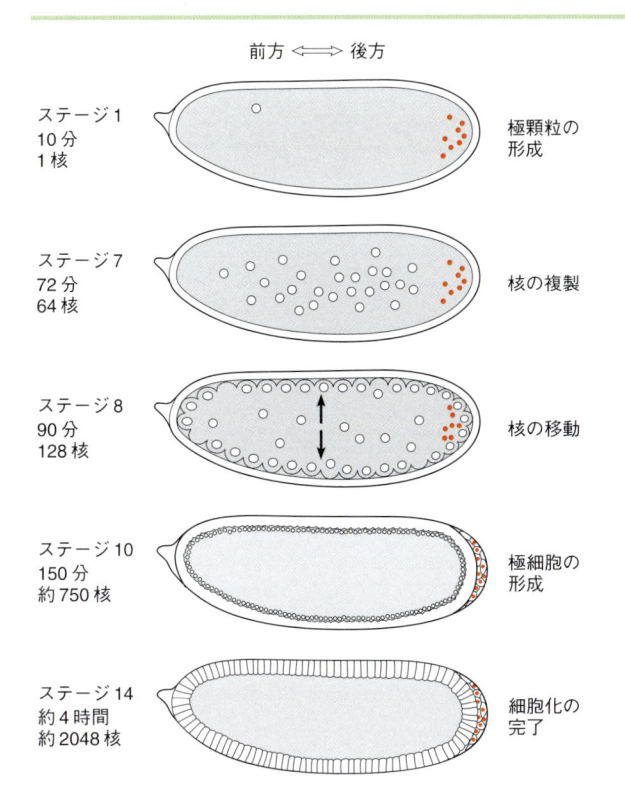

図 3・6　核分裂と細胞性胞胚の形成． ショウジョウバエの初期の卵割期には，核が細胞質分裂を伴わずに複製し続け，その大半はやがて表層に近い辺縁部に移動する．9回目の核分裂が終わると，後端部に位置する核が細胞化の先鞭をつけて極細胞となる．胚全体の細胞化が完了するのは14回の核分裂時である．白の小さな円が核を表す（ステージ14の図では核を描いていない）．受精から各ステージまでのおよその時間も示す．表3・1には分裂サイクルと細胞性胞胚形成の詳細を記載している．

前方 ⟷ 後方

ステージ1
10分
1核
極顆粒の形成

ステージ7
72分
64核
核の複製

ステージ8
90分
128核
核の移動

ステージ10
150分
約750核
極細胞の形成

ステージ14
約4時間
約2048核
細胞化の完了

らに，すべての細胞が等しい発生能をもっている．多核性胞胚から核を取出して細胞性胞胚に移植する実験を行うと，核はホスト（宿主）胚のどの位置にも定着できるし，どんな胚構造でも形成できる．14回目の分裂後には細胞化が終わり，細胞を移植することが可能になるが，その結果は全く異なるものとなる．移植された細胞の発生運命は，すでに多かれ少なかれ特定の分化経路に限定されているのである．

胚体内の細胞または細胞グループの発生能を調べる手法の一つに，細胞を同じ胚あるいは別の胚の異なる場所に移植するというやり方がある．別の胚に細胞を移植す

ボックス 3・1　発生遺伝学

　遺伝学的解析は発生現象の土台となる原理を見つける強力な道具である．古典遺伝学の基本は，雌雄を交配して子孫を得る操作である．遺伝学者は，交配後，幼虫や成虫の出現を待たずに胚の初期発生を調べ始めた．それによって多くの新たな可能性が開かれた．発生が大きく損なわれ，幼虫になれずに致死となるような突然変異体が観察されるようになったのである．

　今日では，突然変異形質を生じる原因となる化学的，あるいは細胞レベルのできごとについて多くがわかっている．DNA塩基配列の変化によって，特定のタンパク質の合成量やそのアミノ酸配列が変化し，それが表現型の変化として現れる．つまり，機能や構造の変化として検出される．機能や構造が損なわれる場合，その突然変異は**機能喪失型** (loss of function) とよばれる．タンパク質の変化によって機能が亢進する場合は**機能獲得型** (gain of function) とよばれる．二つの異なる突然変異が（同一タンパク質が変化したのでないにもかかわらず）同一の構造，活性，あるいは機能を変化させた場合，二つの遺伝子（したがって二つのタンパク質）がある機能に関連する同一の経路上で働いていると予想することができる．二つの遺伝子の二重変異体の表現型を詳細に分析すると，同じ経路上で一方の遺伝子が他方の遺伝子より先に働いていると推論することができる．ある遺伝子が他の遺伝子の**上流** (upstream) または**下流** (downstream) にあるという言い方が研究室用語として使われるが，これを遺伝学では**エピスタシス** (epistasis, 上位下位関係ともいう) とよぶ．遺伝学講義は本書の範囲外なので，遺伝学の入門書を参照されたい．

　発生学研究が高度になるほど遺伝学的解析の重要さと威力が一層明白になってくる．ショウジョウバエ，マウス，ゼブラフィッシュ，線虫 *Caenorhabditis elegans* が広く使われる理由は，精密な遺伝的操作が可能であるからにほかならない．

表 3・1 ショウジョウバエの初期発生

発生現象	分裂サイクル
核が非常に短い間隔で分裂(9分)	1〜8
核が表層に移動(卵表層)	7〜10
極細胞が卵からくびり切れる．接合子性の遺伝子発現がわずかに起こる	9
表層の核の間隙に細胞膜が形成され，接合子性の遺伝子発現が増加	14 初期
形態形成の開始(受精後約 5.5 時間)	14 後期
前後方向のパターン化(異なる細胞からなる 16 列の区域)と背腹方向のパターン化(4 区域)が形態形成前に完了	14 中期まで
幼虫の孵化(22 時間)と摂食行動	

出典: M. Zalokar and I. Erk. 1976. Division and migration of nuclei during early embryogenesis of *Drosophila melanogaster*. J. Microscopic Biol. Cell. 28: 97–106 より改変．

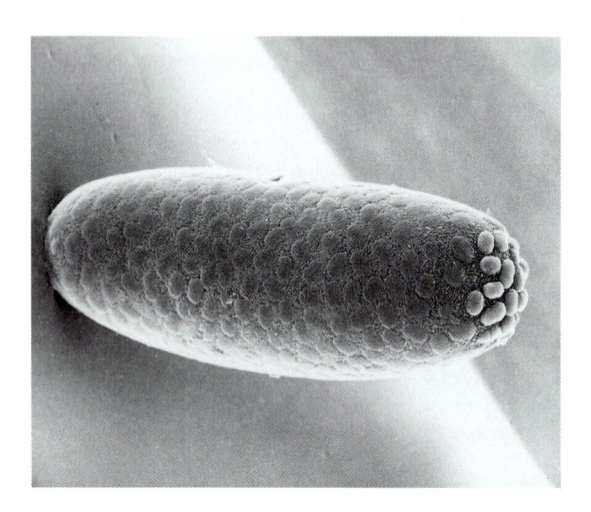

図 3・7 **極細胞**．核分裂期終期のショウジョウバエ胚表面を走査型電子顕微鏡で観察した像．胚の後端に極細胞の集団がはっきり識別できる．

(a) 染色体が紡錘体に沿って分離する
— 卵表層
— 星状体

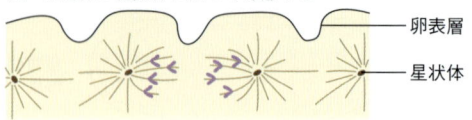

(b) 核の再形成
— 核

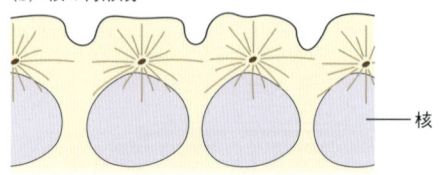

(c) 核の肥大．細胞膜の襞(furrow canal)が形成され，その先端部に膜小胞が付加される
— 細胞膜の襞
— 膜小胞
— 微小管

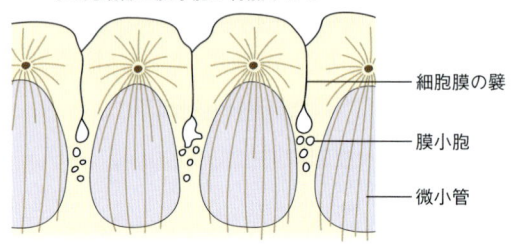

(d) 核がさらに伸長し，細胞膜の襞も成長

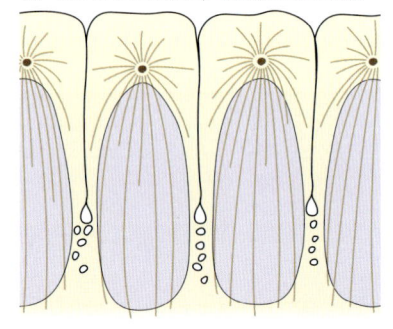

(e) 細胞化の完了．卵黄を包む膜が細胞の基底面に接する
— 卵黄を包む膜

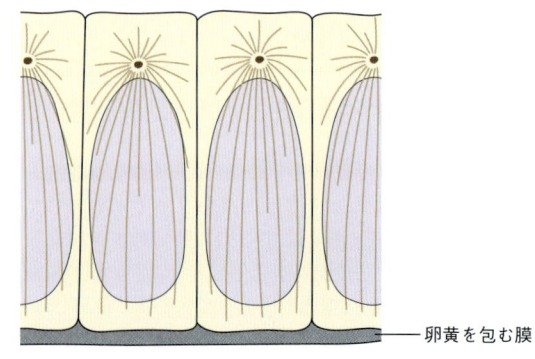

図 3・8 **多核性胞胚の細胞化**．核が卵表層に移動し，新生された細胞膜に徐々に包まれ，細胞性胞胚となるまでのできごとを示す模式図．

るとキメラ (chimera，ラテン語の"モンスター")ができる．キメラでは，遺伝的に異なる 2 種類の細胞からなる組織や器官が生じる．遺伝的に異なることを利用して，成虫の体の中の細胞が，どちらの胚由来か容易に識別できる．多くの動物種で，胚が驚くほど柔軟にこのような移植に耐えるので，この手法は 100 年以上も前から実験発生学者が好む強力な道具となってきた．

極細胞はショウジョウバエの胚で最初に生じる細胞であり，比較的容易に卵後端から取出すことができる．さらに，遺伝的に異なるホストに移植した細胞を簡単に識別する遺伝マーカーを利用することも可能である．極細胞を取除くと生殖細胞の前駆細胞がなくなるので，生殖

腺は形成されるが生殖不能となる（図3・9a）．マーカーをもつ極細胞を遺伝的に異なるホストの後極に移植すると，それらはホストの生殖腺に入って生殖細胞となる（図3・9b）．生殖細胞になれるのは極細胞だけに限られる．核分裂期の後期に後極に移動してきた核は，何らかの働きによって，その運命が決定される．

図3・9(c)に示すような移植実験によって，このような決定が起こるしくみの一端を垣間見ることができる．この実験は，以下のような手順で行われる．初期核分裂期のドナー（供給側）の卵後端から，核が移動してくる前に**極細胞質**（pole plasm）とよばれる細胞質をピペットで抜取り，それを遺伝マーカーで識別可能なホスト胚の前方領域に移植する．こうすればドナーの核が誤って混入した場合でも，それを判別できる．次に，このホストを細胞性胞胚まで発生させ，極細胞質を移植された領域に生じる細胞を取出し，遺伝的に識別できるホスト2の生殖細胞領域に移植する．ホスト2の生殖領域には，最初のドナーの極細胞質とホスト1の頭部領域の核をも

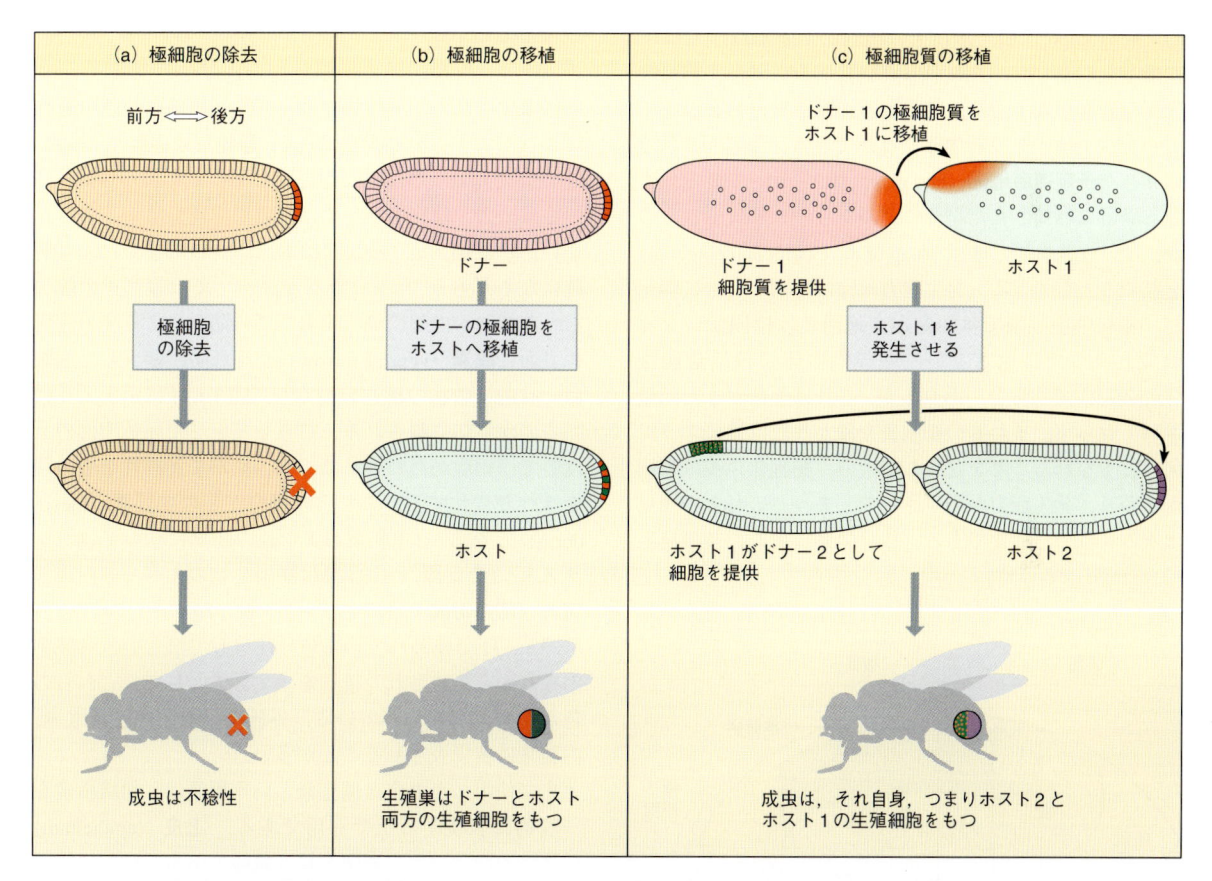

図 3・9 極細胞と極細胞質の移植実験．ここに掲げた3種類の顕微操作は，正常な極細胞と極細胞質の作用の分析を目的としている．(a) 極細胞を除去した胚を発生させる．生殖腺は形成されるが生殖細胞はない．つまり生殖細胞の形成には極細胞が必要かつ十分であると結論できる．(b) 初期胚の極細胞（赤）を取出し，別の胚の極細胞領域に移植する．ドナー由来の生殖細胞（赤）とホスト由来の生殖細胞（緑）は，それぞれの優性遺伝マーカーによって区別される．成虫になった宿主を交配すると，移植細胞のドナーの形質を示す子孫と，移植を受けたホストの形質を示す子孫の両方が得られる．ホストは生殖細胞キメラとなったのである．(c) 極細胞が形成される前，つまり，核が移動してくる前の極細胞質を移植する．ドナー1の極細胞質を吸い出し，ホスト1の前方に移植する．（ドナー1とホスト1は異なる遺伝マーカーをもつので，ドナーからとった極細胞質に誤って核が混入しても，後で実験ミスであると判別できる．）ホスト1が細胞性胞胚になったら，ドナー1の極細胞質を移植された矢印の位置から生じた細胞を，別の遺伝マーカーをもつホスト2の極細胞領域に移植する．ホスト2を成虫まで育て，適当な交配を行うことによって，ホスト2がどんな生殖細胞をもっていたかが判定できる．ホスト2は，ホスト1に由来する生殖細胞とそれ自身の生殖細胞をもつキメラとなっており，ホスト1の細胞が生殖細胞になったことがわかる．ホスト1の細胞が生殖細胞の前駆細胞になるのは，極細胞質の移植によって発生能力を付与された場合に限られる．細胞質移植によって，その細胞質をもつようになった細胞の運命決定がなされたのである．

つ細胞が含まれることになる．ホスト2を成虫まで育て，遺伝マーカーをもつ個体と交配する．この実験で，ホスト1に由来する細胞が生殖細胞を形成することを簡単に証明することができる．極細胞質を移植しなければこのような現象はみられない．極細胞質には核を生殖細胞へと決定する何らかの働きがあるらしい．言いかえると，細胞質と核の相互作用によって，その核に由来する子孫細胞の遺伝子発現が決められるのである．

細胞の移植実験は細胞性胞胚の全領域について行われており，取出した細胞を本来の領域に移植した場合（**同所的**；orthotopic）も異なる領域に移植した場合（**異所的**；heterotopic）も，常にその細胞が本来形成するはずの構造を形成した．これらの実験結果をもとに，細胞性胞胚の表面を表す図に，各部域の細胞が将来何を形成するかを示す地図を投射することができる．これが2章で紹介した**予定運命地図**（fate map，図3・10）である．異なる場所に移植された場合にどんなものを形成できるのか，という発生能力地図（map of developmental potential）を描くこともできる．発生能力地図は時間とともに変化し，細胞性胞胚期では予定運命地図とほぼ同じになるので，ここでは示さない．多核性胞胚の核は**全能性**（totipotent）であるといわれるが，これは運命がまだ固定されておらず，まわりの細胞質や置かれた位置によって何にでもなれることを意味している．細胞化以後は事情が変わり，発生能力が限定されてしまう．これらの知見は次のように一般化できる．核分裂期に生じた核の発生能力は等価だが，卵内のさまざまな領域の細胞質との相互作用によって発生能力が限定される．その結果，各種の細胞型が生み出される．

発生学者は，細胞グループの発生能力が限定されることを**決定**（determination）とよぶ．決定の概念は19世紀後半の実験発生学にさかのぼる．決定とは実験操作（ふつうは移植実験）によって定義される用語である．発生能力のオプションが減じたか否かは，実験操作によって初めて知ることができる．分化と同様に，決定は安定な状態ではなく一定のプロセスを意味している．

原腸形成は
　　　表面にある細胞集団の内部への移動である

組織化された細胞性胞胚は，細胞と組織の一連の運動によって大きく姿を変え始める．**原腸形成運動**（gastrulation movement）の様相は動物種によって大きく異なっている．一方，植物の発生では原腸形成運動は全くみられない．（"原腸形成"の意味は本節が終わるまでにより明確になるだろう．）ショウジョウバエでは腹側正中線に沿った細胞が内部に陥入する．この陥入により胚の腹側の表面に**腹溝**（ventral furrow）が現れる．陥入した細胞は一時的に管状の構造をつくり，図3・11に示すように胚表面から切り離される．こうして生じた胚体内部の上皮層では細胞がしだいにほぐれ，やがて運動性をもつ間充織へと変化する．これらの細胞が胚の**中胚葉**（mesoderm）となる．（中胚葉および他の胚葉についてはボックス3・2を参照．）中胚葉は筋肉や他のすべての内部器官の一部を形成する．

図3・11で使われている色に注目してほしい．各胚葉とそれから形成された構造を表すものとして，これらの色が慣習的に使われている．外胚葉は青，中胚葉は赤，内胚葉は黄で表されることが多い．

先に使用した上皮と間充織という用語は，組織構造を一般的に表現する上で有用である．**上皮**（epithelium）は体表や内腔などの表面を覆う組織である．細胞は接着装置によって互いに密着し，緻密な細胞層を形成する．皮膚の表皮や胃の内腔面となるのはいずれも上皮である．一方，**間充織**（mesenchyme，間葉ともいう）では細胞が密集しておらず，細胞間の間隙には相当量の細胞外基質が存在する．軟骨や皮膚の真皮が間充織性組織の例である．

腹溝形成によって将来の（prospective）中胚葉が生じた後，この溝の前後端で第二の陥入が始まる．〔発生学の文献では，予定の（presumptive）という表現が，将来の，の意味で使われることがある．〕これらの前方と後

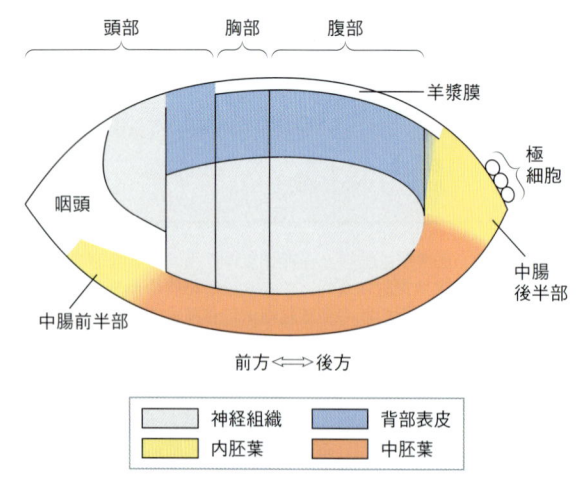

図 3・10　ショウジョウバエの予定運命地図．ショウジョウバエ細胞性胞胚の模式図．標識した少数の細胞を移植する実験によってGerhard Technauらは胞胚の予定運命地図を描いた．さまざまな組織型や胚葉の位置が示されている．

胚 発 生　　45

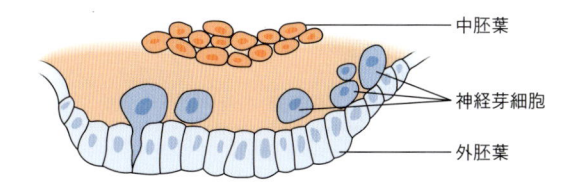

図 3・12　神経芽細胞の形成．腹側表面の細胞が内部へと移動し，神経芽細胞となる．この細胞の細胞分裂によってニューロンとグリア細胞の両者が生じる．

方から陥入する細胞群はポケット状の腔所をつくる．その両者がやがて胚体内部へ伸長し，前後から出会って融合し，後に幼虫の中腸となる長い内胚葉性の管を形成する．陥入している中腸の前端および後端につながっている胚表面の細胞も内部に陥入し，後に前腸および後腸を形成する．

胚の腹面に残った細胞は，陥入した中胚葉とともに**収束伸長**（convergent extension）を行う．収束伸長とは，細胞集団中でみられる一定の細胞の並び替えを表す用語である（12章参照）．ショウジョウバエや他の昆虫では，細胞の並び替え（シャッフリング）によって胚が伸長し，胚の後方2/3全体が背側に折返す形となる．卵殻によって外形が制限されているので，伸長した胚はちょうどサソリの攻撃態勢のような形になる（図3・11a，ステージ9）．これは**胚帯伸長**（germ band extension）とよばれ，昆虫の胚に特有の現象である．胚帯伸長のために，このステージの胚の構造を把握するのは困難になるが，心配には及ばない．伸長した胚帯はやがて短縮し始め，後方にあった細胞は再び後端に戻ってくるのである．

前後端が陥入し胚帯が伸長している間に，腹側表面にある細胞の一部が上皮層から分離して卵黄のある内部へと移入する（図3・12）．これらの細胞は後に分裂してニューロンと神経系の支持細胞を生じる．

このように，細胞のシャッフリング（または胚帯伸長），陥入（中胚葉と中腸），細胞個々の移入（神経組織形成）などにより，胚は劇的に再編成される．**原腸形成**（gastrulation）という用語で表される現象とそれが起こる時期についての定義に関してはさまざまな意見がある．本書では，細胞の内部への移動に始まり，内胚葉，中胚葉，そして外胚葉の形成に至る一連の形態形成運動すべてを含むものとして原腸形成という用語を用いる．

胚は分節化する

胚帯が最も伸長するころになると（図3・11），胚表面を横断する溝が等間隔に出現し，それによって胚は**擬体節**（parasegment）とよばれる14の帯域に区切られる．

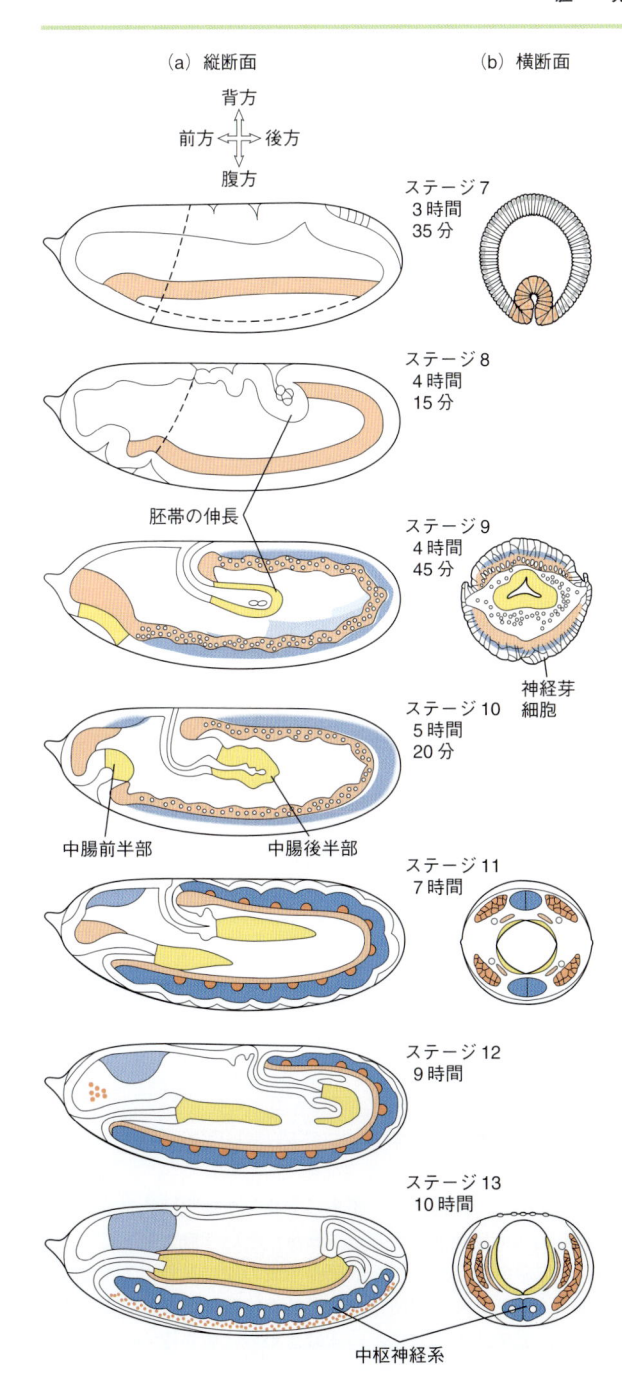

図 3・11　ショウジョウバエの原腸形成．(a) 卵割期の終期から消化管形成期（受精後約10時間）までの胚の縦断面．中胚葉の陥入，前後からの陥入による中腸形成，胚帯伸長の過程を示している．7時間以後，伸長した胚帯が短縮し始め，ステージ13までに前方と後方からの陥入がつながり，1本の消化管が形成される．(b) 胚中央部の横断面．ステージ7では陥入による中胚葉形成の様子が見える．ステージ8の断面図に内胚葉性の消化管が現れる．この時期に中胚葉は上皮から間充織へと変化する．その後，将来の神経芽細胞が内部へもぐり込み始める．

図 3・13 胚の擬体節と成虫の体節の対応関係. 胚の"頭"と 14 の擬体節が成虫の頭部，胸部，腹部を形成する．成虫のすべての体節の前方(a)と後方(p)の境界は，擬体節(1 組の黄と褐色が一つの擬体節)の境界よりやや前方にずれている．

これらの分節はおおむね，三つが頭部と口器を，三つが胸部を，八つが腹部を形成する（図 3・13）．（最近の研究によると，成虫頭部をつくる三つの擬体節は，遺伝子発現でみると七つの分節に区別されるようである．）実際には，胚の擬体節は成虫胸部や腹部の体節とは約 1/2 擬体節分だけずれている．成虫の体節と胚の擬体節の詳細な対応関係については，昆虫発生の専門家が研究している．対応を確認する必要がある場合は図 3・13 を参照．

幼虫外胚葉細胞の多くはさらに 1〜2 回だけ分裂し，さまざまな幼虫体表構造のクチクラを分泌する．やがて各擬体節の腹側には**歯状突起**（denticle）とよばれる微細な突起が生じる．歯状突起のパターンは擬体節ごとに微妙に異なっており，その道のエキスパートはパターンを見てどの擬体節かを識別することができる．各擬体節には，活発な分裂能を維持する約 10 個の細胞からなる集団がみられる．これは**組織芽球**（histoblast）とよばれ

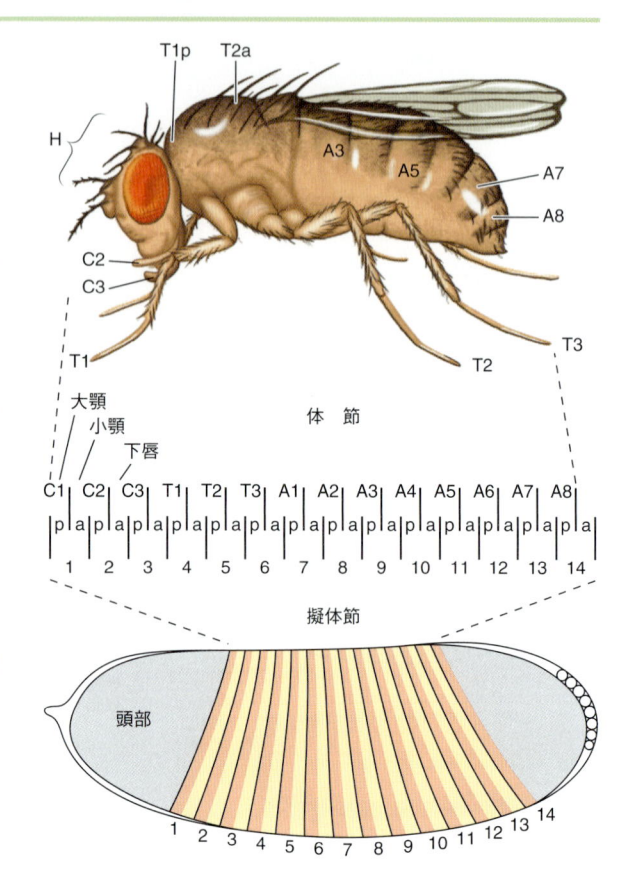

ボックス 3・2　胚　葉

生物学者は**胚葉**（germ layer）という用語を昔から使っている．この用語は構造を記載するためだけでなく，概念としても使われるのでわかりにくい．原腸形成を終えた多くの動物胚は明らかに三つの層で構成されている．胚の表面に残って**外胚葉**（ectoderm）とよばれる細胞もあれば，内部で管をつくる細胞もある．先に述べたように，ショウジョウバエではこの管は前後からの陥入によって生じる．この管はしばしば**原腸**（archenteron）とよばれ，消化管の一部または全体の前駆体となる．これが**内胚葉**（endoderm）である．胚表面の外胚葉と内胚葉の間にある細胞は**中胚葉**（mesoderm）といい，内部器官の多くがこの細胞に由来する．発生過程で形を変えながらも，上記の構造が脊椎動物についても多くの無脊椎動物についても認められる．したがってこれらを記載する胚葉という用語は有用である．

胚葉の第二の側面は，胚葉に分化した細胞は胚葉形成以前と比べて発生能力が限定される，という概念である．これは細胞の決定がしばしば原腸形成の間に進行することに基づく．これらの用語は解剖学的な位置の記載に限定して用い，発生能力の変化という概念からは切り離すべきであろう．

胚葉という用語の第三の側面は進化を論じる際の使われ方で，これが一番複雑である．胚葉というものが単に記述用語として共通なのではなく，相同性や進化的起原の共通性を包含するものとして，時には仮定的に，ある時には自明のこととして語られてきたのである．しかし，この種の議論を実験的に検証することが可能になったのは，つい最近のことである．17 章でこの問題に少しふれる．

胚のパターン形成

卵内に局在する決定因子が細胞運命を定める

初期発生の記載が終わったところで，次は細胞運命の決定や細胞分化の段階で実際に何が起こるかみていこう．これまでに，核や細胞質や細胞の除去と移植の実験によって，各領域の発生運命が細胞性胞胚期にはすでに決定されていることを学んできた．卵の前方は頭部になり，中央部は胸部になる，などである．実際，図3・10に示したように，細胞性胞胚の上に発生運命地図を描くこともできる．前後軸に沿って（つまり前から後へ向かって）七つの帯域に分かれ，それらから頭部，胸部，腹部の各部域が形成される．また，胚の外周に沿って四つの領域に分かれる．それらは最も腹側から背側へ向かって，中胚葉，神経外胚葉，背側部外胚葉，それに**羊漿膜**（amnioserosa）とよばれる胚体外膜になる領域である．七つの前後帯域と四つの背腹領域の組合わせで28の区域が区別され，これらすべてがそれぞれ固有の特徴をもつことが実験的に示されている（図3・15）．

ドイツのKlaus Sanderが1960年代に行った古典的な発生学実験によって，昆虫卵の前方部分には体の前方部分の形成を促す因子（群）が存在することが示されている．（Sanderが実際に使ったのはヨコバイ *Euscelis* だがショウジョウバエでも同じような結果が得られている．）同じように，卵の後方には後方化を促進する因子が局在していた．そしてここが肝心なのだが，前方と後方それぞれの因子の濃度勾配が卵中央部で拮抗しており，それによって体の中央部分が生じるのである．

このモデルは魅力的で，実験的証拠によっても支持された．しかし因子とは具体的に何か．どうすれば因子を捕まえ，そのしくみを解明できるのか．これら多くの疑

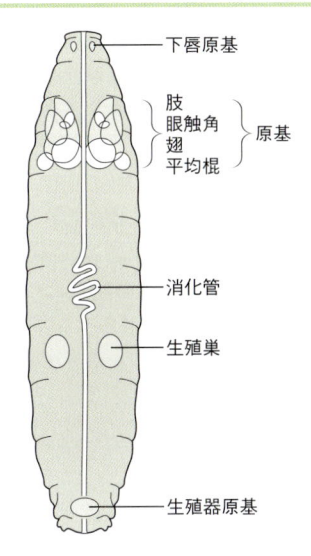

図 3・14　ショウジョウバエ幼虫の成虫原基． 3齢幼虫を上から見た模式図．主要な成虫原基の位置を示す．

る細胞で，蛹になって幼虫の表皮が死滅する際にそれと置き換わる．また，孵化直後の幼虫には，約40個の細胞からなる**成虫原基**（imaginal disc）とよばれる構造が複数ある．成虫原基は，表皮が陥入して複雑に折りたたまれたもので，幼虫が成虫へと**変態**（metamorphosis）する間に表面にめくり返され，成虫のさまざまな器官や構造をつくり上げる．変態の間に幼虫の表皮は死滅し，成虫原基から成虫の体表構造といくつかの内部器官が形成される．図3・14に第1齢幼虫のさまざまな成虫原基を示す．**齢**（instar）とは，脱皮を境として区切られる成長を伴う幼虫の発生段階である．幼虫の発生は8章で扱う．

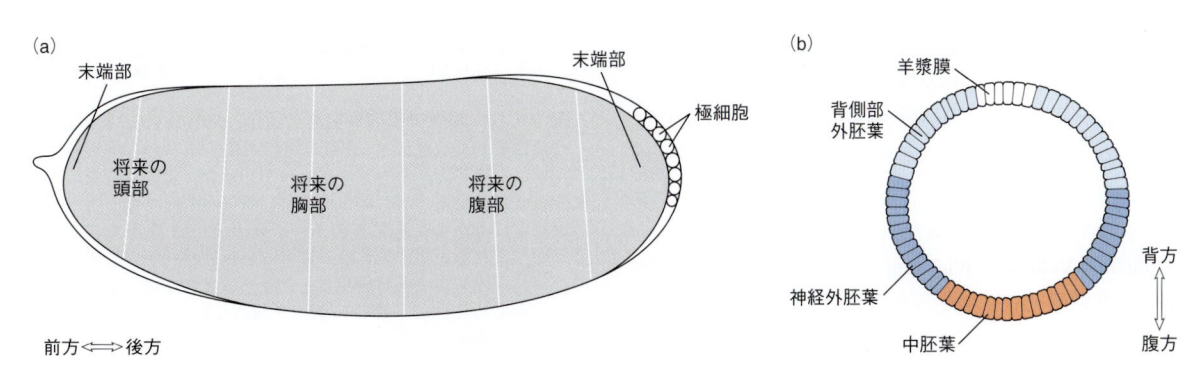

図 3・15　細胞性胞胚の構造． 細胞性胞胚を図式化したもの．(a) 胚の中央部における縦断面．前後方向は七つの主要な帯域に分けられる．胚の細胞総数は約6000個（前後軸に沿って約80個，周囲約72個）．(b) 中央部の横断面．将来形成される組織の予定領域．

問は遺伝学と分子生物学の手法によって次つぎに解き明かされ，その経緯は近年の生物学研究で最もエキサイティングなものの一つに数えられる．このあと詳しく述べるように，これらの因子は実際の分子として実在しており，その局所的濃度に応じて特定の発生運命が決定される．前方因子が多いと頭部形成が促進され，少ないと胸部が生じる．要するに濃度勾配が分化のパターンを決めているのである．濃度勾配によって胚のパターン形成をひき起こす分子は**モルフォゲン**（morphogen，形態形成物質ともいう）とよばれる．研究者は原因因子であるモルフォゲンを長い間求め続けてきたが，つい最近まで見つけることができなかった．現在ではモルフォゲンが発生の戦略における偉大なる発明であることを理解するに至った．モルフォゲンはこれから何度も登場する．

ショウジョウバエ母性効果突然変異はモルフォゲンが原因である

Eric Wieschaus と Christiane Nüsslein-Volhard が1970年代に精力的に行った一連の遺伝学的解析実験によって，モルフォゲン研究のブレークスルーがもたらされた．彼らの興味は初期発生を統御する遺伝子だった．それらの遺伝子が本当に重要であれば，その突然変異は致死となるだろう．そう考えた2人は突然変異を見つける賢い方法を考案した．劣性変異をヘテロにもつ個体どうしを交配し，生まれてくる個体の初期発生をみたのである．こうすればすぐ致死となるような重篤な突然変異でもつかまえることができる．

Wieschaus と Nüsslein-Volhard は，遺伝学者が**母性効果突然変異**（maternal effect mutant）とよんでいる突然変異にも興味をもった．この突然変異の表現型は劣性ホモの母親の子にのみ現れる．なぜなら，この遺伝子は卵が一倍体になる前の卵形成の時期に働いているからである．母性効果を示す遺伝子が哺育細胞や沪胞細胞に作用している場合もある．この場合，母親は一見正常に見えるが，そこから生まれてくる卵に欠陥が生じる．卵内にあらかじめ配備され発生の最初の決定にかかわるモルフォゲンがあるなら，その遺伝子の突然変異は母性効果を示すはずである（孫なし突然変異；grandchildless mutant とよばれることもある．図3・16参照）．

Nüsslein-Volhard と Wieschaus，それに後から研究に参加した共同研究者や学生らによって，34個の母性効果突然変異が見つかった．ショウジョウバエのゲノムが12,000個以上の遺伝子を含むことを考えると，この数はとても少ない．これら34個のうちの12個が前後軸に沿うパターン形成の異常，6個が胚の末端構造の異常（先節；acron とよばれる頭部前端と，尾節；telson とよばれる尾部後端），そして残りの16個が背腹軸パターンの異常だった．驚くべきことに，これら3種類の制御システムは互いに独立に作用するようにみえた．発生の最も初期段階の非対称性形成では，複数の遺伝子制御システムがかかわることがわかっているが，現在では，それぞれのモルフォゲンが独立に作用することはほとんどまちがいないと考えられている．この問題については，モルフォゲンの一つ Gurken（グルケン）について述べる際に触れる．制御システムは実際には4種類で，前部と後部のパターン形

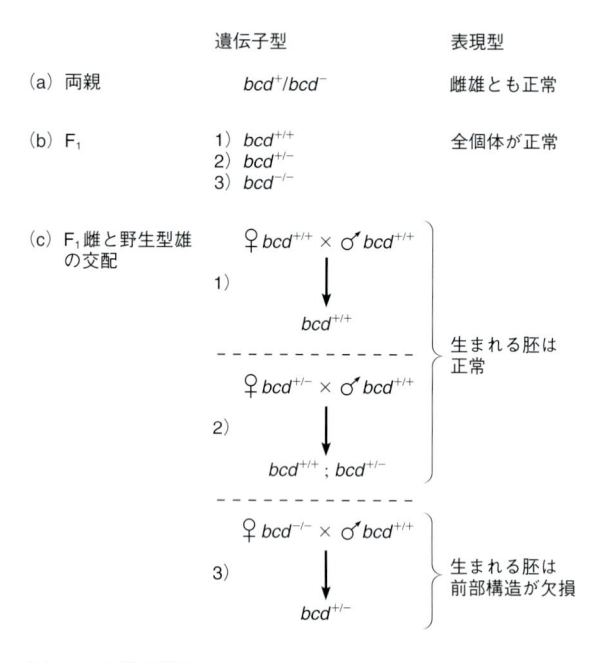

		遺伝子型	表現型
(a)	両親	bcd^+/bcd^-	雌雄とも正常
(b)	F_1	1) $bcd^{+/+}$ 2) $bcd^{+/-}$ 3) $bcd^{-/-}$	全個体が正常
(c)	F_1雌と野生型雄の交配	1) ♀$bcd^{+/+}$ × ♂$bcd^{+/+}$ ↓ $bcd^{+/+}$ 2) ♀$bcd^{+/-}$ × ♂$bcd^{+/+}$ ↓ $bcd^{+/+}$; $bcd^{+/-}$ 3) ♀$bcd^{-/-}$ × ♂$bcd^{+/+}$ ↓ $bcd^{+/-}$	生まれる胚は正常 生まれる胚は前部構造が欠損
(d)	$bcd^{-/-}$ 雌の卵室	哺育細胞（Bicoid mRNA が形成されない）／卵母細胞（Bicoid mRNA が供給されない）	

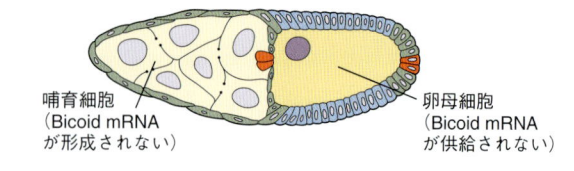

図 3・16 母性効果突然変異の遺伝． 母性効果突然変異の遺伝を *bicoid* 遺伝子（*bcd*）を例に説明する．(a) 両親はいずれも突然変異をヘテロにもっているが，劣性変異なので正常に見える．(b) 第1世代（F_1）の表現型も両親と同じく正常に見える．F_1個体の1/4は bcd^-遺伝子のホモであるが，これも正常に見える．なぜなら母親がヘテロなので二倍体細胞である哺育細胞は1コピーの正常な遺伝子をもつからである．(c) 雌のF_1個体を適当な雄と交配する．1/4の雌は bcd^-/bcd^- のホモ（bのタイプ3）で，それから生まれる胚は前部構造が欠損している．これは，変異をホモにもつ哺育細胞では Bicoid mRNA が卵母細胞に供給されないからである．(d) bcd^-ホモの雌の卵巣．哺育細胞も bcd^-ホモとなるので母性効果が生じる．

成にそれぞれ一つ，胚末端部に一つ，背腹方向に一つが働いている．

前部で働くモルフォゲンは Bicoid である

はっきりした表現型を示す劣性の母性効果突然変異として *bicoid*（*bcd*）があげられる．図3・16では野生型胚（*bcd*⁺/*bcd*⁺）と突然変異胚（*bcd*⁻/*bcd*⁻ の母親をもつ個体）について示している．突然変異胚は体の後方が正常だが頭部が欠失しており，頭部があるべき位置に尾節と後気門（いずれも後部の構造）が余分に生じる．ホモ雌の卵前方に，ヘテロ雌の卵前方から取出した細胞質を注入すると，前部構造の形成がある程度回復する．卵細胞質のドナーが野生型（*bcd*⁺/*bcd*⁺）なら，回復の程度はより大きい．*bcd*遺伝子がコードしているのは，どうやらモルフォゲンらしい．量を増加させるにつれて，より前方の構造が発生するからである．前部構造の形成は Bicoid自身がひき起こしているようだ．*bcd*⁺の卵細胞質を *bcd*⁻/*bcd*⁻ 雌の卵の中央部に注入すると，卵の中央部に前部構造が生じる．

Bicoidがこのような結果をひき起こすしくみは，転写についての詳細を学べばさらによく理解できる．Bicoidタンパク質はホメオボックスモチーフをもつ転写因子である．（ホメオボックスについては15章で詳述する．）Bicoidがある濃度で存在するとBicoid応答遺伝子群が活性化され，転写が始まる．前部構造の形成をひき起こす特異的な遺伝子群を活性化する因子が細胞質に局在する，というわけである．核分裂期の核がBicoidを含む細胞質の中に入ると，Bicoidは核内へ運ばれ，そこで標的遺伝子に作用する．*bcd*遺伝子はクローン化され，Bicoidタンパク質に対する抗体もつくられた．こうしてBicoid mRNAとBicoidタンパク質の両者の局在が直接検出できるようになった（図3・17）．

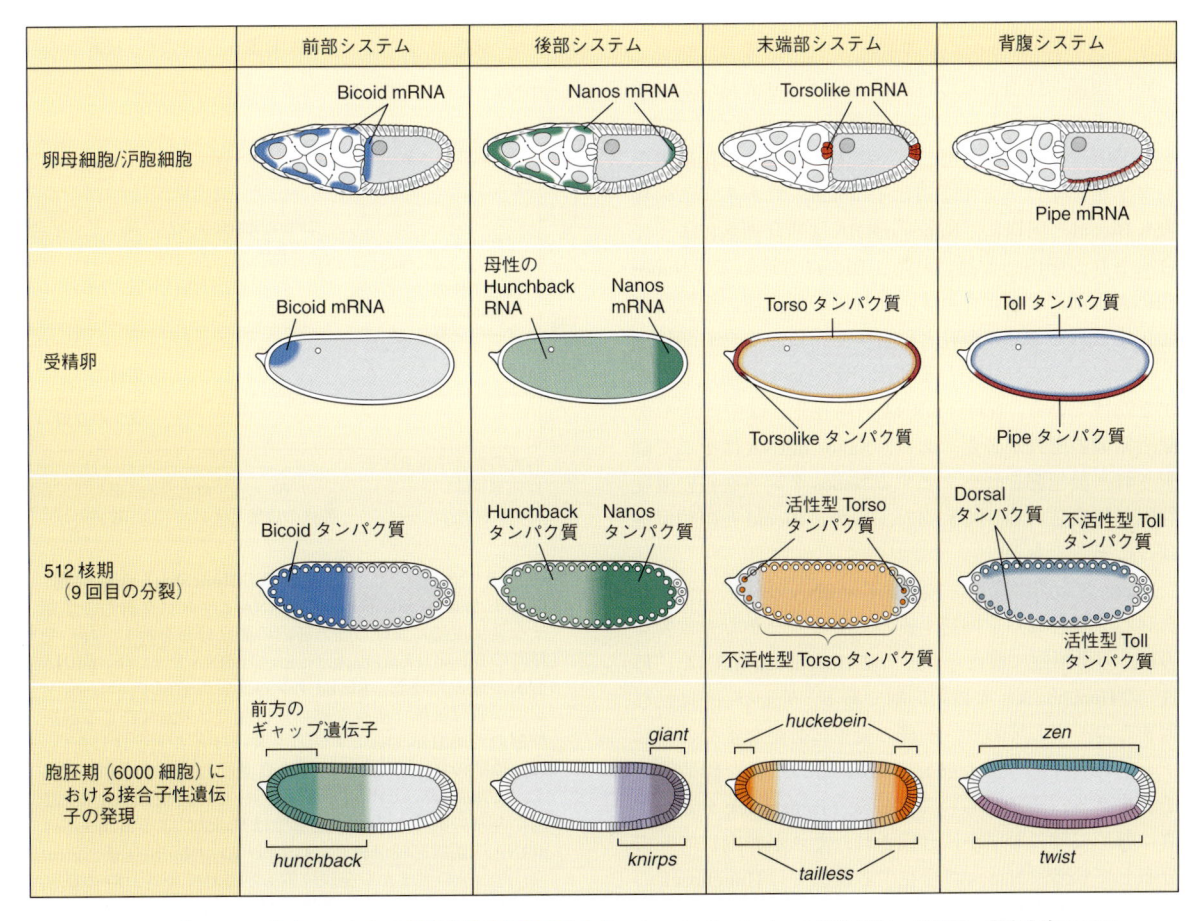

図 3・17 パターンの決定にかかわる母性効果遺伝子のまとめ． ショウジョウバエの前後方向，末端部，背腹方向のパターン形成にかかわる制御システムのmRNAとタンパク質の局在を示す．卵形成期，受精，多核性胞胚期，細胞性胞胚期の各ステージについて示している．

Bicoid mRNAが未受精卵の前方背側の細胞質に局在することが示され，さらにBicoid mRNAは哺育細胞で合成されることもわかった．Bicoid mRNAはリングキャナルを通じて卵へ運ばれる．卵細胞質の前極部に到達したBicoid mRNAは何らかの働きによって捕捉され，そこにある細胞骨格系に固定される．核分裂期の初期にBicoid mRNAが翻訳され，Bicoidタンパク質が前極部から拡散して広がる．こうして前極部をピークとする前後方向の濃度勾配が生じるのである．

これ以外にも前部パターン突然変異をひき起こす母性効果遺伝子がスクリーニングによって見つけられ，研究されている．それらの遺伝子は，Bicoid mRNAを前端部のしかるべき位置に局在・固定するための装置の一部をなしている．*swallow*，*exuperantia*，*staufen*遺伝子などの突然変異ではBicoid mRNAの局在が異常になる．Bicoid mRNAの正しい局在化には3′非翻訳末端近くの配列が必要である．

後部パターンはNanosの濃度によって決まる

胚の後部に作用する母性効果遺伝子は9個見つかっている．これらの遺伝子の突然変異胚では腹部が失われ，その場所は拡大した胸部によって占められる．後部のモルフォゲンをコードする遺伝子は*nanos*である．この場合もBicoidと同様に，Nanos mRNAは哺育細胞によって合成され，卵内へと運ばれる．Bicoidと違って，Nanos mRNAは前部で捕捉されず，反対側の卵後端の細胞質に局在化し，そこで極顆粒と結合する．この場合も胚後部と極細胞の形成にかかわる遺伝子がNanosの輸送と局在化を助けている．Nanos mRNAの局在化にはやはり3′非翻訳領域の配列が必要である．Nanos mRNAはそこで翻訳され，後極部をピークとするNanosタンパク質の濃度勾配が形成される（図3・17）．しかしBicoidとの類似性はここまでである．

Nanosタンパク質は何種類かのmRNAの翻訳（つまりタンパク質合成）を抑制するのである．なかでも重要なのは，卵母細胞に蓄えられているHunchback mRNA（"母性"のHunchback）の翻訳抑制である．*hunchback*は転写因子をコードしており，前部の発生に必要な多くの遺伝子を活性化する．*hunchback*はBicoidの主要な標的遺伝子でもある．ややこしいことには，Hunchbackタンパク質は卵形成時にわずかに合成され，それが卵内に均一に分布している．Nanosが局在する後部ではHunchbackの合成は起こらない．したがってHunchbackタンパク質はBicoidの作用で量を増しつつ前部で作用し，後部には作用しない（図3・18）．Hunchbackは転写因子としても複

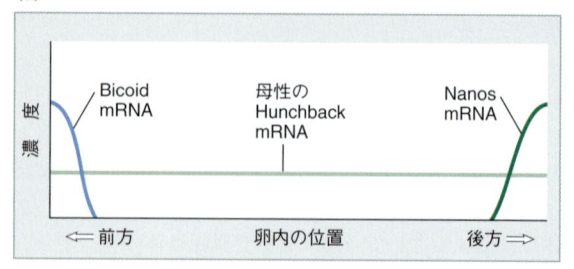

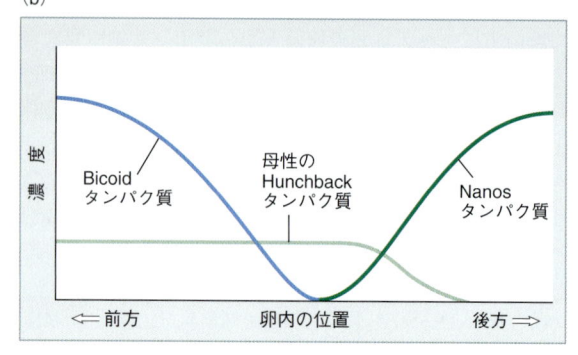

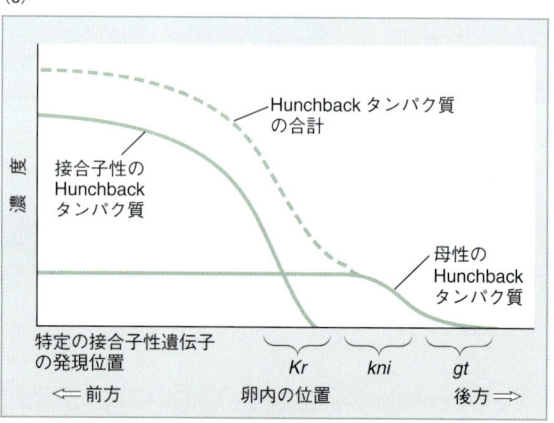

図3・18 Nanosによる胚後部でのHunchback合成抑制． Bicoid, Hunchback, NanosのmRNAとタンパク質のさまざまな発生段階における卵と胚内の濃度分布を示す．(a) 受精時のBicoid, Hunchback, NanosのmRNA分布．(b) mRNA翻訳が進んだ時期．Bicoidタンパク質は前部で，Nanosタンパク質は後部で濃度が高い．後部ではNanosによる翻訳抑制のためHunchbackタンパク質はほとんど存在しない．(c) 後期のHunchbackタンパク質濃度．前部ではBicoidによって*hunchback*の転写が促進され，その結果Hunchback濃度が非常に高くなるが，後部ではNanosによるHunchback mRNAの翻訳抑制が続く．*Krüppel*(*Kr*)，*knirps*(*kni*)，*giant*(*gt*)遺伝子の大まかな発現位置も示されている．*Kr*の転写には*kni*の場合よりも高濃度のHunchbackが必要で，一方*gt*の転写はHunchbackによって抑制される．このように，Hunchbackの濃度勾配によって前後軸に沿った*Kr*, *kni*, *gt*の発現が決められる．

雑な働きをする．頭部発生にかかわるいくつかの遺伝子の転写をひき起こす一方で，後部構造の発生に必要な *giant* や *knirps* 遺伝子などの転写を抑制するのである．Nanos によって活性化あるいは抑制されるこれらの遺伝子については 14 章と 15 章で再び取上げる．Nanos は *hunchback* を抑制し，Hunchback は後部の発生を抑制する．つまり"二重抑制（ダブルネガティブ）"である．それなら *nanos*⁻/*nanos*⁻，*hunchback*⁻/*hunchback*⁻ の二重突然変異では後部の発生が正常になると推論したくなる．そして事実そうなるのである．

卵末端部のモルフォゲンは Torso である

末端部システムの遺伝子（六つある）の突然変異では，胚の前端と後端をなす先節と尾節が欠失し，その代わりに頭部，胸部，腹部の拡大がみられる．Torso mRNA は哺育細胞でつくられ，卵母細胞全域に運ばれて翻訳される．Torso タンパク質は膜タンパク質であり，卵細胞膜全体に分布する．Torso はシグナル受容体として機能する．Torso は 12 章で述べる膜貫通受容体型チロシンキナーゼの一員である．

Torso の活性パターンは，*torsolike* 遺伝子によって決定される．Torsolike タンパク質は卵の前端部と後端部にある特別な沪胞細胞によって合成される．こうして前端部と後端部に局在化する Torsolike タンパク質が，受容体 Torso を活性化する．Torso の活性化によって細胞質内の複雑な化学反応の連鎖が局所的にひき起こされ，最終的に tailless が活性化される．*tailless* は先節と尾節の発生に必須な最初の遺伝子として働く（図 3・17 参照）．Bicoid と Nanos の機能にはパターン形成をひき起こすモルフォゲン mRNA の分布調節も含まれていた．それに対し，末端部の決定は，均一に分布する受容体 Torso の局所的な活性化による．受容体の局所的な活性化は後で述べる背

❶ 腹側の沪胞細胞だけが Pipe を合成．Pipe, Nudel, Windbeutel 複合体が（腹側でのみ）分泌される．Pipe は腹側のグリコサミノグリカン（12 章参照）を硫酸化する

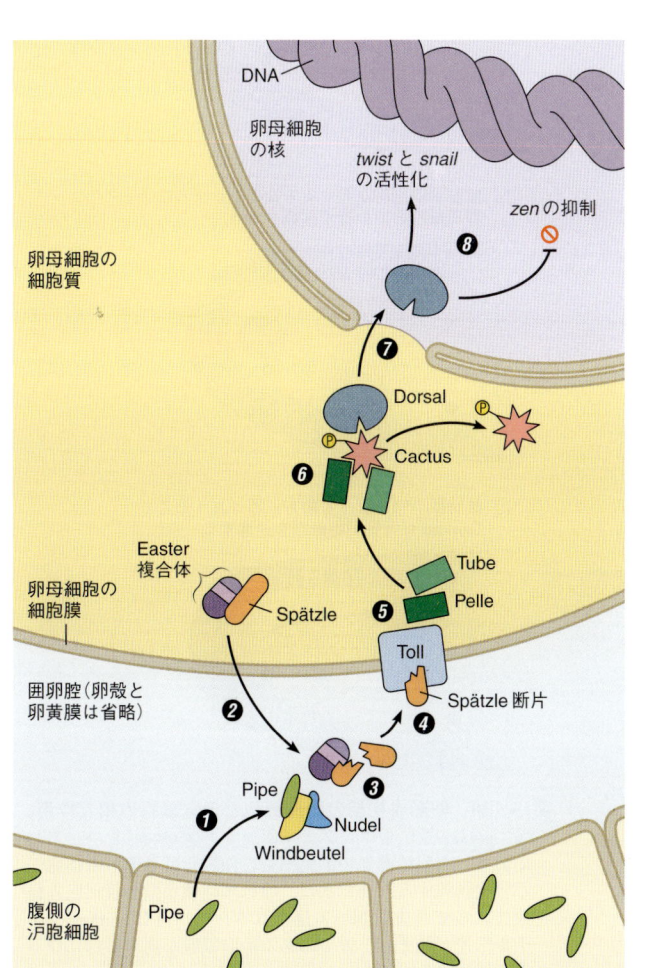

❷ 哺育細胞によって Easter 複合体の mRNA が卵に蓄えられ，Snake, Gastrulation defective (Gdp) を含む Easter タンパク質複合体が卵周囲に分泌される

❸ Easter 複合体と Pipe 複合体の相互作用によって Spätzle が切断される

❹ Spätzle の断片が受容体 Toll を活性化する

❺ Toll が Tube と Pelle を活性化する

❻ Tube と Pelle が Cactus をリン酸化し，Dorsal から引き離す

❼ 遊離した Dorsal は核へと移行．転写因子として働く

❽ Dorsal は *twist* と *snail* を（中胚葉で）活性化し，*zen* を抑制する

図 3・19　背腹方向のパターンを決定する経路． Dorsal タンパク質が腹側の核に移行するまでの制御経路を，腹側の沪胞細胞層，卵の細胞膜および細胞質とともに図式化したもの．腹側の沪胞細胞だけが Pipe, Nudel, Windbeutel からなる複合体をつくる．この Pipe 複合体が，Spätzle, Easter, Snake, Gdp からなる複合体に作用して Spätzle が切断される．この断片がリガンドとなり，卵細胞膜上の受容体 Toll を活性化する．Toll の活性化は Tube と Pelle による反応を介して Dorsal から Cactus を分離させる．その結果，Dorsal は核へ移行し，いくつかの遺伝子（*twist* と *snail*）を活性化し，また別の遺伝子（*zen*）を抑制する．

背腹方向を組織化するモルフォゲンはDorsalである

16個の遺伝子が背腹パターンの形成にかかわっている．そのうち15個〔13個が母性，2個が受精後の胚（接合子）で発現〕の突然変異は"背側化"をひき起こす．つまり中胚葉や腹側神経索（腹髄）などの腹側構造が欠損する．母性効果遺伝子の一つの*cactus*の突然変異のホモ個体は腹側化を示し，羊漿膜と背側部の外胚葉が消失する．これら以外に2個の母性遺伝子と5個の接合子性遺伝子（胚で発現する遺伝子）の突然変異も部分的な腹側化をひき起こす．

*cactus*を含む背腹システムの遺伝子は，すべて腹側の発生に必要な経路の一部をなしている．*dorsal*遺伝子産物が局在するモルフォゲンとなるが，Dorsalタンパク質そのものは胚の外周を取巻くすべての細胞に存在する．肝心なのはDorsalの活性であり，単にタンパク質として存在するだけではだめなのである．図3・17右側にDorsalの局所的活性化に至る重要な段階を示す．

Dorsalタンパク質は転写因子である．胚内での分布を抗体で調べると，Dorsalタンパク質は胚の全外周の細胞質で検出される．細胞化が終わると腹側の細胞でDorsalの核移行が始まる．胚の外周に沿って観察すると，より背方になるほど核内のDorsalは減少し，背部の細胞では全くみられない．Dorsalは転写因子として*twist*と*snail*の転写を促進する．この二つの遺伝子は腹側中胚葉の発生に不可欠である．Dorsalはまた，背部の発生に必要な*zen*遺伝子の発現を抑制する（図3・17，右下）．

Dorsalの腹側核移行はどのように起こるのだろうか．この場合も，お膳立ては卵形成時に行われる．卵母細胞に均一に分布している受容体が，局所的シグナル伝達によって将来の腹側でのみ活性化される．図3・19に示すように，腹側の沪胞細胞がPipe，Nudel，Windbeutelなど派手な名前のタンパク質からなる複合体を形成し，この複合体が卵母細胞によって合成・分泌されるEasterとともに働く．卵形成時に腹側に局在するPipeは，細胞外グリコサミノグリカンに硫酸基を付加する働きがある．この局所的化学修飾が引金となり，Easterはシグナル分子Spätzleを切断・活性化する．Pipeは腹側にのみ局在しているので，活性型Spätzleは卵の腹側に面した囲卵腔にのみ生じる．Spätzleは卵細胞膜上の受容体Tollを活性化する．そしていくつかの中間段階を経てDorsalの抑制タンパク質CactusがDorsalから引き離される．Cactusから遊離したDorsalは核に移行し，さまざまな標的遺伝子を活性化または抑制する転写因子として働く．

沪胞細胞のパターン形成によって卵母細胞がパターン化される

ショウジョウバエ卵母細胞にみられるエレガントな四つのパターン形成システム，すなわち，前部，後部，末端部，背腹の各制御システムは，それぞれ独立に働く．しかし，これらのシステムの構築には，そのための準備が卵形成初期になされる必要がある．BicoidやNanosが局在する"前"，"後"はどのように定まるのだろうか．Torsolikeをつくる沪胞細胞の位置を決めるのは何か．Pipe複合体をつくる沪胞細胞の位置を決めるものは何であろうか．

最近の研究によって，卵母細胞と沪胞細胞の間で交わ

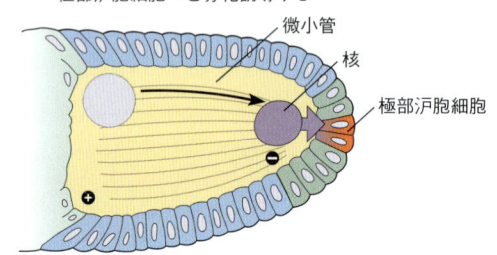

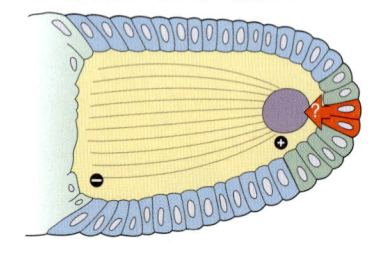

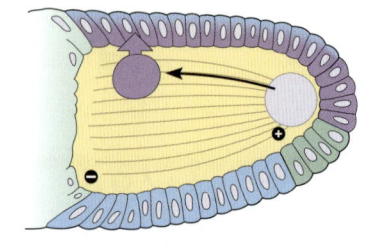

図3・20　卵形成初期の卵母細胞と沪胞細胞の相互作用．(a) *gurken*遺伝子はシグナル伝達分子（Gurken）をコードしており，卵室後端部の沪胞細胞に作用して極部沪胞細胞へと分化誘導する．(b) 次に，卵母細胞核が微小管細胞骨格系によって前方背側へと運ばれる．(c) 再びGurkenシグナル伝達が始まり，近くにある沪胞細胞が前方背側になるよう誘導する．

されるシグナルが卵母細胞の細胞質を組織化する決定的要因であることが示された．それはおもに卵母細胞中の微小管細胞骨格系を動かすらしい．図3・20に示すように，卵母細胞の核が後方にある時期に，形質転換成長因子α（transforming growth factor-α：TGF-α）の一員であるシグナル伝達分子Gurkenが核から放出される．このシグナル伝達分子を沪胞細胞上の受容体Torpedo（トルペード）が受容すると，沪胞細胞から卵母細胞へ別のシグナルが送り返される．それによって卵母細胞の細胞骨格系が再編され，前後軸が形成される．その後，卵母細胞核は再編された細胞骨格系の極性に従って前方に移動し，そこで再びGurkenの放出と受容がなされる．この2回目のシグナル伝達を受けた沪胞細胞に，背側型としての発生運命が与えられる．背側の沪胞細胞では腹側の発生に必要なPipe複合体の形成が抑制され，代わりに複雑な反応経路を介して1対の呼吸器官が形成される．このように，沪胞細胞と卵母細胞間でなされる双方向のシグナル伝達が，さらに哺育細胞の働きと協働することによって，卵母細胞とそれを取巻く沪胞細胞層が組織化される．

本章のまとめ

1. 核を取巻く細胞質によって発現する遺伝子が決められることがある．それは，極細胞質の移植実験によって示されている．
2. 胚発生初期の細胞あるいは細胞群は，正常発生における発生運命よりはるかに広範な発生能力を潜在的に備えている場合がある．
3. 動物胚の原腸形成では，一連の協調した細胞運動によって表面ないし表面付近にある細胞集団が内部へと移動する．細胞運動の詳細は動物によって異なる．
4. ショウジョウバエと他の大部分の動物（哺乳類を除く）の胚ではさまざまな因子が卵細胞質内で不均一に分布している．これらが"決定因子"として働き，胚の特定の領域で固有の遺伝子が発現するようにしている．決定因子として働くのは転写因子のほか，転写因子を特定位置に固定したり，活性化や修飾したり，あるいは転写因子の活性や局在性を制御する分子，あるいは局所的なシグナルの受容や伝達にかかわる因子などがある．このような一般化が可能になったことは，現代発生生物学の大きな成果の一つである．

問　題

1. リングキャナルの正常な発生が損なわれ，そこを通じた物質輸送ができないような劣性突然変異が見つかったと仮定する．どのような表現型が予想されるか．ホモになった場合の表現型は，母性効果あるいは接合子性のいずれになるか．
2. 多核性胞胚期に，翅原基を生じる予定位置の表層細胞質をレーザーで除去できると仮定する．4回目の核分裂期にレーザー除去を行った場合，その効果はどのようになるだろうか．
3. 一倍体当たり1個あるbcd遺伝子のコピー数を，人為的に2か3に増やすことができる．雌成虫がもつbcdコピー数を増やした場合，何が起こると予想されるか．
4. $tube$と$pelle$の機能喪失型突然変異がひき起こす結果を考察せよ（図3・19参照）．

参考文献

Anderson, K. V. 1998. Pinning down positional information: Dorsal-ventral polarity in the *Drosophila* embryo. *Cell* 95: 439–442.
背腹パターン形成の第一人者による総説．

Knust, E., and Muller, H. -A. J. 1998. *Drosophila* morphogenesis: Orchestrating cell rearrangements. *Curr. Biol.* 8: R853–R855.
ショウジョウバエ原腸形成にかかわる遺伝子群の総説．

Lawrence, P. 1992. *The making of a fly.* Blackwell, Scientific Publications, Oxford.
Nüsslein-VolhardとWieschausによる発見以降のショウジョウバエ初期発生研究を解説した優れた小冊子．

Misra, S., Hecht, P., Maeda, R., and Anderson, K. V. 1998. Positive and negative regulation of Easter, a member of the serine protease family that controls dorsal-ventral patterning in the *Drosophila* embryo. *Development* 125: 1261–1267.
タンパク質分解による局所的なリガンドの活性化が背腹軸形成を導くことを示した研究論文．文献リストには関連する主要文献が網羅されている．

Nüsslein-Volhard, C., Frohnhofer, H. G., and Lehmann, R. 1987. Determination of anteroposterior polarity in *Drosophila*. *Science* 238: 1675–1681.
母性効果突然変異，特に$bicoid$についての総説．

Perrimon, N. and Duffy, J. B. 1998. Sending all the right signals. *Nature* 396: 18-19.
卵母細胞での複雑な Gurken シグナル伝達についての小論. 同じ問題に関する別の見解は L. Stevens, 1998. Twin peaks: Spitz and Argos star in patterning of the *Drosophila* egg. *Cell* 95: 291-294 を参照.

Technau, G. M. 1987. A single cell approach to problems of cell lineage and commitment during embryogenesis of *Drosophila melanogaster*. *Development* 100: 1-12.
ショウジョウバエ胚の予定運命地図に関する優れた総説.

Theurkauf, W. E., and Hazelrigg, T. I. 1998. In vivo analyses of cytoplasmic transport and cytoskeletal organization during *Drosophila* oogenesis: Characterization of a multi-step anterior localization pathway. *Development* 125: 3655-3666.
ショウジョウバエの卵内で分子が局在化するしくみの研究.

両生類の発生

本章のポイント
1. アフリカツメガエルは脊椎動物の発生を研究するための重要なモデル生物である．
2. 卵黄タンパク質は肝臓でつくられ，成長過程の卵母細胞に運ばれる．
3. 卵形成期にリボソームRNA遺伝子の一時的な増幅が起こる．
4. 卵が完全に成熟するにはプロゲステロンの刺激が必要である．
5. 受精卵の表層回転により胚の前後軸と背腹軸が形成される．
6. 卵割により中空の胞胚が形成される．
7. 原腸形成は表層細胞とその下の細胞が胚内部に移動することにより起こる．
8. 原腸形成によりつくられた外胚葉に神経管が形成される．

　発生に興味をもつ生物学者は，19世紀から20世紀の初頭になると，身近にいる動物を使い始めた．それらの動物は今でも発生に関するわれわれの知識の柱となっている．特に当時研究の先端にいたドイツの生物学者は，カエルやサンショウウオを実験によく用いた．両生類胚の利点の一つは，簡単に多くの実験を行うことができることであったし，今でもそうである．体外受精が可能で，胚は大きく，発生を肉眼や低倍率の解剖顕微鏡で観察することができる．また，簡単に細胞群を移植する方法も工夫されている．さまざまな動物の胚の研究により，脊椎動物では種によらず器官形成の様式が似ていることが明らかになった．たとえば，サンショウウオとマウスの神経管形成様式はきわめて似ているのである．

　そこで，両生類の発生過程の研究は，哺乳類の発生過程を明らかにする助けになると考えられるようになり，実際そのとおりになった．蓄積した膨大な情報が最新の研究の基礎を築き，新しい技術の開発と新たな発見が，両生類を実験動物として使い続けるための，ある種の正のフィードバックとして働いているのである．ショウジョウバエは遺伝学に適しているために，特に重要であると考えられてきた．カエルやマウスも実験動物として重要性を増してきている．その理由は，カエルが脊椎動物であるからであり，形態学的にも分子レベルにおいても発生に関する膨大な情報があるからである．そして，研究に特に適した種が存在するからである．1950年代には，アフリカツメガエル *Xenopus laevis* を使う発生学者はわずかであったが，その後，1章で述べたように，核移植実験に好んで使われるようになった．ヒョウガエル *Rana pipiens* のような北アメリカで簡単に採集できるカエルは，自然界に生息する数が減少している．その理由は，環境破壊から過剰捕獲までさまざまであると考えられる．ツメガエルは実験室で容易に飼育，繁殖させることができるので，今や両生類発生生物学の主要な実験動物となっている．

配偶子形成

卵原細胞の成熟が積み重ねられて卵が形成される

ショウジョウバエと同様に，カエルにおいても卵形成過程では，減数分裂と初期発生に必要な物質が，卵母細胞内に大量に蓄えられ，それらが整然と配置されるが，それは驚くべきことではない．図4・1では，ツメガエル卵巣内における卵形成のさまざまな段階をみることができる．卵形成の初期では，卵黄の蓄積（卵黄形成；vitellogenesis）は開始されていない．しかし，後述する核小体の増幅は，この若く透明な卵母細胞内ですでに起こっている．

卵原細胞は卵巣内に存在する幹細胞であり，体細胞分裂を繰返して1万倍まで細胞数を増加させる．これらの卵原細胞の多くはさらに4回の細胞分裂を行い，細胞質連絡橋（cytoplasmic bridge）で互いにつながった16個の二倍体細胞の集合体をつくる．この集合体をネスト（巣）といい，ネストが形成された後，卵原細胞の子孫は減数分裂を行うよう運命づけられ，一次卵母細胞（primary oocyte）とよばれるようになる．この卵母細胞の形成様式はショウジョウバエの卵形成を思い起こさせるが，この場合は（たった一つの細胞ではなく）卵原細胞由来の16個の細胞のすべてが減数分裂に入り，個々の卵原細胞は成熟卵になっていく．

卵原細胞は長い第一減数分裂前期に入ると成長し始め，遺伝子組換えを起こす．組換えは約2週間かけて行われる．卵原細胞の成長が始まると，この細胞は一次卵母細胞とよばれるようになる．一次卵母細胞は第一減数分裂前期の複糸期の間に巨大な染色体を形づくる．染色体が巨大なのは，クロマチンのコイルが長軸方向にほどけた状態になるからである．この染色体はブラシ様の形をしているので，初期の細胞学者は**ランプブラシ染色体**（lampbrush chromosome）とよんだ（図4・2）．現在では，これらの部位で遺伝子が非常に活発に発現していることが明らかになっている．ネストの一次卵母細胞は，その一つひとつが**濾胞細胞**（follicle cell）とよばれる体細胞で包まれるようになる．また，ランプブラシ染色体はしだいにコンパクトになり，約1500個の核小体をもつ巨大な卵母細胞の核〔ショウジョウバエ同様**卵核胞**（germinal vesicle）とよばれる〕が出現し，今や直径が約0.3 mmに達する卵母細胞は卵黄を蓄え始める．ショウジョウバエと同様に，卵黄は別の場所でつくられる．肝臓で合成された卵黄前駆体のビテロゲニンは血流に乗って運ばれ，周囲の濾胞細胞の毛細血管床を離れて，成長中の卵母細胞へ取込まれる．大型の卵核胞をもつ卵母細胞はビテロゲニンをさまざまな大きさの卵黄小板（yolk platelet）に変え，細胞質に蓄える．卵黄小板の量は卵母細胞内の場所によって異なる．色素顆粒は卵母細胞で合成され，卵表層に局在するようになる．これらの過程は図4・3に示してある．卵母細胞には明確な極性がある．表層色素顆粒が多い半球側に卵核胞があり，その反対側の半球には比較的大きい多数の卵黄小板が存在する．発生生物学者は通常，色素が多くて卵黄の少ない側を**動物**

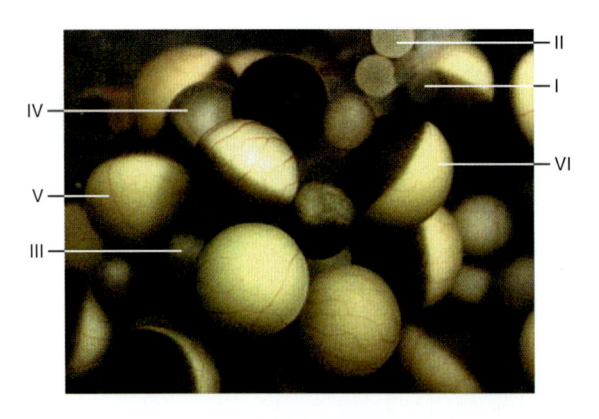

図4・1　アフリカツメガエルの卵母細胞．卵形成のさまざまな段階が見える卵巣の一部．初期の透明な細胞（ステージⅠとⅡ）では，肝臓で合成された卵黄が蓄積されていない．核小体の増幅は前卵黄蓄積期（previtellogenic stage）に起こる．ひき続き，動物半球に色素が沈着し，卵黄が取込まれ植物半球に蓄積する．

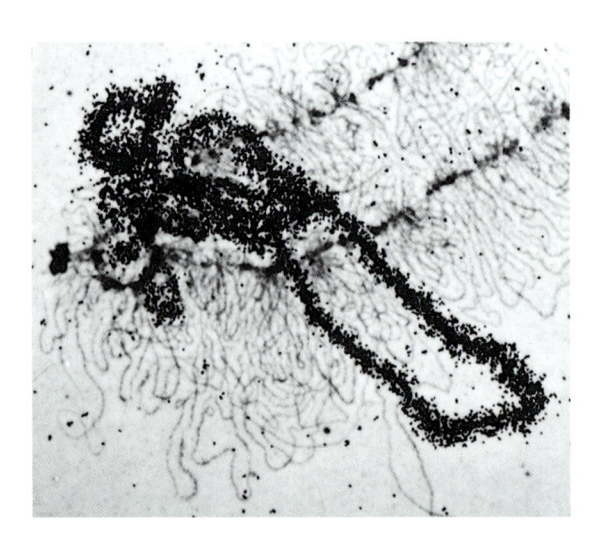

図4・2　ランプブラシ染色体．雌のイモリに放射性ウリジンを注射し，新生RNAを標識した．次に，卵母細胞の卵核胞からランプブラシ染色体を取出した．染色体のループがはっきりと見える．一つの巨大なループが活発にRNAを合成していることが，放射活性によって生じた高密度の黒点により示されている．

極（animal pole），その反対側を**植物極**（vegetal pole）とよぶ．

卵細胞は形態学的には動植物軸に沿って構築されており，それは色素や卵黄の勾配，ミトコンドリアやさまざまな顆粒の配置をみれば明らかである．今後，この動植物軸に沿って局在するさまざまなRNA分子やタンパク質についてみていくことにする．卵細胞は放射相称であり，前後方向を示す目印は見当たらない．因果関係は十分には証明されていないが，卵細胞の植物極は，卵形成初期に分裂によって生じた16個の卵原細胞を結びつけていた細胞質連絡橋の位置に相当している（図4・1参照）．おそらく，動物-植物の極性はまず細胞質連絡橋の形成と関連してつくられる．

リボソームRNA遺伝子は一過的に増幅される

卵形成における成長期には，初期発生に必要な材料の大規模な蓄積がある．ツメガエルの成熟卵母細胞の直径は約1.3 mmになる．これは典型的な体細胞よりも約2万倍も大きい．すでに述べたように，卵黄を形成するビテロゲニンは肝臓でつくられ卵母細胞に取込まれる．ツメガエルにはショウジョウバエのような哺育細胞はない．両生類の卵は，哺育細胞の代わりを自分自身でやりとげなければならない．したがって，リボソーム（タンパク質合成を行う細胞小器官）が大量に必要となる．なお，ハエのリボソームは哺育細胞によってつくられる．カエルでは，リボソームRNA遺伝子（ボックス4・1参照）が一過的に増幅される（一時的に何回も複製される）．28S，18SリボソームRNA（rRNA）は共通の前駆体からつくられ，リボソーム前駆体はrRNA遺伝子から転写される．rRNA遺伝子は通常，一倍体当たり450コピー存在し，1個の核小体に局在しているが，卵母細胞ではrRNA遺伝子セットが何回も複製されて約1500個もの核小体に詰め込まれている（図4・3）．この遺伝子複製は，生物学の基本法則の一つ，すなわち，すべての細胞の遺伝子量は等しいという法則にはずれている．一過的に増幅されたrRNA遺伝子は，十分な量の28Sと18S rRNAを合成する鋳型となり，成体細胞の20万倍ものリボソーム量をつくることができる．この選択的遺伝子増幅は一時的なものである．増加した核小体とrRNA遺伝子は，卵形成の後期から初期発生過程で通常量に戻る．

もう一つのリボソーム構造単位である5S rRNAも，あらかじめ蓄えられる必要がある．5S rRNA遺伝子はクロマチンの核小体にはなく，別の染色体上に一群をなして存在する（ボックス4・1参照）．5S rRNAの大量供給の問題は，28S rRNAや18S rRNAの場合とは異なるエレ

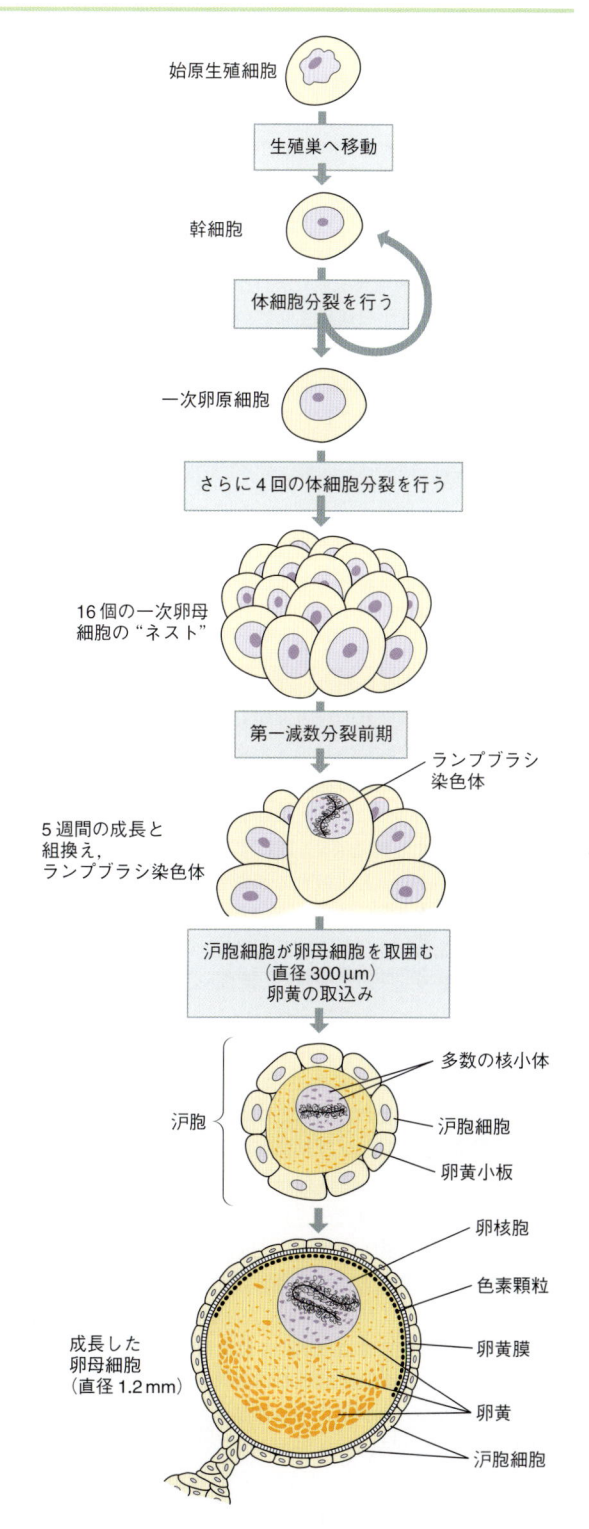

図4・3 **アフリカツメガエルの卵形成**．卵形成のさまざまな段階を順に示している．卵母細胞は成熟するにつれてしだいに大きくなるので，ここに示している卵母細胞の相対的な大きさは本来の大きさを反映していない．

ボックス 4・1　リボソームの形成と構造

リボソームは小さな（約30 nm）細胞小器官であり"翻訳工場"，すなわちタンパク質合成の場として働く．個々のリボソームは二つのリボ核タンパク質サブユニットからなり，大きな構造体RNA分子と，さまざまなタンパク質から構成されている（図参照）．二つのサブユニットの結合はマグネシウムイオン Mg^{2+} に完全に依存しており，この結合はタンパク質合成に必須である．二つのサブユニットが結合しないと，メッセンジャーRNAはリボソームに結合できず，ペプチド結合ができない．完成したリボソームは，タンパク質合成に使われる酵素を保持する足場と考えることができる．

タンパク質合成が起こる前に，リボソームがつくられる必要があり，リボソームの形成は核小体と細胞質の両方で起こる．これを理解するためには，リボソームを構成する要素の名称を覚える必要がある．リボソームとそのサブユニット，およびリボソームを構成する構造RNAはいずれもスベドベリ（Svedberg）とよばれる通常とは違う大きさの単位（次元をもたない）で表される．これはS単位ともよばれ，超遠心機を発明したスウェーデンの科学者Theodor Svedbergにちなんで名づけられている．（粒子のS値は遠心力の下で，粒子が液体中をどれくらい速く移動するかを示している．生物学の実験室で使われる遠心機は，重力の10万倍かそれ以上の力を発生させることができる．一般的に，S値が大きければ大きいほど，遠心されたときにより速く沈降する．この沈降速度は粒子の密度，形状，質量，粒子が移動する溶液の条件に依存する．）真核生物のリボソームは約80Sで沈降する．二つのサブユニットのS値は60と40である．（S値は正比例しないことに注意．60Sと40Sのサブユニットが結合すると80Sの粒子になる．）60Sサブユニットは三つのRNA分子（28S, 5.8S, 5S）と49種類のタンパク質からなる．40Sサブユニットは18S rRNAと33個のタンパク質からできている．

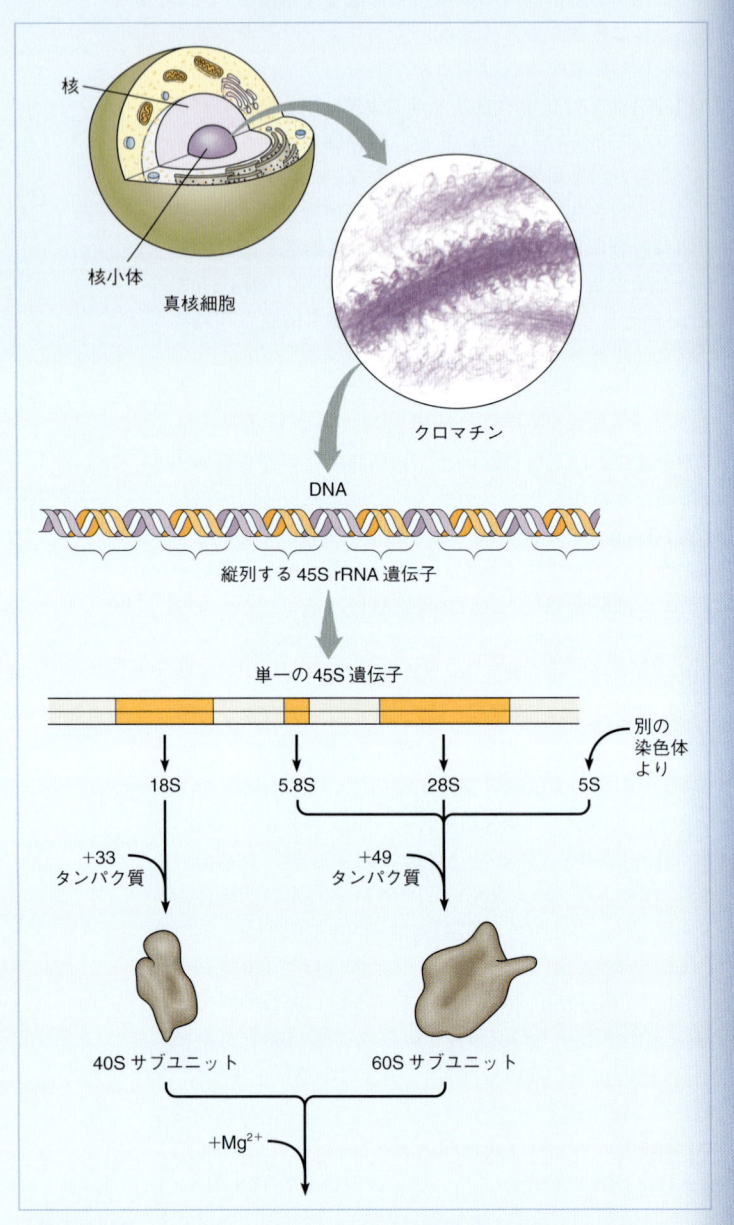

真核生物のリボソーム．リボソームの形成とその構成を示す．18S, 28S, 5.8S rRNAの45S前駆体をコードする遺伝子は反復しており，核小体のクロマチンに存在する．45S前駆体はこれらの3種類のrRNAになり，5S rRNAは転写後に核小体へ取込まれる．rRNAは核小体で，さまざまなリボソームタンパク質と結合するが，これらのタンパク質は細胞質で合成され，核小体に取込まれたものである．タンパク質とrRNAが集合し，2種類のリボソームサブユニットをつくり，細胞質へ運ばれる．mRNAに結合すると，これらのサブユニットが合体して完全なリボソームをつくり翻訳を開始する．

これらのリボソームタンパク質をコードする遺伝子は核小体にはなく，さまざまな染色体上にあり，リボソームタンパク質 mRNA は，あらかじめ細胞質中に形成されていたリボソームで翻訳される．新生リボソームタンパク質は核内，特に核小体へ運ばれ，そこで新しいリボソームがつくられる．核小体には，28S，18S，および 5.8S rRNA をコードする遺伝子が存在する．図に示すように，28S，18S，5.8S 前駆体の 45S rRNA をコードする遺伝子がいくつも反復して並んでいる．5S rRNA 分子は別の染色体上に反復して存在する他の遺伝子ファミリーからつくられる．45S rRNA 前駆体は核小体の中で，28S と 18S 構造 rRNA に変わる．核小体は，5S rRNA と新生リボソームタンパク質を外から取込み，60S と 40S サブユニットをつくる場でもある．完成したサブユニットは細胞質へ運び出され，互いに結合してタンパク質合成機能を備えたリボソームとなる．

ガントな方法で解決している．巨大な 5S 遺伝子ファミリーがあり，すべての 5S 遺伝子が染色体上に密に連結して存在している．事実，一倍体当たり 2 万コピーも存在する．しかし，通常の環境では，体細胞の 5S rRNA 合成には，これらのうちの 400 コピーしか使われていない．その他の 19,600 コピーは，卵形成期の膨大な貯蔵 RNA をつくるためだけに使われる．"卵形成期型"（19,600 コピー）と"接合子型"（残りの 400 コピー）の 5S RNA はほとんど同じで，数塩基の違いがあるだけである．卵形成期型と接合子型 5S 遺伝子の選択的転写の研究は，転写調節に対する最初の概念を生み出すことになった．転写制御については 14 章で詳しく述べる．

第一減数分裂はプロゲステロンの制御下で完了する

大きな卵核胞をもつ十分に成長した卵母細胞は，成熟の継続を指示するホルモンのシグナルがくるまでは，卵巣内にそのままとどまっている．環境からのシグナルに応答して脳下垂体から生殖腺刺激ホルモンが分泌されるか，実験室で脳下垂体ホルモンを注射すると，沪胞細胞が刺激され，プロゲステロン（progesterone）が放出される．次に，プロゲステロンが卵母細胞のステロイドホルモン受容体に結合すると，細胞は **卵成熟**（oocyte maturation）とよばれる複雑な発生過程に入る．

プロゲステロンが分泌されると，多くの生化学的，構造的変化が起こる．最も顕著な変化は，第一減数分裂前期の最後に起こる卵核胞の崩壊である．巨大な核の核膜は分散し，卵核胞の内容物は卵母細胞の細胞質と混ざり合い，染色体はコイル状に巻き上がって分裂期の長さになる．第一減数分裂が進むにつれて，非常に小さな極体と巨大な二次卵母細胞がつくられる（図 4・4）．次に，卵母細胞を取囲む沪胞細胞の結合がゆるくなる．そこから抜け出した成熟卵母細胞は大きく開口した輸卵管に入り，放卵するための総排出口まで移動できるようになる．包接（雄が雌を後ろから抱きかかえて腹部をマッサージすること）すると卵が輸卵管を移動する．あるいは，実験室で穏やかにマッサージしても卵を移動させることができる．交尾の間に，第一減数分裂が完了し，核が再構築されて第二減数分裂前期の初期に達する．この

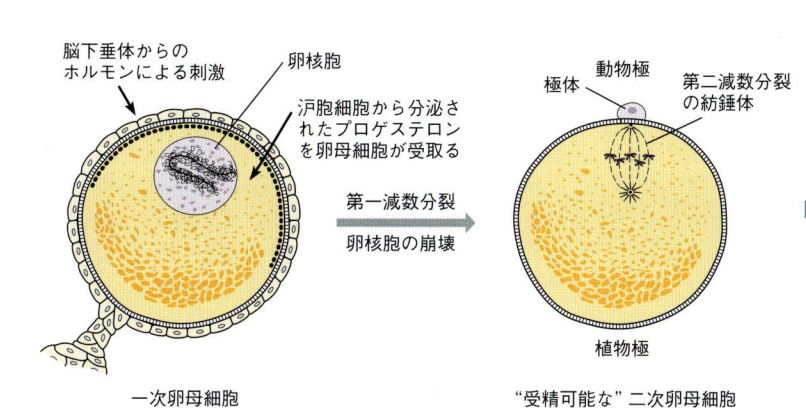

図 4・4 プロゲステロンで誘導される卵母細胞の成熟． 卵成熟の鍵となるいくつかの項目を示している．プロゲステロンは卵核胞の崩壊を誘導し，最初の減数分裂を完了させる．この分裂は大きな二次卵母細胞と小さな極体をつくり出す．二次卵母細胞は第二減数分裂の前期に入り，受精するまで同じ状態を維持している．

ボックス 4・2　細胞生物学で用いられる胚

　実験科学には極端な日和見主義的なところがあり，生物学者はいつも自説の検証を行うために最も都合のよい生物を探している．近年の細胞生物学や分子生物学に寄与した重要な研究の多くは，卵と胚を使って行われた．それは発生の問題を解くためではなく，他の目的のためであった．こうして得られた知見は，間接的ではあるが，発生学を学ぶ者にとってきわめて重要である．

　細胞分裂と細胞周期の研究が，そのよい例である．卵は巨大な細胞であり，透明なものもある．そこで，顕微鏡学者は100年以上にわたって，卵を顕微鏡で観察することにより，生きた細胞内で起こる細胞分裂を詳細に研究してきた．分裂装置は1950年代に，Daniel Maziaと団勝磨によってウニ卵から初めて単離された．細胞分裂に必須のタンパク質の一つ（サイクリン）は1982年に，Tim Hunt, Eric Rosenthal, Joan Rudermanによってハマグリの胚から発見された．増井禎夫らがカエル卵を使って行った研究により，ステロイドで誘導される卵成熟にタンパク質因子が必要であり，この因子の一つがサイクリンであることが明らかになった．（その他の成分はプロテインキナーゼである．これは，遺伝学的手法により酵母で最初に発見された．）

　卵と胚は転写制御の生化学，中心体の機能，核膜集合の制御，細胞周期，細胞運動の分子機構，そして今まさに重要視されている細胞生物学の多くの研究分野に関心をもつ細胞生物学者によって今でも使われている．

状態は，受精まで維持される．ツメガエルは，第二減数分裂中期に受精するタイプの生物種の一つである．卵母細胞の成熟の制御は，プロゲステロンの化学シグナルで始まる．プロゲステロンは，複雑なシグナル伝達経路を介して，減数分裂を活性化する．この機構の解析により，細胞分裂制御機構の研究が飛躍的に進んだ（ボックス4・2参照）．

カエルの精子形成では4個の精細胞がつくられる

　精子形成は雄の成体の精細管で行われる．それは，他の動物の場合と同じような一般的な過程を経るものであり，個々の精原細胞は幹細胞のようにふるまう．精原細胞が体細胞分裂して，そのうちのいくつかの子孫細胞が分化し，減数分裂に入る．その結果，細胞は一倍体の4個の精原細胞になり，これらは劇的に形を変えて成熟した精子になる．この過程で，細胞質のほとんどの部分と多くの細胞小器官が捨てられる．精子はその生物種の生存のために遺伝子を提供するが，短い時間でみれば精子DNAはなくてもかまわない．初期発生に必要な情報のすべては卵にあり，オタマジャクシの器官系を構築するために必要な材料もすべて卵にある．両生類の卵は比較的容易に，針で刺すだけでも活性化されるが，精子由来の中心体は必要不可欠である．人工的に活性化された卵が中心体をもつことがあれば，発生が進行して一倍体のオタマジャクシができる（ただし，このようなオタマジャクシは変態期を越えて生きることはない）．

受精と初期発生

卵の左右相称性は受精がもたらす

　ショウジョウバエの卵母細胞は，前後・背腹軸があらかじめ決められているが，ツメガエル卵には動植物軸だけがあり，放射相称である．この放射相称性は受精により崩れる．精子はおもに動物半球の表層に結合し，受精する．受精した精子は卵の細胞膜と融合し，動物半球に核と中心体をもたらす．（図4・5は多くの精子がウニ卵の表面に付着している様子を示しているが，実際に卵と融合できるのは，たった一つの精子である．）星状体は精子の中心体を取囲む構造である．ツメガエルでは，卵母細胞に蓄えられたチューブリン（微小管形成タンパク質）が供給されることにより星状体が成長する（図4・6）．一方，卵母細胞は第二減数分裂を完了しようとしており，核の融合はその後に起こる（2章参照）．卵では細胞内部の物質の回転があり，これが第一分裂の面を決め，将来の原腸形成運動の開始点と背腹の向きを決める．この細胞内部の回転は正常発生に必須であり，回転が起こらないと背側が発生しない．受精しなくても，人工的に卵を活性化させると表層回転が経線方向に起こり，その結果，

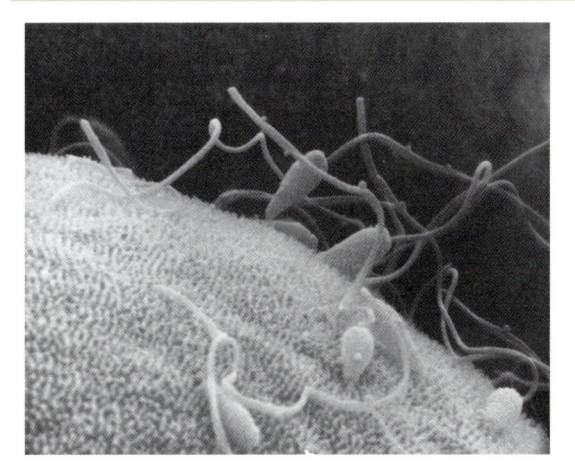

図 4・5　受精．この走査型電子顕微鏡写真では，ウニ卵の表層に多くの精子が付着している．しかし，2章で述べたように，多精を防ぐ機構があるので，実際には一つの精子だけが卵の細胞膜と融合し卵に入る．

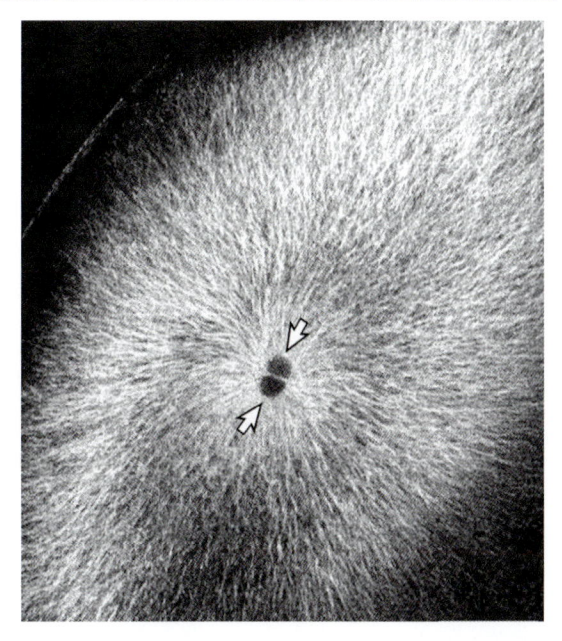

図 4・6　精子星状体．精子星状体は微小管からなり，両生類卵では，受精から第一分裂まで見ることができる．チューブリンに対する抗体で微小管を染色している．矢印は二つの前核の位置を示す．

放射相称性が崩れる*．

表層回転と植物極の微小管平行配向

卵の細胞質の表面は，卵の残りの細胞質とは多少違う性質をもち，この"皮"の部分は**表層**（cortex）とよばれる．これについては2章の内容を思い出してほしい．両生類の卵でも，表層（厚さ約4μm）は内部の細胞質と異なり，アクチンからなる微小繊維の網目構造が表層を固くしている．何年もの間に，多くの研究者が行ってきた実験により，卵黄の多い内部細胞質のまわりを表層が移動すると予想されてきた．そして実際，表層回転が起こることが明らかになっている（図4・7a）．この動きは，ビーチボールに粘性のある液体を詰め込んだ状態に似ている．ボールを手の中でゆっくりと回転させると，慣性のために，内部の液は動かないはずである．

この表層の回転は，1980年代初頭にカリフォルニア大学バークレー校のJohn Gerhartらにより実証された．彼らは未受精卵の卵黄を染色し，表面を別の色で染色した．そして受精後すぐに，この卵をアガロースゲルの中に埋込んだ．図4・7(b)にあるように，内部と外部の斑点は互いにずれるように動いた．この動きを実験的に示すためには，内部よりも表層を固定するほうが簡単であった．そこで図では，動くのは内部であるかのように描かれている．しかし，自然の状態では，中央の球状の細胞質に対して相対的に動くのは，卵全体を包み込んでいる表層の殻である．

回転が起こるときに，表層と内部の境目を電子顕微鏡で注意深く観察すると，内部構造に接するように平行に配向した微小管が見える．微小管の向きはすべて同じで（＋端が胚の背側），回転の方向に沿って配向している（図4・7c, d）．運動分子が表層にあり，この分子が表層を微小管の軌道に沿って動かし，表層回転をひき起こしている．運動分子は，1種類または数種類のキネシンであると考えられている．微小管はおよそ40分かけて配向し，その後に回転が起こる．表層全体の動きは図4・7(a)に示すとおりである．表面は内部構造に対して相対的に動くので，植物極側の表面は精子進入点から遠ざかり，動物極側の表層は進入点に近づくことになる．両生類のある種では，表層と内部構造が相対的に動くことにより，**灰色三日月環**（gray crescent）とよばれる明るい領域が精子進入点のほぼ反対側に形成される．回転した表層と微小管の間では，小顆粒，おそらくはシグナル伝達分子が，背側の微小管＋端に向かって大規模に移動する．

精子進入点のちょうど反対側の細胞質領域は特別な場

＊ 訳注：表層回転と細胞内部の回転とは，後述するように相対的な現象であり，同じことを意味している．経線は卵表面に引かれた，動物極と植物極を通る仮想の円で，すべての経線は卵の"赤道"と直交する．

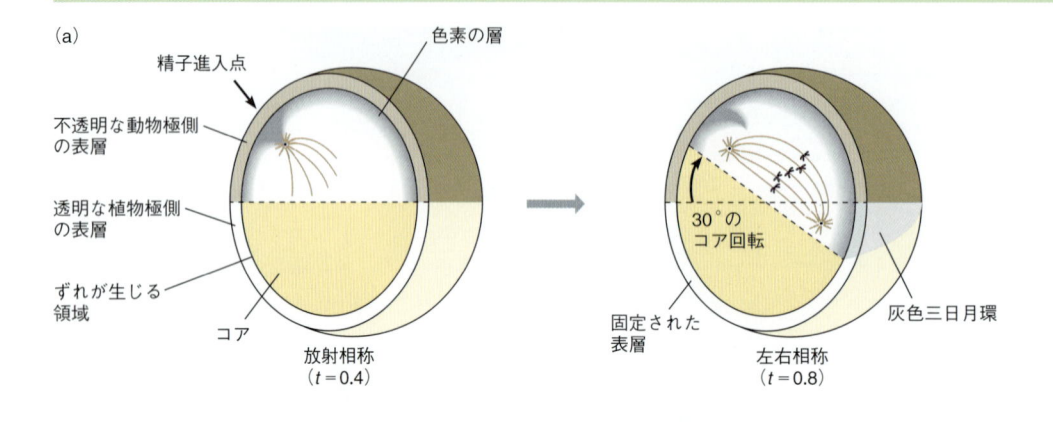

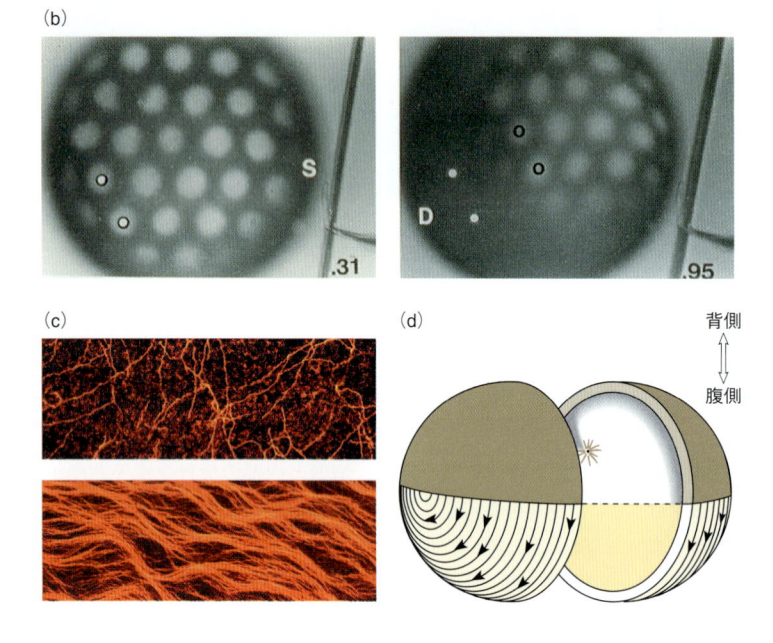

図4・7 ツメガエル卵の表層回転. 両生類では受精後, 精子星状体が成長し, 第一分裂が完了するまでの時間のおよそ4/10($t=0.4$)が経過すると, 表層は内部に対して回転する. (a) 卵の縦断面と表層回転. 卵をゼラチンに埋込み, 表層を固定している. 内部構造(コア)は自由に回転できる. (b) 卵黄小板を脂質親和性の生体染色剤ナイルブルーで染める実験. 卵黄を染色した後, 表層タンパク質に結合する蛍光色素で卵表層を標識している. 受精後, 卵をゼラチンに埋め, 表層を固定する(左). 回転が起こると(右), 内部の卵黄の染色と, 表層の標識との位置関係がずれる. (c) 表層のずれが生じる領域にある微小管を, チューブリン蛍光抗体により染色した. 受精から第一分裂までの4/10の時期では微小管はまだ整列していない(上). 7/10時間が経過すると, 微小管の配向が明確になる(下). (d) 微小管が表層回転の方向に沿って並び, 微小管の＋極は表層回転の方向と一致していることを示す模式図.

所になる. ここは, 植物極側の表層が動物極側の内部細胞質まで移動した領域である. この領域は, 第一卵割面で二分され, 強い原腸形成活性をもつようになる.

表層回転の方向は精子進入点によって決まり, 受精から第一卵割までの時間を10で表すと, 回転は4で始まり8まで続く. 表層回転は左右相称性の確立と, 背側構造の形成に必須である(図4・8a). たとえば紫外線(微小管の重合反応を阻害)によって回転を阻害すると, 背側の構造が形成されない(図4・8b). 回転を阻害した胚は円筒状になり, 消化管や血液細胞は形成されるが, 筋肉, 神経系, その他の軸構造はできない. 一方, 微小管形成を重水D_2Oにより促進した場合には, 腹側の構造が矮小化し, 背側構造が肥大した胚になる(図4・8c). また, 遠心力などによって表層回転を人工的に操作し, 別の面に沿って余分な表層回転をひき起こすと, 二つの軸をもつ双頭胚ができる(図4・8d).

この単純に見える表層回転と卵割が, 第一卵割面と左右相称面がどこに生じるか, あるいは背側の発生が起こるか否かという, 胚のその後の発生にとって非常に重要ないくつかの側面を決定する.

卵割期には細胞がさかんにつくられる

ショウジョウバエの卵では, 受精に続いて細胞分裂を伴わない核の複製期間があることを思い出してほしい. 一方, カエルも含めてショウジョウバエ以外のほとんどの生物では, 単一の細胞内に多くの核をつくり出すのではなく, 細胞分裂が起こり, 多数の新しい細胞を生み出す. これは, ものすごい速さで起こる. 卵割中の胚は

このような速い細胞分裂期に形成される卵割溝は，一部は卵細胞を包んでいた古い細胞膜を用い，一部は新しい膜小胞でつくられる．この古い膜と新しい膜の境界に**密着結合**（tight junction）ができ，この構造が密封された状態をつくる（図4・10）．新しい膜はナトリウムポンプをもっており，このポンプで塩を胚内に蓄積する．その結果，胚内部の浸透圧が高まり，実際，内部に溶液がみたされた**胞胚腔**（blastocoel）ができる（図4・9）．（12章で，他の膜の形成と関連させて密着結合について述べる．）胚の表層の細胞は真の上皮となる．

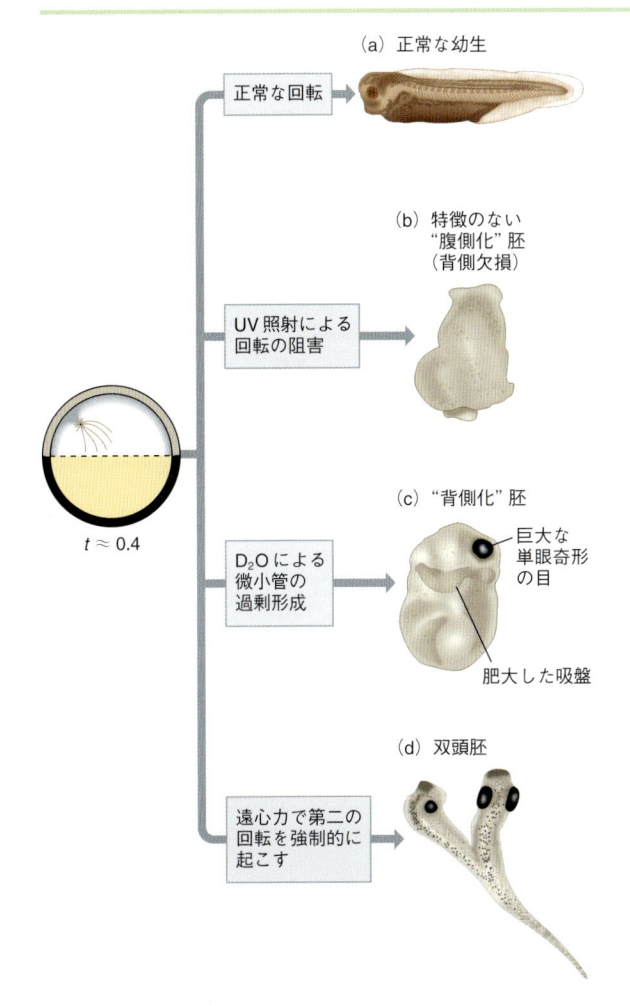

図 4・8 表層回転の実験操作．受精して表層回転している卵にさまざまな処理を施している．(a) 表層回転が進行すれば正常な胚ができる．(b) 植物極側から紫外線を照射すると，表層回転が起こらず，背側は全く発生しない．(c) 微小管の軌道を安定化させ増強すると，表層回転が促進され，腹側の発生が損なわれ背側が異常に発達する．(d) 胚に第二の表層回転が起こると，双頭胚になる．

DNAの合成機ともいえる．しかも，カエル胚はDNAを詰め込む染色体をつくるので，染色体タンパク質の急速な合成も必要である．細胞質分裂では，細胞の表面積が広がるため，膨大な量の新しい細胞膜が必要となる．急速な合成や組立てに必要な装置が卵形成期に準備されており，DNAポリメラーゼ，ヒストンmRNA，膜の前駆体など，さまざまな物質が卵に貯蔵されている．その結果，アフリカツメガエルでは，細胞分裂が15分間隔で起こり，12回の分裂で4000個以上の細胞をつくりだすことができる（図4・9）．

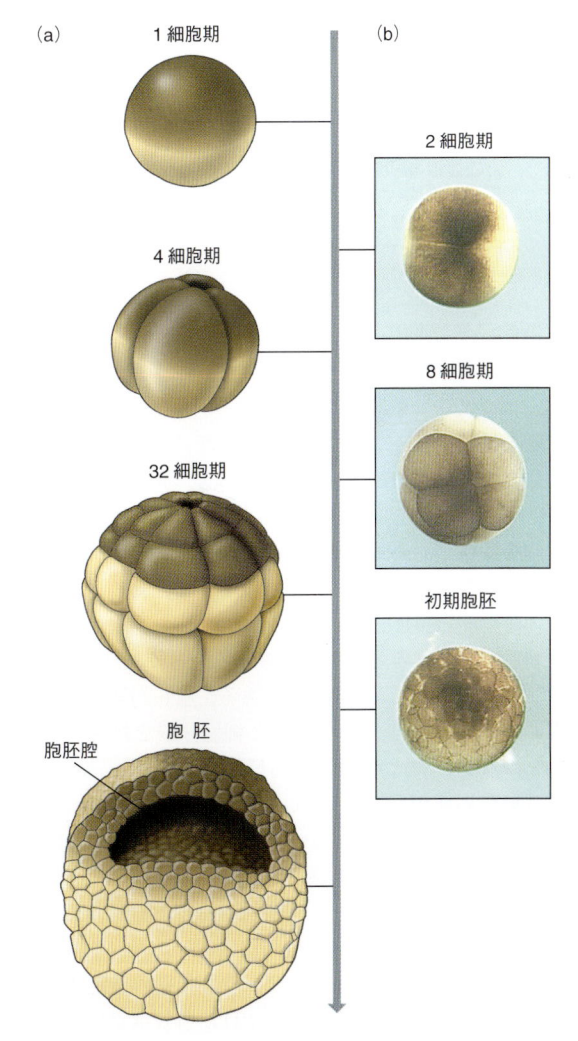

図 4・9 卵割．(a) 卵割期のカエル卵．細胞分裂の分裂溝を示している．胚全体の大きさはほぼ同じであるが，細胞は分裂ごとに小さくなっていることに注目．動物半球よりも植物半球の細胞のほうが大きいことにも注目．この違いは初期卵割期における中心体の位置による．(b) 初期卵割期の胚の写真．

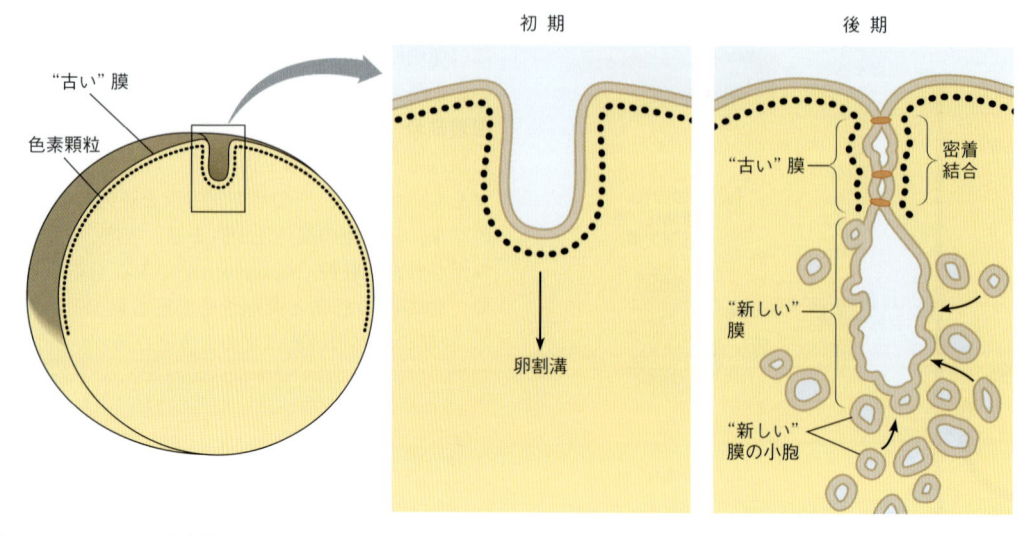

図 4・10 カエルの卵割期における細胞膜形成．胚の細胞膜は，卵にもとからある細胞膜に加え，新しい膜が追加される．膜の補給の程度を示すために，左図の卵割溝を拡大している．最初は，もとからある卵表面の古い細胞膜によって卵割溝ができる(中央図)．卵割溝が深くなるのに伴い，細胞質の小胞が集合し新しい膜が加わる(右図)．古い膜と新しい膜の移行部に密着結合ができる．

中期胞胚変移期に大規模な変化が起こる

12回目の細胞分裂の後，三つの大きな変化が起こる．第一は，活発な転写の開始である．(ここで付け加えておかなければならないのは，測定感度に疑問を感じている研究者もいることである．すなわち，発生初期の非常に低い量の転写を完全には排除できないのである．) **中期胞胚変移**（midblastula transition: MBT）の前は，タンパク質は母親由来のmRNAから合成される．第二は，胚細胞の運動能力獲得である．これは，少量の細胞群を組織培養系に移し，その行動を観察するだけで証明できる．第三は，細胞分裂周期の変化である．胞胚初期では分裂周期が非常に速く，DNA合成と細胞分裂を繰返し，両者をつなぐG_1期とG_2期が存在しない．しかし，MBT以降は細胞周期が長くなり，G_1期とG_2期が現れる．これらすべての変化は，まもなく原腸形成期に起こる劇的な形態再構築の先駆けである．

胞胚後期には領域特性が明確になる

原腸形成について述べる前に，胞胚後期の**予定運命地図**（fate map）をみておこう（図4・11）．前の章で述べたように，胚のさまざまな部分を染色し，どの領域がどの組織になるかを観察することにより，胞胚期の予定運命地図が得られる．胞胚中期では，細胞や組織は移動していないので，予定運命地図は卵細胞と同じである．第二の地図は両生類発生学者によって**特異化地図**（specification map）とよばれていて，外植実験の結果をもとにして描かれている．すなわち，胚の一部（**外植体**；explant）を切取り，組織培養液に移して，それらが何を形成するのかを調べて地図にしているのである．非常に初期の卵割期の胚から外植体を単離し，培養液に移すと，細胞は生

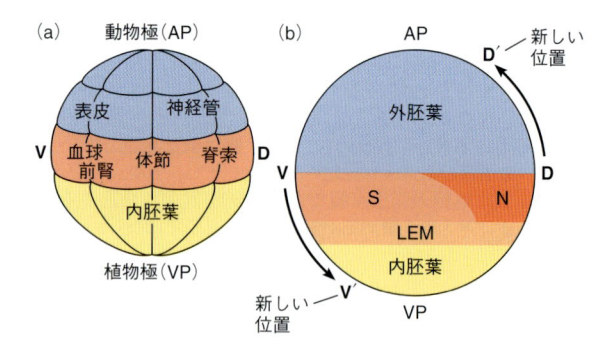

図 4・11 アフリカツメガエル胞胚後期の予定運命地図．予定運命地図は，初期胚の領域や割球を染色し，それが何になるのか観察することにより得られる．(a) 複数の研究者の結果を総合して描いた32細胞期胚の予定運命地図．(b) 1991年にRay Kellerによって改訂された最新の予定運命地図．体節と側方中胚葉ができる領域が以前考えられていたよりも広範囲に及んでいることを示している．Connie LaneとBill Smithによる最近の実験では，胚の予定背側および腹側部分は動物極と植物極により近い細胞に由来することが示されている．この背側と腹側の位置は，それぞれD′，V′をさす矢印によって示されている．LEM: 中胚葉の伸長端，N: 脊索，S: 体節．

き続け，繊毛をもつ表皮ができることもある．しかし，はっきりと識別できる構造は分化しない．この特別な用語，**特異化**（specification）は，ある細胞または細胞群が何になりうるのかという潜在的発生能力を示している．もちろん用語の意味は，研究者が用語を使う状況による．したがって，発生能力を調べる方法により，さまざまな専門用語が生まれることになる．

しかし，胞胚後期までに，さまざまな領域がそのアイデンティティーを獲得する．胞胚の動物極側の細胞層（胞胚腔蓋）を単離して培養すると，繊毛をもつ表皮になる．植物極の卵黄の多い細胞は腸後部を形成する．中間の赤道付近の細胞は脊索，体節，前腎，血球など，さまざまな中胚葉構造をつくる．これらの中胚葉構造の発生については，本章の後半および7章で述べる．精子進入点の反対側の細胞は，脊索（神経管の下側に位置する棒状の構造）などの背側中胚葉構造や頭部中胚葉をつくる．したがって，この領域は**背側帯域**（dorsal marginal zone: DMZ）とよばれる．反対側に位置する赤道域の細胞は，血球などの腹側中胚葉構造をつくるので，**腹側帯域**（ventral marginal zone: VMZ）とよばれる．

この特異化地図はさまざまな領域の細胞について，それが単離されたときに何を形成することができるのかを示している．もちろん，胚の中では，これらの細胞は他から分離した状態で発生することはなく，細胞が置かれた場所に依存してそれぞれ分化の道筋をたどることになる．胚の一部を別の胚に移植する場合，もとの部位とは異なる部位に移植して，どのような細胞に分化するかを調べて地図にしたものがある．これを，両生類発生学者は**応答能地図**（competence map，反応能地図ともいう）とよぶ．**応答能**（competence，反応能）という用語も細胞を異なる部位に移植して調べる発生の潜在能力を示している．応答能とは，発生過程のさまざまなシグナルに反応する細胞の能力ということができる．これについては後の章で詳しくみていこう．

胞胚の植物半球の細胞が動物半球の細胞を誘導して中胚葉を形成させる

胞胚期後期までに外胚葉はすでに特異化し，内胚葉，背側および腹側中胚葉，そして表層，このような予定領域はどのように決められるのであろうか．その答は，1960年代にオランダのPieter Nieuwkoopが行った有名な実験がもたらした．特異化地図のところで述べたように，胞胚腔蓋からの外植体〔**アニマルキャップ**（animal cap）とよぶ〕は培養すると繊毛をもつ表皮になる．一方，植物半球から単離した外植体は特に目立つ組織を形成することはないが，内胚葉後部の特徴をもつ組織ができることがある．しかし，アニマルキャップを植物半球の細胞と結合させて培養すると，これらの細胞群は典型的な中胚葉構造と前方咽頭内胚葉を形成する（図4・12）．Nieuwkoopは，正常胚では植物半球細胞とそれに接する動物半球細胞との間の相互作用があり，この相互作用によって**帯域**（marginal zone）の運命が決められ，中胚葉が形成されると結論した．後期胞胚の赤道域を誘導して中胚葉を形成させる植物半球細胞の分子機構については

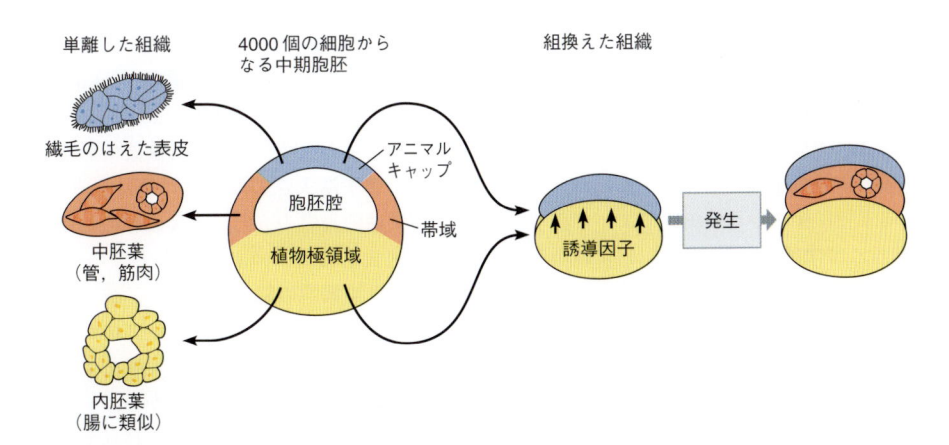

図4・12　植物極側からのシグナルによる中胚葉誘導．Nieuwkoopにより行われた実験．本文参照．アニマルキャップ，帯（赤道）域，植物極領域を外科的に単離し，単独で発生させた（左）．アニマルキャップは表皮，赤道領域の細胞は中胚葉由来の組織，卵黄の多い植物半球の細胞は消化管様の構造を形成した．次に，アニマルキャップと植物極側の細胞を組合わせて培養し，何になるか調べた（右）．それぞれの組織は単独では中胚葉を形成しないにもかかわらず，組合わせると中胚葉組織ができた．

16章で述べる．

Nieuwkoopはさらに，植物半球細胞はその位置によって誘導能力が異なることを証明した．組合わせ実験に用いる植物半球組織を，予定背側領域から単離してアニマルキャップと組合わせると，脊索や筋肉などの背側中胚葉組織を形成する．腹側植物極側の細胞をアニマルキャップと組合わせた場合には，血球や間充織などの腹側中胚葉組織が形成される．一方，中間に位置する植物半球の細胞は中間的な中胚葉を誘導する．これらの外植実験を模式的に図4・12に示す．

Nieuwkoopらは，植物半球細胞が発する誘導シグナルの強さには勾配があり，その勾配に従って動物半球細胞の中胚葉誘導が起こると結論づけた．これらのシグナル伝達分子に関する最近の研究（16章）によると，Nieuwkoopが発見した誘導過程はかなり複雑であるということが明らかになってきた．まず中胚葉と前方内胚葉の大まかな誘導があり，次に，二次的な局在化シグナルが背側中胚葉を誘導する．この誘導を**背側化**（dorsalization）とよぶ．何人かの研究者は，予定背側にある植物半球細胞が背側中胚葉のシグナルセンターになると考えて，その領域を**ニューコープセンター**（Nieuwkoop center）と名づけた．名づけられはしたが，上記の予定背側中胚葉と前方内胚葉の誘導は，あの重要な**シュペーマンオーガナイザー**（Spemann organizer）をもたらすものである．これについては，この後すぐに説明する．

Nieuwkoopの外植実験は，卵形成期に合成され局在化している因子が，胞胚の細胞でも働いており，その結果，3胚葉が形成されるという可能性を排除するものではない．言いかえれば，誘導は，（卵に局在化した因子による）あらかじめ決められた分化の道筋をたどる傾向を否定してはいない．初期胚から帯域に相当する細胞を取出し，外植することはきわめてむずかしい．少し遅い発生段階で手術をすれば，帯域細胞を簡単に取出せる．その外植体を培養すると中胚葉組織をつくるが，これらの細胞が切り出されるまでに植物半球の細胞によって誘導を受けるので，本当に自律的に分化するのかはわからない．それとも，中胚葉を形成する自律分化能もあるのだろうか．最終的な答はまだ得られていないが，この問題については16章で述べる．

原腸形成，胚葉，そして器官形成

原腸形成は大規模な細胞集団の移動を伴う

両生類の胚は不透明で，細胞集団のさまざまな移動がほとんど同時に起こる．そのため，これらの細胞の再配置がどのようにして起こるのかを可視化することは困難である．しかし，形態形成の基本的な過程を理解するためには，何らかの方法で細胞運動を三次元的にとらえることが必要である．**巻込み**（involution）とよばれる回転運動が数時間にわたって続き，胚表面の1/4～1/3が胚の内側へ押込まれる．一方，胚表層の残りの部分は広がる．この過程を**エピボリー**（epiboly，覆いかぶせ運動ともいう）という．巻込みが起こっている領域では，表層の下にある細胞も巻込みを起こし，それにより，より多くの細胞が胚の奥深くまで移動する．巻込みを行った細胞の一部は移動性となり前方へ進み，残りの細胞と表層細胞は中側方再配置が起こり，胚は全体的に細長くなる．

これらの細胞運動と，細胞が内側へ押込まれる結果，胞胚腔がなくなり，胚内部に**原腸**（archenteron）とよばれる間隙が新たにできる．原腸は将来，原腸の内壁になる．

これらの細胞運動を実際に見ることはできない．動きを理解するには図が不可欠である．図4・13のさまざまな部分を見て，いろいろな異なる細胞の動きをたどってみよう．

ボトル細胞が陥入して巻込みを先導する

原腸形成が始まると，胚表面の特定の領域の細胞が下へ潜り込み始め，表層細胞が埋まった"えくぼ"のようなくぼみができる．この過程では，表層の細胞が細長くなり**ボトル細胞**（bottle cell，瓶型細胞ともいう）となる．その結果，下層の細胞に向かって細胞が沈み込むことになる．これを**陥入**（invagination）といい，まるで細胞が細胞の細い"首"を引っ張るように見える（図4・13a,b）．陥入によって生じる構造を**原口**（blastopore）という．最初のえくぼを原口の**背唇部**（dorsal lip）といい，これは動物極から2/3ほど下がった位置に形成される．この位置は，精子進入点のほぼ反対側になる．言いかえれば，植物半球の表層のうち，表層回転の結果，動物半球の内部細胞質を覆うようになったところが原口背唇部となる．ボトル細胞の陥入が進むと，最初にできたえくぼは植物極を取囲むように弧を描いて広がり，最終的には環状の原口になる．図4・13の表層をよく見ると，原口がしだいにできていく様子がわかる．

ボトル細胞が陥入し胚内部へ移動するにつれて，隣接する動物極側の表層細胞も陥入によって生じた原口背唇部を回り込んで移動し，表層に接する内部細胞も背唇部を回り込む（巻込み，図4・13b,c）．巻込みは図4・13の断面図を見るとはっきりわかる．巻込みは，ボトル細

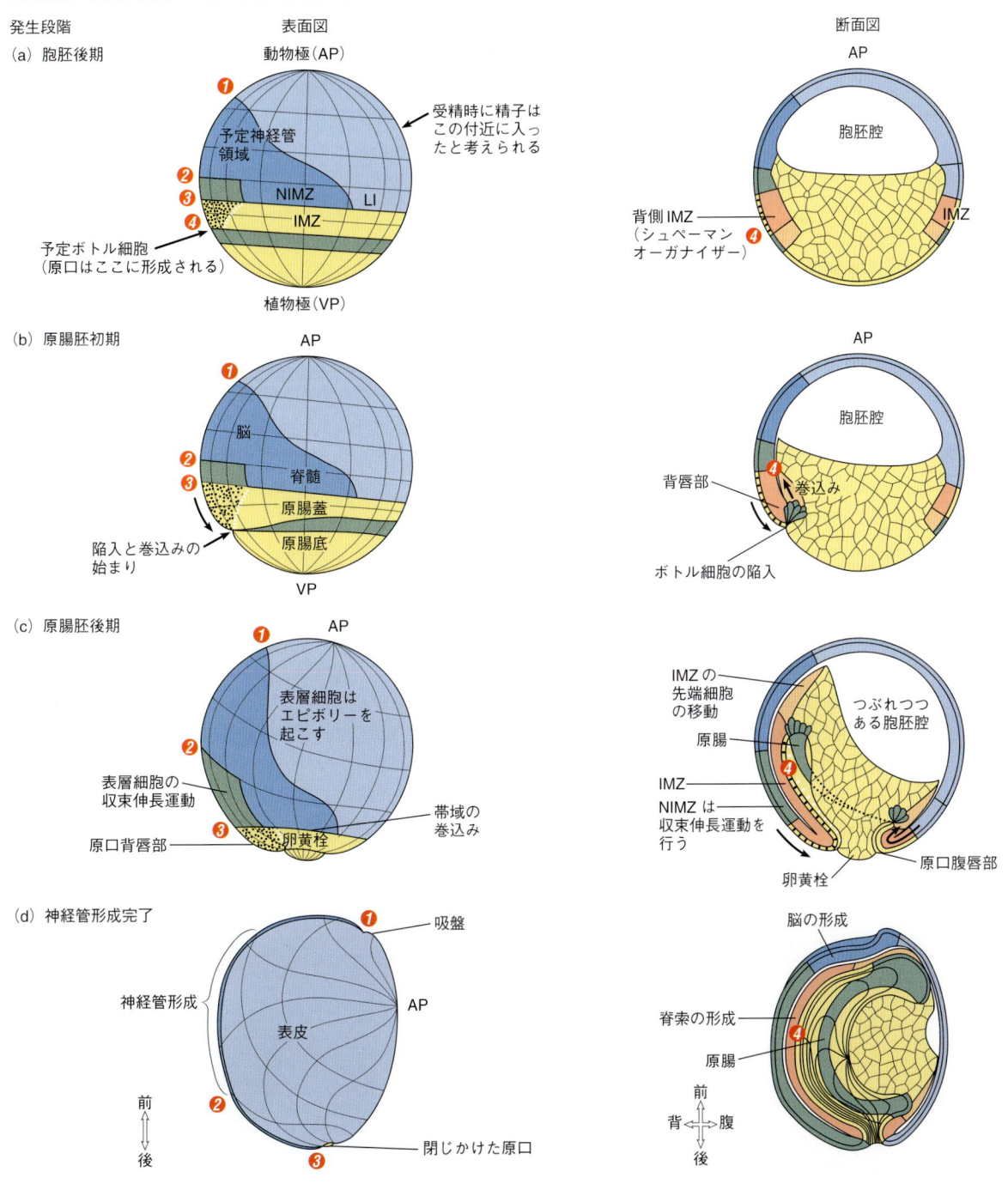

図 4・13 アフリカツメガエルの原腸形成運動． 原腸形成の進行に伴うさまざまな細胞の運動．胚の表面図は，アニマルキャップと予定外胚葉の形態形成過程を示す．胚の断面図は巻込み中の帯域の様子を示す．帯域は中胚葉や内胚葉を形成する．図中の矢印は原腸形成期における組織の運動方向を示す．(a) 原腸形成を開始した直後の後期胞胚．巻込まれる帯域（IMZ）腹側のボトル細胞によって原口が形成される．図では胞胚の左側に示している．(b) 初期原腸胚．(c) 後期原腸胚．(d) 原腸形成が完了し，神経管が形成される．胞胚の左側は胚の背側になる．標識1〜4により，細胞運動の全過程を通して特定の細胞群を追跡できる．標識4は原腸形成初期に胚内部へ潜り込み(b)，原腸形成後期(c)までに，植物極（VP）も内側へ移動し見えなくなる．これらは，原口が閉じ卵黄栓が包み込まれるのに伴い胚の内側に移動する．原腸形成は三次元的であることを忘れてはならない．断面図は原腸胚の一つの平面を示しているにすぎない．LI：巻込みの境界，NIMZ：巻込まれない帯域．

胞が最初に陥入する場所（将来の胚の背側）で始まり，背側の巻込みの程度は腹側よりもずっと大きい．巻込んでいる表層と内部帯域細胞が，胞胚腔を片側に押しつぶし，新しい腔所をつくっていく様子に注目しよう．巻込みが起こると，内部帯域細胞は移動し，原腸を前方へ移動させる．もっと重要なことは，被包して伸展している表層細胞が，再配置されて表層がさらに薄くなり，将来の背側正中線に向けて収束することである．この細胞の再配置は細胞の**放射挿入**（radial intercalation）による．巻込まれた内部帯域細胞もまた，活発な**中側方挿入**（mediolateral intercalation）を行う．この運動は収束運動の一種で，胚全体にわたって二次元的な伸長をひき起こす．図4・14は細胞の収束伸長を示している．

図4・13を詳しく見ると次のことがわかる．表層とその内側の帯域細胞は胚内部に円形隆起を形成し，卵黄栓を取囲む新しい腔所をつくる（図4・13c）．なお，卵黄栓とは卵黄の多い植物極の一部分であり，細胞運動には加わらない．胚は長く伸び，もとの動物極は将来心臓のできる腹側にくる．もとの植物極は卵黄栓として残り，図4・13(a), (b)で青と緑で示した動物半球のV字形部分は胚の背側になる．

このように，解剖学的記載だけでも複雑である．基礎を本当に理解するためには，陥入，巻込み，エピボリー，細胞運動，細胞移動，収束的挿入の細胞学的基礎についてもっと学ぶ必要がある．この過程を詳細に説明する理由の一つはここにある．この複雑なケースを分析すれば，他の多くの形態形成運動の理解の助けとなるのである．また，他の細胞運動や細胞行動の分析を行うことが，カエルの原腸形成の理解の助けともなる．ひき続き13章

で詳しく述べることにする．

原腸形成により3胚葉が形成される

機構は多少違っていても，カエルの原腸形成の結果生じる構造は，前章で述べたハエの場合と似ている．胚には内腔があり，内腔は原口の狭い隙間を介して外界に開いている．しかし，前端は完全に閉じている．この内腔を取囲む細胞は当然**内胚葉**（endoderm）であり，将来，オタマジャクシの消化管（腸）をつくる．表層に残っている細胞は**外胚葉**（ectoderm）であり，将来，表皮，神経などをつくる．残りの中間層は**中胚葉**（mesoderm）である．原腸形成過程の胚を**原腸胚**（gastrula）という．6章と7章で，これらの3胚葉がどのようにして分化した成体のさまざまな器官になるかについて述べる．ここではどのようにこれらの変化が起こるのか，その概要をみておこう．

背側中胚葉が背側外胚葉を誘導して神経管を形成させる

本章の初めで述べた予定運命地図を見れば，原腸形成以前から細胞運命の方向がある程度決められていて，オタマジャクシの前後軸と背腹軸はあらかじめセットされていることがわかる．ボトル細胞が最初につくられる原口背唇部の細胞は，この体軸形成に特に重要な役割を果たしている．ドイツの発生生物学者Hans Spemannと，彼の学生Hilde Mangoldはイモリを用いて移植実験を行い，これらの背唇部の細胞が特別な役割をもっていることを明らかにした．そのため，この背唇部の細胞は**シュペーマンオーガナイザー**とよばれるようになった．シュ

図4・14　収束伸長運動． 原腸胚の背側領域を切り出し，胚表面の上皮組織を取除いている．これは剥ぎ取り外植体とよばれ，上皮組織を剥ぎ取ることにより表層下の細胞運動をみることができる．(a) 放射挿入では，下の細胞が上の細胞層へ潜り込む．これにより組織の厚みが減る．一方，表面積は広がり，伸長運動に貢献するようになる．(b) 中側方挿入も細胞の収束運動をひき起こし，細胞群全体がより細く，長くなる．

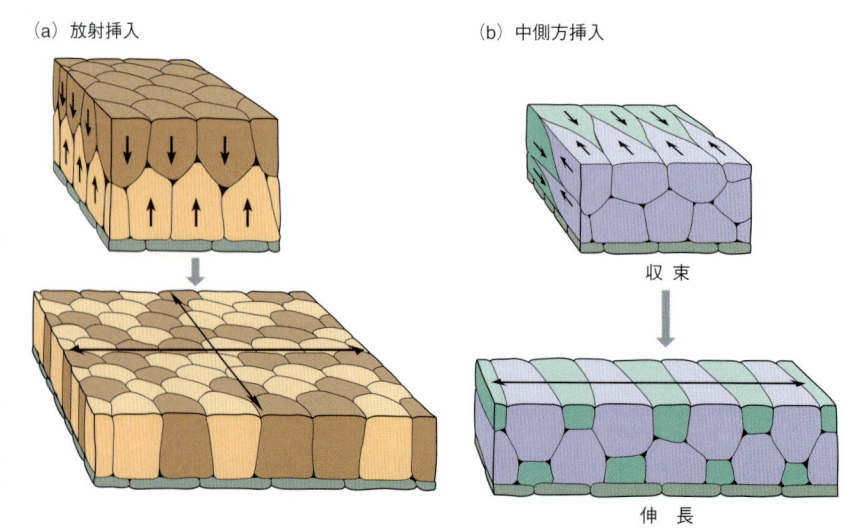

(a) 放射挿入　　(b) 中側方挿入

収束

伸長

ペーマンオーガナイザーの細胞は背側中胚葉，特に脊索や前方咽頭内胚葉をつくるように運命づけられている．この細胞群を，たとえば，腹側中胚葉だけがつくられる領域へ移植すると，著しい形質転換が起こり，完全な二次軸が形成され，二次中枢神経系と筋肉，その他の中軸器官ができる．図4・15はこの原口背唇部の移植と，その結果できる双頭胚を示している．

SpemannとMangoldは異なる色素をもつ胚を用い，この色素を天然のマーカーとして実験に用いた．その結果，新しく形成された二次胚のほとんどの部分は移植片からではなく，宿主に由来することを明確に示した．彼らはオーガナイザー領域がまわりの組織を本来とは違う発生運命へ誘導すると結論したのである．彼らの発見が1924年に発表されて以来，さまざまな**胚誘導**（embryonic induction）の例が知られるようになった．今日では胚誘導とは特別な事例ではなく，特定の細胞や組織が隣接する細胞や組織にシグナルを送り，細胞分化を特定の方向へ向かわせることを意味している．Hilde Mangoldはこれらの実験を行った直後，悲しいことに自宅の火災で亡くなってしまった．一方，Spemannはノーベル賞を受賞した．

外胚葉にシグナルを送り中枢神経を形成させるのは，内側に巻込んでいる背側帯域の中胚葉である．16章で，この誘導の分子的基礎について述べることにする．始原神経系の形成様式は，これから繰返しみていくことになるさまざまな形態形成の一例である．この場合は，平坦な板状の細胞群が巻上がって管構造になる（図4・16）．**神経板**（neural plate）から**神経管**（neural tube）への変化は**神経管形成**（neurulation）とよばれており，神経管形成を完了した胚を**神経胚**（neurula）という．胚表層の外胚葉細胞は裏打ちする脊索中胚葉により誘導を受ける．断面を見ると外胚葉細胞の形が四角から長方形へと変化することがわかる．この細胞の伸長により，胚の背側表層に明瞭な板状の構造ができる．この板の前部は後部より広く，板状構造を上から見ると洋ナシの形に見える．神経板の断面を見ると，伸長した細胞が集まって台形状に並び，個々の細胞の基部は広がり中胚葉に接している．この細胞の形が変化するには神経板細胞の微小繊維の網目構造が必要であり，これによって細胞の形が保たれる．1960年代に行われた微小繊維の機能阻害剤を使った実験では，神経板の巻き上がりの少なくとも一部は，微小繊維による細胞の形の変化がもたらしたと示唆されている．神経板の両側の縁は背側正中線上で互いに近づき，縁の側面にある表皮を引きずり上げているように見える．神経板の二つの"唇部"は接触して融合する．

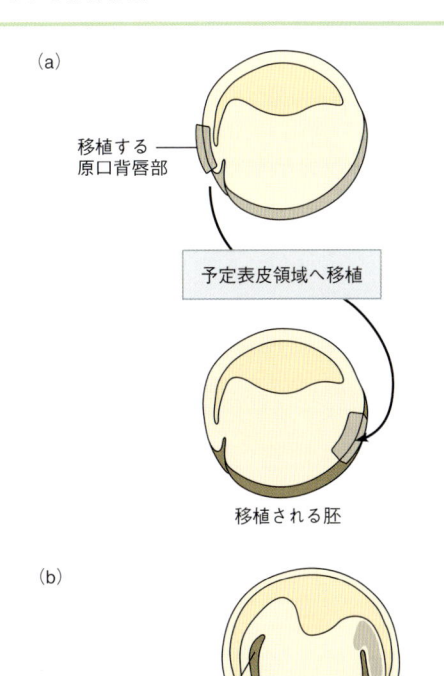

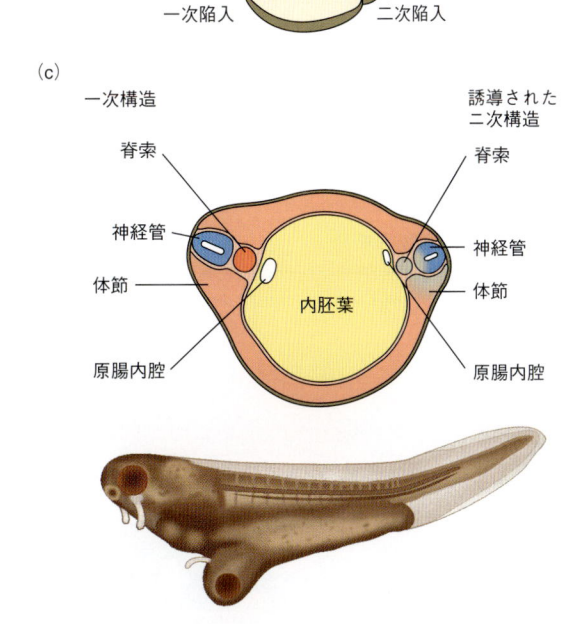

図 4・15 シュペーマンオーガナイザー．Spemannと Mangoldによる古典的な実験．(a) 白色イモリの原口背唇部の断片を切り出し，同じ発生段階にある黒色イモリの予定腹側へ移植した．(b) その結果，二つの独立した原腸形成運動が起こり，二つの軸ができた．(c) それにより双頭胚を生じた．SpemannとMangoldは，この双頭胚を固定し切片をつくり組織学的に調べた．その結果，二次胚のほとんどの部分は黒色であることがわかった．二次軸の構造は（脊索と体節を除き）宿主に由来する．したがって，二次軸の形成は，移植した白色の背唇部の誘導作用によりひき起こされたものであるといえる．

最近の研究によると，神経形成はここで述べているよりももっと複雑であり，個々の細胞の形が単に変形するだけでなく，細胞どうしの接着の変化や細胞突起を出す頻度，さらには神経板を取囲む組織の物理的影響もかかわっている．

神経管の形成は神経板の折れ曲がりにより生じるとは限らない．たとえば，魚のようなある種の脊椎動物では，細胞の束が1本の棒をつくり，この中央に空洞ができる．両生類でも，腰椎部や仙椎部の脊髄になる神経管の後部は，最初にできる神経板からはつくられない．原腸形成期の終わりに，原口背唇部にとどまっている一群の細胞が分裂を続け，この細胞群が尾部の**髄索**(medullary cord)

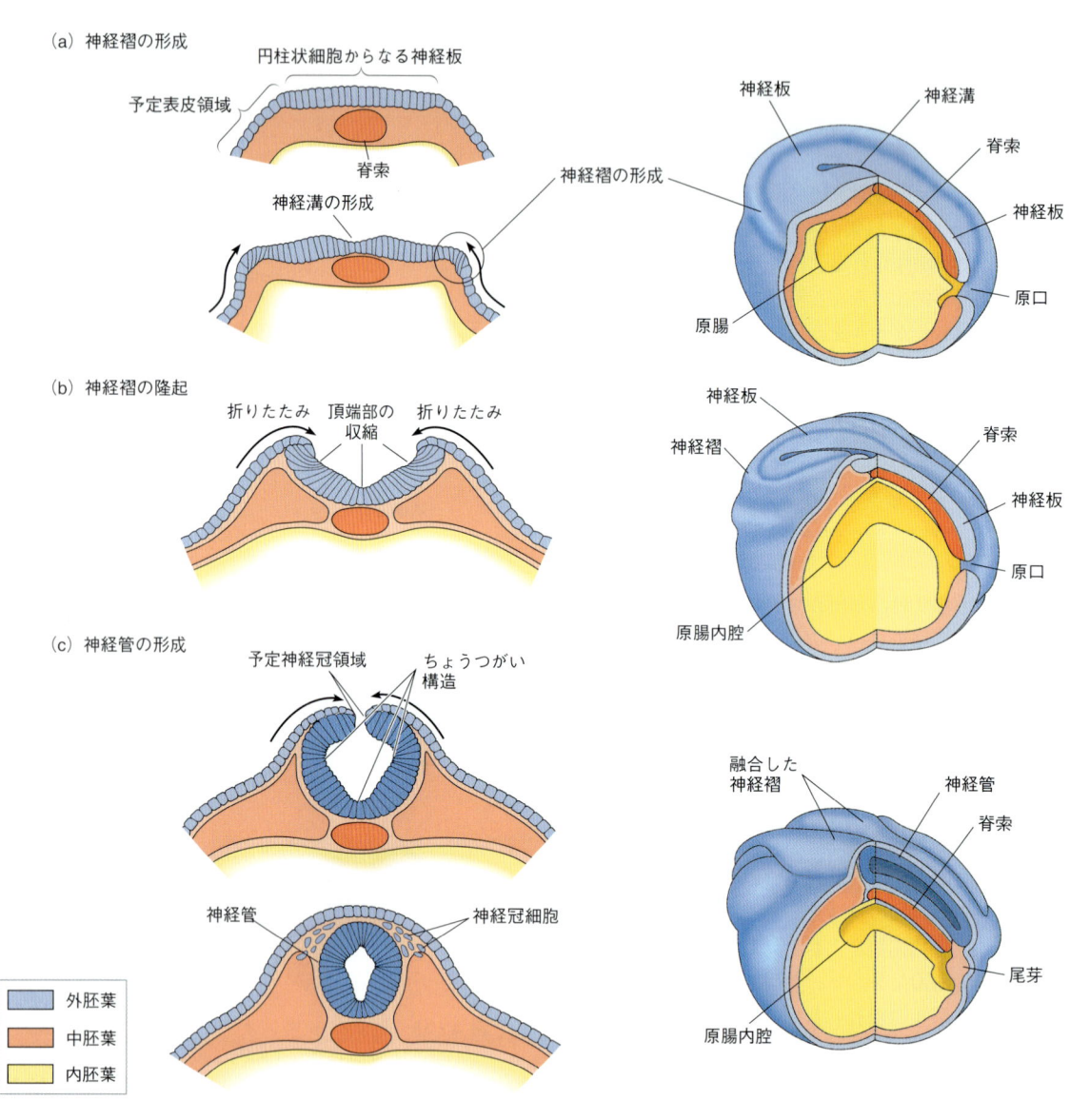

図 4・16 神経管形成の過程．（a）脊索の上にある背側外胚葉の細胞は円柱状になって神経板を形成する．これらの細胞の一部では，細胞の頂端部が収縮する．その結果，組織が湾曲することになる．（b）神経板の円柱状細胞の頂端部の収縮と，予定表皮細胞層の中央方向への動きが，組織の折れ曲がりをひき起こし，神経板は褶曲し盛り上がる．（c）外胚葉の中央方向への細胞運動と神経板の細胞形態の変化により生じた力が，神経板の側面にちょうつがい構造をつくり，神経板が巻き上がって神経管になる．神経褶は正中線上で融合し，この時期に神経管から神経冠細胞が移動し始める．両生類では，神経管形成は神経管の全長にわたって速く進むが，鳥類や哺乳類では長く時間がかかり，脳領域から脊髄へと，後方に向けて順次進行する．

と脊索をつくるのである．この中身の詰まった髄索は空洞化し，1本の連続した脊髄となる．図4・16は，融合しつつある神経板周縁部の細胞の一部が，神経板と表皮の結合部から分離し，隣接する中胚葉内部へ移動する様子も示している．この移動性の細胞を**神経冠**（neural crest，神経堤ともいう）とよぶ．これについては，6章でもう一度述べる．

中胚葉と内胚葉は多くの器官をつくる

上皮性のシートから管や球への変化は，さまざまな器官形成においてもみられる．原腸の内胚葉も上皮であり，全長にわたってさまざまな場所から隣接する中胚葉へ入り込み（**膨出**；evagination），唾液腺，肺，肝臓，膵臓，甲状腺を形成する．神経形成の進行とともに，中胚葉層でも局所的に複雑な変化が起こる．神経板の正中線直下にある最も背側の中胚葉は，顕著な細胞挿入を行い，円柱状に並んだ細胞は体積を増して細胞外基質で囲まれる．**脊索**（notochord）というこの棒状の構造物はすべての脊椎動物の胚の特徴である．実際，この理由から，脊椎動物は脊索動物（Chordata）とよばれる門に属す．脊索は下等な脊椎動物では実質的な骨格構造であり，陸上脊椎動物ではカルシウムが沈着し，椎骨の一部になる．図4・17(a)はこのことも含め，すべての脊索動物の構造の特徴を示している．

形成途中の脊索の両側では，中胚葉が集合し，**体節**（somite）とよばれる左右相称的な分節構造をつくる．ほとんどの骨格筋，真皮のすべて，脊髄を取囲む軟骨はこれらの構造に由来する．また，腎臓は体節の横に位置する中胚葉から分化する．もっと腹側の側部中胚葉は二層に分かれる．外側の中胚葉層は表皮に隣接するようになり，これは**体壁板中胚葉**（somatic mesoderm）とよぶ．もう一つの中胚葉層は腸の内胚葉を覆い，これは**内臓板中胚葉**（splanchnic mesoderm）とよばれる．これら2層の間の腔所は体腔（coelom）である．図4・17(b)は神経形成がほぼ完了したツメガエル胚の断面を示している．この構造の配置を覚えておこう．これはすべての脊椎動物に共通するボディプランであり，非常に多様化した脊椎動物亜門の基本構造である．

これらのすべてが本当に必要なのか

ここで立ち止まり，われわれがどこにいて，これからどこに行くのか考えてみよう．何が重要で何が些細なことなのか．発生学のみならずさまざまな分野の生物学は，外国語の勉強に似ている．パリで食事を注文するとき，ウエイターと会話を楽しむためには，単語や発音を身につける必要がある．多くの言葉を学べば学ぶほど，国や人びと，文化について理解を深めることができる．われわれは用語を覚える努力をしてきた．これは発生を理解し，具体的な例について，発生過程で何が起こっているのか一つひとつみていくために必要なのである．

ここでは，ハエとカエルという非常に異なる発生を行う二つの生物を選んだ．しかし読者は，これらの発生が同じような段階を経て進行していることを実感していることと思う．卵細胞は周囲の細胞や器官に助けられてつくられる．卵は活性化されると細胞分裂を始め，後生動物（多細胞動物）となるために必要な細胞をつくる．原腸形成の間に，細胞運動を制御するプログラムを使って，一群の細胞が特定の位置まで能動的に，あるいは受動的に移動する．卵形成期に局所的に蓄えられた物質と，細胞間で送受信される化学シグナルが一緒になって，さまざまな場所で特異的な遺伝子発現プログラムを

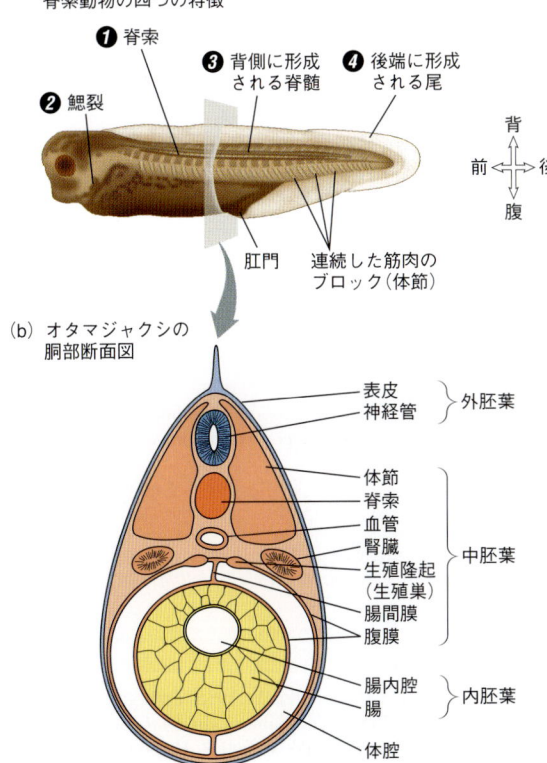

図4・17　両生類オタマジャクシのボディプラン．(a) 体の構成を示す側面図．すべての脊索動物に共通する四つの特徴が含まれている．胚を輪切りにしている面は(b)の位置を示す．(b) 胴部の断面図．内部の器官の配置と，由来する胚葉を示している．

動かす．

　これらの細胞・分子レベルの機構を詳細に述べる前に（Ⅲ部で述べる），別の2種の生物について学ぼう．これらは，ハエやカエルとは非常に異なり，発生が進行する道筋についてさらに理解が深まるであろう．5章ではニワトリとマウスを例に羊膜類（爬虫類，鳥類，哺乳類）の発生について述べる．

本章のまとめ

1. 卵母細胞は，初期発生に必要な物質の貯蔵に特別な分子機構を使う．その一つは，リボソームRNA遺伝子などの遺伝子の一時的な増幅である．
2. ホルモンは配偶子の発達と成熟を調節するシグナルのリガンドとして使われる．
3. 卵細胞には極性があるが，卵細胞の相称性は生物個体の相称性とは異なる．おもな相称性は再構成されるのである．両生類では，表層回転により卵の放射相称性が失われ，前後極性と左右相称性に変わる．
4. 胚のパターン形成は3胚葉の形成により進行する．原腸形成運動は，動物発生の際立った特徴であり，これが3胚葉をつくり上げる．原腸形成では，表層およびそれに隣接する細胞が胞胚内部へ移動し，多層の胚をつくり上げる．
5. 両生類の発生過程では管状構造が二つの様式により形成される．原腸は，巻込みと陥入により原腸形成の間につくられる．神経管は扁平な細胞群の板を巻き上げることにより形成される．

問題

1. 標準的な生化学的方法により調製した高分子量DNAを，カエル卵へ注入した場合，凝集してクロマチンあるいは染色体に類似した構造を形成する．しかし，体細胞を用いて同じ実験を行っても，DNAはクロマチンを形成することはない．この違いを説明せよ．
2. 三つの変化が中期胞胚変移の時期に起こる．すなわち，転写と細胞運動が増加し，細胞周期が長くなる．これらの三つのできごとはすべて，ある共通した"スイッチ"により調節されていると考えられる．これらのできごとがある調節機構と密接にかかわることを証明する実験方法を提案せよ．
3. ツメガエルの胞胚から，生きたままアニマルキャップを除去すると何が起こるのか予測せよ．原腸形成は起こるだろうか．

参考文献

Beck, C. W., and Slack, J. M. W. 1998. Analysis of the developing *Xenopus* tail bud reveals separate phases of gene expression during determination and outgrowth. *Mech. Dev.* 72: 41–52.
肛門の後方（尾部）の軸構造の形態形成と，それにかかわる分子を詳細に解析した最近の研究論文．

Elinson, R. P., and Rowning, B. 1988. A transient array of parallel microtubules in frog eggs: potential tracks for a cytoplasmic rotation that specifies the dorso-ventral axis. *Dev. Biol.* 128: 185–197.
表層のずれが生じる領域に微小管が存在することを報告した研究論文．

Gerhart, J., Danilchik, M., Doniach, T., Roberts, S., and Rowning, B. 1989. Cortical rotation of the *Xenopus* egg: consequences for the anteroposterior pattern of embryonic dorsal development. *Development* 107: 37–51.
表層回転の重要性を示した実験．

Gimlich, R. L., and Gerhart, J. C. 1984. Early cellular interactions promote embryonic axis formation in *Xenopus laevis*. *Dev. Biol.* 104: 117–130.
シグナルセンターの形成機構とその機能の解明に貢献した初期ツメガエル胚の細胞移植実験の論文．

Hamburger, V. 1988. The heritage of experimental embryology: Hans Spemann and the organizer. Oxford University Press, New York.
Hans Spemannの弟子によって書かれたオーガナイザー発見の歴史小書．

Harland, R., and Gerhart, J. 1997. Formation and function of Spemann's organizer. *Annu. Rev. Cell Dev. Biol.* 1997: 611–667.
この研究分野の二人のリーダーによってまとめられた，ニューコープセンターとシュペーマンオーガナイザーに関する詳細で見識豊かな総説．

Holtfreter, J. K., and Hamburger, V. 1955. Embryogenesis: progressive differentiation — amphibians. In *Analysis of development*, ed. B. H. Willer, P. A. Weiss, and V. Hamburger, pp. 230–296. Haffner, New York, reprinted 1971.
古典的教科書のなかの両生類発生学の古典的な1章．

Jones, E. A., and Woodland, H. R. 1987. The development of animal cap cells in *Xenopus*: A measure of the start of animal cap competence to form mesoderm. *Development* 101: 557–564.
植物半球からのシグナル伝達が非常に初期に始まることを示し

た移植実験.

Keller, R. E. 1975. Vital dye mapping of the gastrula and neurula of *Xenopus laevis*, I and II. *Dev. Biol.* 42: 222–241 and 51: 119–137.
原腸形成の運動を再検討した古典的研究で,この分野における最近の研究の基礎となっている.

Keller, R. E. 1986. The cellular basis of amphibian gastrulation. In *Developmental biology: A comprehensive synthesis*, vol. 2, ed. L. Browder, pp. 241–327. Plenum, New York.
原腸形成の細胞学的基礎を詳細に記した総説.

Nieuwkoop, P. D. 1969. The formation of mesoderm in urodelean amphibians, I and II. *Wilh. Roux Arch. Entwick. Org.* 162: 341–373 and 163: 298–315.
植物半球のシグナルを理解するための基礎となる論文.難解であるが読む努力をする価値がある.

Rowning, B. A., Wells, J., Wu, M., Gerhart, J. C., and Moon, R. T. 1997. Microtubule mediated transport of organelles and localization of β-catenin to the future dorsal side of *Xenopus* eggs. *Proc. Natl. Acad. Sci. USA* 94: 1224–1229.
βカテニンが平行に配向した微小管のレールに沿って灰色三日月環まで移動することを示した研究論文.

Scharf, S. R., and Gerhart, J. C. 1983. Axis determination in eggs of *Xenopus laevis*: A critical period before first cleavage, identified by the common effects of cold, pressure, and ultraviolet irradiation. *Dev. Biol.* 99: 75–87.
表層回転の影響について注意深く行った研究.

5 羊膜類の発生

> **本章のポイント**
> 1. 羊膜類，すなわち爬虫類，鳥類，哺乳類の胚には，胚体外膜（胚を包み込む特殊な膜）があり，これにより陸上での発生が可能となっている．
> 2. 鳥類と爬虫類の卵は大きくて卵黄に富んでおり，その中にある小さな円盤状の細胞質だけが卵割を行う．
> 3. 哺乳類の卵は小型で卵黄がほとんどなく，卵割の速度が遅い．
> 4. 羊膜類胚の原腸形成は表層細胞の移入により起こる．
> 5. 哺乳類では，胚体外膜の一部が子宮組織とともに胎盤を形成する．
> 6. マウス胚はトランスジェニックマウスの作製に用いられる．

すべての胚は水性環境中で発生する．実際，すべての魚類と両生類の胚は淡水，あるいは海水中で発生する．しかし，陸上で生活し繁殖する脊椎動物は，特別な問題に直面する．少数の例外を除いて，爬虫類，鳥類，哺乳類は水中では産卵しない．これらの動物は，特殊な適応を進化させてきた．鳥類と爬虫類の卵は，胚の乾燥を防ぐ殻をもっており，哺乳類は母体の体内器官である**子宮**（uterus）内に胚を保持するのである．これらの3グループの動物ではいずれも，胚を包み込み，胚を水性環境中で発生させるための胚膜が，胚の大きな部分を占める．**羊膜**（amnion）とよばれる最も内部にある膜は，胚を完全に包み込んでいる．したがって，爬虫類，鳥類，哺乳類は**羊膜類**（amniote）とよばれる．これらの動物の胚を包み保持する羊膜とその他の胚膜は，胚本体を形成する細胞および胚葉と連続しているものの，胚とは別のものである．胚膜の位置は**胚体外**（extraembryonic）とよばれており，たとえば，羊膜は胚体外外胚葉と胚体外体壁板中胚葉から構成される．

ヒトの発生に関する情報の多くは，他の羊膜類，特にニワトリおよびマウスの胚を用いた研究に基づいている．鳥類と哺乳類の初期発生は，鳥類には卵殻が，哺乳類には子宮と**胎盤**（placenta）が存在するためかなり異なっている．それにもかかわらず，両者の原腸形成，胚葉形成，器官形成は非常によく似ている．それぞれの動物を用いた実験で得られる情報は互換性があるので，動物の特徴を生かした実験を行うことができる．鳥類胚は物理的に操作しやすいため，移植，あるいは他の顕微手術に向いており，マウスは遺伝学的情報の膨大な蓄積があるため，分子遺伝学的アプローチに特に適している．

鳥類における卵形成と初期発生

鳥類の配偶子形成は雌輸卵管の特殊化がかかわる

爬虫類と鳥類の卵形成には，大量の卵黄の蓄積が伴うという際立った特徴がある．この場合も，肝臓が卵黄タンパク質の供給源であり，卵黄タンパク質は卵巣で成長しつつある卵母細胞に蓄積される．この間，卵母細胞は減数分裂を行うとともに，かなりの量の特定の細胞質構

成要素を合成している．この細胞質は，大きな卵黄塊の一端に円盤状に局在するようになる．卵黄は卵母細胞核を含む細胞質とともに，卵巣の濾胞細胞によりつくられた卵黄膜により覆われる．

卵巣中の卵が，ホルモンの刺激を受け，卵巣濾胞から放出されると，卵は**輸卵管**（oviduct）にある特殊化した領域を通過する．卵は輸卵管の中を移動し始めると，ただちに受精する（図5・1a）．ひき続き，輸卵管の特殊化した**膨大部**（magnum）とよばれる領域が"卵白"の構成タンパク質を合成，分泌する．このタンパク質には，オボアルブミンに加え，主要成分としてリゾチームが含まれている．リゾチームは多くの細菌の細胞壁を壊す強力な加水分解酵素であるために内在性抗生物質として働く．輸卵管の**峡部**（isthmus）とよばれる別の領域では，

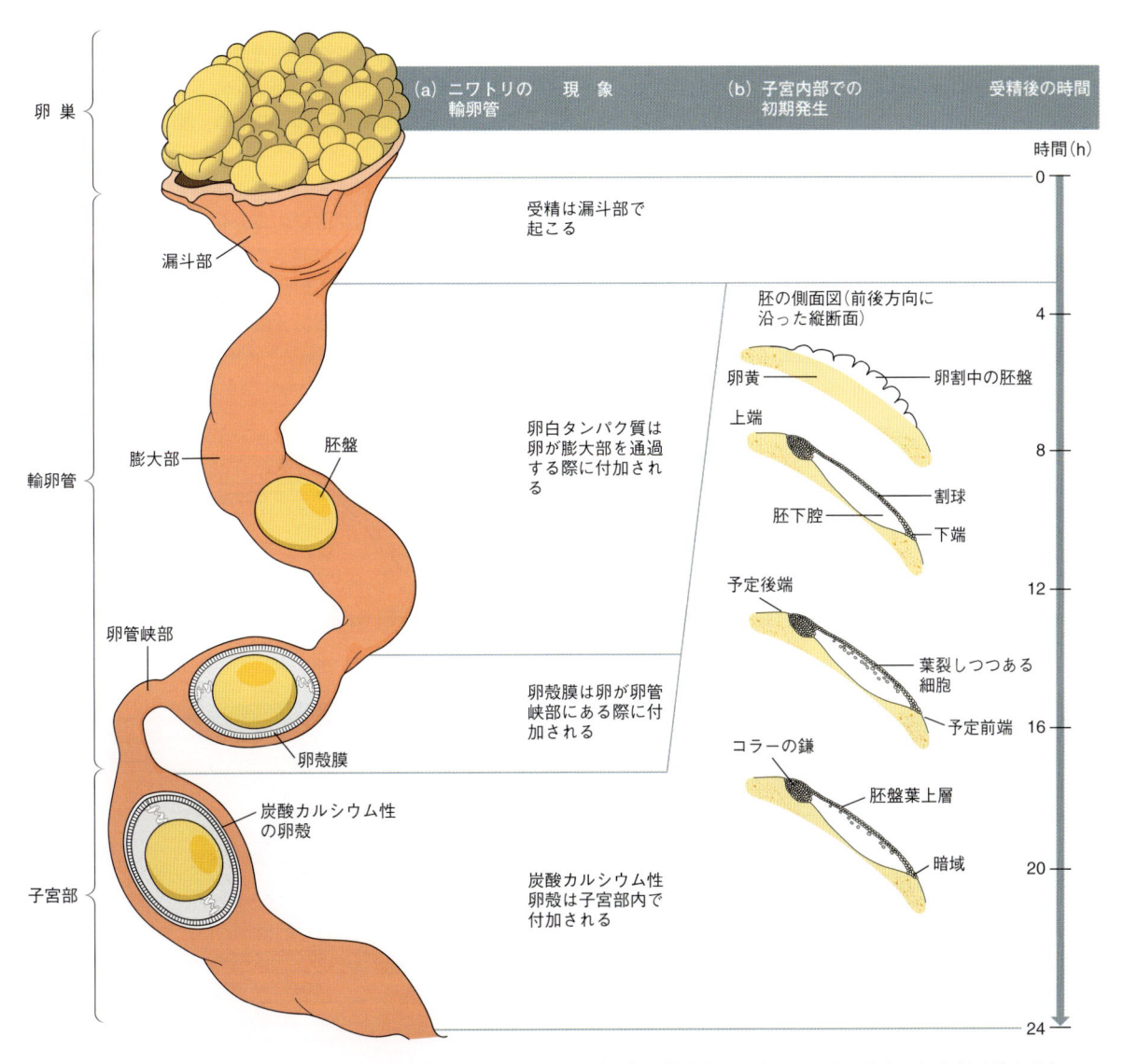

図 5・1　鳥類の輸卵管．（a）ニワトリ輸卵管の模式図．卵巣は輸卵管の漏斗部に囲まれており，排卵された卵は漏斗部を通って輸卵管に入る．このさい，漏斗部内で受精が起こる．受精卵は，約4時間をかけて膨大部と卵管峡部を通過し，最終的に子宮部に達する．その間，産卵に先立って卵白タンパク質，卵殻膜，そして卵殻が逐次付加される．（b）卵が20時間をかけて子宮部内を通過する際の胚盤の状態を縦断面で示している．卵黄の一端にある小さい円盤状の細胞質のみが細胞分裂を行うため，卵割様式は盤割とよばれる．産卵までには前後軸が確立し，胚盤は20,000〜60,000個の細胞で構成されるようになる．胚盤において，地面に対して上方にあたる部分は後端となり，下方部が前端となる．予定後方境界には特殊化した領域があり，コラーの鎌とよばれる．細胞間液でみたされた胚盤葉下の空隙は胚下腔とよばれる．

卵白の周囲に複雑な構造をもつ卵膜が形成される．最終的（約4時間後）に，卵は子宮部に到達し，この場所で炭酸カルシウムの精巧な卵殻（shell）が卵の周囲に沈着する．

上述したように，卵は沪胞から放出された後すぐに受精し，卵白，卵膜，そして卵殻が卵の周囲に形成される間に，初期発生が進行する．細胞質性の円盤状部は子宮部を通過する間に細胞分裂し，多細胞性の**胚盤**（blastodisc，胚盤葉とほぼ同義であるが，部分割を行う卵に用いる名称，図5・1b）を形成する．胚盤とその下の卵黄の間には，**胚下腔**（subgerminal cavity）とよばれる空隙が形成され，その中は液体でみたされている．胚盤の一部の細胞は，胚盤から遊離して胚下腔に脱落し，そのほとんどが胚下腔で死滅する．胚盤層に残る細胞は**胚盤葉上層**（epiblast）とよばれる．胚盤周縁部は細胞質と卵黄の境界にあたる．胚盤周縁部の細胞はシンシチウム（多核細胞）を形成しており，**帯域**（marginal zone）とよばれる．胚盤でみられるこれらのさまざまな領域については，この後に述べる産卵後の初期発生のところでふれることにする．

ニワトリが産卵するときには，卵黄の一端にある胚盤に，5万から6万個もの細胞が存在する．家禽のニワトリ卵の場合，98%以上を卵黄が占める．肉眼でやっと見ることのできる細胞質の"斑点"は，この段階ですでに6万個の細胞に分裂しており，受精卵は発生における代謝と生合成に必要な膨大な量の物質を貯蔵している．卵は乾燥を防ぐ卵殻に包まれており，卵殻にある多数の小孔が，酸素の取込みと二酸化炭素の排出を可能にしている．こうした構造は陸上生活に巧妙に適応したものであるが，第一原理に照らすと，これらの"新機軸"は発生の根本にかかわるものではなく，技術的なものといえる．

交尾により精子が雌の体内に入った後，雌の輸卵管内で受精が起こる．ニワトリの精子は，輸卵管の中では幾日間にもわたって受精能を保ち続ける．受精の刺激で，有糸分裂が開始する．卵黄がきわめて多量にあるため，細胞質分裂を行うのは細胞質の円盤状部のみであり，卵黄塊では卵割は起こらない．2章で述べたように，細胞質の円盤状部のみが細胞質分裂により分裂するこの種の初期卵割は，**盤割**（discoidal cleavage）とよばれる．

産卵直後のニワトリ卵には見えない体軸がある

産卵直後の卵の卵黄上の胚盤は直径約1mmであり，6万個の細胞からなる．この裏返った皿に似た構造は，子宮部内で受精卵が卵割する結果として形成される．胚盤

と卵黄は，周縁部では接しているが，中央部では胚下腔により隔てられている．この胚盤構造の断面を，図5・1(b)と図5・2で示す．胚下腔を覆っている胚中央部は比較的透明であり，**明域**（area pellucida）とよばれる．透明性があるのは，この領域の細胞は卵黄が少なく，卵黄に直接接していないためである．胚盤周縁部にある細胞は卵黄に富んでおり，卵黄を含むシンシチウム領域につながっている．この卵黄に富む周辺領域を**暗域**（area opaca）とよぶ．中央部を占める明域はわずかほんの数個の細胞からなる厚さの細胞層である．前述したように，卵が輸卵管を下降する間に明域から多数の細胞が胚下腔に"脱落"して死滅する．そのため，明域の細胞層が薄くなっていく．

胚盤は放射相称であるようにみえるが，簡単な実験により，将来の前後軸を決定する分化能の偏りがすでに存在することを示すことができる．胚盤とは，卵黄の上にある細胞集団全体を指す用語であり，胚盤を卵黄から切り離し，外科的に小区画に分離することができる．こう

(a) 胚盤葉下層形成前の卵

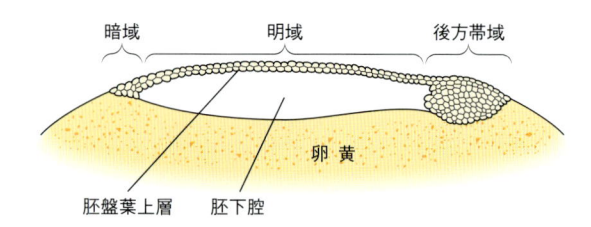

暗域　　明域　　後方帯域

卵黄

胚盤葉上層　胚下腔

(b) 一次胚盤葉下層

胚盤葉上層から葉裂により
生じつつある胚盤葉下層細胞

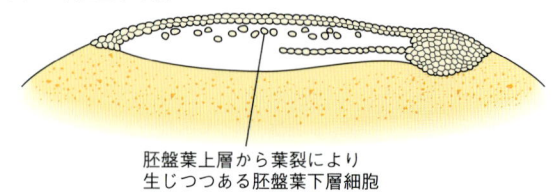

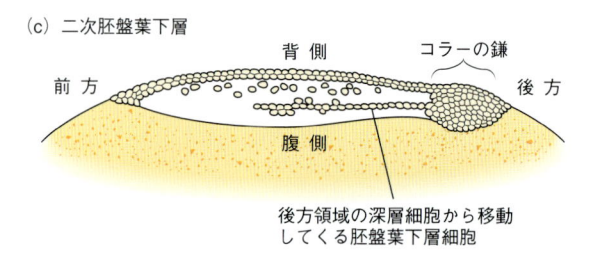

(c) 二次胚盤葉下層

　　　　　背側　　コラーの鎌
前方　　　　　　　　　　後方
　　　　　腹側

後方領域の深層細胞から移動
してくる胚盤葉下層細胞

図5・2　胚盤葉下層の形成．（a）産卵直後の卵の胚盤の縦断面．胚盤葉下層は胚盤葉上層から葉裂により生じた細胞(b)，およびコラーの鎌から前方に移動する細胞(c)により形成される．

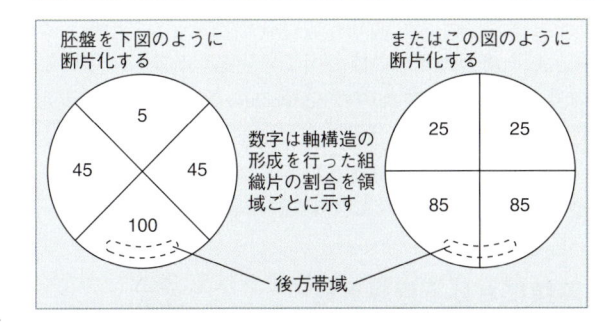

図 5・3 ニワトリ初期胚の胚盤における軸構造形成能の局在． 模式図は軸構造形成能の分布を決定するために Oded Khaner が用いた実験の戦略を示す．まず，初期胚胚盤の後端を帯域での肥厚領域として同定したうえ，胚盤を図に示すように 1/4 に切り分け，各領域について培養後に軸構造を形成する外植片の割合(%)を調べた．その結果，後方帯域は軸を形成できるだけでなく，おそらくは側方部の軸形成作用に対して抑制的に働くことが示された．このことは別の移植実験でも確認されている．

して得られた胚盤片のなかで，ある領域由来の小片は他の領域由来の小片に比べ，体軸形成に必要な原腸形成運動の起点となりやすい（図 5・3）．高い割合で原腸形成を行う領域は，胚の予定後方中軸構造をつくることが示されている．実際，正常胚において原腸形成の予定中心領域となるのは，明域と暗域の境界にあって将来後端となる細胞群，つまり後方帯域なのである．

イスラエルの H. Eyal-Giladi らが巧妙な実験を行い，輸卵管を通過する際に卵が受ける重力が，後方帯域の位置に影響を及ぼすと推定した．卵が輸卵管を通過する際，輸卵管壁の筋肉が行う蠕動運動のため，卵白は絶えず卵のまわりで回転することになる．一方，卵自体は回転せず，その一端が他端よりも地球表面に対して"より高い"位置にいることになる．将来後端になるのは胚盤内で高い位置を占める領域である．このことは，卵を輸卵管から取出してさまざまな向きに固定すると確かめられる．卵内の高くなった部位が，常に後端になるのである．この重力効果がどのように卵割中の胚盤で放射相称性を壊すのかはわかっていないが，明域の形成にかかわる細胞脱落が将来の後端から始まることが知られている．両生類の場合，卵表層が受精後に回転し，その際に重力が関与することがわかっている．ニワトリ卵の軸性に対する重力の影響は，少なくとも表面的には両生類でみられる影響と類似性があるように思われる．

明域は 2 層構造をなす

図 5・2 は産卵時の胚盤を示している．予定後端周辺の帯域では**コラーの鎌**（Koller's sickle）とよばれる増殖性隆起部が形成される．この領域から細胞層が前進し，その結果，明域の表層の下方に**胚盤葉下層**（hypoblast）とよばれるまばらな細胞からなる組織層が生じる．一方，明域内の前方および側方領域にある細胞は胚盤葉上層から分離して下方に移動し，これらの細胞も形成中の胚盤葉下層に取込まれる．細胞の分離は個々ではなく細胞集団として起こることもある．これを**葉裂**（delamination）とよぶ．分離，葉裂した細胞は一次胚盤葉下層とよばれる一過的な細胞層を形成する．その後，コラーの鎌由来の細胞とともに二次胚盤葉下層（secondary hypoblast）となる．〔ただし，二次胚盤葉下層という用語はあまり使われない．通常，一次胚盤葉下層とコラーの鎌由来の細胞が合流して形成する細胞層は単に，胚盤葉下層または**エンドブラスト**（endoblast）とよばれる〕．後に残った明域内の細胞層が胚盤葉上層である．

孵卵開始後約 12 時間で胚盤葉下層が完成し，胚盤葉上層は細胞運動を開始する．20 時間後までには，顕著な原腸形成運動が始まる．

胚盤葉下層は胚盤葉上層の構造に影響を与えるか

胚盤葉下層が胚盤葉上層を"誘導"することにより胚盤葉上層の前後軸（これは後述するように胚全体の前後軸に対応する）が決定されるという考えがある．英国の発生学者 Conrad Waddington が 1930 年代に行った実験はこれを支持している．しかし近年になって，イスラエルの Oded Khaner らはこれらの実験を再検討し，この仮説に異論を提起している（図 5・4）．彼らによると，たとえ胚盤葉下層を胚盤葉上層に対して回転させても胚の軸は影響を受けない．おそらく，明域では胚盤葉下層の形成に先立って体軸がある程度形成されており，胚盤葉上層はすでに内在的に軸性をもっているものと思われる．

また別の実験で，帯域と胚盤葉下層の両方を胚盤葉上層から除去した場合，体軸の形成はみられなくなることがわかっている．一方，帯域と胚盤葉下層のいずれか一方を残した場合，体軸がある程度形成される．また，胚盤葉上層のみを培養する際に，培地中に成長因子のアクチビン（activin）を加えると，軸構造の形成がみられる．成長因子 Vg1 を帯域の側方部に異所的に発現させた場合は，その帯域領域は体軸の誘導能を獲得する．興味深いことに，アクチビンと Vg1 は両生類においても体軸構造の誘導に関与する成長因子と考えられている（16 章参照）．以上から，胚盤葉上層がもつ軸性は胚盤葉下層のみでは変更されないが，胚盤葉下層と帯域のいずれか，あるいは両者が何らかのメカニズムによって体軸形

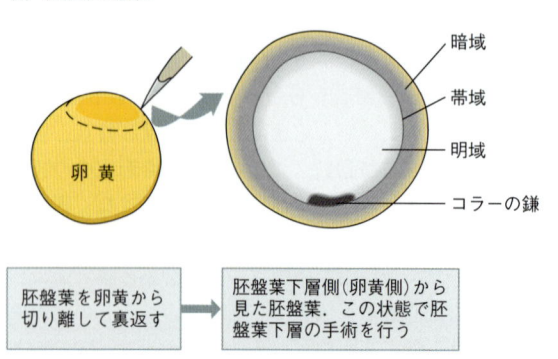

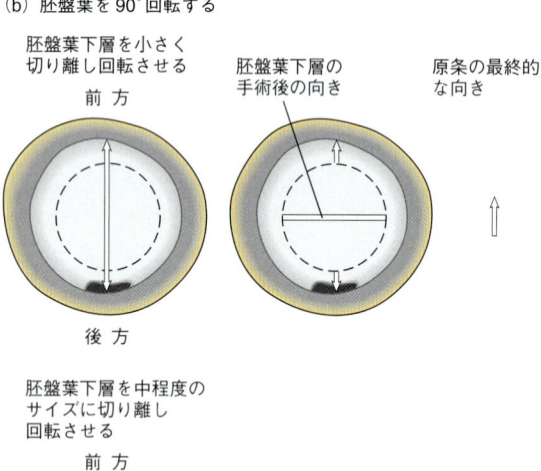

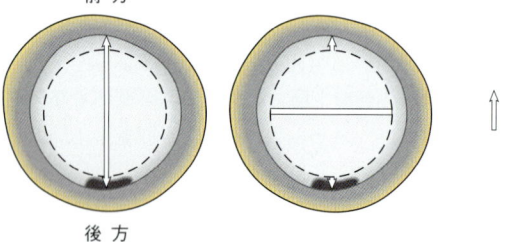

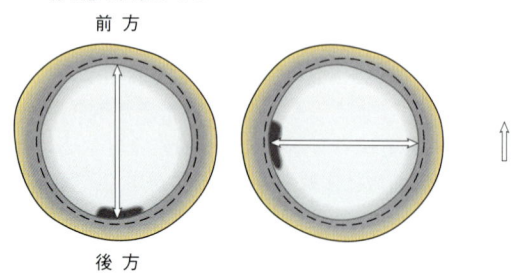

成と中胚葉の誘導に関与しているといえる．おそらくは両生類の場合と類似の成長因子の分泌がかかわっているのであろう．なお，英国のBertocchiniとSternにより最近行われた実験では，リガンドNodal（ノーダル）（16章で解説）とその拮抗因子であるCerberus（サーベラス）が体軸形成を制御することが示されている．

鳥類における原腸形成

羊膜類ではすべての胚葉が胚盤葉上層に由来する

原腸形成の間に，胚盤葉上層の予定後方領域にある細胞は胚盤葉上層を中軸に向かって移動する．細胞標識実験により，おそらくはこの領域にある細胞の一部のみがこの細胞移動にかかわることが示唆されている．一方，細胞の多くは胚盤葉上層全体に単独細胞あるいは小集団をつくって分散して存在する．中軸に向かって移動するか否かという選択が行われるということは，個々の細胞がすでにこれらの最初期の原腸形成運動に先立ってアイデンティティーを獲得していることを意味している．

胚盤葉上層内の側方から中軸への細胞移動は，後方で始まって前方にも広がっていき，最終的には胚盤葉の後方全体の細胞でみられるようになる（図5・5）．その結果，後方中心線に沿って著しい肥厚が起こる．この肥厚部は徐々に伸長することになる．これは，胚盤葉上層の前側方領域の細胞も中心線への移動を始めるためである．また，おそらくは胚盤葉全体が前後に伸長することも原因と思われる．

この中軸に沿った肥厚部では，活発に陥入と移入が起こり，表層細胞は胚盤葉下層に向かって移動する．この細胞運動のため，中央にある細胞塊領域の中心にくぼみが生じる．移入する細胞，そして中軸方向へ移動する細胞が形成する線状構造全体を**原条**（primitive streak）とよぶ．これは，ちょうど両生類胚の原口背唇部と同様にダイナミックな構造体である．あたかも手こぎボートが水の上を乗り場に集まってくるように，細胞が側方から

図5・4 軸の配置に対する胚盤葉下層の影響．Khanerの胚盤葉下層回転実験を模式的に示した．(a) 初期の胚盤葉を摘出し，内部の胚盤葉下層を切り離したうえで胚盤葉上層に対して90°回転させた．(b) 図に示したように，回転させる胚盤葉下層の大きさは実験ごとに変えられており，暗域やコラーの鎌を含む場合もあった．いずれの場合でも胚盤葉下層の回転のみでは胚盤葉上層で生じる軸の向きに変化はみられず，胚盤葉上層には軸性がすでに備わっていると考えられる．

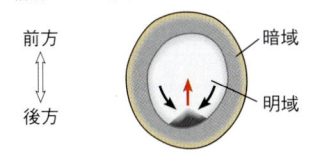

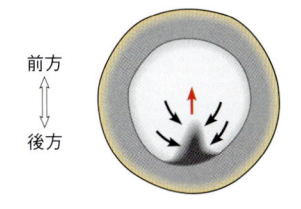

鳥類における原腸形成

やる．最初は胚盤葉下層細胞で占められていた明域下方の細胞層全体が，最終的には，原腸形成期の移入により胚盤葉上層から生じた細胞で置き換えられることになる．もとからあった胚盤葉下層は場所を変えて明域周縁部，そして暗域に位置するようになる．

原溝を通過する他の細胞は，側方に（そして原条の前方部ではやや前方に）移動する．これらの細胞は胚盤葉下層に加わることも胚盤葉下層に隣接した位置に移動することもない．これらの細胞は，表層の胚盤葉上層と再構築された胚盤葉下層の間で，細胞がまばらな間充織層を新たに形成する．

こうして3胚葉の原基が出そろうこととなる．胚盤葉上層に残る細胞は外胚葉となり，胚盤葉下層と置き換わった細胞が内胚葉，そして中間の間充織細胞層が中胚葉となるのである．

このほかに，二つの重要な形態形成運動が原腸形成期に進行する．一つは，暗域の周縁部で細胞分裂が継続し，胚盤葉の縁が周辺に広がり，最終的には巨大な卵黄を包み込むことである．周縁部のこのような成長と拡大は発生開始後8～9日まで続き，卵黄は胚体外組織により完全に包み込まれる（図5・8参照）．さらに，帯域の表層は胚体外外胚葉となり，周辺部に押しやられて卵黄に近接している胚盤葉下層は胚体外内胚葉となる．また，中間層細胞は胚体外中胚葉に分化する．もう一つは，ヘンゼン結節と関連する重要な一連の形態形成運動である．これについては以下でさらに説明することにする．

原条の前端は特殊化している

図5・6に示すように，原条は明域後縁部から胚盤葉前後長の50～60％に相当する距離だけ前方に伸長する．原条の前端部は**ヘンゼン結節**（Hensen's node）とよばれ，複雑な形態形成運動と重要な細胞間相互作用の中核となっている．ヘンゼン結節の中央部には**原窩**（primitive pit）とよばれるくぼみがあり，その周囲を顕著な隆起が部分的に取囲む．これは，原条の前端と結節の位置の目印となっている．細胞の標識実験により，結節内の細胞は胚盤葉上層だけに由来するのではなく，転写因子Goosecoid（グースコイド）を発現する細胞群にも由来することが示唆される．なお，この goosecoid 発現細胞はもっと早い時期にコラーの鎌から前方に移動してくる．

ヘンゼン結節の作用は複雑であり，現在も研究が進行しているところである．現在わかっているのは，ヘンゼン結節は通過する細胞の中継点構造であるということである．これらの細胞のあるものは，胚盤葉上層の側方または前側方部に由来する．原窩を通って移入する他の細

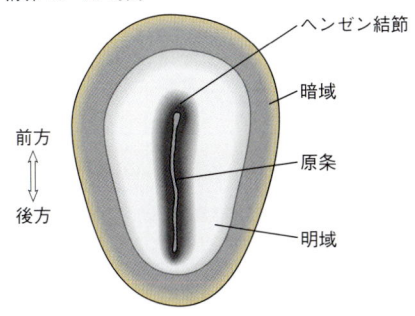

図5・5 原条の形成．ニワトリ胚盤葉の背面図．(a) 産卵の3～4時間後には，胚盤葉上層細胞の後方境界領域での中央に向かった運動が顕著となる．(b) その後も，この運動が継続するとともに，より多くの細胞が前方に動員される（HamburgerとHamiltonの発生段階表のステージ3, 10時間から12時間）．黒矢印は，胚盤葉上層細胞の中心線に向かった顕著な運動を示す．赤矢印は，細胞の前方への動員を示しており，この細胞運動が原条の伸長を推進する．(c) 原条が成熟し，産卵後18時間から20時間までには明瞭となる．

中軸方向へ移動し，さらに内部に移入する結果として原条が生じる．

形態形成運動の様式は異なるが，羊膜類の原腸形成でも他の動物群の場合と同じ現象が進行する．すなわち，表層細胞と表層近傍の細胞は内部に移動して3胚葉を形成する．羊膜類においては，これらの胚葉は以下のようにして発生することになる．

胚盤葉上層にある細胞の一部は，原条の中央部〔**原溝**（primitive groove）とよばれる〕を通過して内部に移入する．この移入運動は主として原条が最も伸長した後でみられる．いったん表層を離れた細胞は二つの経路のいずれかをとることとなる．あるものは，胚盤葉下層に進入し，既存の胚盤葉下層細胞を文字どおりに周辺部に押し

(a) 明域 / 暗域
(b) 頭突起（予定脊索）
(c) 神経褶 / 体節 / ヘンゼン結節 / 結節の後方への移動

(d) 原条を経由する細胞運動の模式図
胚盤葉上層 / 中胚葉形成に至る胚盤葉上層の移動 / 胚盤葉下層 / 内胚葉形成に至る胚盤葉上層の移動 / 卵黄

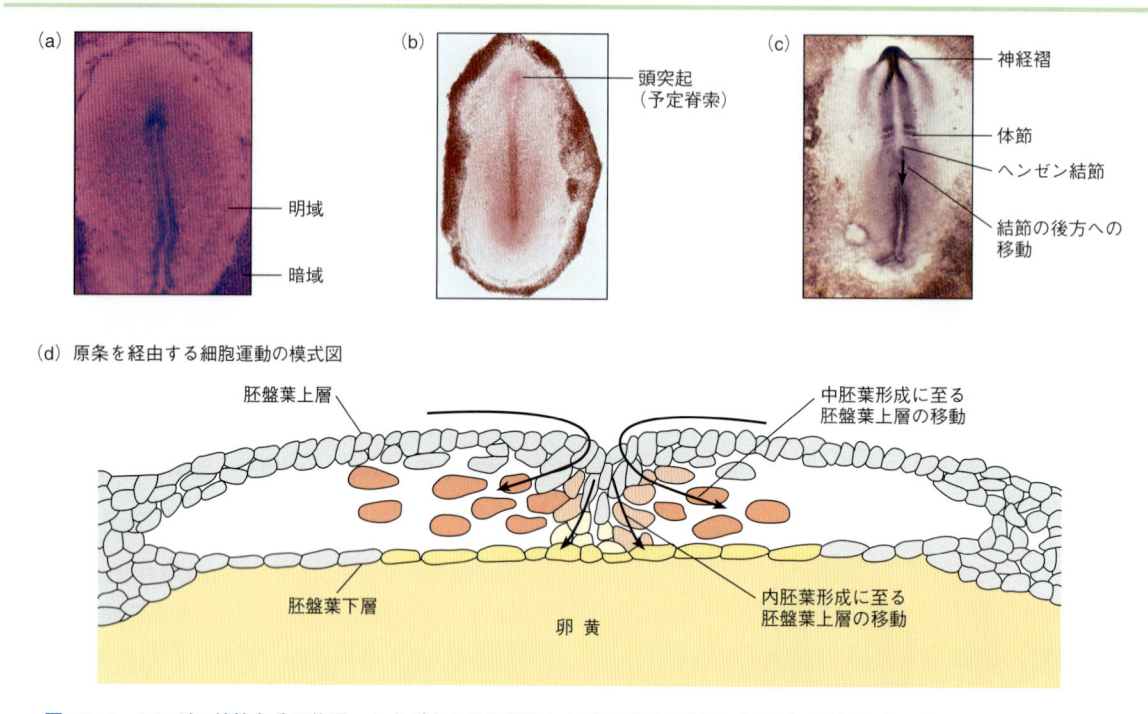

図5・6 ヘンゼン結節とその後退. さまざまな発生段階における胚盤葉上層の外観を示す写真(a～c)および原条を通過する細胞運動の模式図(d)を示す. (a) ステージ4のニワトリ胚(受精後19～22時間)において原条は最も伸長している. (b) 数時間後のステージ5では原条の後退が始まっている. 表層下を前方へ成長する伸長部がヘンゼン結節細胞から生じているのが目につくが, これが頭突起の形成の始まりであり, 頭突起はこの発生段階において, 前方への伸長を続ける. (c) ステージ8初期までにはすでに3対の体節が胚内に形成されており, ヘンゼン結節は後方に移動している. 頭褶(head fold)が胚体外外胚葉の前方境界を決めており, 神経誘導と神経褶形成がすでに脳領域で起こっている. (d) 原条領域での横断面図. 胚盤葉上層細胞が胚盤葉上層と胚盤葉下層の間へ移動し, 中胚葉を形成する様子を示す(矢印). 他の胚盤葉上層細胞は胚盤葉下層内に入り込み, 以前からある胚盤葉下層を側方に押しやる(矢印). こうして生じる新しい胚盤葉下層が内胚葉を形成する.

胞は, ヘンゼン結節を通過した後, さらに前方に移動する. ヘンゼン結節は細胞増殖の中心でもある. この増殖領域は結節から徐々に前方に伸長し, 形成途中の脳にある予定中脳領域にまで達する. 細胞からなるこの棒状構造は**頭突起**(head process)とよばれ, 後に脊索を形成する(図5・6参照). 結節と前方内胚葉は, 頭部形成に必須の成長因子拮抗因子を分泌していると考えられる. この作用については, マウス胚のところで述べる.

孵卵開始の約24時間後, 原条に向かった胚盤葉上層細胞の中軸部への移動が終わり, 原条における細胞の移入運動も停止する. この時点でヘンゼン結節は, ちょうど白鳥が川を滑って進むかのように後方に移動する. 結節が胚盤葉を後退するにつれ, その前方では神経板, 脊索, そして体節が形成され, 一方で原条は消滅する(図5・6). 細胞標識実験で, 神経板の内側部, 脊索, そして体節の内側部はすべてヘンゼン結節の細胞に由来することが示されている.

結節は最終的に明域の後方周縁部の近くまで移動する. そこで, 形態形成運動を停止し, 構造は目立たなくなる. 結節が移動した後の領域では中枢神経系の活発な発生が起こるほか, 脊索と約25対の体節が形成される. しかし, この数はニワトリおよび他の鳥類の体節の総数の約半分にすぎない. **尾芽**(tail bud)とよばれるヘンゼン結節の末端が, 胚が後方に伸長するに伴って, 軸構造と体節の形成をさらに続けるのである.

ヘンゼン結節は体軸を組織化し, 中枢神経系を誘導する

SpemannとMangoldが両生類のオーガナイザーを発見してまもなく, Waddingtonらは鳥類胚を用いた移植実験により, ヘンゼン結節が神経管と体節を異所的に(異常な位置に)誘導しうることを見いだした. 細胞標識実験の結果は, ヘンゼン結節が宿主胚の本来の体軸から離れた位置に移植された場合, 異所的に形成される体節は,

供与体（ドナー）の胚組織ではなく，宿主胚組織に由来することを示していた．左右相称の分節からなる体節パターンをつくり出すのは，移植された結節の作用なのである．異所的に生じた神経組織もまた，主として（完全にではないが）宿主の非ヘンゼン結節組織に由来する．したがって，結節は**一次誘導領域**（primary inducer）と考えることができるかもしれない．両生類のシュペーマンオーガナイザーで発現することが知られる遺伝子のあるもの，たとえば*goosecoid*，そしてSonic Hedgehogのようなリガンドの遺伝子がヘンゼン結節で発現している．

最近，Claudio Sternらは，ヘンゼン結節と近傍の原条前端部を外科的に除去する実験を行った．その結果，組織が修復されるに伴い，縫合部で完全に機能的なヘンゼン結節が再生し，中枢神経系および分節パターンをとる体節を含め，ある程度正常な体軸が形成された．この結果は，結節の性質自体が組織間相互作用により生じることを意味している．

要約すると，ヘンゼン結節は形態形成および組織間相互作用の複合的な中枢であり，体軸形成の正常な発生には欠くことのできないものといえる．また，結節自体，先だって起こる細胞間相互作用の結果として生じるのである．これらの性質は，原口背唇部，すなわちシュペーマンオーガナイザーでみられるものと一致する．哺乳類胚の結節（node）も，調べられた限りではシュペーマンオーガナイザーや鳥類のヘンゼン結節と類似しており，全体的に同じ性質をもつ．

原腸形成終了期の原条の最後端部では明瞭な胚葉構造がみられない．この原条後端部分の細胞が尾芽を構成し，肛門より後方の尾部に筋肉と脊髄を供給する．すべての脊椎動物に肛門後方尾部があり，尾芽の分化は重要な問題であるが，研究は遅れている．

原腸形成の結果として
脊椎動物体軸の原型が形成される

ヘンゼン結節が後退した後のニワトリ胚の胚盤葉の断面を調べると，胚葉と器官**原基**（anlage, *pl.* anlagen, 後に器官を形成する発生最初期の構造）の基本的な配置は，両生類の神経胚でみられるものとほぼ一致する．中軸領域の外胚葉では，細胞が伸長し，円柱上皮からなる板状構造が形成される．この領域に脳と脊髄が形成されることになる．この板状神経領域の側方に外胚葉上皮が広がり，明域を越えてさらに広がり，そして卵黄を包み込みつつある暗域を覆うように拡大していく（4章の図4・17と図5・7を比較せよ）．

中間部にある中胚葉層は中軸で脊索を形成し，その両側には体節が形成される．さらに側方には**中間中胚葉**（intermediate mesoderm）とよばれる組織塊が存在し，この組織が後に腎臓を生み出すことになる．最外側部では中胚葉は薄いシート状構造をとって側方に広がる．これを**側板中胚葉**（lateral plate mesoderm）とよび，この構造は実際には2枚のシートに分離している．一つは外側の外胚葉と接着しており，**体壁板中胚葉**（somatic meso-

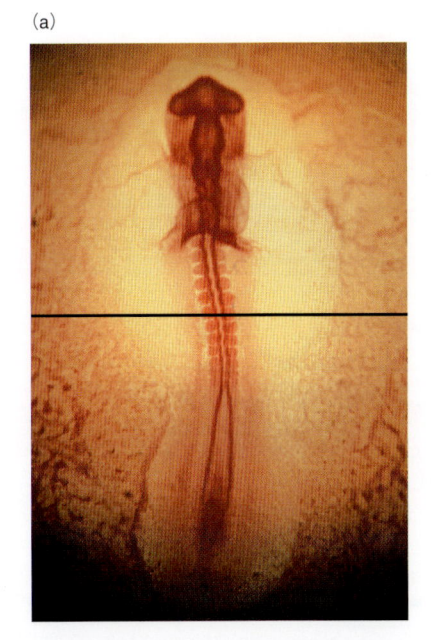

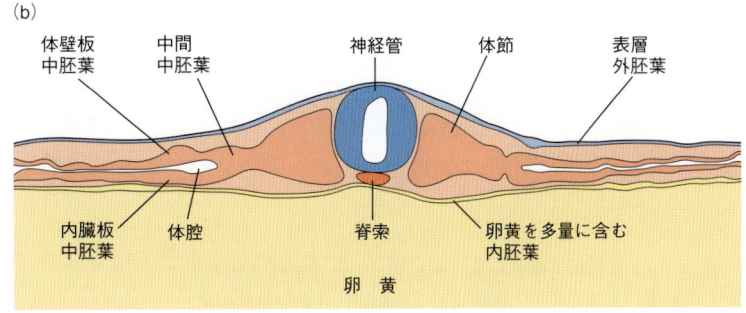

図 5・7　鳥類胚の断面図．ステージ10の胚(33〜38時間)．(a) 背面から見た写真，直線は(b)で示す横断面の位置を示す．(b) 胚の胴体部における胚内構造の配置を示す断面図．胚盤葉が卵黄塊上に広がっていることを除き，基本的な配置が両生類胚のものとよく似ていることがわかる．

derm）とよばれる．もう一つは内部の内胚葉と近接しており，**内臓板中胚葉**（splanchnic mesoderm）とよばれる（7章136ページ訳注参照）．また，体壁板中胚葉と内臓板中胚葉に挟まれた空隙を**体腔**（coelom）といい，これは暗域内にまで広がっている（図5・7）．

　明域内の内胚葉は卵黄と接している．内胚葉は，正中部において，形態形成運動により腸を形成するとともに，周辺部に広がって卵黄を包み込む．このような内胚葉の配置には，両生類胚の場合と比べて，二つ大きな違いがある．第一に，内胚葉はまだ管状構造をとっておらず，あたかも腸を縦に切り開いて胚を卵黄塊の上に広げたかのような形態を示す．第二の違いは，3胚葉のいずれも，膨大な量の胚葉組織が徐々に卵黄塊を包み込むが，卵黄塊は決して胚本体に取込まれることがなく，羊膜類に特有の種々の胚膜を形成することである．

鳥類胚の胚体外膜は
4種類の胚性嚢状構造から構成される

　鳥類および他の羊膜類（爬虫類と哺乳類）の胚はすべて，陸上環境での繁殖に適応する手段として4種類の膜性嚢状構造を形成している．鳥類を例に，図5・8を見ながら検討してみよう．これは卵全体や卵黄などのすべての構造を縦断面で示している．卵黄を覆う胚体外組織のために胚体部は相対的に小さく見える．

　明域の外胚葉と体壁板中胚葉層は，胚の周縁部の下方に切れ込みを入れるように移動する．その結果，この細胞層の胚体外領域と胚本体の境界が確定する（図5・8a）．これと同時に，同じ組織層が，まず胚の前方，その後，後方で胚を覆うように伸展し，胚全体が二重の袋状構造に包み込まれることになる（図5・8b, c）．この二重の嚢状構造は最終的には分離する．内側にある外胚葉-体壁

図5・8　鳥類胚の胚体外膜．鳥類胚における羊膜，漿膜，卵黄嚢，尿膜の形成と配置を示す縦断面．胚と胚膜は卵黄上に広がっており，胚の頭部は左にある．（a）頭部より前方にある組織が胚体の下にくびれこみ，羊膜を形成し始める．（b, c）この過程は胚全体の周囲でひき続いて進行する．（d, e）ついには外胚葉と体壁板中胚葉から構成されるひだが接近し，融合する．ひだを構成するこれらの胚膜のうち，胚体に近接したほうが羊膜で，卵殻側を漿膜という．胚体外内胚葉は卵黄表面を広がり，卵黄嚢を形成する．後腸からの膨出部は漿膜と羊膜に挟まれた空隙に進入し，尿膜を形成する．尿膜と漿膜は融合し，卵殻直下において一体の膜状細胞層（漿尿膜）となる．卵黄嚢と漿尿膜では血管系が発達する．

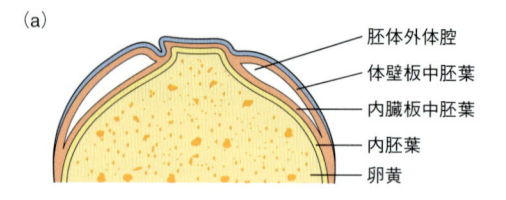

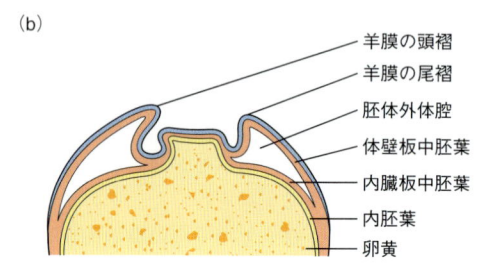

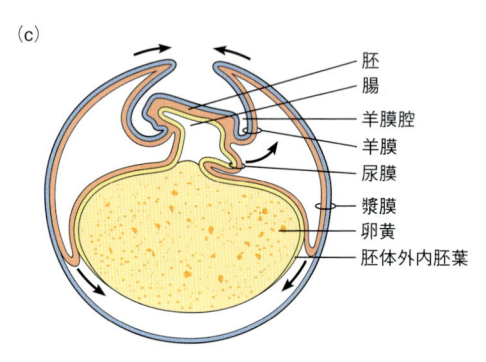

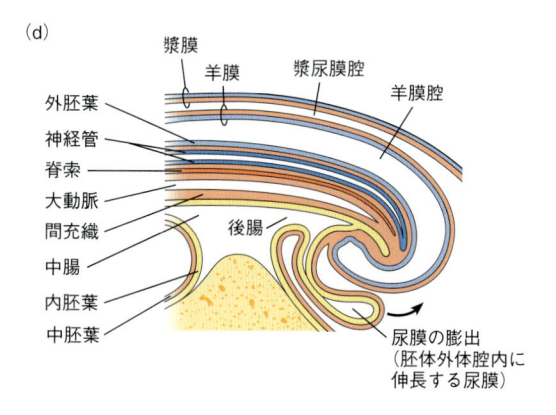

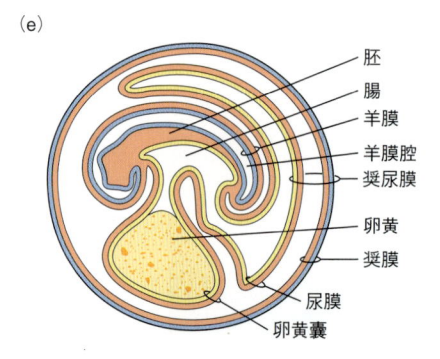

板中胚葉層を**羊膜**といい，胚を包み込んでいる．その内部は羊水でみたされており，このなかで胚が成長し，発生する．外側にある外胚葉-体壁板中胚葉層は卵殻に近接しており，最終的には胚と卵黄の全体を覆うように伸展する．その結果，卵殻の直下に上皮層が形成され，この部分でガス交換が行われる．この組織層は**漿膜**（chorion）とよばれる．

胚体外内胚葉と内臓板中胚葉の複合膜は，卵黄の表面に広がり，最終的には卵黄全体を覆うことになる．この組織は血管系が発達し，**卵黄嚢**（yolk sac）とよばれるようになる．卵黄嚢に含まれる酵素は内部の卵黄を消化し，生じた栄養分は血管により運ばれて胚に供給される．

羊膜，漿膜，卵黄嚢に加えて，内胚葉と内臓板中胚葉から構成される膨出部が発生過程の後腸から生じ，卵黄嚢と漿膜の間の空隙に進入する．**尿膜**（allantois）とよばれるこの嚢状構造は，鳥類胚では非常に大きく成長し，漿膜と卵黄嚢の間隙をみたすようになる．これもまた血管系の発達した構造であり，ここを通して血流がガス交換のために漿膜細胞層に送り込まれる．鳥類の胚では尿膜と漿膜が，卵殻膜の直下で融合し，**漿尿膜**（chorio-allantoic membrane）とよばれる血管系が発達した一体の膜構造を形成する（図5・8c〜e）．

哺乳類の初期発生

哺乳類での卵形成，受精，卵割には輸卵管の特殊化がかかわる

哺乳類が，陸上生活における乾燥の脅威を耐え，生き延びるために採用した戦略は鳥類や爬虫類とどのように異なるのか，比較してみると興味深い．鳥類と爬虫類が大量の卵黄を卵殻内に保有するのに対し，少数の例外を除いて，哺乳類は**子宮**とよばれる輸卵管の特殊化した領域内に胚を保持する．また，鳥類と異なり，哺乳類は卵に大量の卵黄を蓄えるということをせず，母体の血液循環により胚に栄養を供給する．哺乳類は**胎盤**を発明した．この器官は胚にいくつかの重要な利点をもたらした．それは，湿潤な環境，卵黄なしに栄養を獲得する手段，そして母体血液循環との物質交換による呼吸と老廃物排出のための手段である．胎盤については本章で後ほどさ

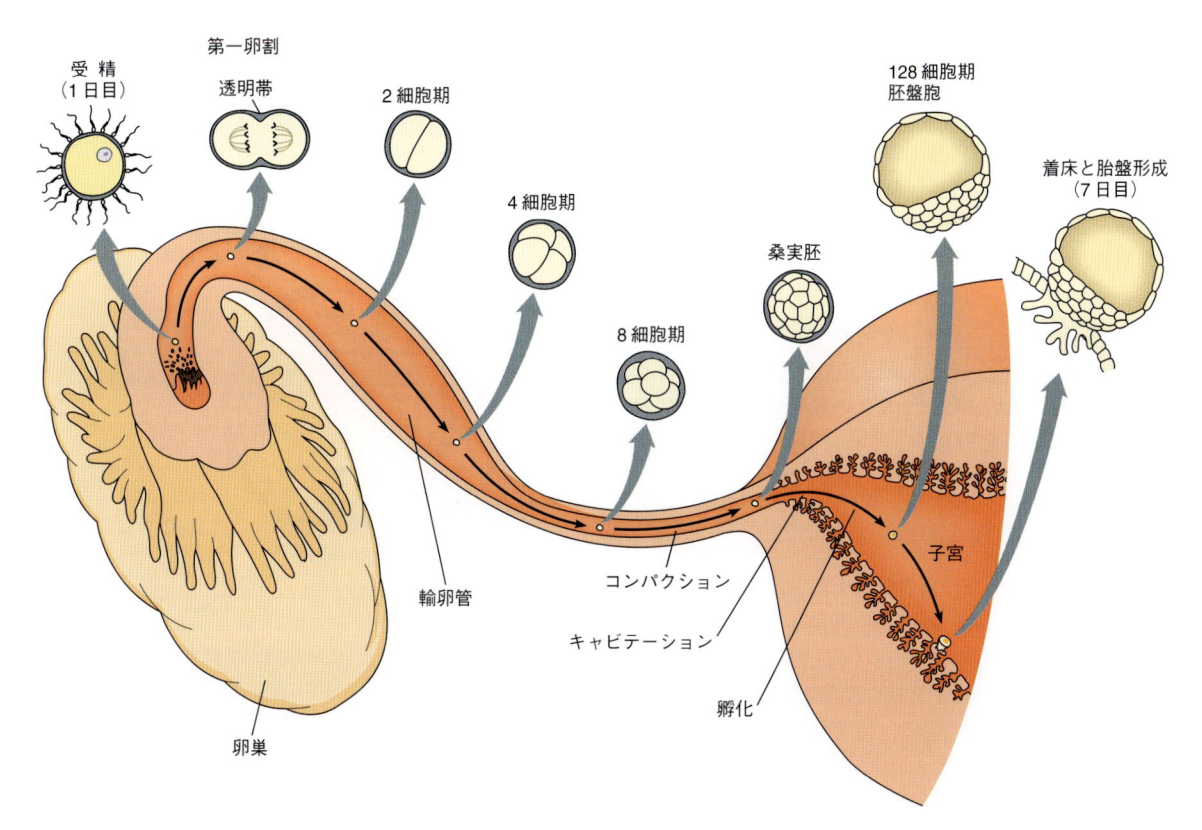

図5・9 **哺乳類の雌輸卵管と初期発生**．哺乳類胚（ここではヒトを例とした）がファロピウス管を通って子宮に移動する際の卵割と着床のステージを示す．（子宮の片側およびおのおの1対あるファロピウス管と卵巣の一方を示している．）

らに詳細に述べる．図5・9は哺乳類輸卵管にみられる特殊構造の解剖学的特徴の概略を示している．

哺乳類における卵形成には，卵母細胞の成長，減数分裂，卵周囲の沪胞細胞による卵膜の形成，そして脳下垂体からのホルモンシグナルによる卵形成と排卵の調節がかかわっている．哺乳類の生殖における発情周期については，基礎的な生物学の教科書を参照のこと．

哺乳類の卵は，排卵後，**ファロピウス管**（Fallopian tube，哺乳類における2本の輸卵管）の上部で受精し，活性化されて細胞分裂が始まる．細胞分裂の速度は，無脊椎動物や非羊膜類に比べるとはるかに遅い．たとえば，ヒトやマウスでは最初の細胞分裂が起こるのに1日を要し，その後の分裂も10〜12時間に一度という頻度で進行する．また，胚が子宮まで移動するのに5〜7日かかる．したがって，ヒトの胚は子宮に入る時点で100個程度の細胞しか含んでいない．

おそらく哺乳類の胚では，このように分裂速度が遅く典型的なG_1, G_2期が存在するために，遺伝子の転写はすでに2細胞期に検出される〔この遺伝子発現は接合子で起こるため，**接合子性遺伝子転写**（zygotic gene transcription）とよばれる〕．対照的に，ショウジョウバエやアフリカツメガエルの場合は，低レベルの接合子型の転写が検出されるまでに，8回もの急速な細胞分裂細胞周期が進行することを思い出してほしい．哺乳類は，哺乳類以外の動物と比べ，他にも以下のような重要な相違点がある．1) 卵や胚の構造の母性制御は比較的限定的と考えられる，2) ほとんど卵黄がない，3) 発生のきわめて早い時期に精巧な胚体外膜（胎盤）の形成が始まる，4) 胚発生において，雄と雌で異なる発現制御を受ける遺伝子がある．この4番目の現象は**ゲノムインプリンティング**（genomic imprinting，遺伝的刷込みともいう）とよばれており，特定の遺伝子のメチル化の程度が雄と雌の配偶子で異なることに起因する．これについては14章で詳細に述べる．

卵割の結果生じる胚盤胞は子宮の内膜に着床する

単孔類のようなごく一部の例外を除き，哺乳類初期胚のほとんどは類似した一連の発生過程をたどるが，実際に経過する時間には違いがみられる．たとえばマウスの場合，胚は受精後4日で子宮壁に接着するようになるが，ヒトの場合は約7日後である．接着と着床に先立ち，胚は細胞分裂をゆっくり行いつつ，ファロピウス管を通過する（図5・9）．8細胞期になると，顕著で重要な変化が起こる（図5・10）．相互にゆるやかに結合していた割球が，極性をもつ真の上皮に変化する．胚外に面した細胞

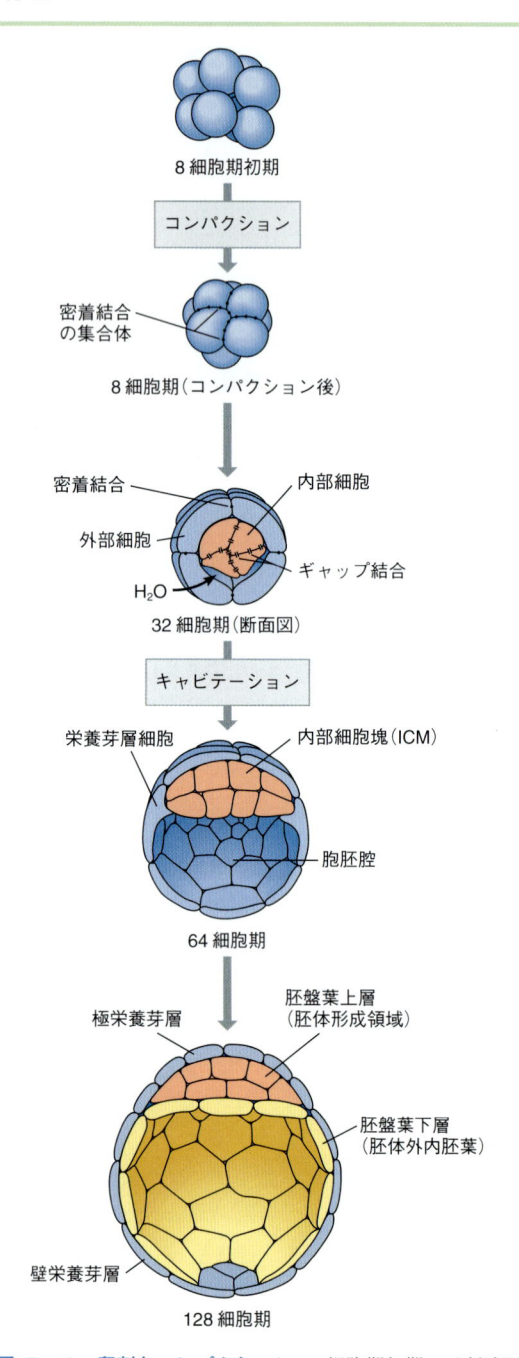

図5・10 卵割とコンパクション． 8細胞期初期では割球間の接着はまだ密接ではない．コンパクションの過程で上皮性の結合が形成され，ICM細胞が栄養芽層細胞に取囲まれるように生じる．その後，胞胚腔の形成が始まり，64細胞期には明瞭となる．128細胞期までに胚盤胞壁がタンパク質分解活性をもつ"孵化"酵素の分泌を開始し，この酵素が接合子を包んでいる透明帯の膜を分解する．その結果，胚盤胞は子宮の上皮性壁へ着床するための準備が整う．この時点で，胚の上皮性外被は（栄養芽層または栄養外胚葉），胚盤葉上層を覆う極栄養芽層と胞胚腔を取囲む壁栄養芽層に明瞭に区別される．

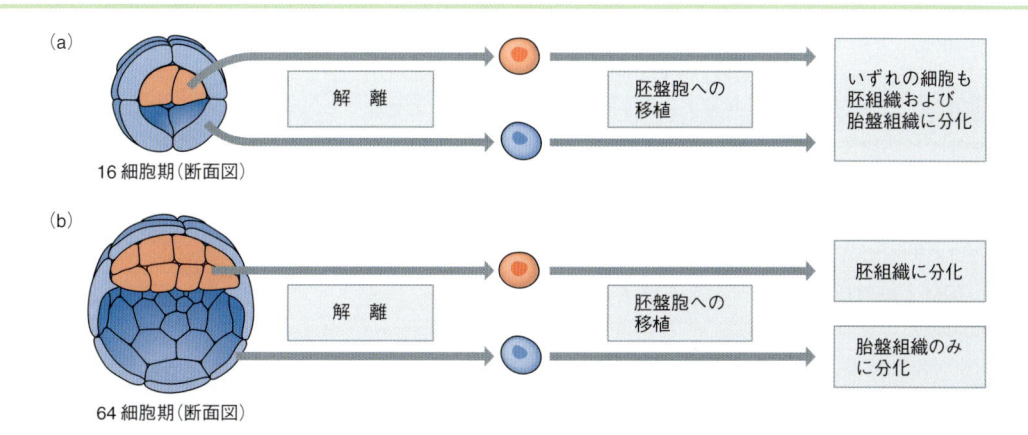

図 5・11　内部細胞塊の発生分化能はどのように限定されていくか．ICM 細胞の決定がどのように解析されるのかを示す模式図．(a) 16 細胞期に胚盤胞を解離し，遺伝的に標識された ICM と栄養芽層細胞を宿主胚盤胞に移植する．この場合は，ICM と栄養芽層のどちらも胚組織と胎盤組織に分化できる．(b) しかし，64 細胞期に同じ実験を行うと，発生分化能は制限されている．移植した ICM のみが胚組織に分化するのに対し，移植した栄養芽層細胞は胎盤のみを形成する．

表面には微絨毛が生じ，隣接する細胞間には密着結合（tight junction）が生じる．また，これらの細胞は扁平になり，密接に接着するようになる．したがって，この形態変化を**コンパクション**（compaction, 緊密化ともいう）とよぶ．

次の第四卵割において，細胞分裂面の多くは，分裂で生じる細胞が胚表面に位置するような向きに形成される．しかし，一部の細胞分裂では分裂面が胚表面に平行となるため，3～4 個の"内部"細胞が生じる．これらの内部細胞は**内部細胞塊**（inner cell mass: ICM）とよばれ，これが胚の本体と羊膜を形成する．外側の細胞は**栄養芽層**（trophoblast）を構成し，その後胎盤を形成する．卵割期初期胚は**桑実胚**（morula）とよばれることもある．

ICM の形成に続く 1～2 回の細胞分裂の間に，もう一つの重要な変化が起こる．つまり，ICM と栄養芽層の細胞が，不可逆的に相互に異なった細胞に分化するようになる．もし，32 細胞期に ICM と栄養芽層を分離すると，ICM は栄養芽層をある程度再生し，栄養芽層も多少の ICM を再生しうる．しかし，第 6 細胞分裂後の 64 細胞期には，ICM はもはや栄養芽層を形成することができず，栄養芽層もまた ICM を形成する能力を失っている．これら二つの細胞集団は**決定**（determination）の過程を経ているのである．あるいは，発生学において一般的な言葉で表現するならば，これらの細胞はすでに**決定されている**（determined）のである．一方の細胞集団は今や胚体をつくるように，他方の集団は胎盤構造を形成すべく運命が決まっている（図 5・11）．

栄養芽層の有極性上皮ではナトリウムポンプが側底側表層に局在する．この非対称性のため，Na^+（および Cl^- のような対陰イオン）は，ICM の周辺に生じつつある内部空隙に蓄積する．この結果，空隙内は Na^+ が外と比べて高濃度となるために浸透圧が生じ，内部に水が流入し空隙が拡張する（図 5・12）．この過程は**キャビテー**

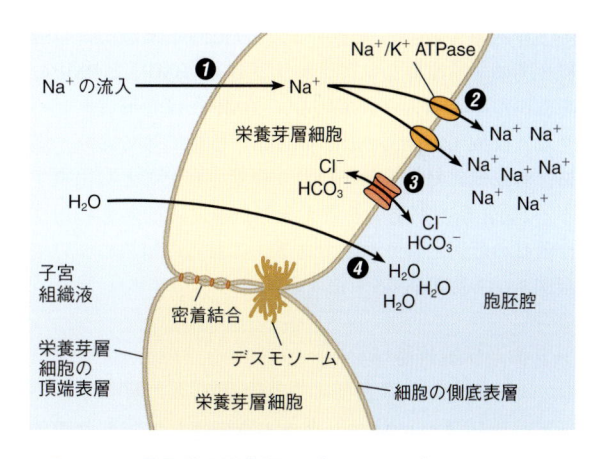

図 5・12　胚胚腔の形成（キャビテーション）．Na^+ は頂端細胞膜を通って栄養芽層細胞に流入し，ナトリウムポンプ（Na^+/K^+ ATPase）の働きにより側底細胞膜を通って細胞外へくみ出される．栄養芽層細胞の間隙は密着結合により密閉されているため，Na^+ は細胞側底の間隙を通過することができない．栄養芽層細胞はさらにデスモソームを介して接着している（12 章参照）．側底細胞膜を介した細胞外への能動輸送により，Na^+ は細胞間に蓄積し，細胞の側底側にある細胞間液の浸透圧が上昇する．このさい，Cl^-/HCO_3^- 交換が並行して起こることで，電気的には中和される．"内部" 空隙で生じる高い浸透圧（"外部" での 240 milliosmols に対し，"内部" では 320 milliosmols）のため，水が内部に侵入し，胚内細胞間隙を広げる．その結果，胞胚腔が拡張されることになる．

ション（cavitation）とよばれる．この段階の胚を**胚盤胞**（blastocyst）といい，マウスの場合では発生4日目で約128個の細胞を含み，子宮壁に着床できる状態となっている．〔胚盤胞はこの段階の哺乳類胚に用いられる用語であり，胞胚（blastula）と言葉の響きは似ているが，異なることに注意〕．

4日目のほぼ終わりごろに，マウス胚盤胞は子宮上皮に着床する．ICMとは対極に位置する反足栄養芽層（antipodal trophoblast）の細胞は，胚盤胞の被覆構造を分解するプロテアーゼを分泌する．この被覆構造を**透明帯**（zona pellucida）といい，卵巣中の卵母細胞を取囲む沪胞細胞により分泌されたものである．ICM領域を覆う栄養芽層（**極栄養芽層**；polar trophoblast）は，血管系の発達した子宮内粘液分泌細胞に接着する．この**着床**（implantation）とよばれる過程が胎盤形成の始まりである．

胚盤胞内の**胞胚腔**（blastocyst cavity）は胚体外内胚葉（**遠位内胚葉**；parietal endoderm）により裏打ちされ，ICMもまた内胚葉により覆われている（**近位内胚葉**；visceral endoderm）．ICM内には，後に羊膜腔（amniotic cavity）となる空隙が生じる．プログラム細胞死とICM細胞の選択的生存が，この前羊膜腔（proamniotic cavity）の形成に寄与すると考えられている．（プログラム細胞死については次章で詳細に説明する．）近位内胚葉が，この過程を開始する重要なシグナルリガンド（BMP2とBMP4）を放出すると考えられている．〔BMPとは骨形成タンパク質（bone morphogenetic protein）を意味しており，当初，骨形成に対する効果により発見されたことに由来する．〕哺乳類初期発生を考える際，解剖学的名称の用法は混乱の原因となりがちである．これらの用語については図5・13および図5・14を参照のこと．

シグナル伝達経路は
ドミナントネガティブを利用すると解明できる

近位内胚葉がICMにシグナルを伝達して，前羊膜腔の形成を誘導することは，どのようにして明らかにされたのだろうか．胚自体は小さすぎるため，そのような研究には向いていない．しかし，培養系で"胚様体（embryoid body）"を形成するような胚由来細胞株が存在する．これらの細胞株は正常胚と同様の過程を経て細胞間隙を形成する．これらの仮想胚は，胚組織がどのように相互に情報交換を行うかを解析するためのすぐれた実験材料である．米国カリフォルニア大学サンフランシス

(a) 着床時の初期胚盤胞（4日胚）

子宮壁／着床しつつある胚盤胞／極栄養外胚葉／内部細胞塊／遠位内胚葉／近位内胚葉／胞胚腔／壁栄養外胚葉

(b) 5日胚の内部細胞塊　(c) 6日胚の内部細胞塊

栄養外胚葉／遠位内胚葉／前羊膜腔／胚盤葉上層／近位内胚葉／胞胚腔

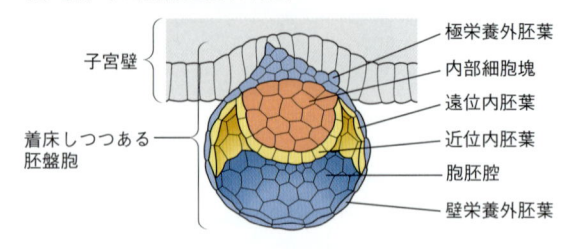

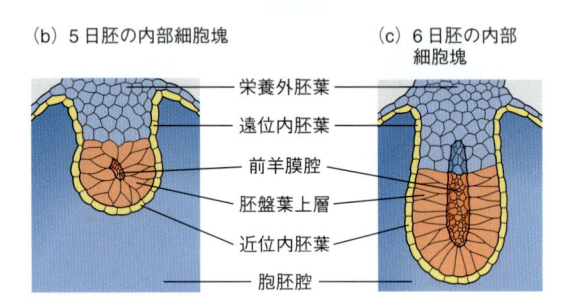

図5・13　**マウスの胚盤胞**．(a) 着床時の初期マウス胚盤胞（受精後4日）を示す．内部細胞塊（ICM）は原始（近位）内胚葉により覆われ，遠位内胚葉は胞胚腔を囲む壁栄養外胚葉の内面を覆い始める．(b) 5日胚では，胚盤胞のICM部分は近位内胚葉に覆われている．胚体の胚盤葉上層がICMから形成され，さらにICM内に前羊膜腔が生じる．(c) 6日胚までにICMは前羊膜腔を内部に含んだ円筒構造を形成する．胚盤葉上層では，この後すぐに原腸形成が進行する．

コ校のGail Martinらはこのモデル系を活用してきた．彼女らは，元来酵母遺伝学で開発され，今では比較的一般的に用いられている実験的手法，つまり**ドミナントネガティブ**（dominant negative）法*を応用した．この手法は，胚内の組織間相互作用に用いられるリガンドと受容体の機能を同定する際に特に有効である．

実験の原理は以下のとおりである．特定のタンパク質が機能するために，他のタンパク質と相互作用する必要があるとしよう．その場合，突然変異のために不完全となった特定のタンパク質を，反応の場に大量に発現させると，正常タンパク質の機能を妨げることができる．このタンパク質は，正常な共役因子とは結合しうるが，結合した状態でも機能はしないという異常をもつことが必要である．BMP2/4受容体などのセリン－トレオニンキナーゼ型受容体タンパク質にはI型，II型があり，これらが膜上で多量体をつくることがシグナル伝達のために必要である．この片方（I型受容体）のATP結合部位を

＊訳注：特定のタンパク質の機能ドメインの一部を欠損（negative）させたタンパク質を過剰（dominant）に発現させ，内在性の正常タンパク質と拮抗させることにより，特定のタンパク質の機能を抑制する実験手法．

破壊すると，他の膜受容体との結合能は失われないが，キナーゼ活性を欠損するという変異を導入することができる．今，反応系において，この変異受容体を大量に発現させたとしよう．その結果，この変異タンパク質がその反応系で大部分を占めるようになる．この変異異常タンパク質が大量に存在するため，単純に質量作用の法則に従って膜に存在する受容体のほとんどを占めることになる．その結果，たとえ正常受容体タンパク質が産生されていたとしても，その受容体のシグナル伝達機能は変異受容体と結合する結果，妨げられる．Martinらは，BMP2/4が前羊膜腔の形成を促進することを示した．彼女らは，BMP2/4受容体の機能を妨げるために，組織培養細胞においてドミナントネガティブ型受容体の強制発現を行った．その結果，空隙は形成されなかった．

内部細胞塊の形成は哺乳類胚に特有の戦略である

先に進む前に，コンパクションが起こっている間と，その後すぐ（第4〜第6卵割期）に起こる現象のきわめて重要な特性について強調しておきたい．8細胞期胚のすべての細胞は，条件を変えることにより，胎盤からニューロンに至るすべての細胞のいずれにも分化しうる．この時期の後になると，細胞が胚の外側，内部のいずれに位置するかに依存して不可逆的な変化が起こる（外側に位置した細胞は有極性の上皮細胞に分化し，さらに栄養芽層を形成するのに対し，内部に位置した細胞は胚本体のいずれの組織にも分化しうる無極性の幹細胞となる）．16細胞期において，個々の割球はすべての胚組織，胚体外組織に分化しうるが，本当に初期胚内の割球間に違いがないのかについては未解決である．最近，英国オックスフォード大学のRichard Gardner，そして同じく英国ケンブリッジ大学のKarolina Piotrowskaと共同研究者らにより行われた割球の予定運命地図についての慎重な研究の結果，最初に生じる2細胞のうちの一方がICMの上方および極栄養外胚葉に分化し，もう一つの細胞が壁栄養外胚葉と**原始内胚葉**（primitive endoderm）を形成することが明らかとなった．したがって，ICMの面と直交する胚盤胞の軸が，第一卵割時に生じる紡錘体の赤道面ともほぼ直交する．

ICMの決定に働く正確なメカニズムは不明であるが，この決定にかかわる原動力は，おそらく局在する母性のmRNAやタンパク質でも重力の影響でもなく，精子に依存したメカニズムでもないだろう．ただ，細胞極性にかかわる細胞成分が，不等分裂が起こるとただちに胚の

内外の重要な相違を反映した分布を示すようになる，ということはわかっている．たとえば，ナトリウムポンプは側底細胞膜に局在し，微絨毛に存在する微小繊維結合タンパク質のエズリンは頂端細胞膜に分布するようになる．ショウジョウバエと酵母を用いた最近の研究で，無極性細胞が分裂時にある種の細胞構成成分を二つの娘細胞の一方にのみ分配し，他の構成成分をもう一つの娘細胞に分配する機構が明らかになった．このメカニズムにより，分化能の異なる姉妹細胞対を生み出す．これらの発見は哺乳類において同様の研究に発展するかもしれない．この問題については15章でもう一度解説する．

奇妙な形態を示すマウス胚

哺乳類の卵はほとんど非対称性を示さないが，胚盤胞はきわめて非対称的である．ICMが非対称性の一方の目印となる．そして，ICM近傍の外胚葉性極栄養芽層〔略して**極栄養外胚葉**（polar trophectoderm）とよぶ〕とその他の領域の壁栄養外胚葉（mural trophectoderm）が胞胚腔を取巻いている．ICMを覆う原始内胚葉は，増殖した後，壁栄養外胚葉を裏打ちする遠位内胚葉とICMを覆う近位内胚葉を形成する．

マウスおよび他の一部の哺乳類の胚では，キャビテーションと増殖の結果，胚盤葉が円筒状の形態をとるようになる．しかし，ヒトを含むほとんどの哺乳類では，胚盤葉（胚盤）はより平面的な配置をとる．"典型的"な哺乳類では胚盤葉上層と近位内胚葉が平面的なニワトリ胚盤葉によく似ており，違いは哺乳類胚には卵黄がないという点である．近位内胚葉から形成される哺乳類の，いわゆる卵黄嚢は，組織液でみたされた嚢状構造にすぎない．マウスの場合，胚盤葉の形態は，あたかもミニチュアの親指で胚盤葉上層の中央を押し込み，一種の円筒をつくったかのようにみえる*．ヒト胚の形態を図5・14に示す．マウスとヒトの胚の原腸形成運動は類似しており，前述したニワトリ胚の細胞運動とも概略は同じである．

胚盤葉上層が胚葉を生み出す

胚盤胞全体が膨張し，栄養芽層細胞が分裂，分化する結果，胎盤組織が形成される．その間，内部細胞塊内では，胚盤葉上層を覆うように1層の細胞層が生じる（図5・14）．この細胞層が発生中の胚を包み込む羊膜となる．胚盤葉上層本体は，ひき続き細胞分裂をしつつ原条を形成する．その前端には鳥類のヘンゼン結節と相同の結節

---

* 訳注：このような胚は齧歯類やウサギでみられるものであり，卵円筒（egg cylinder）とよばれる．

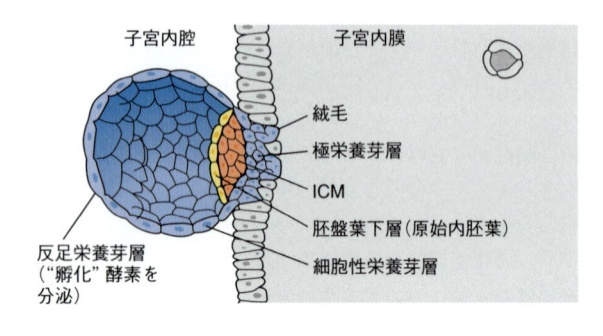

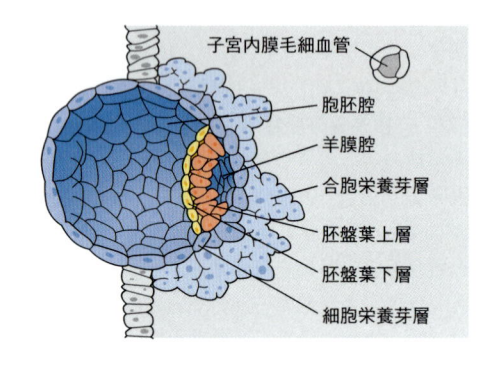

領域（node）が生じる．この結節領域を哺乳類胚からニワトリ胚の明域に移植すると，ニワトリ胚の胚盤葉に二次軸が形成される．

さらに，マウス胚の結節領域を同じ発生時期の他のマウス胚の側方部に移植すると，宿主胚に二次神経軸が生じる．しかし，この二次軸では前方脳領域が形成されない．この観察，およびその他の研究結果も考慮すると，マウスの場合，そしておそらく他の哺乳類でも，前方近位内胚葉に胚盤葉上層の前方に影響を及ぼす，あるいは誘導を行うことにより頭部を形成する第二のオーガナイザー（"頭部"オーガナイザー）が存在すると考えられる．この研究分野は，現在急速に進展中であり，頭部形成にかかわると考えられる遺伝子（hex, cerberus）が同定され，これらについて精力的に研究が進められている．また，前方近位内胚葉で発現する別の遺伝子 arkadia が，結節形成に必要であることが示されている．さらに，前方近位内胚葉は，Wntリガンドの拮抗因子（Frizzled, Dickkopf）を分泌すると考えられており，この拮抗作用が頭部形成には不可欠である．加えて，細胞が結節と原条を通って移動することにより形成される原始内胚葉もまた，Wnt拮抗因子（例，Cerberus）を分泌しており，これが心臓の発生に必要なことが明らかになっている．マウス hex のニワトリホモログも同定されている．このことは，鳥類，そしてすべての羊膜類の胚には，胚盤葉下層または内胚葉の前方に，結節とは別に頭部誘導センターが存在することを意味しているのであろうか．

Roger Pedersen, Claudio Stern や他の多くの研究者が，広範にわたる細胞標識実験を行った結果，マウスも含めて哺乳類の胚における原腸形成運動の様式は，ニワトリ胚のものと似ていることが示された．後方胚盤葉上層の細胞は中心線に向けて移動し，原条を形成する．ニワトリ胚の場合とほぼ同様に，細胞は原条と結節を通過した後に，最終的な外胚葉，中胚葉，そして内胚葉を形成する．その後まもなく結節は退行し，原条が消失する一方，最終的な胚葉が生じ，そして神経管と体節の形成が明瞭となる．

受精卵のいずれの部分からも ICM または胚体外組織が生じうるが，必ずしも受精卵の内部構成が胚の構成に全く影響を与えないというわけではない．最近行われた細胞標識実験の結果は，極体近傍の卵細胞質を受け継いだ ICM 細胞が卵円筒の最遠位部を形成する傾向が強いことを示している．最遠位部とは最終的に結節が生じる領域である．マウスにおけるこの最近の報告が意味するところは，哺乳類胚ですら卵の構成にある程度の影響を受けうるということだろう．

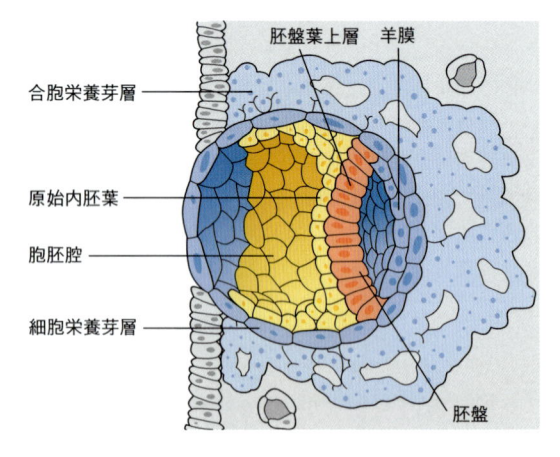

図 5・14 ヒトの胚盤胞． (a) 着床過程にあるヒトの7日胚．極栄養芽層細胞は子宮内膜に進入し，絨毛膜絨毛を形成しつつある．(b) 8日目の初めには栄養芽層はさらに増殖しており，細胞性および外部シンシチウム領域から構成されている．羊膜腔が ICM 内に形成される．(c) 8日目の後半には羊膜腔が発達し，胚は着床を完了する．また胚盤葉上層と原始内胚葉が明瞭になる．

哺乳類の適応

原腸形成の終了時点では哺乳類胚の形態は鳥類胚と類似しているが，胚体外膜には違いがみられる

　原腸形成の終了までに，マウス，ヒト，そして他の哺乳類の胚は脊椎動物胚の原型としての基本的構造をすでに完成させている．胚盤葉上層は，原腸形成と結節の退行によって複雑な構造をとるようになり，胚盤葉上層の中心線領域では神経管が形成され，側方部では表皮が生じる．体壁板中胚葉と内臓板中胚葉が体腔をはさんで形成されており，もとあった胚盤葉下層（近位内胚葉）は胚体部から押し出されて胚体外内胚葉となる．原条を通って移入した細胞は胞胚腔の上方を覆って1層の細胞層をつくり，最終的には胚体内胚葉となって腸およびそれに付属する器官を形成する．

　内部細胞塊は胚盤葉上層を覆うように細胞性の傘状構造を形成し，これが胚を覆う羊膜に分化する．この胚膜が分泌する羊水により，胚は液性環境下におかれることになる．時に羊膜の細胞の一部が脱離し，それらの細胞は羊水中を浮遊することになる．産科で一般的に行われている羊水穿刺（amniocentesis）では，長い注射針を通して羊水を採取している．得られた羊水中の細胞を染色することにより胎児の染色体構成がXX（女）かXY（男）かを判断することができる．

　胚の後端部近くに位置する中胚葉の一部は，依然として栄養芽層につながっており，峡部構造を形成するが，ここを通る胚由来の血管が胎盤の胚側組織の血管系につながっている．この中胚葉性峡部とそこを通る血管は，鳥類および爬虫類胚における尿膜内の内臓板中胚葉と相同である．鳥類の場合と同様に，哺乳類胚原条の後端に存在する中胚葉の一部は尾芽を形成しており，この部位から生じるのが形成中の尾部組織である．哺乳類胚には実質的に卵黄がないため，ICMから生じる卵黄嚢も実際には卵黄を全く含んでいない．この名前は鳥類胚の卵黄嚢と相同であることを反映しているにすぎない．

栄養芽層は胎盤形成に関与する

　初期成長期に，内部細胞塊から胚と羊膜が形成されるにつれ，栄養芽層細胞が急速に増殖し，子宮上皮の直下の血管に富む母体由来間充織層に，文字どおりに侵入していく（図5・14，図5・15）．"侵襲性"栄養芽層の先端部は，多核性のシンシチウム（**合胞栄養芽層**；syncytiotrophoblast）を形成する一方，胚盤胞側の栄養芽層は真性細胞からなる組織（**細胞栄養芽層**；cytotrophoblast）に分化する．発生中の胎盤は中胚葉性のひも状構造である**体柄**（body stalk）により胚本体につながっており，この構造が**臍帯**（umbilical cord）を形成する．胎盤の形成は複雑であり，この過程の詳細については本書で扱う範囲を越えている．しかし，ここでは二つの重要な点を述

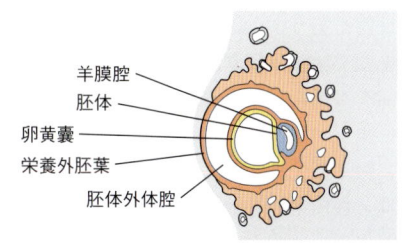

(a) 約9日目

- 羊膜腔
- 胚体
- 卵黄嚢
- 栄養外胚葉
- 胚体外体腔

(b) 約13日目

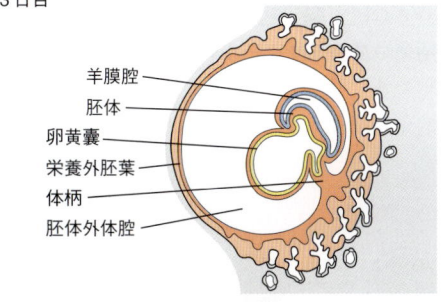

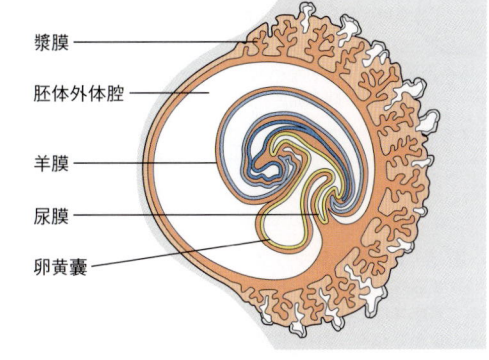

- 羊膜腔
- 胚体
- 卵黄嚢
- 栄養外胚葉
- 体柄
- 胚体外体腔

(c) 約21日目

- 漿膜
- 胚体外体腔
- 羊膜
- 尿膜
- 卵黄嚢

図5・15　**胎盤**．発生過程のヒトの胚と胎盤を示している．胎盤の胎児側組織は絨毛を子宮壁側に伸ばす一方で，胚体外体腔（初期での胞胚腔に相当する）を取囲んでおり，この胚体外体腔の中に胎児，羊膜，そして卵黄嚢が位置する．(a) 受精後8～9日までに胚は着床し，羊膜腔ができている．(b) 約13日までに原腸形成が始まり，胚葉が形成される．また，中胚葉性の柄状部，すなわち体柄が栄養芽層に連結された状態を保っている．(c) 約3週までに血管がこの体柄内に伸長し，胎盤の胎児血管を形成する．体柄は臍帯となる．

まず第一に，胎盤における胚体組織と母体組織の間での解剖学的密接性は，哺乳類のなかでも種により異なることである．たとえばマウスとヒトの場合，子宮上皮は最終的に消滅し，母体側の毛細血管は血洞を形成し，ここで胚側の毛細血管内皮層はただちに母体由来の血液に接する．一方，モルモットの場合は，子宮上皮と栄養芽層の表層は残るが，非常に密接している．したがって，この場合二つの内皮層に加え，さらに2層の上皮層が母体と胚それぞれの循環系の間に介在することとなる．

第二は，胎盤は胎児組織と母体組織の両方を含むユニークな器官であり，上述したようにきわめて重要な器官であることである．胚の栄養摂取，呼吸，そして排出は，母体と胚の循環系を分離する上皮を介して行われる．さらに，成熟しつつある胎盤は，妊娠前に脳下垂体と卵巣が行っていた機能，つまりホルモン（絨毛膜性生殖腺刺激ホルモンとステロイドホルモン）の産生工場としての役割を担うようになる．

また，胎盤は母体および胎児にとって重要な免疫学的機能をも果たしている．つまり，メカニズムについてはまだよくわかっていないものの，胎盤は，母体が胎児組織に対して免疫反応をひき起こすことを防いでいる．胎児は父親由来の遺伝子をもつために，母親と遺伝学的構成が異なる．もしこの"障壁"が存在しないと，母体の免疫系が胎児に対して活性化されてしまうおそれがある．さらに，発生後期になると母体の血液中にある抗体が胎児の循環系に取込まれるようになる．そのため，哺乳類の新生児はさまざまな病原体に対してある程度の後天的免疫をもつことになり，自分自身の免疫系が十分発達するまではこの免疫が機能する．

マウス胚の操作

異形質マウスを用いた初期胚の細胞動力学の研究

すでに述べたように，8～16細胞期の胚細胞の多くは胚表層にあって栄養芽層を形成し，少数の内部細胞のみが最終的に胚体を形成する．これらの初期胚細胞のうち，何個の細胞が後に胚盤葉上層に分化するのだろうか．この疑問に答えるための実験手法が米国フィラデルフィアのBeatriz Mintzにより開拓された．この研究では，初期卵割期胚を覆う透明帯をプロテアーゼにより分解して除去するという手法が用いられた．異なる表現型をもつ母マウス由来の2個の卵割期胚にこのような処理を加え，培養皿において接触した状態で培養すると，胚は粘着性をもつために癒着し，徐々に**キメラ**（chimera）とよばれる複合胚を形成する（3章参照）．形成されたキメラ胚は，ホルモン処理により着床可能となった代理母マウス（いわゆる偽妊娠マウス）の子宮に移植され，この状態で発生した後，出産に至る（図5・16）．

黒色系統の胚盤胞と，白色系統由来の胚盤胞を融合させることで多数のキメラ胚をつくり出すとしよう．もし，1個の細胞のみが胚本体を形成すると，生じる胚は全身が黒色となるか，白色となるかのどちらかだろう．2個の細胞を必要とすると，確率的には得られたキメラの約1/4が全身黒色，1/4が全身白色，1/2が白と黒のまだらとなるだろう．また，3個の細胞を必要とすると，白黒まだらのキメラが生じる確率は胚総数の約75%と予想される．実は，これこそがMintzの得た数値（73%）と

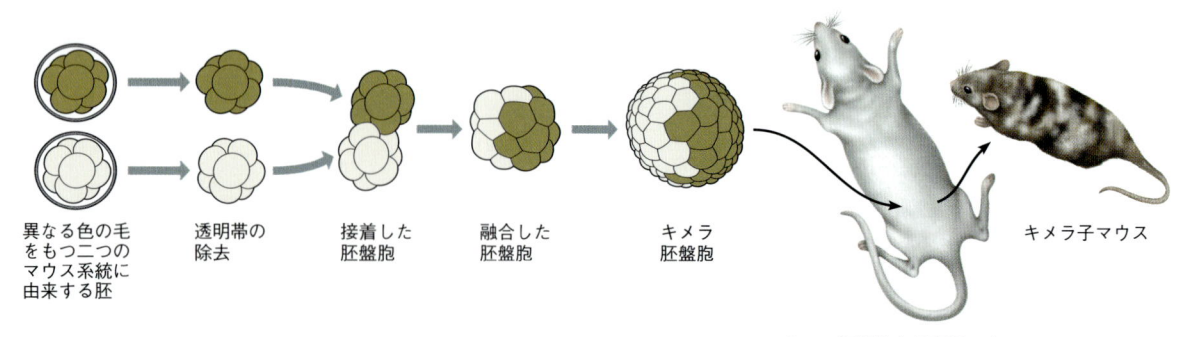

図 5・16 **異形質マウス**．マウス胚の透明帯を除去し，粘着性となった胚を接着させることにより，異なる二つの胚に由来する細胞からなるキメラマウス胚をつくることができる．得られたキメラ胚盤胞を，偽妊娠状態の代理母マウスの子宮に着床させる．キメラをつくるもととなる胚が，一方が白，もう一方が黒というように，異なる毛色をもつマウス系統に由来する場合，白黒まだらの毛皮をもつ異形質マウスが得られる．

ほぼ一致する．

複数の胚に由来する細胞から生じるマウスを**異形質マウス**（allophenic mouse）という．この手法は，哺乳類胚での器官形成の細胞の動力学を検討する上できわめて有用なものである．この問題については以後の章で検討する．

胞胚腔に注入された細胞もキメラを形成することが可能であり，これがトランスジェニックマウス作製の基礎となる

キメラを作製するには，必ずしも卵割期胚を融合させる必要はない．胚盤胞後期にICM由来の細胞塊を取出し，トリプシンなどのプロテアーゼにより軽く処理することで個々の細胞に解離することができる．また，解離した細胞を，宿主胚の胞胚腔に注入することができる．注入された細胞は宿主胚のICMに接着して取込まれた後，胚内でさまざまな組織，器官に分化することができる．この技術は，哺乳類胚の発生を解析するうえできわめて重要であり，この利用が可能であるということが，哺乳類発生の研究においてマウスが最も重要な材料となった理由の一つといえる．

胚盤胞に注入する細胞は，新たに供与体胚を解離して

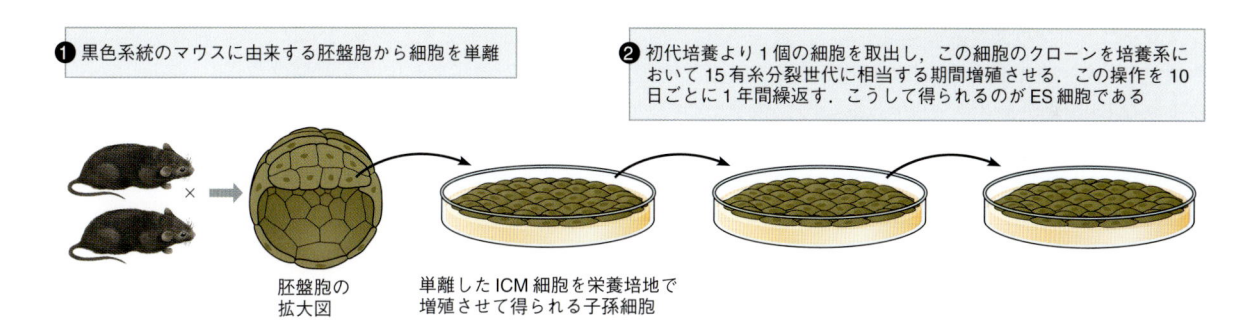

❶ 黒色系統のマウスに由来する胚盤胞から細胞を単離

❷ 初代培養より1個の細胞を取出し，この細胞のクローンを培養系において15有糸分裂世代に相当する期間増殖させる．この操作を10日ごとに1年間繰返す．こうして得られるのがES細胞である

胚盤胞の拡大図

単離したICM細胞を栄養培地で増殖させて得られる子孫細胞

❸ クローン化した遺伝子を幹細胞に導入する．このさい，抗生物質耐性マーカー遺伝子も同時に導入する．ES細胞を抗生物質の存在下で培養して導入細胞を選別する

❹ 遺伝子導入したES細胞を白色系統マウスの胚盤胞に注入する．これを代理母マウスの子宮に着床させる

❺ 得られた子マウスは黒色系統に由来するES細胞と白色系統マウス由来の胚盤胞とのキメラである．黒色系統由来ES細胞は導入遺伝子を含む

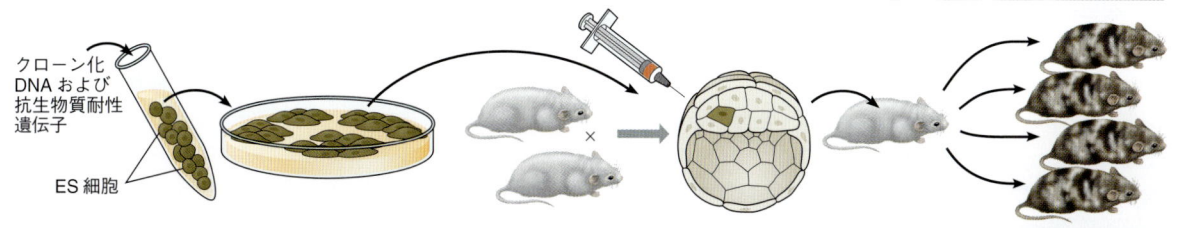

クローン化DNAおよび抗生物質耐性遺伝子

ES細胞

生殖細胞の一部は黒色系統由来ES細胞から分化する

❻ キメラマウスを交配してホモ接合体のトランスジェニックマウスを作製する

キメラマウス

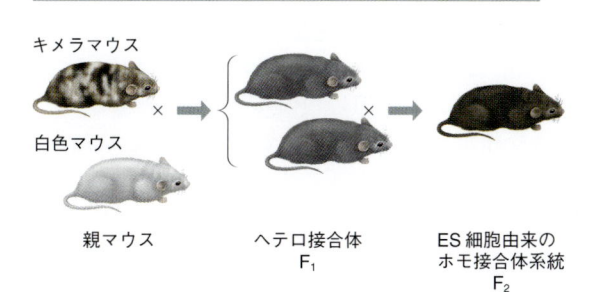

白色マウス

親マウス　　ヘテロ接合体 F_1　　ES細胞由来のホモ接合体系統 F_2

図 5・17　ES細胞とトランスジェニックマウスの作製．模式図は単一培養細胞からキメラ胚をつくる過程を示す．ES細胞（胚性幹細胞）は，解離した胚盤胞のICMを培養することにより得られる．これらの培養細胞を，導入しようとする遺伝子と薬剤耐性マーカー遺伝子を含むDNAで形質転換する．薬剤耐性遺伝子を同時に導入することで，形質転換細胞のみを同定，選別することが可能となる．得られた形質転換細胞を第二の宿主胚胚盤胞に注入し，この胚盤胞を偽妊娠代理母マウスの子宮に移植する．こうして生じたキメラ胚では，形質転換した培養ES細胞と，正常胚細胞が混在した状態となっている．もしキメラ胚の生殖細胞のいずれかが，培養ES細胞に由来している場合，ES細胞内に導入された遺伝子は有性生殖により子孫に伝達されることとなる．

取出す必要はない．ICM細胞を培養系で培養する手法が開発されたのである．この細胞は**ES細胞**（ES cell，**胚性幹細胞**；embryonic stem cellの略）とよばれる．ES細胞を胚盤胞に注入すると，胚に取込まれた後に新生児の組織に分化する．図5・17は，部分的にES細胞由来の組織を含むキメラ胚をつくり出すために用いられる実験手法を示している．

この技術にはある工夫がなされており，そのために非常に強力な研究手法となっている．ES細胞は培養系において外来DNAを取込ませることが可能であるため，遺伝子を新たにES細胞に導入することができる〔得られた細胞は**導入遺伝子**（transgene）をもつという〕．こうして，組織内に外来遺伝子をもつマウス，すなわち**トランスジェニックマウス**（transgenic mouse，遺伝子導入マウスともいう）を作製することが可能となる．もし，そのようなES細胞がキメラマウスにおいて，精子や卵の前駆細胞となれば（実際，かなりの割合のキメラにおいてES細胞は生殖細胞前駆体に分化する），導入遺伝子は子孫に受け継がれる．さらにこれらの子孫マウス間で兄妹交配を行うことにより，導入遺伝子のホモ接合体マウスが生じる．言いかえれば遺伝学的に安定なトランスジェニックマウスが得られるのである．

さらに，**ノックアウト**（knockout）とよばれる手法により，ES細胞に内在する"正常"遺伝子の機能を完全に破壊しうる導入遺伝子を導入することさえ可能である．この強力な実験手法により，特定遺伝子のマウス発生における役割を検討することが急速に可能となりつつある．マウス胚の結節領域において高濃度で発現するタンパク質をコードしている*nodal*遺伝子を例にとってみよう．このNodalタンパク質は，結節の機能にとって重要なのだろうか．この問題は，正常*nodal*遺伝子を欠損したホモ接合体マウスを上述のノックアウト法により作製することで検討することができる．結果は，両方の正常*nodal*遺伝子を欠失した胚のすべてで，原腸形成は起こらず，また中胚葉もほとんど形成されないことになる．よって，*nodal*は必須遺伝子であり，*nodal*突然変異はホモ接合体では致死となる．この実験技術が哺乳類の発生を理解する上でどのように重要となったかについては後述する．

本章のまとめ

1. 羊膜類の初期発生はいくつかの独特の特徴をもつ．細胞の挙動，遺伝子発現の開始は細胞ごとに異なるが，その制御は局在性の母性細胞質決定因子にほとんど依存しない．むしろ，非対称分裂の結果，細胞が全く異なる微環境におかれるようになるのである．
2. 陸上生活に適応した羊膜類動物は，乾燥を防ぐために胚を囲い込む胚膜を発達させた．
3. 哺乳類における胎生という生殖様式の発達が，胎盤という独特の器官を生み出した．
4. 羊膜類の発生には多くの点で独特の特徴があるが，原腸形成後の発生段階になると，他の脊椎動物の発生と似てくる．

問題

1. 本書のさまざまなところで，原腸形成では表層から内部への細胞の移動が起こると述べている．ショウジョウバエ，アフリカツメガエル，そしてニワトリ胚に関して，以下の問いに答えよ．(a) どの表層細胞が実際に内部に移動するのか．(b) それらの細胞はどの胚葉，器官を形成するのか．
2. ニワトリ胚を用いて，胚盤葉上層を胚盤葉下層に対して回転させるという実験が行われた．この研究は，鳥類胚において前方オーガナイザーが別に存在するのではないかという問題にどのようにかかわるかを考えよ．
3. キメラマウス胚は，胚体外胚葉（胚盤葉上層）と胚体外外胚葉の間で働くさまざまなシグナルの役割を解析するのに利用することができる．もちろん，胚盤胞由来の細胞はいずれの外胚葉にも分化することができるが，ES細胞は胚体外胚葉にしか分化しない．文献では，マウスでの生殖細胞の発生が胚体外外胚葉からのBMP4シグナルを必要とすることが示唆されている．キメラを用いて，この示唆を検討するための実験を考案せよ．
4. コンパクションでは，予定栄養外胚葉細胞間でどのような種類の細胞接着が形成されるか．形成過程のICM細胞の周囲において，予定栄養外胚葉細胞のものとは異なる微環境が確立されるにあたり，これらの細胞接着はどのような役割を果たすか．

参考文献

Belaoussoff, M., Farrington, S. M., and Baron, M. H. 1998. Hematopoietic induction and respecification of A-P identity by visceral endoderm signaling in the mouse embryo. *Development* 125: 5009-5018.
内胚葉が，中胚葉における血液細胞の形成をどのように誘導するのかという問題についての実験的解析．

Belo, J. A., Vouwmeester, T., Leyns, L., Kertesz, N., Gallo, M., Follettie, M., and DeRobertis, E. 1997. Cerberus-like is a secreted factor with neuralizing activity expressed in the anterior primitive endoderm of the mouse gastrula. *Mech. Dev.* 68: 45-57.
両生類 *cerberus* のマウス相同遺伝子がどのように単離されたか，そしてこの遺伝子がどのように頭部誘導因子として働くのかという問題に関する報告．

Catala, M., Teillet, M.-A., DeRobertis, E. M., and Le Douarin, N. M. 1996. A spinal cord fate map in the avian embryo. *Development* 122: 2599-2610.
脊髄細胞の発生運命地図を作製するために行われたウズラ胚からニワトリ胚への移植実験の結果を報告した論文．

Coucouvanis, E., and Martin, G. R. 1999. BMP signaling plays a role in visceral endoderm differentiation and cavitation in the early mouse embryo. *Development* 126: 535-546.
羊膜腔の形成メカニズムを解析するために ES 細胞を用いて行われた実験的解析．

Gardner, R. L. 2001. Specification of embryonic axes begins before cleavage in normal mouse development. *Development* 128: 839-847.
初期のマウス卵にすでに軸性があることを示した最近の研究．

Gosden, R., Krapez, J., and Briggs, D. 1997. Growth and development of the mammalian oocyte. *BioEssays* 19: 875-882.
哺乳類の卵形成に関する総説．

Hamilton, H. L. 1965. *Lillie's development of the chick*. Holt, Rinehart & Winston, New York.
ニワトリの発生学についての古典的記載．

Hatada, Y. and Stern, C. D. 1994. A fate map of the epiblast of the early chick embryo. *Development* 120: 2879-2889.
ニワトリ初期胚の胚盤葉上層におけるさまざまな部域の発生運命に関する解析．

Khaner, O. 1993. Axis determination in the avian embryo. *Curr. Topics Dev. Biol.* 28: 155-180.
ニワトリ胚の体軸決定機構を明らかにした実験発生学的研究についての総説．

Khaner, O. 1995. The rotated hypoblast of the chick embryo does not initiate an ectopic axis in the epiblast. *Proc. Natl. Acad. Sci. USA* 92: 10733-10737.
胚盤葉下層-胚盤葉上層間相互作用についての従来の理解を見直すことになった研究論文．

Kochav, S., and Eyal-Giladi, H. 1971. Bilateral symmetry in chick embryo determination by gravity. *Science* 171: 1027-1029.
重力が軸形成に影響することを示した研究．

Lawson, K. A., Dunn, N. R., Roelen, B., Zeinstra, L. M., David, A. M., Wright, C., Korving, J., and Hogan, B. L. M. 1999. BMP4 is required for the generation of primordial germ cells in the mouse embryo. *Genes Dev.* 13: 424-436.
胚体外外胚葉が胚本体の胚盤葉上層に影響を与えることを，ES 細胞を取込んだキメラ胚の作製により明らかにした研究．

Lemaire, L., and Kessel, M. 1997. Gastrulation and homeobox genes in chick embryos. *Mech. Dev.* 67: 3-16.
ニワトリ胚原腸形成に関する総説．

Pera, E., Stein, S., and Kessel, M. 1998. Ectodermal patterning in the avian embryo: Epidermis versus neural plate. *Development* 126: 63-73.
ヘンゼン結節がどのように周辺組織と相互作用するかについての研究．

Piotrowska, K., Wianny, F., Pedersen, R. A., and Zernicka-Goetz, M. 2001. Blastomeres arising from the first cleavage division have distinguishable fates in normal mouse development. *Development*.128: 3739-3748.
割球の発生運命を検討した結果，マウス胚で最初に生じる2個の割球がすでに発生能の点で等価ではないことを示した報告．

Psychoyos, D., and Stern, C. D. 1996a. Fates and migratory routes of primitive streak cells in the chick embryo. *Development* 122: 1523-1534.
原条を経由する細胞の移動を追跡した細胞標識実験．

Psychoyos, D., and Stern, C. D. 1996b. Restoration of the organizer after radical ablation of Hensen's node and the anterior primitive streak in the chick embryo. *Development* 122: 3263-3273.
結節と原条が，たとえ胚から除去されても後に再生されうることを示した研究．

Stern, C. D. 1990. The marginal zone and its contribution to the hypoblast and primitive streak of the chick embryo. *Development* 109: 667-682.
ニワトリ胚の帯域の役割に関する実験発生学的解析．

Tam, P. P. L., and Behringer, R. R. 1997. Mouse gastrulation: The formation of a mammalian body plan. *Mech. Dev.* 68: 3-25.
マウスの発生に関する最近の詳細な総説．

Weber, R. J., Pedersen, R. A., Wianny, F., Evans, M. J., and Zernicka-Gopetz, M. 1999. Polarity of the mouse embryo is anticipated before implantation. *Development* 126: 5591-5598.
胚盤胞において，内部細胞塊内の細胞の位置により，子孫細胞の近位内胚葉内での分布に違いがあること，つまり胚盤胞の段階ですでに内部細胞塊内に方向性があることを細胞標識実験により示した研究．

Yamaguchi, T. P. 2001. Heads or tails: Wnts and anterior-posterior patterning. *Current Biology* 11: R713-R724.
頭部と前方中胚葉の形成における Wnt 拮抗因子の役割に関する総説．

Yuan, S., and Schoenwolf, G. C. 1998. De novo induction of the organizer and formation of the primitive streak in an experimental model of notochord reconstitution in avian embryos. *Development* 125: 201-213.
ニワトリ胚でオーガナイザーが形成されるメカニズムに関して新たな知見をもたらした研究論文．

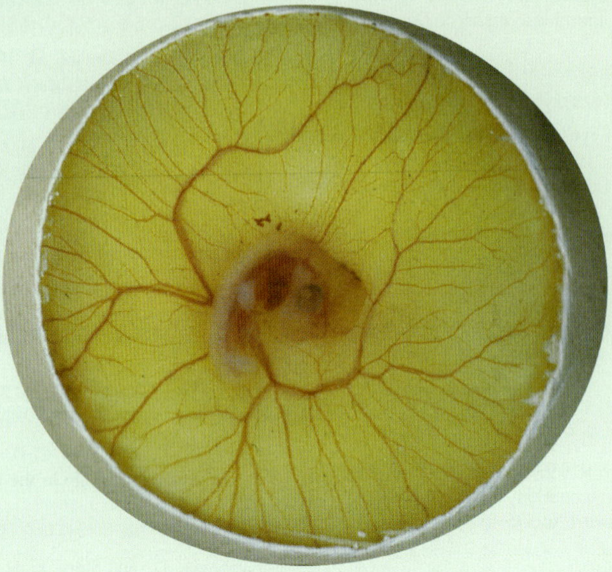

第 III 部

脊椎動物の器官形成

6 脊椎動物における外胚葉派生物の発生

本章のポイント
1. 脊椎動物では，外胚葉は神経管を形成し，神経管はさらに中枢神経系（CNS）を生じる．
2. 中枢神経系の種々の領域でのニューロンの数は神経がその標的と形成する接合部の数により調節されている．
3. 神経管は複雑で分節化した構造をもっている．
4. 眼は前脳領域から生じ，眼形成はマスター遺伝子群の作用により開始する．
5. 外胚葉はまた神経冠という，多種の組織を派生する遊走性細胞集団を形成する．
6. 神経冠の分化は遊走性細胞群の最終位置により制御されている．
7. 外胚葉はまた種々の神経器官と表皮を形成する．
8. 成体における幹細胞は胚の"芽細胞"と同様に分化できる．

　前章まで，活性卵がいかにして胚葉，すなわち組織化された層構造をもつ原始組織に変形していくかについて詳しく述べてきた．後章で，ショウジョウバエを含めた数種の無脊椎動物における種々の分化組織や器官について言及する機会があるが，種々の動物群において器官がいかにして形成されていくかについて比較考察しようとすることは，現段階では厄介で混乱を招きやすいことである．器官形成におけるほぼすべての重要な原則は，たとえその原則を明らかにする実験で最初に無脊椎動物が使われたとしても，脊椎動物に関しても成り立つといえる．したがって，本章の大部分を脊椎動物における器官形成の理論に焦点を当てて述べていくことにする．

神 経 板
外胚葉は神経系と皮膚の発生の源である

　原腸形成運動の結果としてカエル，ニワトリ，哺乳類の胚が同様の"基本設計"を採用することを思い出してほしい．細胞は原腸形成後，胚の表面に残存する細胞，すなわち外胚葉が，一般に単層，あるいは数層の細胞層のみからなる上皮性被覆を形成する．図6・1は外胚葉から形成される器官の概略図を示し，また外胚葉と隣接する中胚葉の間での相互作用の複雑さをも示している．すべての神経系は外胚葉から発生し，下垂体もそうである．外皮の多くの他の構造，たとえば皮膚，毛，羽毛，汗腺，皮脂腺などは，外胚葉が重要な貢献をしているが，外胚葉と中胚葉の両方から形成される複合器官である．これらすべての構造は，どの胚葉がかかわるにせよ，おそらく脊椎動物の体のいかなる器官や組織も，初期発生時に隣接する異なる細胞種間の相互作用により形成されることを知るであろう．

　3章で示した上皮と間充織（間葉）との識別を思い出すことも役に立つだろう．この分類は胚葉の分類とは完全に独立したものである．外胚葉は神経組織，上皮，間

図 6・1 外胚葉の派生物．両生類の若い幼生の側面図．A，B は横断切片 (a) および (b) の面を示す．(a) 頭部を通る横断面．下方ほど後方に傾斜しており，数種の外胚葉派生物と咽頭を示す．(b) 体幹部を通る横断面．頭部構造はなく，脊髄，体節，自律神経節を示す．

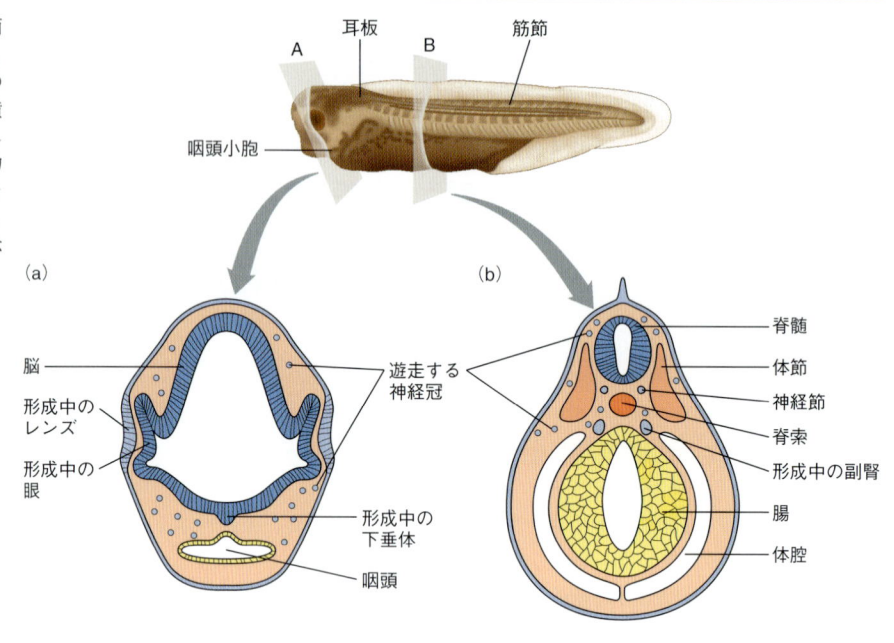

充織を形成する．中胚葉と内胚葉は上皮性組織と間充織性組織との両方を形成する．**胚葉** (germ layer) は胚発生における起原を示し，一方で，**組織種** (tissue type) はある器官内における細胞の種類や構造を示すものである．

神経板は外胚葉の誘導により生じる

シュペーマンオーガナイザー (Spemann organizer) は神経系の形成をひき起こす（誘導する）．これは**一次誘導** (primary induction) とよばれることもある．なぜなら，オーガナイザーの発見につづいて，無数の他の誘導がすべての器官の形成にとって重要であるということがわかったからである．

オーガナイザーとは何であり，どのようにして誘導し組織化するのか．第一の質問に対する答は簡単である．4章からシュペーマンオーガナイザーは原口の背唇を形成する細胞集団であるということを思い出してみよう．背唇は絶えず変化する細胞集団である．表面や表面に隣接する細胞は（両生類では）巻込み運動し，また（羊膜類では）移入する．背唇の細胞は前方中胚葉の正中（脊索）や前方内胚葉の正中（咽頭の内面）となる．

一過性に遊走性をもつこの細胞集団が，将来神経となる運命をもつ外胚葉をどのようにして誘導するかは，全くもってより難解な質問である．オーガナイザー物質の研究は，数十年間にも及んで集中的になされ，その結果多くの研究論文が生み出された．そして，誘導過程のいくつかの重要な特性は明らかにされたが，活性成分の実際の同定は失敗に終わった．最近のわずか数年でようやく大事なことがわかってきた．今ではあと知恵の恩恵を被っているので，なぜそれがとても困難で，長く時間がかかったのかを認識することができる．Spemann と Mangold の研究結果では当初，オーガナイザーが何とかして細胞を刺激して神経に分化させ，刺激なしでは細胞が単に表皮を形成することになると解釈された．研究者らがこの刺激物質を単離しようとしたところ，多くの種々の物質が候補にあがってきた．誘導物質と推定されるものの活性を調べるには，胚につくられた傷の中に哺乳類の肝臓のような組織の抽出物を注入する実験を行うことが多かった．このような胚の発生を進めて，組織が誘導されるかどうかを調べる．あるいは，後期胞胚または初期原腸胚から予定表皮領域を単離し，この組織を単純な生理食塩水中で培養するという実験もあった．この培養系に候補物質がさらに加えられ，数日後，外植体組織は，形態や染色される特徴によりニューロンが存在するかどうか調べられた．

こういった実験結果の解釈はたちまち混乱を招いた．非常に多くの種類の物質あるいは事象が誘導をひき起こしうるように思えたのである．また，実際に神経組織とみなされたものが実験によって異なることもあった．たとえば Mangold や Spemann によって初めて使用されたサンショウウオのような生物の予定外胚葉に対して，pH や K^+ 濃度を変えるという処理でさえもニューロンを形成することができたのである．1980 年代後半の実験に

よれば，誘導を受けていない予定外胚葉をばらばらに分離し，数時間後にその単一細胞を再集合させて凝集性の組織にすると，ニューロンを形成することが可能であることが示された．（単一細胞への組織の分離と組織への再集合に関する考察については，12章参照．）

ここで過去を振返ると，二つの教訓がある．第一に，生物学的に活性のある物質を生化学的に探求するには，単純で"純粋な"アッセイを必要とする．研究者らが，pHの変化を含め，活性がある可能性のある物質などを見いだしはしたが，誤解させるような整理しかされていないという事実は，過去になされてきたアッセイに問題があったということである．第二に，生じた結果を適切な見地から評価することが重要である．ごく最近になって研究者は，おそらくシュペーマンオーガナイザーの活性物質はニューロン形成を誘起していないが，ニューロン形成に関与する細胞が表皮になることを防いでいたことを理解するようになった．現在の専門用語では，外胚葉の"デフォルト（初期）状態"は表皮ではなく神経であり，オーガナイザーの役目は表皮になろうとする傾向を打消すことであると考えられている．このあとすぐに述べることになる有力な実験証拠から，このようなより最近の見解が支持される．たとえオリジナルの実験事実がほとんど正しくても，科学研究の成果が理解される枠組で解釈された結果行き詰まることはめずらしくない．

図6・2は，たった今述べた神経の誘導に関する二つのモデルを示している．第一のモデル（図6・2a）では，オーガナイザーが外胚葉を刺激して神経に変え，刺激しなければ表皮になってしまうことを示している．第二のモデル（図6・2b）では，外胚葉に表皮を形成させるシグナルをオーガナイザーが打消し，その結果，"デフォルト"あるいは"基底状態"としての神経組織という表現型が表れることが可能になる．別の方法で違いを表現するとすれば，オーガナイザーが神経反応をひき起こすか，あるいは表皮形成を止める指令を下すかということである．

シュペーマンオーガナイザーに関する理解のもう一つの重要な側面は，ニューロンを識別する方法が非常に進んだということである．これは，主として神経発生過程で活性化している，あるいは必要とされる遺伝子を同定する分子生物学の力によるところが大きい．遺伝子の活性は，これらの遺伝子によりコード化されたタンパク質に対してつくられた抗体を使用することで間接的にうまく検出され，神経の表現型を識別する簡単で有力な手段を提供しているのである．

図6・3は，シュペーマンオーガナイザーが外胚葉に

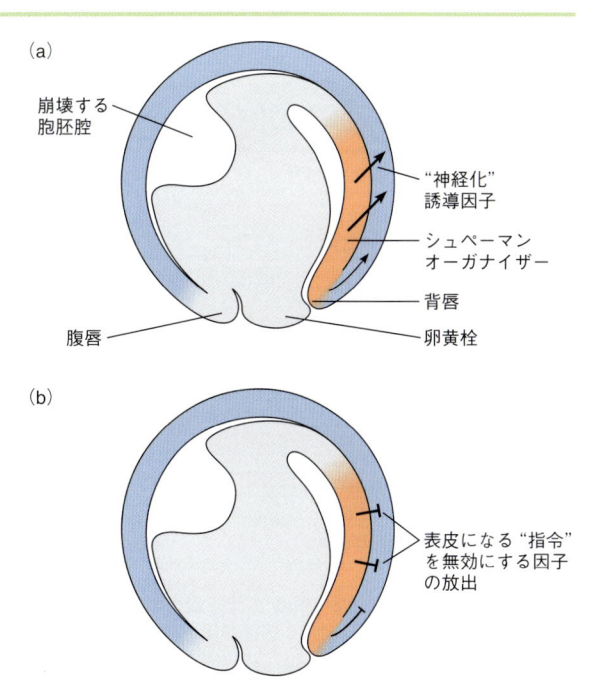

図6・2 神経誘導モデル．原腸形成中期の両生類胚の断面図．神経誘導の二つの異なるモデルを示す．（a）シュペーマンオーガナイザーの"ポジティブ"な誘導モデル．原口と背側中胚葉の背唇から放出される因子はその直上に外胚葉を誘導し，種々の神経組織を形成していく．（b）"デフォルト"モデル．植物極および外側組織から放出されるシグナルにより，通常，外胚葉は表皮へと分化していく．しかし，シュペーマンオーガナイザーや背側中胚葉から放出される因子の混合物がこれらのシグナルを打消すことにより，背側外胚葉が神経組織に分化することが可能となる．

神経形成の方向に向かうよう直接影響をどのように及ぼしているのかについて現在の見解を概説したものである．オーガナイザーは数種の分泌性分子の源である．これまでのところ，識別された主要なオーガナイザー因子はNoggin（ノギン）とChordin（コーディン）であるが，他の因子も同様に存在すると考えられている．分泌因子の集まりは"カクテル"とよばれることもある．NogginやChordinは，BMP（5章参照）という成長因子ファミリーの因子と相互作用することができる．BMPは胚の予定辺縁部や腹部の細胞から分泌される．これらのリガンドは，分泌源から拡散し，動物半球にある細胞に到達し，原腸胚期に濃度勾配を形成する．BMP群，特にBMP4や，やや程度は低いがBMP2やBMP7は，外胚葉細胞の細胞膜中にある二量体受容体との相互作用を行い，この相互作用が表皮への分化経路を導く．背側正中部にあるオーガナイザー組織は，抗BMPカクテル，つまりBMPが予定**神経板**（neural plate）細胞に作用するのを防ぐタンパク質群を分泌する．

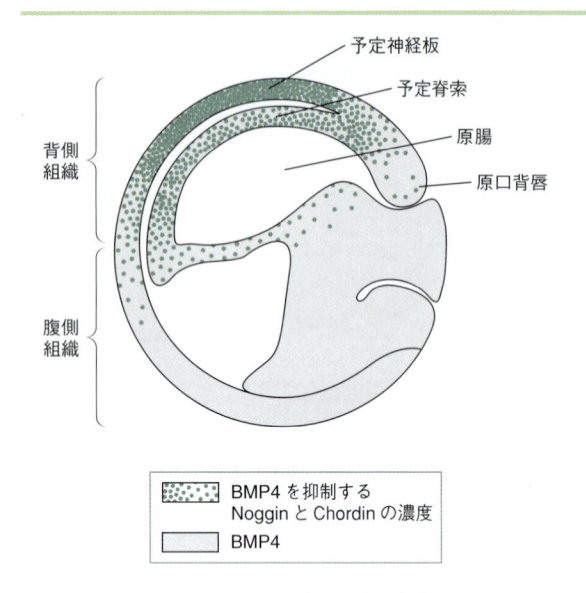

図6・3 シュペーマンオーガナイザー由来のChordinとNogginによるBMP4に対する拮抗作用. 原腸形成後期の両生類胚の断面図.外側および腹側の組織はBMP4を放出し,これにより外胚葉は表皮となる.この間,脊索はBMP4の拮抗因子,すなわち,NogginとChordinを産生し放出する.拮抗作用は背側正中部で最も強く,そのため,この部位では神経分化が進行する.

このため,BMP群の濃度が低く抗BMPタンパク質の濃度が高い部分である背側正中部はデフォルトとして神経となる.15章と16章で,成長因子と受容体が神経形成のこれら一連の基本的変化をどのようにしてもたらすかについて,より詳細にみることになる.

この時点で,前述された内容に関する理解が整然と整理されていないので,いくつかの質問をあげてみよう.たとえば,予定表皮や神経管の間にある明瞭な境界はどのようにして生じているのか.BMPシグナル伝達を阻害する因子群の単一の"カクテル"に接触することで,どのようにして神経板の前後軸に沿った(つまり,脳-脊髄方向の)構成が生じるのか.オーガナイザーは唯一の因子源であるのか,あるいは他にも存在するのか.すべてのシグナルが直接伝達されているのか,あるいは,いくつかの"中継"メカニズムを含んでいるのか.これらの質問のうち,本章では第二,第三の質問を扱い,第一の質問(明確な境界に関して)と最後の質問("中継"に関して)については,後章,特に15章と16章で軽くふれるのみとする.

初期神経板の組織化

シュペーマンオーガナイザー,および,それに由来する脊索の直接の作用は,予定神経板の外胚葉細胞が変形することである.特に,予定神経板の外胚葉細胞は**柵状反応**(palisade reaction)により動植物の軸に沿って丈が長くなり,円柱状細胞の盛り上がった"舗道"が形成される.さらに,神経板中の細胞が再配列するにつれて,神経板領域全体が伸展していく(図6・4参照).この再配列は収束伸長(convergent extension)とよばれ,以前の章で詳しく述べた収束伸長と類似しており,13章でさらに説明する.神経板の伸展はまた部分的には脊索の伸展により誘導される.その証拠は,脊索を外科的に取除くと神経板が伸展しない,また,特有の西洋ナシ形の概観(背部から観察した場合)を示さないという結果から得られるものである.神経板の円柱化が完成に近づいていく間に,4章で述べたように,この伸展していく西洋ナシ形の神経板から神経管の形成が始まる.

神経管形成が完成する前でさえ,神経板の細胞に前後軸に沿った違いが存在する.神経板のさまざまな部位を(その直下の中胚葉をつけた状態で,あるいは中胚葉なしで),前後方の軸に沿って一つの位置から別の位置へと移植する実験が多数行われてきた.移植された組織は新しい環境というよりは,もともと取られた位置(いいかえれば,その通常の運命)に従って分化する際だった傾向をもっているのである.最近の実験では所定の区域を特徴づける種々の分子マーカーが可視化されており〔たとえば,HOM遺伝子(ショウジョウバエの分節の個性あるいは分化の種類を特異化する遺伝子であり,詳しくは15章参照)のホモログを染色する抗体によって〕,同じ結論を導いている.すなわち,前後軸に沿った中枢神経系の領域化は原腸形成終了時にはすでに始まっているのである.

両生類胚を用いた実験から,BMPシグナルを抑制すること(一次誘導)が,結果として頭部の"特徴"を備えた神経外胚葉を形成することになるという考えが強く支持される.結果として生じるニューロンや,それらの原始的な組織構成や発現される分子マーカーさえ,脳の特徴を示している.簡単な実験(図6・5)により,前後方向の組織化の始まりが示される.神経板の前方領域を器官培地で培養すると,その結果外植体には眼組織の形成が確認される.これに対し,培養される部分が神経板のより後方部である場合,眼組織は決して形成されない.

ほとんどの研究者は,BMPシグナルの抑制以外に他の何かが後脳や脊髄の形成のために生じることが必要であると信じている.それが何であるかに関しては議論の余地がある.中胚葉下部および原口背唇,あるいはその

神 経 板　101

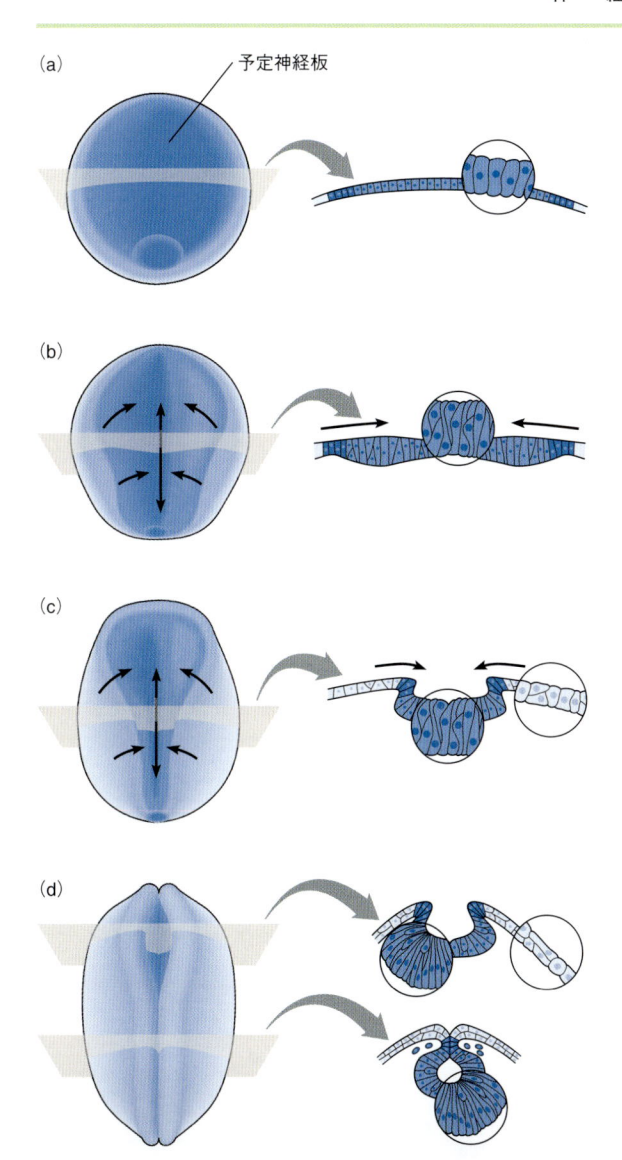

図 6・4　**神経板の柵状反応と収束伸長**．左図：段階的な神経板形成の背面図．神経板が前後方向へと伸長するとともに組織が移動する．矢印はこの組織移動の方向を示す．神経褶は正中に向かって折れ曲がり，神経管を形成する．右図：形成中の神経管の断面図で，細胞が立方状から円柱状配列へとどのように変化し，折れ曲がり部を形成するのかを示す．細胞形態の変化は隣接する上皮組織にではなく，神経板に生じる．円内は拡大図．(a) 原腸胚後期．(b〜d) 初期神経胚から後期神経胚の段階．神経冠細胞は濃青で示してある．

両方から発生するシグナル伝達分子の別グループが，一次誘導の結果を"後方化"するのに必要であるという主張がある．(Wnt（ウィント）ファミリーの因子とともに作用するFGF，およびレチノイン酸は現在，有力な候補となっている．) 別の研究者は，発生中の中胚葉やシュペーマンオーガナイザーから生じる物質のカクテルに接触する時間の長さや強さが，後脳や脊髄を形成するのに十分であると信じている．多様な二次的な細胞間のシグナル伝達はこういったことに関連している可能性が高い．このことに関しては，16章でさらに検討することにする．

成長因子 Sonic Hedgehog の局所拡散による神経板および神経管の背腹パターン形成

神経板および神経管の組織化もまた発生の初期，少なくとも神経板が明らかになる時期に生じ，神経板の組織化は原腸形成時に進行中であるという証拠がある．重要な登場人物は，脊索（両生類では，シュペーマンオーガナイザーに由来することを思い出そう），および，**底板**（floor plate），すなわち脊索（に対して背側）の直上に存在する神経板の一部である．

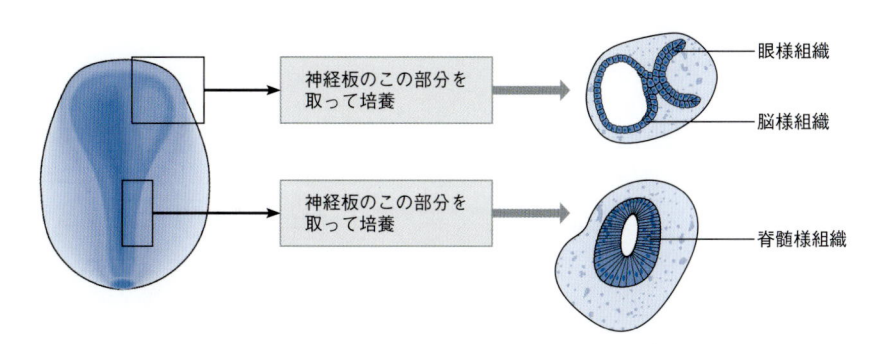

図 6・5　**神経板の領域的特徴**．神経板の前方部を外植し培養すると，脳と眼の形成を伴う神経構造を含む胞状組織が形成される．このことは，前方部の分化特性を表す分子マーカーによって確認できる．これに対し，神経板の後方部を外植すると，脊髄様の構造が形成され，後方部の適切な分子マーカーが発現される．

図6・6は，脊索のある部分をある胚から別の胚の新しく形成された神経管の外側部位に移植する実験を示している．この第二の脊索は次に第二の底板を誘導し，二つの底部をもち，非常に乱れたパターンの奇妙な脊髄が生じる．この種の多くの実験から，脊索およびそれに隣接する神経板や神経管の底板域が，発達中の脊髄の背腹構成を組織化する重要なオーガナイザーセンターであると明瞭に同定された．背腹パターン形成に関与する主要なシグナル伝達分子のいくつかはすでに知られている．

図6・7は，発生中の神経管の背腹構成を確立する際に，シグナル伝達分子Sonic Hedgehog（Shh）が重要な役割を果たしていることを概説している．shh遺伝子は，ショウジョウバエでの分節および器官のパターン形成に重要なシグナル伝達分子（Hedgehog）の脊椎動物におけるホモログをコードしている（14章，15章参照）．Shhは前駆分子として分泌され，自己触媒作用の方法で二つに分断される．前駆分子のカルボキシル末端COOHにコレステロールが結合すると，前駆分子のアミノ末端NH_2部位はさらに修正され，この時点で活性化したリガンドとなる．（タンパク質のアミノ末端とカルボキシル末端は，しばしば単にN末端，C末端と表される．）このC末端のコレステロール化は，活性化したShhを細胞膜に拘束する傾向があり，それにより，Shhの拡散がある程度制限されることになると考えられている．

Shhシグナルが分泌源から離れたところで活性化される正確な方法は，まだ完全には理解されていない．これまでに理解されているのは，脊索および底板ともに，Shhが重要な役割をもつと考えられる時と場所にShhを分泌するということである．ほとんどの実験証拠はこの結論を支持している．すなわち，（Shhを中和する抗体の利用により）Shh活性を阻害することで，CNSの適切な背腹パターンの発生が阻害される．Shhを分泌するよう改変された細胞を移植して，shhを異所性に発現させると，余分なShhの分泌源に最も近いところが腹側化された異所性の背腹パターンが形成される．腹側正中線に近い細胞をShhへ暴露すると，結果としてpax6のような，脊髄の腹側部位で発現することで知られる遺伝子の転写を生じる．Shhは神経管の腹側部位でBMP4の活性を抑制する．Shhへの暴露を受けることにより，腹側神経管には運動ニューロンおよび，腹側タイプの介在ニューロンが出現する．（介在ニューロンとは，神経突起が完全にCNS内に存在するニューロンである．）他の因子，特にBMP拮抗作用をもつChordinなどはShhとともに腹側脊髄中の神経分化のパターンを確立するよう共同して作用するという有力な証拠が存在する．

Shhの影響はさらに広範囲にわたる．Shhの種々の濃度が腹側脊髄中における種々のタイプのニューロンへの分化を介助している可能性がある．いいかえれば，Shh

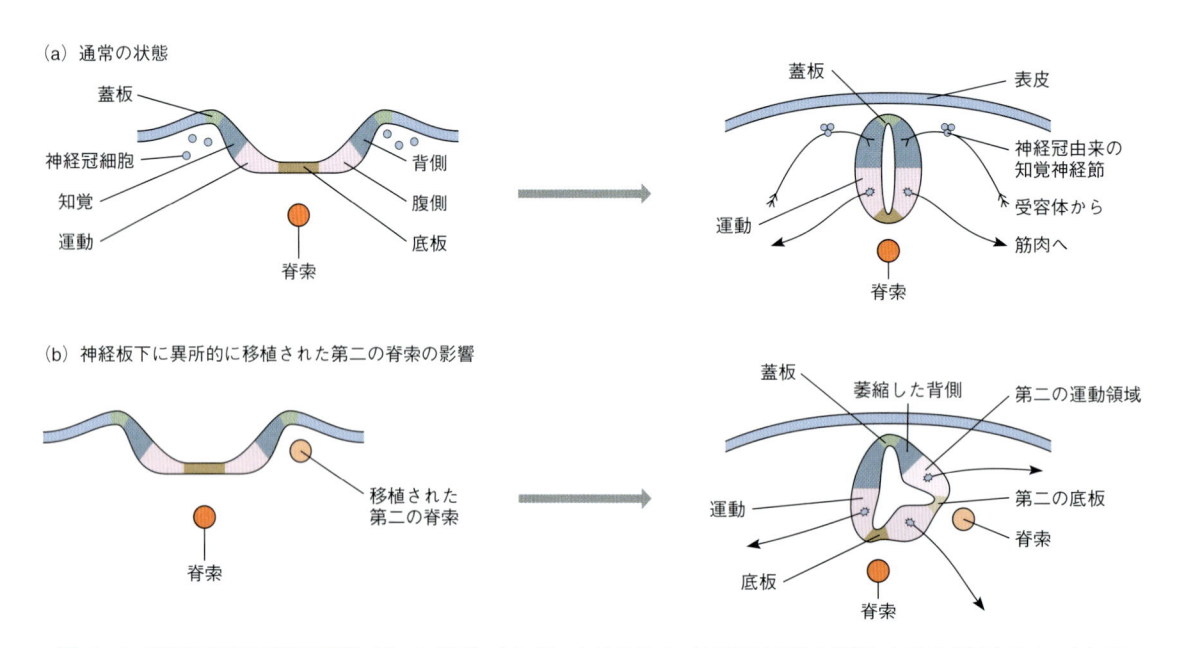

図6・6 脊索による神経管の背腹パターン形成．（a）開いた神経板で，神経管形成後の脊髄における領域を示す．（b）ドナー胚からの脊索断片を宿主胚の形成中の神経管下のいろいろな部位へ挿入すると，宿主の脊髄に付加的な"腹側"域を誘導することになる．

神 経 冠

きにも数種のBMP分子の発現が生じるようになる．背側脊髄の直上に存在する外胚葉もまたBMPを分泌する源である．*msx*, *pax3*および*pax7*のようなShhによって抑制される転写因子遺伝子は，背側神経管で発現する．交連性の介在ニューロンおよび背側タイプの介在ニューロンはShhの影響が低い，またはない背側神経管に発生する．("交連"とは，正中を横切って神経突起を送るニューロンである．ボックス6・1参照．)おそらく最も重要なことには，外側神経板は神経管の背側部位を形成するとともに，**神経冠** (neural crest，神経堤ともいう)という細胞集団を生じる．神経冠に関しては，4章ですでに述べたが，次節では神経冠細胞が発生中の脊髄の外部に存在する一次感覚ニューロンを産生することについて検討する．

神 経 冠

神経冠は多能性と遊走性をもつ細胞の集団である

神経冠は，予定表皮と神経板間の境界に存在する上皮性細胞から発生する．BMP4および拮抗作用のあるはモルフォゲン(morphogen，3章参照)のように作用している可能性がある．神経板外側部から発生し，表面外胚葉に隣接して存在する脊髄の背側部位は，異なる分子の影響に暴露される．BMPの発現は，この隣接した神経にならない外胚葉にみられ，神経管蓋板が形成されると

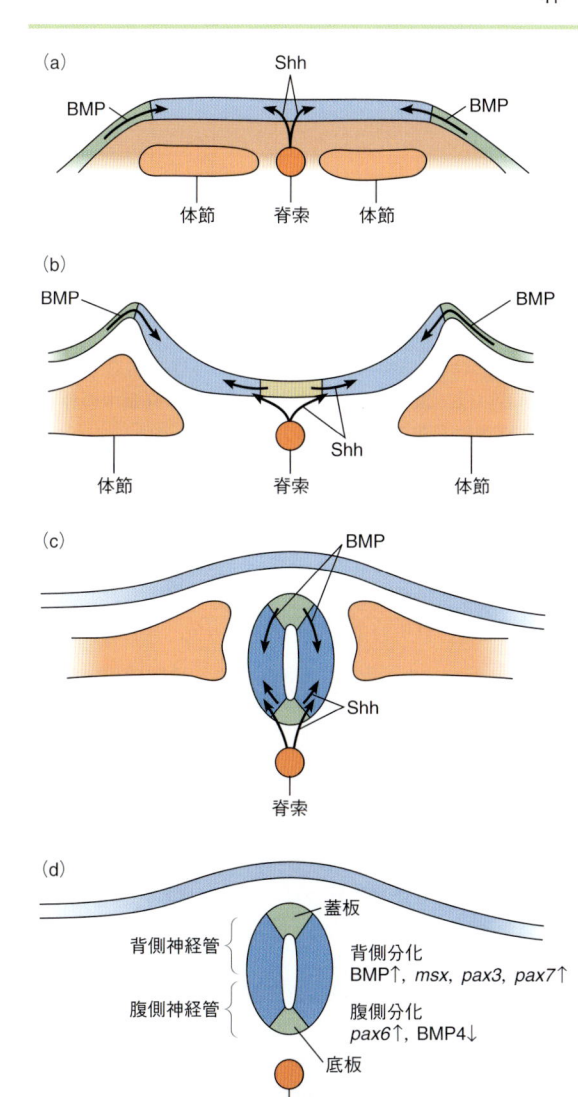

図 6・7 脊索と底板のシグナル伝達分子．発生途上の神経管の図で，神経管形成中の種々のシグナル伝達分子の放出および作用する場を示す．(a) 開いた状態の神経板は脊索からのShh，および外側部組織からBMPに暴露される．(b) 神経板は神経管形成時もこれらの分子に暴露され続けている．予定腹側神経管(底板)もShhを放出する．(c) 背側神経管はBMPを放出する一方，脊索および背側脊髄はShhを放出する．これらの反対方向の濃度勾配により，(d) に示すような領域特異的な分化が誘導される．

表 6・1 おもな神経冠派生物

組 織	派生物	
	体幹と頸部神経冠	頭部神経冠
色素細胞	メラノサイト	小さな寄与
知覚神経系	脊髄神経節	脳神経 V, VII, IX, X
自律神経系		
交 感	頸部神経節	
	椎骨神経節	
	内臓と腸管神経節	
副交感		頭部と頸部の副交感神経
		内臓内在性神経節
骨格と結合組織	魚類と両生類の背側ひれの間充織	頭部柱状骨
	大動脈弓壁	頭蓋骨基板
	傍甲状腺基質	索傍軟骨
		歯の象牙芽細胞
		頭部間充織
		頭蓋膜性骨
内分泌腺	副腎髄質	
	カルシトニン産生細胞	
支持細胞	いくつかのグリア細胞	いくつかの支持細胞
	シュワン細胞	
	髄膜への寄与	

ボックス 6・1　神経系の細胞

非常にさまざまな細胞種が無脊椎動物および脊椎動物の両方の神経系にみられる．ニューロンの形態は，**神経突起**（neurite）とよばれる，細胞体から伸長する非常に長い突起により特徴づけられている．たとえば，ヒトの脊髄中の細胞体に由来する神経突起は，足の筋肉に神経を分布させるため1 mも伸長している．神経突起は，細胞体に向かって，あるいは細胞体から神経インパルスを伝導する．専門用語では，神経突起を樹状突起（神経インパルスを細胞体へ伝導する），および軸索（神経インパルスを細胞体から伝導する）とよぶ．現在では，生物学者は細胞体へ神経インパルスを伝導する神経突起に**求心性**（afferent），細胞体から神経インパルスを伝導する神経突起に**遠心性**（efferent）という用語を適用するほうが有用であると理解している．

ニューロンおよび神経突起の形態は途方もなく多様である．求心性神経突起は，たとえば，皮膚における痛み，熱，嗅上皮におけるにおいに対する知覚受容器と結合している．あるいは，求心性神経突起は，脳または脊髄中の種々の遠心性神経突起に一方向性のシナプスで連結している．同様に，遠心性神経突起は，CNSの中心（たとえば，脳または脊髄）から，あるいは自律神経節からのインパルスを，筋肉または分泌細胞に伝導する．遠心性神経突起もまた脳および脊髄中の求心性神経突起や他のニューロンの細胞体とシナプスを形成している．したがって，神経系の機能的な連絡は，筋肉および分泌細胞との遠心性神経突起の連結とともに，ニューロン細胞体および遠心性や求心性神経突起間のシナプスで全体が構成されている．図(a)は基本的なニューロンの解剖図であり，図(b)はさまざまなニューロン形態の種類を示している．

神経系はさらにニューロンを保護し，支持し，おそらく栄養を与えるのに不可欠な細胞を含んでいる．神経冠から発生する細胞は，脳および脊髄の外で体の種々の組織や器官へと伸長する求心性（知覚性）および遠心性（運動性）神経を取巻いている．このような**シュワン細胞**（Schwann cell）は，**ミエリン**（myelin）とよばれる脂質に富んだ保護物質を形成し，末梢神経突起の周囲を包み，白く輝く外観を与えている（図a参照）．脳および脊髄中の神経板から発生する細胞のなかには，**神経グリア**（neuroglia，単にグリアともいう）を形成するグリア細胞（glial cell；神経膠細胞ともいう）があり，これもミエリンを形成する．グリア細胞には数種の細胞型があり，すべては脳および脊髄を適切に機能させるのに不可欠な細胞である（図c参照）．多くの脳腫瘍は神経膠腫であり，グリア細胞がまちがって調節されて増殖することにより生じるものである．

ニューロンおよびグリア細胞の形態．(a) 単一のニューロンの高度に模式化された図で，細胞体，求心性神経突起，遠心性神経突起を示す．遠心性神経突起はここでは筋繊維に連結している．シュワン細胞が遠心性神経突起を包んでいる．(b) 中枢神経系でみられる異なる種類のニューロンの図．多様な形態に注目せよ．(c) さまざまな形態を示すグリア細胞．

(a) ニューロンの解剖
筋繊維
遠心性神経突起（軸索）
求心性神経突起
細胞体
シュワン細胞

(b) ニューロンの形状

(c) 神経グリア
原形質型アストロサイト
繊維型アストロサイト
オリゴデンドロサイト（希突起膠細胞）
ミクログリア（小膠細胞）

Nogginの相対的な濃度の高さが，この初期の遊走にとって重要であるということが証明されている．この初期段階で，神経冠はショウジョウバエの*snail*遺伝子に関連する遺伝子（マウスでは*snail*遺伝子，ニワトリでは*slug*遺伝子）の特有な発現により，識別することができる．これらの遺伝子発現は神経冠を発生させるのに必要である．

神経冠はたとえば，色素細胞，数種のニューロンおよび支持細胞，内分泌組織，そして頭部に広く存在する間充織組織など，非常に多くの異なる組織を形成する（表6・1）．図6・8は神経冠細胞が脊髄領域から出現するときにたどる遊走経路を示している．表皮下に遊走し，色素細胞を形成する細胞もあれば，より腹部に遊走し，知覚神経節や自律神経節，および副腎髄質を形成する細胞も存在する（図6・8a）．脳領域の神経冠は脳神経の種々の知覚神経節の形成に寄与している．さらに軟骨，骨，歯，その他の間充織組織をも形成する．頭部の筋肉は中胚葉から形成される．

体幹では，神経冠細胞は隣接する体節の前半部に沿って，またその中を通って遊走し，体節後半部は回避する（図6・8b）．この選択性の分子的基盤はまだ明らかになっていないが，最近の知見によれば，体節前方部ではなく，後半部の細胞表面に接合する分子（エフリン）が神経冠細胞を阻害している．

このような神経冠のふるまいは二つの根本的で相関する質問を提示する．第一に，神経冠細胞はそれぞれの特定の位置へどのように遊走するのか．おそらく，神経冠細胞は分子経路により誘導されるか，あるいは化学的道標により誘引されている．この種の質問は，形態形成の多くを理解する核となる部分にある．したがって，神経冠細胞遊走のより詳細な探求は12章になってから述べることにし，そのなかで，形態形成のメカニズムについて考察しよう．このような神経冠細胞がそれぞれの目的地へどのように遊走するのかに関する理解は，まだ決して完全なものではない．

神経冠細胞の分化は大部分位置によって決定される

第二の質問は，神経冠細胞が神経管の閉鎖中に神経板から出現するときに，すでに，それぞれのアイデンティティーを知っているかどうか，あるいは，特定の分化経路は最終的な位置により神経冠細胞に与えられるかどうか，ということである．これにはかなり明確な答が存在する．いくつかの自律的な制限が存在するが，神経冠細胞は最終位置に従って分化する．選択された最終位置は，神経冠分化を制御する化学シグナルを供給している．

新しく形成された神経冠の個々の細胞を細胞系譜トレーサーにより標識すると，その単一細胞の子孫は数種の構造に寄与することが見いだされている．したがって，多くの，おそらくすべての発生する神経冠細胞は多能性である．

最終位置の重要性は移植実験を行うことにより示される．特に重要な情報を与える実験の一つは，ウズラの神経冠をニワトリの種々の位置に，あるいはその逆の移植を行うことである．ウズラとニワトリは非常によく似た

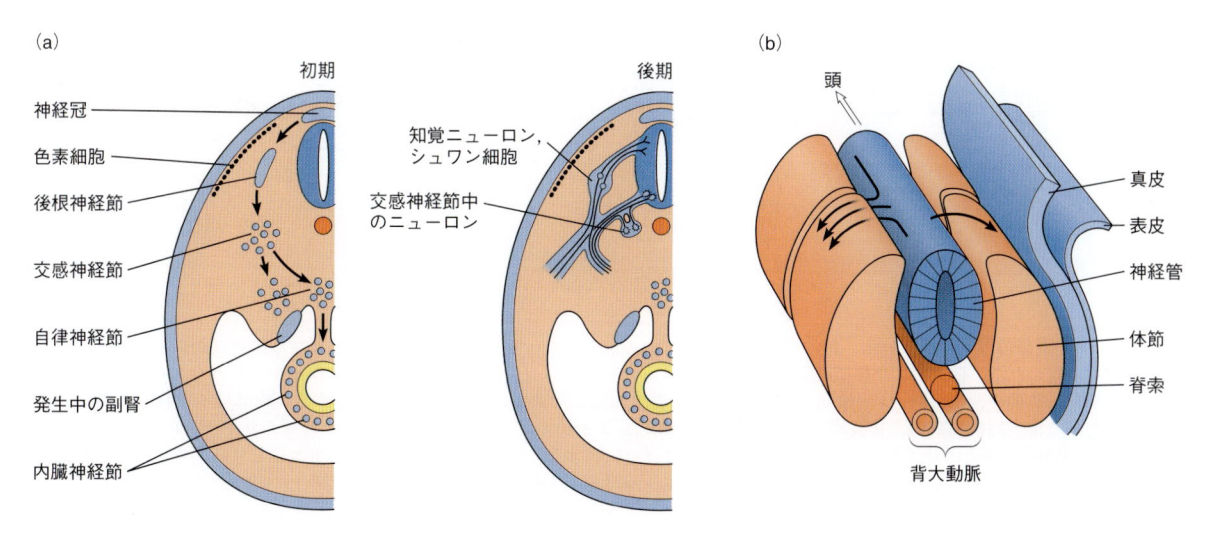

図 6・8 神経冠細胞の移動経路． (a) 脊椎動物胚の体幹中間部の断面図で，神経冠の種々のタイプの分化を示す（表6・1も参照）．(b) 外胚葉を取除いた胚の内部切断図．矢印は体節部位での神経冠細胞の移動経路を示す．移動経路は体節前方部に限られている．

発生をする．したがってこの種の対照移植により，2種間の神経冠移植組織が正常な発生を示していることが示される．ところが2種の細胞の核はかなり異なる染色性をもつ．染色におけるこの違いは天然のマーカーとして役立ち，研究者がニワトリ組織中のウズラ細胞を，あるいはその逆を識別することを可能にしている．

通常，体節レベル1〜7の限定された領域から遊走する神経冠細胞は腸へ移動し，そこで，腸管神経節を形成し，神経伝達物質であるアセチルコリンを合成する．他方，体節レベル18〜24から遊走する神経冠細胞は副腎髄質を形成し，ノルエピネフリン（ノルアドレナリン）を分泌する．図6・9は，これらの二つの領域間の組織交換を利用した移植実験を示している．体節レベル1〜7から遊走する神経冠細胞を体節レベル18〜24に移植すると，機能的な副腎髄質が形成される．逆に，体節レベル18〜24から遊走する神経冠細胞を宿主胚のより前部の体節レベルに移植すると，機能的な腸管神経節が形成される．

しかし，神経冠細胞の多能性は絶対的ではない．頭部領域から遊走する神経冠細胞が後部の体節レベルに移植されると，新しい場所と調和した形で感覚系や自律神経系のニューロンを形成する．しかし，発達中の頭部に移植された体幹領域から遊走する神経冠細胞は，通常は頭蓋の神経冠細胞によって形成される骨格の構造を形成できない[*1]．

神経系成長の制御

神経管中の細胞増殖は厳密に調節される

神経管は最初に形成されるとき，単層の偽重層上皮で構成されている．神経管形成中に形成された中心管に隣接した部分には**上衣**（ependyma）とよばれる立方上皮が形成される．脳の上衣のいくつかの部分には血管系が発達し，この上衣は脳の中心管に存在する脳脊髄液の分泌において重要な役割を果たす．

神経上皮細胞は，上衣帯から表面の**周辺帯**（marginal zone）まで延びている．上皮中の細胞がG_2期の終期に近づくと，核は上衣帯側に移動する．細胞は丸くなり，細胞分裂を行う．その後，2個の娘細胞は再び細長い形状をとる[*2]．発生がさらに進むと，増殖している細胞集団

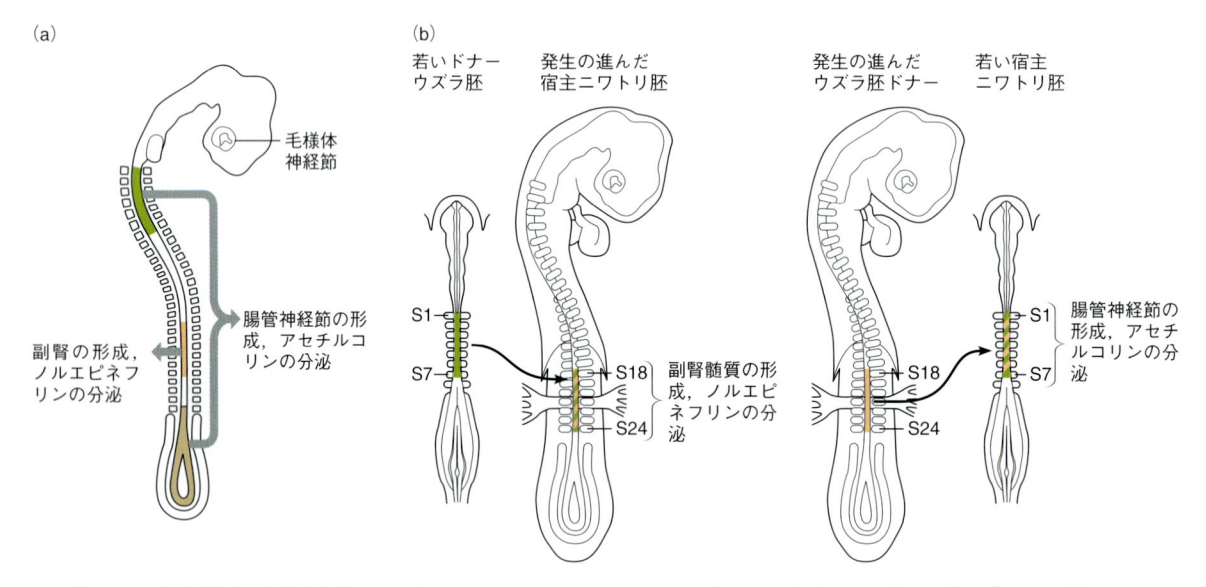

図6・9 最終位置と神経冠分化． 1982年にNicole Le Douarinらによって行われた実験では，異なる体部域からの神経冠の交換が行われた．宿主および移植細胞を容易に識別するために，ニワトリとウズラの胚間で移植が行われた．(a) 正常発生では，体幹中間部（18〜24体節）の神経冠は副腎髄質を形成し，ノルエピネフリンを分泌する．胸部（1〜7体節）の神経冠と仙骨部（28体節以降）の神経冠は交感神経節を形成し，アセチルコリンを分泌する．(b) ウズラ胚ドナーの胸部（1〜7体節）の神経冠をニワトリ胚の腰部（18〜24体節）の神経冠に移すと，副腎髄質を形成し，宿主ニワトリ胚内でノルエピネフリンを分泌する．逆に，ウズラ胚ドナーの腰部（18〜24体節）の神経冠がニワトリ胚の胸部（1〜7体節）の神経冠に移されると，腸管神経節を形成し，宿主ニワトリ胚内でアセチルコリンを分泌する．

[*1] 訳注：ごく最近これに反する結果も報告されている．
[*2] 訳注：神経上皮細胞は分裂中も上衣と周辺帯に結合しているという報告がある．

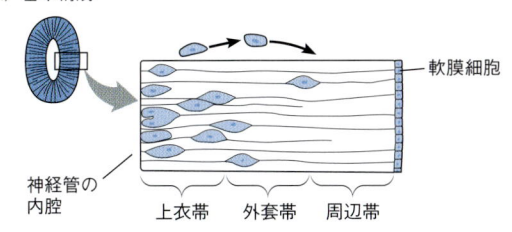

神経系成長の制御

図 6・10　神経管中の細胞増殖. 脊椎動物胚の神経管における神経芽細胞増殖パターンの模式図. (a) 神経管の基本的構成. 中心管に近い上衣帯および中間の外套帯(両方とも核のある細胞体で充満している), そして最外側の周辺帯からなる. 周辺帯の外側は軟膜細胞が覆っており, 神経管の周囲に軟膜を形成している. (b) その後の脊髄の分化段階. (c) 発生途上の小脳. 発生途上の小脳における神経芽細胞の移動はさらに複雑な周辺帯を形成する. (d) 発生途上の大脳. 大脳の外套帯を通過して周辺帯へ遊走する神経芽細胞は細胞と神経突起の新しい層を形成する.

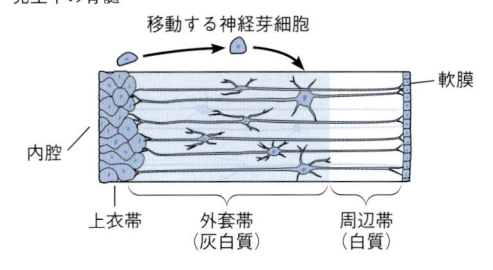

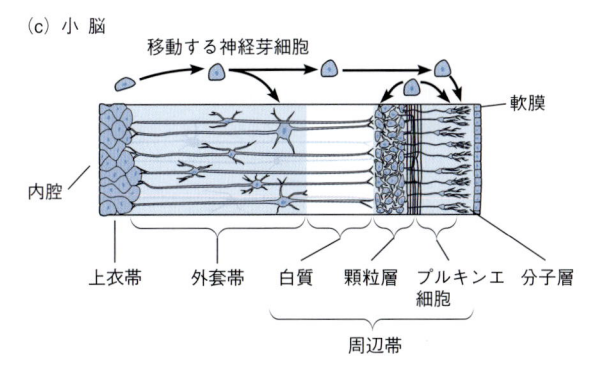

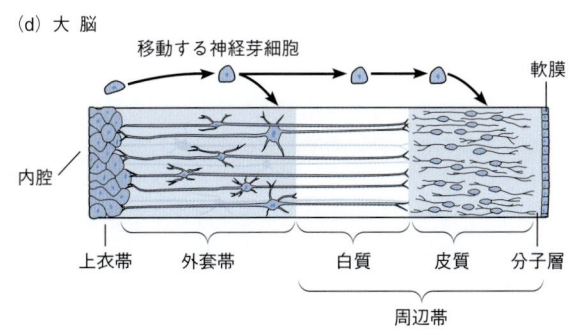

は上衣帯と辺縁帯の間にある**外套帯**(mantle zone)に居つくようになる. 外套帯の細胞は, ニューロンおよびそれを支持するグリア細胞を形成し, 一方, 上衣帯の近くの細胞はより多くの細胞を産生し続ける. 長い神経突起は, 神経管のより表層に沿って伸長する傾向がある. したがって, 外部の周辺帯には細胞体が少なく神経突起が多いことになる(図6・10). この解剖学的構造上の配列は脊髄および菱脳ではほとんど同じであるが, 中脳域と前脳域では二次的な細胞分裂および細胞遊走が局所的にみられる.

中枢神経系でみられる種々の細胞種になじみのない読者は, ニューロンとグリア細胞の考察のためにボックス6・1を参照されたい.

ニューロン集団の大きさは末梢標的の大きさに左右される

脊髄中の細胞体数は場所に応じて異なる. たとえば脊髄は, 腕や脚のレベルでは, もっぱら腹側両面の外套域に存在する運動ニューロンの数が多いためにより大きくなる. このようなことは, 肢に分布する運動ニューロンを形成する細胞が, 脊髄の他のレベルにある細胞よりもはるかに大きな**末梢標的**(peripheral target), すなわち広範囲の筋肉に神経を分布させるから起こるのだろうか.

数十年前に行われた移植実験は, これが真実であることを明白に示した. 初期胚の段階で片側の肢を取除くと, 通常であれば脊髄のこの部位に備わるべき非常に多くの運動ニューロンが存在しないことが示された. もっと正確にいえば, 消失した肢に神経を分布させていたであろう脊髄の片側の運動ニューロンが死滅した. また, この片側の知覚神経節のニューロンは, 正常で操作されていない側よりも少なかった. 他方, 既存の肢に隣接して過剰の(付加的)肢を移植することにより, ニューロン数の増加区域が広がり, 拡大した脊髄神経中枢が導かれた(図6・11). この実験やその他の同様な実験から, 末梢標的域の神経分布や標的の大きさや量が中枢神経系の一定の細胞種の数に影響を及ぼしていることが示された.

中枢神経系の細胞数はおそらくアポトーシスの阻害により制御されている

研究者は長い間, 神経管中の細胞分裂により発生する

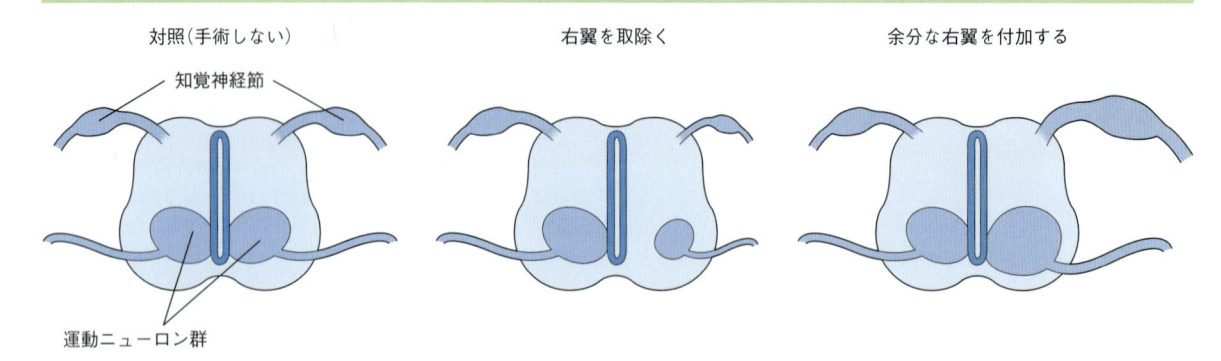

図 6・11 肢の変化がニューロン数に及ぼす影響. 肢芽を付加，または除去した場合に，神経が分布した翼部の脊髄領域の大きさがどのように変化するかを示す実験．正常なニワトリ胚では，翼部の知覚および運動神経核は脊髄の両側でほぼ同じ大きさである．正常な3日目のニワトリ胚から肢芽が取除かれると，翼のない側の翼部に神経を伸ばす運動および知覚ニューロン群の数は非常に減少する．反対の実験として，宿主に余分な肢芽を移植すると，片側に複製された翼をもつ動物が形成される．このとき，翼部に神経を分布させる運動および知覚ニューロン群はかなり拡大する．

多くのニューロンは成体まで存続しないと認識していた．正常な発生過程における細胞のこの選択的な消失，すなわち**プログラム細胞死**（programmed cell death）は，動物の生きている間中，広範囲に渡って生じる．神経系の中だけでなく，発生中の多くのさまざまな場所で選択的細胞死が目撃される．プログラム細胞死は最近では**アポトーシス**（apoptosis）とよばれている*．

中枢神経系の細胞数を制御するメカニズムとして，プログラム細胞死を"阻害"することがありえる．運動ニューロンあるいは知覚ニューロンが分布する器官に接続すると，アポトーシスは阻害される．たとえば，脊髄の胸と腰の部位のニューロンが肢の筋肉と接続する場合，アポトーシスは減少し，結果として肢に分布する脊髄の部位で非常に多くの細胞が残存することになる．肢の断絶は末梢での接続の形成を阻害し，ちょうど脊髄の他の部位で起こるようにアポトーシスをひき起こす．

アポトーシスの異常な制御が数種のがんを含むいろいろな疾病に関与すると考えられているので，プログラムされた細胞死がどのように制御されているかを理解することは，臨床的にかなり重要なことである．したがって，アポトーシスを阻害する，または許容するシグナルについて，現在，基礎および臨床の課題として集中的に研究されている．

ニューロンは神経成長因子によって影響を受ける

ニューロンの増殖，成長および存続は**神経栄養因子**（neurotrophic factor）により影響を受ける．特に，分泌されたパラクリン因子は発生中の神経突起派生物の増殖，存続，そして活性に影響する．またおそらく，神経突起派生物の化学誘引物質としてさえ作用するらしい．相互作用する神経栄養因子と受容体の数は急速に増えている．これらの因子は，後生動物で見つかった膨大な数の成長因子の一員であり，異なるニューロンの種類に対して特異性を示す．

まさに最初に発見された**神経成長因子**（nerve growth factor: NGF）について考えてみよう．それは成長因子および受容体の重要な役割を確立するのに役立っており，結果として，Rita Levi-Montalcini および Stanley Cohen がノーベル賞を獲得した．米国ミズーリ州セントルイスにあるワシントン大学で働いているとき，Levi-Montalcini はニワトリに生じるある腫瘍はニワトリ胚の発生中の交感神経系のニューロン増殖および成長を刺激する因子を産生していることを発見した．彼女と Cohen はつづけてこの因子，今では神経成長因子とよばれる小さな二量体の糖タンパク質が，胚や培養液中で体性感覚ニューロンおよび交感ニューロンからの神経突起の増殖および成長を刺激していることを示したのである（図6・12）．NGFの受容体は受容体型チロシンキナーゼファミリーの一員である．

リガンドおよび受容体は初期段階では存在していないので，神経系の初期発生における NGF の正確な役割は大きくないだろう．しかし，NGF は知覚ニューロンおよび交感ニューロンの維持に必要である．若いマウスに抗NGF抗体を注入すると，いくつかの知覚ニューロン

＊ 訳注：厳密な定義ではプログラム細胞死とアポトーシスは異なる．

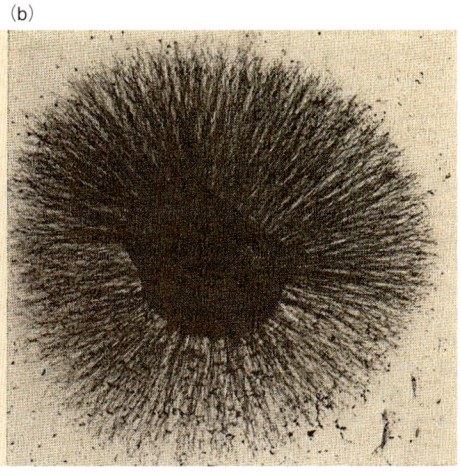

図 6・12 培養中の神経芽細胞に対する神経成長因子の効果．7日目のニワトリ胚の知覚神経節を，NGFを与えない状態(a)，または24時間NGF 10 ng/mLを与える状態(b)で培養し，染色して神経突起の相対的な数を比較した．

の劇的な減少，およびほとんどすべての交感ニューロンの消失が観察される．興味深いことに，この"交感神経切除"マウスは生命機能をうまく果たしている．NGFはニューロンに対して作用するが，多くの器官，特に唾液腺および腎臓も同様にNGFを分泌する．

これまでに述べたように，NGFはニューロンに影響を及ぼす多くのパラクリン因子の一つにすぎないのであり，そのなかには神経系の初期発達段階で重要なものがあるという有力な証拠が存在する．成熟した組織で十分に分化したニューロンは細胞分裂できないが，分化していない神経幹細胞が成体の組織にあるという証拠がいくつかある（ボックス6・2参照）．

中枢神経系の領域分化

神経系は分節的に組織化される

脊椎動物のCNS（中枢神経系；central nervous system）は見ただけでもわかる顕著な解剖学的な分節形成を示す．神経管の分節による膨出部は**神経分節**（neuromere，ニューロメアともいう）とよばれる．発生中の脳では予定前脳・中脳・後脳領域，専門用語では**前脳**（prosencephalon），**中脳**（mesencephalon），**菱脳**（rhombencephalon）が明確に認められるようになる．特に，前脳からは大脳半球と間脳（視床下部）が形成され，眼は間脳の膨出から発生する．中脳からは脳の中脳領域が構成される．菱脳からは後脳（小脳と橋）と髄脳が形成され，脳の後脳領域（脳幹）が形成される．これらの主要な脳の膨出はしばしば脳胞（brain vesicle）とよばれるが，その様子を図6・13に示す．

脳胞の発生過程のごく初期の段階から，脳胞ごとに独特の遺伝子発現パターンがみられる．たとえば，*pax6*は間脳に特異的であるのに対し，*pax2*と*pax5*は中脳を表す．中脳における*engrailed*（エングレイルド）の発現は間脳と中脳との境界を確定する際に必要となる．中脳と菱脳との境界のくぼみは峡部（isthmus）とよばれ，菱脳の発生に強い影響力をもつことが発生学や分子生物学の研究から判明している．峡部由来のFGF8成長因子は菱脳前方部におけるHOX遺伝子の発現を抑制する働きをもつが，対照的にレチノイン酸（周囲の中胚葉から放出されると考えられている）はHOX遺伝子を刺激して発現を促進する．FGF8とレチノイン酸（その他の要素も存在している可能性がある）の相互作用により，菱脳におけるHOX遺伝子の発現パターンが決定される．

一部の脊椎動物では菱脳に非常に明確に区切られた複数の神経分節がみられるが，これは**ロンボメア**（rhombomere，菱脳分節ともいう）とよばれる（図6・13）．ロンボメアは解剖学的な境界であるだけでなく，特定の遺伝子を発現する際の境界でもある．このことに関しては16章のHOX遺伝子（前後軸に沿って胚体のパターン形成を行う際に重要な役割をもつ）について述べる際に詳しく扱う．またロンボメアは発生学的な境界でもあり，一度ロンボメアが形成されると異なるロンボメアの細胞体がロンボメアを越えて行き来することはない．

脊髄も同様に，分節性をもつ*．神経分節ごとにそれ

---

* 訳注：この見解はあまり一般的ではない．脊髄には一時的な分節性はなく，脊髄神経節の分節性は体節の分節性に依存してつくられる．

ボックス 6・2　幹　細　胞

　成体の多くの組織は自己複製能力をもつ．ヒトの皮膚の表皮は通常約2週間ごとに交換が行われるが，これは基底幹細胞層とよばれる幹細胞群から新しい表皮が分化することによって成り立つ．幹細胞は成体の器官の維持に非常に重要であり，皮膚のみならず，毛包，腸の内壁，赤血球・白血球の生産には幹細胞の活動が必要となる．幹細胞については2章での配偶子形成の記述で最初に出会っている．卵母細胞や精母細胞は，幹細胞前駆体として自己を維持するだけでなく，精子・卵を形成する際に分裂を行う．幹細胞は自己複製能のほか，固有の運命をたどる分化した細胞を産生する能力をもつ．

　従来の見解では神経系は幹細胞をもたないと考えられていたため，かつては病気や血行障害によって一度脳皮質の機能中枢が死ぬと決して復活しないといわれていた．少なくとも哺乳類では，分化したニューロンが再び分裂することはない．そのため，哺乳類の成体にもニューロンへ分化できる幹細胞が存在するかもしれないという最近の報告には，研究者も臨床医もひとしく大きな関心を寄せた．より進んだ研究が成果をあげれば，アルツハイマー病やパーキンソン病の治療から損傷した脊髄の修復にまで至るさまざまな臨床利用が期待できる（図参照）．

　神経幹細胞に関する先駆的研究はマウスやラットを用いて研究されつつある．ただし，同様の研究をヒトにおいて行うことは困難であろう．ある研究ではGFP（緑色蛍光タンパク質）で標識した骨髄細胞を，免疫機能を失ったマウス（ヌードマウス）に注入した．すると宿主マウスの免疫機能が発達しただけでなく，標識した骨髄細胞は脳でも観察され，その一部からはニューロン特有のタンパク質がみられた．さらに最近の報告では，脳内の幹細胞はグリアの形態をとり，れっきとしたニューロンを形成するべく再プログラム化されうるという．

　だが，これらの新しい研究は多くの問題を抱えている．もちろん，そのいくつかは特定の実験に関するものである．細胞に用いた標識は信頼に足るものなのだろうか，特定の細胞種を識別する用途に，分子マーカーは絶対確実なものであるのだろうか．だがそれ以外にも細胞自身の根本的な問題が存在している．これらの細胞は"ある程度の分化"が可能で，さらに再び幹細胞の役割を担うべく細胞分裂を行うことができるのだろうか．実験研究用に用いられる幹細胞の多くは，培養液中のさまざまな成長因子や，血清中の未知の不思議な因子の影響を受けやすい．また，ヒト幹細胞を培養下で維持することは非常にむずかしいので，培養下でヒト幹細胞が維持・成長するに十分な培養液や最適な培養環境の解明が現在行われている．

　また，特定の幹細胞の潜在能力にも問題がある．成体組織にみられるより分化した幹細胞群よりも，初期胚の幹細胞の方がはるかに幅広い発生能をもっているというのが従来の見解である．

　5章で，哺乳類の胚盤胞に存在する内部細胞塊由来の細胞（胚性幹細胞，ES細胞）は組織培養法で維持することが

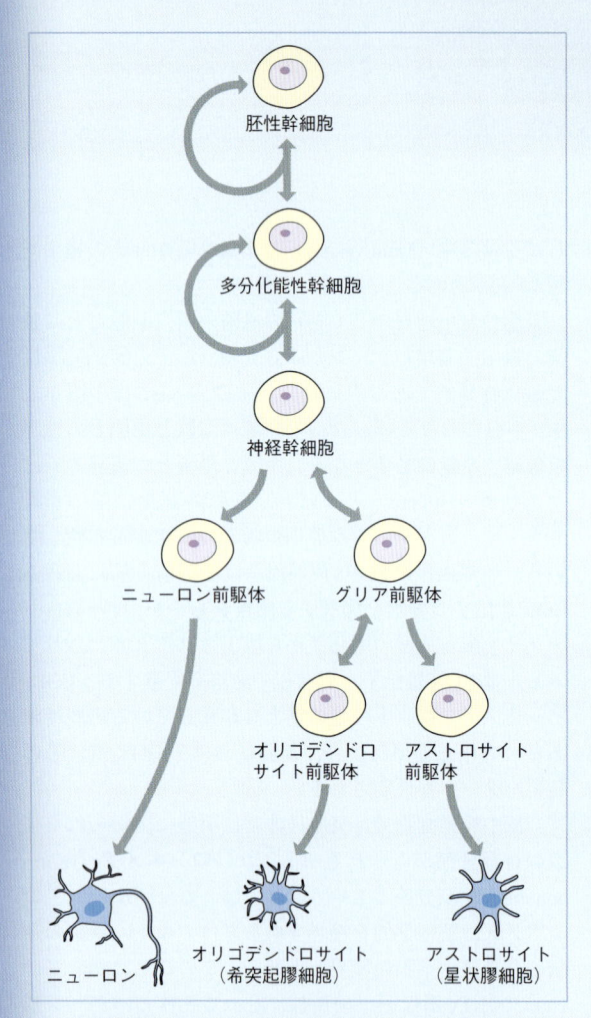

幹細胞系譜．初期胚の未分化な幹細胞は，骨髄，筋肉，肝臓，消化管など多くの器官に移住して多種多様な多分化能性幹細胞を生み出す．研究者によっては，多分化能性幹細胞はES細胞に近い状態に戻ることが可能であると考えている．また幹細胞はより未分化な状態に"逆戻り"できるのではないかと考えられている．たとえば分化した幹細胞の一種である神経幹細胞は通常，ニューロンまたはグリアの前駆体に分化する能力をもつ．ところがグリア前駆体はより広い分化能をもつ神経幹細胞に"逆戻り"できるかもしれない．

可能であると述べたことを思い出してほしい．成長因子と培養液の組合わせにより，ES細胞は非常にバラエティーに富んださまざまな組織へと分化する．一方，成体の骨髄から採取された細胞はさまざまな種類の血球に分化するが，アストロサイト（星状膠細胞）とよばれるグリア細胞にも分化することができる．すなわち骨髄幹細胞は多分化能をもつといえる．だがおそらく成体の幹細胞はES細胞と比べ，発生能がより制限されている．たとえばサテライト細胞とよばれる横紋筋の幹細胞は，損傷した筋肉を修復するため増殖や分化を行うことができるが，他の組織をつくり出す能力はもっていないと考えられている．

幹細胞の発生能は，幹細胞自身の内在的な安定した状態から生じるものである．たとえば，ニューロン形成の決め手となる遺伝子はおそらくメチル化されており，転写が抑制されているヘテロクロマチン領域に埋め込まれている．

だがその一方で，成長因子と化学的シグナルを組合わせてつくる微小細胞環境は，ある幹細胞群がどのような種類や程度の分化をとげるかに重要な役割を果たす．幹細胞を支える微小環境（幹細胞の研究者からニッチ（niche）とよばれている．訳注：ニッチは，生態学の用語で，ある生物を取巻く環境を表す）と幹細胞の内在的能力は互いに排他的であるのではない．幹細胞の生物学的特質は実際のところ，正常な胚発生においてみられるのと同じ問題を提示している．

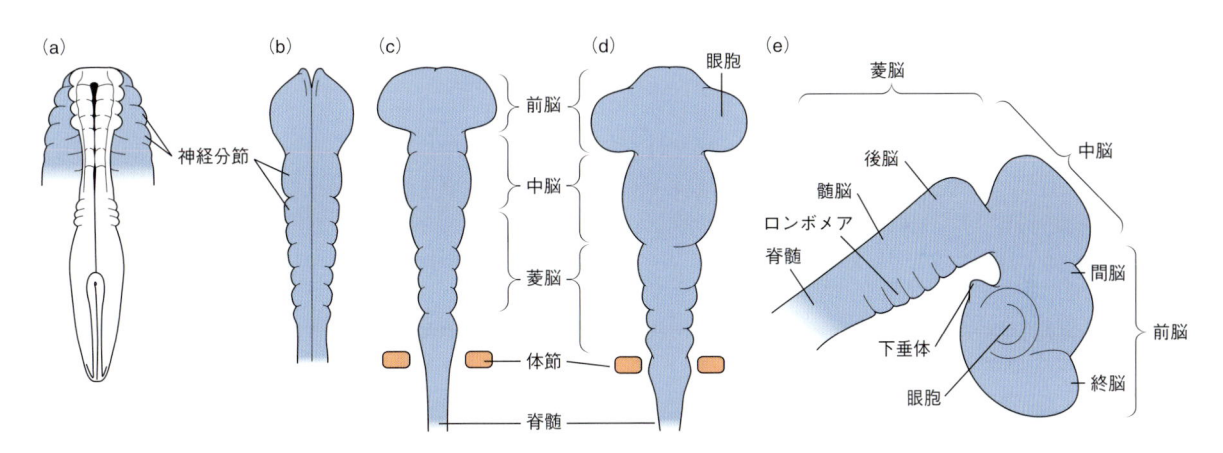

図 6・13 脳の分節．ニワトリ胚の脳の背面図．(a) 4，(b) 7，(c) 11，(d) 14 体節期の発生段階におけるおもな脳胞と神経分節を示した．(e)はニワトリ3日胚の脳の側面図．

ぞれ1対の体節が付随しており，さらに神経分節の両側でも体節が左右一つずつ存在している．神経冠細胞はそれぞれの体節の前方を通って移動し，その一部は神経分節の両側で求心性の脊髄神経節をつくる．体節は軟骨性の脊柱前駆体を形成するが，これも神経節と脊髄の神経分節とで分節されているという報告がある．体節または体節前駆体の組織（沿軸中胚葉）を取除くと脊髄の分節は形成されない．脊髄のパターン形成には体節が影響していると考えられており，この事実は発生過程の脊髄の片側のみに体節を余分に移植するという実験でも確認できる．この実験により，脊髄神経節の形成される個数は体節の個数に一致する，という結果が得られる（図6・14参照）．

眼は間脳から発生する

脳発生の初期に，間脳領域の両側できわめて顕著な嚢状の膨出が現れる．この膨出は**眼胞**（optic vesicle）へと成長し，やがて眼を形成する．眼胞は頭部間充織（その多くが神経冠由来であることを思い出してほしい）を通って増殖・膨出し，表皮外胚葉に隣接する．そして眼胞は外側面に陥入して眼杯（optic cup）を形成する（図6・15）．眼杯が形成されると，隣接する表皮外胚葉は立方状から円柱状へと変形し，表皮からちぎれて眼杯の口に収まる．この肥厚した円柱細胞からなる表層は，**プラ**

図 6・14 **体節により決定される脊髄の分節**. 成熟した脊髄は体節ごとに 1 対の神経節をもつ. そのため, 体節ごと形成された知覚神経節によって脊髄の分節は容易に確認できる. 余分な体節を発生中の脊髄に移植すると, 余分な神経節が移植された側に形成される.

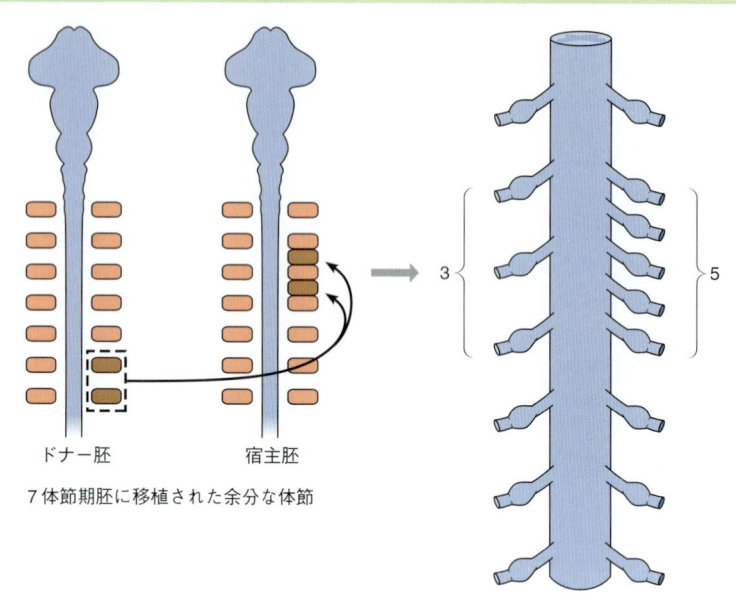

ドナー胚　　宿主胚
7 体節期胚に移植された余分な体節

余分な体節により誘発された
過剰な神経節

コード (placode) ともよばれ, 内部に落ち込んでレンズ (lens, 水晶体) へと発生する. (プラコードについては後の章でさらに詳しく扱う.) 眼杯の外側は網膜色素上皮 (pigmented retina) となるのに対し, 内側は網膜神経層 (neural retina) のニューロンや光受容体となり, 上皮性の虹彩も生じる. 眼領域周辺の中胚葉に由来する頭部間充織は, 眼球を覆う強膜*となり, 眼筋がつく. 図 6・15 はこれらの発生の多くを示している.

眼の形成は大変顕著なものであるので, 20 世紀初頭から発生学者の興味を集めてきた. 若かりし日の Spemann の実験では, レンズ形成を行う外胚葉に対し眼杯が及ぼす影響について研究が行われた. 胚の眼組織形成能力は前脳領域の神経板がまだ閉じていない段階から顕在しているということを証明するべく, 多くの研究者は神経板前方部の一部の摘出・移植を行った. 眼の形成の遺伝学的解析は, 特にショウジョウバエ *Drosophila* に関して, 非常に活発に行われている. この分野には特に重要な二つの考察すべき実験が存在し, どちらも器官形成の原理を見きわめようとするわれわれの努力に直接に関与している.

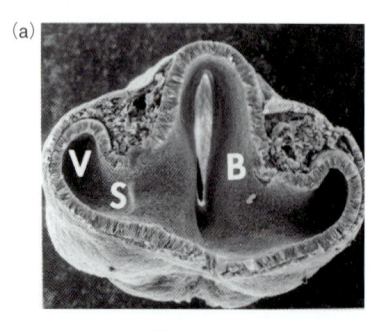

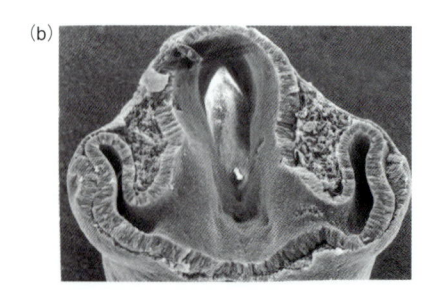

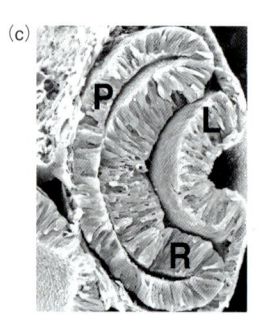

図 6・15 **羊膜類の眼の発生**. 眼が形成される頭部領域を発生段階順に示した走査型電子顕微鏡写真. (a) 間脳由来の眼胞の膨出. B: 脳, V: 眼胞, S: 眼柄. (b) 眼杯側方の陥入とレンズプラコードの形成. (c) 眼杯の形成とレンズプラコードの陥入の開始を高倍率で示した. P: 網膜色素上皮, R: 網膜神経層, L: レンズプラコード.

*　訳注: 強膜は中胚葉ではなく神経冠由来である.

眼杯はレンズを誘導するのか

　眼杯（眼胞）は外胚葉を誘導してレンズを形成させるだろうか，ということが最初に問題となった．20世紀初頭に行われた初期実験では確かにこの推測を肯定する結果が出ており，実際シュペーマンオーガナイザーと並んで，眼杯によるレンズの誘導は胚誘導の最たる例であると以前では考えられていた．レンズ形成前に眼杯を除去すると水晶体は発生しない．しかしこれには例外があり，一部の両生類では，また一定の温度で飼育された両生類では，眼杯を除去してもレンズは形成される．20世紀初頭のWarren Lewisの実験により，眼杯を腹側部外胚葉の内側といったような異常な場所に移植すると，移植された眼胞に近接してレンズが形成されることが確認された．別の移植実験により，頭部領域の内胚葉と中胚葉がレンズの誘導にかかわっている可能性があることも判明している．

　1990年代初期に米国バージニア大学で研究を行っていたRobert Graingerは，異所的に発生するレンズの源を確かめるべく，最新の細胞標識技術を用いてLewisの移植実験の反復・解析を行った．この実験では，前もって西洋ワサビペルオキシダーゼを受精卵に注入することにより組織の標識を行ったドナーから眼杯を採取して移植に用いた．このことにより，異所的に生じたレンズが西洋ワサビペルオキシダーゼにより標識されたドナー組織に由来するものか，それとも標識されていない宿主の組織に由来するかを判別することができる．結果は明瞭であった．眼杯は腹側部の外胚葉にレンズの誘導を"行わず"，異所的レンズはドナーの眼胞に付着していた標識された外胚葉細胞から生じたのだった（図6・16）．

　眼杯と予定レンズ外胚葉の間の相互作用には現在，別の考え方がなされている．相当数の実験事実から，眼杯はレンズ形成を促すシグナルをいくつか発しているが，発生初期の段階で予定頭部中胚葉（特に，眼胞に非常に近位にある予定心臓中胚葉）と内胚葉前部から生じる他の因子と協力することによりシグナルが作用する，という見解が支持されている．これに関係する種々のリガンドと受容体はまだ同定されていない．このことを教訓にすると，シュペーマンオーガナイザーの場合と同様に，誘導とは複数のシグナルの組合わせによる結果であり，時間の経過につれ，このシグナル伝達分子カクテルの組成は変わるのかもしれない．

眼形成にはエグゼクティブ遺伝子が必要である

　器官形成に関する次なる問題は，いつどのように外胚葉が眼形成能力を初めて獲得するのか，というものである．

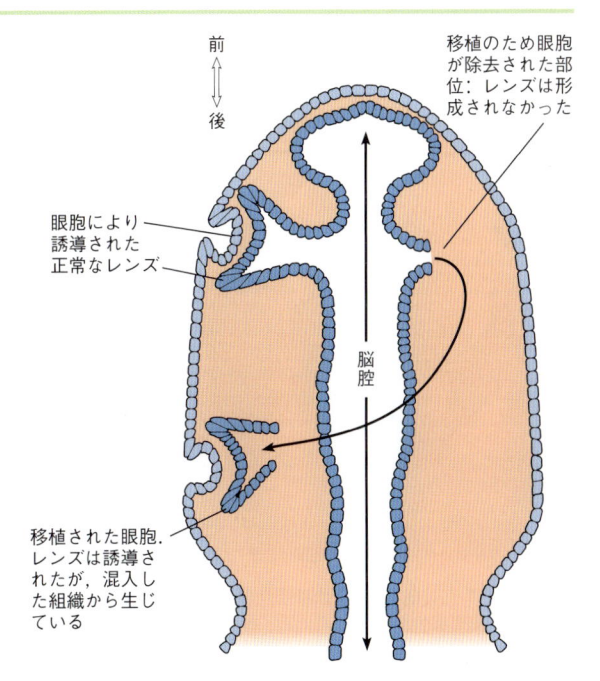

図 6・16　レンズの誘導． 羊膜類初期胚の一般化された模式図で，複数の移植の効果を示している．単純化のため，ドナーと宿主の二つの胚を一つの胚として表記し，外胚葉のみを表示した．眼杯の一つを頭部領域（右上）から除去し，眼領域よりはるか後方（左下）の外胚葉の下に移植した．異所性レンズが後方位置で発生したが，宿主側の外胚葉由来ではなく，眼杯移植の際に混入したドナー側の外胚葉細胞から形成されていたことが後の研究で明らかになった．なお眼胞が取除かれた部位では，レンズは発生しなかった．

1970年代後半までは発生学者は"眼形成領域"について語るのが一般的であった．眼形成領域の細胞は，組織培養下または別の胚の"中性的な"位置に移植すると十分に組織化された眼組織になる．前述のように，眼の発生はシュペーマンオーガナイザーによる神経誘導の最も早期の結果の一つである．

　"眼の本質"を喚起するシグナル伝達分子の組合わせの性質は，まだ十分に明らかになっていない．だがキイロショウジョウバエ*Drosophila melanogaster*の突然変異体の研究によって驚くべき成果があげられた．ハエには眼の形成が完全な失敗に終わってしまう突然変異が存在するが，そのうちの一つが*eyeless*である．通常の野生型では，転写因子をコードするこの遺伝子はショウジョウバエの眼形成に重要で優性な役割を果たしているように思われる．複雑な遺伝学的操作により，もし*eyeless*を予定眼領域外側の組織に強制的に発現させることができれば，通常では決して起こりえないような場所に異所性の

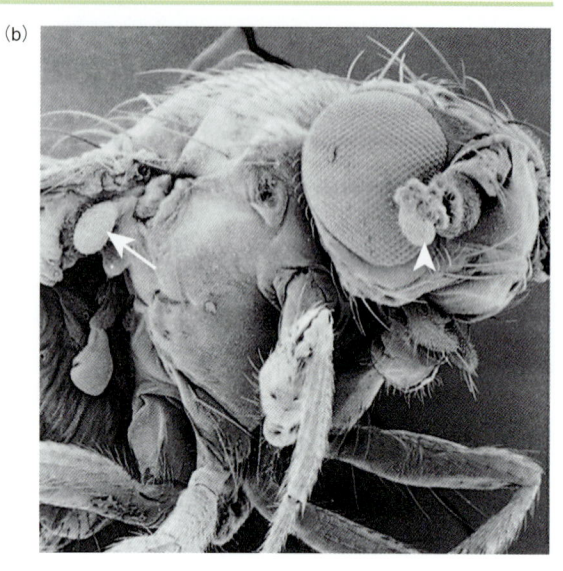

図 6・17　*eyeless* 遺伝子の異所性発現による異所性眼の形成. ショウジョウバエの走査型電子顕微鏡写真. 実験的に *eyeless* 遺伝子を異所性発現させたため, 異所性眼がさまざまな領域に出現した. (a) やじり部は頭部領域の異所性眼を示す. (b) 矢印は翅の下方の異所性眼を示す. やじり部の触覚先端の眼組織に注目.

眼が形成される（図6・17）. *eyeless* 遺伝子は胚内の発現しているあらゆる場所で, ショウジョウバエの眼形成を導く一連の事象を始動させているようだ. *eyeless* 遺伝子を"マスター遺伝子"または"エグゼクティブ遺伝子 (executive gene)"の一種だと考える生物学者もいる. *eyeless* に密接に関連する他の遺伝子が最近発見されたが, *eyeless* 遺伝子がどのようにしてこのマスター制御機構を実行したのか詳細はまだわかっていない[*1].

ショウジョウバエの眼形成は脊椎動物の眼形成と根本的に異なる（ボックス6・3参照）. それにもかかわらず, ショウジョウバエの *eyeless* 遺伝子のホモログが脊椎動物にも存在しており, それが *pax6* である. （以前の章で, 神経板・神経管の背腹方向のパターン形成における Sonic Hedgehog の役割に関連して, *pax6* を扱ったことを思い出してほしい.）*pax6* は眼形成時に前部神経組織で発現し, *pax6* の機能を喪失した突然変異体では眼形成が阻害される. CNSの他の領域において *pax6* は発生のいくぶん後期に発現するため, 眼発生以外の役割をもつ可能性もある[*2]. マウス由来のこの遺伝子をショウジョウバエの *eyeless* 突然変異体の中に挿入すると, そのハエは眼を形成し, 挿入されたマウス遺伝子はハエの中でも外見上正常に働く. この事実は約5億年前の脊椎動物と節足動物が分離する以前から眼形成のマスターコントロール遺伝子が存在していたことを意味しているのだろうか. もしそうであれば, どのようにして *eyeless* 遺伝子が眼構築の過程を統括しているのか, その詳細にわたる解析が大きく注目を浴びることになるだろう.

外胚葉性プラコードは脳の発生に貢献する

レンズだけが中枢神経系（CNS）前方部と密接に協力して発生するわけではない. おのおのの脳胞が独自の分化の道筋をたどり始めると, 頭部外胚葉の一部が立方形から円柱状に肥厚した上皮へと変形する. この頭部外胚葉性**プラコード**（placode）は神経冠細胞とともに頭部神経節の知覚ニューロンや自律神経ニューロンを形成する. 最も明瞭なプラコードは鼻プラコードと耳プラコードである. 鼻プラコードからは知覚ニューロンと嗅覚を司る鼻上皮が発生し, 耳プラコードからは内耳と聴覚・平衡覚を司る第VIII脳神経が形成される. 頭部における神経冠と外胚葉の共同作業は組織間の相互シグナル伝達を伴い, 相互作用の細かな差異によって最終的に形成される器官に多様性がもたらされる. （眼や耳のような）脊椎動物のありふれた器官だけでなく, 魚類の側線器官のような特殊な感覚器官もこのようにして形成され

[*1] 訳注: ごく最近, *eyeless* は眼組織の特異化に, 関連する遺伝子である *eyegone* は眼組織の成長にかかわるという報告がなされた.
[*2] 訳注: *pax6* は神経管のパターン形成, ニューロンのサブタイプ決定, ニューロン産生の制御など, 神経発生の重要な局面に深くかかわる.

表6・2 脳神経の機能と起原

名称	番号	機能	起原 プラコード	起原 神経冠
嗅神経	I	嗅覚	+	
視神経	II	視覚		
動眼神経	III	眼筋(運動性)		
滑車神経	IV	眼筋(運動性)		
三叉神経	V	知覚	+	+
外転神経	VI	眼筋(運動性)		
顔面神経	VII	おもに運動性		+
内耳神経	VIII	聴覚	+	
舌咽神経	IX	混合性	+	+
迷走神経	X	混合性	+	+
副神経	XI	おもに運動性		
舌下神経	XII	舌(運動性)		

ラトケ嚢(Rathke's pouch)とよばれる咽頭外胚葉の嚢状膨出についてもふれるべきだろう.ラトケ嚢は(脳)下垂体前葉を形成する(図6・13e参照).ラトケ嚢に隣接している間脳の視床下部の膨出部位は下垂体後葉を形成する.

脳胞は領域分化をとげる

本章で前述したように,神経管の上衣細胞の境界から生じる神経細胞体の移動様態は発生中のCNSの領域に応じて変化する.脳のそれぞれの領域では,領域ごとの特徴がよく表れた独特のパターンで神経細胞体の集団が移動する.これらの神経細胞集団は,**核**(nucleus)とよばれる細胞体の層や集合体を形成する.おのおのの核を接続するのは軸索束(tract)であり,顕微鏡下で明瞭に観察できる.軸索束は脳の配線の主要なケーブルを構成しており,神経解剖学の主題事項となっている.

細胞分裂頻度の差異,アポトーシス程度の差異,形態形成運動に導く細胞間相互作用,これらすべてによって,脳胞が最終的な特有の形状に仕上げられる.発生全体を通じて脳や脊髄にその中心をなす空洞が残るが,これは神経管が脳や脊髄を形成したなごりである.中空で多くの室をもつこの空洞は脳では脳室,脊髄では脊柱管とよばれる(図6・19a).図6・19(b)~(e)では,ヒト胚の前脳,中脳,菱脳の漸次的な形状や大きさの変化を示した.

どのようにしてこれらの脳胞が発生するのか,という根本的な疑問は,総合的な形態構造と脳配線の詳細図の両方の点から,次に示すような発生学の基幹にかかわる

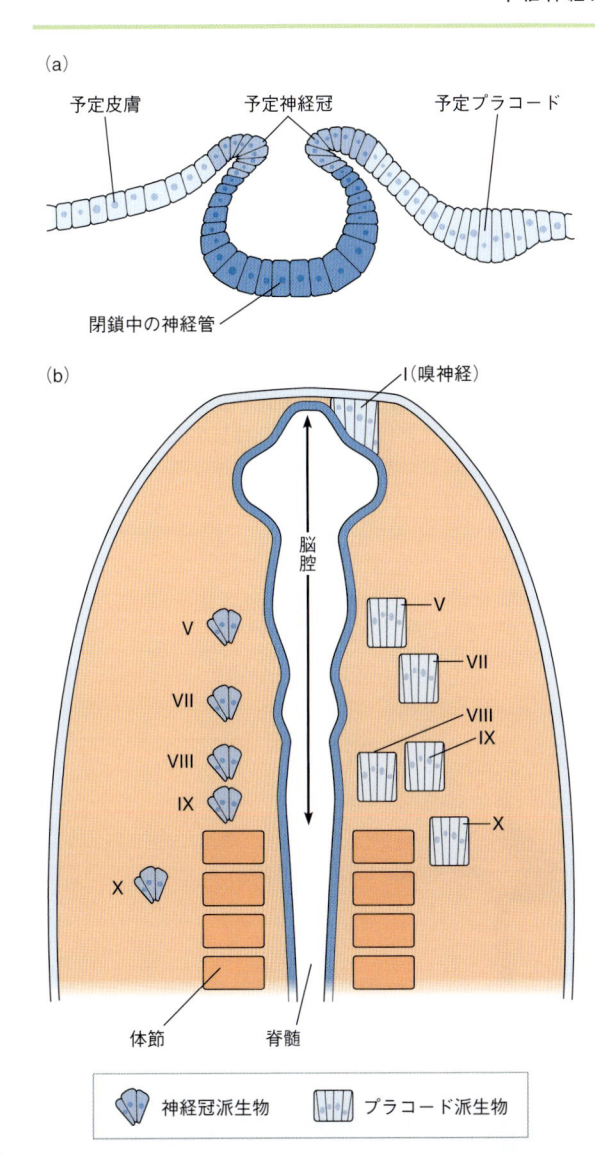

図6・18 感覚器官・神経節の発生に貢献する外胚葉性プラコード. (a) 閉鎖途中の神経管の断面模式図.弓形部分は神経冠と初期プラコードの存在を示している.(b) 脊椎動物の頭部領域の模式的背面図.単純化のため,神経冠由来の脳神経は左側に,プラコード由来の脳神経は右側に示した.プラコードには鼻や内耳の一部を形成する鼻プラコードや耳プラコードなどがあり,多くの脳神経節が由来する.いくつかの神経節はプラコードだけでなく,神経冠にも由来している.体表外胚葉は上鰓プラコード(ここでは表示されていない)も形成する.上鰓プラコードは発生中の咽頭弓と連携して神経節を形成する.

る.

図6・18はおもなプラコードと発生中の脳との関係を図で示し,表6・2には脳神経の名称,由来,機能の概略を示す.

ボックス 6・3　ハエとカエルにおける眼の形成

　脊椎動物の眼は脳胞の最前部，つまり前脳両側の嚢状膨出から発生する．この嚢状膨出は，レンズ形成を行う外胚葉に微弱な刺激をもたらす．眼胞は陥入して二層性の眼杯を形成し，眼杯の内層は分化して網膜の光受容器（桿体細胞と錐体細胞）とニューロンを形成する．網膜の遠心性神経は，視神経を経由して脳に投射する．図の(a)にはその略図を示した．電子顕微鏡写真により眼発生の一連の過程を示した図6・15も参照してほしい．

　ハエの眼は脊椎動物の眼と大きく異なり，別個の様式で組織化されるため，脊椎動物とハエの両方にエグゼクティブ遺伝子が保存されているということは驚くべき事実であった．3章で述べたように，ハエの眼は成虫原基とよばれる表皮細胞の集合体から組織化される．おのおのの複眼原基は1齢幼虫の前部表皮で20〜40個の細胞集団として発生する．以後，成虫原基は変態直前でおびただしい成長と劇的な分化を伴うが，その過程は8章で扱う．複眼原基のアイデンティティーは *eyeless* 遺伝子の作用とその発現パターンにより確立する．分化を完全に終えた複眼原基は独立した約800個の個眼で構成される．個眼は一つひとつが独立したレンズと8種の光受容細胞の一式をもち，腹側位の中枢神経系の前神経節へと遠心性神経突起を送っている．このような様式の眼は複眼とよばれる．

　幼虫後期に複眼原基（この時点で構成する細胞は数万個にまで及ぶ）は，やがて個々の単眼を形成する細胞小集団へと漸次的な分化を行う．この分化は複眼原基の後部から前部へと波状に伝わるが，分化の波が進む際に複眼原基を横切った軌跡としてその様子を観察することができる．複雑なシグナルの組が中継されていく．（本章や脊椎動物の脊髄の解説でもこれらのシグナル伝達分子を取上げている．15章でもう一つの成虫原基である翅原基の発生について言及する際にも，再度このシグナル伝達分子を扱う．）このシグナル伝達分子の一つであるDpp（脊椎動物におけ

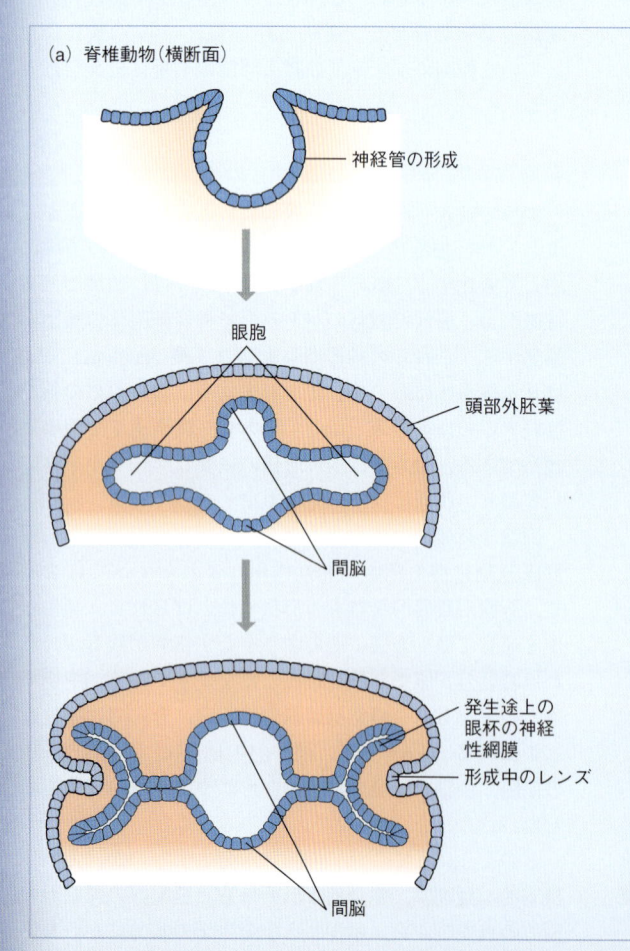

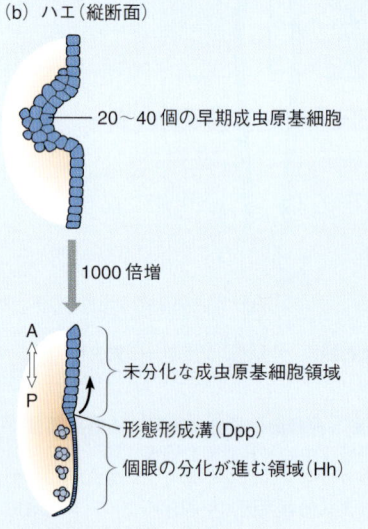

脊椎動物と双翅目の眼形成の比較．(a) 脊椎動物の眼形成：神経管から眼杯への分化の進行と，後に続くレンズと眼杯の形成を表した分化段階ごとの横断面．眼杯の内層はニューロンの3層（光受容体を含む）に分化し，眼の感覚器官を形成する．(b) 双翅目の複眼形成：背側側面の表皮を縦断面で示した（片眼のみ）．20〜40個程度の細胞は表層の上皮の下方で初期の眼成虫原基を形成する．これらの細胞は分裂し，原基は何倍にも成長する．幼虫末期に形態形成溝ではDppの分泌が行われ，後部から前部の末端へと進行する．それが通りすぎたあとには，8種の細胞小集団により光受容体の複合体が形成され，おのおのの細胞集団は複眼を構成する独立した単眼へと組織化する．

るBMPのホモログ）は形態形成溝で分泌され，*hedgehog* (*hh*) は溝前方の細胞で発現する．この誘導シグナル伝達の波には最終分化へと導くための8種の光受容細胞の間の一連の相互作用が存在する．形態形成溝の後部に接すると，細胞はただちに光受容体へと分化を始め，後部に位置する細胞は分化プログラムの次の段階へと進むことができる．図の(b)ではその過程を略述した．

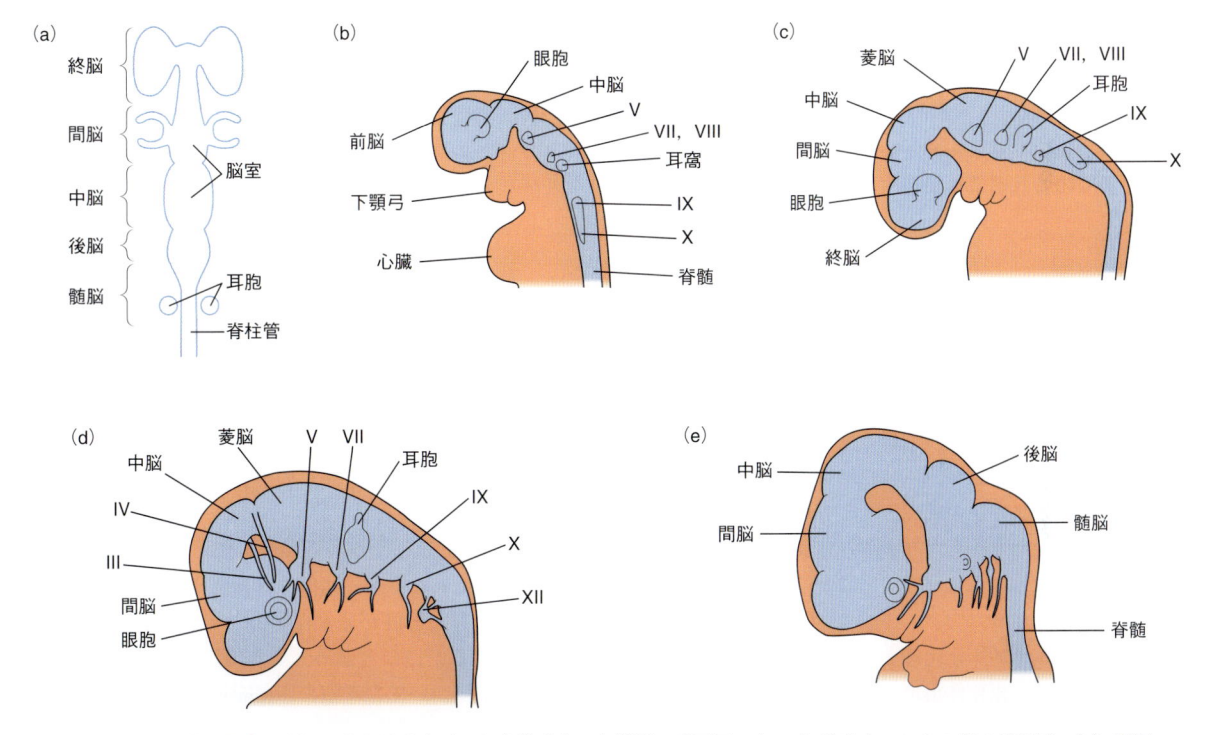

図 6・19 脳の発生．(a) おもな区分を示した脊椎動物の初期脳の背面図．(b〜e) 発生中のヒトの脳の側面図．(b) 妊娠 3.5 週の 20 体節期胚．(c) 4 週胚．(d) 5.5 週胚．(e) 7 週胚，全長約 17 mm．この段階までには，脳は非常に複雑になり脳神経節が明瞭にみられるが，大脳皮質はまだ発達していない．(III〜XIIは脳神経を表す．表 6・2 参照)

多くの問題をはらんでいる．どのようにして発生中の脳における領域ごとの最初のアイデンティティーが獲得されるのか，そしてそのアイデンティティー獲得の分子基盤はどのようなものか．細胞分裂と形態形成を調節するシグナルやプログラムは何か．異なるニューロン間の独特な結合性はどのように実現するのか．ニューロン間の結合性を確立・維持する要素はニューロンの活動や欠落によるものなのか．12章，13章で形態形成について言及する際にこれらの疑問をより深く追求する．

外　皮

表皮構造は外胚葉から発生する

外胚葉および中胚葉は動物の外側被覆，すなわち**外皮** (integument) の形成に必須の存在である．外胚葉は皮膚の最外層で表皮 (epidermis) とよばれる数層の細胞構造を形成する．基底膜に隣接する基底幹細胞層内において進行する細胞分裂により，継続的に新しい外胚葉細胞が生産され，外表に向かって移動する．(幹細胞の詳細に

図 6・20　**表皮とその派生物**．陸生脊椎動物の表皮の様式化された略図．外胚葉からは胚芽層が発生し，皮膚の角質化した層状の表面を形成する．中胚葉はその下で真皮を形成し，間充織と血管で構成されている．外胚葉は皮膚の特殊化した構造も形成し，汗腺，皮脂腺，毛，羽毛，鰓，乳腺などが含まれる．

ついてはボックス6・2参照．）表皮では**角質化**（keratinization）とよばれる過程により膨大な量のケラチンタンパク質を合成する．このケラチンタンパク質は不透過性，強度，耐久性といった外皮として大変有用である物理的な性質を表皮に与える．ケラチン顆粒が充満した表皮は，アポトーシスを経て外層で数個の細胞の厚さをもった角質層となり，定期的に脱落している（図6・20）．

外皮は表皮だけでなく，外胚葉と中胚葉の両方で構成された多くの特殊構造も構成する．羊膜類の毛髪，羽毛，脂肪腺，乳腺，両生類のセメント腺，平衡感覚器，鰓の一部，魚類の鱗，などがこれに属する．

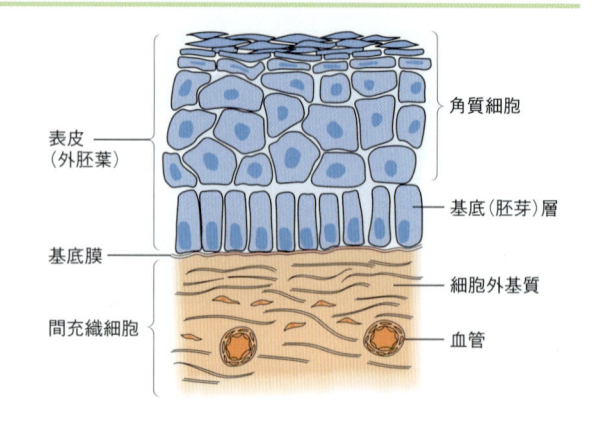

内層（真皮；dermis）やそれに関連した腺などの皮膚のより詳しい記述は，7章で外皮のもう一つの必要不可欠な構成要素である中胚葉について言及する際に譲る．

本章のまとめ

1. "誘導"を含めた発生中の細胞間相互作用はリガンドと受容体の相互作用によって起こる．誘導には複数のリガンドと受容体が関与し，正または負の反応を行う．リガンドは放出されて狭い範囲で受容されたり，長距離にわたる濃度勾配を形成したりする．重要な受容体の組合わせが絶えず変化するように，重要なリガンドの組合わせも随時変化しうる．
2. 神経冠のような多分化能をもつ細胞群のなかには，終着地点で起こる相互作用によって運命づけされるものがある．
3. リガンドの存在または欠落による細胞増殖やプログラム細胞死（アポトーシス）の調節は，発生において重要な役割を担う．
4. 原腸形成を通じて卵から胚へと成長する方策は動物ごとに大きく異なるが，同門の異種どうしでは原腸形成後の発生や器官形成が非常に類似している．（本章では概念にふれるだけにとどめ，この原則の詳細は17章の進化と発生についての考察の際に記述する．）

問　題

1. 組織間相互作用の代表例（すなわち胚誘導）を本章で扱ったが，誘導を伴わない外胚葉の分化の事例は存在するのだろうか．
2. シュペーマンオーガナイザーによる組織誘導が他のどの組織間相互作用とも異なる点をあげよ．
3. 神経冠細胞の脱上皮化は長期にわたり実行されると述べたが，神経管から早期に現れる神経冠細胞が，後期に現れる神経冠細胞と同じ運命をもつかどうかを確認するためにはどのような実験を行えばよいか．
4. 多数の成長因子のうち，神経組織のみに働く成長因子（神経栄養因子）は神経発生に関係する．FGF8のような特殊な成長因子が神経発生に関与するかどうかはどのような実験で確かめればよいか．

参考文献

Bally-Cuif, L., and Wassef, M. 1995. Determination events in the nervous system of the vertebrate embryo. *Curr. Biol.* 5: 450–458.

脳のパターン形成と，それにかかわる遺伝子や分子に関する総説．

Begbie, J., Brunet, J.-F., Rubenstein, J. L. R., and Graham, A. 1999. Induction of the epibranchial placodes. *Development* 126: 885–902.
咽頭外胚葉はBMP7により上鰓プラコード形成を誘発することを示す研究論文．

Bronner-Fraser, M., and Fraser, S. E. 1997. Differentiation of the vertebrate neural tube. *Curr. Opin. Cell Biol.* 9: 885–891.
神経管の分化やパターン形成にかかわる分子についての総説．

Crowley, C., and 10 other authors. 1994. Mice lacking nerve growth factor display perinatal loss of sensory and sympathetic neurons yet develop basal forebrain cholinergic neurons. *Cell* 76: 1001–1011.
NGFの重要な機能を示す実験についての記述．

Dodd, J., Jessell, T. M., and Placzek, M. 1998. The when and where of floor plate induction. *Science* 282: 1654–1657.
神経管底板の活動について，この分野の先駆者たちが記した最近の総説．

Fuchs, E., 1997. Of mice and men: Genetic disorders of the cytoskeleton. *Mol. Biol. Cell* 8: 189–203.
皮膚の発生と中間径フィラメントの役割についての総説．

Fuchs, E., and Segre, J. A. 2000. Stem cells: A new lease on life. *Cell* 100: 143–155.
幹細胞生物学における事例とその問題に関する秀逸で詳細な総説．

Grainger, R. M. 1992. Embryonic lens induction: Shedding light on vertebrate tissue determination. *Trends Genet.* 8: 349–355.
眼形成に関する過去および現在の研究についての先鋭な総説．

Halder, G., Callaerts, P., and Gehring, W. J. 1995. Induction of ectopic eyes by targeted expression of the *eyeless* gene in *Drosophila. Science* 267: 1788–1792.
眼形成をひき起こすマスター遺伝子発見の研究論文．

Harland, R., and Gerhart, J. 1997. Formation and function of Spemann's organizer. *Annu. Rev. Cell Dev. Biol.* 13: 611–667.
シュペーマンオーガナイザーの古典的な文献や現在の研究に関する広範な総説．

Jean, D., Ewan, K., and Gruss, P. 1998. Molecular regulators involved in vertebrate eye development. *Mech. Dev.* 76: 3–18.
眼の分化にかかわる遺伝子とシグナル伝達についての知見に関する広範な総説．

Le Douarin, N. M., and Ziller, C. 1993. Plasticity in neural crest cell differentiation. *Curr. Biol.* 5: 1036–1043.
神経冠発生について，その分野の先駆者の一人が記した簡潔な総説．

Lumsden, A., and Krumlauf, R. 1996. Patterning the vertebrate neuraxis. *Science* 274: 1109–1114.
脳や脊髄の構築に関する総説．

Martinez, S., Crossley, P. H., Covos, I., Rubenstein, J. L. R., and Martin, G. F. 1999. FGF8 induces formation of an ectopic isthmic organizer and isthmocerebellar development via a repressive effect of *Otx2* expression. *Development* 126: 1189–1200.
FGF8が中脳のパターン形成にかかわっている可能性についての研究論文．

McGrew, L. L., Hopler, S., and Moon, R. T. 1997. Wnt and FGF pathways cooperatively pattern anteroposterior neural ectoderm in *Xenopus. Mech. Dev.* 69: 105–114.
WntやFGFのようなリガンドがどのように協調して神経外胚葉の前後パターン化にかかわるかについて報告した研究論文．

7

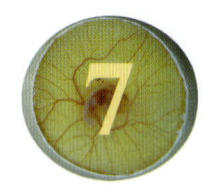

脊椎動物における中胚葉と内胚葉派生物の発生

> **本章のポイント**
> 1. 脊椎動物の中胚葉は脊索，体節，腎臓，生殖腺，血管，肢を形成する．
> 2. 体節は，筋肉，軟骨，脊髄を取囲む骨，そして皮膚の真皮を形成する．
> 3. 肢は，胴部の外胚葉と側板中胚葉の相互作用により発生する．
> 4. 内胚葉は，腸とその付属器官の一部を形成する．
> 5. 肺，膵臓，肝臓のような多くの"内胚葉"器官の発生には，中胚葉と内胚葉間の相互作用を必要とする．
> 6. 無脊椎動物のホヤ類の胚において，筋形成は卵の局所的な因子に依存する．

4章と5章で，初期胚の中間層，つまり中胚葉層が原腸形成の間にどのように形成されるかについて概説した．すなわち，中胚葉は表面とそのすぐ下の細胞がいろいろな様式で胚塊の中央部に押し入っていくことにより形成される．この中間層は，胚の発生中のほとんどすべての器官の細胞になる．

器官を形成する細胞になることに加えて，中胚葉はそれ自身あるいは他の胚葉に存在する，隣接する細胞からシグナルを伝えたり受取ったりしている．このシグナル伝達は体の器官の適切な発生に重要である．実際，それは脊椎動物の器官発生において共通した最も大切なテーマである．これらの細胞間の情報交換は"細胞間相互作用"，"組織間相互作用"またときには"上皮−間充織（間葉）相互作用"とよばれるが，いずれにしてもそれらの根本的な重要性を過大評価することはありえない．

背側中胚葉

中胚葉は原腸形成の間に運命決定がなされる

神経外胚葉の場合と同じように，中胚葉層はその開始から領域的に組織化されている．一度原腸形成が完了し，中胚葉の前後方と内外側の広がりが決まると，異なる領域の中胚葉は，特異化されて異なる経路に従って発生し，それによってさまざまな組織を形成する．たとえば，正中の中胚葉は単独で培養すると脊椎や筋肉組織を形成することができ，一方さらに外側の中胚葉は腎尿細管や血球を形成することができる．培養中の中胚葉は，いつ特定の組織型に分化する領域的な能力を獲得するのだろうか．その質問に対する表面的な解答は，原腸形成の直前とその間である．

運命決定は実験によって規定される

一つの細胞や細胞集団の**発生運命能**（developmental potentiality）は，抽象的だが，実験的に規定される．ある細胞集団が，もし胚から分離され，培養されたらどうなるだろうか．この同じ細胞集団が宿主胚の，もともと採取されたドナー（供与体）胚の位置とは異なった場所に移植されるとどうなるだろう．あるいは，ドナー胚とは異なる発生段階の宿主胚に移植されたらどうなるだろうか．ドナー胚は，細胞集団を摘出されたことによっ

てひき起こされる欠陥をふさぐことはできるのだろうか．読者は4章において，これらの実験がどのように特異化と応答能を規定するために用いられるか，簡潔に述べたことを覚えているだろう．

この種の実験の別の見地は，移植されたまたは外植された細胞集団がどのようになるかを，どのように認識するかということである．もし，移植された細胞集団が，たとえば細胞系譜トレーサーで確実に標識されれば，それは明らかに有用な方法である．最近までは，異なる組織型を従来の組織学的判別基準により認識することが，細胞集団の最終的分化状態を同定する唯一の方法であった．現在可能になった以下のような新しい方法は，異なる組織型を同定するために有力である．たとえば，信頼性のある抗体やクローン化されたcDNAが，確実な遺伝子発現の存在を検索するために使用され，このことにより特定の分化が示されることになる．われわれの理解が最近非常に進展したのは，これらの方法が用いられるようになったからである（ボックス7・1参照）．

発生運命能という問題から多くの用語が生じてきている．読者は**(運命)決定**（determination），**コミットメント**（commitment, 運命拘束ともいう），**特異化**（specification），**自律的発生**（autonomous development），**条件付きの特異化**（conditional specification）などのような用語に出会うであろう．これらの専門用語に厳密な実験操作上の定義を与える生物学者もいれば，一方でそうでない学者もいる．実験とは問題となる概念を規定するものであるということを覚えておくことが大切である．発生運命能はしばしば変化し，徐々に，漸進的に限定されるようになる．一方，**発生運命**（developmental fate）は，単に一つの細胞や細胞集団が，正常胚において実際にどうなるか

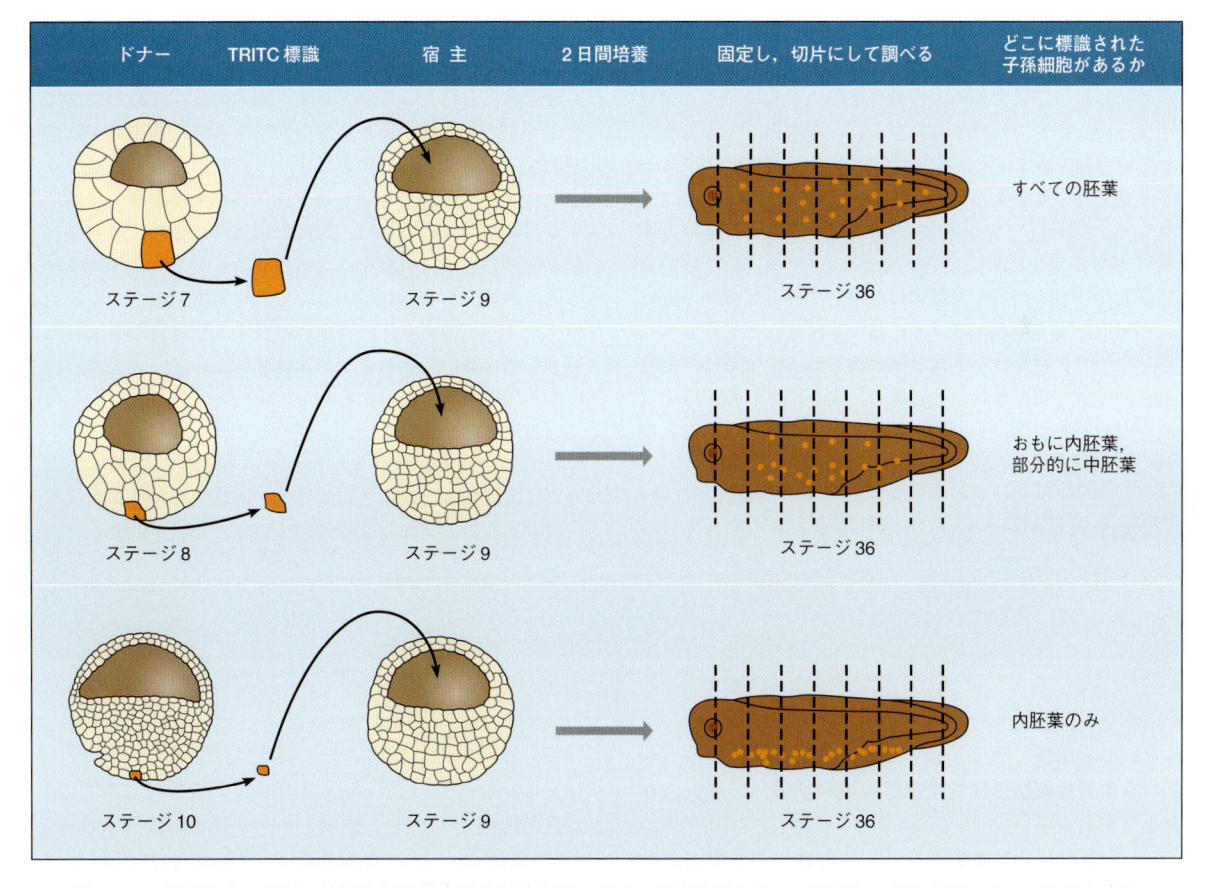

図7・1　移植によって単一細胞の発生運命能を試験する． ドナー胚を時間を追って単離し，細胞表面のタンパク質を安定に標識する色素であるテトラメチルローダミンイソチオシアネート（TRITC）に浸すことにより標識する．それぞれのドナーに由来する標識された細胞を後期胞胚(ステージ9)の宿主の胞胚腔に移植し，宿主をステージ36の幼生になるまで発生させる．胚を固定して切片を作製し，移植された単一の細胞が分化した場所とその状態を調べる．ここに示した例では，ドナーの細胞は予定内胚葉であり，その内胚葉へのコミットメントはステージ7と10の間に徐々に固定される．

ボックス 7・1　遺伝子発現の検出

特定の遺伝子の発現を検出する技術は，現在，発生生物学の研究を行う実験室で非常に役に立っている．遺伝子発現の検出は詳しく述べると多くの専門用語を必要とする広大なテーマであるが，その原理は単純である．遺伝子発現は通常，ある特定のmRNA，もしくはそのmRNAによってコードされたタンパク質によって検索される．mRNAの検出は，1章（ボックス1・3）で概要を述べた核酸のハイブリダイゼーション法に基づき，一方，特定のタンパク質の検出は，特異的抗体を使用する免疫細胞化学法による．図はさらに下記で述べるこれらの2種類の方法の基本を概説している．

胚のどの細胞や組織で特定の遺伝子のmRNAが産生されるかを検出するには，**in situ ハイブリダイゼーション法** (in situ hybridization) を用いることが多い．まず初めに，組織の形態を良好に維持し，存在するmRNAを化学的に変化させない化学薬品で胚や組織を保護，すなわち固定する．次に，伝統的な組織学と同様に，胚の薄片を切るか，あるいは，浸透性を高めるために薬品（アルコールやプロテアーゼなど）で処理する．さらに，組織片や（もし十分小さければ）胚全体を，cDNA（または他の適切な）プローブと溶液中で加温する．ボックス1・3で説明したように，プローブは検出しようとするmRNAに存在する配列と相補性がある（したがって特異的である）．プローブは，固定され浸透性を高めた組織中に拡散し，そして標的の配列にハイブリッド形成する．その後ハイブリッド形成されなかったプローブのコピーは，洗い流される．プローブが放射性同位体で標識されている場合，切片にされた組織上に置かれた写真乳剤によって，放射能が検出され，感光乳剤内で目に見える銀の粒子となって現れる．

in situ ハイブリダイゼーション法の別の一般的手法は，蛍光のレポーターでプローブを標識するものである．レポーターという用語は，タンパク質やmRNAのような興味深い分子について"報告する"（分子の場所を示す）ための検出可能な別の分子（この場合蛍光物質）を示すために研究者によって使われる簡略表記の一種である．レポーターについては14章で詳しく述べる．

3番目の選択肢は，変異したプリン塩基を含むプローブを使い，その変異を特異的抗体によって検出するものである．この抗体はそれ自身，適切な酵素や蛍光染料で標識され，核酸のプローブの場所を検出するために使われることにより，遺伝子発現が検出される場所を胚において明らかにする．

2番目の技術は，mRNAではなく遺伝子によってコードされるタンパク質を検出する．この場合のプローブは，問題とするタンパク質に対する抗体である．もし抗体が特異的なら，遺伝子産物の存在を検出する感度のよい方法が利用できる．in situ ハイブリダイゼーション法と同様に，**免疫細胞化学検出** (immunocytochemical detection) は切片でも胚全体でも行うことができる．固定の後，組織の透過性をよくする処理をする．切片や胚はさらに，偶発的に抗体が組織に結合する可能性を減少するために，特異的でないタンパク質（血清アルブミンや乳タンパク質など）で処理する．この準備について，組織を抗体にさらし，余分な抗体を洗浄した後，組織を二次抗体にさらす．二次抗体は別の種においてつくられているので，一次抗体のすべての免疫グロブリンのクラスの表面に存在する種特異的な決定因子と反応する．こうして，二次抗体によって一次抗体の場所が報告されることになる．

その過程はサンドイッチをつくるようなものである．すなわち，一次抗体は与えられたタンパク質に特異的であり，二次抗体は一次抗体に特異的である．そして二次抗体には蛍光性の分子または酵素がついており，システムを検

についての用語である．発生運命は，正常胚においてなされる単純な観察や細胞系譜追跡実験を通して解析されることが最も多い．

いつ中胚葉や内胚葉の決定された経路に沿った発生が限定されるかを明確にする挑戦的な実験は，初期胚の異なる場所から単一の細胞やいくつかの標識された細胞を取出し，そして宿主胚の通常とは異なる場所にそれらを挿入するものである．これはショウジョウバエの胚において，単一の細胞を用いて広範囲になされている．その結果は，すべての三つの胚葉の細胞が原腸形成の間にそれらの明確なアイデンティティーを徐々に獲得することを示している．この種の実験は，それほど広範囲ではないが，両生類や，ある程度ニワトリ胚においてもなされている．例として，細胞系譜トレーサーで標識されたいくつかの予定内胚葉細胞を，後期胚から中胚葉を形成すると予想される場所に移植すると，その移植された細

出することができる．たとえば，両生類の尾芽からとった切片を，ウサギからつくられる両生類のミオシンに対する一次抗体にさらすとしよう．次に，すでに処理された胚を二次抗体にさらす．二次抗体はウサギのグロブリン（可溶性の抗体を含んでいる血液画分）に対して，ヤギでつくられている．この抗ウサギ-ヤギ抗体にアルカリホスファターゼを共役させることにより，レポーターとして働くようにすることができる．胚を二次抗体で処理し，余分な抗体を洗浄した後，切片や胚を溶液中で加温して，アルカリホスファターゼの酵素活性のあるところすべてに着色した沈殿物を沈着させることによって，一次抗体の場所を検出することができる．

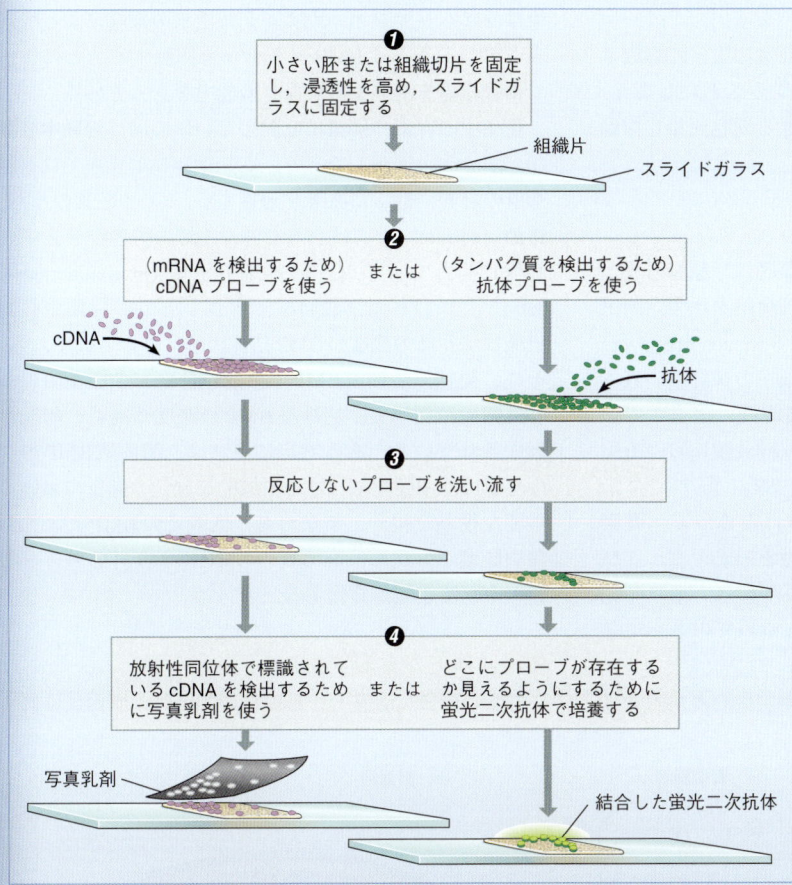

遺伝子発現をモニターするためにプローブを使う． 小さい胚（厚さ100μm以下）を固定し，脂質溶媒により浸透性を高め，プローブにさらす．次にその試料を顕微鏡のスライドガラスに固定する．もしくは小さい管の中の溶液中に浮かべて処理し，後にスライドガラスにマウントする．プローブは，放射性同位体で標識されたcDNAの場合（左図），同種のmRNAと相互作用することになる．また，プローブはそのmRNAによってコードされたタンパク質に対する抗体の場合もある（右図）．過剰で未反応のプローブを洗い流す．

左図：結合したcDNAプローブが放射性同位体で標識されている場合，スライドガラスに固定された試料を写真乳剤で覆う．放射性同位体が崩壊すると，乳剤中の銀の粒子が形成され，プローブが検出される．cDNAプローブを検出するための既存の方法に代わる方法は，結合ハプテンでプローブを標識するもので，本文で述べたように，それは抗体によって検出される．右図：抗体のプローブは，本文で述べたようにふつう，一次抗体のクラス特異的な抗原部位に対する二次抗体で検出される．二次抗体が蛍光分子で標識されていれば，蛍光顕微鏡観察法により検出される．

胞は時として中胚葉を形成する（図7・1）．それらの内胚葉としての性質は変更できないように固定されてはいない．原腸形成が始まり進行するにつれて，移植された細胞集団がそれらの内胚葉の起源に従う場合が多くなり，その胚葉に特有の分子マーカーを示す内胚葉の派生物を形成するであろう．このことは，予定中胚葉や外胚葉でも同様である．

一般的に脊椎動物では，研究が進む限り，原腸形成の直前からその間，細胞は徐々にそれぞれの胚葉の発生運命に限定されていき，ついにはその運命を変更できなくなるといえる．ある胚葉のなかで，発生運命の可能性が制限されるようになることもまた，脊椎動物においては徐々に漸次的に生じることである．ある細胞は，たとえ中胚葉組織だけを形成するように運命づけられているとしても，必ずしもこの時点である種類の中胚葉を形成するように制限されているわけではない．たとえば，予定

中胚葉細胞は筋肉を形成する可能性があるかもしれないし，一方，その子孫は脊椎の軟骨や体壁の間充織を形成することができるかもしれない．このように，たとえ胚葉が原腸形成の間に運命決定されると述べるとしても，ある細胞の発生運命能はまだかなり広いかもしれない．これは脊椎動物に顕著な特徴であり，ある細胞や細胞集団の発生運命能は原腸形成の後の発生段階の間にのみ，決定的に制限され，固定されるようである．

これらの観察を念頭において，中胚葉によって形成される多くの組織や器官の発生を検討することにしよう．常に，運命決定と分化の過程全体を操る細胞間相互作用に特別な注意を払うことにしよう．

背側中胚葉は脊索と体節を形成する

表皮外胚葉の直下に存在する中胚葉層は，原腸形成が終わりに近づくにつれて，明確な組織構築を示す．両生類ではシュペーマンオーガナイザー(Spemann organizer)から生じる最も背側の中胚葉は，形成中の神経板の直下にあり，羊膜類において対応する領域は，後退しているヘンゼン結節(Hensen's node)や，哺乳類における同等物の跡に残された正中の中胚葉である．図7・2に示したように，背側の正中線上の細胞は集まって，**脊索**(notochord)とよばれる棒状の構造物を形成する．これは直径にしてわずか2，3個の細胞からなり，細胞の鞘と基底膜に囲まれている．(基底膜についてのさらに詳細な説明に関しては12章を参照．)

脊索は，脊髄の前方端，すなわち予定後脳の位置から後方の端へ進むにつれ，分泌されたプロテオグリカン(12章参照)が含まれる液胞を細胞が形成するために明らかに見分けられるようになる．水が液胞に入ることにより，脊索全体が胚の拡張に伴いより固く長くなる．脊索は胚に対してある程度骨格としての支持を与えていると考えられている．脊索は一過性の構造物で，やがて脊髄を取囲む椎骨中に埋没する．6章で述べたように，脊索はシュペーマンオーガナイザー由来の細胞によって形成され，おそらくBMPシグナルを抑制することによって神経組織を誘導するかなりの能力をもっている．

発生中の脊索の両側に位置しているのは，**沿軸中胚葉**(paraxial mesoderm)である．この細胞は羊膜類では原腸形成の終わり近くに原条を通過する．この中胚葉のうち，**体節**(somite)とよばれる複雑な1対の構造物を正中の両側に生じるものは，前体節中胚葉(presomitic mesoderm)といわれる．注目すべき点として，背側中胚葉組織はより高い濃度のBMP拮抗因子にさらされており，それに従い，活性型BMPの濃度は低い．中胚葉層のより外側や腹側ほど，活性型BMPの濃度は高く，勾配が形成されている．ある考えによれば，活性型BMPのこの勾配は，中胚葉における領域的な分化の進行において重要な役割を担う．すなわち，低濃度のBMPにより背側中胚葉が分化し，高濃度のBMPにより外側および腹側の中胚葉組織が分化する．

体節は前方から順次生じる

脊索の両側に存在し，形成中の神経管の側面に位置す

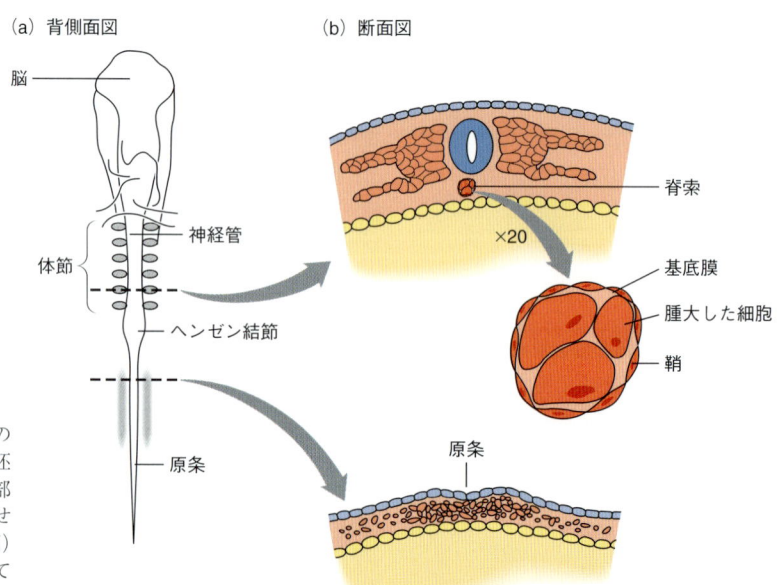

図 7・2 ニワトリ胚の脊索．(a) 6体節期のニワトリ胚の背側面図．(b) (a)と同じ胚の二つの断面図．ヘンゼン結節の前方の部分(上図)では神経管の腹側の脊索に注意せよ．ヘンゼン結節のすぐ後方の部分(下図)では，原条はあるが，脊索はまだ発生していないことに注意せよ．

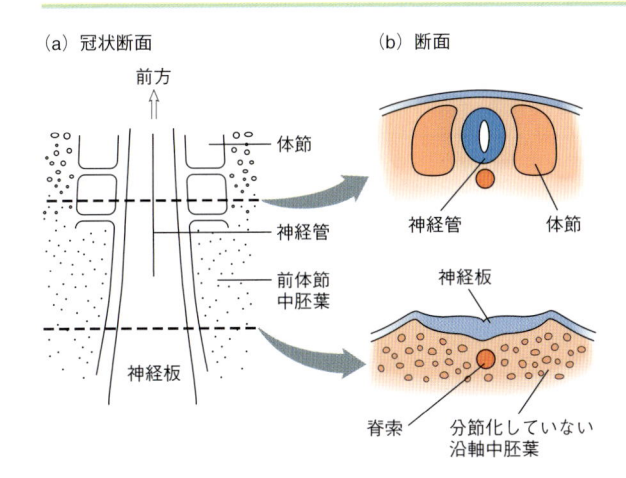

図 7・3 体節の形成. (a) ヘンゼン結節のちょうど前方の位置で，ニワトリ胚を背側から見た図．神経板の両脇には前方から後方端まで連続的に分節化しつつある沿軸中胚葉が存在する．(b) 分節化している位置(上図)とまだ分節化していない位置(下図)での沿軸中胚葉の状態を示している同じニワトリ胚の断面図．

る中胚葉細胞は，発生中の脊髄の前方端から明確な凝集塊を形成する．この凝集塊形成の進行により体節が形成され，その発生は脊髄の末端まで，前方から後方へ連続的に進行する（図7・3）．ただし頭部領域の沿軸中胚葉は体節を形成しない．

体節が発生する沿軸中胚葉は，ショウジョウバエにおける $hairy$ 遺伝子と相同の c-$hairy$ 遺伝子など，いくつかの遺伝子の周期的な発現を示す（15章参照）．この周期的な遺伝子発現が体節の形成を担うようだ．ショウジョウバエでは，$hairy$ 遺伝子の発現のタイミングは体節形成のタイミングと完全に一致する．ニワトリでは，c-$hairy$ 遺伝子は約90分ごとに沿軸中胚葉において高いレベルで発現され，その90分は1対の体節が形成されるのに必要な時間となっている．沿軸中胚葉から新しい体節が形成されるとき，その新しい体節の後方の部分で高いレベルの c-$hairy$ 遺伝子発現が維持される．

c-$hairy$ 遺伝子の発現は複雑な分子時計の一部かもしれない．おもしろいことに，ショウジョウバエの遺伝子である $delta$，$notch$，$fringe$ のニワトリにおけるホモログの発現を変化させると，c-$hairy$ 遺伝子発現のサイクルと体節形成の割合の両方が一致して変化する．

体節は多能性である

体節は複雑で一過性の胚の構造物である．それが形成された後すぐに，その腹内側部の細胞の凝集は緊密でなくなり，脊索や発生中の脊髄と接触するようにする．硬節（sclerotome）とよばれる体節のこの部分は分節性をもった軟骨を生じ，後にこれは脊柱と肋骨の近位部の前駆体となる．

硬節とは対照的に，体節の背側の部分は上皮性の特徴をもつ．その部分は，筋肉を発生する**筋節**（myotome）と真皮（表皮の下の中胚葉由来の血管を有する層）を発生する**真皮節**（dermatome）から成り立つので，**皮筋節**（dermamyotome）とよばれる．特に，それぞれの体節の前方部分における皮筋節の内側部分は，椎骨と脊髄に結合する沿軸上の筋肉組織を形成する．皮筋節の外側部分は，体壁の筋肉や，肢，そして肋骨の遠位部分を形成することになる細胞を供給する．そして，覚えているかもしれないが，外胚葉の神経冠細胞のいくつかが発生中の真皮に移動して，皮膚の色素細胞に分化する．図7・4は，新しく形成された体節から硬節，皮筋節，そして最

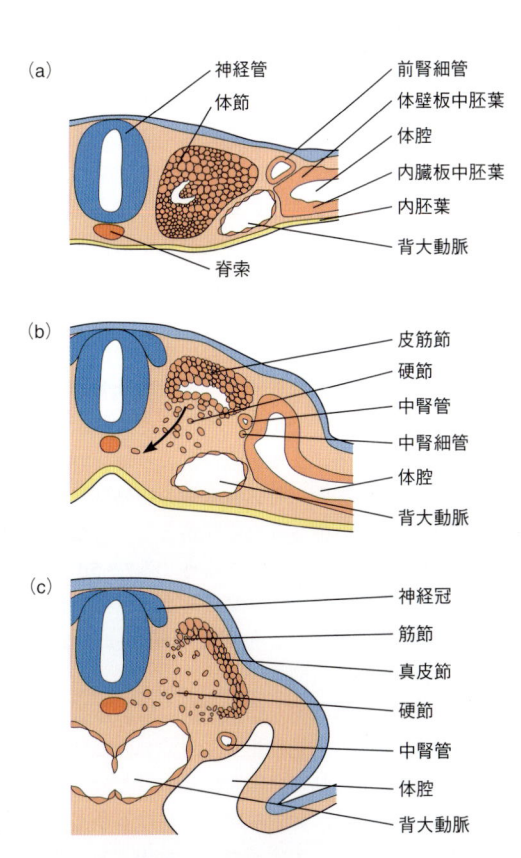

図 7・4 体節領域の形成. 孵卵36時間後のニワトリ胚の断面図．(a) 発生の早期では体節は上皮性の多角形で，その中心には粗な間充織がある．(b) 体節の発生は，前方の体節で最初に進行するが，腹内側側のいくつかの細胞は腹側に移動し(矢印)，硬節という後に軟骨を形成する粗な間充織を形成する．(c) さらに後の発生段階で，体節の背側の上皮部分が真皮節と筋節を形成する．

体節中の細胞間相互作用

予定体節中胚葉から単一の細胞を採って異所性に移植しても，原腸形成の後期に行わない限り，筋肉を形成することはない．筋肉を形成するための最終的な運命決定は，真の体節が形成される前で，原腸形成が終わるときにのみ決定される．細胞が軟骨や背部または外側の体壁の筋肉や真皮になるための経路に沿って進むために，何が影響するのであろうか．その答は隣接した環境である．多くの相互作用が予定体節と，発生中の神経管，脊索，表皮を形成する上部を覆う外胚葉，そして予定体節の外側に位置する体節にならない中胚葉などの，隣接した組織の間で起こっている．

どのように細胞がある発生経路や別の選択的経路に沿って進むかという問題は，数十年間研究されてきた．体節の場合，多くの研究者は体節の一部を分離し，それらをさまざまな近くの組織とともに共培養してきた．図7・5はこの研究法の一例，すなわち前に討議された基本の分離実験の一つの変法を概説したものである．体節が形成される前にニワトリやカエルの胚から沿軸中胚葉を分離し，栄養培地の中で培養すると，明らかな分化はほとんど，あるいは全く起こらないだろう（図7・5a）．だが，脊索または腹側の神経管の断片を，中胚葉や形成されたばかりの体節の隣に置くと，大量の軟骨が培養中に分化するだろう（図7・5b, c）．軟骨はその特徴的な形態と，さまざまな色素による染色性によって，容易に区別される．もし，神経管（特に神経管の背側部）とその上を覆う外胚葉を，外植された中胚葉とともに培養すると，典型的な横紋筋を形成するだろう（図7・5d）．もし外胚葉や外側中胚葉（側板中胚葉ともよばれる）が沿軸中胚葉とともに含まれると，筋繊維の形成は遅れるか，停止するかもしれない（図7・5e）．

これらの多数の組織間相互作用が長い間ある程度評価されてきたが，最近の発見は相互作用について理解を深めている．最近同定された組織間相互作用と分化への分子の関与のいくつかは，発生生物学における多くの進歩の典型例となっている．まず初めに，現在，ある組織に特有の組織固有タンパク質の形成に必要な遺伝子の多くが単離され同定されている．たとえば筋肉組織の場合，収縮にかかわる部品を構成するタンパク質（アクチン，ミオシン，トロポミオシン，トロポニンなど）をコードする遺伝子がクローン化され，その特性が明らかになっ

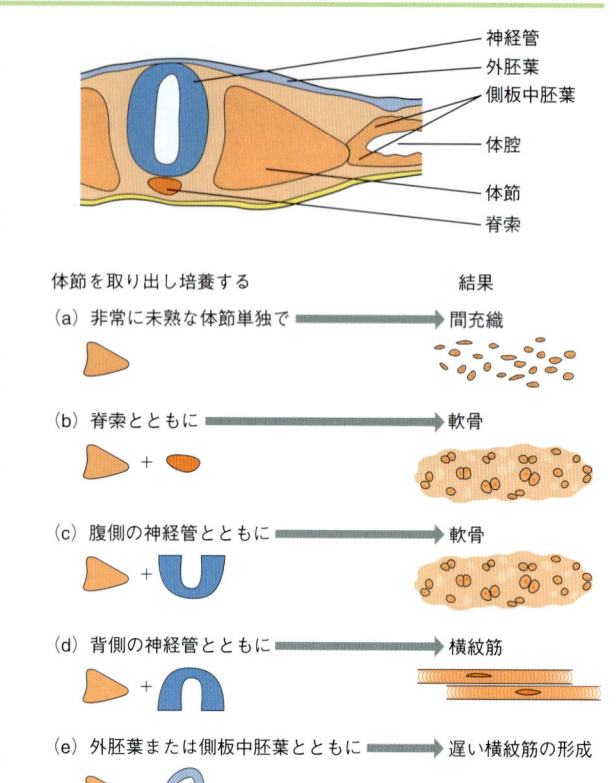

図7・5　組織間相互作用と体節の発生． 体節の外植体のさまざまな種類を図示したもの．どのような種類の発生が起こるかをみるために早期の体節（上皮性の段階）を分離し，(a) 単独，または (b) 脊索との組合わせ，(c) 腹側の神経管との組合わせ，(d) 背側の神経管との組合わせ，あるいは (e) 外胚葉または側板中胚葉との組合わせで培養する．

ている．さらに，これらの遺伝子の転写に必要な転写因子ファミリーのいくつかの重要な要素もまた，単離され，特性が明らかになっている．MyoDとMyf5という二つの転写因子は筋細胞に特有である．もしMyoDとMyf5をコードする遺伝子をさまざまな組織培養細胞に挿入すると，その細胞はやがて筋細胞に変換する．したがって，たとえある実験において収縮能をもつ十分に発達した筋細胞が得られなくても，現在その細胞が，"筋肉的性質"への経路に沿って，少なくとも途中まで移動したかどうか判定する方法がある．

2番目に，そして重要なことに，細胞生物学における進歩はシグナルとシグナルの受容体として働く多くのタンパク質を同定してきた．その結果，組織間相互作用にかかわる可能性のある分子が急速に同定されつつある．

そして最後に，現在では問題となる遺伝子やそれらがコードするタンパク質因子が推測される仕事を実際にし

ているかどうかを，生きている胚の生きている細胞で調べる新しい方法がある．先に進むに従って，これらの研究方法と実験の多くについて検討するつもりである．たとえば，ショウジョウバエの遺伝子である delta (シグナル伝達分子をコードする) のホモログが，最近マウスで分離され，この遺伝子の機能を欠失した突然変異をホモ接合として有するトランスジェニックマウスがつくられた (5章参照)．このホモ接合の突然変異体マウスは胎生中期で死に，沿軸中胚葉と中枢神経系に欠陥がある．体節領域を調べると，軟骨と筋肉はある程度分化しているが，分節形成はほとんど，あるいは全くなく，そして前後方向の極性をもつ明確化された体節はけっして形成されなかった．delta 遺伝子にコードされるタンパク質は，体節の分節性を有するパターンを形成するために必要なシグナル伝達経路に含まれる．ここで分節が形成されなくても筋肉と軟骨の分化が起こることに注意することが大切である．したがって，この実験は二つのできごと (体節の境界形成と体節からの異なる組織の後期の分化) は動かしえないように連結されてはいないということを教えてくれる．

6章で Sonic Hedgehog (Shh) という奇異な名前をもつ，体節に発現する著名で重要なシグナル伝達分子のことを述べた．これは Hedgehog (Hh) とよばれるショウジョウバエのシグナル伝達分子のホモログである．Shh は脊索と神経管の腹側部分 (いわゆる底板) で生成され，近くの細胞に影響を与えることが示されている．胚から体節になる前の沿軸中胚葉を取除き，Shh を分泌する組織培養細胞とともに試験管内で培養すると，その体節の細胞は硬節，すなわち軟骨分化に特有の遺伝子マーカーの強い発現を示す．このように，Shh は適切な時間と適切な場所に存在して硬節を誘導し，そして試験管内でみられる Shh の影響は Shh が軟骨形成に重要であるという仮説に強力な支持を与える (図7・6)．

分子間における組織間相互作用を研究するのに役に立つ強力な新しい道具は"良い"ものだが，問題もある．ある種の胚発生において役割を担う新しい遺伝子とタンパク質はほとんど毎日発見されており，カタログ化され，その影響力は学生だけでなく，専門家をも圧倒しかねない．その結果としてこれらの相互作用の目立った特徴を同定することと，必要なときに役に立つ情報をどのように手に入れるかを学ぶことがますます大切になっている．すべての担い手の名称と正確な役割を覚えることは，それほど大切ではなくなってきており，おそらく不可能である．この教科書で述べるそれぞれの組織間相互作用には，現在入手可能な情報の限りにおいて，おそら

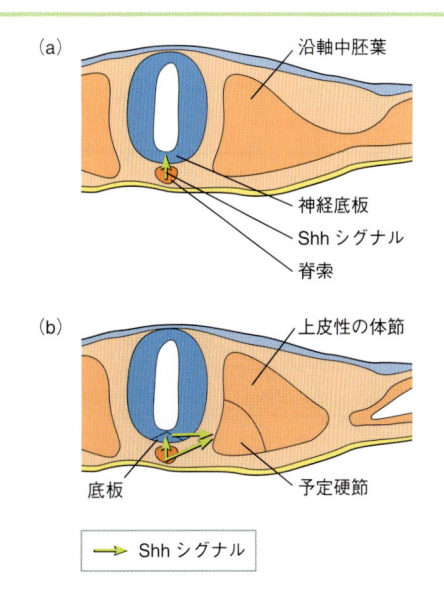

図7・6 硬節の形成における Shh の役割を示すモデル．
(a) 脊索は Shh を産生するが，沿軸中胚葉はまだ応答能をもたない．脊索によって産生された Shh は神経管に底板を誘導し，さらに多くの Shh を産生する．(b) 底板と脊索の両方が高い濃度で Shh を産生するときのみ，体節の近くの腹内側部が応答し遺伝子発現の割合が変化し (pax1 が増加し pax3 が減少する)，硬節の分化がもたらされる．

くたくさんの異なるシグナル伝達分子，それらの同種の受容体，二次メッセンジャー，そして反応系を伴う．"因子"のカクテルを放出するのはシュペーマンオーガナイザーだけではない．器官形成の根底にある組織間相互作用の多く，おそらくすべてはシグナル伝達分子の複雑な混合物と活性化された受容体回路を利用する．

図7・7は背側の正中に存在する組織を模式的に表し，そして体節における"運命決定"に影響を与える最近同定されたシグナル伝達分子のいくつかを示す．早期の，未熟な体節に対して三つの主要な影響が存在する．体節が背側の神経管や外胚葉から分泌される因子 (BMP や Wnt など) の影響を受けると，皮筋節への発生が促進される．腹側に位置する脊索と底板から分泌される因子 (たとえば Shh) の影響下では，体節は硬節に発生する．そして背側と腹側の影響力が，両方適切に存在するとき，筋節が形成されうる．

横紋筋はシンチチウムとして分化する

筋節の予定筋細胞は筋芽細胞 (myoblast) とよばれる．〔芽細胞 (blast) は最終分化した細胞種の前駆細胞を表す一般的な接尾辞であることを覚えておくこと．〕筋芽

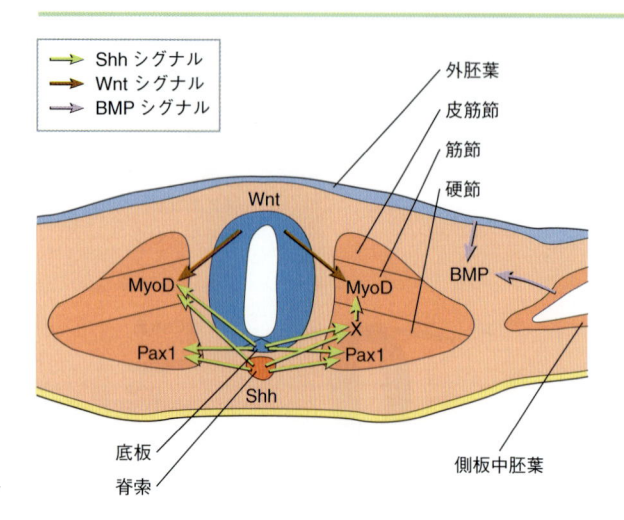

図 7・7 体節分化のシグナル伝達のモデル. 脊索と底板によって産生される Shh は，Pax1 に働きかけて図7・6で示すように硬節を誘導させる．さらに，Shh は背側の体節の細胞に直接的(左に示すように)または，ある同定されていない中間体(X，右に示すように)を介して間接的に作用する．これらの背側の体節の細胞は，背側の神経管からの Wnt リガンドにもさらされ，そして Shh と Wnt の共同作用により筋節の分化がもたらされる．MyoD は筋肉の分化に重要な転写因子である．外胚葉と側板中胚葉は BMP を産生する．BMP は皮筋節の原基に作用し，そこでの Wnt 様の影響と拮抗する．

細胞は，その発生経過が組織培養下で詳細に研究されてきた筋形成の注目すべきプログラムにのって，分裂を続ける（図7・8）．次の段階へのシグナルは培地を操作することによって与えられる．すなわち，培地を栄養因子が"豊富な状態"から"乏しい状態"へ移行することにより，細胞は細胞周期から撤退し，G_0 とよばれるある種の永久の G_1 状態を維持するというシグナルが伝わる．（分化したニューロンも同様のことをする．）胚における筋芽細胞が細胞周期から撤退するシグナルはまだ知られていないが，ある筋肉（または筋組織）のためのそれぞれの筋芽細胞の個体群が，それ自身の特定の場所において，それ自身の特定の時間調節をもつことは注目に値する．

細胞分裂しない筋芽細胞は特徴的な道筋に沿って進み，筋肉固有の遺伝子の活性化と互いに融合する能力をもつようになる．筋芽細胞は，伸長し，紡錘形となり，そして細胞の先端が融合し，その結果，共通の細胞質に多数の核を含む長い円柱を形成し，それぞれの円柱をシンシチウム（多核細胞）とよぶ．遺伝子発現の最終的プログラムは収縮部品のためのタンパク質の合成を制御する．すなわち，アクチン，ミオシン，そしてその他の収縮性のタンパク質は，細胞の長軸方向に沿った繰返しパ

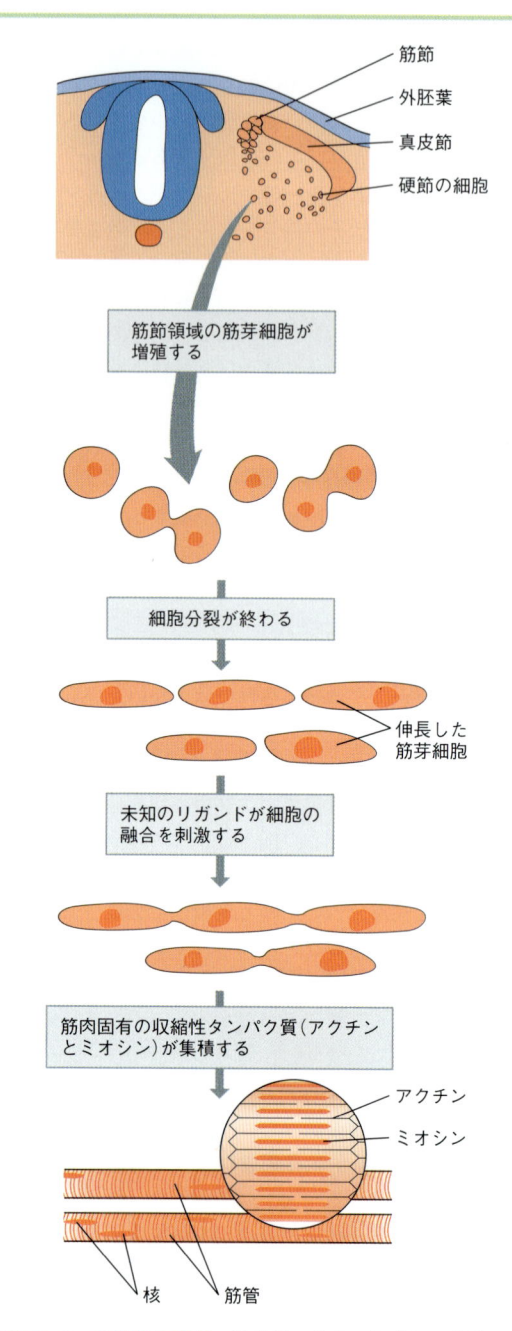

図 7・8 横紋筋の形成. 横紋筋の分化の概略図．筋節から増殖する筋芽細胞が産生され，それはその後分裂をやめ，伸長し，そして互いに融合してシンシチウムとなった筋管を形成する．これらの筋管はやがて収縮装置を合成，統合する．

ターンに配置され，それによって組織切片では横紋のある模様が見える（図1・1b参照）．

このようなよく理解された筋形成のテーマには多くのバリエーションがある．顎と顔の頭部の筋肉には横紋が

あり同様に発生するが，体節形成はしない．心筋は横紋骨格筋と似ているが，独特である．消化器官や他の器官の平滑筋もまた，最終分化を行い，心筋と骨格筋におけるものとわずかに違うアクチンとミオシンの型で，収縮性のある複合体を形成する．さらに，平滑筋細胞は個々の細胞のままで，癒合してシンシチウムを形成することはない．

これまでのところ，体節からの軸上筋の形成が，脊椎動物において長く段階を追った過程であることをみてきた．しかし，この話は脊椎動物に近縁なある動物群では多少違っている．ホヤ類の動物（ascidians，俗に海の噴水；sea squirtsとよばれる）は，研究において重要な役割を担っているので，脊椎動物における背側の中胚葉由来の器官や構造物についての解説を続ける前に，それらについて調べることは価値がある（ボックス7・2参照）．

硬節は後に骨となる軸性軟骨を形成する

脊椎動物の骨格は，最初に軟骨を形成して発生する．硬節は椎骨と肋骨の軟骨を形成する．一方，側板中胚葉は，肢の長骨の軟骨を与える．軟骨は骨の鋳型であり，骨は軟骨内骨化とよばれる過程によって軟骨内で形成される．（頭蓋の大半の骨は軟骨の鋳型なしに，神経冠由来の間充織細胞中に直接形成される．その過程は膜内骨化とよばれる．）硬節の細胞が凝集すると，中心の細胞は豊富な基質を分泌する軟骨細胞（chondrocyte）となる．他の細胞は，中心の軟骨の核を取囲む，**軟骨膜**（perichondrium）とよばれる軟骨の鞘を形成する．

骨は次のような複雑な過程によって軟骨内で形成される．まず，軟骨細胞が分裂と増加をやめ，肥大して肥厚性軟骨となる．さらに，周囲の基質が化学的な変化を受ける（図7・9a, b）．血管が肥厚性の軟骨に侵入し，骨を形成する骨芽細胞（osteoblast）がその領域に移動する．

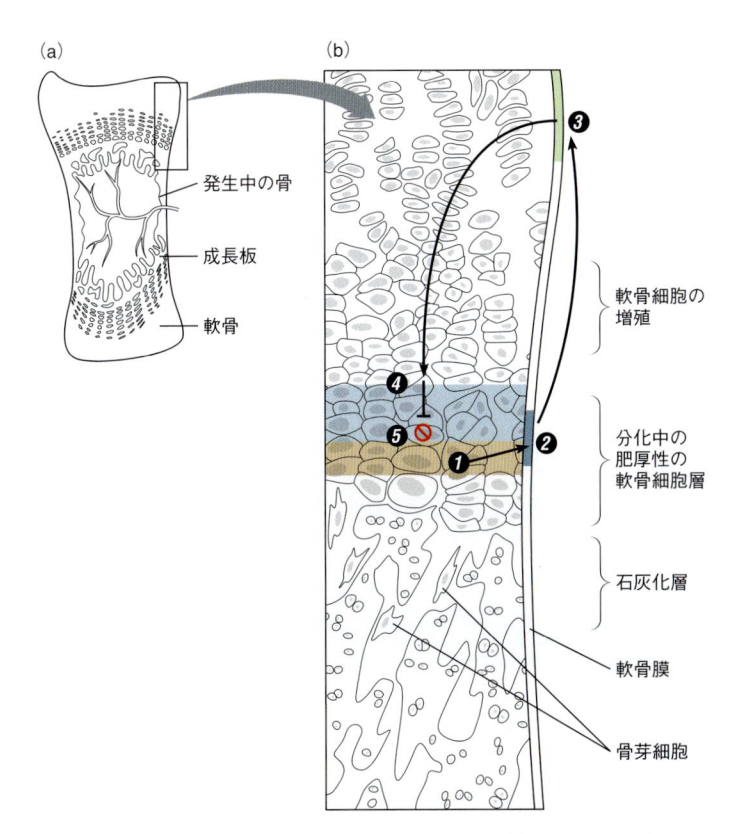

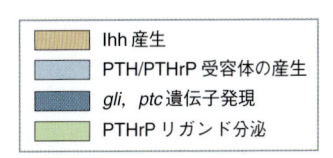

図 **7・9 軟骨の骨化**．長骨における軟骨から骨組織への転換．（a）発生中の骨の全般的な領域．（b）肥厚化した軟骨の骨化領域の拡大図．（c）軟骨分化を制御するシグナルの経路．増殖性の軟骨細胞は分化しIndian Hedgehog（Ihh）を発現するようになる．軟骨細胞はまたPTH受容体を発現し始める．軟骨膜の細胞はIhhに反応し，gliとpatched（ptc）遺伝子の発現を上昇させる．これにより副甲状腺ホルモン（PTH）が産生される．前肥厚性軟骨細胞はPTHとPTHrP（副甲状腺ホルモンに関係するペプチド）両方の受容体をもち，分化の経路からの逸脱が妨げられており，分化の範囲が制限される．この抑制的なフィードバック回路が中断されてしまうと，軟骨細胞の分化が広範囲で過剰に起こり，石灰化骨の発生が妨げられる．

ボックス 7・2　ホヤの発生

　ホヤ類 ascidians (sea squirts) は尾索動物亜門（尾索類の動物とそれらの同類）のおよそ 2300 種の固着生の海産動物から成り立つ類である．ホヤ胚は発生のメカニズムの分析において歴史的な重要な役割を担ってきた．線虫 *Caenorhabditis elegans* のように，ホヤ類は不変かつ定型的な卵割パターンをもつ．オタマジャクシに似た幼生における種々の組織の細胞系譜はよく知られている（図参照）．

　二つの観察からホヤは，20 世紀初期における分析的な研究の重大な議題となった．最初に，いくつかの種の卵は着色した顆粒を含み，それらは異なる割球に分配されることが注目された．1900 年初期に，米国マサチューセッツのウッズホール臨海実験所で働いていた E. G. Conklin は，8 細胞期において，黄色い細胞質が B4.1 細胞として知られる 1 組の割球に局在することを発見した．彼はやがてこれらの細胞の派生物が中軸筋肉を形成することに気づいた．このことから，その局在する黄色い細胞質は **筋細胞質** (myoplasm) とよばれることが多い．2 番目に，これらの割球の除去は筋発生の欠如をひき起こすということが観察された．研究者が 8 細胞期胚から B4.1 細胞を除去すると，その胚には筋肉が発生しなかったが，他の点においては正常であった．一方，分離された B4.1 細胞を単離状態で発生を続けさせると，筋肉が形成された．後の研究では，B4.1 細胞の細胞質を筋肉を形成しない他の割球へ移植すると，その受容細胞は筋肉を形成する能力を獲得することが示された．

　これらの観察結果から，B4.1 細胞に局在する黄色い細胞質が，卵において筋形成のための母性の決定因子かもしれないという仮説が支持された．母性の決定因子という考えは，ショウジョウバエにおける Bicoid の発見を例として 1 章で解説したことを思い出そう．

　現在では，この説の詳細部分のいくつかは見直す必要があることがわかっている．B4.1 割球はオタマジャクシの 42 の筋細胞のうち 28 細胞のみを生じる．いわゆる二次筋細胞といわれる残りの 14 細胞は，近くの b4.2 と A4.1 という割球のセットから派生する．そしてこれらの二次筋細胞の発生は，原腸形成の間に起こる細胞間相互作用に依存する．他の細胞間相互作用は，内胚葉と外胚葉の派生物の両方を含むさまざまな組織の形成にも必要とされる．したがって，ホヤの胚は，結局のところ自律的に発生する細胞のモザイクではない．

　しかし，B4.1 におけるあいまいだった決定因子が現在では同定されているため，B4.1 からの筋肉の発生は自律的であることを例示しているように思える．東京で研究していた西田宏記と沢田佳一郎は，Macho-1 とよばれる転写因子の mRNA が B4.1 細胞に局在し，Macho-1 は筋肉の発生に必要十分条件であることを示した．Macho-1 は，亜鉛を結合するタンパク質ドメインを含むため，**ジンクフィンガー** (zinc finger) タンパク質とよばれる転写因子の重要なグループの一つである．転写因子については 14 章でさらに詳しく述べる．**アンチセンスオリゴヌクレオチド** (antisense oligonucleotide，以下アンチセンス鎖）により Macho-1 タンパク質を除去すると，おもな筋肉は形成されなくなる．〔アンチセンスオリゴヌクレオチドとは，通常ある種のデオキシヌクレオチドの短い鎖（約 30 ヌクレオチドの長さより短い）である〕．それらは mRNA のある部分に完全に相補的であり，それにハイブリッド形成する．そのハイブリッドは RNA-DNA ハイブリッドに特有のヌクレアーゼによる攻撃を受けやすい．ある例ではアンチセンス鎖とその mRNA の間で形成されたハイブリッドはリボソームで翻訳されず，結果として mRNA によってコードされるタンパク質は統合されない．正確なメカニズムがいかなるものであれ，アンチセンス鎖は機能喪失表現型を

　これらの骨芽細胞は骨基質を分泌し，リン酸カルシウムが結晶化したヒドロキシアパタイトを沈着することによって骨形成を始める．骨の成長と形態形成は，正確な鋳型と入念に調節された骨による軟骨の置換によってなされる．早まった未成熟な骨化により，小さいか，短いか，またはその両方の骨が結果として生じる．逆に，異常にゆっくりと骨化が進むと，非常に大きくそして（あるいは）長い骨ができてしまうこともある．

　この骨化過程の多くが，分泌された化学的なシグナルとそれらの固有の受容体が重要な役割を担っている細胞間相互作用によって制御されているということは驚くべきことではない．BMP ファミリーの一つ（BMP2）は，中胚葉細胞における軟骨形成を刺激し，筋形成を抑制することで知られている．軟骨細胞は Indian Hedgehog (Ihh) とよばれる Hedgehog ファミリーの一つを分泌する．Ihh は次に，肥厚性の軟骨の形成を抑制する別のリガンド

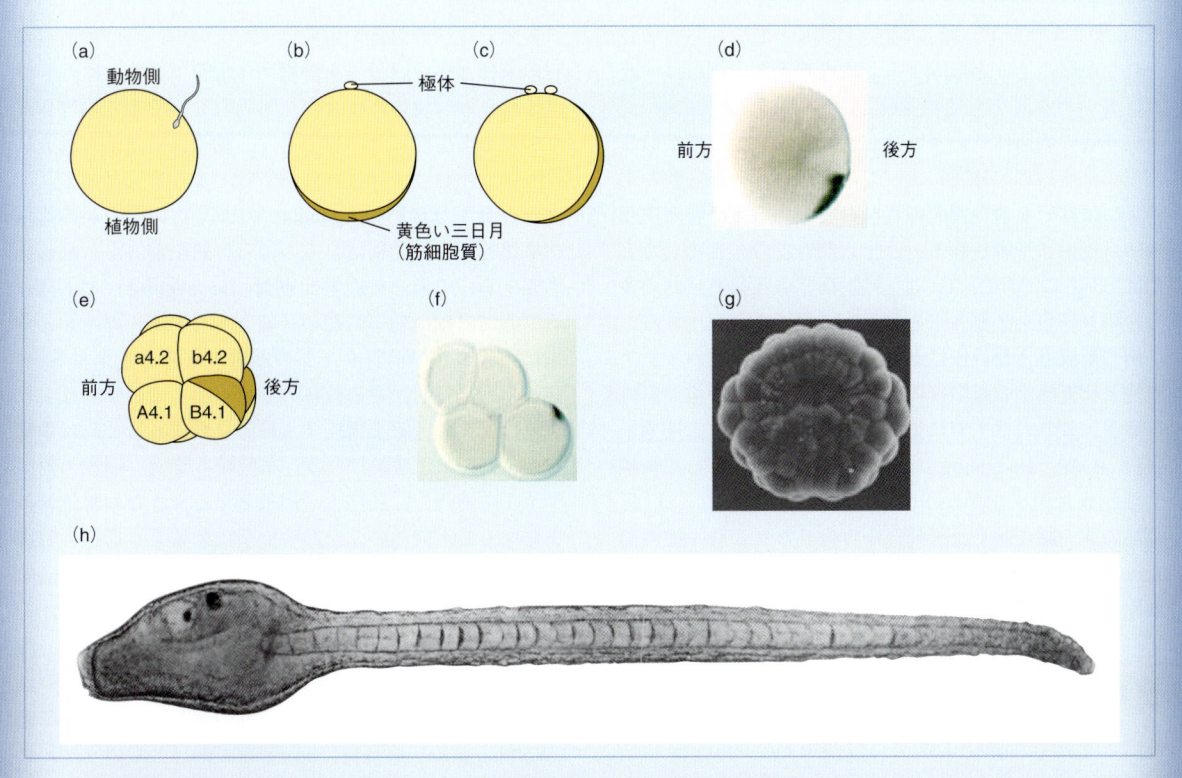

ホヤの発生. (a) 卵は動物半球で受精する．強靭な絨毛膜が(示されていないが)卵を取囲んでいる．(b) 受精した卵が第一減数分裂を完了し，極体を形成する．植物極で細胞質の収縮が起こり，その結果筋細胞質(ある種では黄色い三日月とよばれる)が集中する．(c) 第二減数分裂が完了し，筋細胞質は予定後方側へ移動する．(d) ホールマウント in situ ハイブリダイゼーションにより，Macho-1 mRNA が接合子の後方の植物側に局在していることを示す．(e) 3回の細胞分裂後，この側面図で示すように，4対の細胞が形成される．筋細胞質は1対の B4.1 割球に局在している．(f) ホールマウント in situ ハイブリダイゼーションにより，Macho-1 が B4.1 割球にのみ存在していることを示す．(g) 受精後約10時間の76細胞期での正常胚の走査型電子顕微鏡写真(植物極側の図)．(h) 十分に発生したオタマジャクシの側面図で，筋細胞の配列が明瞭に示されている．

結果として生じうる.］逆に，Macho-1 の mRNA を筋形成をしない割球に注入すると，その割球は，筋肉を形成する能力をもつようになる．Macho-1 は1世紀近く前に仮定されたホヤの一次筋細胞形成に対する典型的で局在的な母性決定因子の本体であるようだ．

(副甲状腺ホルモン，PTH)を分泌する軟骨膜を刺激する．このネガティブフィードバック回路は次に，さらなる軟骨の分化を抑制することができる．この調節回路の欠如は過剰な肥厚性の軟骨と異常な骨形成を誘導する(図7・9c)．

体節の真皮節の部分は真皮を形成する

これまで述べたように，内側の皮筋節は筋を形成し，同様に，側板中胚葉に接する体節のいくつかの細胞も筋を形成する．体節の外側の残っている部分，すなわち上皮性の部分は，表面の外胚葉の下で分裂と移動を続ける細胞の個体群であり，皮膚の真皮を形成する．この過程は，上に横たわる外胚葉と背側の神経管から放出される因子によって促進される．

皮膚とその派生物は，表皮外胚葉と，その直下の真皮節由来の真皮の間充織細胞間の共同作業により発生す

る. 6章でふれたように, 外胚葉は表皮, すなわち重層化された多層の上皮を形成する. 表皮の表面の細胞はケラチンタンパク質を大量に蓄積し, アポトーシスに至る. 表皮表層の細胞は絶えず脱落し, 基底膜の上に横たわる表皮芽細胞の細胞分裂によって補充される. 基底膜のすぐ下には血管を含む間充織性の真皮がある. 汗腺と皮脂腺は真皮中に形成される. 分化した外皮の派生物 (たとえば, うろこ, 羽毛, 毛) は, 外胚葉と中胚葉組織間の多くの相互作用を必要とする複雑な過程により発生する.

歯の形成もまた外皮における腺の発生と似ており, 上皮性と間充織性の組織間の連続した相互作用が歯の形成を導き, これにはすでに述べた多くのシグナル伝達分子 (特にBMP, Hedgehogファミリーの一部, そして繊維芽細胞成長因子) がかかわる. 6章で指摘したように, 頭部の間充織の多くは神経冠から生じる. これは顎の間充織に当てはまり, 歯はエナメル質を形成する外胚葉と, 象牙質を形成する神経冠間充織から派生する.

側板中胚葉

腎臓と生殖腺は体節の側方に位置する中胚葉から派生する

体節の側方をたどると, 形成中の体腔のちょうど背側の, 中間中胚葉とよばれる領域に至る. この領域は腎臓をつくり上げる細管と管を形成するため, **腎節** (nephrotome) ともよばれる (図7・10). これらの管のいくつかは, 発生中の生殖器系に, 吸収されたり共有されることになる. 腎節中胚葉の分化は発生が進行するにつれて後方に向かって進行する.

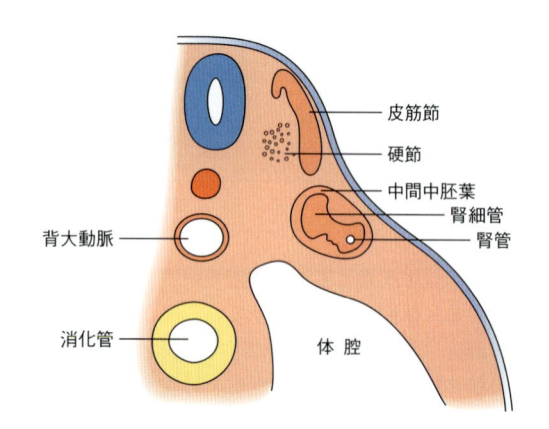

図7・10 **腎節**. 典型的な脊椎動物の予定胸部領域の断面図で, 腎節の派生物である腎細管と腎管の位置を強調している. 腎節と予定生殖腺を含む体節の腹側の中胚葉は, 中間中胚葉である.

腎臓は二つの部分から成り立っている. 一つは血液からの液体と小さい分子を沪過する細管であり, もう一つはこれらの物質のいくらかを再吸収し, そして処理された沪液を排出腔に運ぶ管である. 細管は前方から後方に徐々に分化し, より後方の細管ほどより複雑である. メクラウナギ (無顎類 Agnatha) のようないくつかの比較的原始的な脊椎動物は, もっぱら腎節の前方から細管を形成する. これらの動物は**前腎** (pronephros) とよばれる原始的でやや効率の悪い腎臓を所有する. 両生類と魚類はいくつかの前腎タイプの前方の細管を発生するが, それらは退化し, その後体の半ばレベルでの腎節はより複雑な成体の腎臓を構成する細管を形成し, これは**中腎** (mesonephros) とよばれる. 羊膜類もまた一過性の前腎タイプの細管と, 胚発生の間機能する大きな中腎細管系を発生する. 成体の羊膜類の完全に発達した形態の腎細管は体幹の最も後方の腎節, すなわち**造腎間充織** (metanephrogenic mesenchyme) とよばれる領域で発生し, そして最終的な腎臓は**後腎** (metanephros) とよばれる. 図7・11はこの腎細管の遷移とその種類を示している.

前方の腎節で形成される上皮性の細管は, **ウォルフ管** (Wolffian duct, 前腎管; pronephric duct ともいう) に結合する. それとほとんど同時に, この管は前方の腎節から分離する. その管の先端は, 排出腔へ向かって成長する. 多数の研究から, いくつかの両生類ではウォルフ管が移動の機構により長くなることが示されている. 管の壁における細胞数は細胞分裂を通して増加し, そして先導する先端は直上の外胚葉からの手がかりによって標識された道筋に沿って移動する. しかし他の種では, 管の拡大は, 腎節の前進する先端の領域からの細胞の新たな付加も含んでいる. 中腎細管が形成されるとき, それらはこの前腎管に結合し, これはのちに成体の尿管 (ureter) となる. このような発生過程全体は, 羊膜類のほうが両生類や魚類より複雑である. 羊膜類でもウォルフ管は中腎同様に形成されるが, 中腎は一過性である. ニワトリ胚を使った実験から, 前腎管の形成には中間中胚葉の直上の外胚葉から分泌されるBMP4が必要であることが示された. ウォルフ管が排出腔に結合する領域の近くでは, 小さい芽が管から分岐して後方の体幹の造腎間充織中に伸長する. この**尿管芽** (ureteric bud, 図7・11参照) は造腎間充織の"凝集"を推進する. これらの二つの構成要素 (尿管芽と間充織) から, 羊膜類の最終的な後腎が発生する (図7・12). 後腎発生の間充織は変化して沪液と溶質を再吸収する腎単位を構成する上皮性の細管となる. 一方, 尿管芽は腎臓の集合管と尿管を形成する. 尿管芽の上皮と間充織の間での相互作用は, 発生学にお

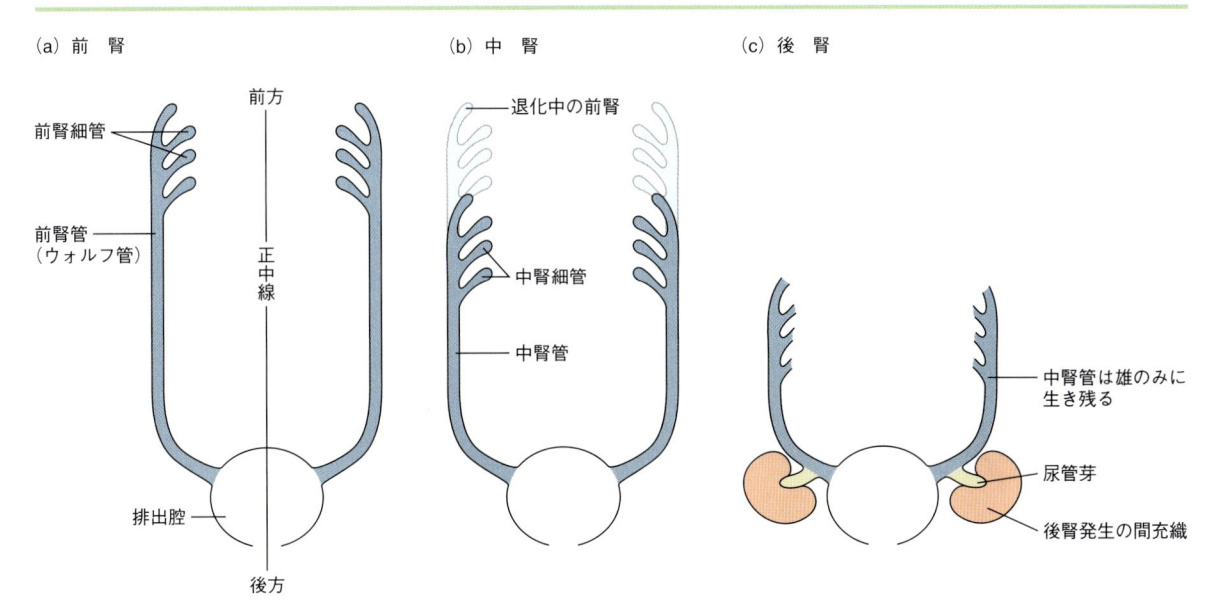

図7・11 前腎，中腎，および後腎の排出系． 発生中の羊膜類におけるネフロンと管の配置を示す背側面図．ネフロンは腎管の前端に細管として描いてある．実際のネフロンはここに示しているよりはるかに複雑であり，そして発生が前腎(a)，中腎(b)から後腎(c)へ進行するにつれて複雑さが増加する．前腎が退化した後，前腎管(ウォルフ管)の後方部分は残存し，中腎管とよばれることもある．ここの色づけは明瞭にするためであり，胚葉を意味しているのではないことに注意せよ．ここで示しているすべての構造物は中胚葉性である．

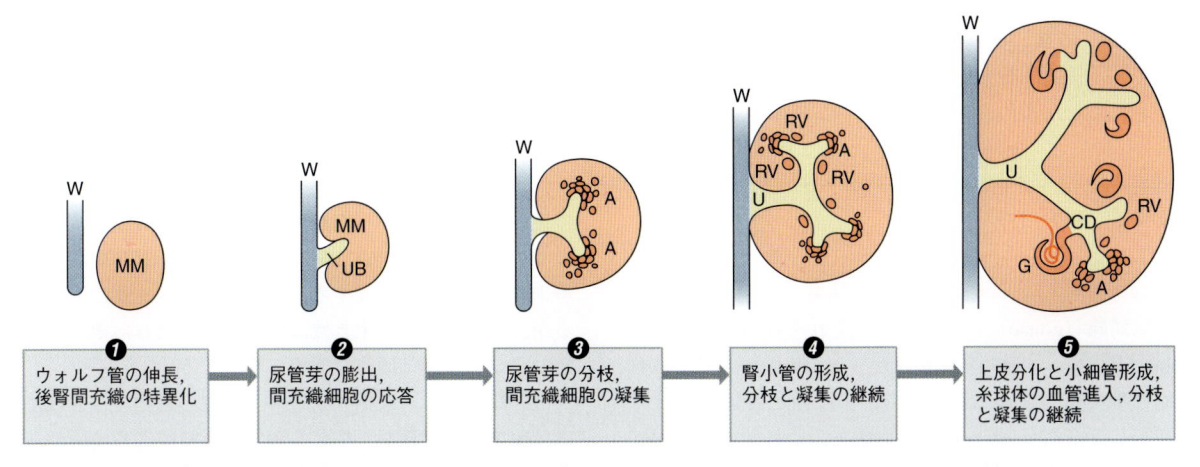

図7・12 後腎の発生． さまざまな段階における主要な変化を示す模式図．A：間充織の凝集，CD：集合管，G：発生中の糸球体，MM：造腎間充織，RV：腎小囊，UB：尿管芽，U：尿管，W：ウォルフ管．ここで使われている色は明瞭にするためであり，胚葉を意味しているのではないことに注意せよ．示しているすべての構造物は中胚葉性である．

ける古典的な実験により明らかになった．これについては13章でさらに解説しよう．

　羊膜類では，前腎は不完全に発生した少々の細管以外は何も形成せず，中腎は一過性である．ウォルフ管は，腎臓としての機能はもはや果たさないが，雄では生殖器系のいくつかの配管を供給するために維持される．雌の胚では，テストステロン濃度が比較的低いためにウォルフ管が退化する．

　ミュラー管(Müllerian duct)とよばれる別の管が，ウォルフ管に平行して中間中胚葉に発生し，そして両方の性の胚の中にしばらく存在する．しかし，抗ミュラー管因子が細胞のアポトーシスを誘導するため，雄ではミュラー管は生き残らない．雌ではこの因子が産生されず，ミュラー管は存続して卵管，子宮，子宮頸部の一部を形

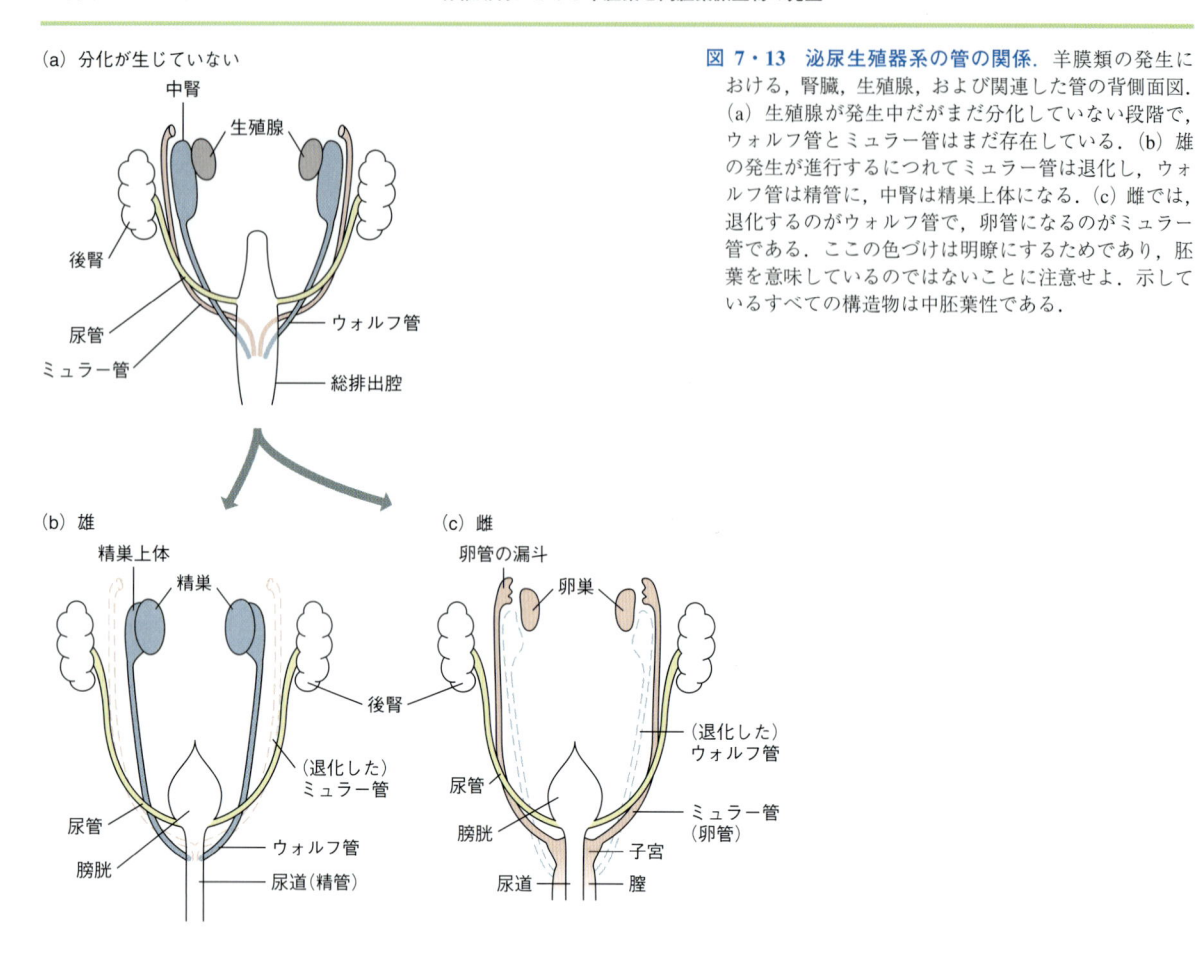

図 7・13 泌尿生殖器系の管の関係．羊膜類の発生における，腎臓，生殖腺，および関連した管の背側面図．(a) 生殖腺が発生中だがまだ分化していない段階で，ウォルフ管とミュラー管はまだ存在している．(b) 雄の発生が進行するにつれてミュラー管は退化し，ウォルフ管は精管に，中腎は精巣上体になる．(c) 雌では，退化するのがウォルフ管で，卵管になるのがミュラー管である．ここの色づけは明瞭にするためであり，胚葉を意味しているのではないことに注意せよ．示しているすべての構造物は中胚葉性である．

成する（図7・13）．

生殖腺は腎節と関連して形成される

　生殖腺（gonad）は腹側正中でそれぞれの腎節に近接した中胚葉，すなわち生殖隆起（genital ridge）とよばれる領域で分化する（図7・14）．この隆起の体腔上皮は増殖して性索（sex cord）を形成し，それは間充織中に進入する．始原生殖細胞（primordial germ cell: PGC）は（このあと述べるように）他の場所から移動し，その領域へ進入する．これ以後，雌と雄の胚は異なる発生過程をたどる．性が最終的に決定される方法は複雑で，そしてしばしば動物ごとに異なる（ボックス7・3参照）．

　雄では性索は増殖を続け，精細管となる．セルトリ細胞は細管で分化し，抗ミュラー管因子を分泌する．内在するPGCは精子を形成し，そして生殖隆起の間充織は精巣（testis）の間質となる．精細管は最終的にウォルフ管に連結し，それは雄の生殖器系の精管となる．

　雌の生殖隆起では，最初の性索は退化し，そして第二の性索が体腔上皮から増殖する．この上皮の成長は表面近くにとどまり，PGCから発生する卵母細胞を取巻く将来の沪胞細胞を形成する．雌ではウォルフ管は退化するが，ミュラー管は生き残って卵管を形成し，そして成熟しつつある卵母細胞を集めて輸送する．

　奇妙なことに，脊椎動物や多くの他の動物では，PGCは発生中の生殖腺から生じるのではなく，他の場所からそこに移動する．両生類ではPGCは内胚葉に生じる．哺乳類ではPGCは卵黄嚢内胚葉で発生し，発生中の腸の背側腸間膜を通って生殖隆起に移動する．ニワトリではPGCは頭部の前方の内胚葉，すなわち胚体外内胚葉から生じ，発生中の循環器系を用いて発生中の生殖隆起に移動する．このPGCの生殖隆起への長距離にわたる移動は驚くべき選択的な移動の例の一つである．13章ではそれをさらに説明する．

側板中胚葉は多分化能をもつ

　腎節の外側で，分節化していない中胚葉は二つに分か

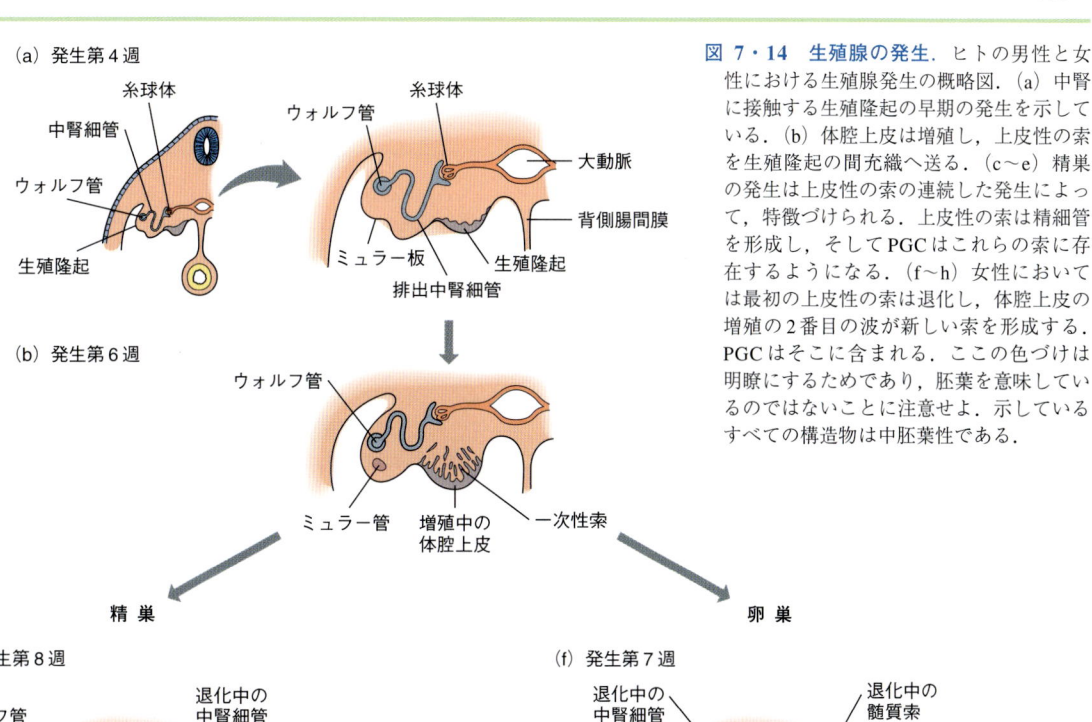

側板中胚葉

(a) 発生第4週

糸球体
中腎細管
ウォルフ管
生殖隆起

糸球体
ウォルフ管
大動脈
背側腸間膜
ミュラー板
生殖隆起
排出中腎細管

(b) 発生第6週

ウォルフ管
ミュラー管
増殖中の体腔上皮
一次性索

精巣

(c) 発生第8週

ウォルフ管
退化中の中腎細管
ミュラー管
精巣索

(d) 発生第16週

排出中腎細管（輸出管）
精巣索
ウォルフ管（精管）
（退化中の）ミュラー管

(e) 成人

精管
輸出管
精巣上体
精巣索

卵巣

(f) 発生第7週

退化中の中腎細管
退化中の髄質索
ウォルフ管
ミュラー管
皮質索
上皮

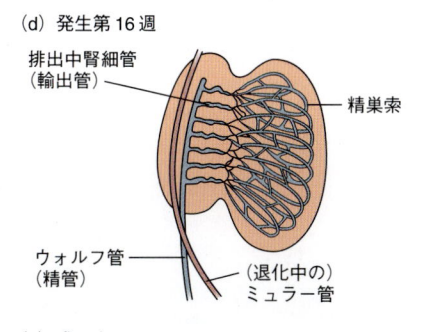

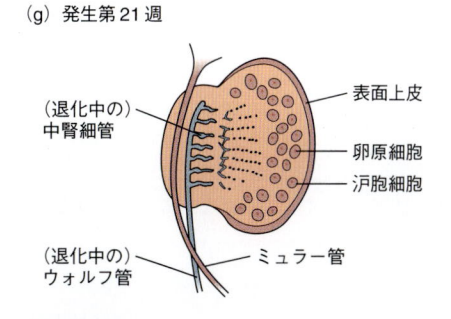

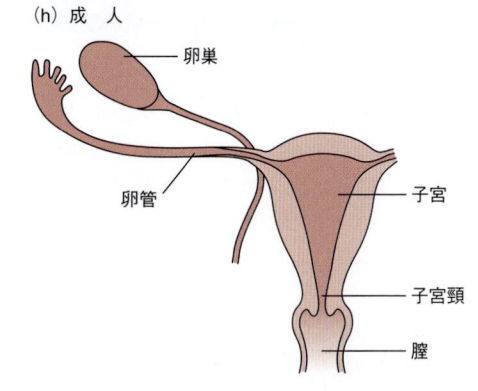

(g) 発生第21週

（退化中の）中腎細管
表面上皮
卵原細胞
沪胞細胞
ミュラー管
（退化中の）ウォルフ管

(h) 成人

卵巣
卵管
子宮
子宮頸
腟

図7・14 **生殖腺の発生**．ヒトの男性と女性における生殖腺発生の概略図．(a) 中腎に接触する生殖隆起の早期の発生を示している．(b) 体腔上皮は増殖し，上皮性の索を生殖隆起の間充織へ送る．(c～e) 精巣の発生は上皮性の索の連続した発生によって，特徴づけられる．上皮性の索は精細管を形成し，そしてPGCはこれらの索に存在するようになる．(f～h) 女性においては最初の上皮性の索は退化し，体腔上皮の増殖の2番目の波が新しい索を形成する．PGCはそこに含まれる．ここの色づけは明瞭にするためであり，胚葉を意味しているのではないことに注意せよ．示しているすべての構造物は中胚葉性である．

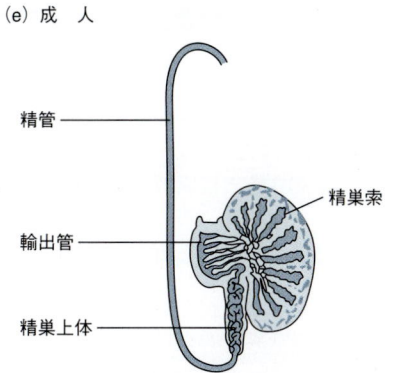

ボックス 7・3　性 の 決 定

哺乳類生殖系の発生過程において，雌雄の生殖腺とも同じ生殖隆起から発生する．さらに初期段階では，雄と雌はどちらも，ウォルフ管とミュラー管をもっている．どのような因子が，胚が雄または雌のどちらかの分化経路をたどるかを決定するのだろうか．そしてこの発生のパターンは哺乳類以外の動物にもあてはまるのか．

哺乳類では，決定因子は胚の染色体組成である．Y染色体上の遺伝子，とりわけ *sry* 遺伝子は精巣の発生に重要である．雌性ゲノムはXXであり，Y染色体をもたないので，*sry* の発現によって規定される標的遺伝子は，雌の中では活性化されない．この染色体の性別決定の機構は**一次性決定**（primary sex determination）とよばれる．もし一次性決定遺伝子の下流遺伝子に染色体異常，あるいは突然変異があっても，雌雄同体のような異常はめったに起こりえない．

通常，雄における *sry* の発現はテストステロンと抗ミュラー管ホルモンの産生をもたらす経路を活性化する．雌の *sry* 発現欠如はエストロゲン産生をもたらす．これらのステロイド性ホルモンは**二次性決定**（secondary sex determination）を駆動するが，その決定は，精巣と卵巣から通じる性器や管を含む生殖系全体および他の二次性徴の分化に影響を及ぼす．哺乳類の成体では，エストロゲン様，またはテストステロン様活性をもつステロイドホルモンは，他の器官，とりわけ副腎皮質で産生されている可能性があることに言及しなければならない．男女ともに人間の大人は，テストステロンとエストロゲンの両方を産生するが，男性ではテストステロンが優勢であり，女性ではエストロゲンが優勢である．

哺乳類で産生される配偶子の種類は，部分的には発生する生殖腺の環境に依存する．したがって，XY精巣中のXX生殖細胞が，精子への分化を開始することは可能ではある．しかし，この過程が完了することはないので，正常な精子は発生しない．明らかに生殖腺の環境は生殖細胞の発生において重要な決定要因であるが，生殖細胞の遺伝構造も関与している．

他の脊椎動物では，その生物が存在する周囲の環境を含むさまざまな他の要因が性の決定に影響を及ぼす．たとえば，多くのカメでは，性分化の経路は発生中の初期の胚が経験する温度に依存する．20〜27℃の範囲で発生中の卵は，一方の性が優勢であるが，30℃以上で発生中のものは，他方の性が優勢であるようだ．

他の動物門では，全く異なる性決定のシステムが用いられている．たとえば，ショウジョウバエでは，一次性決定は，X染色体の数と常染色体（非性染色体，しばしばAと略される）の数の比によって規定されている．二倍体のショウジョウバエには6本の常染色体（染色体1，2，3のそれぞれに2本ずつ）と2本の性染色体（XとY）がある．X染色体と常染色体の比が1：3（2Xと6A）のとき，性分化は雌である．比が1：6（1X，1Yと6A）のとき性分化は雄である．（Y染色体は結果に影響を与えない．大切なのは厳密にX/A比である．）これらの結果は，性発達に影響を及ぼす特異的な遺伝子発現に翻訳されるある種の数を数えるしくみがあることを意味している．実際に，この現象の遺伝子的かつ分子論的な基盤が解明されようとしている．X染色体上の *sex lethal*（*sxl*）とよばれる遺伝子は二つのX染色体があるときには活性化されるが，一つしかないときには活性化されない．タンパク質Sxlが（雌で）つくられると，それは細胞が雌へと発生する経路をたどらせる *double sex*（*dsx*）遺伝子の転写における特殊なスプライシング現象を導く．Sxlがない個体は *dsx* 転写において異なるスプライシングを行い，雄の発生に至る．性に特有なスプライシングについては14章でより詳細に解説する．

れて体腔を形成する．この分離を促すシグナルは現在知られていない．外胚葉に接触する中胚葉は**体壁板中胚葉***（somatic mesoderm）で，将来体腔スペースを取囲む間充織性の層を形成する．体の筋肉のあるものはここで形成され，硬節由来の細胞はこの領域で肋骨を形成する．

重要なことに，将来肢を形成する膨らみは体壁板中胚葉から生じる．また5章で述べたように，羊膜類において体壁板中胚葉は胚体外膜の羊膜と漿膜の一部を形成することも思い出そう．

内胚葉に接触したままの中胚葉層は**内臓板***（splanch-

---

* 訳注：側板中胚葉の名称について：側板中胚葉（lateral plate mesoderm）は，内外二層に分離して体腔を形成する．二層のうち外側の層は外胚葉と接して体壁板を，内側の層は内胚葉と接して内臓板を構成し，それぞれの中胚葉は体壁板中胚葉，内臓板中胚葉とよばれる．体壁板は壁側板，壁側葉とよばれることもあり，同様に内臓板は臓側板，臓側葉ともよばれる．

血管系の発生

nopleure）の中胚葉，すなわち**内臓板中胚葉**（splanchnic mesoderm）である．循環器系，心臓，血管，そして血球はやがてこの層から生じる．（腎臓と体壁の血管には体壁板中胚葉から生じるものもある．）腸の平滑筋，腸間膜，そして体腔の裏打ち部分も内臓板中胚葉から生じる．本章で後に内胚葉について述べる際，消化器系に関連する多くの器官にとって内臓板中胚葉からの寄与が必要不可欠であることがわかるだろう．

血管系の発生

造血（血球形成）は段階的に生じる

鳥類と哺乳類の最も初期の血管と赤血球は，卵黄嚢の上に横たわる内臓板中胚葉の中，すなわち胚本体の外側で形成される．間充織細胞は，**血島**（blood island）とよばれる集合体を形成し，網状組織をつくり出すが，その中で集合体の周辺細胞は内皮を形成し，中心の細胞は赤血球へと分化する（図7・15）．同様の過程は，胚の中胚葉内部でも進行し，中胚葉の凝縮から内皮の管からなる網状構造が形成される．より大きな管，すなわち将来の細動脈と細静脈もまた，平滑筋層に取囲まれるようになる．循環系における最も初期段階の細胞のほとんど，おそらくすべては，卵黄嚢血島で発生する赤血球である．しかし，すぐに，背側大動脈とその近傍血管の内皮の裏打ちが増殖し，原始赤血球と幹細胞をさらに供給する（幹細胞の解説についてはボックス6・2参照）．

たいていの内側の血管は，その場で内皮の管が形成されることによって生じ，この過程は，**脈管形成**（vasculogenesis）とよばれる．脈管によっては，全部または部分的に，内皮の小片がまわりの組織に積極的に移入することによって生じ，これは**血管新生**（angiogenesis）とよばれる一種の進入である．この血管新生の急激な血管床形成は，胚と同様に成体でもきわめて重要である．たとえば，血管新生は，手術後，新しい循環床を形成する際に必要とされたり，腫瘍の脈管化においても起こる．血管内皮成長因子（vascular endothelial growth factor: VEGF）とアンギオポエチン（angiopoietin）は，最近発見された成長因子であり，血管新生を刺激する．VEGFは，血管新生を介して腫瘍の脈管化にかかわっていることが示され，また，胚における血管成長にも重要である．

胚の中の動脈はしばしば神経がたどるのと同じ経路に沿って成長し，また最近の実験から，神経またはそれらのまわりのシュワン細胞が，血管の成長とそれらが動脈の方向へと発達するのを刺激することが示されている．一方，発達中の静脈は神経からの刺激に対して明瞭には応答しない．

両生類は卵黄嚢をもたず，その代わりに大きな血島が後腹側中胚葉に形成される．両生類の血球形成と脈管形成は，羊膜類で起こることと類似している．

赤血球形成の主要部位は発生過程で変化する

胚が成熟するにつれ，心血管系で以下の三つの連続的な変化が起こる．すなわち，造血の主要部位がある決まった場所から別の場所へと移り，血液の細胞の構成成

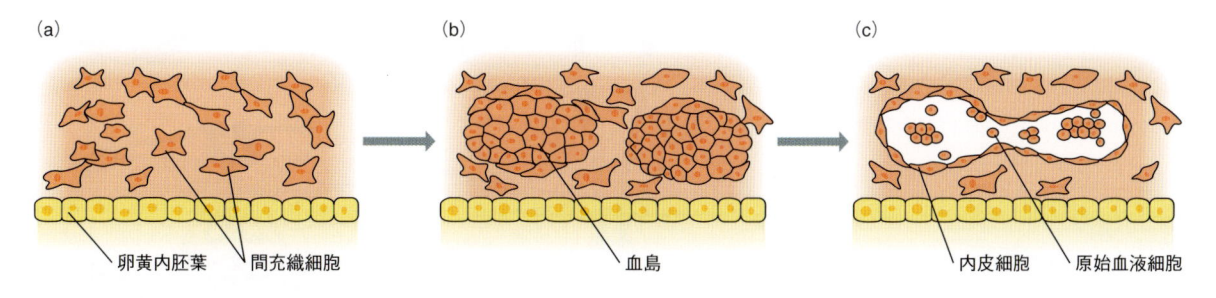

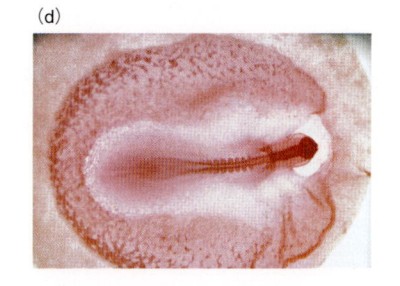

図7・15 血島の形成． ニワトリ胚の卵黄嚢内臓板における血島の発達を連続的な段階で示す．（a〜c）卵黄嚢の断面図．（d）暗域血管域によって囲まれた胚の表面の様子．（a）散在するいくつかの間充織細胞が，（b）やがて密集した上皮の塊を形成し始める．（c）各塊の中の細胞はその後，凝集した内皮の被覆を形成する．塊内部の細胞は，より緩やかに結びついて赤血球の最初の群を形成する．（d）発生中の内皮管が枝分かれ，あるいは接合して，網状構造を形成する．

分の型と比率が変化し，そして赤血球内のヘモグロビンの分子構成もまた変化する．

脊椎動物の初期胚中の**赤血球形成**（erythropoiesis）において肝臓は常に重要な役割を果たすが，形成の主要部位は，種によって幾分異なる．魚類，両生類，鳥類，そして哺乳類において，赤血球形成部位の変遷はそれぞれ種によって異なっている．たとえば，哺乳類では，造血は典型的に卵黄嚢血島で始まる．その後まもなく，より多くの幹細胞が，背側大動脈の内側で形成される．大動脈（そしておそらく卵黄嚢も）からの幹細胞は，その後，肝臓に定着する．そこでは，発達する胎児のための赤血球が胎生後期まで産生される．最終的に，発達中の骨髄に定着した幹細胞は，哺乳類の残りの生涯において，最終的な赤血球形成の源となる．

哺乳類の卵黄嚢赤血球は，有核である．それらはまた，ヘモグロビン分子の中に構成成分である異なるポリペプチド鎖，α- および β-グロビンのいわゆる胚型，すなわちζ（ゼータ）および ε（イプシロン）とよばれるものを含んでいる．胚の肝臓で形成される赤血球は無核であり，成体のヘモグロビンα鎖を含むが，それらは，独特なγ（ガンマ）と称される胎児型β鎖のものをもっている．最後に，成体骨髄では，ヒトにおける主要な成体ヘモグロビンのタンパク質を構成するグロビン鎖の通常のααββ四量体が産生される．（ヘモグロビンとそれらの遺伝子発現の制御に関する詳細については14章参照）．胎児型ヘモグロビンは，成体ヘモグロビンより高い酸素結合性を有する．これはまさに，その存在が，酸素化された母親の血液に頼らなければならない胎児にとっては，有用な性質といえる．

最も初期段階の循環血液中の細胞は，すべて赤血球である．胚発生の期間のおよそ半分ほどを経過して，やっとリンパ球のさまざまな種類が現れ始める．赤血球の発

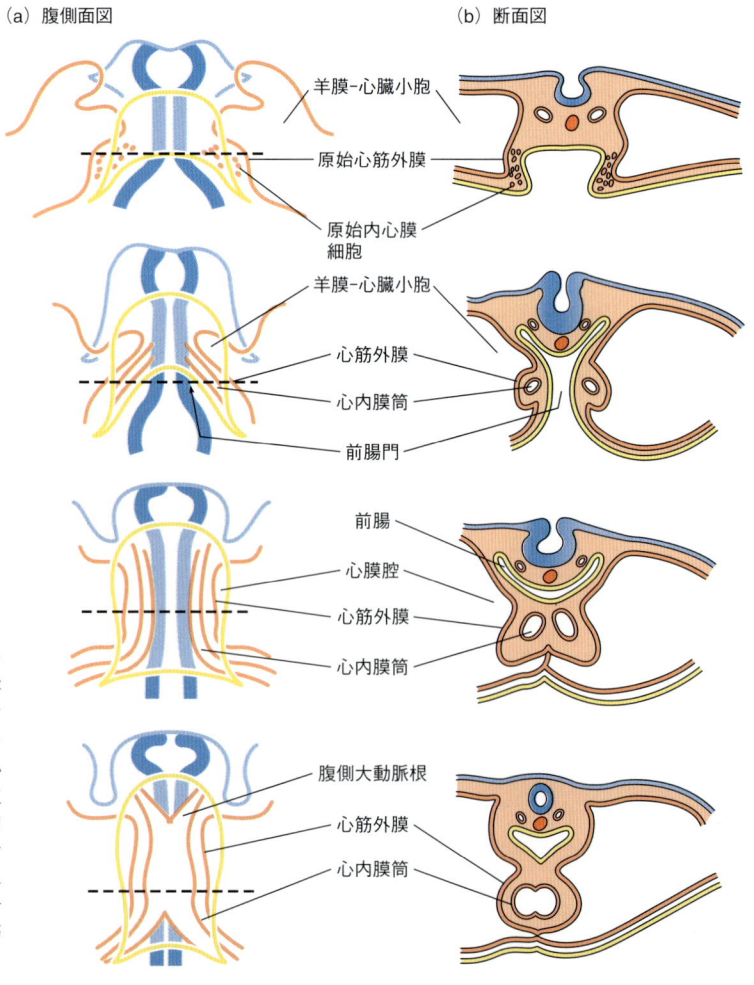

図 7・16 心臓の両側性起原．ニワトリ胚の連続的な時系列（上から下へ）の各段階図．孵卵約25～30時間にどのように心臓が発生するかを示す．(a) 腹側面図の水平線は(b)の断面図における切断の位置を示している．心臓は，ニワトリ胚の発生中の腸（前腸門）の左右にある二つの独立した羊膜-心臓小胞と内皮管（心内膜）として形成される．この段階で内胚葉が陥入し，腸を形成するにつれて，二つの心臓の管は近接し，その後，癒合し単一の統合した管を形成することに注目せよ．筋性心筋外膜が心内膜を囲む．

生と同様に，リンパ球産生の拠点もいくつかあり，そして新生児期の動物では，最終的なリンパ球集団の形成は，まだ完全ではない．白血球のすべての型を産生する臓器は，胸腺，脾臓，骨髄，そして他のリンパ様臓器などである．信じられないくらい複雑だが，計り知れないほど興味深く重要な相互作用と変化の組合わせがリンパ球の発達にかかわっている．この主題は，免疫学の学問分野の中心にあるが，あまりにも大きすぎ，本書ではこれ以上追求することができない．

心臓は前方内臓板中胚葉で形成される

前方腹側中胚葉の内臓板層は内皮性の管を形成し，それは残りの発生中の血管網に接続し，心筋とよばれる特殊な筋肉層を発生させる．心筋の筋肉繊維は独特な経路をたどって心臓の筋肉を形成し，ここに位置する管が心臓を形成する．両生類では，腹側中胚葉マントルの先端は心内膜の原基を形成し，それは中空になって心臓の裏打ちを形成する．羊膜類では，心臓の管の形成は，発生中の腸の両側の内臓板中胚葉で起こり，内胚葉とそれに隣接した内臓板中胚葉が中心線で融合してはじめて，二つに離れて形成されていた心臓の原基が癒合する．図7・16にこの癒合の過程を図示する．

予定心臓細胞は原腸形成の間にヘンゼン結節と前方の原条を通り抜ける．これらの細胞は，最終的に心臓に寄与する領域よりもずっと大きな内臓板中胚葉の領域を当初は占有している．将来の心臓細胞は中胚葉の内部で移動し，心臓の領域を決定するために集まってくるのか，それとも限定的な心臓領域にある将来心臓となる細胞だけが，それらの分化を完成させるのか．この問題に答えるためにはさらなる研究が必要である．

心臓は最初，一つの管として機能する．まず血液が静脈洞を通って後ろ側に入り，その後心房と心室を通り抜け，それにひき続き，心球から前方へ出ていく（図7・17a）．心臓が発達し，もっと複雑になるにつれて，それは，右側に向かって大きなループを形成し（図7・17b），その後その身を折り曲げて，もとは前部心室部分であったところが，今やそのよく発達した心筋とともに，心房の後方に横たわるようになる（図7・17c）．細胞が分裂すること，および，心内膜（空洞の内側の上皮の裏打ち）と筋性心筋の間に形成される細胞外基質へ心内膜細胞が移動することの結果として，単一の管の内部に室が発達する．これら心内膜の派生物は，心臓の各室を隔てる中隔を形成する．

血管と心臓の解剖学的配置は 広範囲のリモデリングによって生じる

発生中の血管系の解剖学的詳細を学ぶことは，かつて発生学の学生にかなりの時間とエネルギーの投資を要求したものだった．これについてはもっともな理由がいくつかあった．解剖学用語を覚えることは大志を抱く医学生には有用であった．さらに，血管系の解剖学的詳細は（骨格のそれと合わせて），比較解剖学の根底をなし，脊椎動物の進化を理解するのに非常に重要なものであった．これらの理由はまだ説得力を有するが，もう二つの理由を言い添えることができよう．血管の発生中のリモデリングは，最初の器官形成が完了した後に続く，驚くほど動的な形態形成を示し，それはまた，この形態形成を制御する成長因子のシグナル伝達によって果たされる重要な役割を強調する．このリモデリングが不首尾になると，心臓または血管は適切に機能せず，その生物の生命を危険にさらすことになる．したがって，広範な詳細は脇におくとして，この主題のいくつかの本質部分について説明しよう．

図7・18(a)は，心臓の前側の領域における血管の最初の配置，つまり発生中の脊椎動物の基本的な配管を示している．その後の発生により，脊椎動物の群にもよるが，この配置がいくらか修正されることになる．最初の解剖学的配置において，すべての血液は，心室の筋性心筋によって送り出され，心球を通り心臓を出ていく（図

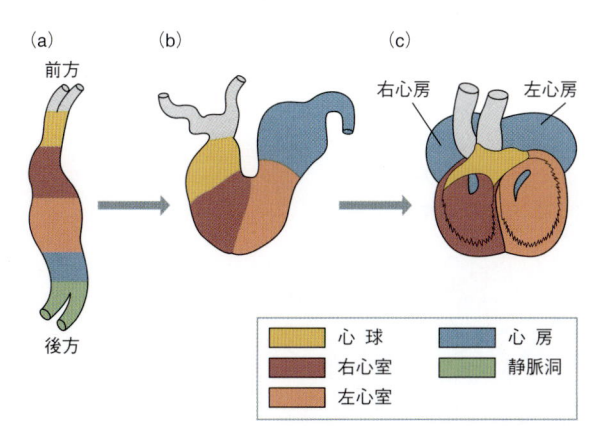

図 7・17 心臓発生中のループ形成． この模式図は，発生中の哺乳類の心臓の単一管がどのようにループ形成し，最終形態をとるかを示している．心臓は腹側から見て描かれている．(a) 左右両側の管は中心線で癒合して単一の管を形成し，将来の心球と右心室を前側に配置し，また静脈洞と心房を後側に配置させる．静脈洞に流れ込む二つの血管は，総主静脈と臍腸間膜静脈である（図7・19参照）．簡単のため，これらの静脈と静脈洞は，(b)，(c)の図では示していない．(b,c) 管はその後，屈曲およびループ形成し，心室部分は後側に移される．

図 7・18　大動脈弓の発生．(a) 全脊椎動物にある六つの大動脈弓と，(b) 哺乳類におけるその後の発生についての腹側からの模式図．心臓を起原とする腹側大動脈は 6 対のループ，すなわち大動脈弓を生み出し，その大動脈弓は咽頭弓（または鰓弓）の間充織を通り抜ける．第三大動脈弓の対は頭部へつながる内頸動脈を生み，一方で外頸動脈は，退化している第一大動脈弓の対の残りから発生する．左の第四大動脈弓は背側大動脈を生み出し，それは，体の残りの部分，卵黄囊と胎盤に動脈血を供給する．第六大動脈弓の対は肺動脈へと発生する．

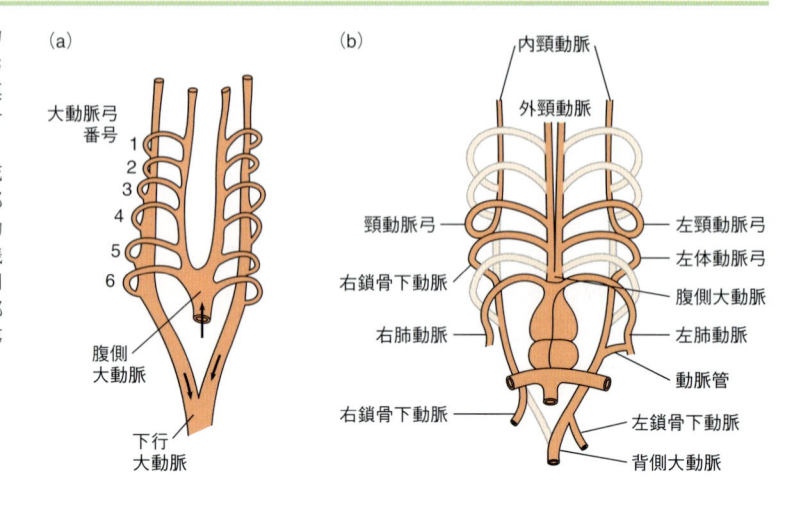

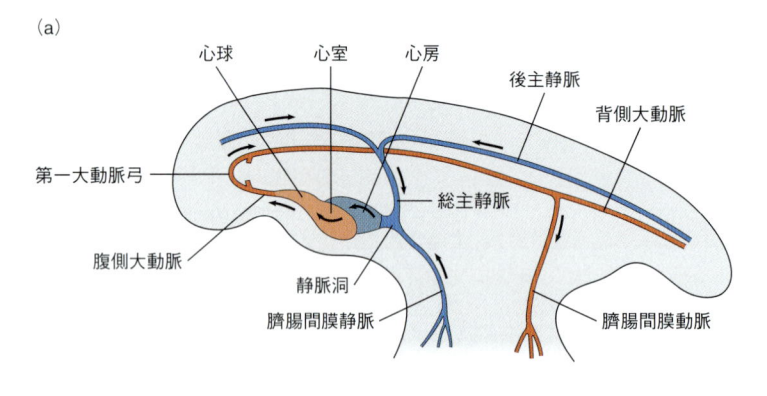

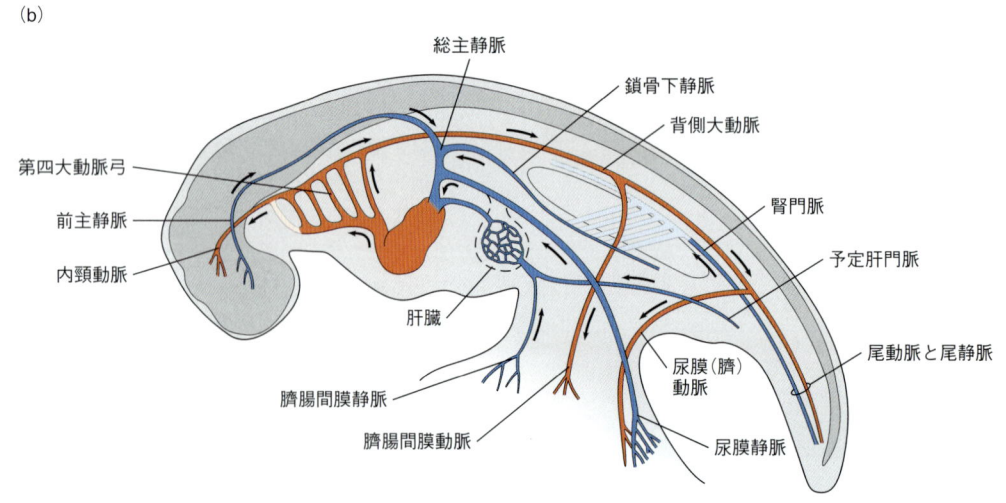

図 7・19　脊椎動物の胚で，発生中の動脈および静脈系．典型的な羊膜類の胚の主要な動脈と静脈の血管を側面から見た模式図．(a) 心臓と初期の血管が形成された後の発生の初期の段階．(b) いくらか後の状態で，鰓弓の脈管構造が発生し，修正されて，さらに主要器官のいくつかの脈管構造が形成されつつある．色の薄い部分は，後に退化するものの，初期段階では発生している血管を示す．

肢の発生

肢は胴部の体壁板中胚葉から発生する

　前肢と後肢には同様な細胞が存在し，全体の構造もかなり類似している．だがどのようにそれらが組織化されるかは異なっており，そして明らかに脊椎動物では，肢（limb）の"型"が一様ではない．すなわち翼（鳥類とコウモリでは異なる），鰭，足鰭，蹄などがある．側板中胚葉は，肢の軟骨，骨，結合組織のもとであり，増殖し前後で肢芽（limb bud）を形成する（図7・20a）．これらの肢芽の配置，つまりこれらの特定の側板中胚葉細胞が"肢になる"という経路を通る指示が，全体的な前後方

7・17a）．心球は，発生中の咽頭前側下部を走っている腹側大動脈を生じさせる．**咽頭弓**（pharyngeal arch，または鰓弓; branchial arch）とよばれる目立つ隆起が，この予定頭頸部領域で発生する．咽頭弓には頭部内胚葉と外胚葉にはさまれた神経冠からの間充織が含まれる．しかし，頭部神経冠が実験的に削除されたとしても咽頭弓は形成される．咽頭弓どうしの間で，陥入して咽頭嚢を形成する外胚葉に隣接して内胚葉が並んでいる．水生無羊膜類の脊椎動物では，これらの嚢に穴があくようになり，これは裂（cleft）または鰓裂（gill slit）とよばれる．羊膜類では，咽頭弓は決して鰓を形成することはない．

　咽頭弓間充織の内部では**大動脈弓**（aortic arch）が発生し，これは，咽頭のそれぞれの側で腹側大動脈を背側大動脈に接続している．水生無羊膜脊椎動物では，これらの大動脈弓は，鰓の毛細血管床を形成する．羊膜類では，それらは広範にリモデリングされ，萎縮し消失してしまう大動脈弓もあれば，頭頸部の主要な動脈に発達するものもある．特に哺乳類では，図7・18(b)で明らかなように，左の第四大動脈弓は残存し，血液が心臓から体の後部へ移動するための主要な通り道である背側大動脈のアーチを形成する．第三大動脈弓対と腹側大動脈の前側部分は頭の主要な動脈を生じさせる．第六大動脈弓対はやや変形し肺につながる肺動脈を形成する．前肢へつながる鎖骨下動脈は右の第四大動脈弓と背側大動脈から生じる．背側大動脈は，後側の咽頭領域から通り，体の後側全部分に血液を供給している．主要な枝分かれのさまざまなものは，この背側大動脈から生じ，腎臓，消化器，卵黄嚢（または胎盤）などに血液を供給する．出生後であっても，かなりのリモデリングが起こり，非常に複雑な血管網をつくり出し血液が哺乳類の体に供給される．

　羊膜類の静脈系も同様に比較的単純な構造を部分的に変形することによって構築される．最初の全体図は，図7・19(a)に示すように，すべての発生期の組織で形成中の毛細血管床から血液を集めるというものである．静脈血は総主静脈に注がれ，その後，心臓の入口の部屋である静脈洞に流れ込む．血液はその後，心房に入り，弁付きの玄関を通り抜けて心室へいき，さらにもう一度心球を通って出ていく．静脈血は卵黄嚢または胎盤から，また腎臓と発生中の消化器系を含むすべての内部組織から排出される（図7・19b）．後者からの血液は，共通集合点である総主静脈へいく途中で，回り道して肝臓を通り抜ける．出生時に肺呼吸が開始し卵黄嚢や胎盤が機能しなくなると，劇的な変化が生じるなど，さらに広範なリモデリングが起こる．

(a) ニワトリ3日胚を横から見た図

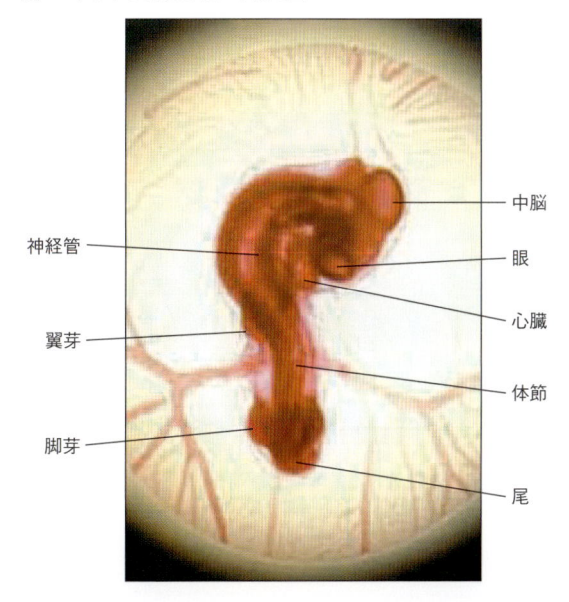

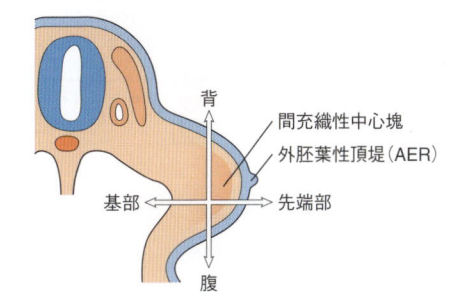

図7・20　肢芽．(a) ニワトリ3日胚側面図．翼芽と脚芽が脇腹から突き出てきて，明瞭となったところ．(b) 発生中の肢芽の位置での胚の断面図．発生中の肢芽とAERの位置に注意せよ．

(b) ニワトリ翼芽の断面図

向の体のパターンを命令する遺伝子セット（HOX遺伝子群）に暗号化されている．このことは16章で再び考えることにしよう．

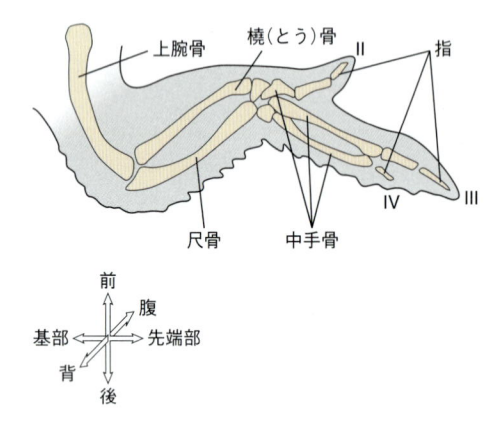

図7・21 ニワトリの翼の骨格． ニワトリ9日胚の右翼の主要骨格要素の模式図．方向軸において，背側は紙面の手前に，腹側は紙面の向こう側である．

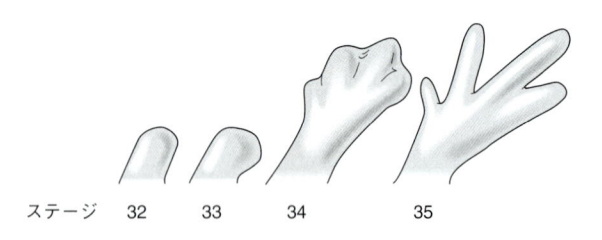

図7・22 肢の指間部組織のアポトーシス． 連続的な各段階でのニワトリ胚の脚芽の概要．形成されつつある各指の間の領域は，ステージ32と35の間でプログラム細胞死と組織の脱落を経験する（およそ，孵卵7.5〜8.5日）．

肢芽が成長するにつれて，**外胚葉性頂堤**（apical ectodermal ridge: AER），つまり肢芽の先端で腹側と背側を区切る組織の隆起が突出してくる（図7・20b）．肢芽の伸長が起こり，その後，軟骨の前兆である間充織の凝縮が現れる．外胚葉と中胚葉は，肢の外皮である皮膚と羽毛（または毛）に分化していく．肢は，近位遠位，前後，そして背腹軸がはっきりと識別できる明らかな構成をもっている（図7・21）．発生中の指の骨格要素の間の組織は，そのまま残存して水かきとなる場合もあれば，また，指の発生中にプログラム細胞死（アポトーシス）を経ることもある（図7・22）．

肢の筋肉は筋節を起原とする

標識した細胞を用いて手際のよい移植実験を行うことにより，肢の中胚葉組織のすべてが側板中胚葉から生じるわけではないことが示された．ウズラとニワトリの胚は互いに同じように発生するので，それらの間での移植を容易に行うことができる．しかしウズラ細胞の核はより強く染色されるので，これらの細胞は互いに識別可能である．図7・23では，15〜20番の体節がニワトリの胚から取除かれ，ウズラの体節がそれらの場所に置かれたという実験を示している．その結果生じてくる肢では，筋肉はウズラ細胞に由来するが，中胚葉組織の残りの部分はニワトリ由来である．この実験から，将来の肢の筋細胞は，筋節から移動して発生中の肢芽に定着するようになると結論づけることができる．

肢の伸長と組織化は組織間相互作用から生じる

複雑かつ興味深い組織の一連の相互作用が肢の発生を

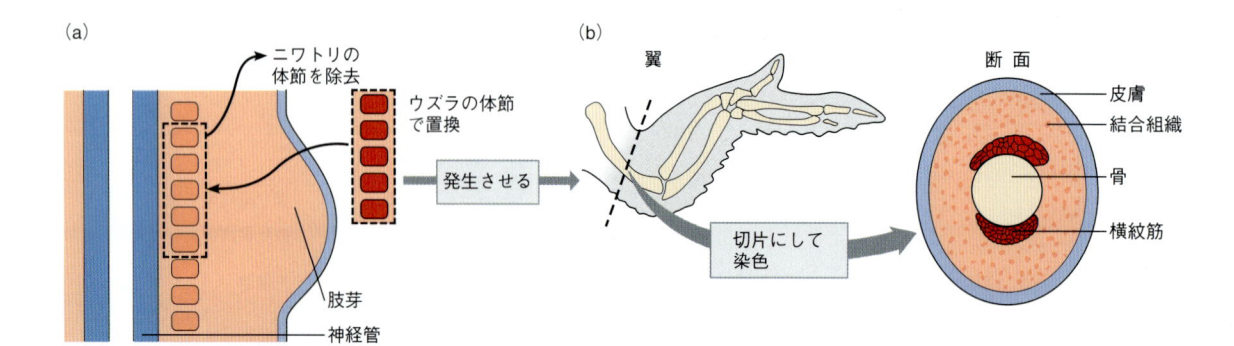

図7・23 翼芽筋細胞の起原． 翼の筋肉を形成する細胞の起原を決定するために考案された実験．(a) ニワトリ胚にある翼芽に隣接する一方の側の体節（体節15〜20まで）を除去し，同じ発生段階の同じ番号のウズラの体節で置換する．(b) 胚の発生を進めた後，肢の横断面においてウズラ細胞の存在を検出する．ウズラ細胞は適当な染色液を用いてニワトリ細胞と区別することができる．肢の筋肉は明らかにウズラ細胞から派生しているが，残りの肢の多くはニワトリ細胞から派生している．これらの結果から，肢の横紋筋は体節から移動してくる細胞から構成されていることが示される．

内胚葉性器官

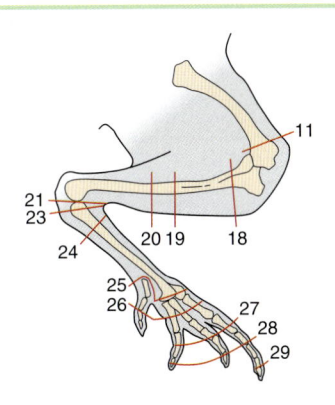

図7・24 外胚葉性頂堤の除去の効果．数字はAERが除去されたときの胚の発生段階を示し，交差する破線は，発生する肢が短縮する位置を示す．

いて再び説明する．

内胚葉性器官

内胚葉は原腸形成前と原腸形成間に徐々に決定される

いつ，そしてどのように内胚葉は，その明確な独自性および領域の性質を獲得するのだろうか．両生類の胞胚の予定内胚葉を切除して培養する研究により，外植された細胞が試験管内で領域的に異なる内胚葉組織に分化できることが示された．少数の標識した予定内胚葉細胞を用いた最近の移植実験では，中期胞胚期，また後期胞胚期においてさえも，予定内胚葉細胞は，中胚葉や外胚葉に移植されればこれらの胚葉を形成することが可能なことが示されている．しかし，予定内胚葉細胞は徐々に，通常でない環境へ移植されるという事態に直面した場合に，本来の内胚葉としての独自性を維持する能力を獲得するようになる．中期原腸胚期までに予定内胚葉細胞は，新しい配置にかかわらず，異なった領域の腸組織を形成するように決定づけられる．さまざまな成長因子に関する実験から，FGFとTGF-βの両者のファミリーに属する成長因子は，VegTとよばれる成長因子とともに，内胚葉の漸次的決定に際し重要な役割を果たすことが示唆されている．

内胚葉は消化器系およびそれと関連する器官を派生する

原腸形成の結果として，内胚葉は原腸に沿って，胚の前端から後端へ伸びる管を形成する．脊椎動物の種類によってこの管が形成される様式は当然異なる．にもかかわらず，それはやはり管ではある．もっとも管の前後の入口は，ある種では，二次的な薄化とアポトーシスによって形成される．たとえば，両生類の原腸胚に存在する収縮した原口は，将来，オタマジャクシの肛門となるが，すでに環境に対し"開かれている"（図4・13，図4・17参照）．ところがオタマジャクシの口となる口腔の開口はもっと遅く，咽頭の分化の間に（図7・25a），内胚葉管の前端での穿孔によって形成される．羊膜類では，中腸はしばらく胚外卵黄嚢とつながったままである．内胚葉管は，前後とも盲嚢であり，排出口と口腔の開口は何日も経った後に形成される．

内胚葉は，永久にその全長を，前方では頭部中胚葉，残りの全体は内臓板中胚葉によって囲まれている．内胚葉は，時に消化管とよばれる消化器系のさまざまな部位の上皮の裏打ちを形成する．さらに，消化管に沿って多

支配している．John Saundersの先駆的な業績のおかげで，ある程度のことについては何十年も前から知られていた．これら相互作用の分子論的な詳細は，肢発生についての新情報が爆発的に増加するなかで今まさに供給されつつある．これらの相互作用を明確にする基本的な手段は，昔ながらの除去と移植の実験であった．

図7・24は，外胚葉性頂堤（AER）の除去，すなわちSaundersによって最初に達成された実験の結果を示している．AERの除去は肢の伸長を止める．すなわち，AERの除去がより遅くに実施されればされるほど，発生する最終の構造はより遠位になる．AERが早いうちに除去される場合，形成される太く短い肢は上肢構造のみをもつにすぎない．AERが除去されるのが遅いと，前腕構造もまた発生する．したがって，AERはパターン化された肢の伸長に必要である．AER下の中胚葉は，細胞分裂の領域であり，あとで起こる細胞周期ほど遠位の体肢構造を形成する．肢の全体的な近位遠位パターンはおよそ7サイクルの細胞周期の間にでき上がる（細胞数で約128倍の増加）．さらに細胞分裂が続くと肢のサイズが顕著に増大する．

AERとその下にある間充織のほかに，二つの大きな相互作用が肢形成を助けている．一つは，外胚葉の被覆であり，これは肢組織の背腹構成をつくり出すシグナルを与えている．もう一つは，極性化活性帯（zone of polarizing activity: ZPA）として知られる中胚葉の領域であり，これもまたSaundersの移植実験で発見された．ZPAは，肢芽の後部中胚葉に位置して（図16・19参照），肢の前後構成を支配している．肢発生はパターン形成の分子盤的基盤についての重要な情報を与えてくれるので，12，13，および16章で肢とその組織の相互作用につ

図 7・25 消化管の内胚葉派生物. (a) 管と，突出した袋状の派生物を示す腸の模式図．ここに名前をあげた各器官は，実際にはまわりを囲む内臓板中胚葉由来の間充織と内胚葉から構成される．(b) 第6週のヒト胚における消化器系の側面図．消化管と関連器官をより写実的に示す．

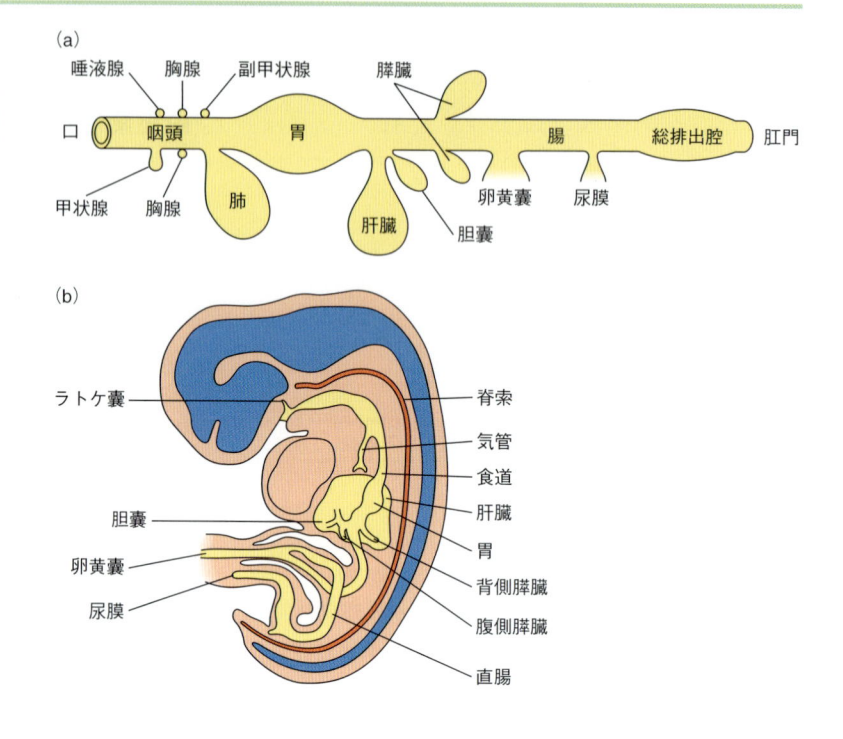

くの明確な場所で上皮の形態形成が局部的な間充織の被覆と協調して生じる．これら突出する袋状のものから，頭頸部の分泌腺や内分泌腺，肺，肝臓，胆囊，膵臓を生じることになる．これらの器官すべての発生が，内胚葉の上皮およびその周囲を取囲む中胚葉間充織の間の組織間相互作用を必要としていることは，驚くべきことではない．図7・25は，内胚葉の寄与を受ける消化管と関連器官のさまざまな領域を示している．

咽頭部分は多くの重要な器官を形成する

本章の前の方で述べた動脈系の解剖学のところで言及したように，すべての脊椎動物の咽頭壁には一連の弓状構造物が発生する[*1]．神経冠由来の間充織の中に鰓弓性大動脈弓が派生する．図7・26に示すように，咽頭弓に関与する内胚葉と，付近にある咽頭底の内胚葉が，隣接する間充織と共同して，増殖，陥入し，甲状腺，副甲状腺，および胸腺を形成する．唾液腺（図には示していない）もまた，この咽頭領域の内胚葉と中胚葉から形成される．

原腸の先端部（図4・13参照）は前方で外胚葉と癒合し，口板を形成する．口板は後に穿孔し口を形成する．この口板の前にはラトケ囊（Rathke's pouch）とよばれる袋状に陥没した外胚葉があり，後に間脳と接触する．最近の証拠から，間脳はラトケ囊の組織を誘導して下垂体前葉を形成させることが示唆されている．

口板のすぐ後方の領域は口腔であり，ここから肺芽まで広がっているのが咽頭である．水生の無羊膜脊椎動物では，鰓弓から鰓が形成され，咽頭の溝から鰓裂が形成される．陸生脊椎動物では，このようなしくみは一過性かつ痕跡的で，裂も鰓も形成されないが，咽頭囊（pharyngeal pouch）は，図7・26に示すように成体の構造を派生する[*2]．第一咽頭囊は耳管（ユースタキー管）を形

[*1] 訳注：咽頭付近の構造物の名称について：口腔と食道の間の狭い領域は咽頭とよばれ，本書にもあるように重要ないくつかの器官がここから生じる．この領域は水性脊椎動物では鰓を生じるので鰓部ともいわれるが，ここから派生する構造の名称はきわめて複雑である．高等脊椎動物の咽頭部では5対の相対した外胚葉と内胚葉がそれぞれ陥入して，場合によっては接触し，そこが開通すると鰓裂を生じる．外胚葉の陥入を咽頭溝，内胚葉の陥入を咽頭囊といい，外胚葉と内胚葉にはさまれた膨大部を咽頭弓と称する．咽頭溝，咽頭囊，咽頭弓はそれぞれ内臓溝，内臓囊，内臓弓と称されることもあり，また第一咽頭弓は顎弓，第二咽頭弓は舌弓ともいわれる．その場合は第三咽頭弓以下は第一鰓弓，第二鰓弓，第三鰓弓となる．したがって，比較動物学的に厳密にいうと，第一鰓弓は第一咽頭弓ではない．発生生物学の分野では，同一に扱われていることも多いが，鰓を生じない動物では咽頭弓が正しい．さらに第一咽頭溝，第一咽頭囊をそれぞれ舌顎溝，舌顎囊と命名することもあり，その場合には第二以下は第一鰓溝，第一鰓囊などとなる．

[*2] 訳注：羊膜類でもごく短期間鰓裂が形成される．

成し，第二咽頭嚢は口蓋扁桃を形成する．甲状腺はこれら二つの咽頭嚢の領域にある内胚葉の底から生じる．第三および第四咽頭嚢は，胸腺および副甲状腺の一部を生じさせる．多くの異なる唾液腺もまた，周囲の間充織に膨出する咽頭内胚葉上皮から形成される．唾液腺上皮は何度も枝分かれする管を形成する．その結果，唾液分泌物を産生する**唾液腺房**（salivary acinus, *pl.* acini），とよばれる盲嚢が形成される．唾液腺上皮と唾液腺間充織間の相互作用の複雑な組合わせによってこの分枝行動が規定されるが，これについては13章で解説する．

鰓弓，とりわけ第一および第二鰓弓から上顎と下顎が

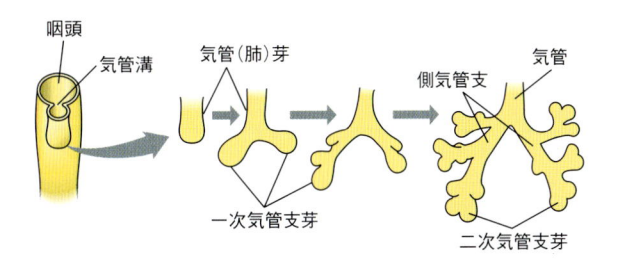

図7・27 肺の発生． 陸上の脊椎動物では，原腸の食道領域の内胚葉が膨出し気管を形成する．この膨出がその後続いて芽となり，分岐し気管となる．すべて，腹側，前方から見たところ．分岐している内胚葉上皮は間充織で覆われている（図示されていない）．

形成される．ここに上皮と間充織の相互作用の影響のもと，歯が発生する．顎と歯の原基の形成に必要な多くの成長因子と転写因子が発見されてきた．消化管はさらに後側に続き，最初に食道の部分を形成する．

肺は原腸の予定食道領域から派生する

原腸の底部の咽頭よりすぐ後方に溝が発生し深くなり，その周辺の間充織に進入し，管状の気管芽を形成する（図7・27）．気管芽は，枝分かれして気管支を形成する上皮性の管を形成する．これらは分枝し続けて上皮性の"樹"を増やし，その末端にはガス交換が起こる袋小路状の嚢（肺胞）が形成される．肺の基質を構成する間充織の中に内胚葉上皮が成長していくが，この間充織が分枝形成において支配的な役割を果たす．関連する遺伝子と成長因子のいくつかは同定され始めてきている（13章参照）．

肝臓と膵臓は十二指腸の内胚葉から形成される

食道の後方で，内胚葉は分化して胃の裏打ちを構成する特殊な細胞を形成する．また，この領域内で内胚葉の外にできた袋状のものが肝臓と膵臓を形成する．肝臓は**肝憩室**（hepatic diverticulum）とよばれる膨出として形成され，膨出は周囲の間充織の中に増殖する．ついで間充織は，内胚葉の膨出が増殖して，枝分かれし，そして肝臓の腺部分として分化するように誘発する．肝憩室の基底が肝管を形成し，そして憩室の分岐が胆嚢を形成する．

肝憩室のやや後方，将来の十二指腸の領域に，背側および腹側の膵憩室が発生し，これらもまた，隣接する間充織中に突出していき，間充織と作用を及ぼしあうのである．膵臓発生のいくつかの特徴を図7・28に簡単に示す．膵内胚葉は間充織に進入するにつれ，枝分かれし，

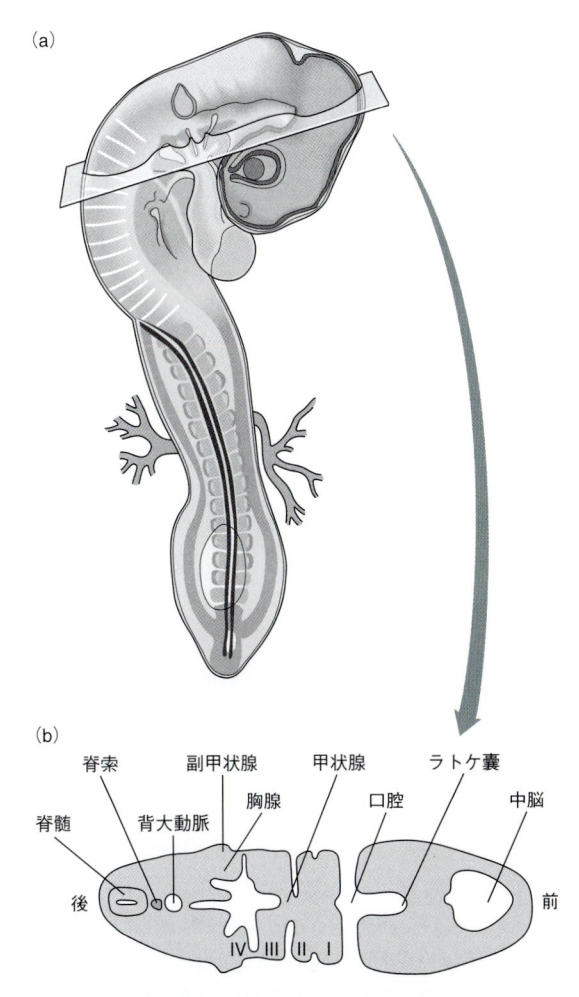

図7・26 鰓弓の派生物．（a）35体節のニワトリ胚の透明標本と切断面を示す．頭部は下方（および横）に大きく曲がるため，一つの切断面が脳と脊髄の両方を通る．（b）咽頭弓（膨出部）と鰓裂（それらの間のくぼみ）の配置を描写する前部切断面．鰓裂は，咽頭弓間に穿孔が特に起こっていないときは咽頭嚢とよばれることもある．ローマ数字は咽頭弓をさし，これらに関係する器官の位置を示す．

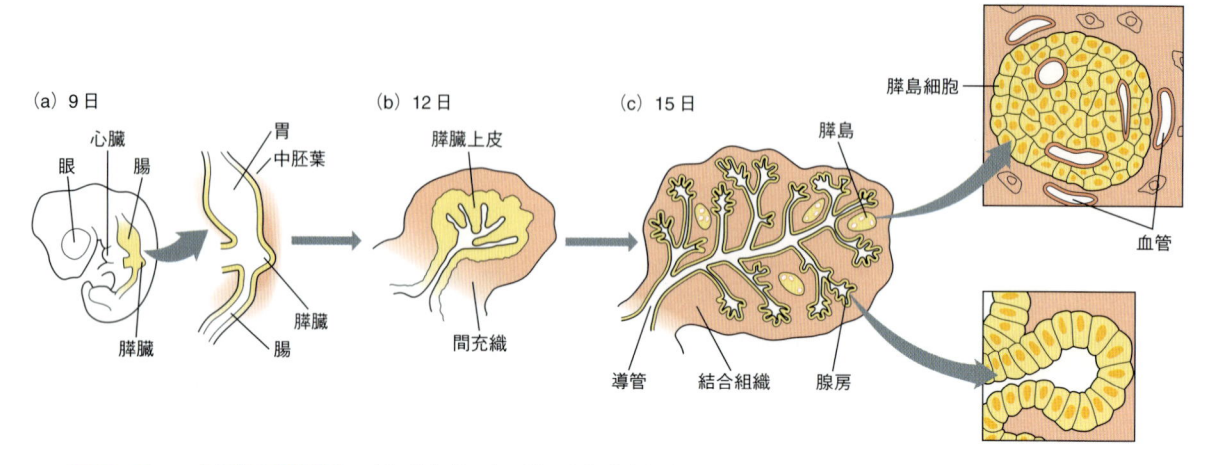

図 7・28 マウス胚の膵臓発生．(a) 胃後部にある腸の内胚葉裏打ちの膨らみが膵臓になり，内分泌部と外分泌部をもつようになる．(b, c) 内胚葉上皮は周辺の間充織の内部で分岐し，膵臓外分泌部の導管と腺房を形成する．膵臓内分泌部の膵島が腺房の間に発生する．

膵腺房（pancreatic acini）とよばれる盲嚢を形成する．腺房は，消化にかかわる酵素前駆体（ペプチダーゼ，ヌクレアーゼ，および炭水化物加水分解酵素の前駆体）を合成する外分泌細胞に分化する．内胚葉起原のいくつかの上皮細胞は内分泌機能をもつ細胞の凝集塊を形成する．この**ランゲルハンス島**（islets of Langerhans）には，少なくとも四つの細胞種が含まれ，それらは異なる膵臓ホルモン，すなわちグルカゴン，インスリン，ソマトスタチン，または膵性ペプチドを分泌する．

膵臓の発生は，13章でより詳細に扱う上皮-間充織相互作用の古典的な例の一つであり，膵臓原基の発生には，脊索からのシグナルが必要だが，これは付近の内胚葉にある shh 遺伝子の発現を抑制することにより働くと考えられている．内臓板中胚葉は腺房の形成に必要とされるが，上皮はランゲルハンス島細胞を自律的に形成する（つまり，中胚葉からのシグナルを必要としない）．これらの細胞によるホルモン生産は，膵憩室が分枝を始める前でさえも，弱くはあるが認められる．

消化管の内胚葉の上皮は分化する

本章では，腸管の上皮それ自身の形成よりも，内胚葉から派生する腺の形成に導く相互作用についての解説により多くの注意を向けてきた．腸管上皮は領域ごとに非常に特殊化していることを思い出してほしい．大腸と同様に，小腸は異なる機能を果たす，いくつかの異なった種類の特殊な上皮をもっている．総排出腔の領域は精巧な形態形成の領域であり，後腎の分化と関連している．後腎と同様に，総排出腔はウォルフ管とミュラー管に接続している．膀胱もまた，総排出腔から発生する．生殖器もまた同様にこの領域で発生する．羊膜類では，中腸の領域は関連する毛細血管床とともに，別の異なる種類の特殊化した消化上皮を構成する胚体外卵黄嚢の内胚葉と合流する．後腸は，殻のある羊膜類では非常に重要だが一過性の器官である尿膜という突出した袋状のものにつながっている（5章参照）．哺乳類では，尿膜の血管が，胎盤を胚につなぐ臍動脈と臍静脈になる．

後の章へのイントロダクション

器官形成に関するこの概略は発生機構を議論するための基盤となる

本章と外胚葉について解説した前章は，発生解剖学の短いツアーとなっている．どこでものごとが生じるかを述べ，細胞組成と器官形状の変化を記述し，器官を組立てる際の異なる胚葉の役割を示し，脊椎動物の体の総体的設計図がどのようなものであるかについてある程度示した．発生解剖学は，それ自身一つの専門分野をなし，かつては学部の発生学の授業で根幹をなすものであったが，それについて理解することは発生機構について分析するためにも必要不可欠である．

これまで二つの非常に重要な問いの組合わせについて詳細に解説することを避けてきた．胚葉組織はどのように器官とそれらを構成する組織の実際の形状を形づくるのか．そしてどのように発生する器官とそれらのパーツが，それらが今存在するところに配置されるのか．これらは，形態形成とパターン形成の問題である．たとえ

ば，神経冠細胞，外胚葉性プラコード，鰓弓，咽頭内胚葉と多くの他の胚構造は，どのようにそれらの経路を見つけ，それらの形態をとり，相互の分化を同調させて，その結果頭部とよばれる構造物の複合体が実際に生まれ出るのだろうか．このような統合的に起こっていることを理解することは，むずかしい注文である．

後の章に進むにつれて，どのようにすべての発生が達成されるかについてのより完全なすがたを得るために，たった今述べたばかりの組織や器官の多くを再び考えることになるだろう．しかしこの時点では，原腸形成後のほぼすべての発生はさまざまな細胞の"コミュニティー"間の相互作用によって駆動されていることは明白である

はずだ．細胞集団間のこれらの対話が，今度は，細胞の行動とそれら内部での遺伝子発現の調整に深く影響を与えている．

多くの異なる動物門では，もう一つ重要な発生の段階が生じる．すなわちよく発達した幼生から若年期への劇的な移行である．この変換は徐々に起こるかもしれないし，あるいは，それは孵化または生誕に関連してある環境から別のものへの急速な移行に関係するのかもしれない．あるいは，変態においては，すべての幼生はリモデリングされるかもしれない．次章ではこの最後の過程に目を向ける．

本章のまとめ

1. 胚の中の細胞がある与えられた構造を形成しうる能力は，移植または分離実験を通して最もよく定義される．一方，細胞の運命は，正常胚を観察することにより決定するのが最善である．
2. 脊椎動物の胚はよく保存された軸構成を有する．すなわち中心線から遠位に向けて，脊索，体節，腎板，生殖腺，そして側板中胚葉（肢芽）と並んでいる．
3. 正常な組織と器官の形成は，シグナル伝達分子の存在だけでなく，リガンド-受容体相互作用の適切なタイミングにも依存する．このようなコミュニケーションは

フィードバックループをつくり出すことができる．軟骨と骨の形成はどちらもこの原理を示している．
4. 胚に形成される構造物や器官には，たとえば前腎など，一過性であるか，または見かけ上生理学的目的にかなっていないものがある．たとえば血管系などの他の器官は，発生過程に生じる事象によって広範にリモデリングされるので，本来の形状は認識できなくなる．
5. ある種の細胞種，とりわけ循環系の細胞種は，発生過程において，異なった時点に異なった場所で形成される．

問題

1. 神経管と体節の間において両方向で起こっている相互作用のいくつかをあげよ．
2. 前章で，Sonic Hedgehog（Shh）が神経管分化の編成に役立つことを学んだ．Shhは体節の分化に影響を与えるのだろうか．

3. 前腎（ウォルフ）管は後方に伸びる．この後方への伸長を解明するのに役立つ実験を提案せよ．
4. ニワトリ成体の造血細胞が胚卵黄囊で生じる幹細胞から形成されるのかどうかについて示す実験を計画せよ．

参考文献

Baker, C. V. H., and Bronner-Fraser, M. 2001. Vertebrate cranial placodes I. Embryonic induction. *Dev. Biol.* 232: 1–61.
頭部プラコード形成に関する最新の詳細な総説．

Barranges, I. B., Elia, A. J., Wunsch, K., Angelis, M. K. H., Mak, T. W., Rossant, J., Conlon, R. A., Gossler, A., and Pompa, J. L. 1999. Interaction between Notch signalling and Lunatic fringe during somite boundary formation in the mouse. *Curr. Biol.* 9: 470–480.
体節の境界形成においてどの遺伝子が活性化されているかについて明らかにするために，マウス変異胚がいかに使われたかを示した研究論文．

Chalmers, A. D., and Slack, J. M. W. 2000. The *Xenopus* tadpole gut: Fate maps and morphogenetic movements. *Development* 127: 381–392.
腸形成についての最近の根本的な研究．

Dahl, E., Koseki, H., and Balling, R. 1997. Pax genes and organogenesis. *BioEssays* 19: 755–765.
眼，腎臓，耳，鼻，肢，脊柱，脳などのさまざまな器官の形成にかかわる*pax*遺伝子ファミリーについての総説．

Denetclaw, W. F., Christ, B., and Ordahl, C. P. 1997. Location and growth of epaxial myotome precursor cells. *Development* 124:

1601-1610.
筋節の予定運命地図作成についての発生学的研究.

Fishman, M. C., and Chien, K. R. 1997. Fashioning the vertebrate heart: Earliest embryonic decisions. *Development* 124: 2099-2117.
心臓形成に関する形態学的・遺伝学的基盤に関する詳細な総説.

Garcia-Martinez, V., Darnell, D. K., Lopez-Sanchez, C., Sosic, D., Olson, E. N., and Schoenwolf, G. C. 1997. State of commitment of prospective neural plate and prospective mesoderm in late gastrula/early neurula stages of avian embryos. *Dev. Biol.* 181: 102-115.
発生学的解析により神経板細胞の運命決定を明らかにした研究論文.

Johnson, R. L., and Tabin, C. J. 1997. Molecular models for vertebrate limb development. *Cell* 90: 979-990.
肢発生の細胞および分子的基盤に関する詳細な総説.

Kennedy, M. K., Firpo, M., Choi, K., Wall, C., Robertson, S., Kabrun, N., and Keller, G. 1997. A common precursor for primitive erythropoiesis and definitive hematopoiesis. *Nature* 386: 488-491.
血球の細胞系譜をES細胞を用いて明らかにした研究論文.

Lechner, M. S., and Dressler, G. R. 1997. The molecular basis of embryonic kidney development. *Mech. Dev.* 62: 105-120.
腎臓発生のシグナル伝達に関する先鋭な総説.

Nishida, H., and Sawada, K. 2001. *Macho-1* encodes a localized mRNA in ascidian eggs that specifies muscle fate during embryogenesis. *Nature* 409: 724-729.
ホヤにおいて筋肉決定因子を発見した研究論文.

Obara-Ishihara, T., Kuhlman, J., Niswander, L., and Herzlinger, D. 1999. The surface ectoderm is essential for nephric duct formation in intermediate mesoderm. *Development* 126: 1103-1108.
外胚葉から分泌されるBMP4が腎管形成に必須であることを示した研究論文.

Rawls, A., and Olson, E. N. 1997. MyoD meets its maker. *Cell* 89: 5-8.
横紋筋発生に特異的かつ必須な転写因子に関する短い総説.

Satoh, H. 1994. *Developmental biology of ascidians.* Cambridge University Press, New York.
ホヤの発生生物学に関する包括的な著書.

Snape, A., Wylie, C. C., Smith, J. C., and Heasman, J. 1987. Changes in state of commitment of single animal pole blastomeres of *Xenopus laevis. Dev. Biol.* 119: 503-510.
古典的な単一細胞移植法により胚葉形成を明らかにした研究論文.

Thesleff, I., and Nieminen, P. 1996. Tooth morphogenesis and cell differentiation. *Curr. Opin. Cell Biol.* 8: 844-850.
歯芽発生における組織間相互作用に関する総説.

Vainio, S., and Muller, U. 1997. Inductive tissue interactions, cell signaling, and the control of kidney organogenesis. *Cell* 90: 975-978.
腎臓発生にかかわる分子や細胞間相互作用に関する先鋭的総説.

Vortkamp, A. 1997. Skeleton morphogenesis: Defining the skeletal elements. *Curr. Biol.* 7: R104-R107.
骨格形成におけるBMP分子群の役割について概説した総説.

Vortkamp, A., Lee, K., Lanske, B., Segre, G. V., Kronenberg, H. M., and Tabin, C. J. 1996. Regulation of rate of cartilage differentiation by Indian hedgehog and PTH-related protein. *Science* 273: 613-622.
骨形成におけるHedgehogの役割に関する研究論文.

Yun, K., and Wold, B. 1996. Skeletal muscle determination and differentiation: Story of a core regulatory network and its context. *Curr. Opin. Cell Biol.* 8: 877-889.
骨格筋形成に関する遺伝子についての総説.

8 変 態

> **本章のポイント**
> 1. 多くのさまざまな動物には，胚と成体の間に，自由生活のできる幼生期がある．
> 2. 幼生から成体への変化には，変態というボディプランおよび生理機能の根本的な再構築を行うことがありうる．
> 3. 昆虫の変態は，幼若ホルモンとエクジソンというホルモンの相互作用により調節される．
> 4. 両生類の変態は，主として甲状腺ホルモンによって調節される．

多くの動物は，若い成体に似ることなく，胚発生を終える．その代わり，これらの種の胚は**幼生**（larva）という，自由に生きることはできるが，性的には成熟しきっていない過渡期の状態を形成する．多くの種の無脊椎動物が，幼生の期間をもち，さらには脊椎動物にも，とりわけ両生類に，幼生形成するものがいる．幼生にはおびただしい種類が存在し，幼生から若い成体，つまり変態後間もない成体への移行は，非常に多数のさまざまな発生プログラムによって果たされる．この幼生から若い成体への移行には，体型の根本的な再構築といったことも含まれており，非常に劇的な変化であることが多い．

胚発生において出会うことと同じ問題が，変態についての考察でももち上がる．つまり，どのようにして細胞群は差次的遺伝子発現のプログラムを採用するのか．どのようにして協調された形態形成が起こるのか．そして，どのような高位のプログラムが，全体の作業を調整しているのか，といった問題である．変態の推進力が，ホルモンの活動による協調的プログラムの結果であるという例が本章で示される．ここでもまた，発生を調節しているのは，化学的シグナル手段を用いた細胞間の情報伝達なのである．変態という概念は広く行き渡ったが，その根底にあるしくみについての徹底的な研究は，まだまばらにしかなされておらず，多くの場合，ほとんど理解されていない．したがって，ここではショウジョウバエ *Drosophila* のような完全変態昆虫と，無尾類のアメリカツメガエル *Xenopus laevis* という，研究に最適な二つの例を取上げて，変態について考えることにしよう．

幼生の存在は，動物界ではふつうのことであり，何らかの生物学的利益があるにちがいないと考えられる．多くの科学者は，幼生が胚よりもはるかに多くの距離を動くことができるという能力が種にとって有利であると指摘する．両生類の場合，変態は，胚という完全に水生の存在から，より陸生の生活様式への移行の一部となっている．

昆虫の変態

脱皮は昆虫の成長において必要不可欠な要素である

3章で述べたように，ショウジョウバエは初期発生の結果，体節を有する幼虫となり，動くための付属肢や筋肉，栄養供給のための消化器系や摂食器官，さらなる成長と発達のプログラムを備えるようになる．幼虫は比較

的硬い外骨格で覆われている．外骨格は，通常はろう，タンパク質，キチン質，炭酸カルシウム塩を含む複雑な非細胞性の層であるクチクラからできており，胚の上皮表面から分泌される．昆虫が成長してサイズを大きくするためには，この外骨格による束縛は取除かれねばならない．すべての昆虫の幼虫は，通常1回以上，**脱皮**(molting) という過程を行うことにより，このクチクラを脱ぎ捨てる．脱皮の間の幼虫の成長段階はしばしば**齢**(instar) とよばれる．昆虫の種により，脱皮の回数はさまざまである．

さらに，昆虫は幼虫から成虫になるための種々の戦略をもっている．バッタ（直翅目）やトンボ（トンボ目）のような昆虫には，成虫よりも小さく，完全には分化していないが，成虫とほぼ同様の幼虫をつくるものもいる．この種における幼虫での発達は，**半変態**(hemimetabolous) とよばれるが，これにより，体の大きさが増し，他の組織のさらなる分化が可能となるのである．

しかし，ショウジョウバエを含む他の多くの昆虫の種では，幼虫の形態は成虫とはきわめて異なっている．幼虫の大きさを増す数回にわたる脱皮の後，幼虫は囲蛹殻(puparium) という精巧なクチクラを外側に構成する．また，ひとたび囲蛹殻中に入ると，その幼虫は**蛹**(pupa)とよばれる．囲蛹殻は薄黒く，その中で起こる**蛹化**(pupation) という変化の過程は，たやすく目で見ることはできなくなる．囲蛹殻の中では，多くの蛹の組織における大規模なアポトーシスなど，根本的な再構築が起こる．成体となった昆虫が囲蛹殻から発生してくるときには，**成虫原基**(imaginal disc) という細胞集団（これについてはすでに3章で紹介されており，本章の後半でさらに詳しく述べる）において形態形成と分化の複雑なプログラムが進行し，最終的には**脱蛹**(eclosion) が起こって，成虫が囲蛹殻から出てくる．この種の幼虫の発生は**完全変態**(holometabolous) とよばれており，ガの生活環を例として図8・1に示す．双翅目の昆虫，ハエ，ノミ，ガ，ハチのような多くの一般的な昆虫は完全変態を経る．

種によっては，蛹のときに，一種の仮死状態のような非常に低い代謝率を示すときが長くあるということは，注目に価する．この状態のことを**休眠**(diapause) という．休眠状態から幼虫が目覚めるには，周囲の環境のシグナルが必要となる．この種の完全変態の例は，カイコガにおいてみることができ，その例では，長い寒冷期の後に温暖期があることが，カイコガが変態を完了するために必要となるのである．

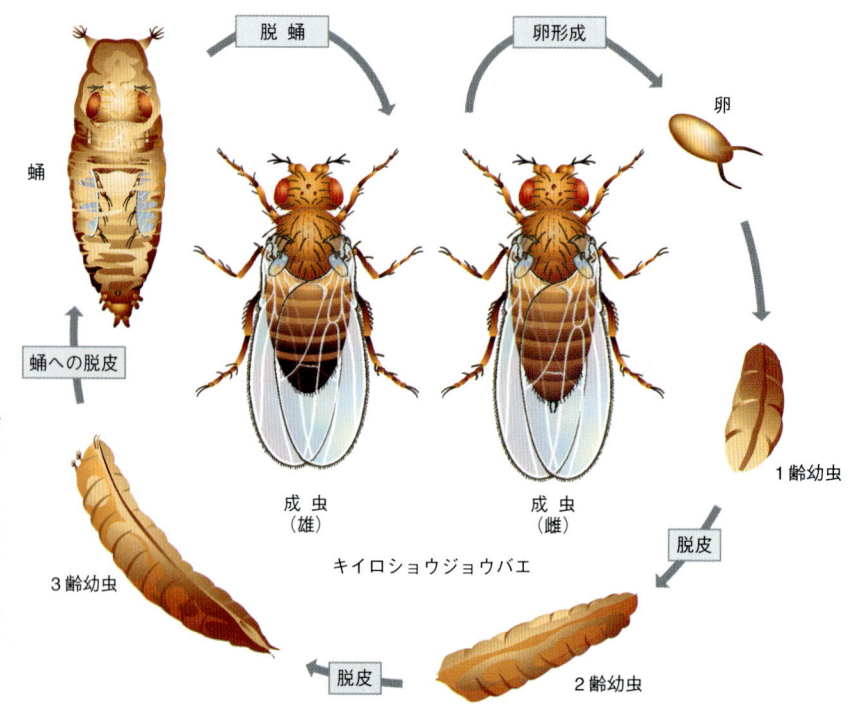

図 8・1 完全変態する昆虫の生活環．模式的な双翅目の昆虫（ハエ）の成長において，接合体は幼虫になり，数段階の齢を通じて脱皮し（ショウジョウバエでは3回），蛹へと変態する．成虫は，蛹のクチクラの中で形成され，脱蛹することにより発生する．そして成虫は配偶子（図には示されていない）を形成し，再び生活環が始まることになる．

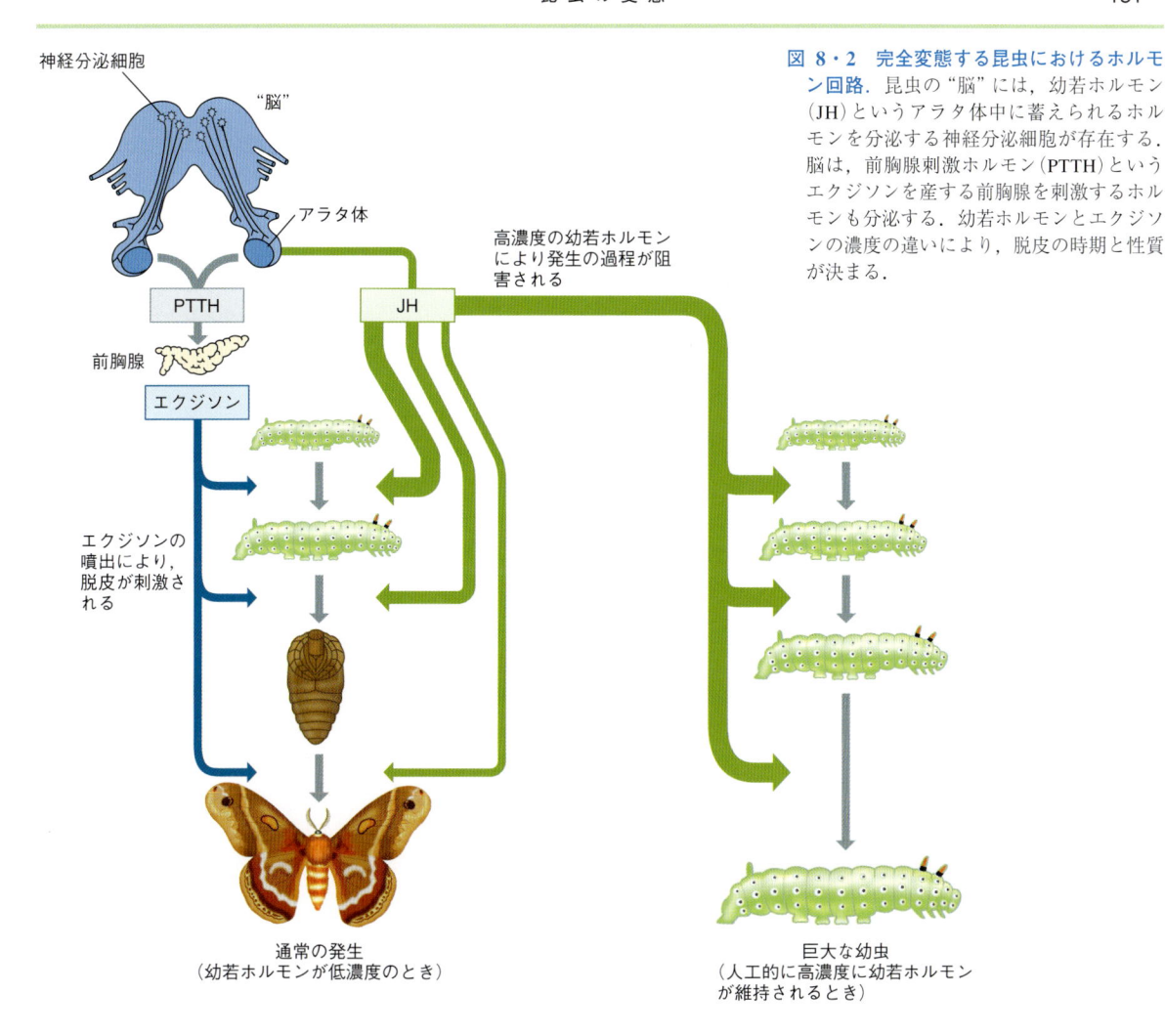

昆虫の変態

151

図8・2 完全変態する昆虫におけるホルモン回路． 昆虫の"脳"には，幼若ホルモン（JH）というアラタ体中に蓄えられるホルモンを分泌する神経分泌細胞が存在する．脳は，前胸腺刺激ホルモン（PTTH）というエクジソンを産する前胸腺を刺激するホルモンも分泌する．幼若ホルモンとエクジソンの濃度の違いにより，脱皮の時期と性質が決まる．

通常の発生（幼若ホルモンが低濃度のとき）

巨大な幼虫（人工的に高濃度に幼若ホルモンが維持されるとき）

神経分泌物の回路により昆虫の脱皮は促進される

昆虫の神経索の最先端の神経節は"脳"とよばれる複雑な集合体へと発生する．図8・2には完全変態する昆虫の脳の中の断面図が含まれている．脊椎動物の視床下部に存在する集合体に似ている神経分泌細胞の集合体によりホルモンが分泌され，神経インパルスが伝導される．そのような神経分泌細胞の集団は，前胸腺刺激ホルモン（prothoracotropic hormone: PTTH）というペプチドを分泌する．このホルモンは，脳の近くに存在する**前胸腺**（prothoracic gland）を刺激し，**エクジソン**（ecdysone）というすべての脱皮に不可欠なホルモン（図8・3）を合成，放出させる．エクジソンは，より正確にはプロホルモンとよばれ，変化をひき起こすためには脂肪体のような他の組織で別の形へ転換しなければならない前駆体分子である．ついで活性化型である20-ヒドロキシエクジソンは，幼虫の組織中に広く分布する受容体と結合する．図8・2は，エクジソンの作用経路を図示している．

脱皮において重要なもう一つのホルモンである**幼若ホルモン**（juvenile hormone: JH）は，脳の非常に近くに位置し，接着している**アラタ体**（corpus allatum, pl. corpora allata）という1対の内分泌腺により合成される（図8・3）．幼若ホルモンは，イソプレン構造（枝分かれした5炭素のサブユニットにより会合した不飽和炭化水素）に分類される疎水性の分子である．幼若ホルモンはそれだけでは脱皮をひき起こすことはないが，脱皮の調節において非常に重要な役割を果たしている．幼若ホルモンの濃度が比較的高いときにはエクジソンは幼生になる脱皮を促進し，幼若ホルモンの濃度が比較的低いときには蛹化する脱皮が起こる（図8・2参照）．ある昆虫においては，アラタ体と前胸腺は融合して環状腺（ring gland）という複合腺となっている．たとえばショウジョウバエの場合がそうである．

図 8・3 昆虫の完全変態におけるホルモンの構造. ステロイド性の脱皮ホルモンであるエクジソンとその誘導体である 20-ヒドロキシエクジソンと, エクジソンの拮抗物質である幼若ホルモンの化学構造.

エクジソン

20-ヒドロキシエクジソン

幼若ホルモン

昆虫の脱皮はエクジソンの産生によってひき起こされる

　PTTH の分泌は, おそらく環境的なシグナルと自律的なシグナルの両方によって調節されているが, この PTTH の分泌により, エクジソン産生の波が形成される. 1齢幼虫の間に第一の波が終わると, エクジソンの濃度にわずかなピークが生じ, すぐに, より強いエクジソン放出の波が続く. ホルモンによって刺激されることにより, 体の表面にある上皮細胞はクチクラから離れ, 脱皮するための分泌物を生成する. そのなかには活性化すると古いクチクラを消化するプロ酵素が含まれる (プロ酵素とは, 完全に活性化するために, 通常はプロテアーゼによって小さなペプチドを除去するという, 何らかの修飾を必要とする活性化した酵素の前駆体である. 通常, 完全な活性型になるためには, プロテアーゼにより短いペプチドが除去される). その次に, 上皮は新しいクチクラを生成する. この新しいクチクラは膨張性があるため, 幼虫 (このときは2齢である) の成長に合わせて膨張する. やがて再び硬くなり弾力性がなくなって前述の過程が繰返されることになる. ショウジョウバエでは, 3齢の後半に, エクジソンのピークが再び脱皮プロセスを開始する. このときつくられるクチクラは, 薄黒く, 硬い囲い, すなわち囲蛹殻であり, その中で幼虫から成虫への変化が起こる (図8・4a).

　かつては, 脱皮による結果, ただ単に大きさが増すことになるのか, それとも蛹化するか, 変態するかを決めるものは, アラタ体と, アラタ体によって生成される幼若ホルモンであるとされていた. 2齢幼虫の間に, 外科的にアラタ体を除去すると, 次の脱皮により蛹化が起こることになり, 完全に一つ分, 齢が早まることになる.

これに反して, 3齢末期の幼虫に, 盛んに分泌物を放出するアラタ体を移植すると, 次の脱皮において, 蛹ではなく, 巨大な幼虫になる (図8・2参照). 幼若ホルモンの濃度が非常に低いとき, または幼若ホルモンが不足しているときにエクジソンの波が起こると, 囲蛹殻形成と蛹化が始まるのである. 少なくともつい最近まではこれが学説であった. しかし, その過程はそれほど単純ではないかもしれない. 近年の研究により, 3齢幼虫にも幼若ホルモンはわずかに存在しており, 幼若ホルモンの放出と, 幼若ホルモン受容体の存在と欠如が, 正確に時間的に調節されることもまた, 蛹化を調節するには必要だと示されたのである.

　囲蛹殻中では何が起こっているのだろうか. 幼若ホル

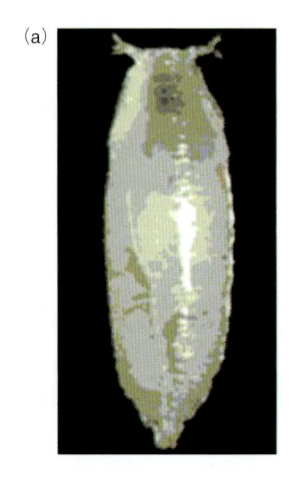

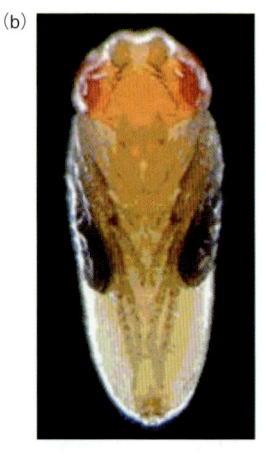

図 8・4 蛹の成長. 初期の蛹 (a) および蛹のクチクラから出る (脱蛹) 直前の変態した蛹 (b) の背面図. (b) において, 頭部が外に出て, 眼が見え, 羽の輪郭や身体の剛毛が明瞭であることに注目.

昆虫の変態

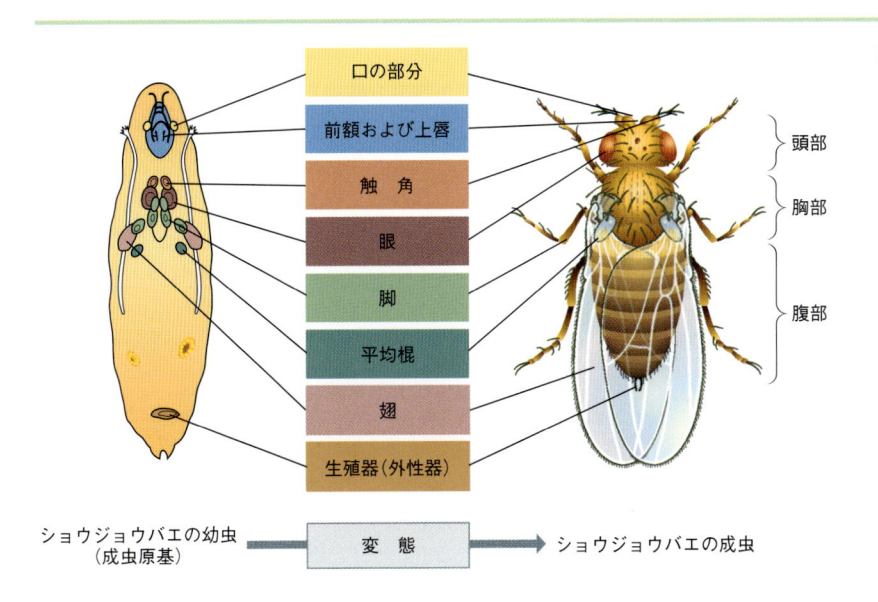

図 8・5 成虫原基. ショウジョウバエの 3 齢幼虫における成虫原基の大部分の位置関係を，成虫でそれらがなる器官とともに示す．

モンのシグナルが弱いときに生じる第一のエクジソンの波により，蛹のクチクラが形成され，硬くなり，また，さらなる発生とその次に成虫原基の外翻（裏返しになること）が導かれる．その後，第二のエクジソンの波により，発生中の頭部が刺激される．この波によりホルモン分泌のカスケードが促進され，筋肉の運動や囲蛹殻の破断といった脱蛹の特徴的な事象が導かれ，双翅目の昆虫の成体が生じることになる（図 8・4b）．

昆虫の成体組織は成虫原基から発生する

幼若ホルモンがない状態で高濃度のエクジソンによって促進される囲蛹殻の中で起こる再構築は大規模である．幼虫の組織の多くの細胞はアポトーシスを生じ，組織融解という過程によって組織が崩壊する．上皮や他の幼虫の組織の多くは壊される．いくつかの幼虫の組織，特に神経系と腸の多くの組織は，再構築される．しかし，前述したように，翅や脚，平均棍（平衡を保つ器官）や触角のような，成虫の表面の構造の大部分は成虫原基由来である．1 齢幼虫の最初にはこれらの表皮細胞群は成虫原基当たり 30〜80 個の細胞からなっている．その後，これらの成虫原基は成虫の表皮組織を形成する．10 対のこのような原基と，一つの生殖器の原基が存在する．図 8・5 には生殖原基と，7 対のより目立つ原基を示している．幼虫の腹部に存在し，**組織芽球**（histoblast）とよばれる他の細胞群は，内部の器官へと発生する．

幼虫が成長するにつれ，それらの成虫原基や組織芽球は分割されていく．たとえば，もともとは 38 個の細胞しかない翅の原基は，囲蛹殻が形成されるときには 6 万

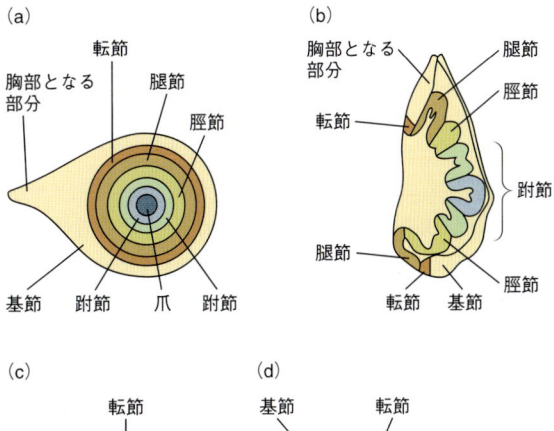

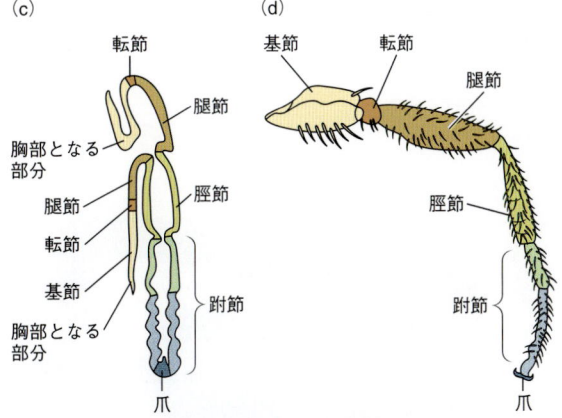

図 8・6 変態中の脚原基の外翻. どの図においても，原基と外翻している脚は，胸部に接している脚の場所が左となるように向けられている．(a) 外翻前の幼生の脚となる原基の外観の模式図．脚の遠位となる部分が中心に位置していることに注目．(b) 外翻前の原基中の縦断面図．(c) 外翻し，完全に発達した脚へと発生中の原基の断面図．(d) 完全に形成された脚の外観．

個の細胞をもつようになる．囲蛹殻内での変態が終わるまでには，成虫原基と組織芽球群の分化は完了する．そして，最初は反転した表皮性の囊のような形をしている成虫原基は，大規模な形態形成を行って最終的な形となる．図8・6に，脚となる原基を形成する際の外翻の様子を示す．成虫原基の中心部が外に押し出されるとき，どのようにして最も遠位の脚の先端を形成するか，一方より外側の細胞がどのようにしてより近位になるのかを理解してもらいたい．成虫原基から脚（または翅や他の成虫の組織）への著しい変化は，原基中の細胞の形が変化することによってなされる（細胞の運動と変形については12章でより詳しく述べる）．

エクジソンは直接的に転写に影響して作用する

細胞分裂なしにDNA複製が生じることは昆虫の幼虫の多くの組織に共通してみられ，これにより倍数性（polyploidy，染色体が複数ある状態）や，多糸状態（polyteny，ある染色体に複数のDNAが存在する状態）が導かれる．特にショウジョウバエの3齢幼虫の唾液腺には，巨大染色体という適切な名のついている非常に巨大な多糸染色体が存在する（図8・7）．それらを含む唾液腺細胞もまた巨大であり，その腺の一部分を摘出し，栄養培地で培養することができる．1960年代に，ドイツで研究していたUlrich Cleverが，巨大染色体を含む外植された唾液腺細胞を少量のエクジソン（最近になってようやく研究のために十分な量を利用できるようになった）を含む培地に移した．彼は，染色体のある部分において，クロマチン繊維が次つぎとゆるんでいくと述べた．巨大唾液腺染色体のエクジソンに対するこの形態学的反応は"パフ形成"とよばれており，このゆるんだ場所は**パフ**（puff）とよばれる．

パフは他の生物でも観察されてはいたが，実際に，染色体構造，そして染色体の機能へのホルモンの影響をみることができたため，Cleverの結果に，多くの生物学者の興味はそそられたのである．その後何十年もの研究と何千もの実験から，染色体中のパフは，実は転写の起こる場所であることがわかった．パフは比較的大きな部分に相当し，それぞれが10万もしくはそれ以上の塩基対からなり，一つ以上の遺伝子を含んでいることもありうる．

エクジソンに対する唾液腺の染色体の反応は特異的である．30分間エクジソンにさらすと，ある染色体の縞模様のある部分だけに現象が現れる．これらのいわゆる初期のパフ（おそらく6個存在する）の後に，後期のパフ（おそらくは100個ほど存在する）が染色体の特異的な領域に形成される（図8・8）．初期および後期のパフはタンパク質合成阻害に対して異なる反応を示す．初期のパフは依然として生じるが，後期のパフは生じなくなる．現在十分に確立された理論によれば，初期のパフは，後期のパフ形成に必要なタンパク質へと翻訳されるmRNAをコードするということである．すなわち，エクジソンは遺伝子活動の特異的プログラムを開始させる．そのプログラムは，幼若ホルモンの濃度によって変化しうるが，これがどのようなしくみによって働くかはわ

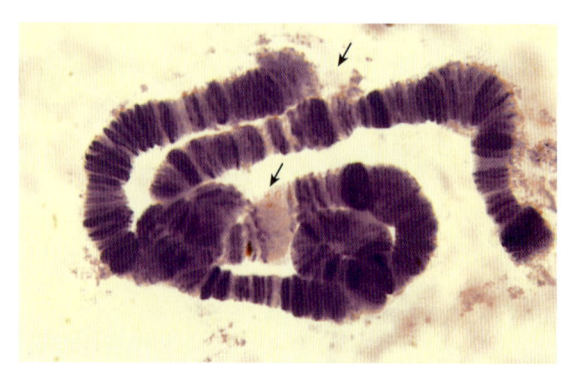

図8・7 幼虫の唾液腺中の巨大染色体．ショウジョウバエの3齢幼虫末期の唾液腺から切り出した巨大染色体の写真．染色体の帯がはっきりと目で見ることができる．矢印はパフのいくつかを示す．

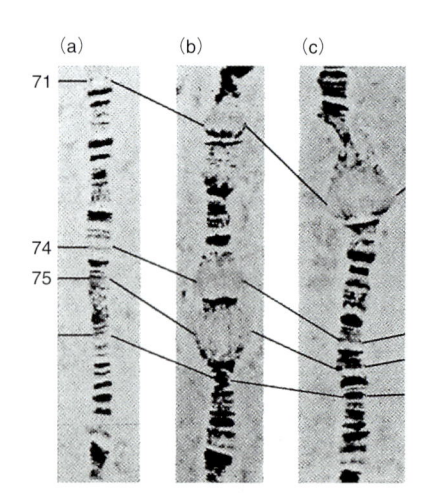

図8・8 初期および後期のパフ．エクジソン処理した後の巨大染色体のパフ形成のパターンの変化を示すために，試験管中でショウジョウバエの唾液腺を培養した．ここに示しているのは，染色体Ⅲの右腕の部分である．(a) 最初は，パフは一つも見えない．(b) 培地にエクジソンが添加された後，染色体は74と75の場所に二つの顕著な初期のパフを示した．(c) エクジソンを加えて10時間後，初期のパフは退行し，71の場所に後期のパフが非常に明瞭になった．

かっていない．反応する組織は，その組織特異的に反応する．

他の組織中にも，唾液腺の染色体ほど大きくはないが多糸染色体をもつものもあり，これらもパフ形成をする．たとえば，脂肪体中のパフの模様は唾液腺中のパフの模様と同じではない．今や，表皮細胞のような多糸染色体のない組織でさえ，特定の遺伝子からのmRNAの合成をたどることができる．そして，おのおのの組織が，遺伝子の転写という組織特有の反応を活性化することによって，エクジソンに対してある特定のやり方で反応するということを説明できる．

昆虫の変態の調節には多くの因子の相互作用が必要である

本章のここまでで，ショウジョウバエの変態が複雑なプログラムであることは明白であろう．これにかかわる物質がいくつか知られている．たとえば，前胸腺刺激ホルモンやエクジソン，幼若ホルモン，それらに加え，これらすべてのホルモンの受容体である．また，述べてはいないが，羽化ホルモンという囲蛹殻から若い成虫が出るときに役割を果たすものもある．どのようにしてプログラム全体の適切な時間的調節および進行が調整されているのか，理解することからはほど遠い．いくつかの初期に活性化する遺伝子（*broad complex*遺伝子，*e74*および*e75*）は，後期のパフの部位からの転写を調節する転写因子をコードし，その結果として，一連の遺伝子発現をもたらす．エクジソンおよび幼若ホルモンの放出の時間的調節と，それらの相対的濃度が，実際上非常に重要である．それに加えて，これらのホルモンはすべて，特異的な受容体と作用する．

エクジソン受容体については，若干の知見がある．エクジソンはステロイドであり，すべてのステロイド性ホルモン同様，ホルモンが細胞膜を通過して拡散した後に，細胞質の受容体タンパク質と反応する．ショウジョウバエでは，3種の異なるエクジソンの受容体タンパク質が知られている．エクジソンが細胞中に拡散すると，たまたまそこにあるさまざまな受容体タンパク質と反応する．細胞が異なれば，存在する受容体タンパク質も異なることがありうる．活性化するためには，エクジソン受容体の複合体は，他のタンパク質の仲間であるショウジョウバエ中では*ultraspiracle*（*usp*）とよばれる遺伝子の生成物を必要とする．Uspタンパク質は，エクジソンの受容体タンパク質とヘテロ二量体を形成して二量化し，このエクジソンとのヘテロ二量体化合物が，転写の調節において活性を有する（図8・9）．あるときの，特

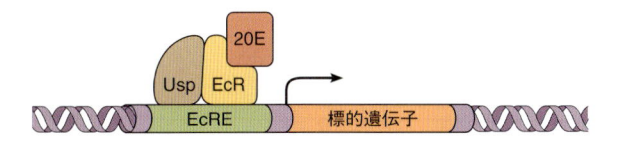

図8・9　エクジソン遺伝子の活性化．エクジソン（20E）は，活性化体であるUspタンパク質とヘテロ二量体を形成する受容体（EcR）と相互作用する．この三つからなる複合体は，標的遺伝子のプロモーター部分に位置するエクジソン反応要素（EcRE）を活性化でき，標的遺伝子の転写の増加に導くことができる．

定のエクジソン受容体タンパク質の量とUspの存在量も，効果的にホルモンを活性化させる時間的調節をすることに必要であるらしい．三つの異なるエクジソン受容体の量が変わることは，疑いなくある組織が反応の特異性をもつのに役立っている．興味深いことには，*usp*にはレチノイン酸というビタミンAの派生物と反応する受容体をコードする脊椎動物のホモログが存在する．14章において，転写に対するホルモンの役割についてより詳しくみていくことにする．

両生類の変態

多くの両生類の生活環には変態が含まれる

誰しも，少なくとも何気なく，オタマジャクシからカエルへの劇的な変化を観察したことがあるだろう．魚のような幼生は尾を失い，足が生え，水中から出てきて空気呼吸を行うようになる（図8・10）．この形態学的変化には明確な順序がある．まず肢の発育が早くから開始し，変態前期のあいだ続く．肺は変態の途中から発達し始める．尾の喪失は後期の変態の最も盛んな時期に生じる．この変態の最盛期の前および最中に骨格において，特に頭部では重大な変化が起こる．草食性のオタマジャクシの長い消化器官は，肉食性成体のより短いものに変形する．多くの無尾類（カエルとヒキガエル）は完全変態して，陸生の成体に変わるが，そのほとんどは卵を産むために水中に帰る．多くの有尾類（サンショウウオとイモリ）は尾を保つが，同様に肢と肺を形成し，尾鰭と外鰓を失い，無尾類と同じように皮膚構造で重大な変化が起こる．

一部の有尾類動物は部分変態を行い，水中生活を続ける．たとえば，メキシコの山の湖に住んでいるメキシコサンショウウオ*Ambystoma mexicanum*は成体になっても，外鰓と尾鰭をもって一生湖で生活するなど，多くの幼生の特性を保つ．研究者たちはメキシコサンショウウオに起こったこの現象の原因は，完全変態をさせるため

図 8・10 カエルの変態. 北アメリカ産無尾両生類のヒョウガエル *Rana pipiens* がオタマジャクシからカエルへと進むときの外部形態変化. 頭部の形, 四肢の発育, 皮膚の色素沈着, 尾の吸収などに注目せよ.

のホルモンの変化を開始させる下垂体腺を, 視床下部が刺激できないためであることを発見した.

ある生物が性的に成熟であるがそれ以外については幼弱である, あるいは幼生であると判断される場合, それは**ネオテニー**（neoteny, 幼形成熟）とよばれる. この現象の別名は**幼生発生**（paedomorphosis）という. ネオテニーは多くの異なる動物門にも見いだされる.

カエルの変態は甲状腺ホルモンによりなされる

オタマジャクシに甲状腺の小片をえさとして与えると早熟変態をひき起こすという実験が1912年に初めて行われた. 20世紀初頭, カエル幼生の発生中の甲状腺を外科的に切除することも行われた. このような甲状腺切除のオタマジャクシは変態できなかった. その後, 下垂体切除（下垂体前葉の切除）が同じ効果となるのが発見された. 現在では, 環境要因, 特に温度と, 脳の内在性発生プログラムの組合わせによって, **甲状腺刺激ホルモン**（thyroid stimulating hormone: TSH）を下垂体前葉が産生し放出するのを刺激するホルモンの視床下部からの分泌が導かれるということがわかっている. TSHは甲状腺を制御し, **トリヨードチロニン**（triiodothyronine, T_3, 甲状腺ホルモン中の最も有効な成分）と**チロキシン**（thyroxin, T_4）の産生と放出を刺激する. さまざまな組織でほとんどの T_3 は T_4 の脱ヨウ素化により産生される. 図8・11にこの2種類の甲状腺ホルモンの構造そして作用の順序を示す. T_4 または T_3 あるいはその両方が欠如する場合, 変態が起こらず, 幼生はただ大型の未熟な水生生物となる.

哺乳類（ほとんどの内分泌機能研究が行われている脊椎動物）においてTSH放出を刺激する視床下部ホルモンは**甲状腺刺激ホルモン放出ホルモン**（thyrotropin releasing hormone: TRH）である. 不思議なことに, TRHはカエルでは変態後でのみTSHの放出を刺激する活性をもつ. オタマジャクシの場合, TSHを分泌させるのに有効なホルモンは**コルチコステロン放出ホルモン**（corticosterone releasing hormone: CRH）である. CRHは**副腎皮質刺激ホルモン**（adrenocorticotropic hormone: ACTH）の分泌も刺激する. ACTHは副腎皮質を刺激し, 皮質からコルチコステロイドを分泌させる. これらの副腎性ステロイドによって, 標的組織で T_4 を T_3 に転換する酵素の産生が調節されることが少なくとも部分的にわかってきた. さらに最近の証拠により, 甲状腺ホルモンが下垂体を刺激し, もう1種類のホルモンである**プロラクチン**（prolactin）を産生させることが示されている.

両生類の変態

このペプチドも変態のいくつかの面を部分的に調節するが，これについては後で簡単に述べる．

要約すると，変態の最盛期に至る段階で，TSH, T_3, T_4およびプロラクチンは増加する（図8・11c）．非常に高レベルのT_3とT_4は負のフィードバックループの一部として視床下部に作用し，TSHやまたおそらくCRHの産生を幼若な個体に適切な程度になるように押さえている．

プロラクチンは甲状腺ホルモンの一部の作用を中和する

脊椎動物の種類によってプロラクチンの効果はさまざまである．哺乳類の場合，このホルモンは乳腺の発育および乳汁の形成を助ける．実験的に高濃度の哺乳類プロラクチンをオタマジャクシに注射すると，変態が遅くなることが示された．この結果は，カエル体内のプロラクチンがT_3またT_4の作用を中和するものと解釈された．最近の研究により，プロラクチンの作用はT_3またはT_4の受容体の形成を阻害するためであることが示唆されている．さらに，変態の最盛期に近づくにつれプロラクチンの量も増えることから（図8・11c参照），プロラクチンは単なる甲状腺ホルモンの拮抗物質であるわけではない．

かつてはプロラクチンの作用は昆虫における幼若ホルモンの役割に類似すると考えられていたが，最近の実験からはそうではありえないことが示されている．トランスジェニックオタマジャクシおよびカエルをつくる新しい技術には，1章に述べたようなさまざまな核移植が利用されている．脱核された卵に移植するためのドナー核を準備するとき，ドナー核を外来遺伝子のDNAと種々の酵素を含む溶液に浸す．後者は外来DNAがドナー核の染色体に進入して取込まれるのに役立つ．

このように特別に準備した核を多数の宿主卵に移植すると，導入遺伝子が安定して取込まれた胚ができる．最近，この方法で高濃度のプロラクチンをもつトランスジェニックオタマジャクシがつくられた．驚くべきことに，プロラクチンは尾の吸収を阻害し，尾部の繊維芽細胞の成長を促すが，このようなトランスジェニックオタマジャクシは適切な時期に変態する．その結果，尾が残った若いカエルが生じた．プロラクチンとT_3がいかに生体において互いに影響しあうか，いかにタイミングと変態の特徴としての特別なホルモン作用の変化を調和させるかなどについて，まだまだ研究すべき点がある．しかし，厳密にいえばプロラクチンは幼若ホルモンと同じように作用するのではないと結論できる．なぜならプロラクチンが拮抗するのは甲状腺ホルモンの多数の効果のうちの一部だけにすぎないからである．

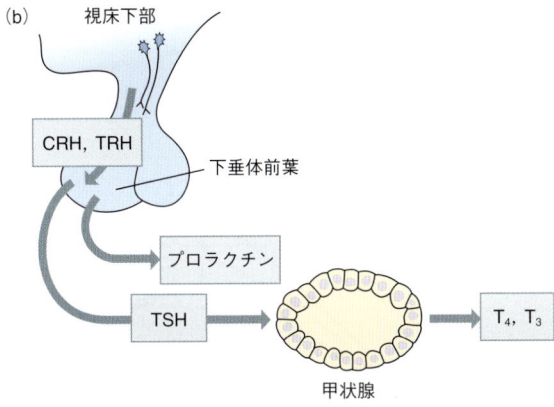

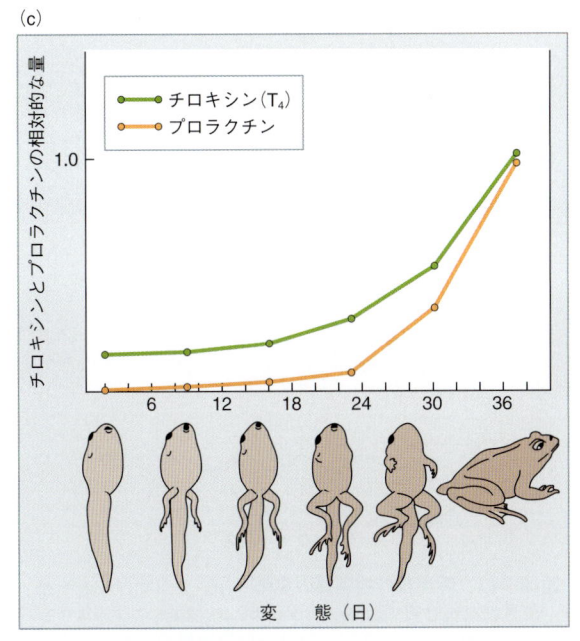

図8・11　下垂体前葉と両生類の変態． (a) T_4とT_3の構造．(b) ホルモン刺激過程の一部．視床下部はTRHとCRHを分泌する．TRHは下垂体前葉がTSHを放出するのを誘導する．TSHは甲状腺を刺激し，T_4とT_3を産生，分泌させる．下垂体はプロラクチンも分泌する．プロラクチンは複合的な効果をもち，そのいくつかについては本文で述べた．(c) 変態における時間的な形態変化と，血液中のT_4とプロラクチン量のおよその関係．

振り返って考えると，片方は正に，もう片方は負に働く2種類のホルモンが，ある一つの生理的あるいは発生的な変化を担うという発見は驚くほどのことではない．この正と負の調節の組合わせにより，有力なそしてよく調節された制御回路が提供される．後の章で，異なる化学メッセンジャーの間のこのような特異的な相互作用について繰返し述べる．

甲状腺ホルモンの作用は組織特異的である

たった一つのホルモン T_3 はさまざまな変化をひき起こす．たとえば，発育中の肢の筋肉を刺激して，その大きさを増大させ，分化させるが，尾部の筋肉は萎縮させ消失させる．表8・1に T_3 によってひき起こされる，より著しい変態変化の要約を掲げる．おそらく，どのような組織あるいは器官でもこのホルモンに影響されるといえるだろう．変態期間には激しい形態変化があるのみならず，いくつかの基礎代謝機構も入れ替えられる．

たとえば，オタマジャクシ網膜の桿体外節には，オプシンとビタミン A_2 を含む視物質ポルフィロプシン（porphyropsin）がある．ビタミン A_2 をもとにした視物質は淡水に生息する脊椎動物に検出される．変態の間にビタミン A_2 をつくる代謝経路はビタミン A_1 の産生に変換するが，これは陸生脊椎動物の特性である．こうして成熟したカエルの眼の中の視物質はポルフィロプシンではなくロドプシン（rhodopsin）となる（図8・12）．

オタマジャクシの肝臓には一次排出産物としてのアンモニアの産生のための酵素機構が備わっている．アンモニアは毒性のある化学物質ではあるが，水生生物では窒素代謝の最終産物として典型的に見いだされる．なぜなら，水生生物の環境ではアンモニアは容易に溶解，希釈され，運び去られるからである．変態の過程で，オタマジャクシの肝臓の酵素系は変換し，窒素代謝の主要な最終産物として尿素を産生するようになる．この変換には，アンモニアから尿素を合成するための四つの主要な尿素回路酵素の合成が必要となる．視物質と尿素回路酵素の変化は甲状腺ホルモン濃度の上昇にひき起こされる．

甲状腺ホルモンによってひき起こされる各組織の応答は，特定の組織に特異的である．さらに，この応答の性質と兆候は水中生活から陸上生活への移り変わりにほぼ一致する．オタマジャクシの片方の眼にチロキシンを緩慢に放出する小片を移植すると，このホルモンを直接受取る眼においてポルフィロプシンからロドプシンへの変

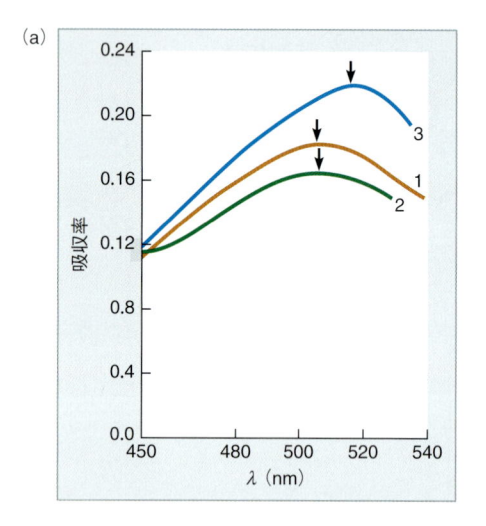

図8・12 両生類の視物質の変化．(a) ウシガエルから抽出された視物質の吸収スペクトル．曲線1と2はチロキシンで処理されたオタマジャクシの視物質の吸収スペクトル．吸収最大値の505nmはロドプシンの特徴である．曲線3は未処理のオタマジャクシから抽出された視物質の吸収スペクトルで，ポルフィロプシンの特徴としての520nmの吸収最大値をもつ．(b) それぞれビタミン A_1 とビタミン A_2 に由来するレチナール1とレチナール2の構造．レチナール2の炭素－炭素二重結合（赤）に注意せよ．レチナール2は幼生視物質のポルフィロプシンに存在するが，レチナール1は成体の視物質ロドプシンに存在する．

表8・1　無尾両生類変態期間の変化

器官/系	幼生から成体への変化
運動系	尾ひれは肢に
呼吸系	鰓と皮膚は肺に
	異なるヘモグロビン型に変化
栄養	消化：草食性から肉食性に
	消化器官：長から短に
	頭蓋骨と口：広い形態学的な変化
視覚	視物質：ポルフィロプシンからロドプシンに
窒素排出	アンモニアから尿素に
皮膚	真皮：薄層から重層に
	粘液腺：無から多数に

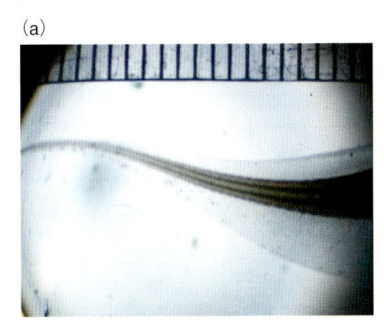

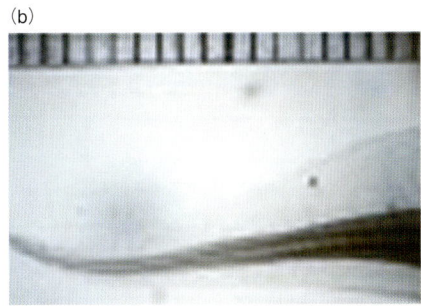

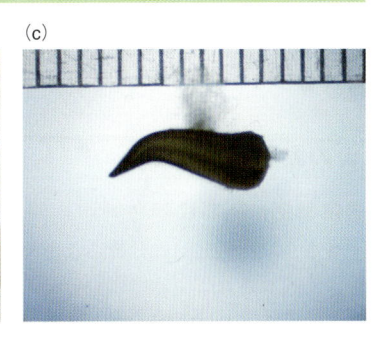

図 8・13　分離されたオタマジャクシの尾に対するホルモンの作用．アフリカツメガエルのオタマジャクシの尾を切取り，ホルモン T_3 を含む薄い塩類溶液中におく．写真は培養 1 日 (a)，3 日 (b)，7 日 (c) 後の尾の状態を示す．ホルモンなしで培養されて，尾はアポトーシスや退化の兆候を示さない．

化はずっと早くなる．

さらに劇的な例として，単離したオタマジャクシの尾が簡単な培養液で数日間も生存する能力があることに基づく実験をあげる．図 8・13 に示すように，きわめて低い濃度の T_3 の投与によって，変態期間に生じる尾部吸収に特徴的な肉眼および細胞レベルの変化がひき起こされる．すなわち，表皮の角質化が亢進し，表皮の幹細胞が表皮を置換できなくなり，リソソームプロテアーゼ（細胞のリソソーム小胞に発見されるタンパク質分解酵素）の集積が増加し，筋細胞のアポトーシスが生じる．ところが，プロラクチンを T_3 と同時に培養液に投与すると，前述の変化は起こらない．このことから，甲状腺ホルモンとプロラクチンの両方が局所的かつ特異的に作用することが示される．

両生類変態のタイミングは部分的にホルモンの量により制御される

表 8・1 に示した変態の推移の原因となるものは何であろうか．一つの要因は甲状腺ホルモンの濃度であり，その作用は標的組織によってはプロラクチンと副腎からのコルチコステロイドによって修飾される．変態の変化が徐々に進行する間に，甲状腺ホルモンの濃度は増加し，またコルチコステロイドとプロラクチンの量も増加する．実験的にこれらのホルモンの量を制御すると，明らかに甲状腺ホルモンの異なる濃度によって変態現象が誘導されることが示される．腸の短縮と後肢の発育はチロキシン濃度が非常に低い場合に生じるが，尾部退化はより高い濃度によってしか起こらない．

これらの結果から，ホルモンに対するさまざまな局所的応答には閾値濃度があるという考え方が支持される．ホルモンが閾値に達するか超えるまで，局所的な応答は起こらない．このモデルは道理にかなっているようにみ

えるが，実際に関与するメカニズムについてはあまり示されていない．

ホルモン受容体も変態を制御する

現在では，T_3，T_4 とプロラクチンを含むすべてのホルモンは受容体タンパク質を介して作用するということがわかっている．直前で述べた閾値概念は，現代の用語でいいかえれば理解しやすい．すなわち，ある特定の組織に特定な受容体型の濃度と性質によって，少なくとも部分的にホルモン応答が決定される．甲状腺ホルモンに対する最初の応答は，少なくとも 2 種類ある甲状腺ホルモン受容体 (TR) 遺伝子転写の増加である．このように，T_3 は自らの受容体の量を増加させ，これは正のフィードバックループとして作用し，受容体の量の増加とそのためにひき起こされるホルモン感受性上昇の可能性が増大する．

TR タンパク質はエクジソン受容体と同じ種類，いわゆるステロイド性ホルモン受容体スーパーファミリーに属する．エクジソンの作用と同じで，これらの受容体はヘテロ二量体として働く．ヘテロ二量体の中で，各 TR タンパク質は RXR (レチノイド X 受容体) とよぶレチノイン酸受容体群の一つの分子と結合する．プロラクチンが TR 遺伝子の発現を減少させるという証拠があり，このことによってなぜプロラクチンが甲状腺ホルモンの効果を中和するのかがある程度説明がつく．この分野の研究は進行中であるが，局所的組織特異的応答とホルモン感受性調節にはおそらく，TR タンパク質の量，特に関連する TR ファミリーのタンパク質，RXR の量と種類，そしておそらく転写特異性を与える修飾タンパク質などがかかわると思われる (14 章参照)．確かに，T_3 は成体グロブリンなどのいくつの遺伝子の転写を刺激したり，ほかの遺伝子の転写を増加させる．さらに，ステロイド

ホルモン受容体は一部の遺伝子の転写を促進したり，別の遺伝子の転写を抑制する．

他の動物群の変態

幼生発生は広範に存在する

本章では，徹底的に分析されためざましいそして比較的よく理解されている例について集中的に述べた．しかし，変態がどれほど広く行き渡っているか，また幼生から成体への転換がどれほど多様であるかを覚えておくことも重要である．大多数の海産性無脊椎動物はプランクトン幼生から繁殖可能な成体に変わるとき，重要な発生再組織化を行う．17章で発生と進化について解説するとき，この実例のいくつかについて言及するつもりである．

脊椎動物のなかで両生類以外の多くの群は，その生活環できわめて重要な発生再組織化を経験する．サケは淡水で胚発生し，次に海洋環境に移動して成体期のほとんどを過ごす．この淡水から海水への移行には広範な生理学的および形態学的変化が伴う．その後産卵のため成体が淡水に戻るにはまた別の一連の重大な変化が必要であり，これもホルモンにより調節されることが知られている．そして有性生殖はこれらの最後の"仕上げ"がなされた後に起こる．多くの別の水生脊椎動物，特にウナギのいくつかの種は，1箇所の生息地から別の生息地に移動するとき広範な発生的変化を経験する．胚から生殖成体への移行は発生の重要な一面である．

本章のまとめ

1. さまざまな動物の門において，自由生活を行い性的には未成熟な幼生が胚発生によって形成される．性的に成熟した成体を形成するためには，変態という変化が必要である．
2. ホルモンの放出は完全変態の昆虫と両生類の変態を調節して進行させ，おそらく別の動物の変態にとっても重要である．
3. よく研究された実例では，1対の拮抗ホルモンが関与する．一つは成体を誘導するが，もう一つはブレーキとして作用する．この拮抗作用は関与する制御回路の調節能力を強める．
4. 変態ホルモンに対する幼生組織の応答には組織特異性がある．ホルモンとその受容体の相互作用で生じる応答は，次に遺伝子発現の重大な変化をひき起こす．
5. 局所的特異的応答は異なるホルモンの相対的な濃度とホルモンに対する受容体の親和性より決定される．さらに，二次メッセンジャー装置（1章参照）とクロマチンの既存状態が組織特異性に役割を果たす．
6. 関与するメカニズムはまだよく知られていないが，ホルモン産生と放出の調節は部分的に環境情報によって制御される．

問題

1. エクジソンとT_3（トリヨードチロニン）は化学的に非常に異なり，そして違う動物門に見いだされるが，類似した生物学的な役割をする．この理由を説明せよ．
2. 完全変態の昆虫において脱皮（幼生または蛹の）の性質はどのように調節されるか．
3. 同じホルモンであるT_3がどのようにオタマジャクシの尾部の筋細胞のアポトーシスと肢の筋細胞の発育と分化をひき起こすのか推測せよ．

参考文献

Bayer, C. A., von Kalm, L., and Fristrom, J. W. 1997. Relationship between protein isoforms and genetic functions demonstrates functional redundancy at the Broad-Complex during *Drosophila* metamorphosis. *Dev. Biol.* 187: 267-282.
エクジソンに対するパフ形成やクロマチン反応にかかわる遺伝子についての総説．

Bender, M., Imam, F. B., Talbot, W. S., Ganetzky, B., and Hogness, D. S. 1997. *Drosophila* ecdysone receptor mutations reveal functional differences among receptor isoforms. *Cell* 91: 777-788.
エクジソン受容体の機能に関する研究論文．

Berry, D. L., Schwartzman, R. A., and Brown, D. D. 1998. The expression pattern of thyroid hormone response genes in the tadpole tail identifies multiple resorption programs. *Dev. Biol.* 203: 12-23.
尾部組織におけるT_3に反応する遺伝子を同定し，その反応について解析した論文．

Buszczak, M., and Segraves, W. A. 1998. *Drosophila* metamorphosis: The only way is USP? *Curr. Biol.* 8: R879-R882.

エクジソン受容体の機能の解析.

Hall, B. L., and Thummel, C. S. 1998. The RXR homolog *ultraspiracle* is an essential component of the *Drosophila* ecdysone receptor. *Development* 125: 4709–4717.
エクジソン受容体の構造と機能に関する分子的基盤を明らかにした研究論文.

Huang, H., and Brown, D. D. 2000. Prolactin is not a juvenile hormone in *Xenopus laevis* metamorphosis. *Proc. Natl. Acad. Sci. USA* 97: 195–199.
トランスジェニックカエルを用いてプロラクチンの作用機序を明らかにした論文.

Rose, C. S. 1999. Hormonal control in larval development and evolution――Amphibians. In *The origin and evolution of larval forms*, ed. B. K. Hall and M. H. Wake, pp.167–216. Academic Press, San Diego.
両生類変態のホルモン制御に関する学術的解析.

Thummel, C. S. 1995. From embryogenesis to metamorphosis: The regulation and function of *Drosophila* nuclear receptor superfamily members. *Cell* 83: 871–877.
エクジソン受容体とその類縁分子に関する先導的研究者による総説.

Thummel, C. S. 1997. Dueling orphans――interacting nuclear receptors coordinate *Drosophila* metamorphosis. *BioEssays* 19: 669–672.
エクジソンによって制御される遺伝子機能に関する総説.

Truman, J. W. 1996. Ecdysis control sheds another layer. *Science* 271: 40–41.
蛹の羽化に特異的にかかわる細胞とホルモンに関する総説.

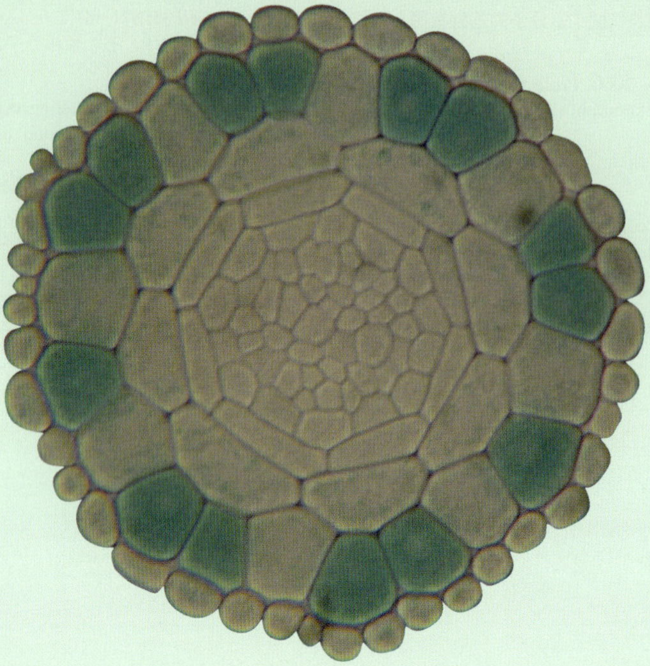

第 IV 部

植物の発生

9 植物の分裂組織

本章のポイント
1. 植物は生涯器官をつくり続ける．
2. 増殖と発生の中心は分裂組織である．
3. 分裂組織はシュート，葉，根や花の源である．
4. 葉は分裂組織から規則的なパターンをもって形成される．
5. 根端分裂組織は独特な性質をもつ．

20世紀になり，発生生物学は生物学において重要な分野として確固たる地位を確立してきたが，1960年代以前の発生学は動物学者により**胚発生学**（embryology）とよばれ，植物界と動物界の交流はなかった．当時，その研究戦略はまだ確立していなかったが，植物学者と動物学者のアプローチは互いに相当かけ離れたものであった．実際，研究上重要視されるポイントにも基本的な相違があった．一方，細胞間コミュニケーションや調和のとれた遺伝子発現機構の問題は，植物でも動物でも同じである．驚くべきことに，細胞レベルや分子レベルにおける発生機構のうちのいくつかは，明らかに動物と植物が分かれる以前に確立しており，発生学の本質に迫るためには動物の胚発生学と同様に植物の発生学も重要なポイントとなってきている．

ショウジョウバエ，マウスやカエルを用いた発生学の研究は胚発生の解析から始まった．胚は生活環のなかでも，体が構築される，まさにその場である．動物の胚をみればやがて出現する基本的な器官を知ることができる．しかし，植物は生涯を通じて新しい器官をつくり続け，生活環の後期には，初期に形成されたものとは形態的にも全く異なる器官をつくる場合もある．植物の場合，胚においても，ある程度成熟した個体においても発生の中心となるものがあり，**分裂組織**（meristem）とよばれる．まず最初にいかにして"大人の"植物が分裂組織から器官をつくるのかというところから考察することにしよう．分裂組織を理解することで，次に紹介する胚発生過程がよりわかりやすくなることと思う．

植物細胞は，細胞分裂時に形成される**細胞壁**（cell wall，12章参照）を介して，隣り合った細胞どうしが半永久的に強固に連結されている．見かけ上，細胞壁は動物細胞を取囲んでいる細胞外基質に似ているが，その細胞壁により植物はいろいろな点で動物とは区別される．まず第一に，植物細胞は細胞壁の中に閉じ込められているために動くことができない．そのためすべての形態形成は，適切に，かつ協調的に行われなくてはならない．第二に，細胞分裂時に形成された細胞壁は，しばらくして空間的に伸長する場合もある．この細胞壁による位置の固定という空間的制約をもった植物細胞が**位置情報**（positional information）を獲得するしくみについて，後で述べる．位置情報は細胞に植物全体のなかでのその位置を指示し，植物発生の先導的な力となるものである．位置情報は細胞に，時には表皮または組織内部に，時には分裂領域または分化領域に，また時には特殊な細胞と隣接しているといったことを教える．位置情報はしばし

ば母細胞から娘細胞へと伝えられる**系譜情報**（lineage-based information）と対比される．しかし，植物においては系譜情報による運命決定はまれであり，ほとんどの場合位置情報により細胞の運命が決定されることを知るであろう．

図9・1に示すように，典型的な維管束植物は，地上部に**シュート**（shoot，茎，葉，側芽をあわせた単位．苗条ともいう）を，地下部に根を形成する．シュートは**茎頂分裂組織**（shoot apical meristem: SAM）の働きにより成長し，葉や芽や茎を形成する．根は**根端分裂組織**（root apical meristem）の働きにより成長する．根は重力に応答し，重力方向に成長する．また，植物体を通して維管束系が存在し，水や栄養分を組織中に送っている．本章ではシュートから根へと話を進めていこう．10章では花形成（花はシュートの変形したものである），生殖機構，そして胚発生についてみてみよう．11章では，植物細胞分化に独特な側面や植物細胞に直接影響するシグナルについて述べる．

茎頂分裂組織

われわれは芝生を刈ったり，バラのせん定をしたり，幼植物を庭に植え替えたりして植物をいじめることをふつうにしている．しかし，このような虐待に対応するための細胞集団である分裂組織のことには気づかない（図9・1）．分裂組織は植物の発生を動物の発生と根本的に異なるものにしている．成体の器官をすべて胚の中で用意している動物と違って，植物は全生涯の間新しい器官をつくり続ける．この分裂組織の特徴により，植物は永遠に胚的性質をもつと考えることができる．それでは，分裂組織とはいったいどんなものか，どうして分裂組織が植物の発生で必要不可欠な焦点であるのかといったところから考えてみることにしよう．

特徴的な構造をもつ分裂組織

分裂組織における組織学的に特徴的な点のうちいくつかは，分裂組織に固有のものである（図9・2）．分裂組織にあるすべての細胞は細胞分裂活性をもつが，分裂速度は組織内の位置によりまちまちである．分裂組織の中央領域にある**中央帯**（central zone: CZ）の分裂速度は遅いが，その周辺領域にあたる**周辺帯**（peripheral zone: PZ）にある細胞は高い分裂活性を示す．CZにある細胞はその周辺領域に存在するPZの細胞に比べて大きいが，液胞や細胞質領域は小さい傾向にある．また，PZの細胞の分裂速度は，新しく形成されつつある器官における細

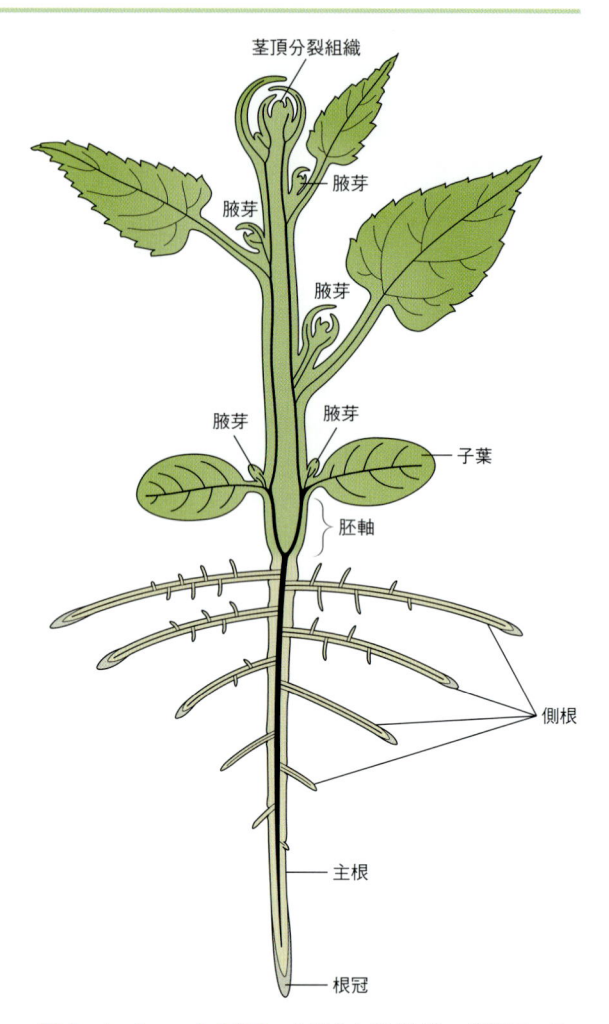

図 9・1　シュートの発生．典型的な顕花植物の縦断面．子葉と胚軸（子葉と根の間の領域）に関しては10章で紹介する．

胞分裂速度とだいたい同じである．動物の幹細胞と同様に，CZの細胞分裂は分裂組織を維持するように細胞を補充し続ける．一方でPZの細胞分裂は直接器官形成に貢献する．このように，分裂組織内の細胞の最終的な運命は分裂組織内での位置に大きく依存している．

顕花植物の分裂組織の細胞はCZにおいてもPZにおいても**層**（layer）構造をとっている．表層は**外衣**（tunica），その内層は**内体**（corpus）とよばれる．外衣が2層ある場合はL1層，L2層とよばれ，内体はL3層となる（図9・2参照）．外衣が1層しかない場合はそれがL1層，内体がL2層となる．外衣は層に垂直な垂層分裂のみを起こすため，層構造をとり，細胞のシートが形成される．内体の細胞はあらゆる方向に分裂するため三次元的な細胞集団を形成する．

茎頂分裂組織

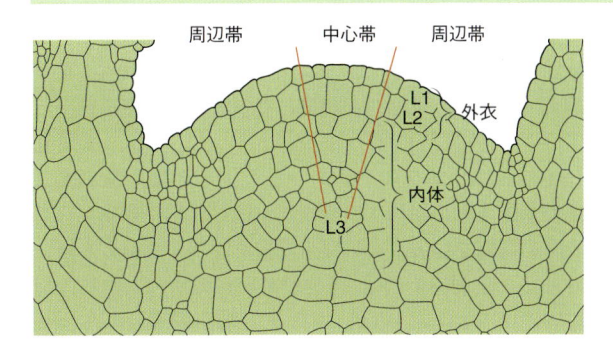

図 9・2 茎頂分裂組織. 茎頂分裂組織の切片を見ると，独立した細胞層があることがわかる．表層（L1層，L2層）は外衣とよばれ，L1層とL2層の内側の細胞層はL3層または内体とよばれる．分裂組織の中央領域にある細胞は，随時分裂組織を新しいものに更新しており，この領域は特に中心帯とよばれる．中心帯を取囲むように存在する周辺帯は形態形成の場であり，器官を形成する細胞はこの周辺帯由来である．

キメラ（chimera，3章参照）を用いた解析は植物のこれらの層構造を理解する上で非常に有効である．キメラ植物は，遺伝的に異なった細胞で構成されている．園芸植物によくみられるような"斑入り"の植物などは多くの場合キメラである．たとえば，図9・3に示した植物の模式図を見てみよう．このキメラ植物ではL2層がアルビノ（色素が欠失した状態）になっている（図9・3a）．それぞれの層は発生段階にある器官の特定組織に分化する（図9・3b）．L1層は表皮細胞を，L2層は葉や花の大部分をつくり，L3層は器官の中心部を生み出し，茎の形成に大きく貢献する．分裂組織では細胞層間で細胞が混じり合うことはほとんどないが，器官形成の後期段階ではしばしば観察される．この層間の細胞混合が図9・3（c）でみられるように白細胞領域と緑細胞領域間の境界線がぎざぎざになる原因である．キメラのような遺伝的多型は，突然変異や，異なった遺伝子型をもつ個体どうしの接ぎ木によっても生み出される．

分裂組織の興味深く重要な性質は，その細胞が協調的にグループとして機能することである．集団内の境界が変わっても，その高度に編制されたパターンを再構成することができる．たとえば，茎頂分裂組織を外科的に二分した実験では，二つの正常な分裂組織が形成され，それぞれが新しい器官をつくり出すことができる（図9・4）．この実験により，植物細胞は位置情報の変化に的確に応答し，新しい分裂組織を再編成できることが明らかとなった．ジャガイモの分裂組織を20分の1にまで削り取るという，激しい実験も行われている．残された小さな分裂組織のコブは，正常な大きさまで再生することが可能であった．これらの実験から，CZやPZを失うことになっても新しい領域を形成することで分裂組織を再編するという，分裂組織の自己再生能力の存在が示された．

分裂組織が器官の配置（葉序）を決定する

葉は分裂組織から**原基**（primordium, *pl.* primordia）と

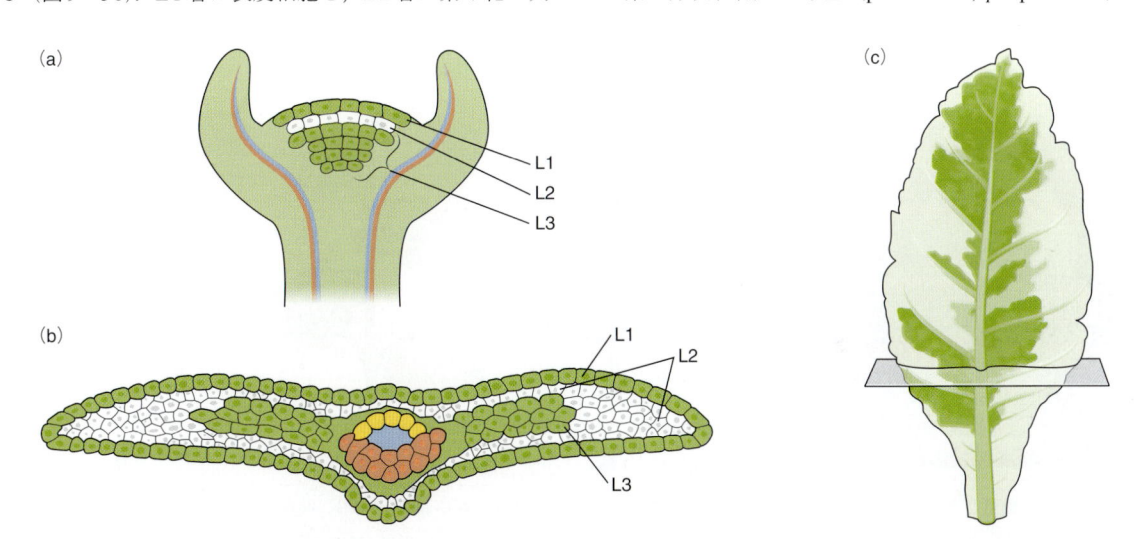

図 9・3 茎頂分裂組織と葉の層構造. 分裂組織の層構造は，葉のような器官の特定の構造に寄与する．(a) この図ではL2層はアルビノ変異であり，その他の細胞はすべて緑で示してある．(b) L2層キメラに由来する葉の横断切片の模式図．このキメラから，L2層が組織の多くの領域に寄与することがわかる．葉の中央領域はすべて緑で，L3層から分化すると考えられる．L1層は表皮にのみ分化する．(c) 典型的なL2層キメラの葉．L3層由来の側方の細胞系譜は変化に富んでいる．

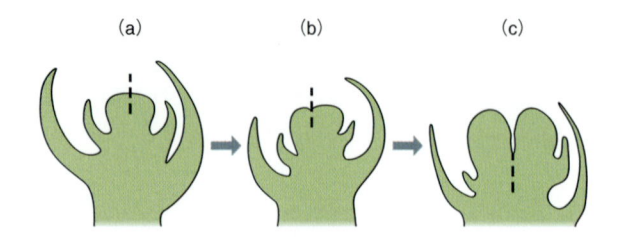

図9・4　分裂組織の発生における二分実験.（a）二分する手術前の分裂組織．手術自体が発生を抑制しないことに注意．（b）マメ科植物の茎頂部に切れ目を入れた．7日後には分裂組織の再編がみられる．（c）13日後には二つのシュートが成長している．

して最初に形成される．原基は，葉への分化に先立って分裂組織の傍らに独立したコブとして認められる．葉が原基の段階から成熟した段階になるまでの順序を追えるように，各段階の葉には番号がついている．**葉間期**（plastochron：プラストクロンともいう）は，ある葉原基が形成されてから次の葉原基が同じ状態に形成されるまでの時間をいい，葉の発生段階を説明する際にも用いられる．葉間期1（P_1）は葉原基が形成された最初の段階のことをいう．P_1は，次の葉原基が形成されるとP_2になり，さらに次の葉原基が形成されるとP_3になる．このようにして，すべての葉は葉間期段階を経ながら発生

(a) らせん葉序

(b) 輪生葉序

図9・5　葉序パターン.（a）トマトの茎頂分裂組織（SAM）の走査型電子顕微鏡像（SEM）．葉原基がらせん状に形成されている．P_1（葉間期1）は分裂組織から形成されたばかりの葉原基．P_2はその前に形成された葉，P_3はP_2の一つ前に形成された葉．その右にらせん葉序の模式図を示す．中央の図は茎頂部から形成されつつある器官を見下ろしたものである．最も古いものを1として順番に番号をつけてある．すべての器官は利用可能な隙間に形成される．（b）左はトウモロコシの茎頂部のSEM．分裂組織は中央部にある細胞のボール状の部分であり，その分裂組織を二つの新たに形成された葉原基が取囲んでいる．葉は二列生葉序で形成される．右の模式図は三つの異なった輪生形式を示している．それぞれ，二列生（トウモロコシ），十字対生，三輪生である．

茎頂分裂組織

が進んでいく．成熟葉の葉間期段階は種によって異なり，トマトではP_{20}，トウモロコシではP_{10}である．

茎頂分裂組織は規則正しく原基を形成する．原基が形成されているときでも分裂組織は成長し続けているので，器官の配置の決定はパイを適当な大きさに切り分けるような単純なしくみではない．分裂組織の成長に伴って，側方器官の原基は水平方向にもまたシュートの軸に沿って下方向にも移動していき，新しい原基と分離されていく．器官の配置のことは**葉序**（phyllotaxy）とよばれ，葉序は輪生状であったり，らせん状であったりさまざまである（図9・5）．

自然界でも，ヒマワリの花や松ぼっくりの芽鱗にみられるように，らせん葉序は美しいパターンを見せてくれる．らせん葉序では，一つ前に形成された原基からみて，種に応じて決まった角度（回度）の場所に次の原基が形成される．この回度は，原基と原基の間に適度な隙間を生み出すような137.5°であることが多い．このように，茎頂部をみた場合4番目の原基は，最も大きな隙間である最初と2番目の葉原基の間に形成され，5番目の葉原基は2，3番目の葉原基の間に形成される（図9・5a）．

もう一つの基本的な葉序形式は輪生である（図9・5b）．一般的な輪生様式は一つの節に1，2，もしくは3個の原基が形成される．一つの節に一つの葉が形成される葉序は特に**二列生葉序**（distichous phyllotaxis）とよび，二つの葉が形成される場合は**十字対生**（decussate），三つの葉が形成される場合は**三輪生**（tricussate）という．一つの節に一つの葉が形成される場合は次の原基はその反対側に形成される．一つの節に二つの葉が形成される場合は次の2枚のセットの葉は通常前のセットと90°ずれた位置に形成される．

葉序の決定様式を説明するほとんどのモデルは，形態形成の場や利用可能空間などの概念に注目しており，すでに形成された原基が次に形成される原基に与える影響を考察するものである．たとえば，あるモデルでは，すでに存在する原基が拡散性の原基形成抑制物質を生産すると想定しており，すでに存在する原基からの距離が十分大きい領域のみで次の原基が形成されるとしている．もう一つのモデルは，この世界の第一人者であるPaul Greenにより提唱されており，器官は生物物理的な制約によりすでにある器官の近傍には形成できないというものである．最もよい例はヒマワリである．ヒマワリの花原基の配置は波状の繰返しパターンを示すことから，すでにある原基が次の原基の形成場所を決めることが示唆された．

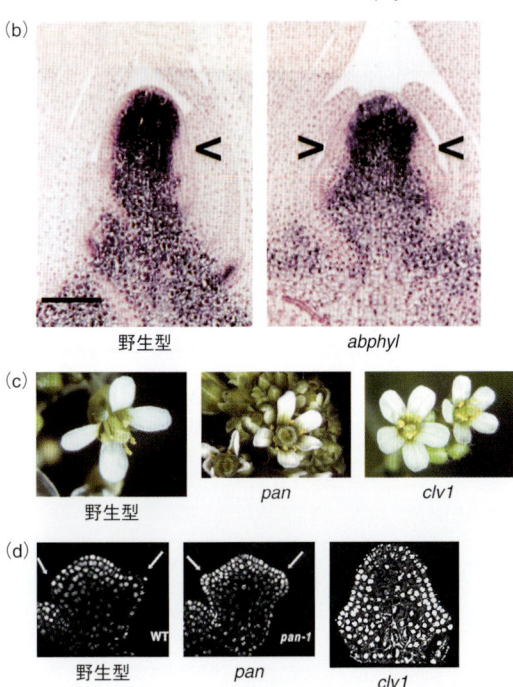

図 9・6　器官数が増える突然変異体．（a）一つの節に1枚の葉を形成するトウモロコシの野生型に対して，*abphyl*突然変異体は二つの葉を形成する．（b）*abphyl*突然変異体の茎頂分裂組織は野生型よりも大きい．やじりは初期の葉原基を示し，*abphyl*突然変異体には二つ観察される．（c）シロイヌナズナの野生型（左），*perianthia*突然変異体（中央），*clavata1*突然変異体の花（右）．*perianthia*突然変異体も*clavata1*突然変異体もより多くの花器官を形成する．（d）花芽分裂組織の共焦点顕微鏡像．*perianthia*突然変異体の花芽分裂組織は野生型とほぼ同じであるが，*clavata1*突然変異体の花芽分裂組織は大きい．

分裂組織が大きいために器官数が増えると考えられている突然変異体の解析から，**空間モデル**（available space model，このような空間は物理的もしくは生化学的に誘導される）が支持されている．トウモロコシの*abphyl*（アブフィル）（*aberrant phyllotaxy*）突然変異体は，野生型よりも大きな分裂組織を形成し，一つの節に1枚ではなく2枚の葉を形成する（図9・6a,b）．シロイヌナズナ（*Arabidopsis*，ボックス9・1参照）では，*clavata*（クラバータ）突然変異体が野生型よりも多くの器官を形成するが，やはり分裂組織のサイズが大きくなっている（図9・6c,d）．1節に2枚より多くの葉を形成することはない*abphyl*の分裂組織と違い，*clavata*突然変異体の分裂組織は野生型の1000倍以上も大きく成長することがある．しかし，器官の数を決めるのは分裂組織のサイズだけではない．同じ葉序パターンを示す種間においても，分裂組織のサイズは顕著に異なっている．さらに，シロイヌナズナの*perianthia*（ペリアンシア）突然変異体のように，花器官の数が野生型よりも多くなっているものの，分裂組織のサイズは野生型と変わらない突然変異体も知られている（図9・6c,d）．

植物は発生段階や外科的手術などに応答して葉序のパターンを変更できる．たとえば，トウモロコシの茎頂分裂組織は最初は葉を二列生葉序パターンで形成するが，花を形成する段階になるとらせん葉序パターンをとる．セイヨウキヅタは最初は環状に葉を形成するが，植物の成長に伴ってらせん葉序パターンをとる．1930年代にM. Snow, R. Snowによって行われた外科的な実験は，葉序が全体的な分裂組織の形状によって変更されうることを示した．彼らは一つの節に同時に2枚の葉を形成するような十字対生を示す植物の茎頂部に縦に切れ目を入れ

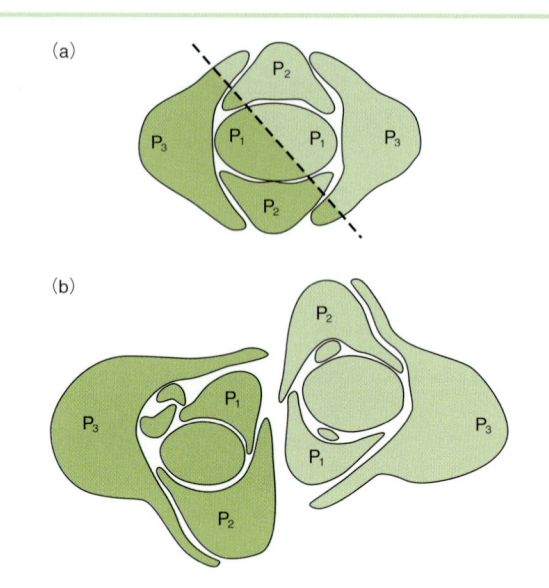

図9・7　葉序パターンの外科的操作． 外科的手術によって葉序が変更されうることを示す．（a）十字対生葉序を示す分裂組織に縦に切れ目を入れて非対称な分裂組織をつくる．点線はまだ分裂組織とつながった状態のP_1原基の位置を示す．（b）切れ目の入った分裂組織から二つのシュートが形成される．切れ目を入れたときのP_1原基はP_3に成長している．切れ目を入れた後に形成され，次にP_2，P_3となる原基はらせん葉序を示している．

た．すると，この切れ目によって，しばしばらせん葉序を形成する二つの茎頂が形成された（図9・7）．場合によっては，この外科的に生み出されたらせん葉序は十字対生へと戻ることもあった．この例は，植物に内在する形態形成に対する柔軟性を示すが，基本的に，一度パターンが構築されるとそれは安定に維持される．

ボックス9・1　シロイヌナズナ

多くの植物学者が研究材料としてシロイヌナズナ*Arabidopsis thaliana*を用いるようになってきた．シロイヌナズナは，よく知られた野菜であるカリフラワー，ブロッコリー，ケールと同じアブラナ科に属している．シロイヌナズナは小さいゲノムサイズをもち（130,000 kb，1 kb = 1000 b），ショウジョウバエよりも少し小さいくらいであることから全ゲノム配列の決定が可能となった．ゲノム上には遺伝子がコードされていない領域は少なく，5 kbに一つくらいの割合で遺伝子が存在する．植物体自身も小さいので広大な土地がなくても何千もの個体のスクリーニングが可能となる．シャーレに種子をまき無菌培養することで化学物質の効果をみたり，環境条件を調整することも可能である．シロイヌナズナは自己和合で1個体当たり数千もの多くの種子が実る．

茎頂分裂組織

葉の形成には細胞伸長が重要である

これまでの植物の発生についての説明では，植物細胞が細胞壁をもっていることを無視してきた．細胞壁は，浸透圧によって水分が維管束へと供給される際に生まれる膨圧に耐えるだけの強度が必要であるが，植物が成長し続けることができるように，細胞伸長が十分行えるような柔軟性ももち合わせている．植物細胞は2万倍もその体積を増やして伸長することが知られている．植物において，**エクスパンシン**（expansin）とよばれるタンパク質が発見された．動物細胞には細胞壁がないことを考えると，エクスパンシンが植物に特有であるということも驚くべきことではない．エクスパンシンを，熱処理して殺した植物細胞の細胞壁に付加してもpH依存的な細胞伸長が観察される．この伸長効果は単離した茎でも，紙（これは，ご存知のように木からつくられ，細胞壁を成分とする）でも観察され，触媒的に作用する．

植物が常に同じ葉序パターンを維持し続けることを考えると，葉の位置はその形成開始以前に推測可能である．P_0葉原基は，まだ原基が形成されていない段階であり，P_{-1}葉原基はP_0葉原基の次に形成される．Chris Kuhlemeierはエクスパンシンを塗ったビーズを，トマトの茎頂部のP_{-1}葉原基付近に置くと，異所的な器官形成が観察されることを見いだした（図9・8a）．対照実験としてエクスパンシンを塗っていないビーズで処理しても，異所的な器官形成はみられなかった．また，この異所的な原基は，反時計回りだった葉序を時計回りへと反転させることも可能であった．この原基は正常な葉として発生できなかった（おそらく植物体の維管束が接続しなかった）が，局所的に細胞壁のタンパク質が付加されることで分裂組織における器官形成開始に影響を与えうる点で重要である．同様の実験が11章で述べる植物ホルモンであるオーキシンを用いて行われた．このオーキシンを塗ったビーズを茎頂分裂組織に置いたところ，葉序に影響を与えた．この場合，エクスパンシンを用いたときの実験とは違い，オーキシンの添加により形成された葉は正常に成長した．

エクスパンシンに関する実験結果は，葉の形成開始における細胞分裂面の重要性に関する長い論争に一石を投じた．これまで，あるグループは，細胞分裂面の変更は形態形成開始に必要不可欠であると提唱し，他の科学者は細胞分裂面の変更は形態形成開始に伴っているが，二次的影響にすぎないと反論した．後者の説を支持する実験がA. HaberとD. Foardによって行われた．彼らは，決して細胞分裂が起こらないような強い条件の放射線を当てても葉の形態形成が開始することを示した．この実験における葉の形成開始は，主たる遠近軸に沿った成長変化を指標にして示された．エクスパンシンは細胞分裂ではなく，細胞壁のゆるみをひき起こすため，エクスパンシンに関する実験結果はHaberとFoardの解釈を支持するものであった．

もしエクスパンシンが葉の形成開始を制御しているならば，エクスパンシンの遺伝子発現はこれから伸長し，葉を形成するような細胞で観察されるはずであったが，実際，トマトにおいて，茎頂部のP_0領域での遺伝子発現が示された（図9・8b）．このように，器官の形態形成においては，エクスパンシンがP_0領域で発現することに始まり，エクスパンシンは，細胞壁をゆるめ，膨圧による伸長力に感受性にすることで器官の形態形成開始

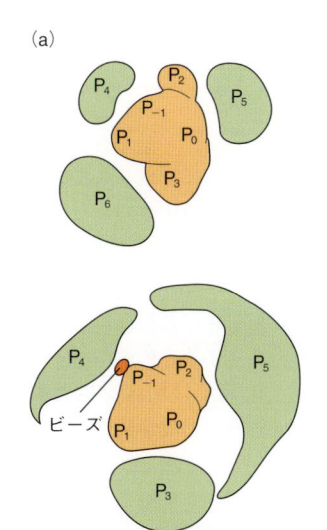

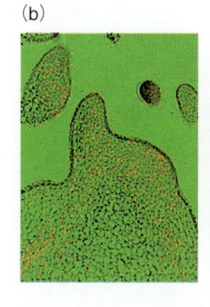

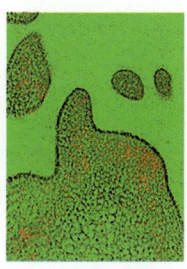

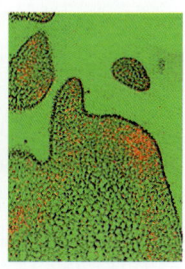

図9・8　エクスパンシンによる原基誘導．(a) 上：葉間期P_6からP_1までを形成しているトマトの茎頂部の模式図．次の葉はP_0領域に形成され，その次に形成されるP_{-1}領域も予想できる．下：エクスパンシンでコートしたビーズをP_{-1}領域に置いた5日後の同じ茎頂部．予定されたP_0領域ではなく，P_{-1}領域が膨らんでいる．(b) エクスパンシン遺伝子のトマトの茎頂部での発現をin situハイブリダイゼーション法により示した．茎頂部の連続切片で，次の原基の形成予定領域であるP_0領域にエクスパンシンの発現があることがわかる（赤）．連続切片は正確な構造を観察するのに有効で，この場合P_0領域は数枚の切片でのみしか観察できない．

に寄与している可能性が考えられている．エクスパンシンにより細胞壁がゆるんだ細胞では次に細胞分裂が起こる．この仮説は妥当なものであるが，これを証明する詳細な解析はまだなされていない．

　植物の茎頂分裂組織で作用する大部分の既知の遺伝子は，動物胚のパターン形成に重要な機能を果たすことを述べてきた転写因子やリン酸化酵素をコードする遺伝子であることを，次章で紹介する．転写因子とリン酸化酵素はその機能からいってもおそらく指令を与える監督や伝令に相当し，実際に分化現象をもたらすものではないだろう．したがってわれわれは将来葉になる原基がいつ，どこに，どのようにして形成されるか，その詳細が知りたくなる．エクスパンシンのように，細胞壁の組成に作用するようなタンパク質の部位特異的発現パターンは最初の大きな発見であった．

頂芽優性は腋生分裂組織の発生に影響を与える

　茎頂分裂組織の形成には異なった発生様式がある．**茎頂分裂組織**は植物の茎頂部に存在し，トウモロコシやヒマワリのように上へ上へと一次元的に成長するような植物で機能している．**腋生分裂組織**（axillary meristem）は葉腋に腋芽を形成する（図9・1参照）．葉腋とは，葉と主茎のつなぎ目の部分である．芽キャベツはおいしい腋芽である．腋生分裂組織は側枝へと成長し，結果として植物個体に特徴的な三次元的な成長を起こす．（農業における腋芽の役割をボックス9・2で解説する．）SAMはしばしば腋生分裂組織の成長を抑制する**頂芽優性**（apical dominance）という現象をひき起こす．庭いじりの好きな人は"頂芽優性を解除するすべ"を心得ている．キンギョソウやストック（アブラナ科の園芸品種）は1本の花茎を形成し，大きく成長する．ブーケをつくるために花が咲いている領域を切除してしまうと，下方部にある腋生分裂組織が成長を始め，何本もの花茎が形成される（図9・9）．

　不定芽分裂組織はもう一つのタイプの茎頂分裂組織である．**不定芽分裂組織**（adventitious meristem）は茎や葉の表皮細胞が分裂し，統制された分裂組織として形成される．SAMが腋生分裂組織の成長を抑制するように，SAMはしばしば不定芽分裂組織の形成も抑制する．よく解析されている例としてアマがあげられる．アマは茎頂部を切除すると茎から何百もの不定芽分裂組織が形成される．この不定芽分裂組織から形成された葉は，きちんとプログラムされた葉序を示し，最初の葉は不定芽分裂組織の下部（つまり一番根に近い部分）から形成される．

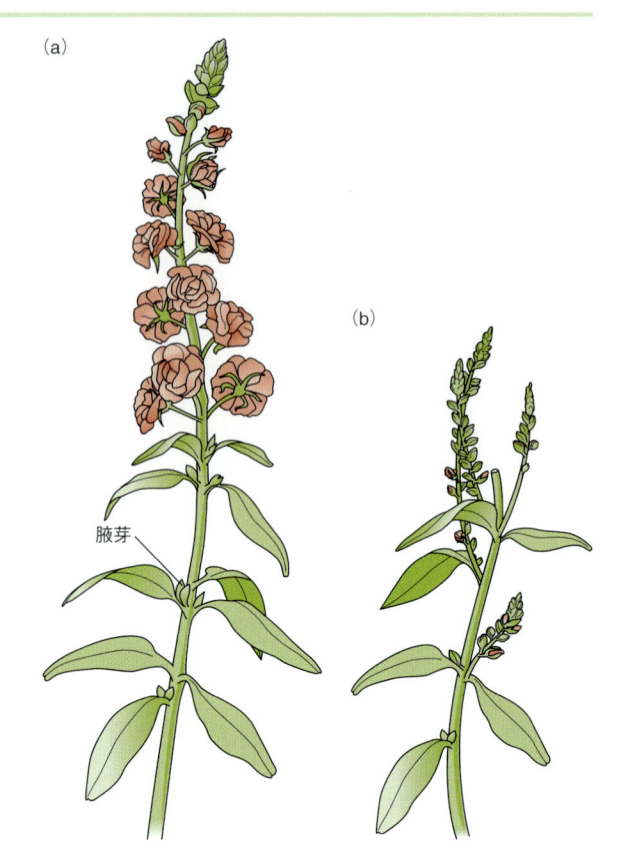

図 9・9　ストックにおける頂芽優性．（a）ストックの腋芽の成長は通常抑制されており，花形成は主茎の茎頂部でのみ起こる．（b）茎頂部を切断すると，切断部よりも下の領域の腋芽が成長し，複数の花茎から多くの花が形成される．

　腋生分裂組織，不定芽分裂組織のどちらも茎頂部から何らかのシグナルに応答していることは明らかである．後に述べる三つの植物ホルモンが腋芽の成長抑制や促進に関与する．

分裂組織は向背軸を確立する

　新しい葉原基が形成されると，以前に形成された原基は分裂組織から分離され，分裂組織との距離もしだいに広がっていく．距離が広がるにつれ，葉原基は分化し，種に固有の定型的様式で成長する．ほとんどの葉は茎頂部から下にいくに従って分化が進むが，茎頂部に向かって分化が進行するような例外も存在する．P_1葉は均一な細胞塊として形成されるが，P_2葉では明確な**向背軸**（dorsoventral axis）に沿ったパターン形成が観察されるようになる（図9・5a参照）．イグサにみられるような円柱状の葉でさえ向背軸に沿った組織が構築される．

　分裂組織のほうに向いている面を**向軸側**（adaxial side）

ボックス 9・2　トウモロコシの進化に関与する遺伝子

　トウモロコシは，メキシコの農業組合で行った品種改良の結果，ブタモロコシとよばれる野生の草から進化したといわれている．ブタモロコシがいかにして農業的に利用されるようになってきたのかを理解するために，まずトウモロコシの花序（inflorescence）について考えてみよう．トウモロコシの茎頂分裂組織からは多くの雄花からなる雄穂が形成され，有限花序となる（図参照）．トウモロコシの腋生分裂組織の成長はほとんど抑制されているが，一つか二つの腋生分裂組織からは，なじみ深い食物でもある"トウモロコシ"として雌穂が形成される．雌花は雌穂上に形成され，受粉後実をつける．一方，ブタモロコシは大変側枝形成が進んでおり，側枝は長くなり，雄花を形成し有限花序となる．ブタモロコシも密集して植えた場合は側枝の形成は抑制される．このようにトウモロコシは腋生分裂組織からは少数の短い雌花の側枝を形成し，ブタモロコシは多くの長い雄花からなる側枝を形成する．このように，トウモロコシは少数の短い雌枝をもち，一方ブタモロコシは多くの長い雄枝をつける．トウモロコシでは，雄穂と雌穂は最初におしべ，めしべ両方の器官を形成するが，雄穂ではめしべが退化し，雌穂ではおしべが退化する．

　多くの科学者がブタモロコシとトウモロコシを掛け合わせ，次世代（F_1世代）の植物を自家受粉させ，F_2世代がトウモロコシの性質をもつかブタモロコシの性質をもつかを調べた．John Doebley らは，その分離比からたった数個の遺伝子がトウモロコシとブタモロコシの違いを生み出しているということを示唆した．実際，トウモロコシの単一劣性突然変異体 *teosinte branched 1*（*tb1*）が単離され，*tb1* では見かけがきわめてブタモロコシに類似したトウモロコシとなった．in situ ハイブリダイゼーション法（ボックス 7・1 参照）の結果，転写因子をコードすると予想されている *TB1* 遺伝子は成長の間腋生分裂組織で発現することが明らかとなった．茎頂分裂組織での発現は検出されなかった．ブタモロコシにも *TB1* 遺伝子は存在するが，通常腋生分裂組織での発現はみられなかった．トウモロコシの突然変異体の表現型と発現パターンに基づいて，Doebley は *TB1* はブタモロコシでは密集して生育させたときに側枝の成長を抑制するために機能するが，トウモロコシでは収穫と消費にきわめて効率のよいコンパクトな雌穂をつくるために機能していると提唱している．

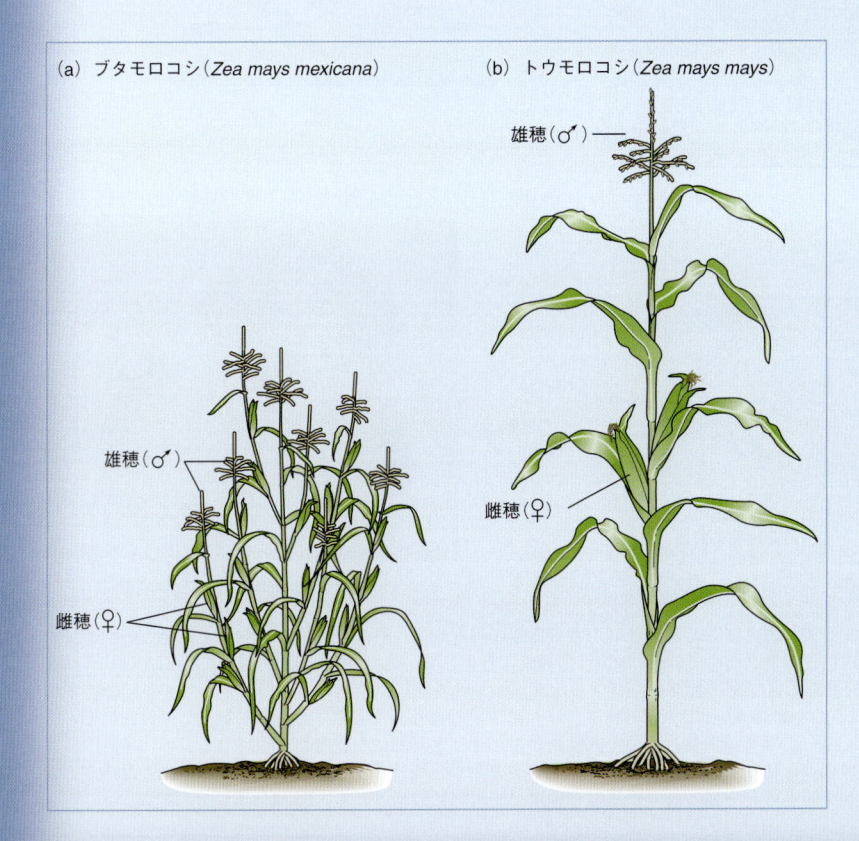

トウモロコシの進化．（a）ブタモロコシ．トウモロコシの祖先型と思われている野生の植物．（b）トウモロコシ．ブタモロコシは多くの長い側枝をもつが，トウモロコシは二つの短い側枝，雌穂を形成し有限花序となる．

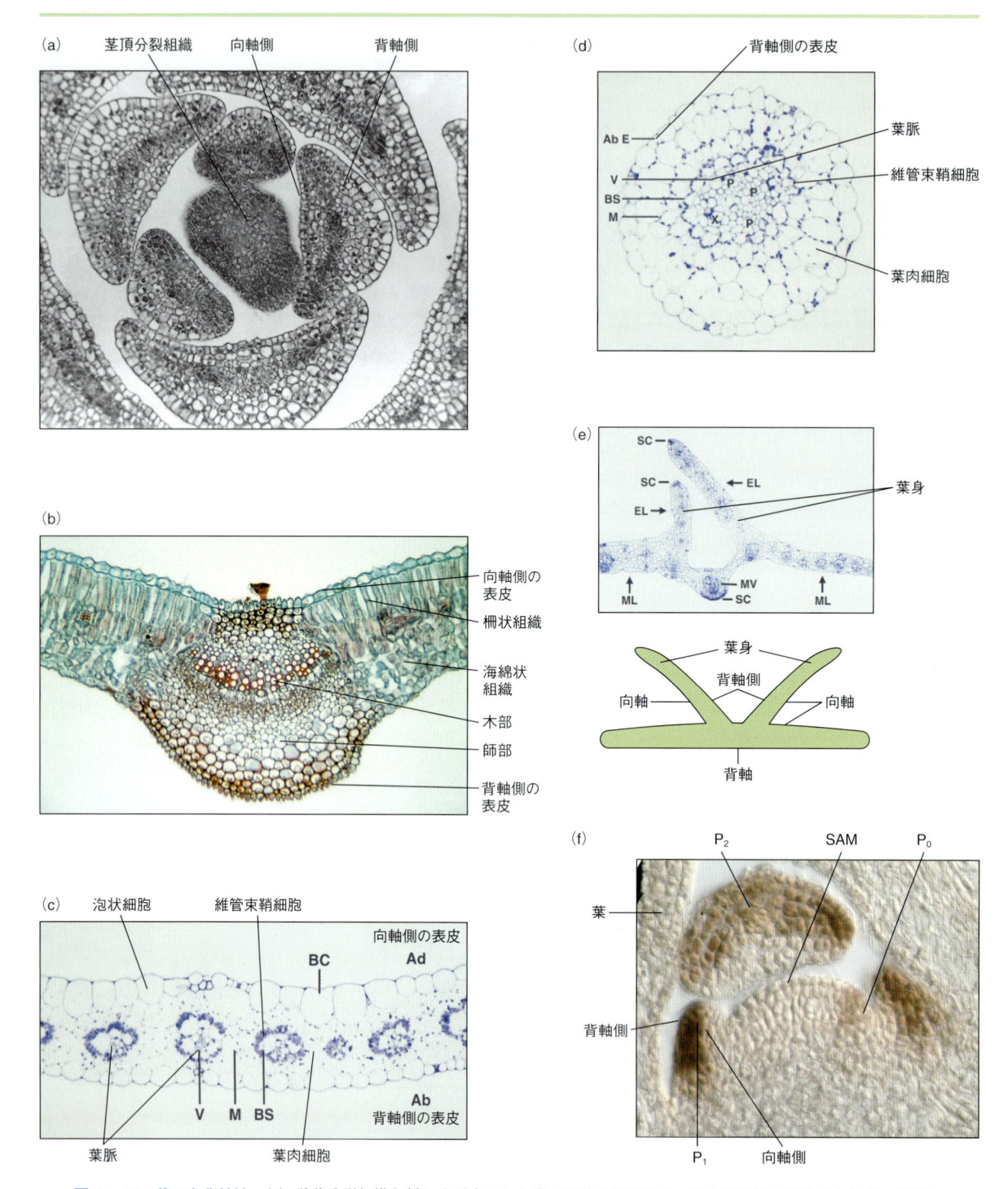

図 9・10 葉の向背軸性. (a) 栄養分裂組織と新しく形成された葉の原基の横断切片．葉の背軸側の細胞は向軸側の細胞よりも液胞化が進んでいる．(b) 成熟葉の横断切片では柵状組織(光合成に特化している)が向軸側に位置している．(c) トウモロコシの葉の横断切片．水を含むことで葉の展開を維持する泡状細胞が向軸側に形成される．維管束は維管束鞘細胞に囲まれている．(d) トウモロコシの*leafbladeless*突然変異体はしばしば放射相称な葉を形成する．表皮細胞は背軸側の細胞型をしている．(e) 上：*leafbladeless*の葉の横断切片．葉の向軸側からときどき異所的な葉身が形成される．下：異所的な葉身の形成は向軸側と背軸側の細胞が接する領域から葉身が形成されるというモデルを支持する．(f) *FILAMENTOUS FLOWER*遺伝子の発現はシロイヌナズナの野生型の葉の原基の背軸側で局所的に観察される．SAM：茎頂分裂組織．

とよび，背側としてとらえられており，分裂組織とは反対側の面は**背軸側**（abaxial side）とよび，腹側としてとらえられてきた．この二つの面にはさまざまな違いが存在する．P_1のような発生のごく初期には向軸側の細胞は背軸側の細胞に比べてサイズが小さく，液胞化が進んでいない（図9・10a）．この向背軸のパターンは，放射相称な発生パターンを示す腋生分裂組織や花芽分裂組織には存在しない．向背軸の違いは，毛や**気孔**（stoma, pl. stomata, ギリシャ語由来で口を意味する）の配置といったような表皮細胞の個性にも影響を与える．気孔はガス交換を行うための開口部で，光合成組織や維管束組織からなる組織内にある．ある植物では，気孔は背軸側にのみ存在する．葉は**柵状組織**（palisade tissue，柵状葉肉組織；palisade mesophyllともいう）とよばれる光合成細胞層をもつ場合が多いが，これは都合よく，太陽に向かった面に形成される（図9・10b）．柵状組織の下部にはガス交換のために，細胞間に大きな空間が配置された葉肉細胞が存在する．維管束はこの海綿状組織の中に埋込まれたように存在する．水などの通道細胞（**木部**；xylemとよばれる）は向軸側に，栄養分などの通道細胞（**師部**；phloemとよばれる）は背軸側に配置されている．トウモロコシの葉の光合成細胞は特別な**維管束鞘細胞**（bundle sheath cell）として分化し，維管束や維管束間の葉肉細胞を取囲むように配置される．維管束系の中では木部は向軸側に，師部は背軸側に配置される．

向背軸の確立は外科的な実験と突然変異体の解析により進められた．Ian Sussexはジャガイモの分裂組織に形成された初期の原基を分裂組織から分離するように切れ目を入れた．その結果，単離された原基はしばしば放射相称で，細い針状の器官に分化した．それは，典型的な葉にみられるような平らな面や**葉身**（lamina）を形成することができなかった．明らかに，分裂組織，側方器官への成長とともに向背軸の確立にも何らかの重要な役割を果たしている．

ごく最近葉の向背軸の決定に異常を示す突然変異体がキンギョソウ，トウモロコシ，タバコ，そしてシロイヌナズナから単離された．ある突然変異体では，通常背軸側にみられる表皮の特徴が向軸側の表皮でも観察されるようになった背軸側化した葉を形成した．たとえば，通常タバコの葉は気孔が背軸側に形成されるが，*lam1*突然変異体では両側に形成される．また*lam1*突然変異体は柵状組織を欠く．トウモロコシの向軸側の表皮では通常特殊な毛と特殊な表皮細胞が分化する（図9・10c）．*leafbladeless*（*lbl*）突然変異体では，このような向軸側の細胞が形成されなかった（図9・10d）．シロイヌナズナの優性の*phabulosa*突然変異体では，逆の表現型を示す．葉の背軸側の特徴がなくなり，葉の両側から腋芽が形成される．*phabulosa*突然変異体の葉は向軸側化されている．

生理学的な機能を別にしても，向背軸の決定機構は発生過程の重要なポイントとなりうる．これらの向背軸の決定に異常を示す突然変異体の共通な表現型として，時として葉身が未発達な放射相称の葉が形成されるという点があげられる（図9・10d）．この発見により，葉身の形成には向背軸の決定が必要であるという仮説が提唱された．向軸側に背軸側の細胞領域が散発的に形成される*lbl*突然変異体の解析によりこの仮説が支持された．向軸側の表面に形成された背軸細胞のパッチからは葉身が形成された（図9・10e）．これらの発見は，背軸側と向軸側の組織あるいはその境界領域が隣接すると，そこが葉身が成長を始める場となることを示唆している．

これまで述べてきたようないくつかの原因遺伝子は最近単離された．Kathy Bartonらは*PHABULOSA*が脂質結合ドメインをもつ転写因子をコードすることを明らかにした．その遺伝子はP_0, P_1を通して発現し，P_2になると，その発現は葉の向軸側に限局される．一方，優性の*phabulosa*突然変異体の放射相称の葉では，その発現は葉全体で観察される．この結果は*PHABULOSA*遺伝子の背軸における異所的発現が向背軸の構成に異常をもたらすことを示唆する．転写因子をコードする他の遺伝子（たとえばYABBYファミリー遺伝子）も背軸側に局在する発現を示した（図9・10f）．このような結果は動物の器官形成にもみられる．動物の肢芽や植物の葉の発生における背腹軸の決定に必要ないくつかの遺伝子産物は，背側に局在し，背側もしくは腹側で機能する遺伝子の欠損が起こると，代わりに側方や基部側への成長が起こる．

根端分裂組織

植物園の中を散歩しても，根を見ることはない．しかし，根は水分やミネラルを植物体に取込む重要な通路となる．さらに，根は発生生物学者にとって，細胞運命の解析のきわめてよいモデルとなる．根はどのように構築されるのだろうか．水分やミネラルの探索のため，重力に応答して根は下方向へ成長し，側根も形成する．側根は，吸収面の拡大に寄与するだけでなく，植物体を安定に保持するためにも機能する．根は他にも無数の機能をもつ．根は，栄養分の蓄積（ヤムイモやサツマイモ）や，ガス交換（湿地の植物では根は水上にも形成される），

また壁面などへの付着（キヅタでは気根が支えとなる）にも寄与する．このような多様な機能は根が本来もっている柔軟性を強調している．

根端分裂組織は放射パターンを形成する

根は縦軸に沿って四つの領域に大まかに区切られる．先端の根冠領域，細胞分裂領域，細胞伸長領域，そして最後に側根や根毛が形成される分化領域である（図9・11a）．**根冠**（root cap）は土壌をかき分けて成長していくときに根端部を保護している．根冠細胞は常に脱落し，速やかに再生される．根冠は，**重力感知器官**（gravitropic organ）と考えられている．根冠を切除すると，根冠が再生されるまで根はランダムな方向に伸長する．

横断切片を見てみると，根はだいたい六つの組織が円柱状に配置した構造をとる．根冠細胞は根の先端部を取囲んでいる．次に表皮，皮層，内皮，そして最後に中心部の維管束を取囲む内鞘が配置される（図9・11b）．水分の通道組織である木部細胞は大部分の根の中心部に堅い芯として形成される．木部はタイヤのスポークのように中心から外側へと形成される．このスポークを構成する未成熟な木部は**原生木部**（protoxylem pole）とよばれ，それにかみ合うように師部細胞が形成される．これらの根の五つの細胞層は根端分裂組織の特定の細胞から秩序だった細胞分裂によって形成される．

根端分裂組織は茎頂分裂組織と異なり，細胞を二つの方向に生み出していく．つまり，根を形成する細胞と，根冠を形成する細胞である．根冠分裂組織には分裂速度の大変遅い**静止中心**（quiescent center）とよばれる細胞が存在する．シロイヌナズナでは静止中心と4種類の**始原細胞**（initial cell）が存在する．最初の始原細胞は表皮細胞と側方根冠を形成し，2番目の始原細胞は皮層と内皮を，3番目の始原細胞は内鞘と維管束細胞を，そして4番目の始原細胞は根冠を形成する（図9・11b）．

このような正確な細胞分裂のパターンから，細胞運命の決定付けに関する細胞系譜の役割についての議論が高まってきた．細胞型を認識できるマーカー遺伝子を用いた細胞除去の実験から，根の細胞の最終的な運命決定は細胞系譜ではなく，細胞の位置に依存することが示された．レーザー照射により，静止中心細胞を破壊すると，隣の維管束始原細胞が静止中心にとって代わり，すぐに中心細胞としての機能を獲得する．同様に，皮層と内皮を生み出す始原細胞を破壊すると，破壊された細胞はつぶされて，隣に存在する内鞘細胞にとって代われる．この場合も，内鞘細胞が皮層と内皮を生み出す始原細胞として機能し，皮層と内皮細胞層を形成する（図9・11b）．〔**細胞層**（cell file）とは，共通の始原細胞から形成される細胞列のことである．〕整然とした細胞層をみると，細胞系譜が細胞運命の決定に重要な役割を果している

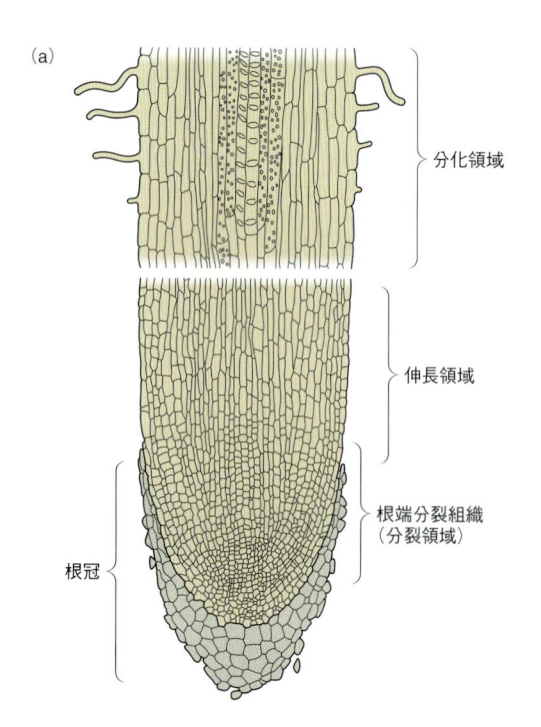

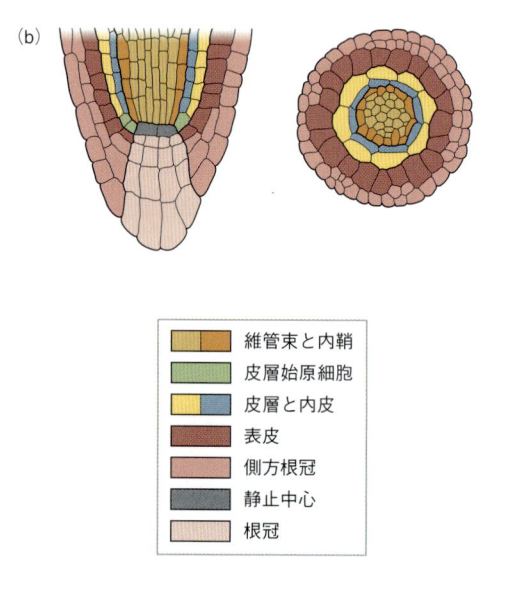

図9・11 根の形態．（a）典型的な根の領域を示した縦断切片の模式図．（b）シロイヌナズナの根の細胞型を示した縦断切片（左）と横断切片（右）の模式図．

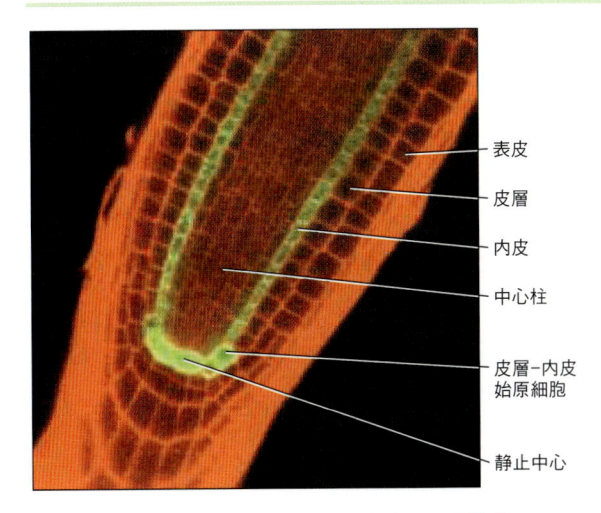

図9・12 シロイヌナズナの根の放射方向の層構造. シロイヌナズナの *SCARECROW* 遺伝子は静止中心, 内皮-皮層の始原細胞, および内皮細胞層で発現している.

ように思われるが, このような実験により細胞運命は位置に依存することが示された.

近年発見された突然変異体は, 研究者がどのようにして異なった細胞型が確立するのかを理解する助けとなり始めている. シロイヌナズナの *scarecrow* (*scr*) と *short root* (*shr*) は表皮細胞層と内鞘細胞層の間のどちらかの細胞層の形成ができない突然変異体である. この異常は, 皮層と内皮を生み出す始原細胞が起こす非対称分裂の異常に起因する (図9・11b). *shr* 突然変異体の細胞層は内皮の特徴をもたず, 一方 *scr* の層は, 内皮と皮層細胞の個性をあわせもつ. 転写因子をコードする *SCR* 遺伝子は, 静止中心, 皮層と内皮の始原細胞と内皮細胞層で発現している (図9・12). *shr* 突然変異体では *SCR* 遺伝子の発現が観察されなかったことから, *SCR* 遺伝子の発現には野生型の *SHR* が必要であることが示唆される. おもしろいことに, *SHR* 遺伝子の発現は中心柱 (stele, 内鞘と維管束領域を含む内部の領域) で観察され, その遺伝子の機能が必要な部分での発現は観察されなかった. SHRタンパク質がどのようにして離れた場所から細胞運命を正確に誘導していくのかは11章でみることにしよう.

側根分裂組織は分化した細胞から形成される

側根 (lateral root) は, シュートに形成される側方器官 (葉や腋生分裂組織) とはさまざまな点で対照的である. まず最初に, 側根の形成開始は根端分裂組織から離れた場所に存在する細胞が再分化するところから始まる. 根を形成するこの始原細胞は表皮よりも内側に存在する. それゆえに, 側根は外側の主根の細胞層を突き破らなくてはならない (図9・13). 第二に, 側根の空間的なパターン形成はシュートにおいてみられる葉序のように秩序だって起こるわけではなく, 環境条件による影響を受けやすい. 主根は重力方向に向かって伸長するが, 側根は栄養源に向かって伸長する. また, 側根は栄養が豊富である領域で活発に形成される.

シロイヌナズナでは内鞘細胞における一群の細胞が分裂を起こすことが側根形成の最初の合図となる (図9・13a). これらの細胞は**並層分裂** (periclinal division, 外側の表面に対して平行に新しい細胞壁を形成する) を行う前に, 数回**垂層分裂** (anticlinal division, 表面に対して垂直に新しい細胞壁を形成する) を行う. 並層分裂は

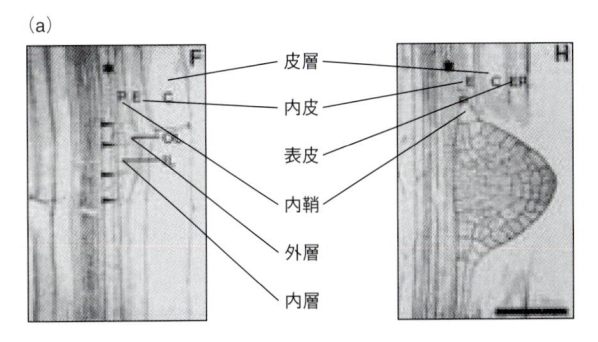

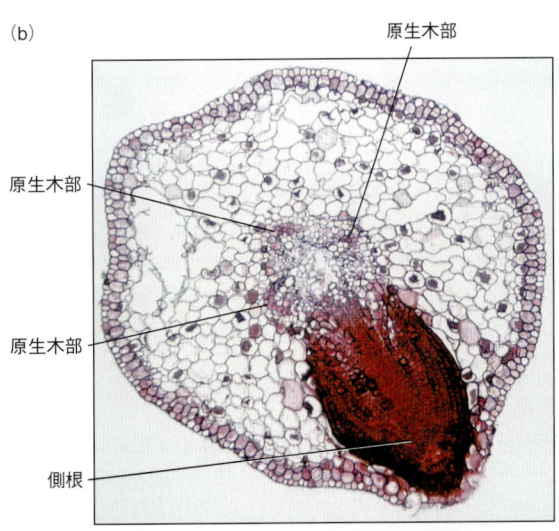

図9・13 側根の形成. (a) シロイヌナズナの根の縦断切片. 左: 側根形成は, 最初に内鞘細胞の数個の細胞が垂層分裂を行うことに始まる. これらの細胞は, 次に並層分裂を行い, 根の外層および内層を形成する. 右: 側根の形成のためにさらなる並層分裂が起こる. (b) この横断切片から, 原生木部側の内鞘細胞から側根が形成されることがわかる.

新しい細胞層をつくり出し，それぞれの細胞層は新しい運命を獲得する．たとえば，外側の細胞はデンプン粒を蓄積し，根冠細胞へと分化していく．根の除去手術実験の結果，3～5細胞層が確立するまでは側根分裂組織は自立的に機能しないことが示された．このように，内鞘細胞の根への再分化では，側根分裂組織が目に見えて確立する前にすべての根の細胞層が再形成されているのである．

内鞘細胞は環状に形成されるという事実から，側根はなぜ1箇所から形成され他の部分からは形成されないのかという疑問をもつかもしれない．ほとんどの種では，側根は原生木部の隣から形成される（図9・13b）．これらの内鞘細胞は他の細胞よりも垂直方向に短い（図9・13a）．オーキシン（11章で詳しく述べる植物ホルモン）を加えた培地で発芽させると，原生木部に面するすべての内鞘細胞が側根形成のために細胞分裂を行う．このように，側根形成には二つの要因がかかわっているようにみえる．1) 原生木部に面した領域に形成されるという先天的な性質．また，それは植物ホルモンの影響を受けない．2) 通常は連続的に形成されないという空間的なパターン形成はホルモンの添加により部分的に影響を受ける．

本章のまとめ

1. 植物細胞の運命は，ほとんどの場合位置情報に依存する．
2. 植物細胞は自身の位置が変化することで，新たな運命を獲得できる．もし，内部の細胞が分裂し，娘細胞が表面に出てくるようなことがあれば，その細胞は表皮細胞としての運命を獲得する．
3. 植物の器官は分裂組織から形成される．茎頂分裂組織は葉のパターン形成に寄与している．
4. 根端分裂組織では茎頂分裂組織と異なり，側方器官は形成されないが，厳密に組織化された細胞系譜が維持されている．
5. 葉は，向背軸という極性をもって形成され，組織学的にも向軸側（分裂組織に面した側）と背軸側が異なっている．この非対称性は葉の成長における重要な要素である．

問　題

1. 茎頂分裂組織を外科手術により，植物を殺さないように縦方向に二分するとどのようになるだろうか．
2. どのようにすれば頂芽優性を制御する因子を発見できるだろうか．
3. 葉が向背軸の極性をもつ利点は何か．
4. 分裂組織内の細胞は細胞系譜に即した特別な役割を果たしているだろうか．
5. 葉とはどういうものか．
6. 分裂組織とはどういうものか．

参考文献

Dolan, L., and Okada, K. 1999. Signalling in cell type specification. *Semin. Cell Dev. Biol.* 10: 149–156.
根の発生と表皮細胞の個性の決定における位置情報の役割についての解説．

Kaplan, D. R. 2001. Fundamental concepts of leaf morphology and morphogenesis: A contribution to the interpretation of molecular genetic mutants. *Intl. J. Plant Sci.* 162: 465–474.
葉の形態形成においてさまざまな種がとっている発生機構の戦略例を示している．現在主流となっている，特定の生物を用いた突然変異体の解析による植物発生学の遺伝学的なアプローチの基本的な概念を示した比較形態学的論文．

Sessions, A., and Yanofsky, M. 1999. Dorsoventral patterning in plants. *Genes Dev.* 13: 1051–1054.
葉の向背軸の確立に関与する遺伝子の概説．

Snow, M., and Snow, R. 1935. Experiments on phyllotaxis. III. Diagonal splits through decussate apices. *Philos. Trans. R. Soc. Lond.* B225: 63–94.
葉序の制御に関する初期の解析．

Steeves, T. A., and Sussex, I. M. 1989. *Patterns in plant development*, 2nd ed. Cambridge University Press, Cambridge.
植物学の古典的な実験に関する記述があり，植物学理解の基礎となる本．

10

植物の生殖

本章のポイント

1. 栄養成長期（葉をつくる時期）から生殖成長期（花をつくる時期）への移行には日長が関与する．
2. 花は分裂組織から形成されるが，花成シグナルは葉からやってくる．
3. 維管束植物は胞子体と配偶体とよばれる二つの異なる世代からなる生活環をもつ．
4. 顕花植物の胚は花器官のなかで発生する．
5. 胚は茎頂分裂組織と根端分裂組織を形成する．
6. 植物は受精によっても，無性生殖によっても胚を形成する．

花芽分裂組織と花序分裂組織

　茎頂分裂組織（shoot apical meristem: SAM）は環境や発生段階に応じて花を形成するようになるまでは葉を形成し続ける．このスイッチは遺伝的に複雑に制御されている．このことは植物が種を維持するうえで最適の時にスイッチを入れる必要があることを考えれば，当然のことである．北極の植物はできるだけ早く花を咲かせようとするし，砂漠に生える植物は，種子が発芽できるような十分な雨が降るまでは花を咲かせずに待っている．多年生植物は春まで待っていて，これらの花成は日長（すぐ後で述べる）や，温度により制御されている．葉をつくる状態から花を形成する状態へと分化した分裂組織は**花序分裂組織**（inflorescence meristem: IM）とよばれる．花序分裂組織も葉を形成することがあるが，それらは通常小さい葉で**苞葉**（bract）とよばれる．

　花芽分裂組織（floral meristem）は側芽分裂組織の一種で，苞葉の葉腋から形成される．シロイヌナズナを含むいくつかの植物では，*leafy* 突然変異体のような突然

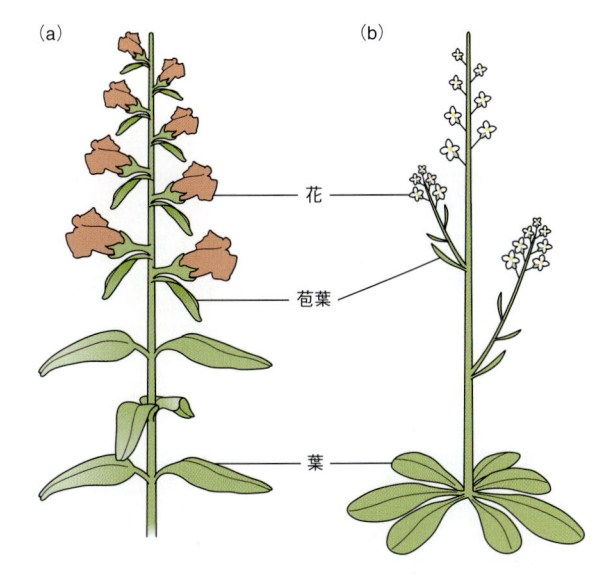

図 10・1　2種類のモデル植物の花序の構造．花の発生研究に一般的に用いられる2種類の植物，(a) キンギョソウ *Antirrhinum*，(b) シロイヌナズナ *Arabidopsis* の花序の模式図．

変異体でない限り，花芽分裂組織は苞葉を伴ってはいない．しかし，シロイヌナズナの野生型では苞葉の腋芽からは必ず側枝が形成される（図10・1）．このように，側枝をつくる段階から花をつくる段階への移行は，絶対的に異なる出来事ではなく，むしろ段階的なものとしてとらえることができる．栄養成長期には葉を優先的に成長させ，腋生分裂組織はあまり大きくなれない．生殖成長期になると，腋生分裂組織が優先的に成長し，葉の成長は抑制される．

日長により制御される花成

種にもよるが，多くの植物において，短日（8時間明）や長日（12〜16時間明）といった**日長**（daylength）により花成が制御されている．光の波長と同様に日長は二つの光受容体，フィトクロム（phytochrome，赤色光受容体）およびクリプトクロム（cryptochrome，2種類の青色光受容体タンパク質の一つ）により感知される．これらの分子については11章で詳しく述べる．日長を認識するために明期を測るが，植物にとっては暗期のほうが重要である．1930年代に行われた実験により，日長は葉で感知していることが示唆されている．短日植物の1枚の葉を短日処理し，残りの葉を長日処理する．このたった1枚の葉を短日処理するだけで花成の誘導には十分なのである（図10・2a）．明らかに花成シグナルは葉から茎頂部へと輸送されている．このシグナルは接ぎ木によっても移動する．短日処理した植物を長日処理しかしていない植物に継いでやると，長日処理の植物にも花成が誘導される（図10・2b）．

花成時期決定における葉の重要性はトウモロコシの*INDETERMINATE*（インディターミネート）遺伝子によっても示されている．*indeterminate*（*id*）突然変異は1939年にRalph Singletonによりトウモロコシ畑で単離された．トウモロコシが茶色く枯れて収穫時期になったときに，ひときわ大きな緑のトウモロコシが見つかった（図10・3a）．典型的なトウモロ

図 10・2 **日長による花成制御**．植物の体内を移動する花成シグナルを解析するための2種類の実験．(a) 左：短日条件(8時間明期)で花成誘導される植物は長日(12時間明期)では花が咲かない．右：一つの葉を16時間覆う，つまり8時間明期にすると，腋芽にシグナルが伝わり花が咲く．(b) 花成シグナルは接ぎ木をしても移動できる．長日条件下で生育させている植物は，短日条件による花成誘導をかけないと花は咲かせない．短日条件下で生育したことのない植物(右)を短日処理をした植物(左)に接ぎ木してやると，長日処理をした植物も長日条件下で花成が誘導され花が咲く(下)．

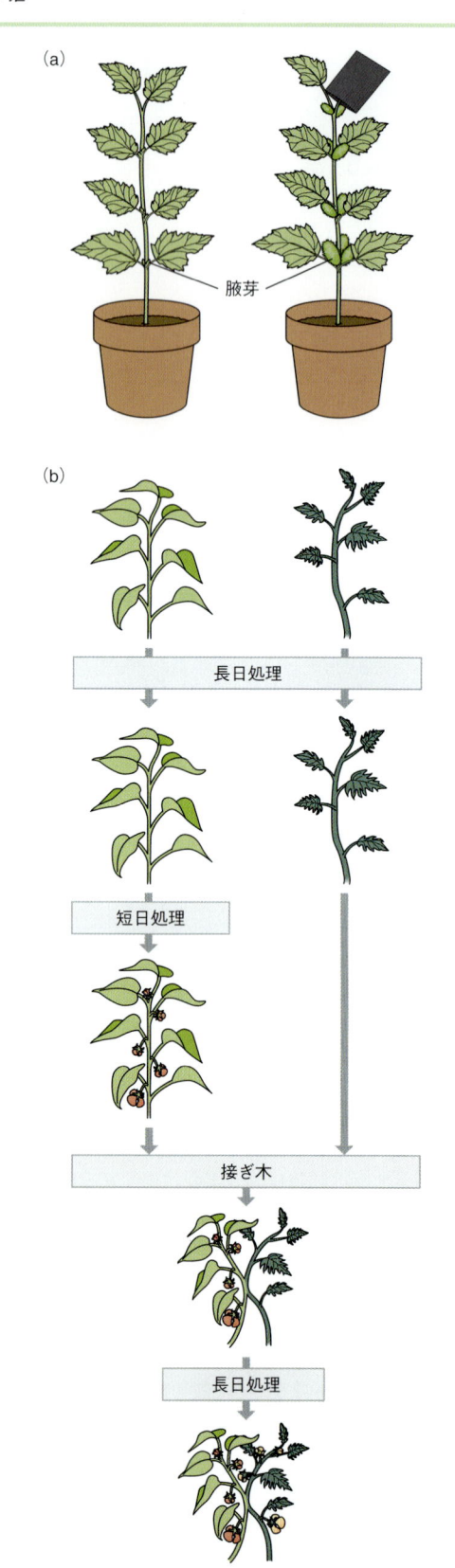

図 10・3 花成誘導されないトウモロコシの突然変異体.
(a) トウモロコシの *indeterminate*（*id*）突然変異体は野生型に比べ花成が大幅に遅延する．野生型よりずっと多くの葉を形成するために，乾燥した茶色いトウモロコシの中に巨大な緑のかたまりがあるように見える．(b) 野生型よりも多くの葉を形成した後で，*id* 突然変異体は時どき雄穂を形成する．雄穂は栄養成長期へと逆戻りし，花の中に実生のようなものを形成する．このために"狂った茎頂"ともよばれる．

コシはだいたい18～20枚の葉をつけ雄花を形成する．この *id* 突然変異体は50以上の葉を形成してから，"狂った茎頂（crazy top）"とよばれる雄花を形成するが，この雄花のなかにも小さな植物が次つぎと形成される（図10・3b）．このように *ID* 遺伝子は花成の調節に機能するだけではなく，分裂組織が栄養器官の代わりに花を形成するという側芽分裂組織への分化転換の調節も担っている．Joe Colasanti は *ID* 遺伝子が若い葉で発現しており，分裂組織では発現していないことを示した．花をつくる生殖成長期への転換は茎頂部で起こるため，葉で発現し，茎頂部で発現しない *ID* 遺伝子は，花成シグナルが葉から茎頂部へ移動するというモデルに合致したものであった．ID はおそらくシグナル分子そのものではないが，若い葉から茎を通って茎頂に移動できるようなシグナル分子の転写を制御しているのかもしれない．

Erin Irish は，トウモロコシの茎頂部を培養することにより，いかにして葉から分裂組織へと花成シグナルが伝わるかという問題に取組んだ．異なった数の葉をもつ，異なった成長段階における茎頂部を切り出して培養した．トウモロコシは通常18枚の葉を形成するが，14枚の葉を形成した後の分裂組織を2枚，もしくは1枚の葉と一緒に，切り出して培養すると，分裂組織はさらに葉を形成し続け，また18枚の葉を形成した．しかし，6枚の葉と一緒に分裂組織を切り出して培養すると，これらの葉は分裂組織に，すでに何枚の葉をつくったかという情報を"伝えた"ために，残りの12枚の葉をつくっただけだった．

シロイヌナズナ *Arabidopsis* では20を超える花成遅延突然変異体が解析されている．これらの突然変異は，花自体は変化させないが，花成時期に影響を与える．遺伝学的解析により，内性的な要因と日長や低温処理といった環境要因の両方が花成の誘導を制御していることが示された．ここでは環境要因について述べる．通常，シロイヌナズナは長日条件下で速やかに花成が誘導される．*constans* 突然変異体では長日条件下でも花成が遅れ，長日条件下でも短日条件下と同様の花成時期を示す．このことから，*CONSTANS* 遺伝子は日長に応答した花成時期決定を制御していると考えられる．野生型の *CONSTANS* 遺伝子を遺伝子導入法で野生型にさらに導入すると，花成が野生型よりも早くなった．（細菌の一種であるアグロバクテリア *Agrobacterium tumefaciens* を用いた植物の遺伝子導入法についてはボックス10・1参照．）このように植物はこの遺伝子産物の量的変化に感受性が高いことがわかる．

他の花成制御因子はシロイヌナズナのエコタイプ間での花成時期の違いを指標にして単離された．山岳地帯に適応したシロイヌナズナのエコタイプでは花成誘導に低温処理が必要である．このような低温処理のことを**春化処理**（vernalization）という．これらのエコタイプでは発現しているが，暖かい地方で見つかったエコタイプや研究室で使われるエコタイプでは突然変異が入っているか発現していない二つの遺伝子，*FRIGIDA* と *FLOWERING LOCUS C*（*FLC*）が発見された．これらの遺伝子が発現すると花成が抑制される．植物を低温処理すると，*FLC* のRNA量が減少する．これら春化処理に関する遺伝子の制御は日長とは独立したものである．

花芽分裂組織から形成される花器官

花序分裂組織は苞葉と花芽分裂組織を形成し，花芽分裂組織はついで花器官を形成する．花序分裂組織から花芽分裂組織を形成するために必要な少なくとも三つの異なった遺伝子がキンギョソウ *Antirrhinum* とシロイヌナズナで同定された．シロイヌナズナの *LEAFY*（*LFY*）と *APETALA1*（*AP1*）は花序分裂組織から分離されたばかりの細胞群で発現し，花芽分裂組織を形成する位置を決定する．どちらかの正常な遺伝子産物を欠損すると，がく（萼）片が苞葉のような器官に置き換わった"花"を形成し，その花では花弁を失い，らせん状の葉序といった花序のような特徴を示す（がく片，花弁，他の花器官に

ボックス 10・1　植物への遺伝子導入

　昆虫によるダメージなどにより木にゴール（gall）が形成されることはよく知られている．植物に侵入する害虫が植物をだまして，昆虫のための家をつくらせているのだ．多数の植物において，同様のゴールは細菌の感染によっても形成される．1950年代に，科学者たちは細菌であるアグロバクテリア *Agrobacterium tumefaciens* がオーキシンとサイトカイニン（11章でこれらの二つのホルモンについて詳細に述べる）を生産することがゴールの原因であることをつきとめた．これらのホルモンの過剰生産が植物の無秩序な成長をひき起こし，ゴールを形成することになる．

　アグロバクテリアは特に植物への感染に適応しており，自分のやりたいようにふるまうことができる．アグロバクテリアのDNAはVirタンパク質として知られている一連のタンパク質をコードしている．Virタンパク質はTiプラスミド（Tiはtumor inducingの略）とよばれるプラスミド上に存在するT-DNAというアグロバクテリアのDNA領域を植物の核に送り込む．この事象は以下の段階によって進行する．TiプラスミドのT-DNA領域の複製，一本鎖DNA結合タンパク質によるT-DNAの保護，植物の核への導入（図参照）．T-DNAは，その細菌の餌となる食べ物をつくり出す酵素とともに，植物ホルモンをつくり出すための遺伝子をもっている．オピン（opine，アミノ酸の類縁体）とよばれるこの食べ物は他の細菌をよび寄せるシグナルにもなっている．

　アグロバクテリアのしくみを理解した研究者は，次に細菌のこの植物へのDNA導入のしくみを利用することにした．ホルモンやアミノ酸合成に関するT-DNA上の遺伝子を彼らの興味の対象である遺伝子に置き換えたのだ．このようにして，アグロバクテリアはDNAを植物のゲノムに導入するよいベクターとなった．ほとんどすべての植物においてこのDNA導入様式が利用できたことは，農業工学において革命的な出来事であった．

　植物への遺伝子導入が可能になったので，望むような効果が引き出せるように，遺伝子領域とプロモーター領域を混合したりすることができるようになった．プロモーター領域は，制御下にある遺伝子に対していつ，どの組織で，どのような条件で，どのような強さで発現すればよいかを伝える．（14章で述べるように，このような影響を与えるプロモーターはDNAの発現調節領域であり，通常基本プロモーター内，もしくは近傍に存在する．このような遺伝子発現調節領域全般を単純に"プロモーター"とよぶ場合が多い.）プロモーターと遺伝子領域は植物由来の場合も細菌由来の場合もある．ふつうに使われる遺伝子領域は大腸菌のβ-グルクロニダーゼ遺伝子で，組織を適切な基質と反応させると，安定的に青色を呈する．トランスジェニック植物において，細菌と共通して用いられるプロモーターとしてはカリフラワーモザイクウイルス由来のCaMV 35Sがあげられる．このウイルスを用いて，ほとんどの細胞において強い発現がみられるような配列が完全に解析されており，これにより遺伝子の過剰発現が可能となった．

❶ 傷害を受けた植物細胞はアセトシリンゴンを生産する
❷ アセトシリンゴンはウイルスの遺伝子を活性化する
❸ Virタンパク質は一本鎖T-DNAを合成する
❹ T-DNAの移行
❺ T-DNA複合体の核への輸送と核ゲノムへの挿入
❻ オピンの合成，サイトカイニン合成の第一段階，オーキシン合成
❼ オーキシンとサイトカイニン合成によりアグロバクテリアが感染した細胞はがん化する
❽ アグロバクテリアによるオピンの代謝

アグロバクテリアの感染． 土壌細菌であるアグロバクテリアは，植物の傷口を介して，DNAの一部を植物ゲノムに組込む（段階1〜5）．このことにより自然界ではゴールが形成される（段階6,7）．この細菌は形質転換のためのベクターとして利用されている．

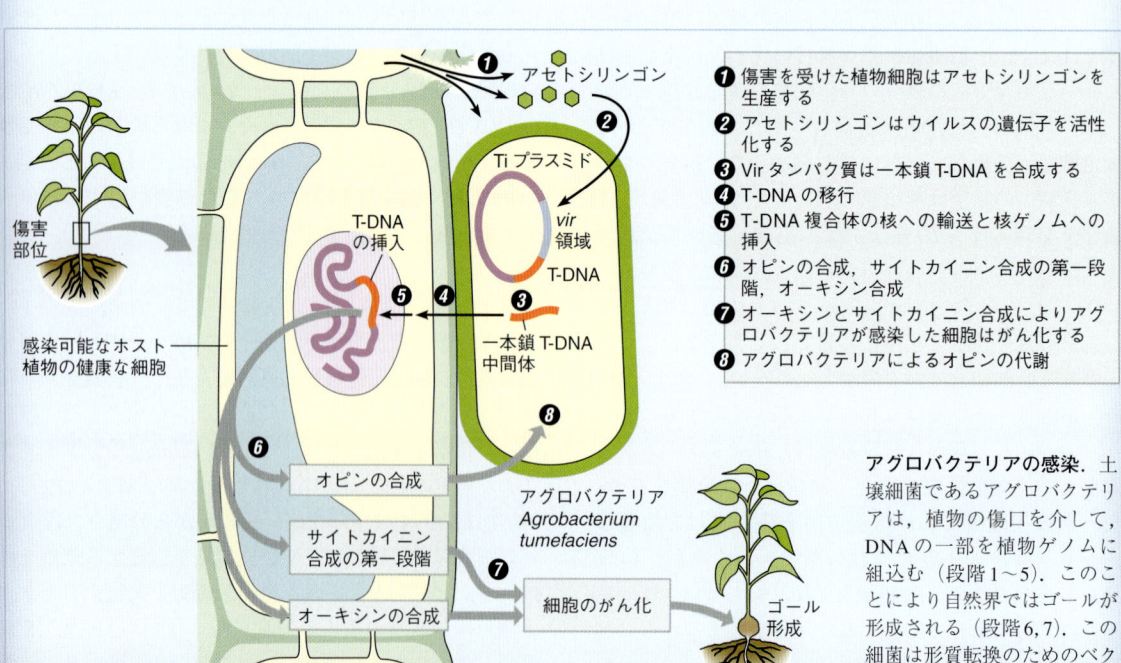

関してはすぐ後に述べる).

*AP1*遺伝子は,MADSボックス遺伝子ファミリーの一員である.これは転写因子をコードしており,春化処理,花芽分裂組織や花器官の形成など,花の形成においてさまざまな局面で機能している.*ap1*突然変異体では,二次花が苞葉のような葉の葉腋に形成される(図10・4a,b参照).*cauliflower*の二重突然変異体は著しい表現型を示し(図10・4c,*cauliflower*突然変異はあるMADSボックス遺伝子に突然変異が入っており,単独では表現型を示さない),野菜のカリフラワー(図10・4d)に似た形質を示す.*ap1/cal*二重突然変異体でも,野菜のカリフラワーでも,花序分裂組織は花芽分裂組織を形成せずに,次つぎと花序分裂組織を形成する.

Marty Yanofskyらは,花弁のある正常な花を形成する野生型である *Brassica oleracea*(図10・4e)と,栽培品種である *B. oleracea botrytis*(カリフラワー,図10・4d)の *CAL* と *AP1* 遺伝子を調べた.おもしろいことに,カリフラワーでは *CAL* 遺伝子には終止コドンが入っていたが,*B. oleracea* の *CAL* 遺伝子は正常で機能的であった.これらの結果は,*CAL* 遺伝子の機能を失った *B. oleracea* を栽培品種として選抜し,食用に用いているということを示唆している.

花芽分裂組織の形成制御に関する知見は,*LFY* や *AP1* を構成的に発現できるプロモーター(すべての細胞で強制的に発現させるプロモーター)の制御下で発現させた実験からも得られている.(プロモーターに関してはボックス10・1参照.)通常,*AP1* と *LFY* は花序分裂組織の近傍に位置し,花芽分裂組織が形成される領域で発現し,花芽分裂組織の成長に伴って,それらも継続して発現する.構成的発現プロモーター制御下で *LFY* や *AP1* を発現させると,栄養成長期を含むすべての発生段階で,すべての細胞で発現する.この植物は即座に花成が誘導され,栄養成長期が劇的に短くなる(図10・5).

ウォールに形成される花器官

ほとんどの顕花植物は四つの独立な同心円状のウォール(whorl,輪)とよばれる領域に花器官を形成する(図10・6a).花器官の形成される位置はきちんと決まっている.最も外側のウォールには光合成や防御にも機能しうる**がく(萼)片**(sepal)が形成される.次のウォールには受粉媒介者を誘引する**花弁**(petal)が形成される.さらに内側のウォールには,**やく**(葯,anther)の中に雄性配偶子をもつ**雄ずい**(蕊,stamen)が形成される.最も内側のウォールは雌性配偶子や卵の部屋で,**雌ずい**(蕊,pistil)の構成組織である**心皮**(carpel)が形成される.どのようにしてこのような正確に花器官の位置が決定されるのであろうか.また,ツバキのある品種にみられるような,美しい花弁をもつけれども雄ずいや心皮のような生殖器官をもたない花はどのようにしてできるのであろうか.

花器官形成に寄与する遺伝子の同定に有用なシロイヌナズナとキンギョソウに今一度目を向けてみよう.植物のホメオティック突然変異は,動物にみられるように,ある器官が他の器官に置き換わってしまうような変異のことをいう(ホメオティック突然変異とホメオボックスドメインについては15章参照).おもしろいことに,植物におけるホメオティック突然変異はホメオボックス遺伝子の突然変異に起因するわけではない.多くの原因遺伝

図 10・4 食物に利用される突然変異. (a) シロイヌナズナの野生型の花. (b) シロイヌナズナの *ap1* 突然変異体. (c) シロイヌナズナの *ap1/cal* 二重突然変異体. *cal* 突然変異体は単独の突然変異では異常な表現型を示さない. (d) *Brassica oleracea* の栽培品種のカリフラワー. (e) 野生型の *Brassica oleracea*.

図 10・5 *leafy* 突然変異の花成に与える影響．*LFY* 遺伝子は花序分裂組織から花芽分裂組織への転換に必須である．(a) 左：シロイヌナズナは短日条件下では多くの葉を形成し，花成が遅延する．右：*LFY* 遺伝子を構成的なプロモーター（カリフラワーモザイクウイルス 35S プロモーター，CaMV 35S）制御下で発現させると花成が速やかに誘導され，長日条件下でも短日条件下でも茎頂部に花が形成され，単生花（terminal flower）となる．(b) 左に示す野生型の植物はまだ花成が誘導されていないが，右に示す *LFY* 遺伝子の過剰発現体はすでに花が咲いている．これらの植物は短日条件下で生育させた．

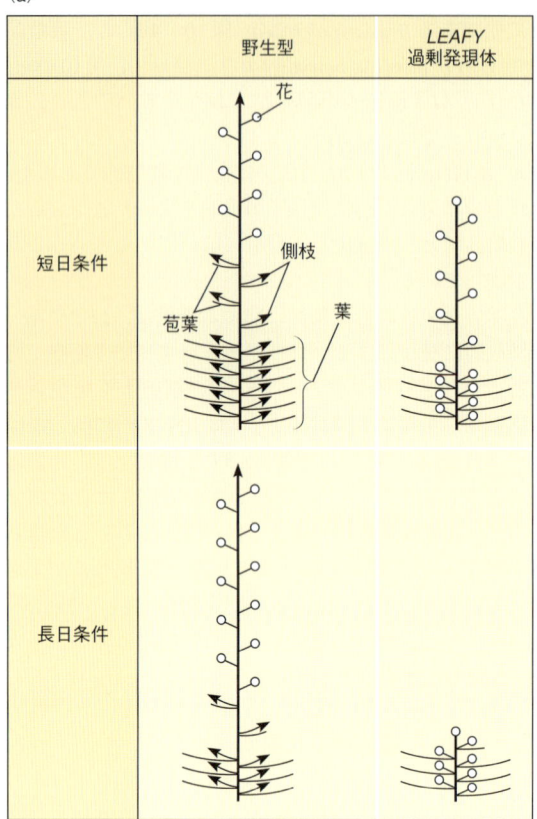

子はホメオボックス遺伝子ではなく，転写因子の MADS ボックス遺伝子ファミリーであった．花器官のアイデンティティーを変える突然変異は通常となりのウォールにも影響を与える．たとえば，シロイヌナズナの *apetala3* (*ap3*) と *pistillata* 突然変異体やキンギョソウの *deficiens* (*def*) や *globosa* 突然変異体では花弁と雄ずいが欠失し，その代わりにがく片と心皮が 2 ウォールずつ形成される．シロイヌナズナの *agamous* (*ag*) 突然変異体やキンギョソウの *plena* (*ple*) 突然変異体はがく片と花弁は正常だが，雄ずいと心皮を欠き，その代わりに内側に余分のウォールが形成され，がく片と花弁が繰返し形成される．シロイヌナズナの *apetala2* 突然変異体（とキンギョソウの *ovulata* 突然変異体）は心皮様のがく片をもち，花弁を失うが雄ずいと心皮の形成は正常である．

シロイヌナズナでは Elliot Meyerowitz が，キンギョソウでは Enrico Coen によりこれらの突然変異体の解析と原因遺伝子の単離がなされ，それらはすべて転写因子をコードしていることが明らかになり，花器官のアイデンティティーの決定に関するすばらしいモデルが 1991 年に提唱され，今日も強く支持されている（図 10・6b）．

このモデルでは，A, B, C クラス遺伝子とよばれる一連の遺伝子群が次のような組合わせで機能し，隣り合ったウォールで機能すると想定している．A クラス遺伝子は単独でがく片の形成に機能し，A と B クラス遺伝子は花弁，B と C クラス遺伝子は雄ずい，そして，C クラス遺伝子単独では心皮の形成に機能する．このように一つの遺伝子に起こった突然変異は二つのウォールに影響する．たとえば，*ap3*（B クラス遺伝子）突然変異は花弁と雄ずい両方の形成に影響を与える．

このモデルにおいて重要な点は，A クラス遺伝子産物と C クラス遺伝子産物が拮抗的に作用することである．これは，A クラス遺伝子と C クラス遺伝子の単独の突然変異体の表現型の変化により明らかである．A 遺伝子が機能しない花芽分裂組織では，C 遺伝子産物が本来 A クラス遺伝子が発現するべき領域まで広がって，C クラス遺伝子の突然変異体では反対の現象が起こる（図 10・6 b）．このモデルは二重突然変異体や発現解析により支持された．たとえば，B, C 両クラスの遺伝子機能がなくなると（たとえば *ap3/ag* 二重突然変異体），A クラス遺伝子のみが機能する．予想されるようにこの花は花弁，雄

花芽分裂組織と花序分裂組織

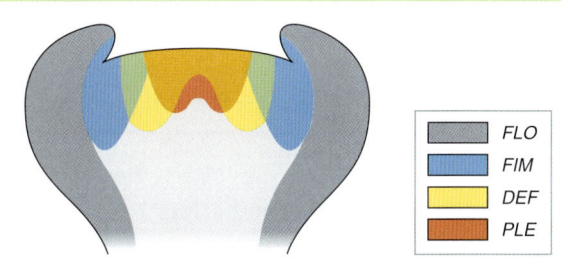

図 10・7 キンギョソウにおける花関連遺伝子の発現様式.
野生型の花芽分裂組織の縦断切片. シロイヌナズナの *LEAFY* 遺伝子に対応するキンギョソウの *FLORICALA* (*FLO*) 遺伝子は外側のがく片のウォールで発現している. *FIMBRIATA* (*FIM*) 遺伝子は *FLO* 遺伝子発現領域の隣で環状に発現し, *DEFICIENCE* (*DEF*) 遺伝子発現領域とも重なっている (緑の領域). *PLENA* (*PLE*) 遺伝子の発現領域は *DEF* の発現領域とも重なっている (オレンジの領域). *PLE* (Cクラス遺伝子) のみが発現しているか, *PLE* と *DEF* (B+Cクラス遺伝子) が発現しているかどうかで発生する花器官の種類が決定される. 表10・1も参照のこと.

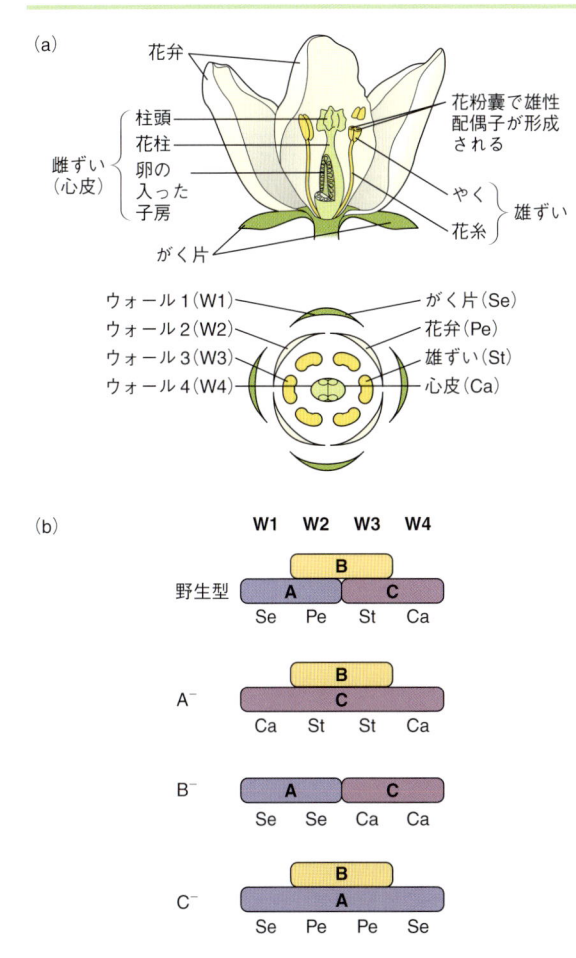

図 10・6 花の発生. (a) 上: 典型的な花はがく片を外側に形成し, 内側に続くウォールに花弁, 雄ずい, 雌ずいを形成する. 下: 上から見たシロイヌナズナの花の模式図. ウォール1には4枚のがく片が, ウォール2には4枚の花弁が, ウォール3には6本の雄ずいが, ウォール4には融合した2枚の心皮が形成される. (b) 花器官のアイデンティティーの決定に関するABCモデルを説明する花の縦断切片の模式図. 通常, Aクラス遺伝子は初めの二つのウォール, Bクラス遺伝子は第二, 第三ウォール, そしてCクラス遺伝子は第三, 第四ウォールに形成される花器官のアイデンティティーの決定において機能する. 野生型とともに, A, B, Cクラスのどれか一つの遺伝子が機能を失ったときの表現型も示す.

ずい, 心皮を欠き, がく片のみが形成される.

A, B, Cクラスの遺伝子発現はほとんどの場合この予想に沿ったものであった. Bクラス遺伝子は花弁, 雄ずいの原基で発現し, Cクラス遺伝子は雄ずい, 心皮の原基で発現する. Aクラス遺伝子の突然変異体〔たとえば *apetala2* (*ap2*) 突然変異体〕ではCクラス遺伝子の発現は外側の二つのウォールまで広がり, Aクラス遺伝子とCクラス遺伝子が拮抗関係にあるというモデルを支持した. そのほかにも多くの花器官形成に機能する遺伝子が同定されているが, このモデルは他の種の実験結果を説明するのにきわめて有用であることが証明されている.

花器官のアイデンティティーの決定を担う遺伝子の発現は, 将来花器官になる器官原基の段階から検出できる. しかし, 何がA, B, Cクラス遺伝子の発現場所を制御しているのかは疑問として残る. クローン解析により, 細胞系譜がそれらの発現制御に寄与するわけではないことがわかっており, 何らかの位置情報に応答しているものと考えられる. 一方, ウォールの境界領域で発現する遺

表 10・1 キンギョソウとシロイヌナズナの花器官アイデンティティー決定遺伝子: 発現パターンと突然変異体の表現型

キンギョソウ	シロイヌナズナ	発現パターン	突然変異体の表現型
FLO	*LFY*	花芽分裂組織, キンギョソウでは苞葉	花をつけない
FIM	*UFO*	がく片と花弁の境界領域	領域の混合化
DEF	*AP3*	花弁と雄ずいの原基	花弁からがく片への変異, 雄ずいから心皮への変異
PLE	*AG*	雄ずいと心皮の原基	雄ずい, 心皮をつけない, 過剰な花弁とがく片形成

伝子も同定されている（図10・7，表10・1）．キンギョソウの*fimbriata*（*fim*）突然変異体は第二ウォールにおいてがく片と花弁の両特徴をもつモザイク器官を形成し，第三ウォールではがく片，花弁，心皮のモザイク器官を形成する．分裂組織は各ウォールの境界領域からも形成される．野生型のFIM遺伝子産物に対応するシロイヌナズナのUNUSUAL FLORAL ORGANS（UFO）遺伝子は細胞分裂の進行に関与するタンパク質と相互作用することから，これらのタンパク質は器官が形成されるウォール間の境界領域の細胞分裂を制御し，成長を抑制することでウォール間の境界の確立に寄与している可能性も考えられる．

最近，転写因子であるLEAFY（LFY）が，異なったウォールをもたらす遺伝子の活性を直接制御する重要な因子であることが示された．遺伝子発現誘導系を用いて，Detlef Weigelらは，LFYが直接Aクラス遺伝子を制御すること，さらに，UFOと協調的に機能しBクラス遺伝子を制御し，未知の因子とともにCクラス遺伝子の機能を調節することをつきとめた．このように，ウォールのタイプはLFYと相互作用する相手により決定されているのかもしれない．

世代交代：植物における一倍体−二倍体生活環

配偶体世代の簡略化がみられる顕花植物

化石記録からは，現存するシダやコケのような植物は1億年前に生育していた植物と似ていると考えられる．このような"原始"植物には，生殖に関する進化を理解するうえでのヒントが隠されている．これらのヒントは，たとえば二倍体（2n）と一倍体（1n）の世代交代（図10・8a）のような植物に独特な生殖の側面を説明するのに役立っている．二倍体世代は減数分裂により**胞子**（spore）を形成することから**胞子体**（sporophyte）とよばれる．植物種によっては，雄と雌の胞子が同一であったり（**同形胞子**；homosporous），異なっていたり（**異形胞子**；heterosporous）する．これらの一倍体である胞子は，雌と雄の**配偶子**（gamete，卵と精子）を形成する**配偶体**（gametophyte）に成長する．動物と植物では，胞子と配偶子の関係は異なっている．動物では，胞子は細胞分裂を必要とせずに直接配偶子に分化するが，植物では胞子は細胞分裂を行い，配偶子を形成する前に多細胞の配偶体へと分化する．配偶子は受精の間に融合し，胞子体を再び形成する．

顕花植物である被子植物を考えてみると，注意をひくのは胞子体である（花粉症の人を除いて）．たった1種類の胞子を形成するような，ほとんどのコケやコケの仲間の胞子体と異なり，被子植物は必ず雄性胞子，雌性胞子を形成する．

小胞子（microspore）とよばれる雄性胞子は雄ずいで形成される．小胞子はすべて，花粉として知られている雄性配偶体へと分化する．花粉は小さく頑丈で，雄性配偶子を適切な雌性配偶子へと移動させるのに適した構造をとっている．小胞子はプログラムされた不等分裂を行い，体（**花粉管**；tube）細胞と生殖系列細胞（**雄原細胞**；generative cell）を形成する．植物の他の細胞と異なり，生殖系列細胞はその兄弟である栄養細胞の中に入れ子状態で存在する（図10・8b）．配偶体と胞子体の両世代の細胞によって合成され，数層からなる花粉粒壁はきわめて特殊化している．花粉粒の美しい構造は，乾燥から身を守り，空中を飛散したり花粉媒介者の昆虫にくっついたり，**柱頭**（stigma, *pl.* stigmata，雌ずいの花粉を受取る場所）についたり，水を速やかに吸収するのに役立っている．花粉粒壁の構造は種ごとに固有のもので，種の特定にも利用される．

雌性胞子は**大胞子**（megaspore）とよばれ（図10・8b），心皮の内側にある胚珠で形成される．減数分裂によって得られた四つの雄性細胞（小胞子）はすべて雄性配偶体へと分化するが，ほとんどの顕花植物では減数分裂によって得られた四つの大胞子のうち三つは退化し，残った一つの細胞が**雌性配偶体**（female gametophyte）へと分化する．生き残った大胞子は3回の素早い細胞分裂を行い，その後細胞壁が形成され，8個の核が七つの細胞へ取込まれるように区画化が起こる（図10・8b）．**珠孔**（micropyle）側の三つの細胞は二つの**助細胞**（synergid）と中央部の卵細胞へと分化する．雌性配偶体の**合点**（chalaza）側（反対側）の三つの細胞は分裂を続け，**反足細胞**（antipodal cell）とよばれる組織を形成する場合もある．反足細胞の機能はわかっていないが，栄養の取込みなどに役立つのではないかと示唆されている．中央部の残りの細胞は**中央細胞**（central cell）とよばれ，**極核**（polar nucleus）とよばれる二つの核をもつ．この成熟した雌性配偶体の全体的な構造は**胚嚢**（embryo sac）とよばれる．種により，雌性配偶体の発生の違いもみられる．たとえば，ある胚嚢はたくさんの極核をもつ．シダなどの下等な植物にみられるむき出しの雌性配偶体と異なり，被子植物の雌性配偶体は花の中に埋没している．

種子形成における重複受精

被子植物の受精は乾燥した花粉粒と柱頭の接触から始

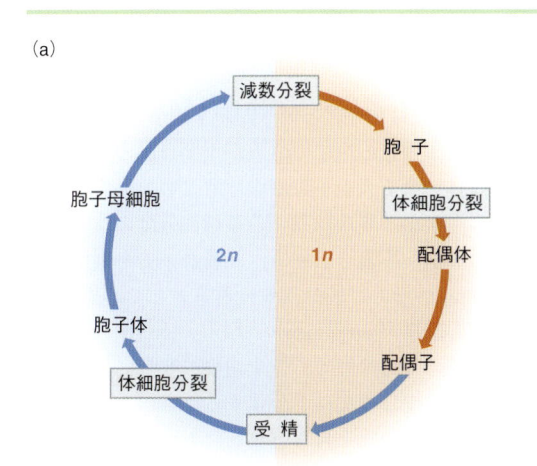

図 10・8　植物の生活環．（a）植物は二倍体である胞子体世代と一倍体である配偶体世代間をいったりきたりする．（b）典型的な被子植物の詳細な生活環．上：配偶体は雌ずいや雄ずいの中で減数分裂を行う．右：大胞子（雌）や小胞子（雄）は配偶子に分化する．下：一つの精核と卵が受精することで二倍体の胚が形成される．

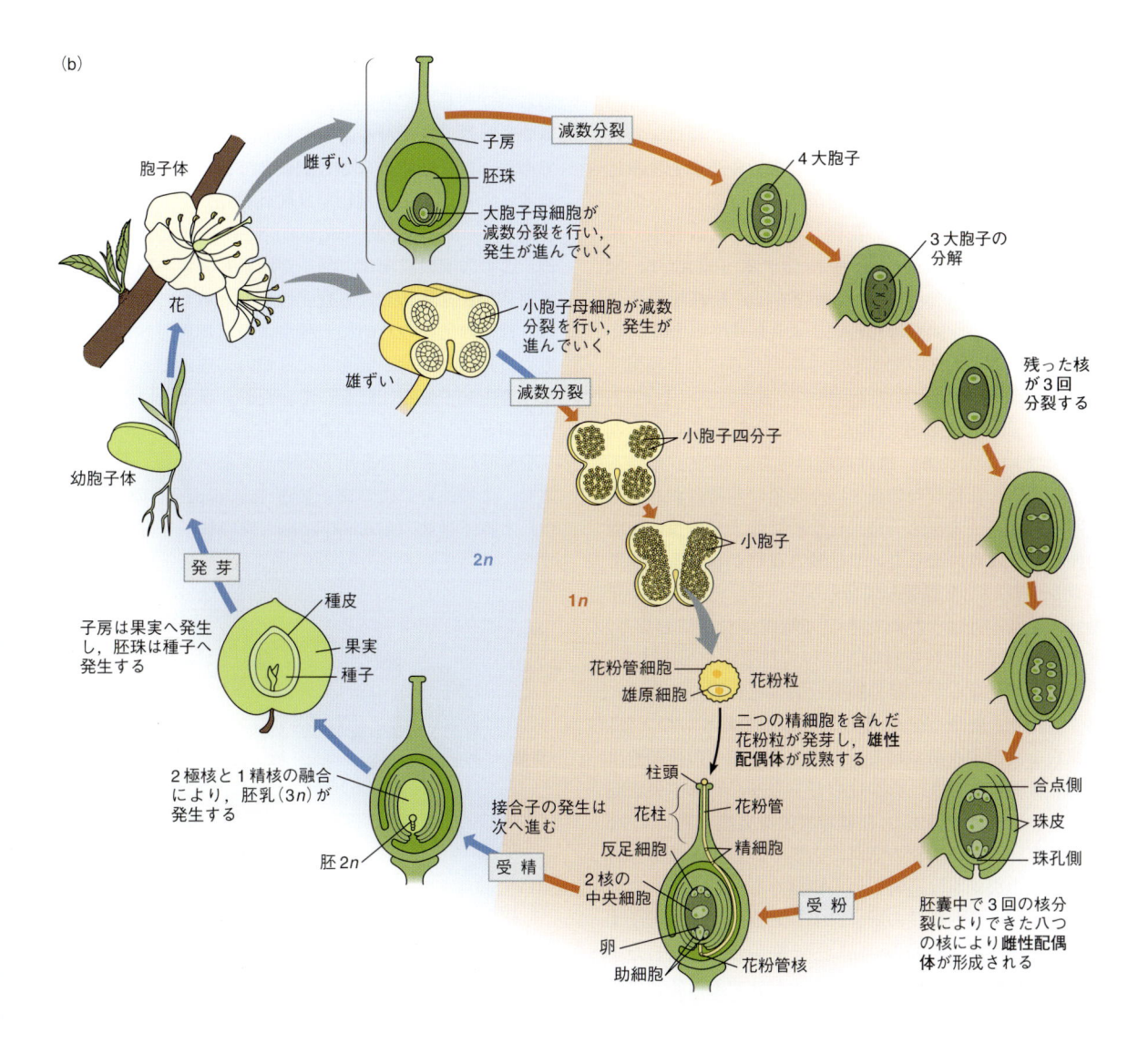

図 10・9　花粉の発芽. トマトの柱頭に花粉がつき，発芽する様子を示す．

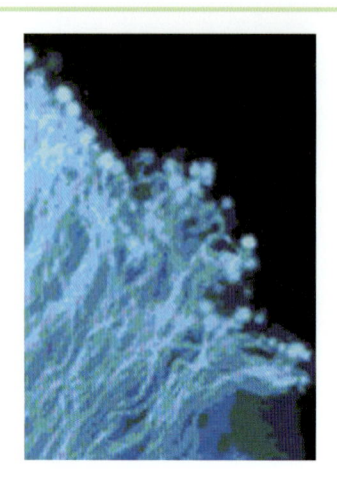

まる．柱頭は雌性生殖器官や**雌ずい**の頂端部にあり，同種の花粉のみを受け入れ，花粉の発芽，伸長を行う特殊な表皮である（図10・8b）．雌ずいは一つもしくは複数の心皮からなり，心皮は一つもしくは複数の胚珠（ovule）を形成し，融合したり，していなかったり，種によりさまざまな形態をとる．心皮は発生している胚嚢を包み込み，保護する機能をもつ．花粉が柱頭につくと，水分を吸収し，柱頭から雌ずいの**花柱**（style）へと成長端，すなわち**花粉管**（pollen tube）が伸長する（図10・6, 図10・8b, 図10・9参照）．被子植物では，雄性配偶子の卵への接触という問題は花粉管により解決されたが，それとは対照的にシダの配偶子は受精のために水を利用しなければならない．

花粉管細胞は花粉管の伸長にかかわるすべての役割を担っている．一方，雄原細胞はそれに便乗しているだけである．花粉管の伸長という現象は非常におもしろい問題である．まず第一に，花粉管は卵までの長い距離を伸長しなければならない（柱頭と花柱からなるトウモロコシの長い毛を想像してほしい）．そして第二に，花粉管の伸長速度はきわめて速く，1時間に1cmにもなる．雄原細胞は細胞分裂を行い，二つの精細胞を形成する．種によって異なるが，その細胞分裂は花粉管の伸長中に起こったり，やく（葯，小胞子を形成する雄ずいの一部）で花粉を放出する前に起こったりする．二つの精細胞は両方とも受精を行う．一つは卵と，もう一つは中央細胞の二つの極核と受精する．胚嚢特異的な突然変異により，機能的な胚嚢が花粉管の誘導に必要であることが示されている．中央細胞は通常二つの極核をもつために，この受精は二つの核と精核の融合により三倍体の核を形成する．受精卵は**胚**（embryo, 2n）へと発生し，受精した中央細胞は**胚乳**（endosperm, 3n）へと分化する．胚乳は胚発生への栄養供給源となり，胚発生に伴って細胞死を起こす．

種子（seed）とは何か，という問題を理解するうえで，まず雌性配偶体の花の中での位置が重要な鍵となる．将来雌性配偶体になる大胞子母細胞は雌ずいの中にある**胚珠**の中に存在する．胚珠は三つの領域に分けられる．付着のための珠柄，胚嚢を取囲み，胚嚢に栄養を供給する**珠心**（nucellus），そして胚珠の側性器官として形成され，珠心を取囲む**珠皮**（integument）である（図10・10）．それぞれの組織の寿命は短く，発生途中の胚嚢により珠心が破壊され，珠皮は種皮へと分化する．このように，種子は受精による形成物を自ら包装したもので，胚珠発生における最終産物である．

種子を形成するか否かで，被子植物や裸子植物（マツやモミなど）はシダやコケのような植物とは区別される．われわれは種子をふつうのものとしてみているが，種子は，新しい種に分化したり，多くの生態学的ニッチを埋めるのにきわめて有効な，進化過程での非常に大きな一歩であった．栄養源を蓄えている種子は胞子に比べ有利である．裸子植物では雌性配偶体（1n）を初期の栄養供給源とするが，被子植物では胚乳（3n）を，場合によっては"種子葉"や**子葉**（cotyledon, 2n）を栄養供給源とする．この栄養供給源は，種子が給水し発芽，発生を行う実生の形成過程における独立性をもたらしている．最後に，種子の散布のために，種皮は精巧な形態へと進化している．たとえば，動物にくっついて運んでもらうためにギザギザやカギ状になっていたり，風で飛ばされるように羽をもっていたりする．

受精時に胚珠がむき出しかそうでないかも，重要な問題で，この違いにより被子植物（angiosperms, 種皮をもつ）と裸子植物（gymnosperms, 裸の種子をもつ）は区

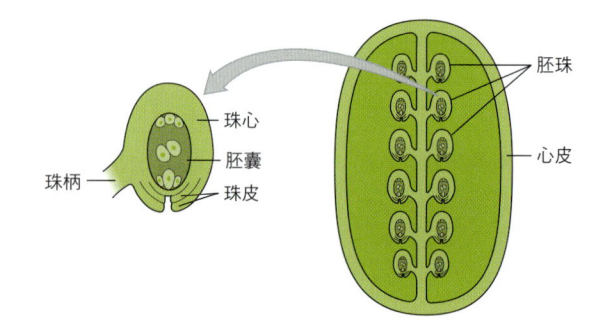

図 10・10　胚珠の発生. 典型的な花の胚珠は心皮の内壁から形成される．胚珠は胚嚢を収容する．胚珠には珠皮が分化し，珠皮は成長し，雌性配偶体を包み込み，最終的に種皮になる．

別されている．被子植物では，胚珠は子房の内側に形成される（図10・10）．松ぼっくりのらせん状の胚珠を形成する鱗片にみられるように，裸子植物では種子鱗片の先端に胚珠が形成される．

　胚乳と胚の協調した発生に加えて，受精は種皮と果実の形成も促進する．**果実**（fruit）は成熟した子房のことで，通常種子を取囲み，動物に種子を散布してもらうために進化している．スーパーマーケットでも，リンゴ，アボカド，サヤエンドウ，カボチャなどがみられる．発生中の種子は果実の成長に必要な植物ホルモンを生産する．一度果実が成長を始めると，成熟を進行させ，発生を維持するために，果実そのものも植物ホルモンを生産するようになる．受精が起こると，種子の発生のための空間を確保するために，果実は伸長する．受精が起こらない場合は，カボチャもエンドウのサヤも成長しない．

胚　形　成

　胚発生過程は，胚をつくる親植物と同じくらい，種によってきわめて変化に富んでいる．ある種では細胞分裂面まで予想でき，それぞれの組織を形成するための細胞系譜を追うこともできるが，ある種では，最終的な組織化はされるけれども，細胞分裂はランダムに起こるようにみえる．どの場合でも，細胞分裂とともに細胞伸長も起こる．動物でみられるような細胞伸長を伴わない卵割期間に相当する胚発生過程は植物にはない．

　ほとんどの植物種において，種子が長い期間乾燥に耐えることのできる**休眠**（dormancy）期間がある．しかし，例外もあり，レッドマングローブでは，木の上にある果実の状態で発芽する．休眠状態に入る前の段階で形成される葉の数も種により大きく異なる．草は胚の段階で多くの葉を形成するが，ラン科植物の胚は発芽前には根も葉も痕跡さえない．最後に，最初に形成される葉である子葉も種により形だけでなく機能も異なる．被子植物では**双子葉植物**（dicots）は2枚の子葉をもつが，**単子葉植物**（monocots）は1枚である．一方，裸子植物は複数の子葉をもつ場合がある．すべての場合において，子葉は栄養貯蔵庫として機能し，植物体に吸収される器官で

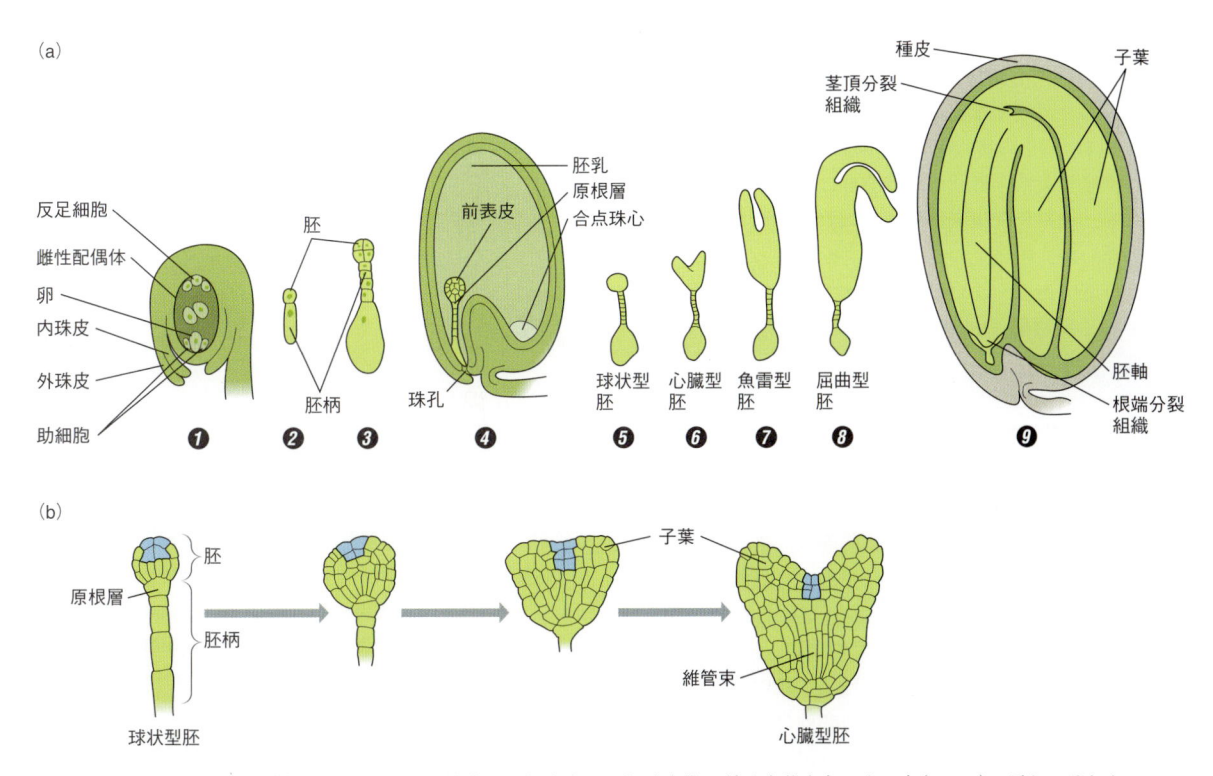

図 10・11　胚発生．（a）胚発生の切片の模式図．胚を含めた胚珠全体，種子全体を左，中，右(1, 4, 9)に示し，それらの中間段階も示す．胚発生は雌性配偶体(1)から始まる．受精に続き，胚発生は胚珠の中で進行する．最初の細胞分裂(2)により，胚と胚柄が分離する(3)．胚は，いくつかの段階(5〜8)を通して成長し，子葉を形成する(9)．（b）シロイヌナズナの球状型胚期から心臓型胚期への転換期における細胞分裂様式．茎頂分裂組織の位置は青で示した．

ある植物種の初期の胚形成は，高度に調節された細胞分裂により制御されている

ほとんどの植物では，最初の細胞分裂によって支持組織である**胚柄**（suspensor）と胚が区分される（図10・11a）．種子植物の胚柄は常に珠孔側（花粉管の進入する場所）に位置することから，胚珠からの母性因子がこの軸の決定を誘導すると示唆されている．胚柄は胚を胚珠の中に押込み，子房からの栄養の吸収に寄与する．やがて，胚の成長に伴って胚柄は壊れてしまう．通常の胚柄細胞は一時的に存在するだけだが，胚の発育が不全である場合や，生育が止まってしまった場合は，胚柄細胞は再び胚発生を開始させることができる．

シロイヌナズナの胚発生では定型的な細胞分裂が行われる．胚柄と胚を分離する第一分裂（図10・11a）の後，次に続く二つの細胞分裂により4細胞からなる胚が形成される．その細胞分裂面に対して垂直な方向に分裂を行い，**前表皮**（protoderm）や表皮細胞層が形成される．また，横方向の分裂により分裂組織が将来**胚軸**（hypocotyl）となる細胞から分離される．この**球状型胚**（globular stage）におけるその後の細胞分裂面の方向に規則性は見つけにくい．**心臓型胚**（heart stage）では細胞分裂と細胞伸長は上半分の両端に集中し，子葉が形成される（図10・11b）．その後，子葉は胚の縦軸の方向に伸長する．将来維管束系を形づくる細胞群は心臓型期において分化する．根端分裂組織は胚発生の終了時期まではっきりとしないが，胚発生の初期までさかのぼって認識することは可能である．シロイヌナズナでは胚柄の頂端部の細胞である**原根層**（hypophysis）が将来根端分裂組織となる．

植物の胚形成に性は必要ない

多くの植物（およそ300種）では受精をせずに種子形成を行う**アポミクシス**（apomixis）という現象が知られている．種によっても異なるが，胚嚢は二倍体細胞から形成され，二倍体細胞から大胞子母細胞（**複相胞子生殖**（diplospory），倍数子生殖ともいう）だけでなく，珠心（**無胞子生殖**；apospory）をも形成できる．図10・12に示すように，複相胞子生殖では大胞子母細胞は減数分裂を省略し，無胞子生殖では大胞子母細胞は退化する．いずれの場合でも，有性生殖による雌性配偶体にみられるように，二倍体細胞は3回の定型的な核分裂と移動を行う．助細胞と反足細胞も分化し，二倍体の卵が胚になる．明らかに，胚嚢の形成のためには一倍体ゲノムが必要ではない．胚乳は自然と形成される場合もあるし，受精が必要な場合もある．アポミクシス的卵細胞は受精なしに胚へと分化できるが，胚乳はいくつかの種では受精が必要となる．このような場合では，受精した胚乳は種子形成を補助するのみで胚発生に参加するわけではないの

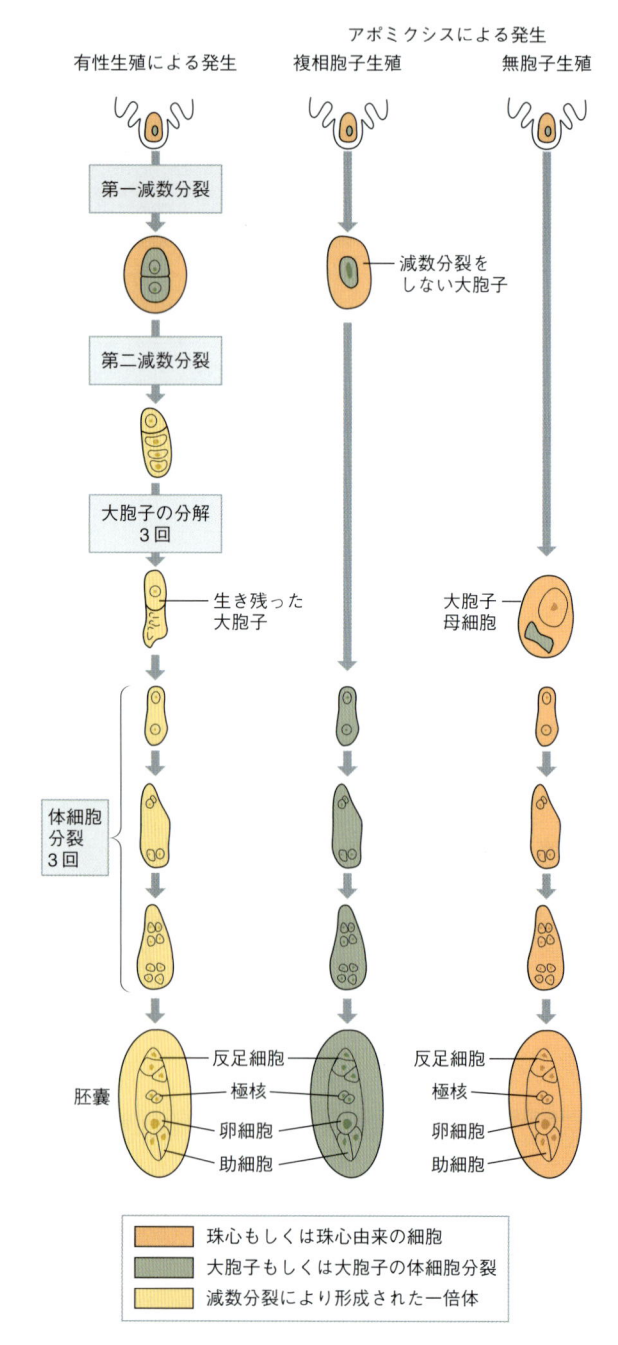

図 10・12 アポミクシス．2種類のアポミクシス様式を有性生殖の各段階と比較した．

で，子孫は母親の正確なコピーとなる．

クローン種子の形成は特に育種家の興味をひくところである．カタログから注文するほとんどの種子は**雑種**（hybrid）である．二つの遺伝的に異なる両親から得られた雑種はより強靱で収量の多い植物となる．しかし，雑種からできる種子は遺伝的に不均一で，ある形質が劣性に分離する可能性もある．もしアポミクシスが雑種でひき起こすことができるなら，組換えの起こる機会がないために子孫は雑種の強靱さをひきつぐことができるはずである．このような理由で遺伝学者はアポミクシスに関与する遺伝子を単離しようと試みたが，ほとんどのアポミクシスを起こす種は倍数体で遺伝学的なアプローチは困難であった．

受精やアポミクシスによる胚形成は子房の中で行われる．Frederick Stewardにより示されたように，植物胚は，適切なホルモン条件下で組織培養を行うことで体細胞からも形成される（1章参照）．不定胚が胚柄と胚をもつことから，頂端-基部軸の形成において母性因子は必要ではないことがわかる．これらの不定胚は正常な植物体へと成長するが，おそらく種子としての生存に必要な組織である種皮や胚乳がないために，休眠段階は省略する．植物細胞の特徴の一つとして，不死の能力があるということがある．細胞分裂の回数が制限されている動物細胞と異なり，植物細胞は培養することで無限に成長できる．

植物はこのように，再生とそれに伴う胚形成という特徴的な能力をもっているために，通常は不定胚形成を抑制するために多くの遺伝子が機能しているようである．シロイヌナズナの*PICKLE*（*PKL*）遺伝子は根からの胚形成を抑制している．*pkl*突然変異体の根は通常種子にみられる脂質を貯蔵し，胚特異的遺伝子の発現も観察される．野生型の根は不定胚形成に植物ホルモンを必要とするが，この突然変異体の根は植物ホルモンを含まない寒天培地上で培養してもときとして不定胚を形成する．このPKLはクロマチンリモデリングタンパク質である．も

う一つの異所的な胚形成に関与する遺伝子の突然変異体として，やはりシロイヌナズナの*leafy cotyledon1*（*lec1*）が知られている．*lec1*突然変異体は早熟な葉の形成と休眠がない突然変異体として単離された．転写因子であるLEC1は，胚発生を誘導し，遺伝子機能を喪失すると，胚は種子休眠期を飛び越えて速やかに実生の発生段階に入る．構成的プロモーターによって*LEC1*遺伝子を過剰発現させると，図10・13に示すように，子葉などの栄養組織から胚形成が誘導される．想像できるように，PICKLEはLEC1を抑制する効果があり，*pickle*突然変異体の表現型は*LEC1*の異常な発現によるのであろう．

茎頂分裂組織は胚で形成される

シロイヌナズナとトウモロコシでは，球状型胚の段階を越えられない多くの突然変異体が知られている．それらは胚発生の初期段階の，パターン形成の前で発生が停止したものである．これらの突然変異は，細胞周期の進行などの，代謝に必要な遺伝子の欠損によるようだ．発生段階を理解するうえで，より情報量の多い突然変異体として，球状型胚の段階は生存できるが実生の段階で死亡する突然変異体がある．

シロイヌナズナでは，シュート形成にかかわるさまざまな遺伝子が同定されている．*shootmeristemless*（*stm*）突然変異体の強い対立遺伝子では子葉のみを形成する（図10・14a）が，部分的な機能喪失型の*stm*突然変異体では，子葉の葉柄（葉の基部で狭い領域）に形成される異所的な分裂組織からはシュートが再生される．再生したシュートは，側枝と，心皮という花器官を欠失した花を形成する．*STM*遺伝子はすべての茎頂分裂組織で発現しているが根端分裂組織での発現はみられない．後期球状型胚では，将来子葉が形成される領域の間を埋めるように縞状に発現する（図10・14b）．トウモロコシの相同遺伝子である*KNOTTED1*（*KN1*）も，将来胚の頂端分裂組織になる領域で発現がみられる．胚発生の後期で

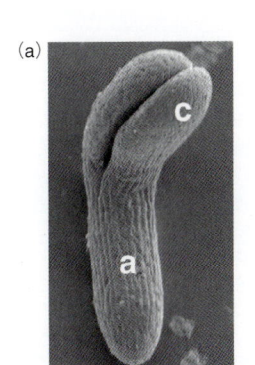

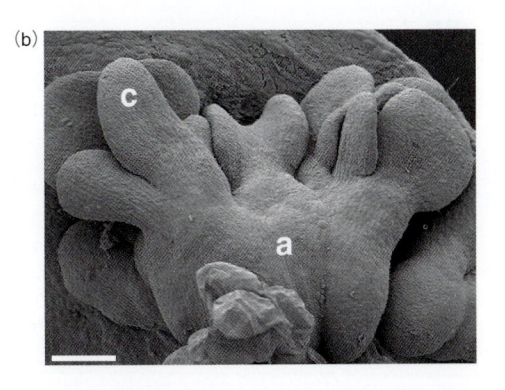

図 10・13 葉に形成される胚．シロイヌナズナの魚雷型胚期の走査型電子顕微鏡写真．(a) 野生型の魚雷型胚期の胚．(b) *LEC1*遺伝子を過剰に発現させたときに，成熟子葉の上に異所的に形成される胚．aはオリジナル胚の胚軸．cは子葉．

は *KN1* 遺伝子の発現は茎頂分裂組織で観察されるが，葉原基や子葉での発現はみられなかった（図10・14c）．トウモロコシの子葉は，葉状の構造で，若いシュートを取囲んでシュートが土壌中を進むときに保護する役目を果たす子葉鞘と，栄養組織である胚盤からなる．*KN1* 遺伝子発現は根原基（将来根が形成される領域）までみられる．トウモロコシの *kn1* 機能喪失型突然変異体ではシロイヌナズナの場合と同様の表現型（子葉鞘のみの形成）を示す（図10・14a）が，それには他の遺伝子も関係している．*KN1* と *STM* 遺伝子はホメオドメイン型転写因子をコードしている．*LEC1* を過剰発現した場合と同様に，*KN1* や *STM* の過剰発現により，葉において異所的な茎頂分裂組織の形成が観察された．今一度述べるが，植物の組織分化は永続的ではなく，葉の細胞は分裂組織へと再分化する能力をもっている．

シュート形成に必要な他のシロイヌナズナの遺伝子と

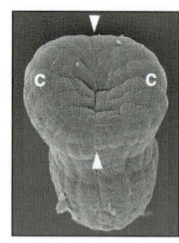

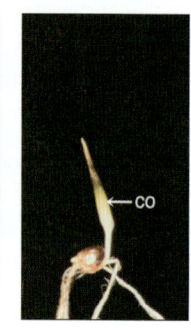

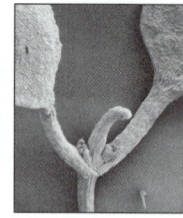

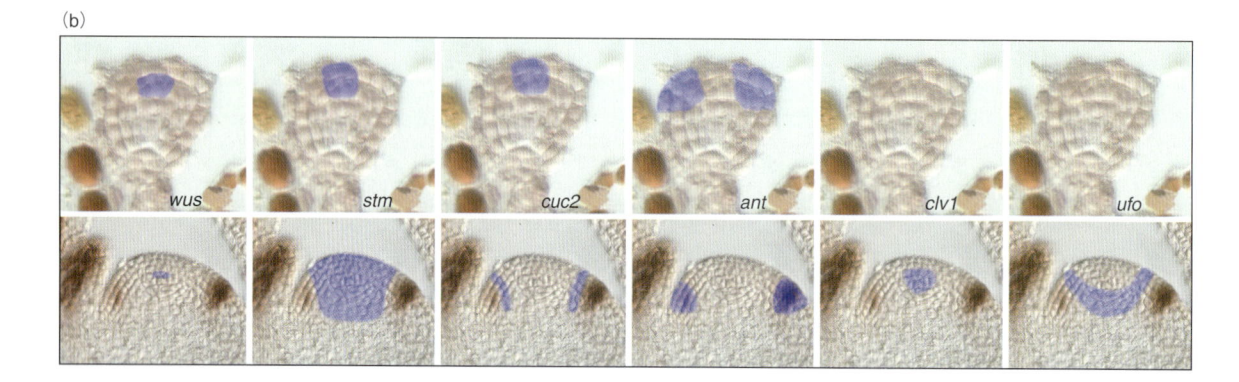

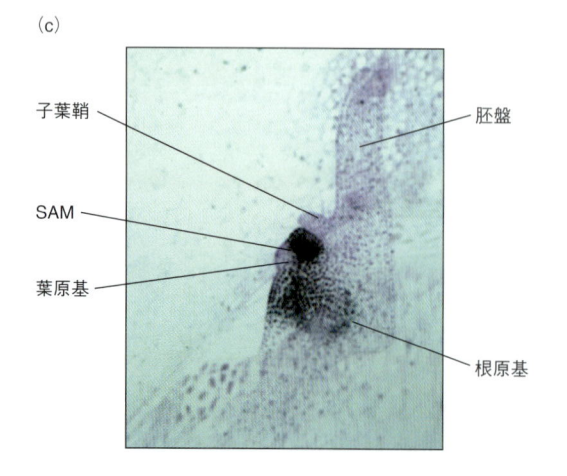

図 **10・14 植物の胚で機能する遺伝子．** (a) シロイヌナズナとトウモロコシで，子葉形成期，もしくはその後に発生が停止する突然変異体の表現型．比較のために野生型の実生も示す．シロイヌナズナの *cuc1/cuc2* 二重突然変異体では子葉（C）が融合する．トウモロコシでは，成長しつつある葉を保護するためにそれらを取囲む子葉鞘（CO）とよばれる葉が形成される．(b) シロイヌナズナの後期球状胚期（上段），および栄養成長期（下段）においてシュートの発生に寄与する遺伝子の発現領域を示す（青）．(c) トウモロコシの胚では *KN1* 遺伝子は茎頂分裂組織（SAM）と根原基へと続くシュート軸で発現している．KN1 タンパク質は胚盤（子葉の栄養源に当たる部分），子葉鞘，および葉の原基には存在しない．

してPINHEADとWUSCHEL(ブッシェル)が知られている．pinhead突然変異体では，本来茎頂分裂組織が存在するべき領域である子葉の間から，針状の構造物やたった1枚の葉が形成される（図10・14a）．PINHEAD遺伝子は初め球状型胚の分裂組織での発現が認められ，その後その発現は維管束系と葉原基の背側に限局される．この遺伝子は翻訳にかかわる可能性のある新規のタンパク質をコードしていた．PINHEADとそれに関連する遺伝子ARGONAUTの二重突然変異体を作製すると，分裂組織特異的遺伝子の発現がみられないような非組織化した細胞塊が形成された．それらに関連する遺伝子がハエや線虫で単離された．たとえばショウジョウバエのPIWI遺伝子はPINHEADと同じタイプのタンパク質をコードしており，生殖系列の細胞の自己再生に必要であることが明らかになっている．

stmと類似した表現型を示すものとしてwuschel (wus)突然変異体がある．WUS遺伝子は新規のホメオドメインタンパク質をコードしており，胚の16細胞期において頂端側半分での発現が観察される．その後，その発現は分裂組織中央部の数細胞の狭い領域に限局される（図10・14b）．この分裂組織内の発現パターンは花序や花芽分裂組織といった他のシュート分裂組織でも維持される．WUS遺伝子はstm突然変異体の胚で発現しており，STM遺伝子はwusやpinhead突然変異体の胚発生の初期段階で発現している．STMとWUS遺伝子発現は生育を停止した実生で発現が観察されなくなる．このように，少なくとも胚発生の初期段階においてこれらの遺伝子は互いの依存関係はないように思われる．

これらの遺伝子発現と機能喪失型突然変異体の表現型から，これらの遺伝子産物は分裂組織の機能の維持に必要であると示唆されている．WUS遺伝子をAINTEGUMENTA(アインテギュメンタ) (ANT)遺伝子のプロモーター下で発現させるトランスジェニック植物を作製した実験により，有用な情報が得られた．ANT遺伝子は将来子葉になる胚の細胞と茎頂分裂組織のP$_0$領域で発現する（図10・14b）．要するに，次に側方器官が形成される場所で発現が観察されるということである．WUS遺伝子をANTプロモーター制御下で発現させると，子葉の形成が阻害された．この結果から，分裂組織の維持と葉の分化は反対の運命をたどっているということを示唆している．細胞は葉の細胞か分裂組織の細胞には分化できるが，両方にはなれない．

pinhead，wus，stm突然変異体は正常な子葉を形成する．このことはこれらの遺伝子は子葉の形成には必要ないということを示している．対照的に，シロイヌナズナのcup-shaped cotyledon (カップシェープトコチレドン) (cuc)突然変異体やペチュニアのno apical meristem (ノーアピカルメリステム) (nam)突然変異体は茎頂分裂組織からの器官形成が阻害されるだけではなく，子葉の形成にも影響を与えた．cucやnam突然変異体は融合した子葉を形成する（図10・14a）．このことから，これらの遺伝子は，子葉間の領域を区画化する機能をもつことが示唆される．これらの遺伝子にコードされるタンパク質は新規のクラスのものであった．最初はSTMと似た発現パターンを示すが，その発現パターンは胚発生の後期には分裂組織の周縁部へと移行する（図10・14b）．

それでは，未発達な状態から，いつ茎頂分裂組織が形成され発生が進むのであろうか．活発に器官をつくっている分裂組織は容易に同定できる．その中心部の小さい細胞群がそれである．しかし，胚発生段階では葉原基がその場所を示してくれないので，分裂組織の同定はより困難である．葉は通常分裂組織から形成されるので，特殊な葉である子葉も分裂組織から形成されると考えることは妥当である．そうすると，球状型胚の頂端半分が最初の"胚性分裂組織"のよい候補となる．多くの"分裂組織特異的遺伝子群"が胚の頂端半分で発現しているという事実は，これらの遺伝子群が子葉の形成を促進する機能があるということを示唆する．

本章のまとめ

1. 日長の変化は植物の花成を誘導する．この場合，花成のシグナル分子は葉から分裂組織へと輸送される．
2. 低温は第二の花成誘導因子である．
3. 花のなかで，花器官は四つの同心円状のウォール上に形成される．
4. いくつかの遺伝子の突然変異が隣り合った二つのウォールのアイデンティティーの決定に影響を与える．
5. 植物は二倍体世代と一倍体世代をいったりきたりする．また，両方の世代において細胞分裂と細胞分化を起こす．
6. 受精は胚乳と胚の発生と果実の成長を協調させる．
7. 胚形成は受精に続いて起こるが，体細胞からでも胚を形成することができる．
8. 球状型胚は特別な遺伝子発現領域をもつことから，発生学的に重要な胚の区画化が胚発生初期に行われることを示唆している．

問題

1. 花のなかでは，どのような型の一倍体，二倍体，三倍体細胞が存在するか．
2. *AGAMOUS*遺伝子が四つのすべてのウォールで発現すると，どのような表現型になるか．
3. どのような外因が植物の花成を制御しているのか．
4. なぜクローン種子は農家の人たちに有用なのか．

参考文献

Evans, M. M., and Barton, M. K. 1997. Genetics of angiosperm shoot apical meristem development. *Annu. Rev. Plant Physiol. Plant Mol. Biol.* 48: 673–701.
トウモロコシやシロイヌナズナのようなモデル植物における茎頂分裂組織の発生に関する総説．

Kaplan, D. R., and Cooke, T. J. 1997. Fundamental concepts in the embryogenesis of dicotyledons: A morphological interpretation of embryo mutants. *Plant Cell* 9(11): 1903–1919.
胚の基本的な発生過程を理解するための自然変異に関する総説．

Okamuro, J. K., den Boer, B. G., Jofuku, K. D. 1993. Regulation of *Arabidopsis* flower development. *Plant Cell* 5(10): 1183–1193.
花器官のアイデンティティーの決定に関する総説．

Samach, A., and Coupland, G. 2000. Time measurement and the control of flowering in plants. *Bioessays* 22: 38–47.
春化処理や日長に応じた花成にかかわる遺伝子に関する概説と，日長が体内時計を通して花成を制御する機構のモデルを示した論文．

11 植物における細胞の分化とシグナル伝達

本章のポイント
1. 植物では，細胞分裂が停止して細胞分化が起こる．
2. 植物は細胞壁を貫通する細胞質連絡によって情報のやりとりを行っている．
3. いくつかの植物ホルモンは植物の発生に深く影響を与える．
4. 植物は異なった光の波長を認識することで，まわりの環境状態を理解し，適切な発生を行う．
5. 植物は，自己のもつ概日リズムにより花成時期，葉の開閉，また代謝を制御する．

細胞の分化

根毛，トライコーム，および気孔は表皮細胞から分化する

　植物の最も外側に位置することから，表皮細胞は外的環境に向き合えるよう特殊化されている．表皮細胞は外側に位置しているので植物の組織発生や細胞分化の解析には格好のモデルとなる．表皮細胞を用いると，植物の成長に影響を与えることなく細胞分裂や分化パターンの解析を容易に行うことができる．植物の器官は，最初から最後まで連続的に分化するために，一度の観察で細胞分化のすべての段階をみることができる．

　根毛は維管束系への栄養分の吸収に役立つ一方で，細菌の根への感染も助けてしまう．根毛は表皮細胞の，ある一つの細胞から形成される．また，根毛形成細胞は細胞列をなし，根毛の形成されない表皮細胞列と交互に形成される（図11・1a）．根毛は根の分化領域になるまで伸長を開始しないが（9章，図9・11a参照），根毛形成が開始される細胞から根端側に細胞列をたどっていくことで根毛形成細胞を認識し細胞学的な違いをみることができる．**根毛形成細胞**（trichoblast, トリコブラストともいう）は液胞が小さく，**非根毛形成細胞**（atrichoblast, アトリコブラストともいう）とは染色剤による染色度合いの違いにより区別ができる（図11・1b）．2種類の前駆細胞の位置関係をみてみると，根毛形成細胞は内側の二つの皮層細胞と接しており，一つの皮層細胞と接している表皮細胞が非根毛形成細胞である．このことは，内側の皮層細胞からの何らかのシグナルが二つの細胞型決定に寄与することを示唆している．非根毛形成細胞を外科的に皮層細胞と分離すると運命が変わるという実験によってもこの仮説は支持されている．

　すべての表皮細胞が根毛細胞になったり，非根毛細胞になったりする突然変異体がシロイヌナズナで単離されている．たとえば，*glabra2*（*gl2*）突然変異体は非常に毛深い突然変異体で，非根毛細胞列が形成されない特徴を示す．通常 *GL2* 遺伝子は非根毛形成細胞で発現している．恒常的に機能するプロモーター制御下で *GL2* 遺伝子を過剰発現させると根毛細胞が形成されなくなる．これらの結果から，*GL2* 遺伝子は非根毛形成細胞において根毛形成を抑制する機能をもつと考えられる．

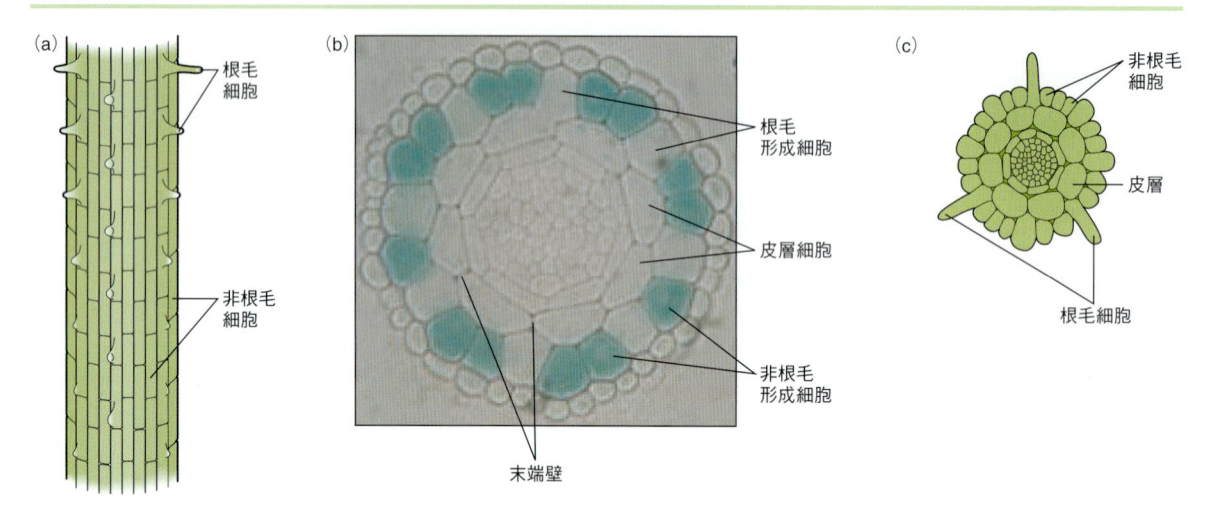

図 11・1 シロイヌナズナの根の表皮パターン．(a) 表皮細胞は根毛細胞と非根毛細胞からなり，それぞれは細胞列をなし組織化されている．(b) トルイジンブルー染色した根の横断切片．非根毛形成細胞(将来根毛にならない細胞)は青く染色される．二つの皮層細胞に接した根毛形成細胞が根毛細胞に分化する．(c) 分化後の根の横断切片の模式図．根毛細胞と皮層細胞の位置関係に注意．根毛細胞の"根毛"はすべての切片で観察できるわけではない．

トライコーム (trichome) は葉や茎に生える毛であり，とがった針状であったり，複数に分岐していたりする (図 11・2a)．その広がりの点では，この毛は葉の表面を絨毯のようにカバーしたり，あるいは葉縁部のみに形成される．トライコームを傷つけるとトライコームから毒素が放出されるので，藪などで植物にかすったりした際に痛みを感じていやな思いをしたことがあるかもしれない．シロイヌナズナのトライコームは単細胞で倍数化する．トライコームはアクセサリー細胞に取囲まれて形成される (図 11・2b)．アクセサリー細胞は，トライコームと密接な位置関係にあるが，両者はクローンの関係にあるというわけではない．

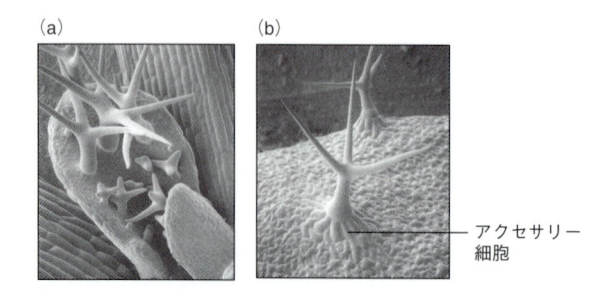

図 11・2 シロイヌナズナのトライコーム．トライコームは葉や茎に生える毛である．(a) 葉から分化しつつあるトライコーム．(b) シロイヌナズナでは，どのトライコームも必ず隣接するアクセサリー細胞とともに分化する．トライコームは枝を出すことができ，倍数化する．

根毛形成の有無を決定する因子のうち少なくとも二つの遺伝子はトライコームの分化にも関与する．たとえば，*gl2* 突然変異体では葉に形成されるトライコームは貧弱で小さくなる (図 11・3)．*transparent testa glabra* (*ttg*) 突然変異体でも同様に葉にはトライコームが形成されず，根毛は過剰に分化する．TTG タンパク質は WD40 モチーフ (タンパク質間相互作用に寄与する) をもち，*GL2* の転写を誘導する．この経路で機能する他の二つの遺伝子が知られているが，どちらかの細胞型でのみ機能する．*WEREWOLF* (*WER*) 遺伝子は非根毛細胞で発現し，その分化に寄与しているが，*GLABRA1* (*GL1*) は葉の表皮細胞でのみ発現し，トライコームの分化を制御する．両遺伝子ともに MYB 転写因子をコードし，MYB ドメインにおいては 91% の相同性をもつ．TTG に加えて，WER も GL1 も *GL2* の転写を誘導する．このように WER は根において，GL1 は葉において *GL2* の発現を適切に制御する．

光合成器官の表皮における他の特徴は，ガス交換に機能するために特殊化した開口部である．その開口部である気孔は二つの**孔辺細胞** (guard cell) からなり，ガスの移動や水分の蒸散作用を促進したり抑制したりする (図 11・4)．おもしろいことに，産業革命以来その傾向が続いている二酸化炭素濃度の上昇と気孔の数の減少に相関関係が見いだされた．孔辺細胞の進化は，植物が陸上で生存するために特に有用であった．植物はトライコームがなくても生育可能である．実際，*glabra* などの突然変

異体でも種子形成は正常に起こる．しかし，気孔なくして生存は不可能である．例外としてはコケ類の仲間（蘚類，苔類，ツノゴケ類）や，湿潤な環境で生育する非被子植物などがあげられ，これらの仲間のなかには気孔をもたないものもある．

双子葉植物でも単子葉植物でも，孔辺細胞の分化は不等分裂から始まる．小さいほうの細胞が**孔辺母細胞**（guard mother cell）となり，これが二つの孔辺細胞の前駆細胞となる．トウモロコシやほとんどの他の植物では孔辺母細胞は隣接する細胞に不等分裂を誘導し，それらは**副細胞**（subsidiary cell）になる（図11・5）．この副細胞は孔辺細胞の開閉を補助する機能をもつ．このように，最終的な気孔複合体は孔辺母細胞由来の一群の細胞と，隣接した細胞集団によって形成されている．

表皮細胞種の研究から生じる興味深い問題は，そのパターン形成はどのように起こるかということである．気孔の空間的な配置は，トウモロコシの葉では厳密に直線上に配置される．これは，気孔を生じる細胞分裂のパターンが気孔を自動的に均等に配置させるからである．双子葉植物の葉では，細胞分裂は秩序だって起こるわけではないが，気孔は常に少なくとも一つの表皮細胞によって隔てられている（図11・4a, c）．シロイヌナズナにおいて，この"非接触ルール"に従わない突然変異体が単離されている．*four lips*（フォーリップス）突然変異体では，気孔が隣

図 11・3　シロイヌナズナの表皮細胞の運命決定の制御．ここに示す走査型電子顕微鏡写真と根の写真からわかるように，*glabra2*遺伝子の突然変異では，トライコームと根の非根毛細胞の発生に異常を示す．このように，一つの遺伝子がシュートと根の両方の表皮細胞の運命を制御している．

(a)	(b)	(c)	(d)	(e)
シロイヌナズナ	トウモロコシ	野生型	four-lips	too many mouths

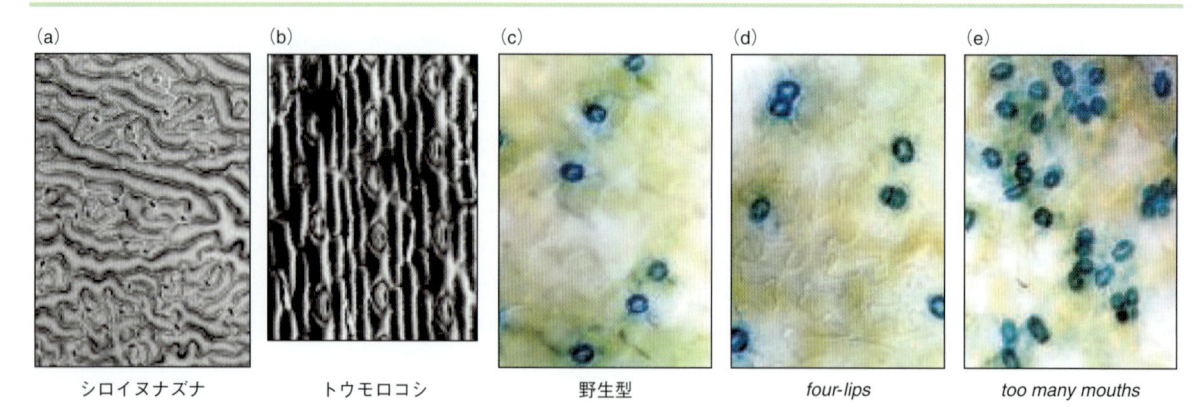

図 11・4 気孔のパターン．野生型の葉では気孔は，空間的に少なくとも一つの細胞を挟んで形成される．(a) シロイヌナズナの葉の走査型電子顕微鏡写真．双子葉植物に典型的なランダムな配置をとる．(b) トウモロコシの葉の典型的な走査型電子顕微鏡写真．単子葉植物に典型的な平行状の配置をとる．(c～e) 孔辺細胞に特異的に発現するプロモーターと β-グルクロニダーゼ融合遺伝子を利用することで気孔を可視化することができる．(c) シロイヌナズナの野生型．(d) シロイヌナズナの突然変異体（four lips）では隣接した気孔の形成が観察される．(e) シロイヌナズナの突然変異体（too many mouths）では過剰の孔辺細胞が分化する．

り合って形成される（図 11・4d）．too many mouths では葉の気孔はクラスターをなして分化する（図 11・4e）．さらに，sdd1（stomatal density and distribution1）突然変異体では気孔が野生型の 2～4 倍の密度で形成される．SDD1 遺伝子はセリンプロテアーゼをコードしており，孔辺母細胞で発現する．SDD1 遺伝子の過剰発現体では気孔の形成が抑制された．このように SDD1 は隣接する細胞の気孔への分化を抑制する機能をもつと考えられている．

空間的な配置という問題は，必ず離れた状態で形成されるトライコームにおいても重要な研究課題となる．シロイヌナズナの tryptochon 突然変異体は隣接した状態でトライコームがクラスターをなして形成される（図 11・6）．このクラスターはしばしば，正常なトライコームを取囲むアクセサリー細胞も含んでいる．

細胞分裂を伴わない管状要素分化

道管と師管は植物における輸送系を形成し，水やイオンを根から他の器官へと輸送し，糖を緑の光合成組織から塊茎や種子などの貯蔵場所へ輸送するのに機能している．水は道管細胞内を移動するが，道管細胞は成熟の過程で細胞質や核を失い，特徴的な細胞壁をもつ．糖は師管細胞中を能動輸送される．この師管は核を失うが伴細胞の助けを借りて代謝活性は維持している．双子葉植物の茎の維管束系は環状で，師部*が外側に，木部*が内側に位置する．木性植物はこれら二つの細胞群を形成す

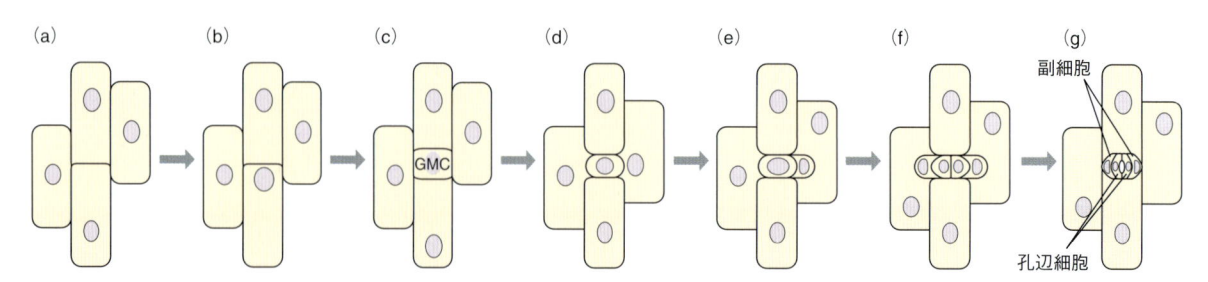

(a)	(b)	(c)	(d)	(e)	(f)	(g)
		GMC				副細胞 / 孔辺細胞

図 11・5 トウモロコシにおける気孔複合体の形成．(a～c) 垂直方向の細胞列の不等分裂により孔辺母細胞（GMC）が形成される．(d,e) 隣接した細胞列の細胞の核が GMC 側に移動し，不等分裂をひき起こす．(f,g) 副細胞とよばれる細胞が GMC の隣に形成される．GMC は等分裂を行い，二つの孔辺細胞が形成される．

＊ 訳注：phloem, xylem の訳語について．phloem：師部は師管や師部柔細胞などを含めた組織の名称，師管は栄養が通る管と使い分けている．xylem：木部・道管も師部・師管と同じような関係．管状要素は後生木部，原生木部や仮道管を含む細胞の総称．特に in vitro の分化系ではさまざまなタイプの道管が分化するので，"管状要素"とよぶ．

細胞の分化

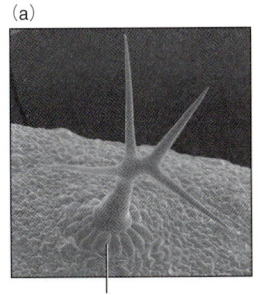

(a) 正常なアクセサリー細胞

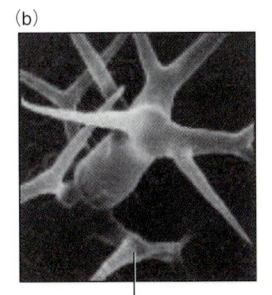

(b) トライコームに分化したアクセサリー細胞

(c)

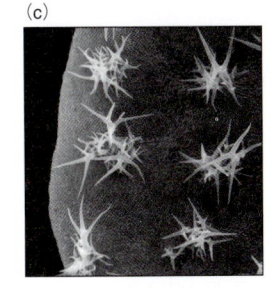

図 11・6 シロイヌナズナにおけるトライコームの空間的配置．(a) 野生型では単独でトライコームは形成される．(b, c) *tryptochon* 突然変異体では隣接するアクセサリー細胞からも余分なトライコームが形成される．

うと，その直下にある師管が壊死し，結果として木も死んでしまう．

葉の形成途中で分化する主脈は茎の維管束系と接続している．葉の形成後期に分化する葉の高次脈は主脈と接続し，光合成細胞は脈から2〜3細胞以内に位置するようになる．茎と同様に，葉の道管と師管も位置関係が決まっており，この位置関係は葉の背腹軸の個性の特徴ともなっている．維管束細胞の分化はその細胞の位置によって決定されるのか，細胞系譜によるのかを明らかにするために，**クローナルセクター**（clonal sector）の実験が行われた（クローナルセクターとは，単一の細胞から形成されるクローン細胞集団がキメラ状に存在する状態をいう．キメラは，3章で述べているように，遺伝的に異なる起原の細胞集団が同一の器官や組織に存在する状態をいう．キメラでは隣り合ったセクターの両側の細胞は異なった遺伝型をもつ．）クローナルセクター内には光合成細胞や維管束細胞の両方が存在したため，これらの分化方向は位置情報により決定され，細胞系譜とは無関係であることが明らかになった．

維管束分化にはおもしろいテーマがたくさんある．葉脈は美しいパターンを示すし，茎の柔細胞は傷などの刺激により維管束細胞へと再分化する．しかし，維管束分化に必要な情報を植物体内で解析するのは困難であっ

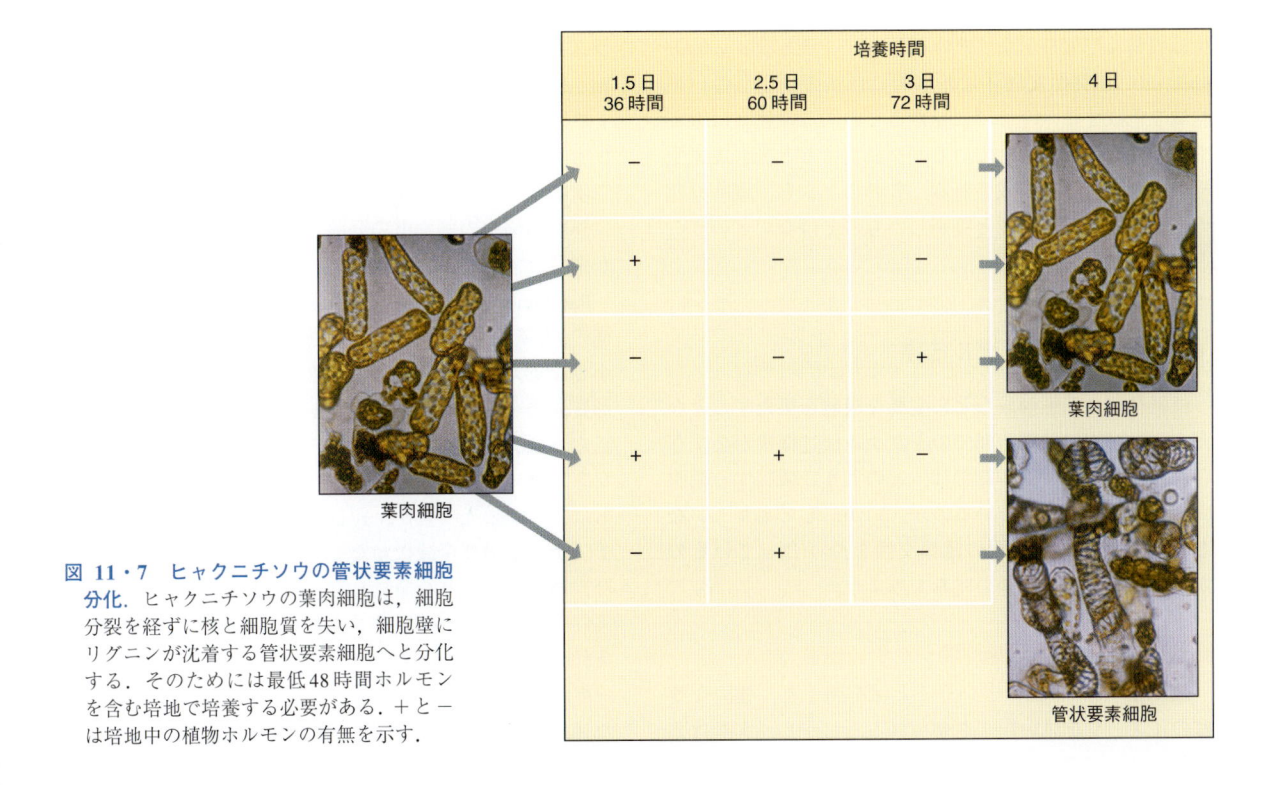

る特別な分裂組織，**維管束形成層**（vascular cambium）をもつ．木の年輪を数えるのは，各年に形成された道管の輪を数えていることになる．木の樹皮をはぎ取ってしま

図 11・7 ヒャクニチソウの管状要素細胞分化．ヒャクニチソウの葉肉細胞は，細胞分裂を経ずに核と細胞質を失い，細胞壁にリグニンが沈着する管状要素細胞へと分化する．そのためには最低48時間ホルモンを含む培地で培養する必要がある．＋と−は培地中の植物ホルモンの有無を示す．

葉肉細胞	培養時間			
	1.5日 36時間	2.5日 60時間	3日 72時間	4日
	−	−	−	葉肉細胞
	+	−	−	葉肉細胞
	−	−	+	葉肉細胞
	+	+	−	管状要素細胞
	−	+	−	管状要素細胞

た．そこで，維管束細胞の分化を解析するよいモデル系として，ヒャクニチソウの葉肉細胞（葉緑体をもつ光合成細胞）の培養系を用いた管状要素分化系が確立された．この系では，葉を優しくすりつぶして得られた単離葉肉細胞が組織培養系に移された．適切なホルモン条件下で培養すると，一定の割合の細胞が細胞分裂を伴わずに管状要素へと分化する（図11・7）．単離葉肉細胞を，異なった時間ホルモンを含む誘導培地で培養する実験がなされ，48時間目以前にホルモンを抜いてしまうと決して管状要素への分化がみられないことが明らかとなった．48時間目以降にのみ誘導培地で培養した場合も管状要素への分化はみられなかった．単離葉肉細胞を48時間目周辺でホルモン処理した場合のみ管状要素への分化が観察された．

　これらの実験結果は管状要素分化における分子機構を理解する上で手がかりになると考えられる．生体内での管状要素分化過程を明らかにするためには，分化誘導時期に発現が誘導されるような遺伝子の解析が有効かもしれない．次に残される課題としては，どうしてある特定の細胞だけが管状要素への分化のシグナルを受取れるのか，という問題である．次節で述べるように，オーキシンは少なくともその一端を担っていると思われる．

　組織発生学的に注目すべき点としては，器官の状態とは無関係に維管束形成が進行するということである．たとえば，10章で述べたようないくつかの突然変異体の実生は異常な形態を示す．そのうちの一つである*argonaut*／*pinhead*二重突然変異体は基本的に形状の一定しない細胞塊を形成する．今までに見たことのある植物とは似ても似つかない形状をしているが，成長すると光合成細胞や気孔，道管まで形成される．このことから，細胞分化のシグナルは器官形成と協調したものではないということがはっきりとわかる．

植物の細胞間シグナル伝達

　位置情報は形態形成などに重要な機能を果たすことなどから，植物には細胞間でのシグナル伝達機構が必ず存在するはずである．本節では，どのように隣接する細胞間で連絡をとり合っているのか，いかにしてホルモンなどを利用した長距離間の情報交換をやり合っているのか，といった問題についてみてみよう．

細胞壁を介した植物細胞間シグナル伝達

　細胞壁（cell wall）ということばを聞くと，強固な要塞のイメージを思い起こさせられる．しかし，実際は要

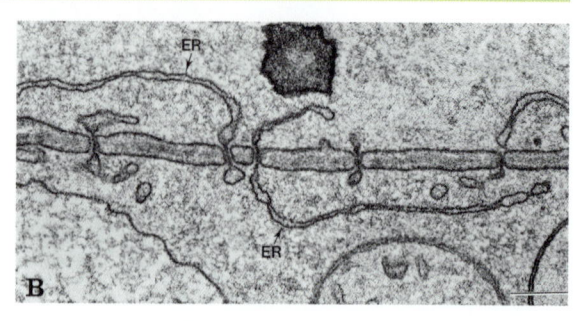

図11・8　**植物細胞の原形質連絡**．原形質連絡中には小胞体（ER）の糸状構造が存在する．

塞というよりも，もつれあった垣根のようなものである．植物細胞壁の主要成分は**セルロース**（cellulose）である．セルロースはグルコースがつながった単位の繰返し構造をとることで，組織化されたセルロース微小繊維を構成する．このセルロースと多糖やリグニンが絡み合って網状構造を構築する．細胞分裂の間，**原形質連絡**（plasmodesm(a)，*pl.* plasmodesmata）が形成される（図11・8）．ギャップ結合を連想させるこの開口部は，膜に包まれた細胞質のチャネルが細胞壁を通して隣の細胞の細胞質に連絡している．この原形質連絡の中央部には小胞体の細い糸が存在する．原形質連絡は細胞間の**シンプラスト**（symplast）的な連絡に役立ち，電気的性質の連続性や低分子の細胞間輸送に寄与している．対照的に**アポプラスト**（apoplast）的な空間の連続性は細胞の外側である細胞壁間で保たれている．

　原形質連絡は細胞系譜と無関係な，隣り合った細胞間にも形成される．環境や発生段階に応じて，このような二次的な原形質連絡が形成される．原形質連絡は，最初に両側の細胞の細胞壁の分解が起こり，つづいて細胞質が融合して生じる．

　Pat Zambryskiらは，原形質連絡を介する細胞間輸送機構の，環境および発生による制御に関する解析を行った．小さな蛍光物質を老化葉の師管から植物に与えると，原形質連絡を介した蛍光物質の拡散が顕微鏡により観察できた．蛍光物質ははじめ師管を通っていたが，その後，シンプラスト的に原形質連絡を介して移動した．彼女たちは，この蛍光物質が，短日条件下で栽培したシロイヌナズナの茎頂部全域にわたって（分裂組織と葉原基を含む）移動することを発見した．この植物を短日から長日条件下に移すと（シロイヌナズナでは花成を誘導できる条件），蛍光物質の植物内での移動は停止した．また，一度多くの花を形成すると，茎頂部でのシンプラスト的な連絡が復活した（図11・9）．次に，蛍光物質を発生

植物の細胞間シグナル伝達

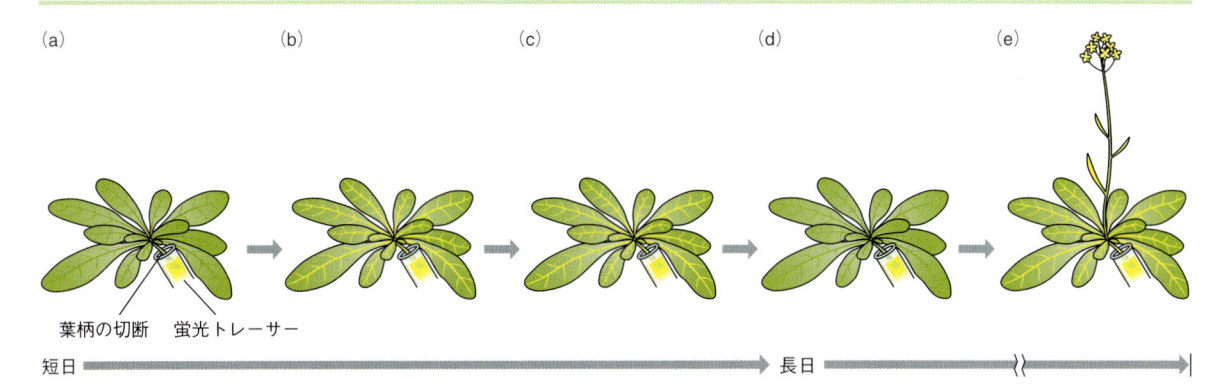

(a) (b) (c) (d) (e)

葉柄の切断　蛍光トレーサー

短日　　　　　　　　　　　　　　　　　　　　　長日

図 11・9　発生過程における原形質連絡の調節．(a) 老化葉の切断面に蛍光物質を塗布して標識すると，蛍光分子は十分小さいため原形質連絡を自由に移動する．(b, c) 短日条件下においては蛍光物質は植物体全体に広がる．(d) 植物を 2 日間長日条件で処理すると（この条件でシロイヌナズナでは花成が誘導される），蛍光物質の移動が止まる．(e) 最終的に花成が誘導され，花が咲き出すと，蛍光物質は植物体全体で観察できるようになる．

中の鞘に取込ませると，胚にまで自由に移動した．胚発生後期では，胚と胚柄とのシンプラスト的な連絡は途絶えた．

　原形質連絡による連絡状態は，環境条件の変化や細胞の分化状態によって変化する．未成熟な孔辺細胞はシンプラスト的に周辺の細胞と連絡している．成熟するに従って，その原形質連絡は閉鎖され，最終的に破壊される．同様に，シロイヌナズナの根の未分化領域にあるすべての細胞は原形質連絡で連結されている．しかし，成熟した根の表皮細胞は内側の細胞層とは分離され，表皮細胞の中でも根毛細胞は完全に独立している．これらの結果の意味するところは完全にはわかっていないが，シンプラスト的な連絡は発生段階や環境による刺激などによりダイナミックに変化することが示された．

　かつて原形質連絡は 1000 ドルトン以上の分子は通れない障壁にもなっていると考えられていた．しかし，この通説は，40,000 ドルトンほどの分子も移動できるように原形質連絡の有効孔サイズを大きくすることのできる**移動タンパク質**（movement protein）の発見により覆されることとなった．移動タンパク質は細胞間のタンパク質の移動だけでなく，核酸のような分子も引きずって移動させることができる．移動タンパク質はウイルスゲノムにコードされているため，ウイルスが植物に感染し，植物を乗っ取る功みな方法であると考えられている．しかし，細胞間の大きな分子の移動はウイルスのような侵入者のような単純なしくみとは違うようである．いくつかの植物の転写因子が原形質連絡の門を開く能力があるという証拠も増えつつある．

　10 章で述べた分裂組織のタンパク質 KNOTTED1（KN1）に関する実験が原形質連絡を介したタンパク質の移動に関する初期の解析となる．KN1 はクローン解析により非自律的に機能することが示されており，原形質連絡を介して移動するタンパク質の候補となった．葉において，優性突然変異をもつクローン細胞集団が，野生型である隣接する細胞の表現型に影響を与えたからである．タンパク質移動に関する実験は蛍光標識した KN1 タンパク質をタバコの葉の細胞に注入する実験を利用して行われた．KN1 は細胞間を移動し，原形質連絡の孔サイズを広げ，それにより，KN1 以外の高分子も原形質連絡を通過することができた．

　ウイルスは核酸をやや不思議なやり方で輸送することが示されている．たとえば，一本鎖 RNA ウイルスは，一本鎖 RNA であればどんな配列でも細胞間を移動をさせる場合があるが，二本鎖 RNA を移動させることはない．野生型の KN1 タンパク質があると，センス鎖の KN1 RNA は細胞間を移動できるが，"アンチセンス" RNA 鎖（タンパク質をコードしていない鎖）の移動はできないことが示されている．RNA とタンパク質はすべての細胞型に存在するわけではないので，これらのタンパク質が植物の中を移動するとしても，無秩序な移動を阻止する機構があると思われる．

　微量注入実験により，転写因子が分化した細胞間を移動できることが示されたが，その移動が通常起こっているものかどうかはわかっていない．通常 KN1 が発現している分裂組織に対する微量注入実験は，分裂組織の細胞が小さいために技術的に困難である．生体内でタンパク質の移動が行われているのかという問いに答えるためにキメラを用いた実験が行われた．L1 層特異的なプロモーターを用いて Allen Sessions，Detlef Weigel と Marty Yanofsky は L1 層でのみ *LEAFY*（*LFY*）遺伝子（10 章参

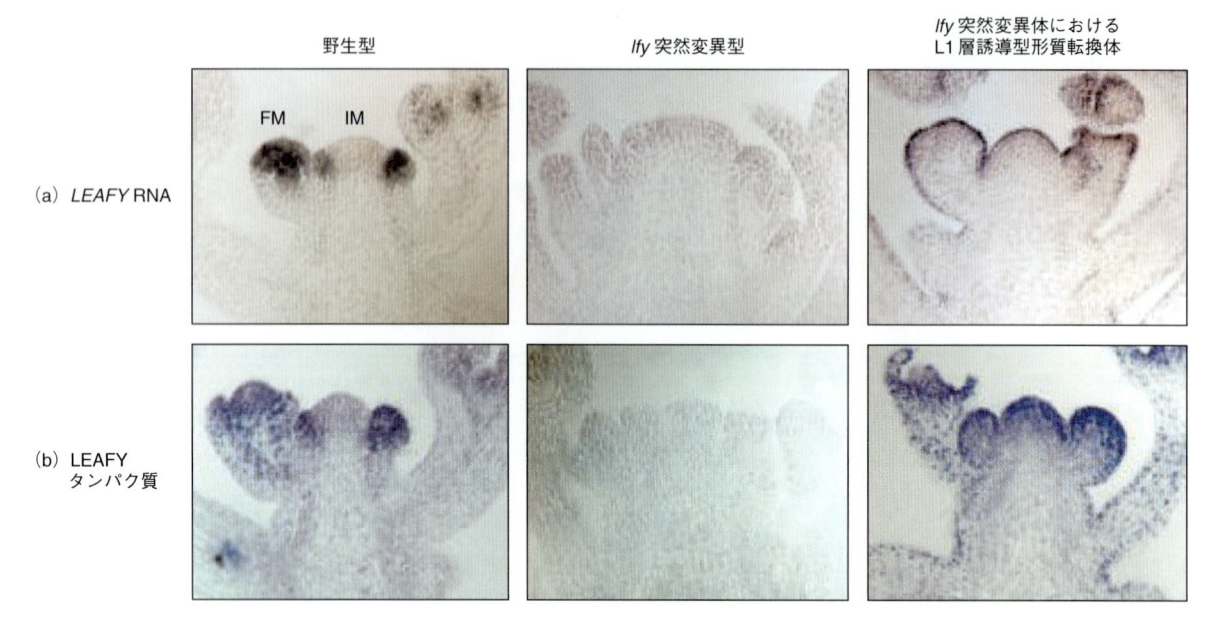

図 11・10 LEAFY タンパク質の移動. シロイヌナズナの花芽分裂組織では，LEAFY（LFY）タンパク質はL1層から内側へと移動する．(a) 野生型の花序分裂組織では LFY RNA は検出されないが，花芽分裂組織には存在する．lfy 突然変異体では，LFY RNA は検出できない．lfy 突然変異体において，L1層特異的なプロモーターを用いて LFY 遺伝子を発現させると，LFY RNA は L1 層でのみ発現が観察される．(b) 野生型では LFY タンパク質は若い花芽の細胞核で検出される．lfy 突然変異体では LFY タンパク質は検出されない．(a)の右図に示すものと同じ植物では，LFY タンパク質は濃度勾配を形成する．LFY タンパク質は L1，L2 層で多く検出され，内側にいくに従って濃度が薄くなる．タンパク質の分布は，老化した花ではより一様である．

照）が発現するトランスジェニック植物を作製した（図11・10a）．この LFY 遺伝子を lfy 突然変異体に導入した場合，L1層特異的な正常な LFY 遺伝子の発現は果たして lfy 突然変異体の形質を回復できるであろうか．答はイエスであった．正常な花成誘導に加えて，LFY タンパク質による活性化が知られているタンパク質の活性化も確認された．最もおもしろい結果は，LFY タンパク質が L1 層から内層に向かって濃度勾配を示したことである（図11・10b）．

シロイヌナズナの根の内皮細胞の分化の解析により発生過程におけるタンパク質の移動の重要さが明らかとなった．内皮と皮層は皮層-内皮始原細胞の不等分裂によって生じる（図11・11a，9章参照）．short root（shr）突然変異体ではこの不等分裂が起こらずに，皮層の性質をもつ1細胞層のみが形成される．SHR 遺伝子は内皮の形成に必要であるということが明らかになったが，Phil Benfey らは SHR RNA が内皮の内側である中心柱にのみ発現していることに驚いた（図11・11b 挿入図）．しかし，SHR タンパク質は中心柱だけではなく内皮や皮層-内皮始原細胞の核にも存在した．さらに，Benfey らは内皮でのみ SHR を発現するような形質転換体を作製した．当初，内生の SHR タンパク質が中心柱から外側に隣接する細胞層に移動し，始原細胞を分裂させ内皮と皮層を分化させるものと考えられていた．しかし，内皮特異的プロモーターの制御下にある形質転換された SHR 遺伝子は，内皮が分化するに従って発現が誘導され，過剰な SHR タンパク質を生産した．この過剰の SHR タンパク質はさらに隣接する細胞層に移動し，内皮細胞層を次から次へと分化させていった（図11・11c）．このように，SHR タンパク質の隣接する細胞への移動が細胞の不等分裂とそれに伴うさらなる分化を誘導することが明らかになった．このような機構は隣接する細胞層が異なる細胞運命をとるような他の組織にも存在するかもしれない．

植物細胞は受容体型キナーゼを通じてシグナル伝達する

自然界においてしばしばみられる表現型として茎の**帯化**（fasciation）があげられる．帯化は文字どおり"帯のように幅広くつながったもの"を意味する．帯化した茎は，円柱状というよりは扁平で通常の茎よりも分厚くなっている．帯化した茎は肥大した茎頂分裂組織が形成され

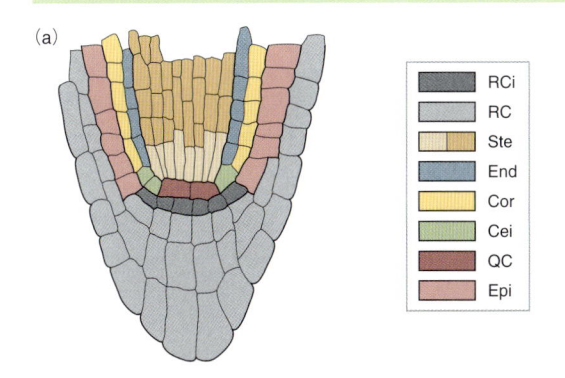

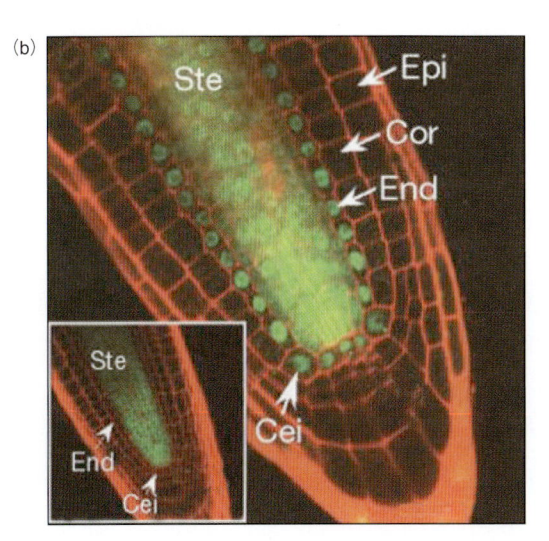

図 11・11 SHRタンパク質の移動．（a）シロイヌナズナの根では，模式図に示すようにいくつかの細胞系譜が観察される．皮層–内皮始原細胞は不等分裂を行い，独立した細胞列である皮層と内皮を形成する．（b）通常，*SHR* RNAは中心柱で観察されるが（挿入図の緑に見える部分），タンパク質は中心柱だけでなく隣接する細胞の核でも検出される．SHRタンパク質はGFPタンパク質と融合することで可視化している．（c）SHRを内皮でも発現できるようなプロモーター制御下で発現させる形質転換体では，過剰な細胞層が形成される．RCi：根冠始原細胞，RC：根冠，Ste：中心柱，End：内皮，Cor：皮層，Cei：皮層–内皮始原細胞，QC：静止中心，Epi：表皮，Sn：過剰な細胞層．

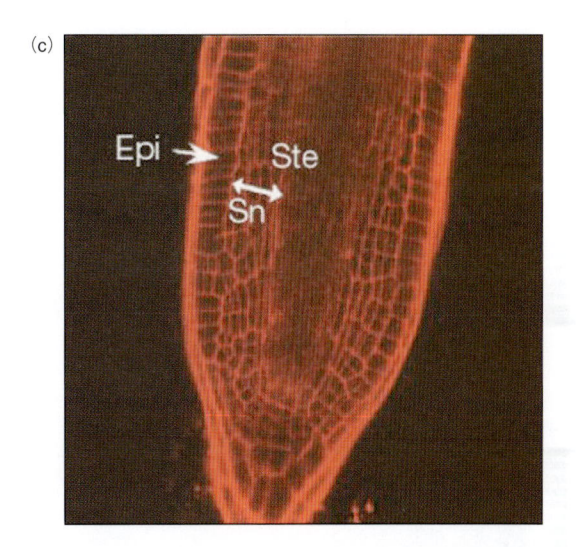

た結果としてつくられたものであり，単独の頂端からの成長に異常をきたしている．また，帯化した分裂組織は通常のものよりも多くの器官を形成する傾向がある．帯化したトウモロコシ（図11・12）は八百屋などで見かけることもあると思う．シロイヌナズナの*clavata*（棍棒状の心皮から名づけられた）とよばれる突然変異体のシリーズはやはり帯化している．*clavata*突然変異体では野生型に比べ多くの器官が形成され，花芽分裂組織の数も増加し，さらに心皮はしばしば分裂活性を維持した状態になる．これらの遺伝子は分裂組織の成長を抑制するシグナル伝達機構で機能しているようである．

CLAVATA1（*CLV1*）遺伝子は茎頂分裂組織の中央帯のL3層で発現する．この遺伝子は膜結合型の受容体型キナーゼをコードしており，細胞外ドメインは動物のホルモン受容体と類似性がみられる．CLVシリーズの2番目である*CLV2*遺伝子はCLV1の細胞外ドメインと類似したドメインをもつタンパク質をコードしていたが，

図 11・12 トウモロコシの帯化した雌穂． 左の雌穂は正常なもので，中央と右の雌穂は帯化したもの．帯化した分裂組織は中央の成長点を失い，広がってしまっている．これは，*fasciated ear 2*という突然変異体である．

キナーゼドメインは欠失していた．（図11・12に示したトウモロコシの突然変異体の原因遺伝子も*CLV2*様遺伝子をコードしていた．）*CLV3*遺伝子はCLV1にリガンドとして結合する可能性もある小さいペプチドをコードしている．*CLV3*は*CLV1*の発現領域に隣接したL1とL2層で発現している．遺伝学的解析は，*CLV*遺伝子がすべて同じ経路で機能することを示している．*CLV*発現パターンやタンパク質の相同性はその遺伝子産物が細胞間でシグナル伝達して，分裂組織を制御して，過剰に分裂しすぎないよう調節しているという仮説を支持している．この仮説はまた，高等植物においてCaMV 35Sプロモーターを用いて*CLV3*遺伝子を過剰発現すると葉が形成されず分裂組織がなくなってしまうような*wuschel*（ブッシェル）突然変異体や*shootmeristemless*（シュートメリステムレス）突然変異体（10章参照）と類似した表現型を示すことからも支持されている．

植物細胞がシグナル伝達のために受容体-リガンドを用いて原形質連絡を介するかどうかは別にして，器官全体が個々の自律的に機能する植物細胞の集合によるものであるというよりは，機能のために細胞が協調して活動しているということは明らかである．この点に関するよい例がトウモロコシの*tangled*（タングルド）（*tan*）突然変異体に見いだせる．*tan*突然変異体は異常な細胞壁を形成する（図11・13a, b）．しかし，全体としての形は正常である．実際，細胞を取囲んでいて細胞伸長方向と垂直方向に走るセルロース微小繊維は葉の伸長方向に従って配向し，個々の細胞の向きとは無関係にみえる（図11・13のcをdと比

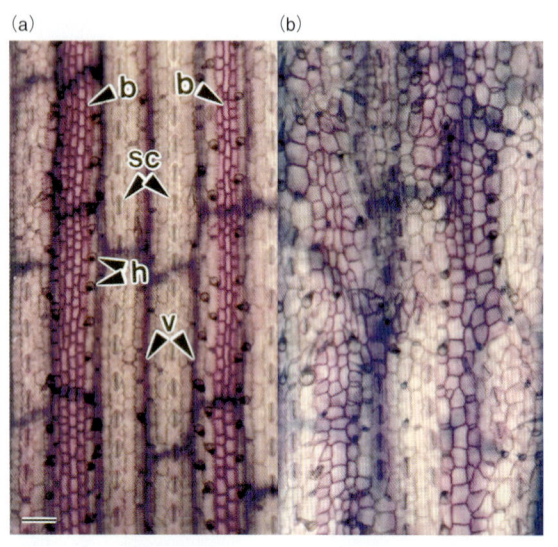

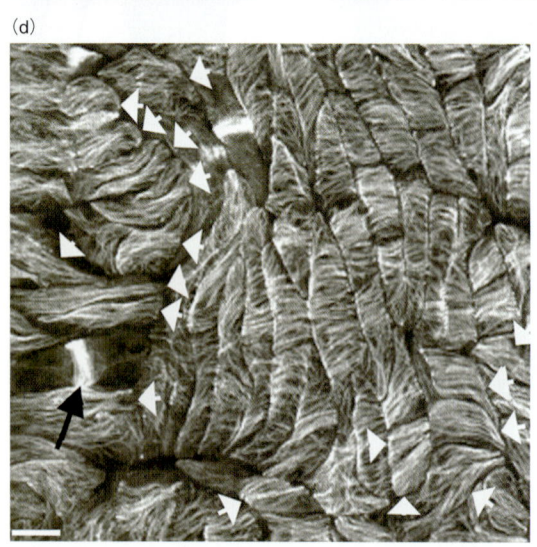

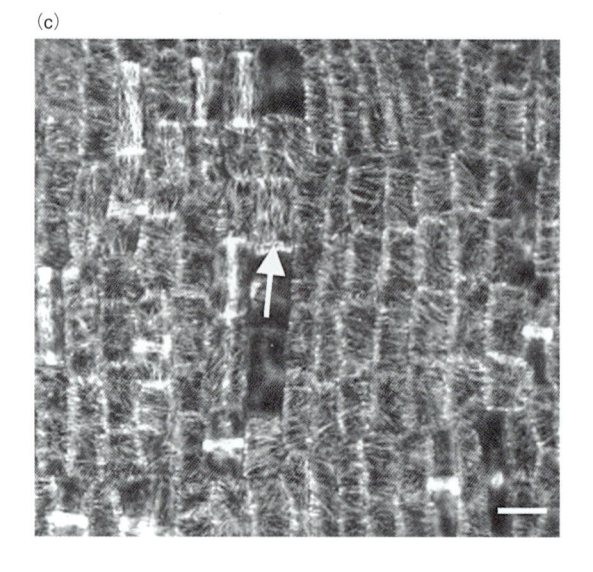

図 11・13 **トウモロコシの*tangled*突然変異体**．*tangled*突然変異体は，細胞分裂面の角度の決定は，器官形成に重要ではないことを示した．トルイジンブルー染色した野生型(a)と*tangled*突然変異体(b)の葉の表面を比べると，*tangled*突然変異体では細胞列が一定ではないことがわかる．(c) 野生型葉のセルロース微小管．微小管は通常細胞の長軸に対して垂直に走っており，場合によっては平行に走る場合もある（矢印）．(d) *tangled*突然変異体の葉では微小管は，野生型のように細胞の長軸に対して垂直に配置される場合もあるが，やじりで示すように，自分自身の細胞軸とは無関係に，隣接する細胞の微小管の配向に準じるように配置される傾向がある．

較せよ）．このように，明らかに個々の細胞型が全体の形を決めているわけではない．家造りと同様に，内部の壁の位置が最終的な家の形を決めるわけではない．

植物発生におけるホルモンの制御機構

六つある植物ホルモンのどれ一つをとってみても，それ抜きにして植物の発生を語ることはできない（表11・1）．これまでにみてきた頂芽優性，花成誘導，根毛成長，胚発生，根毛形成，そして管状要素分化などの発生過程はホルモンにより制御されている．ほとんどの場合において一つ以上のホルモンのシグナルが関与し，それらは相互作用しており，この"クロストーク"によって，より複雑になっている．このシグナル伝達経路の解析はふつう，遺伝的スクリーニングによる．遺伝的スクリーニングは多くの種子を突然変異源処理し（高率に

表 11・1 六つの主要な植物ホルモンと作用機構

ホルモン	構造	活性
アブシジン酸	(S)-(+)-アブシジン酸	気孔の閉鎖，休眠維持
オーキシン	インドール-3-酢酸	頂芽優性，細胞伸長，光屈性，道管の再生，不定根形成，果実の発生，重力屈性
ブラシノステロイド	ブラシノリド	細胞伸長，細胞分裂
サイトカイニン	ゼアチン	細胞分裂，培養時におけるシュートの形成，葉の老化遅延，頂芽優性による成長抑制打破
エチレン	$H_2C=CH_2$	果実の成熟，根毛成長，器官脱離，老化
ジベレリン（GA）	ジベレリン A_1	細胞伸長，花成誘導，種子発芽

遺伝的な突然変異を起こさせる試薬で種子を処理する），ホルモンの存在下，非存在下において成長応答の異常なものを探索するというものである．研究者はこのようにしてこれまでに確立された生理学的なプロセスを特定の遺伝子と結びつけている．

植物ホルモンであるオーキシンは極性輸送する

オーキシン（auxin）は植物ホルモンとして最初に同定されたホルモンであり，細胞伸長，傷害による道管の再生，頂芽優性，**屈光性**（phototropism），不定根形成，重力屈性，そして種子による果実の誘導に関与する（表11・1）．ダーウィンは高等植物において移動可能（translocated）な化学伝達物質（ある場所で生成され別の場所に移動して機能する化学物質）の存在を示唆したが，最初にオーキシンに関する実験を行ったのはFrits Wentで1926年のことであった．Wentは茎頂部を除去し，寒天上にのせ，しばらくしてその寒天を切除したシュート部にのせてみた．シュートの中央部に寒天をのせた場合は，シュートはそのまままっすぐに伸長するが，中心部からずらしてのせると，不均等な伸長と屈曲が観察された．茎頂からでる何かの物質が成長に関与するということが明らかとなり，最終的にオーキシンとして同定された．

Wentの発見したオーキシンの移動は極性的で能動的なものである．単離した茎を上下逆にしてもオーキシンは本来の根元方向に極性的に輸送されることから，この**オーキシンの極性輸送**（polar auxin transport）は単に重力に引っ張られた結果ではないということが明らかとなっている．オーキシンの極性輸送阻害剤により胚発生が球状型胚から心臓型胚の間に止まってしまったり，子葉が2枚に分離しないなどの影響が出るために，この方向性をもったオーキシンの輸送は発生上重要な意味をもつと考えられる．オーキシンの極性輸送阻害剤を植物の発生の後期に与えると光屈性や重力屈性など屈性がみられなくなる．オーキシンの極性輸送は，花の発生や維管束の分化にも影響を与える．

シロイヌナズナを用いた遺伝的なスクリーニングがなされ，オーキシンの輸送に関するタンパク質であるAUX1やAtPIN1が単離された．突然変異原処理した種子を，通常根の伸長が阻害されるような高濃度のオーキシンを含む培地上で生育させた場合でも根の伸長が抑制されない突然変異体として*aux1*が単離された．この*aux1*突然変異体は重力屈性も示さない．AUX1はアミノ酸透過酵素と配列上の相同性を示し，オーキシンを細胞内へ取込むオーキシン取込みキャリヤーとして機能すると考えられている．*pin-formed*（ピンフォームド）突然変異体から*AtPIN1*遺伝子が単離され，シュートでのオーキシンの輸送に必要であることが明らかとなっている．*pin-formed*突然変異体において最も顕著な表現型は花をつけず，裸の針状の茎を形成することであるが（図11・14a），子葉が異常な位置に形成されたり，余分な子葉が形成されたりする場合もある．

極性輸送の阻害剤で処理した場合，葉の下部の維管束系の形成にも異常を示す（図11・14a）．葉から供給されるオーキシンが茎を移動できないために大量の道管細胞が蓄積される．*AtPIN1*遺伝子は膜貫通性の輸送体をコードしており，茎において伸長した木部柔細胞で発現する．このように，発現位置も茎から根へのオーキシンの輸送に適したものとなっている（図11・14b）．

根で機能するオーキシンの排出タンパク質突然変異がシロイヌナズナにおける他の反応性から同定された．植物ホルモンであるエチレンの非感受性突然変異体（*ethylene insensitive 1/ein1*）（エチレンインセンシティブ），根の伸長が波を打ったようになる突然変異体（*wavy6*）（ウェイビー），そして重力に応答した屈性を示さない突然変異体（*agr1*）である．すべての表現型は*AtPIN2*遺伝子に突然変異が入ったものであった．AtPIN1に配列上の相同性を示すAtPIN2は根の皮層と表皮細胞に局在し，特に細胞内では細胞の上部（茎側）に局在する（図11・14b）．AtPIN2は重力屈性に重要な機能を果たす．Darwinは，極性輸送に関する彼の仮説が正しかったということが証明され，遺伝学的な手法を用いて分子が特定されたことにきっと喜びを感じるにちがいない．

植物ホルモンであるサイトカイニンは細胞分裂を誘導する

サイトカイニン（cytokinin）は，最初ココナッツミルクに含まれる成長促進因子として発見された．この発見により，サイトカイニンは活発な細胞分裂が要求される組織培養実験に応用された．また，シュート形成や頂芽優性の消失，老化の抑制にも関連している（表11・1参照）．サイトカイニンの生合成経路は植物では示されていないが，サイトカイニンを生成する酵素は土壌細菌であるアグロバクテリア *Agrobacterium tumefaciens* から単離され，さまざまな実験にも応用されている．近年のシロイヌナズナゲノムの解読により，配列上の相同性を示す多くの酵素が同定されている．サイトカイニンと細胞分裂における相関関係はシロイヌナズナの細胞分裂に関与する遺伝子，*cycD3*により示されている．二倍体生物では，細胞周期はG_1期（$2n$），合成期（S），そしてG_2期（$4n$）と進み，最終的に細胞分裂が起こる（そして

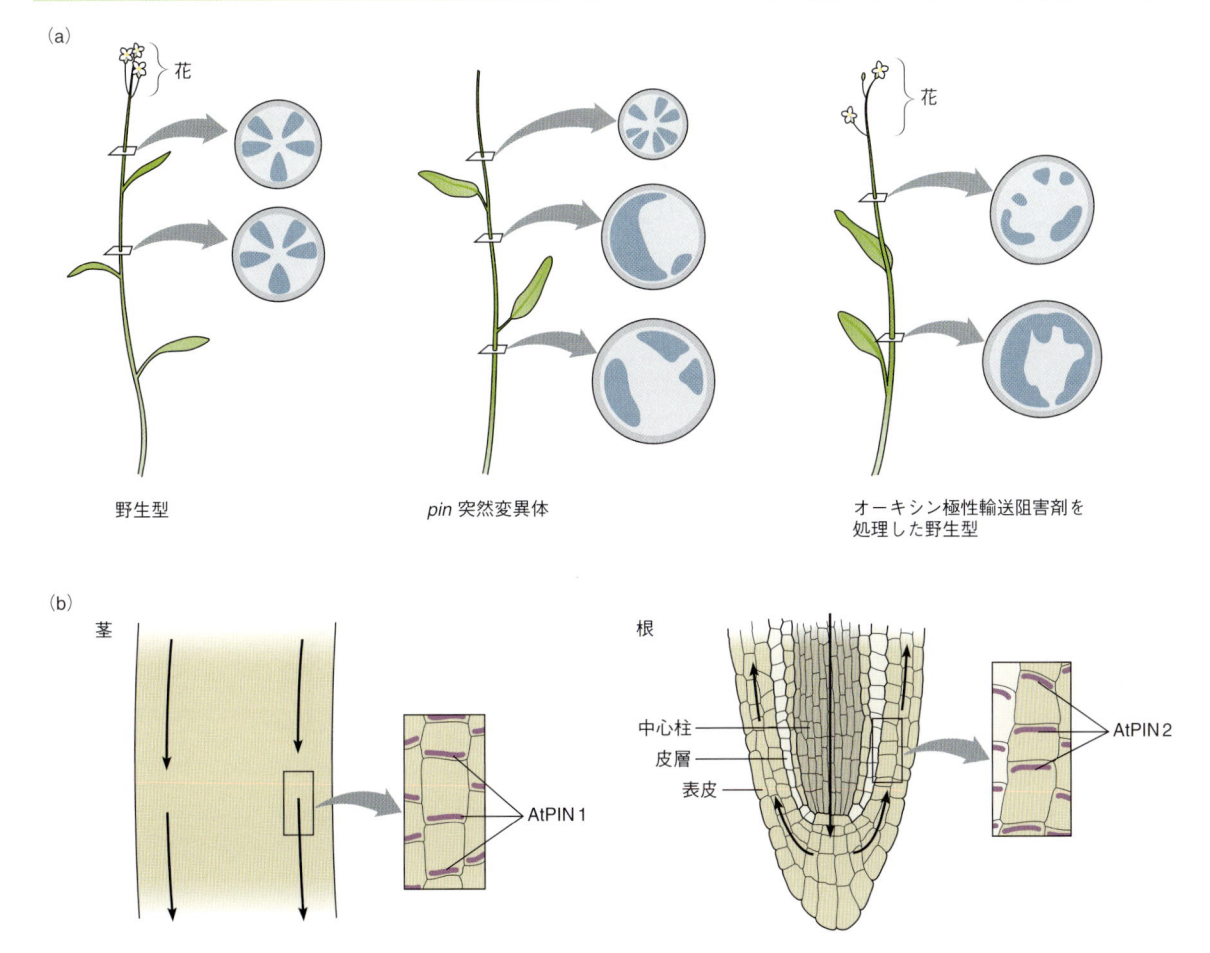

図 11・14 シロイヌナズナにおけるオーキシン極性輸送の解析. (a) 野生型植物では，茎の軸に沿って規則的間隔をもつ維管束系がみられる（横断面の青部分）．*pin-formed* 突然変異体の維管束系は，葉の下側では異常な形状をとる．同様の異常な維管束系は野生型植物をオーキシン輸送阻害剤で処理した場合にも形成される．(b) オーキシンの流れに関するモデル．茎ではオーキシンはシュートの中を，細胞の底面に局在する（根の方向）AtPIN 1 を介して下部に移動する（矢印）．根ではオーキシンは中心柱を通って先端まで移動する．根端部でオーキシンの流れが変化し，皮層や表皮を通ってシュートのほうに移動する．そこでは，細胞の上面（シュート側）に局在した AtPIN 2 がオーキシンの輸送を担っている．

$2n$ に戻る）．CycD3 転写産物は合成期の前に蓄積し，G_1 期から S 期への移行に関与すると考えられている．サイトカイニンを培養細胞や植物体に添加すると CycD3 が蓄積する．

　分裂組織におけるサイトカイニンの役割はなんであろうか．これを調べるためにサイトカイニンを合成できない突然変異体の表現型を解析したいのであるが，ジベレリンやエチレン（この二つのホルモンに関してはすぐ後で述べる）合成の突然変異体と異なり，サイトカイニンの合成突然変異体は単離できていない．これはおそらく，サイトカイニンが細胞分裂に必須であるためである．その代わりに，サイトカイニンが過剰に生産される突然変異体が知られており，そのうちの一つであるシロイヌナズナの *supershoot* (*sps*) 突然変異体では，すべての葉腋から多くの側枝が形成されて茂みになる．この原因遺伝子は葉腋で発現し，シトクロム P450 をコードしていた．他のシロイヌナズナの突然変異体として，サイトカイニン存在下で組織培養しても胚軸がシュートを形成できない *cre 1* 突然変異体が単離されている．*CRE 1* 遺伝子はヒスチジンキナーゼをコードしており，柿本辰男らは CRE 1 こそがサイトカイニンの受容体であるということを突き止めた．彼らによって，酵母の突然変異体を用いた相補性検定が行われた．まず，ヒスチジンキナーゼを欠失した酵母の *sln 1* 突然変異体を単離し，致死性を示す

(a) タバコ葉片の培養

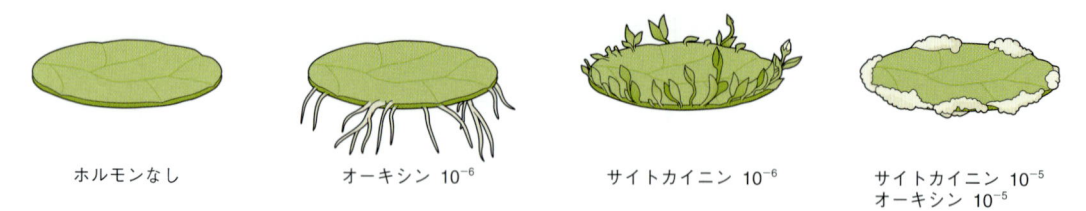

ホルモンなし　　　　オーキシン 10^{-6}　　　　サイトカイニン 10^{-6}　　　　サイトカイニン 10^{-5}
　　オーキシン 10^{-5}

(b) GA により制御される成長

野生型　　　*ga1*　　　*gai*　　　*spindly*

(c) トリプルレスポンス

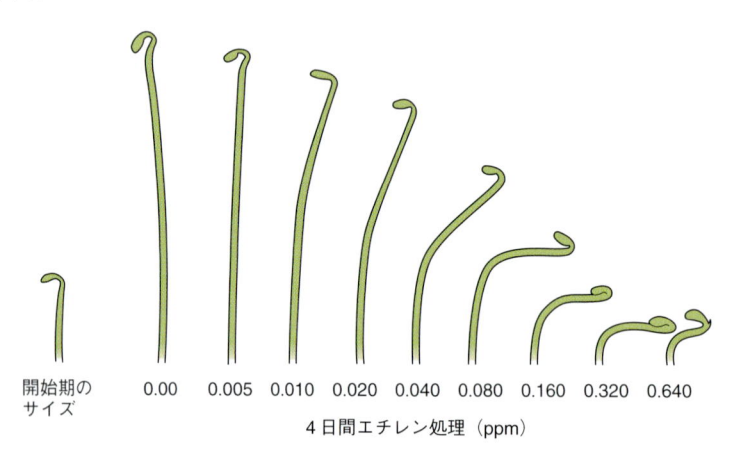

開始期のサイズ　　0.00　0.005　0.010　0.020　0.040　0.080　0.160　0.320　0.640
4 日間エチレン処理 (ppm)

図 11・15　植物ホルモンの効果. (a) タバコの葉片をオーキシンやサイトカイニンの入っていない培地で培養しても器官形成は起こらない．オーキシン存在下では根が形成され，サイトカイニン存在下ではシュートが形成される．高濃度のオーキシンとサイトカイニン存在下では非組織化されたカルスが形成される．(b) シロイヌナズナで示されたように，ジベレリンは細胞伸長や花成時期の調節などさまざまな機能をもつ．左から右：野生型，GA 欠損突然変異体 (*ga1*)，GA 受容突然変異体 (*gai*)，過剰の GA で処理したような表現型を示す突然変異体 (*spindly*)．(c) エチレン処理をしたマメの実生．エチレンの濃度を上げていくと，実生が短く，太くなり屈曲する．この表現型は"トリプルレスポンス"として知られ，突然変異体の探索に利用された．たとえば，エチレンを与えていないのに，エチレンを与えたような表現型を示す突然変異体や，エチレンを与えているのに与えていないような表現型を示す突然変異体などが，トリプルレスポンスを指標にして単離された．

ことを見いだした．*CRE1* 遺伝子を酵母ゲノムに挿入し，サイトカイニンを培地に加えると *sln1* 突然変異体が生育可能となった．未だサイトカイニンの合成系は明らかとなっていないが，サイトカイニンをどのように受容し，応答するかという機構に関する理解には近づいてきている．

しかし，サイトカイニンは単独で機能するわけではない．多くの解析によりサイトカイニンとオーキシンの釣合が重要であることが明らかとなっている．サイトカイニンは腋芽の成長を促進するが，オーキシンは抑制する．高いオーキシン–サイトカイニン比でこれらの植物ホルモンを含んだ培地上でタバコの葉片を組織培養すると葉縁部から根が形成される．一方，低い比率で含んだ培地上ではシュートが形成される．両方のホルモンの量が多いと無秩序な成長が起こり，両方の植物ホルモンを含まない培地上では葉片の成長は起こらない（図11・15a）．

植物ホルモンであるジベレリンは植物の成長に影響を与える

植物の背丈を制御する重要な植物ホルモンとして**ジベレリン**（gibberellin: GA）があげられる（表11・1参照）．おもしろいことに，ジベレリンはイネに感染し，"馬鹿苗病"をひき起こす真菌の合成物質として単離された．この"馬鹿"なイネの実生は高く成長しすぎて田圃で倒れてしまう．最終的にこの真菌の毒と思われていたものが，植物の主要な成長制御因子であることが示された．この物質を矮性のマメやトウモロコシに添加すると正常に生育できるという解析によって，この物質が植物の化合物であることが明らかとなった．Bernard Phinney は異なった染色体上にマップされるいくつかの劣性の矮性の突然変異体と異なった GA 中間体を組合わせて，トウモロコシにおける GA 合成系を明らかにした．同様の GA 欠損突然変異体がシロイヌナズナで単離され，原因遺伝子も同定された．

シロイヌナズナの優性の矮性突然変異体である *gibberellic acid insensitive*（*gai*）は GA 欠損突然変異体と似た表現型を示したが（図11・15b），重要な相違点があった．*gai* 突然変異体は GA 合成系の突然変異体ではなく，応答の突然変異体であった．野生型では高濃度の GA を与えると，過剰のホルモンをつくらないように負のフィードバック機構が働いて GA の合成が抑制される．*gai* 突然変異体は GA 非感受性であるためこの負のフィードバック機構が機能せず，表現型として反映されないものの，GA が過剰に蓄積していた．*GAI* 遺伝子がコードする転写因子は，9章で解説した根の発生に関与する SCARECROW タンパク質と相同性を示した．

矮性のシロイヌナズナの植物は農業には直接結びつかないが，オオムギやコムギの相同遺伝子の突然変異体は商業上利用されている．矮性は穂が倒れにくくなり，栄養を長い茎ではなく穂に回すことができる．このような GA 非応答性矮性突然変異体は茎に影響を与えるが果実への影響はないために有用である．短い幹に通常サイズのリンゴをつける矮性のリンゴの木と同様に，オオムギやコムギも正常なサイズの穀粒をつける．

植物は適切な量の GA を必要とする．GA が過剰にあると馬鹿苗病のイネのように大きく成長しすぎてしまう．シロイヌナズナの *spindly* やオオムギの *slender* 突然変異体は GA 過剰の表現型を示す．*gai* 突然変異体のように，*spindly* 突然変異体は GA に非感受性である．しかし，*gai* が GA を受容できない表現型を示すとは逆に，*spindly* 突然変異体は常に GA に応答しているような表現型を示す（図11・15b）．この突然変異体では，GA 生合成が常に起こっていると感じているために負のフィードバック機構が機能して GA の蓄積量は低下している．

植物ホルモンであるアブシジン酸は種子の休眠において主要な役割を果たす

さまざまな種において，発芽前にはさまざまな要因によってひき起こされる休眠が必要不可欠であることが知られている．休眠に関する一つの重要な要因は水分の進入を妨げる種皮である．もう一つは種皮に含まれるか種子自身にある化学物質である．いくつかの種ではこの化学物質の除去に対して効果的な雨により，休眠が打破される．主要な発芽抑制因子は植物ホルモンである**アブシジン酸**（abscisic acid: ABA）である（表11・1参照）．

サイトカイニンとオーキシンが互いに拮抗的に相互作用しているように，GA は ABA の拮抗物質として作用する．この現象はビール造りのためのオオムギ胚乳の利用でよく知られている．オオムギの穀粒を水にさらすと GA 量が増加し，**アリューロン層**（aleurone layer）とよばれる胚乳の外層から酵素の分泌が起こる．胚乳の内層と異なり，成熟した種子内にあるアリューロン層は生きている．分泌された酵素は胚乳を分解し，胚のための栄養源とする．その後すぐにアリューロン細胞は死亡する．アリューロン層の細胞からプロトプラストを作製すると，ABA 存在下では何週間も生育できるが GA 存在下では速やかに死亡することが明らかとなった．トウモロコシとシロイヌナズナの種子において ABA の合成ができない突然変異体では，穂発芽（レッドマングローブのように種子が鞘の中でも発芽してしまう）の表現型を示し

た．穂発芽は，果実の中で種子が発芽してしまうという不幸な結末をもたらす．果実の中では水分から隔離されていて乾燥してしまうのである．

ブラシノステロイドは植物で見つかった動物ホルモンと類似したものである

矮性の別のクラスの突然変異体の解析から植物も動物のようなステロイドホルモンをもつことが近年示された．シロイヌナズナの*deetiolated2* (*det2*) と *constitutive photomorphogenic dwarf* (*cpd*) 突然変異体はGAに応答できないが，植物のブラシノステロイドである**ブラシノリド**（brassinolide）には応答する（表11・1参照）．*DET2* 遺伝子は，ブラシノリドの合成系における最初の段階であるステロイド5α-還元酵素をコードしていた．ステロイド還元酵素は種を超えて高度に保存されており，DET2はヒトのテストステロンのようなアンドロゲンの還元を触媒することも可能であった．植物の*det2*突然変異体はきわめて小さい矮性を示すが，野生型*DET2*遺伝子やヒトの遺伝子を通常コピー分だけ形質転換すると正常にブラシノリドの合成を行い，野生型と同じサイズにまで成長する．*DET2*遺伝子を過剰発現すると，野生型や*det2*突然変異体は正常体よりも大きく成長する．

ブラシノステロイド受容体は，同じ表現型を示すが，ブラシノリド非感受性である突然変異体の研究から同定された．この受容体（*DET1*遺伝子にコードされている）は繰返し配列をもつ細胞外ドメインをもち，それぞれの繰返しは多くのロイシン残基を含んでいた．同様の"ロイシンリッチリピート"は動物ホルモンの受容体や植物の病原抵抗性に関与するタンパク質や分裂組織で機能するCLV1でも見つかっている．CLV1のように，DET1もキナーゼドメインをもっている．ある植物を食べることで，植物に含まれるステロイドにより，オリンピック委員会から出場停止処分を受けることになってしまうかもしれませんね．

エチレンは果実の成熟に関与する気体状ホルモンである

最も単純な構造をもつ植物ホルモンは**エチレン**（ethylene）C_2H_4である（表11・1参照）．樽の中でリンゴが腐ってしまう原因はこの揮発性のエチレンガスである．エチレンは果実の成熟を促進し，成熟した果実からはエチレンガスが生産され自己触媒的に作用する．果実の成熟に加えて，エチレン生成は傷，病原体の感染や老化によっても誘導される．エチレン合成はオーキシンによっても促進される．この事実によって，本章の初めに登場した*ein1*突然変異体が，オーキシンの輸送異常によって生じることも説明できる．エチレンは種子の発芽，細胞伸長，葉の偏差成長，根毛形成や**器官脱離**（abscission，花，果実，葉の植物体からの自然の脱離）にも影響を与える．明らかにエチレンは四季を通じて必要なホルモンである．近年，動物も気体状のホルモンを利用しているかもしれないという報告がなされている．この場合のガスは窒素酸化物（NO）である．

生化学的な解析からエチレンの生合成をもたらす**ヤング回路**（Yang cycle）が明らかになった．一方，エチレンのシグナル伝達系は野生型植物を過剰のエチレンで処理したときの表現型をもとにした遺伝学的解析により明らかになった．エチレン処理すると，実生は太くなり胚軸が屈曲し子葉の展開がみられない（図11・15c）．シロイヌナズナの突然変異体である*constitutive response* (*ctr1*) 突然変異体はエチレン処理をしていなくてもエチレン処理をしているように成長する．ところが，*ethylene insensitive* (*ein*) 突然変異体はエチレン存在下でも生育に影響を受けない．

エチレン受容体と思われる遺伝子は，細菌のヒスチジンキナーゼと類似した膜結合性のタンパク質をコードしていた．エチレンがない場合はこの受容体（シロイヌナズナでは四つの遺伝子からなるファミリーを形成している）がエチレン応答に必要なキナーゼカスケードを抑制し，エチレン存在下ではこの受容体の抑制効果がはずれる．優性のエチレン非感受性突然変異の起こった受容体ではエチレン結合ドメインに変異が起こっていた．変異型受容体はエチレンに結合できないためにエチレン応答を常に抑制していた．同様に，エチレン受容体に突然変異が入った結果得られた優性突然変異形質はトマトでもみられ，"ネバーライプ（成熟知らず）"と名づけられた．この名前から，この変異トマトの形質を連想するのはむずかしくはない．ネバーライプはいつまでも緑色で堅いトマトをつける．

このシグナル伝達経路に寄与する他のキナーゼとしてはEIN2とCTR1が知られている．CTR1はヒトでシグナル伝達系に関与するRafと似た膜結合型タンパク質である．リン酸基は受容体からCTR1に移り，最終的に核で機能する転写因子であるEIN2に渡される．*ein2*突然変異体はオーキシン輸送阻害剤，サイトカイニン，そしてABAに耐性を示す突然変異体として独立に単離された（他のエチレン応答関連突然変異体ではみられない特徴である）．このことから，EIN2は他の植物ホルモンのシグナル伝達経路においても機能すると考えられている．

動物は外的環境に応答するために行動変化を起こすが、植物は発生様式を変えることで応答していることを考えると、さまざまな刺激に対してしばしば同じ型のシグナル伝達分子が使われていることはおもしろいことである．

植物の光応答

ホルモンと同様に，光も植物の発生のすべての局面において機能している．植物は，日陰で生育しているのか日向で生育しているのか，発芽を先に延ばすか，花をつけるかを知るために，常に太陽からのスペクトルの質と量をモニターしている（図11・16）．植物の主要な光受容体は**フィトクロム**（phytochrome）とよばれる色素分子のファミリーである．フィトクロムは光の赤色領域と遠赤色領域を吸収する．日中の太陽光は赤色光が豊富に含まれており，月明かりには遠赤色光が含まれている．葉の下の陰になっている部分はほとんど遠赤外光であり，湖底の光はほとんど赤である．フィトクロムは光に応答して種子発芽，緑化，茎の伸長，花成誘導，そして光合成に必要な遺伝子群の発現を誘導する．

光形態形成（photomorphogenesis，光により制御されている植物組織と器官の発生のこと）を観察するとフィトクロムの機能がよく推察できる．暗所で発芽した実生は薄緑色で胚軸が徒長し，子葉の展開がみられずに本葉が形成されない．この実生に赤色光を5分間パルス的に与えると速やかに（4時間以内に）光合成に関与する多くのタンパク質の合成が行われる．この誘導は，赤色光パルスのすぐ後に遠赤色光パルスを当てることで抑制される．それに続きさらに赤色光パルスを与えるとタンパク質合成の誘導は再び起こる．このように，フィトクロムの応答は赤色光と遠赤色光によって可逆的に転換される．フィトクロムB（PHYB）はシロイヌナズナの実生の発生において最も重要な機能をもつフィトクロムであり，*phyB*突然変異体は胚軸が徒長し，薄緑色で頂芽優性が強くなり，花成誘導が早く起こる．*phyB*突然変異による同様の表現型はキュウリ，マメ，トマトやセイヨウアブラナでも観察される．

クロモフォア（chromophore）は光捕捉分子であり，特殊な波長の光を吸収するので，色がついて見える〔このことからchromo-(色)が単語に含まれている〕．クロモフォアはフィトクロムタンパク質と共有結合している．フィトクロムが赤色もしくは遠赤色光を受容するとタンパク質の構造が変化する．しかし，フィトクロムで光を受容した後，いかにして遺伝子発現に結びつくかという問題が十年来の疑問として残されていた．この関係を明らかにするために，近年さまざまな形質転換体が作製されている．6章で紹介したが，紫外線照射により緑色の蛍光を発するクラゲの**緑色蛍光タンパク質**（green fluorescent protein: **GFP**）とフィトクロムを融合したキメラ遺伝子が作製された．この融合遺伝子により，植物を殺さずに，またタンパク質の機能に干渉することなしに，フィトクロムタンパク質の挙動を観察できるようになった．その結果，フィトクロム-GFP融合タンパク質は光依存的に核へと移行する．赤色光を一瞬照射するだけでフィトクロムA（PHYA）とPHYBは核へと移行する．しかし，その後に遠赤色光を照射すると速やかに核外へと移動する．フィトクロムが細胞質でリン酸化酵素として機能する可能性は排除されていないが，Peter QuailらはPHYBが光，特に赤色光依存的に核局在化タンパク質と相互作用し，DNAに結合することを示した．また，この結合タンパク質は緑化過程にも必要な因子であった．

青色光受容体も重要な光受容因子であり，二つのグループが知られている．**クリプトクロム**（cryptochrome，隠れた色素の意．発見しづらかったことから名づけられた）と**フォトトロピン**（phototropin）である．青色光受容体の存在は昔から知られていた（青色光応答はダーウィンにより最初に示された）が，最近になってようやく分子が同定された．フォトトロピンは光屈性，特に胚軸の屈曲時に機能するが，青色光により誘導される気孔の開口や，葉緑体の細胞内移動にも関与する．フォトト

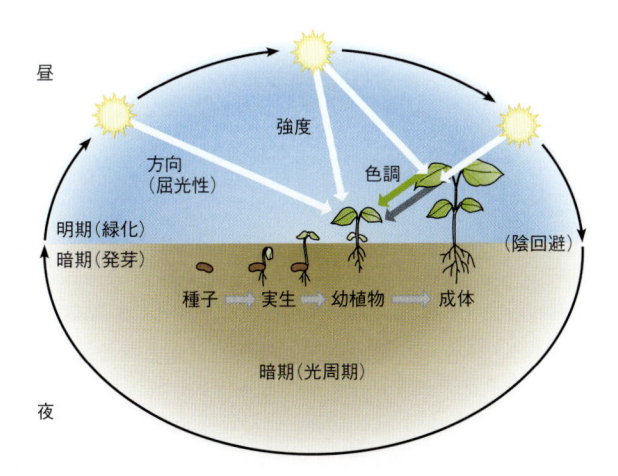

図 11・16 光受容. 植物は，光を感じとることで，自分が今何をするべきか，いつするべきか，どうするべきかを決定する．植物が受容する光の波長や量は，まわりの環境に左右される．光受容体から得られた情報により，さまざまな遺伝子の活性が調節される．

ロピンはセリン-トレオニンキナーゼであり，青色光により活性化される．シロイヌナズナでは二つのクリプトクロム遺伝子，*CRY1*，*CRY2* が知られている．CRY1 は胚軸の伸長に寄与するが，CRY2 は光周期依存的な花成誘導に寄与している．これら二つのタンパク質は，紫外線により生じるチミン二量体を，青色光依存的に切断し，DNA 修復を行う細菌の光回復酵素（DNA フォトリアーゼ；DNA photolyase）と配列上の相同性を示す．しかし，CRY1 も CRY2 も DNA フォトリアーゼを介して機能するようには思えない．フィトクロムのようにクロモフォアも青色光受容体と共有結合している．現在のところ，CRY タンパク質がどのように青色光シグナルを伝達しているのかは明らかになっていない．

フィトクロムも青色光受容体も**概日リズム**（circadian rhythm，約1日のリズム）を感知する"体内時計"に組込まれている．体内時計は，12時間ごとの明期/暗期周期により**同調化**（entrained）される．体内時計は一度セットされると，気孔をいつ開閉させるのか，光合成関連遺伝子の発現をいつ上昇させるのか，いつ花成を誘導するか，などの重要な情報を植物に与える．この時計は，明暗周期後，完全明期や完全暗期へと植物を移行させても少なくとも数サイクルの間はこのような生理学的なイベントをスケジュールどおりに進行させることができる．

このように，体内時計には二つの重要な側面がある．一つは同調化しリズムを刻むことができるということであり，もう一つは同調化シグナルがなくなってもリズムを維持できるということである．

転写レベルで概日リズムを刻む多くの遺伝子が知られている．たとえば，葉緑体内でクロロフィルを膜に結合する，クロロフィル *a/b* 結合タンパク質（CAB）の転写産物は概日リズムを刻む．CAB 転写産物は日の出を予期するように夜明け前に転写量が増加し始め，光が最も強いときに転写産物の量はピークに達する．発現のなくなる *phyB* 突然変異では，概日リズムは 2～3 時間長くなる．一方で，*PHYB* 過剰発現株では概日リズムが 2～3 時間短くなる．同様にして，*CRY1* 過剰発現株もリズム期間が1時間ほど短くなり，*cry1* 突然変異体では長くなる．*cry* と *phy* 突然変異の概日リズムに与える影響は光の波長と強さに依存する．このように，フィトクロムとクリプトクロム遺伝子は互いに光のシグナルを時計に伝えるのに機能しているようである．

今回，植物の細胞内シグナル伝達系の話の流れを単純化するために，ホルモンと光の発生制御過程が，まるで独立に寄与しているかのように述べてきたが，これらのシグナル伝達はお互い相互作用しており，この分子機構は複雑であるということも知っておいてほしい．

本章のまとめ

1. 根毛形成を制御する遺伝子は，葉のトライコーム形成も制御する．
2. トライコームや気孔を空間的に適切に配置する遺伝的制御機構が存在する．
3. 植物の転写因子は細胞間を移動する場合がある．
4. 植物ホルモンは植物の発生においてすべての局面で決定的な機能を果たす．
5. フィトクロムは赤と遠赤外を吸収し，核へと移動する．
6. 光屈性は青色光受容体により制御される．

問題

1. 気孔の空間的な配置決定機構の調節因子を同定するためにはどうしたらよいか．
2. ホルモンと光のシグナル伝達系が重複性をもつかどうかを明らかにするためには，どのような実験をすればよいか．
3. 植物細胞はどのようにして隣接する細胞と情報のやりとりを行うのだろうか．
4. ある細胞型で生産されたタンパク質が，そこではつくられていないはずの隣接する細胞で観察される場合，どのようなタンパク質移動機構が存在するか．
5. 植物はどのようにして異なった質の光を認識することができるのであろうか．
6. フィトクロム反応の応答にはどのようなものがあるか．
7. GA 欠損突然変異体の特徴はどのようなものか．

参考文献

Bleeker, A. B. 1999. Ethylene perception and signaling: An evolutionary perspective. *Trends Plant Sci.* 4: 269-274.
植物のシグナル伝達系の進化を考えるうえで興味深い例としてエチレンのシグナル伝達系を取上げ概説している.

Buchanan, B., Gruissem, W., and Jones, R. L. 2000. *Biochemistry and molecular biology of plants.* American Society of Plant Biology, Rockville, Md.
植物ホルモンや植物学のさまざまな側面に関する情報を与えてくれる教科書.

Harmer, S. L., Hogenesch, J. B., Straume, M., Chang, H. S., Han, B., Zhu, T., Wang, X., Kreps, J. A., and Kay, S. A. 2000. Orchestrated transcription of key pathways in *Arabidopsis* by the circadian clock. *Science* 290: 2110-2113.
概日リズムに関与する遺伝子をマイクロアレイを用いて単離した論文. 驚くべきことに, 今まで想定されていたよりも多くのシグナル伝達系に関与する遺伝子群が概日リズムを刻んでいることが明らかとなった.

Palme, K., and Galweiler, L. 1999. PIN-pointing the molecular basis of auxin transport. *Curr. Opin. Plant Biol.* 2: 375-381.
オーキシンの極性輸送にかかわるシロイヌナズナの遺伝子ファミリーの総説.

Schiefelbein, J. W. 2000. Constructing a plant cell. The genetic control of root hair development. *Plant Physiol.* 124: 1525-1531.
シロイヌナズナの根毛の遺伝学的解析に関する総説.

Zambryski, P., and Crawford, K. 2000. Plasmodesmata: Gatekeepers for cell-to-cell transport of developmental signals in plants. *Annu. Rev. Cell Dev. Biol.* 16: 393-421.
ウイルスの移行から植物の発生にかかわる転写因子の細胞間移行までさまざまな局面で機能する原形質連絡を介したシグナル伝達に関する総説.

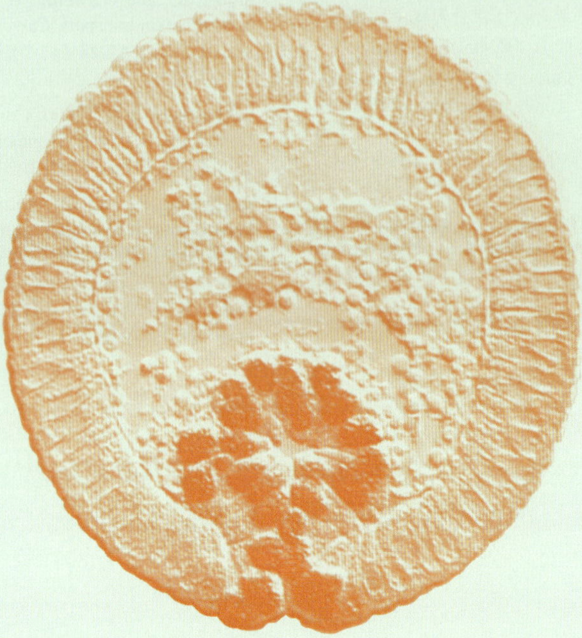

第 V 部

形態形成

12 細胞の結合，環境，および行動

本章のポイント

1. 間充織細胞は，主としてコラーゲン，ラミニン，フィブロネクチン，プロテオグリカンからなる細胞外基質中に存在する．
2. 植物細胞はセルロースやアミロペクチンの細胞壁基質で囲まれている．
3. 上皮細胞は互いに特別な結合によって接着されている．
4. 上皮細胞の接着には種々の分子が用いられている．
5. 間充織細胞は細胞外基質との接着にインテグリンを利用する．
6. 細胞接着，細胞形態，および運動行動が形態形成の基礎となっている．

第II部と第III部では，**形態形成**（morphogenesis）について解説した．これは，細胞集団や組織のダイナミックな変化であり，発生の多くの部分を特徴づける形と形態の変化をもたらす．形態形成は，細胞集団が次のどれかのやりかたで変化することで起こる．すなわち，細胞の形，細胞の運動性（もっと一般的には突出する行動），細胞増殖率，相互の接着，などである（図12・1）．これらの細胞行動の変化は，細胞と他の細胞を含む環境の相互作用が変化することによって起こる．変化は細胞自身の変化，環境の変化，あるいはその両方のいずれかによってもたらされる．したがって形態形成を理解するには，細胞行動をひき起こす生物学についてもっと知らなければならないし，細胞の周囲の環境について，また細胞が変化する環境と情報交換する方法について知らなければならない．

これらの変化する細胞行動や細胞間相互作用はとてもわかりやすい用語のように思え，実際ある意味ではそのとおりである．このシナリオを複雑にしているのは，接着，形の変化，細胞分裂，運動性などの基礎にあるメカニズムがそれ自体複雑で，われわれの知識にはまだ大きなギャップがあることである．もう一つ注意しなければならないのは，形態形成運動は独立に起こることはなく，また形の変化が起こっているときに遺伝子発現の変化が停滞することもない，ということである．実際，遺伝子発現の変化はしばしば形態形成行動を駆動する分子的背景の変化をもたらす．形態形成の基礎にある原理をより深く探るために，変化する細胞行動と環境に特に注目する独立した部（第V部）を設けた．しかし，このような構成は便宜的であって，胚はそのような区別をするわけではない．発生しつつある胚のほとんどあらゆる現象はいくつかの他の現象に影響を与えるといっても，けっして誇張ではない．

間充織と細胞外基質

間充織細胞は複雑な細胞外基質中に存在する

疎な構成をもつ胚の"充塡"組織，すなわち胚の内表面と外表面の間の空間に存在する細胞群は，**間充織**（mesenchyme，間葉ともいう）をつくっている．間充織細胞は互いに触れることはあっても密接に接着することはな

い．それらの細胞は水分を多く含み，コラーゲン，プロテオグリカン，糖タンパク質，およびシグナル伝達経路の一部をなす分子に富む細胞外基質に埋もれている．

図12・2は，間充織細胞，上皮細胞，植物細胞の違いのいくつかを示している．植物細胞には間充織細胞や上皮細胞という分類は当てはまらない．植物細胞（9〜11章参照）は細胞壁に囲まれ，そのことが10章でみたように発生における形態形成に深い影響を与える．本章の後半では上皮を扱うが，本節では間充織*に集中しよう．

コラーゲンは細胞外基質の主要タンパク質である

動物では細胞外基質にある最も豊富なタンパク質は**コラーゲン**（collagen）である．コラーゲンは実際はどれもプロリンとグリシンに富むよく似た分子のファミリーである．脊椎動物には少なくとも18種類の異なるコラーゲンがあり，多くの組織や器官はいくつかの異なる種類を含んでいる．それらはどれも三つのアミノ酸が直列につながった（グリシン-X-Y）$_n$という領域をもっていて，Yはプロリンかヒドロキシプロリンとよばれるその誘導体である．表12・1にコラーゲンのうち量的に多い種類の組成と組織における分布をまとめて示す．

図12・3はⅠ型コラーゲンの重合の特徴をいくつか示している．成熟した細胞外の分子は，ヒドロキシプロリンを形成するプロリンのヒドロキシル化や，いくつかのオリゴ糖の付加などを含むかなりの転写後修飾の結果として生じる．それに加えて，ペプチダーゼがアミノ末端

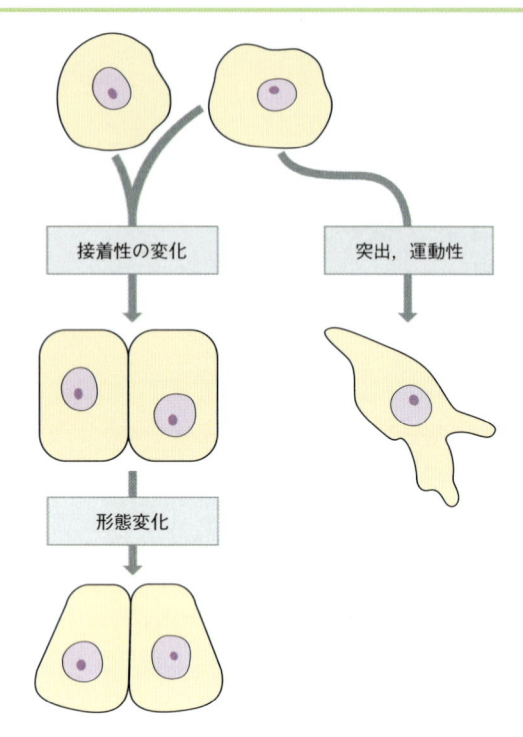

図12・1　形態形成を導く細胞行動の変化．この模式図は胚を形態形成に導く何種類かの細胞の行動変化を示している．二つの細胞は互いに接着して相互の関係や環境との関係を変化させることがある．接着している細胞に変化が生じると組織の形態変化がもたらされる．一方，一つあるいは両方の細胞が運動性になって，細胞をある環境から別の環境に移動させることもある．細胞増殖の変化（示していない）も形態形成に寄与しうる．

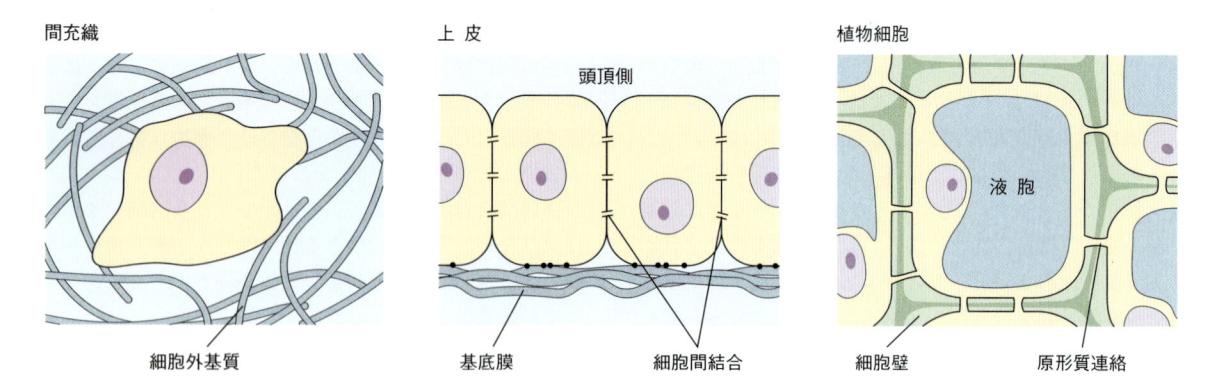

図12・2　間充織，上皮および植物細胞の差異．三つの基本的に異なる細胞種について，その主要な差異を示している．動物は細胞外基質に囲まれた間充織細胞をもっている．動物はまた表面を覆う上皮細胞ももっている．細胞の外部に面した表面は頭頂部といわれ，その反対側は基底部とよばれる．上皮細胞は互いに密着し，基底膜の上に立ち，本文で解説する特殊化した結合をもっている．典型的な植物細胞は液胞を含み，セルロース繊維を含む細胞壁によって囲まれており，原形質連絡によって相互に連絡している．

---

* 訳注：一般に間充織という用語は胚または胎児期の未分化な疎性組織をさして用いられる．成体ではふつう，結合組織という．

間充織と細胞外基質   219

表 12・1　コラーゲンの主要なタイプ

タイプ	種類	鎖の構成†	組織の種類
I	繊維状	$2[\alpha 1(I)] + 1[\alpha 2(I)]$	全コラーゲンの90%，皮膚，骨，角膜，関節
II	繊維状	$3[\alpha 1(II)]$	軟骨
III	繊維状	$3[\alpha 1(III)]$	I型とともに皮膚，血管に見いだされる
IV	網状	$2[\alpha 1(IV)] + 1[\alpha 2(IV)]$	基底膜

† コラーゲンのそれぞれの分子は3本の鎖からなる．括弧はそれぞれの鎖の構成要素を示す．
出典：T. F. Linsenmayer. 1991. Collagen. In *Cell biology of the extracellular matrix*, ed. E. D. Hay, p. 19. Plenum Press, New York より改変．

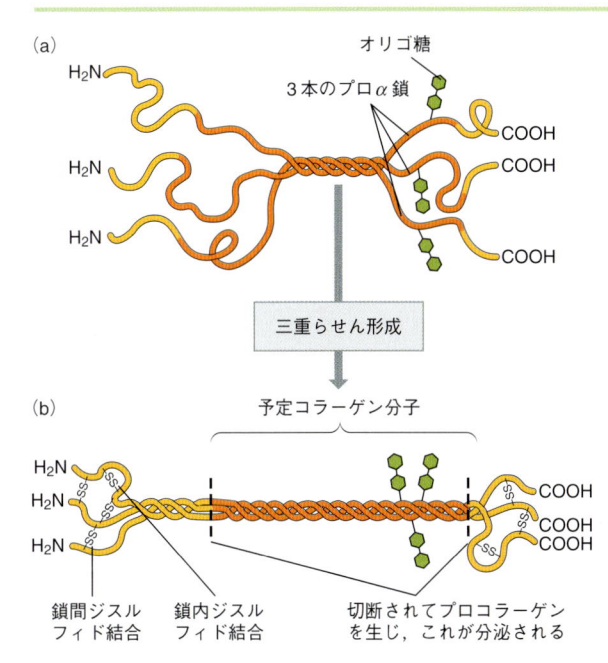

図 12・3　**繊維状コラーゲンの重合**．(a) プロα鎖とよばれる繊維状コラーゲンの一次ポリペプチドが三重鎖を形成するためにらせんを形成し始めるときには，すでにオリゴ糖の付加やプロリンのヒドロキシル化などの翻訳後修飾を受けている．(b) プロコラーゲンは分泌前にカルボキシル末端およびアミノ末端が切断される．修飾され切断されたプロコラーゲンはおよそ300 nmの長さをもち，分泌されて細胞外基質中で最終的な繊維構造をとる．これはコラーゲンとよばれる．

（N末端）およびカルボキシル末端（C末端）からアミノ酸の鎖を除去し，分子のN末端とC末端で鎖内のジスルフィド結合が形成され，全長にわたって鎖間のジスルフィド結合も生じる．ついで前駆鎖は集合して三重らせんをつくる．合成，グリコシル化，ヒドロキシル化，らせん形成，その他の修飾は分子がまだ細胞内にあるときに起こるが，最終的なコラーゲンへのプロセシングはプロコラーゲン分子が分泌された後に起こる．

コラーゲンのこのような最終的集合が細胞外環境により調節できると知っても，さほどの驚きはないであろう．たとえば，成熟した唾液腺は分枝した上皮の管が間充織によって囲まれており，上皮の末端は分泌腺房になっている．腺の発生において，周囲の間充織細胞はプロコラーゲン分子を合成，分泌し，上皮細胞はコラーゲンの最終的集合に必要な酵素を分泌する．コラーゲンの三重らせんのロープのような鎖はしばしば同一ではなく，それによって繊維性のコラーゲンの多様性をもたらす．さらに多くの異なるコラーゲン遺伝子が存在し，そのいつかは繊維状ではなく，集合してマット状の網目になる種類のコラーゲンをコードしている（表12・1）．

たとえばIV型コラーゲンはあるサブタイプ［$\alpha 1(IV)$］の2本の鎖と別のサブタイプ［$\alpha 2(IV)$］の1本から構成され，どちらの鎖も骨で見いだされるI型コラーゲンのプロコラーゲンとは異なっている（表12・1）．上皮と間充織を隔てる基底膜（basal lamina）はIV型コラーゲンから構成されている．基底膜は基質に含まれるラミニンとフィブロネクチンという二つの重要な分子も含んでいる．コラーゲンは基質のシグナル伝達リガンドとしても，また構造要素としても作用する．最近，コラーゲンによって活性化される受容体型チロシンキナーゼがいくつか発見された．

ラミニンは基底膜にみられる

ラミニン（laminin）はその名の示すとおり，ラミナすなわちある特定の層，とりわけ上皮と間充織の中間の基底膜に見いだされる．これは3本の異なるタンパク質鎖から構成され，これらの鎖はC末端領域で互いに絡みついている．成熟したラミニンの異なる領域は他のタンパク質に結合することのできるドメインをもっている．図12・4に示すように，B_2鎖はIV型コラーゲンと作用することが知られているドメインをもっている．A鎖の球状のC末端領域は**ヘパリン**（heparin）というプロテオグリカンと結合することがわかっている．

ラミニンや他の基質分子に，特異的なタンパク質–タンパク質相互作用をしうる領域があることを示すことと，これらの結合が実際に存在して発生や形成された組織で重要であるかどうかは，別のことである．すぐ後に，この問題は実験的に扱われることを示す．

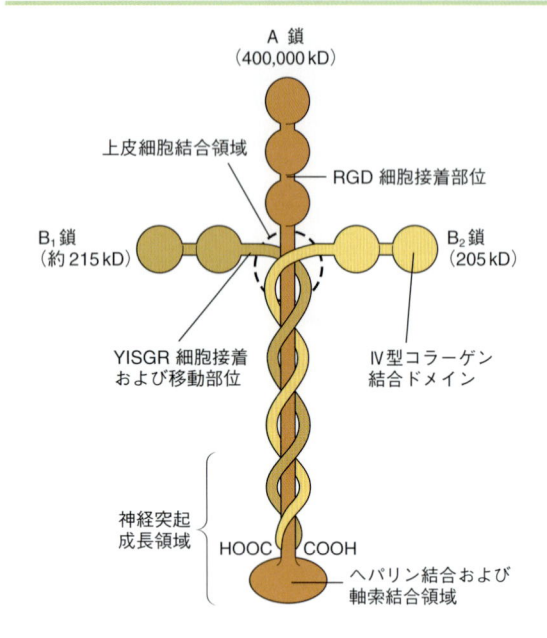

図 12・4　ラミニンの構造．3本の鎖，A，B₁，B₂をもつ成熟ラミニン分子．種々の結合に関与する可能性のある箇所が示されている．RGD（アルギニン-グリシン-アスパラギン酸）とYISGR（チロシン-イソロイシン-セリン-グリシン-アルギニン）は二つの重要な結合領域のアミノ酸配列を示す（アミノ酸の一文字表記で）．

フィブロネクチンは細胞外基質では一般的な分子である

フィブロネクチン（fibronectin）は基底膜に見いだされるヘテロ二量体を形成する糖タンパク質であり，基質のもう一つの重要なタンパク質である．フィブロネクチンは初期に活発に研究された基質分子の一つである．その特性を図12・5に示す．ラミニン同様フィブロネクチンも基質の他の多くの分子（ヘパリンやコラーゲンなど）

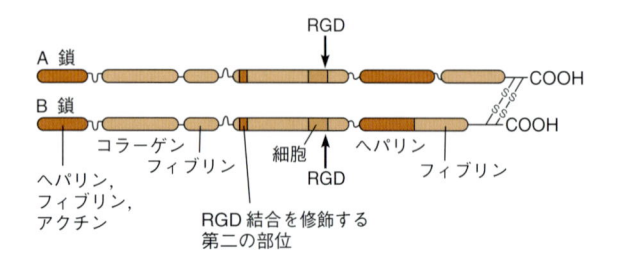

図 12・5　フィブロネクチンの構造．成熟したフィブロネクチンは2本の鎖をもち，ジスルフィド結合によって保持されている．それぞれの鎖の分子量は約220kDである．フィブロネクチンを細胞や基質分子に結合する種々の領域を示している．

と相互作用できる特異的ドメインをもっている．フィブロネクチンの細胞結合ドメインは，RGD（アルギニン-グリシン-アスパラギン酸を意味する）とよばれる特別なアミノ酸配列を含んでいる．この配列（および最後にセリンのついた**RGDS**という関連配列）はフィブロネクチンと細胞表面の**インテグリン**（integrin）という膜結合タンパク質の相互作用に重要である．フィブロネクチンは細胞外基質とインテグリンを含む膜タンパク質間の物理的架橋として働くことができる．

プロテオグリカンは基質に存在する特殊なタンパク質と多糖類の集合体である

ここまで述べたコラーゲン，ラミニン，フィブロネクチンは細胞外基質の大部分を構成している．これら三つのタンパク質は**糖タンパク質**（glycoprotein）である．つまり，これらはタンパク質に個々の糖鎖あるいはオリゴ糖とよばれる糖分子の短い重合体が結合している．

細胞外基質にふつうに見いだされる高分子のもう一つのグループは**プロテオグリカン**（proteoglycan）である．これらはタンパク質と多量の**グリコサミノグリカン**（glycosaminoglycan：GAG）というめずらしい多糖類の集合体である．GAGは酸性糖（ふつうはグルクロン酸）を含む繰返し構造をもつ二糖サブユニットからなる．糖はふつう硫酸化されたヒドロキシ基をいくつかもっている．これらの長いGAG重合体は高度に親水性であって，多量の水と結合し，その分子量に比べて非常に大きな体積を占める．したがってGAGは，力学的圧力に耐えるゲルを形成する．GAGはたいていコアタンパク質に結合している（ただしいくつかのGAGはタンパク質に共有結合しないで基質中に存在する）．コアタンパク質は糖タンパク質に結合し，後者はついで**ヒアルロン酸**（hyaluronic acid）のようなきわめて長いGAGからなる中心骨格構造に結合する．ヒアルロン酸，結合糖タンパク質，コアタンパク質，およびGAGからなるこの集合体がプロテオグリカンを構成し，それは特徴的な"びん洗いブラシ"の形をとる．図12・6はこれらの構成要素がどのように典型的な成熟したプロテオグリカンを形成するかを示している．

プロテオグリカンは体のほとんどの結合組織中に大量に見いだされ，高度に水を含んでいる．これらはまた，発生中の胚の間充織細胞外基質にも生じる．プロテオグリカンは発生中の胚における細胞の形態形成が起こる分子背景として重要である．ヘパリンのようないくつかのプロテオグリカンはきわめて強い親和性をもっていくつかの成長因子と結合する．

間充織と細胞外基質

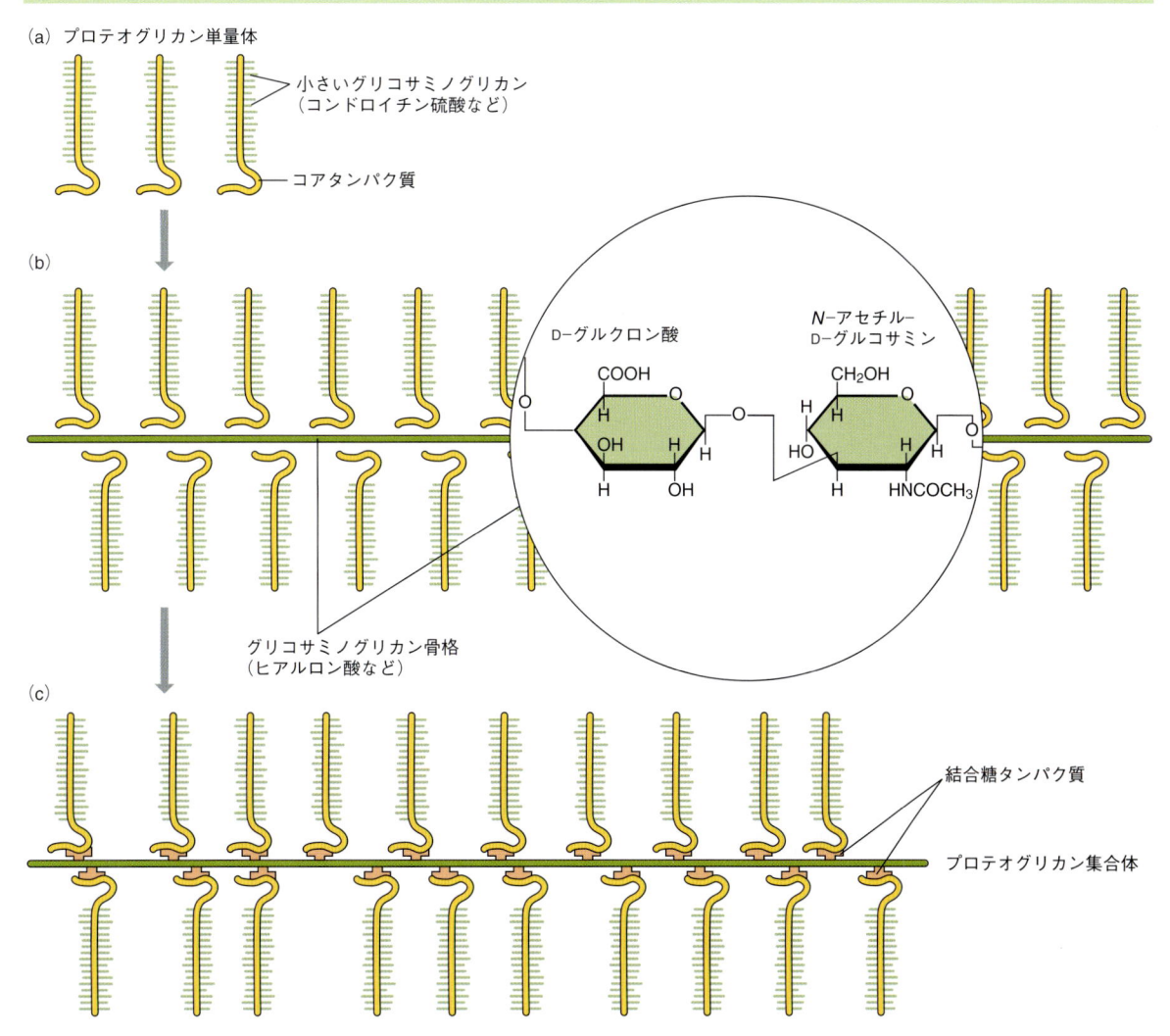

図 12・6　グリコサミノグリカンとプロテオグリカンの構造と重合．プロテオグリカンはグリコサミノグリカン(GAG)とタンパク質の複雑な集合体である．(a) GAGは二糖の繰返し単位からなる多糖で，コアタンパク質と結合してプロテオグリカンの単量体を形成する．(b) これらの単位は，ここに示すヒアルロン酸(D-グルクロン酸とN-アセチル-D-グルコサミンの繰返しからなる)のような長いGAGへと重合する．(c) 単量体が結合糖タンパク質に付着するとその結果"びん洗いブラシ"構造をもつ高度に荷電した陰イオン性の高分子となる．

細胞外基質の分子を単離して化学的な性質を決めるのはそれほど容易ではなく，量的に少ない基質の高分子の同定は十分とはいえない．しかし，まれな構成要素も原理的には重要な生物学的役割を果たしうる．形態形成の分子的機構に関する知識は，これらの未知の基質分子がもっと同定されると，より広がるであろう．

植物の細胞壁はセルロースとアミロペクチンの集合体である

動物と維管束植物の細胞間の基本的で特異的な差異は，植物細胞を囲む比較的堅固な細胞壁の存在である．異なる細胞タイプの植物細胞壁の詳細な構成はかなり異なることもあるが，それらは一般的に**ヘミセルロース**(hemicellulose)と**ペクチン**(pectin)の基質中に埋もれた**セルロース**(cellulose)の長い微小繊維からなっている(図12・7)．セルロースはグルコース分子が長い直鎖状に配列した多糖であり，一方ヘミセルロースとペクチンは分枝鎖多糖の多様なグループである．これら3種類の分子は共有結合あるいは非共有結合によって結合され，複雑な集合体となる．

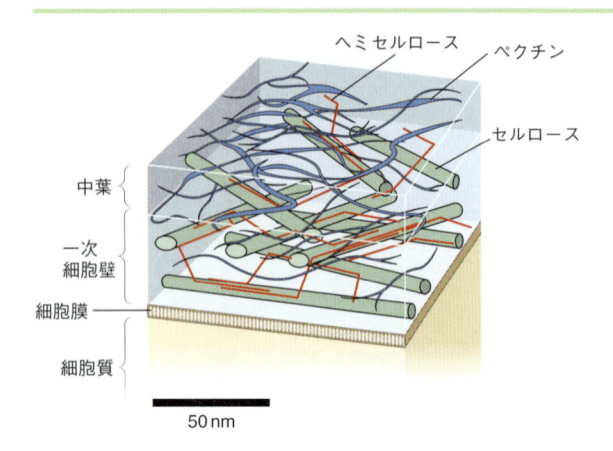

図12・7 一次植物細胞壁のモデル. 細胞膜の上に集積している太い棒（緑）はセルロース繊維を示す. これはヘミセルロース繊維（赤）によって相互に結合されている. ペクチン（青）もこの中に織り込まれている. 集合体全体はかなりの伸縮性, 柔軟性, そして圧縮に対する抵抗性をもっている.

細胞壁はそのなかに閉じ込められた植物細胞を非動化するので, 運動性は問題にならない. しかし細胞の形態変化は確かに起こる. 細胞壁は, 細胞内の溶質濃度が細胞外の環境より高くなるので発生する浸透圧などの圧力を受ける. 細胞壁は膨圧（turgor pressure）とよばれる内部の浸透圧に抵抗する. 細胞壁が比較的薄くてセルロースが完全には架橋されていないですべり力に完全には抵抗できないときなどのように, 細胞壁が弾力性をもっていると, 細胞は膨潤する. この状況は分裂組織の新しく形成された細胞ではふつうに起こる.

膨潤の性質は細胞壁におけるセルロース微小繊維の配向性に依存しているので, 細胞はある方向には他方より伸長することができる. 微小繊維はセルロースを合成する細胞中の微小管によって支配される方向に横たわる. したがって, 新生細胞はその微小管の方向によって, ある方向に他方より伸長する傾向をもつ.

特別な膜内在性タンパク質は基質分子と細胞内タンパク質の両者に結合する

インテグリン（integrin）は細胞外基質を細胞内構造と細胞のシグナル伝達機構に結びつける仕事をする膜内在性タンパク質である. 図12・8はインテグリン分子ファミリーの主要な特徴を示している. このファミリーは, αサブユニットとβサブユニットからなるヘテロ二量体である.（インテグリン分子の各部分は慣習的に鎖ではなくサブユニットとよばれる.）αとβはサブユニットファミリーを示しており, それぞれにいろいろな組合わ

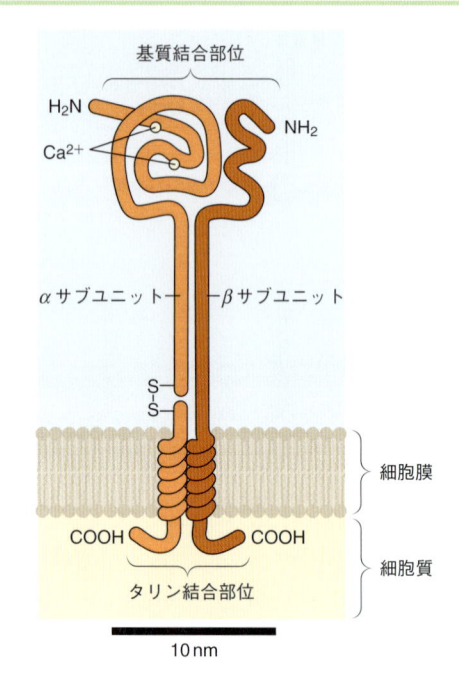

図12・8 インテグリンの典型的な構造. インテグリン受容体は二つのサブユニットから構成される. フィブロネクチンや他の基質分子に対する結合領域を示してある. αサブユニットは最初単一のポリペプチドとして合成される. 後に膜貫通領域と細胞外領域とに切断され, 両者はジスルフィド結合で保持される. αサブユニットはおよそ140 kDであり, 典型的な膜貫通タンパク質であるβサブユニットはおよそ100 kDである. βサブユニットのカルボキシル末端はインテグリンを細胞骨格と結びつけるタリン（talin）などのタンパク質と相互作用する.

せで結合することのできる多くのメンバーが知られているので, 膨大な異なる結合特異性をもった組合わせが可能である. たとえば, β_1がα_1あるいはα_2と結合しているインテグリンはコラーゲンやラミニンと結合し, β_1と結合したα_4やα_5はフィブロネクチンと, 一方α_3/β_1はこれら三つのリガンドのどれとも結合する. 機能的なインテグリンの形成は環境にも依存する. たとえばCa^{2+}は二量体中のαサブユニットの折りたたみに必要である.

種々の細胞外基質はインテグリンに結合する特別なドメインをもっている. 前述のように, フィブロネクチンは特定のインテグリンに結合することが知られているRGD配列をもっている. ラミニンもインテグリンに結合するRGD配列をもっている. 図12・8に示すように, インテグリンは細胞膜のリン脂質を貫通する膜内在性タンパク質で, 細胞内部分はC末端の細胞質"尾"であり, 細胞質の分子と相互作用しうる. いくつかのインテグリン二量体は細胞骨格と物理的に結合することが知られて

間充織と細胞外基質

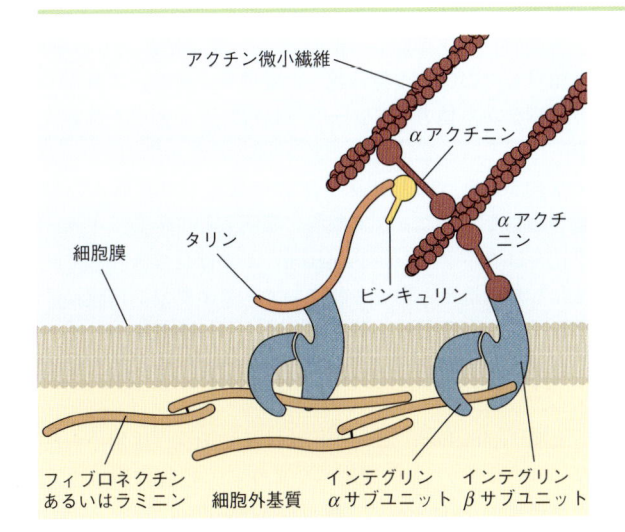

図12・9 インテグリンと細胞骨格の関係. インテグリンがどのように細胞外基質と結合し，細胞内細胞骨格の要素と相互作用するかを示すモデル．きわめて多数で複雑なすべての細胞骨格要素を示しているわけではない．インテグリン二量体の主要な細胞内結合は，αアクチニン，タリン，ビンキュリンなどのタンパク質を介したアクチン微小繊維との結合である．

表 12・2 インテグリン二量体の主要なリガンド

βサブユニット	インテグリン二量体サブユニットのリガンド	αサブユニットのタイプ
β_1	コラーゲン	1, 2, 3
	ラミニン	1, 2, 3, 6
	フィブロネクチン	3, 4, 5, V
β_2	I-CAM	2L, 2M
	フィブリノーゲン	2M
β_3	フィブリノーゲン	V, 2b
	フィブロネクチン	V, 2b
β_4	基底膜	6

注：このデータはインテグリンαとβのサブユニットのいろいろな組合わせにおける特異性を示すものである．組合わせとそれらのリガンドに関する完全なリストを目指しているわけではない．8個のβサブユニットと16個のαサブユニットからなる少なくとも20の異なる受容体が知られている．フィブリノーゲンは主要な血液凝固タンパク質であるフィブリンの前駆体である．I-CAMについては表12・3を参照．

出典: E. Ruoslahti. 1991. Integrins as receptors for extracellular matrix. In *Cell biology of extracellular matrix*, ed. E. D. Hay, p. 346. Plenum Press, New York.

いて，その最新のモデルを図12・9に示す．インテグリンはいくつかの細胞行動を開始させる細胞内二次メッセンジャー経路を刺激する受容体として働きうる．最近，インテグリンの細胞外の接着ドメインは細胞質のシグナル伝達ドメインとは機能的に異なっていることが明らかになった．いいかえればインテグリンは多機能タンパク質である．表12・2にいろいろなインテグリンとそれらのリガンドの例をあげる．

インテグリンαとβサブユニットの異なる組合わせは，重なり合うことはあるが，異なる結合特性をもたらす．細胞はいくつかの異なるインテグリンを用いて同じ基質分子に結合することもあり，異なる種類の基質分子が同じ種類のインテグリンに結合することもある．細胞外基質分子の異なる部分とあるインテグリンの結合が起こることもある．一つのインテグリンは接着を仲介するが運動性は刺激せず，他のものはそれと反対の作用をもつこともある．さらに，あるものは接着の変化とプロテアーゼの分泌をもたらすかもしれず，他のものは細胞接着のみの変化を促進するかもしれない．基質や細胞外基質への細胞の接着は細胞運動に必要である．インテグリンは，細胞の葡匐運動が起こるときにその先導端で膜を基質へ接着させる機能をもつ．インテグリンは上皮細胞が裏打ちする基底膜に接着する場合にも関与する．

種々のインテグリンヘテロ二量体の機能を解析する強力な方法の一つは特定のαまたはβサブユニットの遺伝子を選択的に欠損させることである．これは現在では，遺伝子を欠損させたりその発現を阻害するという強力な実験技術によってなされている．5章で，相同組換えによってマウスの特定の遺伝子を"ノックアウト"することが可能であると述べたことを思い出されるであろう．今では種々のインテグリンサブユニットを完全に欠損したマウスが作製され，解析されている．インテグリンサブユニットは多くのヘテロ二量体を形成する共役因子と相互作用しうるので，単一のインテグリン遺伝子の突然変異マウスの解析はたいへんに複雑なこともある．たとえば，β_1遺伝子（10個の異なるαサブユニットと結合しうる）の欠損は発生初期に致死となる．しかし胚は着床はする．インテグリンαサブユニットの大部分では，その遺伝子を欠損すると特異的で明瞭な表現型をもたらす．このことは異なるαサブユニットが多様で基本的な機能をもっていることを示している．しかし例外もある．α_1の欠損はほとんど効果を示さない．おそらく，コラーゲンやラミニン結合に関するα_2/β_1の特異性がα_1/β_1のそれと類似しているので，α_1は必須ではないのであろう．特異的な遺伝子のノックアウト実験の結果は，接着分子，受容体，細胞外基質の機能を解析するのに，疑いもなく有用である．

上皮細胞と結合装置

上皮細胞は特異的な装置によって結合されている

直接の環境が細胞外基質である間充織細胞と対照的に，上皮細胞は互いに密着している．上皮性の結合構造の主要なものを図12・10に示す．**密着結合**（tight junction）は隣接する細胞の周囲を取囲む密閉構造を形成する．その結果，細胞の頭頂部の表面に面した環境（すなわち内腔）は基底膜に接している細胞の基底表面だけでなく，細胞の側面表面からも機能的に隔離される．これはイオンやその他の小さい分子の通過に対する障壁となり，上皮を通しての輸送に，トランスポーター（膜を通しての輸送を担う膜分子）や細胞膜のチャネルを必要とするようにしている．

接着結合（adherens junction）はしばしば密着結合のすぐ基底側に位置し，上皮細胞どうしを結合する機能をもつだけでなく，結合部位をアクチンからなる細胞内微小繊維に結合する．これらの繊維はときとして上皮細胞の内部周囲に"ベルト"を形成する．

デスモソーム（desmosome）は結合構造の別の種類であり，"点溶接"のように上皮細胞を結合する．デスモソームを構成する膜結合タンパク質は細胞質の中間径フィラメントと結びついている．接着結合もデスモソームも，**カドヘリン**（cadherin）とよばれる一群の"のり"タンパク質である膜貫通型分子を利用している．カドヘリンについては，本章の後の方でより詳しく説明する．

ヘミデスモソーム（hemidesmosome）は，デスモソームに似ているが，中間径フィラメントを他の上皮細胞でなく基底膜に結合させる点で異なっている．

一方**ギャップ結合**（gap junction，間隙結合ともいう）は相対した膜にある特殊化した膜部分である．これは一方の細胞から他方へ，小分子(5 kD以下)の通過を許容する．たとえば，生体色素であるルシファーイエロー（分子量約 500 D）はギャップ結合を通過して細胞から細胞へ移動できることが実験的に証明されている．ギャップ結合は**コネクソン**（connexon）とよばれるきわめて特殊化した構造から形成されていて，コネクソンは膜に広がるタンパク質の集合体である．二つの細胞間の二つのコネクソンが相対するとそれらは水を含む小孔を形成する．

上皮（epithelium）という用語は植物細胞には用いられない．しかし，11章で述べたように，植物細胞は**原形質連絡**（plasmodesm(a)，*pl.* plasmodesmata，プラズモデスムともいう）という，細胞壁を通しての分子の通過を許容する発達した細胞質架橋をもつことがある（図12・2参照）．これらの結合構造は姉妹細胞の間に新しい細胞壁が形成されるときにも消失しない細胞質架橋から生じる．原形質連絡はギャップ結合が動物細胞で果たしているのとほぼ同じ機能を果たしている．

すべての細胞が癒合してシンシチウム（多核細胞）を形成しているので，結合構造が不要な場合もある．これについてはすでに，特に筋細胞などいくつかの例を述べた．

上皮細胞のこのような結合装置は，上皮が実際に溶接されているかのような印象を与える．ある意味ではそのとおりである．しかし，この溶接はきわめてダイナミックである．多くの結合は驚くほどの速度で壊され，脱重合され，再び集合する．これについてはすでに多くの例

結合の種類	機能
密着結合	上皮層の隣接する細胞間の分子のもれを阻止するために細胞を密閉する
接着結合	一方の細胞のアクチン束を隣接する細胞の束に結合する
デスモソーム	一方の細胞の強い中間径フィラメントを隣接する細胞の繊維に結合する
ギャップ結合	水溶性イオンや分子の細胞間の通過を許容する
ヘミデスモソーム	細胞内の中間径フィラメントを基底膜に結合する

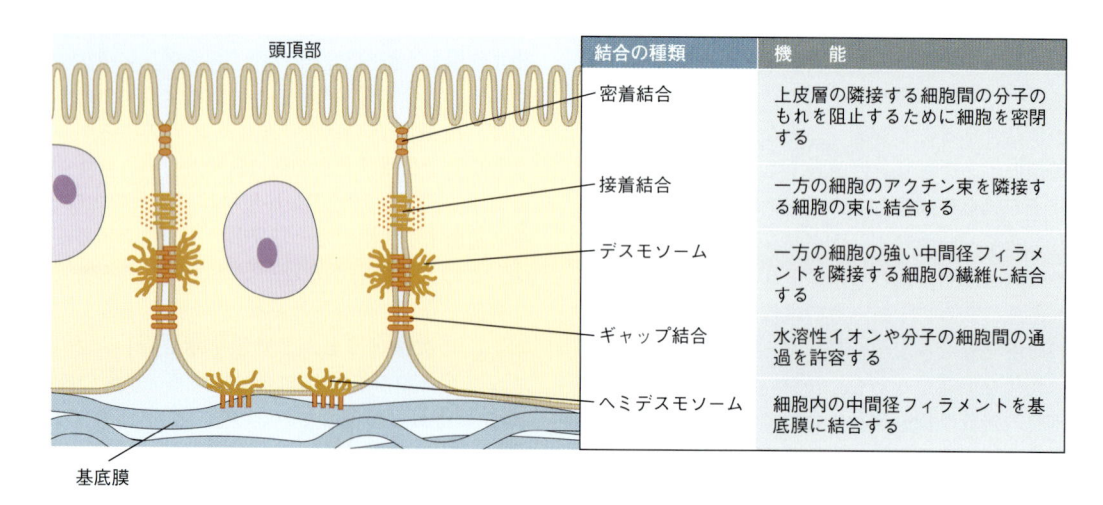

図 12・10　上皮細胞間の結合．二つの隣接細胞にはさまれ基底膜上にある上皮細胞の模式図．

をあげた．たとえば，神経形成のときに，神経冠細胞は神経板の柱状上皮から離脱し（すなわち上皮としての結合が壊れ），移動性の間充織細胞としての特性を身につけることになる．その後，副腎髄質のようないくつかの神経冠細胞は再び高度に結合した上皮組織となる．また，多くの動物，特に海産無脊椎動物では，初期の割球は細胞外基質分子をもっていてゆるく結合されている．典型的な上皮結合構造が発達するのはもっと後の卵割期である．ここではこのような例の長いリストのうちの二つだけをあげた．

間充織と上皮の両方において
受容体分子も膜内在性タンパク質として存在する

本書の冒頭から，発生の主要な"ツール"として細胞のコミュニケーションが重要であることを強調してきた．細胞は**リガンド**（ligand）によってシグナルを伝達する．これはシグナル伝達分子であって，細胞表面の**受容体**（receptor）というタンパク質と相互作用する．（ステロイドのように自由に細胞膜を透過するリガンドには細胞内受容体タンパク質も存在する．）1章で，リガンドと受容体による細胞シグナルに関する短いイントロダクションを記述した．胚における細胞間相互作用を扱う現在の実験を理解するには，この問題をより深く知る必要がある．

図12・11は受容体の知られている主要な三つの種類を示している．イオンチャネル結合型，酵素結合型，およびGタンパク質結合型である．三つとも胚には存在し，細胞間，および細胞と基質の相互作用に必須である．これら三つのどれでも，シグナルリガンドと受容体の相互作用は，受容体タンパク質の構造に影響を与える．この構造変化はいくつかの効果のうちの一つをもたらす．一つはそれがイオンチャネルの状況に直接影響を与えて，イオンが電気化学的勾配に沿って流れることを許容する"門"を開けたり閉めたりすることである（図12・11a）．

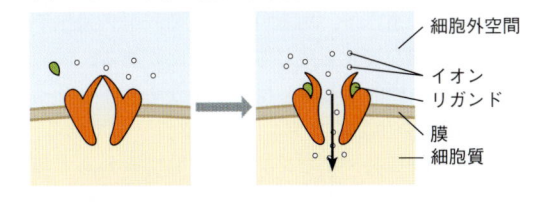

また，受容体はシグナルリガンドがそれを活性化すると活性をもつようになる酵素領域をもっていることがある．これが起こるにはいくつかの道がある．図12・11(b)に示した一般的で重要な方法は，受容体分子が二量体化してそれによって受容体の細胞内の"尾"が互いに特異的にリン酸化されることである（図12・11b）．二量体のリン酸化されるアミノ酸がチロシンであるときは，受容体は**受容体型チロシンキナーゼ**（receptor tyrosine kinase: RTK）とよばれる（図12・12）．**受容体型セリン-トレオニンキナーゼ**（receptor serine-threonine kinase）ではリン酸化されるアミノ酸はセリンまたはトレオニンである．

RTKの大きなグループは最近に発見された**Eph受容体**（Eph receptor）である．そのリガンドは**エフリン**（ephrin）とよばれ，膜貫通型あるいは膜に糖脂質アンカーを介して接着している細胞結合型のタンパク質である．ある細胞の膜にあるエフリンリガンドと，別の細胞膜にあるEph受容体の相互作用は，細胞間に，正の（誘引的）あるいは負の（排斥的）作用をひき起こす．エフリン–Ephシグナル伝達系は神経系のパターン形成において重要な役割を果たしている．これについては異なる

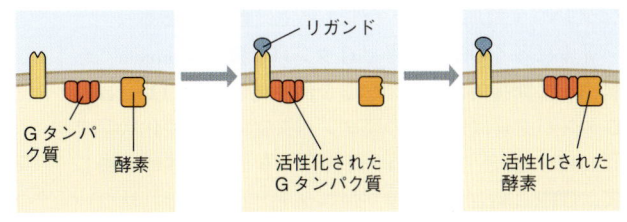

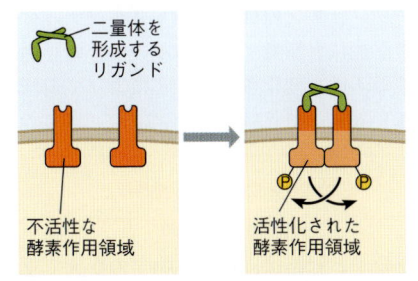

図 12・11　膜受容体の主要な種類． 三つの主要な膜受容体を模式的に示す．(a) イオン結合チャネルはリガンドとの相互作用の結果として種々のイオンに対する透過性を変える．(b) しばしば二量体であるリガンドが酵素結合型受容体と相互作用すると，単量体の受容体は二量体化し，それぞれの単量体はもう一つの単量体の細胞内領域をリン酸化する．この二量体化はついで受容体酵素の酵素作用領域を活性化する．(c) リガンドがGタンパク質結合型受容体と相互作用すると，Gタンパク質が活性化され（GTPと結合する），このことが次に膜内の他の酵素を活性化する．

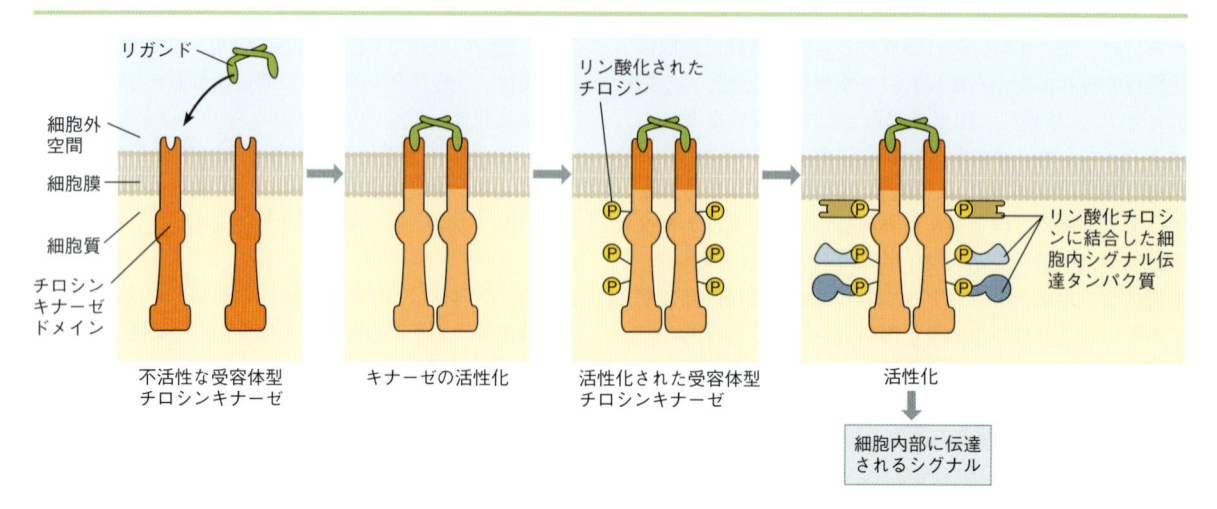

図 12・12　受容体型チロシンキナーゼ(RTK)．図 12・11(b) を詳細にしたもので，RTK がリガンドと相互作用したときに起こるできごとを示している．RTK 二量体の細胞内部にあるチロシンがリン酸化されるとその形態が変化する．これによって特異的にリン酸化チロシンと作用する領域(SH2 または SH3 とよばれる)をもついくつかのタンパク質と相互作用できるようになる．

神経突起が中枢神経系内をどのように移動するか，そして神経冠細胞がどのように移動するかを解説する 13 章で，再び立ち戻ることにしよう．

RTK と受容体型セリン-トレオニンキナーゼは，細胞内シグナル伝達系と共役している．図 12・12 に示すように，きわめて多様なタンパク質が潜在的にいろいろなシグナル伝達カスケードに関与しうる．これらのタンパク質は受容体のリン酸化された細胞質の尾にのみ作用でき，脱リン酸化されたものとは作用しない．それゆえ，リン酸化は細胞外シグナル(リガンド)と細胞内の世界を結びつけていることになる．

G タンパク質結合型受容体は発生に重要である

非常に多くの受容体群は **G タンパク質**（G protein）を経由して間接的に種々の酵素を活性化する(図 12・11c)．G タンパク質は三量体の膜タンパク質で，活性化状態では GTP に結合する．GTP が結合すると三量体は解離して，GTP と結合した α サブユニットとなり，それはついで標的となる膜結合型酵素を活性化することができる．G タンパク質によるホスホリパーゼ C の活性化についてのボックス 2・1（2 章）の図を参照されたい．

2 章では，活性化されたホスホリパーゼ C が膜結合型リン脂質の加水分解にどのように作用するか，その結果ジアシルグリセロールとイノシトールとよばれるリン酸化ヘキソースを生じる，ということを述べた．3 箇所にリン酸化を受けたイノシトールの誘導体であるイノシトール 1,4,5-三リン酸（IP_3）はそれ自体強力なシグナル伝達分子であり，細胞内のカルシウム貯蔵庫から小胞体へとカルシウムイオン Ca^{2+} を一過性に放出させる．2 章で述べたように，一過性の細胞内カルシウムの濃度変化が卵の活性化反応に重要であることを思い出してほしい．その Ca^{2+} の放出は IP_3 の放出によるのである．多くの他の細胞内現象が Ca^{2+} によって大きく影響される．

ホスホリパーゼの作用で生じるもう一つの分子であるジアシルグリセロールも，プロテインキナーゼ C（protein kinase C: PKC）とよばれる膜結合型キナーゼの強力な活性化因子である．PKC はセリン-トレオニンキナーゼで，他のキナーゼのリン酸化を開始させることができる．それらのキナーゼはついで，他の中間体をリン酸化する．これは単一の遺伝子，あるいは異なる一群の遺伝子全体の制御に大幅な変化を生じさせることがある．

G タンパク質の標的はしばしば，ATP からサイクリック AMP（cAMP）を生じるアデニル酸シクラーゼである．cAMP は細胞内の二次メッセンジャーとしてきわめて多様な反応系を制御する．その大部分はリン酸化や脱リン酸化のカスケードを含み，何種類もの効果をもつことがある．たとえばグリコーゲンの加水分解でグルコースを生じるような酵素活性にも影響する．あるいは，転写因子やその共役因子の活性を変化させることによって遺伝子の転写にも影響しうる．

受容体, リガンド, 細胞内シグナル伝達系は発生の調節に重要である

たった今述べた分子と経路は，細胞生物学の膨大で重

要な領域へのとても短い導入となっている．発生生物学を学ぶものがこれらの分子機構を理解し用語のいくつかを知る必要があることについては，二つの重要な理由がある．第一に，これらの機構を用いて細胞や組織は互いに"話し合って"いるのである．成熟した成体動物が環境に反応するだけでなく，発生中の胚でも同様である．胚の中では，発生中の組織間の会話がどの発生経路を選択するか，その選択をどのように実行するかを決定する．現在の発生生物学の科学文献で報告される多くの実験が，これらのコミュニケーション過程の特別な構成員を探索し，そのような分子や経路がどのように特別な発生現象を調節するかを知ることにかかわっている．

第二に，細胞間のコミュニケーションや関連する細胞内経路についてよく知れば知るほど，細胞内の調節経路がどれほど複雑か，単なるスイッチのオンとオフの連続ではなくて，細かく互いに連絡し合ったものであることが明らかになる．われわれの描く像はまだまだ不完全であるが，細胞がどのようにして情報伝達するか，細胞がいかに細胞内活動を調節するかの複雑さは，すでに驚くべきである．経路がどのように機能的に関連しているかを知ることは，現在の研究の本当に挑戦的な部分となっている．

細胞接着

細胞と細胞，細胞と基質の接着は形態形成で重要である

細胞外基質，細胞間結合，受容体について説明したので，今度は細胞接着とその特異性という重要な話題に移る準備ができた．細胞間結合とインテグリンは接着に不可欠であるが，それですべてではない．細胞は互いに接着するときに，特異的な選択性を示し，これは形態形成では特に重要な行動特性である．偉大な発生生物学者であったJohannes Holtfreterは1930年代にドイツで（後に1955年に米国ロチェスター大学で彼の弟子であったPhillip Townesと）実験を行い，細胞と細胞の接着が細胞の種類に特異的であることを示した．

Holtfreterの方法は基本的に胚組織を摘出し，それらを再び一緒にする，ということであった．最初に彼は，両生類の原腸胚から異なる胚葉を切り出し，Ca^{2+}の欠如した塩溶液にさらした．ついで，口径の小さいピペットで組織をそっと吸ったり吐いたりしてゆるやかな物理的力をかけた．この処理は組織を単一細胞にまで解離させた．解離された細胞をCa^{2+}を含む溶液中で培養すると，細胞は再集合した．その結果生じた組織は起原となった胚葉に特徴的な構造をある程度発生させた．

異なる二つの胚葉に由来する解離細胞をCa^{2+}を含む溶液中で混ぜると，驚くべきことが起こった（図12・13）．最初細胞は互いに接着するが，数時間たつと細胞は明らかに"選別"を始めた．すなわち，外胚葉細胞はしだいに他の外胚葉細胞とグループをつくって選択的に接着し，中胚葉細胞は中胚葉細胞と，というようになった．多くの研究者が研究を続行し，解離細胞は実際に細胞の種類を選別することや，細胞は他の細胞を感じ，接着の選択性を示す機構をもっていることを示した．さらに，選別実験の結果生じた再構成組織は，常に他の組織に対して特異的な空間的配置を示した．たとえば，予定表皮と中胚葉を解離して混ぜると，2種類の細胞は選別され，表皮は常に再凝集塊の表面に位置し，中胚葉はその内部に位置した．胚葉の種類だけでなく，文字どおり何百種類もの異なる組織の組合わせについて，選別時の内部または外部の選択性が解析された．米国プリンストン大学のMalcolm Steinbergと共同研究者は，内部/外部の順序はおそらく接着の相対的な強さによるという証拠を数多く集めた．より強く接着する種類の組織がより中心部の位置を占めるのである（図12・14）．

何種類もの特異的細胞接着分子が存在する

過去10年ほどの間に，細胞間の"のり"として作用する分子についての情報は爆発的に増加した．これらの分子は，すでに述べた一般的な非特異的上皮結合に加えて，接着の特異性を提供する．この選択的接着に関与する2種類の分子を図12・15に示す．

細胞接着分子（cell adhesion molecule: CAM）は多様なタンパク質であり，大部分は，ふつうは膜貫通領域によって，ときには特殊化した糖脂質のアンカーによって細胞膜に結合している（図12・15a）．分子の細胞外部分は五つのループになった領域をもつ．それぞれのループは免疫グロブリンの配列と類似性をもつので，CAMは"免疫グロブリン様"あるいは"Ig様"分子と考えられている．ループはジスルフィド結合によって安定化されている．異なる細胞上のCAM分子の結合はふつう**ホモフィリック**（homophilic），すなわち同種の分子間に起こる．結合はしばしば液中のカルシウムの存在に非依存的であるが，それには大きな変異がある．ある種のCAMはCa^{2+}を必要とし，またいくつかのCAMは**ヘテロフィリック**（heterophilic），すなわち二つの細胞が異なる種類のCAMをもつ（表12・3参照）．CAMの細胞外部分は極端に負に荷電しているシアル酸によるエステル化の大きな修飾を受けている．現在の仮説では，シアル酸によ

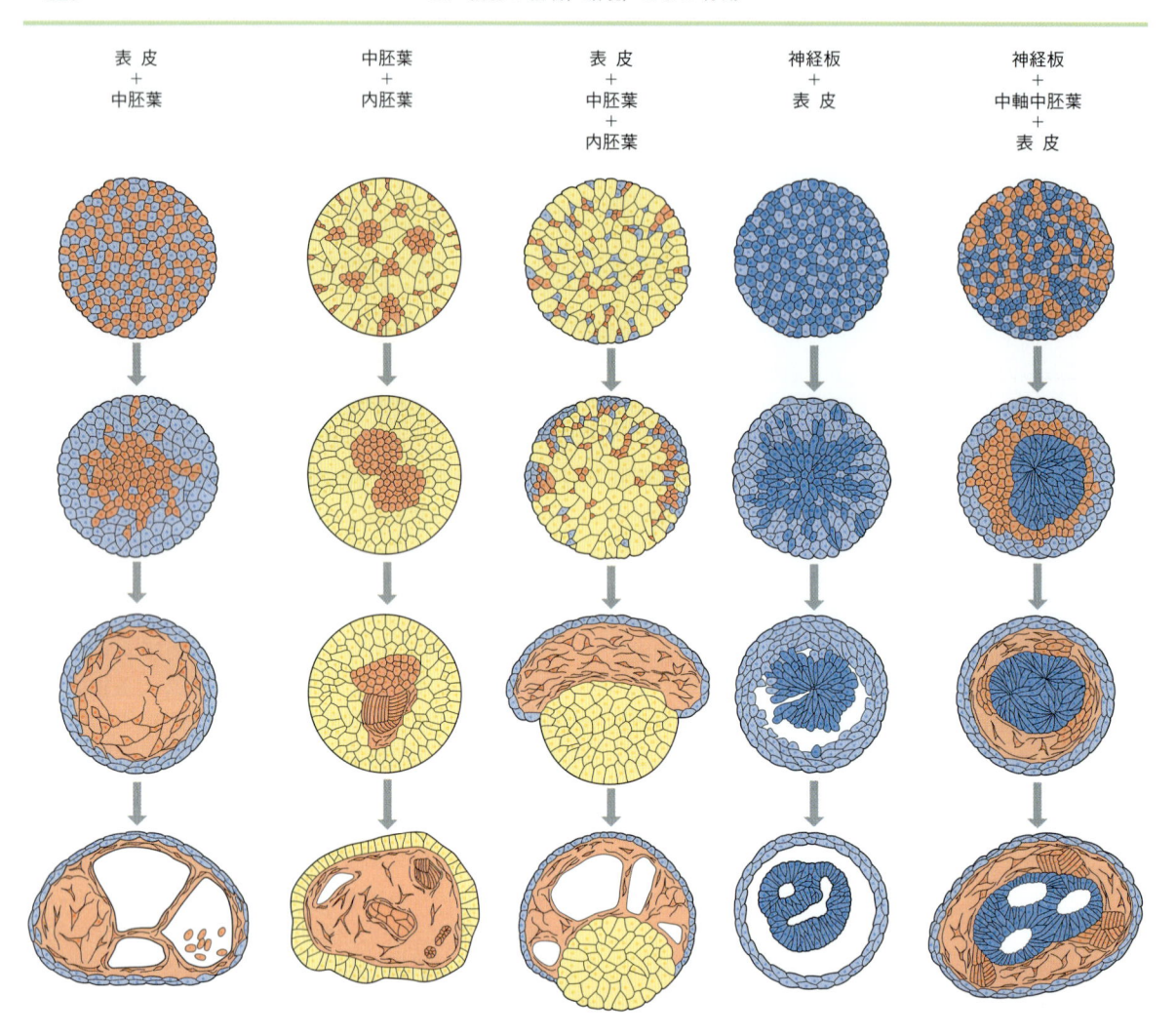

図 12・13　**両生類原腸胚細胞の解離と再集合**．胚組織を外科的に切除して単一細胞まで解離し，種々の細胞種を混合し，細胞が再び接着できるように Ca^{2+} を添加する．本文で解説するように，個々の細胞は選別を起こして再集合し，細胞塊中で分化した組織によくみられるような場所を占める．

る修飾の程度は，相互作用する細胞間の Ig 領域のホモフィリックな結合の強さを変化させるとされている．この見解では，シアル酸で高度にエステル化されている CAM は細胞接着を妨げることになる．

　細胞間接着分子のもう一つの大きなファミリーは，**カドヘリン**（cadherin）である．これは"カルシウム依存性細胞接着分子（calcium-dependent cell adhesion molecule）"の英語を縮めた用語である（図 12・15b）．これらの分子はその機能に常に Ca^{2+} を必要とし，結合はホモフィリックである．異なる組織には特異的な異なるカドヘリンが見いだされる．たとえば，E カドヘリンは多くの異なる上皮組織に，P カドヘリンは胎盤に，そして N カドヘリンは神経系にみられる．しかし同じカドヘリンのタイプがいくつか異なる組織に生じることもある．カドヘリンは細胞の結合装置とは独立な選択的細胞接着に関与する．しかし，カドヘリンが上皮細胞の接着結合やデスモソームの基本的な構成要素であることも思い起こされるであろう．これらの結合装置の細胞質側にあってカドヘリンは**カテニン**（catenin）とよばれる結合タンパク質と作用し，カテニンを介してアクチンや中間径フィラメントとも作用する．したがってカドヘリンは結合装置の構成要素として，あるいは結合装置と独立した細胞間の"のり"として機能する．

　これまでに述べた細胞接着分子を表 12・3 にまとめて示す．他の種類の分子も接着に関与している．いろいろなものを含むグループの一つは接着機能をもつ細胞表面

細胞接着　　　229

(a)　(b)　(c)　(d)

接着性の
相対的強さ

■	軟骨
■	心臓
■	肝臓

(e)

(f)

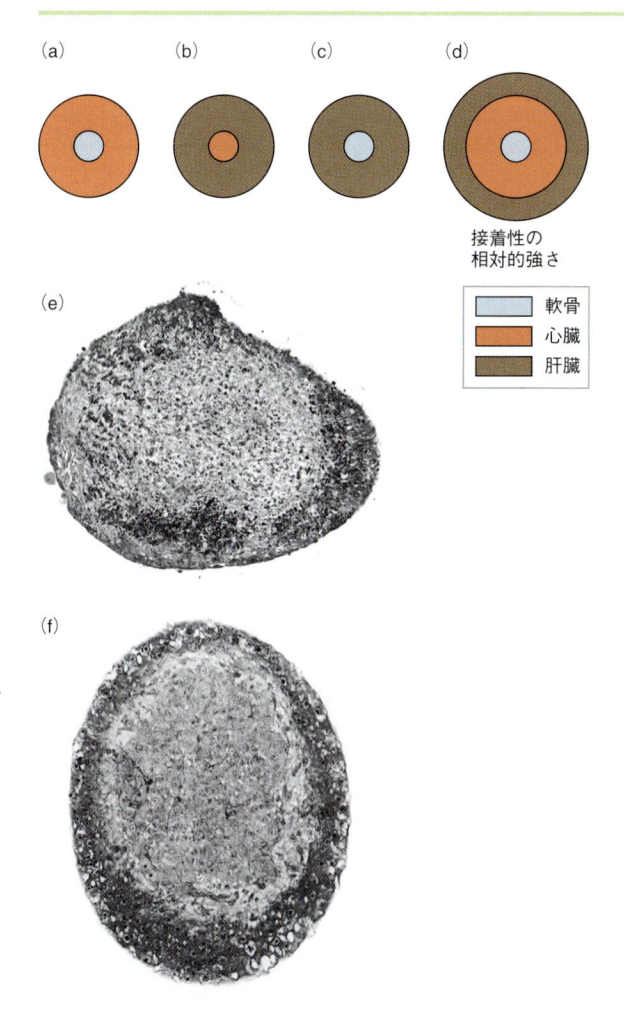

図 12・14　細胞の"選別"における接着性の強さの役割.
(a〜d) 組織塊の切片の模式図. 軟骨, 心臓, 肝臓の解離された細胞が選別後にとる配置を示す. (a) 軟骨と心臓の細胞を混合すると軟骨細胞が中心に集合する. (b) 肝臓と心臓の混合では心臓細胞が中心にくる. (c) 肝臓と軟骨を混合すると軟骨細胞が中心にくる. (d) 二つの組織の実験から予想されるように, 3種類の組織をすべて混合すると, 細胞は選別され, 中心の軟骨が心臓によって囲まれ, これらの組織は肝臓によって囲まれる. このような実験は異なる細胞種の相対的な接着の強さを測定するのに用いることができ, 最も接着性の強いものが中心にきて, 弱いものが表面にくる. (e, f) 実際の組織の混合塊. (e) 肢芽の軟骨が色素網膜細胞によって囲まれている. (f) 中心の心臓細胞が肝臓細胞によって囲まれている.

結合多糖類である. ガラクトースを転移する酵素であるガラクトシルトランスフェラーゼは, あるシステムでは結合にかかわっている. また, 特に移動細胞や神経突起の方向づけられた伸長においては, 細胞の認識と動的な接着に参加するリガンド-受容体相互作用（前に述べたエフリン-Eph受容体シグナル伝達系を思い出すこと）が存在する. 近い将来において, 接着分子の異なるファミリーにより多くのタンパク質が同定されると考えてまちがいないであろうし, 全く新しい細胞接着分子のファミリーもこれから発見されるかもしれない.

細胞接着分子の機能は
　　　　細胞の働きと関連して解析される

最近まで, 細胞接着分子やその共役因子であるインテグリンやRTKを個別の発生現象ときちんと関連づけることは困難であった. それは最近の細胞生物学や分子生物学の発展とともに変化した. とりわけ三つの強力な実験的戦略が用いられた. すなわち, 培養細胞にクローン化されたDNAを導入すること, マウスの遺伝子をノックアウトすること, 特定のタンパク質の機能や形成を阻害する抗体やアンチセンスなどの物質を利用すること, である. われわれは, これらの戦略のいずれかを用いて得られた多くの例に出会うであろう.

図12・16は, 京都大学（現 理化学研究所発生・再生科学総合研究センター）の竹市雅俊らによってなされた, 選別（sorting out）におけるカドヘリンの機能を探る実験である. 彼らは, 正常では互いに接着しないマウスの細胞であるL細胞という樹立された細胞株を選び, 細胞にPカドヘリンまたはEカドヘリンをコードするcDNAを導入した. Pカドヘリンを発現しているL細胞を培養すると, それらは培養中に細胞塊を形成し, 同様のことがEカドヘリンを導入された細胞でもみられた. EとPカドヘリンを発現している細胞を混ぜると, 同じ種類のカドヘリンを発現している細胞と選択的に接着し, それによって選別が起こった. この例では, 異なるカドヘリンのホモフィリックな結合が接着の特異性と, ひいては選別を決定していることが明らかである.

単一のカドヘリンの, 相対的な量も特異的な接着の原因となりうる. Steinbergと竹市は, 多量のPカドヘリンを発現している細胞は同じ種類の細胞株でより少ないPカドヘリンを発現する細胞から選別されることを示した. さらに, Steinbergがもともと示したように, より多くのPカドヘリンを発現していて, おそらくはより緊密に結合している細胞は, Pカドヘリン発現の少ない細胞群の内部を占拠する.

Cカドヘリン（別名EPカドヘリン）と名づけられた種類は, アフリカツメガエルの割球に発現する. CカドヘリンのmRNAとハイブリッド形成するアンチセンスデオキシヌクレオチド鎖（以下アンチセンス鎖）をツメガエルの接合体に注射すると, 正常なCカドヘリンの

(a) N-CAM　　　　　　　　　(b) カドヘリン

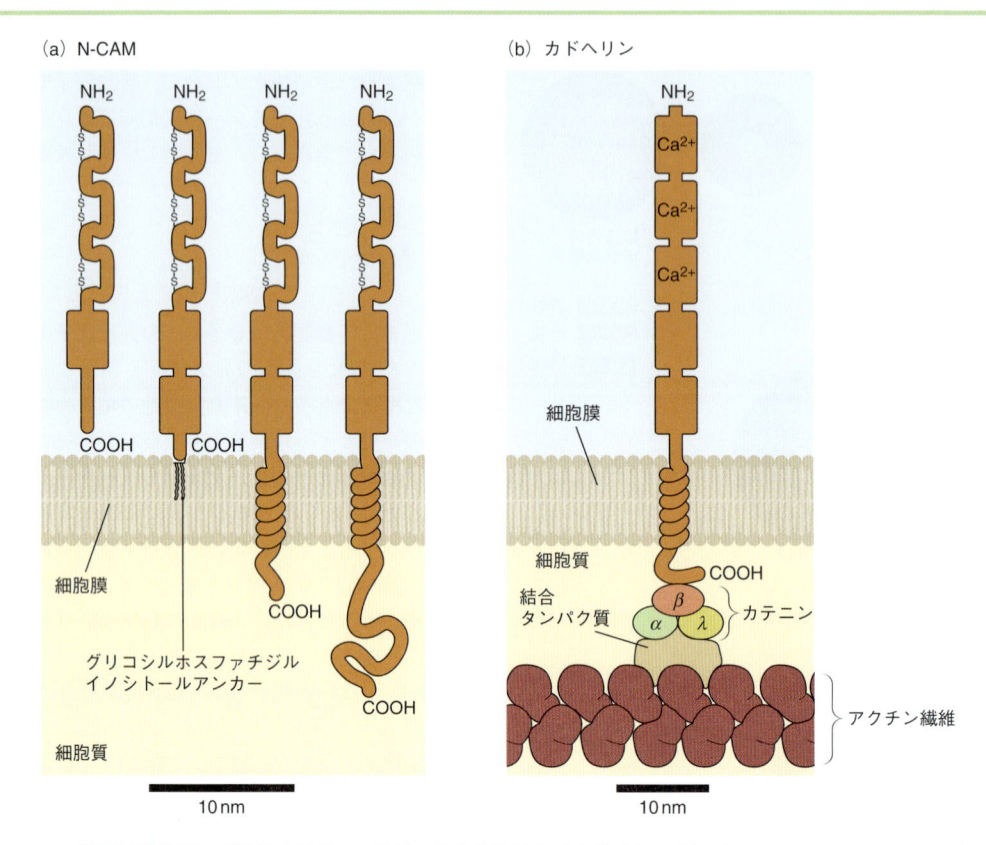

図 12・15　細胞接着分子． 細胞接着分子の 2 種類の基本的構造を示す模式図．(a) すべての CAM は，ここに示した N-CAM の 4 種類のみならず，5 個の細胞外 Ig 様領域をもつ．これらの領域はジスルフィド結合でループ状につながれている．ここには三つのループしか示していない．細胞外部分は遊離していることもあり，細胞膜に糖脂質で結合していることも，さらに膜を貫通していることもある．(b) 典型的なカドヘリン分子は細胞膜を貫通する疎水性の領域をもっている．そして，細胞質側ではカテニンタンパク質によって細胞にしっかりつなぎとめられている．細胞外部分はいくつかの Ca^{2+} 結合領域をもつ．異なる種類のカドヘリン(E カドヘリン，N カドヘリンなど)は少しずつ異なるアミノ酸配列を示す．

表 12・3　細胞接着分子の種類

分子種(別名)	結合様式	イオン存在性	例
N-CAM	ホモフィリック	なし	神経板
Ng-CAM	ヘテロフィリック	なし	神経系
I-CAM	ヘテロフィリック	なし	内皮細胞
L-CAM(E カドヘリン，ウボモルリン)	ホモフィリック	Ca^{2+}	割球
A-CAM	ホモフィリック	Ca^{2+}	中胚葉，レンズ，筋肉
P カドヘリン	ホモフィリック	Ca^{2+}	内胚葉，胎盤
N カドヘリン	ホモフィリック	Ca^{2+}	中枢神経系
C カドヘリン(EP カドヘリン)	ホモフィリック	Ca^{2+}	割球
インテグリン	ヘテロフィリック	場合による	細胞外基質

注：これは細胞接着分子の完全なリストではなく，知られている主要な種類の要約である．
出典：B. Alberts, D. Bray, J. Lewis, M. Raff, K. Roberts, and J. D. Watson. 1994. *Molecular biology of the cell*, 3rd ed. Garland Publishing, New York, p.1000 を改変，および L. W. Browder, C. A. Erickson, and W. R. Jeffery. 1991. *Developmental biology*, 3rd ed. Saunders College Publishing, Orlando, Fl., p. 377 による．

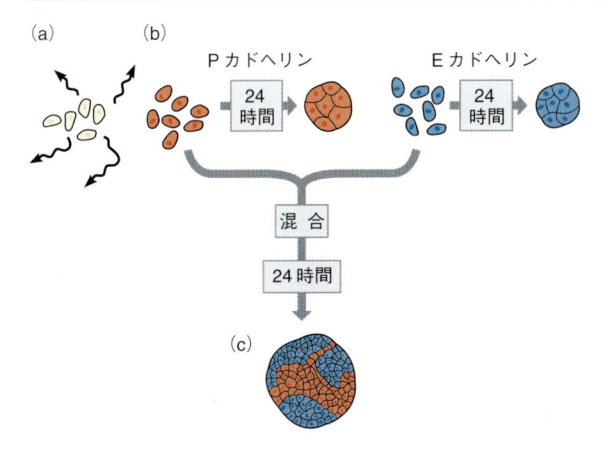

図12・16　カドヘリンと選択的細胞接着．竹市らによる実験の模式図．(a) マウスのL細胞は集合しない細胞株で，したがってカドヘリンをもたない．(b) L細胞をPカドヘリン (赤) やEカドヘリン (青) などの特定のカドヘリンをコードするプラスミドDNAで形質転換すると，細胞は同じ種類の細胞と集合するようになる．(c) 2種類の形質転換された細胞を混合して集合させると，カドヘリンの種類に従って選択する．両者はどちらかの種類のカドヘリンのみと反応する抗体で細胞塊を染色することで区別できる．

合成を減少させたり排除したりできる．つまりアンチセンス鎖は機能喪失型突然変異と同様の働きをする．Cカドヘリンのアンチセンス鎖を胚に注射すると，胞胚の上皮細胞の接着は破壊される．そうすると胚は文字どおり崩壊する．Cカドヘリンは明らかにツメガエル胚において，割球が互いに接着するのに必要である．

形態形成作戦

形態形成には8種類の基本的運動がある

　間充織と上皮の基本的な特徴と，細胞が互いに接着する際に用いる一般的あるいは特殊ないろいろな方法を概観したので，今や"実際の姿"，すなわち胚の部分がどのように形態を変化させるかという問題と取組むことができる．そのためには発生している成体で起こっている形態形成 "作戦" の異なる種類を同定しておくことが有用であろう．ただし変化を分類することは，それぞれの種類の明白な例が発生の途中で明らかにみられるという印象を与えるので，危険であるという留保付きである．そのようなことは滅多にない．しかし個別の胚における形態形成の複雑さのいくつかを知っておくことは，形態形成を推し進める細胞行動の底にある変化を解析することの助けになるので，形態形成を一般的に理解すること

は有用である．

　図12・17は基本的な形態形成運動を模式的に表したものである．それらは，**エピボリー** (epiboly, 覆いかぶせ)，**挿入** (intercalation)，**収束伸長** (convergent extension)，**陥入** (invagination)，**巻込み** (involution)，**移動** (migration)，**移入** (ingression)，**増殖** (proliferation) である．前章までに，いろいろな胚や組織の発生をみたときにこれらすべての例について説明した．この図の目的は，すべての形態形成を推し進める細胞行動を強調するだけでなく，それらを比較し区別することを容易にするためである．

細胞運動性と突出する活性は基質への接着を含んでいる

　細胞表面と周囲の表面との相互作用は，それが他の細胞の膜であれ，細胞外基質の構成要素であれ，あるいは組織培養皿のプラスチックであれ，基本的に運動のためである．ある状況下での細胞の運動性あるいは突出は，細胞の内在的な運動機構に依存するのと同じくらい基質との接触に依存している (図12・18a)．たとえば，両生類胚の原口唇の陥入しつつある表層細胞が内部に入る (これは細胞の形と運動性の両者の変化に依存する運動である) と，それらの細胞は動物極キャップの内側 "天井" という新しい基質上を活発に移動する細胞となる．米国バージニア大学のDouglas DeSimoneと同僚たちは，この移動行動の変化は原腸蓋 (天井) のフィブロネクチンと，陥入した帯域の先頭を移動する細胞の α_4/β_1 インテグリンの相互作用を必要とすることを見いだした．

　細胞の運動性はきわめて複雑な事象なので，わかっていないことも多い．しかし運動性に関する理解が少しずつ進むと，発生生物学者たちは新しい発見を，形態形成がどのように進行するかを探る実験にすぐさま適用してきた．その結果，細胞外基質を変化させたりインテグリンや細胞質アクチンやその関連タンパク質を変化させたりする実験では，ほとんど常に形態形成の撹乱がもたらされた．収束伸長，移入，巻込み，そして移動は，それぞれ，運動性と突出活動のプログラムされた変化を利用する形態形成運動である．

細胞の形の変化は形態の決定に重要である

　すでに，細胞骨格の変化がどのように細胞の形の変化をもたらすかを説明した．エピボリーの間に立方上皮内の細胞は横に伸びてそれによって組織は薄くなる．このように薄くなった上皮は扁平上皮 (squamous epithelium) ともよばれる．たとえば神経管形成のときのように上皮が丸くなって管を形成するときは，立方または柱状上皮

(a) エピボリー

(b) 挿 入

(c) 収束伸長

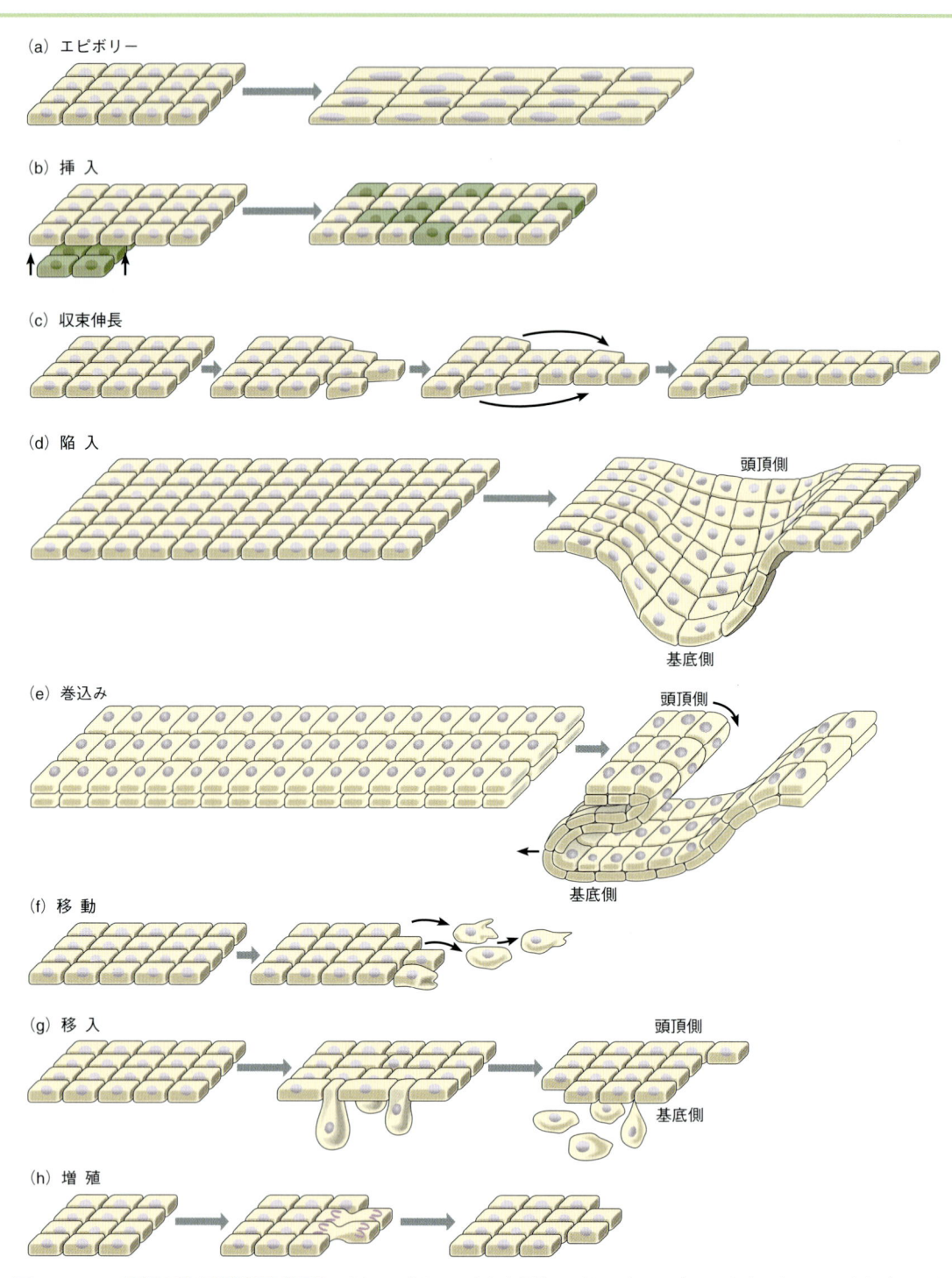

(d) 陥 入

頭頂側
基底側

(e) 巻込み

頭頂側
基底側

(f) 移 動

(g) 移 入

頭頂側
基底側

(h) 増 殖

図 12・17 8種類の基本的形態形成運動．(a) エピボリーは上皮細胞が平らになって広がるときに起こる．(b) 多層の組織では近隣の細胞は相互に混じり合って広がることで挿入が起こる．これによってより薄いシートができる．(c) 収束伸長では隣り合う細胞が活発に協調的に挿入し合うことにより組織塊の伸長がもたらされる．(d) 上皮細胞は内側に曲がることで陥入しうる．(e) 巻込みは，上皮層が陥入してもとの層の下側に折れ曲がることで起こる．(f) 移動では細胞が接着性の組織塊の端から遠ざかる．(g) 上皮層内の細胞が離れて近接する基底膜を越えて移動し，上皮の基底側に存在する細胞外基質中に移動するときは移入とよばれる．(h) 細胞の小さい集団が周囲の集団より高い率で増えるときは増殖が起こる．

細胞が台形になる．細胞の頭頂部の内側を囲んでいるアクチンの形成を実験的に阻害すると台形への変化を阻止し，その結果陥入や巻込みを停止させる．

シート状の上皮が陥入して管を形成する例で最もよく研究されているのはショウジョウバエの中胚葉形成である（図12・18b）．3章で述べたように，ショウジョウバエの細胞性胞胚の腹側細胞帯細胞は脊椎動物の神経外胚葉と同様の形態変化を起こし，その結果内部に管が形成される．ショウジョウバエでは，管は次に形態変化を起こして上皮細胞が胚の間充織中胚葉になる．興味深いことに，Snail（スネイル）や Twist（ツイスト）という転写因子をコードする遺伝子の発現はショウジョウバエの中胚葉を形成する陥入に必要かつ十分である．しかし，これら二つのタンパク質が陥入を駆動する細胞形態変化に影響する"下流"の標的にいかに作用するかは不明である．

植物細胞が行う形態変化はその形態形成にとって重要であることを思い出そう（9章から11章）．その細胞壁は運動を阻害するので，組織のあちこちの軸に沿った細胞の増大の相対的な違いが器官形成にとって重要である．細胞分裂の頻度と平面が形態形成の重要な要素であろう．

細胞増殖の速度は組織の形に影響する

組織の形態は細胞増殖の速度や，動物細胞では分裂溝，植物細胞では細胞分裂面の正確な位置にも影響される．全体としての細胞増殖は単に分裂のみによってもたらされるのではない．もちろん分裂は重要であるが，細胞死（アポトーシス）は新生細胞の生存期間にも依存する．この状況は不安定な人口を理解しようとする人口学者が直面する問題と比べることができる．出生率と死亡率の両方が人口に影響する．実際，成長因子（増殖因子）とよばれる因子の多くは実際は生存因子である．たとえば神経成長因子（NGF）は主として細胞が生存する（いいかえればアポトーシスをまぬがれる）のを助けている．それによって死亡率を下げてNGF感受性細胞集団を増加させているのである．

形態形成が芽や膨らみをつくると思われるときには，しばしば（必ずしもいつもではないが）それは周囲の細胞に比べて増殖速度が大きくなっていることの結果である．たとえば，唾液腺，肺，膵臓の枝分かれしつつある上皮性管は，どれも管の枝分かれしている先端部で最も高い分裂速度を示す．脊椎動物の肢芽の成長は分裂活性の増大の明瞭な例である．この場合，特殊化した外胚

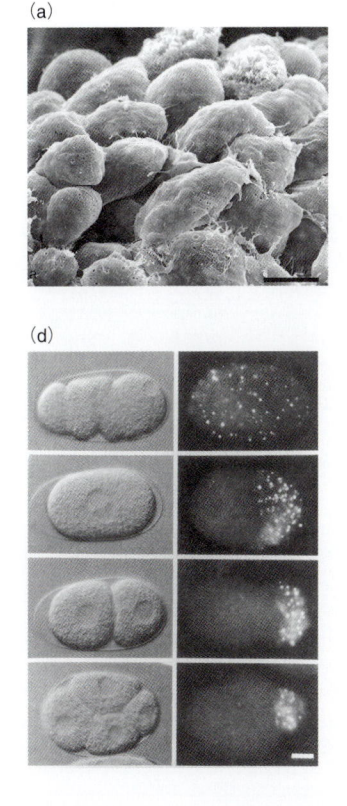

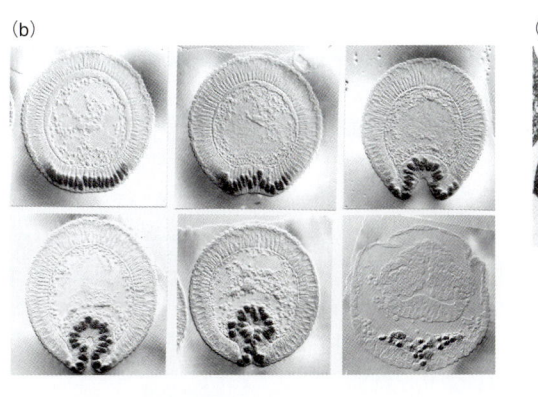

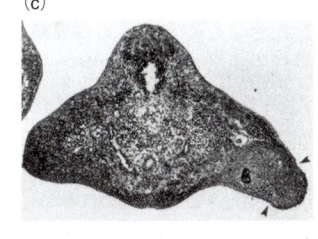

図 12・18　形態形成の例． (a) 細胞移動．原口を通る巻込みののちに，先端の上皮細胞は離れて活発に運動するようになる．(b) 陥入．典型的な陥入である内部に向けた屈曲を示しているショウジョウバエ原腸胚の腹側上皮．中胚葉は中胚葉特異的転写因子である Twist の抗体で染色されている．(c) 増殖．この実験では小さい肢芽をもつマウス胚の胴部を胚から切り出し，図の右側の後肢芽から上皮と AER を除去した．左側の肢芽はそのままである．ついで胴部を繊維芽細胞成長因子 FGF4 を含む培養液中に48時間置いた．右側が左側に比べてより成長していることに注目されたい．FGF4 は明らかに中胚葉にしみこんで右側の肢芽の成長を刺激したが，左側（対照）の上皮は通過できなかった．FGF4 は上皮細胞と除去した肢の間充織を2倍以上増殖させた．他の実験によりFGFが下の間充織のアポトーシスを抑制し，それによって成長をさらに促進することが示されている．(d) 線虫における P 顆粒の分離．左側のパネルは上から下に，未受精卵，受精卵，2細胞期，4細胞期を示す．対応する右のパネルは抗体を用いて P 顆粒を示す．すべての P 顆粒が単一の P 割球にのみ配分されることに注意．この割球は動物の後端（図2・13参照）の細胞になる．

葉性頂堤（apical ectodermal ridge: AER）は，下にある中胚葉組織の増殖を刺激する成長因子を分泌する．AERの存在により下の中胚葉のアポトーシスも低下する（図12・18c）．

　胚のどこにおいても，ある細胞分裂の速度と生存時間が厳密に制御されていることを記憶しておくことは重要である．しばしば外部からのシグナルが支配的である．それはAERが発生中の肢の中胚葉性中心塊にシグナルを出して高い分裂速度を維持するときなどにみられる．他の場合には，ショウジョウバエの原腸胚期以後の胚にみられるように（13章で考える），遺伝子によって支配される細胞分裂速度がふつうは支配的である．

細胞分裂面は形態形成に影響する

　細胞分裂面はいくつかの状況，特に動物の初期胚と植物胚ではきわめて重要である．それは，初期胚において母性決定因子が局在していることを考慮すると明白である．ある細胞または別の細胞へのそれぞれの決定因子の分離は，明らかに，局在している物質と細胞分裂面との関係によるものである．アフリカツメガエルなどの両生類の第三分裂は卵黄を含む植物半球細胞を動物半球細胞から分離する．そしてのちに動物半球細胞の子孫に中胚葉の運命をたどらせるように影響するのは，植物半球細胞なのである（16章参照）．植物胚において将来の幼柄を胚そのものから隔てる最初の分裂は，発生中の細胞の分裂面に依存している．これまで説明してこなかった多くの海産無脊椎動物の胚は，初期発生では大変よく似た分裂をし，このような分裂により既知の，あるいは予測されている決定因子が特定の細胞に分配されることになる．

　固定された細胞分裂面の重要性を示す驚くべき例の一つは，2章で述べた，規則的な細胞系譜を示す線虫 Caenorhabditis elegans の第一分裂にみられる．図12・18(d)にはこの動物の第一細胞分裂により，特別な顆粒（P顆粒とよばれる）を含む後方の細胞と，この顆粒をもたない前方の細胞が生じることが示されている．P顆粒をもつ細胞のみが始原生殖細胞を形成することができるので，もし細胞分裂面が変更されると始原生殖細胞の発生は異常になる．

　細胞分裂面の役割に関しては，さらに二つの面を理解しなければならない．第一に，分裂面を決定するのは中心体（centrosome）の位置であり，いくつかの異なる根拠から，この位置は異なる遺伝子によって緊密に支配されているという証拠がある．たとえば，ショウジョウバエのある突然変異によって，第14分裂，すなわち多核性胞胚が最終的に細胞性胞胚になる分裂の後に，中心体の位置に影響が生じる．さらに，カタツムリのいくつかの種では，単一の遺伝子が中心体の位置を制御し，それによってらせん卵割の起こる方向も制御している．殻のらせん（右回りあるいは左回り）は明らかにこの同じ遺伝子によって支配されている．

　第二に，そしてこれまでとは反対に，ある場合には細胞分裂面は何の結果ももたらさない．たとえば，初期発生中の脊椎動物器官を解離して再集合させると，その分裂紡錘体の位置は実験中の解離によってランダムになるにもかかわらず，しばしば完全に機能的で構造もしっかりした組織を構成するようになる．

細胞接着は形態形成に重要である

　細胞外基質，インテグリン，および細胞接着分子の構成要素について解説したときすでに，それらのどれかの機能を損なうと正常な形態形成が中断されることを述べた．論理的にいっても，接着が重要な役割を果たす細胞行動（図12・17に示した八つのすべての例のように）では，接着システムの構成要素や，形態形成時にそのシステムや細胞が行うダイナミックな変化を損なうことにより，何らかの影響が生じることは明白である．たとえば，インテグリン機能のノックアウト，細胞外基質の化学的阻害，そしてインテグリンと細胞骨格のシグナル伝達にかかわる結合を弱めることなどは，重大な影響を与

表12・4　マウスにおける細胞接着と基質遺伝子のノックアウト

分子	生存率[†]	表現型
Nカドヘリン	E10～11	心筋細胞の解離 体節および神経管形成不全
βカテニン	E8～9	中胚葉欠損
N-CAM	生存	空間認知の異常
フィブロネクチン	E9～10	体節なし 脈管系異常
$β_2$ラミニン	出生後2週間で死	神経-筋結合異常
コラーゲン	E13	循環系形成不全
$α_4$インテグリン	E11～14	胎盤および心臓の異常

[†]：``E'' は胚が死亡する妊娠日（あるいは期間）である．
注：このリストは遺伝子ノックアウト技術によって調べられた膨大な細胞接着，細胞外基質，インテグリン分子の遺伝子のうち，ごくわずかな例のリストである．より完全なリストは，Richard O. Hynes, 1996, Targeted mutations in cell adhesion genes: What have we learned from them? *Dev. Biol.* 180：402-412参照．

形態形成作戦

図 12・19 アンチセンス技術による母性αカテニンの減少. アフリカツメガエル胚を外科的に開いて細胞接着の程度を調べる. (a) 正常胚は接着性の細胞を示すが, (b) アンチセンス技術によって母性のαカテニンの蓄積を奪われた胚では, 細胞間の接着がほとんどない.

えることが期待される. ノックアウト実験の目的は, どのような分子が発生の特定の状況のなかでどのような役割を担っているかを詳細に明らかにすることである.

表 12・4 は細胞接着分子や細胞外基質分子をコードするマウス遺伝子のノックアウトの結果をいくつか示している. 機能的な重複があるので, すべてのノックアウトで初期発生で致死的になるわけではなく, もっと後期になって表現型が現れることが多い. 一方, Eカドヘリンやβカテニンのノックアウトなどでは, 表現型は発生初期の致死となって現れる.

アンチセンス鎖を用いた驚くべき結果を図 12・19 に示す. 母親によって蓄えられたαカテニンの機能をアンチセンス技術によって阻害したところ, アフリカツメガエルの胚におけるαカテニンタンパク質の喪失がもたらされた. この喪失を経験したのちに発生するツメガエルの胞胚は, 上皮結合装置の発生が阻害されるために, 細胞間の接着がきわめてとぼしくなる. この結果は, このような結合装置のもう一つの構成要素であるCカドヘリンの阻害の結果ときわめてよく似ている.

形態形成における原因と結果

形態形成の解析には混みいった問題がある. それを示すために, 神経板がへこんで神経管を形成するところに立ち戻ってみよう. サイトカラシンという薬品を器官培養系に外植された神経板に添加すると, アクチン微小繊維が破壊され, 神経管形成が阻害される. この場合, 微小繊維が神経管の形態形成に必要であると結論したくなる. しかし, 微小繊維の破壊は多くの細胞内構造を攪乱すると考えられる. われわれは本当にアクチンの"巾着のひも"が細胞の形の変化をもたらしているということができるだろうか. 巾着のひもが柱状から台形への変化をもたらすためには, 神経板細胞の側壁は過度の変形に抵抗するか, あるいは隣の細胞にしっかり結合するか, その両方か, でなければならないであろう. 基底表面も弾性をもっていなければならない. そうでなければ, ワイン瓶形になってしまう. 頭頂部の微小繊維束は細胞内部の構造が弱体化しているときには起こらないような細胞骨格の変化に反応しているのだろうか. 神経板細胞に観察される形態変化は形態形成を駆動するものだろうか, それともそれは何か別の行動的な変化の結果だろうか. このように, ある実験によってある分子が形態形成にかかわっていることが示されるときでさえ, その特定の分子が本当に観察される変化の原因であると結論するのは困難である.

もう少し話を進めると, 微小繊維が少なくとも一部は神経管形成をひき起こすことがわかったとしても, それで本当に何が起こっているかを理解することはできるだろうか. なぜ神経板細胞はその特定の時期と場所で形を変えるのだろうか. 神経板全体では均一に起こらない形の変化を制御しているのは何だろうか. 神経板細胞の形をつくり出すような行動的変化を誘導するシグナルは何だろうか. これらのシグナルはどこから来てそのタイミングは何が制御しているのだろうか. ときとして単純な実験の結果がそれまで予期されなかった多くの疑問を開くことになる.

細胞機能の阻害剤を用いた実験は有用であるが解釈はむずかしい

実験に阻害剤を用いたことによって, これらの問題のいくつかは神経管の例と関連するようになる. すべての阻害剤は完全に特異的ではなく, 予期せぬ副作用が実験の解釈を混乱させるということは, 古くから知られているがしばしば忘れられている知識である. われわれの意見としては, 阻害剤や薬品が用いられても観察対象の生物学的現象が起こらない実験はきちんと解釈ができない. 何かが起こらないときには, 確信をもって何かをいうことはできないのである.

しかしこれは, 阻害剤を用いることが価値がない, という意味ではない. 第一にこのような方法は, 決定的ではないにしても道を示すことを助けてくれる. 第二に, 阻害剤が, 仮定されている現象を阻害し (他にも影響があるかもしれないことは無視して), しかも問題となっている生物学的事象が起こらないのであれば, これら二つの現象が関連していないことはかなり確かである. たとえば, コルヒチンのような微小管機能を阻害する薬剤を神経成長円錐に投与したときに, 円錐がその活動を維持したとすると, ニューロンが環境を探るときに成長円

錐に特徴的に現れる微小な偽足の形成に，微小管が重要ではないということが仮定されるのである．成長円錐によるニューロンの成長については次章でさらに解説する．

本章では形態形成で重要な役割を担う多くの分子と細胞運動について概観した．次章では，第Ⅱ部と第Ⅲ部ですでに説明した形態形成のいくつかの例について，これらの知識を応用してもう一度みてみよう．これらの分子が発生中の胚における形の形成にいかに関与しているかを考えよう．

本章のまとめ

1. 形態形成は発生の途上で形態の変化をもたらす一連の細胞行動である．細胞行動自身は最終的には遺伝子発現によって制御され，また周囲の環境からのシグナルに感受性をもっている．
2. すべての形態形成は細胞接着（他の細胞に対する，あるいは細胞外基質に対する，あるいは両者に対する）の変化，細胞増殖率あるいは細胞分裂面の変化，細胞移動あるいは突出活性の変化，細胞形態の変化，などによって駆動される．それゆえこれらの行動の生物学的理解は，発生の研究にとって基本的である．
3. 間充織中の細胞は上皮中の細胞と二つの点で基本的に異なっている．(a) 上皮細胞は互いにしっかり接着しているが，間充織細胞はそうではない．(b) 間充織細胞は豊富な細胞外基質によって囲まれているが，上皮細胞はそうではない．
4. 細胞外基質は消極的に空間をみたしているだけではない．基質は親水性であり，シグナルリガンドの貯留槽として機能することもある．基質のいくつかの分子はリガンドとして，あるいは細胞の接着点として作用しうる．
5. 細胞膜の分子は細胞を基質分子と結合し，シグナルを伝達しうる．
6. 細胞と基質や他の細胞との接着は種々の分子群によって担われ，細胞の種類ごとに特異的である．細胞間接着の異なる強さが特性の付与に役立っている．
7. 阻害剤を用いて発生の現象を阻害する実験の結果は，解釈が困難である．

問　題

1. ショウジョウバエの原腸形成時に細胞増殖がいかに中胚葉の陥入に寄与しうるかはどのようにしてわかるか．
2. 本章および他章の内容から，発生中の肝臓と心臓の解離細胞を混ぜたときに選択が起こるかどうかを決定する実験を工夫せよ．
3. マウスのⅣ型コラーゲン遺伝子をノックアウトしたときに起こりうる結果はどのようなものか．

参考文献

Alberts, B., Bray, D., Lewis, J., Raff, M., Roberts, K., and Watson, J. D. 1994. *Molecular biology of the cell.* Garland Publishing, New York.
細胞生物学の有名なやや上級向け教科書．19章では，本章で詳細に述べたトピックスの多くが扱われている．

Gumbiner, B. M. 1996. Cell adhesion: The molecular basis of tissue architecture and morphogenesis. *Cell* 84: 345–357.
発生生物学の観点から細胞接着装置を考える総説．

Kintner, C. 1992. Regulation of embryonic cell adhesion by the cadherin cytoplasmic domain. *Cell* 69: 225–236.
細胞接着分子の発生における機能の解析に関する，分子的なアプローチの力を示す研究論文．

Kofron, M., Spagnuolo, A., Klymkowsky, M., Wylie, C., and Heasman, J. 1997. The roles of maternal α-catenin and plakoglobin in the early *Xenopus* embryo. *Development* 124: 1553–1560.
遺伝子機能の研究におけるアンチセンスDNAオリゴヌクレオチドの利用．

Radice, G. L., Rayburn, H. K., Matsunami, H. K., Knudsen, K. A., Takeichi, M., and Hynes, R. O. 1997. Developmental defects in mouse embryos lacking N-cadherin. *Dev. Biol.* 181: 64–78.
相同組換えによる突然変異体の作製が発生におけるその機能を知る手がかりになることを示した研究論文．

Ramos, J. W., Whittaker, C. A., and DeSimone, Douglas W. 1996. Integrin-dependent adhesive activity is spatially controlled by induc-

tive signals at gastrulation. *Development* 122: 2873-2883.
原腸形成時に上皮細胞が移動性の細胞に変化するために必要な分子を探索した研究論文．

Wolfsberg, T. G., and White, J. M. 1996. ADAMs in fertilization and development. *Dev. Biol.* 180: 389-401.
接着，タンパク質分解，融合，シグナル伝達に働く多くのドメインをもつADAMファミリータンパク質に関する総説．

Yamada, K. M., and Geiger, B. 1998. Molecular interactions in cell adhesion complexes. *Curr. Opin. Cell Biol.* 9: 76-85.
分子複合体がどのように接着とシグナル伝達に働くかを詳細に述べた総説．

13 組織間相互作用と形態形成

本章のポイント

1. 細胞は移動のガイドとして受容体型チロシンキナーゼを利用できる．
2. 神経冠細胞は，その移動のガイドとして細胞結合分子や基質接着分子を利用する．
3. 神経突起は成長円錐を用いて環境の情報を感じることにより伸長する．
4. 肢の成長には外胚葉と中胚葉の異なる特殊化した領域間の相互のシグナル伝達が含まれる．
5. 肺，唾液腺，腎臓の発生は組織間のシグナル伝達を必要とする．
6. 原腸形成は複雑な一連の細胞行動の変化によって進行する．
7. 収束伸長（組織内での細胞の詰め替え）は組織の形態の大規模な変化をもたらすことがある．

　運動性，接着，細胞形態，増殖などによってもたらされる形態変化は，どのように起こるのだろうか．細胞は何か"内在プログラム"に従って変化するのだろうか．あるいは細胞の環境が変化するのだろうか．答は両方である．形態形成を行っている細胞とその環境との間には複雑なシグナルと反応の組合わせがある．ここで述べるのは，細胞がいかに情報を伝達し，相互作用するか，ということである．12章では，これらの相互作用の道具のいくつかについて考えた．本章では，細胞の相互作用が形態形成を進めて調節している胚におけるいろいろな状況を選んで調べ，それによってどのような一般的原則が現れるかをみることにしよう．

　まず形態形成の主要な戦略が1種類あるいは複数の運動である場合を調べることから始めよう．ついで次に，上皮と間充織組織のコミュニケーションが形態形成を開始し，調節する例について述べよう．最後に，すべての形態形成運動が起こり，形態形成の最も複雑な例である原腸形成を再考しよう．

運動行動の変化

始原生殖細胞の到達には受容体型チロシンキナーゼが関与する

　始原生殖細胞（primordial germ cell: PGC）は発生中の生殖腺とは異なる，そして遠く離れた胚葉から生じることがある（7章参照）．哺乳類ではPGCは卵黄嚢内胚葉に起原し，体の中央部の中胚葉の生殖隆起に移動することが思い出されるであろう．ニワトリ胚では，PGCは胚体外内胚葉から血流にのって生殖隆起に移動することが知られている．哺乳類ではどれだけのPGCが間充織中の"陸路"を通って移動し，どれだけが循環系を通っていくか（通るかどうかも）は明らかではない．これは目標に向かう移動の驚くべき例である．PGCは上皮性から運動性の細胞に変化するだけでなく，きわめて長い距

離にわたって正しい場所に"到達する"のである．マウスで何十年も前から知られているある突然変異が，このような移動がどうして起こるかについての手がかりを与える．

マウスのW遺伝子には多くの対立遺伝子があり，そのいくつかはホモ接合では致死的になる．これらの突然変異体では新生児は重篤の貧血，皮膚の色素の欠損，そしてPGCを欠損するために不妊となる．W遺伝子は現在，cKitという受容体型チロシンキナーゼ（RTK）をコードすることが知られている．この受容体はPGCで発現することが示されてきた．cKitのリガンド（steel遺伝子にコードされMgfとよばれる）が突然変異を起こすと，貧血，毛色の変化，そして不妊を生じる．MgfはPGCの移動経路に沿った細胞により発現される．cKitとMgfの補完的な発現パターンは，それらが移動に関与していることを意味する．この受容体またはリガンドのどちらかにおける変異はPGCの方向性をもった移動や神経冠に由来する黒色素芽細胞の移動の欠如，そして造血の欠損をもたらす．図13・1はこの状況を模式的に示している．

興味深いことに，PGCはin vitroで中腎中胚葉に接着し，cKitに対する抗体はこの接着を阻害する．これらの結果はcKitとMgfがこの特異的な接着とPGCの移動経路の原因であるという証拠ではないが，それを支持している．近年の証拠からケモカイン（chemokine，免疫細胞の移動に重要）がある種の胚ではPGCの移動に関与

することが示唆される．一般的な仮説は，リガンドとRTKの相互作用は高度に特異的で，特異的な経路に沿った移動に関与し，ある場合には特異的な細胞間の結合にも関与する，ということである．マウスの突然変異から得られる証拠は，相互作用は移動が起こるのに必要であるが，十分ではないことを示唆している．さらに，Mgfが経路を指定するとしても，steel遺伝子の発現が最初にどのようにして局在するかはわかっていない．神経冠からの黒色素芽細胞のような他の移動細胞集団もcKitとMgfの一致した局在を示すので，このリガンドと受容体の対は他の移動にも関係していると思われる．

神経冠細胞の移動はいくつかの因子によって制御されている

この場合，あるいはその他の場合における上皮から間充織への変化を何が促進するかについてはほとんど知られていない．神経板の端からのみ神経冠が生じることはわかっている．神経冠形成に必要な前条件は，神経板の端が予定表皮組織と隣り合っていることである．もし本来神経冠を生じない神経板の小部分を発生中の表皮と隣り合うように移植すると，神経冠の発生がもたらされる．成長因子BMP4は神経冠形成を促進する表皮由来のシグナル伝達分子である．神経冠の起原，移動そして分化は発生生物学における多くの古典的な課題を生じ，長年にわたって膨大な研究の対象となってきた．したがって，この細胞集団の発生の記載については大量の知識が存在する（6章参照）．

神経板の背側側方縁が正中線で融合し始めると神経冠細胞は遊走を開始し，新たに形成された神経管近くあるいは表面を移動する．次に神経冠細胞のいくつかの集団はそれぞれ固有の道筋をたどる（図13・2）．ときとするとその最終目的地までは長い道のりであり，最終目的地では特異的な分化経路が実現される．神経冠の起原において何が上皮から間充織への移行を制御しているのか．何が移動行動のシグナルとなり，移動経路を制御しているのか．何が移動の終点の時期と場所を調節し，最終分化を開始させるのか．すでに6章で，神経冠の最終分化に関するいくつかの問題について解説した．ここでは神経冠細胞の起原と移動について考えることにしよう．

しばしば細胞の接着特性の変化が起こるにちがいないといわれる．論理的には当然である．遊出する神経冠細胞では実際にNカドヘリンとEカドヘリンの量が下がり，のちにN-CAMの量も低下する．この観察は神経冠細胞の移動には接着性の低下が必要であるという仮説と一致する．逆の場合，すなわち疎な間充織組織が接着性

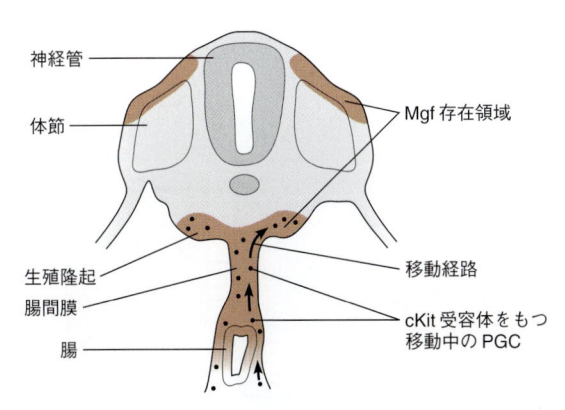

図13・1 始原生殖細胞の移動． マウス胚（10ないし11日）の生殖隆起レベルでの横断切片の模式図．卵黄嚢に起原する始原生殖細胞（PGC）と生殖隆起まで移動するその経路を示している．PGCはcKitとよばれる受容体型チロシンキナーゼを発現する．Mgf（cKitのリガンド）が存在する領域がPGC移動経路と一致することに注意．このことはcKit-Mgf相互作用が方向づけられた移動に関与することを示唆する．PGCは生殖隆起にとどまり，体節には移動しない．Mgfとはcは黒色素芽細胞や造血幹細胞の移動にも関与している（ここでは示していない）．

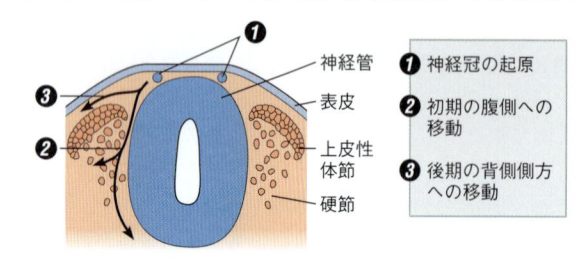

図 13・2 神経冠細胞の移動経路． 脊椎動物胚の背側部分の横断切片の模式図．神経冠細胞は形成途上の神経管の背側部分に起原し，神経管の側面に沿って腹側に移動する．のちに移動する神経冠細胞はもっと背側の経路も通って，これは真皮に定住する．

動を阻害する．この阻害作用は初期の神経冠細胞が腹側に移動した後では低下する．したがって，背側側方の細胞外基質の変化によって，この基質が後期の移動段階においては移動に対して阻害的でなくなっていると思われる．

神経冠細胞の移動はエフリンに感受性である

エフリン-Eph というリガンド-受容体系は最近のいくつかの驚くべき発見によって神経冠の移動にかかわることが示された．エフリン（リガンド）が細胞に結合していて，Eph 受容体は RTK であることを思い出していただきたい．胴部から出発して腹側に移動する神経冠細胞は隣接する体節の硬節（椎板）部分を通過するが，その頭側（前方）のみを通る．これらの移動中の神経冠細胞は硬節の尾側（後方）半分を避けるのである．エフリンリガンドと Eph 受容体が移動中の神経冠細胞と硬節に存在することを図 13・3 に示した．受容体 Eph B3 は頭側の硬節細胞と移動している神経冠細胞に存在し，リガンドであるエフリン B1 は硬節の尾側にみられる．Eph B3 とエフリン B1 には空間的な重なりがない．

の上皮になるときに，カドヘリン機能の活性化が重要であるということが示されているのは，興味深いことである．12 章では接着におけるカドヘリンのこのような役割を示す実験について述べた．接着性の変化についての別の例は，マウス胚の 8 細胞期におけるコンパクション（compaction，5 章）や体節中の上皮性の筋節の形成（7 章）にみられる．観察された接着分子の変化が上皮から間充織への変化の原因であるのか結果であるのか，あるいは別のもっと早期の制御的できごとの結果であるのかは明らかではない．接着構造の変化が何によってもたらされるかはわからないにしても，この構造の変化や阻害が神経冠の移動を阻止できるし，実際にそうしていることが知られている．

上皮を脱出する細胞は上皮組織を裏打ちする基底膜を通過しなければならない．これはしばしば電子顕微鏡で観察されており，そこでは移動中の細胞が通過する基底膜の不連続性が示されている．プロテアーゼ，とりわけメタロプロテアーゼが分泌されて，基底膜の特定の構成要素や細胞外基質の分子を分解するという証拠がかなりある．この活性はがん細胞の転移をもたらすのに重要であろう．しかし神経冠に関してはこのような確かな証拠は今のところほとんどなく，これらの細胞がどのようにして"ぐずぐずになる"かについて何もわかっていない．

神経冠細胞が活発に動くようになって移動する環境は複雑である．初期に遊走する胴部と頭部の神経冠細胞は腹側に移動し，1 日後に遊走する細胞はより背側の経路をとる．しかし，移植実験から，初期に遊走する細胞と後期に遊走する細胞の発生能は似ていることが示されている．このため，細胞の異なる移動経路や分化の最終様式は，細胞外基質や他の細胞との相互作用によると考えられる．背側経路に存在する細胞外基質はコンドロイチン硫酸プロテオグリカンを含み，これは神経冠細胞の移

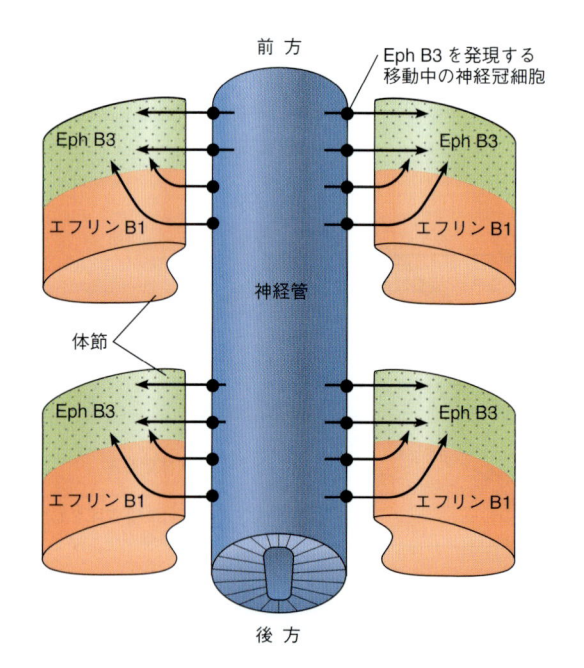

図 13・3 神経冠細胞の移動におけるエフリン-Eph の関与． 脊椎動物の胚を外胚葉を除去して背側から見た模式図．神経管は神経冠細胞の源である．神経冠細胞は腹側，側方，および隣接の体節を横断して移動する．ただし体節の前方しか通らない．点は Eph B3 が神経冠細胞の表面と体節の前方にある細胞に存在することを示す．一方，エフリン B1 は体節の後方の細胞に存在し，神経冠細胞はこの領域を避ける．

エフリンリガンドとEph受容体は広い特異性をもっているので，神経冠細胞上のEph B3受容体は神経冠細胞がこの領域を通って移動することを妨げる阻害効果をもつことが考えられる．この考えを検証するために，移動中の神経冠細胞を可溶性のエフリンB1で処理して，正常なリガンド-受容体相互作用を阻害してみた．このような処理によって，神経冠細胞は体節の硬節の頭側も尾側も通過するようになった．さらにいろいろな状況での神経冠細胞の挙動が調べられた．すると，移動神経冠細胞は基質に結合したエフリンB1を含む領域へ移動できるが，そこで先端の突起が崩壊してそれ以上その領域内を進むことを阻止することが見いだされた．中脳領域から出発する頭部神経冠細胞についても同様の結果が得られている．エフリン系は移動神経冠細胞が真皮に移動して黒色素芽細胞に分化するか，あるいはより腹側の経路をとって神経芽細胞になるかという調節にも関与している．神経冠移動経路を調節する要素の一つはエフリン-Eph系であり，これはいくつかの組織で"立ち入り禁止"サインを効果的に配置することで作用するように思われる．フィブロネクチン，ラミニン，そしてアグリカンとよばれるプロテオグリカンを含む細胞外基質のいくつかの要素も，神経冠細胞の移動に影響を与えることが知られている．

移動する神経冠細胞ははっきり決まった目的地をもっている（6章参照）．目的地に到着すると，神経冠細胞は（われわれの知らない理由によって）移動能力を失い，やがて基底膜に結合する．6章で述べたように，ある環境は固有の分化にとって有利であることがわかっている．繰返していうと，細胞行動と分化のこのような変化をもたらす環境中の分子は知られていない．このように，神経冠細胞の研究はわれわれの知見と無知を示している．細胞行動の変化とその固有の道筋はよく知られていて，これを検証することはつまらぬことなどではない．実験的に細胞の接着構造や運動系に干渉すると神経冠細胞の正常な発生が阻害される．おそらく重要な役割を果たす細胞表面と基質の分子について多くのことがわかっている．また，細胞の経路を導く特別な役割をもつ分子についてもわかりつつある．しかし，形態形成を駆動する細胞行動の変化がどのように調節されているかについては多くを理解していない．

成長円錐の活動が神経突起の伸長をもたらす

細胞体からの神経繊維の伸長は，1世紀にわたって形態形成の諸要素の研究においてモデルシステムとなってきた．事実，偉大な米国の発生学者，エール大学のRoss Harrisonが組織培養技術を開発したのは，神経突起（neurite）の伸長をより詳細に研究しようという希望からであった．（彼と同時代のフランス人Alexis Carrelも独自に同様の技術的進歩をもたらした．）

組織培養にしろ胚の中にしろ，発生中のニューロンは基質の上を連続的に前進する突起を伸ばし，一方細胞体はもとの位置に定着している．神経突起の前進する先端部は**成長円錐**（growth cone）とよばれ，ここはかなりの運動性をもった領域である．成長円錐の表面からは**糸状仮足**（filopodium）とよばれる繊細な突起が伸びる．糸状仮足には大量の微小繊維の束が存在して，糸状仮足の構造を，一時的ではあるが支えている．糸状仮足は流動性に富み，すばやく形成され，基質にふれ，そして（多くの場合）すぐ引き込まれる．引き込まれない糸状仮足は接着し続け，新しい拡張部分となって神経突起は伸長する．しばしば安定な糸状仮足の間の領域を，板状の細胞質の拡張部が占めて，この細胞質の拡張した膜は**膜状仮足**（lamellipodium）とよばれる．成長円錐の糸状仮足や膜状仮足の活発な探索がニューロンの探索と伸長の道具であり，細胞体で合成された細胞骨格などの構成要素がこの新たに敷かれた"線路"に沿って運ばれる（図13・4）．ニューロンだけでなく多くの種類の細胞の移動には糸状仮足と膜状仮足の伸展が伴う．

過去数十年間に行われた，細胞骨格の働きに干渉する種々の物質を用いた多くの異なる実験から，神経突起は伸長を維持するのに微小管系の統一性を必要とすること

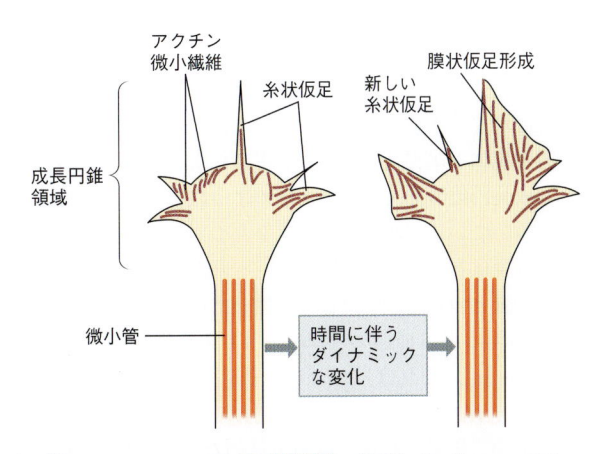

図13・4 **ニューロンの成長円錐**．伸長しているニューロンの方向を探る成長先端における変化を示した模式図．成長円錐は細い糸状仮足を示す．時とするとより広い膜状仮足が糸状仮足の間に出現する．糸状仮足と膜状仮足は多くのアクチン微小繊維を含んでいる．微小管は円錐の中心に存在することが多く，神経突起に伸びている．微小繊維，微小管，そして膜の行動はきわめてダイナミックである．

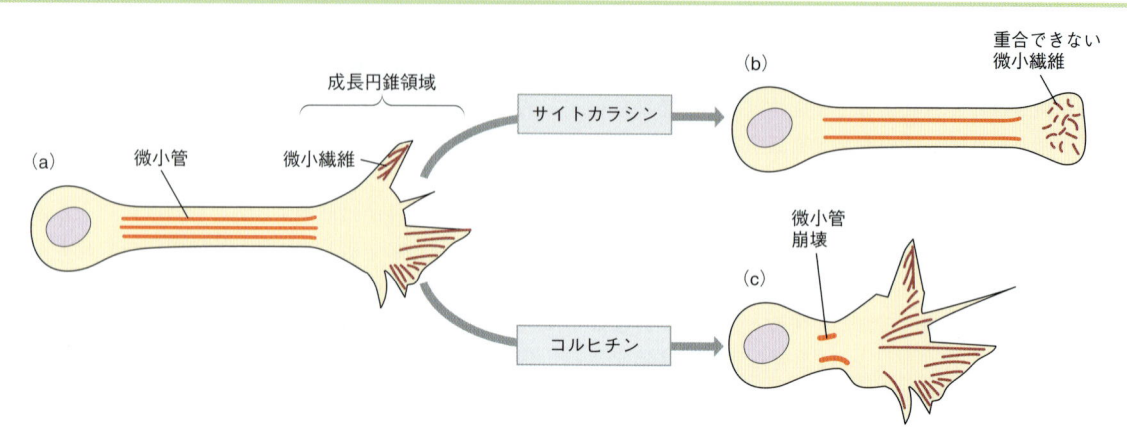

図 13・5　成長円錐の伸長における微小繊維と微小管の役割．(a) 組織培養されているニューロンが成長円錐によってその神経突起を伸ばしている．(b) ニューロンを微小繊維の重合と機能を阻害するサイトカラシンで処理すると，成長円錐はその活動を停止するが，神経突起は伸長したままである．(c) 一方，コルヒチンを作用させると微小管の機能が阻害され伸長中の神経突起は崩壊し，細胞体に引き込まれる．しかし成長円錐の探索行動は持続する．

が示された．微小繊維であるアクチン繊維を阻害すると糸状仮足の活性と伸長が停止する．さらに基質や，それに対する神経突起の接着の強さを修飾すると，神経突起の伸長の速さと方向が大きな影響を受ける（図13・5）．神経突起野の伸長方向を決定することに関与する因子については多くの文献がある．長い間研究者はこれらの因子が何であって神経突起の伸長をどのようにして方向づけるかを知ることは困難であると思っていた．しかしすぐ述べるように，近年ではかなりの進歩がなされた．

細胞間，あるいは細胞と基質の相互作用が神経突起の伸長方向を決めるのに役立つ

組織培養を用いた実験，そして最近では胚の局所に特異的な抗体や阻害剤を投与する実験によって，研究者たちは成長円錐の伸長と方向がどのように制御されているかについていくつかのアイデアをもつようになった．主要な仮説はどれも，成長円錐と，それがのっていて移動する基質との相互作用に重きを置いている．手短に言えば，仮説は以下の四つである．1) **ステレオタキシス**（stereotaxis）．これは，成長円錐周囲の物理的地形を感じて，ある物理的輪郭に沿って進むことである．登山家が目的地まで最も容易な経路を見いだすのと似ている．2) **運動の接触阻害**（contact inhibition）．成長円錐が他の細胞と接触すると物理的に麻痺して，その運動器官を別の方向に向けるようにする．3) **ハプトタキシス**（haptotaxis）．成長円錐が最も高い接着性をもつ経路を好んで進む．4) **化学走性**（chemotaxis）．局所的に存在する分子が成長円錐の活動を誘引するか排斥する．

相互に排他的ではないこれら四つの仮説は，ニューロンの伸長以外にも，細胞の運動性や伸長を含む多くの形態形成の例で考えられてきた．これらのアイデアには，どのような証拠があるだろうか．

運動性の細胞は組織培養プレートに掘られた溝に沿って移動することが示されてきた（図13・6a）ので，ステレオタキシスによる行動は生きた胚でも起こりうる．しかし胚の中でのステレオタキシスの役割を支持するしっかりした証拠はない．

in vitroでは，二つの運動性細胞が接触すると，それらは一時的に接触部位で突起の形成を止めて，その後接触していない部分で突起の形成を開始する．その結果，二つの細胞は異なる方向に移動する（図13・6b）．in vivoではやはり，もともと記載され定義された接触阻害は胚の中で働いていることが示されてこなかった．しかし今では，ある成長円錐が実際に"崩壊"して一時的に非運動性になるというはっきりした証拠がある．

接着性の勾配という仮説は簡単には捨てることができない．伸長中の神経突起も含めて運動性の細胞は，明らかに，それが行先を探している地面にある程度の強さで接着しているからである．組織培養プレートを用いた実験では，プラスチックを高度に接着性のある基質（たとえば正に荷電したポリリシン）でコートすると，細胞を効率よく基質に貼りつけて，移動や伸長を停止させることが示される（図13・6c）．少し接着性の弱い基質は神経突起の伸長に影響を与え，その伸長は少しでも接着性の高い道筋に沿うのである．古典的な接着分子，たとえ

運動行動の変化

(a) 物理的：ステレオタキシス

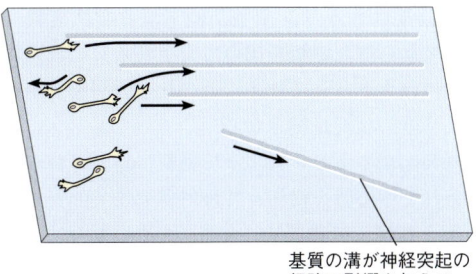

基質の溝が神経突起の経路に影響を与える

(b) 生化学的：接触阻害

移動中の細胞が接触する → 麻痺する → ついで新しい方向に移動する

(c) 接着性：ハプトタキシス

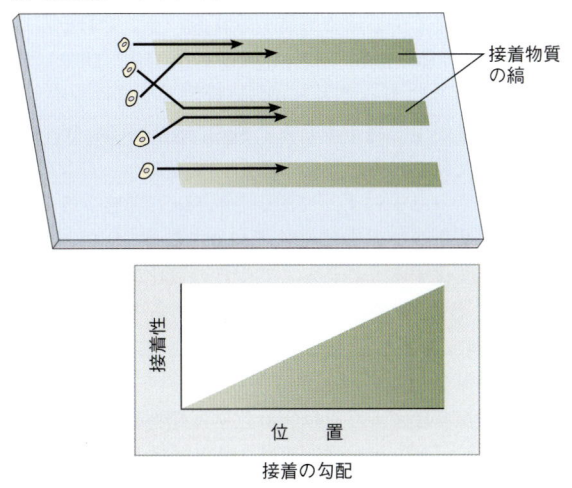

接着物質の縞

接着性／位置　接着の勾配

(d) 化学的：化学走性

化学反発物質の源　　化学誘引物質の源

図 13・6　移動細胞に対するガイダンスの仮説．本文中で述べた，移動細胞がどのように誘導されるかについての四つの仮説．(a) ステレオタキシスでは細胞はその基質の物理的位相を感じる．この図の場合は細胞は溝に沿って進む．(b) 接触阻害では，運動細胞が互いに接触するとそれらは麻痺する．短い時間の後で運動活性が再開し，新しい方向への移動が起こり，接触した細胞が分離する．(c) ハプトタキシスでは，異なる接着の勾配に従う．この図では基質に，しだいに接着性が増加するように接着性のある化学物質を塗布してある．(d) 化学走性では，細胞は誘引分子の源に向かって移動し，あるいは反発分子の源を避けるように運動する．

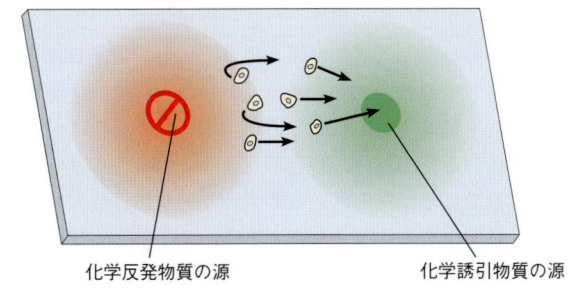

ばカドヘリンやN-CAM，あるいはそれらと作用するインテグリンの発現や機能を阻害すると，神経突起の伸長に影響が与えられる．このことは，接着機構のいろいろな部分に突然変異を導入できるショウジョウバエで明瞭に示されてきた．たとえば，ファシクリンII（fasciclin II，脊椎動物N-CAMの近縁分子）あるいは**ニューログリアン**（neuroglian）の遺伝子発現を阻害すると何種類かのニューロンのガイダンスとシナプス形成に欠損を生じる．しかし，このような接着システムの破壊は，神経系全体を破壊することはない．そのことは種々の接着分子が重複した，あるいは協同的な機能をもつことを示唆する．

ガイダンスには他の役者も含まれると思われる．神経突起の伸長の多くの局面は拡散性の，あるいは膜結合型の認識分子や接着分子によって制御されているという証拠がある．このような分子の多くは，特異的な**化学誘引物質**（chemoattractant）あるいは**化学反発物質**（chemo-repellant）として作用する（図13・6d）．以下の節では，これらの分子システムのいくつかの例を調べることにするが，それは氷山の一角を見るだけにすぎない．

ネトリンは化学誘引物質として作用する

局所的に作用する化学誘引物質があるという考えは，偉大なスペインの神経解剖学者Santiago Ramon y Cajalにまで遡る．彼は，ヒトの神経系における10の14乗にのぼるニューロン間の結合を調和させるためには，発生中のニューロンを導く特異的な化学誘引物質が存在するはずだ，と推測した．研究者が必要としたのはこのような分子を求めるよい検出方法であった．そして1980年代後半に開発された細胞培養法が道具を提供した．この方法を用いてイギリスのJ. DaviesとA. Lumsdenは発生中の三叉神経（第5脳神経）節を単離してコラーゲンゲル中で培養した．正常では三叉神経が入る予定上顎組織を外植した神経節から数百μmのところのゲル中に置いたところ，遠心性の神経突起がこの標的組織に向かって伸びたが，他の組織には伸びなかった．DaviesとLumsdenはこれらの結果は上顎組織からは放出されるが，他の組織からは放出されない特異的化学誘引物質によると仮定し

た．この結論は上顎組織が正常では三叉神経の支配を受けるという事実と一致する．

この組織培養戦略は，米国サンフランシスコのTito SerafiniとMarc Tessier-Lavigneのチームによっても用いられた．彼らは発生中の脊髄の底板が化学誘引物質を放出し，それが**交連ニューロン**（commissural neuron）の遠心性突起が底板に向かう伸長をひき起こすことを示した．（交連ニューロンは神経突起が中枢神経系の中心線を越えて伸びるので，その名前がある．）活性のあるタンパク質が単離され，それをコードする遺伝子がクローン化された．これに関連するタンパク質は二つある．底板に局在するネトリン1（netrin 1）と，脊髄の底板を除いた腹側に見いだされるネトリン2（netrin 2）である．どちらの分子も交連ニューロンの伸長を促進するので，その遠心性突起が腹側に伸長して中心線に向かうことが説明できる（図13・7）．二つのネトリンの受容体はヒトでは接着分子の免疫グロブリンファミリーに属するがん抑制遺伝子にコードされている．この遺伝子は直腸がん細胞ではしばしば突然変異を起こしているので，*deleted in colorectal cancer*（*dcc*）とよばれ，受容体タンパク質はDCCとよばれる．（ショウジョウバエにおけるホモログはFrazzledである．）

しかし歴史はそれだけではない．底板を単離してネトリン反応を実験的にDCCに対する抗体を用いて阻害すると，ネトリンによって促進される交連ニューロンの伸長は停止する．ところがそれでもなお，すでに存在しているる神経突起は依然として底板の方に曲がったままである．同様の結果はネトリン産生が低下する突然変異をもったマウスから得た底板を用いても生じる．これらの実験は底板にはネトリンに加えて他の化学誘引物質が存在するという強い状況証拠となる．

もし神経突起がネトリンによって底板に誘引されるとすれば，それを中心線を横切って反対側にまで伸長させる，いいかえればこの神経を"交連"させるものは何だろうか．最近になって同定された*robo*（あるいは*roundabout*）という遺伝子は，おそらく突起の先端に存在して遠心性の突起を導く受容体をコードしており，この受容体が中心線のシグナル（*slit*遺伝子にコードされる分泌性のリガンド）に感受性をもっている．成長円錐が中心線を越えるときにネトリンとSlitに対する感受性が変化することが示されている．遠心性突起の成長円錐はネトリンによって中心線まで誘引される．そこでおそらくはSlitの受容体（Robo）がネトリンの受容体（DCC）に結合することによってネトリンに対する反応性を失う．ニューロンが中心線を越えるとSlitに感受性になり，Slitによって反発される．要約すると，交連ニューロンの成長円錐はネトリンによって誘引されSlitに非感受性の状態から，ネトリンに非感受性でSlitによって反発される状態へと変化する．これらの感受性の変化は固有の受容体，DCCとRoboの相互作用の結果起こると考えられている．（興味深いことに，*robo*と*slit*は昆虫にも脊椎動物にもよく保存されている．）

ある状況ではネトリンは実は化学反発物質として作用する．コラーゲンゲル検定では，滑車神経（第4脳神経，いくつかの耳筋肉に分布する）の遠心性神経突起はネトリンによって反発される．このように同じリガンドがある場合には正に，他の場合には負に作用することができる．この行動は，古典的なホルモン，たとえばチロキシンの作用と変わるところがない．チロキシンは四肢の筋肉の成長を促進するが尾の筋肉の退縮ももたらすことを思い出されるであろう．特定のリガンドがどのような分子的背景では正に反応し，どのような背景では負に反応するかを同定することが重要である．ネトリンの場合にはこれは不明である．ネトリンには近縁の分子が存在し，それも脊椎動物だけではない．ネトリンリガンドとその受容体はショウジョウバエや線虫*Caenorhabditis elegans*でも機能している．

セマフォリンは化学反発物質の大きなファミリーである

ニワトリ脳から抽出したあるタンパク質が培養された

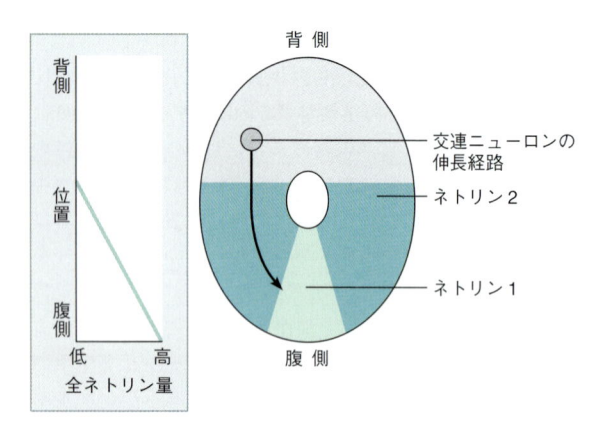

図 13・7 背側脊髄ニューロンに対するネトリンの作用． 発生中の脊髄の横断切片の模式図．ネトリン1は底板から放出される化学誘引物質である．一方，類似した誘引物質であるネトリン2は脊髄の腹側全体に存在する．全ネトリン（1＋2）の垂直方向の濃度勾配を横に示してある．ネトリン受容体（DCC）をもつ細胞はより高い濃度のネトリンに反応しその方向に成長する．

感覚神経の成長円錐を崩壊させることが見いだされた．すなわち糸状仮足や膜状仮足が退縮するのである．そのために，これはコラプシン（collapsin）と名づけられた．*collapsin*遺伝子がクローン化され塩基配列が決定されて他の配列と比較されると，それは他のタンパク質をコードする遺伝子と類似していることが明らかになった（そのタンパク質はファシクリンⅣで，今ではセマフォリンⅠといわれる）．このタンパク質はコオロギの肢における神経突起の成長をガイドする分子として作用する．

現在ではセマフォリン（semaphorin）のかなり大きいファミリーがあることが知られている．これらの遺伝子はクローン化され，タンパク質のアミノ酸配列が決定された．セマフォリンは膜結合型あるいは分泌型のどちらかで存在し，多くの動物種にみられる．それらは一般に遠心性神経突起の成長をガイドし，それらの成長円錐はセマフォリンが集中している領域から反発される．たとえば，セマフォリンⅢは脊椎動物の脊髄の腹側には見いだされるが背側にはない．皮膚に分布して背側脊髄に伸びる感覚神経を in vitro で培養すると，セマフォリンⅢを含む領域に成長することを避ける．正常では腹側脊髄に入る筋肉からの感覚性遠心性神経突起はこのようなセマフォリンⅢに対する反発性を示さない．それゆえ，セマフォリンⅢのような分子は"立ち入り禁止"の領域を明示して，ニューロンが道を探すことを助けている．ただし，これはある種のニューロンに対してのみである．この大きなリガンドのファミリーは，プレキシン（plexin）とよばれる受容体ファミリーと相互作用する．異なるセマフォリン群は特定のプレキシンサブファミリーと作用する．これらのファミリー，サブファミリーには複雑な命名があるが，ここでは避けて通ろう．成長円錐はおそらくいくつかの異なる誘引物質や反発物質に感受性がある．成長円錐のガイドは，異なるリガンドやその受容体の間の"綱引き"の結果である．

網膜と視蓋の接続の一部はエフリンによる

他にも接着分子，化学誘引物質，化学反発物質の候補などが同定され，文献に報告されている．この研究分野が今後一層発展することは確かである．

しかし，すべての神経接続システムについての先駆的研究について述べないでこの章を終わるわけにはいかない．Roger Sperry はかつて，**網膜**（retina）の神経節細胞というニューロン（その遠心性突起が視神経を形成する）は中脳の屋根にある領域である**視蓋**（optic tectum）と正確に接続することを示し，それによってノーベル賞を受賞した．発生中の眼を回転させるなどの外科的処置を施しても，伸長する視神経繊維はなんとか正しい標的を見つけようとする．あたかもおのおのの神経節細胞はその上に宛名ラベルをもっていて，なんとかその正しいメールボックスを探そうとするかのようである．このプロセスの正確さは何十年にもわたって神経発生学者を驚嘆させた．図 13・8 は Sperry が開発した眼の回転実験の内容を模式的に示している．回転した眼から再生する遠心性神経突起は，非回転の眼からの神経突起と同じ視蓋細胞群に投射する．ただし，これは動物にとって無用の知覚を生じることになる．このように回転された眼をもつカエルはガが視野の上の方にいるのに，あたかも視野の下の方にいるように知覚する．不幸なカエルは餌を捕らえることができない．

エフリンは明らかにこの正確な網膜と視蓋の接続を形づくるのに重要である．すでに，神経冠細胞が隣接する前方体節間を移動することに関する話題で，エフリン-Eph 系に出会った．これまでに Eph RTK は 14 種類が同定されていて，それらは，エフリンリガンドと弱い特異性をもって反応する．リガンドとしてはエフリンは 2 種類に分かれる．A クラスは糖脂質結合によって膜に結合し，一方 B クラスは膜貫通型タンパク質である．Eph とエフリン遺伝子の発現組織に関する研究から，これらが発生中の神経系で，魅力的な分布をとることが示された．それらは発生中の視神経と視蓋に特異的に出現する．何年も前に Sperry は細胞の特定の化学物質に対する親和性が，遠心性神経突起の視蓋の適切な領域に導くことを助ける宛名ラベルとして役立つことを推測した．彼はまた宛名ラベルには勾配があって，おそらく接着分子として働くだろうと示唆した．

主としてドイツの Friedrich Bonhoeffer, Uwe Drescher らによってなされた最近の実験は，視蓋と網膜の小片を共培養するという技術を用いている．正常発生では網膜の側方に位置する神経節細胞からの遠心性神経突起は，視蓋の前方部分の細胞とシナプスを形成する．これらの神経突起は後方視蓋には伸びない．in vitro では側方遠心性神経突起は前方または後方視蓋の細胞の"絨毯"上で成長することができるが，もし選択することが許されるならこの神経突起は前方視蓋細胞上で伸長することを好むのである．Bonhoeffer グループはこの前方に対する指向性は，後方視蓋からの反発によるのであって，前方からの誘引によるのではないことを示した．後方視蓋から 25 kD のタンパク質が同定され，これは前方には存在しなかった．後方視蓋細胞から見いだされたこのタンパク質の遺伝子が培養細胞（COS 細胞）に導入された．側方遠心性神経突起はこのタンパク質を発現する COS 細

胞も避けた．DrescherとBonhoefferによって同定された25 kDタンパク質はエフリンリガンドであることが明らかになった．

Hwai-Jong ChengとJohn Flanaganは独立に，エフリンの勾配が視蓋に存在し，一方固有の受容体であるEphの反対方向の勾配が網膜の神経節細胞に存在することを示した．Eph濃度は側方（耳側）網膜の神経節細胞と遠心性神経突起で高く，中心（鼻側）にいくほど神経節細胞での濃度が低くなる．耳側神経突起はエフリンリガンドが少ない前方視蓋と接続する．エフリン濃度は視蓋の後方にいくほど高くなり，その領域は側方神経突起によって反発される（図13・9）．このようなリガンドと受容体の逆向きの勾配はSperryの考えと一致する．

しかしエフリン系は，問題を完全に解決するわけではない．化学反発物質は成長円錐が正しいご近所に向かって伸長することを助けるが，自動車を正しいガレージに入れるわけではない．今後より多くの接着因子とリガンド-受容体からなる"宛名"システムが発見されると思われる．また，神経系の細胞どうしの認識に関する驚くほど詳細な情報を提供するために複数の分子システムが協

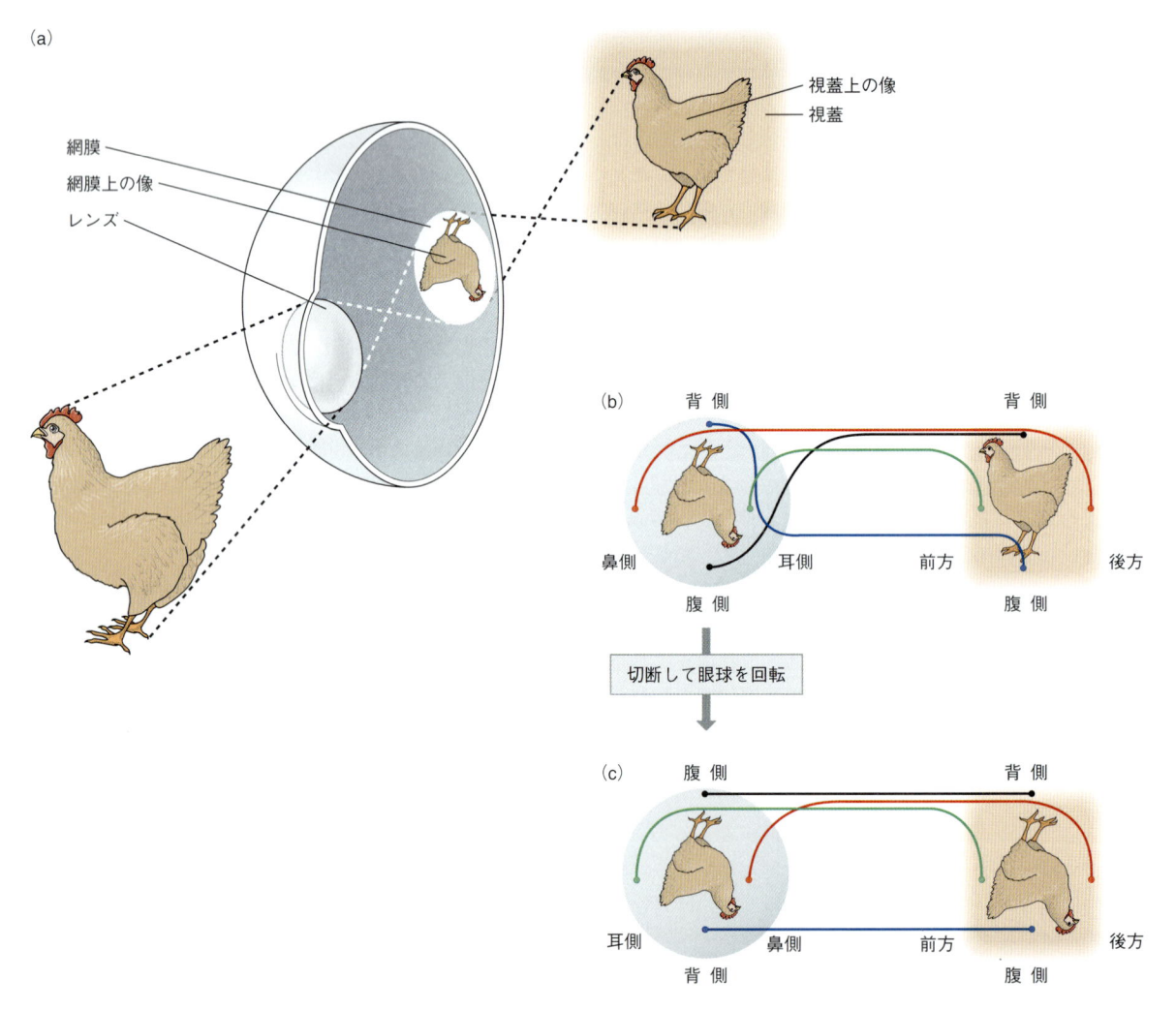

図 13・8　網膜と視蓋の接続特異性． 模式的に示した網膜と視蓋の"電線"．(a) 見ている人はニワトリの輪郭を横から見ている．ニワトリの像はレンズで逆転されて網膜に投影される．網膜から視蓋へのニューロンは，この像を再逆転する．(b) 網膜(左)と視蓋(右)の点ごとの対応．網膜の背側神経節細胞は視蓋の腹側に，網膜の腹側神経節細胞は背側視蓋に接続する．鼻側の神経節細胞は後方視蓋に，耳側神経節細胞は視蓋の前方に接続する．(c) 魚類といくつかの両生類では視神経を外科的に切断して眼球を回転すると，視神経が再生したときに以前の"正しい"接続が確立する．すなわち，以前の腹側神経節細胞は依然として視蓋の背側部分を見つけて接続し，その他の部分も同様である．このようにして視蓋は上下が逆転した，つまり回転していないニワトリ像を受取ることになる．

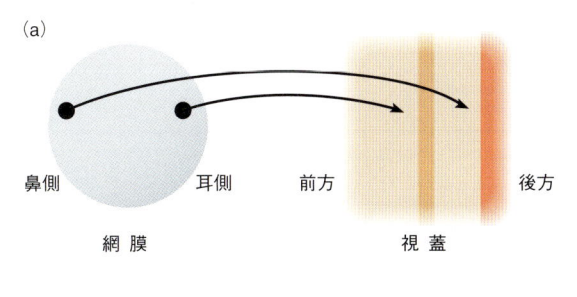

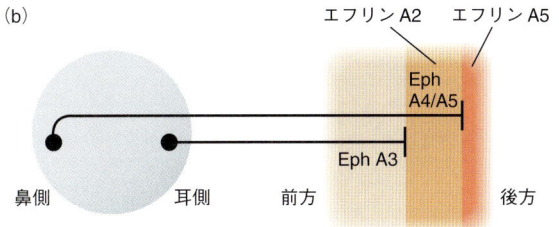

図13・9 網膜の求心性神経突起と視蓋におけるEphとエフリンの分布．Ephとエフリンがどのようにして発生中の網膜と中脳視蓋の間の正しい接続のための宛名を提供するかを示すモデル．(a) 網膜の側方からの求心性神経突起は前方視蓋に，網膜鼻側からのそれは後方視蓋に投射する．(b) 耳側神経突起はEph A3を発現する．それが後方視蓋のエフリンA2と遭遇すると特異的に反発されてその領域には伸長していかれない．一方，鼻側神経突起はEph A4とA5を発現し，それらはエフリンA2によって反発されないので後方視蓋に進入できる．視蓋の後方縁にはエフリンA5の領域がある．神経突起上のEph A4とA5と視蓋のエフリンA5の相互作用によって鼻側神経突起はこの視蓋後方部分に入ったりそれを越えていくことを阻止される．この領域にはいくつかのエフリンが勾配をなしていると考える研究者もいる．

同的に作用することも明らかである．

上皮-間充織相互作用

これまでは単一のあるいは単離された細胞，または成長円錐の形態形成に関する相互作用をみてきた．これから，組織層の相互作用，とりわけ基底膜で隣接の間充織から分離されている上皮層の相互作用について考えよう．

肢の成長は組織間の相互作用を必要とする

神経系以外では形態形成の戦略は異なるのだろうか．おそらくそうではあるまい．ここでも細胞外基質，リガンド，受容体が接着性，細胞の形，突出活動，増殖などの変化が形態形成運動をもたらすことをみるであろう．7章と12章で述べた肢芽の発生に戻ることにしよう．そ

れは組織間相互作用とパターン形成がよく理解されている例だからである．

肢芽の発生から形態形成における上皮と間充織の相互作用の重要性も強調される．発生中の脊椎動物肢の上皮性被蓋はその先端に柱状の細胞の土手〔外胚葉性頂堤（apical ectodermal ridge），略してAER〕をもつことを記憶されているであろう（7章）．AERの初期の形成は側板中胚葉からのシグナルを必要とし，上皮-間充織相互作用の例である．最近の証拠から，側板中胚葉からのシグナルはBMPであることが示されている．BMPシグナルの受容体（IA）をコードする遺伝子を肢外胚葉でノックアウトしたマウスでは，AERの形成が阻害される．（このマウスのノックアウトやニワトリで行われた実験は，BMPシグナルが肢の背腹軸の確立にも重要であることを示している．）

AERはひとたび形成されると肢の成長にとって重要である．なぜならAERを除去するとそれ以上の肢の成長が起こらないからである．しかしAERが成長を促進する正確なメカニズムは複雑である．AER除去はその下の間充織における細胞死も促進する．AERは細胞分裂を促進するであろうが，その直接の証拠はない．そのメカニズムが何であれ，AERは肢の成長に不可欠である．

繊維芽細胞成長因子（fibroblast growth factor: FGF）のファミリーのいくつか，とりわけFGF2とFGF4はAERに存在し，肢の成長を促進できる．FGF4をしみこませたビーズを移植すると二次的なAERの形成が促され，それによって二次的な肢の成長をもたらされる．しかし，FGF2とFGF4はAERが最初に形成される肢発生の初期には存在しない．FGFファミリーのうち新たに発見されたFGF10はごく初期に中間中胚葉と側板中胚葉に存在する．肢芽の形成の直前にFGF10は予定肢芽領域の側板中胚葉に限定される．FGF10はそれをしみこませたビーズを移植すると余分な肢芽を誘導するので，肢芽の成長に重要であることがわかる．実験条件下でも正常発生でも，FGF10はAERが形成されるちょうどそのときにAERにFGF8の出現をひき起こすと思われる．FGF8はまだ明らかではないメカニズムによって肢の成長を促進する．しかしそのメカニズムは，たぶん増殖（細胞分裂とアポトーシスの差し引き）と，周囲の組織からの中胚葉細胞の移動も制御しているであろう．

このモデルが正しいとすると，中胚葉の成長因子であるFGF10がその上にある上皮を刺激してAERを形成させ，ついで後者がFGF8を生産する．FGF8は肢芽の成長をひき起こす．この二つの組織の間における成長因子

の相互作用は，発生で重要な組織間相互作用のよい例である．

肺と唾液腺における分枝形態形成は組織間相互作用を必要とする

　組織間相互作用の存在とメカニズムに関する正面からの攻撃は1930年代に衰退した．それはシュペーマンオーガナイザーの活性物質を見いだすことに失敗したことと，第二次世界大戦によって研究が中断したためである．大戦の終結後直ちに，米国国立衛生研究所（NIH）で研究していたClifford Grobsteinによって新しいアプローチが始まった．Grobsteinはマウスのいくつかの内部器官，とりわけ唾液腺，膵臓，後腎（腎臓）の発生に焦点を当てた．（腎臓の発生段階については7章参照．）他の研究者もこの研究を，甲状腺，胸腺，腸の陰窩，肺などの内胚葉由来の上皮組織を含むほとんどあらゆる器官へと発展させた．さらに汗腺，前立腺，腎臓などの中胚葉のみから発生する器官も，それらが上皮と間充織からなり，分枝パターンを示す点で，内胚葉性の器官に似ていた*．どの場合も上皮と間充織を分離すると，形態形成も最終的分化も起こらない．

　初期の実験がなされた時期の重要な疑問は，組織は相互作用するために接触していなければならないかどうかということだった．1950年代初頭に利用可能になった多孔質の膜フィルターによって研究者が間充織と上皮を分離してこのフィルターを介して共培養させることが可能になった．ある場合，たとえば膵臓では，細胞の接触を妨げる障壁を介しても相互作用が起こった．他の場合，たとえば後腎では，フィルターは組織の相互作用を阻止するように思われた．今では異なる場合になぜ異なる結果が生じるかがわかり始めている．リガンドと受容体の相互作用においてリガンドは水溶性であることが多いが，そうでない場合にはリガンドは細胞膜に結合している．

　肺の発生は，形態形成時に起こる出芽と分枝の性質が上皮と相互作用する間充織の種類に依存するので，特に興味深い．図13・10は肺上皮と間充織の正常な分枝パターンの発生を示している．気管原基を覆っている間充織を実験的に気管支の周囲の間充織で置き換えると，正常発生では決してみられない気管の分枝が起こる．（5章で器官原基というのは，発生中の器官の同定できる最も初期の段階である，と述べたのを思い出してほしい．）逆に，気管間充織を気管支上皮の近くに移植すると分枝

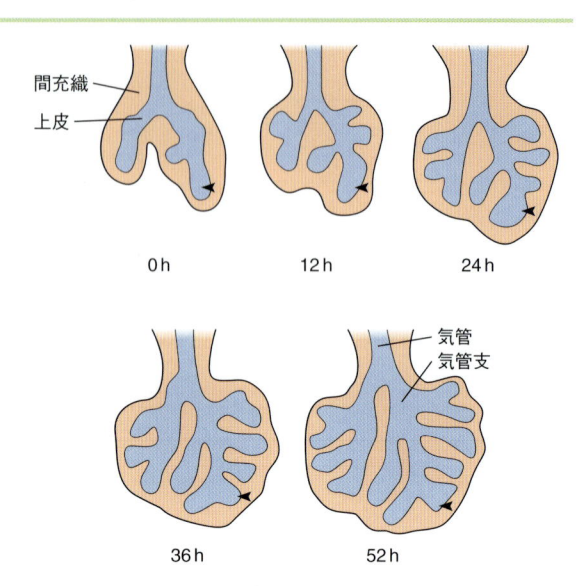

図13・10　肺の形態形成．マウス胚の肺器官原基を外科的に摘出し，器官培養した．0から52時間の間のいろいろな時間に，上皮の成長と周囲の間充織の関係を調べた．左と右の葉で分枝形成が少し違うことに注意．やじりで示した細胞集団を追跡すると典型的な分枝過程がどのように起こるかの概念が得られるであろう．

を阻止する．気管支の間充織を唾液腺上皮に移植すると唾液腺の分枝をひき起こすが，これはかなり大量の肺の間充織を用いたときだけである．

　このような多くの実験が，間充織と上皮の相互作用にはかなりの特異性があるということを確立した．このような効果のすべてではないにしても大部分の場合の基礎には，リガンドと受容体の分子的相互作用が存在すると思われる．分枝上皮組織の先端は分裂活性の高い領域であり，それゆえ分裂促進的リガンドは，もしそこに局在すれば芽の成長とおそらくは分枝を促進するであろう．TGF-β（形質転換成長因子β），EGF（表皮成長因子）や関連の分子，そしていくつかのFGFファミリーのタンパク質は培養中の肺上皮の分枝に影響を与えることが示されている．

　たとえば肺上皮細胞の培養中にTGF-βを添加すると芽の成長と分枝が減少する．上皮にみられるTGF-βの受容体は抗体を利用することによって部分的に不活性化することができる．これは分枝を増大させる．最近に発見されたFGFファミリーのタンパク質であるFGF10は，器官培養で，内胚葉性上皮の分枝形態形成と肺上皮のいくつかの生化学的分化マーカーの発現を促進することがで

　＊　訳注：汗腺は外胚葉性上皮，前立腺は内胚葉性上皮を含むので純粋に中胚葉性ではない．

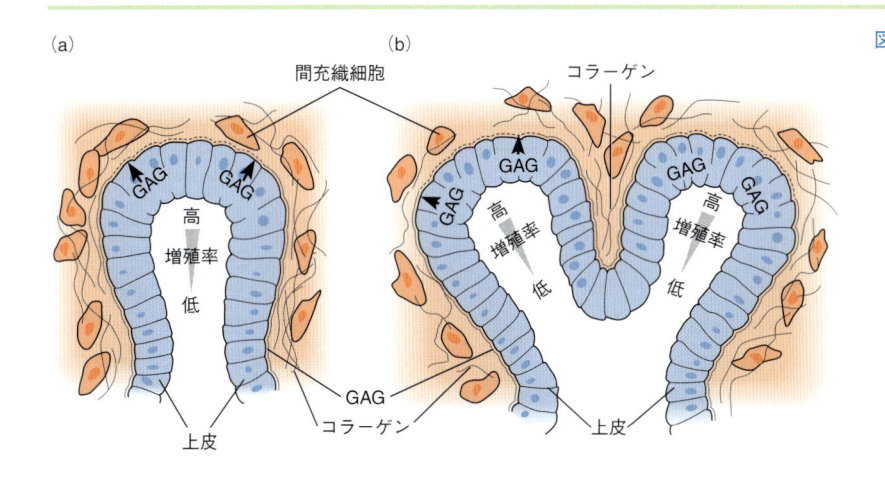

図 13・11 唾液腺の形態形成． 唾液腺上皮に溝と分枝がいかに生じるかを示すモデル．(a) 芽の先端に細胞分裂が高頻度に起こる．GAGとコラーゲンが先端と両側に蓄積する．溝の形成は先端に始まるが，それはおそらく先端細胞における微小繊維の活動と酵素分解による基底膜の薄弱化による．(b) 先端の溝が深まると，新しい二つの芽の間にコラーゲンが堆積する．それによって溝の形成を安定化する．"新しい"二つの先端は再び分枝を開始することができる．

きる．FGF10は芽の先端の間充織に局在する．さらにFGF2受容体の機能をドミナントネガティブ突然変異で欠損させたトランスジェニックマウス系統がある．（ドミナントネガティブ突然変異については5章参照．）この突然変異のホモ接合体胚は，肺が異常であり気管支の分枝が著しく減少している以外には正常な胚を生じる．

FGFファミリーとその受容体のホモログはショウジョウバエでも同定されている．ショウジョウバエのFGFの一つは*branchless*（*brn*）という遺伝子にコードされている．*brn*のヌル（null，完全機能喪失型）突然変異は発生中の気管（昆虫の呼吸器系における空気の通路）の分枝を著しく減少させる．in situ ハイブリダイゼーションによる研究は，*brn*が分枝中の気管の先端を囲む細胞のみに発現することを示している．もう一つの遺伝子，*breathless*はFGF受容体をコードし，これも突然変異すると分枝に異常を生じる．この遺伝子の正常型は分枝する気管の先端で発現する．興味深いことに，昆虫の気管と脊椎動物の気管はどちらも空気の通路であるが，相同の器官とは考えられていない．それにもかかわらずどちらも少なくとも一部は，分枝形態形成のためには特異的なFGFと受容体を必要とする．他の遺伝子群は分枝パターンをより正確に詳細にすることを助けることが知られている（17章参照）．

これらのリガンドと受容体の会話の多くの場合に，細胞外基質分子とそれと結合する細胞性のインテグリンも重要な参加者である．in vitroでこれらの相互作用を研究するための器官培養では，使用する基質の種類に細心の注意を払う必要がある．肺の上皮と間充織の細胞を解離し，混合して再集合させると，二つの組織は互いに選別し合うが，上皮は培養液がラミニンとヘパラン硫酸プロテオグリカンの両者を含むときだけ形態形成をして極性をもった上皮を形成しうる．

基質や基底膜について学んだことの多くは唾液腺の研究に由来している．これも分枝する上皮である．芽の先端は最も高い分裂活性をもつ領域であり，成長によって芽は伸長して分枝の小管を形成していく．すでに形成された小管の側面には厚いコラーゲンの蓄積がある（図13・11）．グリコサミノグリカン（GAG）を酵素で分解して基底膜を破壊した実験から，芽の間の間隙を維持するには基底膜が必要であることが示された．唾液腺の芽の先端はGAGの代謝率が高く，一方小管の側面ではGAGはより安定であり，コラーゲンの蓄積がある．基底膜に特異的に見いだされるニドゲン（nidogen）というタンパク質に対する抗体は，唾液腺の分枝を阻害する．

肺や唾液腺にみられる分枝形態形成は，少なくとも一部は間充織に局在するFGFのようなリガンドによって制御されている．WntやHedgehogのような重要なシグナル伝達リガンドが正しく機能するためにはヘパラン硫酸プロテオグリカンが必要である．このシグナル伝達の様式は基底膜や近くの細胞外基質にある"構造"分子を必要とする，あるいはそれによって補助される局在した特異的な受容体によって伝達される．

腎臓の形態形成は組織間相互作用の複雑な回路を必要とする

上皮-間充織相互作用が最も活発に研究されている例の一つは後腎（腎臓）で，その発生の概略は7章で述べた．最近の研究により腎臓の発生においてみられるリガンドと受容体の相互作用の例がかなりたくさん同定された．その結果，腎臓の発生は，逆説的ではあるが，われわれがどれほど知らないかを示す例なので，議論するに値するものとなった．明らかに起こっているシグナル伝

達の数と種類は複雑で，この相互作用の多くは依然として分子のレベル，あるいは細胞のレベルでさえ，それほどよくは理解されていない．腎臓は細胞の相互作用における一つの分子プレーヤーがとりあえず同定されたからといって相互作用のネットワークと形態形成をもたらす方途は曖昧なままであるということを思い出させる有用な例である．

7章で述べたように，ウォルフ管（前腎管）は中間中胚葉中を後方に伸長する．その管の分枝である尿管芽が形成され，予定後腎間充織中に伸びる．これが後腎発生の始めである．マウスでノックアウトの方法が工夫されるまでは，尿管芽形成が何によって刺激されるのかについてはほとんど情報がなかった．初期のin vitroの研究は，原基が周囲の組織からきれいに摘出でき，上皮と間充織も分離できる段階である11日胚からの組織がよく用いられた．この時期には尿管芽はすでに形成され始めている．現在，相当数のノックアウト突然変異が尿管芽形成の開始を阻害することがわかっている．そのなかにはWT1, Pax2, Lim1のような転写因子をコードする遺伝子がある．WT1は間充織に見いだされるが上皮芽の成長に必要である．

WT1が間充織中で何をしているか，Pax2やLim1がどのように作用しているかは正確にはわからないが，もう一つのノックアウト実験は示唆に富んでいる．グリア細胞由来神経成長因子（glial derived neurotrophic factor: GDNF）は神経系に見いだされたペプチド性の成長因子である．しかしそれは尿管芽形成以前に造腎間充織中にも存在することが知られている．さらに*gdnf*遺伝子のノックアウトは尿管芽形成を抑制する．GDNFを培養中の尿管芽に投与すると上皮の成長を促進する．GDNFの受容体はヘテロ二量体を形成するRTKである．受容体が機能するためにはcRetとよばれるタンパク質が共役タンパク質（おそらくGDNF-Rα）と結合しなければならない．cRetのノックアウトは尿管芽形成を完全ではないがほとんど阻害する．間充織のGDNFリガンドが尿管芽の増殖と間充織中への成長を促進すると考えられる．GDNFがガイド機能をもっているかどうかは知られていない．

誘導された芽はプロテオグリカンを合成し，それは尿管芽の成長と分枝に必須である．この上皮−間充織間の対話にはおそらく他のシグナル伝達分子もかかわっているであろう．プロテオグリカンはWntファミリーなどのシグナル伝達分子と結合し，それらが作用するのに重要であることが知られている．プロテオグリカンの硫酸化を触媒するマウス酵素の遺伝子をノックアウトすると，尿管芽周辺における間充織の密集を阻害する．これによって新生マウスには腎臓が欠損する．尿管芽の成長している先端はWntファミリーのWnt11を発現し，Wnt11が誘導プロセスの重要な付随的シグナル伝達分子であるという推測がある．しかしWnt11がどのように機能す

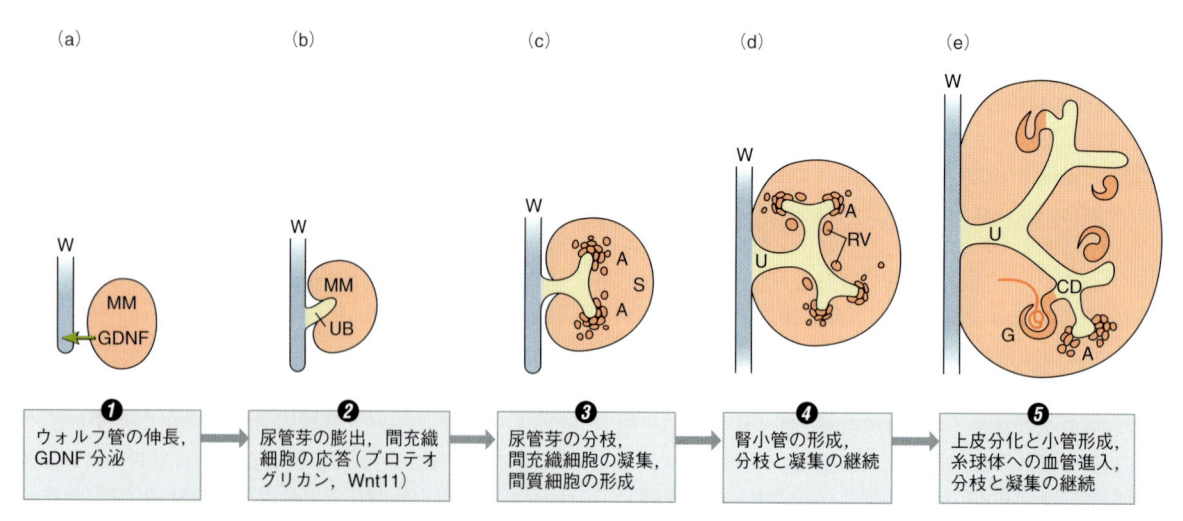

図 13・12 尿管芽形成．尿管芽が周囲の造腎間充織中で成長する様子の模式図．(a) この間充織はGDNFを分泌することで芽形成を促進すると考えられる．尿管芽上皮の受容体であるcRetがそれに応答する．(b) ついでプロテオグリカン合成とWnt11の活性化が続く．(c) 尿管芽近傍の間充織細胞が集合して上皮性の小管を形成し，残りの間充織は間質細胞を形成する．(d) 尿管芽は分枝を続け，間充織は上皮性の腎小胞を形成する．(e) 尿管芽は今や尿管と集合管を形成し，これらは間充織のいろいろな上皮性の集合塊から形成されるネフロンと結合する．A: 上皮を形成している間充織の集合塊，CD: 集合管，G: 糸球体，MM: 造腎間充織，RV: 腎小管，U: 尿管，UB: 尿管芽，W: ウォルフ管．

るかは明らかではない．尿管芽形成とそこに関与する分子間の相互作用を模式的に図13・12に示す．Wntシグナルについてのより詳しい説明は15章参照．

　40年以上にわたって，尿管芽はひとたび形成されると周囲の間充織を誘導して大きな変化を起こさせることが知られていた．分枝中の尿管芽の周辺の間充織細胞は上皮化し，ネフロンの管部分を形成する．この小管は，本来尿管芽から形成される集合管や尿管そのものと連続するようになる．それに関与するシグナル伝達分子のことはほとんどわかっていない．しかし，ノックアウト実験は，FGF2，BMP7，Wnt11が尿管芽から分泌されるリガンドである可能性を示唆する．尿管芽から分泌される分子に関する最近の研究は，LIF（白血病阻止因子；leukemia inhibitory factor）とよばれるサイトカインを浮かび上がらせた．この因子は腎臓間充織にin vitroで上皮を形成させることができる．小管を形成する運命の間充織細胞は特異的な転写因子（たとえばPax2），細胞結合型のプロテオグリカン（たとえばシンデカン），そしてシグナル伝達分子（たとえばWnt4）を産生する．間充織

(a) 尿管芽の誘導

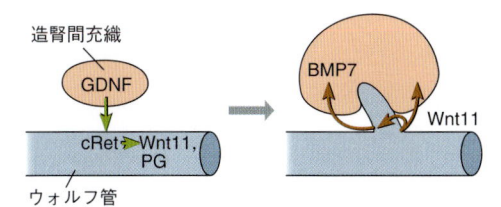

(b) 小管の誘導

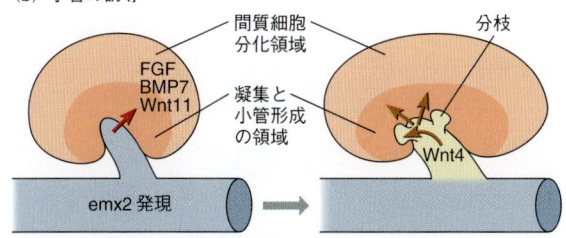

図 13・13　腎小管の誘導．間充織からの腎小管形成のモデル．(a) 間充織はGDNFを分泌し，それはウォルフ管のcRet受容体を活性化する．管はWnt11を活性化してプロテオグリカン(PG)を分泌する．このことはそれ自身の成長を促進し，間充織にシグナルを送る．管からのBMP7も間充織を刺激する．(b) 尿管芽は周囲の間充織に小管を誘導すると考えられる．尿管芽の*emx2*遺伝子は，Wnt11やBMP7，あるいは種々のFGF分子などのシグナル形成を誘導すると思われる．これらの分子は小管と造腎間充織中における間質のパターン形成を助長する．間質と尿管芽からのWnt4を含むシグナルは間充織中の小管と尿管芽の分化を促進する．

はまた，尿管芽の分枝を促進する可溶性タンパク質も分泌する．そのなかにはプレイオトロフィン（pleiotrophin）というタンパク質がある．新たに形成される腎小管を囲む間充織組織の"背景"となる間質細胞は，転写因子BF2を発現する．*wnt4*や*bf2*のノックアウトは間充織の管形成を阻害するので，間充織細胞に存在する予定小管細胞や予定間質細胞集団は，それらが尿管芽による影響を受けた後で，互いに相互作用することを示唆する．

　これらのタンパク質因子や遺伝子はどれも略号で表されていて，威圧的にみえるかもしれない．その多くは図13・13の腎小管誘導モデルに要約されている．一般的には三つの点が重要で，それらはどの器官の発生にも応用される．第一に，おそらく多くの異なるシグナルと受容体がある，ということである．第二に，それらは同じとき，同じ場所で，ときには協調的に，ときには拮抗的に作用するということである．第三に，それらは異なるタイプの組織間，あるいは組織内で，複雑で継続した相互作用のなかに組込まれている，ということである．このダイナミックな総合作用のネットワークは，ついで細胞の形態と運動性，増殖，そして接着性に影響を与える．研究者が異なる分枝の役割をより完全に理解すれば，このネットワークはおそらくそれほど複雑なものではなくなるだろう．

原腸形成再考

ウニの原腸形成は多くの細胞行動の変化を含んでいる

　本章を原腸形成を再考して終わることにしよう．原腸形成に含まれる一連の形態形成運動は，本章でこれまで述べてきた形態形成の例に比較してかなり複雑である．それは主として，原腸形成を完成するには多くの異なる複雑な形態形成の方法が統合されているからである．これまでに考慮してきた生物，たとえばショウジョウバエ，両生類，羊膜類などの原腸形成について膨大な記載的情報が存在する．しかし，これら3種類の動物の胚はどれも不透明でリアルタイムで観察することはむずかしい．もう1種類の動物，すなわちウニ（受精との関連で以前に取上げた）は生きた胚が光学的に透明で，その内部で何が進行しているかを実際に観察できるという利点がある．その理由で，百年にわたってウニは形態形成の研究では好個の材料である．ボックス13・1は，ウニ胚の発生全体を要約している．

　ウニの原腸形成は複雑で，しかもある意味では分離できるいくつかの段階からなる，原型的なものである．卵

ボックス 13・1　ウニの発生

　ウニの発生における主要な特徴を示した下の図をよく理解してほしい．記述は短いが，本章におけるウニの原腸形成のみならず14章の転写調節の解説の基礎にもなるであろう．

　卵の外見は完全に均一であり，その物理的性質も均等に思われるが，動物-植物軸とよばれる発生の極性は卵の構造中に隠されている．極体は減数分裂のときに動物極に形成され，原腸形成に続いて外胚葉性の表層をつくるのはこの部分である．受精後3回の完全等分裂が起こって8細胞を生じる．第4分裂では，8個の同じ大きさの**中割球**（mesomere）が動物半球に，4個の大きい**大割球**（macromere）と4個の小さい**小割球**（micromere）が植物半球に生じる．

　その後6回の分裂が続き（小割球はより大型の割球より分裂が遅くなるが），合計10回の卵割が起こる．（その後も分裂は起こるが，それは卵割とはよばない．）中割球は表層外胚葉を生じ，それは口側と反口側の表層を含んでいる．これら二つの外胚葉領域は生化学的にかなり異なる性質をもち，食料となる浮遊物を口腔に運ぶのを助ける繊毛帯によって隔てられている．小割球は次の二つの異なる領域を生み出す．1）原腸形成によって内部に運ばれる中心の8個の細胞．これは体腔嚢の大部分を形成する．2）陥入して骨格を形成する一次間充織細胞．

　大割球は植物極板（veg2）を囲む赤道下の表層（veg1）を形成する．veg1, veg2はこの胚の研究者が用いた標識である．植物極板は腸と二次間充織を生じる．それを囲むveg1細胞は後に陥入する後方腸と肛門の周囲のいくらかの表層外胚葉となる．このようにして生じる幼生はしたがって，以下の領域を含むことになる．口側および反口側外胚葉，骨格形成間充織，他の中胚葉（色素および筋細胞），体腔嚢，および腸である．幼生はビクトリア朝のイーゼル（画架）に似ているので，ギリシャ語でイーゼルを意味するプルテウスとよばれる．幼生は数週間にわたってプランクトンとなり，ついで変態する．成体のウニは表層外胚葉の一部と左体腔嚢から形成される原基から生じる．

ウニの発生における主要な特徴．発生中のウニのいくつかの段階．表面図（a～d）と縦断面図（e～g）．（a～c）2細胞期および4細胞期の卵割は動物-植物極軸に平行な面で行われる．第3卵割は水平（赤道面）卵割で，動物-植物軸に垂直であり，二つの半球を生み出し，8細胞期となる（図示せず）．（d）第4卵割は動物半球の中割球，大割球，および4個の小割球という，三つの細胞群を生じる．（e）分裂が続き，400～500個の細胞が胞胚を構成するようになる．胞胚は繊毛をもっていて，受精膜から孵化して遊泳を始める．（f）原腸胚は一連の形態形成運動によって形成される（詳細は図13・14参照）．小割球から生じる一次間充織はカルシウムを含む物質を分泌し始め，骨格（骨片）を形成する．（g）プルテウス幼生は複雑な骨格，腸，口側および反口側外胚葉をもつ．体腔嚢が前腸両側に形成される．左側のものは変態後に成体のウニを形成する材料に寄与する．

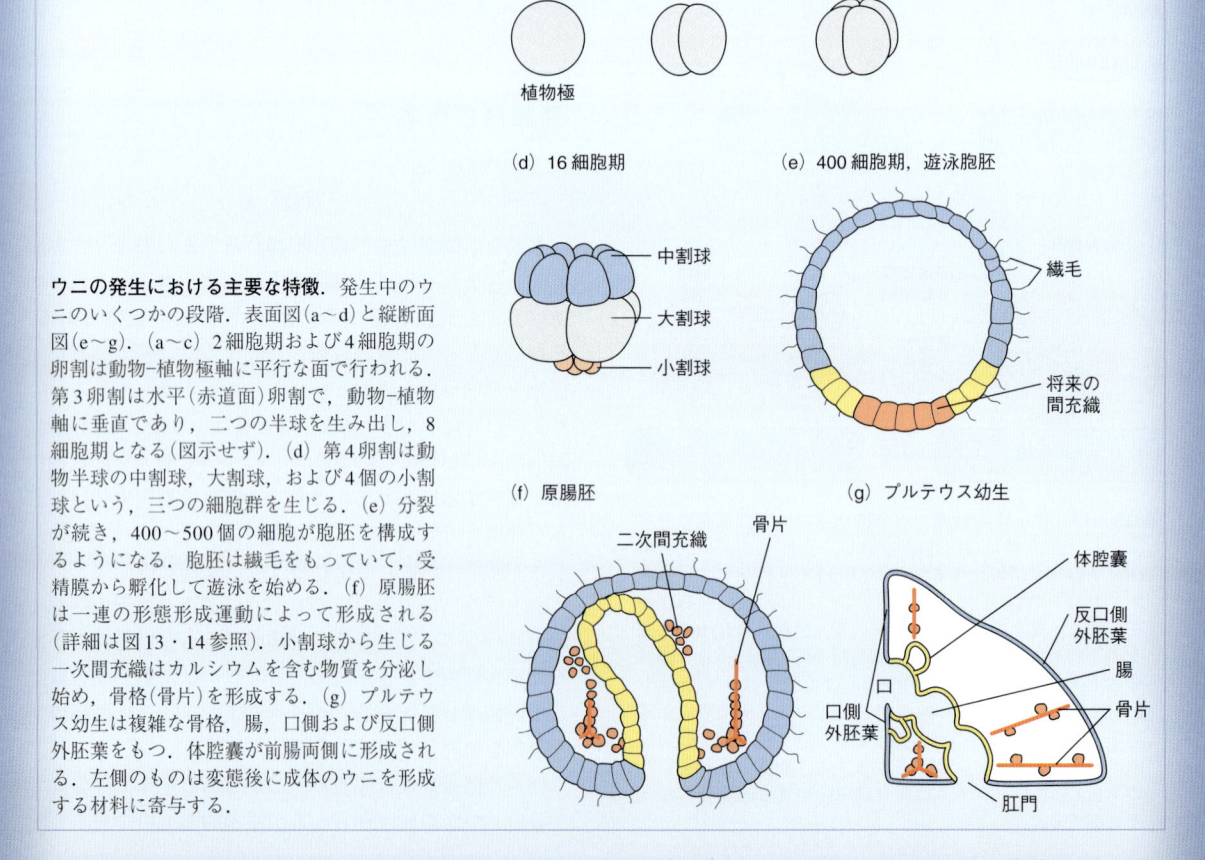

原腸形成再考　253

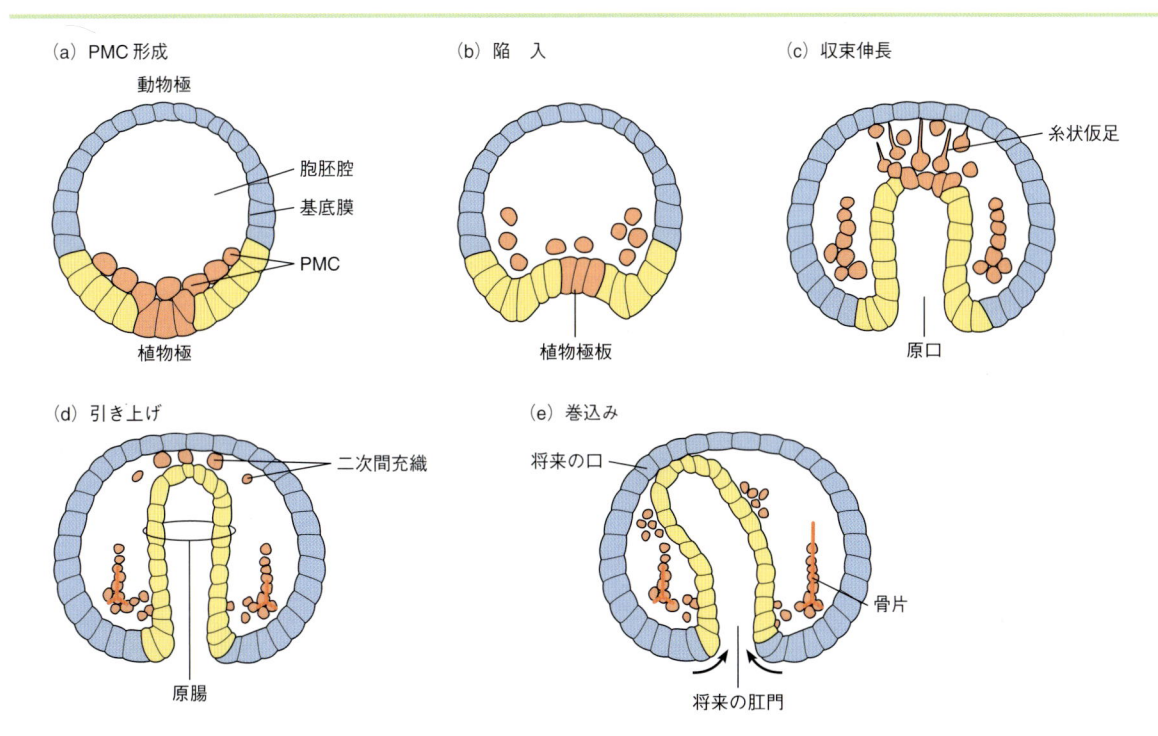

(a) PMC形成／(b) 陥入／(c) 収束伸長／(d) 引き上げ／(e) 巻込み

図 13・14　ウニにおける原腸形成．(a) 上皮性の胞胚壁は一次間充織細胞（PMC）を生じ，それらは基底膜を通過して胞胚腔に移動する．(b) 植物極に残る細胞は円筒状になり，胞胚腔に陥入を始める．(c) 植物極板の細胞が再配置され収束伸長するにつれて陥入が継続し，原腸を胞胚腔の半分まで引き上げる．(d) 原腸先端の細胞は非常に長い糸状仮足を形成し，それは胞胚腔を横切って伸び，胞胚壁を探るようにみえる．糸状仮足は壁と接触すると残りの胞胚腔を横切るように原腸を引き上げ始める．やがて，植物極板の形成以前に移入した間充織細胞が骨片を形成し始める．(e) 引き上げが続くと原腸は胞胚の向かい側の壁に到達する．原口周囲の細胞も今や巻込まれ，原腸の将来の中腸と後腸により多くの細胞を付与する．

割の最後に中空で透明な胞胚は1層の細胞からなり，細胞数は約500個である．第4分裂で生じた4個の小割球に由来する32個の細胞は本来の植物極に円環状に存在し，上皮から離脱し始める（図13・14a）．それらは，いずれは幼生の骨格を形成する移動性の間充織集団となる．これらの一次間充織細胞（primary mesenchyme cell: PMC）は上皮から間充織に転換するときに接着性が変わり，相互の親和性を失い，また上皮の頭頂側にあって胚を囲むゲル状の細胞外基質（ヒアリン層とよばれる）に対する親和性も失う．陥入中の間充織に結合したカドヘリンは，PMCがおそらくプロテアーゼによって基底膜を消化して通過するときに，エンドサイトーシスによって取込まれる．PMCはその活発に形成される長い糸状仮足によって胞胚上皮の基底膜を探っているようにみえる（図13・14b, c）．化学走性の証拠はないが，PMCは2, 3時間後に活発な運動を止めて，胞胚腔の予定腹側部分に独特の立体配置をとるようになる．

一次間充織の移動という第一段階に続いて，原腸そのものの形成が起こる．まず中央の円盤の細胞が陥入する（図13・14b）．近年の新たな細胞標識方法を用いてリアルタイムで細胞の形態変化を追跡する技術は，これらの細胞の頭頂部がいくらか収縮して（両生類のボトル細胞とかなり似ている），それが陥入を助けているだろうということを示している．陥入は急速に起こり，ついで原腸は胞胚腔の直径の三分の一まで伸びると，その後ゆっくりと伸長する．原腸は短いずんぐり形からもっと長くてスマートな形態へと変化する（図13・14c）．この変化は細胞の再配置によって起こり，収束伸長の例である（12章参照）．同時に原腸の進行方向の先端の細胞は糸状仮足を出して活発に運動するようになる．先端細胞の多くは上皮から離脱して二次間充織細胞（secondary mesenchyme cell: SMC）となり，胞胚腔に入ってのちにいろいろに分化する（色素や筋肉など）．

先端に位置する細胞の糸状仮足は，活発に胞胚腔の表面にふれて探る．これらの糸状仮足は最終的な目的地，すなわち将来の口腔が形成される領域に接触すると，上皮との接触時間が長くなり，最後には離れられなくなる．糸状仮足は伸長している原腸を胞胚腔を横断して口

板形成の領域まで引き上げるケーブルのようなものを形成する．この曳航作用の証拠は，もしこれらの糸状仮足をレーザービームで破壊すると，原腸は胞胚腔の最後の三分の一を横切ることができない，という事実から得られる．原腸先端の細胞が予定口上皮に達すると，細胞は胞胚の壁と密に接触する（図13・14d）．この領域に後に穴が開いて，幼生の口となる．

しかし原腸先端と口上皮の接触がなされただけでは原腸形成は終了しない．最近の細胞標識実験は，原腸の外側にあって，しかもその肛門側に位置する細胞が巻込み運動を始め，伸長した原腸の基部周辺を動き回ってからその側面を上昇することを明瞭に示した（図13・14e）．巻込まれた細胞は原腸の，主としてその後方（肛門側）半分に集合する．消化管にさらに多くの細胞を付加する細胞分裂もあるが，原腸形成は細胞分裂を阻害しても起こる．

細胞レベルでの活動を要約しよう．ウニの原腸形成はまず上皮-間充織転換が起こり，ついでこれらの細胞の移動，そしてつづいて内胚葉の陥入，収束伸長，糸状仮足による口上皮の探索活動，糸状仮足による新たに形成された消化管の牽引，そして最後に，遅れて後腸に寄与する付加的な細胞の巻込みが続くのである．

将来の課題としては，接着，移動，突出，細胞形態の変化に関与する分子の詳細な同定，そしてそれらがこの発生の進行においてどのように調節されているかを学ぶことである．当然予想されるように，細胞行動のこれらの側面を支えている生物学的土台に干渉する目的で，胞胚腔に抗体や薬物を注入する実験が少なからず行われた．そして期待に違わず，細胞外基質の集合，インテグリンの機能，あるいは細胞骨格を阻害すると，原腸形成は撹乱される．しかしこのようなよく研究された状況でも，細胞行動の調和のとれた変化は理解されていない．たとえば，上皮が間充織に変換するのは何が引金となり，何がそれを維持するかはわかっていない．また，収束伸長に至る細胞の混ざり合いを何が開始させ，維持し，方向づけるか，糸状仮足が基底膜を探ることを何が開始させ，維持するかも未知である．

アフリカツメガエルの原腸形成も複数の要素からなるプロセスである

アフリカツメガエルやその他の両生類における原腸形成をもたらす形態形成運動は，観察がもっともむずかしい．しかし4章で述べたように，細胞標識実験は運動の種類と広がりを追跡することを可能にした．図13・15は，アフリカツメガエルの原腸形成時に起こることを要約している．ここでは，ボトル細胞（bottle cell）が原口の唇を形成するように陥入すること，表面とその隣接の細胞が巻込みを起こして内胚葉と中胚葉を形成すること，エピボリーによって表面が拡張すること，そして内部化された細胞の運動性と再凝集を示している．

現在の細胞行動に基づく原腸形成の研究は，1975年にRay Kellerによって原腸形成時の両生類発生運命地図の再検討がなされたときに始まった．両生類の発生運命地図はもともと1920年代に生体色素を用いてWalther Vogtによって描かれたものである．Kellerはきわめて詳細な色素標識と徹底した解析によって，相当に細かい地図をつくった（4章参照）．彼はついで，走査型電子顕微鏡を利用した注意深い形態計測解析や，種々の培養細胞

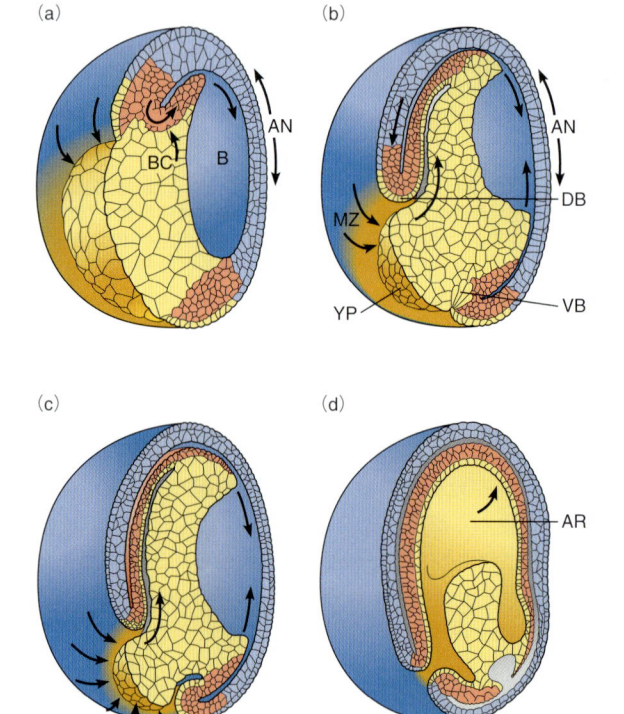

図 13・15 アフリカツメガエルにおける原腸形成の概観．
アフリカツメガエルの原腸形成時に起こる主要な細胞運動を示す断面図．矢印は組織の運動方向を示す．(a) ボトル細胞が運動を開始し，三日月型の原口を生じる．表面の細胞はエピボリーを起こし，同時に帯域細胞の巻込みが原口を通して起こる．(b) 収束伸長がさらなる巻込みを駆動する．(c) 巻込まれた帯域の先端が前進を続け，胞胚腔を押しつぶす．同時に収束伸長が原口を閉鎖する．(d) 原口が閉じ，原腸が完全に形成される．予定内胚葉と中胚葉が内部に入る．AN: 動物極，AR: 原腸蓋，B: 胞胚腔，BC: ボトル細胞，DB: 原口背唇部，MZ: 帯域，VB: 原口腹唇部，YP: 卵黄栓.

の行動を精査することによって，組織の運動を解析することを開始した．この業績の主要な結果は二つある．一つは，原腸形成が別べつに変化する局所的な細胞行動のモザイクである，ということである．二つ目は，連続した細胞層の収斂（すなわち原口周囲部分の収束）と伸長（動物–植物軸に沿った胚の伸長）が巻込み運動と原口の閉鎖の主要な"エンジン"である，ということである（図13・16）．これらのプロセスについてもう少し詳しくみてみよう．

陥入はボトル細胞の頭頂部が収縮し，その結果これらの細胞の体部が内部に突出するときに伸びることによって開始される（図13・17）．陥入の方向はボトル細胞を囲む細胞の物理的性質によって決定される．（このことに関する証拠は，実験的に単離されたボトル細胞は伸びてスリットを形成するのではなく均一に収縮してただの穴を形成するだけだという事実に由来する．）次に，ボトル細胞の頭頂部は一直線になる．収縮した頭頂部はそれだけでもこの細胞が埋込まれている表面細胞の層を折り曲げることが期待される．しかし，近隣の細胞から課せられる圧力に抵抗性のある内胚葉細胞塊が帯域細胞を外側に，植物極に向かって押しやる．予定中胚葉の表面から深いところにある円環状の細胞集団はそれによって巻込み運動をする．もし一度形成されたボトル細胞が胚から除去されると，原腸形成は進行するが，正常では前方原腸によって形成されるはずの構造が失われる．ボトル細胞は原腸形成がかなり進行すると消失する．内部に入った以前のボトル細胞は広がり，原腸を深くして最終

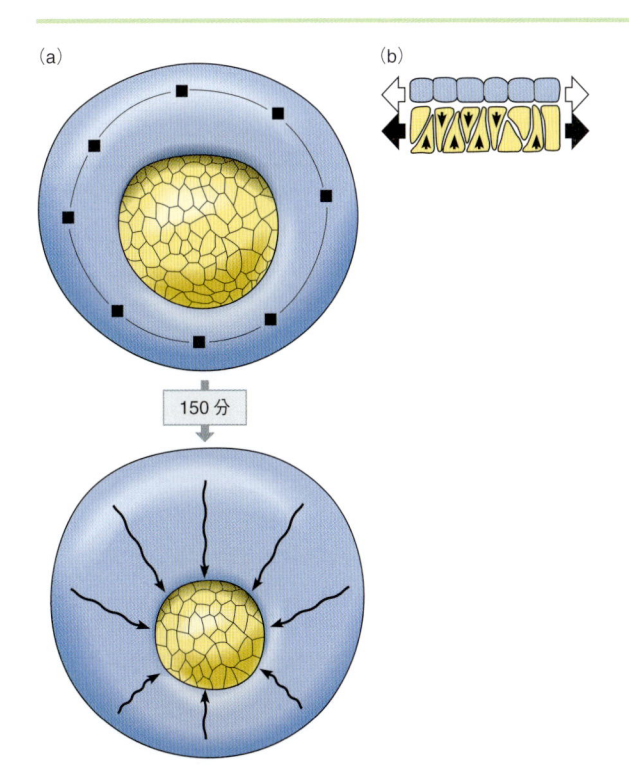

図 13・16　両生類の原腸形成における収束伸長． 原腸形成の個々の細胞運動を協調したもう一つの図．(a) 植物極から見た原口の図．四角は原腸形成開始時に標識した個々の細胞（上）．150分後に標識された細胞は矢印で示される位置に移動した（下）．(b) 陥入しない表層の2層を示した断面図．表層の下の細胞（黒矢印）の相互挿入は表層細胞の収束伸長をもたらす（太い黒矢印）．その結果，表層は受動的にエピボリーを起こし（太い白矢印），広がり伸びる．

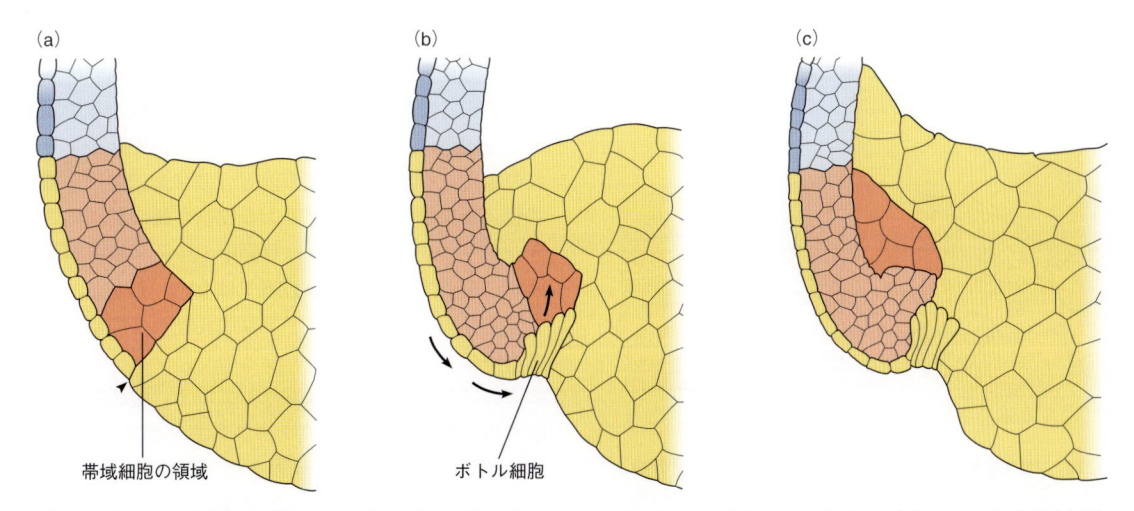

図 13・17　ボトル細胞と巻込み． ボトル細胞の形の変化と周囲の帯域細胞の陥凹を示す模式図．(a) ボトル細胞形成以前には陥入している深層の中胚葉の運動先端縁（影の部分）はボトル細胞形成位置（矢印）に接している．(b) ボトル細胞が形成され，収束伸長が帯域細胞先端の巻込みを駆動する．(c) ボトル細胞が深くまで入り，巻込みが持続する．

収束伸長が巻込み運動を進める

ボトル細胞が表面とその隣接細胞を内部に引っ張ることが原腸形成の初期に必須ではないとすると，初期原腸形成を進めるのは何であろうか．胚全体，あるいは培養で行われたKellerとその弟子たちの注意深い解析は，これら初期の巻込みをひき起こすのは巻込み運動をしている細胞の収束伸長であることを示した．（原腸形成後期には，すでに述べたように，収束伸長は原口周囲の巻込みをしない細胞に起こって，原口を"閉める".）収束は細胞が側方から中心に向かって挿入されることで起こり，この運動は以前にも述べた（図4・14b参照）．図13・18はアフリカツメガエルの原腸胚の中胚葉培養片における側方−中心挿入を示している．長い安定な突起が側方−中心方向に伸びる．細胞は互いに牽引しあう．その結果細胞は側方−中心方向に伸長し，互いに入り組む．それによって一群の細胞はより長く，より細くなる．

発生中の中胚葉に存在するカドヘリンに近縁の細胞表面物質が，収束伸長に必要な強固な細胞間接着の形成に関与しているという証拠がある．さらに，カドヘリンの減少は細胞接着の減少と細胞移動の開始に関連している．ショウジョウバエでも原腸形成時にカドヘリン分子の種類と分布がダイナミックな変化をすることは注目に値する．アフリカツメガエルでは表面外胚葉の深い層も側方−中心方向の挿入をするが，細胞はその方向に配列するのではなく，中胚葉より接着がゆるく，細胞群はむしろ前後方向に伸長する．この外胚葉挿入は裏打ちする中胚葉からのシグナルに依存する．

表面外胚葉（巻込み運動をしない帯域の）も何がしか広がるのだが，それはどのように起こるだろうか．表面細胞が平坦化し，互いに押し合い，表面下細胞が表面に参入する，という3種類の運動が寄与している．表面細胞と表面下細胞は相互に行き来するが，差し引きの運動は表面細胞を増加させる．表面の伸長，すなわちエピボリーは複雑な細胞行動の複合体に由来する．フィブロネクチンに対するモノクローナル抗体を用いた実験は，フィブロネクチンが胞胚腔の天井を薄くすることと，巻込まれる帯域細胞の挿入に重要であることを示している．

最近の実験から，収束伸長がどのように制御されているかということのいくつかの側面がわかるようになってきた．4章から，BMPシグナル伝達が両生類の原腸胚のパターン形成に重要であることを思い出されるであろう．原腸胚ではBMP濃度は腹側で高く，背側で低く，背腹軸に沿ってどのような組織が分化するかを決定することに関与している．BMPはWntリガンド（おそらくこの場合はWnt11）の拮抗因子である．Wntの受容体であるFrizzled-7は正しい収束伸長行動に重要であることが示されてきた．Frizzledの過剰発現や異所的発現は収束伸長を阻害する．このように，BMPの勾配は細胞の特異化（specification）のみならず形態形成運動にも影響をもっている．推測としては，Wnt-Frizzled-βカテニン経路の作用はおそらくGタンパク質やプロテインキナーゼCを利用するいくつかのシグナル伝達経路を経て作用するであろう．

フィブロネクチンは巻込み運動をしている細胞の移動を助ける

収束伸長の機構は強力で，表面を原口周辺に牽引し，体軸を前後方向に引き伸ばす．陥入した中胚葉は収束し，伸長してから前方に移動する．とりわけ背側では胞胚腔天井に沿って移動する．前方で広がりつつある中胚葉の活発な運動は，頭部，心臓，および腹側中胚葉をそれぞれの場所に押しやる．この前方への移動における細胞外基質，特にフィブロネクチンの役割が長い間推測されてきた．フィブロネクチンは移動中の中胚葉細胞が胞胚腔天井に接着することには必須ではない．しかし，抗フィブロネクチン抗体の存在下では胞胚腔天井の培養片に対する中胚葉の接着がゆるくなるので，フィブロネクチンはこのプロセスに実際は寄与している．胞胚腔天井は中胚葉の移動が起こる前にフィブロネクチンを分泌する．RGD配列を含むフィブロネクチンの細胞接着の中心領域は，中胚葉細胞の広がりと突出活動に必要である．中胚葉細胞が分泌する成長因子であるアクチビンにより，天井におけるフィブロネクチンの産生が促進される．ア

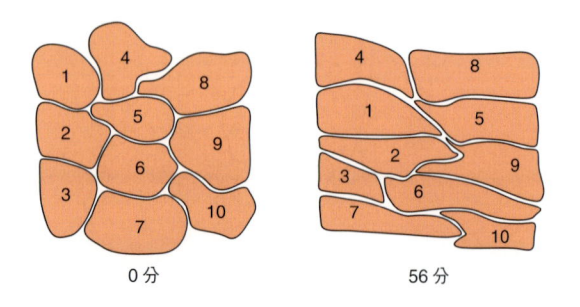

図 13・18 原腸形成時の中胚葉の中央−側方方向の挿入．これらの細胞の輪郭は，巻込み中の中胚葉を培養に移して写真を撮り，そこからトレースしたもの．1時間以内に細胞は相互に挿入し，組織全体の収束伸長をもたらす．胚の将来の前後軸は図の上下に走っている．

(a) ボトル細胞と巻込み

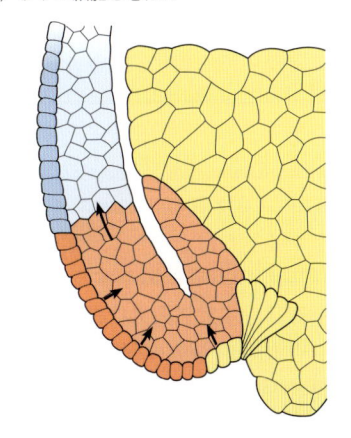

(b) 放射状挿入とエピボリー

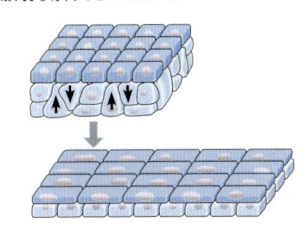

(c) 収束伸長と移動

クチビンはまた, $\alpha_4\beta_1$ インテグリン量を増加させる. このインテグリンはフィブロネクチンが胞胚腔天井細胞に接着するのに必要である.

ここに述べたすばらしく調和のとれた一連の細胞行動の変化は, アフリカツメガエルでみられるものである. 他の両生類を調べてみると, 詳細な点ではいくつか差異

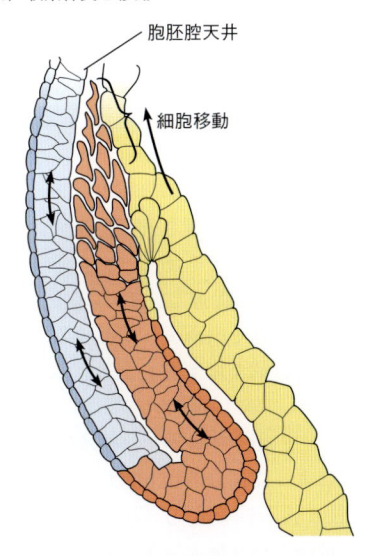

(a) 移植片ドナー

(b) 移植片ホスト(宿主)

原腸形成

(c) 実験結果

図 13・19 両生類原腸形成の戦略. 両生類原腸形成の形態形成を模式的に要約したもの. (a) ボトル細胞の頭頂部の収縮とその形の変化が巻込みを開始させる. (b) 表層下の細胞が放射状に挿入されることで表層エピボリーを起こす. (c) 巻込み運動をしている帯域細胞としていない帯域細胞の収束伸長が巻込み中の帯域細胞の拡大に寄与する. 巻込み運動している帯域の先端縁は以前の胞胚腔天井の基質上を移動するようになる.

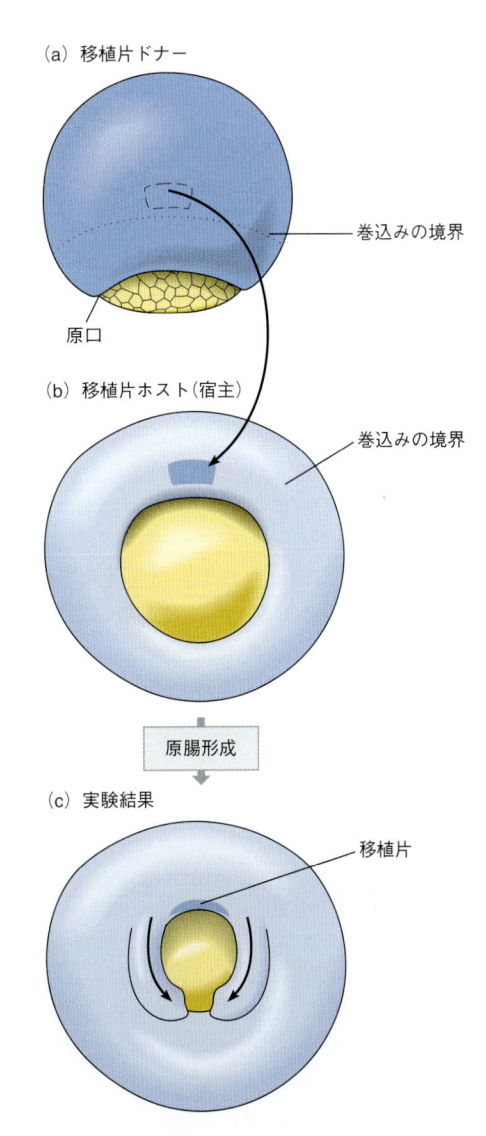

図 13・20 巻込み運動をしない帯域細胞の移植. 巻込み運動をしていない帯域細胞を移植した後の行動. (a) 背側帯域の, 巻込み運動領域の外にあるために陥入しない細胞塊を中期原腸胚期に, 宿主の正常では巻込みする領域に移植(b). (c) 原腸形成時に宿主の, 移植片両側の帯域細胞は巻込みしようとして, 植物極に向かって伸長する. しかし移植細胞は巻込み運動をしない. これらの細胞は新しい場所での行動を採用しないで, 以前にプログラムされた形態形成のプログラムを保持している.

がある．しかし図13・19に示す概略の戦略はよく似ている．細胞骨格が頭頂部で収縮することによる細胞形態の変化はいくつかの効果を及ぼす．すなわち漸次的なボトル細胞の形成を導き，陥凹の場所を決め，その運動が始まることを助ける（図13・19a）．表面下細胞の放射状の挿入（最初に4章で述べた）が起こる．これは，細胞分裂，細胞混合，細胞の拡張とともにエピボリーを助長する（図13・19b）．巻込み運動をする前の帯域細胞はすでに巻込み運動をした帯域細胞の強力な収束伸長によって原口の周囲に移動させられる．この収束伸長には，細胞の中心-側方挿入が含まれる．予定中胚葉細胞の先端は胞胚腔天井細胞が分泌する細胞外基質の上を活発に移動する（図13・19c）．

異なる領域の細胞はそれぞれ固有の一連の行動をとる．たとえば巻込み運動をしない帯域の細胞は，原口の唇部分に移植されても巻込み運動をしない．それらの細胞は異なる自律的に生じるプログラムに従って運動する（図13・20）．逆に，巻込み運動をする帯域細胞を巻込み運動をしている領域の外側に移植すると，それらの細胞は何とかして収束伸長しようとする．これも自律的な細胞特異的プログラムに従っているのである．

ショウジョウバエのいくつかの突然変異体では原腸形成が阻害される

原腸形成という複雑な形態形成運動におけるある分子の役割について知る一つの方法は，その分子をコードする遺伝子の突然変異の効果を評価することである．ショウジョウバエでは腹溝の形成により中胚葉が生み出され，協調した細胞の形態変化によりこの陥入とそれに続く移動が助けられる（3章参照）．

たとえば，あるシグナル伝達分子と考えられている分子〔フォールデッドガストルレーション *folded gastrulation* (*fog*) 遺伝子にコードされている〕とあるGタンパク質のサブユニット（コンサーチナ *concertina* にコードされている）が，おそらく陥入を駆動すると思われるくさび形細胞の形成に関与することが知られている．これらの遺伝子の突然変異は腹溝形成に影響を与える．もう一つの遺伝子，*drhoGEF2*は二次メッセンジャー経路で機能するGDP-GTP交換タンパク質をコードし，この遺伝子の突然変異は細胞形態の変化を阻害してその結果陥入も阻害する．形態形成にリガンド，受容体，そして二次メッセンジャー経路の構成要素が関与することは驚くべきことではない．*drhoGEF2*の表現型の特異性は，この遺伝子にはいくつか異なるメンバーがあって，そのいくつかが組織特異性をもつことを示唆する．以前にはGDP-GTP交換タンパク質は多くの異なるシグナル伝達経路で利用されると信じられてきた．

ウニ，ショウジョウバエ，そしてアフリカツメガエルにおける原腸形成のパターンにはどれも詳細なタイミングがあり，プログラムされた細胞行動の変化が含まれる．これらの細胞行動の領域特異的なプログラムを組立てる"プレパターン"とその分子的基盤はどのようなものであろうか．この疑問は次章で考えることにしよう．

本章のまとめ

1. 移動する細胞は予定された経路をたどるのにリガンド-受容体相互作用を利用する．
2. カドヘリンのような接着分子の量と分布の変化は上皮-間充織相互作用において重要な役割を果たす．
3. 細胞外基質は細胞移動に対して阻害的あるいは許容的な環境を提供することがある．環境の効果はいくつかの異なる分子の協調的あるいは対抗的作用による．同じ分子が異なる状況では異なる作用を示すことがある．
4. 基質は細胞移動と神経突起の伸長に基本的に重要な役割を果たす．
5. 胚の中での細胞や細胞突起の運動は化学誘引物質や化学反発物質によって影響される．リガンドは拡散性のことも細胞接着性のこともある．
6. 成長因子は増殖を促進し，アポトーシスの程度に影響を与え，あるいはその両方に関与する．成長因子の局所的な活性は局所的な増殖をもたらし，上皮組織の分子を誘導する．
7. 分枝する上皮組織の溝と二分枝は細胞外基質，特にコラーゲンによって部分的に安定化される．
8. 突出活性と接着性の変化（収束伸長）によって駆動される上皮細胞の相互挿入は多くの大規模な巻込みや伸長の原動力を提供する．

問題

1. メタロプロテアーゼは上皮細胞が基底膜を通過して間充織に進入して間充織様になることに重要であると推測されている．a) 羊膜類の発生でこのような移入が起こる例をいくつかあげよ．b) メタロプロテアーゼが　a)

のどれかの例で作用するかどうかをテストする実験方法を工夫せよ.

2. ハプトタキシスとは何か. それは腎管の伸長にどのように役立っていると考えるか.

3. マウス11日胚の膵臓上皮は周囲の間充織に突出し始める. 膵臓原基を単離して間充織を除去し, 分離された上皮を以下のものと一緒に培養すると次の結果になった.

- 間充織なし: 膵臓原基は形成されなかった.
- 肺間充織: 膵臓原基が形成された.
- 唾液腺間充織: 膵臓原基が形成された.

この実験についてどのように解釈するか.

4. FGF2, FGF4, FGF8, FGF10はどれも肢芽の成長を促進する. 肢芽の最初の成長とAERの確立にこれらのいずれが関与するかを実験的に評価するにはどのようにしたらいいか.

参考文献

Baker, C. V. H., and Bronner-Fraser, M. 1997. The origins of the neural crest. *Mech. Dev.* 69: 3-29.
神経冠の発生に関する詳細な総説.

Chiba, A., and Keshishian, H. K. 1996. Neuronal pathfinding and recognition: Roles of cell adhesion molecules. *Dev. Biol.* 180: 424-432.
神経突起の伸長に関与する異なる多くの分子に関する総説.

Dodd, J., and Schuchardt, A. 1995. Axon guidance: A compelling case for repelling growth cones. *Cell* 81: 471-474.
成長円錐のガイドにおけるネトリンとセマフォリンについての総説.

Drescher, U. 1997. The Eph family in the patterning of neural development. *Curr. Biol.* 7: R799-R807.
Ephの研究分野の第一人者によるEphリガンドの短い総説.

Flanagan, J. G., and Van Vactor, D. 1998. Through the looking glass: Axon guidance at the midline choice point. *Cell* 92: 429-432.
遠心性の神経突起が交連ニューロンになるかどうかを制御する分子についての総説.

Guthrie, S. 1999. Axon guidance: Starting and stopping with *slit*. *Curr. Biol.* 9: R432-R435.
遠心性神経突起を神経管の中心線を越えてガイドするリガンドと受容体についての総説.

Holder, N., and Klein, R. 1999. Eph receptors and ephrins: Effectors of morphogenesis. *Development* 126: 2033-2044.
急速に変化するこの分野についての完全な総説.

Knust, E., and Muller, H.-A. J. 1998. *Drosophila* morphogenesis: Orchestrating cell rearrangements. *Curr. Biol.* 8: R853-R855.
ショウジョウバエの原腸形成に影響する遺伝子についての議論.

Metzger, R. J., and Krasnow, M. A. 1999. Genetic control of branching morphogenesis. *Science* 284: 1635-1639.
気管の形態形成における *breathless*, *branchless* などの遺伝子の役割に関する総説.

Perrimon, N., and Bernfield, M. 2000. Specificities of heparan sulphate proteoglycans in developmental processes. *Nature* 404: 725-728.
プロテオグリカンがシグナル伝達や形態形成に関与する多くの方法についての総説.

Perris, R., and Perissinotto, D. 2000. Role of the extracellular matrix during neural crest cell migration. *Mech. Dev.* 95: 3-21.
神経冠の異なる経路における移動に関与する多くの因子についての総説.

Redies, C., and Takeichi, M. 1996. Cadherins in the developing central nervous system: An adhesive code for segmental and functional subdivisions. *Dev. Biol.* 180: 413-423.
カドヘリンの発見者による, カドヘリンが神経系の組織化にどのように機能しているかに関する総説.

Schedl, A., and Hastie, N. D. 2000. Cross talk in kidney development. *Curr. Opin. Genet. Dev.* 10: 543-549.
後腎の形態形成と分化に関与する分子の総説.

Srein, E., and Tessier-Lavigne, M. 2001. Hierarchical organization of guidance receptors: Silencing of Netrin attraction by Slit through a Robo/DCC receptor complex. *Science* 291: 1920-1938.
交連ニューロンの成長円錐をガイドする分子的基盤に関する優れた研究論文.

Van Vactor, D., and Lorenz, L. J. 1999. The semantics of axon guidance. *Curr. Biol.* 9: R201-R204.
セマフォリンの総説.

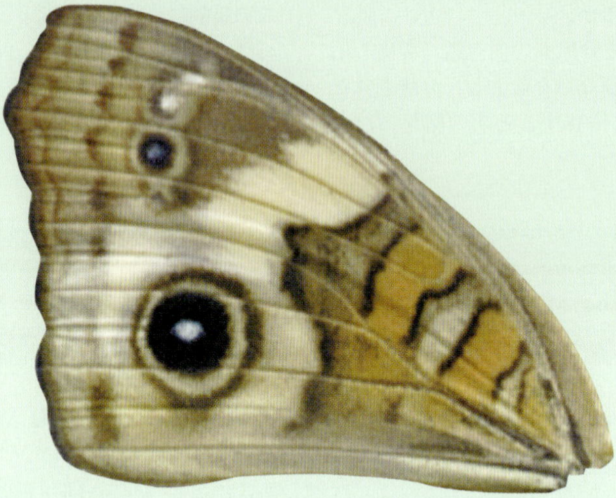

第 VI 部

遺伝子の発現調節

14 発生における遺伝子の発現調節

本章のポイント

1. 転写は無数のタンパク質-DNA間相互作用によって制御されている．
2. 遺伝子の調節領域は多様な入力を統合するマイクロプロセッサーのように機能する．
3. mRNAの局在，安定性，翻訳のすべてが遺伝子発現に影響する．
4. タンパク質の翻訳後修飾が発生経路のスイッチを切り替える．
5. タンパク質間相互作用は組織の機能分化の決定にかかわる．
6. ゲノム配列の全体が明らかになれば，発生過程における遺伝子群の発現調節機構の解析が可能になる．

　分子生物学がもたらしたセントラルドグマは以下の三つの法則に集約される．1) 細胞の生命活動と維持に必要な情報は，DNAの塩基配列にコードされている．2) DNAの情報は，メッセンジャーRNAに相補的な塩基配列として写しとられる〔この過程を**転写** (transcription) という〕．3) mRNAの塩基配列情報はアミノ酸配列に書き換えられ，タンパク質として合成される〔**翻訳** (translation) という〕．この，DNA-RNA-タンパク質の三位一体論は，遺伝情報がどのようにして細胞に蓄えられ，使われているかを実に簡潔に物語っている．しかし，生物がどのようにして発生するのかを説明するには不十分である．転写と翻訳の過程だけでDNAの情報が発現されるわけではない．何十，おそらく何百もの過程が遺伝子発現に必要であり，それぞれの過程で調節を受ける．その結果，機能的な細胞の構造や組織がつくられるのである．これらの過程の大部分は，結局のところはDNAにコードされているが，直接または間接的に，細胞が接する環境に敏感に応答する．多数の因子がこれらの過程に影響を及ぼし，あるものは正に，あるものは負に働く．

　遺伝子発現にかかわる要素 (element) の相関関係を図示するならば，その図は，単純な直線ではなく，おそらく迷路となるだろう．発現は，さまざまな相互作用のネットワークで調節されているともいえる．異なる調節経路が共通の要素を共有する（交差する）場合，その交点を**制御のノード** (nodes of control) とよぶ．図14・1は多細胞動物胚の細胞における遺伝子発現調節の概略を示している．図は非常に単純化してある．それは教育上の理由からだけではなく，まだ知られていない部分が数多くあるからである．単純な一般原理がここに適用できる．つまり，原理的に遺伝子の発現調節が可能な場面であれば，発生過程では，そのすべてで実際に調節を受けるのである．自然が採用している多様で巧妙な遺伝子発現調節のしくみには，ほんとうに驚かされる．

　本章では，遺伝子発現の調節様式の基本を，DNAレベルで概説することから始める．最初に転写，次にmRNAにコードされるタンパク質の合成，すなわち翻訳段階での調節をみていこう．最後に，翻訳後の調節，すなわち新たに合成されたタンパク質がどのように修飾され，輸

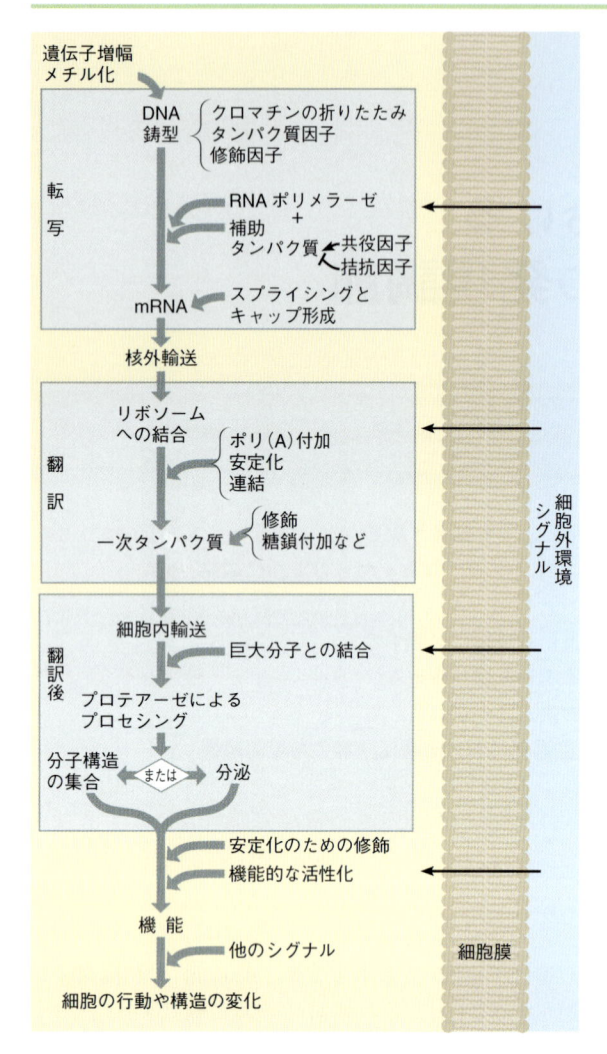

図 14・1　遺伝子発現調節の各段階. DNA から RNA，タンパク質，細胞活性への情報の流れと調節．経路は直線的ではなく相互作用し合う迷路のようなものである．

送され，複合体に組立てられるのかを考えてみよう．これらの過程の結果，DNA 情報の発現に至るのである．本章の目的は，次の章で学ぶ形態形成や胚の分化をつかさどる遺伝子発現の調節様式を理解するための基礎を築くことである．

転写調節

クロマチンは転写の場である

　遺伝子から mRNA への転写機構に関する研究は，転写にかかわる酵素とその補助タンパク質が，裸の DNA ではなく**クロマチン**（chromatin）と相互作用していること

がわかるまでは，進展がほとんどなかった．裸の DNA はおそらく細胞の中には存在しない．DNA はヒストンのような特定の構造タンパク質と複合体を形成しており（図 14・2），クロマチン中のヒストンのタンパク質量は DNA 量とほぼ等しい．クロマチンのほとんどは数珠状のヌクレオソーム構造をとっており，それぞれのヌクレオソームは，8 個のヒストンと，そのまわりを 2 回巻く二重らせん DNA からなっている．他の多くのタンパク質も DNA-ヒストン八量体に結合して，構造の形成や，高次の折りたたみ，クロマチンと核膜のラミナとの特異的な結合にかかわっている．また，クロマチンに結合する他の数多くのタンパク質も，転写や mRNA のプロセシングに重要な役割を果たしている．

　DNA-ヒストン-その他のタンパク質の複合体は非常にダイナミックに動く．クロマチン（とりわけクロマチンの中のヌクレオソーム）は，細胞周期ごとにつくりかえられる．それは，通常の代謝回転ばかりでなく，DNA が複製されるときや，ヒストンや他のクロマチンタンパク質が分解，合成，あるいはリサイクルされるときにも起こる．クロマチンの組立てと再構築には，大きな"機械"ともいえる多数の構成要素からなる複合体がかかわっている．クロマチン構造が，DNA の特定の領域全体，それどころか染色体丸ごと転写不能の状態にしている場合もある．クロマチンの大部分を転写停止状態にするのに，DNA の選択的メチル化や，ヒストンおよび他のタンパク質との相互作用がかかわる．この転写されないクロマチンを**ヘテロクロマチン**（heterochromatin）という．一方，潜在的に転写活性型の DNA を**真正クロマチン**（euchromatin）とよぶ．真正クロマチンがヘテロクロマチンに変換されることを"ヘテロクロマチン化"という．よく知られたヘテロクロマチン化として，霊長類の雌の 2 本の X 染色体がある．対をなす片方は完全にヘテロクロマチン化され，これによって，転写されることのない"不活性な X 染色体"が形成される．一方，もう一つの X 染色体は真正クロマチンとなって転写される．

　DNA を包み込むクロマチンタンパク質の修飾が，DNA とタンパク質の会合を非常にダイナミックにしている．核内の酵素群がヒストンにアセチル基を付加したり除去したりする．これらの酵素は，ヒストンアセチル基転移酵素とヒストン脱アセチル化酵素の二つに分類される．コアヒストン，とりわけ H3 と H4 の N 末端（アミノ末端または NH_2 末端）近傍のリシンがアセチル化されると，ヒストンの正電荷が減少し，ヌクレオソームのヒストンと DNA の静電的相互作用が減少する．ヒストンアセチル基転移酵素は，転写を活性化する転写因子と共役するこ

とが多い．

DNAのメチル化がクロマチンを不活性に保つ

先に述べたDNA修飾の一例をさらに詳しくみてみよう．クロマチンDNAのピリミジンは**メチル化**（methylation）を受ける．とりわけ，シトシンがグアニンの5′側の隣にあると（C-G塩基対と区別するために，しばしばCpGと表記される）メチル化されることがある．実際，哺乳類の成体のCpGの60～90％は，シトシンがメチル化されている．ある遺伝子に特異的なプローブを用いれば，その遺伝子のメチル化状態を簡単に調べることができる．制限酵素 *Msp*Iは，メチル化の有無にかかわらずCCGG配列を切断するが，*Hpa*Iは脱メチル化状態でしか切断しない．したがって，この2種類の酵素で切断し，その切断パターンを比較することにより，ある特定のシトシンのメチル化状態を知ることができる．

胞胚期のマウス胚では，クロマチンDNAのメチル化の程度は非常に低い．一方，より後期の胚のクロマチンDNAでは，それまでメチル化されていなかった多数のCCGGが特異的にメチル化されている．もし，シトシンのメチル化酵素の遺伝子をノックアウトすれば，さまざまな器官形成が起こる前にマウス胚は死んでしまうだろう．筋肉アクチンのような，ある組織だけで働く遺伝子は，分化の最終段階で発現するようになる前に脱メチル化されている必要がある．

メチル化がどのようにして転写の抑制をひき起こすのかは明らかではないが，二つの可能性が考えられる．つまり，クロマチンの構造を変えるか，転写抑制タンパク質を結合させるかである．また，広い範囲に及ぶメチル化が，どのようにきめ細かい転写調節を行うかも明確にはなっていない．しかし羊膜類の胚では，転写の抑制維持にDNAメチル化が働いていることはまちがいない．不思議なことに，ショウジョウバエにはDNAのメチル化が存在しない．したがって，組織特異的な転写調節に普遍的にメチル化がかかわるわけではないことは明らかである．

メチル化によるゲノムインプリンティング

哺乳類が正常に発生するためには，雄と雌の前核がそれぞれ一倍体ゲノムを提供することが必要である．両方とも必要なのは，雄と雌では胚における核の機能が等価ではないためである．5章で述べたように，二つの性の間で一群の遺伝子のメチル化パターンが異なるため，この不等価性がもたらされている．このような，メチル化の不等価性は現在のところ21例が知られている．

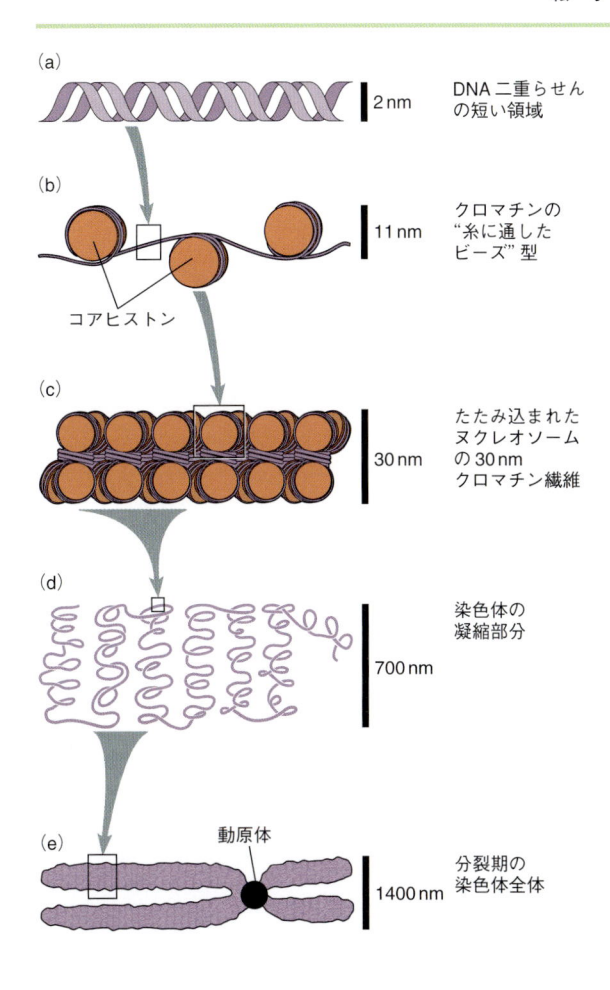

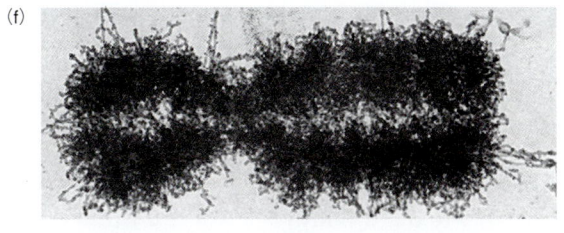

図 14・2　**タンパク質-DNA相互作用とクロマチン**．(a) 二重らせんDNAは4組のヒストン分子からなる八量体の周囲に巻きつき，(b) 正確な間隔で並ぶヌクレオソームを形成する．(c, d) ヌクレオソームDNAは他のタンパク質と複合体をつくり，ヌクレオソームの立体構造を修飾して，より高次元のループ形成を促進する．ループ形成が大規模になると，クロマチンはタンパク質を介して核膜の特定の領域（図には示していない）に結合する．クロマチン構造は非常に動的であり，細胞周期の間に変化する．また，さまざまな遺伝子の転写の活性化，抑制の際にも修飾される．核分裂期では，クロマチンはもっと凝縮し，(e) 目に見える染色体を形成する．クロマチンがループを形成したり凝縮したりすることによって，染色体はDNA二重らせんの長さの約5万倍も短くなっている．(f) ヒトの染色体の電子顕微鏡写真．

ボックス 14・1　転写調節の解析に用いられるレポーター遺伝子

遺伝子の転写調節を解析する実験の多くでは，**レポーター遺伝子**（reporter gene）または**レポーター融合遺伝子**（reporter construct）とよばれる強力な実験ツールが使われている．レポーターとして働くためには，その遺伝子が調べようとする細胞に存在しないタンパク質をコードし，しかも簡単に発現を検出できる必要がある．調べたい遺伝子を解析するためには，その遺伝子のプロモーターと調節領域（タンパク質のコード領域を除く）を，レポーター遺伝子（プロモーターを欠く）のコード領域に融合させ，生きた細胞に導入して，このレポーター遺伝子の発現を観察する．本書で扱う細胞の多くは胚の細胞である．

よく使われるレポーターとしてクロラムフェニコールアセチル基転移酵素（CAT）遺伝子がある．細菌ではこの酵素は，抗生物質のクロラムフェニコールをアセチル化して不活性化する働きがある．真核生物の細胞は，この遺伝子をもっていない．真核生物の遺伝子の調節を研究するためのレポーター融合遺伝子を作製する場合，その遺伝子のプロモーターを含む調節領域をCAT遺伝子のコード領域に融合させる．この融合遺伝子を細胞内に導入してCAT活性を示せば，調べたい遺伝子のプロモーターがCAT遺伝子を転写させたとわかる．CATは簡単に定量することができ，発現もin situハイブリダイゼーション法（ボックス7・1参照）によって可視化することができる．

CATのほかに，光を発するルシフェラーゼや蛍光を発する緑色蛍光タンパク質（GFP），β-グルクロニダーゼやβ-ガラクトシダーゼなどもよくレポーターとして使われる．こうしたタンパク質は性質によって，発光させたり（ルシフェラーゼやGFP），組織化学的に染めたり（β-グルクロニダーゼやβ-ガラクトシダーゼ）することで，発現を簡単に定量したり，個々の細胞での発現を可視化したりできる．ここではGFPをレポーターとして使った二つの例を示す．ウニ胚の骨片細胞でだけ発現する遺伝子の調節領域をGFPレポーターに融合させ，その融合遺伝子を受精卵に注入したとしよう．この胚が骨片を形成するとき，GFPの蛍光は骨片を形成する一次間充織細胞にのみ局在する（図a）．同様に，ウニ胚の消化管でのみ発現する遺伝子の調節領域を使えば，注入された融合遺伝子はレポーター遺伝子を消化管でのみ発現するだろう．

レポーター遺伝子を発現させる調節DNAの，さまざまな配列を削除したり，変えたりすることによって，調節DNAの機能を解析することができる．このようなアプローチによって，図14・6に示したウニendo16遺伝子の調節モジュールの機能に関するデータの多くが集められた．

雄からの染色体に由来する遺伝子だけが発生過程で発現される場合もある．このような現象を**ゲノムインプリンティング**（genomic imprinting, 遺伝的刷込みともいう）という（5章参照）．たとえば，雄のゲノム由来のクロマチンにあるigf2（インスリン様成長因子2遺伝子）は盛んに転写されるが，雌由来のクロマチンからは転写されない．これはigf2が，卵形成過程で，精子形成過程より高度にメチル化されるためである．メチル化による転写抑制は逆にも働く．ある遺伝子は，雌由来のクロマチンでは活性化されているが，同じ遺伝子が雄のクロマチンでは不活性なこともある．

メチル化は永続的な遺伝子の変化ではない．雄でも雌でも，それまでのメチル化のパターンは配偶子形成の初期段階に消去され，配偶子形成の後期に再びもとの状態に戻される．

RNAポリメラーゼ機能における基本転写因子の役割

真核細胞には3種類の**RNAポリメラーゼ**（RNA polymerase）がある．どのRNAポリメラーゼも，いくつものサブユニットで構成されており，それぞれ異なるクラスの遺伝子を転写する．いくつものサブユニットからなるRNAポリメラーゼ全体をホロ酵素（holoenzyme）とよぶことがある．ポリメラーゼIは，リボソームの構成要素の四つのRNAのうちの三つ（5.8S, 18Sと28S rRNA）を合成する（リボソームの構造についてはボックス4・1参照）．ポリメラーゼIIは，他のほとんどすべての遺伝子を転写する．転写されるのは，mRNAとイントロン除去にかかわるスプライシング装置の構成要素の低分子RNAである．ポリメラーゼIIIは，tRNA，5Sリボソーム RNAと，構造として機能する他のいくつかの低分子RNAの転写を受けもつ．

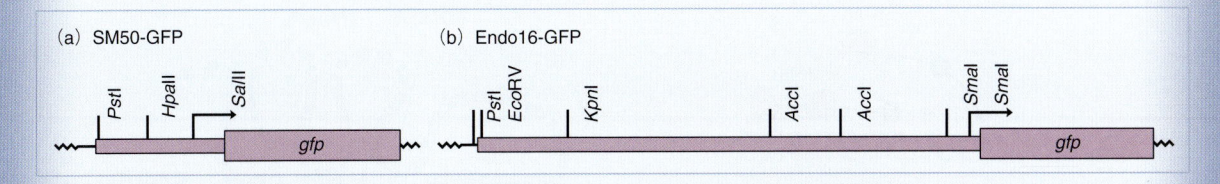

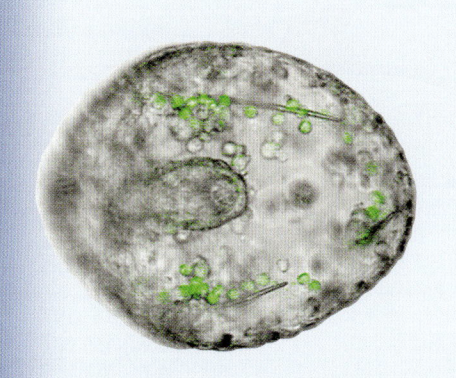

転写調節を解析するためのレポーター遺伝子の例. 上: ウニの発生過程で発現する2種類の遺伝子の上流調節領域と, 緑色蛍光タンパク質 (GFP) のコード領域を連結した融合遺伝子. いくつかの制限酵素切断部位が示してある. 矢印は転写開始点. 下: プロモーターとレポーターの融合遺伝子を受精卵に注入して原腸胚以降まで発生させたもの. 遺伝子が入るのは偶然による. その結果, 一部の胚細胞だけが遺伝子をもつようになる. (a) ウニのsm50遺伝子は胚の骨片をつくる細胞でだけ発現する. 骨片をつくる細胞は多核であり, 細胞は糸状仮足でつながっている. したがって, GFPは仮足を通じて拡散し, すべての骨片間充織細胞が標識されている (緑色の蛍光で示されている). (b) endo16遺伝子は胚の原腸の細胞でのみ発現する. この場合は多核性の細胞ではないので, レポーター遺伝子が導入された細胞だけが蛍光を放つ.

　RNAポリメラーゼは転写に必要であるが, 転写調節にはそれだけでは十分ではない. 細菌の場合と違って, 真核生物では転写に他の多くのタンパク質がかかわる. **基本転写因子** (general transcription factor) とよばれるタンパク質群は, ポリメラーゼ複合体を正しく転写開始点に結合させる働きがある. また, 転写がまさに行われている場所のヒストンとDNAの相互作用を制御したり, 二重らせんを"緩め"たり, ポリメラーゼ複合体による転写を開始させるような機能にもかかわっている. **基本プロモーター**〔basal promoter, あるいは単に**プロモーター** (promoter)〕は特別な塩基配列をもっており, その配列上に基本転写因子群とRNAポリメラーゼが組立てられる. 実際の転写開始点はプロモーターのすぐそばにあるかプロモーター内に含まれている.

　転写を水の流れにたとえて, "上流", "下流"という用語を使う. 真核生物の大部分の遺伝子には, 転写開始点から約25塩基上流にTATA部位またはTATAボックスとよばれる配列がある. TATAとよばれるのは配列がアデニン (A) とチミン (T) から構成されているためである. 基本転写因子TFIIDがTATAボックス上でDNAに結合すると, DNAが曲がり, これが目印となって, 他のタンパク質やRNAポリメラーゼがプロモーター上に結合できるようになる (図14・3). TATAがないプロモーターも存在するが, 同定するのが容易でない別の目印となる配列があって, その配列がポリメラーゼホロ酵素とそれと会合する基本転写因子をプロモーターに結合させると考えられている.

活性化因子と抑制因子が転写開始を調節する

　細菌とバクテリオファージの遺伝子の研究から, 活性

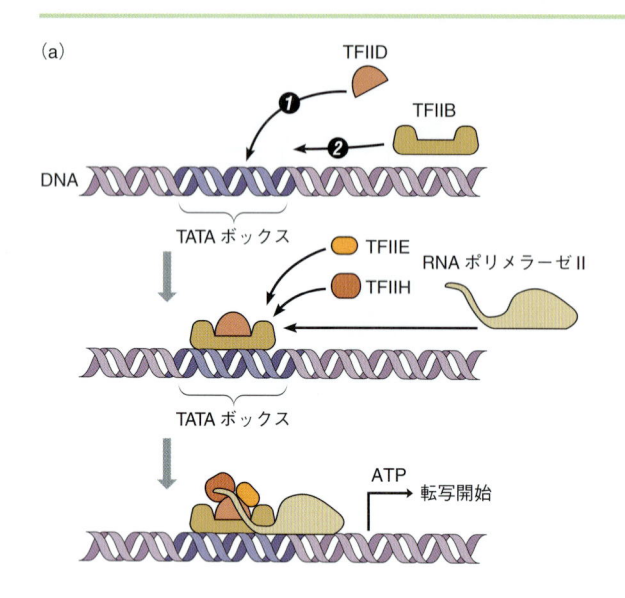

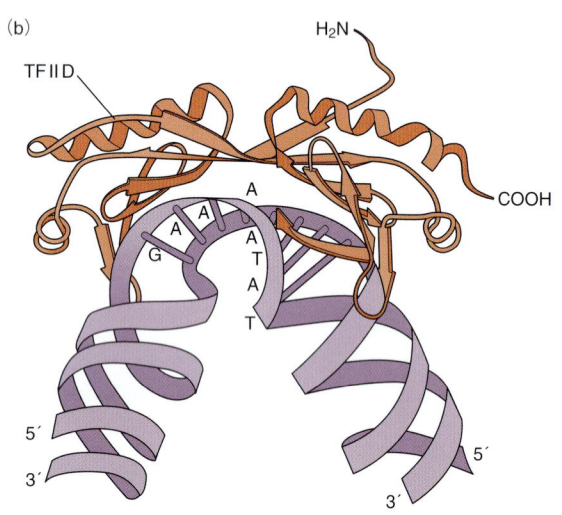

図 14・3　基本プロモーター．（a）基本プロモーター DNA 上で組立てられる基本転写因子（TFIID, B, E, H）と RNA ポリメラーゼの段階的な相互作用．この図では，実際の構成要素の数や複雑な相互作用を簡略化している．TFIID と TATA ボックスとの相互作用は DNA の変形をもたらすが，ここでは示していない．（b）TATA 結合タンパク質（TFIID）が結合した DNA のリボンモデル．TFIID が結合すると DNA が曲がる．この屈曲がプロモーター上に他の転写因子を集合させるのに重要である．

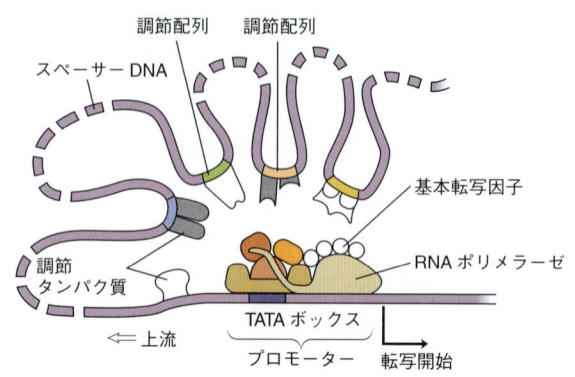

図 14・4　遺伝子調節タンパク質と基本プロモーター．基本転写因子群が，プロモーターから遠くにある調節タンパク質結合部位と相互作用しながら，どのようにして転写に影響を与えるかを示したモデル．ここでは，転写活性化因子（白抜）と転写抑制因子（灰色）が上流 DNA に結合している．標的配列に結合する調節タンパク質の複合体が DNA にループを形成させて，プロモーターにある基本転写因子と相互作用できるようにしていると考えられる．調節配列とプロモーターの距離は数百あるいは数千塩基対のこともある．さらに，転写因子（図 14・6 も参照）が結合するさまざまな調節部位が存在し，それらは皆，ループを形成してプロモーターと接触している．

化因子と抑制因子が存在することが明らかになった．このような生物では，活性化因子と抑制因子はプロモーターか，そのすぐ近くに結合することが多く，ポリメラーゼがプロモーターに近づくことを促進したり妨げたりしている．真核生物の細胞では，多くの（おそらくほとんどの）遺伝子はタンパク質と DNA の相互作用によって調節されていて，そうした相互作用の多くはプロモーターから数百，場合によっては数千塩基対も離れた上流または下流で起こる．遠く離れた調節タンパク質と DNA との相互作用が，どのようにプロモーター活性に影響を与えるかは詳しくわかっていないが，さまざまな遺伝子の研究により，活性化因子と抑制因子はプロモーター-ポリメラーゼ複合体に物理的に接触し，それによってポリメラーゼ活性に影響を与えるという多くの証拠が示されている．図 14・4 はそのモデルである．

プロモーターに影響を与えるさまざまな活性化因子や抑制因子があり，それらの因子の組合わせを変えることによって，（一群の）遺伝子の活性を特異的に調節していると考えられる．すなわち，調節を担う DNA 配列と活性化因子や抑制因子が相互作用することにより，マイクロプロセッサーのように状況を統合し転写を制御しているのである．マイクロプロセッサーと同様に，さまざまなインプットが転写調節領域で統合され，次に単純明快な"イエス"か"ノー"という命令として出力されている．活性化因子と抑制因子は，それ自体，非常に複雑な性質をもっていると思われる．たとえば，リン酸化で活性化され，脱リン酸化で不活性になることもあれば，単量体では不活性であるが，同じ（または類似の）タンパク質と二量体を形成して活性化されることもある．一つ

の活性化因子が，インプットの要素として，一つまたはいくつもの遺伝子に影響を与えることもできる．また，細胞外のできごとが，シグナル伝達経路を介して特定の活性化因子や抑制因子に伝えられ（たとえばリン酸化），遺伝子の転写に影響を与えることもある．

この後の章で，活性化因子や抑制因子によるさまざまな転写制御について述べるが，ここでは，一つだけ具体的な例をみてみよう．多くの疎水性のリガンド，たとえばステロイドホルモンや甲状腺ホルモン，レチノイン酸（ビタミンAに由来）では，受容体は特異的リガンドに応答して**転写活性化因子**（transcriptional activator）として働くようになる．このようなリガンドに応答する転写活性化因子はファミリーを構成している．リガンドが活性化因子の立体構造を変化させて活性化すると，それがきっかけとなって活性化因子が核に入れるようになる．次に，活性化因子はDNAのエンハンサー領域に特異的に結合し，共役因子と二量体を形成すると転写を活性化する．全トランス形レチノイン酸や，甲状腺ホルモン，ビタミンD_3の受容体の場合，それぞれのリガンドの応答配列をもつ遺伝子を活性化するには，RXRとよばれる受容体に結合する必要がある．レチノイン酸（16章参照）と甲状腺ホルモン（8章参照）はともに，正常発生過程で重要な役割を担っている．このようなホルモンやリガンドが役割を果たすためには，それに対応する受容体や，二量体を形成するための核内共役因子が活性型として存在しなければならない．

別のファミリーに属す転写因子も，二量体化して活性状態になるものがある．そのようなファミリーの一つに，**ロイシンジッパー**（leucine zipper）というアミノ酸のモチーフをもつものがあり，単量体のヘリックス上に並んだロイシン群を介して結合し，二量体を形成して活性型に変わる（図14・5）．

マイクロプロセッサーのように働く
ウニ胚 *endo 16* 遺伝子転写調節配列

発生過程で活性化される遺伝子の転写調節DNAエレメント*は，複雑に配置されている．図14・6はウニ胚における，ある遺伝子の転写調節エレメントである．（この動物の発生の概略はボックス13・1を復習のこと）．内胚葉（endoderm）で発現するため *endo 16* と名づけられた遺伝子は，胚の消化管細胞の接着にかかわると考えられるタンパク質をコードしている．発生に伴う *endo 16* の発現は複雑に変化する．*endo 16* は最初，原腸のすべての細胞で発現するが，消化管がさらに領域ごとに分化するにつれて，将来胃となる中腸に発現が限定される．*endo 16* プロモーターの上流の調節領域は2300塩基対にもわたる．その調節領域のDNA配列には，少なくとも30箇所の転写因子結合部位があり，13種類の転写因子が結合する．そのうちの20箇所はSpGCF1とよばれる転写因子が結合する．

米国のEric Davidsonとその同僚は，**レポーター遺伝子**（reporter gene）を用いた解析（ボックス14・1参照）のパイオニアであり，DNA-タンパク質の相互作用がモジュールとして編成されていることを示した（図14・6）．彼らは，DNAのさまざまな領域に人為的に欠失や変異を導入し，レポーター遺伝子の発現をモニターした．その結果，これらのモジュールが明らかにされたのである．たとえば，基本プロモーターに隣接するモジュールAは正の転写活性化機能をもち，同じく正に働く転写活

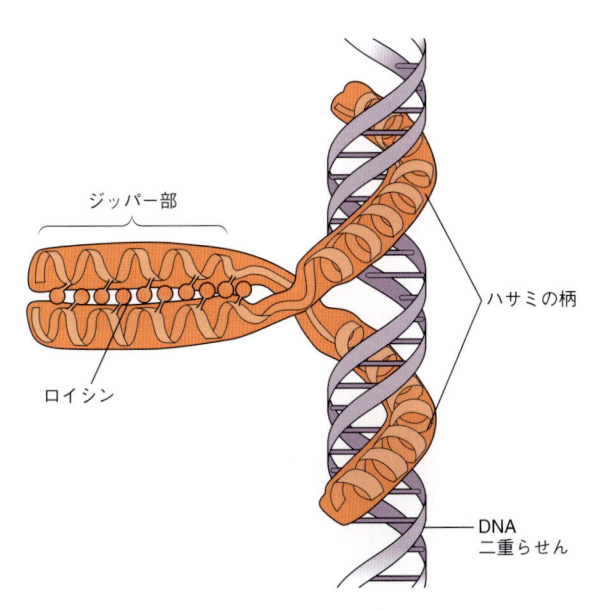

図 14・5 転写因子の二量体化． さまざまな転写因子の多くは，活性化するために，ホモまたはヘテロ二量体を形成する必要がある．ここでは，bZIP構造をもつロイシンジッパーとよばれるホモ二量体転写因子を示す．各単量体には七つのアミノ酸ごとにロイシンが表れるドメイン（この例では末端部）があり，七つのアミノ酸ごとに並ぶことで，すべてのロイシンがタンパク質のαヘリックスの同じ側に並び，疎水性の面ができる．二つの疎水性の面によって互いが結合して二量体を形成する．さらに，二量体になることにより，正に荷電した極性ドメインがDNA二重らせんと相互作用できるような構造が形成される．

---

* 訳注：この転写調節エレメントは特定の塩基配列からなる転写因子結合部位のことをいう．

270　　　　　　　　　　　14. 発生における遺伝子の発現調節

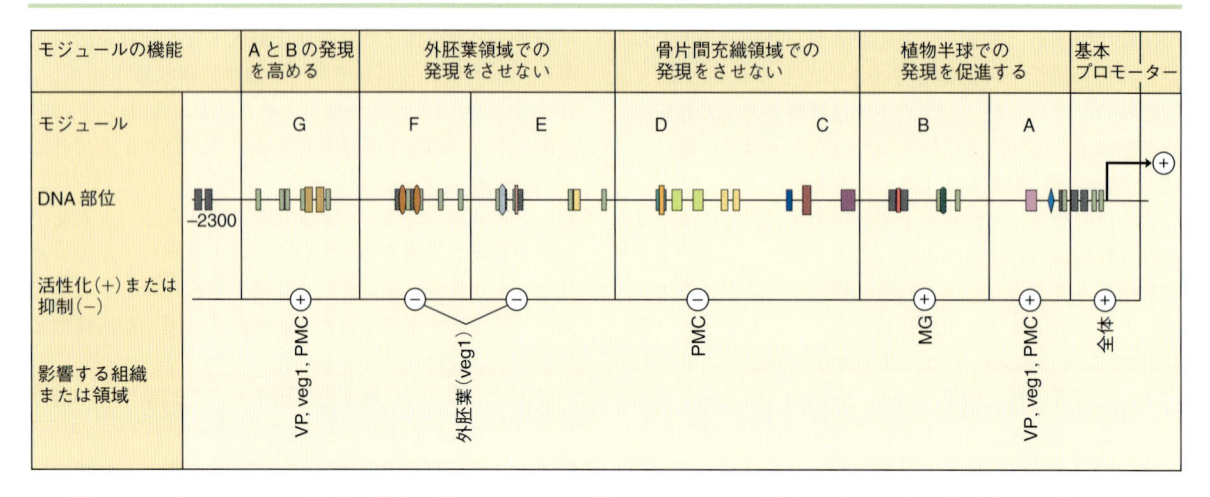

モジュールの機能	AとBの発現を高める	外胚葉領域での発現をさせない	骨片間充織領域での発現をさせない	植物半球での発現を促進する	基本プロモーター
モジュール	G	F　　E	D　　C	B	A
DNA部位	−2300				
活性化(+)または抑制(−)	(+)	(−)　(−)	(−)	(+)	(+)　(+)
影響する組織または領域	VP, veg1, PMC	外胚葉 (veg1)	PMC	MG	VP, veg1, PMC　全体

図 14・6　ウニの *endo16* 遺伝子の調節モジュール．*endo16* 遺伝子の 2.3 kb 上流(左)から転写開始点(右矢印と＋印)までの調節領域の模式図．特異的DNA-タンパク質相互作用が起こる部位を，さまざまな色の図形で示してある．クロマチンのループを形成するSpGCF1結合部位は薄緑色の長方形．特異的転写因子が相互作用する部位を特定の形や色の図形で表示している．上部には，遺伝子上流の各種の機能モジュール(AからG)を記してある．図の下部は胚の中のどこでモジュールが作用するか，作用が活性化(＋)か抑制(−)かを示す．MG：中腸，PMC：一次または骨片間充織細胞，veg1：VPの上にある外胚葉細胞の層，VP：植物極板．

性化因子がモジュールAに結合して転写を起こす．調節領域の反対側の端には，同じく正に働くモジュールGがあり，モジュールAとBが活性状態のときに遺伝子の発現を促進する．モジュールC, D, E, Fはさまざまな機能をもち，*endo16* 遺伝子の空間的な発現パターンを調節する．もしモジュールC, D, E, Fが活性化状態にある場合は，*endo16* 遺伝子が発現されるべきではない胚の領域で遺伝子をオフ状態に維持している．他のモジュールからモジュールAに情報がインプットされ，それらが統合されるので，この調節系がマイクロプロセッサーにたとえられるわけである．

それぞれのモジュールには，タンパク質と相互作用するいくつもの結合部位がある．いくつかの部位は，たとえばSpGCF1結合部位のように，多くのモジュールに共通に存在するものもある．特定のモジュールだけにある部位もある．各モジュールにはそうした部位が一つか二つある．いたるところにあるSpGCF1結合部位は，クロマチンをループ状に束ねる働きがあることが示されており，遠位の部位(たとえばモジュールG)を，モジュールA, Bや，転写開始が起こる基本プロモーターに近づける役割があると考えられている．

調節エレメントのこのように複雑なモジュール編成はすべての遺伝子に共通していると思われる．Davidsonらは，ウニの他の遺伝子についても詳細な解析を行っている．ショウジョウバエの遺伝子(15章で詳述)にも，長く複雑な転写調節領域があることがわかっている．

ここで述べてきた転写調節の様式は**組合わせ型**(combinatorial)と名づけられている．モジュールまたは調節エレメントは，転写に正と負の両方の影響を与えることがある(図14・6，モジュールA参照)．調節エレメントによっては相乗的に働く場合もあれば，拮抗的に働くこともある．また，ある遺伝子の転写調節領域のすべてのエレメントが同時に働くとは限らず，ある時期にだけ働くものもある．この可変性のおかげで，状況の変化にすばやく的確に応じる調節が可能になるのである．たとえば，成長因子は受容体に結合して二次メッセンジャーを活性化し，それが次にリン酸化カスケードに参加して，さまざまな転写因子の活性を調節している．

複雑な遠位調節エレメントによる β グロビン遺伝子ファミリーの転写調節

転写調節領域が複雑で，組合わせ型の調節を受ける遺伝子は他にいくつもある．ここでは，もう一例だけ述べる．それは，ある遺伝子ファミリー全体に関係する．

ヘモグロビンは，α と β の2種類のペプチド鎖が，それぞれ2本集まってできているタンパク質である．α 鎖と β 鎖は，別の遺伝子ファミリーにコードされている．ヒトを例にとって，β 遺伝子ファミリーの発現の変化についてみていこう．なお，α 遺伝子ファミリー遺伝子の発現も変化する．ヘモグロビンの β グロビン鎖の発現は

発生過程で変化する（7章参照）．発生初期の胎児では，赤血球はおもに肝臓でつくられる．肝臓でつくられる赤血球のヘモグロビンは，αとβの二つのタイプのペプチド鎖で構成されている．この時期のβ鎖はεグロビン遺伝子から合成される．εグロビン遺伝子はβグロビン遺伝子とよく似ており，βグロビン遺伝子ファミリーのメンバーである．発生の後期では，赤血球はおもに脾臓と骨髄でつくられる．ここでつくられる赤血球は，β鎖とは異なるγグロビンとよばれる胎児性のヘモグロビンを含む．γグロビンは2種類の遺伝子$γ_1$と$γ_2$にコードされている．出生が近づくと，γグロビン遺伝子の発現が低下し，成人型βグロビン鎖をコードする遺伝子が発現する．（βグロビンに加えて，δグロビンというマイナーな成人型β型鎖もある）．このように発生に伴う遺伝子発現の時間的な順序は，ε，$γ_1/γ_2$，そしてβ/δとなる．

それぞれのβグロビン遺伝子は，ヒトではすべて第11染色体にのっており，発生に伴う発現時期の順番と同じ順序で並んでいる（図14・7）．これらの遺伝子は，それぞれのプロモーターを制御する調節領域をもつ．βグロビン遺伝子ファミリーのもう一つの調節エレメントは，**遺伝子座調節領域**（locus control region: LCR）とよばれ，最も近いεグロビン遺伝子からも約50kb上流というかなり離れたところに位置している．

赤芽球（赤血球前駆細胞）のβグロビンLCRのクロマチン構造は，他の種類の細胞と異なっている．正確な機構は不明であるが，この独特の構造が組織特異的な発現の基盤であると考えている研究者もいる．非常に低濃度のDNA分解酵素（DNアーゼ）で，赤芽球由来のクロマチンを切断することによって，LCRの構造が独特であることを示すことができる．DNAがヌクレオソームにたたみ込まれているときには，DNAは保護されておりDNアーゼの切断を受けない．しかし，LCR領域のDNAには，非常に低い濃度のDNアーゼでも分解されやすい特定の部位がある．そのような部位をDNアーゼ高感受性部位とよび，ヌクレオソーム構造をとっていないクロマチン領域の特徴である．

活性化したLCRが，βグロビン遺伝子ファミリーのうちの一つの転写調節領域，たとえばεグロビン遺伝子の転写調節領域と相互作用している場合，εグロビン遺伝子が転写される．βグロビン遺伝子ファミリーの二つの遺伝子が同時にLCRと相互作用することはないので，εグロビンが転写されている間は，他の四つの遺伝子が転写されることはない．同じことはLCRがファミリー内の他の遺伝子と相互作用している場合も当てはまる．それぞれのβグロビンファミリーの遺伝子が発生過程で発現する順番は，LCRが移動して順次各遺伝子の調節領域と相互作用することで決められているのは明らかである．図14・7を見て，この相互作用がLCRに最も近い遺伝子からしだいに遠い遺伝子へと移っていくことに注目しよう．この変化のパターンを説明することはまだできていない．また，なぜLCR領域が赤芽球で活性化され，他の細胞ではされないのかもわかっていない．最近の実験からは，LCR領域のヒストンH3分子が高度にアセチル化されるとLCRの活性が高まることが示唆されている．

βグロビンファミリーの領域外の他の遺伝子が，何らかの形でLCRの活性化や，LCRの各転写調節領域への接近を調節しているのかもしれない．実際，βグロビンLCRに似た調節領域が他の遺伝子でも見つかっている．ヒト成長ホルモン遺伝子がその例である．

グロビン遺伝子の研究の重要性もさることながら，一方で研究者は多くのさまざまな遺伝子の役割を探求しようとしてきた．近年，ヒトゲノム計画のおかげで，ヒトの遺伝子に関する情報が目を見張るほど蓄積されてきた．ゲノム計画は多くのさまざまな生物についても，洪水ともいえるほどおびただしい量の新情報をもたらしている．これらのデータをすべて把握して研究に役立てるために，ボックス14・2で述べるような新しい研究領域と技術が考え出されている．

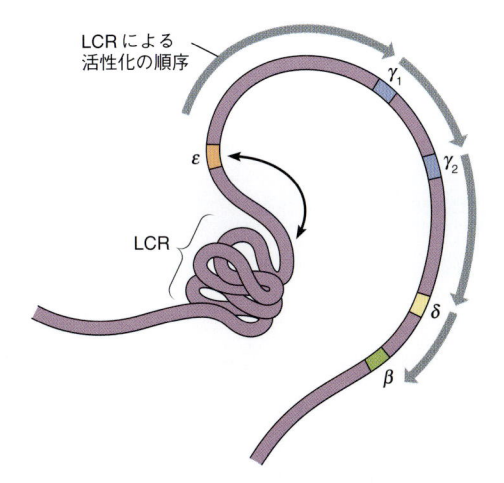

図14・7 βグロビン遺伝子の転写のモデル． βグロビンファミリーがある領域のDNAを曲線で示し，五つのβグロビン遺伝子の上流にある遺伝子座調節領域（LCR）を多重ループクロマチンとして示してある．LCR領域は五つの遺伝子のそれぞれのプロモーターと順番に相互作用し，遺伝子発現の順番を調節している．両方向矢印（↔）は最初に相互作用するLCRとεを示している．その後，相互作用は発生とともに$γ_1$，$γ_2$，β，δと続いていく．

ボックス 14・2　ゲノミクスとマイクロアレイ

　最近飛躍的に進んだ技術によって，研究者は膨大な数の遺伝子の相対的な発現量を同時に調べることができるようになった．そうしたアプローチは多国籍事業として行われたヒトゲノム計画から生み出されたが，ヒトゲノム計画は単にヒトゲノムの全配列を決定するだけではなく，ショウジョウバエや線虫 C. elegans，マウスにも副次的な効果をもたらした．さらに，他の生物のゲノム配列も決定されている．今やさまざまな mRNA やその遺伝子由来のタンパク質の配列が明らかになり，データベースに記録されている．その情報を用いれば，多くの DNA 配列を特定の遺伝子として同定することができる．こうしたさまざまな活動によって，ゲノミクスという新しい研究分野が生まれた．ゲノミクスとはゲノムの配列を決定するだけでなく，配列を通して（コンピューターを使って），その配列がどのようなタンパク質をコードするのか，あるいは調節領域であるのか，さらにはその領域の特徴とはどのようなものであるかを研究する包括的な分野である．コンピューターを利用して DNA 配列を解析することを遺伝子発見とよぶこともある．

　DNA 配列の決定のような単調な作業の多くを，自動ロボット化したことに気をよくして，研究者たちはゲノム DNA や cDNA（mRNA と等価）のクローンのマイクロアレイを作製するときにもロボットを利用している．マイクロアレイ（microarray，チップ；chip ともいう）とは，非常に小さな（直径 50〜200μm）DNA のドットの列を顕微鏡のスライドガラスやシリコン盤にのせたもので，蛍光標識プローブのハイブリッド形成の標的として使われる．

　この強力で新しい技術の利用は急速に普及している．最も一般的な応用例としては，遺伝子の相対的な発現量をモニターすることだろう．典型的な実験としては，まず比較したい 2 種類の RNA を取出すことから始まる．たとえば，上皮性プラコードとよばれる発生段階にある水晶体と，完全に陥入した水晶体胞になった段階の水晶体のそれぞれに存在する mRNA の相対的な量を調べる場合を考えよう．これらの組織から RNA を抽出し，逆転写によって cDNA にする．逆転写の際に，異なる蛍光色素を結合させたヌクレオチドで，それぞれの cDNA を標識する．2 種類の cDNA を混合して，ゲノム全体の配列をのせた DNA マイクロアレイにハイブリッド形成させる．レーザー走査型顕微鏡で，マイクロアレイ上のそれぞれのドットについて，2 種類の蛍光量を記録し，そのデータをコンピューターに蓄積する．このようにして，そこに存在する特定のゲノム配列にコードされる mRNA 量を確かめることができる．特定の遺伝子群の発現パターンを探したり，多数の遺伝子の相対的な発現量の変化を調べたりすることもできる．

　この手法は，さまざまな種類の臨床検査など，他にも多くの目的に使える．たとえば，調べたい DNA を，既知の突然変異遺伝子群をのせたマイクロアレイにハイブリッド形成させて，特定の変異が存在するかどうかを調べることもできる．大量のデータを解析しようという挑戦から，バイオインフォマティクスという新しい分野が生まれている．この新しいアプローチについての情報に関しては多くのウェブサイトがある．例として，以下の二つを示す．

www. nhgri. SONM/SIR/LCG/15K/HTML
www. genome. stanford. edu

翻訳調節

翻訳以前に転写後調節が必要である

　真核生物では，転写後に一連のできごとがあり，タンパク質合成の前にそのすべてが起こる必要があるということを忘れてはならない．合成されたばかりの mRNA は，核内で 5′ 末端が修飾され，グアノシンの "キャップ" が付加される．キャップはリボソームへの結合に不可欠である．さらに，転写の終結とともに，一次転写産物の 3′ 末端にはポリ(A)が付加され，修飾を受けた一次転写産物にはさまざまなタンパク質や核内低分子 RNA が結合する．核内低分子 RNA は一次転写産物に存在するイントロンの除去にかかわる．コード配列をもつエキソンからなる成熟 mRNA がつくられるためには，スプライシングによってイントロンが除去されなければならい．

　遺伝子によっては，**選択的スプライシング**（alternative splicing）によって，同じ遺伝子から異なる mRNA をつくりだすものもある．スプライシングのパターンの変化によって，大きな変化が生じることがある．たとえば，ショウジョウバエの性決定を支配する遺伝子カスケード

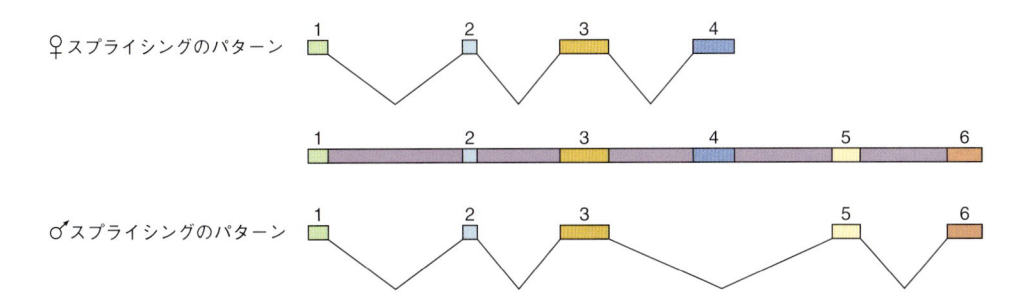

図 14・8　ショウジョウバエにおける選択的遺伝子スプライシング．たった一つの遺伝子のスプライシングでも，ここに示すショウジョウバエの性決定のように，大きな違いをもたらしうる．中央の"遺伝子地図"は，*double sex* (*dsx*) 遺伝子のエキソン（番号あり）とイントロン（番号なし）の並び順を表している．雌では *dsx* の転写産物はスプライシングによってエキソン 1 から 4 までが結合するのに対して，雄ではエキソン 4 が読みとばされてエキソン 1～3 がエキソン 5 と 6 に結合する．その結果生じる 2 種類の Dsx タンパク質は，それぞれ反対の性の特徴を生じさせる遺伝子群の発現を抑制する．実際には *dsx* 遺伝子の選択的スプライシングは，ここに示したよりも複雑である．示しているのは，他の三つの遺伝子の選択的スプライシングを含めた経路の一部であり，その経路の初期段階の遺伝子産物によって，最終的に *dsx* 遺伝子のスプライシングの様式が決定される．性決定経路の全体が選択的スプライシングの制御のカスケードとなっている．

は一連の選択的スプライシングによって調節されている．図 14・8 は，ショウジョウバエの *double sex* (*dsx*) のエキソンを示しており，*dsx* は性決定カスケードの最後に位置する遺伝子である．*dsx* 遺伝子は，雄特異的な Dsx タンパク質（エキソン 1, 2, 3, 5, 6）と雌特異的な Dsx タンパク質（エキソン 1 から 4）をつくることができる．雄特異的な Dsx は雌型の分化を妨げ，雌の Dsx は雄型の分化を妨げる．*dsx* 転写産物のスプライシングは，性決定過程の初期で働く他の遺伝子群によって調節されるとともに，それ自体，発生過程にある雄と雌におけるスプライシングパターンの違いにもかかわる．この性決定カスケードにかかわる遺伝子群以外にも，選択的スプライシングの調節を受ける遺伝子は，今日では数多く知られている．

一方，核内でほとんどすべての遺伝子の一次転写産物（ヒストン mRNA は例外）の 3′ 末端にポリ (A) が付加される．これをポリ (A)$^+$ RNA とよび，ポリ (A)$^+$ RNA は核から細胞質へ運ばれる．その輸送機構について，現在精力的に研究が行われている．ポリ (A)$^+$ RNA の核外輸送は拡散ではなく，精巧な輸送機構が関係しており，かなり特異的で，厳密な制御を受けていることが明らかになりつつある．

発生過程における mRNA の多様な翻訳調節機構

翻訳には，転写によって合成された mRNA だけでなく，活性化状態にある翻訳装置，すなわちリボソームとポリペプチドの合成開始・伸長・解離に働く酵素が必要である．原理的には，発生過程における翻訳速度は，これらのどの段階でも調節可能である．発生段階によって，翻訳開始速度と伸長速度はさまざまに変化する．発生過程で翻訳調節の鍵となるのは，現在のところ，mRNA を翻訳できるようにする段階と，mRNA の安定性と考えられている．この調節様式は状況によって異なり，多様である．これ以後，1) 翻訳を抑制する mRNA のマスク，2) ポリ (A) の長さの変化，3) mRNA の細胞内局在などについて，調節機構の原理をみていくことにする．

卵形成過程で蓄えられた mRNA の翻訳調節

発生過程における翻訳調節の最初の発見は，海産無脊椎動物の卵における受精後のタンパク質の合成速度変化である．図 14・9 は，ウニ卵の実験結果を示している．卵が活性化してから数十分以内に，タンパク質合成速度は少なくとも 20 倍に増加する．この増加は，mRNA が新たに合成されるためではなく，すでに存在していた mRNA とリボソーム，タンパク質合成に必要な酵素群が，ポリリボソームを形成することが原因である．（ポリリボソームは mRNA 上にリボソームが数珠のように結合したものであり，ポリソームともよばれる．）卵は必要なものをすべてもっているが，どういうわけか，受精によって翻訳機構が一気に活性化されるまでは貯蔵 mRNA からタンパク質を合成できない．mRNA は未受精卵からも受精卵からも抽出できる．どちらの mRNA も網状赤血球（哺乳類由来の未成熟赤血球）を利用した試験管内タンパク質合成系では翻訳可能である．

種によっては，卵のタンパク質合成速度が劇的に増加しないものもある．たとえば，マウス卵では合成速度の増加は穏やかである．しかし，受精後のタンパク質合成の急激な増加は，ほとんどの動物種に共通している．卵

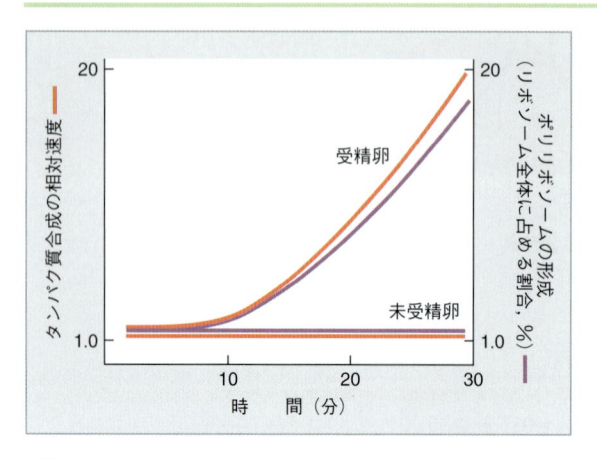

図 14・9 ウニ受精卵におけるタンパク質合成の増加. 卵におけるタンパク質合成速度．受精後の時間を横軸に，ポリペプチドに取込まれたアミノ酸の数を測定している．受精後数分以内に卵は活性化し，30分後までにタンパク質合成速度は20倍に達する．並行して行った実験で，ポリリボソームの形成も時間を追って調べられた．その増加速度はタンパク質合成の増加とおおよそ同じ変化をしていることに注目．

に蓄積されたmRNAの翻訳調節については，アフリカツメガエルを用いて詳細に研究されている．代謝が休止状態になっている胞子が発芽するときや，乾燥したブラインシュリンプ（brine shrimp）の卵が，水を吸って発生を再開する際にも，同様の翻訳速度の増加がみられる．

mRNAのマスクとポリ(A)付加

ツメガエルの卵母細胞では，mRNAの3′末端非翻訳領域（3′UTR）の特定の配列に，特異的なタンパク質が結合していると，翻訳が強く抑制されるものもある．このようなmRNAを**マスクされたメッセンジャー**（masked messenger）とよぶ．mRNAをマスクから解除するためには，抑制タンパク質を除去する必要がある．このマスクの解除の引金は，受精に伴う卵の代謝や構造の劇的な変化である．

ウニ，ツメガエル，マウスを含む多くの種では，翻訳速度の変化に伴ってポリ(A)鎖の長さが大きく変化する．メッセンジャーのマスクが外されるときは，ポリ(A)鎖が2倍以上に伸長することがある．このmRNAの修飾は細胞質で起こり，動的である．アデノシン5′-リン酸（AMP）がRNAの尾部に付加されたり，取除かれたりしているが，正味では長くなるほうがまさるのである．ポリ(A)鎖の機能は，複雑であることがわかってきた．ポリ(A)鎖が長くなると，他の因子と複合体を形成して翻訳開始速度が増加するという確かな証拠が示されてい

る．長いポリ(A)鎖と特異的mRNA結合タンパク質が協調してmRNAを安定化するとmRNA濃度が増加し，その結果，そのmRNAから翻訳されるタンパク質の濃度が高まるのである．ショウジョウバエでは，多核性胞胚で翻訳が開始される前に，Bicoid mRNAなどの卵に貯蔵されたmRNAの多くで（すべてではないが）ポリ(A)鎖の伸長が起こる．

母性RNA（受精前に卵母細胞で合成されたmRNA）の細胞質でのポリ(A)付加は，受精における翻訳速度の急上昇をもたらす連鎖反応の一つではあるが，引金ではないと思われる．ウニでは，ポリ(A)鎖の伸長は翻訳速度の急上昇より少し後に起こる．ウニ胚の翻訳開始を担う酵素複合体は，卵の活性化後1〜2分以内に働き始めることはまちがいないとされている．この翻訳効率の上昇とmRNAのマスクの除去が共同して，ウニ卵の受精後のタンパク質合成を増加させていると考えられる．同様にマウスでも，卵成熟の最終段階でFGF1（繊維芽細胞成長因子1; fibroblast growth factor 1）受容体mRNAが翻訳抑制から解放され，ポリ(A)が付加される．しかし，ポリ(A)付加自体が翻訳を促進するわけではない．

細胞内の特定の部位に局在するmRNA

特定のmRNAが細胞内に局在する例がいくつも知られている．mRNAが局在することは発生において非常に重要である．なぜならば，mRNAが局在することにより，不等価な情報が子孫細胞に伝えられ，特定のmRNA（とそれに由来するタンパク質）のすべてか，あるいは他より多く受取る娘細胞が生じることになる．

物質の局在は初期卵割期で重要な意味をもつが，発生後期にもある．最初に報告されたmRNAの細胞内局在の一つに，ウニ卵の雌性前核に貯蔵されるヒストンH1 mRNAがある．この貯蔵H1 mRNAは，細胞分裂時に核膜が崩壊して，mRNAが細胞質に放出された後にはじめて翻訳される．2番目の例は，3章でみたショウジョウバエの頭部構造の決定に働く重要なモルフォゲンのBicoid mRNAである．Bicoid mRNAは未受精卵の前端部背側寄りに局在し，多核性胞胚，細胞性胞胚期を通じてそこにつなぎとめられている．この局在が，初期発生過程のBicoidタンパク質の濃度勾配の形成に重要な役割を果たしている．

Nanos mRNA は局在化mRNA の一例である

3章で，nanosとよばれる遺伝子がショウジョウバエの哺育細胞で転写されることを述べた．Nanos mRNAは卵形成の間に卵母細胞に輸送され，卵の後極に局在する．

翻 訳 調 節　　　　　　　　　　　　　　　　　　275

Nanos mRNA は Nanos タンパク質に翻訳され，Hunchback mRNA の翻訳を抑制する．Nanos は Pumilio とよばれるタンパク質と共役することで翻訳を抑制することが知られている．Pumilio タンパク質が母性 Hunchback mRNA の 3′ UTR の特異的配列に結合し，そこに Nanos タンパク質が結合して三次元的な複合体をつくる．その結果，Hunchback mRNA のポリ (A) が除去され，RNA の分解が起こる．

Nanos は胚の後部に高濃度に存在するため，Hunchback mRNA は胚の後部では翻訳されない．Hunchback は転写因子であり，胚の前部の構造をつくるのに必要な遺伝子群の転写にかかわる．したがって，後部が発生するためには Hunchback の合成を抑制する必要がある．Nanos タンパク質による翻訳段階での調節こそが，Hunchback タンパク質のシャープな勾配をつくり，前後軸に沿ったパターン形成の基盤となっている．図 14・10 の (a), (b) は，Nanos と Hunchback の相互作用を示している．

Nanos タンパク質は，mRNA の翻訳を調節するだけでなく，Nanos mRNA 自体も翻訳段階で調節されている．他の一群の遺伝子 (*oskar*, *staufen*, *valois*, *vasa*, *tudor*) が，Nanos mRNA を後極の細胞骨格に結合させている．これらの五つの遺伝子がコードするタンパク質は，それぞれ Nanos mRNA の 3′ UTR の特異的配列に結合することにより，Nanos mRNA を局在化させている．ところが，Nanos mRNA の相当量が多核性胞胚の前方および中央部の細胞質に残っているのである．言いかえれば，Nanos mRNA は後極だけに局在しているわけではない．しかし，Nanos mRNA があれば翻訳されるというわけでもない．後極以外では，Nanos mRNA の翻訳が，Smaug によって抑えられている．Smaug タンパク質は Nanos mRNA

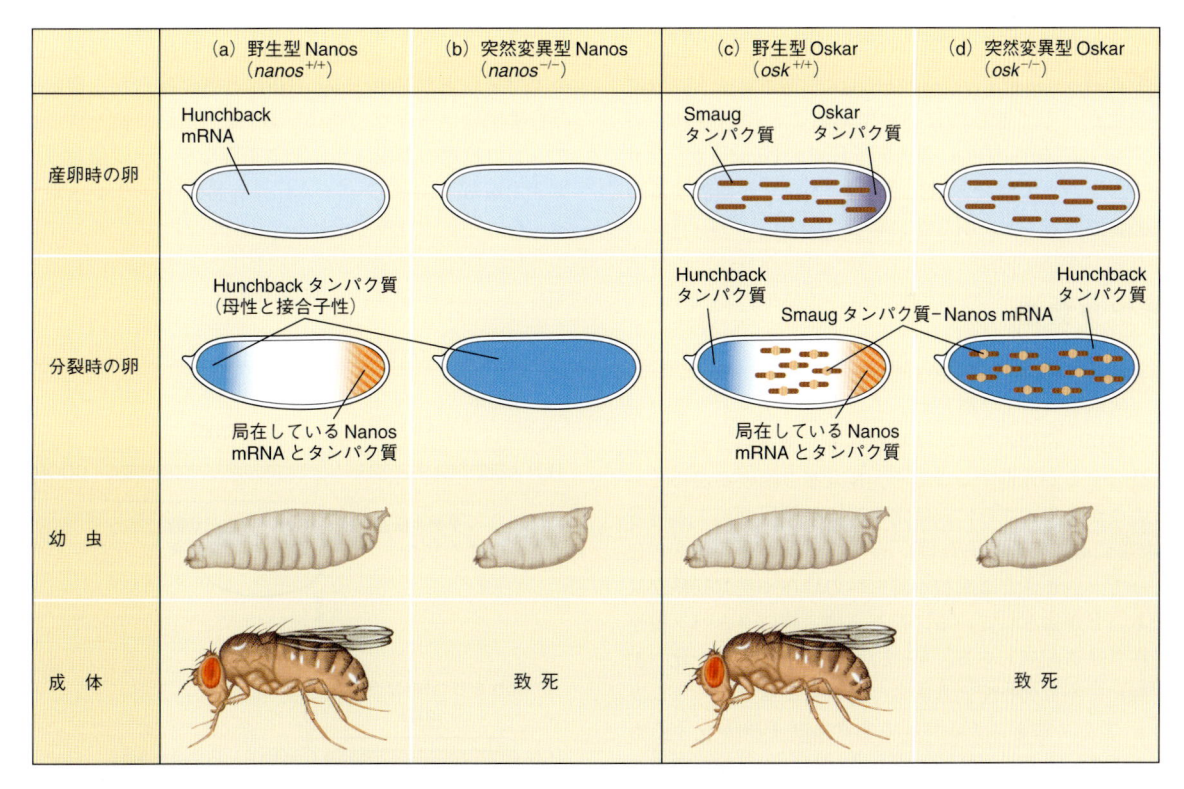

図 14・10　**Nanos による翻訳調節と Nanos の翻訳調節．** Nanos と他のいくつかのタンパク質との相互作用．さまざまな変異を導入した一連の実験の結果を示している．ここに関係するいくつかの遺伝子産物は色で区別してある．mRNA はタンパク質と同じ色でやや淡く表し，個々の mRNA は丸で，タンパク質は棒線で表した．(a) 正常胚では，Nanos タンパク質は胚の後部で Hunchback mRNA の翻訳を抑制し，胚の後部を形成させる．(b) *nanos* 突然変異体では，Hunchback mRNA は後部でも翻訳され，Hunchback タンパク質は後部の発生を抑制する．(c) Nanos mRNA も翻訳調節を受けている．正常胚 (*oskar*$^{+/+}$) では，Nanos mRNA は細胞質全体に存在するが，3′ UTR に抑制因子 Smaug が結合して翻訳が抑制されている．しかし，oskar タンパク質によって卵の後端に局在した Nanos mRNA は，Smaug による抑制から解放され，翻訳される．(d) *oskar* 遺伝子が突然変異によって不活性化されると (*oskar*$^{-/-}$)，Nanos mRNA は局在できなくなる．その結果，後部で Hunchback mRNA の翻訳が抑制できなくなり，胚の発生は異常になる．

の 3′ UTR の特異的配列に結合して，その分解を促進する．そのために後極に局在していない Nanos mRNA は翻訳されず，Nanos タンパク質の濃度勾配がよりシャープになる（図 14・10c, d）．

　10 年前の多くの生物学者は，転写調節で遺伝子による発生の制御を説明できるかもしれない，あるいはそれだけで十分かもしれないと信じていた．しかし，現在ではこの説は単純すぎたと考えられている．今では，さまざまな形の翻訳調節があり，それが不可欠な場合が数多くあることが知られている．

　Nanos は Hunchback mRNA を抑制して後方の発生を正しく進める機能をもつだけではなく，**始原生殖細胞**（primordial germ cell: PGC）の分化の決定と，生殖巣への PGC の移動にも必要であることを強調しておきたい．PGC は "転写静止状態" ともいわれ，細胞内の転写活性はきわめて低い．Nanos は他の遺伝子の mRNA の翻訳を抑制するので，Nanos の機能が失われれば，いくつかの遺伝子の発現が早くなり，PGC の発生に支障が生じる．線虫 *Caenorhabditis elegans* の Nanos 相同遺伝子も，PGC の発生が正しく進むのに必要であることが示されている．さらに，線虫の PGC の発生過程でも Pumilio が，ショウジョウバエの場合と同じように，Nanos が機能するのに必要であることが明らかになっている．

翻訳後調節

発生制御に重要なタンパク質修飾

　一次構造（アミノ酸配列）のなかに，タンパク質の細胞内輸送と修飾のための情報がある．タンパク質が膜系に結合するか通過するなどを，N 末端の配列が決めていることがある．さらに，特定のアミノ酸配列による暗号（末端にある場合もあれば，そうでない場合もある）によって，さまざまな細胞小器官への局在や代謝経路が決まることが知られている．たとえば，核にタンパク質を局在させる配列もある．*N*- または *O*-グリコシル化（糖修飾）に不可欠な配列もある．酵素によっては，リシンの ε-アミノ基をメチル化するものもアセチル化するものもある．また，セリンやトレオニン，チロシン残基のヒドロキシ基 OH をリン酸化するものも，脱リン酸化するものもある．あるいは，C 末端（タンパク質一次配列のカルボキシル末端または COOH 末端）に脂肪酸を付加するものもある．

　今日では，おそらくほとんどのタンパク質は巨大分子複合体の一部として働いていることが知られている．これは，いわゆる構造タンパク質の場合に顕著であり，た

とえば筋原繊維の中のミオシンやアクチン，角膜の直交繊維束のコラーゲン分子などがある．見た目にわかる形態をもつ小器官でない場合には，明確にはわからないかもしれないが，多くの酵素と可溶性タンパク質は粒子状になって相互作用している．この分子間相互作用は，前述の酵素や可溶性タンパク質の機能に重要な意味をもつ．相互作用する（両）タンパク質の翻訳後修飾は，両方のタンパク質の構造と機能に影響するとともに，発生に重要な働きをもちうるのである．ここでは，翻訳後修飾の重要性を強調しておきたい．ひき続き，タンパク質間相互作用について解説することにする．

Hedgehog リガンドは翻訳後修飾を受ける

　Hedgehog ファミリーには多数の成長因子が属している．そのうちのいくつかについてはすでに説明してきた．6 章では神経管や肢の形成に重要な Sonic Hedgehog（Shh），7 章では骨形成過程で働く Indian Hedgehog（Ihh）についてみてきた．Shh や Ihh は，最初にショウジョウバエで発見され Hedgehog（Hh）と名づけられた遺伝子の脊椎動物ホモログである．Hh は，体節や他の構造パターンの境界の形成にかかわる重要なシグナル伝達リガンドである．（このシグナル伝達経路については 15 章で述べる．）

Hedgehog のプロセシング

(a) 前駆体

H$_2$N ―[19 kD]―[25 kD]― COOH

シグナル伝達ドメイン　Gly 257　Cys 258　自己切断ドメイン

(b) 活性をもつ Hh リガンド

H$_2$N ―[19 kD]― C-O-コレステロール
　　　　　　　　　　‖
　　　　　　　　　　O

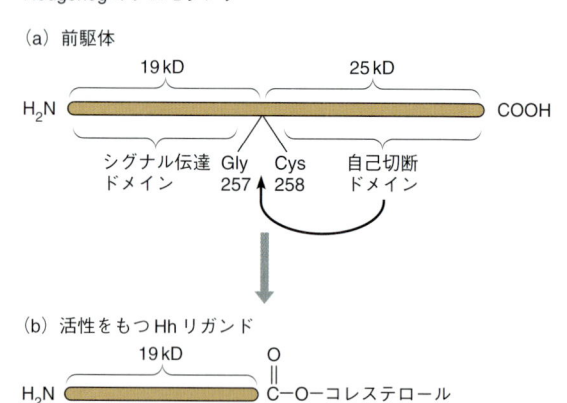

図 14・11　Hedgehog タンパク質のプロセシング． Hedgehog（Hh）タンパク質の構造．(a) 前駆体ポリペプチドの 25 kD C 末端領域は，自己切断によって，257 番グリシンと 258 番システイン間を切断する．(b) これにより，活性型 19 kD の N 末端領域と機能がない 25 kD C 末端領域タンパク質（示していない）がつくられる．切断後，N 末端領域に生じた C 末端に，コレステロールがエステル化により結合する．N 末端にもパルミチン酸（炭素数 16 の飽和脂肪酸）が結合する（示していない）．

Hhがもつシグナルペプチドによりはは小胞体の内腔に入り，ゴルジ体へ移動する過程でプロセシングを受ける．ゴルジ体を離れると，さらにHhはめずらしいタイプのプロセシングを受け，自分で二つに分断する（自己切断）．プロセシングを受けていないHhのC末端領域の作用によって，257番目の残基（グリシン）と258番目の残基（システイン）の間で切断され，C末端断片（25kD）とN末端断片（19kD）ができる．切断中に，N末端断片に新たに生じたC末端にコレステロールを付加するエステル化が起こり，この断片が活性化される．これらの反応を図14・11に示す．このタンパク質の構造については，以下のようないくつかの実験証拠が示されている．純粋に生化学的な方法でHhペプチドのN末端断片をつくることができる．これを組織培養細胞に加えると，Hhシグナルを伝達する能力があることが示された．C末端断片にはそのような能力はみられなかった．このような実験により，19kDのN末端ドメインこそがシグナル伝達能をもつことが確かめられた．

エステル化によるHedgehogの拡散制限

この種の自己切断するタンパク質は，かつては一般的ではないと考えられていたが，今日では他にも多くの例が発見されている．この自己触媒による切断は，どのような役割をもっているのだろうか．自己触媒により切断されるタンパク質は，構造も機能も多様であるので，一般化することは難しい．Hedgehogの場合，切断された後にエステル化される．実際，切断はエステル化に必要である．したがって，少なくともHedgehogに関しては，エステル化の役割を考えることが重要な問題となる．現在の仮説の一つは，コレステロールでエステル化することで，Hhの拡散を調節しているというものである．これにより，リガンドの局所的な濃度を高め，発生への影響を胚の特定の領域に制限しているのである．

この考えを支持するいくつかの証拠がある．仮説をいろいろと検討してみよう．コレステロールは細胞膜の脂質二重層に入り込みやすい性質がある．したがって，リガンドのN末端のカルボキシ基がコレステロールによってエステル化されると，リガンドが細胞に結合するようになる．*hh*を発現しているショウジョウバエの表皮細胞で調べてみると，リガンドは側底膜（細胞膜の一部）の表面に小さな顆粒として高濃度に存在する．

Hhリガンドの拡散の調節が重要であることは，胚内でHhが他の遺伝子やタンパク質と相互作用することからも理解できる．ショウジョウバエでは，Hhシグナル伝達は，受容細胞が*wingless*（*wg*）の発現を維持するのに重要な働きをしている．また，翅原基では，*wg*は翅原基後部の*hh*発現細胞に接する翅前部細胞だけで発現することが知られている．*wg*のヌル（null, 完全機能欠失型）突然変異体では翅はできないが，*wg*遺伝子は発生の初期にもショウジョウバエの体節形成に重要な働きをしている．このことは15章でより詳しく述べる．

Hhは翅原基のなかで隣接する細胞だけに働くわけであるが，Hhリガンドは後部領域の細胞から6〜8細胞分の距離を拡散するのも事実である．これをどのように説明できるだろうか．最近発見された遺伝子*dispatched*（*disp*）がコードするタンパク質は，その機構は明らかになっていないが，コレステロールで修飾されたHhを細胞膜の脂質二重層から遊離させる働きがある．細胞膜から遊離したHh（まだコレステロールで修飾されている）は，シグナル受容細胞のHh受容体（Patchedとよばれる）のステロール認識配列に結合する．もう一つの遺伝子*tout velu*はプロテオグリカンの合成に必要な酵素をコードし，この発生段階のHh活性にかかわっている．*tout velu*に変異が入るとコレステロールが付加したHhの拡散が影響される．*tout velu*が欠損するとHhは全く拡散しなくなる．このようにHhの拡散は，細胞外環境に存在するプロテオグリカンのような分子によって影響を明らかに受けている．この研究分野は急速に進歩している．

Hhのシグナル伝達は重要であり，発生過程のさまざまな場面で働いている．これについては15章でさらに詳しく述べる．局所的なHhの濃度が重要である．したがって，拡散を調節する因子が発生において重要な役割をもつと予想される．それゆえに，自己切断と，それにひき続くコレステロールによるエステル化が興味深いのである．

脊椎動物の発生に重要なSonic Hedgehogの拡散

脊椎動物の神経管では，Shhがリガンドとして働く．これに関して，以下の興味深い実験がある．合成した切断型ShhのN末端ペプチドを，試験管の中で発生中の神経管に作用させた．Shhが高濃度のときは底板（floor plate）が形成され，低い濃度では運動神経（motor neuron）が形成された．この実験は胚の中での状況を表しており，発生過程で脊索がShhシグナル源となっていることを意味している．脊索の近くでは活性型Shhの濃度が高いと予想される．なぜならば，Shhはショウジョウバエのはhと同じように，Shhに結合したコレステロールが細胞膜の疎水性リン脂質に親和性をもつため，分泌された細胞の近くにとどまる性質があるからである．底板は脊索に

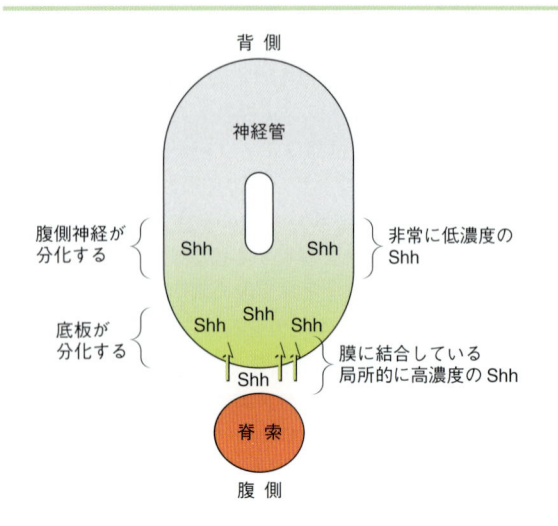

図 14・12 Sonic Hedgehog リガンドの濃度勾配. 発生過程の脊椎動物の脊索と脊髄の横断面. 脊索は高濃度の Sonic Hedgehog（Shh）を局所的にもたらす分泌源であり，分泌された Shh のほとんどは細胞膜に結合したままになる. 細胞膜に結合するのは，コレステロールのエステル化と，その他の翻訳後修飾による. 底板は高濃度の Shh の影響下で分化する. そこより少し背側寄りの部分では，Shh 濃度は少し低いが，腹側側方部の神経細胞の分化を活性化するのに十分である.

隣接しており，実際に Shh が高濃度で存在する. Shh 源から少し離れた神経管の腹側側方部では運動神経が形成される. このことから，この領域の Shh の濃度はずっと低いと予想され，実際そのとおりである. 図 14・12 はこの分布を示している.

脊椎動物の組織でも，*disp* や *tout velu* と同様の遺伝子が Shh の濃度勾配の形成に重要な働きをしている可能性が考えられる. 今後，さらに詳しいことが明らかになるのはまちがいないと思われるが，Hh ファミリーのリガンドが翻訳後にプロセシングを受けることが，発生過程でリガンドが拡散して効果的に働くために必須であることは明白である.

ツメガエル初期発生における局在リガンドVg1のプロセシングと活性化

16章でツメガエル胚のパターン形成にかかわる分子群と，その機構について説明するが，その前に，このパターン形成にかかわると考えられる分子群の一つを例にとって，翻訳後のプロセシングの重要性を考えよう. その分子は Vg1 といい，中胚葉の形成に働く.

最初に少し背景を説明する. 繊維芽細胞成長因子（FGF）とアクチビン（activin，TGF-β ファミリーの一員）はともに，初期胚に存在している. アニマルキャップを誘導して中胚葉を形成させる活性が，FGF は中程度あり，アクチビンは強力である. しかし，卵割期の中胚葉誘導シグナル源として知られるニューコープセンター（Nieuwkoop center）に，FGF もアクチビンも局在していない. 一方，ニューコープセンターからの中胚葉誘導因子の候補として，シグナル伝達分子の Vg1 がある. Vg1 も TGF-β ファミリーの一員である. Vg1 mRNA は卵母細胞で転写され，将来ニューコープセンターとなる予定内胚葉に局在する. Vg1 が活性化するためには，他のTGF-β ファミリーの因子と同様に，前駆体からタンパク質分解によって切り出され，その後に共役因子と二量体を形成する必要があることがわかっている. しかし，初期胚における Vg1 の生物学的な役割を明らかにする実験が試みられていたが，しばらくは成功しなかった.

この難問を解くために，タンパク質の切断にかかわる巧妙な実験が開発された. 図 14・13 に関係する分子を示してある. 米国ハーバード大学の Douglas Melton と同僚たちは，Vg1 前駆体が活性型になるために必要なプロテアーゼ自体が局在しているか，前駆体の形のままでいるので実験がうまくいかないと考えた. そして彼らは，Vg1 前駆体がプロセシングを受けていないことが実験を混乱させていたと推論し，この問題を回避するために，ハイブリッド型の mRNA を合成した. この mRNA にコードされるタンパク質は，Vg1 の C 末端部分と，TGF-β ファミリーの一員の BMP2 の N 末端部分から構成されている.（16章で遺伝子発現調節における BMP の役割について詳しく述べる）. このハイブリッド mRNA を胚に注入すると，翻訳されて**融合タンパク質**（fusion protein）となり，ツメガエル胚の細胞によってタンパク質が切断され，配列が天然のものとほぼ同じ成熟 Vg1 になる. この活性型 Vg1 は，アニマルキャップに背側中胚葉を誘導する非常に強い能力があることがわかった. この Vg1 は，発生初期に紫外線照射により背側中胚葉の発生を完全に阻害したツメガエル胚の発生をも回復させることができたのである.

Vg1 がニューコープセンターの重要な一員であるかはまだ明らかになっていない. 大切なことは，前駆体タンパク質の翻訳後修飾がきわめて重要であるということである. これまで示してきたように，多くの種類の修飾がある. 発生過程の多くが，修飾過程の制御によって調節されていることがわかっても驚くことはない.

タンパク質の巨大複合体形成による遺伝子発現調節

遺伝子にコードされるタンパク質は，複数のタンパク

(a)

(b)

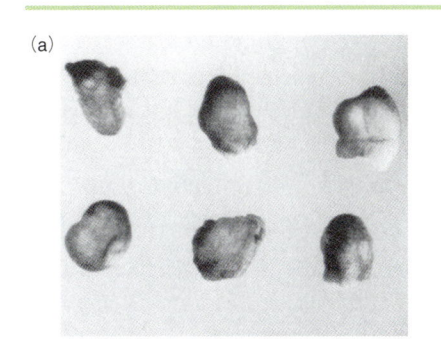

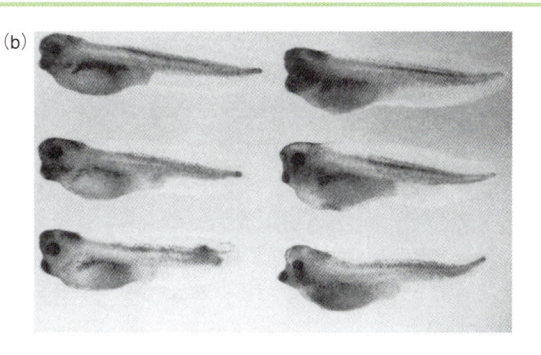

(c)

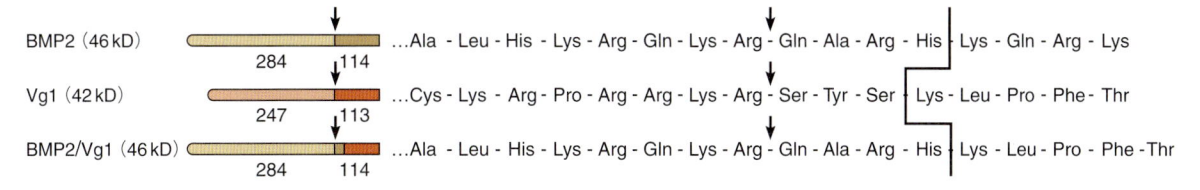

```
BMP2 (46 kD)      ▭▬  ↓    ...Ala - Leu - His - Lys - Arg - Gln - Lys - Arg - Gln - Ala - Arg - His - Lys - Gln - Arg - Lys
                  284  114
Vg1 (42 kD)       ▭▬  ↓    ...Cys - Lys - Arg - Pro - Arg - Arg - Lys - Arg - Ser - Tyr - Ser - Lys - Leu - Pro - Phe - Thr
                  247  113
BMP2/Vg1 (46 kD)  ▭▬  ↓    ...Ala - Leu - His - Lys - Arg - Gln - Lys - Arg - Gln - Ala - Arg - His - Lys - Leu - Pro - Phe - Thr
                  284  114
```

図 14・13　ツメガエル Vg1 のプロセシング前と後の働き．ツメガエルの1細胞期胚の植物極に紫外線を照射した．この処理によって表層回転が止められ，背側の軸構造が発生しなくなる．この胚が8細胞期胚になったとき，植物半球の割球に Vg1 をコードする mRNA(a)，または BMP と Vg1 の融合タンパク質をコードする mRNA(b) のどちらかを注入した．Vg1 mRNA を注入した胚は，何も注入しなかった紫外線照射胚と同様のままであった（示していない）．すなわち，Vg1 は発生に影響しなかった．一方，ハイブリッド mRNA を注入した胚はほぼ正常に発生した．BMP2/Vg1 融合タンパク質は特異的タンパク質分解によるプロセシングを受けやすく，成熟型 Vg1 リガンドができたためと思われる．(c) Vg1，BMP2 とプロセシングを受ける前の融合タンパク質．矢印は左側の非リガンド領域と右側の成熟タンパク質のリガンド領域の境界を示し，下の数字はタンパク質の長さ（アミノ酸の数）を表す．タンパク質の図の右には，BMP-Vg1 融合部のアミノ酸配列を示す．矢印はタンパク質切断部位を示す．折線は BMP の C 末端領域と Vg1 との融合部の位置を示す．

質からなる複合体に組込まれ，さらに他の巨大分子複合体に組込まれて細胞の装置を構築している．この分野では**自己集合**（self-assembly）という概念が主流であり，この概念はバクテリオファージの構築様式の研究に由来している．タンパク質はいったん合成されれば，それだけでファージDNAを包み込む複雑な構造に組立てられ，細菌に感染可能なファージになる．しかし，自己集合という用語には問題がある．イオン強度やpH，2価陽イオンの量などの特定の条件の下でのみファージ頭部は構築されるのである．もちろん，こうした条件は，すべて生きた細胞によって厳密に調節されている．

最近の真核生物の細胞の研究により，ある複雑な1組のタンパク質群〔**シャペロン**（chaperone）とよばれる〕がタンパク質を正しく折りたたませる機能をもつことがわかってきた．細胞骨格やミトコンドリア，分裂装置などの細胞小器官の組立て機構は完全には解明されていない．わかっているのは，それが複雑で多段階にわたる過程であり，制御を受けているということである．したがって，自己集合という概念は便利ではあるが，最終的な分化を完了させるために必要な条件（pHや特定のシャペロンの存在など）を無視してはならない．たとえば，眼の水晶体の形成機構を理解するためには，主要なタンパク質（クリスタリン）の合成と翻訳後修飾について知る必要があるばかりではなく，それに付随して働くタンパク質の活性や，折りたたみに必要なシャペロン，イオン環境の調節などについても知る必要がある．タンパク質自体による自己集合だけをみていては，細胞の構造の形成を理解するのには不十分である．シャペロンの合成や活性，細胞内外へのイオンの出入りは，厳密に調節されていることがわかっている．このように，どんなタンパク質であれ機能をもつようになるには，他のタンパク質の何らかの働きに依存しており，ある意味では，そうした働きによって調節されているのである．

骨格筋分化にみるタンパク質間相互作用の重要性

骨格筋の筋繊維の構築過程には多くの段階があり，時間が長くかかる．筋肉のもとになる細胞は，中胚葉になる道をたどる決定を受け，さらに"筋肉性"の運命を受

け入れる必要がある．この決定は細胞間のシグナル伝達によってもたらされ，その結果，他の細胞とは異なる選択的遺伝子発現（differential gene expression）がもたらされる（この問題については，本章と次の章で取上げる）．その後，7章で述べたような一連の重要な決定が起こる．すなわち，筋芽細胞が細胞分裂周期からはずれ，細胞の両端で融合する能力を獲得して多核体となり，筋肉特異的な細胞骨格を発達させ，筋細胞となって筋小胞体（カルシウムの貯蔵のための筋細胞内の小胞体）をもつようになる．そして，筋繊維を構成する収縮装置のタンパク質が合成され組立てられる．ミオシンからなる太い繊維はサルコメア（sarcomere）ごとにその中央に正確に並べられ，それをアクチン分子からなる細い繊維が取囲む．アクチン繊維は各サルコメアの端のZ盤につながれる．アクチン繊維のまわりにトロポミオシンが結合し，トロポミシンはトロポニンと相互作用する．このトロポミオシンとトロポニンの相互作用こそが，収縮装置にカルシウム応答性を与えるのである．これらすべてのタンパク質を単純に混ぜただけでは筋肉はできない．筋肉が収縮できるようになるまでには，タンパク質が正確な時間に合成され，翻訳後修飾され，局在した上に，制御を受けながら細胞小器官が構築されなければならない．

　こうした分化の最終段階は，分化の初期に比べて目に見えやすいにもかかわらず，筋肉だけでなく，ほとんどの種類の分化細胞についても，何が起こっているのか全くといってよいほどわかっていない．この難問は，今後の研究に対する挑戦である．

分子と細胞の代謝回転による遺伝子発現の転写後調節

　DNAは例外として，細胞内のすべての高分子成分は分解を受ける．これを分子の**代謝回転**（turn over）という．mRNAの寿命は1分にもみたないもの（肝臓でヘムの合成にかかわるδ-アミノレブリン酸合成酵素のmRNAなど）から数日に及ぶもの（ヒトの網状赤血球のヘモグロビンmRNAなど）まである．したがって，mRNAの"寿命"がタンパク質の合成量に大きな影響を与えることに

なり，それによって存在するタンパク質量も変わってくる．たとえば，ヒストンmRNAの寿命を調節することは，初期発生における胚の卵割をうまく進ませるために大変重要である．

　タンパク質分子も分解を受け，常に置き換わっている．実際，誤って折りたたまれたり損傷を受けたりしたタンパク質は，細胞の精巧なしくみによって除去される．正しく折りたたまれ機能しているタンパク質でさえ，常に壊されつくりかえられているのである．生化学者や生理学者は昔から，ヘモグロビンのようにタンパク質によっては合成後何週間も生き残るものもあることを知っていた．一方，心筋細胞のタンパク質は1〜2週間で置き換わり，神経細胞では神経突起のタンパク質が絶え間なくつくりかえられている．発生過程では，活性化タンパク質を除去する必要がある場面が多くある．発生過程におけるタンパク質分解の正確な機構については，まだ多くのことがわかっていないが，その重大性ゆえに，重要な研究領域になっていくだろう．

　もちろん，細胞全体も老化し，死んでいく．6章で述べたように，プログラム細胞死つまりアポトーシスは初期発生で重要な役割を果たしている．発生過程でアポトーシスが重要な働きをする二つの代表的な領域は脊髄と肢である．NGFのように，多くの成長因子は，細胞を刺激して分裂させるか，または細胞を分裂後の状態に留め置くのに重要な働きをしている．分子の代謝回転とアポトーシスは胚の発生に重大な影響を与える．

　本章では，DNAの転写から，細胞小器官や組織を形成する多数の分子からなる複合体の組立てに至るまで，遺伝子発現のおもな調節機構について述べてきた．続く二つの章では，発生過程の胚でみられる状況についてみてみよう．すでに学んだものもあれば，まだ知らないものもあることと思うが，そこでは，さまざまな作用機構が組合わされて胚の分化のパターンがつくられていく．そして再び，本書の初めに提示した疑問について考えよう．正確にパターン化された生物体を生み出す遺伝子の発生時期特異的，領域特異的な発現は，どのように統率されているのだろうか．

本章のまとめ

1. 真核生物の細胞では，DNAの転写に始まり，タンパク質が細胞の構造に組込まれるまで，遺伝子発現に多くの段階があり，すべての細胞で，それらの段階のすべてが調節を受ける．したがって，どの段階も発生過程における遺伝子発現の調節箇所となりえる．
2. 転写・翻訳・翻訳後修飾の三つの制御点（節；ノードともいう）が発現調節に特に重要である．
3. 転写は多くの場合，基本プロモーターから少し離れ

た特異的DNA配列に結合するタンパク質によって調節される．これらのタンパク質により転写開始効率が活性化されたり，抑制されたりする．

4. mRNAの翻訳は以下の二つの重要な方法で調節される．mRNAの3′UTR（非翻訳領域）に結合する特異的タンパク質によって翻訳が完全に抑制されることもあれば，mRNAを細胞内領域に空間的に局在させることによって，翻訳を胚の特定の場所に限定することもある．

5. 巨大分子複合体へのタンパク質の組込みなどの翻訳後修飾は，タンパク質が機能するために欠かせないことが多い．

6. タンパク質を修飾する細胞内装置は，それ自体調節されており，遺伝子の発現を選択的に調節する．

問題

1. シチジンの類似体である5-アザシチジン（5-azaC）は，細胞内に取込まれてDNAに組込まれる．5′の位置にアゾ基（単独で存在する−N＝N−基の名称）があることで，このシチジン類似体はメチル化されない．5-アザシチジンが存在すると試験管内で筋細胞に分化する組織培養細胞株（10T1/2）がある．この結果の意味を説明せよ．

2. RNAポリメラーゼⅢ遺伝子に変異が入ると，ショウジョウバエの発生はどのようになるか述べよ．

3. ウニ胚のendo16遺伝子の上流の転写調節領域のさまざまな部位の機能を調べるためのレポーター遺伝子を作製したと仮定する．モジュールA，B，E，Fとendo16基本プロモーターの調節を受けるレポーター遺伝子の胚における発現パターンを予想せよ（この遺伝子の調節の概略については図14・6を参照）．

4. oskar遺伝子は，ショウジョウバエの卵母細胞の後極にNanos mRNAを局在させるのに必要な遺伝子の一つである．oskar遺伝子の変異は，ショウジョウバエの前後軸の発生にどのような影響をひき起こすか述べよ．

参考文献

Curtis, D., Lehmann, R., and Zamore, P. D. 1995. Translational regulation in development. *Cell* 81: 171–178.
mRNAのポリ（A）付加や局在化の役割，翻訳や発生のその他の機構に関する卓越した総説．

Davidson, E. H., and 24 other authors. 2002. A Provisional Regulatory Gene Network for Specification of Endomesoderm in the Sea Urchin Embryo. *Develop. Biol.* 246: 162–190.
遺伝子作用の複雑なネットワークのモデルの一例．

Ingham, P. W. 2000. Hedgehog signaling: How cholesterol modulates the signal. *Curr. Biol.* **10**: R180–R183.
Hedgehogタンパク質の拡散の調節様式に関する最近の研究の要約．

Johnson, R. L., and Tabin, C. 1995. The long and short of Hedgehog signaling. *Cell* **81**: 313–316.
胚の細胞間シグナル伝達におけるHedgehogタンパク質勾配の役割に関する総説．

Kadonaga, J. T. 1998. Eukaryotic transcription: An interlaced network of transcription factors and chromatin-modifying machines. *Cell* 92: 307–313.
クロマチン構造が及ぼす転写過程への影響に関する総説．

Lemon, B., and Tjian, R. 2000. Orchestrated response: A symphony of transcription factors for gene control. *Genes Dev.* 14: 2551–2569.
核内における転写因子とその共役活性化因子の調節様式に関する詳細な総説．

McMahon, A. P. 2000. More surprises in the Hedgehog signaling pathway. *Cell* 100: 185–188.
Hedgehogタンパク質の分泌源から標的細胞までの拡散様式に関する最近の研究の総説．

Parisi, M., and Lin, H. 2000. Translational repression: A duet of Nanos and Pumilio. *Curr. Biol.* 10: R81–R83.
Nanosタンパク質によるHedgehog mRNA翻訳抑制の様式に関する総説．

Perler, F. B. 1998. Protein splicing of inteins and Hedgehog autoproteolysis: Structure, function and evolution. *Cell* 92: 1–4.
タンパク質の自己触媒的なドメインの切り出しに関する学究的な総説．Hedgehogのプロセシングが例としてあげられている．

Porter, J. A., and 10 other authors. 1996. Hedgehog patterning activity: Role of a lipophilic modification mediated by the carboxy-terminal autoprocessing domain. *Cell* 86: 21–34.
Hedgehogタンパク質のプロセシングとコレステロールによるエステル化に関する研究論文．

Rosenthal, E. T., and Wilt, F. H. 1987. Selective mRNA translation in marine invertebrate oocytes, eggs and zygotes. In *Translational regulation of gene expression*, ed. J. Ilan, pp. 87–110. Plenum Press, New York.
さまざまな海産動物の受精における卵の翻訳調節に関する総説．

Siegfried, Z., and Cedar, H. 1997. DNA methylation: A molecular lock. *Curr. Biol.* 7: R305–R307.
DNAメチル化に関する短い総説と主要な文献集．

Struhl, K. 1998. Histone acetylation and transcriptional regulatory mechanisms. *Genes Dev.* 12: 599–606.
アセチル基の付加と解離による転写装置調節機構に関する総説．

Thomsen, G. H., and Melton, D. A. 1993. Processed Vg1 protein is an axial mesoderm inducer in *Xenopus*. *Cell* 74: 433−441.
Vg1の機能を調べるためのBMP2/Vg1の融合タンパク質を用いた実験.

Wijgerde, M., Grosveld, F., and Fraser, P. 1995. Transcription complex stability and chromatin dynamics in vivo. *Nature* 377: 209−213.
遺伝子座調節領域（LCR）によるβグロビン遺伝子発現の制御機構に関する実験.

Yuh, C.-H., Bolouri, H., and Davidson, E. H. 1998. Genomic *cis*-regulatory logic: Experimental and computational analysis of a sea urchin gene. *Science* 279: 1896−1902.
*endo16*遺伝子のモジュールの作用機構を解析した研究論文.

15 発生における調節ネットワークI: ショウジョウバエとその他の無脊椎動物

> **本章のポイント**
> 1. 非対称分裂には母細胞内におけるタンパク質の局在がかかわる.
> 2. 細胞間シグナル伝達経路には抑制性のものがある.
> 3. ショウジョウバエの体節は,タンパク質と特定の遺伝子調節領域との複雑な相互作用の反応カスケードによって構築される.
> 4. ホメオティック遺伝子が各体節の分化を決める.
> 5. 昆虫の翅発生の研究で,細胞間シグナルによる遺伝子発現制御のしくみが明らかになった.

　これまでの章では,さまざまな種類の生物の発生過程をみてきた.また,発生過程でみられる形態形成の基礎となる細胞行動について説明してきた.さらに,前章では遺伝子発現調節をさまざまな面からみた.本章ではこれらの知識を統合し,そこから浮かび上がる発生の一般的な戦略と,胚が実際に用いている戦術について整理することにする.細胞機能の新たな知識を基盤として受精卵から生物体をつくり上げる驚異的なしくみについて考えることは,同時代の研究者と学生に等しく与えられた課題である.本章と次章ではこの課題に挑戦する.

不等価な細胞の形成

発生制御のネットワークは複雑である

　われわれの疑問の中心は,胚をつくる細胞がどのようなしくみによって互いに性質の異なる細胞に分かれるのか,また細胞間でどのようなコミュニケーションがなされるかである.本書は,この疑問に始まりこの疑問に終わる.図15・1にこれらの中心課題をまとめた.極性をもたない前駆細胞が細胞分裂に先立って極性を獲得し,そこから二つの不等価な姉妹細胞が生じる.前駆細胞が示す極性はさまざまであり,受容体,細胞骨格構造,転写因子,シグナル伝達の局在などがある(図15・1a).これらの極性は,互いに排他的というわけでもなく,すべてが共存するわけでもない.初期胚の細胞は等価であるが,その後の細胞周囲の微小環境の違いによって不等価性が生じる場合もある.

　不等分裂によって生じた二つの細胞が,互いの性質の違いを利用して情報を伝達する場合もある.細胞が発するメッセージは,単純(単一のリガンド)あるいは複雑(複数リガンドの混在),促進的あるいは抑制的,量の大小,さらに,メッセージを発する時期の違いなど実に多様である.一方,シグナルを受容する細胞や細胞集団のほうにも,受容体や共受容体の違い,あるいは受容体を発現する時期の違いなどがありうる.離れた場所から発せられたシグナルが受容細胞を刺激することもあれば,細胞の近くの局所的シグナルに対して相乗的または拮抗的に作用する場合もある.これらの多様なシグナル伝達

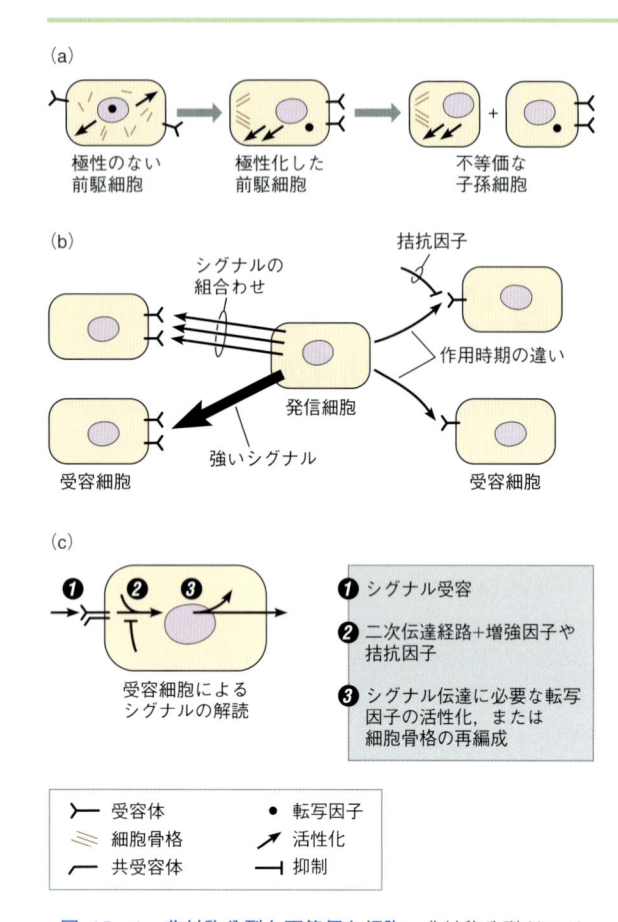

図 15・1 非対称分裂と不等価な細胞. 非対称分裂がシグナル伝達の引金となるさまざまな例. (a) 前駆細胞に極性が生じ，それによって転写因子，受容体，リガンドの量や，細胞骨格構造などが異なる子孫細胞が生じる. (b) 拡散性または細胞膜上のリガンドによってシグナルを送る細胞が二つの受容細胞に異なる作用をひき起こす. シグナルを受取る時間が受容細胞によって異なったり，また，他のシグナル（拮抗因子あるいは増強因子）がシグナル受容にかかわったりすることもある. さらに，リガンドが共通でも二次伝達経路（図示していない）が受容細胞によって異なることもある. (c) 受容細胞によるシグナルの解読と伝達は，1) シグナル受容，2) 二次伝達経路との連結（これは増強因子や拮抗因子，あるいはその両者の影響を受ける），3) 転写速度の調節や細胞骨格の再編などによってなされる.

は表していない. それでも，発生現象の本質は，不等価な細胞の生成とそれらの細胞間でやりとりされるメッセージの制御に基づくということができる.

次に，非対称分裂によって不等価な2種類の娘細胞が生じ，発生過程に重要な変化をもたらす例についてみていくことにする. そこからは，非対称性の形成における細胞骨格の重要性や，不等価な細胞間のシグナル伝達の重要性が読取れるであろう. 本章の残りの部分では，再びショウジョウバエ胚に戻り，3章で述べた初期胚における転写因子と受容体の非対称分布が，胚の精緻なボディプランを構築する基礎となることを詳述する. 最後に，ショウジョウバエの一器官である翅に焦点を当て，不等価な細胞間で起こるシグナル伝達が，器官形成と分化の過程でどのように働くかについて解説する.

酵母の非対称分裂から得られる手がかり

最も単純な真核生物の酵母でも不等分裂の現象がみられる. 何種類かの原核生物と並んで，線虫 *Caenorhabditis elegans*，ショウジョウバエ *Drosophila*，酵母の三者からは非常に詳細な遺伝学的知見が得られている. 酵母が出芽によって新たな娘細胞を生む場合，娘細胞の接合型は母細胞と同一になる. ところが出芽を終えた母細胞は，それまでと反対の接合型に転換する. 酵母は一倍体のまま無性的に増殖するが，異なる接合型の細胞間では接合が起こり，二倍体となる. 接合型の転換の結果，接合の相手となりうる細胞どうしが寄り添えることになる（図15・2a, b）.

酵母の遺伝学的解析が威力を発揮し，接合型転換の分子機構の詳細が明らかにされた. その核心は，一方の接合型をコードする遺伝子 α と反対の接合型の遺伝子 a との置換であり，一方の遺伝子は接合型が転換するまではゲノム中で休止状態にある. この遺伝子の置換（a と α の置換）は HO とよばれるエンドヌクレアーゼによってひき起こされる. *ho* 遺伝子は母細胞でのみ盛んに発現しており，それゆえ母細胞のみが接合型を転換できる. 母細胞内の *ho* 発現に影響を与える遺伝子が多数知られている.

接合型転換の鍵を握る調節因子は Ash1 タンパク質（Ash1pと表記する. Ash1の名前は "asymmetric synthesis of HO" に由来）らしい. Ash1p は *ho* 遺伝子の転写を抑制する. Ash1 mRNA は出芽した娘細胞に局在し，そこで翻訳される（図15・2c）. Ash1p は娘細胞の *ho* 遺伝子のプロモーターに結合して転写を妨げるようだ. ミオシン遺伝子をはじめとして，多くの細胞骨格関連遺伝子が Ash1 mRNA の局在に影響を与えることが知られている.

様式を図15・1(b)に示す. メッセージは，細胞内の複雑な二次伝達経路を通じて解釈される. このようにして解釈あるいは変換されたメッセージが，受容細胞の反応をひき起こす. よくみられる反応として，細胞骨格系の変化，遺伝子または遺伝子セットの転写活性化などがある（図15・1c）.

図15・1は一般化，抽象化されており，胚で実際に起こる本当の細胞間相互作用や細胞反応の複雑さを十分に

線虫初期胚の非対称分裂は細胞間シグナル伝達による

次に酵母とは全く状況の異なる，単純な無脊椎動物胚についてみてみよう．ここではシグナルの放出と受容が重要である．細胞の特定の領域はシグナルを受容するが，同じ細胞の別の領域は受容しないという場合がある．細胞分裂によってこれらの場所が分離すれば，二つの娘細胞はシグナルの非対称性によって全く異なるものとなる．線虫胚の細胞分裂は一定のパターンで進行し，個体差は事実上存在しない．（線虫初期胚については2章を参照．）孵化直後の幼虫の体細胞数は558個であり，それらは5個の割球に由来する．AB, C, MS細胞とよばれる3個の割球から518個の体細胞が生じ，そこには神経細胞，表皮細胞，筋細胞など，さまざまな種類の細胞が含まれる．D細胞からは20個の体壁筋細胞，E細胞からは20個の腸管細胞が生じる．6番目の割球P_4は生殖系列となる．これらの割球を生じる初期卵割は図2・13ですでに示したが，便宜のためここでも示す（図15・3）．

線虫胚の細胞分裂が規則的かつ画一的なため，かつてはおのおのの細胞の発生運命が最初から自律的に決まっていると考えられていた．しかし今では，初期胚に操作を加えるさまざまな実験操作によって，それがまちがいであることがわかっている．初期卵割期に，重要な非対称分裂が数回起こる．そのしくみが，細胞間シグナル伝

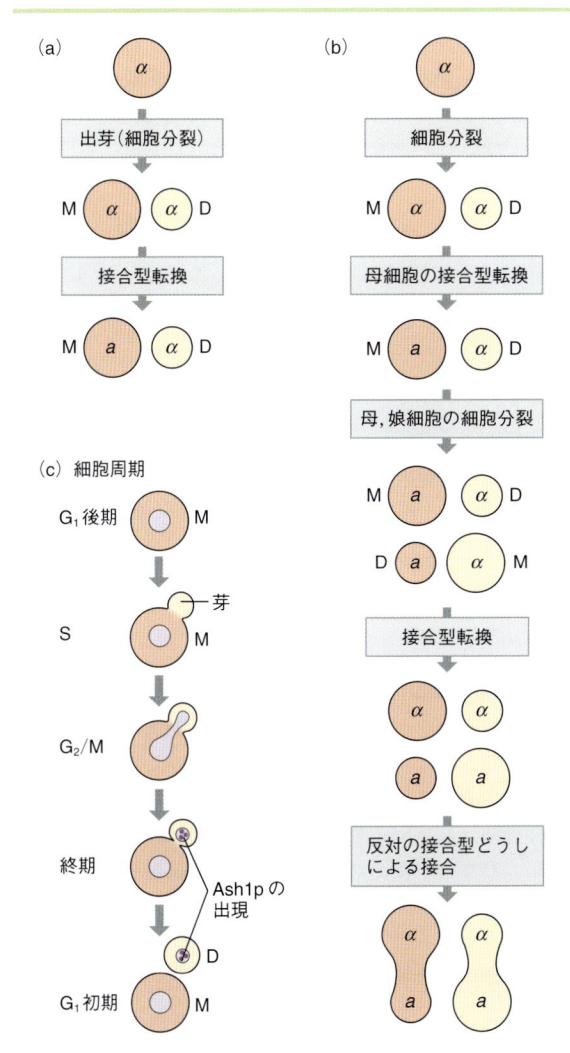

図15・2 酵母における接合型の転換．(a) 母細胞(M)は細胞分裂後に接合型を転換するが，娘細胞(D)は転換しない．(b) 接合型転換によって，接合相手となりうる細胞が近くに生じる．(c) Ash1pは，細胞分裂時に娘細胞に局在する．Ash1pは分裂終期に娘細胞の核内に蓄積し，次の細胞周期の初期G_1期のあいだはとどまり，その後消失する．そして娘細胞は母細胞となることができるようになる．

要するに，細胞骨格の極性が接合型の転換を制御しているのである．

出芽の位置，すなわち娘細胞が生じる位置を決める複雑なしくみも詳しく研究されている．一倍体の酵母では，その位置は細胞骨格構造で決まっており，一つ前の出芽が起こった付近にある．酵母では細胞骨格に極性の情報があり，それによって細胞の非対称性が生じる．母細胞と娘細胞の違いを生むのは，この極性にほかならない．

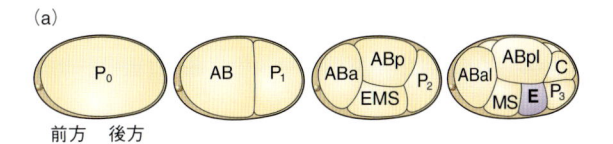

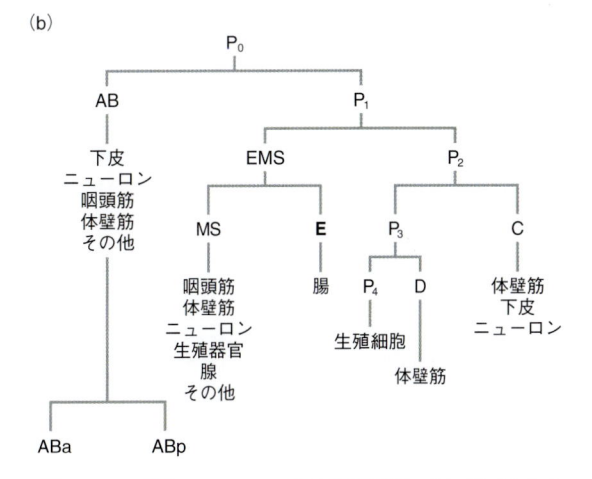

図15・3 線虫 C. elegans の胚の細胞系譜．(a) 側面からみた1, 2, 4, 8細胞期の線虫の胚．(b) 細胞の呼称と発生運命を示す系譜図．

達も含め，細胞，遺伝子レベルで解明されつつある．受精卵（P_0）の最初の分裂は不等分裂である．P_1細胞にはP顆粒や，その他の因子が含まれており，この細胞だけが数回の細胞分裂を経てP_4細胞を形成し，そこから生殖細胞が生じる．受精卵の極性は精子が進入する位置に対応して生じる．そのさい，少なくとも六つの遺伝子〔*par*遺伝子群，"partitioning defective（分割異常）"に由来〕が細胞骨格や細胞極性の形成にかかわることが明らかになっている．P顆粒の局在は細胞骨格が決めており，実際，*par*遺伝子のいくつかは細胞骨格成分をコードしている．酵母の接合型転換と同様に，線虫の胚の非対称分裂においても，細胞骨格の極性が重要な役割を果たす．

次に2回目の分裂をみてみよう．AB細胞は前方のABaと後方のABpに分かれ，P_1細胞からはP_2とEMSが生じる（図15・3b）．1990年代初め，米国テキサス大学の大学院生だったBob Goldsteinは，P_2細胞とEMS細胞が短時間に一過性に相互作用することによって，EMS細胞に極性が生じ，その後の細胞分裂（第三分裂）によって全く異なる発生能をもつ娘細胞EとMSが生じることを示した．2回目の分裂直後にP_2細胞を除去すると，EMSからE細胞が生じなくなり，除去したP_2細胞を胚に戻してEMS細胞と接触させると，E細胞が正常に生じ，腸管が発生した．

今ではこの相互作用の分子的基盤がある程度わかっており，P_2の作用にかかわる重要な遺伝子も複数同定されている．たとえば，P_2細胞で発現する*mom2*遺伝子は糖タンパク質性のシグナル因子をコードしており，その配列はおなじみのWntシグナル伝達分子ファミリーに類似している．Wntシグナル伝達分子は前述したように，ショウジョウバエ，カエル，マウスなど多くの動物の発生で重要な役割を演じている．一方，シグナルを受容するEMS細胞にはもう一つの遺伝子*mom5*の発現が必須である．Mom5はショウジョウバエのWnt受容体であるFrizzledと相同である．Mom2シグナルがMom5に受容されると，EMS細胞の後端部で転写因子Pop1が減少する．こうして生じたPop1分布の偏りが，細胞分裂によって二つの娘細胞に引継がれ，Pop1は後方に生じる娘細胞より前方の娘細胞で高濃度になる．これ以外の線虫のさまざまな非対称分裂においてもPop1は同様の偏りを示す．実際，高濃度のPop1が前方の細胞の発生運命を決定する．（図15・3の例では，MSがEの前方になる．）P_2を除去した場合は，EMS細胞内でのPop1分布の偏りは生じず，その結果，EMSの二つの娘細胞はいずれもMS細胞となりE細胞が生じない．図15・4にP_2と

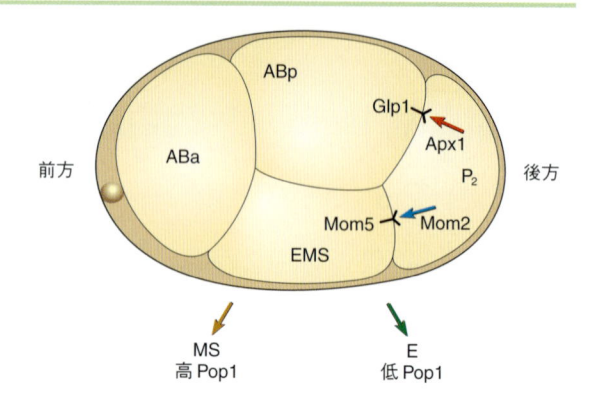

図 15・4 4細胞期の線虫の胚における割球間相互作用． P_2細胞が隣接するEMS細胞にシグナルを伝える（リガンドMom2が受容体Mom5に作用）．EMS細胞は分裂し，前方にMS細胞，後方にE細胞を生じる．E細胞だけがMom2-Mom5相互作用の影響を受け，転写因子Pop1を減少させる．P_2は隣接するABp細胞にもシグナルを伝え（リガンドApx1を受容体Glp1に作用させ），適切な発生運命へと導く．

EMSの相互作用にかかわる分子の動態をまとめて示す．ショウジョウバエのPop1ホモログ（Pangolin）および脊椎動物のホモログ（TCF, Lef）については後でふれることにする．これらは，いずれもWntシグナル伝達経路の作動体（エフェクター）として働く．EMSの非対称分裂は，リガンドが非対称的に提示されることによってひき起こされる．Wntリガンドが作用した側はEになり，作用しなかった側はMSになる．すなわち，細胞骨格の極性に基づく最初の非対称分裂が，リガンドの非対称的提示をひき起こし，それが次の非対称分裂につながる．

P_2はEMSの発生に影響するだけでなく，ABpが正しい発生経路をたどるためにも必要である．P_2は*apx1*遺伝子がコードするリガンドをABpに提示し，一方，ABpはその受容体をコードする*glp1*遺伝子を発現している（図15・4）．これがわかれば，ABaとABpには同じ種類の組織を生じる能力があるというよく知られた事実も理解できる．二つの細胞のいずれか一方がP_2細胞に接触すると，そちらがABpとしての発生運命をたどり，一連の組織を生じるというわけである．

P_2細胞は，異なる受容体をもつ隣接する2個の細胞に対して，それぞれ異なるリガンドを提示し，両細胞を固有の発生経路へと導く．この現象がことさら興味深いのは，Apx1とGlp1がそれぞれショウジョウバエのリガンドDeltaと受容体Notchのホモログであることが数年前に判明したことによる．Wntと同様にNotchシグナル伝達経路も，さまざまな動物門にまたがる多くの動物に共通なのである．

この話にはまだおもしろい続きがある．Glp1のmRNAは胚のすべての細胞に存在するが，細胞膜受容体として翻訳されたGlp1タンパク質はABp細胞のみにみられる．つまりGlp1のmRNAはP_2より前方の割球では翻訳されるが，後方のP_2では翻訳されないのである．Glp1 mRNAの翻訳抑制活性も，後方の細胞にのみ非対称的に局在しているにちがいない．

神経芽細胞と感覚器官前駆細胞は細胞骨格を手がかりに非対称分裂する

非対称分裂のしくみの最後の例は，ショウジョウバエのニューロン形成である．詳細なしくみの解明は（まだ完全ではないが），やはり遺伝学的解析と伝統的な発生学の手法の組合わせによってもたらされた．末梢神経系と中枢神経系でみられるさまざまな種類の細胞を生み出すために，前駆細胞は明確な非対称分裂によって異なる子孫をつくる（図15・5）．

神経発生における，これら二つの系譜について少し詳しくみてみよう．3章で述べたように，ショウジョウバエ胚腹方側部の外胚葉では，原腸胚期になると一部の細胞が上皮層から剥がれて内部へもぐり込み，**神経芽細胞**（neuroblast，ニューロブラストともよばれる）となる．神経芽細胞からは，中枢神経系の一部をなす腹側神経索（ventral nerve cord，腹髄ともよばれる）のニュー

ロンとグリア細胞が生じる．神経芽細胞では，Numbタンパク質が合成され，細胞の基底側に局在する．神経芽細胞が頂端－基底方向に分裂し，頂端側に神経芽細胞を生じ，基底側に**神経母細胞**（ganglion mother cell: GMC）を生じるとき，蓄えられたNumbはGMCに選択的に分配される．このような頂端－基底方向に娘細胞を生じるためには，その分裂面が上皮内で通常みられる水平方向から90°回転する必要がある（図15・5a）．次に，GMCは分裂によって2個のニューロンを生じる．Numbが局在していないと，神経芽細胞の分裂面は回転せず，ニューロンは生じない．神経芽細胞となる娘細胞ではNumbが再び蓄積し，分裂時に再びGMCに選択的に分配される．NumbはNotch活性に拮抗することが知られている．この問題は後で取上げる．

ショウジョウバエ成虫の体表は感覚毛で覆われており，それぞれの感覚毛は，末梢ニューロン，有毛細胞，有鞘細胞，ソケット細胞で構成されている．これら4個の細胞は，蛹の表皮にある1個の**感覚器官前駆細胞**（sensory organ precursor: SOP）に由来する．蛹の時期に，SOPは非対称分裂を2回行い，その分裂のたびに，Numbが一方の娘細胞にのみ分配される（図15・5b）．SOPが分裂する際には，前方の細胞（IIb）にのみNumbが分配され，後方の細胞（IIa）には分配されない．ここでは非対称性が表皮の水平面上に生じるので，紡錘体が回転する必

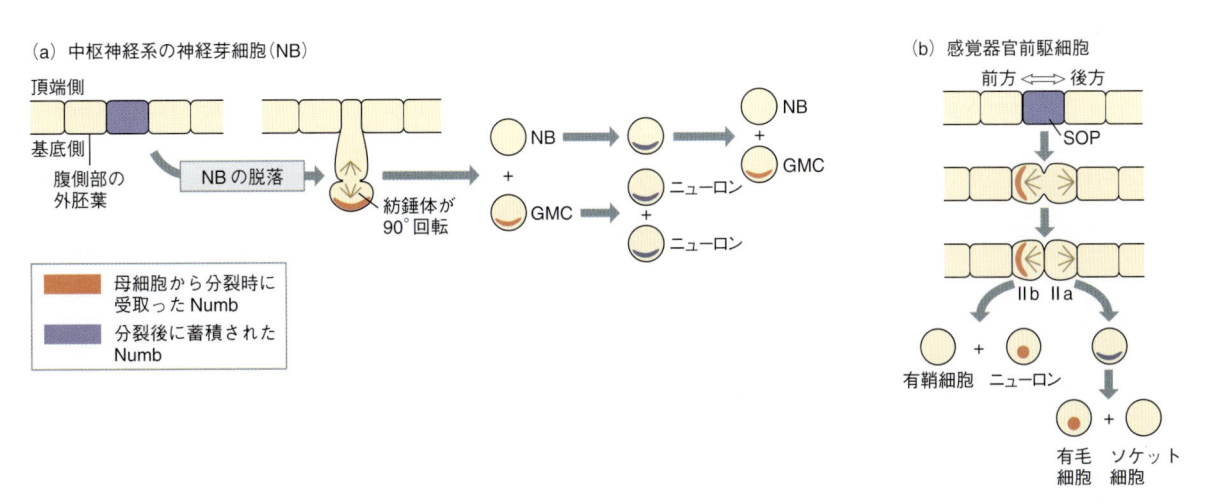

図15・5 ショウジョウバエ胚の外胚葉における非対称分裂．(a) 胚表面の外胚葉断面の模式図．Numbをもつ神経芽細胞が上皮からはずれ，紡錘体が回転．そして頂端側に神経芽細胞（NB），基底側に神経母細胞（GMC）を生じる．Numbが分配されるGMCは，分裂して2個のニューロンを生じる．神経芽細胞は再びNumbを蓄積し，細胞分裂によってGMC（Numbを含む）と次の神経芽細胞（はじめはNumbを含まない）を生じる．これらの神経芽細胞から生じるのは，腹側神経索のニューロンとそれを支えるグリア細胞である．(b) 蛹の体表の外胚葉断面．SOP細胞はNumbを蓄積し，Numbは細胞質の前方に三日月状に局在する．Numbを受取る前方の細胞（IIb）からは，Numbをもつ細胞（ニューロン）と，Numbをもたない細胞（有鞘細胞）が生じる．後方の細胞（IIa）はSOPからNumbを受取らないが，やがて自らNumbを合成し始める．このNumbも局在化し，娘細胞の一つ（有毛細胞）がNumbを受取り，別の娘細胞（ソケット細胞）は受取らない．

要はない．ひき続いて起こるⅡbの分裂では，Numbが分配される娘細胞が神経細胞に，他方が有鞘細胞になる．Ⅱaは，初めはNumbを全くもたないが，やがてNumbを合成し蓄積する．その後，分裂し，NumbがⅡaから分配される娘細胞は有毛細胞になり，分配されないほうがソケット細胞になる．

Numbはどのようにして局在化するのだろうか．神経芽細胞における頂端-基底方向局在のしくみをみてみよう．上皮から剥がれて内部へもぐり込む前の神経芽細胞は，上皮の一部をなしているが，すでに頂端-基底方向の極性を備えている．この極性が細胞膜の構成あるいは細胞骨格に何らかの影響を与えると考えられる．最近，それが頂端側の細胞膜近くに局在する数種類のタンパク質（Bazookaという派手な名前のタンパク質が含まれる）からなる複合体であることが示された．この複合体の構成員であるInscuteableはさまざまな機能ドメインをもつ多機能タンパク質であり，剥がれ落ちた神経芽細胞が分裂前期と中期にいる間，頂端面の細胞膜に局在する．Inscuteableは紡錘体の回転とNumbの局在化に不可欠であり，prospero遺伝子のmRNAとタンパク質を細胞の基底側，すなわち，分裂後GMCとなる側へ局在させるためにも必要である．（Prosperoはホメオドメインをもつ転写因子で，神経発生にかかわる遺伝子の転写調節を行う．）Inscuteableの働きには，Pon（Partner of Numbの略），Miranda，Staufenなどのアダプタータンパク質が介在する．これらのタンパク質の関係を図15・6にまとめて示す．最近の研究によって，母性転写因子Dorsalに制御されるsnailがInscuteableの発現を制御している可能性があることがわかった．卵細胞内の非対称性と，神経外胚葉の非対称分裂をつなぐ経路が描ける日も遠くなさそうである．

SOP内でNumbを局在させるための機構が，神経芽細胞の場合といささか異なるのは意外なことではない．SOPでは非対称性が頂端-基底方向ではなく，上皮平面内で胚の前後軸に沿って生じる．inscuteable遺伝子のヌル（null，完全機能喪失型）突然変異は，SOPのNumb分布に何ら影響しない．NumbはSOP内に常に三日月状に局在し，そのため前方の娘細胞がその大半を受取る．しかし，frizzled（Wntリガンドの受容体をコードする）の突然変異ではNumbの局在が損なわれる．これはWntが平面内細胞極性（planar polarity）に関連することを示唆している．"Wnt平面内細胞極性"経路やそこで活躍する分子を解明しようとする研究は，非常に活発に行われており，カドヘリンの仲間や細胞質タンパク質であるDisheveled（Dsh）を含むいくつかのタンパク質が報告されている．この経路は，本章の後半で説明する規範的Wnt経路（図15・28参照）とは別もので，βカテニンがかかわらない．

このように，Numbの局在化には手の込んだ一連の分子間相互作用が必要である．これらの相互作用が一種の伝達装置を構成しており，それが細胞膜や細胞骨格の極性の情報を特定のタンパク質の局在化につなげている．こうして生じた局在化が胚発生にとって重要な非対称分裂を導くのである．

抑制性の細胞間シグナルは発生の一般的メカニズムである

遺伝学的解析によって，ショウジョウバエのNumbの機能の一つが，Notch経路のシグナル伝達阻止であることが支持されている．Notchシグナル伝達経路は複数の場面でふれることになるので，ここで基本知識を頭に入れておこう．notch遺伝子の名前はショウジョウバエの突然変異に由来する．この変異のいくつかの対立遺伝子は，ヘテロ接合体の成虫の翅の縁に欠損（notch）を生じる．後に，Notchは広範かつ重要なシグナル伝達経路の中心的役割を担っており，**側方抑制**（lateral inhibition，図15・7a）で用いられていることが明らかになった．側方抑制とは，非対称分裂で生じた二つの異なるアイデンティティーの差異を維持する保険のようなものである．notch遺伝子の機能を失ったショウジョウバエは胚性致死となる．notch突然変異では，通常なら中枢神経系と腹側部の表皮の両者を生じる外胚葉領域が（図3・12参照），すべて神経芽細胞になってしまい，表皮が生じない．なぜ一部の細胞が神経になり，他は表皮になるのかという疑問を解く鍵が，この突然変異によって得られた．

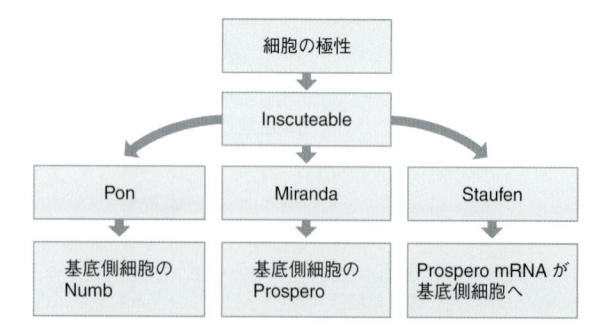

図15・6 Inscuteable-Numb経路．非対称分裂時にNumbとProsperoが基底側の娘細胞となる側に局在するさまざまな段階の概略．Ponは最近見つかったNumb関連のアダプタータンパク質であり，少なくともいくつかの例ではNumbの正常な局在化に必要である．

グナルの受容体のように機能する．ある細胞が神経か前神経（プロニューラル）として決定されると，隣接するNotch受容体をもつ細胞は，同じ運命が選べないよう規制されるのである．

Notch, Deltaのどちらも細胞膜結合タンパク質なので，相互作用には細胞どうしの接触が必要となる（図15・7b）．活性型のNotch細胞内断片が生じるまでには，Delta/Serrateリガンドのプロテアーゼによる切断，Notch自身の切断など多くの段階がある．活性型Notchはプロニューラル遺伝子群の転写を抑制する複数のタンパク質に作用する．これにより，Notch受容体を発現する細胞は，リガンドによって活性化されると，神経芽細胞になれないのである．本章の後半で翅の発生を取上げる．そこではNotchが転写活性化因子として働く．Notchシグナル伝達の詳細はそこで解説しよう．

Notchシグナル伝達は重要かつ複雑である．さまざまなタンパク質がNotchと相互作用してシグナルを変化させる．Notchシグナル伝達の機能に関しては依然として不明な部分が多い．しかし，Numbの局在化の結果の一つとして，Delta-Notchシグナル伝達が確立されるということはできる．このシグナルによって，娘細胞間のアイデンティティーの差異がきちんと維持されるのである．

非対称性を生むしくみは複雑だが広く利用されている

不等価な娘細胞をもたらす非対称性を形成し維持するための道具立ては複雑である．これは，さまざまな物質を一方の娘細胞に局在化させるしくみが単純でないことによる．何はともあれ肝心なのはその結果である．1章でも述べたように，細胞分裂によって生じる細胞の遺伝情報は共通なので，姉妹細胞が異なるアイデンティティーを獲得するには何らかの機構が必要である．本章でこれまで述べた酵母の接合型転換，線虫の消化管の発生，ショウジョウバエの神経芽細胞形成などの事例では，要となる遺伝子産物（タンパク質かmRNA，または両方）を二つの娘細胞の一方にのみ伝えるしくみが存在した．このような非対称分布が，たとえばNotch経路を抑制するNumbのように，細胞間シグナル伝達を調節する場合もある．また，線虫のP_2細胞がEMS細胞に作用する場合のように，限定された細胞間シグナル伝達が前駆細胞を極性化し，非対称分裂をひき起こす場合もある．

シグナル伝達の調節方法は生物によっても異なる．これまでに取上げた分子の役者たちのなかには，特定の生

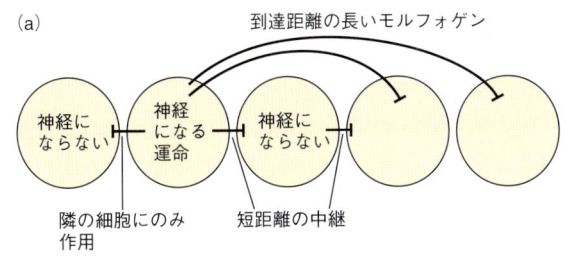

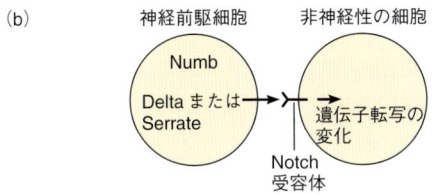

図15・7 側方抑制．(a) 他のシグナルと同様に，側方抑制の相互作用にも複数の種類がある．シグナルが隣接細胞にのみ伝わったり，細胞から細胞へと"バケツリレー"式に短距離を中継されたり，あるいは，近くの細胞を飛び越えて長い距離に渡って拡散するものもある．(b) ここではショウジョウバエのNotch経路による側方抑制の例を示す．左の細胞はNumbをもっており，神経となる発生運命をもつ．この神経前駆細胞はリガンドのDeltaあるいはSerrateによって，隣接細胞の受容体Notchにシグナルを伝える．Notchの活性化はプロニューラル遺伝子の抑制をもたらすので，隣接細胞は神経にはなれず，表皮前駆細胞のままとどまる．左の細胞にも受容体Notchがあるが，その活性化はNumbによって抑えられる．右の細胞にはNumbがないので，Notchに対するシグナルが有効に作用する．Notch活性化に続く細胞内の出来事は複雑であるが，これについては本章の後半にある翅発生のところで説明する．

Notch経路による側方抑制の事例は多い．線虫生殖器の発生，ウニ胚の細胞運命の割り振り，哺乳類免疫系におけるT細胞（胸腺由来細胞）の分化などである．古い発生学の文献を調べてみると，ある細胞が分化を遂げると，隣の細胞が同種類の細胞に分化することを妨げる例がたくさん見つかる．分子的基盤は明らかになっていないが，それらも側方抑制によるものと思われる．

腹側部の外胚葉から神経芽細胞が分化する際のNotch経路の働きを詳しくみてみよう（図15・7b）．Notch経路を備えた外胚葉細胞は，Notch受容体のリガンドDeltaまたはSerrateを発現する細胞と接することによって，表皮細胞へと運命づけられる．先に述べたSOP細胞からⅡa, Ⅱb細胞が生じる場合にも似たようなことが起こっている（図15・5b参照）．Ⅱa, ⅡbともにDeltaリガンドとNotch受容体の両方をもっているが，ⅡbではNumbがNotch受容体の機能を妨げている．すなわち，Notchシグナル伝達経路は細胞運命を決定するというより，抑制シ

物あるいは特定の機能にだけかかわるものもある．たとえば，Ash1p は酵母だけにみられ，接合型転換の制御だけにかかわっているようである．一方，ショウジョウバエの Staufen タンパク質は，卵細胞中の Bicoid タンパク質や神経系の発生における Prospero など，いくつかの異なる局面においてタンパク質の局在化にかかわっている．また，線虫 P_2 細胞で働く Wnt シグナル伝達経路のように，さまざまな生物のさまざまな局面で繰返し登場し，ほとんど普遍的ともいえるメカニズムも存在する．

ショウジョウバエの体節形成

モルフォゲンがひき起こす選択的遺伝子発現

3章のショウジョウバエ初期発生では，母親由来の転写因子の濃度勾配と胚の体軸を確立するシグナル伝達経路について述べた．Bicoid, Nanos, Dorsal タンパク質の濃度勾配，そして Torsolike タンパク質の局在が前後軸，背腹軸形成の基盤となる．3章の要約になるが，これらの知見をボックス 15・1 にまとめた．非対称分裂（たとえば生殖細胞と哺育細胞の分離）と局所的シグナル伝達（Gurken や Torsolike の場合）が，胚のパターン形成の基礎であることを強調しておく．

ショウジョウバエの体は体節からなる（図 15・8）．受精卵における Bicoid や Nanos，Dorsal の濃度勾配が，どのようにしてハエの体の基本となる 14 の体節を決めるのだろうか．しかも，各体節は背腹極性をもつのである．細部にはまだ明らかでないこともあるが，現在その概略は説明可能である．体節形成の謎が解明されたことは，現代生物学の金字塔の一つに数えられる．それはわれわれの発生生物学に対する見方を変え，分野全体を活気づかせた．これが，新世代の発生生物学の教科書を書く原動力になっている．核心をなすのは，転写因子と細胞間シグナル伝達による相互作用の連鎖である．それは必ずしも直線的に描けるものではなく，むしろ"ネットワーク"という表現が相応しい．このネットワークは発生学者がエピジェネシス（epigenesis）とよぶものの分子的基盤であり，本章と次章の大半をこの問題に費やす．

物語の始まりは，米国の Wieschaus と Nüsslein-Volhard

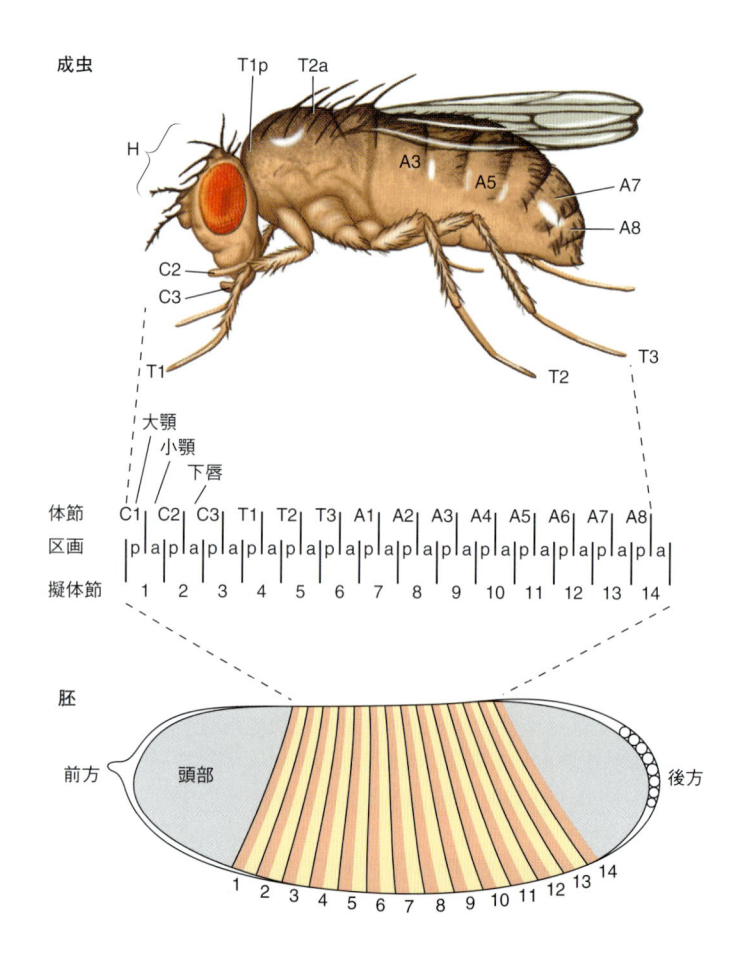

図 15・8 ショウジョウバエの分節構造（図 3・13 の再録）．上に成虫の体節，下に胚の擬体節を対応させ，体節の区画の前方（a）と後方（p）を区別して表示している．擬体節の前半は p，後半は a になるので混乱しやすいが，これはこれらの領域から生じる成虫体節の区画に対応させたものである．胚の体は 14 の擬体節に加えて頭部（H）と尾部に分けられる．

ボックス 15・1　ショウジョウバエ体軸極性の確立の要約

A. 末端部システム（terminal system）が先節（アクロン）と尾節（テルソン）を決定する．このシステムが機能しないと幼虫の前端部・後端部が欠損し，代わりに頭部と腹部が拡大する．

遺伝子と遺伝子産物　1) Torsolike，沪胞細胞が卵黄膜上と囲卵腔中に分泌するタンパク質であり，2) 受容体 Torso を活性化する．3) Torso は転写因子遺伝子 *tailless* を活性化し，4) その産物が転写因子遺伝子 *giant* を末端部で抑制する．

B. 前部システム（anterior system）が頭部と胸部を決定する．突然変異胚では頭部が欠損，腹部が拡大．先節は尾節に変わる．

遺伝子と遺伝子産物　1) Bicoid mRNA が哺育細胞によって卵の前方に蓄積される．Bicoid タンパク質は，2) *hunchback* と 3) *giant* の二つの転写因子遺伝子を活性化する．*giant* は Bicoid と Giant タンパク質自身によって活性化され，Hunchback と Tailless によって抑制されることで発現領域が定まる．

C. 後部システム（posterior system）が腹部を決定する．ヌル突然変異では腹部が失われ，代わりに胸部が拡大する．

遺伝子と遺伝子産物　1) Nanos は哺育細胞が mRNA をつくる母性効果遺伝子であり，2) Nanos タンパク質が Hunchback mRNA の翻訳を抑制して Hunchback の濃度勾配を生じ，後方の Hunchback タンパク質を消失させる．3) *Krüppel*，4) *knirps*，5) *giant* の各遺伝子は転写因子をコードしており，3者間で相互作用するとともに，Hunchback や Tailless とも相互作用する．その結果，各ギャップ遺伝子産物の濃度が高い領域が，それぞれ異なる位置に生じる．

D. 背腹システム（dorsoventral system）が背側，腹側の構造を決定する．*cactus*$^{-/-}$ を除く大半の遺伝子の突然変異で腹側の発生が損なわれる．

遺伝子と遺伝子産物　1) 卵母細胞の *gurken* は卵母細胞中の偏った位置にある卵核で発現し，2) 沪胞細胞の受容体 Torpedo にシグナルを送り，背側のアイデンティティーを与える．3) Pipe，Windbeutel，Nudel からなる複合体は腹側でのみ形成され，そこで 4) プロテアーゼ Easter などと相互作用する．5) Easter が Spätzle を活性化するので，6) その受容体 Toll も腹側でのみ活性化される．7) Toll によって Pelle キナーゼが活性化され，それによって 8) Cactus がリン酸化される．Cactus は抑制性の結合タンパク質であり，9) 転写因子 Dorsal と相互作用して Dorsal を細胞質にとどめている．Cactus がリン酸化されると Dorsal は遊離して核に移行する．Dorsal は転写因子遺伝子 *snail* と *twist* を活性化し，*zen* を抑制する．また，10) Dorsal 核内濃度が低いところでは，*dpp*（*decapentaplegic* の略）が活性化される．核内 Dorsal の濃度勾配によって背腹の極性が生じるのである．

が遺伝的スクリーニングによって見つけたいくつかの突然変異である．母親由来（母性）の転写因子の濃度勾配（ボックス 15・1 参照）が，一群の**ギャップ遺伝子**（gap gene）を活性化する．これらの遺伝子のヌル突然変異では，幼虫の体節構造が大きく欠損するのでギャップ遺伝子という名前がついた．ギャップ遺伝子は，細胞化が完了する前の 9 回目から 14 回目の核分裂サイクルの間に発現する．ギャップ遺伝子はいずれも転写因子をコードしており，その mRNA とタンパク質はやや不安定である．ギャップ遺伝子の働きにより，胚の前後軸に沿って体の大まかな領域が決定されるのである．その後，2 段階の発生過程が進行する．まず，寿命の短い転写因子をコードする**ペアルール遺伝子**（pair-rule gene）群によって，胚は 7 本の太いストライプに区分けされる．次に，**セグメントポラリティー遺伝子**（segment polarity gene）群がそれぞれのストライプを二つに分け，前後方向の極性をもつ 14 本の細いストライプが生じる．セグメントポラリティー遺伝子のあるものは転写因子をコードし，あるものはリガンドや受容体をコードする．こうして生じた 14 の等質な体節は，**ホメオティックセレクター遺伝子**〔homeotic selector gene，単に**ホメオティック遺伝子**（homeotic gene）ともよばれる〕の働きによって，個々のアイデンティティーを獲得する．これらはすべてホメオボックス遺伝子の仲間であり，これらがコードする転写因子の組合わせによって個々の異なる体節が決定される．

体節形成過程	遺伝子作用
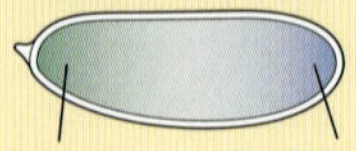 （Bicoid / Nanos）	母親由来のBicoidタンパク質とNanosタンパク質の濃度勾配が前方と後方の方向を決める
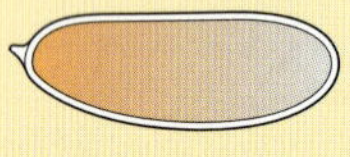	Hunchbackタンパク質の濃度勾配が完成
	ギャップ遺伝子群（tailless, giant, hunchback, Krüppel, knirps）による領域分割
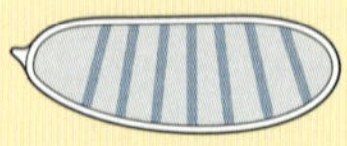	一次ペアルール遺伝子（runt, hairy, eve）と二次ペアルール遺伝子（ftz, opa, odd, slp, prd）がコードする転写因子が七つの領域を決定
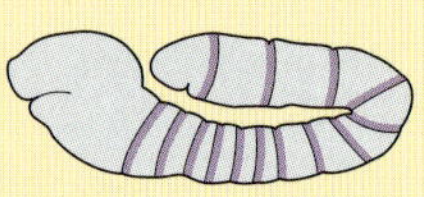	セグメントポラリティー遺伝子（en, nkd, ptc, wg, その他）が七つの領域を14のストライプに分割
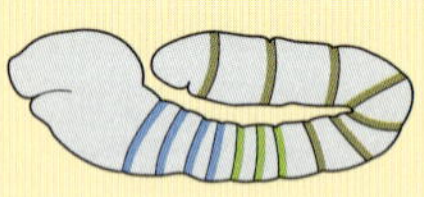	ホメオティック遺伝子（ANT-C, BX-C）が各ストライプに固有のアイデンティティーを与える

図15・9　ショウジョウバエ体節形成の制御カスケード． 幼虫そして成虫の体節形成を導く一連の遺伝子作用の流れのまとめ．

これらの遺伝子の働きの流れを図15・9に示す．この流れを念頭に置き，各過程のしくみについて詳しくみてみよう．

ギャップ遺伝子が七つのストライプ状の領域を確立する

図15・10に，受精後に活性化されるギャップ遺伝子の遺伝子産物の分布を示す．それらの遺伝子は*tailless*, *huckebein*, *giant*, *hunchback*, *Krüppel*, *knirps*である．この遺伝子群には，二つの大切な役割がある．第一は，これらの遺伝子間，および前後両末端部の体軸システムとの相互作用によって，胚体を七つの太いストライプ状の帯域に分けることである．第二は，各帯域の特定領域でペアルール遺伝子群を活性化するための条件を準備する

ことである．各ペアルール遺伝子はいずれも各帯域内の固有の位置で活性化され，これらの帯域をパターン化する．初めペアルール遺伝子の発現領域は広く境界がぼんやりしているが，この過程でしだいに明確な7本のストライプ状に変化する．ペアルール遺伝子は，転写活性化と抑制の組合わせによって調節されていることをこれからみていこう．

ギャップ遺伝子の発現はどのように調節されているだろうか．胚の前方で起こるできごとをみてみよう．Bicoid mRNAは卵の前端部に局在する．その結果，翻訳されたBicoidタンパク質の濃度は前端部で高く，後方にいくにつれて低くなる．前述したように，Bicoidは*hunchback*遺伝子の転写を促進するので，受精卵内にはHunchbackタンパク質の濃度勾配が形成される．（Bicoidはギャップ遺伝子*giant*の転写も活性化する．これについては後述する．）Hunchbackの後方への広がりは，Bicoidがどこまで広がるかによって決まる．母体がもつ*bicoid*（*bcd*）遺伝子のコピー数を遺伝子操作で増やすと，Bicoid mRNAの転写量がコピー数に応じて増加しタンパク質量も増える．その結果，より多くのBicoidが後方まで拡散し，Hunchbackの分布もより後方まで広がる（図15・11）．

他のいくつかのギャップ遺伝子には，発現調節領域にHunchbackの結合部位も存在する．Hunchbackは，その結合部位や，その近傍で起こる他のタンパク質とDNAの相互作用の影響を受け，転写を活性化したり抑制したりする．HunchbackとDNAの親和性は結合部位ごとに厳密に決まっており，それによって，さまざまなタンパク質とDNAとの相互作用に対して閾値を設定する役割を果たしている．このようなHunchbackの働きを"分子定規"にたとえる研究者もいる．

ギャップ遺伝子の発現パターン（図15・10）をもとにHunchbackの作用を合理的に説明するモデルがつくられた．Hunchbackが高濃度に存在すると*Krüppel*（*Kr*）遺伝子を抑制する．したがって，*Kr*発現の前方境界はHunchbackの濃度によって決まる．驚いたことに，*Kr*が発現するにはいくぶん低めの濃度のHunchbackが必要であった．したがって，*Kr*発現はHunchback濃度が適度に低くなるやや後方の位置から始まる．しかし，さらに後方ではHunchback濃度が下がり過ぎて発現できなくなる．高濃度で*Kr*発現を抑制，それより低濃度で活性化，さらに低濃度では活性化しないというように，Hunchbackはさながら定規のような調節を行うのである．*knirps*（*kni*）と*giant*（*gt*）遺伝子も，Hunchbackに対してそれぞれ異なる親和性を示す．Hunchbackがある濃度を超えたところでは，*kni*と，2箇所ある*gt*発現領域の後方の領域での*gt*の

ショウジョウバエの体節形成

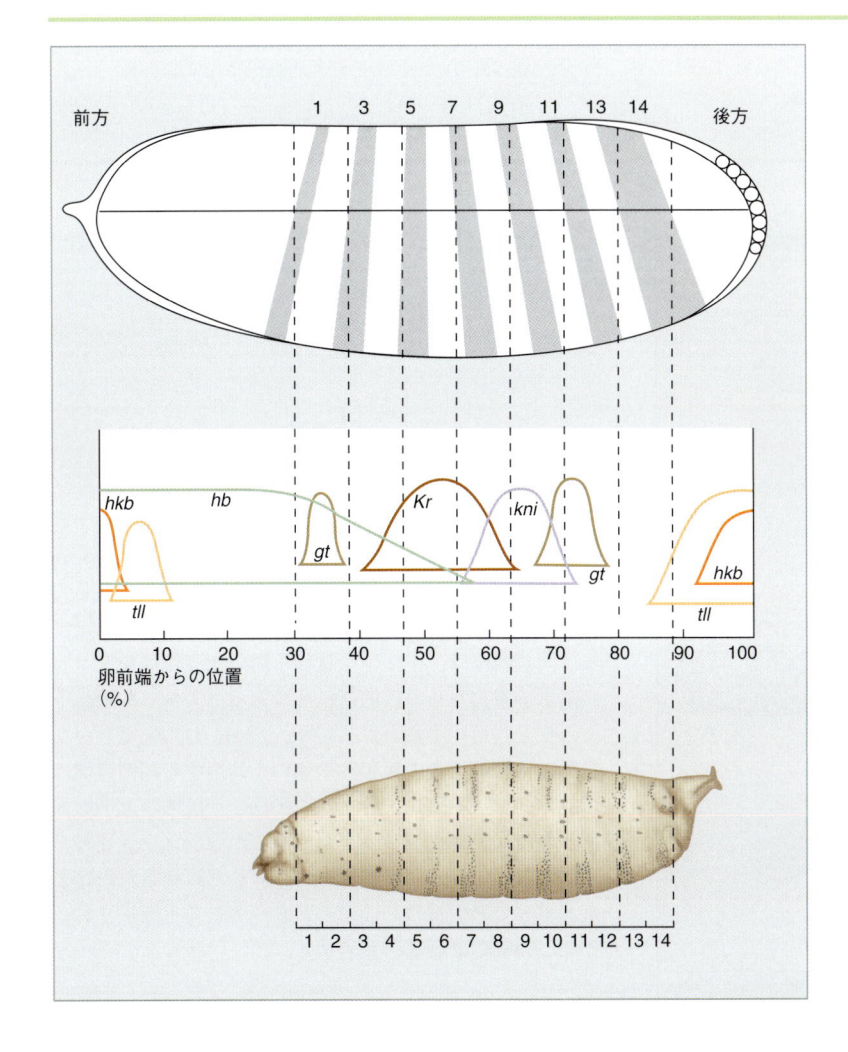

図 15・10　ギャップ遺伝子の発現領域.
上は細胞化開始直後の胞胚の側面図. 奇数番号のついたストライプの前方境界は, 同じ番号の体節の前方境界にほぼ一致しており（*eve* の発現による）, ストライプ 14 の後方境界は, 14 番目の体節の後方境界と一致する. 下は幼虫の側面図であり, 14 個の擬体節の位置を示す. 中央のグラフはさまざまなギャップ遺伝子の発現領域と, それぞれがつくるタンパク質の相対的な濃度を表す（色の曲線）. 縦の点線は, それぞれの図（胞胚, 遺伝子発現領域, 卵前端からの位置を表す目盛（幼虫）で対応する位置を表す.

遺伝子の略号
gt：giant, *hb*：hunchback,
hkb：huckebein, *kni*：knirps,
Kr：Krüppel, *tll*：tailless.

発現が抑制され, これより低濃度では両者とも活性化される. 図 15・10 から読取れるように, Hunchback の濃度勾配は, Kr と kni, 後方の gt 発現領域を確立するのに不可欠である. *huckebein*（*hkb*）と *tailless*（*tll*）の発現は, 末端部システムの遺伝子 *torso* と *torsolike* が制御している. *torso* と *torsolike* は, *hkb* と *tll* 両者の転写を抑制する Groucho タンパク質の機能を妨げる反応経路を活性化する. すなわち, Hkb と Tll は抑制因子の抑制というダブルネガティブな作用によって末端部の構造*を決定する. 表 15・1 に, これらの遺伝子の相互作用と, ギャップ遺伝子の発現制御をまとめて示す.

ところで, *gt* 遺伝子の発現領域は胚の前方にもあるが, ここは Hunchback 濃度が非常に高い. Bicoid タンパク質が *gt* 遺伝子の正の調節因子であることを覚えているだろうか. ここでは Bicoid の活性化作用が, Hunchback による抑制作用を凌駕するので *gt* は発現できる. *gt* は末端部システムによって活性化される *tailless* によって抑制されるので, 胚の両末端部では発現しない.

これらの例からきわめて重要な戦略が明らかになる. ある遺伝子が別の遺伝子の発現を変化させる. それは, その遺伝子がつくるタンパク質が, 標的遺伝子の転写調節領域の DNA に親和性をもって相互作用することによる. DNA とタンパク質間の親和性の強弱によって, 最初に起こる相互作用の閾値が決まる. 次に, 同じ結合部位をめぐって競合するタンパク質, あるいは最初の DNA－タンパク質間の親和性を変化させるタンパク質との相互作用などによって, 転写活性化と抑制のいずれかが決まる. こうして, 遺伝子発現領域の境界が設定されるので

---
*　訳注：主として前後から陥入して形成される消化管と脳の一部.

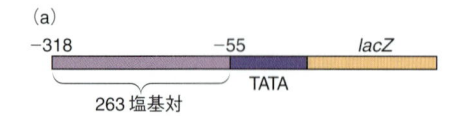

表 15・1 おもなギャップ遺伝子制御のまとめ

タンパク質		制御される遺伝子	
名 称	濃 度	活性化	抑 制
Bicoid	高	*hunchback*, *giant*	
Hunchback	高		*Krüppel*, *giant*, *knirps*
	中	*Krüppel*	
	低		*Krüppel*
Dorsal	核で高い	*twist*, *snail*	*dpp*, *zen*

図 15・11 **Bicoid による Hunchback の調節**. (a) *hunchback* のエンハンサー領域由来の 263 bp の DNA 断片に, β-ガラクトシダーゼ (*lacZ*) 遺伝子を連結してレポーター融合遺伝子を作製し, それをショウジョウバエに安定な形で導入した. この融合遺伝子をもつ雌に遺伝子操作を加え, *bicoid* (*bcd*) 遺伝子のコピー数を変えた. (b) 左欄. *bcd* のコピー数が増すにつれて *lacZ* レポーターの発現領域が拡大する. 右欄. 抗 Hunchback 抗体で胚を染色し, 内在性 *hb* 遺伝子から合成される Hunchback を検出したもの. これは *lacZ* レポーターと同様の発現パターンを示す.

ある.

　この戦略は, Bicoid や Dorsal などの母性因子の相互作用でも使われている. Dorsal の場合を例にとってみよう. Dorsal とさまざまな標的遺伝子の調節領域との親和性の強さと, Dorsal の作用が活性化か抑制性であるかが, 背腹軸に沿った分化パターンを統御するのに重要な働きを

している. Dorsal は *twist* の調節領域に直接結合して転写を活性化する. Twist と Dorsal は *snail* を活性化し, その発現領域の境界が予定中胚葉細胞の境界となる. Dorsal は *zen* や *dpp* 遺伝子に結合して転写抑制し, それによってこれら二つの遺伝子発現を背部構造の予定領域に限定する. 同じ戦略は, ギャップ遺伝子間の相互作用やギャップ遺伝子産物とその標的遺伝子であるペアルール遺伝子との相互作用でも使われている. なお, DNA-タンパク質間の特異的結合の親和性の違いを利用する制御機構は (このしくみが最初に見つかったのも, 知見の大半を提供したのもショウジョウバエであるが) ショウジョウバエに限られているわけではない. 詳しく研究されたほとんどすべての生物の, ほとんどすべての発生過程において, この戦略は繰返し登場する.

ギャップ遺伝子によって活性化される　　　ペアルール遺伝子が7本のストライプをつくる

　前後に並んだ7本の輪状のストライプ (縞) を形成する遺伝子のプロモーター活性を, ギャップ遺伝子がコードする転写因子と Bicoid が調節する. これがショウジョウバエのボディプランの基礎となる 14 の体節 (それに生殖器と肛門板が後端部に加わる) を形成する重要な段階となる. ペアルール遺伝子は8個あり, いずれも転写因子をコードしている. そのうちの三つ, *runt*, *hairy*, *eve* (*even-skipped* の略) は一次ペアルール遺伝子とよばれ, 発現開始時期が早い. *eve* は詳細に研究されているので, 一次ペアルール遺伝子発現の例として, 発現の様子を追ってみよう. 最初, *eve* は胚のほぼ全体で発現し始める. それから, 1本の太いぼんやりした帯状の発現になり, しだいに細く明確なストライプへと絞られていく. これが先頭のストライプとなる. 続いて残りの6本がほぼ同時に現れる. ストライプの境界は時間とともにさらに明確になる. 図 15・12 は *eve* 発現の経過である.

境界は少しずつずれており，全体として複雑な繰返しパターンをなす（図15・13b）．たとえば，*ftz* は各繰返しパターンの後半部，*runt* は中央部，*eve* は前半部でそれぞれ発現する．本章の後半で，Eveタンパク質が各ストライプで，*engrailed*（*en*）を活性化し，その *en* が隣接細胞の *wg* 発現を誘導するしくみを説明する．*en* の発現が各擬体節の前方境界，*wg* 発現が後方境界の目印となる．

ペアルール遺伝子の調節領域は複雑である

ストライプ状のパターンはどのように生じるのだろうか．基本的なメカニズムはギャップ遺伝子の発現領域の決定と似ている．一連の発生過程の上流で働く調節遺伝子，この場合は母性遺伝子（前方は *bicoid*，後方は *caudal*）とギャップ遺伝子の転写産物が，標的となるペアルール遺伝子のエンハンサー領域やサプレッサー領域に作用する．言いかえると，一次ペアルール遺伝子には長く複雑な転写調節領域があり，そこにギャップ遺伝子産物や母性転写因子の結合部位が何十個も存在する．ある結合部位が，転写の活性化/抑制のいずれに働くかは，多くの要因，たとえば転写因子の種類，結合部位，周囲の調節部位に結合した転写因子の種類などによって左右される．転写因子群が転写調節領域にどのようなパターンで結合しているかによって，発現の状態が決まる．

一次ペアルール遺伝子には，転写を活性化する転写因子の結合部位がクラスター状に存在する．ギャップ遺伝子のさまざまな組合わせに応答するクラスターが7種類あれば，胚のそれぞれの位置での発現に対応できることになる．また，長く複雑な転写調節領域の全域に抑制性の結合部位が点在しており，ストライプの間にある細胞での転写を抑制している．

ペアルール遺伝子が発現し始めると，さまざまな相互作用によって，ストライプの幅はしだいに狭くなる．たとえば，*eve* の第2，第3，第7ストライプの発現に必要なエンハンサーモジュール（発現をオンにする調節エレメント）は，転写開始点の上流5kb以内にあり（図15・14a），それぞれ異なるギャップ遺伝子の組合わせに応答する．初期に出現するEveのストライプ状の発現は，このようにして形成される．EveはHairy, Runtとともに，*eve* 遺伝子自身のおよそ6kb上流にも作用する．この領域は"後期エンハンサー"とよばれ，*eve* の7本ストライプの境界を明確にする働きがある（図15・14b）．このように *eve* 発現の繰返しパターンは，前後軸に沿ったギャップ遺伝子の発現によって産み出される．細部は異なるが，他の7個のペアルール遺伝子についても似たような説明ができる．

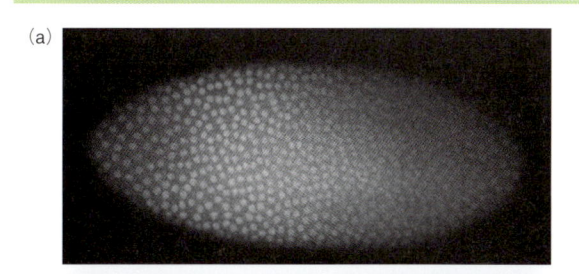

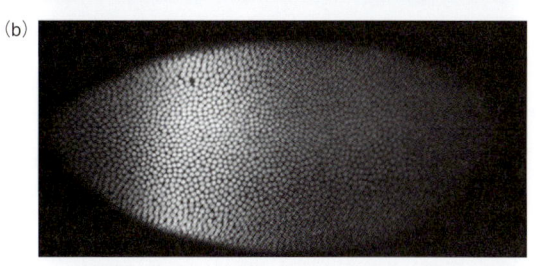

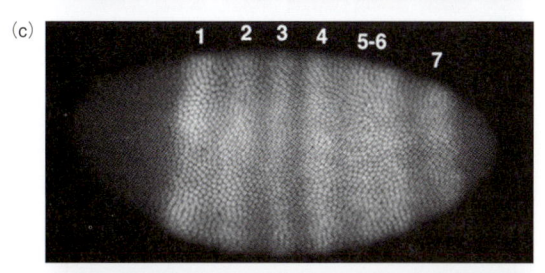

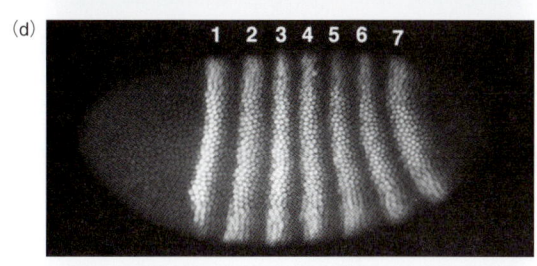

図15・12 *eve* ストライプの形成過程．Eveタンパク質に対する抗体でさまざまなステージの胚を染色した．左側が胚の前方．(a) 核分裂期．すべての核が染色される．(b) ステージ14初期．胚の後ろから2/3の範囲にある核が強く染色される．この時期には核が表層に移動して細胞化が始まっており，表層にある核の染色が強く写り，焦点からはずれた内部の核の染色は弱く写っている．(c) ステージ14中期．ストライプ状のパターンが現れるが，各ストライプの染色は一様ではない．(d) ステージ14の進行とともに胞胚の細胞化が完了．7本のストライプが明瞭となる．

runt と *hairy* の発現も似たような経過を示す．

やがて，一次ペアルール遺伝子も二次ペアルール遺伝子も，7本のストライプ状に発現するようになる．図15・13(a)に，*runt* と *hairy*，*ftz*（*fushi tarazu* の略），*eve* の発現パターンを示す．8個のペアルール遺伝子は，いずれも7本のストライプ状に発現するが，それぞれの発現

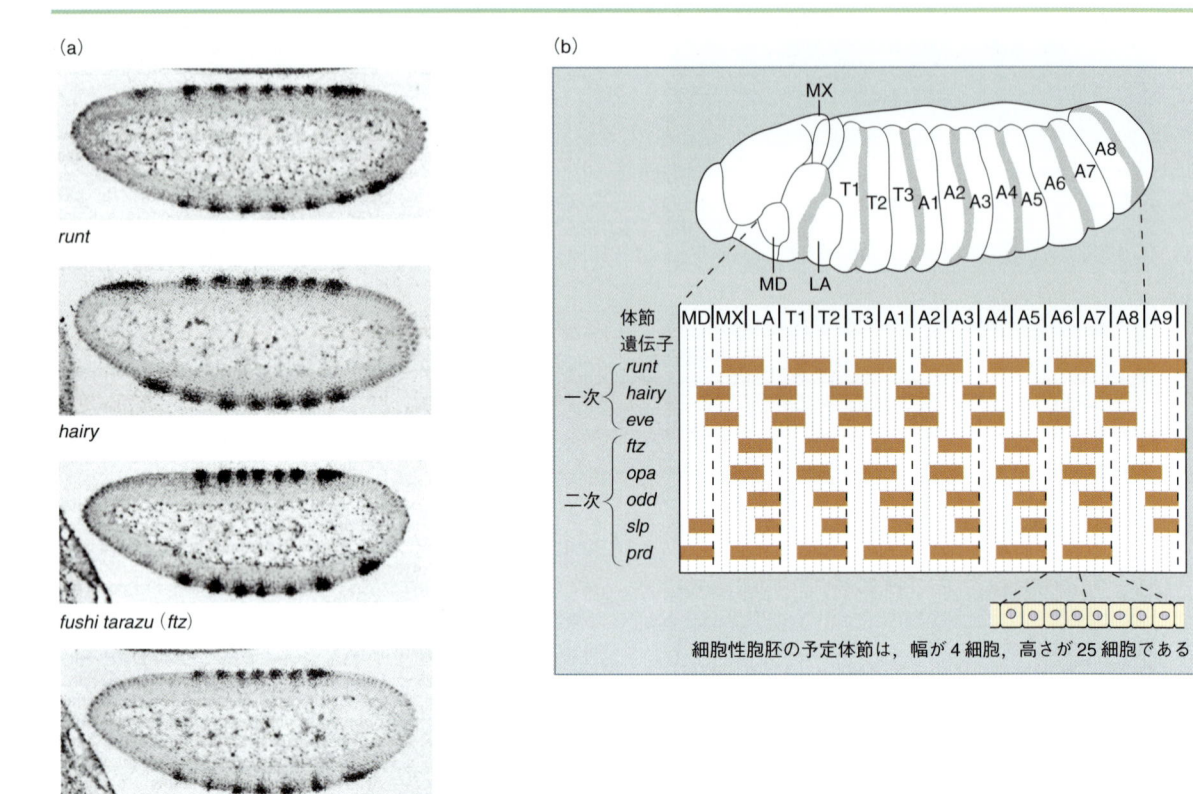

図15・13　ペアルール遺伝子の発現． (a) 8個あるペアルール遺伝子のうち *runt, hairy, ftz, eve* の四つについて細胞性胞胚期のストライプ状の発現を示す．(b) 発現領域の比較には模式図のほうがわかりやすい．8個のペアルール遺伝子の発現の繰返しパターンを横線で表す．各ペアルール遺伝子を発現する細胞と将来の体節の関係を示すため，ステージ14胚の胸部体節（T1からT3），腹部体節（A1からA8）の位置を略号で示している．細胞性胞胚期には，各体節の予定域は前後方向の幅はわずか4細胞，背腹方向の高さは25細胞で構成されている．その他の略号　LA：下顎，MD：大顎，MX：小顎．

*eve*遺伝子は活性化と抑制の両方の制御を受ける

一次ペアルール遺伝子*eve*がストライプ状に発現するしくみをもう少し詳しくみてみよう．*eve*の転写開始点上流800 bpから1500 bp間の，さまざまな転写因子の結合部位を図15・15に示す．レポーター遺伝子を用いた実験によって，この領域が第2ストライプでの発現をひき起こすことが示されている．この領域をフットプリント法（ボックス15・2参照）で調べた結果，BicoidとHunchbackが結合する多数の活性化部位，それにGiantとKrüppelが結合する抑制部位が明らかになった（図15・15）．活性化部位と抑制部位は，しばしば隣接ないし重複しており，また，同じ種類の複数の結合部位が近接して存在する．これらの複雑な調節エレメントを舞台に，さまざまな転写因子や活性化補助因子（コアクチベーター）が結合や競合を繰広げるのである．研究者はこのような道具立てを利用して，調節機構の予測や検証を行うことができる．

特定の配列エレメントやエレメントの組合わせを取出してレポーター遺伝子に連結し，それをショウジョウバエ培養細胞に入れる．そうすれば人工的に合成した調節エレメントが働くか否かを検定することができる（ボックス15・2参照）．あるいは，レポーター融合遺伝子を，適当な遺伝子操作を加えた胚に導入することもできる．こうすれば，そのような条件下でのレポーターの発現パターンを，"中立的な"遺伝的バックグラウンドの場合と比較することができる．図15・16にこのような実験の一例を示す．ここでは*eve*の第1，第5ストライプ調節領域の働きがレポーター遺伝子によって可視化されている．たくさんのこのような実験結果が，ここまで学んできた一般的モデルを支えている．

これらの調節システムが複雑であるために，作用するギャップ遺伝子産物のわずかな濃度変化で，非常に鋭

敏な標的遺伝子の反応をひき起こすことができる．たとえば，Hunchbackの濃度を2倍または半分にすると，エンハンサーの状態がオンからオフに切り替わる．こうして，なだらかな転写因子の濃度勾配からシャープな遺伝子発現境界が生じる．

eve第3ストライプのエンハンサーは，プロモーターから4000bpほど上流に存在する（図15・14）．ここでみられる調節エレメントの構成は，第2ストライプのものとは異なる．このエンハンサーは高濃度のKrüppel存在下で，低濃度のHunchbackとBicoid, Giantに応答することができる．これは転写因子結合部位の数と配置の違いによるものである．

ペアルール遺伝子のなかには，体節形成だけでなく発生後期の別の領域でも発現するものがある．bicoidのような母性遺伝子は発生初期にだけ働いているが，二次ペアルール遺伝子のftzは，eveが発現しないストライプ間で発現するだけでなく，発生後期の神経系の特定のニューロンでも発現する．このような例はめずらしいものではない．多くの転写因子はさまざまな構成の遺伝子調節モジュールで働くことができ，全く異なる発生の場面でも活躍できる．

セグメントポラリティー遺伝子が 7本のストライプをさらに分割する

ペアルール遺伝子の発現パターンによって識別される7本の太いストライプが，セグメントポラリティー遺伝子の発現を制御している．セグメントポラリティー遺伝子のあるものは転写因子をコードし，他は細胞間シグナル伝達経路のリガンドや受容体をコードしている．セグメントポラリティー遺伝子は，ペアルール遺伝子によって区分された七つの領域のそれぞれを二つに分割する．この14のサブ領域が1齢幼虫の14の擬体節に対応し，ボディプランの基礎となる（3章で説明）．ペアルール遺伝子の発現は繰返しパターンなので，それを分割するメ

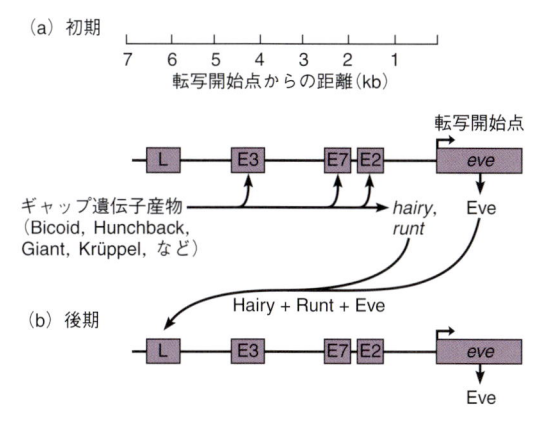

図15・14 eveストライプの初期および後期プロモーター．eveプロモーターには第2，第3，第7ストライプの発現を活性化する結合部位モジュール（E2, E3, E7のブロック）が含まれている．（第1と，第4から第6までのストライプを制御するモジュールはeve翻訳領域の下流に存在する．）（a）第2，第3，第7ストライプモジュールには，初め母性遺伝子（bcdとhb，活性化）とギャップ遺伝子（Krとgtなど，抑制）のタンパク質が，さまざまな組合わせで作用する．活性化と抑制作用の競合によってeveのオン/オフが決まる．第2，第3，第7ストライプの予定領域では，eveを転写可能にする濃度条件で転写因子群が分布するので転写が始まる．（b）これらの初期に活性化されるストライプ（第2，第3，第7）でつくられるEveタンパク質は，Hairy, Runtとともに"後期エンハンサー"配列（L）を活性化する．このエンハンサー（自己制御領域ともよばれる）は，初期ストライプの転写を維持するとともに，他の4本のストライプの転写を活性化する．

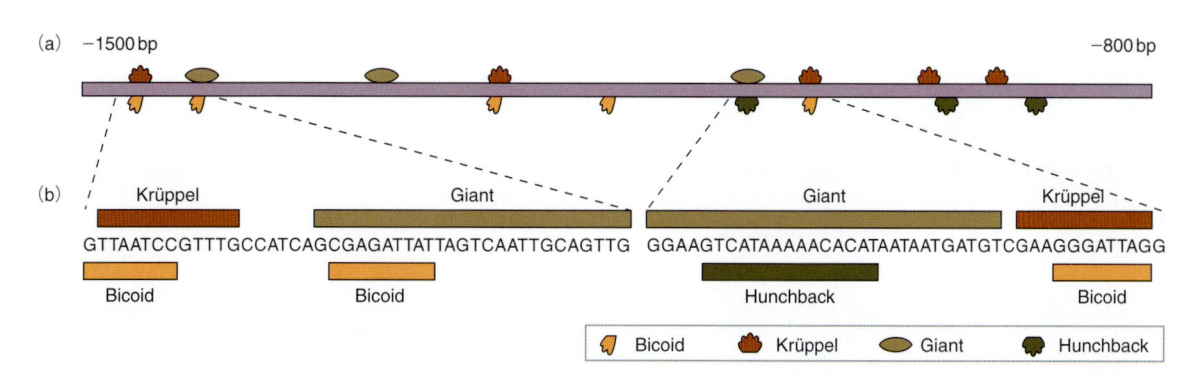

図15・15 eve第2ストライプ調節モジュールの構造．調節モジュールにおける転写因子結合部位の模式図．横線（DNAを表す）の上に抑制部位，下に活性化部位を示す．（a）4種類のタンパク質，Krüppel, Giant, Bicoid, Hunchbackの結合部位の相対的位置を示す．（b）2種類の因子が共通に結合する部位の正確な構造．これらの塩基配列はフットプリント法によって決定された．活性化因子（BicoidとHunchback）と抑制的に作用する因子（KrüppelとGiant）が特定の結合部位をめぐって競合することが明らかである．

ボックス 15・2　遺伝子間相互作用を調べる方法

ここまで述べたギャップ遺伝子間の相互作用については，ショウジョウバエを遺伝子操作することによって解析されてきた．これは遺伝子間の制御関係を探る重要な手法である．たとえば，ある遺伝子のヌル（完全機能喪失型）突然変異を作製することによって，他の遺伝子発現がそれによってどのように変化するかを調べることができる．

これらのタンパク質と調節領域DNAとの実際の相互作用を，どのように調べるのだろうか．それには何通りかの方法がある．一つは**ゲルシフト分析**（gel shift assay，電気泳動移動度シフト測定法；electrophoretic mobility shift assayともいう）である．胚抽出液，あるいは胚から調製した核抽出液を，放射性標識したさまざまな遺伝子の調節領域DNA断片と混合し，ゲル電気泳動する．抽出液中のタンパク質がDNAと相互作用すれば，DNA断片の移動が遅くなる．ただし，この分析によってタンパク質とDNA断片の相互作用が示されても，それが機能的な意味をもつか，また，そもそも実際の細胞内で相互作用が起こるかなどについては，断定することができない．それでもこの分析から手がかりが得られる．

もう一つの類似した分析法は，タンパク質抽出液と放射性標識DNAを混合し，それをDNA分解酵素で部分的に分解する方法である．タンパク質がDNAの特定領域に結合すると，ヌクレアーゼによる分解を妨げて，その領域のDNAを部分的に保護する．このように保護された配列は，部分分解したDNAのシークエンス反応によって示すことができる．特定の領域がタンパク質との相互作用によって保護された跡は**フットプリント**（footprint）とよばれる．ゲルシフト分析とフットプリントの例を図に示す．

最後に，細胞を試験管代わりに利用してタンパク質–DNA間の相互作用を検証する方法を紹介する．まず，培養細胞をDNAで形質転換し，次に，その細胞を利用して導入された遺伝子の作用を調べる．たとえば，ギャップ遺伝子 *Krüppel* のプロモーターをβ-ガラクトシダーゼにつないだレポーター遺伝子と，ギャップ遺伝子 *hunchback* (*hb*) を培養細胞に導入する．培養細胞におけるレポーター遺伝子発現の有無によって，*Krüppel* の調節領域に対する *hb* 遺伝子産物の作用が解明されるというわけである．

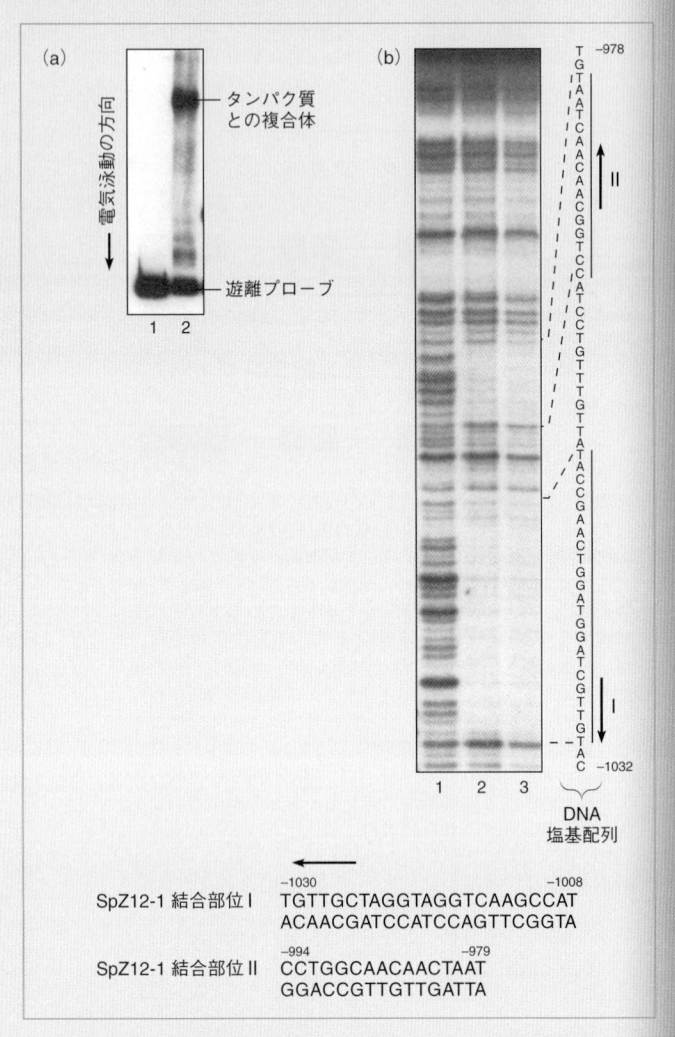

DNA–タンパク質間の相互作用．（a）ゲルシフト分析．ある遺伝子から212塩基対のDNA断片を分離し，放射性標識する．その標識DNAを単独で（レーン1），またはその遺伝子に作用する転写因子と混合した後に（レーン2），電気泳動する．標識DNAのかなりの割合が遅い泳動速度を示している．これはDNA–タンパク質間の相互作用があることを意味する．（b）DNAフットプリント法．図(a)で示した遺伝子の放射性標識DNAを転写因子と混合する．混合物を低濃度のDNA分解酵素で部分分解し，高解像度の電気泳動（シークエンスゲル）で塩基配列を直接調べる．レーン1：タンパク質と混合しなかったDNA，レーン2：同じDNAをタンパク質と混合してから分解したもの，レーン3：より多くのタンパク質存在下で分解したもの．レーン2と3でバンドが消えている部分は，分解が妨げられたことを意味している．こうして，タンパク質との相互作用によって分解をまぬがれたDNA領域の配列を示すフットプリントが得られる．このDNA断片中に2箇所のタンパク質結合部位（IとII）が検出された．

SpZ12-1 結合部位 I　　−1030　　　　　−1008
TGTTGCTAGGTAGGTCAAGCCAT
ACAACGATCCATCCAGTTCGGTA

SpZ12-1 結合部位 II　−994　　−979
CCTGGCAACAACTAAT
GGACCGTTGTTGATTA

ショウジョウバエの体節形成

(a) 野生型：*lacZ*活性
(b) 野生型：第1＋第5ストライプ
(c) *hb*ヌル突然変異
(d) *Kr*ヌル突然変異

図 15・16　*eve*ストライプ調節モジュールの機能．制御モジュールの機能解析にはレポーター融合遺伝子が用いられる．*eve*第1ストライプと第5ストライプのプロモーターをそれぞれ、または一緒にβ-ガラクトシダーゼをコードする*lacZ*の翻訳領域に連結する．こうすることによって、プロモーター活性を酵素活性として検出できる（紫の部分）．Eveの局在はEveに対する抗体によって検出できる（橙色）．野生型胚で、第1ストライプのエンハンサー活性を検出した場合(a)と、第1および第5の両ストライプに対するエンハンサー活性を検出した場合(b)を示す．(c) *hunchback*ヌル突然変異で、第1および第5の両ストライプに対するエンハンサーをもつ融合遺伝子のレポーター活性をみたもの．第1ストライプの発現が損なわれるが、第5ストライプの発現は影響を受けない．(d) 同じ融合遺伝子を*Krüppel*ヌル突然変異に導入した場合．第5ストライプの発現は損なわれるが、第1ストライプの発現は影響を受けない．

カニズムも前から後ろに至るまで同一である．

代表的な四つのセグメントポラリティー遺伝子の発現領域を、図15・17に示す．（参考までに、同じクラスに属するこれ以外の遺伝子として*cubitus interruptus*, *hedgehog*, *fused*, *armadillo*, *gooseberry*, *pangolin*などがある．）ペアルール遺伝子の発現パターンによって識別される七つの領域のそれぞれで、*eve*が各領域の前部、*ftz*が後部で発現することに注目しよう．セグメントポラリティー遺伝子の一つである*engrailed*（*en*）は、EveとFtzいずれかのタンパク質濃度が高い細胞列で発現する．こうして七つの領域のそれぞれに、*en*が発現する2本のストライプが生じることになる．2本の*en*発現ストライプに挟まれた領域の細胞では、*naked*（*nkd*）、*patched*（*ptc*）、*wingless*（*wg*）などが固有の位置で発現する．*wg*と*en*それぞれの発現細胞は互いに隣接している．各セグメントポラリティー遺伝子は、各擬体節の狭い領域（発現当初は1細胞列）で発現する．現在提唱されている考えでは、ペアルール遺伝子発現で七つに区分された領域が、*eve*と*ftz*の互い違いの発現によって前半（奇数番）と後半（偶数番）に割り振られ、それぞれが擬体節となる．他のペアルール遺伝子の関与もあるが、主たる役割を果たすのは*eve*と*ftz*である．

擬体節の前半と後半からは、幼虫になるとそれぞれ固有のクチクラ構造が生じる．各擬体節前半部の腹側には

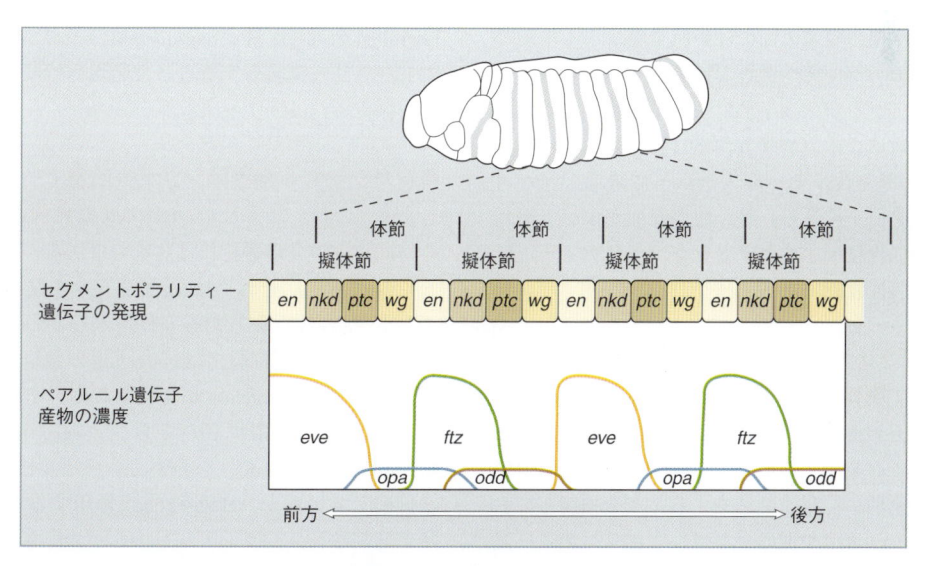

図 15・17　セグメントポラリティー遺伝子の発現領域．ペアルール遺伝子によって七つに区分された領域のそれぞれにおいて、セグメントポラリティー遺伝子の発現条件が整えられる．模式図は数種類のペアルール遺伝子、*eve*, *ftz*, *opa*（*odd-paired*）、*odd*（*odd-skipped*）の発現を二つの領域にまたがって示している．これらの遺伝子が組合わさって働くことによって、セグメントポラリティー遺伝子、*engrailed*（*en*）、*naked*（*nkd*）、*patched*（*ptc*）、*wingless*（*wg*）が活性化され、発現の繰返しパターンが形成される．各遺伝子は縦1列の細胞で発現している．したがって、この時期の擬体節は4細胞幅となる．偶数番と奇数番の擬体節は、それぞれ異なる組合わせで決定される．

図 15・18　腹面の歯状突起列. ショウジョウバエ1齢幼虫のクチクラ標本をつくり，各体節前半にある歯状突起列を側面から写したもの．左が胚の前端．(a) 野生型幼虫．(b) 胚の後方で働く母性遺伝子 *nanos* の突然変異．すべての腹部体節が失われる．(c) 胚の前方で働く母性遺伝子 *bicoid* の突然変異．頭部が失われ，そこに胚の後端の構造である尾節が生じる．

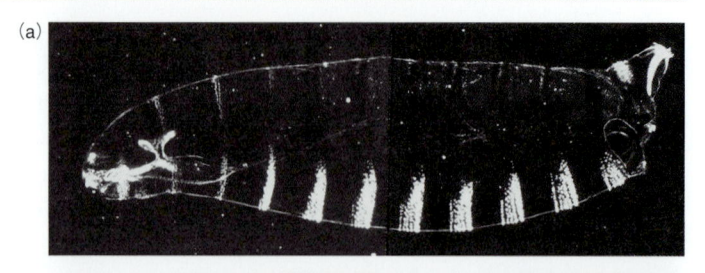

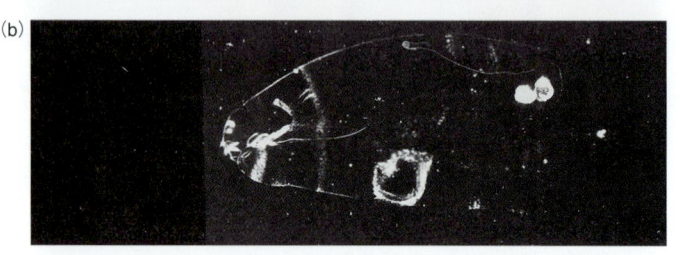

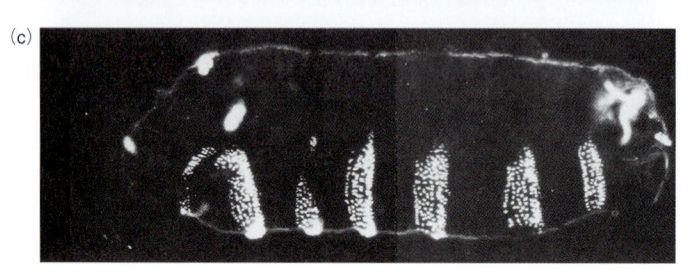

歯状突起（denticle）とよばれる微細な毛状の構造が生じる．一方，後半部の腹側表面には歯状突起がなく平坦である（図15・18）．*wg* 突然変異では歯状突起が各擬体節の腹側全域に広がるが，後半部に生じる歯状突起の極性は前半部と反対になる（つまり両者は鏡像対称になる）．*wg* を全体で強制発現する（導入遺伝子に誘導操作が可能なプロモーターを組込む）と，腹側表面がすべて平坦になる．強い表現型を示すセグメントポラリティー遺伝子突然変異は胚性致死である．

セグメントポラリティー遺伝子発現領域が継続的な擬体節の区切りの目印となる

同じ形態をもつ擬体節がそれぞれ固有の経路をたどって分化するしくみを考える前に，これまで登場した遺伝子の多くが一過的に発現して消失することを強調しておく．しかし，*engrailed* や他のセグメントポラリティー遺伝子の発現領域は，多かれ少なかれ発生の最後まで擬体節の区切りの目印となる．どのようなしくみで発現が維持されるのだろうか．*engrailed* 遺伝子の調節領域は転写領域の上流と下流に及び，長大かつ複雑であるためその構成の解析はまだ不完全であるが，正のフィードバックを行う自己調節領域があることは明らかになっている．Engrailed タンパク質が *engrailed* 遺伝子のフィードバックエンハンサーに結合することで発現が持続されるのである．

自身がかかわる細胞間シグナル伝達で *engrailed* の発現が持続される

engrailed の発現維持には複雑ではあるが重要な第二のしくみがある．それには *wg* を発現する隣接細胞とのリガンド-受容体を介した相互作用がかかわっている（図15・19）．*en* 発現細胞では *hedgehog* の発現がひき起こされ，リガンド Hedgehog が合成される．それが隣接する *wg* 発現細胞に作用するのである．*wg* 発現細胞では Ptc や Smoothened（smo）を介するシグナル伝達経路が Wg を抑制しているが，Hedgehog が作用すると Ptc-Smo 経路が抑制され，リガンド Wingless が分泌されることになる．Wingless は *en* 発現細胞によって受取られ，そのシグナルが *en* 発現を促進する．こうして *en* 発現細胞と *wg* 発現細胞をつなぐループが維持され，隣接細胞の機能を促進し合う．

この En-Wg シグナル伝達経路は，ショウジョウバエ

ホメオティックセレクター遺伝子と擬体節のアイデンティティー

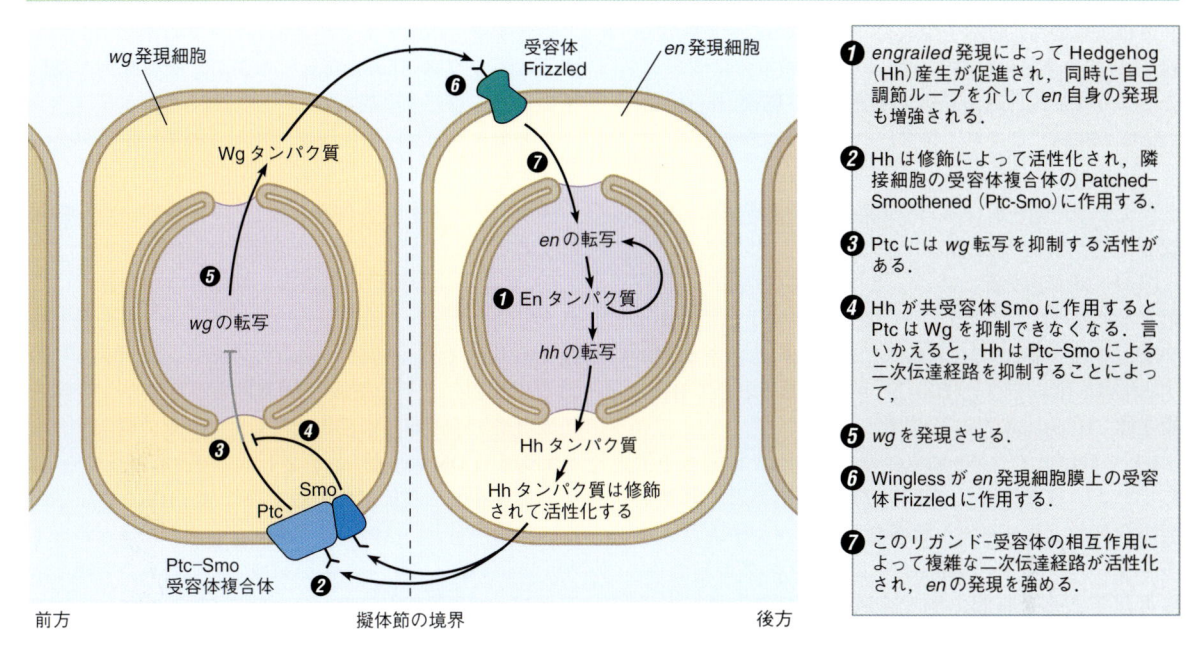

図 15・19 *wingless* と *engrailed* の相互作用．擬体節の境界をはさんだ二つの細胞を示す．擬体節の前端に *en* 発現細胞が位置し，隣接する擬体節の後端に *wg* 発現細胞が位置する．*engrailed* の発現により Hedgehog(Hh)産生を活性化するとともに，自己調節ループによって *en* 自身の発現も促進する．Hh は修飾を受けて活性化され，隣接細胞の受容体 Patched–Smoothened (Ptc–Smo) に作用する．Ptc には *wg* を抑制する働きがあるが，Hh が作用して共受容体 Smo が活性化すると Ptc は *wg* を抑制できなくなる．いいかえると，Hh は Ptc–Smo を介する二次伝達経路を抑制することによって *wg* の発現を可能にする．次に，Wingless が *en* 発現細胞膜上にある受容体 Frizzled に作用する．このリガンド–受容体の相互作用が，複雑な二次伝達経路を活性化し(本章の後半で解説する) *en* の発現を強める．

のみならず脊椎動物でもたくさんの発生経路に関与していることがわかっている．この経路は活発に研究されており，後でもう一度解説する．ここではいったん，ショウジョウバエ初期発生を統御するもう一つの重要な遺伝子カスケードに話題を移そう．14個の等質な擬体節がどのようなしくみで分化し，異なる構造に発生するのかという問題である．

ホメオティック遺伝子と擬体節のアイデンティティー

バイソラックス複合体が胸部と腹部体節のアイデンティティーを決定する

ショウジョウバエの突然変異体のなかには，ある体節がその性質を変えて，別の体節に転換した一群の"モンスター"がある．米国カリフォルニア工科大学の Ed Lewis らは，胸部や腹部の異常を示すこのような突然変異を数十年にわたって研究してきた．その突然変異のなかには，余分な翅を1対もつものや，翅がないもの，平均棍が翅に転換するもの，腹部体節が胸部体節に転換するものなどがある．彼の研究は，このタイプの遺伝子が体節決定を制御する遺伝子階層の頂点に位置しているという洞察につながった．Lewis はこれらの遺伝子をホメオティック〔homeotic，ギリシャ語の homeos（類似した）による〕とよんだ．この研究によって Lewis は Eric Wieschaus, Christiane Nüsslein-Volhard とともにノーベル賞を受賞した．

Lewis によるさまざまな突然変異解析によって，一つのホメオティック遺伝子が失われると，その遺伝子を発現していた体節がより前方の体節に転換することが明らかになった．Lewis が研究した**バイソラックス複合体** (bithorax complex，BX-C と略す) について説明することにする．BX-C は三つの遺伝子すなわち，*Ultrabithorax* (*Ubx*)，*abdominal-A* (*abd-A*)，*Abdominal-B* (*Abd-B*) からなり，いずれもタンパク質をコードしている．これらの領域全体を欠失させると (つまり三つの遺伝子の機能をすべてなくすと) すべての腹部体節と胸部体節が中胸 (T2) の特徴を示すようになり，当然のことながら致死になる．*Ubx* だけが欠失した場合は，後胸 (T3) と腹部第1体節 (A1) がいずれも T2 に転換する．バイソラッ

クス複合体の別の遺伝子の欠失でも類似した形態転換が起こり，後方領域の発生運命がより前方のものに変わる．このような形態的転換を**ホメオティック転換**（homeotic transformation）とよぶ．厳密にいえば，ホメオティック遺伝子が作用するのは胚の擬体節である．これまでみてきたように，擬体節は成虫の体節と重複するが完全に一致してはいないのである．

図15・20に擬体節と体節，それにBX-Cの遺伝子が作用する位置の対応関係を示す．もう一つのホメオティック遺伝子複合体ANT-C（本章で後述）の遺伝子が作用する位置も示している．BX-CとANT-Cをまとめて**HOM複合体**（HOM complex）と総称される．

BX-Cは巨大で，第3染色体の300 kb以上の領域を占めている．複合体の三つの遺伝子には，それぞれ数箇所の選択的プロモーターと多数のエキソンがあり，さまざまなパターンの選択的スプライシングが起こる．各遺伝子から数種類の転写産物が生じるので，Ubx, Abd-A, Abd-B タンパク質にはさまざまな種類がある．これらのタンパク質は転写因子であり，**ホメオドメイン**（homeodomain）とよばれる共通性の高い領域をもつ．ホメオドメインは60アミノ酸からなり，この領域がDNAと結合する．ホメオドメインをコードする遺伝子配列を**ホメオボックス**（homeobox）とよぶ．その配列が遺伝子によって少しずつ異なるので，しばしば"ホメオボックスモチーフ"とも称される．これらの遺伝子以外にもホメオボックスモチーフをもつ遺伝子が存在するが，そのような"ホメオボックス遺伝子"は体節の決定に関係しておらず，ホメオティック遺伝子には属さない．

BX-Cの三つの遺伝子の調節領域は非常に複雑で，これまで知られている遺伝子複合体中でもおそらく最も複雑であろう．Ubx, abd-A, Abd-Bのエキソンは300 kbにわたって散在し，その領域の80%以上の領域がシス調節領域（遺伝子と同じ染色体上にあって，その遺伝子発現を制御するDNA領域）とイントロンで占められている．そこに存在する調節部位の数を思えば，BX-C遺伝子調節の詳細が完全には解明されていないのも当然といえよう．とはいえ，これらの調節領域の突然変異で明確なホメオティック効果を示すものも数多く知られている．これらの突然変異では，タンパク質の一次配列に異常はなく，タンパク質をコードするエキソン部分の転写調節だけが異常になっている．

BX-Cの構造を図15・21に示す．理由はわからないが，

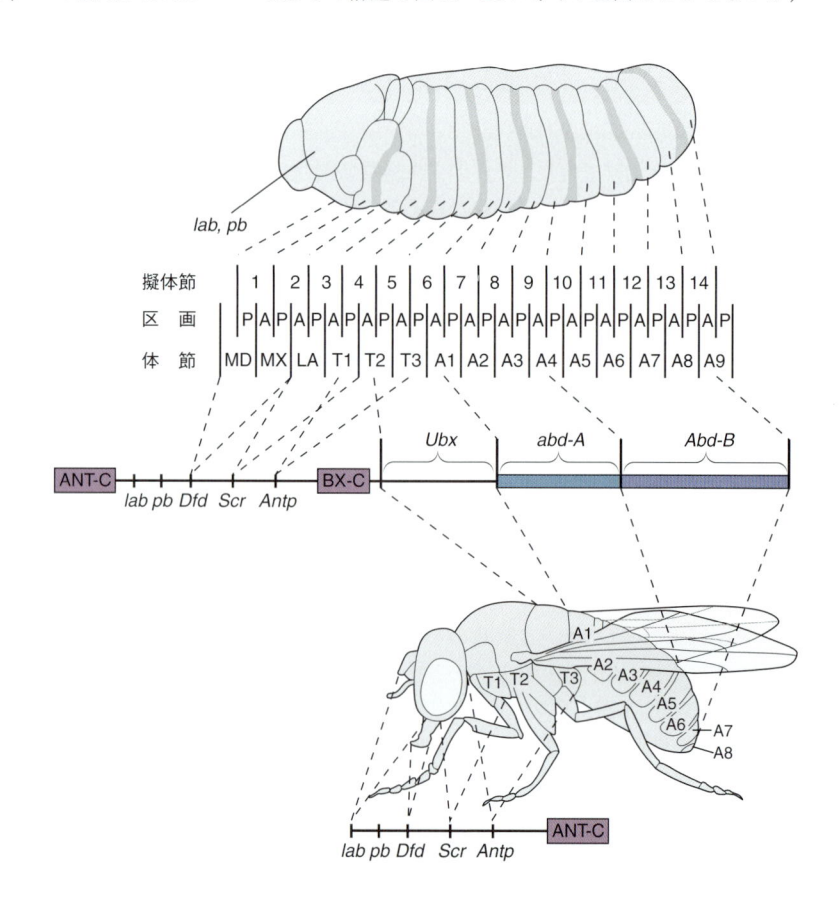

図15・20 BX-CとANT-Cの概略． ホメオティック遺伝子複合体BX-CとANT-Cの転写モジュールの配置と発現領域を，胚の擬体節と成虫の体節に対応させて示している．

ホメオティックセレクター遺伝子と擬体節のアイデンティティー

イデンティティーは正常であるが，BX-C内のいずれかの遺伝子のシス調節領域の配置を乱すとモンスターが生じる．精密に調整された調節領域の位置関係が，正常な発生にとって重要なのは明白である．

スペインの遺伝学者 Antonio Garcia-Bellido は，ホメオティック遺伝子を"セレクター遺伝子（selector gene）"と名づけた．ホメオティック遺伝子の組合わせによって，活性化される標的遺伝子のセットが決まり，それに対応して個々の体節（明確な体節をもたない動物の場合は体の特定部位）の形態形成と分化が起こるというのが彼の主張だった．現在では，この考えはおおむね正しいことがわかっている．

アンテナペディア複合体は前方の体節のアイデンティティーを制御する

BX-Cの遺伝子は腹部体節とT3を決定する．もう一つのホメオボックス遺伝子複合体は，頭部の下唇と小顎，それに胸部体節T1とT2など，より前方の体節のアイデンティティーを制御している．BX-Cと同じように，**アンテナペディア複合体**（Antennapedia complex, ANT-C）も数個の大きく複雑な遺伝子で構成されており，それらの染色体上の配列順序は発現領域の胚体内における順序に対応している（図15・20）．ANT-Cの5個の遺伝子がすべて欠失した個体は致死で，T2とT3，頭部の下唇と小顎がすべてT1に転換する．Antennnapedia（Antp）単独の欠失では，T2とT3だけがT1に転換する．ANT-Cの構成遺伝子とAntpが頭部に発現した成虫を図15・22に示す．

他のホメオティック遺伝子が頭部と後部の構造を決定する

ANT-C遺伝子のすべてが欠失しても，頭部前方（下唇，小顎より前方の構造）は正常に形成される．これらの構造の発生に必要なのは，別のホメオティック遺伝子である．頭部前方領域の分節性は外部形態からは判別しにくいが，engrailedが（体幹部の14本とは別に）一過性に3本のストライプ状に発現する．これが分節性の痕跡らしい．ホメオボックスを2個もつ遺伝子 empty spiracle（ems）と orthodenticle（otd），それにジンクフィンガーをもつ buttonhead がこの領域の分節を決定していることが知られている．前方領域の分節の特異化には，もう一つのホメオボックス遺伝子 Distalless がかかわるという証拠もある．

胚の後端部（A8体節の後ろにある肛門板と生殖器原基が含まれる）の特異化には，caudal遺伝子が他の遺伝

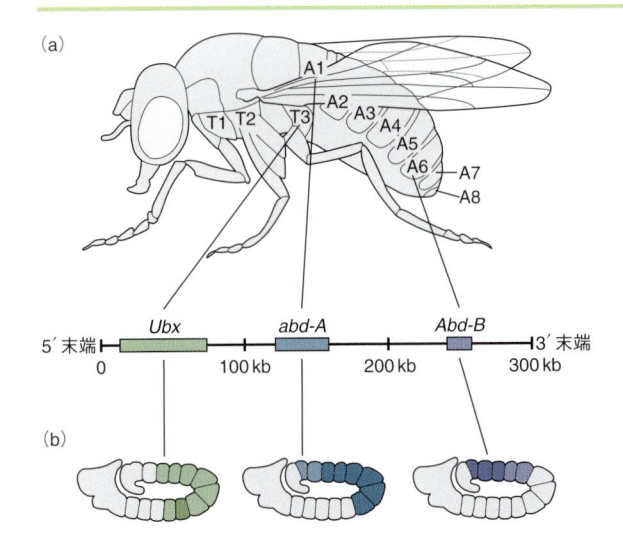

図15・21 BX-Cの構造．（a）ハエ成虫の下に描かれた横線は，バイソラックス複合体DNAの三つの遺伝子の転写単位を表している．各遺伝子は右から左に向かって転写される．Abd-Bの正確な境界はまだ知られていない．三つの遺伝子はイントロンを含んでいる．各遺伝子の転写調節領域は，それぞれの転写単位の3′末端と5′末端の外側に存在する．DNAと成虫を結ぶ線は，それぞれのDNA領域の突然変異によって影響を受ける最も前方の体節を示している．（b）胚帯伸長期の胚におけるUbx，abd-A，Abd-Bの発現領域．（c）Ubxの調節領域に複数の突然変異を入れて無発現にしたハエの成虫．正常なら平均棍をもつ胸部第3節に，発達した翅が生じている．

これら三つの遺伝子のDNA上の配列順序は，胚におけるそれぞれの発現領域の空間配置と対応している．つまり，Ubxの発現領域はabd-Aの前方で，abd-Aの発現領域はAbd-Bの前方になる．このような順序に深い意味があるかどうか不明だが，遺伝子と発現領域の順序が一致するのは他の多くの動物でもみられるので，おそらく重要なのであろう．DNAを操作してUbx遺伝子全体を（シスエレメントも含めて）他の場所に移しても，体節のア

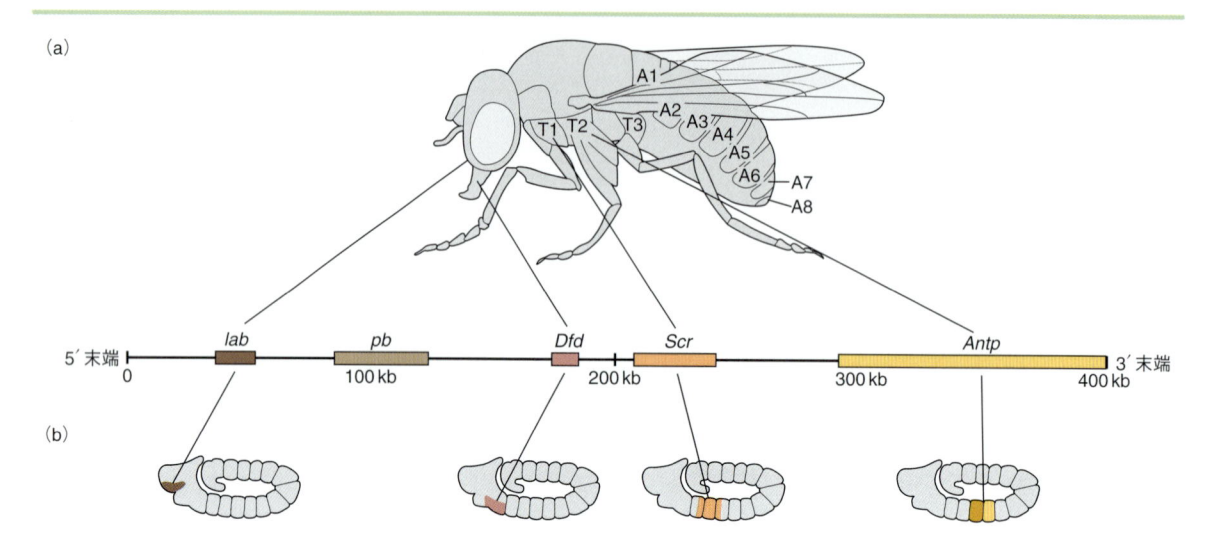

図15・22 ANT-Cの構造. (a) 約350 kbの範囲(横線)におけるアンテナペディア複合体遺伝子の相対的位置を示す. (b) ANT-Cの四つの遺伝子, *labial*(*lab*), *Deformed*(*Dfd*), *Sex combs reduced*(*Scr*), *Antennapedia*(*Antp*)の胚帯伸長期における発現領域. (c) *Antp*発現が異常になった突然変異の成虫の走査型電子顕微鏡写真. 頭部正面から観察すると, 本来なら触角がある位置に2本の肢が生じているのがわかる. 異所的な肢の後方に見えるのは複眼.

子とともに必須である.

ホメオティック遺伝子はどのように機能するのか

ホメオティック遺伝子の領域特異的発現はどのように達成され, 維持されるのだろうか. そして, ホメオティック遺伝子がつくるタンパク質はそこで何をしているのだろうか. すぐに思い浮かぶのは, より初期に働くギャップ遺伝子などが, ペアルール遺伝子の活性化だけでなくホメオティック遺伝子の領域特異的発現のお膳立ても(シス調節領域への作用によって)するという考えである. 一例をあげると, *Antp*の発現は*Krüppel*に依存している(図15・23). Krタンパク質の発現領域を変化させると, それに対応して初期の*Antp*発現も変化するのである. ホメオティック遺伝子の発現境界は, 発生の進行とともにしだいにシャープになる. これはホメオティック遺伝子がつくるタンパク質が, 他のホメオティック遺伝子の調節領域に作用する結果であろう.

ホメオティック遺伝子の機能は, 前後に並んだ各領域のアイデンティティーの決定である. ショウジョウバエ研究者はこれらの各領域を区画(compartment)とよぶ. いったん区画が成立すると, 区画内の細胞はその区画が形成すべき構造のためにのみ使われ, 別の区画の構

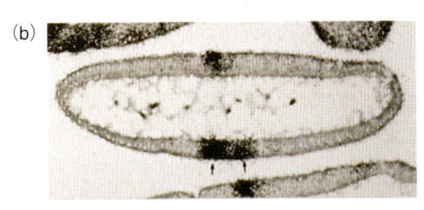

図 15・23 Krüppel が調節する Antp の発現．(a) *Kr* の発現位置を示す胚の断面．*Kr* の放射性標識プローブを用いたハイブリダイゼーションによる．(b) 同じ手法で検出した正常胚における *Antp* の発現．正常とは異なるプロモーターにつないだ *Kr* 遺伝子で形質転換すれば，*Kr* の発現を変化させることができる．*Kr* の発現領域が変化すれば，*Antp* の発現もそれに対応して変化する．

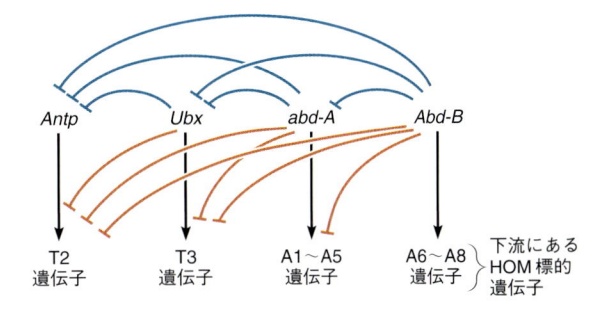

図 15・24 ホメオティック遺伝子の後方優位性．上に並べたのは4個の HOM 遺伝子，*Antp* と3個の BX-C 遺伝子である．これらの HOM 遺伝子産物（転写因子）により制御を受ける遺伝子（"標的" とよばれる）と，それらが発現する体節の番号を下に示している．矢印は各 HOM 遺伝子の発現領域の前方の境界を示す．末端にブロックバー（├）のついた線は，本文中にあるように，より後方の HOM 遺伝子が前方の遺伝子を抑制することを示す．後方の遺伝子は前方の遺伝子に対して，転写の抑制（青線）とタンパク質活性の抑制（赤線）の両者によって作用する．たとえば *abd-A* は *Ubx* と *Antp* の転写を抑制するだけでなく，*Antp* と *Ubx* タンパク質の活性も抑制する．しかし，より後方の *Abd-B* 発現には影響しない．

造には加わられない．さらに，同じ区画内の細胞間に接着親和性が生じるので，区画の境界を越えた細胞移動はなくなる．したがって，区画とは分化させるための番地であるばかりではなく，特異的な細胞接着性をもつ一つの単位ということもできる．図 15・20 に体節や擬体節の区切りと区画との関係を示す．

体節あるいは区画アイデンティティーの制御には，ホメオティック遺伝子間の優劣関係がかかわっているようだ．*Abd-B* のように，体の後方の区画で発現する遺伝子が優位で，より前方に位置する区画で発現する遺伝子の発現を制御する．これには2通りの機構があると思われる．第一は，*Abd-B* のように後方で発現する遺伝子がつくる転写因子が，*abd-A* など前方の遺伝子の調節領域に直接作用し，転写を抑制するというものである．第二は，後方の遺伝子がつくる転写因子が，前方遺伝子の転写因子と標的遺伝子をめぐって競合・抑制するというものである．このような関係を図 15・24 に示す．

このモデルはホメオティック遺伝子の発現領域を変化させる実験から導き出された．たとえば，*Ubx* 遺伝子のエキソンを誘導性プロモーターにつなぎ初期胚に顕微注入してみよう．誘導することができるプロモーターとして便利なものの一つに "ヒートショック" プロモーターがある．温度を一定レベル以上に上昇させると，このプロモーターにつないだ遺伝子の転写が始まる．このプロモーターで作動する *Ubx* 遺伝子を胚に導入してヒートショックを与えれば，T3 体節だけでなく，胚全体で *Ubx* 遺伝子が発現する．その結果，T3 より前方で発現するホメオティック遺伝子がすべて抑制され，T2 より前方の体節は T2 に転換する．本来の T2 より後方にある体節は，*Ubx* が発現しているにもかかわらず正常に形成される．後方では Abd-A タンパク質と Abd-B タンパク質が Ubx タンパク質の作用を抑制し，その悪影響を防いでいるのである．

ホメオティック遺伝子の一つの機能は，互いの相互作用によって将来のアドレスを割当てる働きをすることである．別の機能は，発現させる遺伝子の選択のはずである．可能性の一つに，各体節に固有の分化プログラムを実行する遺伝子階層の統括がある．このような標的遺伝子の探索はかなりむずかしいが，現在も続けられている．2002年現在，19個の標的遺伝子が同定されており，さらに数を増しつつある．そのうちの5個は基本的な細胞機能にかかわる分子をつくる．微小管成分となる特殊な型のチューブリン，中心体の構成タンパク質，細胞間接着関連因子などである．同定された標的遺伝子のうちの8個は転写因子をコードする．これらは発生過程のさらに下流にある遺伝子の制御にかかわるのはまちがいない．たとえば最近，*Antp* が，触角などの器官の分化に必要な二つのホメオボックス遺伝子である *extradenticle* と *homothorax* に拮抗することが明らかになった．残りの標的遺伝子のうちの5個は，先に述べたシグナル伝達経路の構成員であり，そこには *dpp* と

wg が含まれる．

　もう一つの（上のシナリオと矛盾しない）可能性として，ホメオティック遺伝子が特定部位の分化のさまざまな過程に直接作用することが考えられる．このシナリオでは，ホメオティック遺伝子が階層の頂点で分化を統御するのではなく，いろいろな時間と場所で繰返し活動することになる．この場合，標的細胞の違いに応じて，ホメオティックタンパク質の活性が制御される必要があり，それは考えにくいことだった．しかし，英国ケンブリッジ大学のM. RozowskiとMichael Akamが行った実験は，ホメオボックスタンパク質Ubxが，肢の剛毛の発生のさまざまな過程で繰返し働くという見解を支持するものだった．本章の初めで取上げたことを思い出してほしい．感覚器官前駆細胞（SOP）は2回の非対称分裂によって感覚剛毛，神経，支持細胞を生じる．RozowskiとAkamは，正常とは異なるさまざまな時間と場所で*Ubx*を発現させた．Ubxタンパク質は，通常はT3の肢に存在している．この肢はT2の肢のような剛毛をもたない．RozowskiとAkamは，*Ubx*の発現の時間と場所を操作することにより，UbxタンパクがT3で繰返し作用していることを見いだした．UbxはSOPの形成を妨げ，さらにT2タイプの肢の剛毛を生じる2回の非対称分裂のそれぞれを直接妨げた．Ubxタンパク質に対して応答するのは，少数の細胞に限られており，特定の時期に限られていた．彼らは，Ubxの抑制作用には標的細胞特有の共役因子がかかわると結論づけた．要するに，Ubxの作用は登場する場面によって変わるのである．

　ホメオティック遺伝子やホメオティック遺伝子の組合わせが，特定の体節や区画特有の形態形成と分化をひき起こすしくみについて，まだ完全な図式を描くに至っていない．それは明らかに複雑であり，再度強調しておくが，非常に多くの複合因子が関与しているので，直線的な反応連鎖からなるモデルは当てはまりそうにない．本章でこれまでふれていない重要な相互作用がまだある．たとえば，ホメオドメインタンパク質の多くは，他の遺伝子がつくる共役因子を必要とするのである．これらの共役因子にはDNAと結合しないものもあるが，少なくとも特定の局面においては転写因子として働くために不可欠である．上述した遺伝子*extradenticle*は，他のホメオドメインタンパク質と相互作用し，後者が標的遺伝子に結合することを可能にする働きがある．もう一つの複雑で肝要な遺伝子システムとしてPolycomb遺伝子群があげられる．この遺伝子群にはホメオティック遺伝子を不活性に保つ働きがあり，本来の発現領域外での発現を防いでいる．Polycomb遺伝子はクロマチンタンパク質をコードしており，これがクロマチンの構造を変化させ，転写因子がゲノム上の潜在的な標的部位へ近づくことを制限しているらしい．

翅のパターン形成

翅の発生は細胞間相互作用によって制御される

　これまで，不等価な細胞間のシグナル伝達によって胚全体のボディプランが割り振られるしくみに重点をおいて説明してきた．同様な戦術は特定の区画や器官の分化制御にも使われており，それに関する膨大な新しい知見が蓄積され続けている．

　なかでも理解が進んでいるのは，ショウジョウバエの翅の発生である．先に述べたように，翅はバイソラックス複合体（およびそれらと相互作用する遺伝子）が規定する第2胸部体節の成虫原基から発生する．翅原基は，はじめは20～40個の細胞からなるが，2齢幼虫期の中ごろには約200細胞まで増加する．この時期に将来の翅を構築するための重要な決定がなされる．蛹期の初期までに，翅原基の細胞数は約5万個になり，剛毛と翅脈パターンが明瞭になる．これらのパターンは，翅に異常をもたらす実験操作の効果を判定する際に重要となる．

前後方向（A/P）のパターン形成は 細胞間シグナル伝達に依存する

　翅には前区画と後区画があり，それらは擬体節上の前駆体に由来する．前にも述べたが，正常胚では区画内の細胞クローンが区画境界を越えて移動することはない．最近行われた遺伝学的実験によって，膜タンパク質のCapricious（カプリシャス）が（他の因子とともに）前後区画の細胞間親和性の違いにかかわることが示された．後区画の細胞はEngrailedを発現し，これがペアルール遺伝子とホメオティック遺伝子の両方の役割を果たす．*engrailed*発現の境界が前後区画の境界（A/P境界）となるのである．*engrailed*発現細胞はHedgehog（Hh）も発現しており，擬体節境界が形成される際の*engrailed*と*hedgehog*の関係を連想させる．Hedgehogシグナルは隣接する前区画の細胞によって受取られ，そこで膜受容体（Patched）とその共役因子（Smoothened）に作用する．Patchedは通常*dpp*発現を抑制しているが，Hedgehogが作用するとその抑制が解除される．その結果，*dpp*はA/P境界に接する前区画側の細い帯状の細胞列で発現することになる（図15・25）．

　受容体Patchedを介するHhシグナル伝達は非常に複雑だが，ここではシグナル伝達経路における調節のさらな

翅のパターン形成

spalt）の活性化には高濃度のDppが必要だが，別の遺伝子（たとえば*optomotor blind*）の閾値はずっと低い．低濃度のモルフォゲンに応答して活性化する遺伝子の発現領域は，高濃度を必要とする遺伝子よりずっと広くなる．

もちろん，これらのシグナル伝達分子が，成虫翅の最終的な形態を生み出すしくみについては未解明な部分がまだ多い．たとえば，シグナル伝達分子の間の相互作用の詳細や，最終的な表現型をもたらす下流遺伝子群への指令経路などがそれである．

翅の背腹（D/V）区画のパターン形成も細胞間相互作用によって制御される

翅には前後だけではなく表裏（背腹）もある．背側はホメオボックス遺伝子*apterous*によって制御される．*apterous*発現細胞が背側になり，非発現細胞が腹側になる．*apterous*発現の明瞭な境界線がD/V両区画の境界となる．D/Vシグナル伝達はA/Pシグナル伝達よりいくぶん複雑である．ここで登場するシグナル伝達分子は，すでに別の場面で出てきており，今後，脊椎動物の発生でも登場するので，簡潔に説明しよう．細部もさることながら，同じ役者が多くの異なる場面で繰返し登場するという点が重要である．

図15・26は，翅発生におけるD/V細胞間相互作用の概略を示している．Apterousには少なくとも二つの異なる働きがある．第一は背側区画としての発生運命を背側の細胞に与え，背側と非背側（つまり腹側）の区別を生じさせることであり，第二は背腹の区画間に一連のシグナル伝達を起こさせることである．第二の機能についてみてみよう．

Apterousは背側細胞に膜タンパク質Serrateの発現を促進する働きがある．SerrateはNotch受容体に対する膜結合型のリガンドであり，分泌性タンパク質Fringeに対するリガンドでもある．FringeとNotchは複合体を形成する．Fringeは糖転移酵素であり，Notch細胞外ドメインのヒドロキシ基に結合したフコースをグリコシル化する．それによって，Notch受容体のリガンドに対する感受性が変化する．つまり，FringeによってNotchのSerrateに対する感受性が下がり，もう一つのNotchリガンドであるDeltaに対する感受性が上がる．その結果，Apterousの作用でSerrateを産生している背側のFringe分泌細胞では，Serrateに対する感受性が低くなり，SerrateはSerrateを合成する背側の細胞には作用しにくくなる．一方，腹側の細胞はSerrateに対して敏感に応答する．腹側の細胞はDeltaを介して背側細胞にシグナルを伝達すると考えられている．この経路の細部はまだ不明確だが，その本

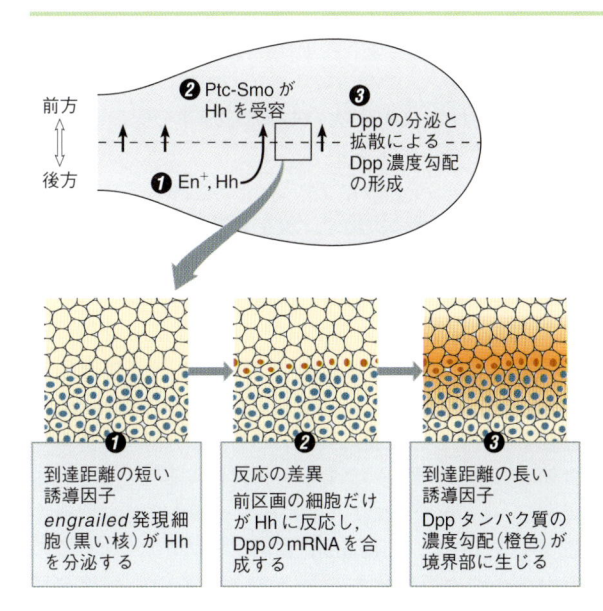

図15・25　翅原基における前後方向のシグナル伝達． 発生中の翅を背側から見た模式図．中央の点線によって前区画と後区画が区切られる．後区画では*engrailed*発現（En⁺）によってHedgehog（Hh）の分泌がひき起こされ，それが前区画の細胞上のPtcとSmoによって受容される．これが*dpp*の発現を誘導し，Dppの濃度勾配が形成される．これらの出来事の詳しい経過は，A/P境界付近の細胞の拡大図で示している．

る趣向がみてとれるので，手短に述べよう．リガンドであるHhが結合していないと，Ptcは何らかのしくみでSmoothened（Smo）を不活性型に変える．HhがPtcに結合すると，Smoはリン酸化される（別の修飾もなされる可能性がある）．そして，PtcとSmoの両者が細胞膜から遊離して細胞質へ移動する．遊離したSmoはCubitus Interruptus（Ci）とよばれる転写因子に何らかの修飾をほどこす．Ciは前駆体であり，タンパク質分解によって抑制型（Ci_{rep}）あるいは活性型（Ci_{act}）に転換される．これらが*dpp*や*ptc*などの標的遺伝子を，抑制あるいは活性化する．細胞内輸送装置をシグナル伝達の重要な要素として利用する事例は，これまで知る限り他に類をみない．

Dppは到達距離の長い（long-range）モルフォゲンとして，翅原基のシグナル発信源から前後に拡散し，前後両区画を統御すると考えられている．Dppは当然ながら，受容体（ThickveinとPunt）を介してシグナル伝達経路を刺激し，標的遺伝子の活性を変える．いくつかのDpp標的遺伝子が同定されている．Dppはさまざまな閾値で応答する遺伝子を動員することによってパターン形成を支えているようである．ある転写因子遺伝子（たとえば

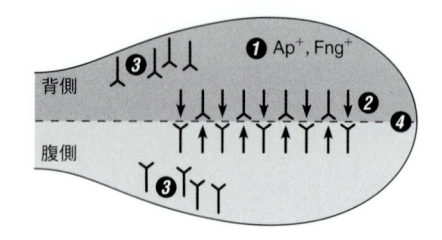

❶ 背側の細胞が apterous (ap) と fringe (fng) を発現する

❷ Apterous によって背側のみに Serrate が発現する．Fringe によって Notch 受容体の Serrate に対する感受性が減少し，Delta に対する感受性が増加する

❸ D/V 境界から離れた位置にある Notch 受容体にはリガンドが結合しない

❹ fng の局所的な発現によって，Notch 伝達経路が帯状の領域で活性化される．その結果 wingless が D/V 境界に沿って発現する

図 15・26 翅原基における背腹方向のシグナル伝達． 翅を背腹に分ける二つの区画をはさんで生じる相互作用を示す図．矢印はリガンドを表し，末端が分岐した線は受容体を表す．

質は明らかだ．すなわち，さまざまなリガンドに対する Notch の反応が，Fringe によって（たぶんグリコシル化によって）変化するのである．Notch 受容体はどの細胞にもあるが，活性化されるのは背側区画と腹側区画が相互作用する区域に限られるようである．

ここでいいたいのは，リガンド（たとえば Delta）が受容体（Notch など）を"活性化"することができるということだ．つまり，リガンドが結合することによって受容体の構造が変わり，それによって二次伝達経路が活性化される．2 章で述べたように，G タンパク質共役型受容体がリガンドの結合によって GDP 結合型から GTP 結合型に変わり，それが次の重要な出来事の引金となる．12 章で取上げた RTK 受容体のように，リガンドによる活性化によってリン酸化されるという例もある．

Notch の活性化は複雑で，現在も研究が進められている．リガンドが結合するとプロテアーゼにより数箇所の切断が起こる（図 15・27）．細胞外ドメインはクズバニアン（kuzbanian）というプロテアーゼによって切取られるようだ．細胞膜結合型のプロテアーゼ複合体が Notch をさらに切断し，活性型である細胞内型 Notch が遊離する．この細胞膜内でタンパク質を分解する酵素複合体は，多くのタンパク質から構成される巨大な集合体である．（ヒトの脳でアルツハイマー病の発症に関連するプレセニリン（presenilin）に似たプロテアーゼもそのなかの一つの要素である．）活性型となった細胞内型 Notch は核内へ移行し，そこで CSL とよばれる一群の転写共役因子〔Suppressor of Hairless, Su(H) もその仲間〕と相互作用する．CSL は通常は Notch の標的遺伝子を抑制しているが，細胞内型 Notch と結合すると *hairy* や *Enhancer of split* を含む遺伝子ファミリーの転写を活性化するのである．

Notch が D/V 境界で活性化されることによって，*wingless* の転写が D/V 境界に接する領域で活性化される．ここでは，Notch は転写抑制因子として作用するのではなく，ある発生カスケードを活性化している点に注目してほしい．Notch は Wg，Disheveled（Dsh），Numb，Fringe，Ras など，多くのパートナーと相互作用するので，さまざまな機能があると考えられる．読んで字のご

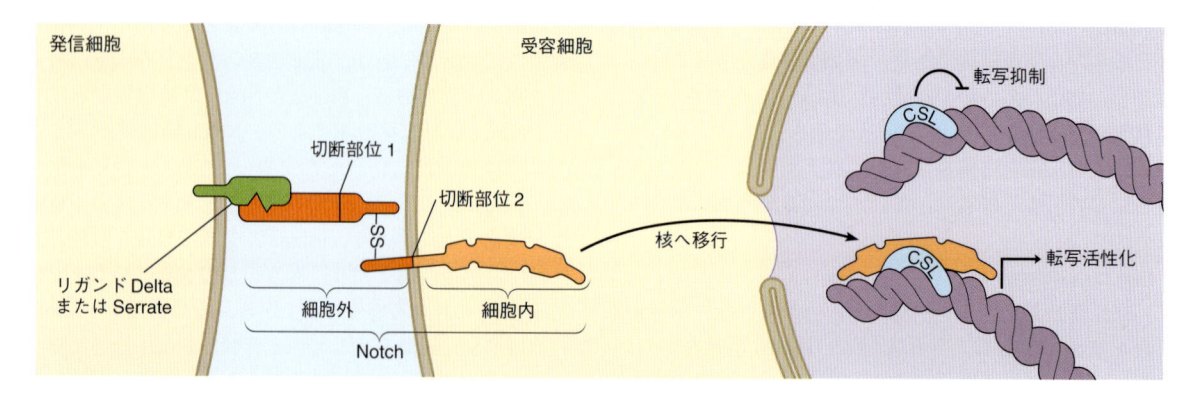

図 15・27 Notch シグナル伝達． 不活性型の Notch は，膜貫通断片（特徴的な細胞内断片をもつ）と細胞外断片がジスルフィド結合でつながった二量体を形成している．シグナルを発信する細胞上のリガンドが Notch の細胞外断片に作用するとシグナル伝達が始まる．リガンドの結合後，Notch の細胞外領域は，まず部位 1 で切断され，次に部位 2 で切断される．その結果，細胞内断片が遊離して核へと移行し，そこで標的遺伝子を抑制している CSL と相互作用する．CSL と細胞内型 Notch の複合体が転写を活性化する．

とく *wingless* は翅の発生に不可欠である．先にも述べたように，*wg* は初期にはセグメントポラリティー遺伝子として胚の体節形成に働く．*wg* は他の動物門の *wg* ホモログとともにWntファミリーとよばれるシグナル伝達分子の一大グループをなしており，多くの場面で活躍する．Wntシグナル伝達のしくみについては，多くの知見がある．次章にも登場するので，これまでの知見を手短にまとめよう．

少なくともショウジョウバエでは，Wntがリガンドとして作用するためにはプロセシングが必要である．膜タンパク質 Porcupine（Porc）が Wnt のプロセシングまたは分泌に必要である．（このことは，Porc 機能が失われるとWntが産生細胞にとどまることから推測される．）Winglessシグナルの伝達には細胞外基質成分であるヘパリン硫酸化プロテオグリカンが必要である．活性型のWntリガンドは，Frizzled受容体ファミリーによって受取られる．（ショウジョウバエには二つの *frizzled* 遺伝子がある．）Frizzledには，シグナル伝達経路の重要な要素（βカテニン）を分解するシステムを妨げる働きがある．Wntシグナルがこないと，βカテニンが分解または不活化されるので，このシグナルに応答する遺伝子は活性化されない．一方，WntがFrizzledを刺激するとβカテニンを分解するシステムが停止するので，βカテニンによるWnt応答性遺伝子の活性化が可能になるのである（図15・28）．

Wnt（Wg）シグナルはβカテニンを介して何をするのだろうか．Wntシグナルは，他の転写因子（たとえばT細胞転写因子TCF）を活性化し，それによってその後の発生過程を統御しているのである．胚体内でWgは分泌源から拡散し，近くのWg感受性細胞にモルフォゲンとして作用して *Distalless* や *vestigial* の転写を誘導しているらしい．A/Pパターンを統御するモルフォゲンDppは，Wgシグナルの拮抗因子としても作用するので，ここで起こるすべての相互作用はいっそう複雑になる．（WgとDppは肢原基の発生においても，互いに拮抗しているという証拠がある）．最近見つかった遺伝子 *wingful*（*wf*）も細胞外分泌性のWg拮抗因子である．シグナル伝達分子Wgがβカテニン非依存性の経路を介して機能する場合があることも付け加えなければならない．本章の初めでも述べたが，Wgは通常のβカテニン二次伝達経路を介さずに，翅毛パターンの極性や感覚剛毛の極性の形成を助けているのである．

翅の各領域を決定している経路についての知見の大半は，関連する分子のレポーター遺伝子を胚に導入し，翅の正常な領域と異常な領域におけるレポーター活性を比較検討する実験によってもたらされた．たとえば，遺伝子操作によって *wg* を発現する小さな細胞集団をD/V境界から離れた位置につくることができる．これによって，

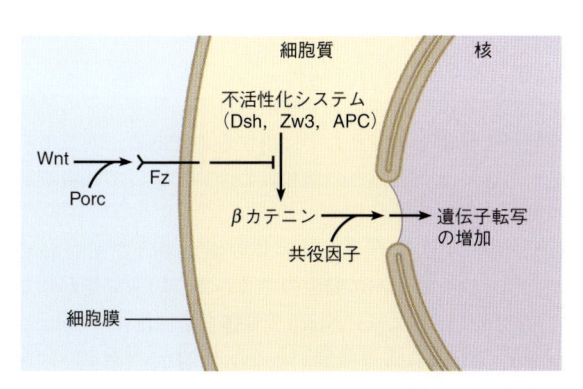

図 15・28 Wnt（Wingless）シグナル伝達経路．伝達経路の各段階を示す．Wntの分泌にはPorcupine（Porc）の働きが必要である．リガンドWntを受容体Frizzled（Fz）が受取る．βカテニンを分解するDsh，Zw3，APCからなる経路がこのシグナルによって抑制され，その結果βカテニンが残存可能となる．βカテニンは共役因子とともに核内へ移行し，標的遺伝子の転写を調節する．この経路は実際にはもっと複雑で入り組んでおり，この単純なモデルは今後ある程度改変されるだろう．ショウジョウバエのWntファミリー分子は，この場合はWinglessである．*wg* ホモログが使われる似たような経路は多くの動物群でみられる．

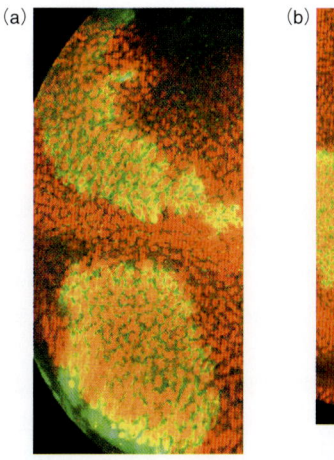

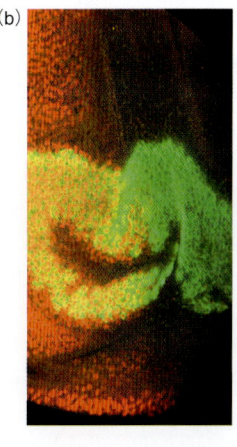

図 15・29 遊離型Winglessと膜固定Winglessに対する局所反応．Wgをその産生細胞から離れないように操作した場合の効果．(a) Wg産生細胞が生成したWgは周囲に拡散する．*vg* 遺伝子の応答をVgタンパク質に対する抗体で検出すると（赤），Wg分泌細胞（緑）から10細胞程度離れた範囲まで応答が広がっていることがわかる．(b) 遺伝子操作によってWgを細胞膜に固定させることができる（緑）．Wg産生細胞に接した細胞だけが応答してVg（赤）を発現することがわかる．

翅縁特有の剛毛パターンと神経芽細胞分布を示す領域が，翅縁から離れた位置に島状に形成される．そしてWg分泌細胞集団から10細胞以内の距離にある細胞では，Wgシグナルの標的遺伝子 *Distalless* と *vestigial* の転写がみられるようになる（図15・29a）．

生物工学技術によって *wg* 遺伝子を変異させ，Wgタンパク質が産生細胞の細胞膜表面に固定されて分泌できないように改変してみよう．それを胚に注入してトランスジェニック胚を得る．*Distalless* と *vestigial* の発現誘導を目安に導入遺伝子の活性をモニターすると，変異Wgタンパク質の効果はWg産生細胞に接した細胞にのみ認められる（図15・29b）．このような実験からWgリガンドの効果は拡散できる距離に依存することがわかる．

胚はどのように場所に応じた器官形成パターンをつくるのか

これまでの例で述べたことは，別の多くの場面にも当てはまりそうだ．たとえば，D/V軸，A/P軸，それに遠近軸がかかわる肢を形成する肢原基の発生でも共通なシグナル伝達経路がたくさん使われている．当然違いはあるが，それらは似たような使われ方をする．複眼と触角を形成する複合原基は詳細に研究されており，そこでもたくさんの共通の分子が登場する．研究していると，本章で述べた三つの分子ファミリー，すなわちWnt，TGF-β（DppとBMPもこのファミリーの一員），Hedgehogのシグナル伝達経路に繰返し遭遇することになる．ただし，これらの分子は違う名前でよばれる場合もある．

次章では脊椎動物の遺伝子調節を探求するが，そこでも同じシグナル伝達経路と出会うことになる．モルフォゲン（あるいはモルフォゲンと予想されているもの）の濃度勾配，そしてモルフォゲン濃度に依存する細胞反応の話もある．非対称分裂と複雑な細胞間シグナル伝達によって境界と辺縁が生じることも学ぶであろう．自然は一つの胚を創造するために，手持ちの調節機構を駆使して可能な限りの策をめぐらすのである．

本章のまとめ

1. 細胞運命の決定や分化において胚の細胞間相互作用は必須であり，その働きの基本は化学的シグナルの発信・受容機構の制御である．
2. 細胞骨格と細胞表面の極性に基づく非対称分裂によって不等価な細胞が生じる．細胞骨格の非対称性は母細胞から引継ぐか，または局所的微環境によって生じる．細胞骨格の非対称性は，複雑な生化学的プロセスを通じて分裂時の高分子の不均等な分配をもたらす．
3. いったん異なる細胞集団が生じれば，細胞は近くにある他集団の細胞にシグナルを送り，自分と同じ細胞運命を辿ることを妨げることができる．側方抑制（たとえばショウジョウバエにおけるDelta，SerrateによるNotchシグナル伝達）はこうして発生初期における差別化を進める．
4. ショウジョウバエの初期胚のボディプラン形成は段階的に進行する．そこでは，転写因子が互いに影響し合う反応カスケードが用いられている．さまざまな転写因子の濃度の違いによって，胚の中に勾配ができることになる．特定の転写因子に対する応答が遺伝子によって異なるのは，転写因子と結合部位間の親和性の強弱による．それによって遺伝子の活性は不連続的になり，境界で区切られた遺伝子発現領域と部域特異的なエフェクター遺伝子の活性化がもたらされる．転写因子の調節領域DNAへの親和性は，ホメオティック遺伝子の作用にもかかわっている．
5. 初期胚で胚体の部域化がなされると，細胞間シグナル伝達が手段の一つとして利用される．リガンドの濃度勾配がモルフォゲンとして作用するのである．同じモルフォゲンでも受容体との親和性の違いによって細胞ごとに反応が異なる．
6. シグナル伝達分子と受容体の似たような組合わせが，ショウジョウバエ発生のさまざまな場面で使われている．例としては，(a) Notch受容体を活性化するDeltaとSerrate（Fringeによる修飾がある），(b) Dpp（あるいは他のTGF-βファミリーの因子）による受容体Thickveinあるいは Punt の活性化，(c) HedgehogによるPatched-Smoothened受容体複合体の活性化，(d) Winglessによる受容体Frizzledの活性化などがあげられる．

問 題

1. 母性および接合子性のいずれのMom5タンパク質ももたない線虫 *C. elegans* 胚が得られたとする．このタンパク質の欠失によって胚はどのようになるか．
2. 受容体Notchがかかわる側方抑制では，シグナルを受

15. 発生における調節ネットワークI：ショウジョウバエとその他の無脊椎動物   311

容した細胞にはシグナル発信細胞と異なる発生運命が指示される．この側方抑制が伝わる距離はどれくらいか．その答を検証する実験を考案できるか．

3. *eve*遺伝子のヌル突然変異をもつショウジョウバエの胚は，奇数番号の7体節は正常で，偶数番号の7体節がすべて異常になる．なぜこのようになるのか．

4. 下表は *otd* と *ems* の前方頭部の三つの分節（ant）における発現位置を表している．さらに，14の分節，すなわち，後方頭部体節（H1からH3），胸部体節（T1からT3），腹部体節（A1からA8）におけるHOM複合体の8遺伝子のおもな発現領域も示している．すべてのバイソラックス複合体の遺伝子，すなわち，*Ubx*，*abd-A*，*Abd-B* のすべての機能が欠失したと仮定する．各分節のアイデンティティーはどのようになるか．そう考える理由も説明せよ．

otd	*ems*		*lab*		*scr*	*Antp*	*Ubx*	*abd-A*					*Abd-B*		
ant	ant	ant	H	H	H	T1	T2	T3	A1	A2	A3	A4	A5	A6	A7	A8

参考文献

Anderson, K. 1995. One signal, two body axes. *Science* 269: 489–490.
Gurkenシグナル伝達の短い総説．

Anderson, K. V. 1998. Pinning down positional information: Dorsal-ventral polarity in the *Drosophila* embryo. *Cell* 95:439–442.
この分野の第一人者による，ハエの背腹極性の制御に関する新たな展開に関する研究論文．

Bray, S. 2000. Notch. *Curr. Biol.* 10: R433–R436.
Notchの働きと，そのしくみについての簡潔かつ鋭い総説．

Gonzalez-Reyes, A., Elliott, H., and St. Johnston, D. 1995. Polarization of both major body axes in *Drosophila* by Gurken-Torpedo signalling. *Nature* 375: 654–658.
沪胞細胞との相互作用によって卵母細胞に極性が生じるしくみについての研究論文．

Gonzalez-Reyes, A., and St. Johnston, D. 1998. Patterning of the follicle cell epithelium along the anterior-posterior axis during *Drosophila* oogenesis. *Development* 125: 2837–2846.
沪胞細胞のパターン形成の研究．

Greenwald, I. 1998. Lin-12/Notch signaling: Lessons from worms and flies. *Genes Dev.* 12: 1751–1762.
線虫とショウジョウバエのさまざまな発生場面におけるNotchの機能を詳細に論じた総説．

Hawkins, N., and Garriga, G. 1998. Asymmetric cell division: From A to Z. *Genes Dev.* 12: 3625–3638.
Numb-Inscuteable伝達経路の総説．

Ingham, P. W., and McMahon, A. P. 2001. Hedgehog signaling in animal development: Paradigms and principles. *Genes Dev.* 15: 3059–3087.
Hedgehogシグナル伝達の全体像を詳述した総説．

Jan, Y. N., and Jan, L. Y. 1998. Asymmetric cell division. *Nature* 392: 775–778.
Numbの役割に関するもう一つの総説．この分野の第一人者による解説．

Kosman, D., Ip, Y. T., Levine, M., and Arora, K. 1991. Establishment of the mesoderm-neuroectoderm boundary in the *Drosophila* embryo. *Science* 254: 118–122.
Dorsalの濃度勾配が *twist* と *snail* 遺伝子によって認識され，明確な境界が形成されるしくみについての研究論文．

Lohmann, I., and McGinnis, W. 2002. Hox genes: It's all a matter of context. *Curr. Biol.* 12: R514–R516.
Ubx と他のホメオティック遺伝子が標的遺伝子に作用するしくみに関する新たな知見をまとめた短い総説．

Misra, S., Hecht, P., Maeda, R., and Anderson, K. V. 1998. Positive and negative regulation of Easter, a member of the serine protease family that controls dorsal-ventral patterning in the *Drosophila* embryo. *Development* 125: 1261–1267.
背腹パターン形成におけるプロテアーゼの役割を探求した研究論文．

Nüsslein-Volhard, C., Frohnhofer, H. G., and Lehmann, R. 1987. Determination of anteroposterior polarity in *Drosophila*. *Science* 238: 1675–1681.
母性効果遺伝子による体軸形成の制御を，研究を行った当事者らが解説した歴史的総説．

Qi, H., Rand, M. K. D., Wu, X., Sestand, N., Weiyi, W., Rakic, P., Xu, T., and Artavanis-Tsakonas, S. 1999. Processing of the Notch ligand Delta by the metalloprotease Kuzbanian. *Science* 283: 91–94.
プロテアーゼによるNotchの切断によってシグナル伝達がなされるしくみを示した論文．

Roth, S. 1998. *Drosophila* development: The secrets of delayed induction. *Curr. Biol.* 8: R906–R910.
背腹軸形成に多くの遺伝子が共同して働くことを解説した総説．

Roth, S., Neuman-Silberberg, S., Barcelo, G., and Schupbach, T. 1995. *Cornichon* and the EGF receptor signaling process are necessary for both anterio-posterior and dorsal-ventral pattern

formation in *Drosophila*. *Cell* 81: 967–978.
体軸形成の基礎に関して大きな影響を与えた研究論文.

Sen, J., Goltz, J. S., Stevens, L., and Stein, D. 1998. Spatially restricted expression of *pipe* in the *Drosophila* egg chamber defines embryonic dorsal-ventral polarity. *Cell* 95: 471–481.
Dorsal が局所的に活性化されるしくみ解明のブレークスルーとなった研究論文.

St. Johnston, D., 1995. The intracellular localization of messenger RNAs. *Cell* 81: 161–170.
胚の細胞内で mRNA が局在化するしくみを広範に扱った総説.

Technau, G. M., 1987. A single cell approach to problems of cell lineage and commitment during embryogenesis of *Drosophila melanogaster*. *Development* 100: 1–12.
ショウジョウバエ胚の細胞系譜についてまとめた論文.

Vincent, J.-P., and Briscoe, J. 2001. Morphogens. *Curr. Biol.* 11: R581–R584.
モルフォゲンの本体と作用機構に関する魅力的な解説.

16 発生における調節ネットワークⅡ：脊椎動物

本章のポイント

1. 両生類胚はショウジョウバエで発見された多数のシグナル伝達経路を用いている．
2. 両生類胚はニューコープセンターを確立するために局在性mRNAを利用している．
3. ニューコープセンターにより確立されたシュペーマンオーガナイザーから原腸形成が始まる．
4. シュペーマンオーガナイザーは，植物半球腹側シグナルと拮抗する数種類のタンパク質を分泌することにより，背側中胚葉と神経管の形成を誘導する．
5. 脊椎動物も，ボディプランと肢形成を制御するためにホメオティック遺伝子（HOX遺伝子）を利用している．

　最近になり，転写因子の遺伝子や，シグナル伝達経路構成因子をコードする遺伝子がつくる連鎖反応の重要性が発見され，発生に関する理解に大きな変化がもたらされた．ショウジョウバエの研究で得られたこれらの発見は，単に発生についての新しい洞察をもたらしただけでなく，研究者に新しい一連の研究手法を提供したといえる．異なる生物を用いることで，新たな実験目標と機会が得られるのである．たとえば，マウスを用いた遺伝子ノックアウト法により，ある遺伝子が発生に不可欠かどうかを明らかにするためのヌル（null，完全機能喪失型）突然変異を作製することが可能となる．カエルの大きな卵は，生物活性をもつかもしれない分子を顕微注入し，発生する胚を，いわば生化学のための特殊な試験管として利用するのに適している．

　前章までで，ショウジョウバエや線虫 *Caenorhabditis elegans*，ウニのような無脊椎動物で得られた知見を学んできた．これを基礎として，本章では脊椎動物のボディプランの形成や器官形成のいくつかの局面に関し，分子的基盤をより詳細に再検討することにする．果たして，これらの過程においても，ショウジョウバエの場合と同様の遺伝子や遺伝子カスケードがかかわっているのだろうか．自然の戦略はこれらの異なる生物間で似ているのだろうか．遺伝学的操作は強力な研究手法となっており，このためにマウス胚が脊椎動物の研究において重要な材料として用いられてきた．もう一つの脊椎動物であるゼブラフィッシュ *Danio rerio* もまた，脊椎動物の発生において重要な遺伝子と遺伝子調節回路を見いだすために精力的に研究されている（ボックス16・1参照）．

　本章での再検討は両生類胚から始めよう．この動物については発生学的データの大きな蓄積があることに加えて，実験的操作を加えることが容易なため，脊椎動物の発生に関して重要な洞察を導いてきた．まず，アフリカ

ボックス 16・1　ゼブラフィッシュ

　近年，ドイツ チュービンゲンのNüsslein-Volhardと共同研究者らは，突然変異の作製と遺伝学的解析が比較的容易な脊椎動物を用いた大規模な研究に着手することを決意した．マウスがすでにこの目的で用いられ，重要な成果が得られているが，マウスでは世代時間が数カ月にもなるため，結果が得られるまでに時間を要することになる．したがって，多数の突然変異を作製し，遺伝学的解析を行うといった研究はマウスでは困難である．そこで，ドイツの研究者たちはモデル生物としてゼブラフィッシュ*Danio rerio*を選ぶことにした．ゼブラフィッシュは，米国オレゴン大学のGeorge StreisingerとCharles Kimmelに率いられた熱心な科学者のグループの活躍により，発生生物学者の注意をひくようになっていった．

　この種の研究にゼブラフィッシュを用いることには，いくつかの利点がある．年間を通じて多数の胚を得ることが可能であり，体外受精も可能であるうえ，胚の透明性が高い．さらに，世代時間が短く，単為生殖によりホモ接合二倍体を得ることが可能である．最後に述べるが，忘れてはならないのは，ゼブラフィッシュで見つかる重要な遺伝子は，同じ脊椎動物であるために，おそらく羊膜類にも存在する可能性が高く，ヒトで知られる遺伝的素因をもつ疾病に関し，有用な研究に発展しうると考えられるのである．

　ゼブラフィッシュの発生には，これまで本書で述べてきた他の脊椎動物の発生とやや異なる点がある．ゼブラフィッシュの初期発生の流れを図に示す．受精後，ほとんどの細胞質は動物極の近傍に集まり，卵黄は植物極に局在する．細胞質の動物極領域のみが卵割（盤割）を行い，胚盤を形成する．胚盤の周縁部では細胞核の分裂が起こる結果，シンシチウム性の**卵黄多核層**（yolk syncytial layer: YSL）が形成される．この部分は，胚盤葉の直下にある1個の巨大な卵黄細胞の上端領域に相当し，多数の核を含んでいる．盤割と胚盤周縁部でのシンシチウム形成は鳥類の発生でも観察される．ツメガエルの場合と同様に，ゼブラフィッシュでも微小管に依存した背側決定因子の移動が卵の片側で起こり，この部分が胚の予定背側を形成することになると考えられている．

　胚の断面を見ると，多数の核を含むシンシチウム性の卵黄細胞の上を**深部層**（deep layer）の細胞が覆い，さらにその外側を**被覆層**（enveloping layer）が包んでいる（図a）．被覆層は両生類や羊膜類の胚ではみられない特殊化した胚性の被覆構造であり，胚本体を形成するのは深部層である．

　胚盤周縁部の細胞は卵黄細胞を覆うように伸展する（図b）．この運動は主としてYSLの自律的な拡張によるもので，このさいに被覆層は深部層とともにYSLに牽引されて卵黄細胞を覆っていく．この"牽引"作用には微小管の働きが不可欠である．エピボリー（epiboly，覆いかぶせ運動）が進行するにつれ，胚盤周縁部にある多数の深部層細胞は，巻込み運動（involution）と移入（ingression）を行い，当初の深部層と卵黄細胞の間に新しい細胞層を形成する．胚盤周縁部に生じる肥厚部（**胚環**；germ ring）は，被覆層直下の表面細胞層（**胚盤葉上層**）と，内部細胞層（**胚盤葉下層**）の2層から構成される*．胚環と胚盤の予定背側部では，YSLの核内にβカテニンが蓄積し，この領域では肥厚が特に顕著となる．βカテニンの蓄積はおそらくWnt経路が胚葉の分化にかかわることを示している．予定背側部でみられる胚環と胚盤葉の肥厚部は，**胚盾**（embryonic shield）とよばれる．

　胚盾では，胚盤葉下層の細胞が収束伸長（convergent extension）を行った後，内胚葉と背側中胚葉を形成する（図c）．胚環での巻込み運動，移入と胚盾の形成が，ゼブラフィッシュにおける原腸形成である．

＊　訳注：羊膜類で知られる同じ名前の胚領域と異なり，魚類の場合にいう胚盤葉上層からは外胚葉，胚盤葉下層からは中胚葉と内胚葉が分化する．

ツメガエルにおいて胚葉とボディプランを確立する調節回路に焦点を当てたうえ，考察をさらに羊膜類にも発展させ，特にホメオティック遺伝子について考えてみたい．最後に，最終分化の一つの例として，複雑な調節回路について特に詳細に研究されてきた肢の発生を検討することにする．

シグナル伝達と発生

カエルはハエではない

　もしショウジョウバエで用いられているのと同じ作戦がツメガエルでもみられるのであれば，初期発生の転写に影響を与えるBicoid（ビコイド），Hunchback（ハンチバック），そしてNanos（ナノス）タンパ

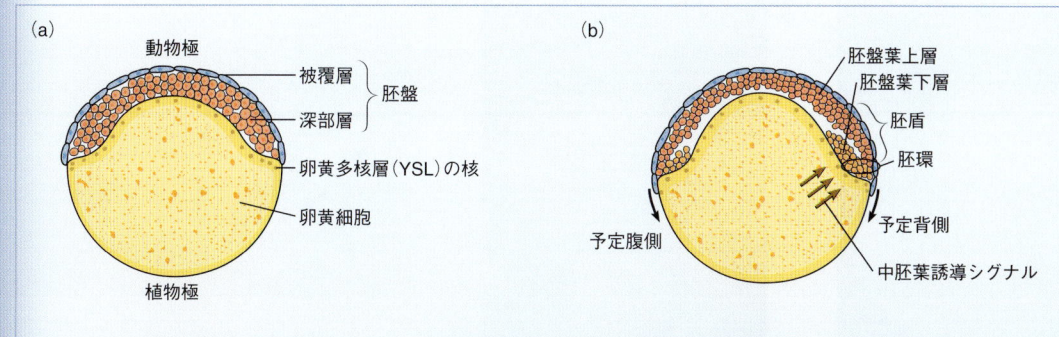

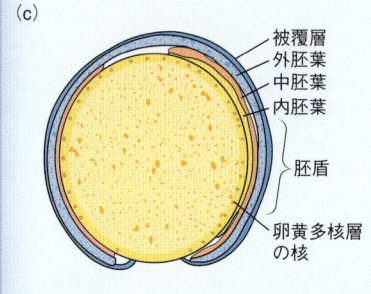

ゼブラフィッシュの初期発生と原腸形成．(a) 受精卵が卵割を経た後，動物極では深部層の細胞，植物極では卵黄細胞が生じる．多数の遊離した核が，深部層直下にある卵黄細胞内領域，すなわち卵黄多核層（YSL）に分布する．(b) YSLは収縮し，深部層細胞と被覆層を植物極に引き寄せる．深部層細胞は胚盤周縁部で巻込み運動を行う結果，胚盤葉上層とそれを裏打ちする胚盤葉下層を形成する．予定背側領域にある胚盤葉上層と胚盤葉下層は胚盾を構成する．一部の胚盤葉上層細胞は，移入によっても胚盤葉下層に移動し，最終的に胚盤葉下層から中胚葉と内胚葉が生じる．YSLの一部領域で核にβカテニンが蓄積し，周辺深部層細胞に対してオーガナイザー形成シグナルを放出する．その結果，予定背側が決定される．(c) 胚盤葉のエピボリーがさらに進行し，胚盤葉上層と胚盤葉下層から最終的に3胚葉が形成される．また，前後軸が胚盾でみられるようになる．

βカテニンを蓄積した核の分布するYSL領域は，ニューコープセンターに相当すると考えられており，胚盾はオーガナイザー機能をもつ．胚盾の細胞を深部層細胞ごと胚盤葉の予定腹側領域に移植すると，完全な二次胚が誘導できることがその証拠である．

胚盾の胚盤葉上層領域における中軸付近の細胞は，集合して中実性の細胞性棒状構造をつくり，その後，この内部に空隙が生じ，神経管が形成される．同じ様式の神経管形成は，両生類および羊膜類胚の尾芽における神経管形成でもみられる．

Wntシグナル伝達経路とβカテニンが，オーガナイザーの誘導にかかわる点は，他の脊椎動物の場合と似ており，神経誘導にはBMPやWntのホモログ，そしてその拮抗因子（本章の後半で紹介するDickkopfおよびChordinのホモログ）が関与している．このように，ゼブラフィッシュの初期発生を制御する基本的シグナル伝達経路は，他の脊椎動物のものとよく対応している．一方，形態的にみると，多くの相違点がある．独特な構造である被覆層に加え，胚盤葉とシンシチウムの形成はツメガエル胚の発生ではみられず，むしろ鳥類の発生様式に類似している．YSLがエピボリーに関与するという点は特徴的であり，前方神経管の形成様式は，両生類や羊膜類のものとは異なっている．本書ではゼブラフィッシュでの器官形成を独立したトピックスとしては扱わないが，大部分の器官形成の基本的概略は6,7章で述べたものと同様である．

この分野の研究者たちは，発生における重要な遺伝子を同定するためにゼブラフィッシュを用いることで，すでに大きく研究を進展させた．大規模突然変異体スクリーニングの結果，約700系統もの異なる発生異常変異体が得られている．今後，初期発生と器官形成の両方にかかわる多数の新規遺伝子がゼブラフィッシュで同定され，研究されると期待されている．得られる成果が，羊膜類の発生の理解にも大きく貢献するのはまちがいないであろう．

ク質の局在が予想される．しかし，実際にはそのようなことはない．4章で述べたように，両生類の未受精卵は対称構造であり，前後軸，背腹軸に沿った極性はみられない．この卵に非対称性をもたらし，ボディプランにおける軸を確立する反応を開始するのは，卵表層の内部細胞質に対する回転であり，その回転を規定するのは精子の進入点である．なお，ショウジョウバエでも卵形成時における細胞小器官の移動が，背腹に沿った極性の決定にかかわっていることはすでに述べたとおりである．

ツメガエル胚における表層回転は，体軸の決定と背側軸構造の発生に不可欠である．なお，背側軸構造は脊椎動物ボディプランの顕著な特徴である．図16・1(a)は，

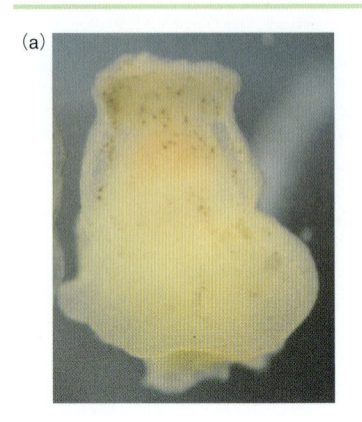

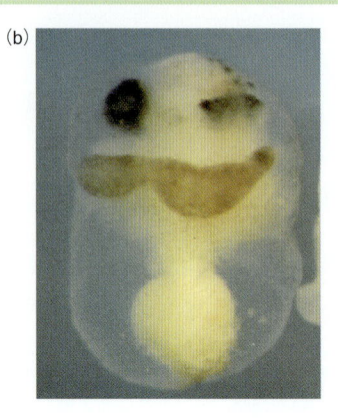

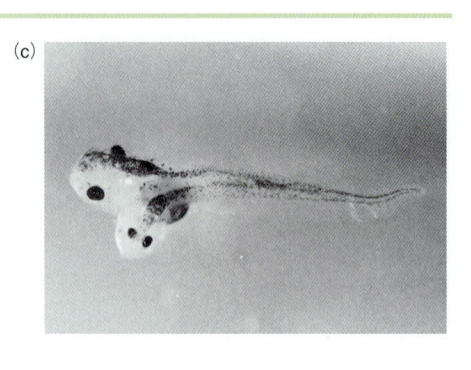

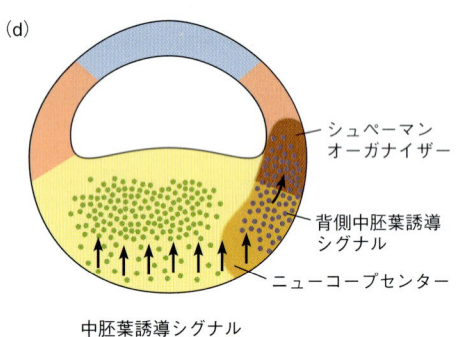

図16・1 植物極側の細胞質が背側構造の発生に及ぼす促進効果. (a) 腹側中胚葉とある程度の内胚葉が形成された超腹側化ツメガエル胚. 背側軸構造がなく, 表皮, 血球と縮小した腸のみが生じている. この胚は, 表層回転の前に, 受精卵の植物極が紫外線照射されている. (b) 比較のため, 微小管安定化作用があるD_2Oで処理した超背側化胚を示す. この胚では, 眼の色素が広がって胚を取巻いており, 大きなセメント腺と巨大な心臓がある. (c) 受精卵の植物極から取出した表層細胞質を, 正常16細胞期胚の予定腹側植物極割球に注入すると, この植物極細胞質の誘導作用により, ほぼ完全な二次胚が形成される. (d) 表層回転の結果形成されるツメガエル胞胚の模式図. ニューコープセンターとシュペーマンオーガナイザー, および各胚葉が生じる領域の位置に注意.

植物極に紫外線 (UV) を照射することにより, 表層回転を阻害した胚を示している. この処理の結果, 過度に腹側化した胚が形成される. この胚の内部構造を調べると, 腹側中胚葉構造がある程度分化しているだけであることがわかる. 比較として, D_2O (重水) 処理により, 過度に背側化した胚を図16・1(b)に示す. D_2Oは, 本来はダイナミックに構造変化をする微小管を安定化する (変化を妨げる) 効果をもつ.

正常胚の植物極細胞質を, このようなUV照射胚の赤道域に注入すると, 軸構造の発生が回復する. 植物極表層細胞質を正常胚の予定腹側細胞に注入することで, ほぼ完全な二次胚を誘導することも可能である (図16・1c). 明らかに, 胚の植物極表層の細胞質に, ある種の形成中心を確立するような因子が存在し, 結果的に背側軸構造の発生を誘導しているのはまちがいない. これらの因子は表層回転の結果, 何らかのしくみで再配置されると考えられている. 現在広く受け入れられているのは, Wntシグナル伝達分子, あるいはWnt経路の構成成分が, 表層回転の結果, 予定背側領域に分配されるという仮説である.

この仮説を支持する発見がある (まだ証明されたわけではない). 15章で述べたように, Wntシグナル伝達経路の一部を構成するβカテニン (β-catenin) が表層回転の後, 予定背側領域に高濃度で検出された. もし, GSK3βとその共役因子がβカテニンを不安定化することがないならば, βカテニンは転写活性化因子として働く. 15章で述べたように, Wntシグナルが働くとGSK3βが抑制されるため, βカテニンは安定化され, 核内に移行することになる. (図15・28ではGSK3βはZw3と表記されている. これはショウジョウバエにおけるGSK3βオルソログの名称.) 最近, βカテニンの不安定化にかかわる複合体 (GSK3βとその共役因子) の機能を妨げるタンパク質群がツメガエルで同定された. 注目すべきこととして, 紫外線照射はGSK3β活性の抑制を妨げるだけではなく, 背側前方部の形成をも停止させる (図16・1a参照). 以上のことから, Wnt-βカテニン-GSK3β経路の制御が背側前方部の形成にきわめて重要と考えられる.

シグナル伝達分子や転写因子ドメインの多くは事実上すべての動物でみられる

ショウジョウバエのところで述べた分子の多くが, 動物界でほぼ普遍的に存在するということをここで強調しておく. ショウジョウバエでみられる転写因子のあるもの, たとえばBicoidは他の門に属する動物ではみられな

い．しかし，ハエでみられる転写因子，そしてシグナル伝達分子のきわめて多くについては，ほとんどの後生動物で近縁なものが知られている．もちろん，これらの分子は同一とはいえないかもしれないが，機能的に重要な分子内領域（ホメオボックス遺伝子のホメオボックスモチーフなど）はしばしばよく保存されている．さらに，動物のあるものは，一つの遺伝子ファミリー内に，類似してはいるが同一ではない遺伝子を多数もっている．ファミリーに属する遺伝子の数は，生物ごとに異なることもある．たとえば，ショウジョウバエではTGF-βファミリーの遺伝子は数個しか知られていないが，マウスとヒトでは少なくとも十数個の遺伝子が存在する．

ニューコープセンターについての再検討

ニューコープセンターは"背側構造誘導センター"である

4章で述べたニューコープセンターは，ツメガエル胚の植物極半球にあって，シュペーマンオーガナイザーおよび背側中胚葉の形成を誘導する，あるいは少なくともそれを補助する細胞群である．背側中胚葉とシュペーマンオーガナイザーがないと，脊索や体節，神経板，咽頭内胚葉などの背側中軸構造が形成されない．ニューコープセンターの胚内での正確な位置や，その役割がどの程度に重要かという点については，この分野の研究者の間でも完全な合意に至っていない．このことは驚くべきことではない．というのは，その位置と作用についての定義はすべて実験に基づくものであって，それを規定する実験の性質に依存するからである．最初にNieuwkoopにより示されたように，胞胚の植物極半球のどの部位であってもアニマルキャップに作用して何らかの中胚葉を誘導するが，背側中胚葉を誘導するのは**予定背側領域にある植物極細胞**である．シュペーマンオーガナイザーもまた植物極半球の予定背側部にある赤道下領域細胞から生じるが，実際には，発生の早い時期にニューコープセンターであった領域の背側部から形成されるのかもしれない．この一連の過程を図16・1(d)に示した．

このような定義にかかわる問題は，ただの意味論的な言葉の遊びではない．以下でみていくように，胚葉が決定され，原腸形成が起こる時期において，細胞間では非常に複雑なシグナルの伝達が行われる．どの細胞が何をするのか，ある細胞がどこに位置しているのか，そして細胞はどこに移動するのかといったことを正確に知るのは，実験的証拠を評価する上で不可欠である．

さまざまな種類の分子が背側誘導因子として働くことが知られている．これに含まれるのは，数種類のWnt

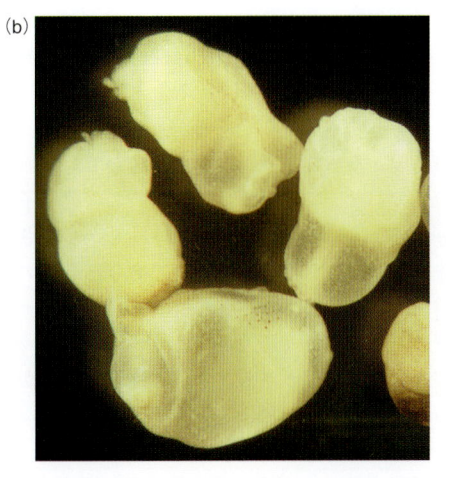

図16・2 **Wnt mRNA顕微注入による背側構造の発生の回復**．背側構造の発生を解析する典型的な実験で得られた胚．(a) 正常胚．(b) UV照射により背側構造が欠損した胚．(c) Xwnt8 mRNAの注入により背側構造の形成が"回復"されたUV照射胚．なお，同じ *Xwnt8* 遺伝子が発生の後期になると，逆の腹側化作用をもつようになる．

ファミリー成長因子，特にXwnt8（Xはツメガエルを表す）とXwnt8b，TGF-βファミリーの二つの成長因子〔アクチビン（activin）とVg1〕，ホメオドメインをもつ転写因子のSiamoisである．*siamois*は中期胞胚変移の後，速やかにニューコープセンターの細胞で発現する．発生している胚の腹側に，上述した分子のいずれを注入しても，腹側で体軸が重複する．また，各分子はUVの照射による腹側化効果を打消して正常に復帰させることができる（図16・2）．これらの分子のすべてが，背側構造の発生に必要なシグナル伝達にかかわるのだろうか．これらは同じシグナル伝達経路の一部なのだろうか．もう一問題なのは，Siamoisを除き，この段落でこれまで述べたいずれの分子もが，他の発生段階や，他の胚領域でも発現することである．疑いもなく，これらの分子は異なる状況では別の機能を果たしている．また，これらの作用のすべてが同じわけでもない．アクチビンとVg1はいずれもアニマルキャップに中胚葉を誘導できるのに対し，Xwnt8単独ではアニマルキャップに中胚葉を誘導する能力がないのである．

このように，上述したさまざまなシグナル伝達分子，転写因子，そして胚における実際の相互作用関係は複雑であり，解析するのが困難であった．あるシグナル伝達経路において，ある分子の上流に何があり，下流には何があるのかを遺伝学的に解析するのは現実的とはいえない．これまで行われてきたのは，巧妙な生化学と分子生物学を組合わせた研究，そしてショウジョウバエと線虫で発見された成果に基づく経験的な推論である．現在の一般的な理解の概略を述べることはできるし，実際ある程度そうするつもりであるが，詳細については今後修正が必要となるであろうことは，確かである．背側化やその他のパターン形成にかかわる新しい遺伝子がほとんど毎日のように発見されつつある．しかし，さまざまな実験の解釈は，しばしば不完全であり，あるいは互いに矛盾さえしている．

これらについての理解は，今後修正されるだろうが，どのように胚のボディプランが確立するのかという問題の詳細を考察することには立派な理由がある．第一に，まだ完全には明らかとなっていないにせよ，シグナル伝達経路やそれらの間の相互関係の途方もない複雑さが，重要な原理を構成することである．発生は，シグナル伝達と遺伝子発現制御のネットワークにより推進されており，このネットワークは相互に連結，あるいは重複して精細な調節を受けている．第二に，これらのネットワークで用いられる分子装置の多くは異なる動物種の胚の間でも類似しており，発生において多数の異なる過程

で利用されていることである．発生とは，非常に保守的であり，かつ確固とした機構により押し進められるのである．

siamois 遺伝子はニューコープセンター活性を示す信頼すべき指標である

ホメオドメイン転写因子のSiamoisの発現は，ニューコープセンター活性のよい指標となる．母親由来のβカテニンの作用を抑制することで，*siamois*の発現（すなわち，ニューコープセンターの形成）を妨げることが可能である．その結果，実際にあらゆる背側構造の発生が妨げられる．この機能喪失（loss of function）実験では，2通りの方法が可能である．一つは胚にいわゆるアンチセンスオリゴヌクレオチドを注入する方法である．ここで用いられるのは，βカテニンタンパク質のアミノ酸をコードするヌクレオチド配列（必ずではないが通常はN末端の近傍部位）に対して正確に相補的な配列をもつオリゴヌクレオチドである（ボックス7・2参照）．これは，初期発生において母性mRNAからのβカテニンの合成を妨げる．もう一つの方法はCカドヘリン（C-cadherin）（別名EPカドヘリン，表12・3参照）をコードするmRNAを受精卵に注入し，これによりCカドヘリンの過剰発現をひき起こすのである．大量のCカドヘリンは接着結合に取込まれ，βカテニンを細胞表層にあるこれらの細胞接着部に隔離する．その結果，βカテニンがもつシグナル伝達機能が失われることになる．

いずれの方法においても，βカテニンによるシグナル伝達を妨げると，背側構造の発生が妨げられ，*siamois*の発現が消失し，ニューコープセンターの形成も妨げられる．もし，Siamoisやアクチビン，Vg1のmRNAが，このような処理胚に注入されると，背側構造の形成が回復（rescue）する．このことから，アクチビンやVg1，Siamois（さらに他の体軸誘導分子）は，βカテニンから始まるシグナル伝達経路の下流で働くと考えられる．βカテニンの伝達経路においてβカテニンの上流にあるWntやその他の分子（GSK3など）のみが*siamois*の発現を異所的に誘導することができる．（βカテニン経路の概略については図15・28参照．）

図16・3は，これらの注入実験の結果を模式的に示している．このシグナル伝達経路がショウジョウバエの翅形成の経路と類似していることに注意してほしい．正常なツメガエル胚のシグナル伝達経路で働く実際の内在性WntまたはWnt様分子は，まだ同定されていない．しかし，母性因子として発現していることからXwnt8bが候補にあげられている．一方，細胞質にあるWnt経路の

ニューコープセンターについての再検討

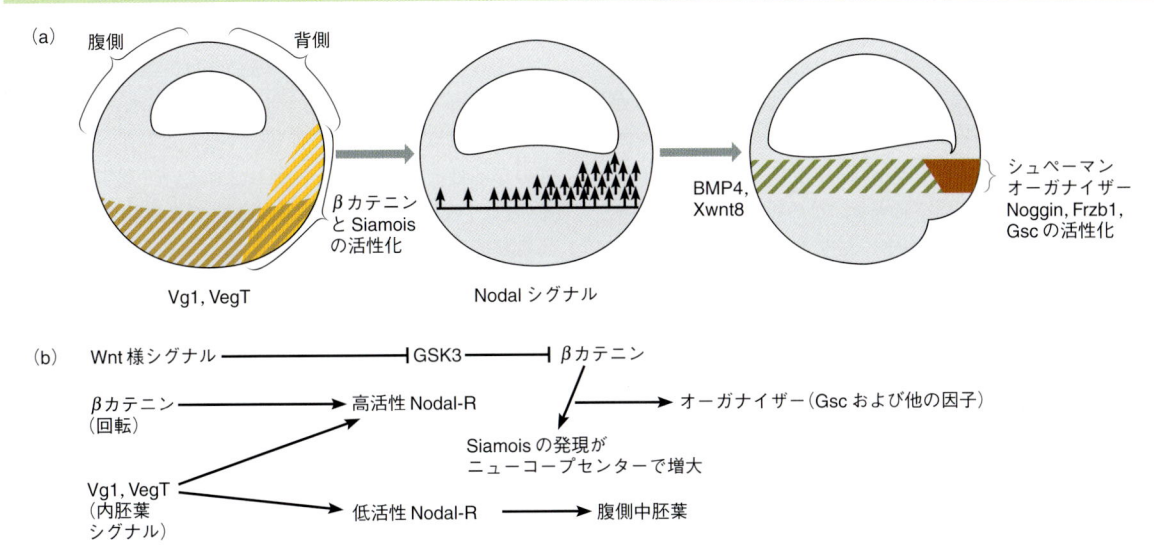

図 16・3 Wnt シグナルとニューコープセンターの形成. (a) ニューコープセンター形成の過程：受精により表層回転が起こり，何らかの細胞小器官が移動することになる．その結果，予定背側領域でβカテニンが安定化し，核内に移行して転写因子と協調的に働き，ニューコープセンターで siamois 遺伝子が活性化される．これにより goosecoid (gsc) などのシュペーマンオーガナイザー特異的遺伝子が活性化される．また，転写因子 VegT をコードする母性 mRNA が内胚葉形成に必要であり，VegT は Nodal 関連因子 (Nodal-R) と協調的に作用して中胚葉形成にもかかわる．Nodal 因子は予定腹側よりも予定背側領域に高活性で発現する．(b) Wnt シグナル伝達経路で予想される分子間相互作用の一部の概略図：Wnt 経路が活性化されていない場合は，プロテインキナーゼ GSK3 の作用によりβカテニンが分解される．βカテニンは上述のように表層回転の結果，予定背側領域で蓄積されると考えられている．また，何らかの Wnt 様シグナル，または他の何らかの内在性因子により GSK3 が抑制され，βカテニンの遊離と活性化が背側で起こる．これらの結果として，最終的に siamois が転写されニューコープセンターができあがる．一方，VegT とおそらく Vg1 が，内胚葉形成を活性化する．これらの因子の協調的な作用の結果，Nodal-R シグナルは予定背側で高活性状態，予定腹側では低活性状態となる．

構成因子が予定背側細胞で活性化されるだけで，ニューコープセンターが生じうるとする説もある．この場合，Wnt リガンドは結局のところ不要かもしれない．Wnt 経路の"活性化"がどのように背側細胞で起こるかについては不明であるが，Wnt 受容体の Frizzled-7 (Frz7) を欠損させると，背側のみで中胚葉形成が抑制される（腹側では抑制されない）ことから，実際に Wnt がかかわっている可能性がある．

転写因子遺伝子 VegT も胚葉の分化にかかわる

以上をまとめてみよう．表層回転の結果，予定背側領域でβカテニンが安定となる．このさい，おそらく Wnt シグナルがβカテニン経路の活性化，または促進に働いており，これにより Simois の産生が誘導される．この結果，他の遺伝子がニューコープセンターのシグナル作用を実行し，さらには背側中胚葉の分化とオーガナイザーの形成が起こる（図 16・3a）．

このような一連の過程を考えることで，中胚葉の分化，そして最終的には神経外胚葉の発生を説明することができる．しかし，内胚葉の役割についてはどうだろうか．TGF-β ファミリーの成長因子がかかわっているのだろうか．これらの因子が何らかの形でかかわっているのは確かである．なぜならば，TGF-β ファミリーの一員である Vg1 や Xnr (1, 2, 4)，derriere をアニマルキャップに発現させると，すべて中胚葉を誘導できるからである (Xnr とは "Xenopus の nodal 関連遺伝子"を表す．nodal はマウスで最初にクローン化された)．このほかにもやっかいな疑問がある．Nieuwkoop の実験では，移植が行われており，植物極細胞が中胚葉を誘導しうることが示されたが，植物極細胞は正常発生においても実際に同じように働くのであろうか．さらに，つじつまの合わない実験結果が報告されている．たとえば 1994 年に，英国ケンブリッジの Patrick Lemaire と John Gurdon は卵割中の胚を細胞にまで完全に解離して培養したところ，正常な組織構造をつくっていない場合でも，goosecoid など，シュペーマンオーガナイザー特異的遺伝子のいくつかの発現が活性化されたのである．

これらの実験結果が意味していたことは，今日では，

米国マイアミ大学の Jian Zhang, David Houston, Mary Lou King と, 当時米国ミネソタ大学にいた Chris Wylie と Janet Heasman (現在はシンシナチ大学) の共同研究で明らかにされている. 彼らはいわゆるTボックスドメインをもつ転写因子をコードする *VegT* 遺伝子について研究していた. *VegT* は卵形成時に発現し, その転写産物は卵の植物極半球に局在する. VegT に対するアンチセンスオリゴヌクレオチドを注入することで母性 VegT mRNA 濃度を低下させたところ, その胚は内胚葉が欠失しており, ニューコープセンターも形成されなかった. さらに, この VegT 欠損胚の植物極細胞は, 正常胚由来のアニマルキャップと結合して培養しても, 中胚葉を誘導できなかった. つまり, ニューコープセンター "試験"では失格となったわけである. この VegT 欠損胚では, 内胚葉の代わりに外胚葉性上皮と腹側中胚葉が生じた. Wnt シグナルと β カテニンによる *siamois* の活性化に加え, 母親由来の VegT mRNA とそのタンパク質が局在していることが内胚葉の形成, そして予定内胚葉による中胚葉誘導活性に不可欠なのである.

改良を加えた第二世代のアンチセンス実験では, ほぼ完全に母性 VegT を除去することができた. この胚では内胚葉が存在せず, ほぼすべての中胚葉が欠損していた. さらに, 中胚葉の発生に重要な多くのシグナル伝達分子 (FGF, Xnr1, 2, 4, Derriere) の発現が消失していた. おそらく *VegT* は, 内胚葉を形成する遺伝子と, 中胚葉形成にかかわる TGF-β ファミリーの成長因子の発現を制御する遺伝子の階層の頂点か, それに近い位置を占めると考えられる. Wnt-β カテニンおよび VegT-TGF-β カスケードのいずれもが, 胚における内胚葉と中胚葉, 軸構造の構築の確立に関与するのである (図16・3b). Nodal サブファミリー (Xnr1, 2, 3, 4) を含む TGF-β ファミリーの成長因子は, VegT の作用に介在する鍵となる因子である. *nodal* 関連遺伝子の mRNA を導入することで, VegT の欠損効果を打消すことが可能であり, また他の実験では Xnr が直接中胚葉分化にかかわることが示されている. TGF-β および Wnt 経路の構成成分が, 物理的に相互作用し, オーガナイザー領域で重要な下流遺伝子 (*xtwin*) の発現に影響を与えるという証拠も報告されている.

VegT は転写活性化因子であり, 中期胞胚変移以後に転写が初めて始まるため, VegT でニューコープセンターの作用を説明することが可能かもしれない. しかし, 複数の移植実験が, ニューコープセンターの背側中胚葉を誘導する活性が, すでに32細胞期に, 植物極半球にある程度存在することを示している. しかし, この結論と相反する実験も報告されており, これらすべての情報がどのように統合的に理解できるのかは不明である. あるいは発生の初期には VegT とは独立したニューコープセンター活性が存在し, その後, VegT に依存した第二の強力な活性の上昇があるのかもしれない. 確実と思われるのは, VegT の胚細胞における主要な効果は, 中期胞胚変移の後で発揮されるということである.

シュペーマンオーガナイザーの再検討

シュペーマンオーガナイザーはニューコープセンターの作用の結果として生じる

ニューコープセンターの働きは非常に重要ではあるが, その役割は一過的である. このシグナルセンターが, 中期胞胚変移の直後に初めて強いシグナル活性を示し始めることと, その作用はタンパク質合成がない状態でもある程度みられることが実験的に示されている. 現時点では, 軸形成と原腸形成の中心であるシュペーマンオーガナイザーが, どのようなしくみで予定背側帯域から形成されるのかについて正確なことはわかっていない. 現在は, 予定背側領域内のシュペーマンオーガナイザーの位置を定める他の因子が想定されている (それは他のWnt ファミリー因子かもしれないし, TGF-β ファミリーの成長因子の拮抗因子かもしれない). Nodal 関連因子とFGF が原腸形成直前に働き, 原腸形成の開始の指標となるボトル細胞 (bottle cell) の形成を誘導することが知られている. ニューコープセンター細胞は植物極にあり, その一部は予定シュペーマンオーガナイザーと物理的に重なっているのかもしれない.

ニューコープセンターの近傍には表層外胚葉, その直下の予定中胚葉, そして深部中胚葉からなる領域がある. ここが, 原腸形成が起こるところであり, シュペーマンオーガナイザーが位置する最初の場所である. この領域の細胞は, 背側中胚葉の性質を増強する多数のシグナル伝達分子を分泌する. オーガナイザーの細胞は外胚葉を神経化して, 神経系の形成を誘導するリガンドをも分泌する. ニューコープセンターの場合と同様, シュペーマンオーガナイザーの作用にかかわる因子は無数に知られている. これらの因子は相互に作用し合い, 複雑ながら確固たるシグナル伝達装置を形成している.

シュペーマンオーガナイザーの遺伝子発現は特徴的であり, 多数のリガンドを分泌する

シュペーマンオーガナイザー領域は均一な細胞集団ではない. 近年, 厳密な予定運命地図が作製された. これ

シュペーマンオーガナイザーの再検討

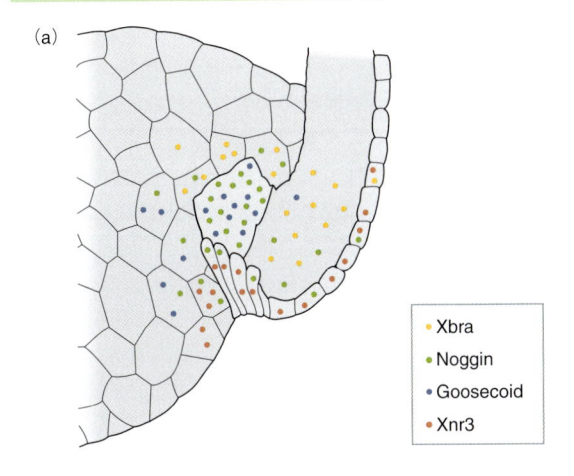

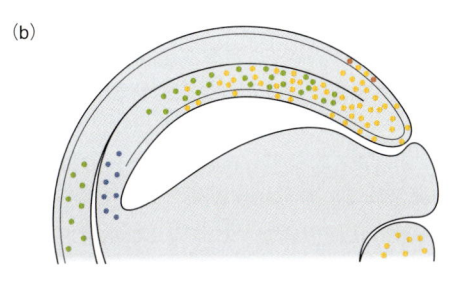

図 16・4　シュペーマンオーガナイザーにおける遺伝子発現地図．(a) オーガナイザーである原口背唇部の周辺における，さまざまなオーガナイザー特異的 mRNA を発現する細胞の分布．(b) 巻込み運動が始まって原腸が生じた後，さまざまなオーガナイザー領域が神経胚のさまざまな領域に組み入れられているのがわかる．

凡例: Xbra, Noggin, Goosecoid, Xnr3

により，オーガナイザー内にある細胞群の境界が決定され，2種類のリガンドと2種類の転写因子の発現細胞の分布が明らかとなった（図 16・4）．この地図は複雑である．オーガナイザーには，Noggin や Chordin のように強力な神経誘導能と，中胚葉の背側化能をもつリガンドが発現している．そのほか，アクチビンや FGF など，主として中胚葉形成にかかわるリガンドも存在する．さらに，オーガナイザー内の細胞の構成は絶えず変化しており，その一方でこれらの細胞の作用は原腸形成を通じて，そしてさらに神経胚期までも継続する．これに加え，オーガナイザーシグナルを受容する細胞集団自体の応答能（competence），つまり，受容体の機能状態が変化するのである．これらのことから，シュペーマンオーガナイザーの複雑さがうかがわれる．

シュペーマンオーガナイザーは神経誘導センターである

オーガナイザーは2種類の作用，すなわち，神経誘導と中胚葉の背側化作用をもつと考えられる．第二の作用は，TGF-β様成長因子と β カテニンにより中期胞胚変移の後に活性化される反応の協調作用の結果かもしれない．6章で述べたように，Noggin と Chordin という強力な神経誘導因子〔このほかにもフォリスタチン（follistatin）など同様の活性をもつ因子が知られる〕が発見され，それらの因子がどのように働くのかが解明された結果，オーガナイザーによる神経誘導のメカニズムについての考えは大きく変更された．Noggin と Chordin は，TGF-β ファミリーの一員である骨形成タンパク質（BMP）に物理的に結合してその作用を抑制する．このような BMP 作用の抑制の結果，外胚葉は表皮への分化能を失い，背側外胚葉は "デフォルト（default）" の神経分化を行うことになる．このいわゆるデフォルトの神経分化経路がどのように始まるのかの詳細については不明である．なお，6章で述べたように，脊索組織は Sonic Hedgehog のリガンドシグナル活性を介して神経管の背腹軸に沿ったパターン形成にかかわる．

詳細にみると，このほかにも相互作用が存在する．アニマルキャップ組織を Noggin で処理すると，中胚葉が全く形成されずに神経組織が生じる．この神経化反応は，脳の背側や腹側に特異的なマーカー遺伝子の発現をみることで解析することができる．（これらのマーカーの発現は，ランダムでも不規則に混在するわけでもなく，特定領域に限定されることが知られている．）さまざまな濃度の Noggin で処理すると，異なった神経マーカーが発現するので，Noggin はモルフォゲンの可能性がある．一方，Noggin で処理した細胞間の相互作用の結果，神経系が背腹軸に沿って組織化されることを示す実験結果も報告されている．

シュペーマンオーガナイザーは神経系の前後軸に沿ったパターン形成をもたらす

シュペーマンオーガナイザーの研究が始まって間もないころから，研究者たちは，オーガナイザーが神経系の前後に沿ったパターン形成にかかわることを認識してきた．原腸形成初期の原口背唇部を，反応性のある外胚葉と密着させて培養すると，脳様の構造が形成されたのに対し，中期原腸胚期のオーガナイザー組織を外胚葉とともに培養すると，後脳と脊髄が誘導された．最近，非常に初期の原腸胚オーガナイザーのさまざまな領域を用いた組織組換え実験が行われた．その結果，オーガナイザーが領域化されており，異なる領域がそれぞれ，前方あるいは後方の神経系を誘導することが示された．神経系の前後に沿った構造がどのように形成されるのかにつ

(a) 2因子モデル

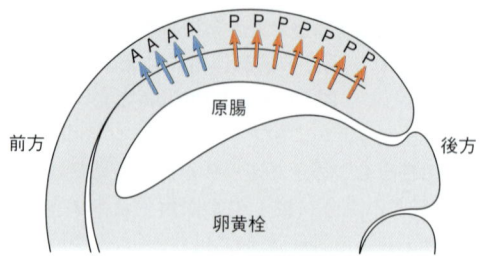

(b) 2段階モデル（二次的後方化）

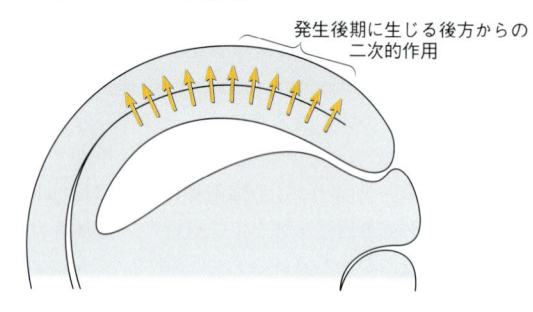

図 16・5　オーガナイザーが神経板をパターン化するメカニズムについての二つのモデル． ツメガエル後期原腸胚の断面を模式的に示す．(a) 2因子モデルでは，前方化因子（A）および後方化因子（P）の二つの異なる因子が，シュペーマンオーガナイザーに由来する脊索内の異なる領域から放出される．(b) 2段階モデルでは，単一の神経誘導シグナルが脊索全体に発現すると考えており，ひき続いて後方化作用をもつ第二のシグナルが作用する．

いては二つの説があり，長年議論が続いている．一つの説では，オーガナイザーは少なくとも2種類の物質（今日では"少なくとも2種類の物質混合物"と表現するのが適当かもしれない）を産生すると仮定しており，その一方は前方神経系，他方は後方神経系の発生に働くと考えている．もう一つの説では，オーガナイザーは前方神経系の誘導のみを行い，その後，後方化シグナルが後方領域に働くことで，後方神経組織の形成が誘導されると考えている．これらの考えはそれぞれ2因子モデル，2段階モデルとよばれている（図16・5）．もちろん，いずれの説も部分的に正しい可能性があり，これらが両立しないというわけではない．

後方化因子の候補はいくつか知られている．レチノイン酸（retinoic acid: RA）は胚の後方に前方よりも高濃度で存在する．アニマルキャップをNogginで処理する際にRAを同時に加えると，前方神経系マーカーに加えて，後方神経系のマーカーが発現する．同様に，Nogginと塩基性FGF（bFGF）で同時に処理すると，やはり後方神経系が誘導される．さらに，Wntファミリーのリガンドが bFGFの後方化作用にかかわることが示唆されている．他の実験では，後方沿軸中胚葉から産生されるXwnt8が，やはり後方神経系の発生に寄与することが示されている．これらの因子，あるいはそれ以外の候補分子が，実際に正常ツメガエル胚で後方化シグナルとして働いていることを明らかにするには，さらなる実験的

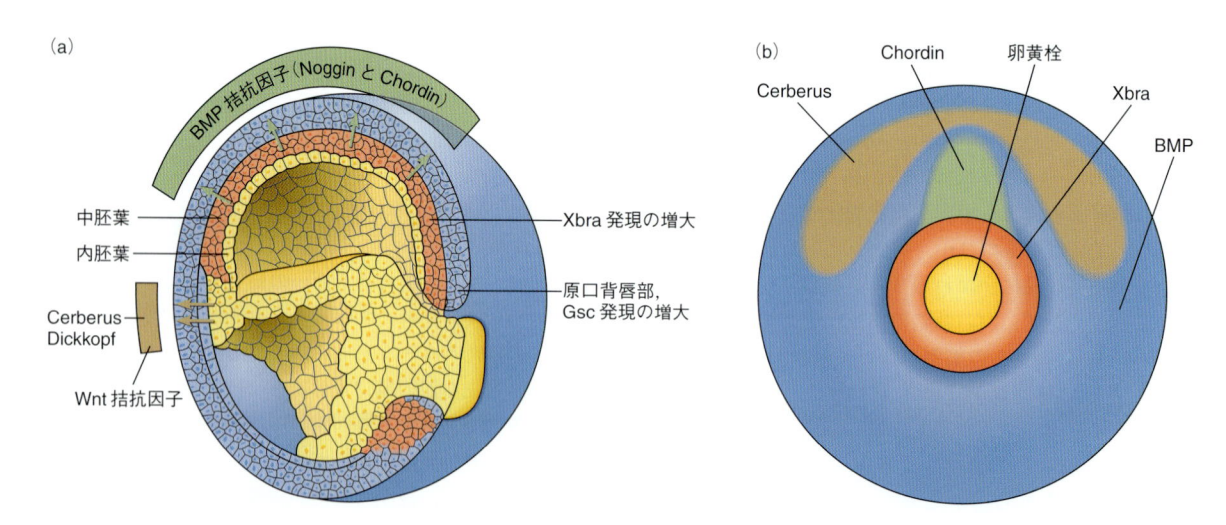

図 16・6　WntとBMPおのおのに対する拮抗因子のツメガエル胚における分布． (a) ツメガエル原腸胚の断面図．BMP拮抗因子であるNogginとChordin（そしてフォリスタチン）は背側中軸に発現する．陥入した中胚葉は*Xbra*を発現し，オーガナイザーは*goosecoid*を発現する．Wnt拮抗因子のCerberusとDickkopfは，前方細胞から分泌される．前方細胞は，この後まもなく内胚葉と中胚葉（内中胚葉とよばれることもある）に分化する．これらの過程が頭部形成に必要である．(b) 表層の外胚葉を除去して，後方背側から見たツメガエル原腸胚の模式図．Cerberusが前方に広く分布しているのがわかる．中胚葉マーカー遺伝子である*Xbra*は，原口の周囲で内部に巻込まれつつある円環状の細胞領域で発現している．

検討が必要である．

　もう一つの可能性としては，やはり全体像の一部にすぎないかもしれないが，オーガナイザー組織の"外部"，たとえば，側方または腹側からの部域的影響が神経発生のパターン形成にかかわることがあげられる．最近，ツメガエル胚に注入すると異所的な頭部を形成し，肝臓と心臓の重複を誘導する遺伝子として，*dickkopf*（"大きな頭"を意味するドイツ語）と*cerberus*（ケルベロス）（図16・6）という二つの遺伝子が発見された．これらの遺伝子は新規の分泌タンパク質因子をコードしており，いずれもWntシグナル伝達の強力な抑制因子であることが示されている．実際，WntとBMP両方のシグナル伝達経路を同時に妨げると，頭部を含む二次軸が誘導される．Cerberusは，BMPやNodal，Wntの受容体への結合を妨げることで，これらのシグナルを直接的に抑制することがわかっている．また，インスリン様成長因子（insulin-like growth factor）とその受容体がツメガエルで発見されている．これらの成長因子のmRNAを顕微注入して過剰発現させると，胴部領域が頭部組織に変換し，その結果，頭部が拡大することがわかっている．シュペーマンオーガナイザーにより誘導される神経系組織の構築は，オーガナイザー内のさまざまな部域から分泌されるさまざまな物質や，オーガナイザーの外部から放出されるWnt，Nodal，BMPシグナルなどの相乗的かつ拮抗的な作用因子の複雑な相互作用に依存すると考えられる．

シュペーマンオーガナイザーは中胚葉の背側化も行う

　SpemannとMangoldの実験は，移植したオーガナイザーが神経系組織と背側中胚葉組織の両方を誘導することを示した．オーガナイザー自体は脊索（最背側中胚葉）と咽頭内胚葉の一部を形成する．オーガナイザーからは中胚葉の背側化と安定化を担う因子が放出される．これらのオーガナイザー因子は複雑な混合物と考えられており，あるものはWntとTGF-β（BMP）の"腹側化"シグナルに拮抗し，あるものは中胚葉のパターン形成にかかわるモルフォゲンとして作用する．

　これらの関係の理解を困難にしているのは，実体が複雑であるにもかかわらず，わかっているのがそのごく一部にすぎないことである．転写因子およびシグナル伝達経路の構成分子をコードする30種類以上の遺伝子が，初期の中胚葉で強く発現していることがわかっている．ここでは，そのなかで中胚葉のパターン形成のメカニズムを説明しうる遺伝子についていくつか紹介しよう．すでに述べたように，Nogginは強力な神経誘導物質であり，BMP2とBMP4のシグナルに拮抗することによっ

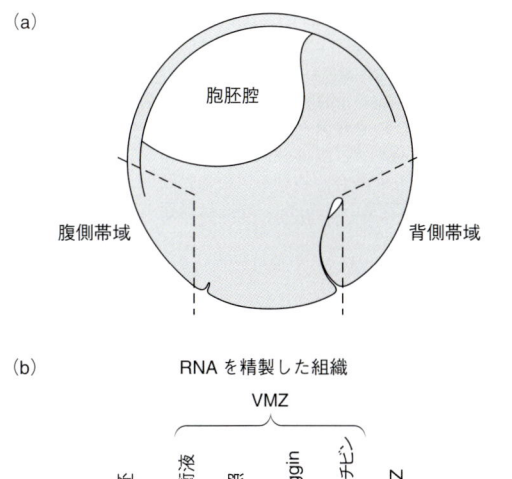

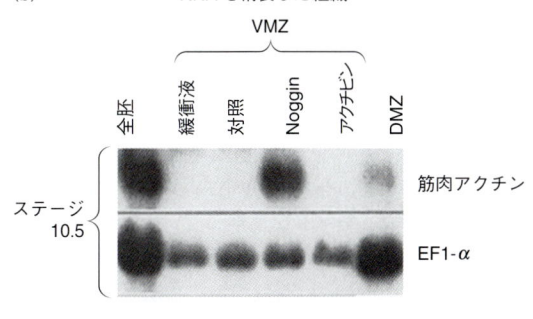

図 16・7　Nogginによる中胚葉の背側化． ツメガエル原腸胚から予定腹側中胚葉領域を単離し，Nogginで処理した．(a) 初期原腸胚（ステージ10.5）の模式図（側面図）．左上に見えるのが縮小しつつある胞胚腔．この時期の胚を切開し，腹側または背側の帯域組織を単離した（破線）．その後，各組織片をNoggin存在下または非存在下で培養した．(b) 写真上：これらの培養組織に筋組織が生じたことを確認するため，RNAを単離してアクチンmRNAの発現を調べた．この検定法では，細胞から抽出したRNAを電気泳動した後，ニトロセルロース膜に移しとる．次に，膜上のRNAにアクチンmRNA特異的放射性標識DNAプローブをハイブリダイゼーションにより結合させ，これによりアクチンmRNAの発現を分析する．電気泳動で分離したRNAを膜に写しとる手法をノーザンブロットという．写真下：解析に用いたRNAが分解していないことを確認するため，全組織で発現するタンパク質合成に必要な酵素EF1-αのmRNAに対するプローブを用いて同様の操作を行った．腹側帯域（VMZ）については培地中にさまざまな因子を添加した〔緩衝液：外植体用緩衝液，対照：未処理のカエル卵母細胞培養液，Nogginおよびアクチビン：各遺伝子のmRNAを導入した卵母細胞の培養液（各遺伝子産物を含む）〕．背側帯域（DMZ）については，因子を添加せずに培養した．腹側帯域をNoggin非存在下で培養した場合は，筋肉アクチンを発現しないことに注意．

て作用する．腹側中胚葉の外植片は単独で培養すると血球のみを形成するが，Nogginで処理すると，筋肉など，より背側を構成する組織の形成が誘導される（16・7）．

　他のTGF-β様成長因子であるXnr1〜4はオーガナイザーに発現し，アニマルキャップ外植片に筋肉の形成を

図 16・8 Noggin と Nodal の協調作用により誘導される二次胚. 4細胞期に，1個の腹側割球に Noggin mRNA（右上），あるいは Nodal related（Xnr1）mRNA（左下）を注入，または両者（右下）を注入し，神経管形成を終えるまで培養した．Noggin と Xnr1 を組合わせて導入した場合，完全な二次軸が誘導された．（未注入，Noggin，Xnr1 は背面像．）

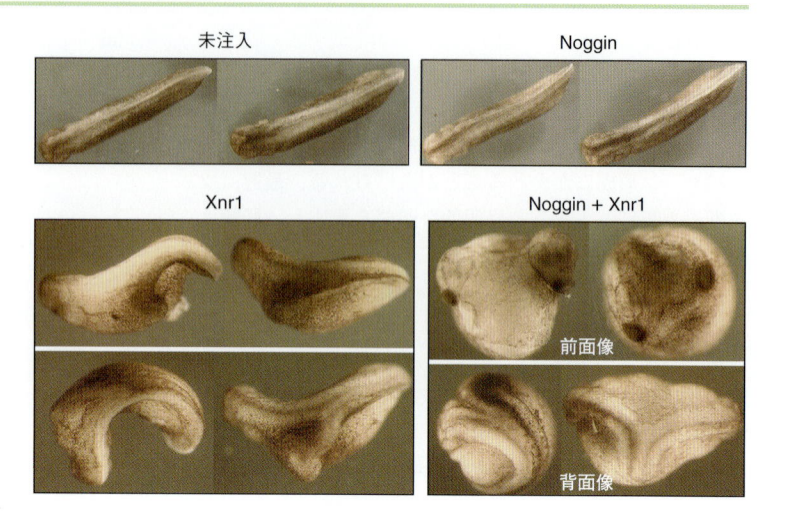

誘導する．Xnr1 と Noggin の mRNA を同時に正常胚の腹側に注入すると，完全な二次軸が生じる（図16・8）．同様に，同じ組合わせで UV 照射ツメガエル胚に注入すると，正常発生が完全に回復する．BMP の拮抗因子である Noggin は，Nodal のような他の TGF-β 様分子と協調して作用することで中胚葉の組織化とパターン形成に働いている．

オーガナイザーから分泌されるもう一つの BMP 拮抗因子は Chordin である．BMP に Chordin が結合すると，BMP の受容体への結合が妨げられる．この拮抗作用の強さは精巧なメカニズムにより制御されており，これにより BMP の勾配は精密に調整されている．詳細はまだ不明であるが，不活性の Chordin-BMP 複合体はプロテアーゼの Xolloid により切断され，不活性複合体から活性 BMP 断片が放出される．Xolloid は Twisted Gastrulation（Tsg）という別のタンパク質によって，ある程度制御されているが，そのメカニズムについてはまだわかっていない．少なくとも理論的には，こうした複雑な相互作用により，さまざまな種類の BMP の活性勾配を形成することが可能となる．

おそらく他にも数種の因子がシュペーマンオーガナイザーから分泌されている．たとえば，ショウジョウバエのタンパク質 Fringe の細胞外領域と類似性をもつ Lunatic Fringe がツメガエルから単離されており，これがアニマルキャップを誘導して中胚葉を形成させることが見いだされている．ツメガエル胚のオーガナイザーから発見されたもう一つの分子である Frzb は，すでに15章で述べたショウジョウバエ Frizzled の細胞外領域と類似性をもつ分泌性因子である．Frzb は強力な Wnt シグナル拮抗因子であり，オーガナイザーのすぐ外側にある Xwnt8 活性

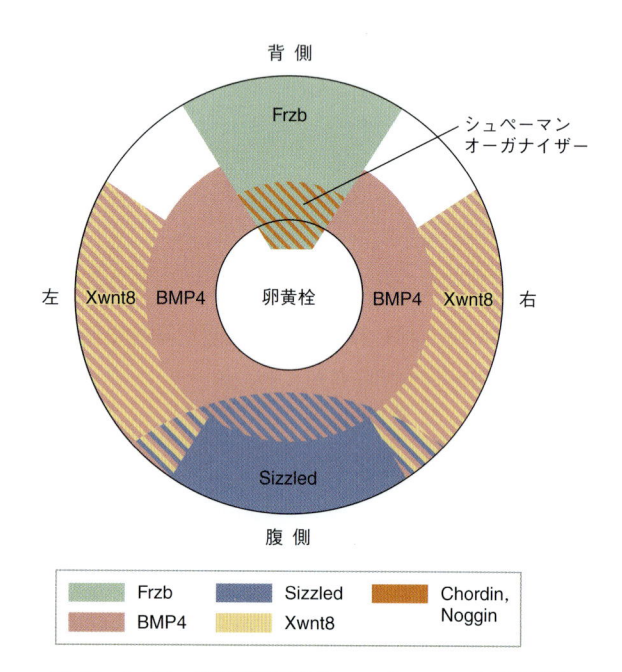

図 16・9 Wnt 拮抗因子である Frzb と Sizzled の発現領域. 中胚葉の背腹軸に沿った構築にかかわる種々の因子の発現領域を示す模式図．図は植物極から見た原腸胚を示している．シュペーマンオーガナイザー領域は上，卵黄栓は中央にある．強力な腹側化分子である Xwnt8 と BMP4 の発現領域は，重なりのない同心の環状領域で描かれているが，実際には部分的に重なっている．Frzb の発現領域は，オーガナイザーにおける Chordin および Noggin の領域と一部で重なり，腹側における Sizzled の発現領域は，Xwnt8 と BMP4 の両方の領域と部分的に重なっている．

領域に近接してオーガナイザー内部で三日月状に発現している．おそらく，Frzb はこの領域で，Xwnt8 が細胞を腹側化するのを妨げているのであろう．また，もう一つ

のWnt拮抗因子であるSizzled（シズルド）が最近明らかにされた．この因子は胚の腹側でXwnt8の領域と重なって発現しており，Xwnt8が腹側で作用することを妨げているようである（図16・9）．

腹側化因子と背側化因子の拮抗作用が中胚葉のパターン形成をもたらす

発生中の中胚葉は，オーガナイザーとは別なところから，ある強力な作用を受けている．現在，主としてBMPとXwnt8が腹側化因子として注目される一方，アクチビンは中胚葉分化を誘起する際に重要な働きをしていると考えられている[*1]．アクチビンとBMPのように，同じTGF-βファミリーに属する二つのリガンドが，どのようなメカニズムでこのように異なる反応を誘起できるのであろうか．

TGF-βシグナル伝達の分子的基盤が，最近明らかとなった．それによると，おそらくアクチビンとBMPのシグナルは，一つの複雑なシグナル伝達装置のなかで，平行する別個の構成因子群により伝達されると考えられている．要約すると以下のようになる．TGF-βファミリーの因子が受容体（I型およびII型とよばれる2種類のセリン-トレオニンキナーゼタンパク質からなる二量体）に結合すると，II型受容体分子がI型受容体をリン酸化する[*2]．こうして活性化されたII型-I型受容体複合体は，細胞質の特定のタンパク質と結合し，これをリン酸化する（ツメガエルではSmad（スマッド），ショウジョウバエではMad（マッド），線虫ではSma（スマ））．Smadタンパク質ファミリーには多数のメンバーがあり，これらは二量体を形成する．この二量体には活性状態と不活性状態があり，活性状態で細胞核に移行し，転写制御にかかわる．なお，アクチビンおよび近縁の成長因子は，Smad2またはSmad3を用い，BMPファミリー成長因子は，Smad1またはSmad5という異なるシグナル伝達経路特異的Smad因子を用いる．おそらくは，このように異なる因子を用いるために，これらの成長因子は異なる効果を示すと考えられる．特異的Smad分子は，活性化後，核内に移行する前に，いわゆる共有型Smad（co-Smad，脊椎動物ではSmad4）と結合する必要がある（図16・10）．興味深いことに，βカテニンとTGF-βシグナルのいずれもがSmad4と相互作用するため，ここがこれら二つのシグナル伝達経路が相互作用する分子の交点となる．

BMPは多数の構成員からなるリガンドグループである．

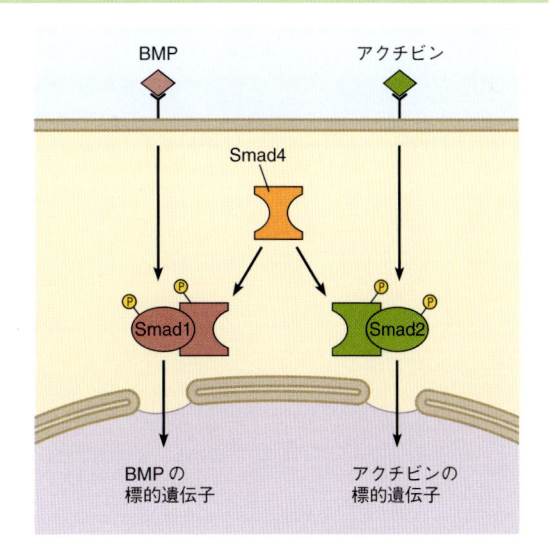

図 16・10　BMP経路とアクチビン経路の相互作用はSmadにより調整される．異なるTGF-βファミリーの成長因子が，平行しつつ部分的に重なる細胞内シグナル伝達経路を，伝達因子Smadを介して活性化する機構のモデル．この機構では，BMPはSmad1-Smad4複合体を活性化するのに対し，アクチビンはSmad2-Smad4複合体を活性化する．Smad1とSmad2は異なるリガンドにより特異的に活性化されるのに対し，Smad4はこれらの共通の共役因子であり，シグナルの強さを制御していると信じられている．アクチビンとBMPの両方が同じ細胞を活性化すると，二つの平行したシグナル伝達経路はSmad4を利用する際に競合することになる．当然その結果，リガンドにより誘導される応答の強さ，あるいはその性質が調節されることになる．

これまで，脊椎動物の発生で，どれが活性をもち，どのような役割を果たすのかを解明するために大きな努力が払われてきた．明らかに，BMP2とBMP4のいずれもがツメガエル胚において強力な腹側化因子であり，外胚葉を表皮へ分化させるとともに，中胚葉において血島や体壁の間充織など腹側組織の形成を活性化する．Wntファミリーもまた大きなファミリーであり，多数の異なるwnt遺伝子がツメガエルからクローン化されている．Xwnt8遺伝子は非常に活性が強いことが知られているが，他にも胚で機能するタンパク質が存在するかもしれない．Xwnt8は発生時期が異なると全く異なる活性を示す．たとえば，卵割中期と原腸形成期の後では作用が異なる．実際，Xwnt8を初期胚で強制発現させると，ニューコープセンターの形成が活性化されることはすでに述べた．原腸形成時にXwnt8を強制発現させると，BMP2や

[*1] 訳注: アクチビンが実際に胚内で制御因子として機能しているかについては議論がある．なお，同じTGF-β様成長因子であるNodalもアクチビンと類似の作用をもち，かつ胚内で制御因子として作用するとされている．

[*2] 訳注: 現在は，受容体にリガンドが結合すると，I型，II型それぞれ2分子からなる四量体が形成されると考えられている．

表 16・1　アフリカツメガエルの軸の形成と胚葉形成にかかわる因子

作用の中心領域	因子名	主要な作用
母性因子の局在	VegT	ニューコープセンター，内胚葉，中胚葉の形成に必要
	βカテニン	ニューコープセンターとシュペーマンオーガナイザーの形成に不可欠
ニューコープセンター	Xwnt8	背側化，アニマルキャップアッセイでは中胚葉誘導がみられない
	Vg1	二次胚誘導能をもつ
	アクチビン	二次胚誘導能をもつ
	Siamois	二次胚誘導能をもつ，シュペーマンオーガナイザーの形成に必要
	GSK3	Siamois の誘導能をもつ
	Xnr1, 2, 3, 4	VegT で誘導される，中胚葉誘導能をもつ
	Derriere	VegT で誘導される，中胚葉誘導能をもつ
シュペーマンオーガナイザー	Goosecoid	転写因子，収束伸長運動の活性化，中胚葉の背側化
	Noggin	BMP の腹側化活性を抑制
	Chordin	Noggin と協調的に作用
	アクチビン	中胚葉の背側化
	FGF 因子	アクチビンと類似した作用をもつが，後方中胚葉の誘導能が強い
	Xbra	中胚葉の分化に重要
	Xnr1, 2, 3, 4	中胚葉の分化に重要
頭部オーガナイザー	Dickkopf	Wnt 経路の拮抗因子，異所的頭部構造の誘導能をもつ
	Cerberus	Dickkopf と類似の作用をもつ
その他	BMP 因子	表皮と腹側構造の発生に不可欠
	Lunatic Fringe	中胚葉誘導能をもつ
	Frzb	Wnt 拮抗因子
	Sizzled	Wnt 拮抗因子
	Sonic Hedgehog	神経管と背側中胚葉のパターン形成に関与

BMP4 と同じように中胚葉を腹側化する．*bmp2* と *bmp4* は腹側方の中胚葉全体で発現しているようであるが，*Xwnt8* の発現領域は発生後期には限定されており，腹側では Sizzled，背側では Frzb による拮抗作用によって取囲まれた状態となる．現在，BMP2 と BMP4 のシグナルが腹側方の中胚葉分化の確立において主要な因子と考えられている．Xwnt8 は，この BMP の作用を協調的に作用して調整しており，脊索分化を抑制する（Frzb が Xwnt8 に拮抗する背側領域を除く）とともに，筋分化を促進する．これら二つのシグナル伝達経路が，細胞内でどのように相互作用し，それらのシグナルのおもな下流標的遺伝子が何であるかを正確に理解することが，今後の課題である．

たとえ異なるシグナル伝達経路間の相互作用が現在は詳細にわかっていないとしても，また，今後の新たな発見により細部が変更されることになるにせよ，いくつかの重要な教訓はすでに得られている．ニューコープセンターやシュペーマンオーガナイザーといった重要な形態形成中心は，さまざまなリガンドの分泌を精密に組織化して行うことによって機能する．これらのリガンドは相互に拮抗，あるいは増強し，おそらくはさらにフィードバックループをつくっている．リガンドに反応する受容体群もまた複雑であり，しかも発生に伴い変化していく．生物をつくり出すということは大変な作業であり，生化学的調節が非常に複雑であるのも，おそらく驚くべきことではないだろう．表 16・1 は，これまで述べてきた因子の主要な作用をまとめたものである．

モルフォゲン

モルフォゲンは位置情報にかかわっている

リガンドにより誘導される発生の変化にはもう一つの面があり，これまでも言及はしているが深くは考察しなかった．それは，リガンドの作用に対する濃度効果である．3 章で述べたように，ある物質が異なる濃度で異なる発生の結果をもたらす場合，それは**モルフォゲン**（morphogen）とよばれる．モルフォゲンがどのように作用するのかについての強力な理論的考察が英国ロンドン

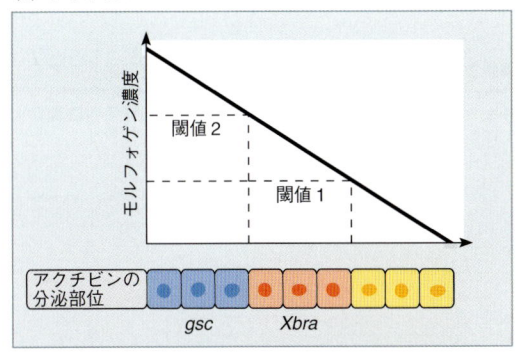

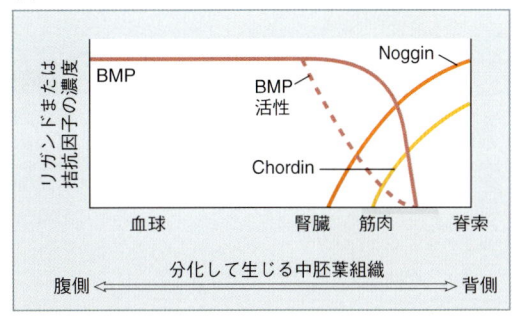

図 16・11 モルフォゲンの勾配． (a) 一つの物質であるモルフォゲンが異なる濃度で異なる反応を活性化する機構の理論的モデル．この例では，アクチビンのようなモルフォゲンは単一の部位で産生され，その後，拡散していくと考える．グラフに示したように産生部位からの距離が大きくなるほどモルフォゲンの濃度は低下する．*Xbra*遺伝子のエンハンサー–プロモーター領域はアクチビンに対して強い反応性をもっており，アクチビン濃度が閾値1に達すると*Xbra*遺伝子が活性化されるとしよう．（訳注：実際にはアクチビンは細胞外因子であり，遺伝子のエンハンサー領域に直接結合するわけではないことに注意）．しかし，*goosecoid*(*gsc*)のプロモーターはアクチビンに対する反応性が低く，そのためアクチビン濃度が閾値2に達するまで活性化されない．このようにして，中胚葉で応答する遺伝子*Xbra*の発現はアクチビン産生部位からある一定の距離離れたところでも上昇するのに対し，*gsc*（シュペーマンオーガナイザー特異的遺伝子）は産生部位の近傍のみで活性化される．もう一つ別の可能なモデルとして，いわゆる中継機構がある．このモデルでは，アクチビン分泌部位に近い細胞は活性化されて*gsc*を発現し，さらに異なるシグナルを近傍の細胞に分泌して*Xbra*の発現を活性化すると考える．(b) 拮抗因子との相互作用により形成されるBMP4の濃度勾配の模式図．最背側中胚葉ではBMP4が存在せず，そのため脊索形成が起こるが，この領域以外のすべての胚領域では，BMP4が発現している．背側中胚葉はNogginとChordinを産生し，これらがBMP4に拮抗する結果，BMP4の活性が抑制され，BMP4活性の勾配が形成される．この勾配が以後の分化を制御することになる．BMP4の活性が大幅に抑制されると*myf5*のような筋肉遺伝子が活性化される．BMP4の活性がもっと高い領域では腎臓が分化する．BMP4活性の抑制が全くない領域では血球が分化する．リガンドと拮抗因子の相互作用は，ここで示したよりもはるかに複雑かもしれない．リガンド自体の安定性に影響を与える他の要素がかかわる可能性もある．

にいたLewis Wolpertにより行われた．彼はこの問題を視覚的な形で明確に提起した．ある物質が感受性をもつ胚内の受容組織全体に広がり，濃度勾配を形成しているとしよう．Wolpertは，もしも細胞が何らかの方法でその物質の濃度を"解釈"できるならば，勾配は領域ごとに異なる発生の結果をひき起こすだろうと指摘した（図16・11a）．この**位置情報**（positional information）仮説には，鍵となる仮定が二つある．それはリガンドの濃度勾配の存在と，細胞が異なるリガンド濃度に異なる反応をする能力が備わっていることである．近代細胞生物学の到来とともに，Wolpertの考えがいかに達見であったかが明らかとなった．今では，リガンドとその受容体はさまざまな方法で濃度を区別できることと，さまざまな受容体がさまざまな細胞内経路につながっていることがわかっている．

BMPとアクチビンはモルフォゲンである

モルフォゲンとして働くリガンドがどのように中胚葉のパターン形成に用いられるのかについて，いくつかの例をみてみよう．中胚葉分化に重要なリガンドはアクチビンである．ロンドンのJeremy GreenとJim Smithはアニマルキャップ外植体を異なる濃度のアクチビンで処理すると，異なる種類の中胚葉の分化が起こることを初めて示した．わずか2倍のアクチビンの濃度差で，非常に異なる効果がみられた．つまり，用いるアクチビンの濃度が高いほどアニマルキャップ外植体で生じる中胚葉組織の性質は，より背側の特徴を示した．

これについては，Steven DysonとJohn Gurdonによる放射性標識アクチビンを用いた実験により，さらなる進展があった（図16・12）．彼らは，アクチビンII型受容体mRNAを細胞に注入することにより，受容体分子の絶対数を操作した．アクチビンは解離した胞胚細胞に高い親和性でかなり安定に結合し，アクチビンの結合した受容体の絶対数が増加するにつれ，さまざまなマーカー遺伝子の転写が変化した．細胞当たり約100分子の受容体にリガンドが結合すると，中胚葉のマーカー遺伝子である*Xbra*が転写され，細胞当たり約300分子の受容体にアクチビンが結合すると，シュペーマンオーガナイザー遺伝

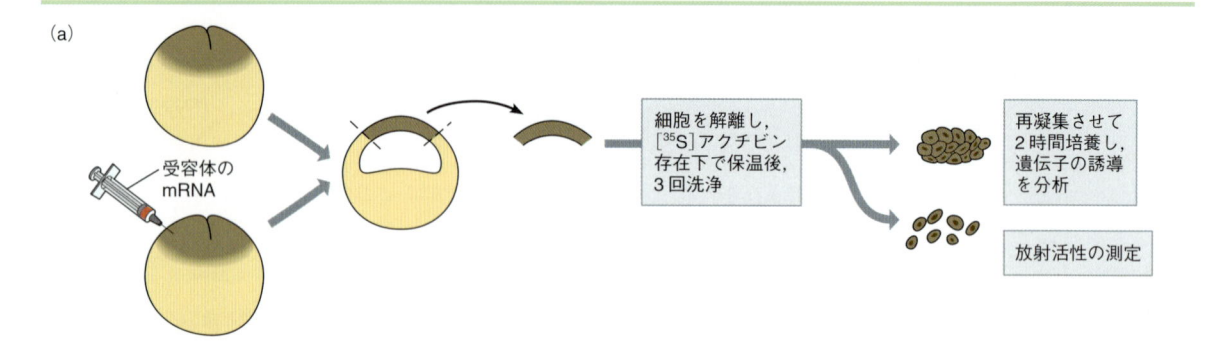

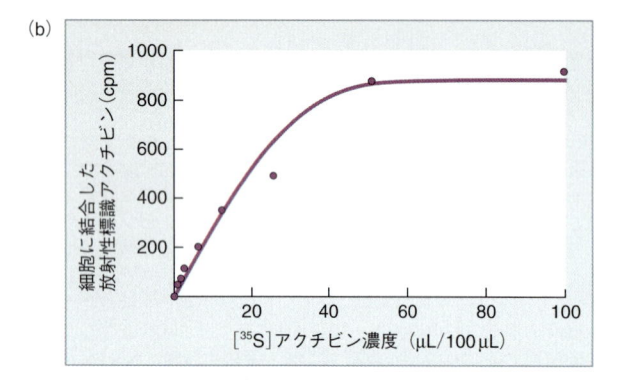

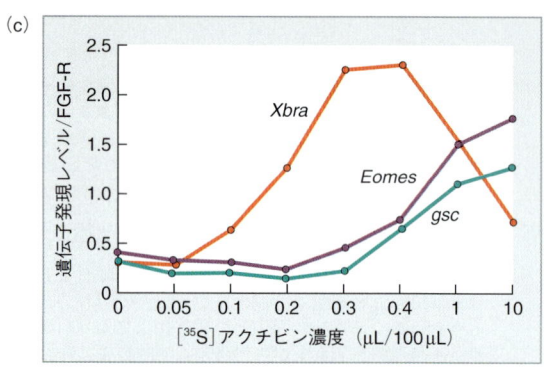

図 16・12 アクチビンの受容体への結合． アクチビンと結合したアクチビン受容体の数を測定し，さまざまな遺伝子の活性化の程度との関係を検討した．(a) ツメガエル受精卵に異なる量のアクチビン受容体 mRNA を注入した．胞胚期の無処理胚または注入胚からアニマルキャップを切り出し，これを単一細胞になるまで解離し，放射性標識アクチビンを加えて保温した．(b) 細胞を洗浄後，細胞1個当たりに安定に結合したアクチビンの分子数を測定することができる．Dyson と Gurdon は，アクチビン濃度を上げるにつれて結合アクチビンの量も増加することを見いだした．ここで，アニマルキャップの細胞1個当たりアクチビン結合受容体の数は約5000個と推定された．(c) Xbra，Eomesodermin (Eomes)，gsc 遺伝子の発現量を，実際にリガンドと結合したアクチビン受容体数とともに測定した．遺伝子の誘導レベルは，アクチビン処理でも発現が変動しない分子 (FGF-R) に対して標準化し，グラフ化した．

子の goosecoid が転写された（図16・12）．以上の研究結果，そしてアクチビンが実際に多数の細胞を横切って低濃度で拡散できることを示した別の実験も合わせて考えると，おそらくアクチビンはモルフォゲンとして働くと考えられる．

もう一つのモルフォゲンの候補は BMP である．原腸胚期より前の段階のツメガエル胚細胞を，異なる濃度の BMP で処理すると，異なるタイプの分化が観察される．この種の実験を行ううえでの一つの手法は，さまざまな濃度の BMP4 mRNA を非常に早い時期の胚（実際には4細胞期胚が用いられた）に注入し，背側帯域細胞を原腸胚期に単離して培養するというものである．実験をこのように行う理由は，他のシグナルセンターが，導入した外来 BMP の効果を打消してしまうのを防ぐためである．低濃度の BMP は脊索の形成を妨げ，筋肉や腎臓，血球の形成を進行させる．BMP の発現濃度を上げると，腎臓と血球の形成のみがみられ，さらに高濃度にすると血球と間充織のみが形成される．別の実験では，32細胞期胚の1細胞に BMP mRNA とともに細胞系譜トレーサー（30ページ参照）を共注入した．BMP4 を過剰に産生する細胞は，細胞系譜トレーサーで同定することができる．BMP4 産生細胞の影響が及ぶ範囲は，最大で細胞10個分に相当する距離であった．BMP4 の作用は Noggin により抑制される．そこで，さまざまな実験で BMP4 と Noggin の mRNA を胚に共注入したところ，Noggin の濃度を変えることで実際に BMP4 活性の勾配をつくり出せることが明らかとなった．つまり，Noggin の濃度が高いほど，BMP4 の活性は低くなる（図16・11b）．

モルフォゲンの勾配の形成は非常に巧妙で特異的である．ショウジョウバエを用いた近年の研究では，活性状態にある Dpp（BMPファミリー因子）の濃度は Sog (Short Gastrulation) と Tsg という2種類の拮抗因子，および Sog

を切断して活性Dppの放出を促すプロテアーゼ(Tolloid)により制御されていることが明らかとなった．たとえ活性DppがTolloidにより放出されていても，それは過剰に存在するSogとただちに結合する．Sogが高濃度で存在する部位から，ある程度距離をおいたところでのみ活性Dppが存在しうるのである．このように，TsgとSog，Tolloidがかかわることで，発生過程のハエ胚の中のDppの活性は，なだらかな勾配ではなく，局所的な急勾配になるのである．これらと同じ制御分子がツメガエルでも見いだされているので，以上のような分子的挙動は脊椎動物のモルフォゲンについての議論ともかかわってくる．実際，ChordinはSogのホモログであり，BMP4はDppのホモログである．またTolloidも脊椎動物に存在し*，Tsgも最近カエルで同定された．BMP活性の調節において予想されるこれらツメガエルでのホモログの重要性は，本章の前半で，シュペーマンオーガナイザーによる中胚葉の背側化に関連して述べた．この分野の研究はごく近年に行われたものではあるが，ツメガエルにおいてもBMP活性の勾配がショウジョウバエの場合と同様に制御されているであろうと結論しても問題ないと思われる．

左右軸に沿った胚体のパターン形成にもシグナル伝達経路がかかわる

ツメガエル胚の誘導センターに関する考察はここまでとし，これまで言及しなかったボディプランのもう一つの局面，つまり，脊椎動物の体の左右は同一ではないという左右非対称性の問題について簡単に述べたい．たとえばヒトの場合，心臓の心尖は左に向かっており，大動脈は右にループをつくり，下大静脈は脊柱の左側に位置している．また，左右の肺では胚葉の数が異なっており，大腸は右から左に走行する．約2万人に1人の頻度で左右非対称性の逆転がみられるが，幸いなことに病的症状は全くみられていない．

最近，数種の異なる脊椎動物において，相当数の遺伝子がこの非対称性を確立するのに関与することが見いだされた．その一つであるnodalは本章ですでに述べたように，TGF-β様リガンドをコードする．原腸形成後のカエルやニワトリ，マウス胚では，nodalは左方にのみ発現する（図16・13）．研究者らは最近になり，脊椎動物の主要なグループすべてにおいて，オーガナイザーの細胞が繊毛をもっており，これらの繊毛の運動により，オーガナイザー領域に左方向の液体の流れが生じることを明

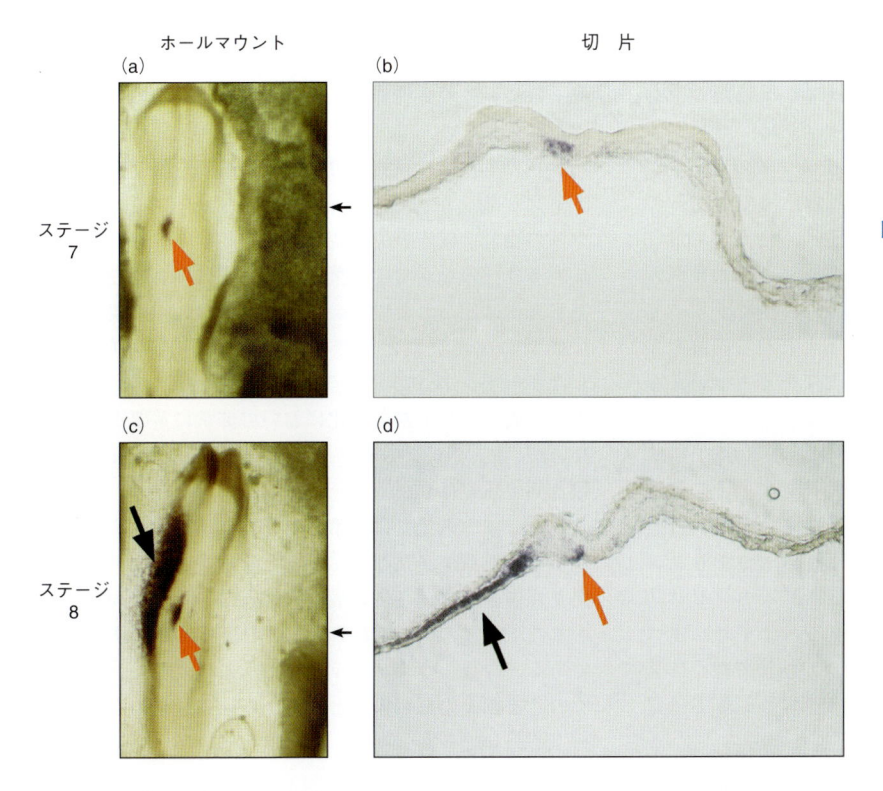

図16・13 *nodal*の非対称的発現．この一連の実験では，まず，ニワトリの*nodal*遺伝子がクローン化され，これをもとに，抗体で検出可能なヌクレオチド標識プローブが合成された．一方，ニワトリ胚をさまざまな初期発生段階で固定し，(a)と(c)は固定胚全体(ホールマウント)，(b)と(d)は原条にほぼ垂直な組織切片に対してプローブを加え，ハイブリダイゼーションを行った．写真はプローブの局在を示す．(a, b)ステージ7(1体節期)では，脊索のすぐ左で*nodal*の発現が斑点状に見える(赤矢印)．(c, d)ステージ8(4体節期)では，中線のすぐ近傍にある小さな斑点状の発現(赤矢印)に加えて，胚盤葉の左側のみで発現が広範にみられる(黒矢印)．

* 訳注：Xolloidはツメガエルにおけるsolloidのホモログ．

らかとした．この流れには粒子を胚体の左側に優先的に運ぶほどの力があり，Nodal分子もおそらく同様に運搬されるであろう．この驚くべき結果から，もしNodalを含む液体が逆方向（右方向）に流れるように操作できれば左右非対称性が失われるか，少なくとも減弱するだろうと考えられる．実際にそのとおりになる．

現在，研究者たちの関心はnodalの上流と下流のシグナル伝達経路の同定に向かっている．nodalの非対称的な発現は種間で高度に保存されているが，nodalの上流にある他の遺伝子は脊椎動物間で必ずしも同じではない．したがって，シグナル伝達経路の上流部位についてはそれほど保存されていないかもしれない．ツメガエルではVg1の成熟型を右側の植物極割球に注入することで，左右非対称性全体が完全に逆転する．この発見を考慮すると，左右の非対称性は基本的ボディプランを確立する発生初期のシグナル伝達過程に，あらかじめ備わっているのかもしれない．

羊膜類のHOX遺伝子

羊膜類の胚は似ているが異なる調節ネットワークを用いる

ここまで，脊椎動物の発生における調節ネットワークの複雑さの例としてツメガエルに注目してきたのは，多くの重要な実験がこのカエルで行われてきたためである．しかし，ニワトリ，ゼブラフィッシュ，そしてマウス胚も重要な研究対象であり，特にマウスの遺伝学が大きな役割を果たしてきた．これらの動物でも同一のシグナル伝達経路が繰返し登場しており，それはTGF-βファミリー因子と受容体，Sonic Hedgehogとその類似因子，Wnt経路の構成分子である．しかし，細部がすべての脊椎動物で同じという印象を与えるとしたら誤解であろう．詳細に検討すると，決して同じであるとはいえないのである．

ツメガエルのnoggin遺伝子にコードされるBMP拮抗因子が，マウスでクローン化された．そして，その遺伝子のノックアウト（完全機能喪失型変異体）が作製され，研究されている．羊膜類では原口背唇部，つまりシュペーマンオーガナイザーは存在しないが，ヘンゼン結節がオーガナイザーの機能を果たすことはすでに述べた．そして，マウスのnogginホモログが結節で確かに発現する．しかし，nogginのヌル突然変異マウス胚では脊索に加え，神経管までもが形成されるのである！ただし，このヌル突然変異マウスでみられるのはBMP依存性の神経管背側構造であり，Sonic Hedgehogに依存した神経管腹側構造の発生はみられない．明らかに，Nogginはマウスにおいては神経系腹側部の発生に不可欠といえる．noggin変異体では体節形成の欠損も観察されることから，Sonic HedgehogとNogginはおそらく腹側神経管と沿軸中胚葉の発生において相乗的に作用すると考えられる．

これらの知見についての一つの解釈として，ツメガエルの場合，Nogginはオーガナイザーの機能に重要であるが，マウスではそうではない可能性がある．しかし，実際はもっと複雑かもしれない．ツメガエルでもnogginは初期の神経誘導後，脊索と神経管腹側で発現しており，同じ遺伝子が異なる状況で発現する一つの例となっている．他にもツメガエル，そしておそらく他の動物でも重要と信じられているオーガナイザー分子がある．たとえば，ChordinはもうひとつのBMP拮抗因子であり，フォリスタチンはアクチビンの拮抗因子である．いずれも同様にシュペーマンオーガナイザーおよび羊膜類胚のヘンゼン結節で発現する[*1]．Nogginは単独で必須ではなく，単に数種類の関連制御因子の一つなのであろう．これらの因子の相互作用を完全に明らかにするためには，フォリスタチン，Chordin，Noggin，そしておそらくさらに別の分子について多重機能喪失型変異体を作製することが必要かもしれない．

ツメガエルでは，TGF-βファミリーの一員であるアクチビンとVg1が強い中胚葉誘導因子である．しかし，マウスの場合，機能喪失型変異を用いて研究されたTGF-βファミリーのなかで中胚葉全般の誘導に関して役割を果たすものは知られていない[*2]．マウスのBMP2変異体では典型的な表現型として心臓形成の欠損がみられる．したがって，TGF-βファミリー全体としては胚葉形成，原腸形成，そして初期分化において非常に重要かもしれないが，さまざまなホモログの個々の正確な役割は，羊膜類と両生類では異なる．

最近，マウス胚では，第二の前方誘導オーガナイザーが前方胚盤葉下層に存在することを示す説得力のある証拠が報告された．さらに最近の報告によると，両生類でもまた"前方"オーガナイザーが内胚葉に存在するようである．今後，ボディプランの形成に重要な，さらに多くのさまざまの転写因子とシグナル伝達分子のホモログ

[*1] 訳注：最近では，フォリスタチンはアクチビンとBMPの働きをいずれも妨げるとされている．
[*2] 訳注：最近nodal遺伝子を欠損したマウス胚では中胚葉が形成されないことが知られている．

羊膜類のHOX遺伝子

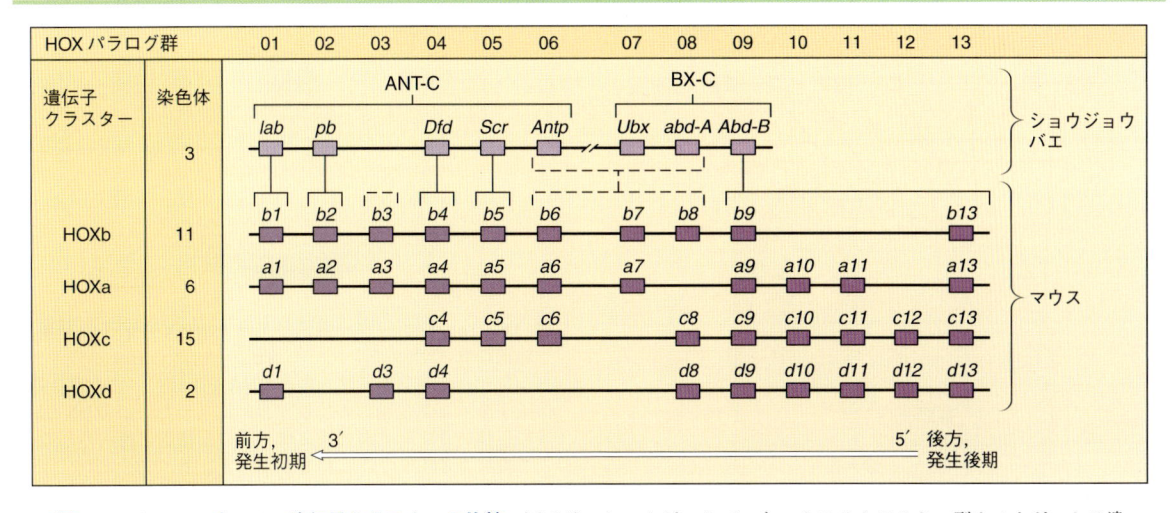

HOXパラログ群		01	02	03	04	05	06	07	08	09	10	11	12	13
遺伝子クラスター	染色体	\multicolumn{6}{c}{ANT-C}	\multicolumn{3}{c}{BX-C}				
	3	lab	pb		Dfd	Scr	Antp	Ubx	abd-A	Abd-B				
HOXb	11	b1	b2	b3	b4	b5	b6	b7	b8	b9				b13
HOXa	6	a1	a2	a3	a4	a5	a6	a7		a9	a10	a11		a13
HOXc	15				c4	c5	c6		c8	c9	c10	c11	c12	c13
HOXd	2	d1		d3	d4				d8	d9	d10	d11	d12	d13

前方, 発生初期 ← 3′　　　　　　　　　　　　5′ → 後方, 発生後期

図 16・14　HOXとHOM遺伝子クラスターの比較． 図では，ショウジョウバエとマウスのクラスター型ホメオボックス遺伝子の直線的な配列と命名法を示す．各ショウジョウバエ遺伝子の省略形（左から右へ）*lab*: *labial*, *pb*: *proboscipedia*, *Dfd*: *Deformed*, *Scr*: *Sex combs reduced*, *Antp*: *Antennapedia*, *Ubx*: *Ultrabithorax*, *abd-A*: *abdominal-A*, *Abd-B*: *Abdominal-B*. マウスでのオルソログ遺伝子は，四つの遺伝子クラスター（a, b, c, d, おのおの以前使われていた1, 2, 3, 4に対応する）を構成している．各HOX遺伝子は個別には命名されておらず，属しているクラスター名と番号により識別される．

の機能が解析されるにつれ，脊椎動物間で細部をどこまで一般化できるのかが明瞭となるであろう．発生メカニズムの保存性に関するこのような疑問については，次章で再度考えてみたい．

ホメオティック遺伝子はショウジョウバエと同様に脊椎動物にも存在する

最初のホメオボックス（HOM）モチーフが，ショウジョウバエで発見されるやいなや，ホモログが脊椎動物にも存在するのではないかと予想され，その発見のためにただちに分子生物学的，遺伝学的手法が応用された．そして実際に，ホメオボックス遺伝子が発見されたのである．図16・14はショウジョウバエとマウスで発見されたホメオボックス遺伝子クラスターを比較したものである．ショウジョウバエの各遺伝子に特徴的なホメオボックスモチーフはそれぞれ区別が可能であり，マウスからクローン化されたホメオボックス遺伝子をショウジョウバエのホメオボックスファミリーの各遺伝子と対応させることができた．たとえば，マウスのHOX遺伝子*Hoxb6*はHOM遺伝子のなかで*Antennapedia*遺伝子と最も大きな類似性がある．驚くべきことに，すべてのHOM遺伝子に対応する遺伝子が，マウスで見つかったのである．さらに，これらの遺伝子は染色体上で，ショウジョウバエのものと同じ順序で並んでいる．マウスには四つの連鎖したHOX遺伝子の集団があり，おそらく進化の過程でHOM領域全体の大規模な重複によって生じたと考えられる．また，染色体上で*Abd-B*ホモログの"下流"に別のHOX遺伝子が存在する．これらは*Abd-B*型HOM遺伝子から派生したと考えられており，脊索動物で新たに生じた肛後尾部で発現している．

HOM-HOX間の関係は，生物群の間でみられるいくつもの遺伝子の対応関係を例証している．さまざまな生物で相互に高い類似性があり，進化の過程で一つの共通祖先遺伝子に由来すると考えられる遺伝子は**ホモログ**（homolog）とよばれ，本書でもすでに用いてきた概念である．1対1の対応関係があると信じられるホモログは，特に**オルソログ**（ortholog）とよばれる．遺伝子が重複し，関連遺伝子が大きなファミリーを形成する場合，これらの増加した遺伝子は相互に**パラログ**（paralog）とよばれる．したがって，マウスはショウジョウバエHOM遺伝子のオルソログ遺伝子をもっており，クラスター全体の大規模重複がパラログ遺伝子を生み出したのである．たとえば，マウスにおいてHOX9パラログ遺伝子群は*a9, b9, c9, d9*から構成されており，これらはおのおのショウジョウバエ*Abd-B*のオルソログ遺伝子である．*a10, a11, a13*遺伝子は*Abd-B*遺伝子ファミリーではあるが，遠縁の関係にあり，*Abd-B*のホモログ遺伝子（オルソログ遺伝子ではない）と考えられている．

これらの連鎖したホメオボックス遺伝子群は，マウスや他の脊椎動物ではHOXクラスター（HOX cluster）とよばれている．HOX遺伝子の発現の前方境界は，胚の最も前方で発現する*labial*ホモログから染色体上で離れて

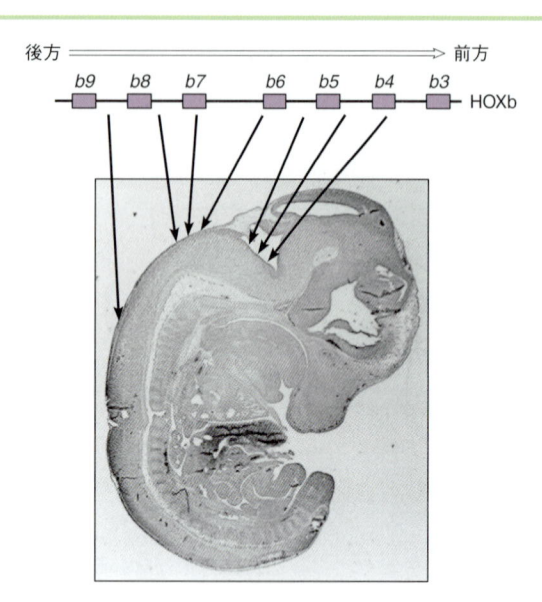

図 16・15 マウス胚におけるHOX遺伝子の発現領域の例.
組織染色したマウス12.5日胚の切片．この胚から連続切片を作製し，HOXbクラスターの各遺伝子プローブとハイブリダイゼーションを行った．写真ではこれらのクラスター遺伝子おのおのについて，神経管における発現の前端を矢印で示した．

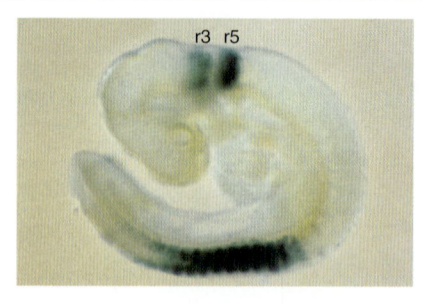

図 16・16 レポーター遺伝子でみた HOX 遺伝子の発現.
細菌の β-ガラクトシダーゼ遺伝子（*lacZ*）に *Hoxb2* のエンハンサーとプロモーター領域DNAを連結し，この融合遺伝子をマウス受精卵の雄性前核に注入した．このDNAは染色体にランダムに挿入され，胚の全細胞に導入される．このマウス胚について13体節期（9.5日胚）に β-ガラクトシダーゼの活性染色を行った．酵素活性は *Hoxb2* 遺伝子が発現すると予想される領域，すなわち後脳のロンボメア r3 と r5（それぞれ上部の左右2本の濃いバンドに相当），後方では脊髄神経節でのみ検出された．（訳注：ここでみられるのは *Hoxb2* の発現の一部であり，他の領域での発現は別の *Hoxb2* エンハンサーにより担われていることがわかっている．）

いる遺伝子ほど，胚の後方に位置している．図16・15 はマウス胚でホールマウント in situ ハイブリダイゼーションを行った結果をまとめたものであり，四つあるHOXクラスターの一つに属する遺伝子について発現領域の前端を示している．クラスター内の各遺伝子の発現領域はその前端の境界は明瞭であるが，かなりの重なりがある．さらに，発生のある段階において，ある遺伝子に注目した場合，正確な発現領域が変化していくこともある．すなわちこれらの発現は時間的にも空間的にもダイナミックに変化するのである．

HOM あるいは HOX クラスターには含まれておらず，*labial* オルソログよりも前方で発現するホメオボックス遺伝子が存在する．ショウジョウバエでは，以前に紹介したように *empty spiracle*（*ems*）と *orthodenticle*（*otd*）が前方の頭部で発現している（*ems* は脊椎動物では *emx* とよばれる）．*ems* と *otd* の突然変異体では頭部が大規模に欠損しており，体の前方部のパターン形成に重要と考えられている．これら二つの遺伝子のホモログもまたマウス胚の頭部で発現し（*otd* は脊椎動物では *otx* とよばれる），おそらく同様の役割を果たしている．

マウスのみがHOXクラスターをもっているわけではなく，これまで調べられた他のすべての後生動物もまた，これらのクラスターに対応するものをもっている．

このことについては，次章で発生と進化を考える際にさらに説明することにする．さまざまなHOX遺伝子のプロモーターと調節領域は，レポーター遺伝子を用いることで発現の時期，領域と関連づけることができる．図16・16は *Hoxb2* の発現領域を β-ガラクトシダーゼの発現で検出したものである．

HOX遺伝子はセレクター遺伝子として働く

脊椎動物ではHOX遺伝子が非常に多く，遺伝学的操作がむずかしかったのでHOX遺伝子の機能の解析は困難だった．しかし幸いなことに，マウスでは遺伝子機能を破壊できるため，機能喪失型突然変異を観察することによる解析が可能となり，ホメオティックな転換を示す明瞭な証拠が得られている．図16・17は *Hoxb4* がノックアウトされた結果，中軸骨格が変形した例である．頸椎 C2 が C1 の形態を示しており，ちょうど対応するショウジョウバエでの研究から予想されるように，前方頸椎構造への転換がみられる．多くのHOX遺伝子がこのようにして研究されており，機能喪失型突然変異はしばしば前方構造への転換をもたらしている．たとえば，*Hoxc8, b4, a2, d3* のいずれが欠損しても，前方への転換が観察される．一方，場合により機能喪失型突然変異が後方構造への転換をひき起こすこともある（*a5* あるいは *a11* の場合）．これは，ショウジョウバエの *Dfd* や *Scr* の機能喪失型変異でみられるものと同様である．ここま

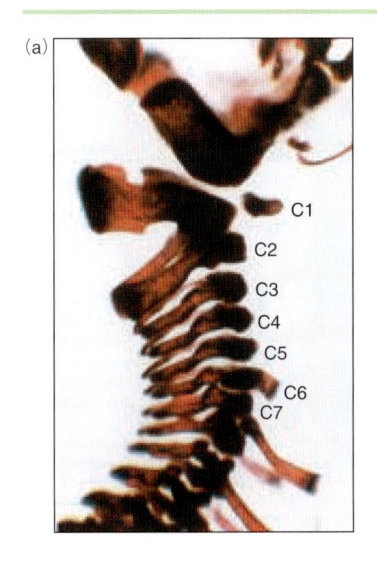

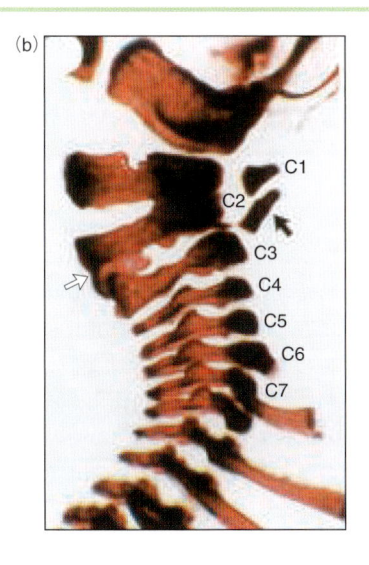

図 16・17　マウスにおけるホメオティック転換． *Hoxb4* を欠損させたノックアウト実験の結果を示している．図では右側が腹側．(a) ここで示す無処理(対照)マウスの脊柱では，7個の頸椎が確認される．(b) ノックアウトマウスでは，頸椎C3が部分的ながらC2の特徴を示すのに対し，C2では腹側結節(黒矢印)がみられるとともに神経弓が部分的に重複する(白矢印)．これらは本来C1に特有の性質である．

でのところ，問題はない．

しかし，HOX遺伝子のノックアウト実験の解釈はそれほど単純ではなく，HOX遺伝子がショウジョウバエのHOM遺伝子と全く同様に脊椎動物で機能していると結論するのはまちがいであろう．マウスのいわゆるホメオティック遺伝子の機能喪失が，重篤あるいは顕著な表現型を示さないことがよくある．時にはホメオティック転換が検出できず，単純に形態異常または特定の構造の欠損だけが観察される．これらの結果は，脊椎動物の場合は，異なるHOX遺伝子の間で発現領域が重なっていたり，相乗作用や拮抗作用があるためかもしれない．したがって，HOX遺伝子は明らかに前後に沿って領域特異的に発現し，各領域の特性の制御にかかわるが，これらの遺伝子がすべての動物で全く同じように働いているかは不明である．それにもかかわらず，HOM遺伝子とHOX遺伝子が，ハエとマウスのようにかけ離れた動物の間でも，全体としては同様の働きをもつようにみえるということは驚くべきことである．

脊椎動物の場合，HOX遺伝子の発現はどのように制御されており，HOX遺伝子の標的はどのような遺伝子なのであろうか．これらの疑問に答えようというはるかに困難な研究が現在進行中であるが，ショウジョウバエですでにみたように，未だ未完成の状態にある．たとえば，マウスには*Bmi-1*とよばれるショウジョウバエのPolycomb(ポリコーム)遺伝子群と相同な遺伝子がある．ショウジョウバエのPolycomb遺伝子群は，一部のHOMクラスターの遺伝子の発現を抑制的に制御することが知られている．もし，マウスの*Bmi-1*をノックアウト法により機能を喪失させると，後方骨格への転換がある程度観察される．このことから，*Bmi-1*は，ショウジョウバエのPolycomb遺伝子群と同様の働きをマウスでも担っていると考えられる．もう一つの問題は，HOX遺伝子の発現の重なりである．さまざまなHOX遺伝子の発現領域が調べられているにもかかわらず，この問題について，これまで細胞レベルで精密に研究されたことはない．二つのHOX遺伝子の発現が重なる場合，ある細胞(領域)では一つの遺伝子，他の細胞ではもう一つの遺伝子が，いわばごま塩状に発現しているのか，それとも二つのHOX遺伝子が同一の細胞で同時に発現しうるのか．この疑問に対する解答は，HOX遺伝子の作用に関する精密なモデルを構築するうえで重要であろう．

肢の発生におけるシグナル

肢の発生ではHOX遺伝子とシグナル伝達経路が重要な役割を果たす

これまで，HOX遺伝子の研究の多くは，中軸骨格や神経冠由来器官，中枢神経系，肢に焦点を当ててきた．そして今や，さまざまな器官においてさまざまなHOX遺伝子の発現パターンが解析され，機能喪失実験や機能獲得実験により，HOX遺伝子のおのおのの役割が解明され，情報の洪水が起こりつつある．これらの知見のすべてを記録して分析すると，1冊の本になってしまうかもしれないが，それが完成するころには，もう時代遅れとなっているだろう．

しかし，脊椎動物の肢の発生について再度検討することで，ホメオティック遺伝子とシグナル伝達経路がどのように器官形成における下流過程にかかわるかについ

て，ある程度の洞察が得られる（7章，13章参照）．脊椎動物の肢は，セレクター遺伝子と調節回路がどのように働くかについて，不完全ながらも情報が得られている一つの例である．

肢芽の位置決定はおそらく複数の因子により制御されている

　肢芽は側板中胚葉とそれを覆う外胚葉から形成される．この領域の外部に由来する細胞も肢の発生に寄与する．たとえば，肢の筋細胞は体節に由来し，発生しつつある肢の神経と血管は，それぞれ肢芽本体の外部に位置する外胚葉と中胚葉に由来する（7章参照）．胚の前後軸に沿った肢部形成の場（field）の位置が，多数の顕微移植手術と干渉実験により調べられ，中間中胚葉と体節の相互作用がかかわることが示された．もし，中間中胚葉と体壁板中胚葉の間に障壁が挿入されると，肢芽形成はみられない．このことから，中軸側の組織から側方組織に伝わる何らかの作用が，肢芽の最初の出現の引金を引くに違いないと考えられている．

　また，HOX遺伝子の発現は，前後軸に沿って領域特異的であり，かつその発現はダイナミックな変化を示す（特にHOXクラスターのa9からa13までとそのパラログであるd9からd13まで）．これが，肢形成の場の位置決定に働くと考えられている．初期胚で肢芽を生じるとされる領域を，体軸に沿った別の場所に移植しても，移植片はやはり肢を形成する．FGFでコートしたビーズを移植すると，異所的に，完全だが方向性が逆となった過剰肢が誘導される（さまざまなFGFで同じ効果が得られる）．どのような制御系が初期における肢形成の場を確立するにせよ，肢形成にかかわる細胞は，主として中間中胚葉と側板中胚葉に由来しており，FGFファミリーの因子が誘導に関与している可能性が高い（現在FGF2とFGF8が候補とされる）．FGF2をコートしたビーズを横腹に移植すると，*snail*（ショウジョウバエで中胚葉形成に関与する遺伝子）のニワトリホモログ*snR*の転写が，1時間以内に急激に増大し，ひき続いてTボックスドメインをもつ遺伝子群に属する*tbx*の転写が起こる（Tボックス遺伝子については以下で考察する）．*fgf10*の転写がビーズ移植後17時間でみられ，Shhが24時間までに検出される．

　発生の初期に起こると予想される予定肢領域のFGFの発現が，どのようなしくみで活性化されるのかについては不明である．複数のHOX遺伝子の複合的な作用がかかわっている可能性がある．肢形成の場が，胚体の前後軸に沿ってどのように位置づけられるのかについては，まだよく理解されていない．側板中胚葉は肢芽形成に先立って横腹全体でレチノイン酸（RA）を産生しており，RAは以下で説明するように，発生中の肢におけるシグナル伝達経路に干渉する．形成される肢芽が前肢，後肢のいずれになるかについては，*tbx4*（後肢で発現）と*tbx5*（前肢で発現）という二つのTボックス転写因子遺伝子の作用により制御されているらしい．FGF活性の存在下で，これらの遺伝子の一方を異所的に発現させると，どのTボックス遺伝子が発現したかに依存して，前肢または後肢が形成される．最近行われた実験では，*tbx4*の作用が別の転写因子Pitx1の遺伝子により制御されることが示された．米国ハーバード大学のMalcolm LoganとCliff Tabinは，翼原基で*pitx1*を発現させると，翼が部分的に脚に転換し，それと同時にTbx4が蓄積することを見いだした．奈良先端科学技術大学院大学の小椋利彦（現在東北大学）とその共同研究者らは，*tbx4*と*tbx5*の発現を操作することで肢を翼へ，そして翼を肢に転換できることを示した．

　一方，背腹軸上での肢の位置決定については多少研究が進んでおり，今では肢の前後（A/P），背腹（D/V），そして近遠（P/D）の3本の軸の確定にかかわる分子が明らかになっている．さらに，HOX遺伝子が軸の確定した肢芽でセレクター遺伝子として果たす役割についてもわかり始めている．この研究において大きな助けとなったのは，ショウジョウバエの翅の発生についての理解の進展であった（15章参照）．ここで，話題を変えて，羊膜類の肢の軸決定にかかわるシグナルセンターがどのように形成されるのか，そしてその後，HOX遺伝子がどのように作用するのかについて考察しよう．

背腹に沿った構築はD/V区画の境界を介して行われる

　前述したように（7章および13章），肢の背腹軸に沿った構築は，肢の伸長部位を制御する外胚葉性頂堤（AER）の位置と，肢組織全体の分化パターンに依存する．ショウジョウバエ*engrailed*の羊膜類におけるホモログ*en1*は，腹側外胚葉で発現するが，背側では中胚葉，外胚葉のいずれでも発現しない．予定腹側外胚葉に近接する側方体壁板中胚葉が，この*en1*の発現に必要であるという証拠が得られている．*en1*発現の有無で領域が区分されるのは，肢芽本体が発生するより以前であり，これにより予定背側，腹側外胚葉の境界が確定する．

　*en1*が発現しない予定背側外胚葉では，*fringe*と相同な膜タンパク質遺伝子*radical fringe*（*rfng*）が発現する．背側外胚葉の発生は，近くの体節に由来する未知のシ

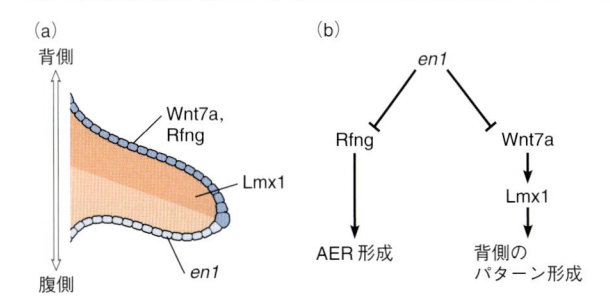

図 16・18　肢の背腹軸に沿ったパターン形成．(a) 初期肢芽断面の模式図．腹側外胚葉における *engrailed1* (*en1*) と背側中胚葉における *lmx1* の発現領域を示す．*en1* と *lmx1* はいずれもホメオドメイン転写因子をコードする．(b) 制御分子間の機能的関係を単純化したフローチャート．*en1* は肢芽の腹側外胚葉で発現し，この領域で *radical fringe* (*rfng*) と *wnt7a* (いずれも分泌性リガンドをコード) の発現を妨げる．一方，背側では *en1* が発現しないため，*wnt7a* と *rfng* の両方が発現する．その結果，AER が形成され，背側中胚葉に特有のパターンが確立される．

ナルも必要とする．*en1* 遺伝子が *rfng* の発現を抑制するため，*rfng* 発現組織は背側に，*en1* 発現組織が腹側に形成され，両者の間に境界が形成される (図16・18)．AER はこの境界線上に形成される．*rfng* が発現する領域を実験的に変更すると，AER の位置は新たに生じた *rfng* と *en1* の境界と一致するように変化する．このように，AER の位置は拮抗するこれらの外胚葉シグナルにより決定される．しかし，もし直下の中胚葉に由来する因子 (おそらくFGF10) が，パターン形成以前のAER部位に働かないとAERは形成されない．すなわち，外胚葉シグナルが将来の肢の位置を決定するのに対し，中胚葉シグナルはその発生を推進するのである．

en1 は D/V 軸に沿った AER の位置決定の役割を担うだけではなく，肢全体の D/V パターン形成にもかかわっている．背側外胚葉では *rfng* のほかに，*wnt* ホモログ *wnt7a* も発現している．*wnt7a* は裏打ちする中胚葉に働きかけて転写因子 Lmx1 を産生させる．この転写因子は，肢の背側要素を形成するのに必要であることが知られている．Lmx1 は En1 により抑制されるため，腹側では発現しない．おそらく，肢の腹側領域の形成は，Lmx1 が発現しない状態でのみ可能な，デフォルトの分化と考えられる (図16・18)．

前後軸に沿ったパターン形成は Sonic Hedgehog により制御される

極性化活性帯 (zone of polarizing activity: ZPA) は，肢の前後軸に沿ったパターン形成を制御する領域であることを7章で述べた．John Saunders と共同研究者らは何年も前に，肢芽後端の近傍にある中胚葉塊を前端領域に移植すると，鏡像対称となるほぼ完全な肢の重複ができることを発見している (図16・19)．Sonic Hedgehog (Shh) は，ショウジョウバエの Hedgehog の脊椎動物のホモログであり，この成長因子の発現領域は ZPA とされる領域と一致する．Shh でコートしたビーズを移植すると，ちょうど ZPA を移植した場合と同様に，異所的な肢が誘導される．さらに，過剰肢の性質は投与する Shh の量によりある程度制御できる．低濃度の Shh では主として前方指をもつ肢が形成されるのに対し，高濃度の Shh を投与すると，前方指と後方指のいずれも誘導される．このことから，Shh はモルフォゲンとして働いていると考えられる．Shh がどのように働くのかという議論の中心は，Shh が ZPA から拡散して濃度勾配を形成することにより直接作用するのか，それとも何らかの中継機構で間接的に働くのかという点にある．Shh が BMP2 産生を活性化することができ，その BMP2 が肢芽において弱いながら前後に沿った極性化活性をもつという証拠もある．BMP2 が中継機構を担うモルフォゲンなのであろうか．

Shh には肢の伸長に不可欠な間充織増殖の活性化作用もあり，AER と ZPA の間には複雑な相互作用がある．この研究領域では一般に，AER と ZPA の間に正の調節回路が存在すると考えられている．つまり，ZPA 由来の Shh は AER を刺激して FGF (おそらく FGF4) を分泌させ，今度はこの FGF が，さらに多量の Shh 産生を活性化するというものである．しかし，FGF4 を完全に喪失したマウスでも，ほとんど正常な肢をもっていることから，FGF4 以外の数種類の FGF 因子がかかわっている可能性がある．実際，FGF4/FGF8 の二重欠失変異体マウスでは肢が重篤な奇形を示すか，あるいは欠損してしま

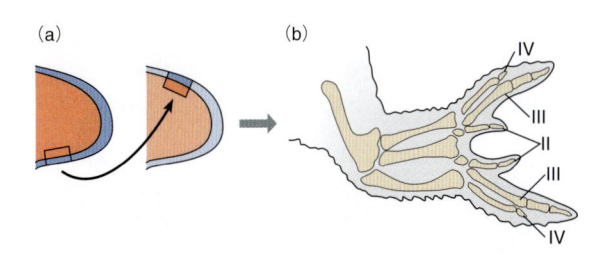

図 16・19　ニワトリ胚における ZPA の移植実験．(a) 肢芽の後方から切り出した ZPA 組織片を，別の肢芽の前方に移植すると，(b) 孵化後の翼骨格からわかるように，宿主で肢の重複が起こる．重複指 IV, III, II が正常指と鏡像対称の関係にあることに注目．

う*.

　発生しつつある肢で，実験的にBMPの発現を上昇させるか減少させると，複雑でしかも矛盾する結果が得られる．BMPの役割を理解する目的で，研究者らが解析したのは，Gremlin（グレムリン）とよばれるNogginに近縁の分泌性成長因子である．Gremlinも重要な機能をもつBMP拮抗分子であり，ZPAにあるShh分泌細胞近傍にある細胞で発現し，BMP活性の程度を微調整することによりAERからのFGF産生に重要な役割を果たしている．ZPAとAERのいずれも，肢の正常な伸長に不可欠であり，いずれもパターン形成に必須ではあるが，異なる役割を果たす．

　Shhの発現を後方中胚葉，すなわちZPA領域に局在させるのはどのようなメカニズムだろうか．*dHAND*（ディーハンド）は転写因子をコードする遺伝子であり，心臓と顔の発生に重要であることがわかっている．近年，マウスやニワトリ，魚の胚を用いて行われた研究で，dHANDは肢と鰭の形成にも必要であることが明らかとなった．この遺伝子は肢芽が出現するより以前の側板中胚葉で発現する．肢芽が形成されるにつれて，*dHAND*の発現は前肢と後肢の後方領域，そして前後の肢芽に挟まれた横腹領域中胚葉の一部に限局されるようになる．ZPAにおけるShhの合成と分泌は，それに先立つ*dHAND*の発現に依存している．

　正常胚では，ZPAが形成される領域に*Hoxb8*が発現しており，この遺伝子を異所的に発現させると，異所的なZPAが出現する．ただし，中胚葉の先端部後縁にある*Hoxb8*発現細胞のみがZPAを形成することから，AERからのシグナルも同様に必要と考えられる．

　レチノイン酸（RA）を肢芽の前方部に投与すると，*dHAND*の発現が誘導される．RAはさらに*Hoxb8*の発現も誘導する一方，RA合成を阻害すると，*Hoxb8*の発現が阻害される（図16・20）．実際，発生初期に胚においてRA合成を阻害すると，肢芽形成が抑制される．しか

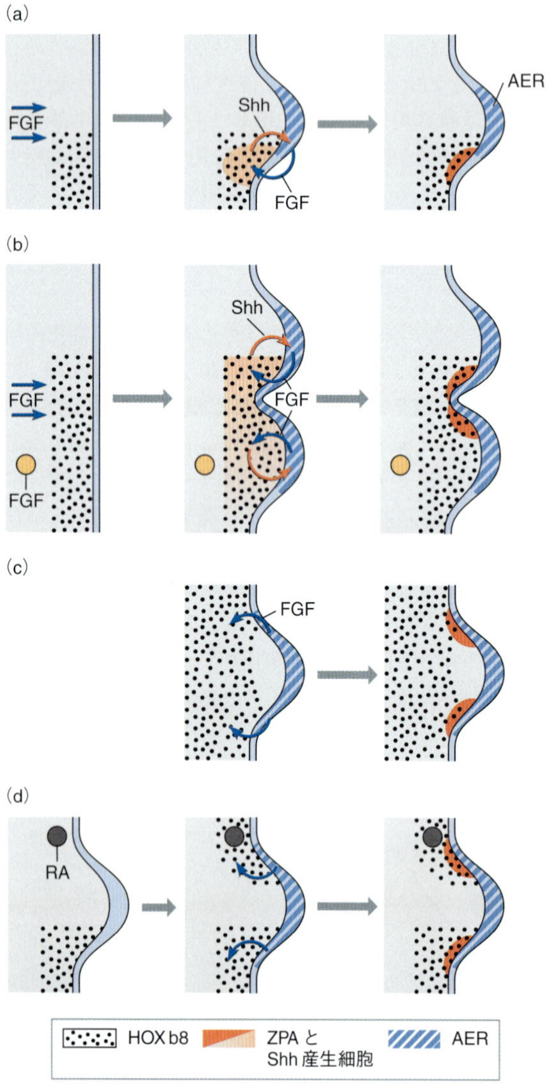

図16・20　FGF，*Hoxb8*，レチノイン酸による肢芽の実験的な誘導．(a) 正常肢芽におけるシグナル伝達．*Hoxb8*遺伝子は一部の間充織細胞に発現している（点刻）．これらの細胞はFGFを分泌し，応答性をもつ細胞（薄赤）に作用してSonic Hedgehog（Shh）を産生させる．これによりZPA（赤）と新たに形成されたAER（青斜線）の間でポジティブフィードバックループが形成される．(b) FGFでコートしたビーズを前肢芽に移植すると，間充織の増殖が異所的に誘導され，Shhの発現が活性化されるとともに，異所的に生じたZPAとAERの間に新たなポジティブフィードバックループが生じる．(c) ここで示す実験では，*Hoxb8*をトランスジェニックマウスの肢芽で広範に発現させている．*Hoxb8*発現細胞は肢芽の前方および後方のみでAERと近接することになり，その部位でのみフィードバックループが形成される．その結果，鏡像対称の肢が発生する．(d) レチノイン酸（RA）でコートしたビーズを前肢芽に移植すると，翼に指が鏡像対称的に重複して形成される．これは，RAが*Hoxb8*の発現を誘導する結果，(c)と同様の状況が生じたためと考えられる．

---

*　訳注：実際にはFGF4とFGF8の二重欠失マウスは発生初期に致死となるため，ここで言及された実験においてはコンディショナルノックアウトとよばれる手法により肢芽のみで遺伝子を破壊している．

し，機能喪失型変異体，あるいは阻害剤を用いた実験から得られる"ネガティブ"な結果を過度に解釈しないよう気をつけなければならない．

P/Dパターン形成には外胚葉と中胚葉が必要である

　AERは肢の伸長に必須であり，いったんAERが確立されると，FGF2，4，8を産生する．FGFビーズをAERを除去した肢に移植すると，伸長が回復し，正常にパターン化された肢が形成される．P/D軸に沿った伸長の際に生じた細胞は，どのようにパターン化された情報を獲得するのだろうか．発生しつつある肢組織は，すでにみたように，背腹の区分に関しては外胚葉からの影響，前後性に関してはZPAからの影響を受けている．しかし，P/D軸に沿った分化にかかわる情報がどのように設定されるのかはわかっていない．肢が伸長する過程で，初期の軟骨形成細胞が肢の基部にとどまる際，どのようにして自分は上腕骨をつくらねばならないと知るのであろうか．逆に，肢の伸長の後期に生じる軟骨形成細胞（当然先端部に位置する）は，どのようにして指を形成すべきであることを知るのだろうか．

　これらの疑問に対する傾聴すべき一つの答は，AERの直下で増殖している細胞が**進行帯**（progress zone: 肢が伸長するに伴って先端方向に移動する一種の幹細胞集団）を構成しているという主張である（図16・21）．これによると，初期に進行帯を離脱した細胞の子孫細胞は，後期に進行帯を離脱する細胞に比べ，AERからの影響にさらされる時間が短いことになる．もちろん，これらのAERの"影響"とは，さまざまなFGF分子と他の因子が組成を変えながらつくるカクテルから構成されているかもしれないし，単に多様なFGFのおのおのの量的変動がかかわっているかもしれない．さらに，このいずれもが正しいこともありうる．進行帯での滞留時間が，発生におけるP/D軸に沿った分化に重要であるという考えは，この領域の研究者に大きな影響を与えたが，実験的な支持は得られていない．AERを除去するという最初の実験では，直下にある中胚葉で広範に細胞死が誘導されることが今ではわかっているが，AERがP/Dパターン形成に影響するメカニズムはまだ不明である．

　近縁関係にある二つのホメオボックス遺伝子*meis1*と*meis2*の発見により，P/D軸に沿った肢の構築に関する新しい洞察が得られた．これらの遺伝子は近位肢要素に限局して発現し，近位肢要素の特性の決定にかかわる．これらの遺伝子を過剰発現させると，遠位肢要素が欠損する．最近，スペインマドリードのNadia Mercaderと共同研究者らにより行われた研究によると，RAは*meis1*と*meis2*の転写を活性化するだけでなく，これらの遺伝子の発現維持にも必要である．前述したように，RAは発生初期には側板中胚葉全域に存在するが，AERの出現後に初めて分布が局在化する．Mercaderと共同研究者らによると，RAの影響を限定するのは，AERから分泌されるFGFである．さらに彼女らは，FGFのRAに対するこのような拮抗作用の結果，Meis1とMeis2の発現が局在化し，基部領域が発生すると考えている．

　明らかに，中胚葉シグナルと外胚葉シグナルは相互依存しており，別べつのシグナルセンターから分泌されるFGFとShhの間でも相互依存がある．AERを除去すると，ZPAでの*shh*の発現が消失する．*wnt7a*を発現する背側外胚葉とZPAの間にも相互作用がある．*wnt7a*をノックアウトされたマウスでは，*shh*の発現が低下し，肢の後方構造の一部が欠損する．*dHAND*や*meis*遺伝子のような新しい制御の発見によって，未知の部分が明らかになり始めており，肢芽，そして肢の三つの軸の形成にかかわる経路の全容の詳細が解明されるのは，それほど遠い先のことではないかもしれない．

HOX遺伝子が肢の分化を制御する

　これまでに，さまざまなHOX遺伝子について，ノックアウト法による機能喪失型変異体マウスが作製された．これらの不運なマウスのあるものでは，肢に重篤な奇形が生じたが，多くのものについてはもっと軽微な欠

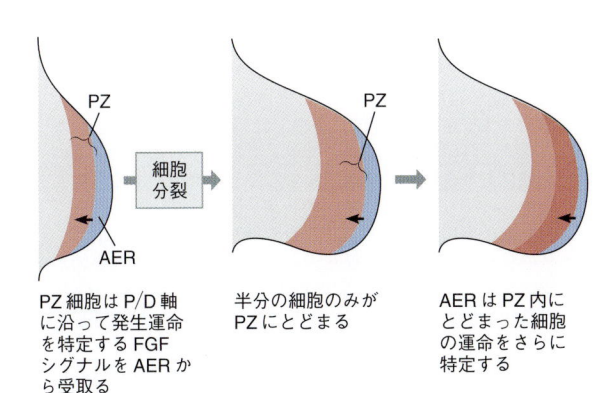

図16・21　肢の分化に関する進行帯モデル．外胚葉性のAERの直下に位置する進行帯（PZ）を赤で示した．左：細胞がPZ内にある間は，AERとの相互作用により位置情報を得る．中央：増殖が進行するにつれて，細胞の一部はPZから離脱する結果，近位側（胴部側）にとどまることになる．他の細胞はPZ内にあり，ひき続きAERからの影響にさらされる．右：長期間PZにいる細胞ほど新たな位置情報を獲得する結果(濃赤)，より遠位部(胴部とは反対側)の分化プログラムに従うことになる．

損しかみられていない．多くのHOX遺伝子が肢領域で発現しており，発現パターンは動的で急速に変化するため，そのパターンを発生における特定の役割と関連づけるのは困難である．前述したように，HOXのパラログ遺伝子群（*a9*から*a13*までと*d9*から*d13*まで）の発現領域と，形成される肢要素の間にはある種の対応関係がある．上腕骨を形成する中胚葉は*d9*と*d10*を発現する．また，予定とう（橈）骨・尺骨領域は，HOX遺伝子*d9*から*d13*までを入れ子状に発現し，予定手首・指領域は*a13*と*d13*を発現する．ノックアウトおよび強制発現を用いた実験で検討した結果によれば，HOX遺伝子の役割は，軟骨分化（最終的には骨分化）の速度とタイミングを制御することと考えられる．

HOX遺伝子は真のセレクター遺伝子としても機能している可能性がある．たとえば，後肢と前肢のいずれが分化するかは，Tボックス遺伝子と同様にHOX遺伝子の活性にも依存しているようだ．HOX9パラログ遺伝子群は翼と後肢において，異なる動的な発現パターンを示す．英国ロンドンのMartin Cohn，Ketan Patelとその共同研究者らにより行われた実験では，FGF2に浸したビーズを横腹に移植すると，異所的な肢が誘導された（図16・22）．FGF2ビーズの移植部位に厳密に依存して，過剰な肢や翼が誘導されたのである．細胞標識実験の結果，横腹領域にある同じ細胞集団が，前肢または後肢のいずれをも形成できることが明らかとなった．誘導過剰肢でみられるHOX9の発現パターンは，誘導される伸長部が前方的（翼的）性質，後方的（後肢的）性質のいずれを示すかで異なっていた．言いかえると，FGF2により誘導されるHOX9発現パターンは，形成される肢のタイプに対応していた．これらの結果は，HOX遺伝子の発現が，前方，後方のいずれの肢要素が形成されるかの選択にかかわっていることを（証明にはなっていないが）示唆している．たとえ，HOX遺伝子の発現がFGFビーズの移植の結果，横腹領域で変化しても，近傍にある椎骨には異常がなく，周辺の神経管や沿軸中胚葉組織でも，HOX9パラログ遺伝子群の発現に変化がみられない．つまり，これらの実験においてHOX9パラログ遺伝子群による翼か肢の選択は特異的であったといえる．

肢の発生における（実際のところ，脊椎動物の発生における他の局面でも同様ではあるが）HOX遺伝子の標的遺伝子は，全くわかっていない．しかし，複雑な細胞間シグナル伝達網の調節が，胚のパターンと分化を組織化しているという十分な知見が得られている．そして現在は，肢や体の他の領域における遺伝子調節回路について詳細には理解されていないとしても，ショウジョウバエ

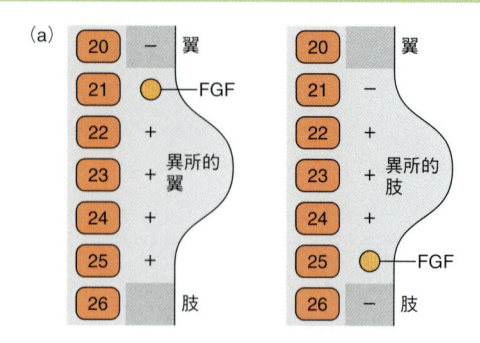

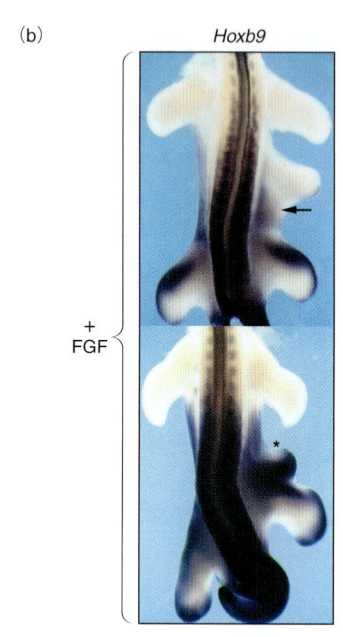

図 16・22 *Hoxb9*，FGFと肢の分化．（a）FGFをコートしたビーズを初期ニワトリ胚の横腹部に移植した．第21体節（左図）の近傍へ移植すると，異所的に翼が形成されたが，第25体節（右図）の近傍に移植した場合は，異所的に肢が生じた．胚領域を脂質親和性色素で標識することで，その領域にある細胞を長期間追跡することが可能である．模式図の＋で示した細胞は異所的肢芽を構成していた．図からわかるように，第22～24体節近傍領域の細胞は，FGFビーズの移植位置に応じて翼芽，あるいは肢芽のいずれかの形成に参入しうる．（b）上記のFGFビーズの移植後，*Hoxb9*の発現を検出するためにホールマウントin situハイブリダイゼーションを行った．上：ビーズを第23体節近傍に移植した．この胚では，57時間後までに*Hoxb9*の発現の前端は，異所的肢芽と横腹部の境界に位置していた（矢印）．下：ビーズを第24体節に移植した．この胚では，72時間後までに異所的肢は後肢と同様の発現パターンになった．

や線虫*C. elegans*で見いだされた因子と同じか似たものの多くが，ツメガエルやニワトリ，そしてマウスでも重要かつ似た役割を果たしているのは明らかである．異なる生物で発生を制御するために用いられる経路が，よく

16. 発生における調節ネットワークⅡ: 脊椎動物

似ていることは，この分野の研究者にとって驚きであった．このため，発生と進化の関係についての研究が活性化されることとなったが，この関係については次章で扱うこととする．

本章のまとめ

1. 卵や胚では，おそらく微小管などの細胞骨格要素を用いた細胞内の"流れ"によって母性細胞質決定因子が適切に配置される．
2. さまざまな構成要素の複雑さと機能の重複は，発生における調節回路の顕著な特徴である．
3. 非常に離れた種の胚においても，同じか似た制御分子が機能している．また，同じ胚の異なる発生局面で，同じか似た制御分子が働いている．たとえば，Shhは，脊索と底板で機能する一方，ZPAの形成にもかかわっている．
4. ニューコープセンターやシュペーマンオーガナイザー，そして外胚葉性頂堤のようなシグナルセンターでは，シグナルとして組成の複雑な分子"カクテル"を用いている．これらのカクテルは，協調的に作用する因子と拮抗的に作用する因子の両方を含んでおり，こうした混合物は全く異なるいくつかの作用をもつことがある．たとえば，神経誘導や背側化，あるいはその両方の作用を発揮しうるのである．
5. 異なるが類似性のあるリガンドが，全く異なる，あるいは部分的に異なる細胞内二次伝達経路を用いて，異なる応答を示すことがある（例，Smadファミリーホモログ）．
6. モルフォゲンは発生において，濃度に依存して異なる効果をひき起こす．アクチビンの場合，リガンドが結合した受容体の絶対数が応答の違いを決める．
7. HOX遺伝子群の構成は，遠く離れた生物種のゲノム間でも類似性が大きく，前後軸に沿った発現領域の順番は，異なる生物間でもある程度似ている．
8. 重要なシグナル伝達分子の発現領域の境界が，ひき続いて生じるシグナルセンターの位置を決定することがある．たとえば，発生中の肢では，背側と腹側の外胚葉の境界がAERの位置を決定する．

問　題

1. 表層回転はニューコープセンターの形成に必要か．
2. Noggin mRNAに対するアンチセンスオリゴヌクレオチドをツメガエル胚に注入した場合にみられる効果を予想せよ．
3. アクチビンなどのモルフォゲンが，シグナル受容細胞においてどのようなしくみで濃度依存的に異なる種類の分化を誘導できるのかを考察せよ．
4. 羊膜類の胚では，神経管と体節は前端から後端に向かって順次形成される．この原因は何か．
5. radical fringe遺伝子の発現を機能喪失型変異により減少させる実験を行ったとして，その結果を予想せよ．特に，翼芽に対してどのような効果がみられるだろうか．

参考文献

Agius, E., Oelgeschlager, M., Wessely, O., Kemp, C., and DeRobertis, E. 2000. Endodermal Nodal-related signals and mesoderm induction in *Xenopus*. *Development* 127: 1173-1183.
VegTやVg1，Xnrファミリー因子，βカテニンが，どのようにして協調的に働き，中胚葉を誘導するかについて詳細に検討した研究．

Cohn, M. J. 2000. Giving limbs a hand. *Nature* 406: 953-954.
ZPA形成におけるdHANDの関与を示した証拠の概要．

Davis, A. P., Witte, D. P. Hsieh-Li, H. M., Potter, S., and Capecchi, M. R. 1995. Absence of radius and ulna in mice lacking *hoxa-11* and *hoxd-11*. *Nature* 375:791-795.
HOX遺伝子が肢のパターン形成機構を理解するための基礎となったノックアウト解析．

Dudley, A. T., and Tabin, C. J. 2000. Constructive antagonism in limb development. *Curr. Opin. Genet. Dev.* 10: 387-392.
肢のパターン形成におけるBMPの役割に関する新知見の総説．

Dyson, S., and Gurdon, J. B. 1998. The interpretation of position in a morphogen gradient as revealed by occupancy of activin receptors. *Cell* 93: 557-568.
モルフォゲンが細胞応答を活性化するメカニズムに関する研究．

Harland, R. 2000. Neural induction. *Curr. Opin. Genet. Dev.* 10: 357-362.
神経誘導におけるシュペーマンオーガナイザーの役割に関しての研究の新展開を鋭く論じた総説．

Harland, R. 2001. A twist on embryonic signalling. *Nature* 4110: 423-424.

いくつもの研究グループによりBMP活性の勾配形成における拮抗物質とプロテアーゼの役割に関して行われた実験の総括.

Harland, R., and Gerhart, J. 1997. Formation and function of Spemann's organizer. *Annu. Rev. Cell Dev. Biol.* 13: 611-667.
シュペーマンオーガナイザーについての最新の情報を盛り込んだ詳細な総説.

Heasman, J., Kofron, M., and Wylie, C. 2000. β-Catenin signaling activity dissected in the early *Xenopus* embryo: A novel antisense approach. *Dev. Biol.* 222: 124-134.
βカテニンシグナルを阻害することによりその役割を明らかにするために用いられた新しいアンチセンス技術の解説.

Johnson, R. L., and Tabin, C. J. 1997. Molecular models for vertebrate limb development. *Cell* 90: 979-990.
肢の形成にかかわるさまざまなシグナル伝達分子と転写因子の役割について述べた詳細な考察.

Joseph, E. M., and Melton, D. A. 1998. Mutant Vg1 ligands disrupt endoderm and mesoderm formation in *Xenopus* embryos. *Development* 125: 2677-2685.
変異を導入したVg1分子を用いて内在Vg1シグナルを阻害すること（ドミナントネガティブ）により，Vg1が実際に背側中胚葉の誘導に必要であるという結論を導いた実験.

Kimelman, D., and Griffin, K. J. P. 1998. Mesoderm induction: A postmodern view. *Cell* 94: 419-421.
VegTの役割に関する新知見を紹介した総説.

King, T., and Brown, N. A. 1999. Embryonic asymmetry: The left side gets all the best genes. *Curr. Biol.* 9: R18-R22.
左右非対称性にかかわる多数の遺伝子の間でみられる相互関係と，それらがどのようなメカニズムで相互作用をするのかという問題に関する綿密な考察.

Kodjabachian, L., and Lemaire, P. 1998. Embryonic induction: Is the Nieuwkoop center a useful concept? *Curr. Biol.* 8: R918-R921.
ニューコープセンターの一般性に関する興味深い考察.

Kofron, M., Demel, T., Xanthos, J., Lohr, J., Sun, B., Sive, H., Osada, S., Wright, C., Wylie, C., and Heasman, J. 1999. Mesoderm induction in *Xenopus* is a zygotic event regulated by maternal VegT via TGFβ growth factors. *Development* 126: 5759-5770.
VegTが中胚葉を誘導するメカニズムを詳述した研究論文.

Lane, M. C., and Smith, W. C. 1999. The origins of primitive blood in *Xenopus*: Implications for axial patterning. *Development* 126: 423-434.
以前に作成されたツメガエル胚の発生運命地図が，おそらく約90°ずれていることを示した研究.

Mercader, N., Leonardo, E., Piedra, M. W., Martinez, C., Ros, M. A., and Torres, M. 2000. Opposing RA and FGF signals control proximodistal vertebrate limb development through regulation of Meis genes. *Development* 127: 3961-3970.
*meis*遺伝子の活性化と肢近位部の発生におけるRAの重要性を示した研究.

Moon, R. T., and Kimelman, D. 1998. From cortical rotation to organizer gene expression: Toward a molecular explanation of axis specification in *Xenopus*. *BioEssays* 20: 536-545.
ツメガエルにおいて胚葉がどのように形成されるのかについて，特にWntファミリー因子の役割に焦点を当てて考察した優れた総説.

Oelgeschlager, M., Larrain, J., Geissert, D., and DeRobertis, E. 2000. The evolutionarily conserved BMP-binding protein Twisted gastrulation promotes BMP signaling. *Nature* 405: 757-763.
BMPシグナルの活性制御に補助的に働く新規因子の記述.

Pennisi, E. A. 1998. How a growth control path takes a wrong turn to cancer. *Science* 281: 1438-1440.
Wnt経路がどのように胚で働き，その機能異常がどのようにがんをひき起こすのかについての興味深い考察.

Piccolo, S., Agius, E., Leyns, L., Battacharyya, S., Grunz, H., Bouwmeester, T., and DeRobertis, E. M. 1999. The head inducer Cerberus is a multifunctional antagonist of Nodal, BMP, and Wnt signals. *Nature* 397: 707-710.
拮抗物質Cerberusがどのように作用するのかを検討した研究.

Stennard, F. 1998. *Xenopus* differentiation: VegT gets specific. *Curr. Biol.* 8: R928-R930.
*VegT*遺伝子が内胚葉とニューコープセンターの形成にどのように関与するのかについて行われた研究を分析したもの.

Stern, C. D. 2002. Fluid flow and broken symmetry. *Nature* 418: 29-30.
繊毛運動の方向が脊椎動物における左右非対称性をつくり出すメカニズムであることを示した最近の論文についての簡潔な分析.

Vogel, G. 1999. New findings reveal how legs take wing. *Science* 283: 1615-1616.
肢のアイデンティティー決定における*tbx*遺伝子の役割についての簡潔な要約.

Wylie C., Kofron, M., Payne, C., Anderson, R., Hosobuchi, M., Joseph, E., and Heasman, J. 1996. Maternal β-catenin establishes a dorsal signal in early *Xenopus* embryos. *Development* 122: 2987-2996.
両生類胚の軸の構築におけるWnt-βカテニン経路の重要性を示した研究.

Zhang, J., Houston, D. W., King, M. L., Payne, C., Wylie, C., and Heasman, J. 1998. The role of maternal VegT in establishing the primary germ layers in *Xenopus* embryos. *Cell* 94: 515-524.
新たに発見された母性転写因子VegTが胚葉形成において重要な役割を果たすことを示した研究.

17 発生と進化

> **本章のポイント**
> 1. 発生の際活性化される遺伝子（たとえば，HOM/HOX 遺伝子複合体の遺伝子など）の多くは，よく保存されている．
> 2. Wnt 経路のようなシグナル伝達経路全体は，いろいろな胚で，そしていろいろな発生の場面で使われている．
> 3. 保存された経路の使われ方の違いから，どのように異なる表現型が生じうるかがわかる．
> 4. 特定の動物門において，胚は，卵，卵割様式，および器官形成の種類に違いがあるかもしれないが，それでも原腸形成後の門特異的な段階は共通している．
> 5. 細胞間のシグナル伝達はかなりの多様性を生み出すように改変されていることがある．
> 6. 幼生の段階は，進化的な変化のための土台を提供すると考えられている．

発生と進化

発生の原則は存在するのだろうか

　生物の発生の根底にある基本的な戦略の重要性や，発生をひき起こす分子的な戦術の類似性について強調してきた．しかし，方法における類似性や計画の統合がそれほどたくさん存在するならば，どうやって，この驚くべき生物の多様性が生まれるのだろうか．何人かの生物学者は，生物全体の発生にあてはまる基本的な原則というものは実は存在せず，それぞれの種が独特の歴史をもち，自分自身を統合するための固有のしくみをもっているのだと主張する．

　われわれの視点はそれとはいくらか違っている．すなわち，発生のための"ニュートンの法則"のような簡潔なものは存在しないが，統一的で，根底にある原則や機構は確かに存在するという見方である．その原則や機構についてはこれまでの章で強調してきた．われわれが見てきたのは，発生における基礎的な戦略は驚くほど柔軟で頑丈であるということだ．それらの戦略は，現存する生物を導いた進化の過程で非常に多くの変化を受けてきた．過去5億年間に多くの多様な生物が現れたことが結局それほど驚くことでもないのは，発生を支えている細胞生物学，分子生物学が柔軟で頑丈であるためだと言える．しかし忘れてはならないのは，これはあくまで一つの視点であり仮説であるということだ．どうやって生物が現在の状態までやってきたのかを探求しようとするとき，決定的な実験による検証がむずかしく，不可能でさえあることが明らかになるだろう．

発生の研究と進化の研究の間には密接な関係が存在する

　19世紀の中ごろに，生物学の研究は信じがたいよう

な興奮に包まれた．奇妙で風変わりな生物からなじみのある生物まで，すべての種類の生物が，解剖学的構造，生活史，発生などの観点から徹底的に研究された．1828年にドイツの生物学者 Karl von Baer は，神経胚の段階において，さまざまな脊椎動物の胚に類似性があることを見いだした．この考えを，1860年代に Ernst Haeckel が，いっそう発展させた．彼は，脊椎動物の胚は異なる脊椎動物の綱と類似した解剖学的な段階を経て発生するという考えを提唱し，"個体発生は系統発生を繰返す"という有名な格言を生んだ．もし言葉どおりに受取るならこの魅力的な考えは全くナンセンスなものであるが，いずれにせよこの考え方から発生と進化が関連づけられるようになった．1859年に，自然選択による Darwin の進化論が生物学の世界に登場して以来，ある生物の実際の発生は進化にとって非常に大切であることが明らかになった．異なる動物間の関係が，それらの動物の発生学的研究によって，少なくとも部分的には説明されるという考え方は実に有用である．

結局のところ，DNA にコードされた情報は，実際には，生物の発生の間にのみ実現されていく．胚は成体の表現型に翻訳されていく過程の遺伝子型なのである．もちろん，それは単なる DNA でなく，環境と相互に作用する DNA 中の情報をさすということは知っているだろう．環境は発生や選択的な遺伝子の発現を強化するのである．卵なしにはゲノムは胚をつくり出すことができない．生物の発生は，成体をつくり出すだけでなく，自然選択が行われる物質的な基盤である遺伝的変異や新奇性の源を与える．このように考えると，進化と発生という問題が密接にかかわっているのも不思議ではない．

発生と進化の間の関連性は分子生物学と遺伝学によって支持されてきた

DNA をクローン化し配列を決定する能力は，生物間の関係を研究するうえで有用な道具となっている．系統学の研究において，形態学的な比較に加えて DNA の配列を比較することがどれだけ有益かを示すのはこの教科書の範囲を越えている．しかし，伝統的な解剖学的比較や生活史の解析とともに綿密な DNA の配列比較を利用して関係性を推測することで，現存する生物間の関係性について非常にたくさんのことがわかってきており，進化における生物の血統関係の仮説に対する確固とした基盤ができあがっていることはここでも注目しておきたい．

現代分子遺伝学の二つの発見がきわめて重要であった．第一に，遺伝子はタンパク質だけをコードしているわけではなく，何らかの方法で多くのほかの遺伝子活性の調節も行っているということである．第二に，代謝経路での酵素のつながりと同様に，遺伝子発現を調節するタンパク質は，その調節経路においてつながりをもっているということである．もちろん，これらの認識はすべて，François Jacob と Jacques Monod による大腸菌の lac オペロンの研究から始まった．I 遺伝子の産物は，環境のある小分子に特異的に相互作用するタンパク質であり，直接的に標的遺伝子である β-ガラクトシダーゼの転写を調節する．それ以来，本書で概説してきたように，多くのシグナル伝達経路やモジュール的なエンハンサーが発見されてきた．遺伝子調節の基礎的な要素の多くは単細胞生物でもみられるが，シグナル伝達や遺伝子調節の経路への各要素の統合はもっぱら多細胞生物で起こっている．調節経路が利用されていることが劇的に明らかになるのは，多細胞性の植物，動物，菌類の発生過程においてである．このような調節回路の発見は，発生生物学に革命的変化を起こした．それだけでなく，発生の変化がどのように起こり，その変化がどのように結果的に新しい表現型を起こすのかを考えるうえで新しい発想を与えてきた．

遺伝子およびネットワークの保存

発生において重要な遺伝子の多くは保存されている

発生の調節の変化が，最終的にどうやって形態的，生理的な変異を導くのか，に焦点を当てることが本章の関心事である．動物の発生では，何が保存されていて，何が保存されていないのだろうか．進化の過程で保存されながらも大幅な変化を受けてきたものは何だろうか．これまでの章から，一つのことはすぐに明らかである．すなわち，いくつかの調節機構には十分な類似性があるため，多くの調節遺伝子やシグナル伝達や遺伝子制御の調節回路が非常に古い起原をもつことが推測できる，という点である．6章でふれたように（脊椎動物の眼で発現する）pax6 遺伝子と，（昆虫の眼で発現する）eyeless は構造的に類似している．脊椎動物の遺伝子が実験的にショウジョウバエ Drosophila の眼の発生で機能すること（図17・1），そしてショウジョウバエ遺伝子が実験的環境では脊椎動物の眼の発生で機能しうると示されてきたことから，これらは機能的に等価である．したがって，eyeless と pax6 を生み出した祖先遺伝子は節足動物と脊索動物の分岐よりも前に存在したにちがいない．図17・2は，eyeless および異なる種の eyeless ホモログ間にかなり類似性があることをはっきりと示している．既知の遺伝子

遺伝子およびネットワークの保存

図 17・1　脊椎動物遺伝子の *pax6* はショウジョウバエで異所的な眼を形成できる． マウスの *pax6* 遺伝子をショウジョウバエで発現させると，触角に異所的に小さな眼を形成させる．異所的な眼にも昆虫の複眼の構成要素である個眼が存在することに注意．明らかに *pax6* は機能的に *eyeless* のオルソログである．ショウジョウバエで *eyeless* が異所的な眼を形成する能力は図6・17で示している．

のなかには，互いに形態的，機能的に十分な類似性をもつものがかなりあるので，これらの遺伝子が節足動物と脊索動物の分岐に先立つ古い起原をもつであろうと結論づけることができる．

科学者のなかには，ほとんどの動物で作用することが知られているシグナルやシグナル伝達経路，遺伝子調節機構の総体を発生の"道具箱 (tool kit)"とよぶ者もいる．では，最小の道具箱の中になければならないのはいったい何だろうか．本章では道具の違いやその使い方の違いがどうやって変異や選択の生の材料ともいえる新しさを生み出すのかを述べる．これからみるように，何らかの基本的で必要な道具が，発生の多様性にとって驚くほど頑丈だが柔軟な土台を提供している．

本章は進化生物学それ自体の研究を述べるためにあるわけではないので，無視しなければならないことがたくさんある．ここで述べるような発生機構を使って進化がどのように起こってきたのかについての仮説にむやみにこだわるつもりはない．進化を論じる内容のなかでも，発生それ自身に焦点を合わせるべきであろう．

有用なモチーフは保存されている

現存するすべての生物には，窒素，還元された炭素，水，そして酸素のような電子受容体の供給が欠かせない．したがって，これらの元素に基づいた化合物の代謝を支えるために一連の酵素が存在する．たとえば，あるアミノ酸のなかには特によく ATP に結合できるようになっている部分がある．少数の ATP 結合モチーフが，異なるタンパク質で何度となく顔を出す．おそらく，これらのモチーフは，たとえば収束進化とよばれるように，同じ目的を果たすためにそれぞれ独立して生じてきたかもしれないし，あるいはいくつかの昔の古典的な ATP 結合モチーフから修飾を受けて派生したのかもしれない．タンパク質に含まれるある ATP 結合モチーフのいくつかのタイプは，一つの祖先タイプの子孫である可能性が高い．図17・3から，広範囲の異なる生物種の ATP 結合タンパク質に存在するモチーフがどれほど似ているかがわかる．われわれは，ゲノム内で，一連のヌクレオチドが重複したり，ある場所から別の領域へ転移したりすること，それゆえ，ATP 結合領域のような有用なモチーフが多くの異なるタンパク質の異なるモジュールに現れる可能性が高くなることを知っている．真核細胞のゲノムでのエキソンとイントロンの構成もこのようなシャッフリングを起こしやすい．

ATP やレチノイン酸あるいはステロイドのような分子と結合する短いアミノ酸部分よりも，特によく利用されるタンパク質モチーフをコードするヌクレオチド配列のほうが，ゲノム上での重複と分散はずっと多いといってよい．重要な細胞内の機能にとって，あるいは特定の器官や組織の機能にとって決定的な分化後の最終産物が，おそらく何度も現れると予測できるし，事実そうである．すべての動物のなかで，たとえばミオシンやアクチン，チューブリン分子の類似性は容易に示すことができる．これらの分子は高い保存性を示している．同じことは，コラーゲン，ヘモグロビンやそのほか，器官の機

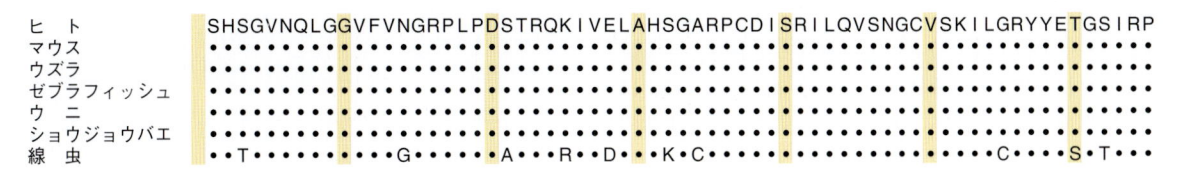

```
ヒト           SHSGVNQLGGVFVNGRPLPDSTRQKIVELAHSGARPCDISRILQVSNGCVSKILGRYYETGSIRP
マウス          ················································································
ウズラ          ················································································
ゼブラフィッシュ  ················································································
ウニ            ················································································
ショウジョウバエ ·······T·······G····A···R·D···K·C···············C···S·T·····
線虫
```

図 17・2　Eyeless のホメオドメイン配列． いくつかの種について Eyeless オルソログのホメオドメインのアミノ酸配列を示す．一文字表記のアミノ酸記号が使われていて，点はヒトの列と同じアミノ酸を示している．

(a)

```
  モチーフA        モチーフE      モチーフD
                              Mg²⁺
  GXXXXGKT       酵素活性部位    結合
◄───────────────────────────────────────►
N末端       22～26        31～85         C末端
          アミノ酸       アミノ酸
```

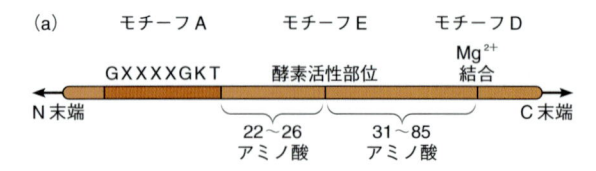

(b)

タンパク質	機能	モチーフA	酵素活性部位
共通配列		GXXXXGK${}^T_S$	E
E. coli Rec A	DNA組換え	GPESSGKT	E
ウシ ATPase	PO₄ 放出	GGAGVGKT	E
酵母 CDC48	細胞周期制御	GPPGTGKT	E
NifH	窒素固定	GKGGIGKS	E

図 17・3 古典的な ATP 結合モチーフ. (a) ATP 結合領域にみられるいろいろなアミノ酸モチーフの配列を模式的に示した図. これらのモチーフはそれぞれ A (ヌクレオチド結合部), E (活性部位のグルタミン酸), D (Mg^{2+} の結合に必要なアスパラギン酸) とよばれる. アミノ酸を示す際は一文字表記の略号が使われており, X は種間で変異があるアミノ酸の部位を示している. (b) ATP に結合するいくつかのタンパク質を簡単な表にした. モチーフ A とよばれる結合モチーフの配列も載せてある.

能に欠くことのできない構造タンパク質についてもいえる. これらの分子は, 異なる生物種の間で明らかに関連しているだけではなく, 古い起源をもっている. それらはしばしば単細胞生物にも存在するので, 進化の過程で多細胞生物が現れるのに先行していたことがわかる.

最終分化の機能に重要な役割を果たすタンパク質が保存されているより著しい例として, 電位依存性 L 型 Ca^{2+} チャネルがあげられる. これらのチャネルの働きとして, 細胞外液から細胞への莫大な量のカルシウムの取込みがある. この反応は, 脊椎動物の骨や歯におけるカルシウムの沈着を起こす骨芽細胞や造歯細胞などの細胞で行われる. サンゴでの類似した遺伝子の探索に成功している. ラットとサンゴからとられた遺伝子は, 全体として分子解剖学的に顕著な類似性をもつタンパク質をコードしており, 広範囲で保存されたアミノ酸配列を有していた. サンゴ (腔腸動物) と脊椎動物はどの系統樹でもはるか遠くに位置するように描かれる. さらにこの二つのグループではカルシウムの形は異なっており, サンゴは炭酸カルシウムから構成されているのに対し, 骨ではリン酸カルシウムである. だが, 現存する生物で生体内の硬質構造形成に大量のカルシウムを利用するものは, 明らかにある共通祖先から由来する一つの遺伝子に依存しているのである.

シグナル伝達経路全体は保存されている

それほどはっきりとはしていないが, コラーゲン, ヘモグロビン, Ca^{2+} チャネルの遺伝子と同じ部類に入るのは, 多様な転写因子やコファクターファミリーであり, シグナル伝達に含まれるリガンドや受容体である. 60アミノ酸残基のホメオドメインモチーフはわかりやすい例である. これらのリストに Wnt (ウィント) のようなリガンドや Notch (ノッチ) や Toll (トール) といった受容体を加えることができよう. しかし, なんといっても驚くべきことであり, 20 年前には予期できなかったのは, 全調節経路 (entire regulatory pathway) が保存されているという事実である. 本書でこういった多くの経路を詳しくみる機会があった. 経路は非常に異なった生物間でもよく似ていて, しかもそれらは一つの生物のなかでも, 異なる発生の状況で何度も利用されているようであり, まさに頑丈で柔軟というこれらの経路の特徴を証明している. 表 17・1 は, 本書で学んできたこういった部類に属するいくつかの例を示していて, ショウジョウバエ, アフリカツメガエル, マウスやその他の後生動物のものである.

15 章, 16 章で, これらの経路がショウジョウバエや脊椎動物で何度も利用されていることや, 各経路の構成要素が異なる生物でよく似ていて, 時には機能的に代替が可能であることを学んだ. 多くの別の動物もこれらと同じ経路をもっていて, そのいくつかは脊椎動物同様に線虫 *C. elegans* で特によく研究されてきた. 線虫では Delta (デルタ) と Notch のホモログは二つであるのに対し, 脊椎動物ではこれらのホモログは大きなファミリーを形成する. 進化という過程のなかで異なる分類群が多様化するにつれて, 多数の, そして多種の異なるシグナル伝達や反応の

表 17・1 共通で使われているシグナル伝達経路の例

リガンド[†1]	受容体/下流伝達因子
FGF	チロシンキナーゼ/Ras, G タンパク質
TGF-β/Dpp	セリン-トレオニンキナーゼ/Smad ファミリー
Wg/Wnt	Frizzled/β カテニン
Hedgehog/Shh	Patched/プロテインキナーゼ A
Delta/Serrate	Notch/Su(H)[†2], E(split)[†2]
ステロイドホルモン	細胞質受容体/RXR との二量体

[†1] 左側の列でスラッシュ (/) はホモログもしくは機能的に類似したリガンドを示す.
[†2] Su(H) と E(split) はそれぞれ Suppression of Hairy と Enhancer of split の省略形. どちらも Notch シグナル伝達経路における転写因子である.

組合わせも多様化する機会をもった．また，これらのシグナル伝達経路は特定の状況では一緒に働くものもある．たとえばHhとDppシグナル伝達はショウジョウバエの眼の発生では相互作用するし，Hh, Dpp, Notch/Deltaシグナル伝達は体節と付属肢の発生で同時に使われている．脊椎動物では，少なくとも三つのHhファミリータンパク質が，少なくとも11のWntファミリータンパク質が，そして20以上のDpp（BMP）ファミリータンパク質が存在する．Hh, Wnt, BMPは脊椎動物の肢および節足動物の付属肢の発生で用いられているが，同じように本書で述べてこなかった発生現象で他にも多くの役割を担っている．

異なる門に属するよく研究されてきた胚でのシグナル伝達経路間に新しく見つかった平行性がしだいに一般的になってきている．たとえば13章で，上皮性の管，特に肺の分枝における繊維芽細胞成長因子（FGF）ファミリーのタンパク質の役割について述べた．管の内側に接した間充織でFGF10が発現していて，そこではFGF10がその受容体型チロシンキナーゼ（RTK）と相互作用して，細胞の増殖すなわち結果的には芽の成長と分枝を促進するということを思い出されるであろう．ショウジョウバエでFGFのホモログの一つであるBranchless（ブランチレス）が見つかってきており，Branchlessも，そのRTKにあたるBreathless（ブレスレス）と相互作用して昆虫の呼吸器系の気管小枝の分枝を促進する．昆虫の気管小枝が分枝する場合は，FGFホモログ（Branchless）が，特定の誘導細胞（lead cell）の移動を促進する働きをしながら，増殖を伴わない分枝をひき起こす．そして，気管小枝の最終分化に必要な細胞形態の変化を導く．

最近までFGFの上皮分枝に対する刺激がどのように限定されるのか，わからなかった．つまり，脊椎動物の肺で，なぜ近接する細胞も増殖するように刺激を受けないのだろうか，ということである．似たように，発生段階の昆虫の気管小枝において，特定の誘導細胞に近接する細胞群がなぜ移動し，変形しないのか，という疑問が生じる．ショウジョウバエで，sprouty（スプロウティ）という一つの遺伝子の特徴がわかってきており，この遺伝子の正しい機能はFGF活性を制限することだった．FGFにより刺激された細胞はSproutyを分泌することで反応し，Sproutyは近くにある細胞のFGFシグナルに対する感受能力を阻害するように働く（図17・4a）．sproutyのヌル（完全機能喪失型）突然変異では，気管小枝の分枝が周辺の細胞でも起こり始めて，分枝がはっきりしない形になってしまう．そして，脊椎動物でsproutyのホモログであるsprouty2が発見されたのは驚くことでもない．Sprouty2も，肺の

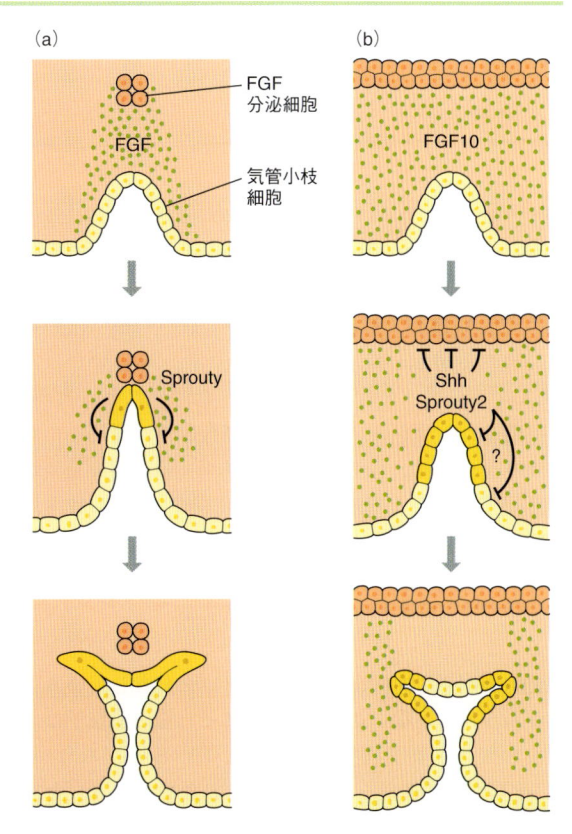

図17・4 FGFと呼吸器官で起こる分枝．(a) 図は，SproutyがBranchless受容体であるBreathlessの感受性をどのように制限するかを示している．ショウジョウバエにおいて，FGF（Branchless）を分泌する細胞は，成長する気管小枝細胞による分枝形成を促す（上段）．FGFに反応する細胞（橙色）はSproutyを分泌するよう刺激される．Sproutyは隣接する気管小枝形成細胞のFGFに対する感受性を抑制する（中段）．この側方抑制は結果的にさらに分枝をひき起こす（下段）．(b) これと類似した状況である発生中のマウスの肺では，FGF10が肺芽の成長を刺激する（上段）．芽の先端にある細胞はSprouty2を分泌し，つづいてそれが隣接する細胞のFGF10感受性を抑制する．また，先端にある細胞はShhも分泌し，その部分でのFGF10分泌を抑制し（中段），結果的に分枝が起こる（下段）．

管での増殖や分枝において，明らかにFGFシグナル伝達の広がりを制限している（図17・4b）．したがって，たとえ分枝の起こり方の細胞レベルの基礎が異なっていても，気道の分枝を調節する複雑な機構が節足動物と脊索動物の間で保存されてきたことがわかる．

しかしこれを一般化しようと進める前に，注意書きがつくことになる．すべてのものが節足動物や脊椎動物，その他の分類群において同じであると考えてしまってはいけないので，ここではっきり述べておこう．もちろん，動物間のこのような機構にも重要な違いは存在してい

る．そのなかのいくつかは本章の後半で考えることにする．

HOM/HOX複合体は部分的に保存されたセレクター遺伝子の例である

すでに15章でショウジョウバエのHOM複合体の遺伝子が，いろいろな体節で起こる最終分化の性質を特異化するセレクター遺伝子としていかに働くかを説明してきた．そして16章では，脊椎動物がこれらの遺伝子の親戚にあたる遺伝子群である四つのグループに分かれたHOXクラスターをもつことも述べた．それどころか，古典的なショウジョウバエのHOM複合体に関連したホメオボックス遺伝子群がほとんどすべての動物で見つかっていて，ボディプランの領域分化においてHOM関連遺伝子の重要性がはっきりと確立されてきた（ボックス17・1）．HOM/HOX遺伝子ファミリーは，現代の進化生物学で特に好まれる主題の一つである．

これまでのところ，研究されているすべての節足動物がHOM遺伝子ファミリーのオルソログを有していることがわかっている．では，存在するそれらの遺伝子はすべての節足動物で同様のことをしているのだろうか．"おそらく同じような"ことをしているであろう，と答えられる．HOMクラスターの遺伝子は，それら自身が上流遺伝子（アクチベーターである *trithorax* やリプレッサーである *polycomb* など）に普遍的な制御で支配されていて，一方HOM遺伝子は驚くほど多様なたくさんの下流遺伝子を調節する（15章参照）．つまりHOM複合体の遺伝子は"中間地点"なのである．異なる胚でHOM遺伝子活性の詳細をみると，それらがどうやって制御され，何が下流の標的か，ということが時として異なっていることがわかる．いいかえれば，HOM遺伝子とその上流や下流の相手との関係は変化していて，その変化が重要な結果を生み出しているのだろう．では，その例を具体的にみてみよう．

*Ubx*遺伝子はチョウの翅形成の調節を助ける

すべての昆虫は体節T2から生じる前翅と体節T3から生じる後翅をもっており，その二つの翅は決して同一でない．たとえば，ショウジョウバエにおいてT3の後翅は著しく変形して平衡器として機能する平均棍を形成する．15章で述べたように，体節T3の分化はHOM遺伝子の *Ubx*（Ultrabithorax）によって調節されている．*Ubx* の機能が欠失すると，T2とT3はともに前翅を形成する．T2はホメオティック遺伝子の機能がない状態で翅をつくるので，翅の形成はいわゆる基底の状態を構成する．

他のBX-C（バイソラックス複合体）はT2とT3以外の体節における翅の形成を抑制する．

一方，チョウでは本物の（ただし同一でない）翅がT2とT3の両方から発生する．そして *Ubx* はチョウの体節T3に発現する．*Ubx* は鱗翅目では本当の後翅をつくり，双翅目で平均棍をつくるために，T3においてどのように機能しているのだろうか．少なくともある程度は，*Ubx* によって調節される標的遺伝子の変化と *Ubx* 自身の調節による変化が原因である．

米国ウィスコン大学のSean Carrollとデューク大学のFrederick Nijhoutが，シカノメタテハモドキ *Precis coenia* というチョウについて行った最近の共同研究で，*hindsight*（ハインドサイト）という優性突然変異が単離された．この変異体では，後翅の腹側にある斑点が前翅での同じ領域に一致していた（図17・5）．*Ubx* は野生型のシカノメタテハモドキの後翅全体で発現するが，*hindsight* 変異体では後翅の腹側の数箇所において発現が失われている．*Ubx* の機能が喪失した部分は後翅（T3）からT2型の前翅への分化というホメオティックな変形を示している．*hindsight* はおそらく鱗翅目にのみ存在する新たな遺伝子であり，*Ubx* の発現を調節しているらしい．

さらにシカノメタテハモドキの変異体を解析した結果，*Ubx* は鱗翅目の翅に特徴的な眼状斑点の形成を調節する *Distalless*（*Dll*）（ディスタルレス）を調節することがわかった（図17・6）．ショウジョウバエの翅は眼状斑点をもたないが *Dll* の発現はある．おそらく *Dll* と眼状斑点形成に必要な他の下流遺伝子とを調節する *Ubx* の機能は，鱗翅目と双翅目が系統的に分化した後，チョウにおいて進化したにちがいない．このようにして，古くから存在する調節遺伝子（*Ubx*）は鱗翅目において特有の標的遺伝子経路を制御する．これは，鱗翅目における *Ubx* が双翅目とは異なった機能を獲得したことを意味する．*Ubx* の機能の変化はホメオボックスモチーフ自体の変化によるものではない．というのは，ホメオドメインタンパク質の特異性の大部分はホメオドメインの外側のアミノ酸配列によることが知られているからである．たとえば，有爪動物門（Onychophora，節足動物の姉妹門で単純な体制をもつ）の仲間の *Ubx* 遺伝子は，ショウジョウバエの *Ubx* ヌル変異体に挿入すると，すべてではないものの，欠失したショウジョウバエの *Ubx* の代わりに機能できる．有爪動物における *Ubx* とショウジョウバエの *Ubx* との違いは，よく保存されたホメオボックスの外側にある．

ショウジョウバエにおける *Ubx* の機能の一つはT3で特定の下流遺伝子の発現を抑制するもので，それによって翅の形成よりも平均棍の発達が起こる．たとえば

ボックス 17・1　HOXクラスター

　下の図は，いくつかの異なる動物門，すなわち腔腸動物（ヒドラ Hydra），線形動物（線虫 C. elegans），環形動物，軟体動物，節足動物（ショウジョウバエ Drosophila），頭索動物（ナメクジウオ Amphioxus），脊椎動物（マウス）におけるHOXクラスターのメンバーを示している．

　クラスター内で近い関係の遺伝子どうしの違いが，主としてホメオボックス自体の外側の配列によるという証拠がいくつかある．この観点からの論理的な結論は，ホメオボックス配列が実行役であるが周囲の配列が特異性を与えるということである．しかし，正確な状況は，おそらくそれよりもずっと複雑である．たとえば，米国シンシナチの小児病院で研究を行っている Yuanxiang Zhao と Steve Potter の最近の業績は，ホメオボックス配列自体の小さな違いがHOX遺伝子の発現に大いに影響を与えうることを示している．ZhaoとPotterは，マウスのHOX遺伝子 a10 と a11 のホメオボックスドメインをコードする配列を交換した（この二つのホメオボックスの配列は相同性がとても高い）．ホメオボックスを入れ替えたマウスでは，中軸骨格は正常であったが，肢の骨と腎臓や雌の生殖器官は発育不全で異常であった．よって，HOX遺伝子の機能は明らかにホメオボックス配列とその周囲に依存している．

　既知の遺伝子とパラログ群の数は，より多くの生物が研究されるにつれ，変化し続けるだろう．ナメクジウオで追加されたパラログ群と腔腸動物で追加された遺伝子が報告されている．

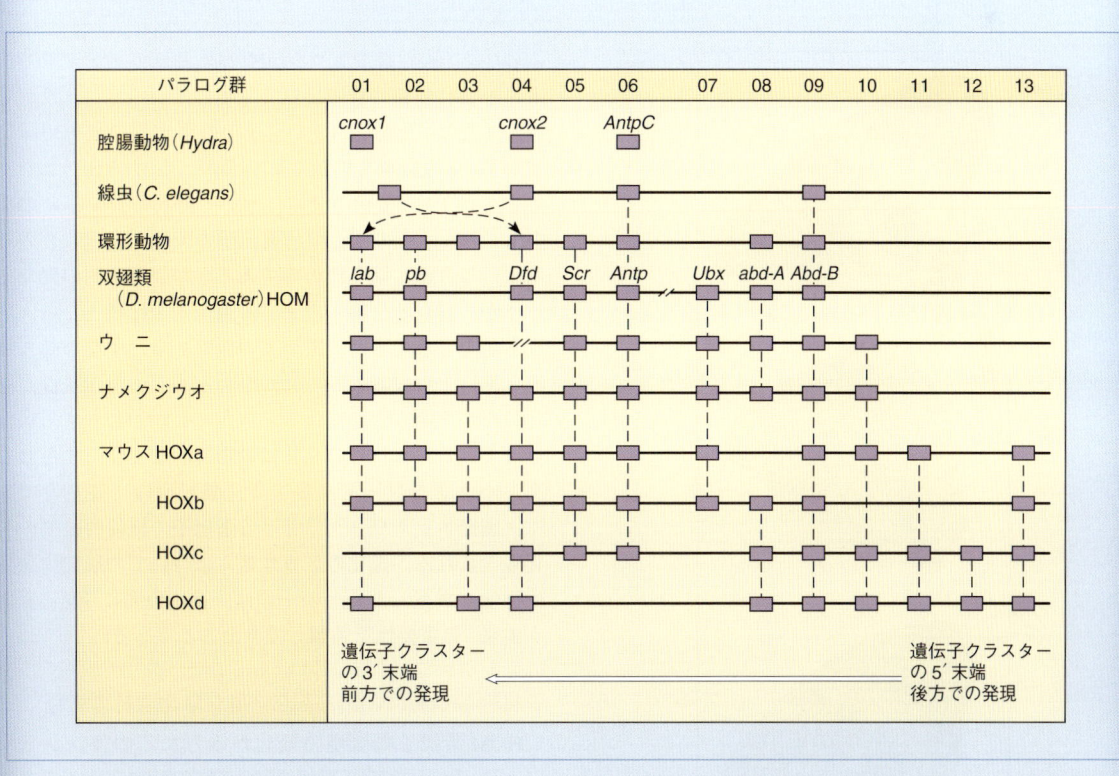

さまざまな生物におけるHOM/HOXクラスター．水平方向の線は既知の結合を示し，二重のスラッシュ//はつながりが途中で切れていることを示す．垂直方向の点線は推定の相同性を示す．前方側で発現する遺伝子は左側で，染色体におけるそれらの直線状の順序は胚での空間的な発現の順序に一致する．線形動物の遺伝子複合体において遺伝子発現が典型的な順序に一致しないことに注目．（訳注：最近，ウニのHOXクラスターについて，パラログ群01〜03が転座して13の後ろに03〜01の順に並んでいることが明らかになった．ナメクジウオには13までHOXクラスターの遺伝子が存在し，最近14の存在も報告された．）

図 17・5　シカノメタテハモドキ P. coenia の翅.
(a) 野生型における前翅(上)と後翅(下)の腹側の様子.(b) hindsight 変異体における腹側の翅の模様は,特に後翅(下)でホメオティック変異を表す.矢印で示した部分は,通常,前翅でみられるパターン(*)である.やじりは,形態的に前翅に似ている後翅の領域を示している.

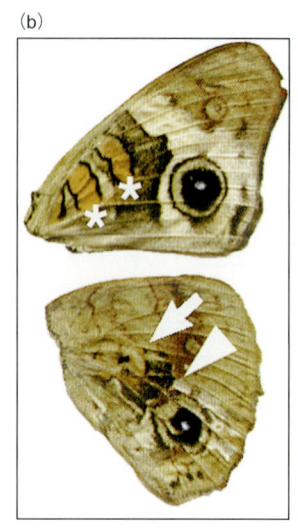

図 17・6　シカノメタテハモドキ P. coenia の眼状斑点.野生型における腹側の表面の前翅(a)と後翅(b).(c) 発生中の翅の細胞をウイルスベクター(Sindbis virus)を用いてショウジョウバエの *Ubx* 遺伝子で形質転換した.発生中の前翅での *Ubx* の発現はホメオティック形質転換を起こし,眼状斑点を含め,形態的には後翅型のものに近くなった.

wingless (*wg*) はショウジョウバエとシカノメタテハモドキともに前翅の背腹境界で発現している.ショウジョウバエでは,*Ubx* は T3 で発達中の平均棍の後方辺縁において *wg* の発現を抑制しているが,シカノメタテハモドキでは T3 の後翅の発達において抑制しない.この場合も,*Ubx* とその下流標的遺伝子の関係が変化したのである.これは,同じ門の中であろうが異なる門の間であろうが,異なる生物に由来する遺伝子を比較した際,何度も発見されてきた現象のよい例である.すなわち,調節と構造上の役割の両方にかかわる多くの遺伝子は,進化のなかで明らかに変化してきたにもかかわらず,保存されている.これらの変化には物質的な変化,すなわちタンパク質をコードするアミノ酸配列の交替だけでなく,調節ネットワークにおける遺伝子の機能的役割の変化も含まれる.進化のメカニズムについての研究に発生生物学が貢献したことの一つは,進化の間に"変化を伴う由来"の重要性を強調してきたことである.

脊椎動物は HOX 遺伝子の発現を変化させてきた

HOM 遺伝子の発現の変化がみられるのは,ショウジョウバエや他の無脊椎動物だけではない.16 章で述べたように,脊椎動物においてホメオティック遺伝子の基本的な構造は維持されているが,その集合体の大規模な倍化を伴っている.異なる生物間での HOM/HOX クラスターの構造を比較するにはボックス 17・1 を参照してほしい.HOM/HOX 遺伝子はセレクター遺伝子として機能し,特定の分化領域を指定する.羊膜類脊椎動物では 4 組の HOX 配列が機能ドメインが一部重複してい

て，3胚葉のすべてにおいてHOX遺伝子が発現することを思い出すであろう．HOX遺伝子は，前後軸の異なった部位に特有の特定の分化が適切に起こることを保証している．

このことは，どのロンボメアが正しく小脳になるかや，どの体節が前肢の発生に対応するかといった特色を，HOX遺伝子が指定していることを意味しているのだろうか．おそらくそうではないだろう．HOX発現領域をマウスとニワトリで比較すると，*Hoxc6*は，マウスでは体節12番目から13番目に発現の前方境界をもつが，ニワトリでは体節19番目から20番目に前方発現境界がある．おもしろいことに，これらの体節の位置の一つはニワトリにおいて第一胸椎形成の位置であり，他方はマウスでの第一胸椎形成位置である．これら二つの綱におけるHOX発現領域の詳細な前方境界体節の位置を基準として比較するとその相対的位置が変化している．変化を伴う由来は，時間や領域，標的遺伝子の変化の交替を伴うHOX遺伝子の発現調節の変化を内包しているであろう．多くの脊椎動物には4グループのHOX遺伝子があるので，パラログ群（paralog group）内の異なる遺伝子の発現の詳細は必ず同一であるとみなせない．事実，多くの例でそのことが明らかになっている．

ヘビの肢の有無はHOX遺伝子の発現に関係している

ヘビは膨大な数の体節とそれに対応した多数の椎骨をもつ．たとえば，ニシキヘビではよく似た椎骨が数百あり，前肢は完全に失われていて，後肢は腰帯と短い大腿骨からなる痕跡のみが残っている．英国ロンドンで研究を行っているMarvin CohnとCheryl Tickleは，多数の椎骨のほとんどすべてが肋骨のついた胸椎型であることを示してきた．彼らは椎骨数の増加は，多くの場合，胸椎を特異化しているHOX遺伝子の発現領域の拡大によると推測している．彼らは四足動物において胸椎の発生に関連があることが知られている二つのHOXタンパク質（*c6*と*c8*）の分布を調べた．また，四足動物における*b5*の前方発現境界は第一頸椎であるということも観察している．

四足動物の椎骨において，これら三つのHOX遺伝子はすべて，発現の前方境界は前肢の位置にあり，前肢と肩の特異化に関与していることが知られている（図17・7a,c）．ニシキヘビの胚では，これら三つの遺伝子はどれも最前方の体節から後方は総排出腔まで発現している（図17・7b,c）．脊柱が形成される総排出腔の前方の全領域は，胸部のアイデンティティーに一致したHOX遺伝子の発現パターンを示す．これらのHOX遺伝子の発現

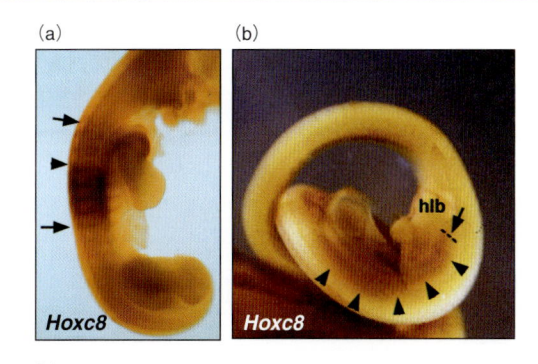

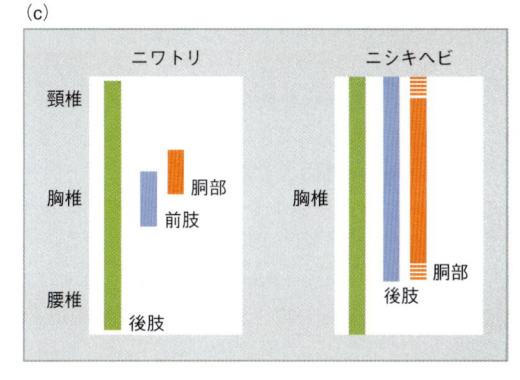

図 17・7 ニワトリ胚とニシキヘビ胚におけるHOX遺伝子の発現． (a) ニワトリ胚での抗*Hoxc8*抗体による染色．胸部領域に限定されている．胚の前方は上方．矢印は発現境界を示しており，やじりは発現の強弱の境界を示している．(b) ニシキヘビ胚では，*Hoxc8*の発現領域は後肢芽（hlb）のレベルまで延びている．胚の前方は下方．破線と矢印は明瞭な発現の後方境界を示しており，やじりはより前方側の発現の範囲を示す．(c) ニワトリとニシキヘビとにおけるHOX遺伝子*c6*（赤）と*c8*（青），*b5*（緑）の発現領域の比較．ニシキヘビの*c6*前方と後方の末端部分にある破線は正確な発現境界が不確かであることを示している．

領域の拡大は，ヘビにおける頸椎の欠如（つまり首がない）とひきかえに脊柱の拡大の基礎になっている．ヘビでは体節における*c6*と*c8*，*b5*の発現の前方境界はない．それが前肢の肢芽が形成されない理由であろう．

一方で，ニシキヘビでは*c8*の後方での発現が終わる総排出腔のレベルで後肢芽が実際に形成される．だがCohnとTickleによるヘビ胚の研究では，外胚葉性頂堤（AER）は観察されなかった．さらに，AERの機能に関与している遺伝子（*fgf2*など）について，腎臓や鱗芽のような中胚葉性器官での発現はみられたものの，後肢芽においては検出できなかった．同様に，*shh*の発現はヘビの神経管ではみられるが，ニシキヘビの後肢芽間充織ではみられなかった．CohnとTickleは，ニシキヘビの後肢芽間充織をニワトリの肢芽に移植した結果，ニシキヘ

ビの間充織がニワトリのAERの刺激によってShhを産生できることを示した．彼らはニシキヘビの間充織でのHOX遺伝子の発現領域拡大は，後肢外胚葉におけるAERの異常発生の原因であり，その結果後肢発生が起こらないのではないか，と考えている．HOX遺伝子の発現領域の変化が，体制に根本的な変化をひき起こすことは明白のように思われる．

門特異的な段階

門特異的な段階は
多くの動物門で原腸形成後に存在する

これまでに，全く異なる生物の発生過程に類似性があるかどうかについて考えてきた．HOXクラスター遺伝子のような，ある調節遺伝子の発現を考えるとき，それと明らかに相同である遺伝子も，発現のタイミングや場所，標的遺伝子との関係に変化を示すかもしれない．19世紀にKarl von Baer, Ernst Haeckelらは，これまでとは別の顕著な類似性を発見した．脊椎動物と節足動物では，異なる綱の生物の成体は外見が全く異なるが，原腸形成後の胚には驚くほどよく似ている時期がある．Haeckelによる脊椎動物の描写は最近，理想化された"芸術家の道具"であると非難されている．しかし，脊椎動物のよ

り正確な描写は，原腸形成後の胚は系統発生上の共通した特徴を現しており，またそれ以降の段階よりも高い類似性を示している．この形態学的に類似した外見を示す時期を，**門特異的な(発生)段階**（phylotypic stage）という．

節足動物門の主要な綱をいくつか例として図17・8に示す．節足動物はすべてキチン質の外骨格や体節構造，付属肢をもっているが，約100万種もの間でその形態には幅広い多様性がある（図17・8a）．体節数やその分け方，付属肢類の細部など，わずかな箇所の違いに注目するだけでその多様性がわかるだろう．しかし，節足動物門の各綱において，原腸形成と神経形成の後に生じ，一つの胚当たり10^3〜10^4個の分化した細胞からなる体節性胚帯期は，どの綱でも類似しており，保存された体制構造を示す（図17・8b）．

脊索動物門における門特異的な段階は咽頭胚である

脊椎動物やその他の脊索動物門の生物に，脊索動物門としての四つの特徴，すなわち，脊索，中空の背側神経索，鰓裂，肛門後方の尾，が現れ始めるのは，原腸形成や神経形成の後である．Haeckelによる有名な描写は様式化されているため，脊椎動物初期胚の類似性という彼の主張はもはや評価されるものではない．図17・9はよ

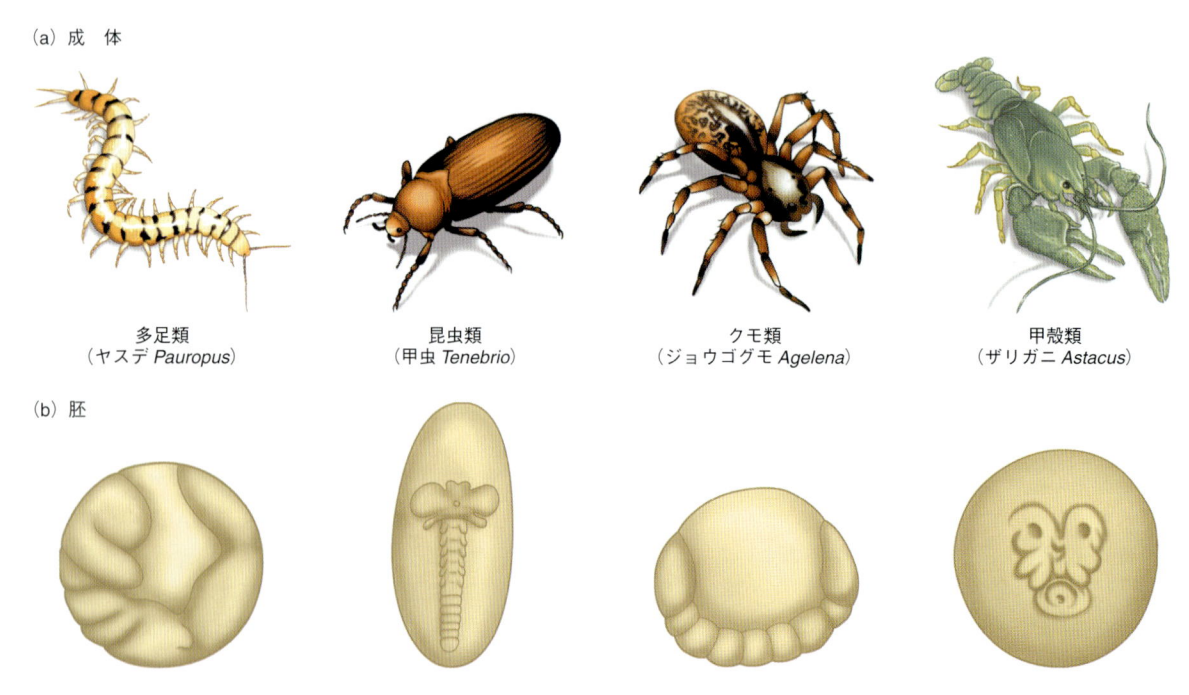

(a) 成体

多足類
（ヤスデ *Pauropus*）

昆虫類
（甲虫 *Tenebrio*）

クモ類
（ジョウゴグモ *Agelena*）

甲殻類
（ザリガニ *Astacus*）

(b) 胚

図 17・8　さまざまな節足動物の門特異的な段階．(a) 異なる四つの綱（多足類，昆虫類，クモ類，甲殻類）における代表的な動物の成体の表現型．(b) 原腸形成後（胚帯段階）の各種はよく似ている．

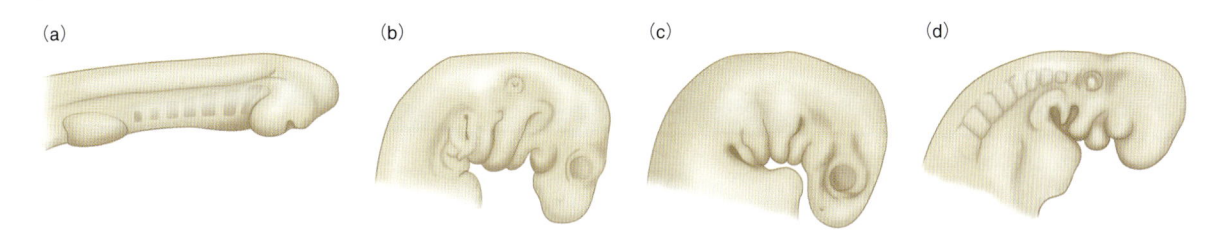

図 17・9　**門特異的な段階における脊椎動物の胚．**神経形成と尾芽形成の完了した4種の脊椎動物胚の，頭部から頸部の領域の図．(a) ヤツメウナギ科の魚，(b) ヨーロッパヌマガメ，(c) ニワトリ，(d) イエネコ．

り正確な描写で，数種の脊椎動物胚の前方の一部を側方からみたものである．節足動物と同様に，すでに3胚葉が形成されており，消化管は予定口から肛門へと伸び，脊椎動物特有の背側軸，すなわち脊索，神経索，体節が形成されている．

これらの胚は確かに同一ではないが，類似している．門特異的な段階の意味はあいまいなものになっている．現在では門特異的な段階は，胚がそれ以降の発生段階よりも高い類似性を示す，原腸形成後の時期であると認識されている．またこの時期は，前方に *emx* や *otx* のような HOX 遺伝子が発現するなど，領域ごとに異なる遺伝子発現がみられる時期でもある．これらの類似した胚も，魚類と鳥類，ヘビとリスのように，全く異なった生物となる．異なる生物の発生は，門特異的な段階の後に全く異なる経路をたどるというだけではない．両生類と羊膜類の発生について述べたように，門特異的な段階を形成する段階である**咽頭胚期**（pharyngula）も，脊椎動物の綱ごとに異なっている．つまり，発生は，門特異的な段階の前も後も非常に異なっていることを一般化できる．John Gerhart と Marc Kirschner は，最近の著書である『細胞，胚，そして進化（Cell, Embryos, and Evolution）』のなかで，門特異的な段階のことを，同一の門の別種である生物が発生する"強固な基盤"であると表現している．今度は，脊索動物の咽頭胚期の，直前と直後の発生段階について，門内の多様性の発生における門特異的な段階の役割とは何かに注目して考えてみよう．

咽頭胚期までの発生は全く異なる経路を通る

カエルとニワトリ，マウスは，神経胚後の形態が類似しており，確かに脊椎動物の保存された，基本的な体制構造をとっているが，それぞれがこの段階になるまでの経路は全く異なっている．両生類の卵は受精前に動物植物極軸に極性があり，この軸のまわりに円筒対称性がある．その後，精子星状体が表層回転をひき起こし，これによって円筒対称性が崩れ，背腹軸が決定される．さらに連続して起こるニューコープセンターとシュペーマンオーガナイザーの誘導によって咽頭胚期が形成される．

一方，鳥類の卵は，両生類とは全く異なった発生経路をたどる．細胞質が少なくて大型で，多量の卵黄がある鳥類の卵は，地上での生殖を可能にする．そしてそれはおそらくとても長い進化の結果であろう．両生類と同様に，動物植物極の極性は卵形成の間に生じるが，体軸の方向は，卵割が進み何万もの細胞が形成されてからでも予想することはむずかしい．5章で述べたように，原条の位置決定には，受精卵が卵管を通るときの重力が影響している傾向があるが，これは特に強い影響力をもつものではなく，胚盤葉自体の性質による自己誘導によって打消される．産卵後の多細胞期になって初めて，原条形成をひき起こす決定的な体制が生じる．産卵時，約60,000個の細胞が卵の中にあるが，そのうち約500個だけが実際に咽頭胚を形成し，残りは卵黄嚢や羊膜，漿膜を形成する．胚葉は，両生類における原腸形成で起こるものとは全く違う，一連の形態形成の動きによって形成される．胚葉間や，移動するヘンゼン結節とそのほかの組織との間の，緩やかで連続した一連の誘導相互作用が咽頭胚の形成を支えている．初期胚盤葉の大部分は，外科的に分離しても軸形成ができる自己誘導能を有している．

さらに，マウスの卵にも異なる状況がある．胎盤形成により，多量の卵黄蓄積は不必要なものとなった．（哺乳類にも卵黄嚢は存在するが，中は空で，変化を伴う由来，あるいはすでに手に入れたものを利用することの例といえよう．）初期のマウスの卵に非対称性はほとんどなく，それは大部分の哺乳類の卵にもあてはまる．それでも無処理の胚には軸形成の傾向が存在する．初期の卵割では，どの割球も分化全能性をもつ．コンパクションや，"外側"と"内側"の細胞の違いが第4から第5分裂で生じると，咽頭胚となる性質をもった内部細胞塊が決定される．ここでも初期胚のできごとは，鳥類や両生類の初期発生過程とは全く異なっている．

図 17・10 両生類と魚類における神経管形成の比較. 両生類と硬骨魚類における神経管形成を比較した模式図. (a) 無尾両生類の神経管は，6章で示したように，シートが巻き上がって管となることで形成される. (b) 硬骨魚類では，中実の管が形成され，その後に内部に空洞が形成される.

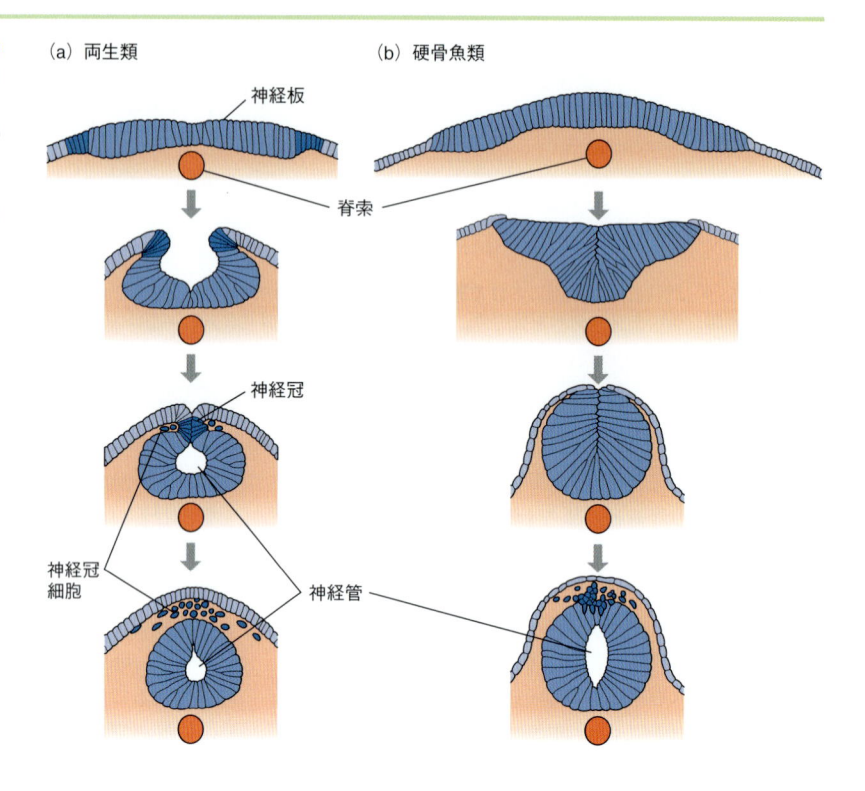

(a) 両生類　　(b) 硬骨魚類

神経板／脊索／神経冠／神経冠細胞／神経管

　咽頭胚の発生過程で，異なる綱にみられた異なった細胞生物学的戦略は，脊索動物特有のものではなく，動物門の生物の多く，おそらくほとんどにみることのできる多様性の例の一つにすぎない．脊索動物にみられる多様な戦略をさらに詳しくみてみると，どの生物においても，それらの戦略は一連の誘導をひき起こし，脊索動物を特徴づける，前後や背腹の体制をもたらすことがわかるであろう．どの脊索動物も，初期の内胚葉と中胚葉の誘導や，オーガナイザーによる原腸形成期における誘導，そして原腸形成以後の脊索による誘導のおかげをこうむっている．門特異的な咽頭胚は，それになるいくつもの経路があるという意味では確かに適応性があり，強固である．つまり咽頭胚は，門特異的な段階の後にとって柔軟な基盤としての役割をもっているといえよう．

咽頭胚期の後の発生は幅広い多様性を生む

　脊索動物の咽頭胚は脊索動物の驚異的な多様性を生み出す基盤となっている．細胞戦略は，音楽家が楽器を演奏するときに，数少ない"音符"から驚くほどたくさんの演奏形態を生み出すように，原型のボディプランからいろいろなものを生み出すのである．咽頭胚自体の形態形成さえ，異なる脊椎動物のなかで異なって進むことがある．たとえば，おもな例としてきたカエルやニワトリやマウスの前方神経管は表面の細胞の折りたたみ構造から生じ〔図17・10(a)や6章を参照〕，後方神経管は細胞の詰まった棒状構造の空洞化によって生じる．しかし，硬骨魚類や無顎綱（ヤツメウナギやヌタウナギの属する綱）では，神経管形成における陥入が生じない．そうではなく，まず背側正中線に中実の神経隆起が形成され，この領域がその後中実で棒状の神経管原基となり，空洞化によってその全長が管を形成する（図17・10 b）．

シグナル伝達経路の多様化

脊椎動物の肢は門特異的段階後の多様性の例である

　脊椎動物の種をさまざまな綱に分類するために，多くの特徴が用いられる．いくつか例をあげると，外皮（鱗，羽毛，毛）や骨格の構成要素（軟骨，骨），生理的機能（鰓呼吸，肺呼吸）などである．DNA配列の比較は，異なる綱に属する脊椎動物について，古典的な分類群がおよそ正しいことを確かめてきた．それらにおける肢の種類や骨格要素は，分類学者や進化生物学者たちが，脊椎動物の関係を認識するために好んで用いる形態的特徴であった．肢の発生はまた発生学者たちによってよく研究されているテーマの一つでもある（7章と16章を参照）．たとえば，足ひれや蹄，翼があるかどうかで，脊椎動物

を各目に分類することができる．本章では，すでにヘビが肢をもたないことについて述べ，それがHOX遺伝子群の違いがその下流の標的を誘導するシステムに影響した結果であることを述べた．

すでに述べたように，肢芽領域の確立にはおそらく，少なくとも部分的には，HOX遺伝子が関係している．ひとたび領域が決まると，肢芽はAERとそれを裏打ちする中胚葉との間や，極性化活性帯（ZPA）とその標的領域との間の相互のシグナル伝達を利用する．しかし，形成される長骨の本数や種類，指の形成などの詳細はこのシグナル伝達に依存しない．ZPAが移植されるなど，外科的処置が施されるとき，もしくは，突然変異体が同定され研究されるとき，重複した部分や，他の要素が欠落していても，残存する部分は間充織を生じる種に特異的な基本的な骨格要素の特徴に従って形成される．さまざまな脊椎動物における前肢の骨の配置を図17・11に示す．さらに，ZPAの移植や突然変異によって中心から鏡像対称となっている肢を図17・12に示す．これらの図からも，操作によって異所的に指が形成されるとき，種特有の骨格要素だけが複製されていることは明らかで

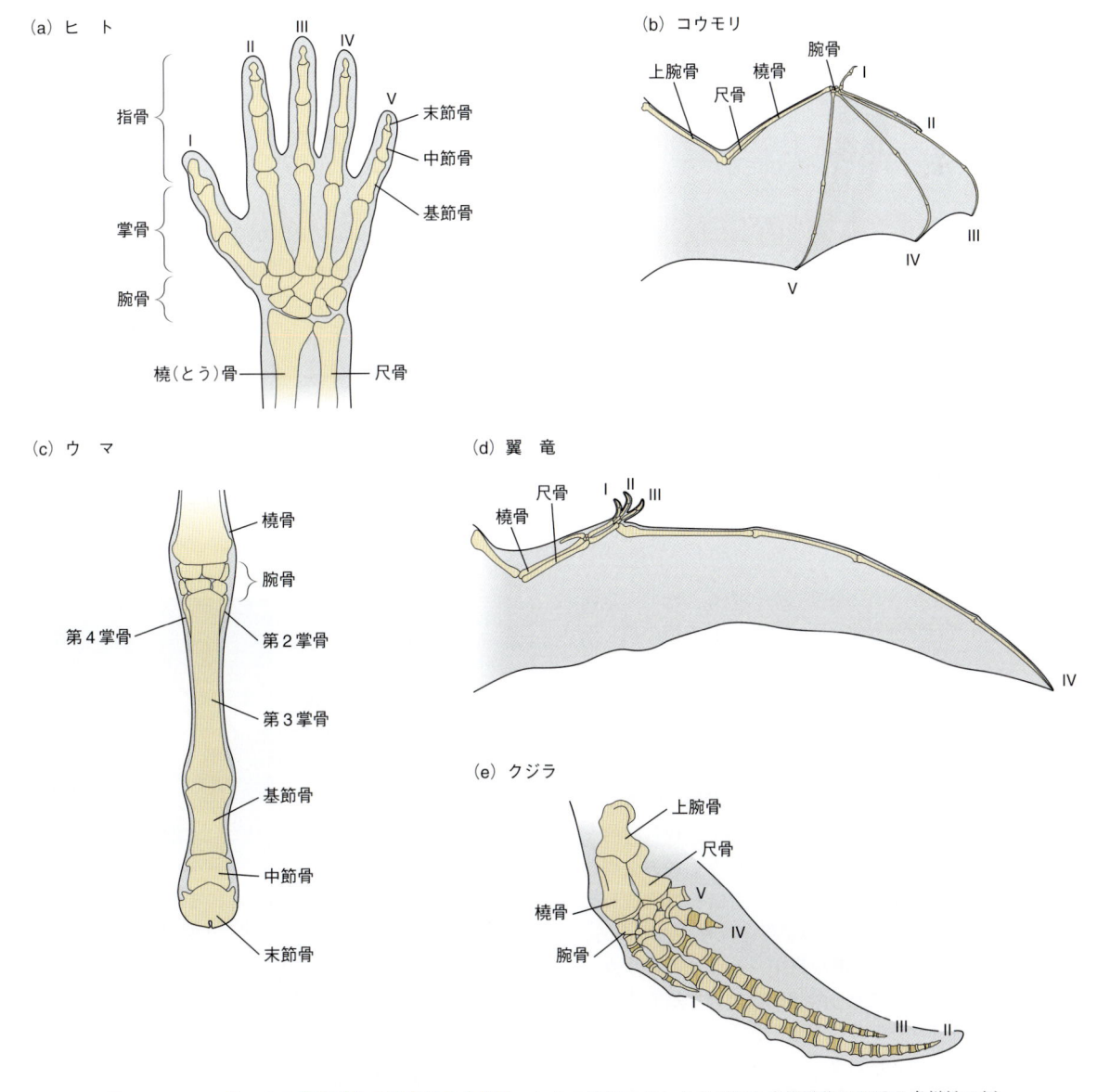

図 17・11　いくつかの脊椎動物の前肢骨の多様性．ヒトの前肢の骨とさまざまな脊椎動物における多様性の例．

17. 発生と進化

(a) ニワトリ

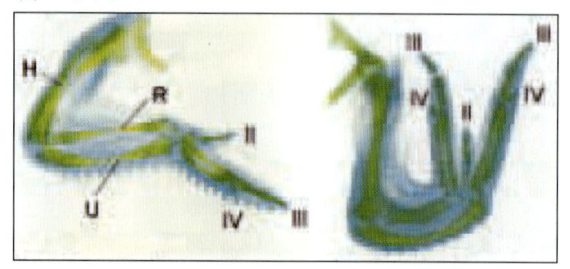

対照　　　　　　　ZPA 移植

(b) マウス

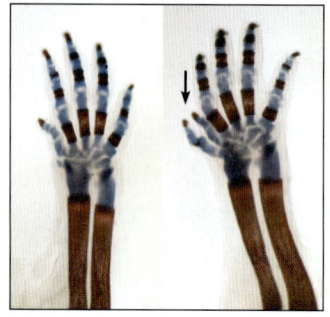

alx4⁺/⁺　　　alx4⁻/⁻

図 17・12　ZPA によって誘導された指の重複. (a) ステージ 19 から 23 のニワトリ胚肢芽の本来の位置から前方部へ ZPA を移植した結果. 対照肢は前方から後方へ典型的な II-III-IV パターンを示している. 一方移植されたものは, 鏡像重複を示すが, その指ははっきりと翼の特徴を示す. (b) 比較として, マウスの前肢の部分的な重複を示す. *alx4* 遺伝子の突然変異が異所的な ZPA の形成をひき起こしている. それにもかかわらず, 重複された指はマウス指Iの特徴を示している (矢印).

くともいくつかの肢のタイプの多様性が生じる一般的な方法はすでに明らかにされている. 戦略的セレクター遺伝子の組合わせが, 形態形成や最終的な分化をひき起こすリガンドと受容体の回路を調節しているのである.

シグナル伝達経路はさまざまな動物群において新しい役割を選ぶかもしれない

さまざまな生物で使われるシグナル伝達経路の類似点を強調してきた. しかし, これらの伝達経路はさまざまな生物でだけでなく, 特定の生物の発生中の胚において, さまざまな時間と場所で, さまざまな目的のために使われる, ということを忘れてはならない. たとえば, ショウジョウバエにおける Notch シグナル伝達は翅, 剛毛, 消化管, 筋肉, 眼の個眼の発生に関与している. Notch はさまざまな状況で使われる伝達経路である. Notch シグナル伝達はまた脊椎動物でも, たとえば T リンパ球, 体節, 神経系で同様に使われているが, これらはすべてショウジョウバエのシグナル伝達とは関係のない例である.

シグナル伝達経路と転写因子回路は, 発生において新しい機能の役に立つために選ばれるようである. 米国のニューヨーク州立大学で研究している Chris Lowe と Greg Wray は棘皮動物で, よく知られているホメオボックスをもつ調節遺伝子の発現を調べた. たとえば, *orthodenticle* (*otd*) 遺伝子は, 節足動物と脊索動物の両方で, 前方頭部構造の特異化に関与している. Lowe と Wray がクモヒトデ類とウニ類で *otd* を調べたとき, 棘皮

ある. ニワトリやマウスの肢芽はいつでも, たとえ重複指が形成されているときでさえ, それぞれの種の指しか形成しない.

骨格形成パターンは, 間充織で形成される前駆体軟骨性要素のパターンにより決定される. われわれの知識はとても完全ではないが, HOXa 遺伝子群と HOXd 遺伝子群の遺伝子が軟骨性組織の正確な配置と形態に大きく関与していることを知っている. したがって, 種特異的な肢芽の基盤は, 骨格の成長や分化に必要な領域の微細なパターンを生み出す HOX セレクター遺伝子の組合わせが異なるためである, というのが現在の考え方である. HOX 遺伝子はおそらく BMP や FGF ファミリーのリガンドを標的としており, これらの標的はついで細胞増殖や接着, 凝集, 運動性などに影響を与えうる. 局所的な形態形成の戦略は肢の骨格パターンの多様性を生む. このよく研究されている例から学ぶべきことは多いが, 少な

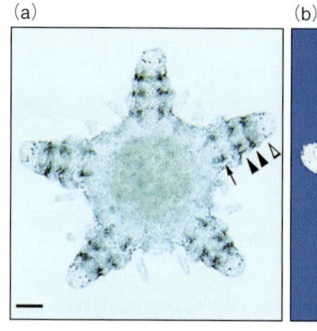

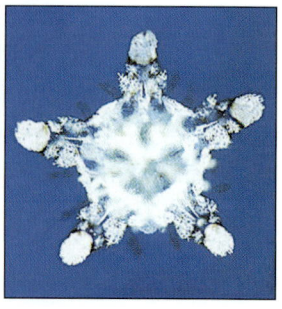

(a)　　　　　　(b)

図 17・13　棘皮動物幼若体における *engrailed* の発現. (a) クモヒトデ類スナクモヒトデ *Amphipholis squamata* の幼若体の明視野の写真. *en* 発現の外胚葉の縞が存在し (黒いやじり), いくつかの核は次の腕体節の境界が現れるところで Engrailed タンパク質をつくり始めている (白いやじり). 矢印は, 腕のより基部での (つまり, より以前に発生した) 体節における神経細胞の En を示している. (b) 偏光下で撮影された同様の標本. 石灰化された骨格の成分を強調している.

動物門に特有の器官システムである，水管系の管足（歩行運動，摂食，感覚受容において機能する）で，*otd* の発現がみられた．この遺伝子と調べられた二つの他の遺伝子，*engrailed*（*en*，図17・13）と *Distalless*（*Dll*）は，これも棘皮動物の特徴である五つの放射状の対称性をもつさまざまな構造物で発現がみられる．*Dll* 遺伝子はウニ類とヒトデ類の管足で発現しているが，クモヒトデ類では発現していない．このように，*Dll* 特有の機能は，すべての棘皮動物綱でみられるわけではない．

シグナル伝達経路自体も変化しうる

特定のシステムの役割が変化するだけでなく，そのシステムを動かす細目それ自体も変化するかもしれない．興味深い例が，さまざまな昆虫目で，*toll* 遺伝子の発現を調べた最近の研究で見つかった．*toll* がショウジョウバエの背腹側のパターンをつくることに関与する膜受容体をコードしていることを思い出されたい．Toll はショウジョウバエの卵の細胞膜に一様に存在する．Toll は囲卵腔で局所的につくられるリガンドと相互作用し，それによって空間的特異性を確立する．しかし，カブトムシ *Tribolium* で，Toll mRNA は強い勾配をなし，背側には存在するが腹側にはほとんど存在しない．明らかに，同じシグナル伝達の要素がカブトムシとハエで用いられているが，それは異なるところで利用されている．

シグナル伝達分子と機能的システムへの統合の起源は，植物と動物との分岐に先行するかもしれない．たとえば，Toll のいくつかのドメインは，きわめて古い起源をもつにちがいない．というのは Toll の細胞質部分と，シロイヌナズナや他の高等植物の病害抵抗性に関与する受容体タンパク質の N 末端部分の間に，かなりの類似性と相同性があるからである．病害抵抗性を与える植物の遺伝子の他のクラスは，Toll-Dorsal 経路で使われるショウジョウバエタンパク質である Pelle に似たセリン-トレオニンキナーゼドメインをもつ．また，植物の遺伝子 *clavata*1（クラバータ）（11章参照）は，*pelle* のキナーゼドメインと相同性をもつ．興味深いことに，ショウジョウバエの受容体 Toll はまた，哺乳類の免疫系の細胞でみられるインターロイキン1の受容体と高い類似性を示す．さらに Toll と Toll-Dorsal 経路の他のメンバーは，ショウジョウバエの細菌感染に対する反応に関与している．

シグナル伝達経路における交互変化の最後の例は，発生中の背腹軸のパターン形成に関する節足動物と脊索動物の違いにかかわっている．脊索動物は，背側に配列される，脊索，背側中枢神経索をもっていて，背側発生が強調されている．全く対照的に，節足動物の神経索と中胚

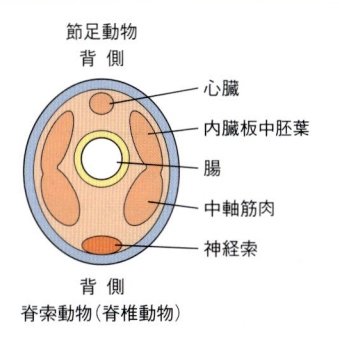

図 17・14 **脊索動物と節足動物の背腹の構成の比較**．この図は心臓，内臓板中胚葉，消化管，中軸筋肉，中枢神経系の位置を示している．節足動物において背側にあるものは，脊索動物において腹側にあり，逆もまた成立つ．

葉の形成は腹側に起こる．脊索動物における背側神経の発生には，分泌性の"抗リガンド"である Chordin（コーディン）と Noggin（ノギン）による BMP リガンドに対する拮抗作用が必要であることを思い出されるであろう．*shortgastrulation*（ショートガストルレーション）（*sog*）（ソグ）とよばれる Chordin のホモログが，ショウジョウバエで見つかっている．さらに，脊椎動物の BMP をコードしている遺伝子のホモログは，ショウジョウバエでは *dpp* である（15章参照）．Chip Ferguson, Eddie DeRobertis らは，これらの分子が種間で互換性があることを示している．Sog はカエルにおいて Chordin のように機能することができ，Chordin はハエにおいて Sog のように機能することができる．明らかに，シグナル伝達系における分子の保存性と，軸特異化におけるそれらの役割の保存性があるが，門を比較すると（図17・14），体全体のボディプランは背腹の極性に関して上下が逆になる．シグナル伝達系が働く状況は，結果に大きな影響を及ぼし，そのような状況の変化は，新奇性の源となると考えることができよう．

しかし，脊索動物と節足動物の違いは，背腹軸の反転を伴うという仮説は，まだ進行中の研究課題であるということをつけ加えなければならない．*sog* や *chordin* のような多くの遺伝子がこの仮説に一致する一方，半索動物（中枢化した神経系よりむしろ上皮性の神経網をもつ，あまり研究されていない後口動物門）における神経分化のいくつかのマーカーは，この図式にきちんと一致しない．

幼生と進化

多くの動物は幼生から間接的に発生する

ここまで故意に多くの動物の発生について述べないで

おいた．米国カリフォルニア工科大学のEric Davidsonらは，長胚帯昆虫類（long germ-band insects，彼らはこれをタイプ3の発生とよぶ）と脊椎動物（タイプ2）の発生様式は，圧倒的多数の動物の発生様式（タイプ1）と全く異なると述べている．無脊椎動物門のほとんど（長胚帯昆虫を除く）によって用いられるタイプ1の発生では，卵割パターンは不変であり，転写は卵割の初期に活性化され，さまざまな系列の特異化をひき起こすシグナル伝達は原腸形成前に起こる．これらの種のうち少数の胚は，直接的に発生し，最終的な成体のボディプランの原基を示す幼若体の形態を生み出す．しかし，ほとんどの例では，胚は繊毛をもつ遊泳幼生を形成する．しばしばこのような幼生は成体にほとんど，もしくは全く類似点がなく，幼若体は幼生内に含まれた前駆細胞の小さな集団から発生する．幼生は，変態の結果独立する発生中の幼若体にとって"命を支えるシステム"である．

8章で変態について述べたとき，"間接発生"というこの型には注目しなかった．"間接発生"では，成体の器官のほとんどの部分が，Kevin PetersonやAndrew CameronやEric Davidsonが，"取っておかれる細胞（set-aside cell）"とよんでいるものからつくられる．変態は，自由生活の幼若体もしくは前駆的な形態から性的に成熟した成体への急速な変形を伴う．取っておかれる細胞が，海産無脊椎動物の幼生の変態にとって重要な要素であるにもかかわらず，この細胞を含まない変態の例が他にもたくさんある．たとえば，両生類の変態は，この細胞を伴わない再構築の過程である．昆虫類の変態は，取っておかれる細胞のたくさんの集団，すなわち成虫原基を伴うが，この様式の最も典型的な例とはいえず，基本的なボディプランの根本的な再構成を伴っていない．

成体になったばかりのウニ類と，プルテウスとよばれるその幼生を比較すると，形態とボディプランとの明確な違いが明らかになる．図17・15(a)は，発生3日目の幼生を表している．成体のウニ類との類似性は全く認められないことに注目されたい．図17・15(b)は，消化器官に付着した取っておかれる細胞が幼若体のウニ（図17・15c）を徐々に形成する，後のステージにおける幼生の断面を表している．

ほとんどの陸上の脊椎動物は直接発生をする一方，海産無脊椎動物は間接発生と取っておかれる細胞を利用する．これらの幼生の多様性は驚くべきものであるが，幼生と成体の形態的な違いも同様である．調べられたすべての例において，HOX遺伝子クラスターが存在し，それらの発現は成体のボディプランを実現することに関与しているにもかかわらず，門特有の発生段階という概念

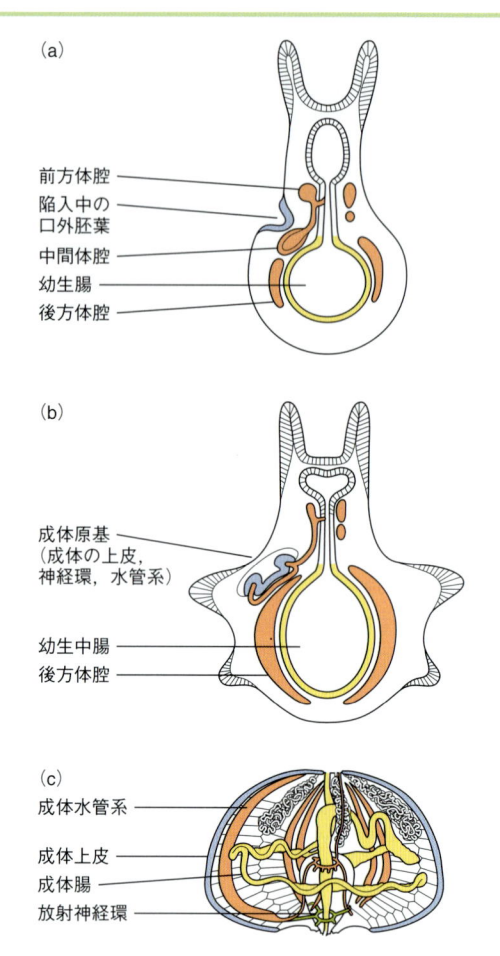

(a)
前方体腔
陥入中の
口外胚葉
中間体腔
幼生腸
後方体腔

(b)
成体原基
（成体の上皮，
神経環，水管系）
幼生中腸
後方体腔

(c)
成体水管系
成体上皮
成体腸
放射神経環

図 17・15 幼若体原基（ウニ原基）を示すウニ類のプルテウス幼生．(a) 初期のプルテウス幼生は，正面図で口側が上に描かれている．変態の後，幼若体ウニ類に寄与する体腔のさまざまな部分（前方，中間，後方体腔）が胚消化管からの膨出によって形成される．(b) 成体原基を形成している少し後の幼生．(c) 成体のウニ類の横断面．肛門は上にあり，口は底にある．

は，これらの門の多数のメンバーに簡単にあてはまるわけではない．

取っておかれる細胞が存在するということは，実際には非常に原始的な状態であり，現存の脊索動物といくつかの節足動物は，この様式を少なくともある程度は失っているといえるであろう．もう一つの観点は，いくつかの分類群では幼生の発生と変態は独立に進化したために，取っておかれる細胞をもつ幼生を経る生物は，現存する動物の大多数にとっての祖先というわけではないということである．この問題に関する議論は進化生物学者に委ねるとして，幼若体と成体が，門特有のボディプランをくつがえす全く異なる幼生を経て発生する限りで

は，さまざまな生物の発生における取っておかれる細胞の役割は，研究するに興味あることがらである．また進化におけるこの細胞の役割も今後研究されていかなければならない．

ウニ類のHOX遺伝子は取っておかれる細胞で発現している

HOX遺伝子クラスターのホモログは，ウニ類からもクローン化されている（ボックス17・1参照）．このクラスターの遺伝子は，双翅類や哺乳類のホモログと同じようにプロトタイプの直線的な順序で配列されている．ウニ類は間接発生の最も進んだ形態を示すので，HOX遺伝子はどのように幼生と幼若体で発現しているのかと問いたく思うだろう．これらの遺伝子の空間的な発現パターンを調べるために，ホールマウントin situハイブリダイゼーションを使った最近の研究では，この遺伝子クラスターのほとんどの遺伝子は胚では発現していないが，しかし明らかにHOX遺伝子は発生中の幼若体の原基（言いかえれば，取っておかれる細胞の派生物で）発現している．この発見の意味するところは，ウニ類におけるHOX遺伝子クラスターの目的は，成体の特徴を体軸に沿って特異化することであるということである．もしそうなら，HOX遺伝子の発現の時期は，直接的もしくは間接的な発生の生物によって異なるということになる．今までのところでは，HOX遺伝子クラスターの発現なしで発生する後生動物は見つかっていない．

おそらく，直接発生と間接発生との関連はさほど複雑ではない

ウニ類echinoids（正形ウニ類sea urchinsと不正形ウニ類sand dollars）には約860種が知られており，そのほとんどの幼生が取っておかれる細胞をもち，発達した間接発生を示す．プルテウス幼生は少なくとも2億年前からみられる幼生型で，胚発生の結果生じ，二次的に変態を行う．しかし，摂食型プルテウス幼生を経ない直接発生，つまり結果として変態を行わない発生が異なる6目中の約5分の1の種に起こり，それらは地理的および進化的歴史によって分離されている．棘皮動物の系統発生関係についての入念な研究から，間接発生が棘皮動物の祖先的状態であること，そして変態の喪失もしくは短縮がいくつかの機会に独立に生じてきたことは明らかである．

オーストラリア沖に生息するHeliocidaris属のウニの近縁な2種がRudolf Raffらによって研究されてきた．H. tuberculataは典型的な間接発生を示し，一方H. erythrogrammaはこの方式を放棄した（図17・16a, b）．後者の

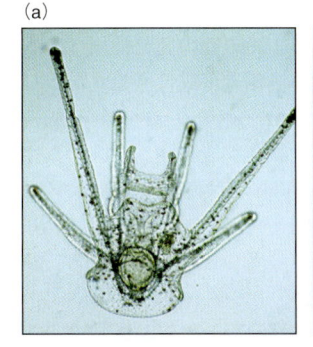

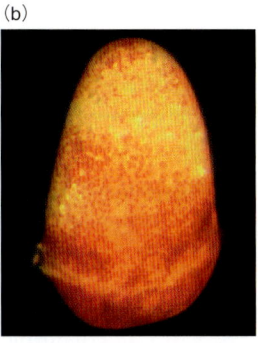

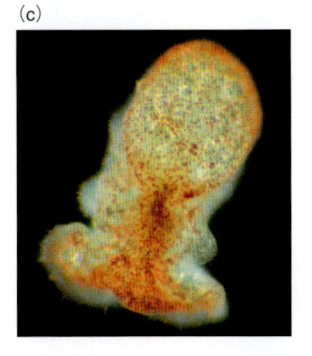

図17・16 Heliocidarisの2種間での原腸形成後の形態の関係．(a) H. tuberculataは典型的な間接発生をするウニであり，プルテウス幼生を形成する．17日齢幼生．(b) H. erythrogrammaの3日齢幼生の側面図．口，胃，もしくは骨格腕をもたない〔不完全な繊毛環をもつ〕．(c) H. tuberculataの精子とH. erythrogrammaの卵からつくられた雑種の発生はどちらの両親にも似ていないようにみえる．しかし，雑種はいくつか父性の特徴をもち，変態する．この背側図から葉状体と完全な繊毛環をもつことがわかる．口と腕は腹側にある．

卵は非常に卵黄質に富み，胚は機能的な胃を形成せず，幼若体は胚発生中に直接発生を行う．これらの2種は比較的最近，約1千万年前に分岐したと推定されている．ゲノムの大規模な変化が起こるのに1千万年は十分な時間ではないが，それにもかかわらず胚発生の段階のこの変化は相当なものである．H. tuberculataでは32個の細胞が移入して間充織細胞となるが，直接発生を示すH. erythrogrammaでは約2000個もの細胞が移入して間充織細胞となる．H. tuberculataの間充織は幼生の骨格を形成するが，H. erythrogrammaの間充織細胞の多くは幼生の骨格形成をとばして，受精からわずか数日後には，成体の殻板（test plate）や棘といった石灰化構造を形成し始める．

生体内鉱質形成が行われている間充織細胞で発現する遺伝子の一つはmsp130遺伝子で，この遺伝子は骨格要素形成に重要な細胞表面タンパク質をコードしている．

H. erythrogramma では，成体骨格要素形成までの間この遺伝子は発現しない．そして，2000個の間充織細胞のうちのわずかなものだけが生体内鉱質形成に直接かかわっている．それとは対照的に，*H. tuberculata* では32個の間充織細胞すべてにおいて，細胞が胞胚腔に移入する寸前から *msp130* が発現する．Raff らは直接発生を示す *H. tuberculata* の *msp130* のプロモーター領域を単離して，β-ガラクトシダーゼプロモーターとつないだレポーター融合遺伝子を作製した．そしてこの融合遺伝子を，間接発生を示す *H. erythrogramma* 胚に導入することで，*H. tuberculata* の *msp130* プロモーターが間接発生での適切な時期と場所での遺伝子発現を指令することを示した．いいかえると，このプロモーターは，直接発生を示す種と間接発生を示す種とで異なる調節因子群に対して異なった，しかも適切な応答をするということである．

決定的な証拠がないとはいえ，*H. erythrogramma* と *H. tuberculata* との間での発生の大きな違いのおもな要因は，おそらく遺伝子自身の変化というよりはむしろ遺伝子調節の変化によるものであるという結論は避けられない．そしてもしかしたら，このような発生における劇的な変化をひき起こす変異の数は，われわれが当初予想していたよりも少ないのかもしれない．この類の情報はたとえば脊椎動物のような取っておかれる細胞を利用しない動物群の起原に関する理論にとって有用である．

相対的な発生過程のタイミングの変化は，生物間の劇的な差異を生み出す可能性がある

msp130 の発現するタイミングの変化は発生過程のタイミングの変化の一例である．間接発生する祖先と直接発生する子孫とを比較すれば，*msp130* 発現の変化が，遺伝子発現のタイミングのきわめて多数の変化の一つであることは明白である．発生過程のタイミング（他の過程あるいは祖先の発生過程のタイミングと比較して）に変化が起こった場合，このことを**異時性**（heterochrony）とよぶ．8章で両生類の変態に関してよりよく知られた異時性の例について解説した．サンショウウオのある種は，陸上で生活するための完全な変態を起こさないで性的に成熟できることを思い出してほしい．このようなサンショウウオでの幼生生殖の状態には，性成熟をひき起こすホルモンの産生もしくはホルモンに対する応答のタイミングのさまざまな変化が関係している．全体の過程のタイミングの根底にあるメカニズムはまだよくわかっていないが，現在，発生過程のタイミングが多くの異なったシグナル伝達経路によって支配されていることはわかっている．

新奇性

ボディプランの根本的な変化のいくつかはそれほど複雑ではないかもしれない

調節回路の遺伝子の比較的単純な変化によってもたらされる大きな形態変化の第二の例は，われわれ自身の門である脊索動物の一員であるホヤの近縁な2種の比較に見いだせる．また，ホヤは尾索動物亜門に属し，取っておかれる細胞をもたないが，変態を行う．生物学においてわれわれがしばしば直面することであるが，ホヤはきちんとした居場所のなかに納まっていない．ホヤの胚は原腸形成後に脊索動物の特徴（背側神経管，脊索，後肛門尾部）を示す．一方，成体は沪過摂食する固着性の底生生物であり，脊索動物として認識するのはむずかしい．

典型的なホヤのオタマジャクシ型幼生は脊索と体節を備えた明瞭な尾部をもつ．しかし，同じ属の近縁なある種は尾部をもたず，フランスのロスコフ臨海研究所で Bill Jeffery と Billie Swalla によって研究されてきた．*Molgula oculata* は典型的な尾部をもつが，*M. occulta* は尾部をも

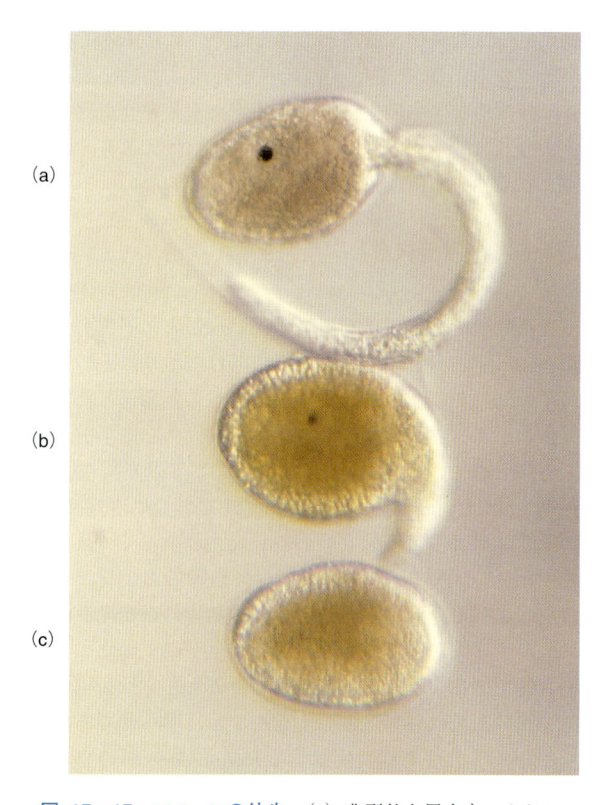

図 17・17 *Molgula* の幼生．(a) 典型的な尾をもつホヤ *M. oculata* の孵化した幼生．(b) は *M. oculata* と尾をもたない *M. occulta* (c) との雑種．

ない（図17・17a, c）．約20種のホヤだけが尾部をもたず，その系統の専門家は尾部のある状態が祖先型であると結論している．いいかえると，尾部の欠失は，比較的最近の進化時間における形質の欠失もしくは修飾を表している．

2種の *Molgula* の間で，チロシンキナーゼ（Cymric^{シムリック}），ロイシンジッパー型転写因子（Lynx^{リンクス}），ジンクフィンガー型転写因子（Manx^{マンクス}）といった遺伝子の発現において数少ない違いが見つかっている．*manx* の発現は尾部原基に限られていて，尾部の欠失している種（*M. occulta*）では抑制されている．尾部をもつ種の精子と尾部をもたない種の卵とを融合させて発生させた場合，尾部の発達が部分的に回復し，*manx* の発現が上昇する（図17・17b）．最近，この遺伝子と別のやはり尾部の発生に必要であることが示された *bobcat*^{ボブキャット} という遺伝子との関連が示され，JefferyとSwallaは，*manx-bobcat* の抑制が尾部の欠失に重要であると提唱した．

まだわからないところも多いが，この例と，前述した *Heliocidaris* での例は，主要な形態変化をひき起こす発生の変化が比較的少ない重要な調節遺伝子の変化だけでひき起こされている可能性を示唆するものである．

調節機構の保存性はときにはみせかけだけである

異なる動物間での調節遺伝子の交換は調節回路の保存性を強く証明する．脊椎動物と昆虫とにおける *eyeless* 遺伝子の同等な機能はこれまでに述べた例の一つであり，このような例は数多く存在している．しかし，調節回路に起こるわずかな，もしくはそうわずかではない変化の例が多くみられることに注目すべきである．たとえば，Nogginは両生類のオーガナイザーから発せられる重要なシグナル伝達分子である（16章参照）．16章でみてきたように，ゼブラフィッシュ *Danio rerio* においてNogginのホモログが単離された．ゼブラフィッシュのNogginは背側化の特性をもつが，ゼブラフィッシュのオーガナイザーは *noggin* を発現していない．神経管での底板の誘導に必要なSonic Hedgehogも発現していない．

調節遺伝子のみかけの保存性があいまいな性格をもつ例は他にたくさん存在しているのだが（昆虫における *toll* の差異について思い出してほしい），最後に，マウスにおける *slug*^{スラグ} 遺伝子の発現の例について述べることにする．Slugはショウジョウバエにおける Snail^{スネイル} のホモログで，中胚葉の発生に必要な重要な転写因子である．また，Slugは魚類，カエル，ニワトリにおいて神経冠の発生で重要である．しかし，マウスで *slug* をノックアウトすると，神経冠の発達と移動に異常を示さない．したがって，Slugの生物学的活性はすべての脊椎動物において正確に同じということではないのであろう．少なくともHOX遺伝子群から判断されるように，脊椎動物が進化的な歴史の早い段階で多数の遺伝子重複を起こしてきたことは注目すべきで，機能の重なりがノックアウト解析の解釈を複雑なものとしている．

神経冠は脊椎動物における発明である

ときとして祖先や他の門の類縁生物との明らかな関連性のない新奇性が生じる．このことは，前の項で述べた脊椎動物の神経冠の場合についていえる．神経冠は他の門の生物には明瞭な類似物がない．無脊椎脊索動物である尾索類（ホヤ）と頭索類（ナメクジウオ）は固着性，もしくは泳ぎの遅い沪過摂食動物である．これらの無脊椎脊索動物は神経冠細胞を完全に欠いている．しかし，最も下等な脊椎動物である無顎魚類の祖先集団（メクラウナギやヤツメウナギなどの無顎動物下門）は，神経冠をもっている．その他のすべての脊椎動物と同様に無顎類でも，神経冠細胞は神経板が閉鎖している間にその外胚葉の端から生じ，移動性の細胞集団となり，さまざまな目的地に移動し，さまざまに最終分化をする．

6章で，神経冠の発生を概説した．その起原について進化生物学者が推測をしている．頭部に存在する前方の神経冠細胞が，しばしば中胚葉派生物とされる筋肉や骨を形成するという事実は，遠い祖先集団においておそらく表皮-神経板境界における外胚葉がこの異端な細胞集団を生じさせ，中胚葉へ遷移していたのではないかという見解を支持するものである．多くの脊椎動物において，前述した *slug* などいくつかの中胚葉遺伝子が神経冠細胞で発現している．

神経冠細胞は一つ以上の胚葉層に由来する構造にみられ，しばしば組織間相互作用に関係する細胞間シグナルに携わっている．神経冠が寄与する頭部構造（歯，頭蓋のさまざまな軟骨と骨，咽頭弓からのさまざまな派生物）の多くは，それらの発生において広範な組織間相互作用を利用している．頭部神経冠を含む構造の差異と保存の注目すべき例が，腹側外胚葉表面領域の種間移植によって明らかにされた．イモリ（有尾類）は口の腹側両側面にバランサー（balancer）をもつ．この構造は頭部外胚葉と神経冠細胞に由来する腹側頭部中胚葉から形成される．カエル（無尾類）は同様の位置にセメント腺とよばれる付着器官をもつ．セメント腺もまた頭部外胚葉と神経冠由来間充織から形成される（図17・18a）．イモリの頭部腹側表面の外胚葉を切り出してカエルの頭部腹側域に移植すると，傷がいえて移植された領域にイモリ

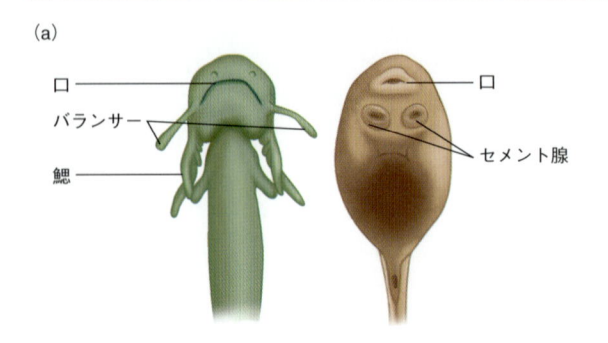

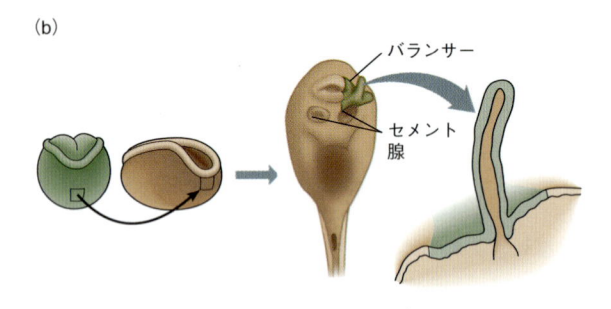

図 17・18　イモリの原腸胚外胚葉を無尾類の頭部腹側領域へ移植した場合の発生．（a）イモリとカエルの頭を腹側から見た図．イモリはバランサーと鰓をもち，カエルはセメント腺をもつ．（b）本文に述べた移植実験の模式図．イモリ神経胚から外胚葉を切り出し，カエル神経胚の顔面領域に移植した．移植されたイモリ外胚葉はカエル神経冠とともに，イモリでみられるようなバランサーを形成した．

は自身の誘導能を保持していた．有尾類とカエルは約2億年前に分岐したので神経冠のシグナルを出す性質は非常に古くからの性質であるにちがいない．

発生戦略は生物の新奇性を生み出す

　進化的変化を考察するうえでの発生の重要性を明確に示すことがわれわれの目的である．発生メカニズムのたぐいまれな柔軟性を強調してきた．そして，調節遺伝子の発現変化は新奇性がどのように生じるのかを理解する道を与え，また多様性の選択のための原材料をつくり出していることはほぼ確かである．

　発生がどのように進化的変化をもたらしているのかについての多くの仮説は，確かめるのが困難であると本章の初めで述べた．しかし，発生中の生物における実験は，これらの仮説の多くを検証することができるかもしれない．Raffらは最近，直接発生するウニである*Heliocidaris*の卵黄に富んだ卵と，同属の間接発生する種のウニの精子を融合し，雑種ウニをつくり出した（図17・16c）．雑種は幼生を形成し，父性（間接発生する種）の多くの遺伝子と特徴を示した．このことは，棘皮動物の雑種においてはたいてい，母性種が優勢であるので，ふつうの結果ではない．しかし，これらの*Heliocidaris*の雑種は両親のどちらにも似ず，棘皮動物の祖先の幼生と関連した形状であると考えられているディプリュールラ幼生の形状に似る．

　種間雑種でみられる変化のメカニズムを詳しく調べることで，近縁ではあるが異種の幼生の発生へと導く決定的な変化を垣間見ることができるであろう．ある生物の調節遺伝子の集合体をDNA形質転換法によって他の生物の調節遺伝子と置換することで，予想されるような進化的変化が再現できるだろうか．われわれの判断では，おそらくそう遠くない未来において，発生の間の形態と機能の新奇性が生じるメカニズムを詳しく調べることによって，重要な新しい視点が得られるであろう．

での特徴的な構造，すなわちバランサーが形成される（図17・18b）．

　すなわち，カエルの神経冠間充織はイモリの外胚葉を誘導する能力を保持しているが，どのような構造を形成するのかを外胚葉に指令することはできない．イモリの外胚葉は種特異的な発生プログラムに従うが，それには神経冠間充織からのシグナルを必要とする．この組織は神経冠からのシグナルを受けて変化したのだが，神経冠

本章のまとめ

1. 異なる生物でみられる多くの新しい形態は，共通祖先のもっていた遺伝子が進化の間に変化した結果である．
2. 動物間での多くの差異は進化の間に調節遺伝子が変化して生じる可能性がある．可能性として（a）特定の調節遺伝子を制御する遺伝子の上流域の変化，（b）下流における特定の調節遺伝子の標的の変化，そして（c）特定の調節遺伝子の発現領域の変化があげられる．
3. 原腸形成後の門特有の発生段階は種の多様性を生み出す柔軟でしっかりとした基盤を提供する．

問題

1. 脊椎動物の門特異的な段階を定義し，鳥類と哺乳類とがそのステージに達する過程を比較せよ．
2. 食虫性のコウモリと昆虫は飛翔するための羽をもつ．いくつかの共通した調節回路がこれら二つの構造の発生にかかわっている可能性がある．この説が正しいかどうか判断するための実験法を示せ．
3. 頭索動物であるナメクジウオは神経冠をもたない．このような生物において末梢神経はどのように生じるのだろうか．あなたの考えを検証するための実験法を示してみよ．

参考文献

Baker, B., Zambryski, P., Staskawicz, B., and Dinesh-Kumar, S. P. 1997. Signaling in plant-microbe interactions. *Science* 276: 726–733.
植物と動物のシグナル伝達に用いられるタンパク質モチーフの類似性と差異に関する論文．

Burke, A. C., Nelson, C. E., Morgan, B. A., and Tabin, C. 1995. Hox genes and the evolution of vertebrate axial morphology. *Development* 121: 333–346.
肢の発生における HOX 遺伝子の役割に関する総説．

Carroll, S. B., Grenier, J. K., and Weatherbee, S. D. 2001. *From DNA to diversity*. Blackwell Science, Malden, Mass.
全編が"進化と発生（エヴォーデヴォ）"に関する書物．[邦訳：『形づくりと進化の不思議』，羊土社（2003）]

Cohn, M. J., and Tickle, C. 1999. Developmental basis of limblessness and axial patterning in snakes. *Nature* 399: 474–479.
ヘビの HOX 遺伝子発現についての研究論文．

French, V. 2001. Genes, stripes and segments in 'Hoppers' *Curr. Biol.* 11: R910–R913.
昆虫とバッタの初期発生における相同遺伝子の役割の類似性と差異．

Gerhart, J., and Kirschner, M. 1997. *Cells, embryos and evolution*. Blackwell Science, Malden, Mass.
進化研究に対する細胞生物学と分子生物学のインパクトに関する，近年大きな影響を与えた書物．

Hall, B. K., and Wake, M. H., eds. 1999. *The evolution of larval forms*. Academic Press, San Diego.
進化における幼生の役割についての論文集．

Holland, P., and Garcia-Fernandez, J. 1996. Hox genes and chordate evolution. *Dev. Biol.* 173: 382–395.
表題（Hox 遺伝子と脊索動物の進化）がすべてを物語っている．

Holley, S. A., Jackson, P. D., Sasai, Y., Lu, B., DeRobertis, E., Hoffmann, F. M., and Ferguson, E. L. 1995. A conserved system for dorsalventral patterning in insects and vertebrates involving *sog* and *chordin*. *Nature* 376: 249–253.
節足動物と脊椎動物を比較して，体軸が逆転したという仮説に関する研究論文．

Lowe, C. J., and Wray, G. A. 1997. Radical alterations in the roles of homeobox genes during echinoderm evolution. *Nature* 389: 718–721.
棘皮動物におけるいくつかのホメオボックス遺伝子の発現を調べた研究論文．

Lowe, C. J., Wu, M., Salic, A., Evans, L., Lander, E., Stange-Thomson, N., Gruber, C. E., Gerhart, J., and Kirschner, M. 2003. Conserved expression map of Anteroposterior patterning in hemichordates and the origins of the chordate nervous system. *Cell* 113: 853–865.
脊索動物と節足動物の体軸逆転仮説に関する新しい研究．

Maxton-Kuchenmeister, J., Handel, K., Schmidt-Ott, U., Roth, S., and Jackle, H. 1999. Toll homolog expression in the beetle *Tribolium* suggests a different mode of dorsoventral patterning than in *Drosophila* embryos. *Mech. Dev.* 83: 107–114.
ハエと甲虫の *toll* 発現の違いに関する研究論文．

Peterson, K. J., Cameron, R. A., and Davidson, E. H. 1997. Set aside cells in maximal indirect development: Evolutionary and developmental significance. *BioEssays* 19: 623–631.
"取っておかれる細胞"仮説と進化における間接発生の重要性に関する記述．

Placzek, M., and Skaer, H. 1999. Airway patterning: A paradigm for restricted signalling. *Curr Biol.* 9: R506–R510.
branchless, *breathless*, *sprouty* 遺伝子と，脊椎動物のホモログに関する総説．

Raff, R. A. 1996. *The shape of life*. University of Chicago Press, Chicago.
"進化と発生（エヴォーデヴォ）"についての重要な書物．

Raff, E. C., Popodi, E. M., Fly, B. J., Turner, F. R., Villinski, J. T., and Raff, R. A. 1999. A novel ontogenetic pathway in hybrid embryos between species with different modes of development. *Development* 126: 1937–1945.
ウニの直接発生種と間接発生種のかけあわせで生じる雑種の性質に関する研究論文．

Richardson, M. K., Hanken, J., Gooneratne, M., Pieau, C., Raynaud, A., Selwood, L., and Wright, G. M. 1997. There is no highly conserved embryonic stage in the vertebrates: Implications for current theories of evolution and development. *Anat. Embryol.* 196: 91–106.
脊椎動物の門特異的段階に関する Haeckel と von Baer の仮説についての注意深い再検討．

Swalla, B. J., Just, M. A., Pederson, E. L., and Jeffery, W. R. 1999. A multigene locus containing the *Manx* and *bobcat* genes is required for development of chordate features in the ascidian tadpole larva. *Development* 126: 1643–1653.
ホヤの尾の消失の起原に関する研究論文．

Weatherbee, S. D., Nijhout, H. K. F., Grunert, L. W., Halder, G., Galant, R., Selegue, J., and Carroll, S. 1999. Ultrabithorax functions in butterfly wings and the evolution of insect wing patterns. *Curr. Biol.* 9: 109–115.
ハエとチョウのホメオボックス遺伝子 *Ubx* の比較．

Zoccola, D., Tambutte, E., Senegas-Balas, F., Michiels, J.-F., Failla,

J.-P., Jaubert, J., and Allemand, D. 1999. Cloning of a calcium channel α1 subunit from the reef-building coral, *Stylophora pistillata. Gene* 227: 157–167.

サンゴのカルシウムチャネル遺伝子のクローニングと，いくつかの脊椎動物遺伝子との類似性に関する研究論文．

章末問題の解答

1 章

1. 培養細胞はおそらく，組織培養することにより細胞周期に入りやすい状態になっていたと考えられる．培養細胞から取出された核は，卵割の細胞分裂周期に同調しやすかった可能性がある．

2. mRNAはアンチセンス鎖から転写され，センス鎖の配列をもつ．したがって，センス鎖の配列をもつプローブはセンス配列をもつmRNAと相補的な二本鎖を形成することができない．

3. 新しい組織をつくりだす分化細胞をどのように標識するかが鍵になる．たとえば，子孫細胞にまで受け継がれる標識などで，分化した骨細胞を標識することができれば，骨細胞の子孫が再生過程で別の種類の組織をつくりだすか調べることができる．本書では，このような標識技術について，さまざまなところで取上げている．

2 章

1. 極体の存在が手がかりとなるはずである．もし極体が存在する場合，少なくとも第一減数分裂は完了しているといえる．もし極体がない場合，卵の受精を試み，受精の後に何個の極体が生じるかを検討する．

2. 卵が生き残るために使用するエネルギー源は細胞内の蓄えだけであるので，受精または発生が実際に開始するまで代謝を低くとどめるように調整する方法があると思われる．さらに卵は脱水，温度変化，UV光のような環境侵襲から保護されているにちがいなく，したがって卵の表層に特別な膜が形成されていると予想される．

3. 何らかの変化が細胞骨格に起こっていることはまちがいない．細胞骨格は，微小管，微小繊維および中間径フィラメントを含んでいるが，この場合，原因となっているのはアクチンからなる微小繊維の形成である．ところで，微小管と微小繊維はどのように区別すればよいか．（ヒント：微小管または微小繊維構築の阻害薬を使ってみよ．）

4. 卵を受精せずにアンモニアで処理し，細胞質内のアデニル酸化量を計測することを可能とする方法であるべきである．また，得られた結果は，受精卵におけるアデニル酸化と比較する必要がある．結果を解釈する上での一つの問題は，アンモニアが単為発生の作用薬として効くかもしれないということである．さて，アンモニアが副作用をもち，多少なりとも完全な受精反応をひき起こして，pHとポリアデニル酸化との間の関連づけの評価を困難にしているのかどうかは，どのようにしたらわかるだろうか．（ヒント：Ca^{2+}変化を計測してみよ．）

3 章

1. リングキャナルの機能は卵形成に重要なので，母性効果突然変異，つまり母親が劣性遺伝子をホモにもつ場合に影響が現れると考えられる．リングキャナルは哺育細胞から卵母細胞へ材料を送り込むために必須であり，哺育細胞がかかわるすべての過程，たとえば，リボソームの輸送，Bicoidタンパク質やNanosタンパク質の輸送などが損なわれる．卵形成全般が異常となるので，胚は致死となると考えられる．

2. 4回目の核分裂期に核をレーザーで除去しても大きな影響は生じない．細胞性胞胚で起こるパターン形成の大部分は，局在化した母性因子の作用の結果である．核分裂期にはまだ細胞が生じておらず，レーザー除去によってBicoid, Nanos, Hunchbackタンパク質などの拡散は損なわれないので，細胞性胞胚期の核の発生運命の決定はおおむね正常に起こると考えられる．当然ながら，細部の異常はありうる．レーザー照射によって表層の細胞質に大きな損傷が生じるならば，細胞化が異常になる．その結果，損傷を受けた領域から異常な翅が生じることもある．

3. 遺伝子数が増せば，哺育細胞が合成するBicoid mRNA

が増加し，卵細胞前端に蓄積する Bicoid mRNA が高レベルになると思われる．拡散は濃度に依存するので，正常胚に比べて Bicoid タンパク質は後方まで拡散し，濃度が高くなる．その結果，前部構造の形成が促進され，前部構造領域が本来の胸部の位置に拡大すると思われる．

4. Tube と Pelle は背腹パターン形成の経路で働いており，Dorsal を Cactus から遊離させる過程にかかわっている．Tube あるいは Pelle が消失または減少すれば，Dorsal と Cactus の解離が起こらず，Dorsal の核移行が妨げられる．その結果，背側化の表現型（腹側構造の欠損）が生じる．

4 章

1. 卵や初期胚は，急速に細胞分裂を行うために必要なあらゆるものをもっている．したがって，クロマチン形成や，凝縮した染色体をつくるために必要な物質のすべてが存在すると考えられる．このような過剰量の物質が通常の細胞に貯蔵されていることはない．

2. これを解析する方法はいろいろ考えられるが，一つの反応を阻害する実験処理が，他の反応も阻害するか調べるという方法が考えられる．たとえば，胞胚に転写阻害剤を与え，細胞運動に影響が現れるか調べるのである．

　しかし，方法は決定的ではない．もし共通の調節スイッチが三つの反応すべての"上流"に位置しているとしよう．その場合には，一つの機能を阻害しても，三つの反応を結びつける機構を明らかにすることはできない．唯一の方法は，ある生物を遺伝学的に解析することである．たくさんの突然変異体とその突然変異を抑制する突然変異を探すことは実現可能である．

3. ボトル細胞は赤道面より下にできるので（図4・13参照），原腸陥入が始まるのは確かであろう．しかし，外胚葉の収束伸長やエピボリーは起こらず，中胚葉が移動するための足場がなくなる．また，予定中胚葉の多くも失われるであろう．原腸形成過程に多くの障壁が立ちはだかり，怪物ができると思われる．

5 章

1. ショウジョウバエ：腹溝が中胚葉を形成し，移入細胞が神経芽細胞を形成する．また，前端および後端からの陥入部が腸を形成する．

　アフリカツメガエル：陥入する細胞が内胚葉と背側中胚葉の一部を形成する．

　ニワトリ：移入する細胞がすべての中胚葉と内胚葉を形成する．（なお，以上の記述は表層細胞にのみ当てはまる．）

2. 胚盤葉下層全体を回転させると，仮想の前方オーガナイザーの移動が伴うため，頭部構造の位置が変わると予想される．実際には，このような結果は観察されていない．

3. 野生型 ES 細胞（胚の胚盤葉上層のみを形成）と BMP4 欠損ホモ接合体胚（すべての胚体外外胚葉も形成可能）のキメラを入手できるとしよう．もし，この胚では一次生殖細胞が形成されないとすると，この結果は，胚体外外胚葉由来の BMP4 シグナルが，生殖細胞の発生に必要であるという考えと矛盾しないことになる．この実験は最近 Kirstie Lawson らによって実際に行われたものである（章末の参考文献参照）．

4. コンパクションの際には，上皮細胞間でみられる通常の細胞接着が形成されると予想される．そこで，表層細胞の内部に位置する細胞，すなわち ICM は，胚の栄養外胚葉を取巻くイオン環境から密着結合によって隔離されることになる．

6 章

1. 組織間相互作用を伴わない脊椎動物の分化はどこにあるのだろうかと必死になって探してしまっただろうか．表皮は他組織からの作用を必要とせず，自主的に形成されるということを以前述べたが，表皮の発生には植物半球細胞由来の BMP による影響が必要不可欠であり，後に皮膚の間充織からも同様の影響を受けることが知られている．現在の考え方では，リガンドによる影響の欠落が神経発生の鍵であると断定しているが，どのようにして外胚葉が最初の方向づけ（バイアス）を獲得するのか，未だに満足のいく説明がなされていない．

2. シュペーマンオーガナイザーはいくつかの理由から特別な価値をもっている．第一の理由として，本文で述べたようにシュペーマンオーガナイザーの発見は発生生物学の歴史において重要な役割を果たしていること．第二に，動物の軸構造の組織化（脊椎動物のボディプランの特徴である）において，他の既知の組織間相互作用よりもはるかに広い範囲に影響力をもっていること．第三に，シュペーマンオーガナイザーの組織が胚の前後軸の集中的な伸長を行うことにより，中枢神経系を誘導すべき場所に予定脊索を正しく配置させることがあげられる（12，13章参照）．

3. 標識した細胞の分化を単純に観察することで，老いた神経冠細胞が与える若い神経冠細胞の脱上皮化への影響を研究することができる．生体染色や種特異的マーカーのような細胞系譜マーカーを用いて胚内の細胞すべ

てを識別し，そのなかから早期に出現した神経冠細胞を採取した後，他の同齢の胚に移植を行う．この操作により神経冠細胞の脱上皮化する道筋をたどることができる．その後，互いに受精齢の異なるドナー胚と宿主胚を用いて異質染色性移植を行う．以上の作業により"老いた"胚内に配置された"若い"神経冠細胞は，宿主の同年齢の神経冠細胞と同じように脱上皮化するのかどうか観察することができる．

4. 特定の成長因子が発生に関与するか否かを確かめるには通常，因子の機能の喪失・獲得実験を行って検証する．今回の事例では，相同組換えによりFGF8に関連する遺伝子をノックアウトしたマウス胚を用いることでFGF8の機能喪失実験が可能かもしれない．だが，陰性の実験結果が得られたとしても，必ずしもそれはFGF8が神経発生に関与していないことを意味するわけではない．活動中の作用因子は混成因子からできていて，FGF8の欠落からは可視の表現型がつくられていない可能性があるためである．

機能獲得実験はおそらく，FGF8を沈着させたビーズを移植する，という手法を用いて過剰のFGF8を発生中の神経組織のみ局地的にさらせばよい．この実験法は実際に行われている（6章末の参考文献に掲載したSalvador Martinezらによる1999年の論文を参照してほしい）．

最後に，通常の発生進行中のFGF8の発現は本来の役割と矛盾しないかどうか（FGFは正しい時期に適切な場所で存在しているのかどうか）検証することは必要不可欠である．

7 章

1. 体節は脊髄神経節の分節的配列を規定する．腹側神経管は，椎板（硬節）の軟骨への分化に影響を与え，背側神経管は筋板（筋節）からの横紋筋の発生に影響を与える（図7・5参照）．

2. 図7・7に示したように，Shhは椎板をパターン化するのを助け，そしてWntとともに筋板が骨格筋を形成するのを助けている．

3. この問いは二つの部分をもつ．第一に何が伸長の方向を決めるのか．答を確かめる一つの実験は，活発に広がっている前腎管を含む中間中胚葉を外植し，管の後部表面の隣に前部または後部中間中胚葉を配置することである．この準備で前部組織が化学反発効果をもつかどうか示せるかもしれない．あなたは他の戦略を思いつくことができるだろうか．中間中胚葉は逆向きの前後方向で移植することができるのか．問いの2番目の部分は，伸長の本当のしくみは何か，である．本文では，先端部の増殖と隣接細胞の動員の両方について述べている．前腎管の先端部を切除することによって，二つのしくみの違いを明らかにすることができるだろう．

4. ウズラ-ニワトリ細胞標識システムを用いれば，これは簡単な実験である．ウズラの卵黄嚢をニワトリの胚に移植し，胚を孵化させ，そして成体の赤血球細胞の核の形態を見よ．（鳥類は核のある赤血球細胞をもつ．）観察されるウズラ型の赤血球はすべて卵黄嚢から発生したにちがいない．しかしこの結果は，すべての赤血球が卵黄嚢の前駆体から生じることを示すことはできず，ただそれらのうちのいくらかが生じることを示すのみである．

8 章

1. エクジソンとT_3は両方ともそれぞれの環境で変態を正に制御する．エクジソンは脱皮を促進し，幼虫および成体の性質の形成を助長する．同様に，T_3は両生類の幼生において成体の性質に向かう変態を促進するホルモンである．エクジソンもT_3も変態変化の進行を調節する拮抗ホルモンをもつ．

2. ホルモンの相対的な濃度，放出の精密なタイミング，そして受容体の組織分布は脱皮の性質を決定すると思われる．最も簡単にいうと，幼若ホルモンとエクジソンの比は分化する特性の発生を促進するかどうかを決定する．

3. いくつかの実験データはこの違いを説明するのに役立つだろう．たとえば，それらの組織の中の筋肉はT_3の本当の標的であるか．あるいは，別の組織が最初に応答するか．尾部の筋肉退化はずいぶん遅く起こり，高いホルモン濃度を必要とする．おそらくアポトーシスは真皮のような他の組織から放出するアポトーシスをひき起こすリガンドにより誘導され，筋肉はただ二次的に影響される．同様に，肢の筋肉応答は直接なのだろうか．異なる応答の基礎には，受容体の分布の違い，受容体（あるいは受容体パートナー）の種類，活性化された受容体に用いられた二次メッセンジャー経路，または以上の組合わせなどがなければならない．これを見つけるための実験をデザインできるか．

9 章

1. 二つの茎頂分裂組織として発生を続ける．
2. 頂芽優性を示さない突然変異体の解析を行うこと．
3. 植物は環境に適応するために，いくつかの種類の細胞を使い分けている．たとえば，太陽に面する葉の向軸側は光合成細胞が特徴的に形成される．
4. 特別な役割を果たしているわけではない．

5. 葉は茎頂分裂組織の近傍から，向背軸の極性をもって発生する．
6. 分裂組織は，分化方向が決定されていない細胞が組織化した細胞集団である．

10 章
1. 未受精の花は胞子体と中央細胞をもつ．中央細胞は，二倍体，および，卵や反足細胞のような一倍体の胚嚢細胞で構成される．受精後の胚乳は三倍体となる．
2. 外側から順番に心皮，雄ずい，雄ずい，心皮が形成される．
3. 低温や日長など．
4. 染色体の組換えが起こらないために，農家の人たちが好まないような性質へと形質が変化することがなく，この種子から得られる植物体は，親と全く同じ形質を示すため．

11 章
1. 野生型と異なるような空間的配置をとる気孔を形成する突然変異体を単離し，解析する．
2. ホルモンに関する突然変異体が光応答に影響を与えるかどうか，またその逆を観察する．
3. 隣接する細胞は原形質連絡とよばれる隣り合った細胞どうしの細胞膜を連結するトンネルにより接続されている．小さな分子はこの穴を介して自由に移動できる．
4. そのタンパク質が原形質連絡の穴のサイズ自体を広げることで隣接する細胞に移動することができる．
5. 植物は，異なった波長の光を吸収する光受容体をもっている．
6. フィトクロム応答は赤色光により誘導され，遠赤外光により抑制される．
7. GA 欠損突然変異体は暗緑色で矮性を示す．

12 章
1. もし原腸形成時の細胞分裂を停止する，あるいは遅くする方法を考えられれば，細胞分裂の役割を解明できるだろう．利用可能な細胞分裂阻害剤があるが，胚の周囲にある漿膜が阻害剤の浸透をむずかしくしている．よりよい実験は，細胞分裂速度の調節にかかわる突然変異体を開発することである．いくつかそのような突然変異体が知られていて，*string* もそのような突然変異である．もちろん細胞分裂がひどく抑制されてしまうと発生が停止するので，突然変異をたとえば"ヒートショック"プロモーターのような誘導可能なプロモーターの支配下におくことが必要であろう．このプロモーターは，温度が上がったときにだけ反応する．
2. 細胞標識が細胞を追跡する鍵となる．細胞標識については 2 章で紹介した方法を参照し，どの標識方法が実験条件下で安定で毒性が少ないかを判断せよ．
3. IV 型コラーゲンは非繊維性で，基底膜に見いだされるので，同型接合のノックアウトは基底膜の構造と機能を阻害するであろう．大きな混乱が生じて胚は生存できないだろう．上皮間充織境界をもつあらゆる構造は破壊されるだろう．そのようなリストは大変長くなるだろう．たとえば，原腸形成のときにある細胞に起こるような基底膜に沿った移動が影響を受けるだろう．また，肺や膵臓のように，基底膜に依存する上皮性の芽（突出）も影響を受けるだろう．

13 章
1. (a) 羊膜類の発生における移入の例は，原条を通る胚盤葉上層細胞の表面からの移動と，表層外胚葉から離れて移動性の間充織になる神経冠前駆細胞である．

 (b) マウスの知られているメタロプロテアーゼ遺伝子をノックアウトすると，これらの過程に影響を与えるだろう．しかし結果が陰性であったとしても，それはあまり意味をもたない．実際は未知のメタロプロテアーゼが関与しているかもしれないからである．未知の遺伝子をノックアウトすることはできない．
2. ハプトタキシスは移動中の細胞または細胞集団と基質の接着性が，移動のガイドとして関与する，という考えである．

 このことは，成長中の中腎管を異なる接着性をもつ基質上で培養することで試験できる．ポリリシンのような正に荷電している分子，ラミニンや IV 型コラーゲンのような異なる基底膜成分を実験に用いることができる．また，中腎管が移動する基質の接着性に影響する酵素を胚に注射して，管の後方への伸長が影響されるかどうかをみることもできるだろう．

 しかし，これらの実験はどれも決定的とはいえない．その結果については多くの別の説明（それを思いつきますか）も可能だからである．何か決定的な突然変異はあるだろうか．
3. 膵臓上皮は組織特異的でない間充織因子を必要とする．どの間充織でもそれを供給できるように思われる．
4. これらの FGF に対する特異的抗体を用いてその発現の時と場所をみる．またこれらのリガンドの受容体に対する抗体を用いてそれらがいつどこに出現するかを決定する．成長が始まるときに存在するリガンドと受容体だけが関与する．関与する因子については本文参照．

14 章

1. 5-アザシチジンがDNAに取込まれることによって，メチル化が抑制されたり不完全になったりする．したがって，DNAのメチル化状態の変化の影響を受ける転写調節機構が異常になると思われる．おそらく，5-アザシチジンを取込んだ組織培養細胞株のDNAはメチル化の程度が低くなっている．この組織培養細胞株は，筋肉の形成にかかわる遺伝子がメチル化によって不活性状態であるため，通常は筋肉を形成しない．このような理由から，5-アザシチジンが筋肉の形成にかかわる遺伝子に取込まれてメチル化を抑制し，その結果，遺伝子が活性化状態になり，筋細胞への分化を導くものと思われる．

2. おそらく大規模な異常が起こると思われる．どのような影響を受けるかは，いくつもの要因によるであろう．一つは突然変異の強さ，つまり変異によって機能が完全に失われるのか，一部だけ妨げられるのかによる．2番目は変異が劣性か優性かである．3番目に，ヘテロ接合体である母親の哺育細胞で合成されたポリメラーゼ分子の一部が，胚へ受け渡されている場合であろう．しかし最終的には，RNAポリメラーゼIIIは底を尽くと思われる．ほとんどすべての転写産物のプロセシングには，低分子RNAが必要であり，リボソームの構造形成と機能には5S前駆体RNAが必要である．また，翻訳には転移RNAが必要である．これらのRNAはすべてRNAポリメラーゼIIIによってつくられるため，喪失型突然変異では致死となり，発生しないだろう．

3. *endo16*遺伝子のモジュールAとBは，基本プロモーターとともに正に働いて遺伝子発現を促進する．一方，EとFは負に調節して，発現が外胚葉に広がらないようにする．しかし，モジュールCとDがレポーター融合遺伝子にないことから，通常は*endo16*遺伝子が発現しない間充織での発現を抑制できないと考えられる．したがって，レポーター遺伝子の発現は消化管に加えて骨片形成間充織細胞でもみられると思われる．

4. もしNanosが局在しなければ，Hunchback mRNAの局所的な翻訳抑制ができなくなる．胚の後部で活性化されたHunchbackは，胚の後部に頭部構造を発生させると考えられる．胚の後部の発生は大きく乱れ，頭部の形質が現れるだろう．

15 章

1. Mom5はWnt類似のリガンドMom2の受容体なので，Pop1を低下させるWntシグナルが消失することになる．それによってEMS細胞の全域でPop1濃度が上昇する．この細胞の分裂によって生じるのは前方タイプの細胞，すなわち，MS細胞のみとなる．このような胚から発生する幼虫には腸がない．

2. Notchとそのリガンドである DeltaおよびSerrateは，いずれも細胞膜結合型なので，シグナル伝達はDeltaあるいはSerrateと接触する細胞に限られる．しかし，図15・7(a)のようなバケツリレー式のメカニズムが働くならば，シグナルを受容した細胞はNotch経路によって，あるいは，それとは異なる経路によって周囲の細胞に最初のシグナルを伝える可能性がある．

このことを検証する実験を準備するのは容易ではない．もしNotchシグナルの影響が1細胞幅の範囲にのみ及ぶのであれば，それによって生じる表現型を示す細胞は，正常発生でも実験的の条件でも同じように観察されるはずである．体細胞組換えによるモザイク作製実験によって，手がかりが得られる可能性がある．

3. 図15・13より，*eve*の発現領域は奇数番目の体節となる予定領域に限定されているからである．

4. *Antp*は通常T1/T2境界より後方の全域で発現しているが，その作用はBX-C遺伝子群によって抑制されている．BX-C遺伝子群がなくなれば，T2より後方にある全体節が*Antp*の作用を受けてT2に決定される．

16 章

1. 厳密な意味において，表層回転はニューコープセンターの形成に必要である．もし，回転が何らかの方法で妨げられると，背側中胚葉とシュペーマンオーガナイザーが形成されず，奇怪な"腹側化"胚が生じる．しかし，ここで思い出してほしいのは，Nieuwkoopが，植物極半球内のどこにある細胞群でも，アニマルキャップに影響を与えて中胚葉を誘導できることを示したことである．生じる中胚葉の性質は，その細胞群が植物極のどこに由来するかに依存する．明らかに中胚葉の誘導能は，植物極半球に広く分布しており，腹側化胚も腹側中胚葉に特有の間充織と血球細胞を形成するのである．こうしてみると，表層回転が行うのは，背側中胚葉を誘導する能力をもつ特定領域（ニューコープセンター）を形成させることであるといえる．

2. Noggin mRNAに対するアンチセンスオリゴヌクレオチドをツメガエル胚に注入すると，Nogginの機能が喪失することになる．NogginはBMP2とBMP4の腹側化活性を抑制するのに必要である．したがって，Nogginの機能を失わせると，胚の背側中軸領域では，神経発生の代わりに，表皮の形成が起こると思われる．実際に得られる結果は，おそらくNoggin mRNAの活性を，どの程度抑制

できるかに大きく依存するであろう．

3. こうした考察は，受容体生物学の短期講習の課題のようなものである！たとえば，リガンドに対して異なる親和性をもつ2種類（あるいはそれ以上）の受容体があり，リガンド濃度が高いときと低いときでは，異なる受容体が活性化されると考えることができる．あるいは，リガンドが結合した受容体の数に応じて，細胞膜では受容体のクラスターが形成され，これが何らかの細胞内因子と局所的に相互作用することも考えられる．また，活性化された受容体の分子数が異なると，二次メッセンジャー因子が異なるレベルにリン酸化され，1箇所リン酸化されるか，数箇所リン酸化されるかで，非常に異なる生化学的活性を獲得することも考えられる．また，他の可能性もありうる．

4. 実際にはよくわかっていないが，体節が前方から後方へ順次形成されるのは，領域特異的なHOX遺伝子の発現のタイミングに起因するのかもしれない．あるいは，オーガナイザー（ヘンゼン結節）が前方から後方へ移動するので，シグナルセンターの後方への移動に伴う，調節リガンドの供給の時間的調節が原因であることもありうる．

5. *radical fringe*（*rfng*）遺伝子はAERの位置決定に必要な*engrailed1*（*en1*）と拮抗する．もし，*rfng*が完全に欠損すると，境界は形成されず，AERが生じないため，肢の形成もみられないであろう．一方，もし*rfng*の発現レベルが低下するだけの場合は，おそらく*en1*–*rfng*の発現境界は背側に移動するであろう．したがって，得られる結果は，適切な"境界"を形成するのに必要な*rfng*の発現レベルに依存するといえるであろう．

17 章

1. 脊椎動物の門特異的段階は尾芽胚期である．鳥類の卵黄に富んだ卵は表割し，表面の細胞が移入して原腸形成を行う．軸形成はヘンゼン結節の退行とともに起こる（訳注：軸形成はもっと早期に起こる）．一方，マウスの卵は卵黄が少なく，卵割は全割である．しかし，原腸形成は鳥類のそれと類似している．

2. 脊椎動物の肢と昆虫の翅の発生では，重要な調節回路が働いていることが知られている．コウモリの翼の発生について，*wnt, engrailed, hedgehog*などの遺伝子について発現を調べ，コウモリの翼が他の脊椎動物の肢で用いられているのと類似した分子を使っているかどうかをみることができる．

3. これは事実をめぐる質問であるから，生きたあるいは固定されたナメクジウオの胚を注意深く観察して，種々の神経の起原を調べなければならない．またこれは，図書館に行って，ナメクジウオの末梢神経の起原について何がわかっているかを調べる，とてもいいチャンスである．

掲載図出典

1章 1・1 (a) ⓒ Montes De Oca; 1・1 (b), (c), 1・4 Gould, James L., and William T. Keeton, *Biological Science*, 1996, Sixth Edit. W. W. Norton.

2章 2・3 (b) ⓒ Jerome Wexler; 2・11 (a), (b) Laurinda Jaffe 提供; 2・12 (a)〜(c) Vodicka, M. A. and Gerhart, J. C. (1995). *Development* 121, 3505-3518.

3章 3・4 Pepling, M. E. and Spradling, A. C. (2001). *Dev. Biol.* 234, 339〜351; 3・5 (b) Ray, R. P. and Schupbach, T. (1996). *Genes & Development* 10, 1711-1723; 3・7 A. P. Mahowald 提供.

4章 4・1 Dumont (1972). *J. Morphol.* 136, 153; 4・2 Gall, J. G., Stephenson, E. C., Erba, H. P., et al (1981). *Chromosoma* 84, 159-171; 4・5 M. Tegner 提供; 4・6 Cha, B-J and Gard, D. L. (1999). *Dev. Biol.* 205, 275-286; 4・7 (a) Vincent et al. (1986). *Dev. Biol.* 113, 484-500; 4・7 (c) 上 Ellinson (1997). *Dev. Biol.* 128, 185; 4・7 (c) 下 Rowning et al. (1988). *PNAS* 94, 118-9; 4・9 (b) D. M. Green 提供.

5章 5・6 (a)〜(c), 5・7 H. L. Hamilton, *Lillie's Development of the Chick*, plate 2, p. 23, 1952, 3rd Edit. Holt, Rinehart and Winston.

6章 6・12 (a), (b) Levi-Montalcini (1964). *Science* 143, 105-110; 6・15 (a)〜(c) Robert Hilfer 提供; 6・17 (a), (b) Halder, Callaerts, and Gehring (1995). *Science* 267, 1788-1792.

7章 7・15 (d) ⓒ Dwight Kuhn; 7・20 (a) H. L. Hamilton, *Lillie's Development of the Chick*, plate 6, p. 88, 1952, 3rd Edit. Holt, Rinehart and Winston; ボックス7・2 (d), (f), (g), (h) H. Nishida 提供.

8章 8・4 (a), (b) Lam, Hall, Bender and Thummel (1999). *Dev. Biol.* 212, 208; 8・7 Jack Bostrack 提供; 8・8 Ashburner (1974). *CSH Symp Quant Biol* 38, 655; 8・13 (a)〜(c) Alejandro Sanchez Alvarado 提供.

9章 9・5 (a), (b) David Jackson 提供. 図は Paul Green を改変; 9・6 (a), (b) David Jackson 提供; 9・6 (c), (d) Mark Running 提供; 9・8 (b) D. Reinhardt; 9・10 (a) E. Sussex 提供; 9・10 (b) R. Iverson 提供; 9・10 (c)〜(e) Andrew Hudsen and Marja Timmermans 提供; 9・12 Phil Benfey 提供; 9・13 (a) Casimiro et al (2001). *The Plant Cell Online* 56, 766; 9・13 (b) R. Iverson 提供.

10章 10・3 (a), (b) Joe Colasanti 提供; 10・4 (a)〜(e) P. Yanofsky 提供; 10・5 (a), (b) L. Weigel 提供; 10・9 (a) Sheila McCormick 提供; 10・13 (a), (b) E. Goldberg 提供; 10・14 (a) D. Tasaka (cuc1/cuc2 mutant) 提供, J. Barton (*Arabidopsis pinhead* mutation), 他は Sarah Hake 提供; 10・14 (b) Bowman, *Trends in Plant Sciences* を改変; 10・14 (c) Sarah Hake.

11章 11・1 (b) J. Schiefelbein 提供; 11・2 (a), (b) David G. Oppenheimer, *Current Opinion in Biology*, 1998; 11・3 上左, 上右 D. B. Sztmanski, R. A. Jilk, S. M. Pollock, and M. D. Marks, *Development*, 1998; 11・3 下左, 下右 Masucci J. D., Rerie, W. G., Foreman, D. R., Zhang, M., Galway, M. E., Marks, M. D., Schiefelbein J. W., *Development*, 1996; 11・4 (a) Y. Mizukami 提供; 11・4 (b)〜(e) J. Larkin, M. D. Marks, J. Nadeau, F. D. Sack, *Plant Cell*, 1997; 11・6 (a) A Schnittger A., Folkers U., Schwab B., Jurgens G., Hulskamp M., *Plant Cell*, 1999; 11・7 写真 Maureen McCann 提供; 11・8 Lucas, W. J. B. Ding and C. Van Der Schoot, *New Phytol*, 1993; 11・10 (a) Allen Sessions 提供; 11・11 (b), (c) Keiji Nakajima, Giovanni Sena, Tal Nawy & Philip N. Benfey, *Nature*, 2001; 11・12 David Jackson 提供; 11・13 (a)〜(d) Cleary, A. L. and Smith, L. G. *The Plant Cell*, 1998.

12章 12・14 (e) Steinberg, 1962; 12・14 (f) Steinberg, 1962; 12・18 (a) Winklbauer in Keller et al., 1990; 12・18 (b) Leptin and Grunewald, 1990; 12・18 (c) Niswander and Martin, 1993; 12・18 (d) Strome and Wood, 1983; 12・19 Matt Kofron 提供.

14章 14・2 (f) Gould, James L., and William T. Keeton, *Biological Science*, 1996, Sixth Edit. W. W. Norton; 14・13 (a), (b) Thomsen and Melton, 1993; ボックス14・1 写真 Armone et al. *Development*, 1997.

15章 15・12 (a)〜(d) Frasch, M., Hoey, T., Rushlow, C., Doyle, H., and Levine, M. *EMBO Journal*, 1987; 15・16 (a)〜(d) Fujioka et al. *Development*, 1999; 15・18 (a)〜(c) Lehman, *Development*, 1988; 15・21 (c) Ed Lewis; 15・22 (c) Tom Kaufman; 15・23 (a), (b) Levine M; 15・29 (a), (b) Zecca, Basler and Struhl, *Cell* 87, 1996; ボックス15・2 (a), (b) Wang, D., G-W., Kirchhamer, C. V., Britten, R. J., and Davidson, E. H., *Development*, 1995.

16章 16・1 (a) Gerhart, 1989; 16・1 (b) Fujisue, Kabayakawa, and Yamana, 1993; 16・1 (c) Gilbert, Scott. *Developmental Biology*. Sixth Edition, Figure 10.12, Sinauer Associates, Inc., Sunderland, Massachusetts, 2000; 16・2 (a)〜(c) Smith and

Harland, 1991; 16・7 (b) Smith, Knecht, Wu and Harland, 1993; 16・8 Lustig et al., 1996; 16・13 (a)〜(d) Levin et al., 1995; 16・15 Graham, Papalopulu and Krumlauf, 1989; 16・16 Sham et al., 1993; 16・17 (a), (b) Ramirez-Solis, R., Zheng, H., Whiting, J., Krumlauf, R., and Bradley, A., 1993; 16・22 (b) Cohn et al., 1997.

17章 17・1 Halder, G., Callaerts, P., and Gehring, W. J., 1995; 17・5 (a), (b) Weatherbee et al., 1999; 17・6 (a)〜(c) Lewis et al., 1999; 17・7 (a), (b) Cohn and Tickle, 1999; 17・12 (a), (b) Riddle, Johnson, Laufer and Tabin, 1993; 17・13 (a), (b) Lowe and Wray, 1997; 17・16 (a)〜(c) EC Raff et al., 1999; 17・17 Swalla and Jeffery, 1990.

欧文索引*

A

ABA 209
abaxial side（背軸側） 175
abd-A → *abdominal-A*
Abd-B → *Abdominal-B*
abdominal-A 301
Abdominal-B 301
abphyl 169, 170
abscisic acid（アブシジン酸） 209
abscission（器官脱離） 210
acron（先節） 48
acrosomal filament（先体糸） 23
acrosome（先体） 22
ACTH 156
activin（アクチビン） 77, 278, 318
adaxial side（向軸側） 172
adherens junction（接着結合） 224
adrenocorticotropic hormone（副腎皮質刺激ホルモン） 156
adventitious meristem（不定芽分裂組織） 172
AER 142, 234, 247, 334
agamous 184
agr1 206
Agrobacterium tumefaciens（アグロバクテリア） 182
AINTEGUMENTA 193
aleurone layer（アリューロン層） 209
allantois（尿膜） 83
allophenic mouse（異形質マウス） 91
alternative splicing（選択的スプライシング） 272
Ambystoma mexicanum（メキシコサンショウウオ） 155
amniocentesis（羊水穿刺） 89
amnion（羊膜） 74
amnioserosa（羊漿膜） 47
amniote（羊膜類） 74
angiogenesis（血管新生） 137
angiopoietin（アンギオポエチン） 137
angiosperms（被子植物） 188

animal cap（アニマルキャップ） 65
animal pole（動物極） 57
animal side（動物極側） 21
anlage（原基, *pl.* anlagen） 81
ANT-C 302, 303
Antennapedia 303, 304, 331
Antennapedia complex（アンテナペディア複合体） 303（→ ANT-C も見よ）
anther（やく） 183
anticlinal division（垂層分裂） 177
antipodal cell（反足細胞） 186
antipodal trophoblast（反足栄養芽層） 86
Antirrhinum（キンギョソウ） 179, 181
antisense oligonucleotide（アンチセンスオリゴヌクレオチド） 130
antisense strand（アンチセンス鎖，DNA の） 14
Antp → *Antennnapedia*
aortic arch（大動脈弓） 141
APETALA, apetala 181, 184
apical dominance（頂芽優性） 172
apical ectodermal ridge（外胚葉性頂堤） 142, 234, 247, 334
apomixis（アポミクシス） 190
apoplast（アポプラスト） 200
apoptosis（アポトーシス） 108
apospory（無胞子生殖） 190
apterous, Apterous 307
apx1 遺伝子 286
Arabidopsis thaliana（シロイヌナズナ） 170, 179, 181
archenteron（原腸） 46, 66
area opaca（暗域） 76
area pellucida（明域） 76
argonaut/pinhead 200
arkadia 88
armadillo 299
ascidians（ホヤ類） 129
Ash1 284
AtPIN1 206
atrichoblast（非根毛形成細胞） 195
autocrine（オートクリン） 6
autonomous development（自律的発生） 121
auxin（オーキシン） 206

axillary meristem（腋生分裂組織） 172

B

β-catenin（β カテニン） 309, 316
bacteriophage（バクテリオファージ） 10
balancer（バランサー） 359
basal lamina（基底膜） 219
basal promoter（基本プロモーター） 267
Bazooka 288
bcd → *bicoid*
bicoid, Bicoid 49, 274, 290〜295, 314
bindin（バインディン） 23
bithorax complex（バイソラックス複合体） 301（→ BX-C も見よ）
blastocoel（胞胚腔） 63
blastocyst（胚盤胞） 86
blastocyst cavity（胞胚腔） 86
blastodisc（胚盤） 76
blastomere（割球） 4, 13, 30
blastopore（原口） 66
blastula（胞胚） 13, 86
blood island（血島） 137
Bmi-1 333
BMP 99, 124, 127, 128, 247, 256, 322〜326, 328
BMP2 130, 326
BMP4 99, 100, 103, 132, 239, 326
BMP7 251
bobcat 359
body stalk（体柄） 89
bone morphogenetic protein（骨形成タンパク質） 86（→ BMP も見よ）
bottle cell（ボトル細胞） 66, 254, 320
bract（苞葉） 179
brain vesicle（脳胞） 109
branchial arch（鰓弓） 141
branchless, Branchless 249, 345
brassinolide（ブラシノリド） 210
breathless, Breathless 249, 345
broad complex 155
bundle sheath cell（維管束鞘細胞） 175

---

* 遺伝子の表記について：動物の遺伝子はイタリック体，その遺伝子が発現するタンパク質はローマン体，植物の野生型遺伝子は大文字イタリック体，変異型遺伝子は小文字イタリック体で記載した．

buttonhead 303
BX-C 301, 302, 318, 346

C

CAB 212
cactus, Cactus 51, 52, 291
cadherin（カドヘリン） 224, 228
Caenorhabditis elegans, C. elegans（線虫） 30, 284, 285
calcium-dependent cell adhesion molecule（カルシウム依存性細胞接着分子） 228
calcium ionophore（カルシウムイオノホア） 26
CAM 227, 239
cAMP 27, 226
capacitation（受精能獲得） 22
Capricious 306
carpel（心皮） 183
CAT 266
catenin（カテニン） 228
caudal 295, 303
cauliflower 183
cavitation（キャビテーション） 86
C-cadherin（C カドヘリン） 318
cDNA 10
cell adhesion molecule（細胞接着分子） 227
cell file（細胞層） 176
cell lineage（細胞系譜） 5
cellular blastoderm（細胞性胞胚，ハエ） 40
cellulose（セルロース） 200, 221
cell wall（細胞壁） 165, 200
central cell（中央細胞） 186
central nerve system（中枢神経系） 109
central zone（中央帯） 166
centrosome（中心体） 234
cerberus, Cerberus 78, 88, 323, 326
chalaza（合点） 186
chaperone（シャペロン） 279
chemoattractant（化学誘引物質） 243
chemoattraction（化学誘引） 23
chemokine（ケモカイン） 239
chemorepellant（化学反発物質） 243
chemotaxis（化学走性） 242
chimera（キメラ） 42, 90, 167
chip（チップ） 272
chondrocyte（軟骨細胞） 129
Chordin 99, 102, 321, 322, 324, 326, 330, 355
chorioallantoic membrane（漿尿膜） 83
chorion（卵殻，昆虫の） 38
chorion（漿膜，羊膜類の） 83
chromatin（クロマチン） 264
chromophore（クロモフォア） 211
Ci → Cubitus Interruptus
circadian rhythm（概日リズム） 212
cKit 239
clavata 170, 203, 355
cleavage（卵割） 13, 31
cleft（裂） 141
Clever, Ulrich 154
clonal sector（クローナルセクター） 199
cloning（クローニング） 9

CNS 109
coelom（体腔） 71, 82
Cohen, Stanley 108
collagen（コラーゲン） 218
collapsin（コラプシン） 245
commissural neuron（交連ニューロン） 244
commitment（コミットメント） 121
compaction（コンパクション） 85, 240
competence（応答能） 65, 321
competence map（応答能地図） 65
complementary DNA（相補的 DNA） 10
concertina 258
conditional specification（条件付きの特異化） 121
constans 181
constitutive response 210
contact inhibition（接触阻害） 242
convergent extension（収束伸長） 45, 100, 231, 314
corpus allata（アラタ体, *pl.* corpora allata） 151
cortex（表層，卵の） 20, 21, 61
cortical granule（表層顆粒，卵の） 24
corticosterone releasing hormone（コルチコステロン放出ホルモン） 156
co-Smad 325
cotyledon（子葉） 188
crazy top（狂った茎頂） 181
cRet 250
CRH 156
cryptochrome（クリプトクロム） 180, 211
CSL 308
CTR1 210
cubitus interruptus, Cubitus Interruptus 299, 307
cup-shaped cotyledon 193
Cymric 359
cytokinesis（細胞質分裂） 19
cytokinin（サイトカイニン） 206
cytotrophoblast（細胞栄養芽層） 89
CZ 166

D

Danio rerio（ゼブラフィッシュ） 314, 359
daughter cell（娘細胞） 4
daylength（日長） 180
dcc, DCC → *deleted in colorectal cancer*
decussate（十字対生） 169
deep layer（深部層） 314
deetiolated2 210
default（デフォルト） 321
deficiens 184
Deformed 304
delamination（葉裂） 77
deleted in colorectal cancer 244
delta, Delta 125, 127, 286, 289, 344
denticle（歯状突起） 46, 300
dermamyotome（皮筋節） 125
dermatome（真皮節） 125
dermis（真皮） 118
derriere, Derriere 319, 326

desmosome（デスモソーム） 224
determination（決定） 85, 121
developmental fate（発生運命） 121
developmental potentiality（発生運命能） 120
Dfd → *Deformed*
dHAND 336
diapause（休眠，昆虫の） 150
dickkopf, Dickkopf 88, 323, 326
dicots（双子葉植物） 189
differential gene expression（選択的遺伝子発現） 280
differentiated cell（分化細胞） 12
differentiation（分化） 9
diploid（二倍体） 8, 20
diplospory（複相胞子生殖） 190
discoidal cleavage（盤割） 76
Disheveled 288
dispatched 277
Distalless, Distalless 303, 309, 346, 355
distichous phyllotaxis（二列生葉序） 169
Dll → *Distalless*
DMZ 65
DNA cloning（DNA クローニング） 10
DNA ligase（DNA リガーゼ） 10
DNA photolyase（DNA フォトリアーゼ） 211
DNA polymerase（DNA ポリメラーゼ） 10
dominant negative（ドミナントネガティブ） 86
dormancy（休眠，植物の） 189
dorsal, Dorsal 51, 52, 288, 290, 291
dorsalization（背側化） 66
dorsal lip（原口背唇部） 66
dorsal marginal zone（背側帯域） 65
dorsoventral axis（向背軸） 172
double sex 136, 273
downstream（下流，遺伝子の） 41
dpp, Dpp 116, 291, 328, 345
Drosophila（ショウジョウバエ） 37, 284
Dsh → Disheveled
dsx → *double sex*

E

Easter 51, 52, 291
ecdysone（エクジソン） 151
echinoids（ウニ類） 357
eclosion（脱蛹） 150
ectoderm（外胚葉） 46, 68
EGF 248
egg cylinder（卵円筒） 87
EIN2 210
electrophoretic mobility shift assay（電気泳動移動度シフト測定法） 298
embryoid body（胚様体） 86
embryology（胚発生学） 165
embryonic induction（胚誘導） 69
embryonic shield（胚盾） 314
embryonic stem cell（胚性幹細胞） 92
embryo sac（胚嚢） 186
empty spiracle 303, 332
ems → *empty spiracle*
emx 332

emx2 251
en → *engrailed*
endo16 269
endoblast（エンドブラスト） 77
endocrine（内分泌） 6
endoderm（内胚葉） 46, 68, 269
endosperm（胚乳） 188
engrailed, Engrailed 109, 295, 299～301, 306, 334
Enhancer of split 308
entrained（同調化） 212
enucleated（除核） 8
enveloping layer（被覆層） 314
ependyma（上衣） 106
Eph receptor（Eph受容体） 225
ephrin（エフリン） 225
epiblast（胚盤葉上層） 76
epiboly（エピボリー） 66, 231, 314
epididymis（精巣上体） 22
epigenesis（エピジェネシス） 290
epistasis（エピスタシス） 41
epithelium（上皮） 44, 224
erythropoiesis（赤血球形成） 138
ES cell（ES細胞） 92
ethylene（エチレン） 210
ethyleneinsensitive 210
euchromatin（真正クロマチン） 264
evagination（膨出） 71
eve, Eve → *even-skipped*
even-skipped 294～297
executive gene（エグゼクティブ遺伝子） 114
exocytosis（エキソサイトーシス） 25
expansin（エクスパンシン） 171
explant（外植体） 64
expression cloning（発現クローニング） 12
extradenticle 305
extraembryonic（胚体外） 74
exuperantia 50
eyegone 114
eyeless 113, 116, 342

F

Fallopian tube（ファロピウス管） 84
fasciation（帯化） 202
fasciclin II（ファシクリンII） 243
fat body（脂肪体） 38
fate map（予定運命地図） 29, 44, 64
female gamete（雌性配偶子） 17
female gametophyte（雌性配偶体） 186
fertilization（受精） 17
fertilization envelope（受精外被） 25
fertilization membrane（受精膜） 25
FGF 101, 143, 278, 326
FGF1 274
FGF2 247, 251
FGF4 247, 335
FGF10 247, 335
fibroblast growth factor（繊維芽細胞成長因子） 247, 274（→ FGFも見よ）
fibronectin（フィブロネクチン） 220
filopodium（糸状仮足） 241

fimbriata 186
first meiotic division（第一減数分裂） 19
floor plate（底板） 101, 277
floral meristem（花芽分裂組織） 179
FLOWERING LOCUS C 181
fog → *folded gastrulation*
folded gastrulation 258
follicle cell（沪胞細胞） 38, 56
follistatin（フォリスタチン） 321
footprint（フットプリント） 298
four lips 197
Frazzled 244
FRIGIDA 181
fringe, Fringe 125, 307, 324
Frizzled 286, 309, 324
Frizzled-7 256, 319
fruit（果実） 189
Frz → Frizzled
Frzb 324, 326
ftz → *fushi tarazu*
fused 299
fushi tarazu 295
fusion protein（融合タンパク質） 278

G

GA 205, 209
GAG 249
gain-of-function mutation（機能獲得型突然変異） 41
gall（ゴール） 182
gamete（配偶子） 186
gametogenesis（配偶子形成） 17
gametophyte（配偶体） 186
ganglion mother cell（神経母細胞） 287
gap gene（ギャップ遺伝子） 291
gap junction（ギャップ結合） 224
gastrula（原腸胚） 68
gastrulation（原腸形成） 13, 45
gastrulation movement（原腸形成運動） 44
GCM 287
GDP（グアノシン二リン酸） 27
gel shift assay（ゲルシフト分析） 298
general transcription factor（基本転写因子） 267
generative cell（雄原細胞） 186
genital ridge（生殖隆起） 134
genomic imprinting（ゲノムインプリンティング） 84, 266
germ band extension（胚帯伸長） 45
germinal vesicle（卵核胞） 19, 56
germ layer（胚葉） 46, 98
germ ring（胚環） 314
GFP 211, 266
giant 51, 291, 292
gibberellic acid insensitive 209
gibberellin（ジベレリン） 209
gill slit（鰓裂） 141
GLABRA, glabra 195, 196
glial cell（グリア細胞） 104
glial derived neurotrophic factor（グリア細胞由来神経成長因子） 250

globosa 184
globular stage（球状型胚） 190
glp1 286
glycoprotein（糖タンパク質） 220
glycosaminoglycan（グリコサミノグリカン） 220
gonad（生殖腺） 17, 134
gooseberry 299
goosecoid, Goosecoid 79, 81, 319, 326
G protein（Gタンパク質） 26, 27, 226
grandchildless mutant（孫なし突然変異） 48
gravitropic organ（重力感知器官） 176
gray crescent（灰色三日月環） 61
greenfluorescent protein（緑色蛍光タンパク質） 211
Gremlin 336
Groucho 293
growth cone（成長円錐） 241
GSK3 318, 326
GTP（グアノシン三リン酸） 27
guard cell（孔辺細胞） 196
guard mother cell（孔辺母細胞） 197
gurken, Gurken 40, 53, 290, 291
gymnosperms（裸子植物） 188

H

Haeckel, Ernst 342
hairy, Hairy 125, 294, 295, 308
haploid（一倍体） 20
haptotaxis（ハプトタキシス） 242
head process（頭突起） 80
heart stage（心臓型胚） 190
hedgehog, Hedgehog 102, 276, 299, 306, 335
hemicellulose（ヘミセルロース） 221
hemidesmosome（ヘミデスモソーム） 224
hemimetabolous（半変態） 150
Hensen's node（ヘンゼン結節） 79, 124
heparin（ヘパリン） 219
hepatic diverticulum（肝憩室） 145
heterochromatin（ヘテロクロマチン） 264
heterochrony（異時性） 358
heterosporous（異形胞子） 186
heterotopic（異所的） 44
hex 88
Hh → Hedgehog
histoblast（組織芽球） 46, 153
hkb → *huckebein*
holoenzyme（ホロ酵素） 266
holometabolous（完全変態） 150
HOM complex（HOM複合体） 302
homeobox（ホメオボックス） 302
homeodomain（ホメオドメイン） 302
homeotic gene（ホメオティック遺伝子） 291, 301
homeotic selector gene（ホメオティックセレクター遺伝子） 291
homeotic transformation（ホメオティック転換） 302
homolog（ホモログ） 331
homophilic（ホモフィリック） 227

homosporous（同形胞子）186
homothorax 305
Hoxb6 331
HOX cluster（HOX クラスター）331
huckebein 292, 293
hunchback, Hunchback 50, 275, 291〜294, 314
hyaluronic acid（ヒアルロン酸）220
hybrid（雑種）191
hypoblast（胚盤葉下層）77
hypocotyl（胚軸）190
hypophysis（原根層）190

I

ICM 85
Ihh → Indian Hedgehog
IM 179
imaginal disc（成虫原基）47, 150
immunocytochemical detection（免疫細胞化学検出）122
implantation（着床）86
INDETERMINATE 180
Indian Hedgehog 129, 130, 276
inflorescence（花序）173
inflorescence meristem（花序分裂組織）179
ingression（移入）231, 314
initial cell（始原細胞）176
inner cell mass（内部細胞塊）85
Inscuteable 288
insert（挿入断片）10
in situ hybridization (in situ ハイブリダイゼーション法) 122
instar（齢）47, 150
insulin-like growth factor（インスリン様成長因子）323
integrin（インテグリン）220, 222
integument（外皮，動物の）117
integument（珠皮，植物の）188
intercalation（挿入）231
intermediate mesoderm（中間中胚葉）81
invagination（陥入）66, 231
involution（巻込み）66, 231, 314
islets of Langerhans（ランゲルハンス島）146
isthmus（峡部）75, 109

J, K

JH 151
juvenile hormone（幼若ホルモン）151

keratinization（角質化）118
kni → knirps
knirps 51, 291, 292
knockout（ノックアウト）92
KNOTTED1 191, 201
Koller's sickle（コラーの鎌）77
Kr → Krüppel
Krüppel 291, 292
kuzbanian（クズバニアン）308

L

lab → labial
labial 304, 331
lam1 175
lamellipodium（膜状仮足）241
lamina（葉身）175
laminin（ラミニン）219
lampbrush chromosome（ランプブラシ染色体）56
larva（幼生）149
lateral inhibition（側方抑制）288
lateral plate mesoderm（側板中胚葉）81, 136
lateral root（側根）177
LCR 271
leafbladeless 175
LEAFY, leafy 179, 181, 184
leafy cotyledon1 191
Lef 286
lens（レンズ）112
leucine zipper（ロイシンジッパー）269
leukemia inhibitory factor（白血病阻止因子）251
Levi-Montalcini, Rita 108
Lewis, Ed 301
Leydig cell（ライディッヒ細胞）21
library（ライブラリー）12
LIF 251
ligand（リガンド）5, 225
Lim1 250
limb（肢）141
limb bud（肢芽）141
lineage（系譜，細胞の）5
lineage based information（系譜情報）166
lineage diagram（細胞系譜図）29
Lmx1 335
locus control region（遺伝子座調節領域）271
loss-of-function mutation（機能喪失型突然変異）41
Lunatic Fringe 324, 326
Lynx 359

M

Macho-1 130
macromere（大割球）252
Mad 325
MADS 183
magnum（膨大部，輸卵管の）75
male gamete（雄性配偶子）17
Mangold, Hilde 68, 98
mantle zone（外套帯）107
manx, Manx 359
map of developmental potential（発生能力地図）44
marginal zone（帯域，両生類胚の）65, 76
marginal zone（周辺帯，神経管の）106
masked messenger（マスクされたメッセンジャー）274
maternal component（母性因子）38

maternal effect mutant（母性効果突然変異）48
mating type（接合型）4
mating-type conversion（接合型転換）4
MBT 64
mediolateral intercalation（中側方挿入）68
medullary cord（髄索）70
megaspore（大胞子）186
meiosis（減数分裂）17
meis 337
meristem（分裂組織）165
meroblastic cleavage（部分割）31
mesencephalon（中脳）109
mesenchyme（間充織）44, 217
mesoderm（中胚葉）44, 46, 68
mesomere（中割球）252
mesonephros（中腎）132
metamorphosis（変態）47
metanephrogenic mesenchyme（造腎間充織）132
methylation（メチル化）265
Mgf 239
microarray（マイクロアレイ）272
micromere（小割球）252
micropyle（卵門，動物の）39
micropyle（珠孔，植物の）186
microspore（小胞子）186
midblastula transition（中期胚変移）64
migration（移動）231
Miranda 288
molting（脱皮）150
mom2, Mom2 286
mom5 286
monocots（単子葉植物）189
morphogen（モルフォゲン）48, 103, 326, 327
morphogenesis（形態形成）13, 217
morula（桑実胚）85
mother cell（母細胞）4
motor neuron（運動神経）277
movement protein（移動タンパク質）201
msp130 357
msx 103
Müllerian duct（ミュラー管）133
mural trophectoderm（壁栄養外胚葉）87
myelin（ミエリン）104
Myf5 126
MyoD 126
myoplasm（筋細胞質）130
myotome（筋節）125

N

naked 299
nanos, Nanos 50, 274, -, 290, 291, 314
neoteny（ネオテニー）156
nephrotome（腎節）132
nerve growth factor（神経成長因子）108
netrin（ネトリン）244
neural crest（神経冠）71, 103
neural plate（神経板）69, 99
neural retina（網膜神経層）112
neural tube（神経管）69
neurite（神経突起）104, 241

neuroblast（神経芽細胞） 287
neuroglia（神経グリア） 104
neuroglian（ニューログリアン） 243
neuromere（神経分節） 109
neurotrophic factor（神経栄養因子） 108
neurula（神経胚） 69
neurulation（神経管形成） 69
NGF 108
nidogen（ニドゲン） 249
Nieuwkoop, Pieter 65
Nieuwkoop center（ニューコープセンター）
　　66, 278
nkd → naked
no apical meristem 193
nodal, Nodal 78, 92, 324, 328
node（結節） 81, 88
nodes of control（制御のノード） 263
Noggin 99, 105, 321〜323, 326, 328, 330, 355, 359
notch, Notch 125, 286, 307, 308, 344
notochord（脊索） 71, 124
nucellus（珠心） 188
nuclear transplantation（核移植） 8
Nudel 51, 52, 291
Numb 287
nurse cell（哺育細胞） 38
Nüsslein-Volhard, Christiane 37, 48, 290

O

odd → odd-skipped
odd-paired 299
odd-skipped 299
oocyte（卵母細胞） 18
oocyte maturation（卵成熟） 59
oogenesis（卵形成） 18
oogonium（卵原細胞, pl. oogonia） 17, 38
ootid（オーチッド） 20
opa → odd-paired
opine（オピン） 182
optic cup（眼杯） 111
optic tectum（視蓋） 245
optic vesicle（眼胞） 111
optomotor blind 307
organogenesis（器官形成） 13
orthodenticle 303, 332, 354
ortholog（オルソログ） 331
orthotopic（同所的） 44
oskar 275
osteoblast（骨芽細胞） 129
otd → orthodenticle
ovariole（卵巣小管） 38
ovary（卵巣） 17
oviduct（輸卵管） 75
ovulata 184
ovule（胚珠） 188

P

paedomorphosis（幼生発生） 156

pair-rule gene（ペアルール遺伝子） 291
palisade mesophyll（柵状葉肉組織） 175
palisade reaction（柵状反応） 100
palisade tissue（柵状組織） 175
pancreatic acini（膵腺房） 146
pangolin, Pangolin 286, 299
par 286
paracrine（パラクリン） 6
paralog（パラログ） 331
paralog group（パラログ群） 349
parasegment（擬体節） 45
paraxial mesoderm（沿軸中胚葉） 124
parietal endoderm（遠位内胚葉） 86
parthenogenesis（単為生殖） 23
patched, Patched 277, 299, 306
Pax1 128
pax2, Pax2 109, 250
pax3 103
pax5 109
pax6 102, 109, 114, 342
pax7 103
pectin（ペクチン） 221
Pelle 51, 291, 355
perianthia 170
perichondrium（軟骨膜） 129
periclinal division（並層分裂） 177
peripheral target（末梢標的） 107
peripheral zone（周辺帯） 166
perivitelline space（囲卵腔） 24, 25
petal（花弁） 183
PGC 17, 134, 238, 276
PHABULOSA, phabulosa 175
pharyngeal arch（咽頭弓） 141
pharyngeal pouch（咽頭嚢） 144
pharyngula（咽頭胚期） 351
phloem（師部） 175
photomorphogenesis（光形態形成） 211
photomorphogenic dwarf 210
phototropin（フォトトロピン） 211
phototropism（屈光性） 206
PHY 211
phyllotaxy（葉序） 169
phylotypic stage（門特異的な（発生）段階） 350
phytochrome（フィトクロム） 180, 211
PICKLE 191
pigmented retina（網膜色素上皮） 112
pin-formed 206
PINHEAD 193
Pipe 51, 52, 291
pistil（雌ずい） 188
pistillata 184
pitx1 334
PKC 27, 226
placenta（胎盤） 74
placode（プラコード） 112, 114
planar polarity（平面内細胞極性） 288
plasmid（プラスミド） 10
plasmodesm(a)（原形質連絡, pl. plasmo-desmata） 200, 224
pleiotrophin（プレイオトロフィン） 251
plena（ple） 184
plexin（プレキシン） 245
PMC 253

polar auxin transport（オーキシン極性輸送） 206
polar body（極体） 19
polar nucleus（極核） 186
polar trophectoderm（極栄養外胚葉） 87
polar trophoblast（極栄養芽層） 86
pole cell（極細胞） 39
pole plasm（極細胞質） 43
pollen tube（花粉管） 188
polycomb, Polycomb 306, 333, 346
polyploidy（倍数性） 154
polyspermy（多精受精） 25
polyteny（多糸状態） 154
Pon 288
Pop1 286
Porc → Porcupine
Porcupine 309
porphyropsin（ポルフィロプシン） 158
position（位置，細胞の） 5
positional information（位置情報） 165, 327
シカノメタテハモドキ（Precis coenia） 346
presenilin（プレセニリン） 308
presomitic mesoderm（前体節中胚葉） 124
primary inducer（一次誘導領域） 81
primary induction（一次誘導） 98
primary mesenchyme cell（一次間充織細胞） 253
primary oocyte（一次卵母細胞） 18
primary sex determination（一次性決定） 136
primary spermatocyte（一次精母細胞） 22
primitive endoderm（原始内胚葉） 87
primitive groove（原溝） 79
primitive pit（原窩） 79
primitive streak（原条） 78
primordial germ cell（始原生殖細胞） 17, 134, 238, 276
primordium（原基, pl. primordia） 167
proamniotic cavity（前羊膜腔） 86
probe（プローブ） 14
progeny（子孫細胞） 4
progesterone（プロゲステロン） 59
progress zone（進行帯） 337
prolactin（プロラクチン） 156
proliferation（増殖） 231
promoter（プロモーター） 267
pronephros（前腎） 132
pronucleus（前核） 20
prosencephalon（前脳） 109
prospero, Prospero 288, 290
protamine（プロタミン） 22
protein kinase C（プロテインキナーゼC） 226
proteoglycan（プロテオグリカン） 220
prothoracic gland（前胸腺） 151
prothoracotropic hormone（前胸腺刺激ホルモン） 151
protoderm（前表皮） 190
protoxylem pole（原生木部） 176
ptc → patched
PTH 131
PTTH 151
puff（パフ） 154
Pumilio 275
Punt 307
pupa（蛹） 150

puparium（囲蛹殻） 150
pupation（蛹化） 150
PZ 166

Q, R

quiescent center（静止中心） 176

RA 322
radial intercalation（放射挿入） 68
radical fringe 334
Rana pipiens（ヒョウガエル） 55, 156
Rathke's pouch（ラトケ嚢） 115, 144
receptor（受容体） 5, 225
receptor serine-threonine kinase（受容体型セリーントレオニンキナーゼ） 225
receptor tyrosine kinase（受容体型チロシンキナーゼ） 225
reporter gene（レポーター遺伝子） 266, 269
rescue（回復） 318
restriction enzyme（制限酵素） 10
retinoic acid（レチノイン酸） 322
reverse transcriptase（逆転写酵素） 10
rfng → *radical fringe*
rhodopsin（ロドプシン） 158
rhombencephalon（菱脳） 109
rhombomere（ロンボメア） 109
ring canal（リングキャナル） 38
ring gland（環状腺） 151
RNA polymerase（RNAポリメラーゼ） 266
robo → *roundabout*
root apical meristem（根端分裂組織） 166
roundabout 244
RTK 225
runt, Runt 294, 295

S

salivary acinus（唾液腺房, *pl.* acini） 145
SAM 166
sarcomere（サルコメア） 280
Saunders, John 143
SCARECROW, scarecrow 177, 209
Schwann cell（シュワン細胞） 104
sclerotome（硬節） 125
Scr → *Sex combs reduced*
secondary hypoblast（二次胚盤葉下層） 77
secondary mesenchyme cell（二次間充織細胞） 253
secondary oocyte（二次卵母細胞） 19
secondary sex determination（二次性決定） 136
secondary spermatocyte（二次精母細胞） 22
second meiotic division（第二減数分裂） 20
second messenger（二次メッセンジャー） 6
seed（種子） 188
segment polarity gene（セグメントポラリティー遺伝子） 291
selector gene（セレクター遺伝子） 303
self-assembly（自己集合） 279
semaphorin（セマフォリン） 245

seminiferous tubule（精細管） 21
sense strand（センス鎖, DNAの） 14
sensory organ precursor（感覚器官前駆細胞） 287
sepal（がく片） 183
Serrate 289, 307
Sertoli cell（セルトリ細胞） 21
set-aside cell（取っておかれる細胞） 356
Sex combs reduced 304
sex cord（性索） 134
sex lethal 136
shell（卵殻） 76
Shh → Sonic Hedgehog
shoot（シュート） 166
shoot apical meristem（茎頂分裂組織） 166, 179
shootmeristemless 191, 204
short gastrulation, Short Gastrulation 328, 355
short root 177
SHR 202
siamois, Siamois 318, 326
signaling molecule（シグナル伝達分子） 6
signal transduction（シグナル伝達） 6
Sizzled 324, 326
slender 209
slit, Slit 244
slug 105, 359
Sma 325
Smad 325
Smaug 275
SMC 253
Smo → Smoothened
Smoothened 300, 306
snail, Snail 51, 52, 105, 233, 288, 291, 334, 359
Sog → Short Gastrulation
somatic cell（体細胞） 38
somatic mesoderm（体壁板中胚葉） 71, 81, 136
somatopleure（体壁板） 136
somite（体節） 71, 124
Sonic Hedgehog 81, 102, 127, 276, 321, 326, 330, 335
SOP 287
spalt 307
Spätzle 51, 52, 291
specification（特異化） 65, 121, 256
specification map（特異化地図） 64
Spemann, Hans 4, 68, 98
Spemann organizer（シュペーマンオーガナイザー） 66, 98, 124
sperm（精子） 22
spermatid（精細胞, 動物の） 22
spermatogenesis（精子形成） 22
spermatogonium（精原細胞, *pl.* spermatogonia） 21
spermatozoon（精子, *pl.* spermatozoa） 22
spermiogenesis（精子完成） 22
spindly 209
splanchnic mesoderm（内臓板中胚葉） 71, 82, 137
splanchnopleure（内臓板） 136
spore（胞子） 186
sporophyte（胞子体） 186
sprouty 345
squamous epithelium（扁平上皮） 231

sry 136
stamen（雄ずい） 183
staufen, Staufen 50, 275, 288, 290
steel 239
stele（中心柱） 177
stem cell（幹細胞） 18
stereotaxis（ステレオタキシス） 242
stigma（柱頭, *pl.* stigmata） 186
stoma（気孔, *pl.* stomata） 175
stomatal density and distribution1 198
style（花柱） 188
subgerminal cavity（胚下腔） 76
subsidiary cell（副細胞） 197
supporting cell（支持細胞） 18
Suppressor of Hairless 308
suspensor（胚柄） 190
Svedberg（スベドベリ） 57
swallow 50
sxl → *sex lethal*
symplast（シンプラスト） 200
syncytial blastoderm（多核性胚, ハエ） 39
syncytiotrophoblast（合胞栄養芽層） 89
syncytium（シンシチウム） 39
synergid（助細胞） 186
syngamy（配偶子合体） 23

T

tail bud（尾芽） 80
tailless 51, 291〜293
talin（タリン） 222
tangled 204
tbx 334
TCF 286
telson（尾節） 48
teosinte branched 1 173
terminal flower（単生花） 184
testis（精巣） 17, 134
test plate（殻板） 357
TGF-α 53
TGF-β 143, 248
Thickvein 307
thyroid stimulating hormone（甲状腺刺激ホルモン） 156
thyrotropin releasing hormone（甲状腺刺激ホルモン放出ホルモン） 156
thyroxin（チロキシン） 156
tight junction（密着結合） 63, 85, 224
tissue type（組織種） 98
tll → *tailless*
Toll 52, 291, 344, 355
Tolloid 329
too many mouths 198
Torpedo 53, 291
torso, Torso 51, 291, 293
torsolike, Torsolike 51, 290, 291, 293
totipotent（全能性） 44
tout velu 277
tract（軸索束） 115
transcription（転写） 6, 263
transcriptional activator（転写活性化因子） 269

欧文索引

transforming growth factor-α（形質転換成長因子α） 53
transgene（導入遺伝子） 92
transgenic mouse（トランスジェニックマウス） 92
translation（翻訳） 263
transparent testa glabra 196
TRH 156
trichoblast（根毛形成細胞） 195
trichome（トライコーム） 196
tricussate（三輪生） 169
triiodothyronine（トリヨードチロニン） 156
trithorax 346
trophoblast（栄養芽層） 85
tryptochon 198
Tsg → Twisted Gastrulation
TSH 156
TTG 196
Tube 51
tube cell（花粉管細胞） 186
tudor 275
tunica（外衣） 166
turgor pressure（膨圧） 222
turn over（代謝回転） 280
twist, Twist 51, 52, 233, 291, 294
Twisted Gastrulation 324

U

Ubx → *Ultrabithorax*
Ultrabithorax 301, 346
ultraspiracle 155
umbilical cord（臍帯） 89
UNUSUAL FLORAL ORGANS 186
upstream（上流，遺伝子の） 41
ureteric bud（尿管芽） 132
usp → *ultraspiracle*

uterus（子宮） 74

V

valois 275
vasa 275
vascular cambium（維管束形成層） 199
vascular endothelial growth factor（血管内皮成長因子） 137
vasculogenesis（脈管形成） 137
vector（ベクター） 10
vegetal pole（植物極） 57
vegetal side（植物極側） 21
VEGF 137
VegT 143, 326
ventral furrow（腹溝） 44
ventral marginal zone（腹側帯域） 65
ventral nerve cord（腹側神経索） 287
vernalization（春化処理） 181
vestigial 309
Vg1, Vg1 278, 318, 319, 326
VgT 77
visceral endoderm（近位内胚葉） 86
vitelline envelope（卵黄膜） 25
vitellogenesis（卵黄形成） 56
vitellogenin（ビテロゲニン） 38
VMZ 65

W～Z

wavy6 206
WEREWOLF 196
wf → *wingful*
wg → *wingless*
whorl（ウォール） 183

Wieschaus, Eric 37, 48, 290
Windbeutel 51, 52, 291
wingful 309
wingless 277, 299, 301, 348
Wnt 88, 101, 127, 128, 250, 256, 286, 309, 316, 322～326, 344
Wnt4 251
wnt7a 335, 337
Wnt11 251
Wolffian duct（ウォルフ管） 132
WT1 250
WUSCHEL, *wuschel* 193, 204

Xbra 326
Xenopus laevis（アフリカツメガエル） 55
Xnr, Xnr 319, 323, 326
Xolloid 324
xtwin 320
Xwnt8 317, 325, 326
Xwnt8b 318
xylem（木部） 175

YABBY 175
Yang cycle（ヤング回路） 210
yolk platelet（卵黄小板） 20, 21
yolk sac（卵黄嚢） 83
yolk syncytial layer（卵黄多核層） 314
YSL 314

Zea mays mays（トウモロコシ） 173
Zea mays mexicana（ブタモロコシ） 173
zen 51, 52, 291, 294
zinc finger（ジンクフィンガー） 130
zona pellucida（透明帯） 23, 86
zone of polarizing activity（極性化活性帯） 335
ZPA 143, 335
zygotic gene transcription（接合子性遺伝子転写） 84

和 文 索 引＊

RNAポリメラーゼ（RNA polymerase） 266
rfng → *radical fringe*
arkadia 88
argonaut/pinhead 二重突然変異体 200
RTK → 受容体型チロシンキナーゼ
αアクチニン 223
armadillo 299
暗域（area opaca） 76
アンギオポエチン（angiopoietin） 137
アンチセンス（antisense） 235
アンチセンスオリゴヌクレオチド（antisense oligonucleotide） 130, 318
アンチセンス鎖（antisense strand，DNAの） 14
アンチセンスデオキシヌクレオチド鎖 229
Antennnapedia 303, 304, 331
アンテナペディア複合体（Antennapedia complex） 302～304
UNUSUAL FLORAL ORGANS 186

あ

Ihh → Indian Hedgehog
IM → 花序分裂組織
eyegone 114
ICM → 内部細胞塊
eyeless, Eyeless 113, 116, 342, 343
AINTEGUMENTA 193
agamous 184
アクセサリー細胞 196
アクチビン（activin） 77, 256, 278, 318, 326, 327
――経路とBMP経路の相互作用 325
アクチン（actin） 23
――微小繊維 223
アグロバクテリア（*Agrobacterium tumefaciens*） 182
アストロサイト（astrocyte） 104, 110, 111
アセトシリンゴン（acetosyringone） 182
Ash1タンパク質 284
アトリコブラスト → 非根毛形成細胞
アニマルキャップ（animal cap） 65
アブシジン酸（abscisic acid） 205, 209
apterous, Apterous 307
abd-A → *abdominal-A*
Abd-B → *Abdominal-B*
abdominal-A 301
Abdominal-B 301
abphyl 169, 170
アフリカツメガエル（*Xenopus laevis*） 55, 64, 67, 229, 314
――の原腸形成 67, 254
――の卵形成 57
――胞胚後期の予定運命地図 64
APETALA, *apetala* 181, 184
アポトーシス（apoptosis） 108
アポプラスト（apoplast） 200
アポミクシス（apomixis） 190, 191
アラタ体（corpus allatum, *pl.* corpora allata） 152
アリューロン層（aleurone layer） 209
RA → レチノイン酸

い

EIN2 210
ES細胞（ES cell） → 胚性幹細胞
ems → *empty spiracle*
emx 251, 332
イオンチャネル結合型受容体 225
維管束（vascular bundle） 189
維管束形成層（vascular cambium） 199
維管束鞘細胞（bundle sheath cell） 175
異形質マウス（allophenic mouse） 91
異形胞子（heterosporous） 186
EGF → 表皮成長因子
異時性（heterochrony） 358
異所的（heterotopic） 44
Easter 51, 52, 291
位置（position，細胞の） 5
一次間充織細胞（primary mesenchyme cell） 253
一次性決定（primary sex determination） 136
一次精母細胞（primary spermatocyte） 22
一次ペアルール遺伝子 294
一次誘導（primary induction） 98

一次誘導領域（primary inducer） 81
位置情報（positional information） 165, 327
一次卵母細胞（primary oocyte） 18
一倍体（haploid） 20
遺伝子座調節領域（locus control region） 271
遺伝子導入マウス → トランスジェニックマウス
遺伝的刷込み → ゲノムインプリンティング
移動（migration） 231, 232
移動タンパク質（movement protein） 201
移入（ingression） 231, 232, 314
イノシトール三リン酸 27, 226
eve, Eve → *even-skipped*, Even-skipped
even-skipped, Even-skipped 294～297
イモリ 359
囲蛹殻（puparium） 150, 152
囲卵腔（perivitelline space） 24, 25
in situハイブリダイゼーション法（in situ hybridization） 122
Inscuteable 288
インスリン様成長因子（insulin-like growth factor） 323
Indian Hedgehog 130, 276
INDETERMINATE 180
インテグリン（integrin） 220, 222, 249, 257
咽頭弓（pharyngeal arch） 141, 144, 145
咽頭嚢（pharyngeal pouch） 144, 145
咽頭胚期（pharyngula） 351
インドール-3-酢酸 → オーキシン

う

wingful 309
wingless 277, 295, 299, 301, 348
――と*engrailed*の相互作用 301
wnt, Wnt 88, 101, 127, 128, 250, 251, 256, 286, 309, 316, 318, 322～326, 335, 337, 344
Wntシグナル 319
――伝達経路 309, 316
Windbeutel 51, 52, 291
WEREWOLF 196
wavy6 206
ウォール（whorl） 183, 185

＊ 遺伝子の表記について：動物の遺伝子はイタリック体，その遺伝子が発現するタンパク質はローマン体，植物の野生型遺伝子は大文字イタリック体，変異型遺伝子は小文字イタリック体で記載した．

ウォルフ管（Wolffian duct） 132～135, 146, 250
ウニ 26, 252, 357
　　──原基 356
　　──の原腸形成 251, 253
　　──の発生 252
ultraspiracle 155
Ultrabithorax 301, 346
運動神経（motor neuron） 277
運命拘束 → コミットメント

え

AER → 外胚葉性頂堤
栄養芽層（trophoblast） 85
ANT-C → アンテナペディア複合体
Antp → *Antennnapedia*
腋芽（auxillary bud） 166, 209
腋生分裂組織（axillary meristem） 172
エキソサイトーシス（exocytosis） 25
エクジソン（ecdysone） 151, 152, 154, 155
extradenticle 305
エクスパンシン（expansin） 171
exuperantia 50
エグゼクティブ遺伝子（executive gene） 114
agr1 206
ACTH → 副腎皮質刺激ホルモン
sxl → *sex lethal*
SHR タンパク質 202
Shh → *Sonic Hedgehog*
Smo → *Smoothened*
SMC → 二次間充織細胞
SOP → 感覚器官前駆細胞
Scr → *Sex combs reduced*
エステル化（esterification） 277
エストロゲン（estrogen） 136
エチレン（ethylene） 205, 210
ethyleneinsensitive 210
Xwnt → *Wnt*
Xnr, Xnr 319, 326
Xbra 326
Hh → *Hedgehog*
HO エンドヌクレアーゼ 284
hkb → *huckebein*
ATP 結合モチーフ 343
AtPIN1 206
nkd → *naked*
NGF → 神経成長因子
A/P → 前後軸
ABA → アブシジン酸
apx1 遺伝子 286
エピジェネシス（epigenesis） 290
ABC モデル（花器官の） 185
エピスタシス（epistasis） 41
エピボリー（epiboly） 66, 231, 232, 254, 314
Frz → *Frizzled*
FGF → 繊維芽細胞成長因子
Eph 受容体（Eph receptor） 225
ftz → *fushi tarazu*
エフリン（ephrin） 105, 225, 240, 245
msx 103
msp130 357

Mgf 239
MBT → 中期胞胚変移
LIF → 白血病阻止因子
Lim1 250
Lef 286
lab → *labial*
Lmx1 335
LCR → 遺伝子座調節領域
en → *engrailed*
遠位肢要素 337
遠位内胚葉（parietal endoderm） 86
engrailed 109, 295, 299～301, 306, 334, 355
　　──と *wingless* の相互作用 301
沿軸中胚葉（paraxial mesoderm） 124
endo16 269
エンドブラスト（endoblast） 77
Enhancer of split 308
empty spiracle 303, 332

お

応答能（competence） 65, 321
応答能地図（competence map） 65
横紋筋（striated muscle） 128
覆いかぶせ（運動） → エピボリー
オーガナイザー（organizer） 98, 319
オーキシン（auxin） 182, 205, 206
オーキシン極性輸送（polar auxin transport） 206, 207
oskar 275
オタマジャクシ（tadpole） 158
オーチッド（ootid） 20
otd → *orthodenticle*
オートクリン（autocrine） 6
オピン（opine） 182
optomotor blind 307
ovulata 184
オリゴデンドロサイト（oligodendrocyte） 104
orthodenticle 303, 332, 354
オルソログ（ortholog） 331

か

外衣（tunica） 166
開口分泌 → エキソサイトーシス
介在ニューロン 102
概日リズム（circadian rhythm） 212
外珠皮（outer integument） 189
外植体（explant） 64
外套帯（mantle zone） 107
外胚葉（ectoderm） 46, 68, 97
　　──の誘導 98
外胚葉性頂堤（apical ectodermal ridge） 142, 233, 234, 247, 334
外胚葉性プラコード（ectodermal placode） 114
外胚葉派生物 98
外皮（integument） 117
カエル 156, 359
　　──の変態 156
化学走性（chemotaxis） 242

化学反発物質（chemorepellant） 243
化学誘引（chemoattraction） 23
化学誘引物質（chemoattractant） 243
花芽分裂組織（floral meristem） 179
核移植（nuclear transplantation） 8
角質化（keratinization） 118
cactus, Cactus 51, 52, 291
殻板（test plate） 357
がく片（sepal） 183, 185
芽細胞（blast） 127
花糸（filament） 185
果実（fruit） 187, 189
花序（inflorescence） 173
花序分裂組織（inflorescence meristem） 179
下垂体前葉 156
花成（flowering） 180
花成制御
　　日長による── 180
花柱（style） 185, 187, 188
割球（blastomere） 4, 13, 30
cup-shaped cotyledon 193
カテニン（catenin） 228
　　α── 235
　　β── 309, 316, 318, 326
カドヘリン（cadherin） 224, 228～230, 239, 318
Capricious 306
花粉管（pollen tube） 187, 188
花粉管核 187
花粉管細胞（tube cell） 186～188
花弁（petal） 183, 185
CAM → 細胞接着分子
β-ガラクトシダーゼ 266
cauliflower 183
下流（downstream，遺伝子の） 41
カルシウムイオノホア（calcium ionophore） 26
カルシウムイオン放出 26
カルシウム依存性細胞接着分子（calcium-dependent cell adhesion molecule） → カドヘリン
Ca^{2+} チャネル 344
感覚器官前駆細胞（sensory organ precursor） 287
肝憩室（hepatic diverticulum） 145
間隙結合 → ギャップ結合
幹細胞（stem cell） 18, 110
間充織（mesenchyme） 44, 97, 217
　　──と上皮 97
環状アデノシン一リン酸 → cAMP
環状管 → リングキャナル
管状腺（ring gland） 151
管状要素 198, 200
間接発生（indirect development） 356
完全変態（holometabolous） 150
　　無尾類の── 155
完全変態昆虫
　　──の生活環 150
　　──のホルモン回路 151
肝臓（liver） 138, 145
陥入（invagination） 66, 231, 232
眼杯（optic cup） 111
眼胞（optic vesicle） 111
間葉 → 間充織

き

キイロショウジョウバエ(*Drosophila melanogaster*) 37
気管(tracheole) 345
器官形成(organogenesis) 13
器官脱離(abscission) 210
気孔(stoma, *pl.* stomata) 175, 195, 196
擬体節(parasegment) 45, 290
基底膜(basal lamina) 219, 224
希突起膠細胞 → オリゴデンドロサイト
機能獲得型突然変異(gain-of-function mutation) 41
機能喪失型突然変異(loss-of-function mutation) 41
基本転写因子(general transcription factor) 267
基本プロモーター(basal promoter) → プロモーター
キメラ(chimera) 42, 90, 167
キメラ植物 167
脚原基 153
逆転写酵素(reverse transcriptase) 10
ギャップ遺伝子(gap gene) 291〜293
ギャップ結合(gap junction) 224
キャビテーション(cavitation) 85
球状型胚(globular stage) 189, 190
休眠(diapause, 昆虫の) 150
休眠(dormancy, 植物の) 189, 191
cubitus interruptus, Cubitus Interruptus 299, 307
峡部(isthmus)
　脳の—— 109
　輸卵管の—— 75
極栄養外胚葉(polar trophectoderm) 87
極栄養芽層(polar trophoblast) 86
極核(polar nucleus) 186, 187
極顆粒 39, 41
極細胞(pole cell) 39, 41〜43
極細胞質(pole plasm) 43
極性化活性帯(zone of polarizing activity) 143, 335
極体(polar body) 19
魚雷型胚 189
近位肢要素 337
近位内胚葉(visceral endoderm) 86
近遠軸 334
筋芽細胞(myoblast) 127
キンギョソウ(*Antirrhinum*) 179, 181, 183
筋細胞質(myoplasm) 130
筋節(myotome) 125
緊密化 → コンパクション

く

goosecoid, Goosecoid 79, 81, 319, 326
クズバニアン(kuzbanian) 308
gooseberry 299
クチクラ 150
屈曲型胚 189

屈光性(phototropism) 206
knirps 51, 291, 292
組換えDNA技術 → DNAクローニング
Groucho 293
clavata 170, 203, 355
GLABRA, glabra 195, 196
グリア → 神経グリア
グリア細胞(glial cell) 104, 107, 111
グリア細胞由来神経成長因子(glial derived neurotrophic factor) 250
グリコサミノグリカン(glycosaminoglycan) 220, 221, 249
クリプトクロム(cryptochrome) 180, 211
Krüppel 291, 292
β-グルクロニダーゼ 266
gurken, Gurken 40, 53, 290, 291
狂った茎頂(crazy top) 181
Gremlin 336
クローナルセクター(clonal sector) 199
クローニング → クローン化，DNAクローニング
globosa 184
クロマチン(chromatin) 264
クロモフォア(chromophore) 211
クロラムフェニコールアセチル基転移酵素 266
クロロフィル *a/b* 結合タンパク質 212
クローン化(cloning) 9 (→ DNAクローニング)

け

Kr → *Krüppel*
形質転換成長因子α(transforming growth factor-α) 53
形質転換成長因子β(transforming growth factor-β) 143, 248, 320, 330
形態形成(morphogenesis) 13, 217, 231
形態形成物質 → モルフォゲン
茎頂分裂組織(shoot apical meristem) 166, 167, 172, 179, 189
系譜(lineage, 細胞の) 5
系譜情報(lineage based information) 166
kni → *knirps*
血管新生(angiogenesis) 137
血管内皮成長因子(vascular endothelial growth factor) 137
血球形成(hematopoiesis) 137
結節(node) 81, 88
決定(determination) 85, 121
血島(blood island) 137
ゲノミクス(genomics) 272
ゲノムインプリンティング(genomic imprinting) 84, 266
ケモカイン(chemokine) 239
ケラチンタンパク質(keratin protein) 118
ゲルシフト分析(gel shift assay) 298
原窩(primitive pit) 79
原基(anlage, *pl.* anlagen, 動物の) 81
原基(primordium, *pl.* primordia, 植物の) 167
原形質連絡(plasmodesm(a), *pl.* plasmodesmata) 200, 224

原溝(primitive groove) 79
原口(blastopore) 66
原口背唇部(dorsal lip) 66, 67
原根層(hypophysis) 189, 190
原始内胚葉(primitive endoderm) 87
原条(primitive streak) 78
原条形成 79
減数分裂(meiosis) 17〜19
原生木部(protoxylem pole) 176
原腸(archenteron) 46, 66
原腸陥入 → 原腸形成
原腸形成(gastrulation) 13, 44, 45, 66, 78, 120, 251, 253
　アフリカツメガエルの—— 67, 254
　ウニの—— 251, 253
　ショウジョウバエの—— 45
　鳥類の—— 78
原腸胚(gastrula) 68

こ

口蓋扁桃(palatine tonsil) 145
向軸側(adaxial side) 172
甲状腺(thyroid gland) 145
甲状腺刺激ホルモン(thyroid stimulating hormone) 156
甲状腺刺激ホルモン放出ホルモン(thyrotropin releasing hormone) 156
甲状腺ホルモン受容体 159
後腎(metanephros) 132〜134
抗生物質耐性マーカー遺伝子 10
硬節(sclerotome) 125, 127
酵素結合型受容体 225
合点(chalaza) 186, 187
合点珠心 189
向背軸(dorsoventral axis) 172
孔辺細胞(guard cell) 196
孔辺母細胞(guard mother cell) 197
酵母(yeast) 284
合胞栄養芽層(syncytiotrophoblast) 89
交連ニューロン(commissural neuron) 244
co-Smad 325
caudal 295, 303
骨化(ossification) 129
骨芽細胞(osteoblast) 129
骨形成タンパク質(bone morphogenetic protein) 86, 99, 100, 103, 124, 127, 128, 130, 132, 239, 247, 251, 256, 321〜326, 328
Chordin 99, 102, 321, 322, 324, 326, 330, 355
コミットメント(commitment) 121
コラーゲン(collagen) 218, 219, 249
コラーの鎌(Koller's sickle) 76, 77
コラプシン(collapsin) 245
ゴール(gall) 182
コルチコステロイド(corticosteroid) 159
コルチコステロン放出ホルモン(corticosterone releasing hormone) 156
根冠(root cap) 166, 176
concertina 258
constans 181
constitutive response 210

和文索引

根端分裂組織（root apical meristem） 166, 176, 189
コンディショナルノックアウト 336
コンパクション（compaction） 84, 85, 240
根毛（root hair） 195
根毛形成細胞（trichoblast） 195, 196
根毛細胞 196

さ

鰓弓（branchial arch） 141, 144, 145
サイクリック AMP → cAMP
サイクリン（cyclin） 60
鰓孔 → 鰓裂
再生（regeneration） 9
臍帯（umbilical cord） 89
サイトカイニン（cytokinin） 182, 205, 206
サイトカラシン（cytochalasin） 235
細胞栄養芽層（cytotrophoblast） 89
細胞化
　多核性胞胚の―― 42
細胞外基質（extracellular matrix） 218
細胞系譜（cell lineage） 5, 29, 30, 285
　線虫 C. elegans の―― 30, 285
細胞系譜図（lineage diagram） 29
細胞質分裂（cytokinesis） 19
細胞性胚盤葉 → 細胞性胞胚
細胞性胞胚（cellular blastoderm，ハエ） 40, 234
　――の形成 41
　――の構造 47
細胞接着 227
細胞接着分子（cell adhesion molecule） 227, 230, 239
細胞層（cell file） 176
細胞分裂（mitosis）
　不等価な―― 4
　卵原細胞の―― 40
細胞分裂面 234
細胞壁（cell wall） 165, 200〜222
細胞膜形成（カエル卵割期における） 64
鰓裂（gill slit） 141, 144, 145
柵状組織（palisade tissue） 175
柵状反応（palisade reaction） 100, 101
柵状葉肉組織（palisade mesophyll） → 柵状組織
雑種（hybrid） 191
蛹（pupa） 150
Suppressor of Hairless 308
cerberus, Cerberus 78, 88, 323, 326
SAM → 茎頂分裂組織
左右相称性 60
左右非対称性 329
サルコメア（sarcomere） 280
三輪生（tricussate） 169

し

肢（limb）
　――の成長 247

――の発生 141, 352
――の分化 338
Ci → Cubitus Interruptus
ジアシルグリセロール 27
siamois, Siamois 318, 326
cRet 250
CRH → コルチコステロン放出ホルモン
GA → ジベレリン
JH → 幼若ホルモン
cAMP 27, 226
GAG → グリコサミノグリカン
CSL 308
GSK3 318, 326
CAT → クロラムフェニコールアセチル基転移酵素
CNS → 中枢神経系
CAB → クロロフィル a/b 結合タンパク質
GFP → 緑色蛍光タンパク質
glp1 遺伝子 286
肢芽（limb bud） 141, 247, 333
視蓋（optic tectum）
　――と網膜の接続 245
シカノメタテハモドキ（Precis coenia） 346
耳管 → ユースタキー管
師管（sieve tube） 198
色素網膜 → 網膜色素上皮
cKit 239
子宮（uterus） 74, 83
軸索束（tract） 115
シグナル伝達（signal transduction） 6, 7
　体節分化の―― 128
シグナル伝達経路 344
　G タンパク質の―― 27
シグナル伝達分子（signaling molecule） 6, 225
始原細胞（initial cell） 176
始原生殖細胞（primordial germ cell） 17, 134, 238, 276
自己集合（self-assembly） 279
GCM → 神経母細胞
支持細胞（supporting cell） 18
糸状仮足（filopodium） 241
視床下部（hypothalamus） 156
歯状突起（denticle） 46, 300
雌ずい（pistil） 185〜187
Sizzled 324, 326
雌性配偶子（female gamete） 17
雌性配偶体（female gametophyte） 186, 189
CZ → 中央帯
子孫細胞（progeny） 4
G タンパク質（G protein） 26, 27, 226
　――シグナル伝達 27
G タンパク質結合型受容体 225
Thickvein 307
CTR1 210
cDNA → 相補的 DNA
GTP（グアノシン三リン酸） 27
GDP（グアノシン二リン酸） 27
師部（phloem） 175, 198
gibberellic acid insensitive 209
ジベレリン（gibberellin） 205, 209
子房（ovary） 185, 187
脂肪体（fat body） 38
Cymric 359

giant 51, 291, 292
シャペロン（chaperone） 279
十字対生（decussate） 169
収束伸長（convergent extension） 45, 68, 100, 101, 231, 232, 256, 314
　両生類の原腸形成と―― 255
周辺帯（marginal zone，神経管の） 106
周辺帯（peripheral zone，シュートの） 166
重力感知器官（gravitropic organ） 176
珠孔（micropyle） 186, 187, 189
主根（main root） 166
種子（seed） 187, 188
珠心（nucellus） 188
受精（fertilization） 17
　――の表層反応 24
受精外被（fertilization envelope） 25
受精能獲得（capacitation） 22
受精膜（fertilization membrane） 25
シュート（shoot） 166
shootmeristemless 191, 204
種皮（seed coat） 187, 189
珠皮（integument） 187, 188
珠柄 188
Spätzle 51, 52, 291
シュペーマンオーガナイザー（Spemann organizer） 66〜69, 98, 124, 317, 320〜323, 326
受容体（receptor） 5, 225
受容体型キナーゼ 202
受容体型セリン-トレオニンキナーゼ（receptor serine-threonine kinase） 225
受容体型チロシンキナーゼ（receptor tyrosine kinase） 225, 226, 239
シュワン細胞（Schwann cell） 104
春化処理（vernalization） 181
子葉（cotyledon） 166, 188, 189
上衣（ependyma） 106
消化管 144
小割球（micromere） 252
条件付きの特異化（conditional specification） 121
小膠細胞 → ミクログリア
ショウジョウバエ（Drosophila） 44, 258, 284, 290
　――の原腸形成 45
　――の体軸極性の確立 291
　――の体節形成 38, 290, 292
　――の分節構造 290
　――の予定運命地図 44
肢要素 338
漿尿膜（chorioallantoic membrane） 83
上皮（epithelium） 44, 97, 224
　――と間充織 97
上皮-間充織相互作用 247
小胞子（microspore） 186, 187
小胞子母細胞 187
漿膜（chorion） 83
上流（upstream，遺伝子の） 41
除核（enucleated） 8
植物極（vegetal pole） 57
植物極側（vegetal side） 21
助細胞（synergid） 186, 187, 189
short gastrulation, Short Gastrulation 328, 355
short root 177

和文索引

自律神経節　105
自律的発生(autonomous development)　121
シロイヌナズナ(Arabidopsis thaliana)　170, 179, 181, 183
　——の根の表皮パターン　196
新奇性(novelty)　358
ジンクフィンガー(zinc finger)　130
神経栄養因子(neurotrophic factor)　108
神経芽細胞(neuroblast)　45, 287
　——の形成　45
神経管(neural tube)　69, 70, 100, 102, 125
神経冠(neural crest)　71, 98, 103, 125, 239, 359
　——の形成　100, 239
　——の背腹パターン形成　101, 102
　——の分化　105
神経幹細胞　110
神経グリア(neuroglia)　104
神経系　97
神経膠細胞 → グリア細胞
神経成長因子(nerve growth factor)　108
神経節　98
神経堤 → 神経冠
神経突起(neurite)　104, 241
神経胚(neurula)　69
神経板(neural plate)　69, 99, 100, 101, 239
神経分節(neuromere)　109
神経母細胞(ganglion mother cell)　287
神経誘導(neural induction)　321
　——因子　321
　——モデル　99
進行帯(progress zone)　337
シンシチウム(syncytium)　39, 128
腎小管(nephric tubule)　251
真正クロマチン(euchromatin)　264
腎節(nephrotome)　132
心臓(heart)　138, 139, 249
腎臓(kidney)　132, 249
心臓型胚(heart stage)　189, 190
シンデカン(syndecan)　251
真皮(dermis)　118
心皮(carpel)　183, 188
真皮節(dermatome)　125
深部層(deep layer)　314
シンプラスト(symplast)　200

す

髄索(medullary cord)　70
水晶体 → レンズ
膵腺房(pancreatic acini)　146
膵臓(pancreas)　145
垂層分裂(anticlinical division)　177
SCARECROW, scarecrow　177, 209
staufen, Staufen　50, 275, 288, 290
steel　239
ステレオタキシス(stereotaxis)　242
stomatal density and distribution1　198
snail, Snail　51, 52, 105, 233, 288, 291, 334, 359
spalt　307
spindly　209
sprouty　345

スベドベリ(Svedberg)　57
Sma　325
Smaug　275
Smad　325
Smoothened　300, 306
sry遺伝子　136
slug　105, 359
slit, Slit　244
slender　209
swallow　50

せ

ゼアチン(zeatin)　205
精核(sperm nucleus)　187
生活環(life cycle)　187
　完全変態昆虫の——　150
　植物の——　187
制御のノード(nodes of control)　263
制限エンドヌクレアーゼ → 制限酵素
制限酵素(restriction enzyme)　10
精原細胞(spermatogonium, pl. spermatogonia)　21, 22, 60
精細管(seminiferous tubule)　21, 134
　——の構造(脊椎動物の)　21
精細胞(spermatid, 動物の)　22
精細胞(sperm cell, 植物の)　187
性索(sex cord)　134
精子(sperm, spermatozoon, pl. spermatozoa)　22
精子完成(spermiogenesis)　22
精子形成(spermatogenesis)　22, 60
静止中心(quiescent center)　176
精子変態 → 精子完成
星状膠細胞 → アストロサイト
生殖系　38
生殖腺(gonad)　17, 134, 135
生殖隆起(genital ridge)　134
精巣(testis)　17, 134, 135
精巣上体(epididymis)　22
成虫原基(imaginal disc)　47, 150, 153
成長円錐(growth cone)　241
　——の伸長　242
性の決定　136
西洋ワサビペルオキシダーゼ　113
脊索(notochord)　71, 124
　——のシグナル伝達分子　103
脊髄(spinal cord)　98
脊椎動物(vertebrate)　350
　——の肢　352
セグメントポラリティー遺伝子(segment polarity gene)　291, 297, 299
世代交代(植物の)　186
舌顎嚢(hyoid pouch)　144
舌弓(hyoid arch)　144
Sex combs reduced　304
sex lethal　136
赤血球形成(erythropoiesis)　138
接合型(mating type)　4
接合型転換(mating-type conversion)　4, 284, 285
接合子性遺伝子転写(zygotic gene transcription)　84

接触阻害(contact inhibition)　242
接着結合(adherens junction)　224
ZPA → 極性化活性帯
ゼブラフィッシュ(Danio rerio)　314, 359
セマフォリン(semaphorin)　245
セリン-トレオニンキナーゼ　325
セルトリ細胞(Sertoli cell)　21, 134
セルロース(cellulose)　200, 221
セレクター遺伝子(selector gene)　303, 332
Serrate　289, 307
zen　51, 52, 291, 294
繊維芽細胞成長因子(fibroblast growth factor)　101, 143, 247, 251, 274, 278, 326, 345
前核(pronucleus)　20
前胸腺(prothoracic gland)　151
前胸腺刺激ホルモン(prothoracotropic hormone)　151
前後軸　334
前腎(pronephros)　132, 133
前腎管 → ウォルフ管
センス鎖(sense strand, DNAの)　14
先節(acron)　48
先体(acrosome)　22
先体糸(acrosomal filament)　23, 24
前体節中胚葉(presomitic mesoderm)　124
選択的遺伝子発現(differetial gene expression)　280
選択的スプライシング(alternative splicing)　272
線虫(Caenorhabditis elegans)　30, 284, 285
　——の細胞系譜　30, 285
前脳(prosencephalon)　109
全能性(totipotent)　44
前表皮(protoderm)　189, 190
前羊膜腔(proamniotic cavity)　86

そ

層構造(葉の)　167
桑実胚(morula)　85
双子葉植物(dicots)　189
増殖(proliferation)　231, 232
造腎間充織(metanephrogenic mesenchyme)　132
臓側板 → 内臓板
臓側葉 → 内臓板
双頭胚　62
挿入(intercalation)　231, 232
挿入断片(insert)　10
相補的DNA(complementary DNA)　10
Sog → Short Gastrulation
側板中胚葉(lateral plate mesoderm)　81, 126, 132, 136
側方抑制(lateral inhibition)　288
組織芽球(histoblast)　46, 153
組織間相互作用　126, 247, 248
組織種(tissue type)　98
側根(lateral root)　166, 177
側根分裂組織(lateral root meristem)　177, 178
Sonic Hedgehog　81, 102, 127, 128, 276, 321, 326, 330, 335
Xolloid　324

た

帯域（marginal zone） 65, 76
第一減数分裂（first meiotic division, meiosis I） 19
帯化（fasciation） 202
大割球（macromere） 252
体腔（coelom） 71, 82
体細胞（somatic cell） 38
代謝回転（turn over） 280
体節（somite） 71, 98, 124, 125
　——の形成 125
　——分化のシグナル伝達 128
大動脈弓（aortic arch） 140, 141
第二減数分裂（socond meiotic division, meiosis II） 20
胎盤（placenta） 74, 83, 89
体柄（body stalk） 89
体壁板（somatopleure） 136
体壁板中胚葉（somatic mesoderm） 71, 81, 125, 136
大胞子（megaspore） 186
大胞子母細胞 187
唾液腺（salivary gland）
　——の形態形成 249
唾液腺房（salivary acinus, pl. acini） 145
多核細胞 → シンシチウム
多核性胚盤葉 → 多核性胞胚
多核性胞胚（syncytial blastoderm, ハエ） 39, 42, 234
　——の細胞化 42
多糸状態（polyteny） 154
多精受精（polyspermy） 25
脱皮（molting） 150
脱蛹（eclosion） 150
wf → wingful
wg → wingless
WT1 250
double sex 136, 273
タリン（talin） 222, 223
単為生殖（parthenogenesis） 23
tangled 204
短日植物（short-day plant） 180
単子葉植物（monocots） 189
単生花（terminal flower） 184
胆嚢（gall bladder） 145

ち，つ

知覚神経節 105
チップ（chip）→ マイクロアレイ
着床（implantation） 86
中央細胞（central cell） 186, 187
中央帯（central zone） 166
中割球（mesomere） 252
中間中胚葉（intermediate mesoderm） 81
中期胞胚変移（midblastula transition） 64, 318
中継機構 327
中腎（mesonephros） 132〜134
中心体（centrosome） 234
中心柱（stele） 177
中枢神経系（central nerve system） 109
中側方挿入（mediolateral intercalation） 68
柱頭（stigma, pl. stigmata） 185〜187
中脳（mesencephalon） 109
中胚葉（mesoderm） 44, 46, 68, 98, 120
　——形成 319
　——の誘導 65, 66, 68
中胚葉背側化
　Noggin による—— 323
tudor 275
Tube 51
頂芽優性（apical dominance） 172
鳥類
　——の原腸胚形成 78
　——の胚体外膜 82
チロキシン（thyroxin） 156, 157
椎骨（vertebra） 349
Twisted Gastrulation 324, 329
twist, Twist 51, 52, 233, 291, 294
xtwin 320
ツメガエル → アフリカツメガエル

て

Ti プラスミド 182
TR → 甲状腺ホルモン受容体
TRH → 甲状腺刺激ホルモン放出ホルモン
TR タンパク質 159
T_3 → トリヨードチロニン
T_4 → チロキシン
dsx → double sex
TSH → 甲状腺刺激ホルモン
Dsh → Disheveled
Tsg 328
deetiolated2 210
DN アーゼ → DNA 分解酵素
DNA クローニング（DNA cloning） 10, 11
DNA フォトリアーゼ（DNA photolyase） 212
DNA 分解酵素 271
DNA ポリメラーゼ（DNA polymerase） 10
DNA リガーゼ（DNA ligase） 10
Dfd → Deformed
DMZ → 背側帯域
tll → tailless
Dll → Distalless
dickkopf, Dickkopf 88, 323, 326
TCF 286
TGF-α → 形質転換成長因子 α
TGF-β → 形質転換成長因子 β
Disheveled 288
dcc, DCC → deleted in colorectal cancer
Distalless, Distalless 303, 309, 346, 355
dispatched 277
TTG タンパク質 196
底板（floor plate） 101, 277
　——のシグナル伝達分子 103
dHAND 336
tbx 334
dpp, Dpp 116, 291, 328
D/V → 背腹軸
tailless 51, 291〜293
デオキシリボヌクレアーゼ → DNA 分解酵素
teosinte branched 1 173
テストステロン（testosterone） 136
デスモソーム（desmosome） 224
deficiens 184
Deformed 304
デフォルト（default） 321
derriere, Derriere 319, 326
deleted in colorectal cancer 244
delta, Delta 125, 127, 286, 289, 344
電気泳動移動度シフト測定法（electrophoretic mobility shift assay）→ ゲルシフト分析
転写（transcription） 6, 263
転写活性化因子（transcriptional activator） 269

と

tout velu 277
道管（xylem） 198
同形胞子（homosporous） 186
同所的（orthotopic） 44
糖タンパク質（glycoprotein） 220
同調化（entrained） 212
頭突起（head process） 80
導入遺伝子（transgene） 92
頭部オーガナイザー 88
動物極（animal pole） 56
動物極側（animal side） 21
透明帯（zona pellucida） 23, 86
トウモロコシ（Zea mays mays） 173, 180
特異化（specification） 65, 121, 256
特異化地図（specification map） 64
dorsal, Dorsal 51, 52, 288, 290, 291
取っておかれる細胞（set-aside cell） 356
ドミナントネガティブ（dominant negative） 86
トライコーム（trichome） 195, 196
too many mouths 198
トランスジェニックマウス（transgenic mouse） 91, 92
transparent testa glabra 196
トリコブラスト → 根毛形成細胞
trithorax 346
tryptochon 198
トリヨードチロニン（triiodothyronine） 156〜158
Toll 52, 291, 344, 355
torso, Torso 51, 291, 293
torsolike, Torsolike 51, 290, 291, 293
Toll-Dorsal 経路 355
Torpedo 53, 291
Tolloid 329

な

内珠皮（inner integument） 189
内臓弓 → 咽頭弓

和文索引

内臓嚢 → 咽頭嚢
内臓板(splanchnopleure) 136
内臓板中胚葉(splanchnic mesoderm) 71, 82, 125, 136, 137
内体(corpus) 166
内胚葉(endoderm) 46, 68, 98, 143, 269
——形成 320
内部細胞塊(inner cell mass) 85
内分泌(endocrine) 6
nanos, Nanos 50, 274, 290, 291, 314
——と翻訳調節 275
——によるHunchbackの合成抑制 50
Numbタンパク質 287
ナメクジウオ 359
軟骨細胞(chondrocyte) 129
軟骨膜(perichondrium) 129

に

2因子モデル(神経系形成の) 322
二次間充織細胞(secondary mesenchyme cell) 253
二次性決定(secondary sex determination) 136
二次精母細胞(secondary spermatocyte) 22
二次胚(secondary embryo) 316
二次胚盤葉下層(secondary hypoblast) 77
二次ペアルール遺伝子 295
二次メッセンジャー(second messenger) 6
二次卵母細胞(secondary oocyte) 19
2段階モデル(神経系形成の) 322
日長(daylength) 180
——による花成制御 180
ニドゲン(nidogen) 249
二倍体(diploid) 8, 20
ニューコープセンター(Nieuwkoop center) 66, 278, 317〜320, 326
Wntシグナルと—— 319
ニューログリアン(neuroglian) 243
ニューロブラスト → 神経芽細胞
ニューロメア → 神経分節
ニューロン(neuron) 104
尿管(ureteric duct) 134
尿管芽(ureteric bud) 132
——形成 250
——の誘導 251
尿膜(allantois) 83
二列生葉序(distichous phyllotaxis) 169
ニワトリ 74

ぬ〜の

Nudel 51, 52, 291
根(root) 176
——の表皮パターン(シロイヌナズナの) 196
naked 299
ネオテニー(neoteny) 156
ネトリン(netrin) 244

no apical meristem 193
脳 117
脳神経 105
脳胞(brain vesicle) 109, 115
Noggin 99, 105, 321〜323, 326, 328, 330, 355, 359
——による中胚葉背側化 323
nodal, Nodal 78, 92, 320, 324, 328
ノックアウト(knockout) 92, 234
notch, Notch 125, 286, 307, 308, 344
Notch経路 288
Notchシグナル伝達 308
KNOTTED1 191, 201
ノルアドレナリン → ノルエピネフリン
ノルエピネフリン 106

は

葉(leaf) 167
——の層構造 167
胚(embryo) 4, 187〜189, 248, 345
肺(lung) 145
灰色三日月環(gray crescent) 61
胚下腔(subgerminal cavity) 76
胚環(germ ring) 314
配偶子(gamete) 186
配偶子合体(syngamy) 23
配偶子形成(gametogenesis) 17
配偶体(gametophyte) 186
胚形成
植物の—— 190
胚軸(hypocotyl) 166, 189, 190
背軸側(abaxial side) 175
胚珠(ovule) 187, 188
胚盾(embryonic shield) 314
背唇部(dorsal lip) 66
倍数子生殖 → 複相胞子生殖
倍数性(polyploidy) 154
胚性幹細胞(embryonic stem cell) 91, 92
背側化(dorsalization) 66, 316, 323
背側帯域(dorsal marginal zone) 65
バイソラックス複合体(bithorax complex) 301〜303, 346
胚体外(extraembryonic) 74
胚体外膜(extraembryonic membrane) 82
胚帯伸長(germ band extension) 45
par 遺伝子群 286
胚乳(endosperm) 188, 189
胚嚢(embryo sac) 186, 188
胚発生(embryogenesis) 189
胚発生学(embryology) 165
胚盤(blastodisc) 76
胚盤胞(blastocyst) 86, 88
ヒトの—— 88
マウスの—— 86
胚盤葉(blastoderm) 314
胚盤葉下層(hypoblast) 76, 77, 314
——の形成 76
胚盤葉上層(epiblast) 76, 314
Pipe 51
背腹軸 334, 355
神経管の—— 102

背腹パターン形成 102
ハイブリッド形成 14
胚柄(suspensor) 189, 190
胚誘導(embryonic induction) 69
胚葉(germ layer) 46, 98
胚様体(embryoid body) 86
バインディン(bindin) 23
馬鹿苗病 209
剥ぎ取り外植体 68
バクテリオファージ(bacteriophage) 10
vasa 275
Bazooka 288
pax, Pax 102, 103, 109, 114, 128, 250, 342
白血病阻止因子(leukemia inhibitory factor) 251
発現クローニング(expression cloning) 12
発生運命(developmental fate) 121
発生運命能(developmental potentiality) 120, 121
発生能力地図(map of developmental potential) 44
patched, Patched 277, 299, 300, 306, 307
花(flower) 181, 185, 187
花器官アイデンティティー決定 184
——のABCモデル 185
パフ(puff) 154
ハプトタキシス(haptotaxis) 242
Pumilio 275
パラクリン(paracrine) 6
パラログ(paralog) 331, 347, 349
バランサー(balancer) 359
valois 275
Punt 307
盤割(discoidal cleavage) 76
pangolin, Pangolin 286, 299
反足栄養芽層(antipodal trophoblast) 86, 88
反足細胞(antipodal cell) 186, 187, 189
hunchback, Hunchback 50, 275, 291〜294, 314
——のNanosによる合成抑制 50
——のBicoidによる調節 294
反応能 → 応答能
半変態(hemimetabolous) 150

ひ

pitx1 334
ヒアリン層(hyaline layer) 253
brn → *branchless*
ヒアルロン酸(hyaluronic acid) 220
BX-C → バイソラックス複合体
PHY → フィトクロム
Bmi-1 333
PMC → 一次間充織細胞
BMP → 骨形成タンパク質
BMP経路 325
——とアクチビン経路 325
Porc → Porcupine
尾芽(tail bud) 80
光回復酵素 → DNAフォトリアーゼ
光形態形成(photomorphogenesis) 211
皮筋節(dermamyotome) 125
PKC → プロテインキナーゼC

bicoid, Bicoid　49, 274, 290〜295, 314
　　――による Hunchback の調節　294
非根毛形成細胞（atrichoblast）　195, 196
非根毛細胞　196
PGC → 始原生殖細胞
被子植物（angiosperms）　188
皮質（cortex，卵の）→ 表層
bcd → *bicoid*
pistillata　184
ヒストンアセチル基転移酵素　264
ヒストン脱アセチル化酵素　264
尾節（telson）　48
PZ → 周辺帯
非対称分裂
　　酵母の――　284
　　ショウジョウバエの――　287
PICKLE　191
P/D → 近遠軸
PTH → 副甲状腺ホルモン
ptc → *patched*
PTTH → 前胸腺刺激ホルモン
ビテロゲニン（vitellogenin）　38
ヒト
　　――の初期発生　83
　　――の胚盤胞　88
　　――の輸卵管　83
ヒドロキシプロリン（hydroxyproline）　218
被覆層（enveloping layer）　314
被包 → エピボリー
ヒョウガエル（*Rana pipiens*）　55, 156
表層（cortex，卵の）　20, 21, 61
表層回転　61
　　ツメガエル卵の――　62
表層顆粒（cortical granule，卵の）　20, 21, 24
表層反応　24
表皮（epidermis）　117
表皮成長因子（epidermal growth facter）　248
瓶型細胞 → ボトル細胞
ビンキュリン（vinculin）　223
pin-formed　206
PINHEAD　193

ふ

ファシクリン（fasciclin）
　　――II　243
　　――IV　245
PHABULOSA, *phabulosa*　175
ファロピウス管（Fallopian tube）　84
Vir タンパク質　182
VEGF → 血管内皮増殖因子
VegT　143, 326
VMZ → 腹側帯域
Vg1, Vg1　318, 319, 326
VgT　77
フィトクロム（phytochrome）　180, 211
フィブロネクチン（fibronectin）　220, 256
fimbriata　186
fog → *folded gastrulation*
フォトトロピン（phototropin）　211
photomorphogenic dwarf　210
フォリスタチン（follistatin）　321, 322, 330

four lips　197
folded gastrulation　258
腹溝（ventral furrow）　44
副甲状腺ホルモン（parathyroid hormone）　131
副細胞（subsidiary cell）　197
副腎髄質（adrenal medulla）　105
副腎皮質刺激ホルモン（adrenocorticotropic hormone）　156
腹髄 → 腹側神経索
複相胞子生殖（diplospory）　190
腹側化　317
腹側神経索（ventral nerve cord）　287
腹側帯域（ventral marginal zone）　65
fushi tarazu　295
ブタモロコシ（*Zea mays mexicana*）　173
付着末端　10
huckebein　292, 293
WUSCHEL, *wuschel*　193, 204
フットプリント（footprint）　298
不定芽分裂組織（adventitious meristem）　172
不定胚形成　191
部分割（meroblastic cleavage）　31
fused　299
プラコード（placode）　111, 114
ブラシノステロイド　205, 210
ブラシノリド（brassinolide）　205, 210
プラストクロン → 葉間期
プラスミド（plasmid）　10
プラスモデスム → 原形質連絡
Frazzled　244
FLOWERING LOCUS C　181
branchless, Branchless　249, 345
FRIGIDA　181
Frzb　324, 326
Frizzled　88, 256, 286, 309, 319, 324
fringe, Fringe　125, 307, 324
プルテウス　252, 356
プレイオトロフィン（pleiotrophin）　251
プレキシン（plexin）　245
breathless, Breathless　249, 345
プレセニリン（presenilin）　308
plena　184
プログラム細胞死 → アポトーシス
プロゲステロン（progesterone）　59
prospero, Prospero　288, 290
プロタミン（protamine）　22
プロテインキナーゼ C（protein kinase C）　27, 226
プロテオグリカン（proteoglycan）　220, 221
broad complex　155
プロニューラル遺伝子群　289
プローブ（probe）　14, 122, 123
プロモーター（promoter）　267, 268
プロラクチン（prolactin）　156, 157
プロリン（proline）　218
分化（differentiation）　9
分化細胞（differentiated cell）　12
分裂組織（meristem）　165

へ

hairy　125, 294, 308

ペアルール遺伝子（pair-rule gene）　291, 294
　　――の発現　296
並層分裂（periclinal division）　177
平面内細胞極性（planar polarity）　288
壁栄養外胚葉（mural trophectoderm）　87
壁側板 → 体壁板
壁側葉 → 体壁板
ベクター（vector）　10
ペクチン（pectin）　221
vestigial　309
βカテニン（β-catenin）　309, 316, 318, 326
hex　88
hedgehog, Hedgehog　102, 276, 299, 306, 335
　　――のプロセシング　276
ヘテロクロマチン（heterochromatin）　264
ヘテロフィリック　227
ヘパラン硫酸プロテオグリカン　249
ヘパリン（heparin）　219
ヘビ
　　――の HOX 遺伝子　349
ヘミセルロース（hemicellulose）　221
ヘミデスモソーム（hemidesmosome）　224
perianthia　170
Pelle　51, 291, 355
辺縁帯 → 周辺帯
ヘンゼン結節（Hensen's node）　79, 80, 124
変態（metamorphosis）　47, 149, 156
　　カエルの――　156
　　昆虫の――　149
扁平上皮（squamous epithelium）　231

ほ

哺育細胞（nurse cell）　38
膨圧（turgor pressure）　222
膀胱（urinary bladder）　134
胞子（spore）　186
胞子体（sporophyte）　186, 187
放射相称（ツメガエル卵の）　60
放射挿入（radial intercalation）　68
膨出（evagination）　71
胞胚（blastula）　13, 86
胞胚腔（blastocoel，両生類の）　63
胞胚腔（blastocyst cavity，哺乳類の）　86
　　――の形成 → キャビテーション
苞葉（bract）　179
Porcupine　309
母細胞（mother cell）　4
母性因子（maternal component）　38
母性効果遺伝子　49
母性効果突然変異（maternal effect mutant）　48
buttonhead　303
HOX 遺伝子　330, 331, 338
　　ヘビの――　349
　　マウスの――　331
HOX（遺伝子）クラスター（HOX cluster）　142, 331, 346, 347
Pop1　286
ボディプラン　71
ボトル細胞（bottle cell）　66, 254, 255, 320
　　――と巻込み　255
哺乳類　83

和文索引

bobcat　359
HOM（遺伝子）クラスター　331
HOM複合体（HOM complex）　302, 346
HOM/HOXクラスター　347
HOM/HOX複合体　346
ホメオティック遺伝子（homeotic gene）　291, 301, 333
ホメオティックセレクター遺伝子（homeotic selector gene）→ ホメオティック遺伝子
ホメオティック転換（homeotic transformation）　302, 332
ホメオドメイン（homeodomain）　302
ホメオボックス（homeobox）　302
ホメオボックス遺伝子　302
homothorax　305
ホモフィリック（homophilic）　227
ホモログ（homolog）　331
ホヤ　129, 130, 358, 359
ポリ（A）付加　274
polycomb　346
Polycomb遺伝子群　306, 333
ポルフィロプシン（porphyropsin）　158
ホルモン回路（完全変態昆虫の）　151
ホロ酵素（holoenzyme）　266
Pon　288
翻訳（translation）　263
翻訳調節とNanos　275

ま 行

MyoD　126
マイクロアレイ（microarray）　272
マウス　86, 331
　　──のHOX遺伝子　331
　　トランスジェニック──　91, 92
巻込み（involution）　66, 231, 232, 255, 314
　　ボトル細胞と──　255
膜状仮足（lamellipodium）　241
孫なし突然変異（grandchildless mutant）　48
マスクされたメッセンジャー（masked messenger）　274
マスター遺伝子（master gene）　114
末梢標的（peripheral target）　107
MADSボックス遺伝子ファミリー　183
Mad　325
manx, Manx　68, 359

ミエリン（myelin）　104
ミクログリア（microglia）　104
密着結合（tight junction）　63, 85, 224
Myf5　126
脈管形成（vasculogenesis）　137
ミュラー管（Müllerian duct）　133〜135, 146
Miranda　288

娘細胞（daughter cell）　4
無尾類
　　──の完全変態　155
無胞子生殖（apospory）　190
眼（eye）　98, 111, 116, 342
明域（area pellucida）　76

meis　337
メキシコサンショウウオ（*Ambystoma mexicanum*）　155
メチル化（methylation）　265
免疫細胞化学検出（immunocytochemical detection）　122
網膜（retina）　245
　　──と視蓋の接続　245, 246
網膜色素上皮（pigmented retina）　112
網膜神経層（neural retina）　112
木部（xylem）　175, 198
mom, Mom　286
モルフォゲン（morphogen）　48, 103, 321, 326, 327
門特異的な（発生）段階（phylotypic stage）　350

や 行

やく（anther）　183, 185
YABBYファミリー遺伝子　175
ヤング回路（Yang cycle）　210
雄原細胞（generative cell）　186, 187
融合タンパク質（fusion protein）　278
雄ずい（stamen）　183, 185, 187
雄性配偶子（male gamete）　17, 187
誘導（induction）　98
　　外胚葉の──　98
　　中胚葉の──　65
　　レンズの──　113
有尾類　155
usp → *ultraspiracle*
ユースタキー管（eustachian tube）　144
Ubx → *Ultrabithorax*
輸卵管（oviduct）　38, 75, 83
　　ニワトリの──　75
　　ヒトの──　83
蛹化（pupation）　150
葉間期　168
幼形成熟 → ネオテニー
幼若ホルモン（juvenile hormone）　151, 152
葉序（phyllotaxy）　169
羊漿膜（amnioserosa）　47
葉身（lamina）　175
羊水穿刺（amniocentesis）　89
幼生（larva）　149, 355, 356
幼生発生（paedomorphosis）　156
幼胞子体　187
羊膜（amnion）　74, 83
羊膜類（amniote）　74
葉裂（delamination）　77
予定運命地図（fate map）　29, 44, 64
　　アフリカツメガエル胞胚後期の──　64
　　ショウジョウバエの──　44

ら

ライディッヒ細胞（Leydig cell）　21

ライブラリー（library）　12
roundabout　244
裸子植物（gymnosperms）　188
らせん葉序（spiral phyllotaxy）　168
radical fringe　334
ラトケ嚢（Rathke's pouch）　115, 144
labial　304, 331
ラミニン（laminin）　219, 220, 249
lam1　175
卵　187, 189
　　──の構造　20
卵円筒（egg cylinder）　87
卵黄形成（vitellogenesis）　56
卵黄小板（yolk platelet）　20, 21
卵黄栓（yolk plug）　67
卵黄多核層（yolk syncytial layer）　314
卵黄嚢（yolk sac）　83
卵黄嚢血島　138
卵黄膜（vitelline envelope）　25
卵殻（chorion，ショウジョウバエの）　38
卵殻（shell，ニワトリの）　76
卵殻突起　38
卵核胞（germinal vesicle）　19, 56
卵割（cleavage）　13, 31, 63, 84
卵管（oviduct）　75, 134
卵形成（oogenesis）　18, 57, 74
　　アフリカツメガエルの──　57
　　爬虫類，鳥類の──　74
卵形成過程
　　──の減数分裂　19
ランゲルハンス島（islets of Langerhans）　146
卵原細胞（oogonium, *pl.* oogonia）　17, 38, 40
　　──の細胞分裂　40
卵成熟（oocyte maturation）　59
卵巣（ovary）　17, 18, 135
卵巣小管（ovariole）　38
runt, Runt　294, 295
ランプブラシ染色体（lampbrush chromosome）　56
卵母細胞（oocyte）　18
　　──の成熟　59
　　──の発生過程　39
卵門（micropyle）　39

り

リガンド（ligand）　5, 6, 225
LEAFY, *leafy*　179, 181, 184, 186
leafy cotyledon1　191
leafbladeless　175
リボソーム（ribosome）　58
リボソームRNA遺伝子　57
両生類
　　──の原腸形成　255, 257
　　──の発生　55
菱脳（rhombencephalon）　109
菱脳分節 → ロンボメア
緑色蛍光タンパク質（greenfluorescent protein）　211, 266
リングキャナル（ring canal）　38
Lynx　359
輪生葉序（whorled phyllotaxy）　168

る〜わ

ルシフェラーゼ（luciferase）　266
Lunatic Fringe　324, 326

齢（instar）　47, 150
レチナール（retinal）　158
レチノイド受容体（retinoid receptor）　159
レチノイン酸（retinoic acid）　101, 322, 334
裂（cleft）　141
レポーター遺伝子（reporter gene）　266, 269, 332
レポーター融合遺伝子 → レポーター遺伝子
レンズ（lens）　98, 112
　　──の誘導　113
　　形成中の──　98

ロイシンジッパー（leucine zipper）　269
ロイシンリッチリピート　210
漏斗部（infundibulum，輸卵管の）　75
ロドプシン（rhodopsin）　158
robo → roundabout
濾胞細胞（follicle cell）　38, 56
ロンボメア（rhombomere）　109, 332

YSL → 卵黄多核層

赤坂甲治
1951年 東京に生まれる
1976年 静岡大学理学部 卒
1981年 東京大学大学院理学系研究科 修了
現 東京大学大学院理学系研究科 教授
専攻 進化発生学, 分子生物学
理学博士

大隅典子
1960年 神奈川県に生まれる
1985年 東京医科歯科大学歯学部 卒
1989年 東京医科歯科大学大学院歯学研究科 修了
現 東北大学大学院医学系研究科 教授
専攻 発生生物学, 神経生物学
歯学博士

八杉貞雄
1943年 東京に生まれる
1966年 東京大学理学部 卒
現 京都産業大学総合生命科学部 教授
首都大学東京(東京都立大学) 名誉教授
専攻 発生生物学
理学博士

第1版 第1刷 2006年2月10日 発行
第3刷 2012年7月20日 発行

ウィルト 発 生 生 物 学

Ⓒ 2006

	赤坂甲治
監訳者	大隅典子
	八杉貞雄
発行者	小澤美奈子
発　行	株式会社 東京化学同人

東京都文京区千石3丁目36-7(〒112-0011)
電話 (03)3946-5311・FAX (03)3946-5316
URL: http://www.tkd-pbl.com/

印　刷　中央印刷株式会社
製　本　株式会社青木製本所

ISBN978-4-8079-0624-6　Printed in Japan
無断複写, 転載を禁じます.